PLAN AND DESIGN OF BRIDGE

새로운 구성
교량계획과 설계

NO. 2

토목구조기술사 **오 제 택** 지음

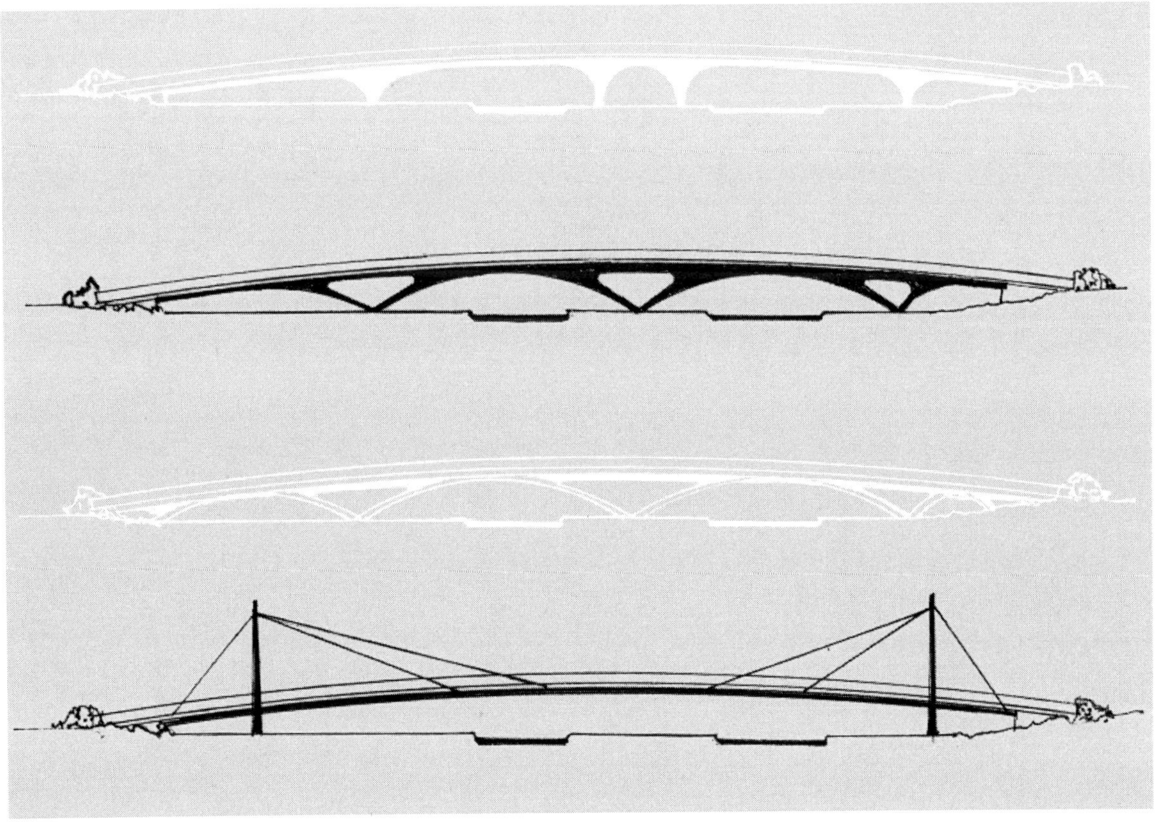

도서
출판 **반석기술**

교량은 이쪽에서 저쪽을 연결하여 사람이나 운반수단이 장애물을 건너갈 수 있게 하는 시설물을 말한다. 교량의 시초는 언제, 어디에, 어떻게 설계하고, 무엇으로 축조하였는지 유사이전의 일이기 때문에 알수 있는 방법은 없다. 다만 고고학자들의 추측만 있을 뿐이다. 예나 지금이나 교량은 인간생활에 있어서 주거시설에 못지 않게 밀접한 관계를 유지하고 있는 구조물로서, 현대에서 우리의 일상생활에 없어서는 안되는 시설물로 자리매김하고 있는 실정이고, 앞으로도 그러할 것이다.

현대에 와서 구조해석을 위한 실용적이고 다양한 SoftWare개발과 구조해석방법의 정립, 설계의 자동화, 고강도의 재료개발, 건설장비의 효율성 증대 및 경량화에 따른 장대교량의 가설이 가능하게 되었고, 새로운 재료와 건설공법을 이용한 신공법의 개발이 하루가 다르게 이루어져 건설현장에서 실용화하고 있는 실정이다. 또한 가교위치 지역의 주민의식 수준이 높아 옛날에는 안전하고, 경제적인 교량형식이면 만족하던 시설물을 그 지역특성에 맞게 디자인하여 교량을 하나의 예술작품처럼 설계하기를 요구하는 경향이 많아 졌다.

교량계획은 도로, 철도 및 운송시설등이 하천, 도로, 철도, 바다, 계곡 및 기타 장애물을 가로질러 가기 위하여 가설하는 구조물을 설계, 시공하는데 가장 기본이 되는 작업이다.

교량을 계획하는 것은 토목구조기술자들에 의해서 이루어지는 것이 아니며, 토목분야의 거의 모든분야의 기술자와 재료·전산기술자 그리고 경관 디자이너 등의 많은 분야의 전문가가 참여하게 된다. 따라서 교량의 계획은 이들의 전문가에게 조언·자문과 협의를 거쳐서 토목공학적인 모든 기술을 도입하고 예술적인 감각을 총 동원한 하나의 공학과 예술이 접합된 종합예술작품이 탄생하기 위한 가장 기본적인 과정이다. 또한 가교위치 지역의 역사성, 상징성 등을 그 지방의 향토사 및 주민의견을 수렴하여 가설하고자 하는 위치의 경관 및 현장여건을 세심하게 검토하여 교량의 규모, 형식 및 시공공법을 결정하는 단계이다.

따라서 교량을 가설하는데는 가교위치의 입지조건에 따라 많은 제약을 받게되며, 이 제약조건을 계획시 철저하게 조사·검토·분석하여야 하며, 시공시 불필요한 설계변경, 공사지연, 공사비 증가등을 초래하여 교량기술자의 자질에 대하여 지탄을 받는 경우가 종종 발생한다. 그러므로 교량을 계획하는데는 구조, 기초, 지질, 설계·시공·공사원가산출 및 유지관리 측면 등 토목전반에 걸친 전문지식과 경관에 대한 심미감을 가지고 있어야 하며 이들에 대하여 고도의 기술적인 판단이 요구된다.

이 책의 내용은 전문적인 교량계획에 대하여 이론적인 내용보다는 계획·설계에 필요한 내용을 각종문헌, 실적보고서에서 발췌하여 참고하고, 저자의 경험을 토대로 기술하였다.

또한 이 책은 대학생에서 부터 교량설계업무 및 연관분야에 종사하는 사람들이 교량을 계획하고 설계·시공하는데 필요한 기본적인 사항과 실무적인 내용을 기술하였으나 부분적으로 실무를 경험하지 않은 부분은 난해한 부분도 있으리라 생각되며, 실질적인 예를 많이 삽입하고자 하였으나 자료의 량이 방대하여 계획하는데 필요한 기본적인 자료만 기술하였다. 기술용어는 "도로교 설계기준"에 사용하는 용어를 표준어로 하여 기술하는 것을 원칙으로 하였다.

이 책을 저술하는데 자료를 제공하여 준 토목분야 선·후배님과 출판하는데 적극적으로 도와주신 반석기술의 황광문 사장님께 감사하다는 말을 전합니다.

끝으로 이책을 집필하는데 언제나 후원해주는 우리가족 및 저의 아내 안행남 여사님께도 깊이 감사를 드립니다.

2010. 7
저자 오 제 택

제Ⅲ편 콘크리트교

⊙ 제 1 장_ 일반사항

1.1 교량형식 ······ 5
- 1.1.1 철근 콘크리트교 ······ 5
- 1.1.2 프리스트레스트 콘크리트교(Prestressed Concrete Bridge) ······ 6
- 1.1.3 PRC교(Partial Rainforced Concrete교) ······ 11
- 1.1.4 복합교 ······ 11

1.2 프리스트레스트 콘크리트의 정착 공법 ······ 13
- 1.2.1 정착장치의 개요 ······ 13
- 1.2.2 긴장 시스템(System)의 선정 ······ 14
- 1.2.3 교량에 사용하는 대표적인 정착공법 ······ 15

1.3 외부 Tendon 방식의 PSC 교량 ······ 16
- 1.3.1 외부 Tendon(cable)의 개요 ······ 16
- 1.3.2 외부 Tendon(cable)의 종류 ······ 17
- 1.3.3 외부 Tendon(cable) 방식의 분류 ······ 18
- 1.3.4 외부 Tendon(cable) 방식을 적용한 교량(예) ······ 19
- 1.3.5 외부 Tendon(cable) 채용시 고려사항 ······ 20

⊙ 제 2 장_ 철근 콘크리트 교량(Reinforced concrete bridge : R.C교)

2.1 슬래브교 ······ 25
- 2.1.1 특징 및 단면형상 ······ 26
- 2.1.2 슬래브의 두께 가정 ······ 26
- 2.1.3 슬래브교의 적용 범위 ······ 27
- 2.1.4 속빈 슬래브의 단면형상 ······ 27
- 2.1.5 슬래브교의 종단면의 형상(그림 2.1.3 참조) ······ 28
- 2.1.6 사교의 예각·둔각부의 처리 ······ 29

2.2 철근콘크리트 T형 거더교 ··········· 30
2.2.1 거더의 간격과 높이 ··········· 31
2.2.2 거더 Web의 폭 및 가로보 ··········· 31
2.2.3 바닥판의 두께(상부 Flange의 두께) ··········· 31

2.3 철근콘크리트 Box Girder교 ··········· 32
2.3.1 개요 ··········· 32
2.3.2 박스거더의 단면형상 ··········· 33
2.3.3 Web의 간격 및 거더의 높이 ··········· 33
2.3.4 Web의 폭 및 바닥판의 두께 ··········· 34

2.4 라멘교(Rahmen Bridge) ··········· 34
2.4.1 개요 ··········· 34
2.4.2 종단면의 형상 ··········· 34
2.4.3 라멘교의 상부구조 횡단면 형상 ··········· 36
2.4.4 기둥의 단면 형상 ··········· 36
2.4.5 단면의 치수 ··········· 36

2.5 철근콘크리트 아치교(R.C Arch Bridge) ··········· 37
2.5.1 개요 ··········· 37
2.5.2 철근 콘크리트 아치교의 분류 ··········· 37
2.5.3 철근콘크리트 아치교의 설계순서 ··········· 38
2.5.4 아치 축선 ··········· 40
2.5.5 라이즈·경간비 및 아치링의 두께 ··········· 44

⊙ 제 3 장_ 프리스트레스트 콘크리트교 (Prestressed Concrete Bridge)

3.1 개요 ··········· 51
3.1.1 Prestress 도입방법 ··········· 51
3.1.2 Prestressed concrete의 특징 ··········· 55

3.2 Pre-tension 방식의 교량 ··········· 55
3.2.1 SLAB교용 PSC Girder(JIS A5313-1991) ··········· 55
3.2.2 Pre-tension 방식의 Hollow SLAB교 ··········· 58
3.2.3 Pre-tension 방식의 T-BEAM교 ··········· 62

3.3 PSC 슬래브교(Prestressed concrete slab bridge) ··········· 66
3.3.1 특징 및 단면형상 ··········· 66
3.3.2 적용지간 ··········· 67

3.3.3 슬래브교의 두께(높이) ······ 67
3.3.4 PSC 슬래브교의 사각 ······ 67
3.3.5 속빈슬래브의 단면형상 및 종단면 형상 ······ 68
3.3.6 PS강재 배치 ······ 69

3.4 PSC T형 거더교 ······ 69
3.4.1 현장타설 PSC T형 거더교 ······ 69
3.4.2 Pre-casting T형 거더교 ······ 71
3.4.3 PSC Double webbed slab교 ······ 75

3.5 PSC 연속 박스거더교 ······ 79
3.5.1 개요 ······ 79
3.5.2 교량 경간(지간)분할 ······ 81
3.5.3 종단면(교축방향 단면) 계획 ······ 84
3.5.4 박스거더 높이 결정 ······ 88
3.5.5 Box Girder 횡단면 계획 ······ 91
3.5.6 DIAPHRAGM(격벽, 칸막이 벽) ······ 110
3.5.7 PS강재 배치 ······ 115

3.6 PSC 라멘박스거더교 ······ 126
3.6.1 개요 ······ 126
3.6.2 PSC 라멘박스거더교의 분류 ······ 126
3.6.3 PSC 연속라멘 박스거더교 ······ 128
3.6.4 PSC T형 라멘 박스거더교 ······ 129
3.6.5 PSC 경간중앙 Hinge 라멘 박스거더교 ······ 130
3.6.6 PSC 경사재가 있는 π형 라멘교 ······ 132
3.6.7 PSC 문형라멘교 ······ 133
3.6.8 기타 PSC 라멘교 ······ 134

3.7 PSC 합성거더교(PSC. Beam교) ······ 136
3.7.1 특징 및 단면형상 ······ 136
3.7.2 PSC Ⅰ형·T형 거더의 단면계획 ······ 137
3.7.3 PSC 합성거더교의 횡단구성 ······ 138
3.7.4 Precast Segment 공법 적용 ······ 141
3.7.5 PSC 합성거더 표준도 설계 및 적용시 고려사항 ······ 142
3.7.6 PSC 합성거더(Beam) 과거 실적(예) ······ 143

3.8 Precast Girder(보)를 사용한 연속거더교 ······ 147
3.8.1 개요 ······ 147

3.8.2 Precast Girder(Beam) 연속화 방법 ··· 148
3.8.3 연결부의 단면 계산에 있어서 가정 ··· 152
3.8.4 연결부의 구조계획 ··· 154

3.9 곡선거더교 ··· 156
3.9.1 일반사항 ··· 156
3.9.3 구조세목 ··· 158

3.10 교각의 PS멍에보(Coping) ··· 159
3.10.1 설계일반 ··· 159
3.10.2 구조세목 ··· 159

⊙ 제 4 장_ 가설공법에 따른 PSC 거더교의 계획과 설계

4.1 PSC교의 가설공법 개요 ·· 163
4.1.1 가설공법의 종류 ··· 163
4.1.2 가설공법의 개요 ··· 165
4.1.3 가설공법의 선정 ··· 167
4.1.4 연속 PSC Girder의 가설공법별 검토 사항 ································ 168

4.2 고정지보공 공법 ··· 172
4.2.1 개요 ··· 172
4.2.2 지보공(staging Method)의 종류 ·· 172
4.2.3 지보공의 형식 선정 ··· 174
4.2.4 교량 계획시 고려사항 ··· 176

4.3 현장타설 콘크리트 경간 진행공법(Cast-in-situ span by span Method) ······· 176
4.3.1 개요 ··· 176
4.3.2 각 공법의 특징 및 교량계획시 고려 사항 ···································· 183
4.3.3 Span by Span Method 설계시 검토 사항 ································ 186
4.3.4 P.S 강재 배치 ··· 187

4.4 현장타설 cantilever 공법(Cast-in-Situ Free Cantilever Method:F.C.M) ······· 190
4.4.2 Cantilever 공법을 사용한 교량의 구조형식 ································ 192
4.4.3 Cantilever 공법을 사용한 교량의 교각형식 ································ 197
4.4.4 상부구조 단면형태 ··· 201
4.4.5 이동식 작업차(Form Traveller : wagon)를 이용한 가설공법 ······· 203
4.4.6 이동식 가설 TRUSS를 이용한 가설공법 ······································ 223
4.4.7 전진가설공법(Progresive placement construction) ················ 227

4.5 연속 압출공법 (Incremental Launching Method : I.L.M) ········· 229
   4.5.2 압출공법의 분류 ········· 231
   4.5.3 압출공법(I.L.M) 적용시 선형계획 ········· 237
   4.5.4 Girder의 Segment 분할 ········· 241
   4.5.5 경간분할 ········· 243
   4.5.6 단면형태 ········· 243
   4.5.7 Launching Nose(압출노즈) ········· 244
   4.5.8 압출공법 적용 교량의 P.S강재 배치 ········· 249
   4.5.9 PSC Girder 제작장 계획 ········· 256

4.6 Precast Segmental Bridges(Precast Segmental Box Girder Bridges) ········· 265
   4.6.1 개요 ········· 265
   4.6.2 Precast Segmental 교량의 구조형식 ········· 267
   4.6.3 Precast Segment 단면형상 ········· 268
   4.6.4 Segment 분할 ········· 273
   4.6.5 Precast Segment 이음부 ········· 274
   4.6.6 P.S 강제 배치 ········· 278
   4.6.7 상부구조 가설방법 ········· 283

⊙ 제 5 장_ Prestressed Concrete 사장교

5.1 일반사항 ········· 287
   5.1.1 PSC 사장교의 특징 ········· 288
   5.1.2 PSC 사장교의 명칭 ········· 288

5.2 PSC 사장교의 기본구조 및 형식선정 ········· 290
   5.2.1 개요 ········· 290
   5.2.2 PSC 사장교의 경간 결정 ········· 290
   5.2.3 교량의 폭원 구성 ········· 294
   5.2.4 주거더의 지지형식 및 주탑·교각 결합 방법 ········· 295
   5.2.5 주거더의 단면형상 ········· 299
   5.2.6 경사cable(사장재)의 배치 ········· 303
   5.2.7 주탑 ········· 308

5.3 PSC 사장교 상세설계 ········· 314
   5.3.1 일반사항 ········· 314
   5.3.2 구조해석 ········· 316
   5.3.5 경사cable의 장력 ········· 318

5.3.4 주거더 설계 ··· 319
5.3.5 주탑 설계 ··· 324
5.3.6 경사cable(사재) ··· 329

⊙ 제 6 장_ Extradosed PSC 교

6.1 일반사항 ··· 333
  6.1.1 개요 ··· 333
  6.1.2 Extradosed PSC교의 특징 ··· 335

6.2 Extradosed PSC교의 기본구조 및 형식 선정 ··· 337
  6.2.1 개요 ··· 337
  6.2.2 Extradosed PSC교의 경간 구성 ··· 339
  6.2.3 Extradosed PSC교의 폭원 구성 ··· 339
  6.2.4 주거더의 지지형식 및 결합방법 ··· 340
  6.2.5 주거더의 단면형상 ··· 341
  6.2.6 경사cable의 배치 ··· 344
  6.2.7 주탑 ··· 346

6.3 Extradosed PSC 상세설계 ··· 349
  6.3.1 일반사항 ··· 349
  6.3.2 구조해석 ··· 351
  6.3.3 주거더 설계 ··· 352
  6.3.4 주탑 설계 ··· 355
  6.3.5 경사cable ··· 359

⊙ 제 7 장_ 복합구조교

7.1 파형강판 web PSC Box Girder교(PSC Box Girder Bridge with corrugated steel web) ··· 365
  7.1.1 개요 ··· 365
  7.1.2 파형강판 web PSC Box Girder교의 역사 ··· 366
  7.1.3 파형강판 web PSC Box Girder 단면구성 ··· 366
  7.1.4 파형강판 ··· 367
  7.1.5 콘크리트 슬래브와 파형강판 web의 접합 ··· 369
  7.1.6 가로보·격벽 등 ··· 372
  7.1.7 External cable의 정착 ··· 373

7.2 복합 트러스교 ··· 374

  7.2.1 개요 ·· 374
  7.2.2 복합 트러스교의 구조계획 ·· 376
  7.2.3 격점부의 설계 ·· 376
  7.2.4 가로보·방향변환부등 ·· 378
  7.2.5 구조설계 ·· 379
 7.3 프리플렉스(Preflex) 합성거더교 ·· 380
  7.3.1 개요 ·· 380
  7.3.2 프리플렉스 단순합성거더 ·· 384
  7.3.3 프리플렉스 연속합성거더 ·· 386
 7.4 혼합거더교 ·· 391
  7.4.1 개요 ·· 391
  7.4.2 구조계획 ·· 392
  7.4.3 접합부 설계 ·· 396
 7.5 강결구조(강(鋼) 상부구조와 콘크리트 교각의 강결구조) ···································· 402
  7.5.1 개요 ·· 402
  7.5.2 설계의 기본 ·· 403
  7.5.3 강결부의 구조 ·· 404
  7.5.4 강결부의 단면력 전달 기구 ·· 405
 7.6 강합성거더를 사용한 Portal Rahmen교(Integral 복합라멘교) ························· 410
  7.6.1 개요 ·· 410
  7.6.2 Integral 복합라멘교의 특징 및 설계시 고려사항 ···································· 410
  7.6.3 강결부(우각부) 구조 ··· 411
  7.6.4 시공순서 ·· 415
  참고문헌 ·· 416

제IV편 교량의 하부구조 계획과 설계

⊙ 제 1 장_ 교량기초의 계획과 설계

 1.1 개요 ·· 425
  1.2 기초구조 형식의 분류 ·· 426
  1.2.1 기초구조의 분류 ·· 427
  1.2.2 기초형식의 분류 ·· 427
 1.3 각종 기초공법의 개요 및 특성 ·· 432

1.3.1 직접기초 432
1.3.2 타입말뚝 기초공법 433
1.3.3 속파기(中掘) 말뚝공법 438
1.3.4 현장타설 콘크리트 말뚝공법(Cast-in-Site pile) 440
1.3.5 강관널말뚝 기초(강관널말뚝 우물통 기초) 445
1.3.6 CAISSON 기초 447
1.3.7 치환공법 453

1.4 기초형식의 적용범위 및 선정상의 특징 454
1.4.1 개요 454
1.4.2 적용범위 및 선정상의 특징 454

1.5 기초구조의 형식 선정 458
1.5.1 기초형식 선정의 요인 458
1.5.2 기초형식 선정 460

1.6 기초구조의 계획 · 설계 469
1.6.1 일반사항 469
1.6.2 직접기초 475
1.6.3 말뚝기초 483
1.6.4 케이슨(Caisson)기초 501
1.6.5 강관 널말뚝 기초 506

⊙ 제 2 장_ 교대의 계획과 설계

2.1 교대의 종류 및 적용성 517
2.1.1 교대의 종류 및 특징 517
2.1.2 교대의 기능 및 적용성 521

2.2 교대의 형식 선정 526
2.2.1 교대 형식 선정시 착안사항 526
2.2.2 교대 높이와 형식과의 관계 527

2.3 교대 각부의 계획과 설계 528
2.3.1 교량 받침대의 계획 528
2.3.2 흉벽(Parapet)의 설계 531

2.4 교대 형식별 계획 532
2.4.1 중력식 교대의 형상과 치수 532
2.4.2 반중력식 교대의 치수 533

- 2.4.3 역T형 교대의 계획 533
- 2.4.4 부벽식 교대의 계획 536
- 2.4.5 중간이음 라멘 교대(Spill through Abutment) 539
- 2.4.6 Rahmen식 교대(교축방향 라멘 교대) 540

2.5 경사 교대 542

- 2.6 교대접속판(Approach Slab) 543
- 2.6.1 접속판 설치 543
- 2.6.2 접속판의 길이 및 두께 544
- 2.6.3 접속판 지지대(Bracket) 545

2.7 날개벽(Wing Wall) 546

- 2.7.1 날개벽의 형상 546
- 2.7.2 날개벽의 치수 547

⊙ 제 3 장_ 교각의 계획과 설계

3.1 교각 형식의 분류 및 특징 553
- 3.1.1 재료에 의한 분류 553
- 3.1.2 교각기둥 단면 형상에 의한 분류 556
- 3.1.3 교각의 구조계에 의한 분류 558

3.2 교각의 형식 선정 559

3.3 교각 각부의 계획과 설계 560
- 3.3.1 교량 받침의 연단거리(S) 및 받침 지지길이(N) 560
- 3.3.2 교각멍에보 폭 산정 562
- 3.3.3 교각두부(멍에보)의 경사 562

3.4 철근콘크리트 교각의 형식별 계획 564
- 3.4.1 T형 교각(Hammer head Type) 565
- 3.4.2 Cantilever를 갖는 Rahmen 교각 566
- 3.4.3 문형(門型) 라멘교각 568
- 3.4.4 높이가 높은 교각 569
- 3.4.5 중력식 교각 572
- 참고문헌 575

제 V 편 부대시설

⊙ 제 1 장_ 교량받침

1.1 일반사항 581
1.2 교량받침의 기능과 기구 582
    1.2.1 교량받침의 기능상 분류 582
    1.2.2 작용하중 종류와 교량받침 기능 583
    1.2.3 교량받침기능의 분리 585
    1.2.4 교량받침이 요구하는 성능 585
    1.2.5 교량받침 기능과 기구 586
1.3 교량받침의 재료 및 기능상의 분류 588
    1.3.1 고무받침(탄성받침: Elastomeric Bearing, Laminated Rubber Bearing) 588
    1.3.2 강제받침 591
    1.3.3 콘크리트 받침 594
    1.3.4 기능분리형 받침 594
1.4 교량받침의 종류 595
    1.4.1 고무받침(Elastomeric Bearing, Rubber Pad Bearing) 종류 596
    1.4.2 강제받침 종류 598
    1.4.3 콘크리트 받침 종류 606
    1.4.4 지진 시 기능분리형 받침 종류 607
1.5 교량받침 형식 선정 611
    1.5.1 교량받침 형식 선정시 고려사항 611
    1.5.2 교량형식 및 지지조건에 따른 받침형식 선정 612
1.6 교량받침의 배치 613
    1.6.2 받침배치의 기본 614
    1.6.2 교량받침 기능을 확보하기 위한 배치 617
    1.6.3 받침부의 설치공간 확보 617
1.7 교량받침 설계 618
    1.7.1 교량받침 설계시 고려사항 및 이동량 618
    1.7.2 고무받침 설계 622
    1.7.3 강제받침의 설계 630
    1.7.4 교량받침의 구속조건 641
    1.7.5 지진력의 작용방향 641
    1.7.6 교량받침에 따른 계획시 주의사항 641

⊙ 제 2 장_ 신축이음

2.1 신축이음의 기능과 분류 ·· 647
- 2.1.1 교량에 사용하는 신축이음의 기능 ······································ 647
- 2.1.2 신축이음의 종류 ··· 647

2.2 각종 신축이음의 특징 ·· 648
- 2.2.1 맞댐식 신축이음 ·· 648
- 2.2.2 하중지지식 신축이음 ·· 655

2.3 신축이음의 설계 ·· 660
- 2.3.1 신축이음의 설계·시공의 흐름도 ·· 661
- 2.3.2 신축량의 결정 ··· 662
- 2.3.3 신축이음 형식 선정 ··· 668
- 참고문헌 ··· 674

Contents | 1권 찾아보기

제 I 편 계획설계 일반

⊙ 제 1 장_ 서론
1.1 개요
1.2 교량공학에서 사용하는 일반용어
1.3 교량공학에서 사용하는 동의어 및 유사용어
1.4 교량의 구성과 명칭
1.5 교량의 분류

⊙ 제 2 장_ 각종 기준, 규칙 등
2.1 도로교에 관계되는 기준, 규칙
2.2 도로교에 관계되는 시방서, 설계기준 개정 과정

⊙ 제 3 장_ 교량계획의 일반사항
3.1 교량계획에 있어서 기본적인 고려사항
3.2 교량설계과정
3.3 공정보고 및 성과품

⊙ 제 4 장_ 교량계획·설계시 조사
4.1 개요
4.2 조사 내용과 목적
4.3 설계업무의 구분에 따른 조사업무

⊙ 제 5 장_ 교량계획 및 설계

5.1 교량 기본계획(도로 타당성 조사단계)
5.2 교량기본설계
5.3 실시설계

제II편 강교

⊙ 제1장_ 강교의 개요

1.1 일반사항

⊙ 제2장_ 강교의 바닥판

2.1 개요
2.2 콘크리트계 바닥판
2.3 강·콘크리트 합성 바닥판
2.4 강바닥판(Orthotrpic Steel Plate Deck)

⊙ 제3장_ 바닥틀

3.1 일반사항
3.2 바닥틀 구조

⊙ 제4장_ 플레이트 거더(Plate Girder) - 일반

4.1 일반사항
4.2 합성거더

⊙ 제5장_ I-형 단면거더교(I-type plate girder bridge)

5.1 일반사항
5.2 일반 I-형 단면거더교의 계획·설계
5.3 2주 거더교(소수 주거더교)

⊙ 제6장_ 강박스거더교(Steel Box Girder Bridge) (철근콘크리트, 바닥판을 갖는 강박스거더교)

6.1 폐단면박스거더교
6.2 개단면 강박스거더교

⊙ 제 7 장_ 강바닥판 거더교

7.1 개요
7.2 강바닥판교의 계획 · 설계
7.3 설계세목과 기타 사항

⊙ 제 8 장_ 곡선교 · 사교(斜橋)

8.1 곡선교
8.2 사교(斜橋)

⊙ 제 9 장_ 강 TRUSS교

9.1 개요
9.2 트러스교의 계획
9.3 트러스교의 주요 부재 배치
9.4 부재단면 및 골조선
9.5 트러스교 형식별 설계 예

⊙ 제 10 장_ 강 아치교(STEEL ARCH BRIDGE)

10.1 개요
10.2 강아치교의 계획
10.3 아치교의 주요부재 배치
10.4 강아치교의 예(외국)

⊙ 제 11 장_ STEEL RAHMEN BRIDGE(강 라멘교) 및 강제교각

11.1 강 라멘교
11.2 강제라멘 교각

새로운 구성
교량계획과 설계

콘크리트교

새로운 구성 교량계획과 설계

제Ⅲ편 콘크리트교

제1장 일반사항

| 새로운구성 교량계획과 설계 |

⊙ 제 1 장_ 일반사항

1.1 교량형식

콘크리트교는 설계하중이 작용할 때 콘크리트의 균열이 발생하는 것을 개선하는 정도에 따라 철근콘크리트교(Reinforced Concrete교: R.C교), 프리스트레스트 콘크리트교(Prestressed Concrete교: P.S.C교), 및 RC교와 PSC교의 중간적인 특성을 가진 PRC교(Partial Prestressed Concrete교: PRC교)라고 부르며, 그에 따라 분류한다.

철근콘크리트교는 20m 정도 이하의 소교량 및 콘크리트의 재료특성을 합리적으로 활용하여 설계·시공한 아치교가 많다. 프리스트레스트 콘크리트교는 도로교-철도교에서 일반적으로 적용하는 구조로 정착되었고 각종 구조형식의 교량이 다양한 시공법에 의해 많은 교량이 가설되고 있다.

PRC교는 RC교 및 PSC교에 비하여 그의 역사가 짧고 설계방법이 허용응력 설계법에서 한계상태 설계법으로 이행되어지고 있는 범용적인 구조라 할 수 있다.

균열의 특성의 개선도에 따른 분류와는 다른 점이 있으나 콘크리트와 강재의 특성을 이용한 복합교가 최근에 교량 설계·시공하는데 많이 적용되고 있는 실정이다.

1.1.1 철근 콘크리트교

(1) 슬래브교(Slab Bridge)

슬래브교는 가장 단순한 형식으로서 폭이 넓고 1매의 판으로 구성되어 있다. 그의 형식은 다른 형식에 비하여 구조높이가 낮고 시공성이 우수하다. 일반적으로 자중이 커서 20m이하의 짧은 지간 교량에 채용된다. 도로의 하천교, 고가교 등에 다수가 채용됐으며, 슬래브교의 단면형상으로는 속찬슬래브교, 속빈슬래브교로 분류하고 슬래브교의 구조형식으로는 단순슬래브, 연속슬래브, 라멘식 슬래브 등이 있다.

도로교의 경우에는 주행성, 내진성을 중요시하여 연속 슬래브 및 연속라멘식 슬래브교(교각을 Hinge 결합하는 형식과 강결하는 형식의 2종류가 있다)를 적용하는 경우가 많다.

(2) 거더교

거더교의 단면형상은 T-형 단면과 상자형 단면이 있다. 그의 단면구성은 Flange와 Web으로 되어 있으며 거더의 기능과 바닥판의 기능을 동시에 가지고 있는 특징이 있다. 상자형 단면(Box단면)은 Gerber

거더의 중간지점 및 비교적 긴 지간의 연속교에 채용하고 있다. 실제 적용지간은 다음표 1.1.1에 있으며 RC거더교는 최근 도로교에서는 적용하는 경우가 적다.

⊙ 표 1.1.1 RC거더교의 적용지간

지간(m)	10	20	30	40	50
T-형 거더					
박스거더					

(3) 라멘교

라멘교는 보(슬래브, 거더)와 교각을 일체적으로 거동하도록 한 구조로서 온도변화, 건조수축, 지점이동 등의 부정정력이 발생하며, 그의 영향이 크지 않은 경우나 지진력이 각 교각에 분산되도록 되어 경제적이다. 기초 변위의 영향을 무시하지 않은 경우에는 그의 영향을 고려한 구조해석을 해야할 필요가 있다.

(4) 아치교(Arch Bridge)

아치교는 오래 전부터 시공되어 왔으며, 압축에 강한 콘크리트를 적용한 가장 합리적인 교량형식이다. 한편, 아치기초에는 큰 축력이 작용하여 타형식보다는 견고한 지지층이 필요하게 된다.

아치교의 시공은 과거에는 고정동바리공법에 의해 시행되어 왔으나, 최근에는 cantilever 가설공법을 이용하여 장대지간의 아치교를 시공하고 있는 실정이며, 로아링공법으로는 중지간 정도의 아치교를 시공하는 등 다양한 시공법을 적용하고 있다.

또한 도로의 고가교에서는 교각을 가진 다 경간 아치교를 시공하고 있으며 시공법, 구조형식을 다양화를 도모하고 있는 실정이다.

1.1.2 프리스트레스트 콘크리트교(Prestressed Concrete Bridge)

(1) 슬래브교

철근콘크리트교와 같은 단면형상, 구조형식을 적용한다. RC교에 비교하여 장지간에 적용이 가능하며 연속속빈슬래브교의 경우는 외국에서는 35.0m 정도까지 실적이 있다. PSC교의 경우에는 고정동바리에 의한 시공법이 있고, Precast 거더를 이용하는 방법, 이동 동바리를 이용한 방법 등의 시공법이 있다.

(2) 거더교

PSC교에서 가장 실적이 많은 것이 거더교이며, 단면형상, 구조형식, 시공법을 조합하여 다종다양한 교량을 계획할 수 있다.

단면형상을 결정하는 주요 요소로는 구조형식, 시공법을 분류하면 다음 표 1.1.2와 같다.

⊙ 표 1.1.2 PSC 거더교의 종류

단면형태	명칭	구조형식	시공법
T-형 거더	Pretension T-형거더	단순거더, 연결거더	Precast 거더가설
	Post-tension T-형거더	단순·연결거더, 연속거더	〃
	Post-tension 합성거더	〃	〃
	2-주형거더교	단순, 연속, 라멘	고정동바리공, 이동동바리공
박스거더	Pretension 박스거더	단순속빈슬래브	Precast 거더가설
	Post-tension 박스거더	단순, 연속, 라멘	고정동바리공, 이동동바리공, 압출공법, Cantilever공법

(3) 라멘교

일반적으로 라멘구조는 고차부정정구조물로서 교각의 형상, 교각의 지지조건, 부재결합조건 등이 변하기 때문에 다양한 구조거동을 가진 구조로 계획하게 된다. 많은 PSC 라멘교의 구조형식으로는 실적이 많고, 특징적인 것을 추출하는 데는 다음과 같은 것을 고려한다.

① 사재가 부착된 π형 라멘교 :
② 2-Hinge 문형 라멘교(L_{max} = 50.0m)
③ 연속 유(有) Hinge 라멘교
④ 연속 V형 교각 라멘교

연속라멘교는 프리스트레스 힘, 콘크리트의 건조수축, Creep, 온도변화 등에 따른 부정정력이 발생하므로 필히 이에 대한 고려를 하여야 한다.

(4) PSC 사장교

PSC 사장교는 주탑에 주거더를 사로 걸쳐놓은 경사Cable에 매달아 지지시킨 교량형식으로 매달아 놓은 위치에서 주거더를 탄성지지하는 기능과 인장력을 도입하므로서 주거더에 작용하는 하중을 상쇄시켜주는 것과 주거더 및 주탑에 프리스트레스를 도입하는 일종의 외Cable의 기능의 2가지 기능을 가지고 있다.

특히 후자의 기능은 강교의 경우는 큰 압축력을 받게 되어 이를 지지하기 위해서는 부가적인 강재가 필요하게 되는 경우가 있지만 콘크리트교의 경우는 압축력에 강한 콘크리트의 재료특성을 유효하게 이용하게 되어 이에 대해서는 아주 유리하게 된다.

PSC 사장교의 특징은 다음과 같은 것이 있다.

① 장대교에 적합한 형식이다.
② 거더의 높이가 낮아 다리밑 공간의 제약을 받는 가교위치에 유리하고, 횡하중이 적어진다.
③ 주탑, 경사Cable 및 주거더의 강성, 부재의 결합조건 등이 변하기 때문에 다양한 구조거동을 가진 구조계를 연출할 수 있다.

④ 경사cable을 이용하게 되므로 긴 지간의 Cantilever 가설공법의 적용이 가능하게 된다.
⑤ 독특한 경관연출이 가능하다.

(5) Extradosed PSC교(E/D교)

엑스트라도스트교는 종래의 Cantilever 가설을 하던 거더교에서 상부 바닥판내에 배치하던 Cantilever 강재를 유효 적절하게 이용하기 위하여 이를 거더 밖으로 배치하여 큰 편심량을 가진 프리스트레스 힘을 주거더에 작용시키는 교량형식이다. 이 형식의 구조특성은 Cantilever 가설교량과 사장교의 중간 정도이다. 경제적인 지간은 양자의 중간정도의 지간은 100~200m정도를 고려할 수 있다. 경관은 사장교와 유사하며 일반적인 사장교보다 거더 높이가 높고, 주탑높이는 1/2 정도이다. 이것이 사장교에 구별하는 방법이다.

(6) PSC 트러스교

한국에서는 PSC 트러스교 설계실적은 현재까지 없는 것으로 나타났으며, 일본의 경우는 安家川橋 외에 3개소가 있으나 대부분 철도교이고 도로교는 없다. 독일의 경우는 지간 108m를 가진 Mangfall 교, 전 길이 2383m (59×40.132~53.822)의 Bubiyan교 등이 유명하다.

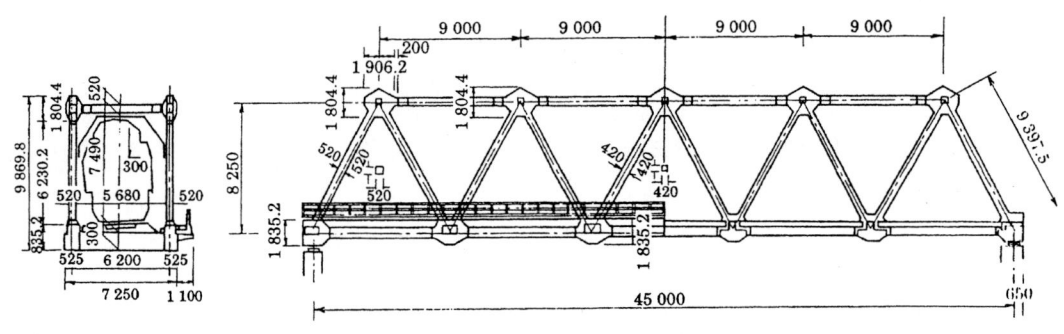

그림 1.1.1 PSC 트러스교(일본:岩鼻橋)

(7) precast segment교

프리캐스트세그먼트교는 프리캐스트세그먼트 공법으로 시공한 교량을 말하며 단면형상은 T-형, 상자형, 합성거더가 있다. 옛날에는 프리캐스트 가설공법으로 가설한 Pretension 거더교, Post-tension T-형 거더 및 합성거더가 있고, 최근에는 교축방향 및 교축직각방향을 분할한 교체의 segment를 제작장에서 제작하여 가설현장으로 운반하여 가설하는 precast segment 가설공법이 있으며, 거더교, 라멘교, 아치교, 사장교 및 Extradosed 교의 건설에도 적용하고 있다.

(8) 기타의 형식

1) 현수바닥판교 : 현수교의 Cable과 바닥판을 겸하는 구조형식(그림 1.1.2)

2) 조교(弔橋) : 콘크리트 보강거더를 가진 현수교로서 아일랜드 및 미국 등에 실적이 있다.
3) 빌즈교 : 일종의 프렛슬래브 구조이다(그림 1.1.3).
4) 하로교 : 개단면 및 폐단면(상자형 단면)의 2종류가 있으며 철도교에 실적이 많다(그림 1.1.4).
5) 사판교(斜版橋) : Extradosd 교의 경사cable을 콘크리트로 쌓은 구조로 중량은 많으나 경사cable의 방청, 제진에 적합한 구조이다(한국의 양평대교).
6) 장현거더교 : 건축분야에서 지붕재로 사용하였던 장현보를 응용한 구조이다(그림 1.1.5).
7) 사장정착장현거더교 : 사장교와 장현거더교를 조합하여 만든 구조이다(그림 1.1.5).
8) 핀백교 : 거더상면을 돌출시켜 배면이 고기지느러미 모양의 콘크리트판 중앙에 cable을 배치한 대편심을 가진 구조이다(그림 1.1.6).

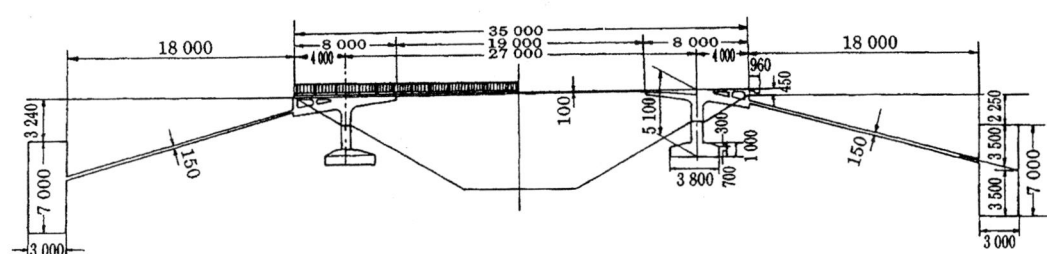

그림 1.1.2 현수 슬래브교

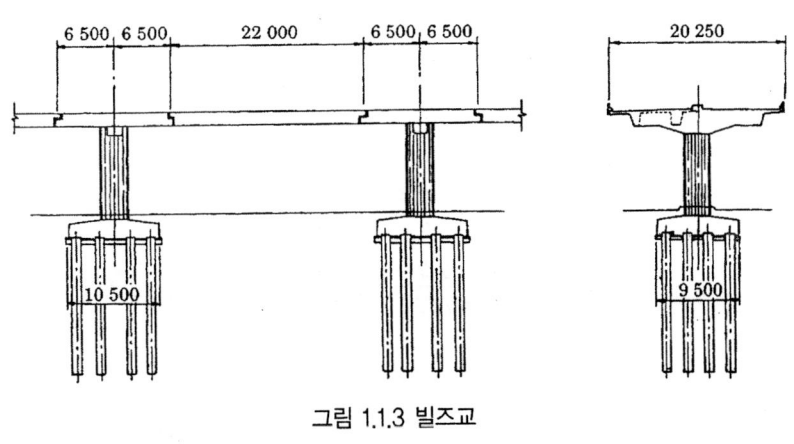

그림 1.1.3 빌즈교

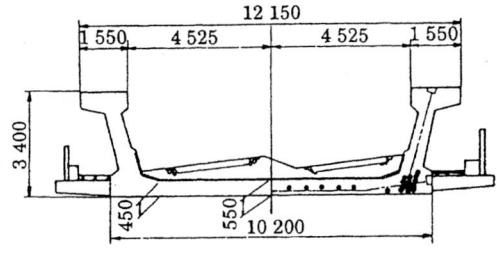

그림 1.1.4 하로교

제1장_ 일반사항

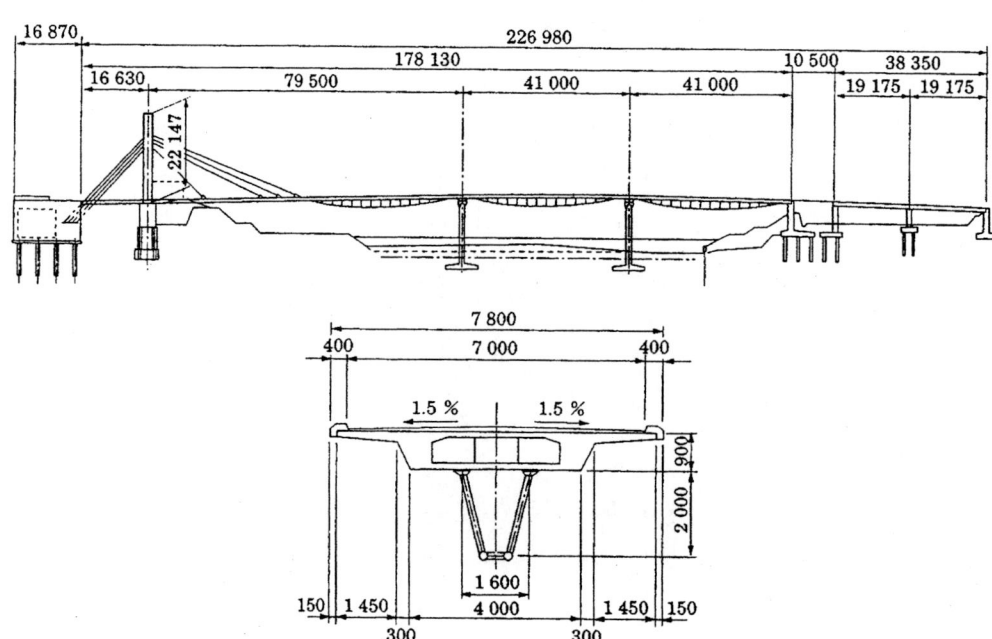

그림 1.1.5 사장정착장현교 및 장현거더교

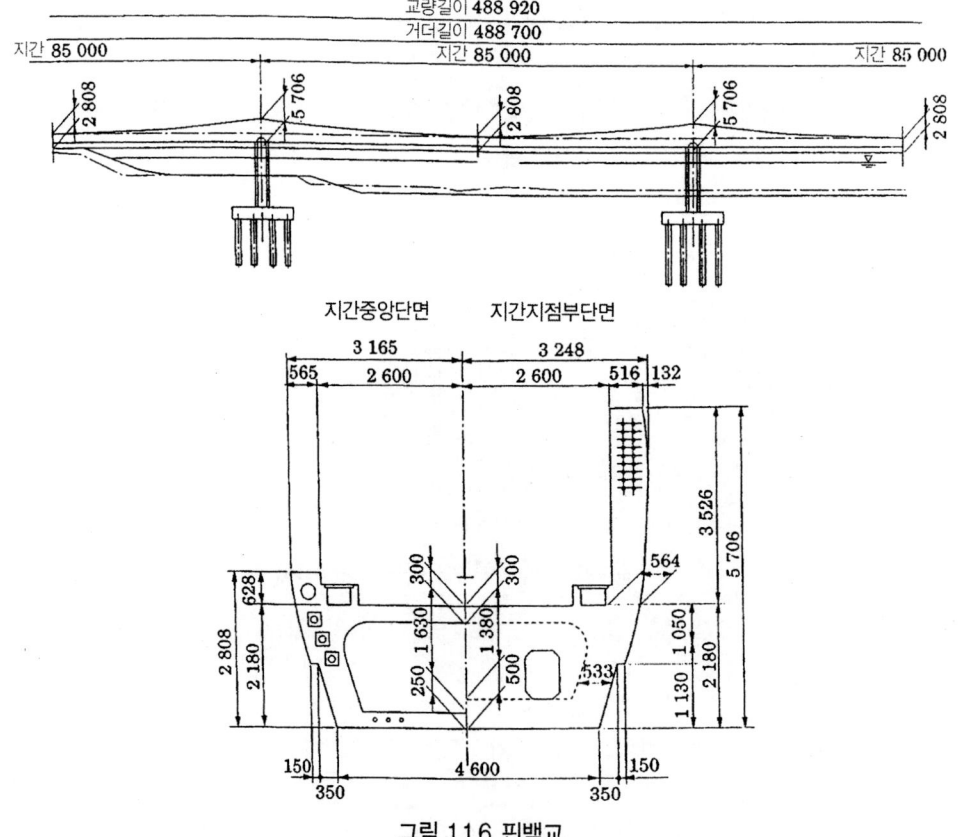

그림 1.1.6 핀백교

1.1.3 PRC교(Partial Rainforced Concrete교)

(1) 정의

설계하중이 작용시에 균열이 발생할 정도로 프리스트레스를 도입하고 적량의 인장철근을 배치하여 균열을 제어한다. 내력은 프리스트레스를 도입한 PS강재와 인장철근으로 확보한다. 여기에 도입되는 프리스트레스량을 지표로 하는 경우의 레벨은 0에서 100사이이다.

(2) 특색

PRC교는 PSC교와 RC교의 중간적인 특색을 나타내며 그의 특징은 다음과 같다.
① 철근과 PS강재의 공사비가 최소가 되도록 조합하여 설계를 한다.
② RC교의 경우는 아래로 처지며 PSC교의 경우는 반대로 위로 솟음이 되어 서로 해소가 되어진다.
③ RC부재의 복원특성이 부족하고 PSC부재를 인성이 부족함을 보완하여 내진성이 풍부한 부재가 된다.
④ PRC교는 PSC교와 RC교의 cost gap을 좁혀서 콘크리트교의 적용범위를 경제적으로 확대하고 있다.

1.1.4 복합교

복합구조라는 것은 강거더를 철근콘크리트에 매립한 철골철근콘크리트(SRC)구조, 아치리브를 강판과 콘크리트의 합성구조를 채용한 합성 아치교, 주거더를 강거더와 콘크리트 거더와 혼합한 혼합교 및 교량으로서의 전체구성부재를 콘크리트와 강재가 사용되는 것이 분리된 교량 등이 있다. SRC 구조는 RC 구조에 비교하여 공사비가 조금 높고 동바리공이 불필요하며 거더의 높이가 낮아서 가교조건에서 유리하다. 이와 같은 구조는 H-Beam 매립거더 및 Preflex Beam이 있다.

최근에는 박스거더의 상하 바닥판을 콘크리트로, Web는 파형으로 가공한 강판을 사용한 파형강판 Web 박스거더교가 시공되고 있고 또한 Web를 강트러스를 사용한 강트러스 Web PS교의 시공 예가 많이 있다.

복합교의 형식은 다음과 같은 것이 있다.

(1) H-Beam 매립거더교

H-Beam을 콘크리트 속에 매립한 슬래브교. 일반적으로 10m 전후의 철도교에 사용한 예가 많다. 연속형식으로는 지간이 43m의 실적이 있다(그림 1.1.7).

(2) Preflex Beam교

H-Beam을 매립한 I-형거더로 H-Beam을 휨을 주고 콘크리트를 타설하여 프리스트레스를 도입

하는 합성 거더교이다. 지간 20~45m 정도에 적용하며 거더 높이가 지간의 1/30 정도이다.

(3) 합성 아치교
아치링의 콘크리트 타설용 지보공으로 사용한 강제 샌들을 그대로 매설하여 응력분담을 하도록 한 구조이다.

(4) 혼합 주거더를 가진 교량
콘크리트 거더는 압축력에 강한 성질과 강거더는 인장력에 강하고 가벼운 성질을 적재적소에 조합하여 일체로 거더를 구성하는 구조이다.

(5) 혼합부재를 가진 교량
혼합부재를 가진 교량으로는 사장교 및 아치교가 있으며, 아치리브, 수직재 및 바닥판을 콘크리트 부재로 하고 보강거더를 강부재로 사용한 아치교(그림 1.1.8)

(6) 파형강판 Web 박스거더교
휨에 대한 합리적인 PSC 부재를 압축 Flange로 하고 경량으로 전단에 대하여 유효한 파형강판을 Web에 사용한 합성구조의 단면을 가진 박스거더교를 말한다.

(7) 강트러스 Web PS교
주거더를 경량화 하는 것은 하부구조·기초구조를 포함해서 합리화의 추구를 위한 이상적으로 계획된 구조이다. 박스거더에서 Web를 트러스부재로 함으로써 압박감을 주지 않은 경관을 창출하는 것이 특징인 교량이다.

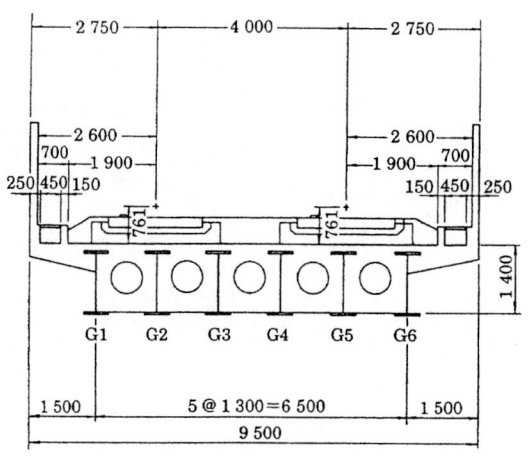

그림 1.1.7 H-Beam 매립 거더

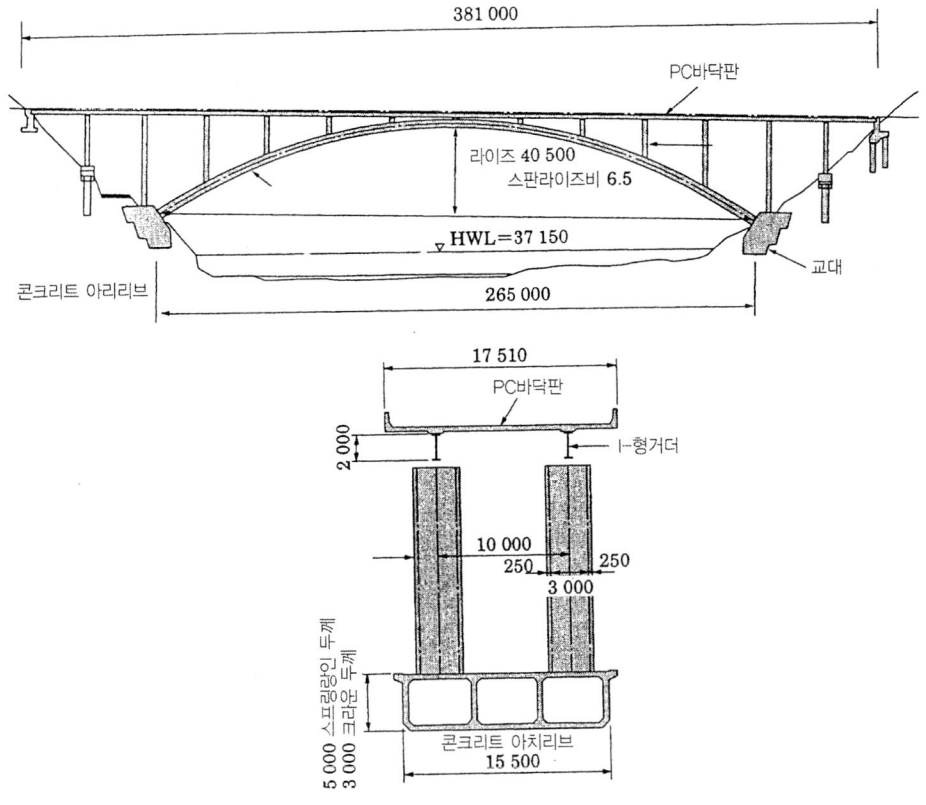

그림 1.1.8 혼합부재를 가진 아치교

1.2 프리스트레스트 콘크리트의 정착 공법

1.2.1 정착장치의 개요

부재나 구조물에 프리스트레스를 도입 방법은 크게 분류하면 Pretension 방식과 Post-tension 방식의 2종류가 있다.

Pretension 방식은 PS강재를 소정의 장력을 준 후에 철근 및 거푸집을 조립하고 콘크리트를 타설한 후에 강재와 콘크리트 사이에 충분한 부착강도를 얻었을때 장력을 개방하고 부재의 양단의 강재를 절단하며 PS강재가 원상태로 복원하려는 힘을 이용하여 부재에 prestress를 주는 방식이다. 이 방식은 PS강재나 콘크리트가 직접 접촉하여 양자가 일체가 되므로 정착장치가 필요하지 않는다.

한편, Post-tension 방식은 철근·거푸집을 조립하고 부재 내부에 PS강재 삽입용의 관 모양의 공간을 확보하기 위하여 sheath를 배치하고 콘크리트를 타설·양생하여 소정의 압축강도를 확보한 후 sheath내에 PS강재를 삽입하고 장력에 의한 부재의 반력을 받도록 하여 프리스트레스를 도입하는 방식이다. 이 방식은 프리스트레스의 도입중 PS강재를 sheath에 삽입하여 콘크리트 부재 끝단을 절단하며 도입하는 장력을 연속적으로 확보하기 위해 강재단부에 정착장치를 배치하고 강재의 장력을 유지시키도록 PS강재를 정착장치에 고정시킨다.

또한 정착 공법에는 사장교의 경사Cable의 정착이나 Ground Anchor 등이 있다.

1.2.2 긴장 시스템(System)의 선정

프리스트레스 콘크리트의 정착공법에는 여러 종류가 있으며 이들은 각각의 특징이 있다. 따라서 설계 및 시공을 하는데 있어서 이들 각각의 긴장 시스템을 이해하고 적용해야 한다.

(1) 교량에 적용되는 Post-tension 방식의 정착방법

1) 쐐기식 : 반경방향의 wedge(쐐기) 작용 또는 원주방향의 wedge 작용을 이용해서 PS강선, PS강연선, 평행으로 배치한 PS강선 다발 또는 PS강봉을 정착하는 방식
2) 나사식 : PS강선 또는 PS강봉의 단부를 나사전조가공을 해서 Nut로 정착하는 방식
3) 루프식 : 파상이나 Loop 모양으로 구부려 배치한 PS강선이나 PS강연선을 직접 콘크리트에 매립해서 콘크리트 와의 부착 또는 지압에 의해서 정착하는 방식

(2) 긴장시스템의 선정방법

프리스트레스를 주는 긴장시스템은 구조물의 종류, 형상 및 치수, 소요의 프리스트레스의 힘의 크기, 또 시공방법 등을 고려하여 가장 합리적인 것을 선정하여야 한다.

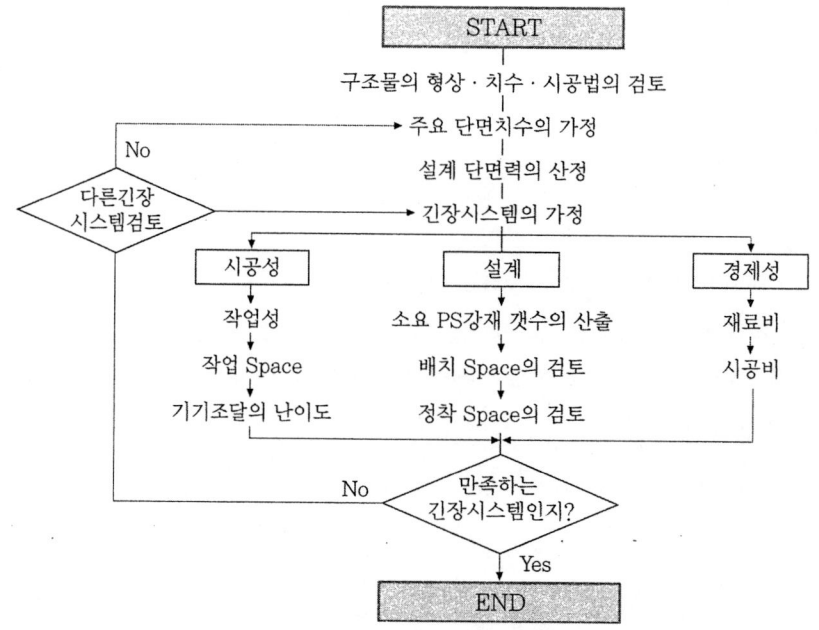

그림 1.2.1 긴장 system 의 선정에 관한 설계 Flow(예)

긴장시스템은 어느 Mechanism 을 기본으로 해서 구성된 정착구와 그의 부수적으로 따르는 정착체에 지정된 긴장재, 인장장치, Sheath, 및 보강재 등으로 구성하여 일련의 프리스트레스를 도입하는 체계이다. 그의 긴장 시스템은 긴장재의 정착 및 접속의 기구는 각각의 특징을 가지는 많은 정착공법이 있다. 각각의 특징을 갖춘 정착공법은 긴장재 1본 당의 인장력, 정착구나 접속구의 형상 및 치수, 배치간격 등이 다른 것이 일반적이다.

그 때문에 부재의 종류, 시공방법 등에 따라서 최적의 긴장시스템을 선정하는 것이 필요하다. 구체적으로 설명하기 위해 긴장시스템의 선정에 관한 설계 흐름의 예를 그림 1.2.1에 표시한다.

이 그림에서 특히 긴장시스템의 가정을 하는 경우 기본적인 사항으로 아래의 사항을 고려한다.

① Bond(부착)방식이든가 Unbond(비부착)방식이든가
② PS강재의 종류
③ 단위 긴장재의 인장력
④ 정착장치의 활동량(slip)에 따른 정착기구의 기능상의 특징
⑤ 접착부 콘크리트의 강도
⑥ 정착구 및 접속구의 형상 및 치수 등이다.

긴장시스템의 선정은 설계자가 결정하게 되나 전체로서의 경제성 및 내구성은 부분적인 각 사항을 반복해서 검토하고 구조물 또는 부재의 설계에 있어 기본원칙을 고려한 후에 종합적인 평가에 의해 가장 합리적인 긴장시스템을 선정하여야 할 필요가 있다.

1.2.3 교량에 사용하는 대표적인 정착공법

교량에 사용하는 PS강재는 일반 케이블, 사장 케이블, 외 케이블 및 싱글 케이블로 분류한다.

(1) 일반 케이블(Cable)

1) Anderson 공법 (쐐기식 정착방식)
2) BBR 공법 (쐐기식 정착방식)
3) Dywidag 공법 (나사식 정착방식 · 쐐기식 정착방식)
4) FKK Fryssinet 공법 (쐐기식 정착방식 · 쐐기식+나사식 정착방식)
5) SEEE 공법 (쐐기식 정착방식)
6) VSL 공법 (쐐기식 정착공법, 쐐기식+나사식 정착방식)
7) OSPA 공법 (보텐헤드 + 나사식 정착공법)

(2) 사장(경사) 케이블

1) Anderson 공법

2) Dywidag 공법

3) FKK Fryssinet stay cable H system

4) HiAm 및 DINA Anchor cable

5) SEEE 공법

6) VSL stay cable system

(3) 외부 케이블(External cable)

1) Anderson 공법(SSA cable system, ASE cable system)

2) BBR 공법(V system, 코나·마르치 system)

3) Dywidag 공법

4) FKK Fryssinet 공법

5) SEEE 공법

6) VSL 공법

(4) 싱글 케이블(Single cable)

1) BBR 공법

2) FKK single strand system

3) VSL 공법

1.3 외부 Tendon 방식의 PSC 교량

일반적으로 PS강재를 부재의 내부에 배치하는 방법과 부재 외부에 배치하는 방법이 있다. PSC 구조물의 초기의 설계·시공은 PS강재를 내부에 배치하기 시작하였다. 서구에서는 1920년대에 외부강재배치 방식이 처음 시도되었다. 그 후 1950년대에 다수가 건설되었으나 초기에 건설된 외부 Tendon 방식의 PSC 교량은 양호한 결과를 가져오지 못하였다. 그 결과는 cable 방청의 미발달에 따라 고가의 보수비와 cable의 방향변화부 설계기술 미숙에 따라 적용이 안되다가 최근에 PSC 구조물의 영구성을 보장하는 cable 방청기술의 향상과 대구경 cable의 개발에 따라 많은 PSC 교량에 이 방식의 교량이 건설되고 있는 실정이다.

1.3.1 외부 Tendon(cable)의 개요

(1) 구조와 특징

외부 cable방식의 PSC교의 구조는 PScable을 web의 외측에 배치하고 지점상이나 중간가로보부 등에서 cable 설치방향과 편심거리를 변경하여 외부작용하중에 저항하도록 하고 있다. 종래의 내부 cable

방식은 cable 배치 형상이 포물선 형상이었으나 외부 cable 방식의 cable 배치 형상은 다각형이다.

외부 cable 방식의 PS교량은 내부 cable 방식에 비교하면 다음과 같은 장점이 있다.

1) web 및 슬래브 두께 감소로 경제성이 향상

내부 cable 방식의 경우, cable의 배치 및 정착구 배치에 따른 최소단면의 제약을 받는 경우가 많았다. 그러나 외부 cable 방식은 web 및 slab 내에 duct가 없으므로 이 부분에 부재의 두께가 감소하게 되어 거더의 중량이 경감하게 되므로 경제적인 설계가 가능하다.

2) 생력화와 공기단축을 하여 시공성의 향상

cable을 거더 단면 밖으로 배치함으로써 web 및 바닥판 철근 속에 시공하는 sheath 의 배치, 설치, 고정작업이 불필요하고 이는 부재 내에 sheath가 없으므로 콘크리트 타설이 용이하고 또한 precast block 공법의 경우에는 block 제조가 용이하여 시공성이 향상되고 건설공기가 단축이 가능하다.

3) cable의 교체, cable 재긴장이 가능하여 유지관리 작업이 개선

cable의 부식하는 경우, PS강재에 긴장력이 필요 이하가 되는 경우 등의 결함 있을 때 cable을 교체가 가능하고 재긴장을 하여 prestress의 회복을 할 수가 있어 이에 따라 PS교의 유지관리가 종래의 방식보다 한단계 개선된것이 외부 cable 방식의 큰 특징 중의 하나이다.

4) PS강재의 마찰에 의한 응력 손실의 경감

지점상 및 중간 가로보(격벽)등의 방향변환부에서 콘크리트와 접촉하여 외부 cable은 PS강재의 마찰 손실을 감소하게 된다.

5) grout의 신뢰성 향상

과거에는 시공되어진 PSC 거더의 grout 시공이 불충분한 경우가 있었다. 시공 후, 10년 이내에 균열·변상이 발생하여 grout를 재시공한 예가 많았다. 이 grout의 재시공하는 데는 거더의 각 부에 grout hole을 만들어야 한다. grout 시공이 불충분하면 거더의 전 cable의 수 본에 grout를 하지 않는 예와 grout의 품질 및 시공방법이 불충분하여 sheath 의 상측 및 정착구 근방등 및 정모멘트가 작용부에 동결수가 모여 있는 등 공극이 있는 예가 있다. 이에 따라 내부 cable방식은 grout의 시공 후에 이와 같은 형상을 확인하기가 곤란하지만 외부 cable 방식은 비교적 확인이 용이하고 불량인 경우에는 보수가 용이하다.

1.3.2 외부 Tendon(cable)의 종류

외부 Tendon의 종류는 Tendon 교체 유무에 따라 분류한다.

(1) cable(Tendon)의 교체를 고려하지 않은 경우

가장 보통으로 사용하고 있는 방법은 열융착 접속한 고밀도 polyethlene sheath를 사용하며 Mortar grout 하는 방법이 있다. polyethlene sheath는 방향변환부의 강관에 접속하여 강관 가운데를 통과하고 정착부의 trumpet sheath에 접속한다.

(2) cable(Tendon)의 교체를 고려하는 경우

cable의 방향 변화부와 정착부에서 콘크리트를 통과하는 부분에 강재 등으로 외관을 설치하고 cable 본체를 Mortar grout 하는 방법이 일반적이다.

(3) cable 교체 및 재긴장을 고려하는 경우

처음에 아연도금이나 polyethlene coating 등의 cable을 사용하여 grout 없이 사용하는 방법이다. 다음은 grease 등의 석유계의 윤활제를 주입한 anbond type의 cable을 사용한다.

최근에는 석유계의 성분이 분리되고 팽창압에 의해 polyethlene에 침투되어 흐르는 문제가 발생하는 문제가 있어 grease 사용을 피하고 있는 실정이다.

1.3.3 외부 Tendon(cable) 방식의 분류

외부 cable 방식의 PSC 교량을 대별하면 아래의 3가지 type이 있다.

(1) 집중식 전 외부 cable 방식

거더에 배치하는 전 cable을 외부 cable 방식으로 하여 지점상의 가로보(격벽)에 전 cable을 정착하는 방법

(2) 분산식 전 외부 cable 방식

거더에 배치하는 전 cable을 외부 cable 방식으로 하고 정착부분을 전 span에 분산배치하는 방법

(3) 분산식 혼합 cable 방식

cable의 일부분을 외부 cable 방식을 사용하고 다른 부분을 내부 cable 방식으로 사용하는 방법 이상의 외부 cable 방식의 기본적 분류를 내부 cable 방식과 대비하면 표 1.3.1과 같다.

⊙ 표 1.3.1 cable 배치 방식의 기본적 분류

		cable 배치장소		
		외부	혼합	내부
정착위치	집중식	집중식 전 외부 cable	-	집중식 내부 cable
	분산식	분산식 전 외부 cable	분산식 혼합 cable	분산식 내부 cable

1.3.4 외부 Tendon(cable) 방식을 적용한 교량(예)

외부 cable 방식의 분류는 앞 절에서 먼저 설명하였고 그에 대한 방식을 선정하는 것은 교량가설 공법에 크게 좌우된다.

아래의 교량가설 공법은 경간분할가설공법(span by span method), cantilever 공법, 압출공법으로 대별되며 이들의 교량가설 공법을 적용하는 데에 외부 cable 방식의 개념을 소개한다.

(1) 경간분할가설공법(Span by span method)

외부 cable 방식의 PSC 교량의 시공방법은 처음 일차로 고려하여야 하는 공법은 연속교에서 각 경간마다 점차적으로 가설하는 공법이다.

이 방법으로 시공하는 가설공법은

1) 고정지보공 위에서 시공하는 방법
2) 이동지보공 위에서 시공하는 방법
3) 대형이동지보공을 이용하여 현수상태에서 하는 방법
4) 대형이동지보공을 이용하여 precast block을 매달아서 일체화하는 방법
5) 가설거더에 임시사재를 사용하여 precast block 을 매달아서 일체화하는 방법

이들은 점진적으로 1경간씩 시공하는 방식을 채용하고 이는 전 외부 cable을 교각상의 격벽(가로보)에 정착하고 또한 cable은 대용량의 것을 사용한다. 이러한 집중식 전 외부 cable 방식을 채용하여 설계 · 시공의 간이화를 도모한다.

(2) cantilever 공법

기 시공되어 있는 교각을 이용하여 교각의 좌 · 우로 하중의 균형을 맞추면서 사용하는 cantilever cable은 ① 종래와 같이 내부 cable을 사용하는 경우와 ② 분산식 외부 cable을 사용하는 경우가 있다.

이들의 시공이 완료되면 측경간과 중앙경간을 연속 cable(continuity tendon)을 ① 종래에 적용하던 내부 cable 방식과 집중식 외부 cable을 병용하여 혼합 cable 방식을 하는 방법, ② 집중식 또는 분산식 외부 cable 방식을 사용하는 방법의 어느 것이나 가능하다.

(3) 압출공법

거더를 압출시에 거더의 상 · 하면에 발생하는 교번응력에 대하여 배치하는 가설용 cable은

① 내부 cable
② 응력 balance(균형)상 추가하는 집중식 또는 분산식 외부 cable을 고려한다.

압출완료 후에는 최종적으로 배치하는 연속 cable은 집중식 외부 cable을 사용한다. 그리고 상 · 하 바닥판에 배치한 내부 cable을 제외한 불필요한 cable은 제거한다.

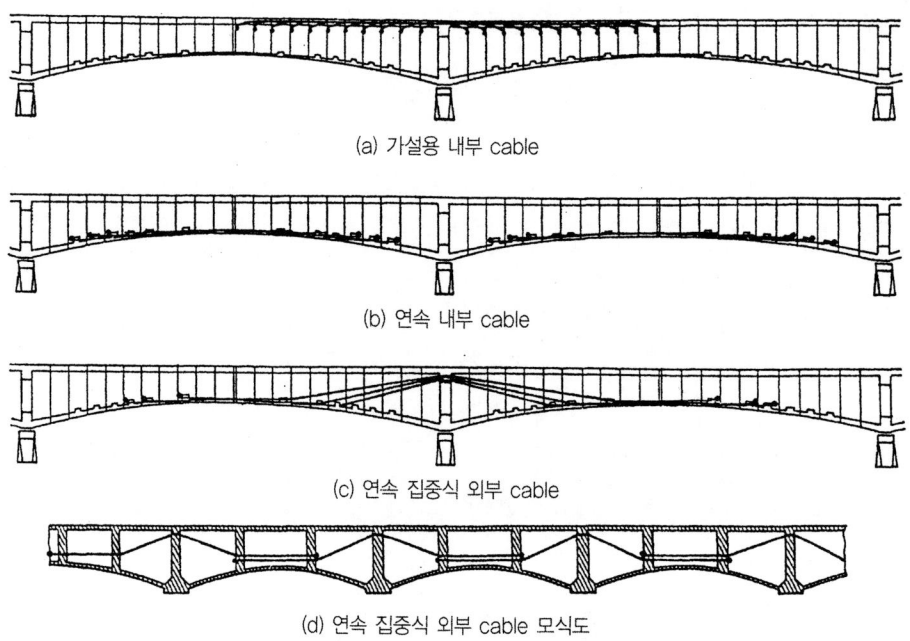

(a) 가설용 내부 cable

(b) 연속 내부 cable

(c) 연속 집중식 외부 cable

(d) 연속 집중식 외부 cable 모식도

그림 1.3.1 cantilever 공법 cable 배치도(예)

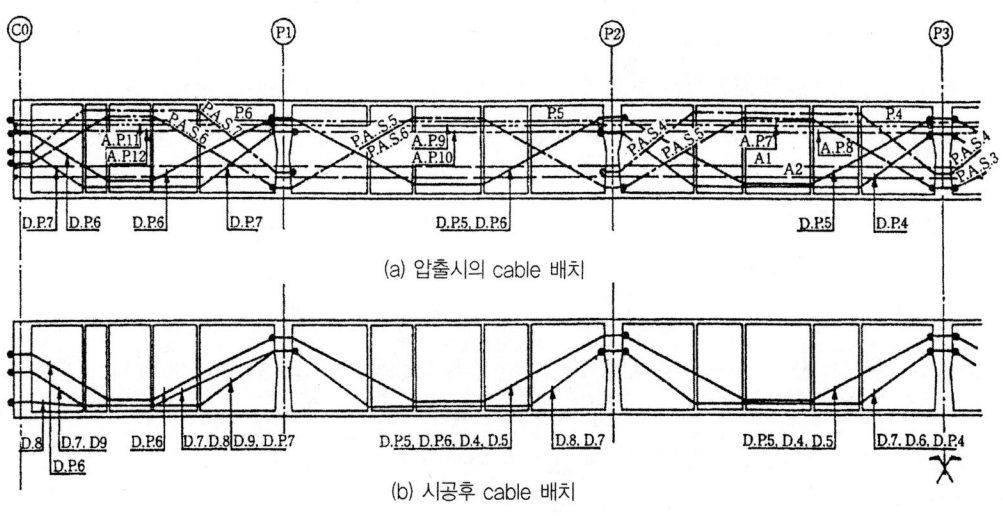

(a) 압출시의 cable 배치

(b) 시공후 cable 배치

그림 1.3.2 압출공법 cable 배치도(예)

1.3.5 외부 Tendon(cable) 채용시 고려사항

(1) cable의 방진대책

외부 cable에 배치하는 cable의 고정간격이 큰 경우에는 활하중 재하시에 cable에 큰 진동이 발생하므로 이에 대한 대책이 필요하다. 이를 방지하기 위해서는 고정점구간의 간격을 10m 이하로 하여 고정할 필요가 있다. 그의 고정점은 지점, 가로보, 방향변환부(deviator)의 block을 이용한다.

(2) 변곡부·정착부의 응력분산의 중요성

외부 cable의 방향변환부 및 정착은 거더 내의 돌기, 거더의 양 단부, 주두부의 격벽 등에서 행해진다. 이 부분은 내부 cable 방식에 비하여 응력 분산이 중요하다.

(3) 방향변환 block의 설계법의 확립

cable의 방향을 변경하는 것은 방향변환부(deviator)에서 이루어지며, 그 부분에는 큰 힘이 작용한다. 방향변화부는 주거더 및 slab 부재에서 밖으로 돌출되어 있어 그의 힘이 편심모멘트 및 접합부에 큰 전단력이 발생한다.

cable의 휨 반경, 휨각도와 지압에 대한 보강방법의 확립 등 합리적·경제적인 방향변환 block 설계법을 확립해야 한다.

새로운 구성 교량계획과 설계

제Ⅲ편 콘크리트교

철근 콘크리트 교량
(Reinforced concrete bridge : R.C교)

제2장

| 새로운 구성 교량계획과 설계 |

제 2 장_ 철근 콘크리트 교량
(Reinforced concrete bridge : R.C교)

철근 콘크리트교는 Reinforced concrete Bridge의 머리 문자만 따서 R.C교라고 부른다. 철근 콘크리트교로서는 슬래브교, 속빈 슬래브교, T형 거더교, 박스 거더교, 라멘교, 아치교 등을 옛날부터 사용하여 왔다. 최근에는 경제적으로 우수한 Prestressed concrete(P.S.C)교와 현장 작업이 적고, 공기가 단축되는 강교로 설계를 많이 하는 경향이 있다. 현재 철근 콘크리트교는 지간이 짧은 슬래브교, 속빈 슬래브교, 라멘교 아치교 등에 적용한 예가 많고, 기타 형식에 대해서는 설계실적이 적다.

철근 콘크리트교의 특징을 다음과 같다.

■ 장점
① 현장조건이 양호하고, 지보공이 필요한 경우에는 운송비가 절감된다. 다경간의 연속교의 경우에 거푸집을 전용하여 사용하므로서 상당히 경제적이다.
② 철근, 거푸집 조립, 콘크리트 타설 등의 시공이 단순 용이하다.
③ 대규모 가설 중장비가 필요하지 않다.
④ 설계가 비교적 간단하다.
⑤ 건설 재료의 수급이 용이하다.
⑥ 유지관리비가 저렴하다.

■ 단점
① 현장에서 모든 작업이 이루워지므로 공기가 길다.
② 시공법에 의하여 품질이 좌우된다.
③ 자중이 크므로 경간이 긴 교량에는 적당하지 않다.
④ 온도변화, 건조수축, Creep에 의해 균열이 발생하여 철근의 부식의 원인이 된다.

2.1 슬래브교

슬래브교란 2방향으로 넓이를 가지며 상대하는 2면이 자유로운 판구조의 교량을 말한다. 슬래브교는 판두께가 얇고, 판자중이 꽤 크지 않은 범위에서 단순지간으로 환산하여 15m 정도 이하의 비교적 짧은 지간의 교량에 적용하는 경우가 많다. 또 슬래브교는 판두께가 얇기 때문에 상부구조 높이에 제약을 받는 장소에 적합한 구조이며, 단순한 구조로 시공성이 뛰어나며, 지간 길이나 교각 구조의 형식에 따라서 Slender하고, 경쾌한 느낌을 주며 다리밑공간을 충분히 확보하여 경관을 고려하는 장소에 적합하며, 시공 실적도 많다.

2.1.1 특징 및 단면형상

(1) 특징

1) 타 교량형식에 비교하여 형고가 낮기 때문에 상부구조 높이에 제약을 받는 경우에 적합하다.
2) 단순한 구조이며 시공이 뛰어나다.
3) 도로의 폭의 변화, 평면곡선에 대응하기 쉽다.
4) 시공법은 일반적으로 고정지보공법 적용
5) 단위 면적당 고정하중이 크기 때문에 경간길이가 짧다.

(2) 슬래브교의 단면형상

슬래브교의 단면형상은 그림 2.1.1과 같이 속찬 단면 형상, Cantilever 슬래브를 갖는 속찬 단면형상, 속빈 슬래브단면, Cantilever 슬래브를 갖는 속빈 슬래브 형상 4가지로 대별할 수 있다.

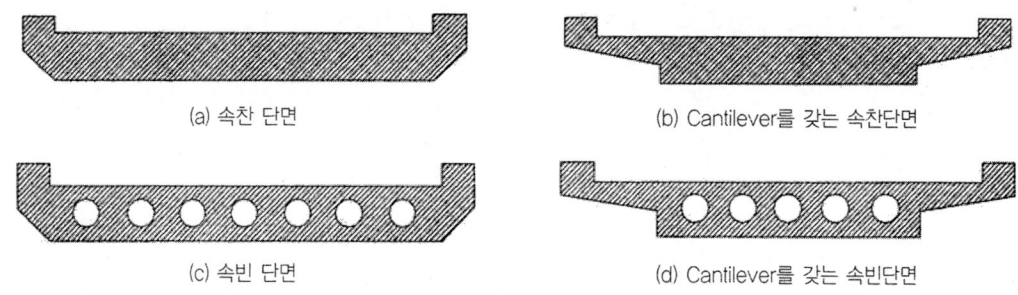

그림 2.1.1 슬래브교의 단면 형상

2.1.2 슬래브의 두께 가정

1등교의 경우에 표준적인 지간에 대한 슬래브 두께는 다음〈식 2.1.1〉~〈식 2.1.4〉에 의해 구하면 손쉽게 단면 산정 할 수 있다. 다만, Cantilever 슬래브를 갖는 교량의 경우에는 여기서 구한 값에 5.0cm정도 두께를 증가시키는 것이 좋다.

(1) 속찬 단면(충실단면)

1) 단순 슬래브 : $h ≒ (L/20) + 0.15(m) : ≤ 10.0m$
$h ≒ (L/20) + 0.10(m) : 10.0 < L ≤ 15.0m$ ── (2.1.1)

2) 연속 슬래브 : $h ≒ (L/25.5) + 0.2(m)$ ──────────────── (2.1.2)

(2) 속빈 슬래브 단면(중공 슬래브단면)

1) 단순 슬래브 : $h ≒ (L/20) + 0.1(m)\ 10 < L < 15m$ ──────── (2.1.3)
$h ≒ (L/20) + 0.05(m)\ L ≧ 15.0m$

2) 연속 슬래브 : $h ≒ (L/26.7) + 0.26(m)$ ──────────────── (2.1.4)

2.1.3 슬래브교의 적용 범위

속찬 슬래브교의 고정하중에 의한 휨모멘트는 근사적으로 다음 식(2.1.5)와 같이 나타낸다.

$$Md ≒ (0.0156L + 0.08) \times M^2\ (T-m)$$ ──────────────── (2.1.5)

또한 활하중에 의한 휨모멘트는 근사적으로 다음식(2.1.6)과 같이 나타낸다.

$$MD = (1.8ℓ + 0.5)\ (T-m)\ (1등교의\ 경우)$$ ──────────────── (2.1.6)

이들 식에서 지간 9.0m 부근에서 $Md \cdot Mℓ$ 이 된다. 과거에는 이 부근의 속찬 슬래브교의 경제적 한계라고 하였고, 그 이상의 지간에 대해서는 속빈 슬래브 또는 T-형 거더 단면이 경제적이라고 생각하여 왔다. 그러나 최근에는 속찬 슬래브교의 경우 단순교는 15.0m, 연속교의 경우 18.0m까지 설계를 하는 경우도 있다. 또 단순 속빈슬래브교의 지간은 10~15m, 연속 속빈슬래브의 지간은 13~18m를 적용하는 것이 일반적이지만 경우에 따라서는 속빈 연속교의 경우 중앙경간을 25m까지 설계하고 있는 실정이다.

2.1.4 속빈 슬래브의 단면형상

(1) 속빈 슬래브교의 판두께

1) 속빈 슬래브의 최소 두께는 70cm 이상 이어야 한다. 또한 원형공의 지름이 120cm를 넘는 경우에는 별도의 최소 치수를 결정하는 것이 좋다.
2) 지간 중앙에 격벽을 둘 경우에는 격벽의 두께는 20cm 이상으로 한다. 격벽은 설계자에 따라 설치하는 경우와 설치하지 않은 경우도 있으니 참고하기 바란다.
3) 속빈 슬래브의 계획시 각부의 치수는 그림 2.1.2와 같고 지간에 따른 속빈 슬래브의 두께 원형공의 직경은 표 2.1.1에 나타난 치수를 적용하면 속빈 슬래브교를 계획하는데 도움이 될 줄로 생각되어 여기에 기재한다.

(2) 단면계획시 제한 조건 단면 계획시 제한 조건은 그림 2.1.2와 같다.

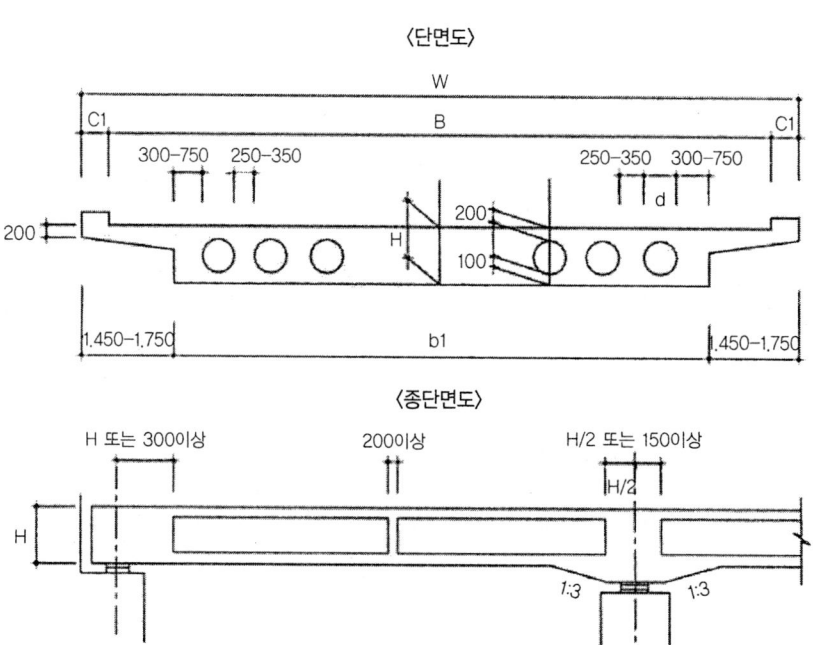

그림 2.1.2 연속 속빈 슬래브교의 단면 치수

⊙ 표 2.1.1 속빈 슬래브교의 지간에 따른 두께

지간 (L)	지간 중앙의 두께 (H)	속빈 원형의 직경 (d)
13m	750mm	450mm
15m	800mm	500mm
17m	900mm	600mm
18m	950mm	650mm
19m	1000mm	700mm
20m	1000mm	700mm

2.1.5 슬래브교의 종단면의 형상 (그림 2.1.3 참조)

슬래브교의 슬래브 단면을 전체가 등단면으로 하는 경우, 중앙지점부에 Haunch를 두는 경우, 종곡선을 두는 경우 3가지의 방안이 있다. 등단면으로 계획하는 경우에는 지간이 12m 이상일 때는 중앙지점부에 2단 철근 배근이 되어 비경제적인 설계가 된다.

또한 슬래브 하면에 곡선을 삽입하면 미관은 좋으나, 자중 증가에 따라 비 경제적이 된다.

따라서 가장 합리적인 방안은 Haunch를 두는 것이 가장 바람직하다.

Haunch의 최소 규격은 200 : 600(1:3)이상 이어야 하고 슬래브의 두께의 30%이상 두께를 지점부에서 증가시키는 것이 바람직하다.

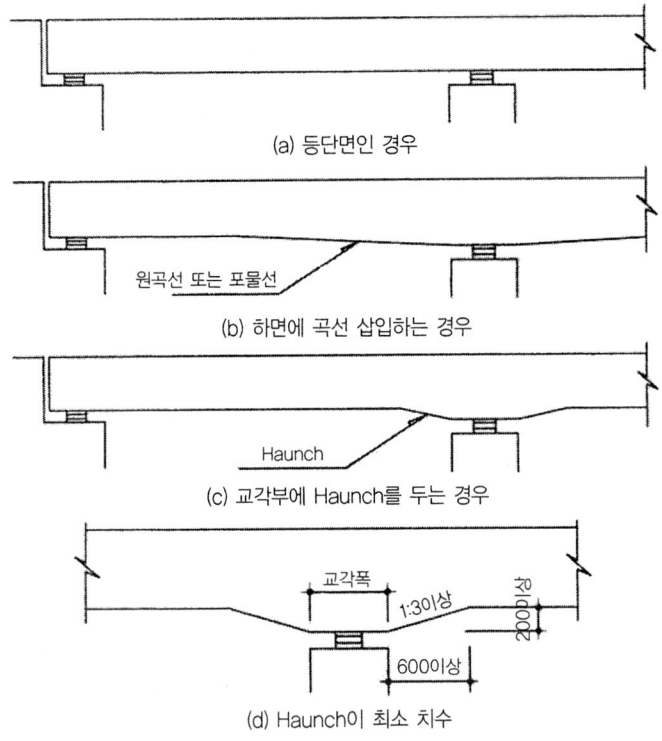

그림 2.1.3 슬래브 연속교의 종단면 형상

2.1.6 사교의 예각·둔각부의 처리

사교의 경우 예각부는 사각에 따라 다르지만, 교량 예각이 75° 이하인 경우에는 시공시 품질관리 및 유지관리시 이 부분이 파손이 심하여 이부분에 대해 설계자는 대책을 강구하여야 한다.

그림 2.1.4(b)와 같이 예각부와 둔각부의 슬래브 형상을 교축직각 방향으로 절단하는 형상으로 하였을 시 시공성, 안정성, 유지관리 측면에서 우수한 결과를 가져온다.

슬래브의 예각부와 둔각부 절단하는 방법에는 첫째 교량의 연석 또는 보도폭(Bc)를 초과하지 않고, 둘째 슬래브 절단폭은 교대 받침 폭(Bb)를 초과해서는 안 된다.

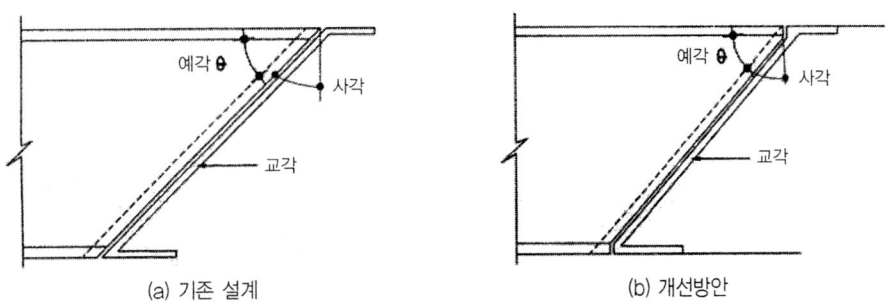

그림 2.1.4 교대부의 교량 평면 형상

또한 Cantilever 슬래브를 갖는 경우 내면길이 이상을 하여서는 안된다.

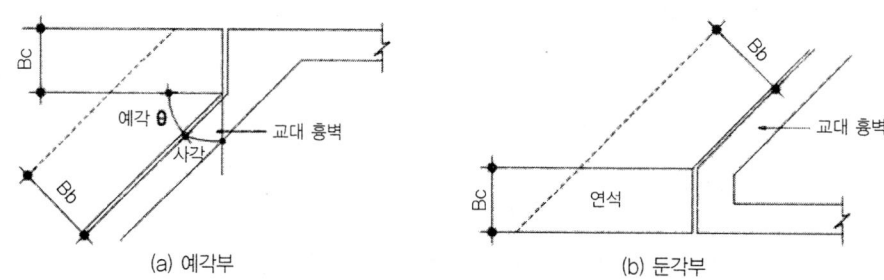

그림 2.1.5 슬래브 둔각·예각부 처리

2.2 철근콘크리트 T형 거더교

철근콘크리트 T형 거더교는 철근콘크리트 슬래브교의 결점을 개량한 형식이다. 콘크리트 단면은 압축력에는 강하고 인장력에는 약한 결점을 가지고 있다. 그러므로 인장력에 대해서는 철근을 배치하여 보강하고, 일반적으로 인장측의 콘크리트는 무시하여 전단면을 유효하게 이용한다. 교량상부 구조의 전 하중에 대하여 자중이 점유하는 비율이 높으므로, 지간 길이가 길어지면 이러한 경향이 현저하게 나타난다. 따라서 전단면을 유효하게 이용하고 자중을 경감시키는 방법으로 T형 거더 형식을 고안하게 되었다.(그림 2.2.1 참조)

슬래브교의 주철근을 수용하고 전단응력에 필요한 폭만 남기고, 불필요한 부분의 콘크리트 단면을 삭제한 형상이 철근콘크리트 단면에서 가장 합리적인 단면이 되는 것이다.

즉, T형 거더교는 사각형 또는 이와 유사한 현상이 Web와 폭이 넓은 flange로 구성된다. 철근콘크리트 T형 거더교는 10~25m 정도의 중소 경간의 교량에 적합한 구조형식이며 게르버(Gerber) Girder를 적용한 연속교에서는 30.0m 이상에도 적용한다.

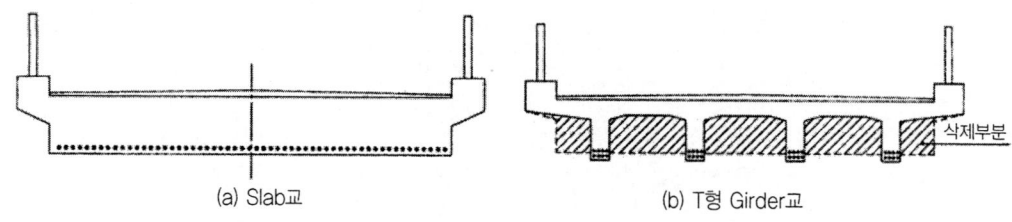

그림 2.2.1 T형 거더교의 기본 단면

또한 교각부에 철근콘크리트 Box Girder로 병용하는 경우에는 경간 길이가 긴 경우 적용하는 형식이다. 최근에는 Prestressed Concrete교의 발달에 따라 R.C.T-형 거더교의 적용 예가 적다.

■ 특징
① 구조가 간단하여 시공면에서 특수 기자재나 시공기술이 필요하지 않다.
② 구조해석이 용이하다.
③ R.C 슬래브교 다음으로 콘크리트 구조의 기본 형식이다.
④ 연속교에서 정모멘트부에서는 유리하나 부모멘트 받는 부에서는 까다로운 경우가 있다.

2.2.1 거더의 간격과 높이

(1) T형 거더의 간격은 교량폭 Cantilever 슬래브 부분의 길이, 거더 높이/지간의 비등에 의해 결정되고 거더의 간격이 넓을수록 거더 높이/지간의 비가 커진다.

거더의 간격은 1.5m~3.5m 범위내에서 사용하지만, 가능한 2.0m~2.7m의 범위에 두도록 하는 것이 경제적이라고 알려져 있다.

T형 거더의 간격이 3.5m를 넘으면 상부 Flange의 두께가 증가하여 고정하중이 증가하게 되고 거더 사이의 처짐 차가 커지고, 슬래브 휨모멘트의 분포가 통상 구하는 방법에 의한 휨모멘트의 분포가 다르게 된다.

(2) 거더의 높이는 단순교의 경우에는 지간(L)에 대한 $L/8 \sim /15$정도이고 건설부표준도(1978)은 $L/9.5$ 정도이다. 거더의 높이를 $L/15$이하로 낮추면 자중에 의한 휨모멘트는 감소하지만 철근량이 증가하여 오히려 비경제적이 된다.

연속 T형 거더교의 경우에는 지간 중앙의 거더 높이는 $L/15$ 정도이고, 교각부에서는 거더의 높이를 높여 압축 철근량이 적게 될수록 경제적이다.

거더의 종방향 형상에서 Haunch를 두거나, 곡선을 하면에 설치할 때 경사도가 1:3 이상이 되어야 하고 최소 300 : 900은 두어야 한다.

2.2.2 거더 Web의 폭 및 가로보

(1) Web 폭은 철근의 배치와 전단 저항강도에 의해 결정되지만 통상적으로 25cm 이상, 거더 높이의 1/2 ~ 1/3을 사용한다.

Web의 폭은 일반적으로 지간에 따라 다음 그림 6.2.2과 같이 적용하면 설계에 편리하다.

(2) Cross Beam의 높이는 주거더의 높이 보다 100~200mm 정도 작게하는 것이 유지관리적인 측면에서 유리하다.

2.2.3 바닥판의 두께(상부 Flange의 두께)

(1) 차도부분, 바닥판의 최소 두께는 22cm 또는 $3\ell_b + B$(cm) 이다.

(2) 보도부분 바닥판의 최소 두께는 14cm로 한다.
(3) 바닥판의 두께에 대한 규정은 도로교 설계기준을 참고하여 결정하여야 한다.

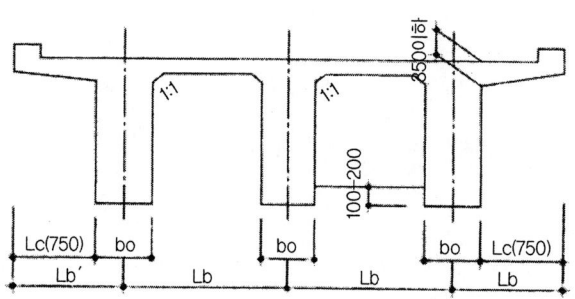

여기서, L : 지간길이, ℓ_b : 거더간격

그림 2.2.2 T형 거더교의 주요 치수

2.3 철근콘크리트 Box Girder교

2.3.1 개요

철근콘크리트 Box Girder교의 단면은 T형 거더교의 단면을 보다 유효하게 사용하기 위하여 Web 폭을 최소화 하고 인장면에 많은 철근을 배치할 목적과 T형 거더 연속교에서 중앙지점부의 압축력에 대한 결함을 제거하기 위하여 T형 거더 하면에 Flange(하부슬래브)를 붙인 것으로 상부구조의 높이 제한을 받는 경우에 적합하다.

가장 경제적인 지간은 30~40m 정도이고, Prestressed Concrete Beam. P.S.C Box Girder와 적용범위가 경합하고 있고, 공용시 Box Girder에 균열 발생 빈도가 많아 유지관리적인 측면에서 최근에는 설계에 적용하는 예가 드물다.

■ 특징
① 구조적으로 강성이 크고, 비틀림 모멘트에 대한 저항이 크다.
② 인장 철근을 복부(Web)에만 배치하는 것이 아니라, 인장부 슬래브 전체에 분포 배근 한다.
③ 곡선교, 사교 등 비틀림 모멘트의 영향이 큰 교량에 적합하다.
④ Web의 높이 변화가 가능하여 미관이 좋다.
⑤ 교량 평면 형상 변화(폭의 변화)에 대한 대응이 쉽다.
⑥ Box수가 많아 철근 조립이 힘든다.
⑦ 철근의 이음불량, 콘크리트 타설에 어려움이 있어 균일 발생 빈도가 높아 유지관리 비가 많다.

2.3.2 박스거더의 단면형상

철근콘크리트 Box Girder교의 단면형상은 그림 2.3.1과 같이 단일 Box Girder, 다중 Box Girder 및 다주 Box Girder 단면이 있다.

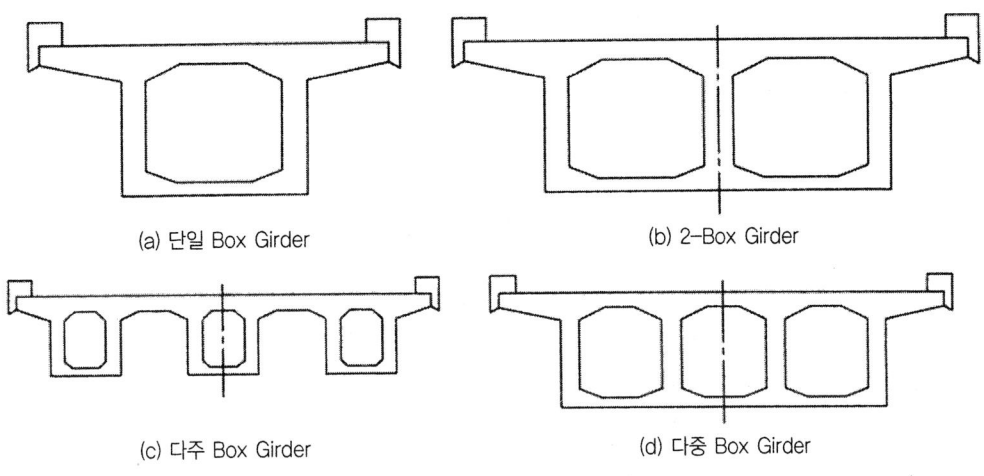

(a) 단일 Box Girder (b) 2-Box Girder
(c) 다주 Box Girder (d) 다중 Box Girder

그림 2.3.1 철근콘크리트 Box Girder의 단면 형상

단일 Box Girder 단면은 교량의 폭이 1차로 정도의 교량에 적용하며, 다중 Box Girder에서는 복부에 의하여 지지되는 상하부 Flange의 강성이 크기 때문에 교축방향의 큰 압축 및 전단력에 대한 전단 저항 강도가 크고 또 두 상하 Flange는 인접 Web 사이의 연직 저침이 같게 되도록 거동하게 하는 것이 매우 효과적이다.

다중 Box Girder교는 설계 할 때는 전단면을 완전한 하나의 거더로 취급하는 것이 일반적이다.

반면에 다주 Box Girder교는 주형의 비틀림 강성이 큰 하중 분배를 잘하기 때문에 격자이론에 의하여 단면적을 계산하는 것을 원칙으로 한다. 이 때문에 Box Girder교는 주로 다중 Box Girder 단면을 사용한다.

2.3.3 Web의 간격 및 거더의 높이

(1) Web의 간격은 T형 거더교의 경우와 유사하게 2.0m~2.7m 범위로 선택하는 것이 가장 경제적인 설계라고 알려져 있다.

(2) 거더의 높이의 지간에 대한 비는 경제성과 처짐을 고려하여 단순교에서는 1/13~1/18, 연속교의 경우는 1/15~1/20 범위를 적용한다.

2.3.4 Web의 폭 및 바닥판의 두께

(1) Web의 폭은 지간의 중앙부가 가장 적고, 받침부에 제일 크게 하여야 한다. 복부의 폭은 주로 Web 의 간격과 지간의 함수로 되는 전단력에 의해 결정되지만 최소 25cm 이상은 되어야 한다.

(2) 바닥판의 두께

바닥판은 Web의 상하부에 있으며, Box Girder의 상부에 바닥판은 전술한 T형 거더교와 동일한 방법으로 설계한다. 그러나 교축과 직각을 이루는 방향의 하부 바닥판의 두께는 14cm 이상을 두어야 한다.

2.4 라멘교(Rahmen Bridge)

2.4.1 개요

부재의 절점들이 강결되어 있는 뼈대 구조물을 라멘(Rahmen, Rigid Frame)이라고 하는데 철근콘크리트 라멘교는 교량의 상부구조와 기둥 또는 Slab와 벽 등을 Rigid하게 결합한 구조이며, 절점에 발생하는 부휨모멘트가 일반 연속교에 비교해서 경감되고, 단순교에 비교해서 상부구조의 높이를 낮출 수 있을 뿐만 아니라, 교량의 상하부구조를 일체화 시킴으로서 교량받침이 없는 동시에 신축이음수를 줄일 수 있고, 내진성도 향상된다.

과거에는 라멘교의 구조형식에서 기초의 부등침하, 수평이동 또는 회전을 일으키면 경우에 따라서는 치명적인 결함이 되므로 견고한 지반 또는 충분히 신뢰할 수 있는 지반에만 건설하였다. 그러나 최근에는 교량가설 위치가 반드시 지반이 양호한 장소가 아니더라도 기초 변위에 대응할 수 있도록 설계에서 충분히 검토를 하여 광범위하게 적용하는 교량형식이다.

■ 특징

① 신축이음이 없고, 강결구조이므로 내진 저항성이 크다
② 연속교에 비교하여 부모멘트가 작기 때문에 상부구조의 높이를 줄일 수 있으므로 상부구조의 높이 제한을 받는 곳이나, 도로의 폭이 작은 도로의 횡단시 유리하다.
③ 건설비가 저렴하다.
④ 유지관리비 및 미관이 좋다.
⑤ 정밀시공을 요한다.
⑥ Rigid Frame 구조이므로 치수의 변화가 있을때 재설계를 하여 시공을 하여야 한다.

2.4.2 종단면의 형상

실제 라멘구조는 그 연속성에 의해 구조물을 일체적으로 만들 수 있는 이점이 있기 때문에 많이 사용

된다.

그림 2.4.1은 교량에 많이 적용하고 있는 라멘 구조형식을 보인 것이다.

그림 2.4.1(a), (b)는 라멘교에서 가장 많이 적용하고 있는 형식으로서 도로의 성토부에 적용한다. 일반적으로 소하천, 도로 폭이 적은 도로 횡단시에 적용을 많이 하고 있다.

그림 2.4.1(c)는 계곡 또는 하천을 횡단하는 경우에 많이 적용하며, 그림 2.4.1(d)는 도로를 횡단하거나 소하천 폭 45m 정도의 하천교에 적용한다.

그림 2.4.1(e), (f)는 도로의 고가교, 육교에 적용하는 예가 많으며 도로 비탈면의 지반이 양호한 경우에는 (e)를 많이 적용하고 비탈면에 안전에 문제가 있 고 다리밑 공간의 제약이 적은 경우에는 (f)를 많이 적용한다. 그림 2.4.1(g)는 기초지반이 양호한 경우 하부 공사비가 저렴하고 교량높이가 10m 미만의 고가교에 많이 적용하는 형식이다.

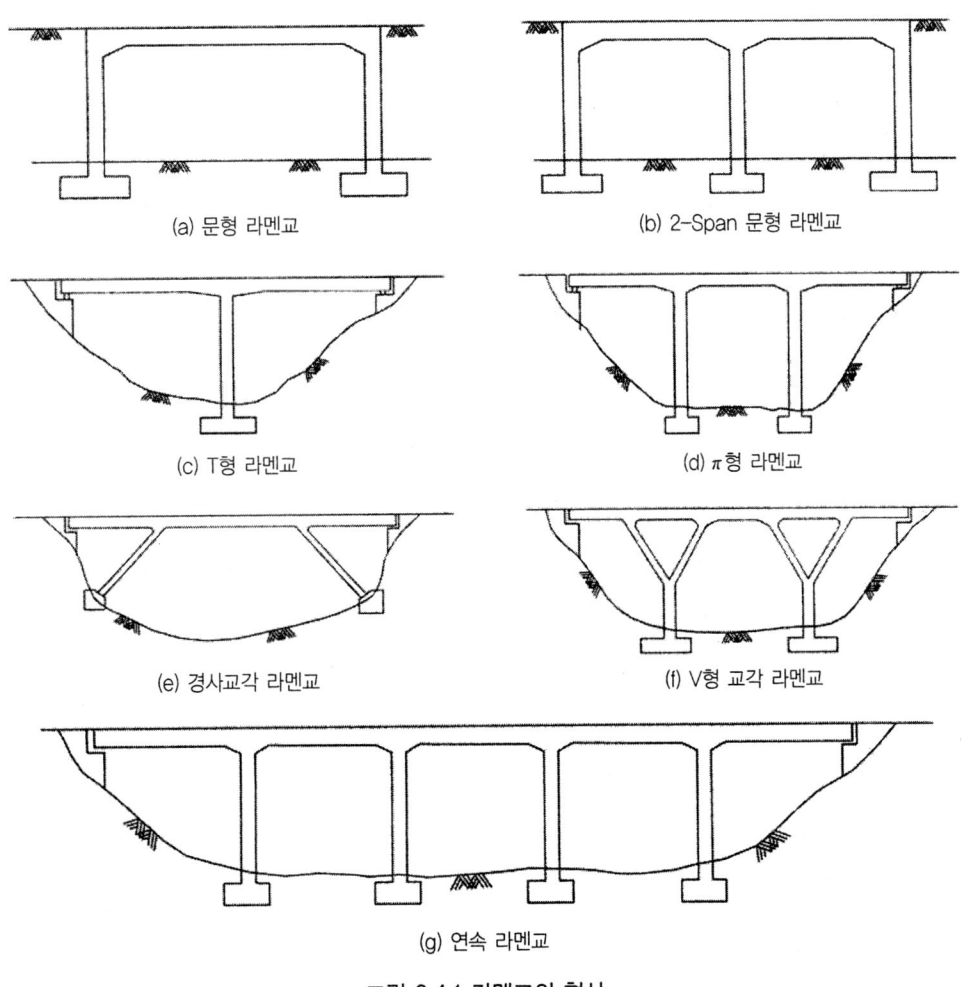

그림 2.4.1 라멘교의 형식

2.4.3 라멘교의 상부구조 횡단면 형상

상부구조의 횡단면이 형상은 다음의 형상을 적용한다.

(1) 속찬 슬래브
(2) 속빈 슬래브
(3) T형 거더
(4) Box Girder

상기의 단면 중에서 가장 많이 적용하는 단면형상은 1)의 속찬 슬래브(Solid slab) 형상이다.
속찬 슬래브의 경우 경간길이 15m 이하에 적용하는 것이 바람직하며, 15m 이상을 적용시는 처짐 및 균열의 영향이 크므로 설계에 적용하지 않은 것이 바람직하다.

2.4.4 기둥의 단면 형상

기둥의 단면의 형상은 교량의 폭, 높이에 의해 결정하지만 일반적으로 다음과 같이 형상을 많이 적용하다.

(1) 벽 형식
(2) 다주의 사각 기둥
(3) 다주 원형 기둥
(4) 단일 원형 또는 사각 기둥

단면의 크기는 상부구조의 규모, 교량의 높이 및 작용 활하중, 지진력에 의해 결정한다. 또한 교량 하부에 도로, 철도와 같은 횡단 시설이 있는 경우에는 정지시거를 확보 및 개방성을 강조하기 위해 2), 3), 4)의 형식을 적용을 많이 하고 있다.

2.4.5 단면의 치수

전술한 속찬 슬래브, 속빈 슬래브, T형 거더, Box Girder교의 연속교 일 때의 단면을 적용하면 유효하게 단면의 치수를 설계하기가 편리하다. 기초의 Footing의 단면이 치수는 제 Ⅳ편 1.6.2, 1.6.3 참고하여 치수를 결정하여야 한다.

2.5 철근콘크리트 아치교(R.C Arch Bridge)

2.5.1 개요

철근콘크리트 아치교는 콘크리트의 압축강도를 유효하게 이용할 수 있고, 소음, 진동이 적고, 지진에 강하며 보수가 용이하는 등 교량가설 위치의 제반조건이 충족되면 경간길이가 긴 것이 요구되고, 미관 설계를 필요로 하는 곳에 최적인 구조이다. 또한 중차량 운행시 휨변형(처짐)이 적어 주행 안전상 바람직 구조형식이다.

아치교는 구조적으로 기초의 변형에 의한 영향이 크며, 아치교대 기초지반은 충분한 지내력을 갖고, 또한 지반 침하가 적은 것이 필요하므로 확실한 지질조사를 실시하여 암반층 및 지질의 특성, 양질의 지반위치를 확인해야 한다.

철근콘크리트 아치교는 Arch Ring 콘크리트 타설용 지보공의 선정 및 Arch Ring의 시공에 다소 어려운 점이 있다. 아치교는 깊은 계곡에 있는 험난한 산악지대에 가설하면 주변경관과 잘 조화되는 많은 미적 요소를 갖는다. 또한 안정성이 있는 구조형식이므로 크게 장려하여야 할 교량형식이다.

콘크리트 아치교의 명칭은 제Ⅰ편에 기술하였으니 참고하기 바란다.

2.5.2 철근콘크리트 아치교의 분류

아치교는 외관, 지지조건, 노면의 위치, 부재의 구조특성에 따라 일반적으로 그림 2.5.1과 같이 분류한다.

콘크리트 아치교는 일반적으로 상로교에 많이 적용하며 지지조건에는 고정아치교 또는 2-Hinge 아치교로 설치한다. 부재의 구조 특성상으로는 역로제교에 가깝다.

외관상으로는 충복 아치교(Closed spendral Arch Bridge)와 개복 아치교(Open Spendral Arch Bridge)로 구분된다.

일반적으로 충복 아치교는 경간 50m 정도 이하의 중소 경간길이 교량에 사용 예가 많고, 측벽 내부에 토사를 넣어 적재하중을 Arch Ring에 평균적으로 분포시키는 이점이 있다. 또한 충복 아치교는 자중이 무거워 지는 결점이 있고 측벽내부에 빗물이 고이기 쉽고, 보수상으로도 문제가 있으며 공사비가 고가이다.

경간길이가 긴 경우의 아치교는 개복식 아치교가 적용되며 이형식은 Arch Ring과 바닥판과 다리발로 이루어진 라멘구조의 2개 부분으로 구분된다. 자중이 충복식 아치교에 비교하여 가볍고 유리하지만 작용하중이 아치축에 라멘구조의 다리발로부터 전달되어 Arch Ring에 이 영향이 가해진다. 이 아치축에 대한 라멘구조의 영향은 아직 명확한 규명은 되어 있지 않지만 일반적으로 피렌디일로서의 작용을 하는 것으로 생각하고 있다.

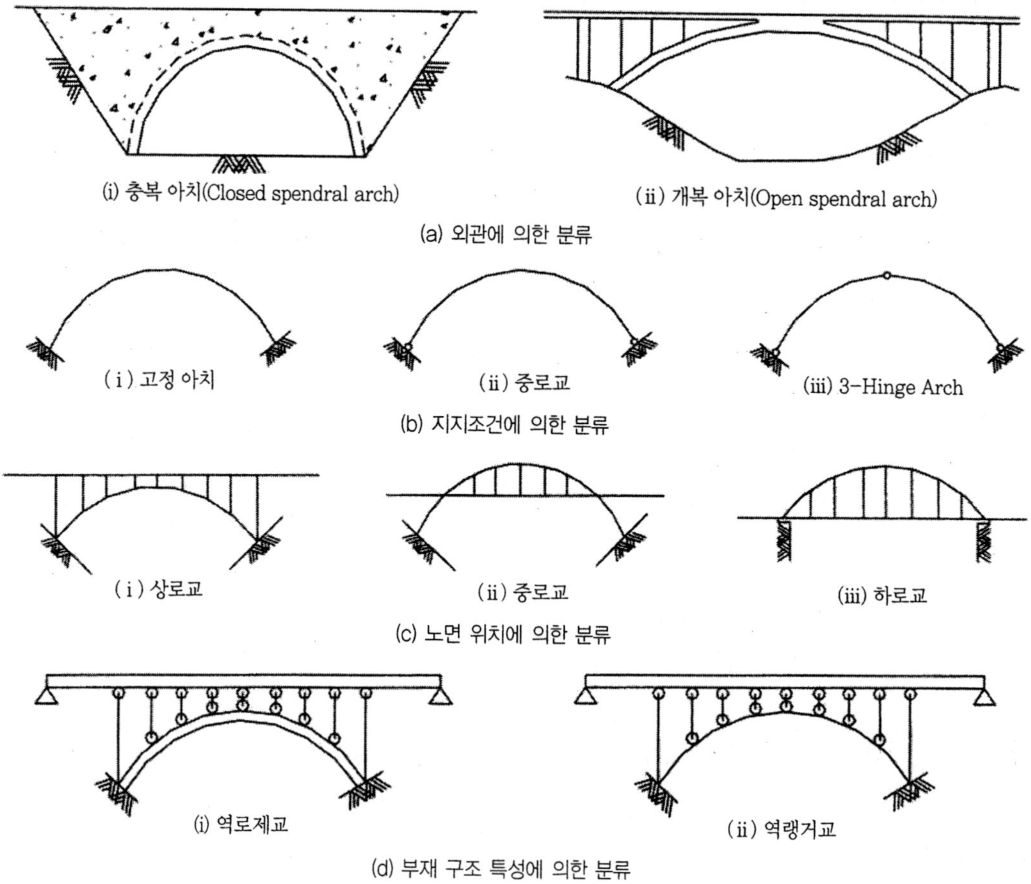

그림 2.5.1 콘크리트 아치교의 분류

2.5.3 철근콘크리트 아치교의 설계순서

교량가설 위치의 지형조건, 지질조건, 사용재료, 가설조건을 충분히 검토하여 경간, 라이스의 형상치수를 결정한다. 특히 아치교 교대 위치의 결정에 있어서는 Arch Rib의 침하·변형의 구조계에 미치는 영향이 크기 때문에 교대 위치의 교축방향의 지층상태에 대하여 충분한 조사 및 세심한 주의를 요한다. 경간길이, 기초조건, 시공조건을 고려하여 그 교량에 가장 적합한 아치 축선을 선정한다. 축선 결정후 아치리브, 연직재, 바닥판의 부재치수 및 형식을 가정하고 그때에 축선의 수정도 고려한다.

전체 구조계, 아치축선 형상, 각부재의 치수를 가정한 후 완성계 및 가설시의 구조계 변화에 따른 개략계산을 하여 가정한 구조계 및 구조치수를 확인하고 부분적인 수정을 한다. 이 경우에 아치리브의 좌굴 검토도 해두는 것이 필요하다.

또는 시공법에 따라서는 시공시 단면의 설계 강도에 따라 단면이 결정되는 경우도 있기 때문에 시공시의 검토가 중요하게 되는 경우가 많다.

설계순서는 그림 2.5.2과 같고 설계 항목은 다음과 같은 것이 있다.

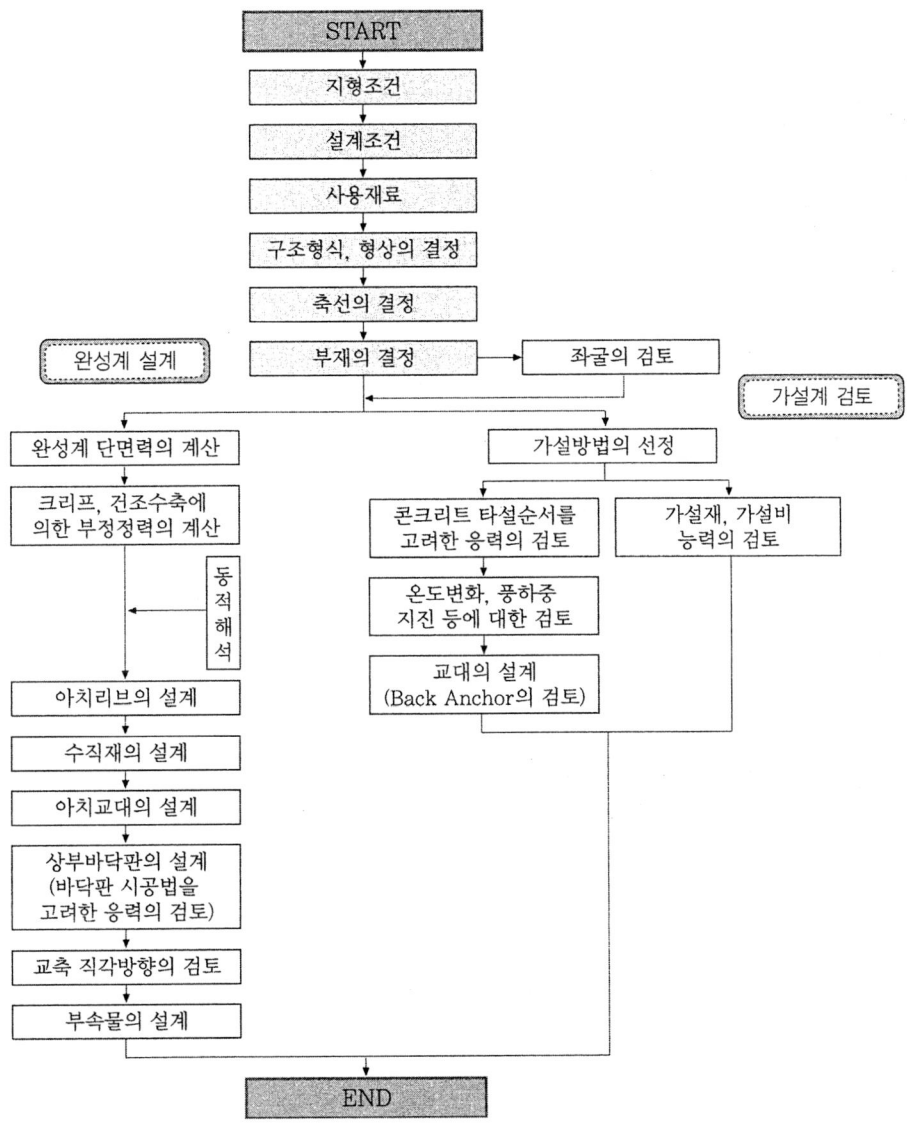

그림 2.5.2 콘크리트 아치교의 설계 순서

(1) 완성계의 설계항목

1) 단면력 계산

   고정하중, 활하중, 콘크리트의 Creep, 건조수축, 지진, 온도변화 및 지점침하에 따른 단면력
2) 아치리브, 수직재 또는 교각 등의 단면 검토
3) 하부구조(아치교대)의 설계

4) 상부구조(바닥판)의 설계
5) 지진시에 대한 교축방향, 교축직각 방향 검토
6) 교량받침 및 Hinge의 설계

(2) 시공시 검토 항목

1) 동바리공 자체의 가설시 검토 및 아치리브 콘크리트 타설시의 가설트러스 응력, 동바리공 내력 및 변화량 계산
2) 가설 트러스, 동바리공의 변형 및 침하에 따라서 아치리브에 발생하는 단면력 및 응력의 계산
3) 가설용 P.S 강재의 검토
4) 콘크리트 타설에 대한 각 부재의 검토
   콘크리트 타설 순서를 고려한 아치리브, 연직재, 상부구조 바닥판의 단면력 및 단면 검토
5) 상부 바닥판의 보충계산
   상부 바닥판의 여러가지 종류의 시공법이 고려되지만 그 시공법을 고려한 단면력 및 단면검토 한다.

2.5.4 아치 축선

아치의 축선은 작용하는 하중의 압축선과 일치하도록 정한다. 아치리브에 압축력이 작용하면 휨이 발생하게 된다. 콘크리트는 인장에 약한 재료이므로 아치 축선과 압축선이 일치하도록 하여 그의 결점을 해소하여야 한다. 그러한 의미에서 작용하중에 대한 압축선의 형상을 안다는 것은 콘크리트 아치교에서는 특히 중요하다. 그림 2.5.3는 집중하중, 다수의 집중하중, 등분포 하중의 경우의 압축선의 예를 표시한 것이다.

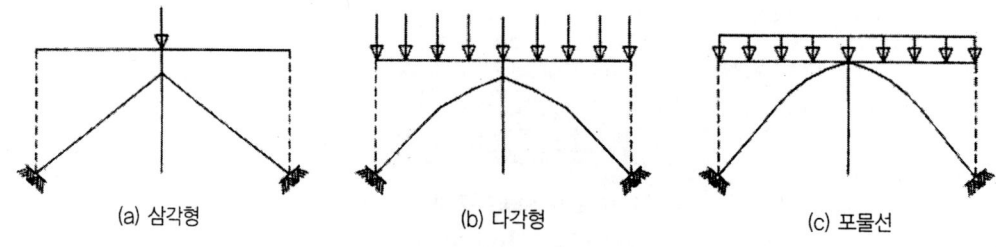

그림 2.5.3 작용하중과 압축선의 형상

실제로 아치교에 작용하는 하중은 단순하지 않고, 일정하지 않으므로 적절한 아치의 축선 형상을 결정하는 것은 곤란하므로 각종 곡선을 사용하여 보아야 한다.

그림 2.5.4은 이들의 곡선의 예를 표시한 것이다. 이들의 곡선 중에서 적당한 곡선을 아치 축선으로 선택하는 방법이 있고, 아치에 작용하는 하중의 분포상태에 따라 여러 가지 함수표를 기초로 하여 이론

적으로 구한 압축선을 아치축선으로 사용하는 방법이 있다. 이들의 아치축선에 대해서 Melan, Febel, 橫道가 제안 방법이었으며, 식(2.5.1)에 나타낸 실용식인 transformed catenary Arch의 예를 나타낸 것이다.

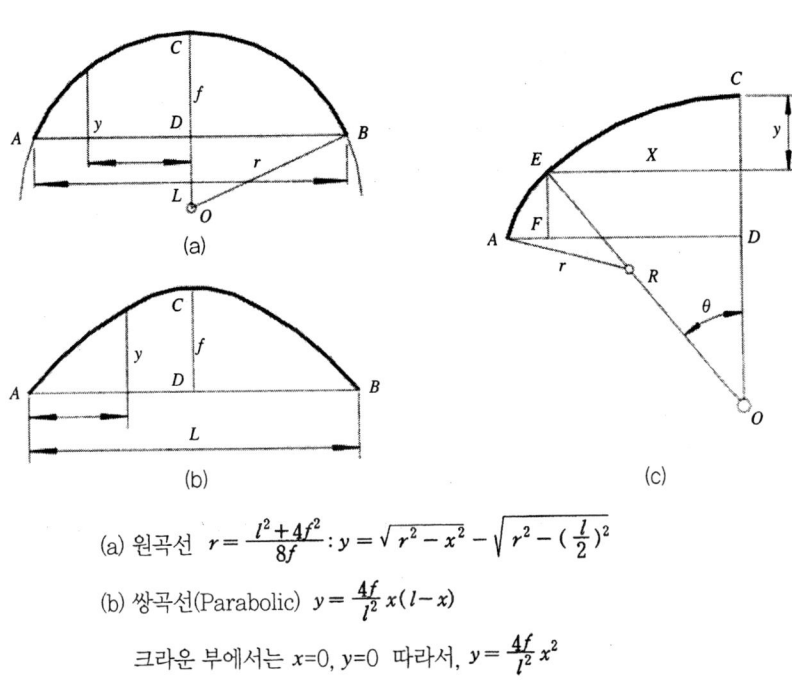

(a) 원곡선 $r = \dfrac{l^2 + 4f^2}{8f} : y = \sqrt{r^2 - x^2} - \sqrt{r^2 - (\dfrac{l}{2})^2}$

(b) 쌍곡선(Parabolic) $y = \dfrac{4f}{l^2} x(l - x)$

  크라운 부에서는 $x=0, y=0$ 따라서, $y = \dfrac{4f}{l^2} x^2$

(c) 3심 원곡선 $R = \dfrac{x^2 + y^2}{2y} : r = \dfrac{1}{2} \cdot \dfrac{\overline{AF^2} + \overline{EF^2}}{\overline{EF}\cos\theta - \overline{AF}\sin\theta}$

그림 2.5.4 콘크리트 아치교에 사용하는 아치축선의 곡선 예

$$y = \dfrac{f}{m-1}(\cosh k\zeta - 1) \qquad\qquad (2.5.1)$$

여기서, m : Ws/Wc(1.0~3.0 정도)

  Ws : 스프링잉에서의 단위길이당의 고정하중(tonf/m)

  Wc : 크라운에서의 단위길이당의 고정하중(tonf/m)

  k : $\cosh^{-1} m = \log e(m + \sqrt{m^2 - 1})$

  ζ : x/l_1

  l_1 : $l/2$(m)

  l : 경간길이(m)

  f : 라이즈(m)

  x, y : 그림 2.5.5 참조(m)

제2장_ 철근 콘크리트 교량(Reinforced concrete bridge:R.C교)

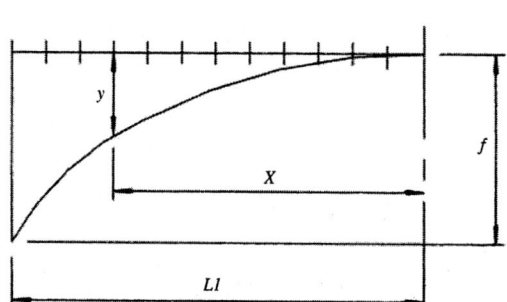

그림 2.5.5 아치축선의 좌표

식(2.5.1)은 Arch Springing 및 Arch Crown에 있어서 w_s, $w_c(m = w_s/w_c)$인 하중 강도를 가지며 그 사이에는 아치축선의 수직거리 y에 비례하는 분포하중에 대한 압력선의 이론식이다. Parameter m은 w_s와 w_c의 비이다.

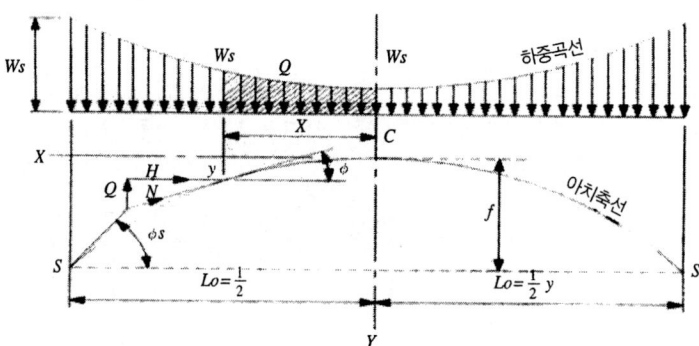

그림 2.5.6 Transformed Catenary 곡선에 대한 하중분포의 가정

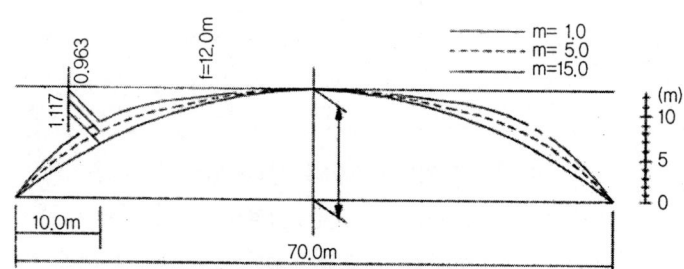

그림 2.5.7 m의 변화에 의한 축선형상의 변화

그림 2.5.7은 극단적인 예로서 m=1·5·15에 대한 아치축선을 나타내지만 m이 커질수록 아치축선은 편평하게 되는 것을 알수 있다.

Parameter m을 적당히 선정하여 실제 하중작용의 압력선에 가까운 아치축선을 정할 수 있다.

또 비대칭 아치교의 경우 좌·우의 m을 변화시켜 응력의 균형을 맞출 수 있다.

Parameter m은 3~5 종류로 시산을 하여 아래의 조건을 만족하는 것 중에서 가장 적당한 값을 선정하는 것이 좋다.

(1) 전하중 작용시 인장응력이 발생하지 않도록 한다.
   ($e=M/N$이 단면이 핵내에 있어야 한다)
(2) 활하중 작용시에는 휨균열이 발생하지 않도록 인장응력이 허용 인장응력(f_{ct}) 이하가 되도록 하여야 한다.

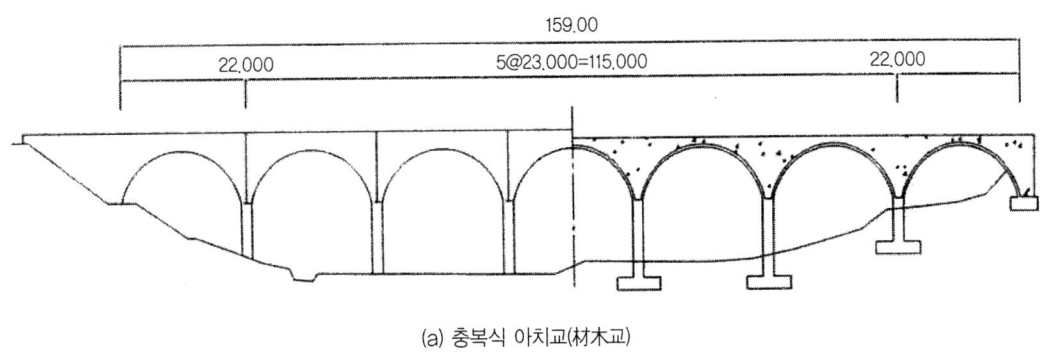

(a) 충복식 아치교(材木교)

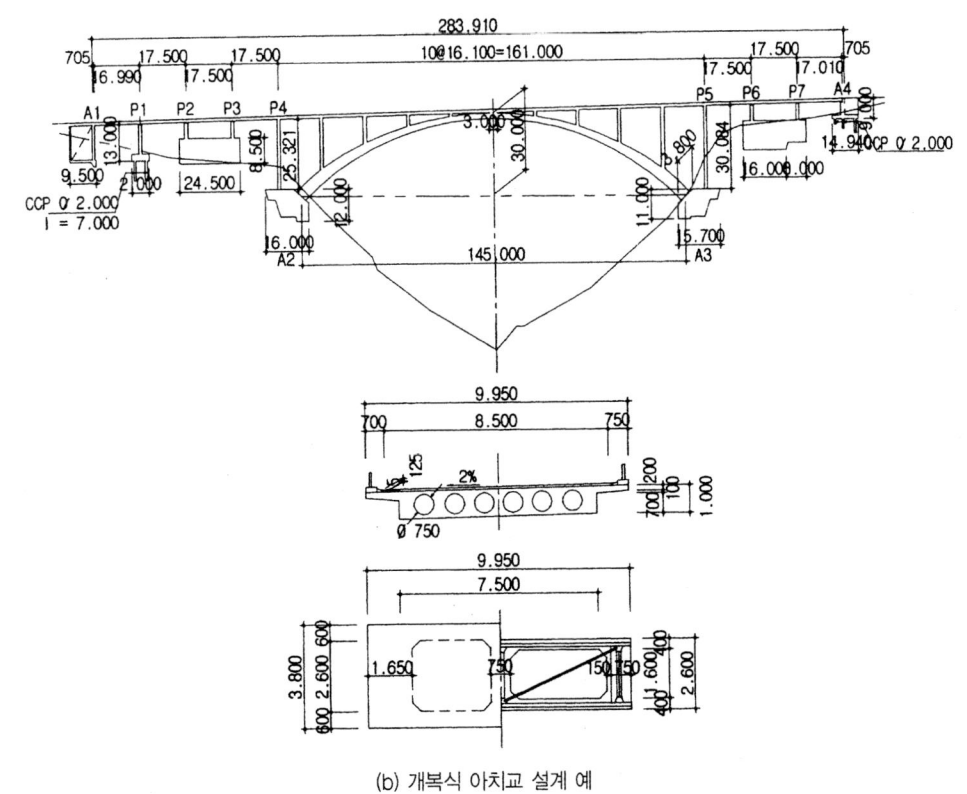

(b) 개복식 아치교 설계 예

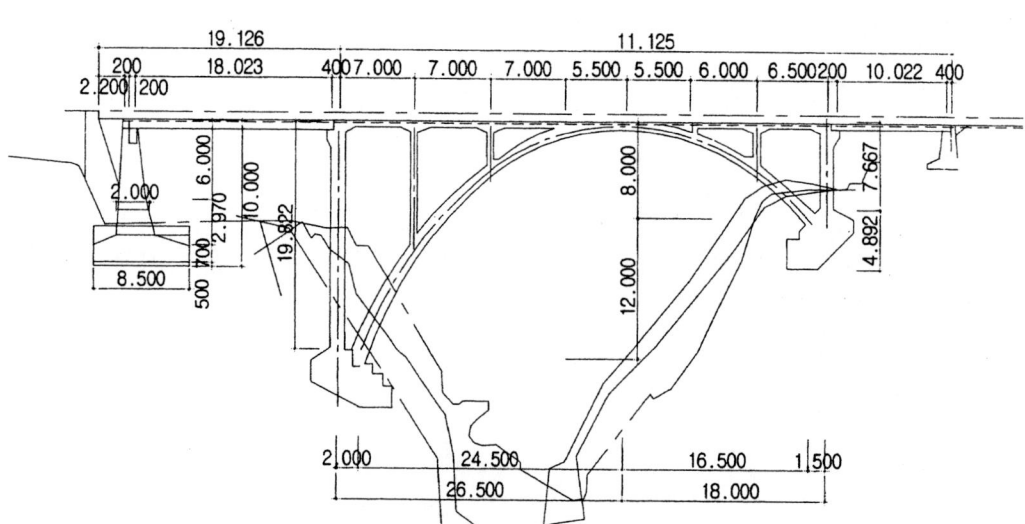

(c) 개복식 아치교(비대칭 고정 아치교)

그림 2.5.8 아치교의 예

2.5.5 라이즈·경간비 및 아치링의 두께

(1) 라이즈·경간비

일반적으로 철근콘크리트 아치교에서 f/l = 1/3~1/6의 비가 가장 경제적이다. 그러나 f/l = 1/10까지 하는 경우도 있으나 비경제적이다.

(2) 아치링의 두께

아치링의 두께는 아치축선의 형상 Span·Rise비, 콘크리트의 허용응력에 의해 결정되며 Crown의 두께는 아치축선을 결정하는데 설계상 중요한 영향을 미친다. 일반적으로 Crown의 두께는 Span의 1/4~1/60 범위 내가 많다.

Springing의 두께는 Crown 두께의 1.5~2.0배 하는 것이 많으며, 1.5배 이하로 하였을시에는 두께가 동일하다고 본다.

콘크리트 아치교 실시예

● 표 2.5.1 세계 콘크리트 아치교의 실시예 (아치폭 150m 이상)

완성년도	교량명	국 명	주교부 교량길이 (m)	교량폭 (m)	아치스팬 ℓ_a(m)	라이즈 f_a(m)	스팬·라이즈 f/ℓ_a(m)	스프링잉 아치리브 두께(m)	크라운 아치리브 두께	구조형상	구조형식	구 조
1983	KrK	유고슬라비아	1,309.5	10.4	390 244	67.1 54.6	1/5.8 1/4.5			박스	고정상로 아 치	도로교 (프리캐스트 캔틸레비)
1962	Gradesvill	오스트리아	579.4	25.6	305	40.8	1/7.5	7.0	4.3	박스	고정상로 아 치	도로교 프리캐스트 동바리공
1962	Parana (Fozdo Iguaeu)	브라질	552.4	13.5	290	53	1/5.5	4.8	3.2	박스	고정상로 아 치	도로교 (센틀)
1980~1983 1963	Bloulrams Arrabida	남아프리카 포루투갈	493.2	26.5	272 270	62 52.0	1/4.4 1/5.2	4.0	3.0	박스	고정상로 아 치	도로교 프리캐스트 동바리공
1943	Sando	스웨덴		12.0	264	39.5	1/6.7	1.7	2.7	박스	고정상로 아 치	도로교 (센틀)
1990	Rance	프랑스	424.0	12.0	261	35.5	1/7.4	4.2	4.2	박스	고정상로 아 치	도로교 (센틀)
1963	Shibenik	유고슬라비아			246						고정상로 아 치	도로교
1961	Fiumarella	이탈리아			231						고정상로 아 치	
1961	Novi Sad	유고슬라비아	466.5	20.15	211 166	32.5	1/6.5 1/5.1	4.5	3.2	박스	중·하로 아 치	도로·철도 병용교
1940	Esla	스 페 인	480.0	8.7	210	62.4	1/3.4	5.1	4.5	박스	고정상로 아 치	철도교
1971	Van Stasden's	남아프리카	360	26.0	200	44.2	1/4.5	4.3	2.8	박스	고정상로 아 치	도로교 (캔틸레비)
1941	사모라	남아프리카			197						고정상로 아 치	
1942	Martingil	남아프리카			192						고정상로 아 치	

제2장_ 철근 콘크리트 교량(Reinforced concrete bridge:R.C교)

● 표 2.5.1 세계 콘크리트 아치교의 설치예(2)

완성년도	교량명	국 명	주교부 교량길이 (m)	교량폭 (m)	아치스팬 ℓ,(m)	라이즈 f,(m)	스팬· 라이즈비 f/ℓ,(m)	스프링잉 아치리브 두께(m)	크라운 아치리브 두께	구조형상	구조형식	비 교
1952	Rio des Ancas	브라질	295.5	7.20	186	28.0	1/6.6	5.0	3.0	박스	중하로 아치	도로교
1643	Trancderg	스웨덴		27.5	181	26.2	1/6.9	5.0	3.0	박스	고정상로 아치	도로·철도 병용교
1930	Plaugastel	프랑스		8.0	180	27.5	1/6.5	5.0	5.0	박스	중하로아치 (3구간연결)	도로교
1967	NoBlach 1	오스트리아	342.2	24.2	180	45.0	1/4.0	4.5	2.5	박스	중하로 아치	도로교
1930	Albert Louppe	프랑스			173						중하로 아치	
1971	Selah Creek Canyon	미국	404.2	11.6×2	167	54.9	1/3.0	3.4	2.3	박스	중하로 (트윈)	도로교
1934	La Roche Guyou	프랑스	201.8	10.0	161	23.0	1/7.0	2.7	1.5	박스	중하로 아치	도로교
1669	Cowling River	미국	345.0	8.53	158					박스	중하로	도로교
1978	Talbruck	독일	365.0		151.4	49.85	1/3.1	4.0	3.0	박스	고정상로 아치	도로·철도 병용교
	Tisa	유고슬라비아			154						2현지 상로 아치	
1952	Caracas La Guiara		310.0	20.75	150	30.9	1/4.9	3.0	3.0	박스	중하로 아치	도로교
1940	Aare	스위스			150	33.0	1/4.5	4.6	2.8	박스	중하로 (트윈)	도로교
1951	Blombachtal	독일	295	14.5	150						중하로	도로교

● 표 2.5.2 일본에 있어서 콘크리트 아치교의 실시예 (아치스팬 70m 이상)

완성년도	교량명	국 명	주교부 교량길이 (m)	교량폭 (m)	아치스팬 ℓ,(m)	라이즈 f,(m)	스팬·라이즈 라이즈비 f/ℓ,(m)	스프링잉 아치리브 두께(m)	크라운 아치리브 두께	구조형상	구조형식	비 교
1989	別所明攀	大分	411.0	21.4	235	34.0 37.0	1/6.9 1/6.4	4.5	3.5	박스	고정성로 아치	도로교
1982	宇佐川	山口	332.5	9.05×2	204	38.7 20.7		4.4	3.6	박스	고정성로 아치	도로교
1974	外津	左賀	252.0	10.1	170	26.5	1/6.4	3.0	2.4	박스	2현지 상로아치	도로교
1978	帝釋川	廣島	283.91	9.95×2	145	30.0	1/4.8	3.8	2.4	박스	고정성로 아치	도로교
1990	大瀧	北海島	128.0	8.7	126	9.2	1/13.7	3.5	2.08	박스	고정성로 아치	도로교
1991	丸山	新潟	175.0	10.75	118	27.99 21.49	1/4.2 1/5.5	4.5	2.01	박스	고정성로 아치	도로교
1979	赤谷川	群馬	298	12.0	116	29.2	1/4.3	0.8	0.8	직사각형	역랭어 아치	도로교
1966	新山·路	長野	100	6.8	100	7.9	1/12.7	2.2 (4.0)	1.8	박스	고정성로 아치	도로교
1985	大籠	兵庫	174.0	13.5	100	29.0 25.0		2.5	0.6	박스	고정성로 아치	도로교
1989	中谷川	熊本	141.0	10.15	100	18.624 25.0	1/5.4	0.5	0.5	직사각형	역랭어 아치	도로교
1984	光明池	大阪府	153.5	6.8	98	21.3	1/4.6	1.5	1.5	박스	중로식 아치	도로교

제2장_ 철근 콘크리트 교량(Reinforced concrete bridge:R.C교)

● 표 2.5.2 일본에 있어서 콘크리트 아치교의 실시예 (예)

완성년도	교량명	국 명	주교부 교량길이 (m)	교량폭 (m)	아치스팬 ℓ_c(m)	라이즈 f_c(m)	스팬 라이즈치 f/ℓ_c	스프링잉 아치리브 두께(m)	크라운 아치리브 두께	구조형상	구조형식	비 교
1971	芳見	高山	107.0	8.4	90	18.0	1/5.0	2.7	1.7	박스	고정상로 아치	도로교
1982	黃谷	山口	115.0	5.0	88	15.0	1/5.9	2.4	1.5	박스	고정상로 아치	도로교
1975	大澤	岩手	159	5.9	86	18.0	1/4.8	1.0	1.0	직사각형	고정상로 역 랭 어	도로교
1967	想影	高山	170.0	6.9	85	17.0	1/5.0	2.1	1.5	박스	고정상로 아치	도로교
1989	城址	新潟	132.0	12.8	82	14.3	1/5.7	2.0	2.0	박스	고정상로 아치	도로교
1943	萬年	東京	88.7	6.2	79	10.6	1/7.2	2.1	2.1	직사각형	2힌지	도로교
1982	溪谷	秋田	196.4	11.5	75	15	1/5.0	1.8	1.8	직사각형	고정상로 아치	도로교
1939	大牧				74	7.4	1/10.0	1.0	1.0	직사각형	3힌지아치 상로	도로교
1933	坂戸				70	11.7	1/6.0	3.0	1.4	직사각형	고정상로 아치	도로교
1965	新대水川	群馬	100.8	5.5	70	9.0	1/7.8	2.2	1.1	직사각형	고정상로 아치	철도교
1988	合川	大阪	147.5		70				2.0		고정상로 아치	도로교

새로운 구성 교량계획과 설계

제Ⅲ편 콘크리트교

프리스트레스트 콘크리트교 (Prestressed Concrete Bridge)

3장

| 새로운 구성 교량계획과 설계 |

제3장_ 프리스트레스트 콘크리트교
(Prestressed Concrete Bridge)

3.1 개요

Prestressed Concrete교(PSC교)는 고강도 강연선(PS Strand) 또는 고강도 강봉을 사용하여 콘크리트에 압축력을 가하여(Prestressing) 작용하중에 의하여 발생하는 인장응력을 Cancel(제거)함으로써, 인장응력에 약점이 있는 콘크리트의 성질을 보완하고 콘크리트 부재의 전단면을 탄성단면으로 유효하게 이용하는 공법이다.

Prestressed concrete의 기본 원리는 다음 그림 3.1.1과 같이 요약할 수 있다.

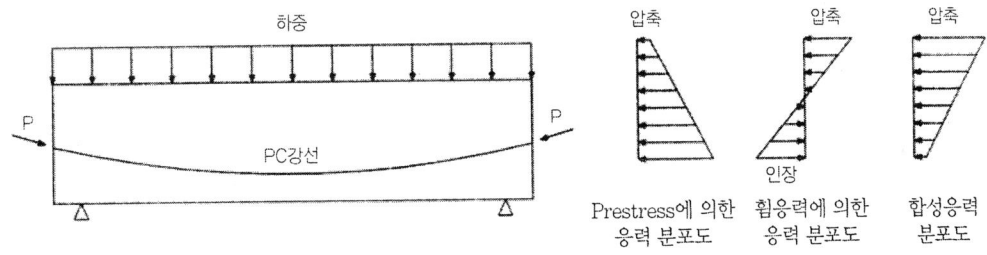

그림 3.1.1 Prestressed concrete의 기본원리

Prestressed concrete는 Prestress를 도입하는 방법에 따라 Pre-tension 방식과 Post-tension 방식으로 대별한다.

3.1.1 Prestress 도입방법

(1) Pre-tension 방식

Pre-tension 방식은 먼저 PS강재를 배치, 긴장 후에 콘크리트를 타설하여 콘크리트가 경화하면 PS강재의 긴장력이 도입되는 방식으로써, PS강선에 의한 압축력은 PS강재와 콘크리트의 부착력을 통하여 콘크리트의 전달하여 Prestress를 도입하는 방법이다.

Pre-tension 방식은 PS강재를 긴장하기 위한 인장설비가 필요하고, 일반적으로 전문공장에서 제작되는 Pre-cast Beam이며, 5m~20m 정도의 짧은 경간의 교량에 주로 사용된다. 이들의 Beam은 현장에서 거의 밀착한 것 같은 간격으로 가설되고, 간격사이에 현장에서 콘크리트 타설 및 횡방향 Prestressing에 의해 일체화되어 Slab교 또는 T-Beam교로서 사용된다.

Pre-Tension 단순 Beam을 사용한 교량을 단면 형상에 의해 구분하면 특수한 것을 제외하고, 일반적으로 다음에 표시한 것처럼 Slab교와 T-Beam으로 분류되고 다시 Slab교는 I형 Slab와 속빈 Slab교로 세분된다.

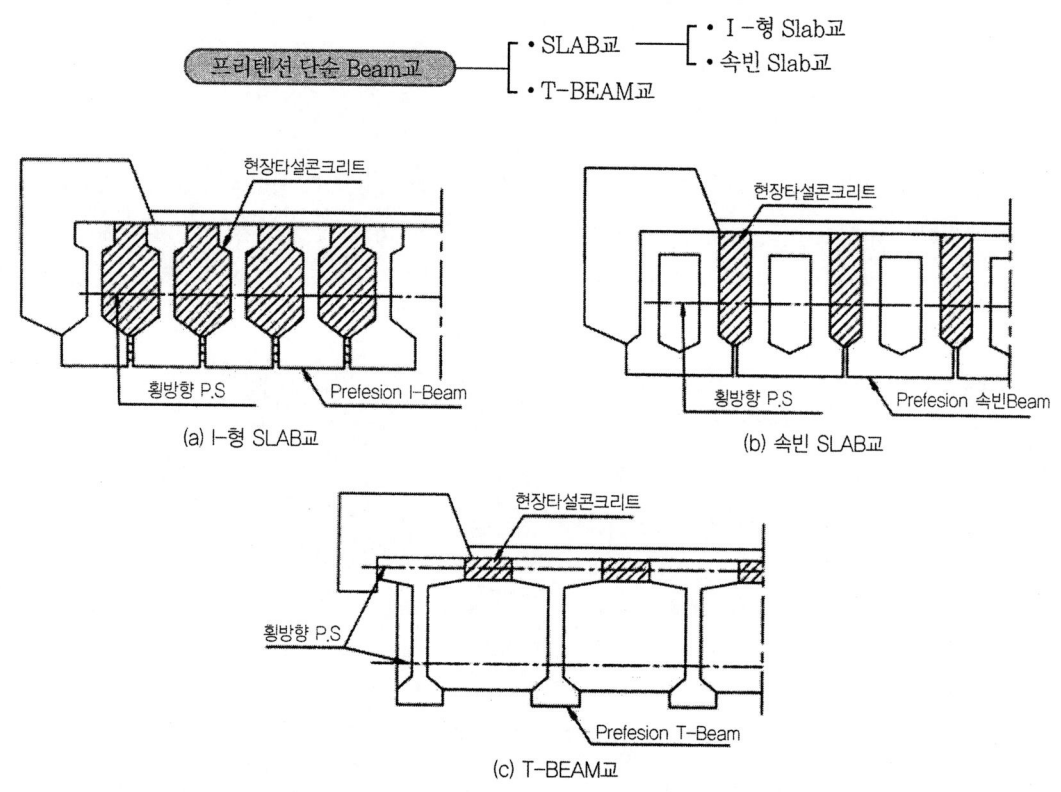

그림 3.1.2 Pre-tension 방식 교량의 횡단면 예

Pre-tension교의 장점으로는 다음과 같다.

① 현장타설 콘크리트의 량이 적다.
② 지보공을 사용하지 않고 Beam에서 매달림 거푸집으로 현장타설 콘크리트를 타설할 수 있다.
③ 가설에서 완성까지 다른 공법에 비교하여 공사기간이 대단히 짧다.

(2) Post-tension 방식

Post-tension방식은 철근, Sheath관 및 거푸집을 조립하고 콘크리트를 타설 경화한 다음에 Sheath에 PS강재를 삽입하고 긴장하여, 긴장한 PS강재를 정착장치에 정착하므로써 콘크리트 부재에 Prestress가 도입되는 방식이다.

Post-tension 공법에 사용하는 PS강재를 대별하면 고강도 강선(강연선) 강봉의 3종류가 사용되고 있으며, 강재의 종류에 따라 단위 면적당 인장강도, 단위길이당 부착 강도 및 신장량, Relaxation 등의 성질이 달라지므로 구조물에 적합한 강재를 선정하는 것이 바람직하다.

1) PS강재 정착방식에 의한 분류

Post-tension 방식은 PS강재의 정착방법에 따라 각종 공법이 있으며, 현재 우리나라에서는 VSL공법을 필두로하여 5개 공법 정도의 정착공법이 사용되고 있다. 각 공법 모두 일장일단이 있고 우열을 두는 것은 대단히 곤란하지만 구조물의 종류, 구조, Cable 배치 등을 고려하여 공법을 선정하는 것이 좋다.

세계적으로 교량에 많이 사용하는 대표적인 정착공법은 제1장 1.2.2항을 참조하기 바란다.

2) Post-tension 방식의 교량 단면 형상에 의한 분류

도로교에서 일반적으로 적용하는 교량단면 형상에 의해 분류하면 특수한 것을 제외한 단면형상은 다음과 같다.

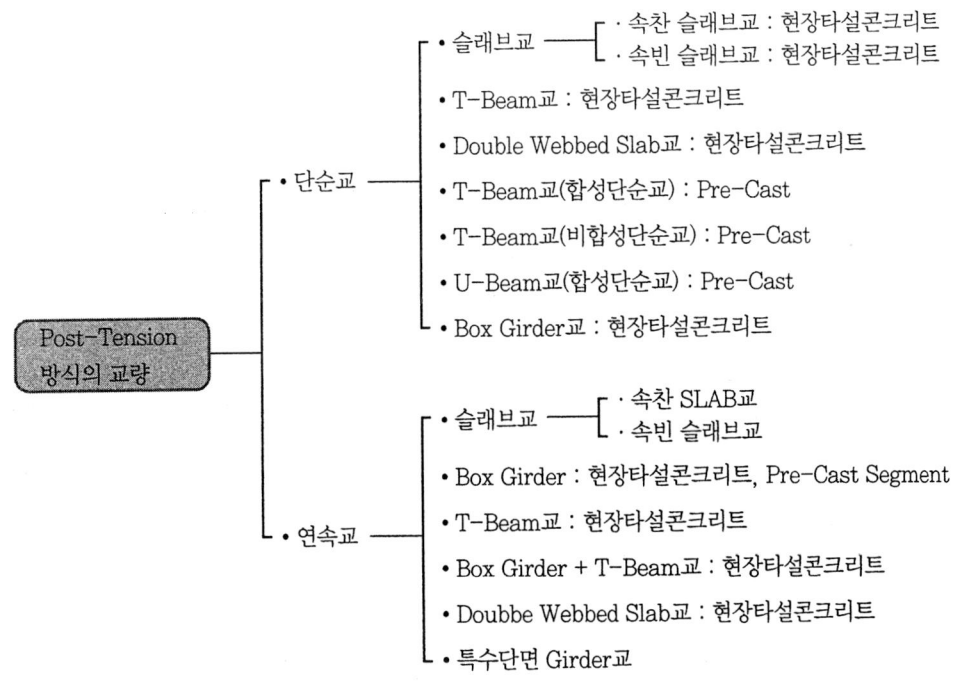

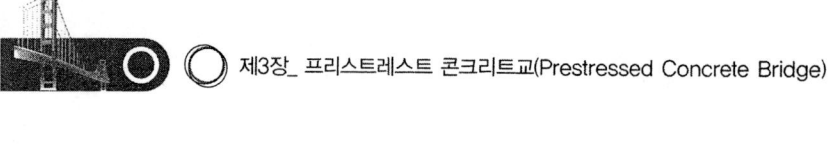

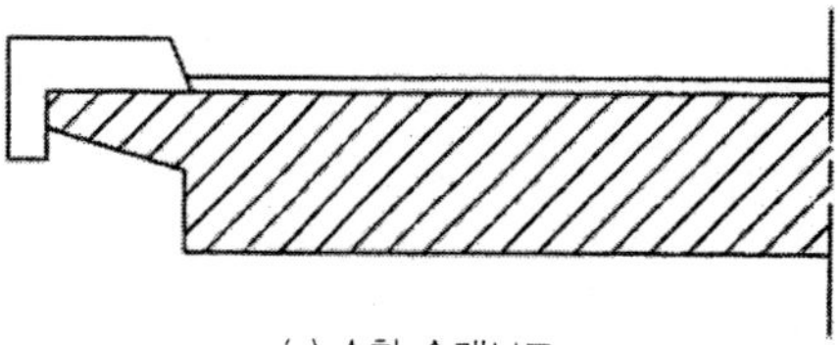

(a) 속찬 슬래브교

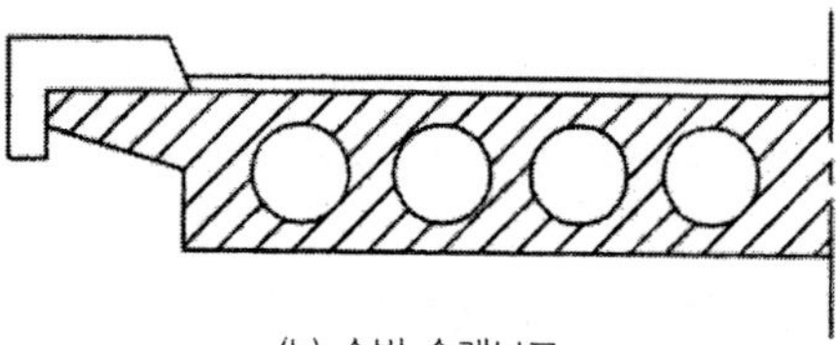

(b) 속빈 슬래브교

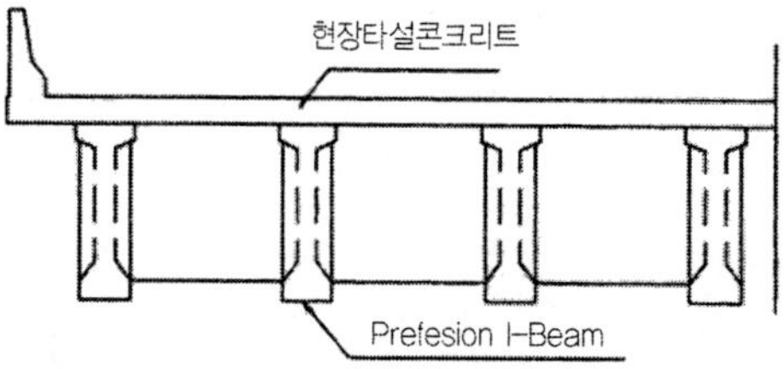

(c) I-BEAM교

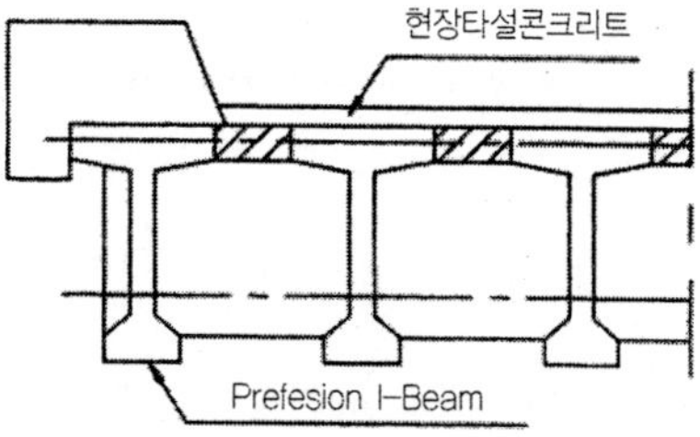

(d) T-BEAM교

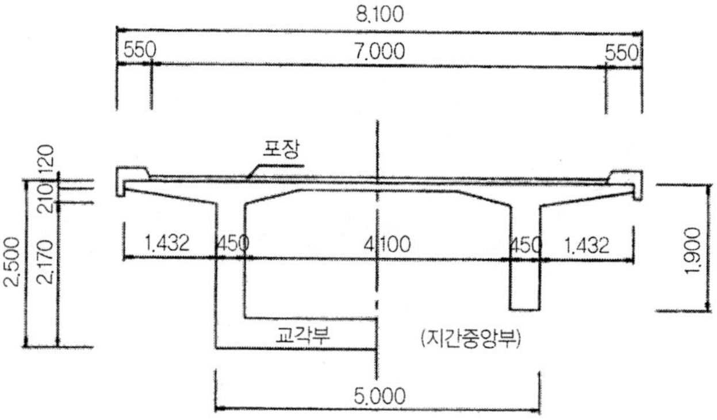

(e) Box Girer + T-BEAM교

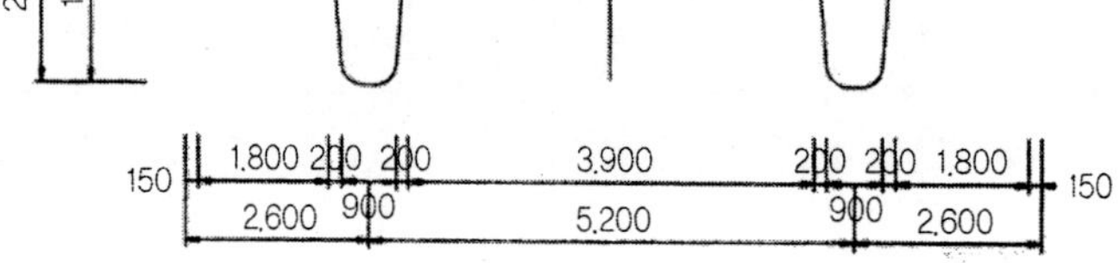

(f) Double Webbed SLAB교

그림 3.1.3 Post-tension 방식교량의 횡단면 예

3.1.2 Prestressed concrete의 특징

(1) 장점

1) 현지에서 생산하는 재료를 유효하게 이용하고 교량 가설지점의 상황에 따라 현장에서 제작할 수 있다.
2) 내구성이 우수하고, 유지관리비가 저렴하다.
3) 자중이 무겁고 강성이 크므로 주행시 진동, 소음이 적다.
4) 일반적으로 콘크리트교에 비해 형고가 낮아 교량 접속부의 도로 공사비 및 용지 보상비가 절감된다.
5) Pretension방식은 현장 작업이 적고, 시공관리가 철근 콘크리트교에 비교하여 용이하다.
6) 철근 콘크리트교에 비교하여 콘크리트의 균열이 적고, 내구성이 우수하다.
7) 철근 콘크리트교에 비교하여 자중이 가볍고, 상부구조의 강도가 강하므로 경간이 긴 교량에 적합하다.

(2) 단점

1) 강교에 비교하여 자중이 크므로 운반, 가설이 곤란하다.
2) Post-tension 방식은 고도의 시공기술, 품질관리가 요구된다.
3) 노후화에 의한 파손의 경우 보수가 곤란하다.
4) 자중이 크므로 하부구조 공사비가 높다.
5) Post-tension 방식은 콘크리트의 양생기간이 필요하므로 공사 기간이 길다.

3.2 Pre-tension 방식의 교량

여기에 소개하는 Pre-tension 방식의 교량은 일본에서 적용하고 있는 JIS A5313-5316을 기준으로 하여 기술하고져 한다. 현재 우리나라에서는 적용하고 있지 않기 때문에 교량을 설계하는 자의 입장에서 참고자료로써 활용하기 바란다.

3.2.1 SLAB교용 PSC Girder(JIS A5313-1991)

Pre-tension 방식의 Slab교는 I형 단면(Rail형 단면)의 Prestressed concrete Beam을 교량 전체의 폭원 1m당 3본을 병렬 배치하고 Beam과 Beam 사이의 공간에 현장타설 콘크리트(f_{ck} = 240kg/cm²)를 타설하고, 경화후에 횡방향으로 PS 강봉을 삽입하여 Prestress하여 Slab교를 완성한다.

일본에서는 I형 단면의 PS Girder를 JIS A5313 (Slab교용 Prestressed concrete교 Girder)에서 규격화하고 있다.

제3장_ 프리스트레스트 콘크리트교(Prestressed Concrete Bridge)

적용할때 제한조건은 폭원 18.m이하, 교량사각 75°이상, 지간 5~13.0m의 1등교(TL-20), 2등교 (TL-14)의 Slab교에 적용하도록 하고 있다.

◉ 표 3.2.1 SLAB교용 P.S교 Girder

(참고자료)

교량 등급	교량용 Girder 호칭명	Girder 길이 m	SPAN m	Girder 높이 (H) mm	Girder 1본단 중량 kg	충진콘크리트 m²
1 등 橋	S 105-275	5.3	5.3	5.3	5.3	5.3
	S 106-325	6.3	6.3	6.3	6.3	6.3
	S 107-350	7.3	7.3	7.3	7.3	7.3
	S 108-375	8.4	8.4	8.4	8.4	8.4
	S 109-425	9.4	9.4	9.4	9.4	9.4
	S 110-450	10.4	10.4	10.4	10.4	10.4
	S 111-500	11.4	11.4	11.4	11.4	11.4
	S 112-550	12.5	12.5	12.5	12.5	12.5
	S 113-600	13.5	13.5	13.5	13.5	13.5
2 등 橋	S 205-250	5.3	5.3	5.3	5.3	5.3
	S 206-275	6.3	6.3	6.3	6.3	6.3
	S 207-325	7.3	7.3	7.3	7.3	7.3
	S 208-350	8.4	8.4	8.4	8.4	8.4
	S 209-375	9.4	9.4	9.4	9.4	9.4
	S 210-425	10.4	10.4	10.4	10.4	10.4
	S 211-450	11.4	11.4	11.4	11.4	11.4
	S 212-500	12.5	12.5	12.5	12.5	12.5
	S 213-550	13.5	13.5	13.5	13.5	13.5

(주) 호칭명에서 S는 SALB교용 Girder를 의미함.

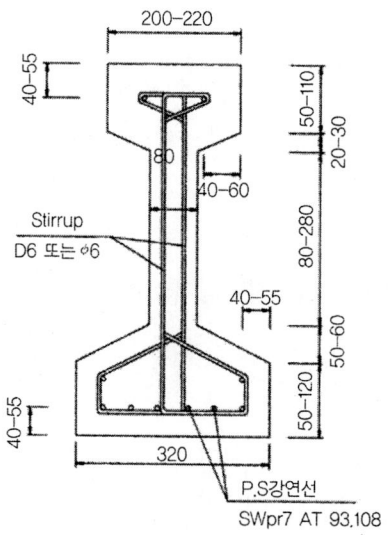

그림 3.2.1 SLAB교용 P.S교 Girder 단면도

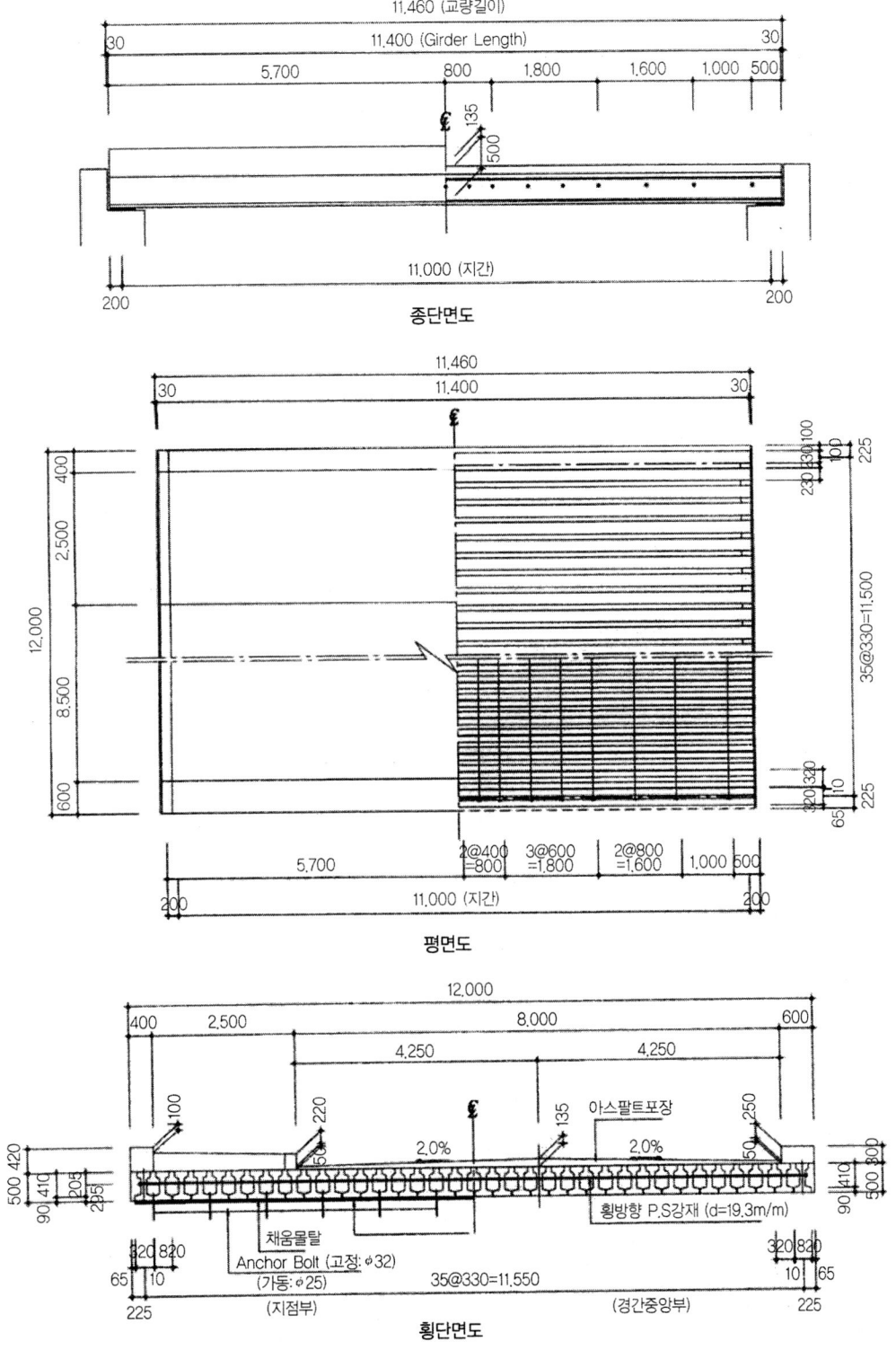

그림 3.2.2 SLAB교용 P.S교 Girder 설계 예

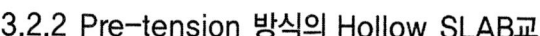

3.2.2 Pre-tension 방식의 Hollow SLAB교

속빈 Slab교의 속빈단면의 Pre-tension방식 PS Girder는 교량 전체 폭원에 0.8m 이하의 간격으로 병렬 배치하여 Girder와 Girder 사이의 공간에 현장타설 콘크리트로 충진하여 경화 후에 횡방향의 Cross Beam용 Cable을 삽입하여 Prestressing하여 속빈 Slab교를 완성한다.

(1) 일본 건설성 표준 Hollow girder

속빈 Girder는「Pre-tension 방식의 PS 단순 속빈 Slab교」이며 일본 건설성에서는 표준설계를 제정하여, 규격화하고 있으며, JIS 규격제품에 준하여 제조하고 있다.

적용할때 제한 조건은 폭원 17.0m 이하, 교량사각 75° 이상, 지간길이 10~21.0m의 도로교에 적용하고 있다.

⊙ 표 3.2.2 일본 건설성 중공 Girder

교량 등급	교량용 Girder 호칭명	치 수					Girder 1본당 중량 (t)	P.S 강선 의 본수 φ12.4mm 本
			Girder 길이 (m)	支間L (m)	H (cm)	L_1 (m)	L_2 (m)		
1 等 橋	PRH110-45	10.5	10.0	45.0	3.5	3.0	6.1	16
	PRH111-50	11.5	11.0	50.0	4.0	3.0	7.0	16
	PRH112-50	12.5	12.0	55.0	3.0	2@3.0 = 6.0	7.7	19
	PRH113-55	13.5	13.0	55.0	3.5	2@3.0 = 6.0	8.8	18
	PRH114-60	14.5	14.0	60.0	3.5	2@3.5 = 7.0	9.9	19
	PRH115-65	15.6	15.0	65.0	4.0	2@3.5 = 7.0	11.1	21
	PRH116-70	16.6	16.0	70.0	4.0	2@4.0 = 8.0	12.3	20
	PRH117-75	17.6	17.0	75.0	4.5	2@4.0 = 8.0	13.6	21
	PRH118-80	18.6	18.0	80.0	3.75	2@3.5 = 10.5	15.2	22
	PRH119-85	19.6	19.0	85.0	4.26	2@3.5 = 10.5	16.5	23
	PRH120-90	20.7	20.0	90.0	4.0	2@4.0 = 12.0	18.1	24
	PRH121-95	21.7	21.0	95.0	4.0	2@4.0 = 12.0	19.6	25
2 等 橋	PRH210-40	10.5	10.0	40.0	3.5	3.0	6.1	18
	PRH211-45	11.5	11.0	45.0	4.0	3.0	7.0	18
	PRH212-50	12.5	12.0	50.50	3.0	2@3.0 = 6.0	7.7	17
	PRH213-55	13.5	13.0	55.0	3.5	2@3.0 = 6.0	8.8	17
	PRH214-55	14.5	14.0	55.0	3.5	2@3.5 = 7.0	9.9	20
	PRH215-60	15.6	15.0	60.0	4.0	2@3.5 = 7.0	11.1	21
	PRH216-65	16.6	16.0	65.0	4.0	2@4.0 = 8.0	12.3	21
	PRH217-70	17.6	17.0	70.0	4.5	2@4.0 = 8.0	13.6	22
	PRH218-75	18.6	18.0	75.5	3.75	2@3.5 = 10.5	15.2	23
	PRH219-80	19.6	19.0	80.0	4.25	2@3.5 = 10.5	16.5	24
	PRH220-85	20.7	20.0	85.0	4.0	2@4.0 = 12.0	18.1	24
	PRH221-90	21.7	21.0	90.0	4.0	2@4.0 = 12.0	19.6	26

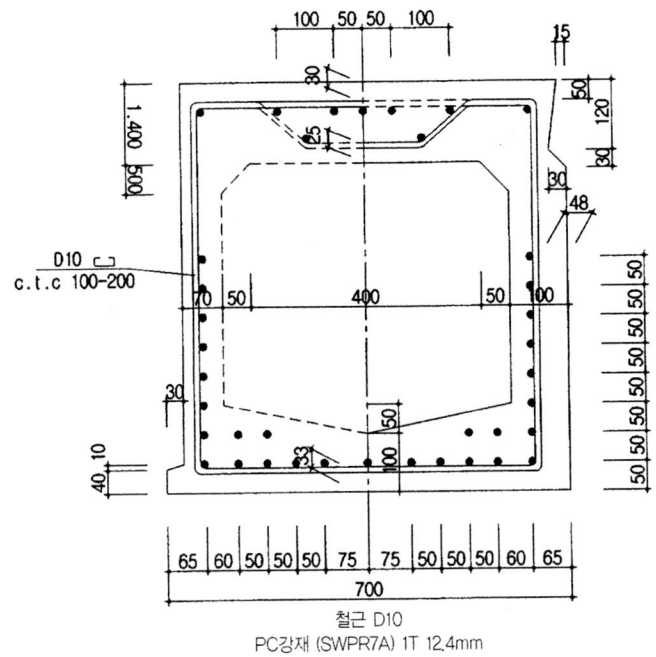

그림 3.2.3 일본건설성 속빈 Girder 단면도

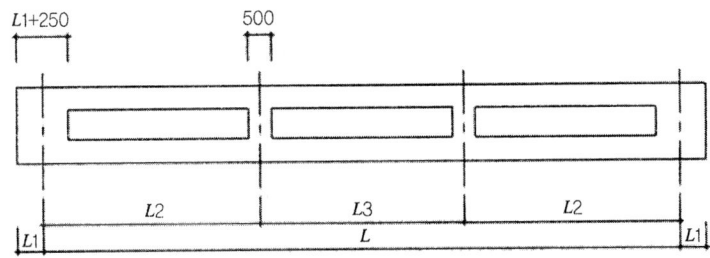

⊙ 표 3.2.3 일본건설성 속빈 Girder 치수(mm)

l	l_1	l_2	l_3	
10,000	250	3,500	3,000	2
11,000	250	4,000	3,000	2
12,000	250	3,000	3,000	3
13,000	250	3,500	3,000	3
14,000	250	3,500	3,500	3
15,000	300	4,000	3,500	3
16,000	300	4,000	4,000	3
17,000	300	4,500	4,000	3
18,000	300	3,750	3,500	4
19,000	300	4,250	3,500	4
20,000	350	4,000	4,000	4
21,000	351	4,500	4,000	4

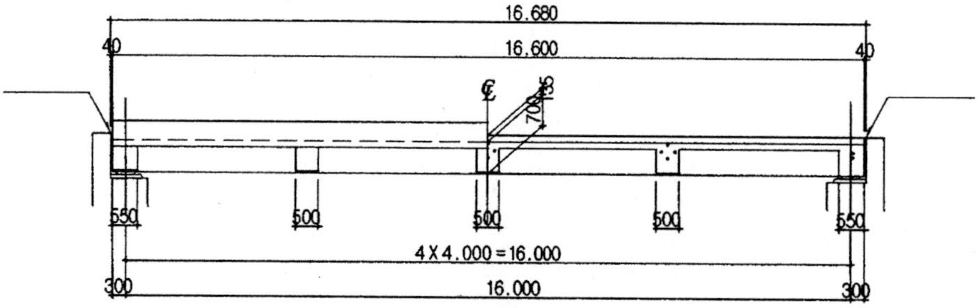

제3장_ 프리스트레스트 콘크리트교(Prestressed Concrete Bridge)

종단면도

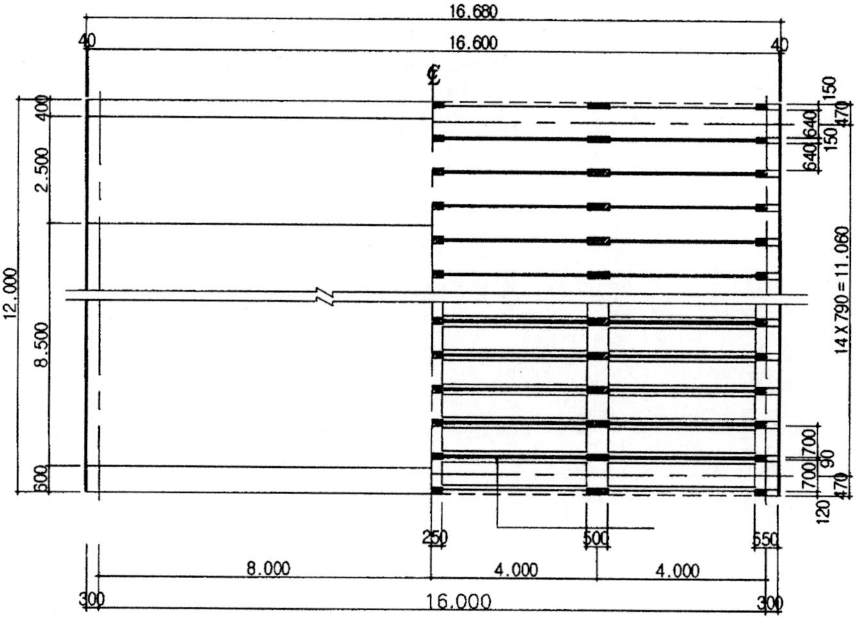

평면도

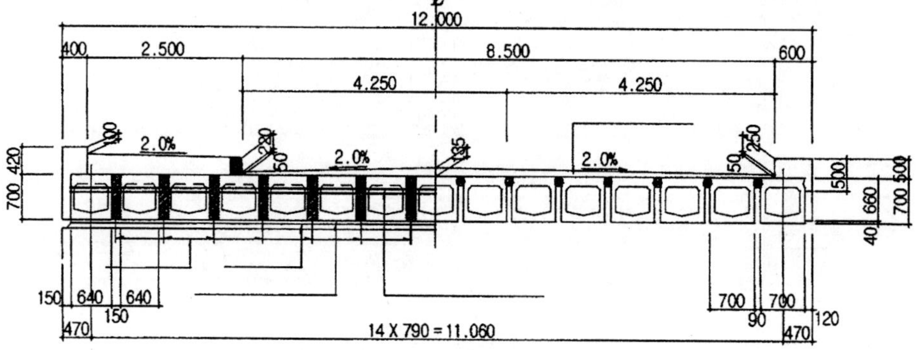

횡단면도

그림 3.2.4 일본건설성 속빈 Girder의 설계 예

(2) 특수형 Hollow Girder

PSC 속빈 Slab교는 주로 교량의 형고에 제약을 받는 곳에서 채용하고, 도시하천에 가설하는 교량에서 일본건설성 Hollow Girder 보다 형고가 낮은 것을 요구되는 장소에 적용한다.

일본에서는 특수형 Hollow girder를 L-Type, K-Type, A-Type의 3종류를 제품화하고 있다.

- L-Type : 특수형 Hollow 단면의 Bond control 공법(Straight로 배치한 PS강재의 일부를 피복하여 콘크리트와 PS강재의 부착을 제한하여 휨모멘트의 변화에 대응하도록 Prestress를 도입하는 공법)을 채용하여 형고가 가능한 낮은 등단면 Girder이다.
- K-Type : 일본건설성 Hollow girder와 외관은 비슷하나 Bond contral 공법으로 형고를 낮게한 것으로 girder는 등단면이다.
- A-Type : 휨모멘트 변화에 대응하도록 girder 단면을 변화시켜 girder의 단부를 가능한 높이를 낮게한 형식이다.

이들 형식의 적용지간은 Type별로 10.0m에서 수송이 가능한 25.0m 정도이다.

⊙ 표 3.2.4 특수형 Hollow girder의 적용범위

Girder 종류	L-Type	K-Type	A-Type
표준지간(m)	10.0~25.0	10~22.0	14.0~25.0
Girder 높이(cm)	35~90.0	40.0~82.5	45.0~90.0
교량 폭원(m)	20.0m 이하		
활하중	TL-20 , TL-14		
사 각	90°~60°		90°
Girder 간격	80.0cm 이하		
지간의 증감(m)	0.3~0.6		

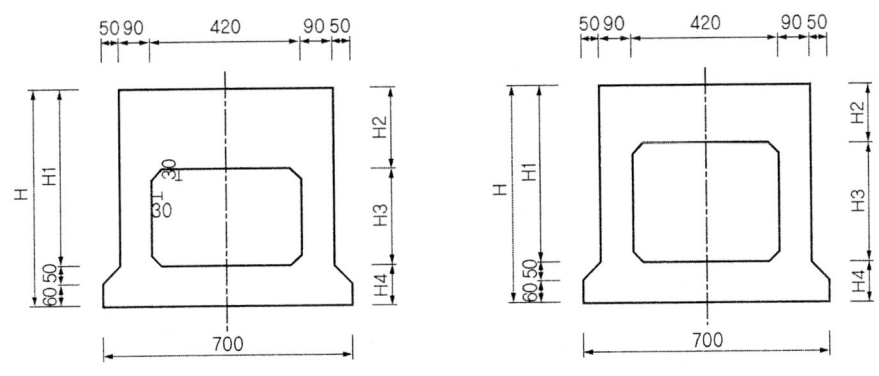

(a) L-Type Girder 횡단면도

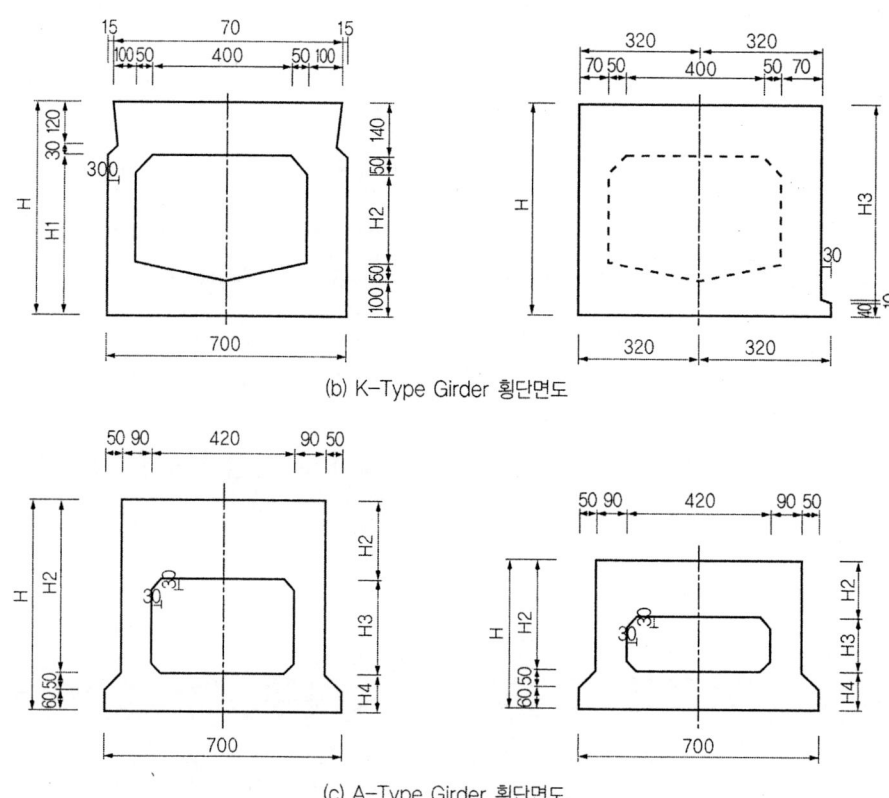

(b) K-Type Girder 횡단면도

(c) A-Type Girder 횡단면도

그림 3.2.5 특수형 Hollow Girder 횡단면도

3.2.3 Pre-tension 방식의 T-BEAM교

Pre-tension 방식의 T-BEAM교는 T형단면의 Prestressed concrete Beam 교량의 전체에 1.05m 이하의 간격으로 병열배치하고 Beam과 Beam사이의 부분, T-Beam의 상부 Flange와 Cross Beam 부분을 현장타설 충진콘크리트(f_{ck} = 300kg/cm²)를 타설 경화후에 횡방향 바닥판용 Cable과 Cross Beam용 Cable을 삽입하여 Prestressing하는 Beam교 형식의 도로교 교체를 말한다. Pre-tension방식의 T-Beam교 「Pre-tension 방식 PS 단순 T형교」로서 각종 폭원에 대하여 일본건설성에 표준도가 준비되어 있다.

Pre-tension 방식의 T-Beam교로 사용하는 Beam은 JIS 5316 「Girder교용 Pre-stressed concrete교 Girder」로 규격화하여 폭원 17.0m 이하, 지간 10m~21.0m의 1등교와 2등교에 적용하도록 하고 있다.

일반적으로 T-Beam의 배치는 그림 3.2.6 표시한 것과 같고, T-Beam의 간격은 1.05m 이하이고 연석부의 우수 낙하부의 폭은 10~175mm이다.

Pretension 방식 T-Beam교의 경우 교량상부 바닥판이 평면을 이르게 되며, 교량의 종·횡단 경사

조절은 일반적으로 교면의 포장두께로 처리한다. 또한 표층 아스팔트 콘크리트 아래에 기층재로 채우거나 콘크리트 조절한다.

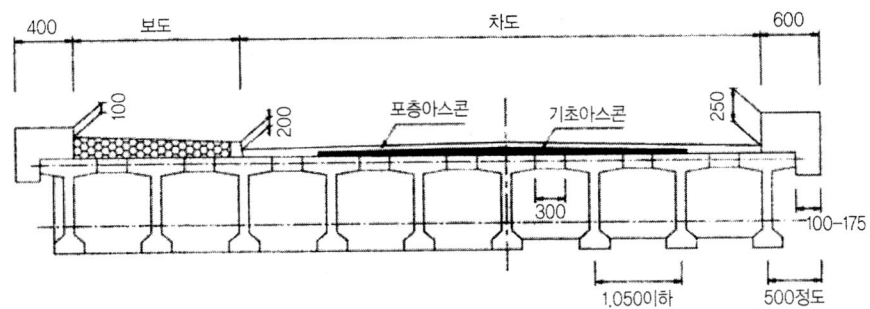

그림 3.2.6 T-BEAM 배치도

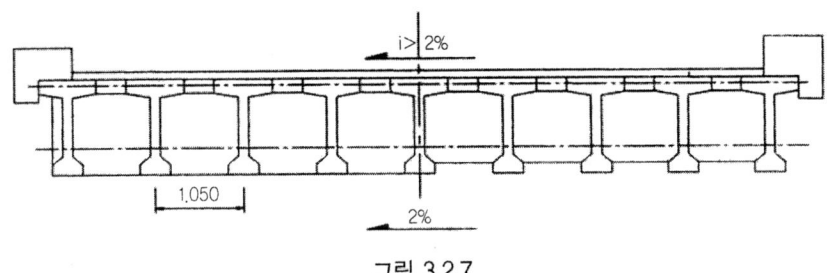

그림 3.2.7

⊙ 표 3.2.5 T-BEAM교 제원

교량등급	T-BEAM 호칭명	표준지간 (m)	Beam 길이 (m)	Beam 높이 (mm)	Beam 1본당 중량(kg)	P.S 강재 φ12.4의 본 수	저항 모멘트 (t-m)
1등교	BS110 - 60	10.0	10.6	600	6,210	16	38.0
	BS111 - 70	11.0	11.6	700	7,370	16	47.8
	BS112 - 70	12.0	12.6	700	8,000	18	52.8
	BS113 - 80	13.0	13.6	800	9,140	18	64.4
	BS114 - 80	14.0	14.6	800	9,810	20	69.0
	BS115 - 90	15.0	15.6	900	11,100	20	81.6
	BS116 - 90	16.0	16.6	900	11,800	22	87.5
	BS117 - 100	17.0	17.6	1,000	13,100	22	99.9
	BS118 - 100	18.0	18.6	1,000	13,900	24	107.0
	BS119 - 100	19.0	19.6	1,000	14,600	20	121.3
	BS120 - 100	20.0	20.6	1,000	15,400	22	128.9
	BS121 - 100	21.0	21.6	1,000	16,100	24	149.4

표 3.2.5 T-BEAM교 제원(2)

교량 등급	T-BEAM 호칭명	표준지간 (m)	Beam 길이 (m)	Beam 높이 (mm)	Beam 1본당 중량(kg)	P.S 강재 φ12.4의 본 수	저항 모멘트 (t-m)
2 등 교	BS210 - 60	10.0	10.6	600	6,210	14	34.1
	BS211 - 60	11.0	11.6	600	6,930	16	38.2
	BS212 - 60	12.0	12.6	600	7,520	20	44.6
	BS213 - 70	13.0	13.6	700	8,640	18	53.1
	BS214 - 70	14.0	14.6	700	9,270	20	57.4
	BS215 - 80	15.0	15.6	800	10,500	20	69.4
	BS216 - 80	16.0	16.6	800	11,200	22	74.5
	BS217 - 90	17.0	17.6	900	12,500	20	82.6
	BS218 - 90	18.0	18.6	900	13,200	22	89.1
	BS219 - 100	19.0	19.6	1,000	14,600	22	102.4
	BS220 - 100	20.0	20.6	1,000	15,400	24	109.5
	BS221 - 100	21.0	21.6	1,000	16,100	20	125.8

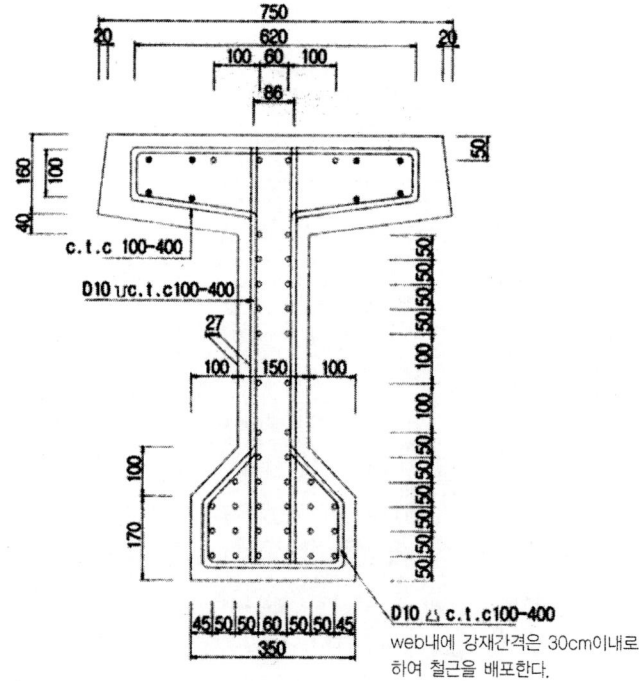

그림 3.2.8 Pre-tension T-Beam의 횡단면

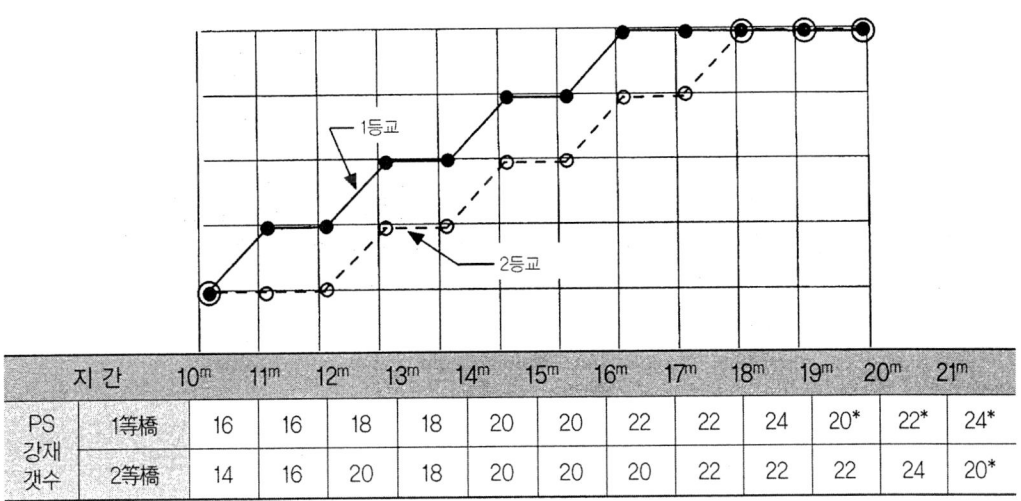

지간		10ᵐ	11ᵐ	12ᵐ	13ᵐ	14ᵐ	15ᵐ	16ᵐ	17ᵐ	18ᵐ	19ᵐ	20ᵐ	21ᵐ
PS 강재 갯수	1等橋	16	16	18	18	20	20	22	22	24	20*	22*	24*
	2等橋	14	16	20	18	20	20	20	22	22	22	24	20*

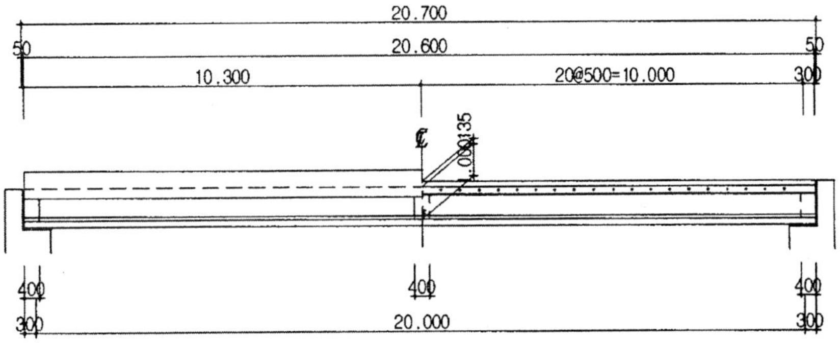

종단면도

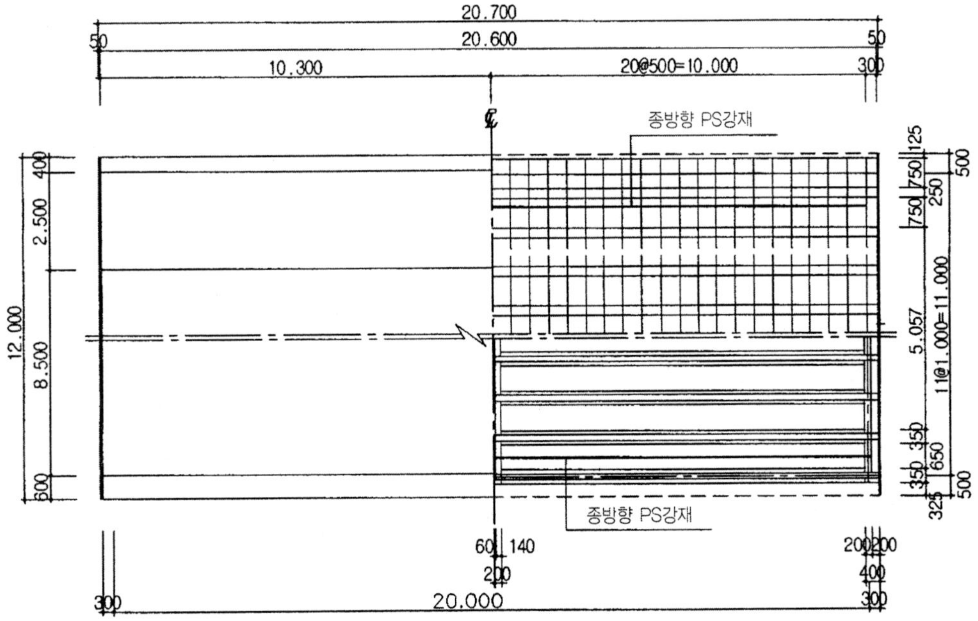

평면도

제3장_ 프리스트레스트 콘크리트교(Prestressed Concrete Bridge)

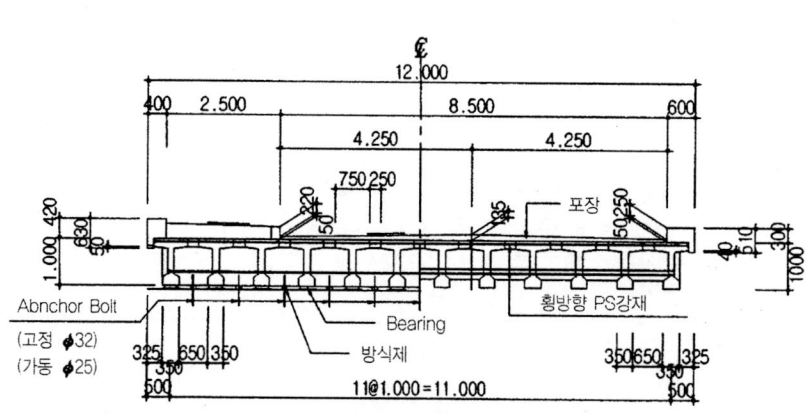

그림 3.2.9 Pretension 방식 T-Beam교 설계 예

3.3 PSC 슬래브교(Prestressed concrete slab bridge)

여기서 말하는 PSC 슬래브교는 R.C Slab교에 교축에 방향으로 Prestress를 한 Post-tension Slab 교이다.

구조형식은 종방향 구조형식에 따라서 단순슬래브교, 연속슬래브교로 분류한다. PSC 슬래브교는 교량상부구조의 높이에 제한을 받는 지역, 다리밑 공간에 제약이 있는 지역에 적용하며, 특히 미관이 크게 고려되는 지역이나, 도로 종단면 선형 계획시 Girder교로 교량형식 선정이 불가능한 지역에 흔히 적용한다.

그러나 도로·철도를 횡단하는 교량의 경우 지역 여건상 동바리 설치가 어려운 곳에서는 적용이 곤란하다.

3.3.1 특징 및 단면형상

(1) 특징

1) 단면특성상 균열에 대한 안전율이 비교적 크다.
2) 지간의 길이에 비교하여 슬래브 두께가 낮으므로 도로의 교차로에 적합하다.
3) 지간 길이가 긴 경우에는 철근콘크리트 슬래브교에 비교하여 자중이 감소하므로 유리하다.
4) 교량상부구조의 높이를 낮게 할 수 있으므로, 상부구조 높이에 제약을 받는 곳에 적합하다.
5) 구조형식이 단순하므로 비교적 시공성이 용이하다
6) 다경간으로 시공시 Span by span method로 시공하면 교량 길이가 긴 장대교에도 시공이 가능한다.
7) 다른 교량형식에 비교하여 단위 면적당 자중이 크기 때문에 적용지간이 짧다.

8) 시공·공정상 철저한 품질관리가 필요하다.
9) 차량 통행을 위하여 다리밑 공간 확보가 불가능하거나, 지형 여건상 동바리 설치가 곤란한 경우에는 적용할 수 없다.

(2) PSC 슬래브교의 단면 형상

철근콘크리트 슬래브교와 횡단면 형상은 같다.(그림 2.1.1 참조)

3.3.2 적용지간

적용지간은 속찬슬래브교의 경우 단순교는 20m까지 가능하나 18.0m 정도로 하는 것이 바람직하고, 연속교에서는 25m까지 적용이 가능하나 경제적인 범위는 20m 정도이다.

속빈 슬래브교의 경우 단순교는 25m까지 가능하고 연속교의 경우에는 30m까지 적용하는 경우도 있다.

3.3.3 슬래브교의 두께(높이)

PSC 슬래브교의 1등교의 표준적인 지간에 대한 슬래브교의 두께는 다음 식⟨3.3.1⟩~⟨3.3.4⟩에 의해 구하면 손쉽게 단면을 산정 할 수 있다.

다만 Cantilever 슬래브를 갖는 교량의 경우에는 슬래브교 내면길이에 따라 다르지만 슬래브 두께를 5.0m 정도 증가시키는 것이 좋다.

(1) 속찬단면

① 단순 PSC 슬래브교 : $h ≒ (L/27)+0.10(m)$ ──────────────── ⟨3.3.1⟩
② 연속 PSC 슬래브교 : $h ≒ (L/29.5)+0.05(m)$ ────────────── ⟨3.3.2⟩

(2) 속빈단면

① 단순 PSC 속빈슬래브교 : $h ≒ (L/30)+0.10(m)$ ──────────── ⟨3.3.3⟩
② 연속 PSC 속빈슬래브교 : $h ≒ (L/33.5)+0.25(m)$ ─────────── ⟨3.3.3⟩
여기서 L : 지간길이(m)

3.3.4 PSC 슬래브교의 사각

PSC 슬래브교의 계획시에는 교량의 사각이 없도록 교량의 길이를 길게 함이 좋으나 불가피하게 사각이 요구되는 여건인 경우에는 가급적 영향이 적은 70° 이상으로 계획하는 것이 구조적으로 유리하다. 실제로 사각을 50°까지 설계한 실적은 있으나 이때는 다음의 사항에 대해서 충분한 검토가 따라야 한다.

(1) 둔각부에 과도한 반력

(2) 예각부에 부반력

(3) 바닥판의 지간 변화에 따른 휨모멘트 변화

(4) 교축방향으로 PS강재 배치시 정착구 폭원에 따른 슬래브교 단부길이 증가에 대하여 고려하여야 하며, 설계자는 신축이음부의 교량받침 점의 위치결정시 다음 그림 3.3.1과 같이 검토하여 교량의 지간 및 교량받침대의 폭원을 결정하여야 한다.

또한 사교의 경우에는 가급적이면 교량의 받침의 간격을 크게하는 것이 부 반력이 발생하지 않게 설계가 되나 교량받침의 Sole plate의 규격이 증대하여 Sole Plate가 슬래브교 단부 밖으로 튀어나오는 경우도 있으니 이에 대해서도 검토가 따라야 한다.

또한 교량받침의 위치가 PS 정착구와 겹치는 경우에는 교량받침 상부 Plate의 Anchor Bar와 간섭이 있는지 여부를 검토하여야 한다.

(5) 둔각부, 예각부의 처리

철근콘크리트 슬래브교와 동일하게 처리하는 것이 바람직하다.

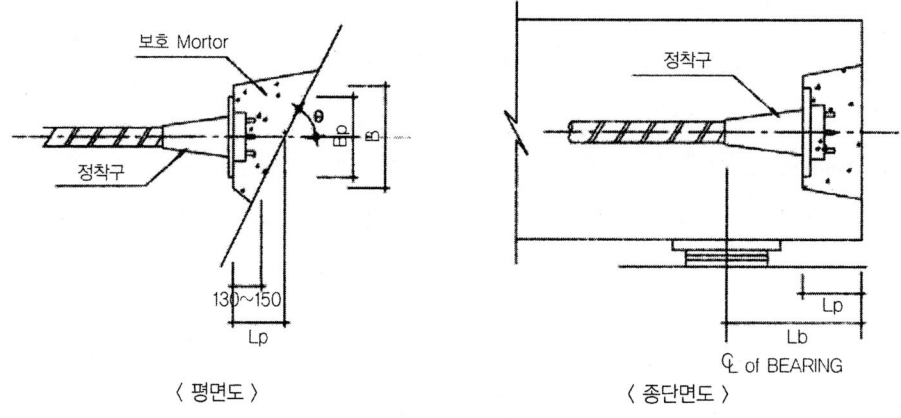

여기서 : B_p : 정착구 Bearing Plate 폭(cm)
  B : 정착부의 절개폭(cm) P.S 정착구 중심선과
  L_p : Slab 단부와의 교차점에서 Bearing Plate까지 거리
  L_b : 교량받침 중심에서 슬래 단부까지 거리
  θ : 교량의 사각
  $L_p = (B/2)/\tan\theta + (130 \sim 150)$ $L_b \geq 300 + L_p$

그림 3.3.1 PSC 슬래브의 교량받침 위치

3.3.5 속빈슬래브의 단면형상 및 종단면 형상

철근콘크리트 속빈슬래브교의 단면형상의 기준에 따라 계획한다.

3.3.6 PS강재 배치

PS strand 배치 및 명칭에 대해서는 다음 3.5절 PS Box Girder에서 상세히 설명하기로 하고 여기에서는 생략하오니 참고하기 바란다.

3.4 PSC T형 거더교

3.4.1 현장타설 PSC T형 거더교

이형식은 철근콘크리트 T형 거더교에 Prestressing을 한 것으로 간주하면 된다.

또한 연속교에서 중간지점부(교각부)에는 콘크리트 단면부족으로 인한 압축강도를 보강하는 방안으로 Box Girder로 계획하는 경우도 있다.

설계과정은 철근콘크리트 T형 거더교와 유사하며 PS을 도입하는 부분만 다르다.

(1) 특징

1) Box Girder교에 비교하여 거푸집 및 동바리 설치가 용이하다.
2) 구조해석이 용이하다.
3) PSC 슬래브교 다음으로 PSC 구조의 기본이다.
4) 연속교에서 정모멘트부에서는 유리하나 부모멘트 받는 부에서는 까다로운 경우가 있다.
5) 비틀림 모멘트 저항이 약하며 곡선교에는 적용이 용이하지 않다.
6) 시공실적이 적다.

(2) 거더의 간격 및 높이

1) T형 거더의 간격은 교량폭, 다리밑 공간, Cantilever 슬래브 부분의 길이 등에 의해 결정되며, 일반적으로 바닥판 슬래브 최소 두께에 의해 교량전체 폭이 유효폭이 될 수 있게 거더의 간격을 결정는 것이 바람직하다. 거더의 간격은 2.0m~3.5m 정도로 계획한다.
2) 거더의 높이는 지간에 대하여 단순교는 1/15~1/18, 연속교 1/18~1/22 정도를 적용한다.

(3) 거더의 Web폭 및 Cross Beam

1) Web의 폭은 철근의 배치, PS강재 배치 간격 및 규격, 전단저항 강도에 의해 결정되지만 일반적으로 40cm이상 거더높이의 1/2~1/3을 사용한다.
2) 연속교에서 교각부에서는 전단저항 강도가 부족하는 경우에는 Web 두께를 확장하는 경우와 PS 정착구의 정착에 필요한 두께로 Web를 크게 확장하는 경우가 있다.
3) 연속교에서 교각부에서 콘크리트 압축강도가 부족하는 경우에 거더의 높이를 증가시킬 수 없는 현장 여건에서는 그림 3.4.2와 같이 Box 단면으로 계획하여 처리하는 경우도 있다.

4) Cross Beam의 높이는 주거더의 높이 보다 10cm, 20cm정도 낮게 하는 것이 유지관리 측면에서 유리하다. 또한 두께는 25cm 이상으로 하여야 한다.

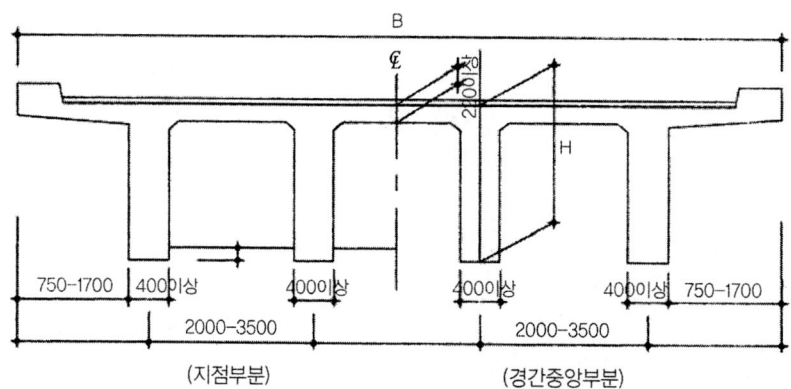

그림 3.4.1 PSC T형 거더교 주요 치수

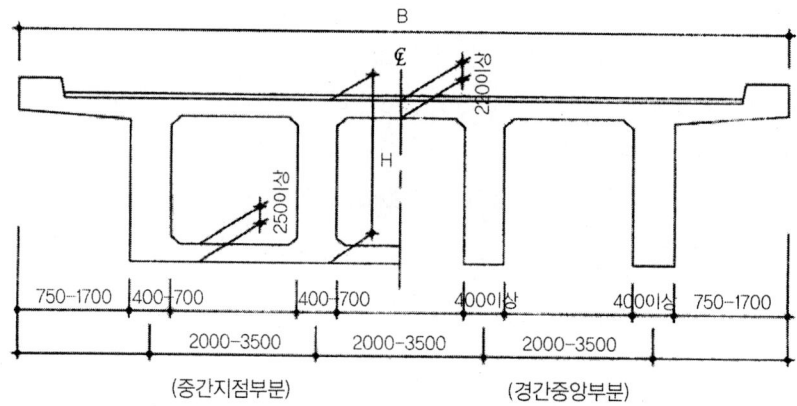

그림 3.4.2 PSC T형 + Box Girder 주요치수

(4) 적용기간

PSC T형교의 적용지간은 단순교에서 $L=30m$ 정도가 경제적이며 최대 45m까지 적용은 가능하나 상부구조의 높이가 높아 다리밑 높이에 제약을 받는 곳에서는 곤란하다.

연속교에서는 $L=40m$ 정도까지 적용하며 최대 50m까지는 적용이 가능하다. 이때에는 교각부를 Box 단면으로 계획하는 것이 다리밑 공간 확보에 도움이 된다.

(5) 바닥판의 두께

1) 차도부분의 바닥판 두께는 22cm 이상 또는 $3\ell_b + 13$(cm) (ℓ_b = 거더간격)
2) 보도부 바닥판의 최소두께는 14cm 이상

3) 바닥판의 두께에 대한 규정은 도로교 설계기준을 참고하여 결정한다.

3.4.2 Pre-casting T형 거더교

이 교량형식은 Pre-casting T형 거더의 상부 Flange를 교량의 바닥판 일부로 사용하는 교량으로서 교량가설 위치 부근의 부지에서, T형 거더를 제작하여 병렬로 가설후에 거더와 거더 사이의 상부 Flange부와 Cross Beam부에 현장타설 콘크리트로 연결하고 콘크리트가 목표하는 강도에 도달하면 횡방향으로 PS를 하여 일체화한 교량을 말한다.

이 형식의 교량은 일본에서는 중소교량의 폭원이 적은 경우에 적용하고 있으나 우리나라에서는 적용 실적이 없는 것으로 알고 있으며, 앞으로 설계에 적용할 수 있도록 참고 자료로서 기술한다.

(1) 특징

1) 일반적으로 적용지간은 20m~45m에 적용한다.
2) 시공성이 좋다
3) 구조가 간단하다
4) 일본에서 시공실적이 풍부하다
5) Pre-cast block 공법에 의해 현장에서 제작하므로 노무비, 운반비가 절감된다.
6) 평면곡선 반경이 작은 경우 및 횡단경사가 큰 경우에는 바닥판의 평면 Shieft 편경사에 대하여 검토가 필요하다.
7) 편경사에 의해 불필요한 고정하중이 증가한다.

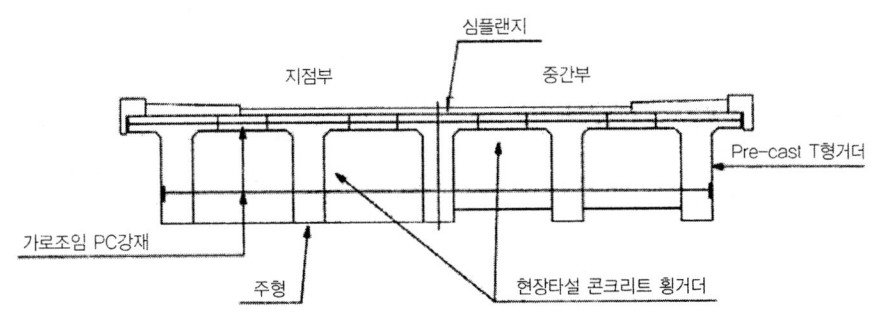

그림 3.4.3 Pre-cast T형 거더교

(2) 거더의 높이 및 간격

1) 거더높이를 결정하는데 있어서 영향 인자는 활하중, 교량폭, 거더의 갯수, PS강재의 규격 및 강재량 등이다.
2) 거더높이와 지간 과의 비는 PSC T형 거더의 경우 주로 활하중의 크기에 따라서 변화하지만, 개략

적으로 1/15~1/25 정도이다. 그림 3.4.4은 단순 T형 거더교의 거더높이와 지간과의 관계를 나타낸 것이다.

3) 거더의 간격은 일반적으로 1.70m~2.15m이다.(그림 3.4.5 참고)

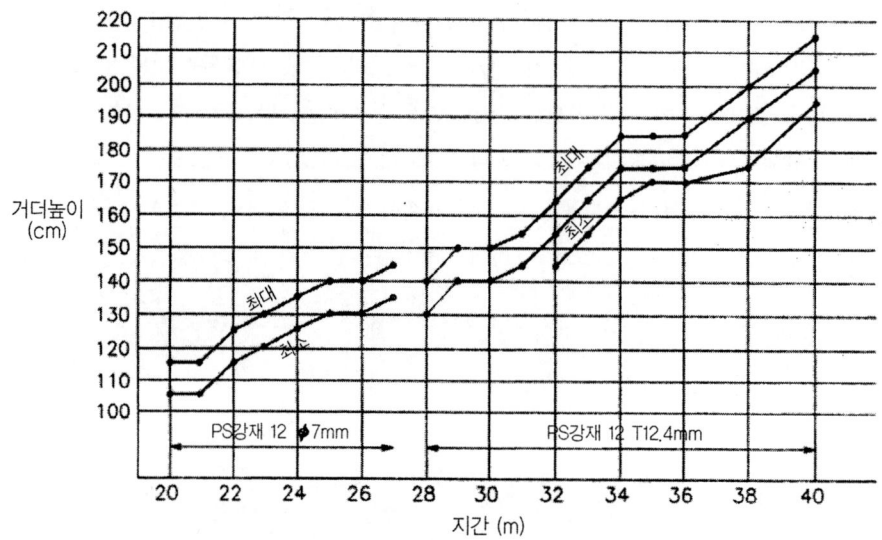

그림 3.4.4 거더높이와 지간 과의 관계

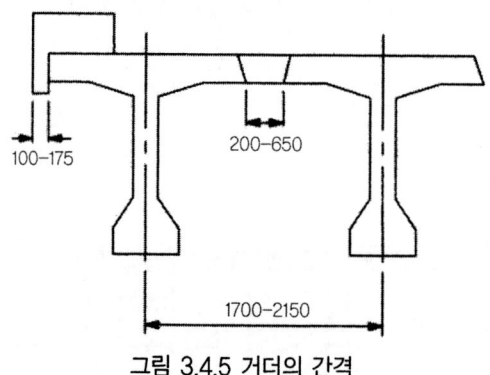

그림 3.4.5 거더의 간격

(3) PSC T형 거더교의 사각

작용 사각은 60°~90° 범위 내에 적용한다.

(4) 곡선교에 적용방안(바닥판)

교량의 평면곡선에 의해 외측 거더의 Flange의 길이 변화에 따라 처리하는 방법이 다르다.

1) 곡선반경이 크고, Flange Cantilever 길이 변화량이 작은(50cm 이하) 경우 그림 3.4.6와 같이 활하중이 작용하지 않은 경우에 적용하는 경우가 많다.

2) 해당 장소에 윤하중이 작용하는 경우 횡방향 PS강재를 연장하여 PS구조로 하는 경우도 있다.
3) 곡선반경이 적고 Cantilever 길이가 큰 경우에는 그림 3.4.7(a)와 같이 달아낸 바닥판을 PS 구조로 하는 경우와 Cantilever 바닥판으로 하기 어려운 곡선의 경우에는 그림 3.4.7(b)와 같이 Dead space를 교량구간에 도입하는 경우가 있다.

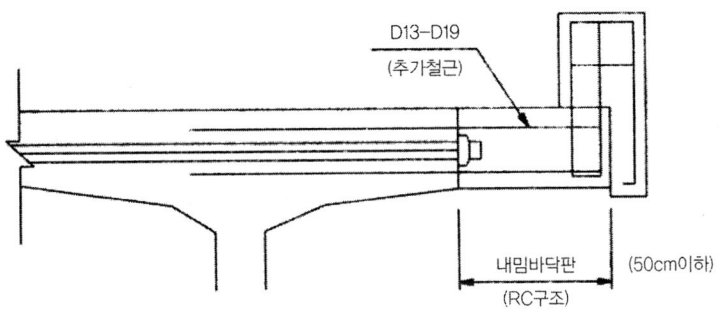

그림 3.4.6 Flange cantilever 길이가 적은 경우(50cm 이하) 예

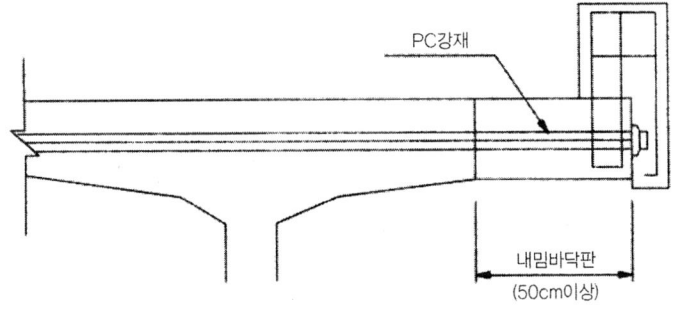

(a) Cantilever 바닥판에 의해 처리하는 경우

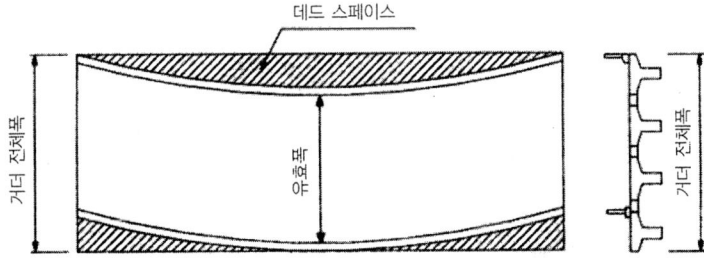

(b) Dead space에 의해 처리하는 경우

그림 3.4.7 Flange Cantilever 길이가 큰 경우(50cm 이상) 예

(5) 편경사 처리방안

1) 하부공의 받침면을 4%까지는 경사면으로 하고, 받침 몰탈을 레벨로 시공한다.
2) 횡단구배가 2%까지의 경우는 교량면 위의 구배 콘크리트로 대처한다.

제3장_ 프리스트레스트 콘크리트교(Prestressed Concrete Bridge)

3) 횡단구배가 2%를 넘는 경우는 2%까지를 거더의 붙임으로 대처하고 나머지의 경사는 콘크리트 및 포장으로 조정한다.

4) 단, 경사콘크리트에 의한 조정량이 크기에 의한 고정하중 증가에 따른 영향이 비교적 큰 경우에는 앞의 설명 ②, ③에 경사콘크리트 및 포장에 의해 조정하는 부분을 플랜지를 기울기로 하는 방법으로 치환할 수 있다.

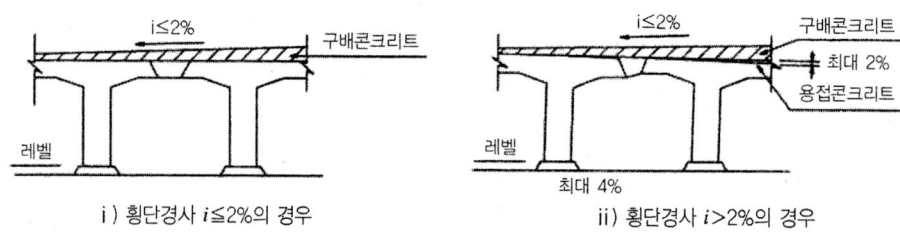

그림 3.4.8 교량 편경사 처리방안

(6) 거더의 형상·치수 및 강재배치

거더의 형상·치수 및 강재배치는 그림 3.4.9와 같다.

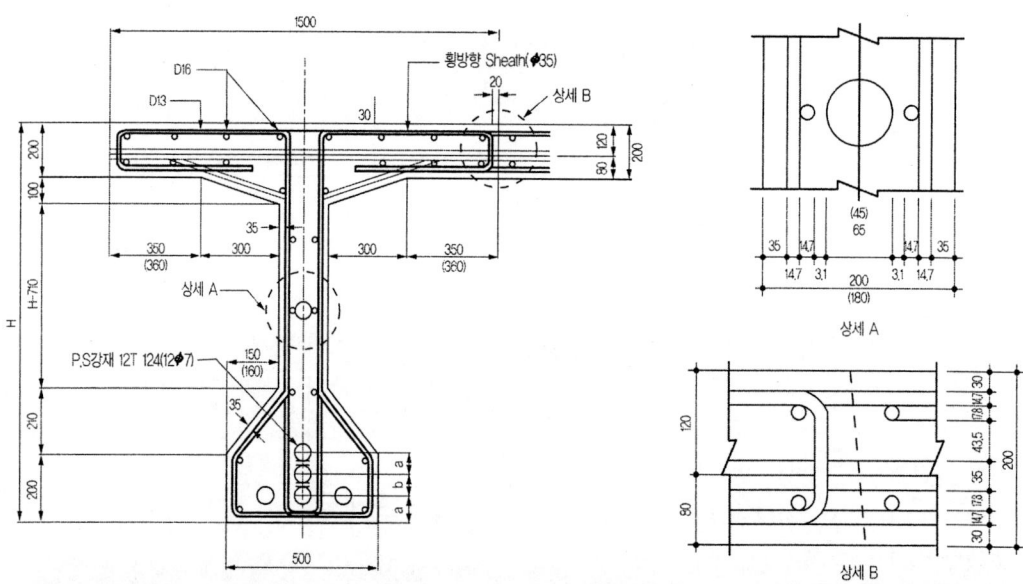

P.S 강재	12φ5	12φ7	12T12.4
a	80	85	95
b	80	85	105
Sheeth	35	45	65
Web 두께	170	180	200

그림 3.4.9 PSC T형 거더 형상·치수 및 강재배치

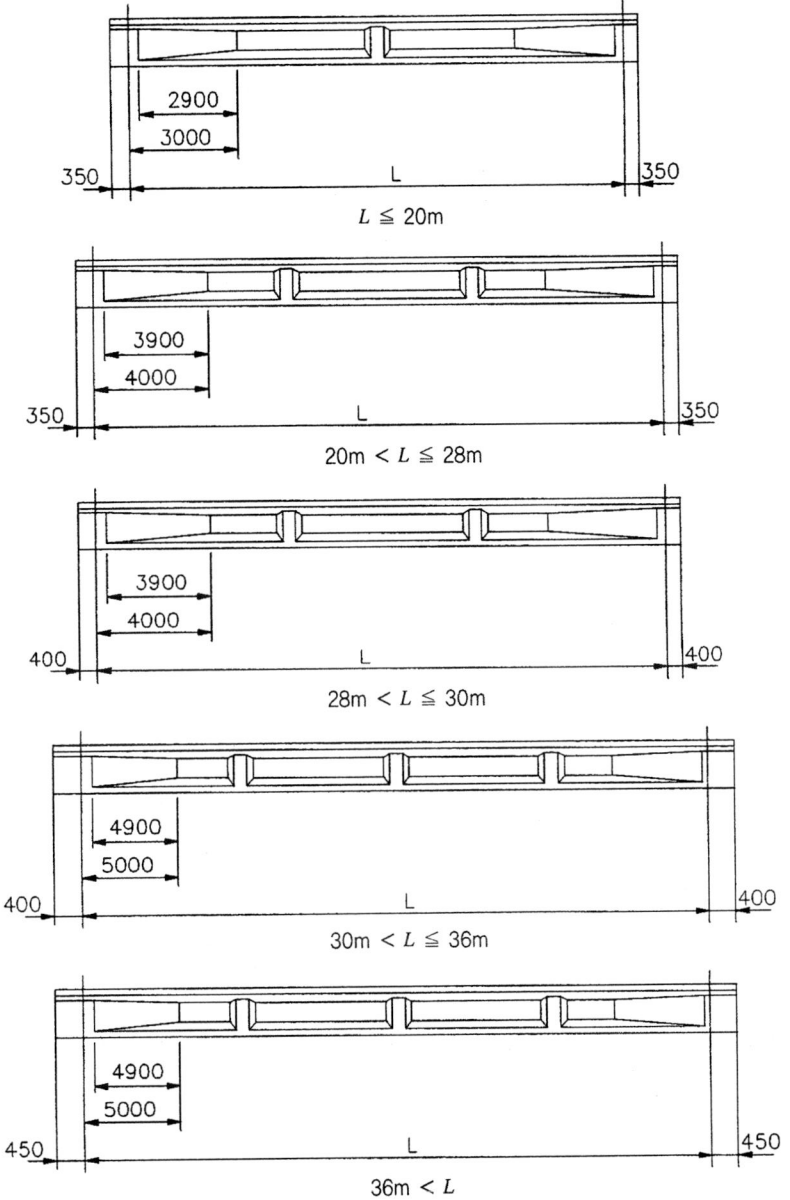

그림 3.4.10 PSC T형 거더 종단면 변화(일본건설성 표준도 소화 55년)

3.4.3 PSC Double webbed slab교

이 교량형식은 슬래브교와 T형 거더교를 결합한 구조로 이루어진다. 이 형식은 PSC T형 거더교의 시공성을 합리한 구조형식이며, 우리나라에서는 최근에 설계하여 시공하기 시작한 교량 형식이다.

(1) 특징

1) 두꺼운 바닥판에 2개 또는 3개의 강성이 높은 웨브(거더)가 결합되어 있으며, 바닥판에 의해 하중이 분배되는 구조이다. 교축 직각방향의 강성이 크기 때문에 단지점 혹은 중간지점에 횡거더가 배치되지 않는 경우가 있다.
2) 웨브(거더)내에 교축방향 PS강재가 집중배치 된다.
3) 이동식 동바리공에 의한 시공에 적합한 것으로 다경간 연속거더교로서 사용되는 경우가 많다.
4) 거더높이/지간비는 1/13~1/18정도가 일반적으로 채용되고 있다.
5) 일반적으로 주형간격이 커서 바닥판의 내밈길이(Cantilever 길이)도 크다.

(2) 단면계획

다음 그림 3.4.11와 같이 Web의 간격 및 Cantilever 길이에 따라 5가지 그룹으로 구분하여 계획한다. 여기서 바닥판 중앙 경간의 두께를 1.0으로 가정하여 각각의 부재 치수를 결정하도록 한 것이다.

따라서 설계자는 어떤 System으로 해야 하느냐는 다리밑 공간에 따라 교각 형식에 의해 결정되는 것이기 때문에, 하부교각의 형상을 결정한 다음에 상부의 단면형상을 결정하여야 한다.

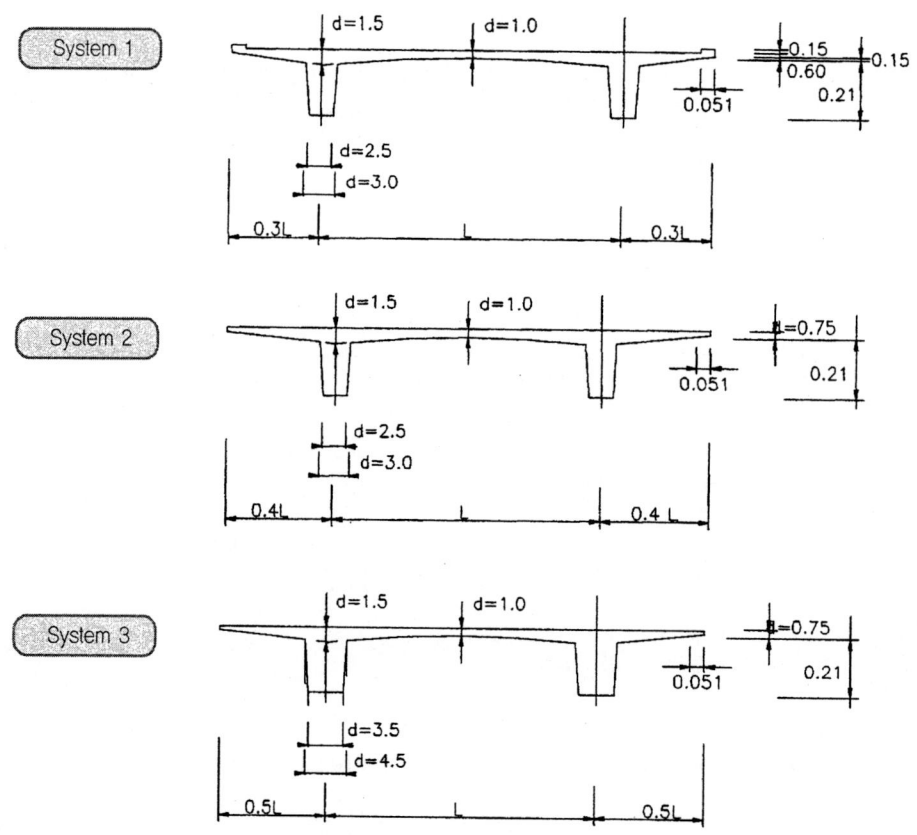

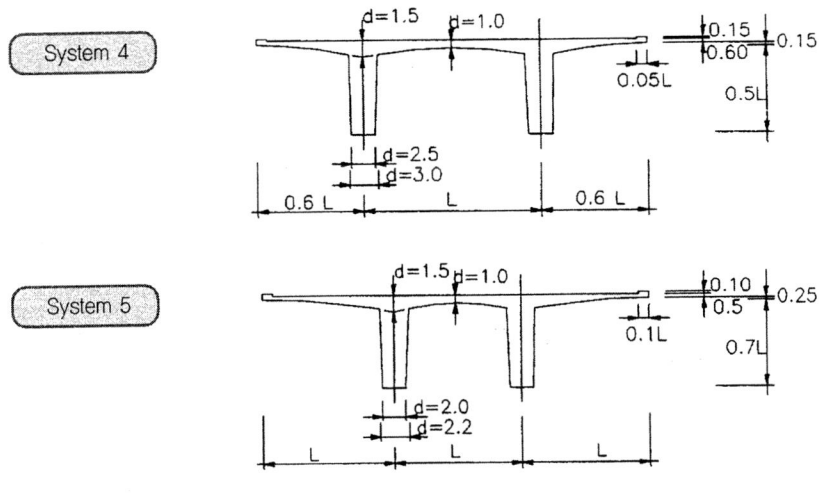

그림 3.4.11 Double webbed 슬래브교 단면형상

(3) 설계 예

1) System 3의 설계 예

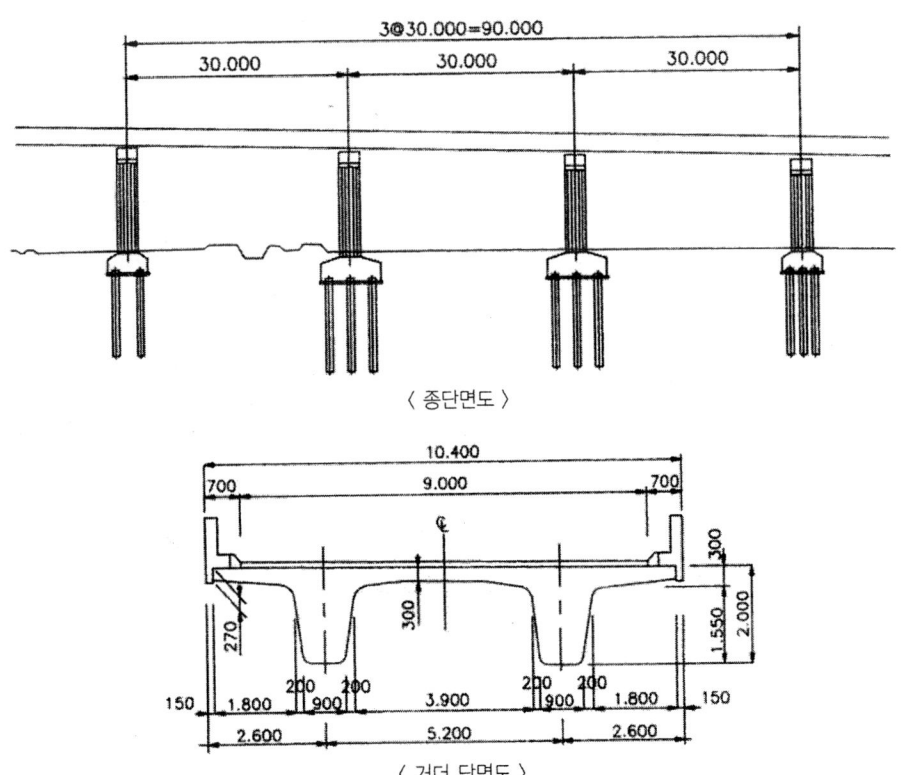

그림 3.4.12 System 3의 설계(예) - 일본

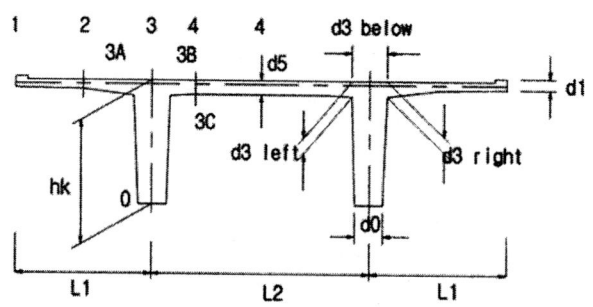

교량명 및 교량길이	지간 m	교량폭 m	l_1 m	l_2 m	거더높이 m	d_1 m	d_{3left} m	d_{3right} m	d_{3below} m	d_5 m	d_o m
Obereisesheim $\Sigma L = 585m$	39,00	30,00	6,80	16,25	3,00	0,25	0,58	0,54	1,25	0,36	1,15
Welkers $\Sigma L = 932m$	32,55	30,00	6,85–8,1	16,0–19,0	2,70	0,24	0,58	0,54	1,20	0,37	1,10
Hamburg K13 $\Sigma L = 245m$	37,00	2·22,50	5,10	12,00	3,00	0,25	0,60	0,60	1,40	0,40	1,00
Rombergsholz $\Sigma L = 447,2m$	33,00	2·22,50	4,53–5,83	11,0–15,07	2,50	0,27–0,33	0,50	0,46	1,00	0,35	0,85
Exterheide $\Sigma L = 431m$	32,00	2·15,75	3,78	7,75	2,30	0,26	0,44	0,41	0,90	0,32	0,80
Frankreich Caronte $\Sigma L = 574m$	45,00	2·14,0 -2·17,4	3,3–5,0	8,40	3,00	0,25–0,32	0,72	0,54	1,00	0,36	0,86
Germersheim $\Sigma L = 318m$	45,80	22,80	5,30	12,30	4,00	0,25	0,48	0,48	1,30	0,40	1,15
Bremecke $\Sigma L = 478m$	45,00	2·15,63	5,15	5,00	3,50	0,25	0,60	0,54	1,00	0,45	0,90
Saβmicke $\Sigma L = 659m$	45,00	2·15,00	5,00	5,00	3,50	0,38	0,60	0,54	0,75/1,0	0,43	0,65/0,9
Ruhrbrcke $\Sigma L = 437,6m$	36,38	15,05 / 18,65	3,75 3,13 / 4,33 4,61	7,90 / 8,90	1,79 / 8,90	0,22	0,45	0,42	1,45 / 1,65	0,32	1,30 / 1,50

그림 3.4.13 외국의 설계 예

3.5 PSC 연속 박스거더교

PSC 박스거더교는 1950년대 이후 유럽을 중심으로 개발되어 온 교량형식 중의 하나로 현대교량에서 요구되는 미관·경제성·유지관리적인 측면에서 우수성이 인정되어 오늘날 국내외에서 다른 어느 교량형식보다 가설이 증가하고 있고 앞으로도 많이 적용될 교량형식이다. 60년대 후반부터 세계적으로 30m~60m 정도의 경간길이를 갖는 대부분의 교량이 PSC 박스거더형식의 교량을 건설하였고 경간길이가 300m 정도까지 장대지간 교량들도 대부분이 교량형식으로 가설되었다.

한국에서는 1981년에 서울 한강에 위치한 원효대교(L=1470m, 너비=20m)가 최근의 PSC 박스거더교로 Dywidag 정착공법에 의한 캔틸레버 가설공법으로 시공된 중앙 경간에 Hinge를 둔 라멘교 형식이다. 또한 접속교는 PSC 연속 슬래브교로 FKK Fryssinet이 콘크리트 정착 장치를 이용한 wire 방식으로 시공되었다. 그 후, 1984년 서울 강남구 개포지구내의 영동 1교가 국내의 최초로 PS강재를 strand를 이용한 강제정착구를 이용하여 시공되었다.

또한 PSC 박스거더의 건설공법으로 1984년에 호남고속도로 확장구간 중의 금곡천교의 밀어내기 공법(ILM 공법)이 도입되고 동년에 서울 한강남측 올림픽대로 상의 노량대교에 MSS(Moveable Scaffolding System)이 도입되는 등 PSC 박스거더 교량의 건설이 크게 확대 발전하였다.

그 후, 1989년에 한국의 최초로 캔틸레버 가설공법에 의한 PSC 박스거더 사장교인 올림픽대교가 완공되었다. 그리고 중부고속도로를 구리시로 연결하는 강동대교는 연속 박스거더교로서 PSC 교량기술의 또 하나의 중요한 기술발전을 가져왔다.

강동대교 건설 이후, 많은 교량이 연속교로 캔틸레버 가설공법으로 가설되어 왔으며 PSC 박스거더 교량가설기술의 발전은 precast segmental 공법의 도입으로 이루어져 서울 강변북로의 5km 교량의 span by span method 로 below truss 가설방법으로 최초로 external을 이용한 가설공법으로 시공되고 북부간선도로의 7km 교량이 launching gentry에 의한 precast 캔틸레버 공법으로 시공되었다. 이와 같이 국내의 PSC 박스교량기술은 1990년대에 급격히 발전하여 2000년대에 이르러 복합박스 PS교 설계에 많이 적용하고 있는 실정이고 앞으로 많은 발전이 예상된다.

3.5.1 개요

연속 박스거더교의 장점은 휨모멘트의 최대값이 포락선도에서 동일지간의 단순 박스거더교 보다 적어, 동일 거더높이의 단순교보다 지간을 길게 할 수 있으며, 부정정 차수가 높기 때문에 비상시에 소성 Hinge의 형성을 기대할 수 있기 때문에 내진성이 좋다. 또한 신축이음의 감소로 주행성이 좋으며 신축이음부의 진동·소음도 완화할 수 있으며 유지보수면에서 유리한 구조이다.

한편, 연속거더교에서는 온도변화, 건조수축, creep에 의한 부정정력에 대한 고려 및 가설공법 채용에 따른 가설시 응력검토 등 설계상에 고려할 점이 많이 있다.

제3장_ 프리스트레스트 콘크리트교(Prestressed Concrete Bridge)

또한 장지간을 갖는 PSC 박스거더교에서 일반적으로 많이 적용하는 형식이지만 강제받침을 사용하는 경우에 전체 교량건설비에 차지하는 교량받침의 가격비율이 비교적 크기 때문에 최근에는 Elastometric Bearing의 채용으로 경제성 향상 및 유지관리의 경감을 도모하고 있다. 그리고 내진 설계에 적용하는 경우에 교각의 높이가 낮은 경우에는 수평력 분산방식의 받침인 Oil damper, 점성 stoper 등을 채용하여 다경간 연속화를 도모하고 있는 실정이다.

(1) PSC 박스거더교의 구조형식 선정

PSC 박스거더교의 계획시 구조형식 선정은 교량가설위치의 도로평면선형, 종단경사, 교량의 평면형상, 교량의 높이, 경간 길이, 지장물 및 교각가설을 위한 자재 반입로와 경제성, 시공성, 교량의 미관을 고려하여야 한다.

또한 교량의 상부구조 가설공법에 의해 구조형식이 결정되는 경우가 많으니 설계자는 이점을 착안하여 교량형식을 선정하여야 한다.

PSC 박스거더교의 구조적인 형식은 다음과 같이 대별한다.

㉠ 연속 박스거더교
㉡ 경간 중앙 Hinge교(Hinge 형식의 Cantilever교)
㉢ Gerber 교

최근에는 특수한 경우를 제외하고는 경간중앙 Hinge교, Gerber교 형식은 유지관리적인 측면에서 문제점이 많이 발생하여 설계에 적용을 하지 않고 있는 실정이다.

(2) 적용가설공법

1) 고정지보공 공법 : Full Staging Method(FSM), 분할가설공법(span by span method)
2) 압출공법 : (Incremental Launching Method : ILM)
3) 이동식 지보공 공법 : (Moveable Scaffolding System : MSS)
4) 가설거더 지보공 공법 : 이동현수 지보공 공법, 가동지보공 공법 등 다수.
5) 접지식 이동지보공 공법 : 분할가설공법
6) cantilever 공법(Free Cantilever Method : FCM)

(3) 적용 경간 또는 지간

적용지간은 교량가설공법에 따라 다르며 세계적으로 적용한 예가 가장 많은 지간은 다음과 같다.

1) 고정지보공 공법(FSM) : 30~50.0m
2) 압출공법(ILM) : 40~55.0m(가설벤트를 설치 않고 50m까지는 가능함)
3) 이동식 지보공 공법 : 30~50.0m

4) 접지식 이동지보공 공법 : 30~50.0m

5) cantilever 공법(FCM) : 50~120.0m

3.5.2 교량 경간(지간)분할

(1) 일반적인 경간분할

교량 계획시 교각의 배치는 지형조건, 교차조건(도로, 철도, 하천, 바다 등) 지반조건, 지하매설 등과 밀접한 관계를 가지고 있다.

경간길이 비율(측경간 깊이/중앙경간 길이)에 따라 상부구조의 부재력에 큰 영향을 받고 시공성도 이것에 의하여 많은 변화가 발생하게 되므로, 가능한 중앙경간의 배치는 등간격으로 배치하는 것이 좋다.

가장 경제적으로 설계하기 위한 측경간의 길이는 일반적으로 다음과 같은 비율로 배치하는 것이 역학적으로 바람직하다.

⊙ 표 3.5.1 측경간 길이/중앙 경간길이의 비

시공공법	경간길이 비율
현장타설 3경간 이상 연속교	0.75~0.8
F.C.M 공법	0.65~0.7

그러나 압출공법으로 연속교를 가설하는 경우에는 상기 표 3.5.1과 같이 이상적으로 경간분할을 하여도 가설시의 Cantilever부 길이 등에 의해 상부구조 높이, 단면이 결정되기 때문에 그다지 장점은 없다.

따라서 교량가설 위치의 현장여건이 허락하는 범위내에서 모든 경간을 등 간격으로 배치하는 것이 바람직하다.

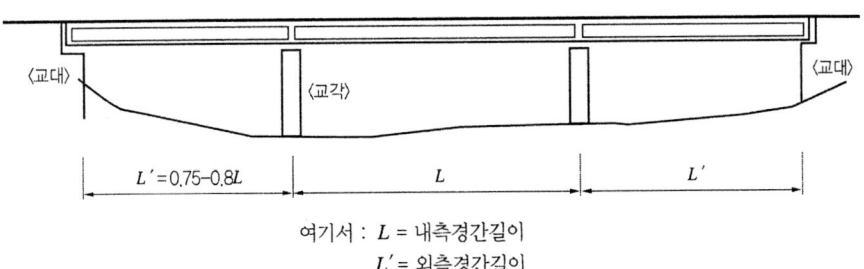

여기서 : L = 내측경간길이
L' = 외측경간길이

그림 3.5.1 일반 PSC Box Girder교 경간

또한 Free Cantilever Method로 가설하는 교량의 경우 고정하중의 작용 상태, 프리스트레스에 의한 부정력의 발생 및 교대에 임시 고정해서 역 Cantilever로 시공하는 경우도 고려하여야 하며, 이공법의 경우 측경간 비율을 0.5 정도로 하는 것이 시공성은 우수하나, 2차 고정하중(난간, 연석, 포장 및 부대시

설), 활하중에 의해 상향력이 발생하므로 상향력에 대하여 안정할 수 있도록 상부구조를 교대에 고정시키든지 Box 내부를 콘크리트 채워서 자중을 늘리는 방법 등을 강구해야 한다.

(2) 특수경우의 경간(지간) 분할

교량가설 위치의 지형조건, 시공성, 경제성 등의 이유로 전경간을 동일 경간 으로 계획 못하는 경우에 있어서 Cantilever 가설공법을 적용시는 이에 대응 할 수 있다.

1) 두 개의 표준경간을 갖는 교량의 경간분할

경간분할 결정에 있어서, 제약조건을 만족하기 위해 중앙경간 길이(L)를 길게, 측경간 길이(l)를 짧게 하는 것이 경제적일 수 있다.

이때 표준 경간길이(L)과 (l)의 중간경간에 이들 평균 경간길이 또는 이에 가까운 지간길이(λ)의 조정용 경간을 설치하면 단면력 불균형이 개선된다.

즉 조정용 지간을 다음과 같이 산정한다.(그림 3.5.2 참조)

$$\lambda = 1/2(L+l)$$

여기서 : L = 표준경간 중앙경간길이
$\quad\quad\quad$ l = 표준경간 측경간길이

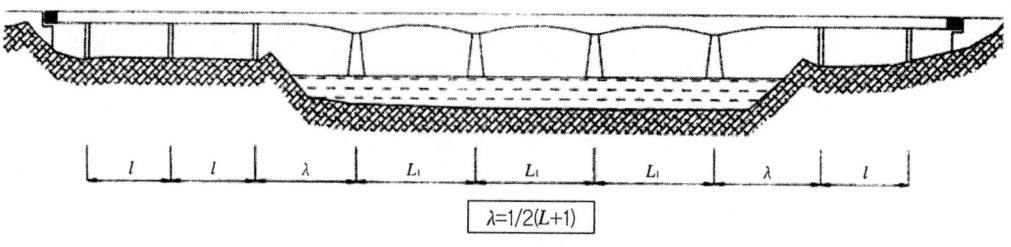

그림 3.5.2 두 개의 표준경간에 의한 교

실제 설계한 예는 Dorodgne를 횡단하는 Olron 고가교 및 Saint-Andr-de-Cubzac교가 있으며 이들의 경간분할 예는 그림 3.5.3과 같다.

2) 일정한 비율에 의한 규칙성을 갖는 경간분할

일반적으로 폭이 넓고 깊은 협곡(계곡)을 횡단하는 교량의 경우에는 교각의 높이와의 균형을 고려해 지간을 분할 할 때, 어느 정도의 규칙성을 가지게 하는 것이 경관적으로 우수한 경우가 있다. 이러한 경우 교량의 지간 분할은 교 량지간 li는 다음 조건 식에 의해 결정된다.(그림 3.5.4 참조)

$$\sum_{i=1}^{n}[(-1)^{i+1}\cdot li - d_1 + (-1)^n \cdot dn] = 0$$

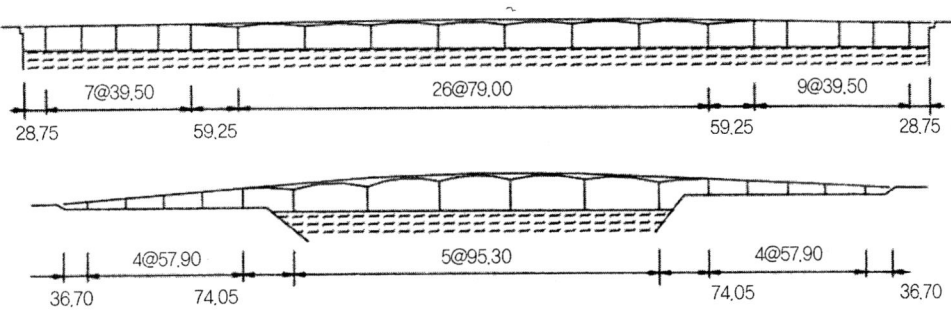

그림 3.5.3 Olron 고가교, Saint-Andr-de-Cubzac橋의 예

여기서 d_1 및 d_2는 측경간의 지보공위 시공부분을 나타낸다.
이때 각 Girder의 돌출량은 다음식에 의해 구하면 된다.

$$f_{2i} = 2(l_{2i} - l_{2i} - 1 + \cdots\cdots\cdots\cdots\cdots\cdots - l_1 + d_1)$$
$$f_{2i} + 1 = 2(l_{2i} + 1 - l_{2i} + \cdots\cdots\cdots\cdots\cdots\cdots + l_1 - d_1)$$

이와 같은 사례는 그림 3.5.5와 같으며, 9경간 교량의 실제지간 분할은 다음과 같이 나타낸다.

$$20-34+40-52+60-52+40-34+20-4-4 = 0$$

제 2 및 제3 Girder의 Cantilever Girder 길이는 다음과 같이 계산한다.

$$f_2 = 2(34-20+4) = 36.0m$$

여기서 ; 34.0m : 2째 경간길이
20.0m : 측경간 길이
4.0m : 동바리 위에 시공부분의 길이

$$f_2 = 3(40-34+20-4) = 44.0m$$

여기서 ; 40.0m : 3째 경간길이
34.0m : 2째 경간길이
20.0m : 측경간 길이
4.0m : 동바리 위에 시공부분의 길이

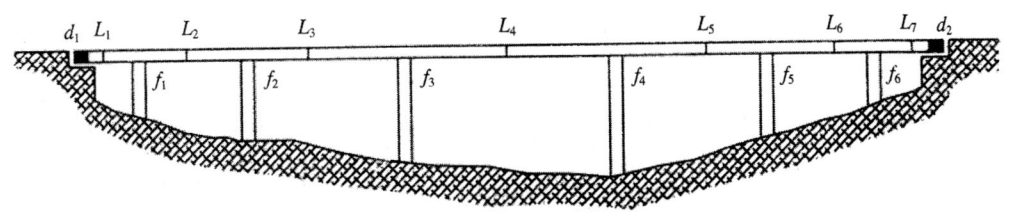

그림 3.5.4 경간길이가 변화하는 교

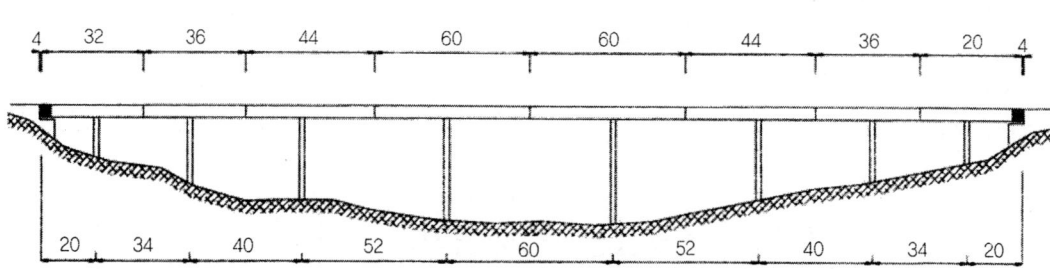

그림 3.5.5 지간길이가 규칙적으로 변화한 사례

3.5.3 종단면(교축방향 단면) 계획

(1) 종단면 형상결정시 고려요소

1) 설계성과 시공성
2) 교량 하부공간(교량 하부 시설한계)
3) 고정하중 증가에 따른 상부구조 부모멘트 및 전단력
4) 상부 고정하중 증가에 따른 교량기초 공사비
5) 미관적인 측면

상기의 사항을 검토하여 종단면 형상을 결정하여야 하며 설계자는 어느 항목에 비중을 많이 두느냐에 따라 종단면 형상이 결정되는 경우도 있고, 상부구조 가설공법에 따라 부득이 종단면 형상을 결정하는 경우가 많다.

(2) 종단면 형상 결정

1) Box Girder 종단면의 형상분류

PSC Box Girder의 종단면의 형상은 일반적으로 다음과 같이 분류한다.

① Girder 높이를 일정하게 한 경우(그림 3.5.6(a) 참조)
② Girder 높이를 일정하게 하고 하부 Flange에 내부에 Chamfer를 두는 경우(그림 3.5.6(b))
③ 교각부에 Girder 외부에 Chamfer를 두는 경우(그림 3.5.6(c))
④ Girder 높이를 직선적으로 변화시키면서 외부에 Chamfer를 두는 경우(그림 3.5.6(d))
⑤ Girder 하부 Flange 외형에 포물선을 두는 경우(그림 3.5.6(e))
⑥ Girder 하부 flange에 3차 포물선을 두는 경우(그림 3.5.6(f))

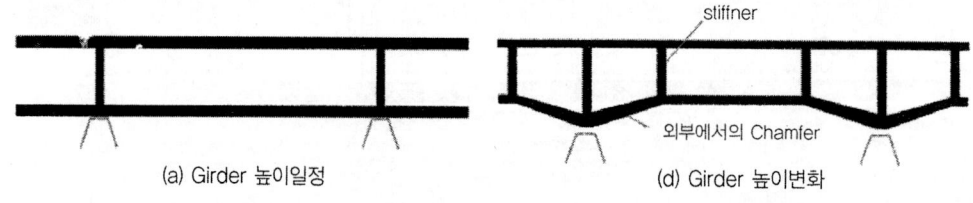

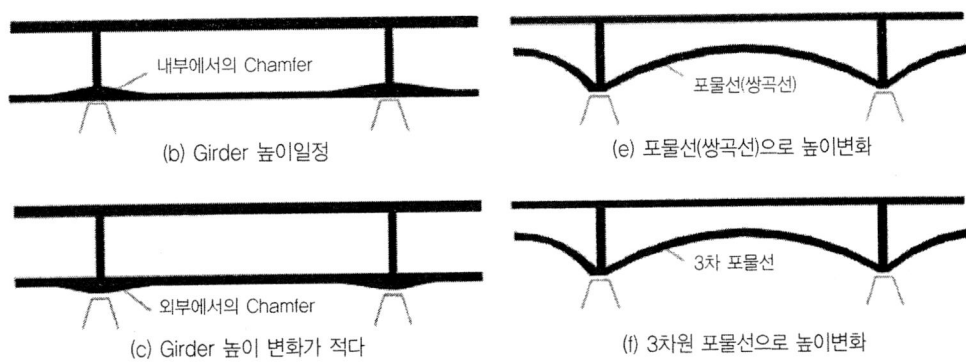

그림 3.5.6 Box Girder 종단면의 기본형상

2) Box Girder 종단면 형상의 적용성 및 장단점

① Box Girder 높이(형고)가 일정한 경우(그림 3.5.6(a), (b))

  (a) 적용성

   a) 경간길이 60.0m 미만인 교량(최적 경간길이 40~50.0m)

   b) 교량 밑의 시설한계에 제약이 있는 경우(그림 3.5.7)

   c) 도시내의 고가 교량의 다경간 연속교

   d) 하천교의 H.W.L에 제약을 받는 교량

   e) Pre-Cast segment 공법의 연속교

   f) 경관적 사유

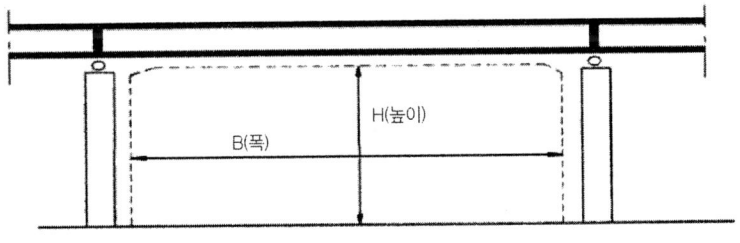

그림 3.5.7 교량밑의 시설한계

  (b) 장단점

   a) 장점

    ⓐ 설계가 용이하다.

    ⓑ 시공이 용이하다.

    ⓒ Box Girder 내부에 수도, 통신, 전력시설 등의 첨가물 설치가 용이하다.

   b) 단점

제3장_ 프리스트레스트 콘크리트교(Prestressed Concrete Bridge)

   ⓐ 고정하중 증가로 인한 교각부(-) 부모멘트 및 전단력 증가
   ⓑ PS Tendon량 증가
   ⓒ 교각하부 기초 공사비 증가

② Box Girder 높이를 일정하게 하고, 하부 Flange 외부에 Chamfer 설치 경우(그림 3.5.6(c) 참조)
  (a) 적용성
   a) 경간길이 40~60m의 교량(최적 40~50m)
     일반적으로 한국에서 설계하는 대부분의 교량에서 이 방법을 채용하고 있으며, 아래 Flange의 두께를 변화시켜 교각부의 강성을 높이는데는 한계가 있어 장대 지간에서는 채용 안 함.
   b) 교량 밑의 시설한계에 제약이 있는 경우
   c) 도시내의 고가교량의 다경간 연속교
   d) 하천교의 H.W.L에 제약을 받는 교량
   e) 경관적 사유
   f) 상부구조 가설공법(압출공법)

  (b) 장단점
   a) 장점
     ⓐ 설계가 대체로 용이하다.
     ⓑ 시공성이 대체로 용이하다.
     ⓒ 형고 높이를 일정하게 하는 것이 보다 경제적이다.
     ⓓ (-) 부모멘트부에 Tendon량 감소
     ⓔ a)항 형식에 비해 형고를 낮게 할 수 있다.
   b) 단점
     ⓐ 사하중 증가로 인한 교각부(-) 부모멘트 및 전단력 증가
     ⓑ Box Girder 내부에 수도, 전기, 통신시설 등의 부착시설물 설치시 추가비용 소용 및 부착시설물 하중증가
     ⓒ 교각 하부기초 공사비 증가
     ⓓ PS Tendon량 다소 증가

③ Box Girer 높이(형고) 변화시키는 경우(그림 3.5.6(d), (e), (f))
  (a) 적용성
   a) 경간길이 : 40~200m 이상 교량(최적 50m 이상의 교량)
   b) 교량가설 위치의 지형지장물에 의해 장대 경간길이가 요구되는 위치
   c) 하천교, 연도교, 연육교 등의 기초 공사가 불가능하거나 장대 경간이 요구되는 위치
   d) 하천교의 경우 H.W.L에 제약을 받지 않은 위치

e) 하부공사비가 고가인 위치
　　f) 경관적 사유
　(b) 장단점
　　a) 장점
　　　ⓐ 재료의 감소
　　　　적절한 Girder 높이 변화에 따른 콘크리트 및 PS강재 감소
　　　ⓑ 전단응력도 감소
　　　ⓒ 하부기초 공사비 감소
　　　ⓓ 경관적으로 우수하다
　　b) 단점
　　　ⓐ 설계가 번잡하다.
　　　ⓑ 시공성이 떨어진다.
　　　ⓒ Box 내부에 교량 첨가물 설치가 번잡하고 첨가물 하중이 증가하다.

3) Box Girder 종단면 형상 결정시 주의사항

① 하부 Flange에 Chamfer(Haunch)를 두는 경우

　Box 내부에 Chamfer를 두는 경우나 외부에 Chamfer를 두는 경우 얼마 만큼의 길이를 두어야 한다는 규정이나 기준은 없다.

　통상적으로 지간의 1/4~1/5 정도 범위에 두는 것이 좋으며, 이때 Step by Step 공법을 적용시는 시공 Joint를 지간의 1/5 지점 부근에 두기 때문에 시공성이 떨어지는 점을 감안하여 적절히 길이를 조정하여야 한다.

② 교각부의 Girder 높이(형고)를 높게 하고 경간 중앙부의 Girder 높이를 낮게하여 Chamfer를 두는 경우

　Chamfer의 길이는 1/3~1/4정도의 범위에 두는 것이 바람직하며 PSC Box Girder 가설공법에 따라 다소 길이를 다르게 결정할 수 있으며 이때 경관적인 측면과 구조적인 측면을 고려하여 길이를 설정하여야 한다.

③ Box Girder 하부 Flange에 포물선을 두는 경우

　Box Girder 높이 변화를 시킬때 2차 포물선, 3차 포물선, 쌍곡선 등을 사용한다.

　Cantilever 가설공법으로 가설할때 3차 포물선인 경우 경간 1/4 지점 부근에서 Girder 높이가 부족 하는 경우가 있으니, 설계시 이 부근의 단면 검토를 필히하여 이상 유무를 점검하여야 한다.

　일반적인 PSC Box Girder교에서 상부구조 높이가 일정한 경우 Full Staging 공법을 적용시 지간의 1/4 지점을 검토하면 허용응력을 초과하는 수가 있으니 Tendon 배치를 하는데 유의하여야 한다.

3.5.4 박스거더 높이 결정

일반적으로 Box Girder의 높이는 모든 교량에서 그러하듯이 Girder의 높이는 경험적인 방법에 의해서 설계자가 결정하고 있으며, 교량가설 위치의 현장 여건을 감안하여 종단면의 형상을 결정하고, 다음과 같은 조건을 충족시키는 Girder 높이를 결정하고 있다.

㉠ 교량하부의 시설한계(건축한계) : 교차로
㉡ 상부구조의 가설공법(Staging공법, 압출공법, Cantilever 공법 등)
㉢ 교량하부의 지장물에 의한 경간길이(협곡, 계곡, 항로, 대하천의 주운관계 등)
㉣ 하천교인 경우 최대 홍수량에 따른 최소 경간길이

상기의 사항에서 교량의 상부구조 높이의 결정 요건은 경간길이(지간장)에 의해 결정된다.

(1) P.T.I의 경간/Girder 높이 비(Span to Depth Ratio)

⊙ 표 3.5.2 경간/Girder 높이 비

종단면 형태	건설공법	동바리 공법 (Staging Method)	Segment method (Cantilever Method)
등종단면	Simple 2-Span 연속교	22.2~25	18~20
	연 속 교	25~28.6	20~30(1)
변종단면	교각 위치	28.8 내외	18~24(20(2))
	경간 중앙부	41.7 내외	40~50

여기서, (1)의 경우 : 교량하부 시설한계(건축한계)의 제한을 받거나 미관을 고려한 설계를 할 때 적용
(2)의 경우 : 설계자가 가장 많이 적용한 값

(2) Walter Pondolng JR, J.M Muller 제안한 경간길이/Girder 높이비

W. Pondolng JR, J.m Muller는 Box Girder 최적 단면의 선정은 일반적으로 설계 초기 단계에서 다음과 같은 각종 요인을 검토하는 것이 좋다고 제시하고 있다.

① 등단면 혹은 변단면의 Girder 높이
② Span/Girder 높이(Span to Depth Ratio)
③ Cell수 또는 Box 수
④ 각 Box Girder의 횡단면 형상 및 치수(Web의 수, 수직 혹은 경사 Web, Web 두께, 상하 Flange이 두께 등을 포함)

이들의 요인은 상호 깊게 관련되어 있다. 그것은 또한 시공조건 및 Pro-ject 규모 등에 크게 의존하고 있으며 다음 그림 3.5.8과 같이 종단면 형상별로 경간/Girder 높이 비를 제안하고 있다.

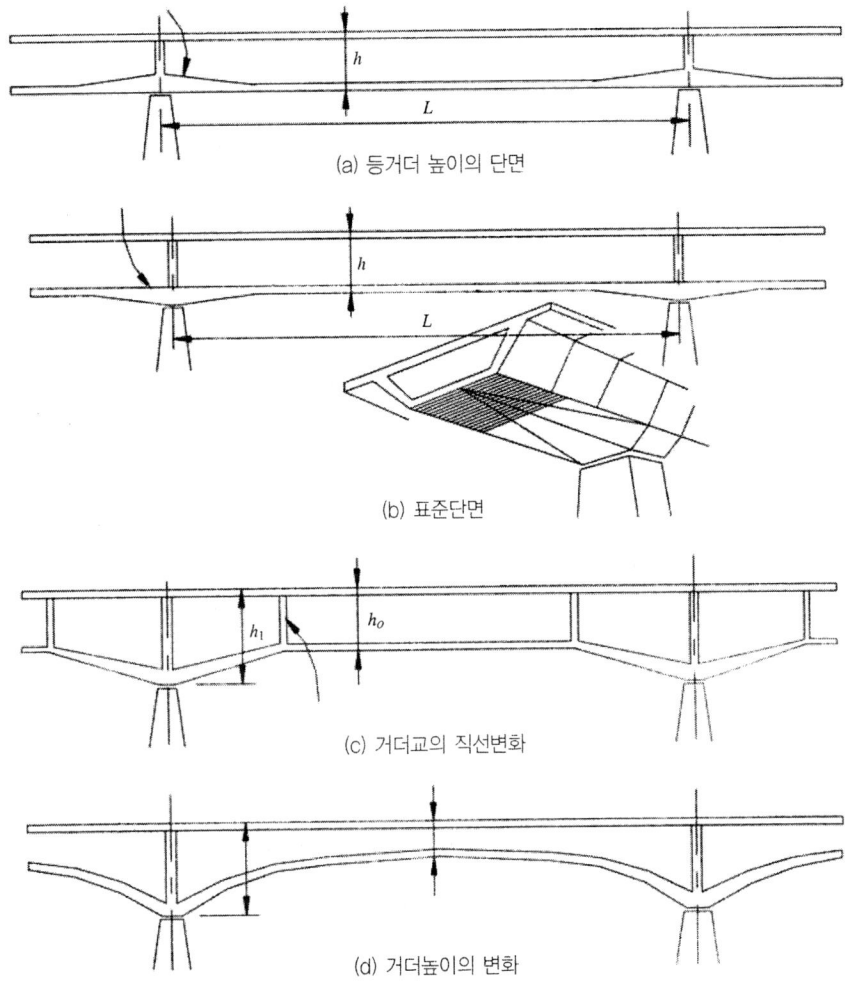

그림 3.5.8 종단면 별 경간/Girder 높이 비

(3) Christan Menn이 제안한 현장타설 Box Girder의 경간길이/Girder 높이 비

Box Girder의 높이는 경제성, 미관, 그리고 교량밑 시설한계(건축한계)에 의하여 결정될 수 있으며, 일반적으로 경간길이/Girder 높이 비(l/h)는 12~35범위를 사용하고 있다.

가장 경제적인 경간길이와 Girder 높이 비는 15정도이며 이보다 더 큰 Girder 높이를 사용하면 고정하중(자중)이 증가하고 육중해 보인다.

압출공법(Incremental Launching Method : I.L.M)의 경우 l/h의 값이 13~15 사이이면 I.L.M 압출공법이 성공적으로 시공 됨에도 불구하고, Girder의 높이가 커지면 둔탁하게 보이게 되므로 동바리와 거푸집 비용을 감소시키기 위하여 경간길이(l)/Girder 높이(h)비를 증가시키면 PS Tendon량이 과도하게 요구된다. 이렇게 교량을 설계하는 경우 실제적인 공사비의 큰 증가없이 날렵한 교량을 설계할 수 있다.

제3장_ 프리스트레스트 콘크리트교(Prestressed Concrete Bridge)

이러한 이유로 I.L.M 교량의 경우 l/h비를 17~20 사이를 사용함으로 경제성보다 미관을 향상시킬 수 있다. l/h의 비를 25~30 사이 값으로 사용함은 교량하부의 시설한계의 제약을 받은 경우만 정당화 될 수 있으며 경제적인 측면에서는 불합리하다.

(4) Jacques Mathivat의 제안한 Cantilever Method의 Box Gireder 경간길이/Girder 높이 비

일반적으로 지점부(교각부)의 경간길이(지간장)/ Girder 높이 비는 16~20범위에 있으나 경제적 측면에서는 l/h=17 전후가 적절하다.

이론적으로는 구조계가 경간 중앙지점에 Hinge가 있는 경우에는 Box Girder 높이가 "0"이라도 좋으나, 실제로는 Hinge 장치를 하기 때문에 이에 따른 최소한의 Girder 높이가 필요하다.

연속 Girder인 경우는 일반적으로 거푸집 철거, Prestressing 도입, Box Girder 점검, Box Girder 내부에 설치하는 첨가물의 설치에 따른 일정한 높이가 필요하게 된다. 경간 중앙부 Box Girder의 경간길이에 대한 Box Girder 비는 1/30~1/60을 적용하고 있다. 다음 표 3.5.4은 Cantilever Method로 가설시 최소 Box Girder 높이이다.

⊙ 표 3.5.3 경간길이/Girder 높이 비 및 최소 Girder 높이

구 분	최소 높이 및 l/h 비
경간 중앙부 Hinge가 있는 경우	1~1.4m
연속교의 경우	1.6m
경간길이/Girder 높이 비	1/30~1/60

여기서 ; l : 경간길이(m)
h : Girder 높이(m)

상기 표 3.5.3에서 제시한 최소 높이 보다 온도의 영향이나 Creep에 의한 응력의 재배치를 고려해서 최소 Girder 높이 보다 높게 설계하는 것이 좋다.

(5) 외국에서 설계되고 있는 Box Girder교의 일반적인 경간길이/Girder 높이 비에 대한 설계기준

⊙ 표 3.5.4 외국의 일반적인 경간길이/Girder 높이 비 설계기준

종단면 유형 및 가설공법		경간길이/Girder 높이 비		비 고
		일반범위	적용범위	
변단면	교각 위치	16~24	18~20	
	경간 중앙	30~60	40~50	최소 Girder 높이 1.6m 이상
등단면	F.C.M, M.S.S	15~30	18~22	최소 높이 1.8m 이상
	I.L.M	10~15	15~20	

(6) Box Girder 경간길이/Girder의 비 적용시 주의할 사항

1) 설계자는 다음의 사항을 미리 검토 후에 경간길이/Girder 높이 비를 결정하여야 한다.

① 교량의 폭원
② 횡단면의 형상
③ 교량가설 위치의 현장조건(지장물, 교량하부 공간, 시설한계 등)
④ 교량가설공법(Full staging Method, Incremental Launching Method, Movable Scafolding System Method, Cantilever Method 등)
⑤ 종단면의 형상(미관을 고려한 단면)

2) 교량의 경간길이에 비해 교량 폭원이 큰 경우에 1-Cell Box Girder로 설계하는 경우는 경간길이/Girder 높이 비를 적은 쪽으로 선정하는 것이 바람직하다.

똑같은 경간길이의 교량이라고 하여도 교량의 폭원, 횡단의 형상에 따라 교량 폭원이 큰 쪽이 Box Girder 자중이 증가하기 때문에 교량 높이가 높은 것이 PS Tendon이 적게 소요되어 경제적일 수 있다.

단, 교량하부 공간의 시설한계에 제약을 받는 경우는 그렇치 않다.

3) Box Girder의 최소 높이

Box 내부의 거푸집의 운용에 대한 검토가 따라야 하며 최소의 높이를 문헌상에는 1.6m 정도로 할 수 있다고 규정하고 있지만, 최소의 작업공간을 위 해서는 1.8m 이상으로 하는 것이 시공성을 위해서는 바람직하다.

변단면으로 설계하는 경우 교각부 Girder 높이/경간 중앙부 Girder 높이 비의 제한

① 변단면의 Girder는 Girder 높이가 일정한 경우보다 약 1.5배 온도차의 영향을 많이 받는다.
② Girder 높이의 변화율이 크게 됨에 따라 휨모멘트가 현저하게 증가한다.

이상과 같은 이유로 교각부 Girder 높이(h)와 경간 중앙부 Girder 높이(ho) 비 h/ho = 3.0 이하로 제한하여 변단면을 계획하는 것이 구조적으로 안전하다. 다시 말하면 h/ho 비를 줄이면 온도의 영향을 줄일 수 있다.

3.5.5 Box Girder 횡단면 계획

(1) Box Girder 횡단면의 분류

일반적으로 Box Girder 횡단면의 형상에 의해 분류하면 단일박스(One-cell), 다중박수(Multi-cell), 다주박수(Twin Box)를 기본형상으로 한다.

또한 다중박스(Multi-cell)의 경우 cell수에 따라 2-실(Box), 3-실(Box) 등으로 구분하여 부르기도 하며, 다주형 Box인 경우 2주형 Box(Twin Box), 3주형 Box로 구분하여 호칭한다. 일반적인 Box

Girder교의 기본 단면 형상은 다음 그림 3.5.9과 같다.

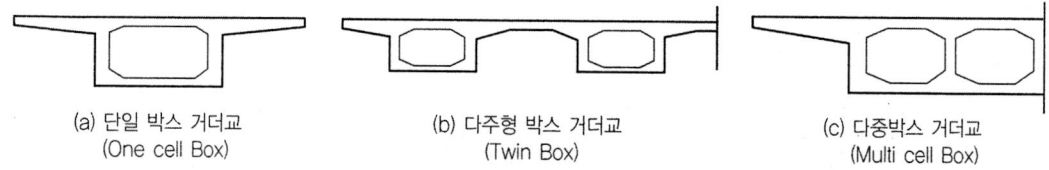

그림 3.5.9 박스 거더교의 기본 단면 형상

Box Girder 횡단면의 형상은 교량 폭과 하부 교각의 형상, 지형여건, 하부교각의 시공성, 경제성, 교량의 경관 등에 의해 복부를 경사지게 계획하기도 한다.(그림 3.5.10 참조)

경우에 따라서는 사용자의 요구 또는 편의성을 고려하여 변형 단면을 적용하는 경우도 있다.

예로 Box Girder 하부 Flange에 Cantilever를 설치하여 상부 Flange는 도로 하부 Flange Cantilever부는 보도로 사용토록 설계할 수 있다.(그림 3.5.11 참조)

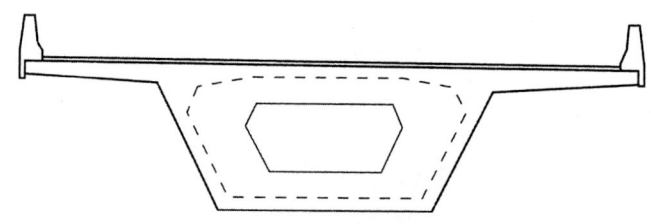

그림 3.5.10 복부(Web)를 경사지게 하는 예

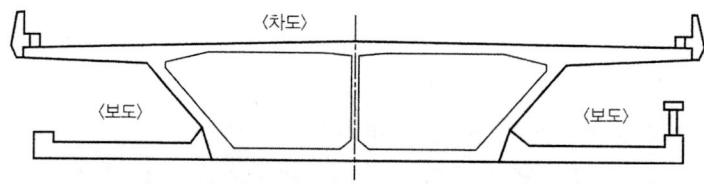

그림 3.5.11 보도를 하부 Flange에 설치하는 예

(2) Box Girder 횡단면 유형별 적용범위

국내의 설계기준, 설계지침, 외국의 설계 시방서에는 어떤 유형을 어느 경우에 적용하도록 한 기준이나, 규정은 없으며, 외국의 기술자가 제안한 범위 또는 시공성, 경제성, 교량가설 위치에 따라 설계자가 적절한 단면형상을 결정하여 설계를 하고 있는 실정이다.

1) 교량 폭에 따른 Box Girder교 횡단면도 적용범위

① 일반적으로 외국에서 적용되고 있는 Box Girder 횡단면별 교량 폭에 따른 적용범위

⊙ 표 3.5.6 교량 폭에 따른 횡단면 적용범위

횡단면 유형	적용 교량 폭(B)
단일 Box(One-Cell)	B ≦ 13.0m
다중 Box(Multi-Cell)	13.0 ≦ B ≦ 18.0m
다주 Box(Twin-Cell)	18.0 ≦ B ≦ 25.0m

② Schlaich의 제안한 적용범위

⊙ 표 3.5.6 Girder 높이/교량폭의 비에 따른 적용범위

횡단면 유형	Girder 높이/교량 폭의 비에 따른 적용범위
단일 Box(One-Cell)	H / B ≧ 1/5 ~ 1/6 범위 적합
다중 Box(Multi-Cell)	H / B ≧ 1/6인 경우 적합
다주 Box(Twin-Cell)	

여기서 ; H = Box Girder 높이(m)
B = 교량폭(m)

2) 예외의 적용

1) 항에서 언급한 적용범위로 Box Girder 횡단면을 계획시 다음의 사항을 고려하면 적용이 불가능한 경우가 있다.

(a) 도로 종단선형 계획상 종단선형 변경이 불가능하고 교량하부에 도로, 철도 등의 시설한계에 제한을 받아 교량의 Box Girder 높이가 제약을 받는 경우

(b) 교량가설 위치의 현장 여건상 하부구조 높이가 낮고, 하부구조 공사비가 저렴하여 지간을 짧게 하여야 할 경우(지간장 Ls = 40.0m이하의 교량) 설계자는 Box Girder 형상을 결정시(a)항의 사항을 꼭 지키는 것은 아니며, 1)에 2)항 등의 제약조건 또는 시공성 등을 감안하여 1-Cell로 설계하는 경우가 있다.

1)에 ①항의 교량 폭원에 의해 Box Girder 형상을 결정하는데는 지간이 40.0m 이하의 경우는 교량가설공법의 차이는 있겠지만 교량 폭이 13.0m 이 하에는 1-Cell로 단면형상을 결정하여야 하나, Girder 높이를 낮게 하기 위 하여 2-Cell로 계획하는 경우도 있으며, 교량의 폭으로 볼 때 다주 Box 설계하여야 하는 교량에서 1-Cell로 설계한 경우도 있다.

외국의 예를 들면 다음 그림 3.5.12, 3.5.13, 3.5.14, 3.5.15와 같다.

제3장_ 프리스트레스트 콘크리트교(Prestressed Concrete Bridge)

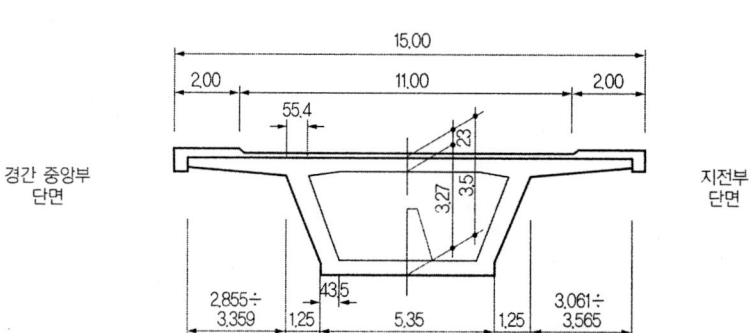

그림 3.5.12 1975년에 독일에 건설된 Krebsbachtal교
주경간길이 45m, 경간길이 형고비 12.9, 연속 압출공법으로 시공

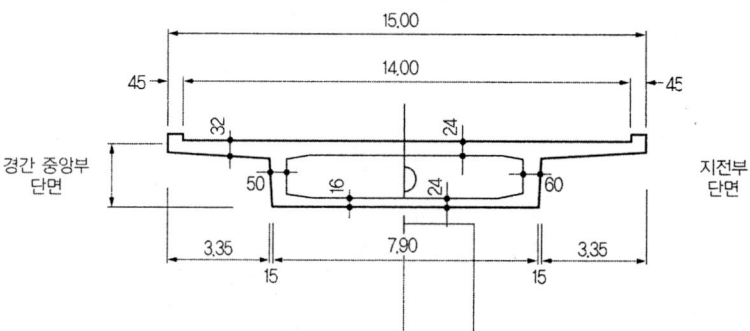

그림 3.5.13 1973년에 건설된 스위스의 Pregorda교, 주경간길이 45m
경간길이 형고비 20.0 Step by step 동바리 공법으로 시공

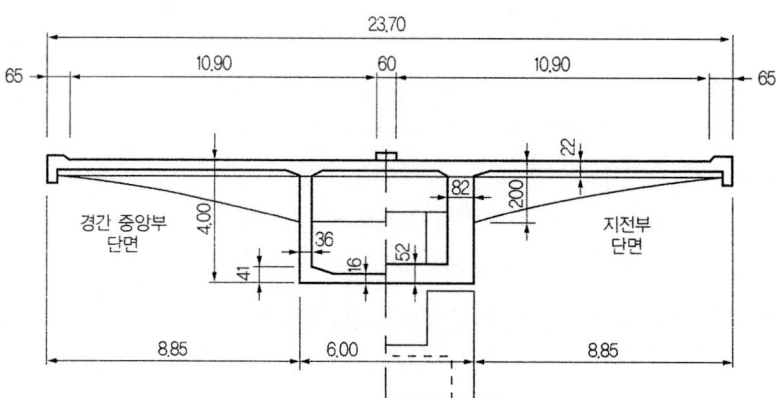

그림 3.5.14 스위스의 Lake Gruyere육교, 주경간길이 60.48m,
경간길이 형고비 15.1 연속 압출공법으로 시공

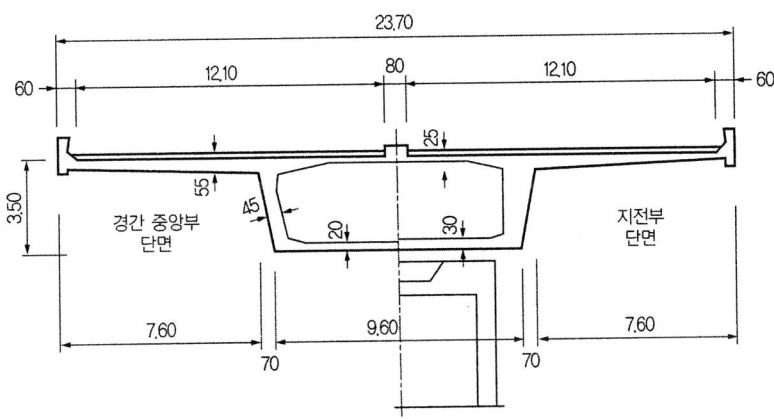

그림 3.5.15 스위스의 Felsenaau교 접속보, 주경간길이 48m, 경간길이 형고비 13.7

3) Box Girder 횡단면 형상별 특징

⊙ 표 3.5.7 Box Girder 횡단면 형상별 장·단점 비교(1)

횡단면 형상	장 점	단 점
1-Cell (단일 Box)	• 거푸집 조립 해체시 거푸집 면적이 적어 조립해체가 용이하다. • 강재 거푸집을 사용시 운용이 용이하다. • 콘크리트의 량이 적어 경제적이다. • 철근 조립공수가 적다. • 협곡, 계곡등 교량밑 공간에 제약이 없는 위치에 적합하다. • 교량 폭이 적은 2차로 이하의 교량에 적합하다. • I.L.M의 Nose, Traveler Form 중량이 적다.	• 2-Cell에 비해 Girder 높이가 높다. • 횡방향 철근이 증가한다. • 교량하부 높이에 제약을 받는 교량은 적용이 불리하다. • 종방향 Tendon의 정착을 돌기 정착으로 해야 하는 경우가 있다. • 2-Cell에 비해 비틀림 강성이 적어 교량 평면곡선 반경이 적은 경우에 불리하다. • 교량 폭이 큰 경우는 적용시 다소 불리하고 단면을 보강하여야 하는 경우도 있다. (Cantilever, Box 내부 Rib 설치) • Cantilever가 긴 경우 횡방향 P.S 도입을 하여야 한다.
Multi-Cell (다중박스)	• 1-Cell에 비해 Girder 높이를 낮게 할 수 있다. • 교량하부 높이의 제약을 받는 곳에 적합하다. • 1-Cell에 비해 비틀림 강성이 커서 평면곡선이 적은 곳에도 적용 가능하다. • 교량 폭이 중간정도(18.0m 미만)가 교량에 적합하다. • R.C 구조만으로 횡단면을 설계할 수 있다. • Web에 종방향 Tendon 정착이 가능하다. • 횡방향 철근이 감소한다.	• 거푸집 조립, 해체시 인력소모가 많다. • 강제 거푸집 사용시 내부 거푸집 운용에 있어서 장비, 시간이 많이 소요된다. • 콘크리트량이 많아 비경제적이다. • 철근 조립 공수가 많다. • I.L.M, F.C.M으로 가설시 Nose 및 Traveler Form 제작시 중량과다 하다.

제3장_ 프리스트레스트 콘크리트교(Prestressed Concrete Bridge)

⊙ 표 3.5.7 Box Girder 횡단면 형상별 장·단점 비교(2)

횡단면 형상	장 점	단 점
Twin Box (다주형 Box)	• 각 Box 별로 시공이 가능하다. • 교량 폭이 넓은 경우에 적용 가능하다. • 교량가설공법을 어는 것이든 적용 가능하다. • 상대적으로 비틀림 강성이 커서 곡선교에 적합하다. (1-Cell에 비하여) • 거푸집 조립·해체가 용이 • 교량 하부높이 제약·교량 폭이 넓은 경우에 적용 용이	• 각 Box를 분리 시공시 Slab 연결부를 2차 시공시 콘크리트 건조수축에 의해 종방향 균열 발생 가능성이 있다.

(3) Box Girder 횡단면 계획

1) Box Girder 횡단면 계획시 고려할 요소
  ① Box Girder 횡단면 형상은 다음 요소들에 의해 결정한다.
  ② 교량의 폭과 Box Girder 높이
  ③ 시공조건 및 교량가설 위치의 현장조건
  ④ 종방향 PS tendon 배치방법
  ⑤ Web와 Web 사이 공간사용 유무
  ⑥ 미관과 조형미

  일반적으로 PS Girder 횡단면을 비교 검토할 때 기본적인 단면형태는 T형과 속빈 Box 단면으로 구분하여 Girder 형상을 결정하여야 한다.
  T형 Girder와 Box Girder를 비교하면 다음 표와 같다.

⊙ 표 3.5.8 Box Girder와 T형-Girder의 장·단점 비교

	Box Girder	T형-Girder
장·단점	• T-Girder 보다 휨 비틂 강성이 크다 • 시공성이 좋다. • 내부공간의 온도 상승에 따른 차도부의 물의 결빙이 감소 한다. • 내부공간에 첨가물 설치가 용이하다.(외부노출 안됨) • 교각부의 하부 Flange에 대한 단면 확대가 불필요하다.	• 교량 점검이 용이하다. • 교각부(지점부)에 Box형상 또는 Web의 폭을 확대하여야 한다. • 시공성이 떨어진다. • 차도부의 물의 결빙이 Box Girder에 비해 많다. • 내부에 첨가물 설치시 추가 시설 필요 • 휨. 비틂 강성이 작다.

설계자가 Box Girder 횡단면의 형상 및 치수를 결정할때 Web의 개수를 줄이는 것이 유리하며, 종방

향 휨 강도와 강성의 회전 반경($\sqrt{I/A}$)를 증가시킴으로써 크게 할 수 있다.

이때 I/A는 동일 Girder 높이에서 Web 총 폭을 줄여서 크게 할 수 있다.

그러나 설계에서 무작정 얇은 두께의 Web를 사용할 수 없다. 각 Web의 최소폭은 철근의 직경, PS Tendon 배치 및 Sheeth 직경, 규격 피복 두께, Tendon 배치간격 등에 영향을 받는다. 그러므로 총 Web 폭은 Web의 개수를 줄임으로서 감소시킬 수 있다.

웨브의 갯수 감소는 일반적으로 종방향 전단에 좌우되는 것이 아니라 상부 바닥판의 횡방향 휨에 의하여 지배된다. Web를 너무 넓은 간격으로 배치하면 횡방향 철근량이 늘어나 콘크리트, 종방향 철근 및 거푸집 감소비용을 상쇄시키게 된다. 2개 Web를 갖는 가장 적절한 단면은 교량의 폭과 보의 높이로 관계지을 수 있으며 이는 그림 3.5.16과 같다.

시공성은 2개의 Web를 갖는 단면으로 계획하면 가장 편리하며, Web의 전체 철근 배근은 외부거푸집 설치 후에 별다른 어려움 없이 바닥슬래브 시공이 가능할 때 사용된다. 2개의 Web 사용방식은 특정한 경우, 예를 들면 Web의 두께 증가 없이 모든 Tendon의 정착이 제한되는 경우에도 적용 가능하다.

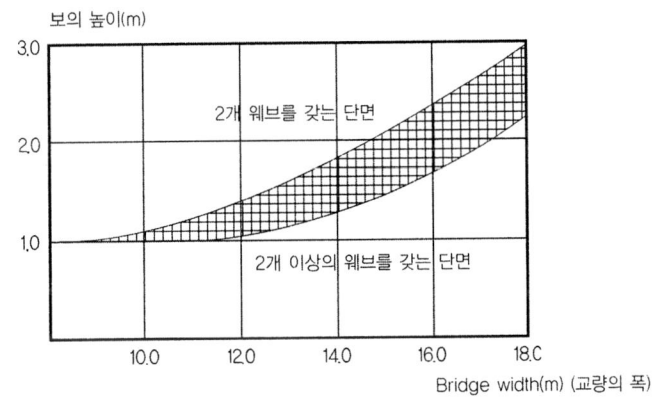

그림 3.5.16 교량 폭과 형고에 따른 웨브수요 예측도

중간규모의 장경간 다차로 도로교는, 하나의 폭이 넓은 단면 또는 2개의 폭이 좁은 단면을 사용할 수 있다. 1-cell 단면에서는 횡방향 철근 추가 배치의 부담이 있으나 공사는 편리한 장점이 있다. 동바리 비용은 Traveler를 사용하여 박스를 시공한 후 난간을 캔틸레버 방식으로 완성하면 줄일 수도 있다. 1주박스거더 교각은 2주박스거더 교각보다 횡방향 하중에 대한 저항은 떨어지나 사용 가능하다. 1-cell 단면은 2개의 단면으로 된 상부구조보다 밑에서 보면 더 폭이 좁아 보이는 장점이 있으므로, 교량의 높이가 큰 교량에서는 외 관상 유리하다. 이러한 단일단면은 상대적으로 경간길이와 보 높이와의 비가 캔틸레버의 음영효과로 인하여 작아 보이게 된다. 더 나아가서 1주박스거더에 교각을 설치하면 하부공간이 탁 트여 보이는 투명성이 증가된다.

폭이 넓은 1-Cell 단면의 주요 단점은 교량 보수나 제거시 전 차선이 차단되어야 하는 문제점이 있으

제3장_ 프리스트레스트 콘크리트교(Prestressed Concrete Bridge)

며, 더 나아가서 교량 높이가 낮은 경우에는 경제적인 l/h를 적용하더라도 교량의 미관이 매우 나빠지므로 배제해야할 것이다. 이런 경우에는 Twin Box 또는 Double webbed Slab를 사용하는 것이 더 나을 것이다.

2) Box Girder의 내부 바닥판의 계획

■ (주) 용어 ; 바닥판 - 설계기준에서 사용하는 용어
상판(床版) : 일본어
상판 슬래브 : 일본어 번역의 오류
Top Flange : 영어
상판 Flange : 국어, 영어 혼용
위상판 : 일본어 번역의 오류

① 바닥판의 기능
(a) 자중과 활하중을 Web로 전달하는 기능
(b) 횡단면 변형(Distortion)에 저항하는 횡방향 Frame 요소로서 기능
(c) 인장, 압축부재로서 종방향 기능
(d) 종방향 전단벽체(Shear Well)와 같은 종방향 기능은 전단면이 Torsion에 저항하는 기능
(e) 수평하중에 의한 휨에 저항하는 종방향 Web 기능

Box Girder교의 바닥판의 설계는 주로 상기 (a)에 의해 지배되며 복부위치에서의 횡방향 배근은 복부 주위에서만 촘촘한 간격으로 배근하며, 이러한 방법으로 배근된 철근량은 상기 기능 (c), (d)에 의한 평면전단을 저항하는데 충분하다.
(c)에서 요구되는 종방향 압축력에 필요한 단면보다 일반적으로 단면이 크게 설계된다.
그러므로 실제 설계에 있어서 바닥판의 두께는 일반적으로 횡방향 휨모멘트, 설계기준상의 최소두께 규정, 철근배근 등의 시공성에 의해 지배된다.

② 각종 설계기준 및 제안 규정
(a) 도로교 설계기준
 a) 철근콘크리트 Box Girder의 경우 최소두께
  $t_o \geq L/16$, 최소두께 : $t_o \geq 22.0cm$
 b) Prestressed Concrete의 경우 최소두께
  $t_o \geq \dfrac{L}{30}$, 최소두께 : $t_o \geq 20cm$
 여기서 ; t_o : 바닥판의 최소두께
   L : 바닥판의 순지간(cm)
 c) 횡방향 PS 도입 할 경우

상부 Slab의 최두께 23cm이상 복부 순간격이 4.5m 이상일 때 PS를 도입해야 한다.

(b) AASHO(American Association of state Highway and Transportalion Officials) 규정
  a) 횡방향 철근콘크리트인 경우 최소두께
    $t_o \geq L/30$ 최소두께 $t_o \geq 15.24$cm
  b) 횡방향 PSC인 경우
    $t_o \geq 22.9$cm($L \geq 4.50$m의 경우)

(c) P.T.I(Post-Tensioning Institute)의 규정
    $t_o \geq \dfrac{L}{10}$, 최소두께 : $t_o \geq 15.24$cm(6 Inches)

(d) 미국에서 일반적으로 권장하는 바닥판 최소두께
    $t_o \geq 17.5$cm ; $L \leq 3.0$m
    $t_o = 20.0$cm ; 3.0m $\leq L \leq 4.5$m
    $t_o = 25.0$cm ; 4.5m $\leq L \leq 7.5$m

(e) W. Podolng가 제안한 바닥판 최소두께
    $t_o \geq 17.5$cm ; $L \leq 3.0$m
    $t_o = 20.0$cm ; 3.0m $\leq L \leq 4.5$m
    $t_o = 25.0$cm ; 4.5m $\leq L \leq 7.5$m
    $L \geq 7.5$m 이상인 경우 바닥판에 횡 Rib가 딸린 바닥판으로 설계하는 것이 경제적임

(f) Schlaich가 제안한 바닥판 최소두께
    $t_o \geq \dfrac{L}{0.3}$ (cm) 최소두께 ; $t_o \geq 20.0$cm

    여기서 L은 Meter 단위 임

(g) Guyon이 제안한 바닥판 최소두께
    $t_o \geq \dfrac{L}{0.36} + 10$(cm)

(h) J.Mathivat가 제안한 바닥판 최소두께

  ⊙ 표 3.5.9

순지간(L)	m	2.5	3.0	3.5	4.0	4.5	5.0	5.5
최소두께(t_o)	mm	160	180		200			220

(i) 각 기준 및 제안 식에 의한 내부 바닥판 최소 두께의 비교

제3장_ 프리스트레스트 콘크리트교(Prestressed Concrete Bridge)

⊙ 표 3.5.10 내부 바닥판 최소두께 비교

〈단위 : cm〉

각종 기준	순지간(L) (m)	2.5	3.0	3.5	4.0	4.5	5.0	5.5	7.5
도로교 설계기준	R.C	22.0	22.0	22.0	25.0	28.2	31.3	34.4	46.9
	PSC	20.0	20.0	20.0	20.0	20.0	20.0	20.0	25.0
AASHTO 시방서	R.C	15.24	15.24	15.24	15.24	15.24	16.7	18.3	25.0
	PSC	–	–	–	–	22.9	22.9	22.9	22.9
P. T. I		15.6	18.75	21.87	25.0	28.12	31.25	34.27	46.9
미국의 일반적인 권장식		17.5	17.5	20.0	20.0	20.0	25.0	25.0	25.0
W.Podolng		17.5	17.5	20.0	20.0	20.0	25.0	25.0	25.0
Schaich		20.0	20.0	20.0	20.0	20.0	20.0	20.0	25.0
Gugon		17.0	18.4	19.8	21.2	22.5	23.9	25.3	30.83
J.Mathivat		18.0	18.0	18.0	20.0	20.0	22.0	22.0	–

③ Box Girder교의 바닥판 최소두께 산정시 고려요소

바닥판 산정시 설계기준 이외에 다음의 사항에 대하여 고려하여 단면두께를 결정하여야 한다.

(a) 콘크리트의 최소 덮개(피복)을 고려한다.
  a) PS강재 및 주철근 : 4.0cm 이상
  b) 바닥판(상부슬래브) : 4.0cm 이상(일반)
  c) 바닥판(상부슬래브) : 5.0cm 이상【제빙염(deicer) 사용한 경우】
  d) 슬래브 하부 : 3.0cm 이상

(b) 인장 및 압축철근의 중심간격
  a) 주철근과 압축철근의 간격은 10.0cm 이상
  b) PS Tendon 사용하는 Sheeth(Duct)의 직경

(c) 주철근의 직경

  (일반적으로 바닥판에 사용하는 철근은 $H16$, $H19$, $H22$ 등을 사용함)

  설계자는 바닥판의 두께를 산정시 Box 횡단면의 주철근의 직경을 미리 가정하여 단면을 산정하여야 하며, Cantilever Method로 가설하는 경우는 PS Tendon의 Sheeth 직경을 감안하여 단면두께를 결정하여야 한다.

  설계자는 다음의 식에 의해 구한 최소두께와 설계기준을 비교하여 단면 두께를 산정하는 것이 바람직하다.

$$H = t_1(덮개) + \phi_r + 100 + \phi_r + t_2(덮개)$$
$$= 40(50) + \phi_r + 1000 + \phi_r + 40 = 186(190) + 20\phi_r + \phi_d$$

여기서 ϕr = 주철근 직경

또는

$$H = t_1(덮개) + \phi_r + \phi d + 0.7 \times \phi d(25이상) + \phi_r + t_1(덮개)$$
$$= 40(50) + \phi_r + \phi d + 25.0 + \phi_r + 40 = 105(115 + \phi_r + \phi_d)$$

여기서, ϕ_r = 주철근 직경(mm)

ϕ_d = Duct(Sheeth) 직경(mm)

④ 바닥판의 Haunch 치수 산정

(주) Haunch, Chamfer, Fillet은 의미는 다소 다르나 같은 용어로 사용

(a) 일반사항

Box Girder는 바닥판의 Web에 고정되어 있고, 하부 Flange는 Web에 연결되어 Tie Rod 역할을 하게되어 Web에 힘이 작용하게 된다.

이러한 점을 감안하여 바닥판과 복부(web)의 연결부에 고정 효과 중대와 공성을 높이기 위해 Haunch를 설치하고 있다.

그림 3.5.18의 ①은 바닥판 복부(web)간의 고정효과를 증대시키고 횡방향 PS Tendon의 배치가 용이하도록 길이가 긴 Haunch를 설치하고 있으며, ②의 형태는 web에 콘크리트 타설을 용이하게 하고, 종방향 PS Tendon의 배치와 정착을 쉽게 하기 위하여 설치하고 있다.

Haunch ①의 형태의 크기는 차량의 재하에 의해 생기는 압축력의 작용선이 바닥판의 핵(압축력선 : Pressure Line) 내에 들어가도록 설계하여야 한다.

실제적으로 바닥판의 내력은 Haunch부의 두께와 같은 일정두께의 바닥판 내력과 같게 된다.

압축력선(Pressure Line)은 하중작용점과 web와 Haunch 교차부 하측의 점과 잇는 선과 근접하게 된다.

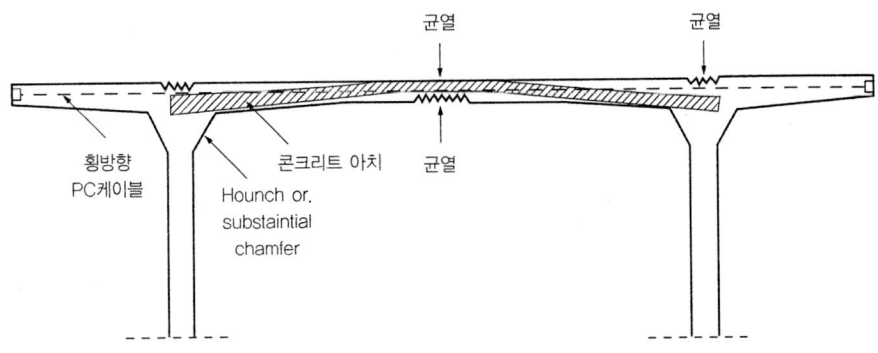

그림 3.5.17 하중 작용시의 바닥판의 거동

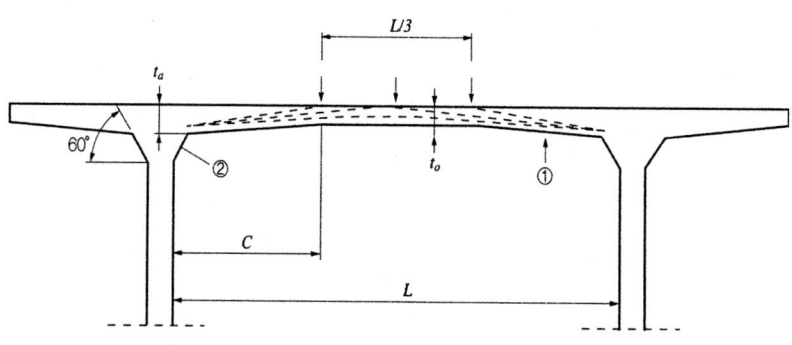

그림 3.5.18 바닥판의 Haunch 형상

(b) Haunch(Chamfer) 의 설계기준

한국 또는 외국의 설계기준에는 Haunch의 두께 길이에 대한 명확한 설계 기준은 없다. 다만 바닥판과 web 연결부에 Haunch를 두는 것을 원칙으로 하고 있다.

ⓐ 도로교 설계기준

바닥판과 web의 연결부에 Haunch를 붙이는 것 원칙으로 하며, 경사 기울기는 1:3 보다 완만하게 하도록 규정하고 있다.

ⓑ J.Mathivat가 제안한 Haunch 길이산정 조사식

그림 3.5.17, 3.5.18에서

$$C = \frac{2L}{3}(1 - \frac{t_0}{t_1})\,(\text{cm})$$

여기서 L : 바닥판의 순지간(cm)

t_o : 바닥판의 최소두께(cm)

t_a : Haunch부의 두께(cm)

ⓒ Gugon이 제안한 Haunch부에서의 두께산정 조사식

$$t_a = \frac{L_s}{9} - 6 \quad \text{또는} \quad t_1 = (2 \sim \frac{5}{3}) \cdot t_0$$

여기서 : Ls = 바닥판의 지간(L+web 두께) (cm)

t_o = 바닥판의 최소두께(또는 설계시 산정한 두께) (cm)

t_a = Haunch부의 두께(cm)

상기의 Mathivat와 Gugon이 제안한 식은 설계자가 바닥판 단면을 산정시 편리를 위해 제안한 것으로서, 절대적인 것은 아니다는 것을 알아야 한다.

실제에 있어서는 Haunch부의 두께는 종방향 PS Tendon 배치 방법에 의해서 좌우되는 경우가 많다.

3) Cantilever부의 바닥판 계획

① Cantilever 바닥판 길이

(a) Cantilever 길이 결정에 대한 설계기준 및 제안길이

a) 도로교 설계기준

상부 Flange의 Cantilever 길이는 복부(web)의 중심선으로부터 복부 중심선 사이의 경간길이의 0.45배를 초과하지 않은 것이 바람직하나, 부득이 초과 할 경우에는 상세한 구조해석을 수행하여야 한다.

$CL = 0.45 \cdot IL$

$B = 2 \times 0.45 CL + IL$

$CL = 0.23684 \cdot B$ 여기서 B : 교량폭원

$IL = 0.5262 \cdot B$

최대 : 7.3m까지 가능

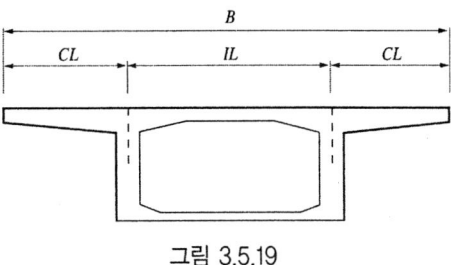

그림 3.5.19

b) Schaich가 제안한 최적의 길이

$CL = 2.0 \sim 3.5 m$

c) Gugon이 제안한 기본 설계식

$CL = \dfrac{L}{36} + 2.0 \sim 3.5 m$

d) P.T.I의 권장 길이

$CL = 2.4m$ 내외 복부간격 $IL = 4.8$ 내외

(b) 설계시 고려할 요소

PSC Box Girder교의 횡단면을 계획할 때 다음의 요소를 고려하여야 한다.

a) 교량의 폭원에 따른 Box 횡단면의 형상

b) Box Girder 횡단면을 철근콘크리트 구조로 할 것인지 아니면 상부 바닥판에 횡방향으로 PS Tendon을 넣어 설계 여부 및 경제성

c) 교량하부 교각의 형상 및 기둥의 갯수

  예 : Box Type의 4각 기둥, T-Type의 원형기둥, Rahmen 구조 등

d) 상부구조 평면의 변화 여부

  예 : Box 내부 지간의 변화여부, 1-Cell에서 2~3 Cell로 변화 여부

실제 설계에 있어서 (a)항의 제안한 길이는 하나의 단면 계획하는데 기본적인 자료는 될 수 있으나, 절대적인 것은 아니며 경우에 따라서는 Box 내부 지간보다 길게 Cantilever 길이를 결정하여 설계하는 경우도 있다.

이렇게 하는 경우는 상부 Flange에 횡방향으로 Rib을 붙여서 처리하기도 한다.(그림 3.5.14 참조)

② Cantilever 바닥판의 최소두께

(a) Cantilever 바닥판의 최소두께 설계기준

a) 도로교 설계기준

ⓐ Cantilever 고정단부 최소두께

$t_{co} = 8 \cdot L + 23 (cm)$

여기서 ; t_{co} = Cantilever 바닥판 고정단 위치의 최소두께(cm)
L = Cantilever 단부에서 고정단까지의 거리(m)

ⓑ Cantilever 단부의 최소두께

고정단부의 두께의 50% 이상 즉 $t_{co} = 0.5$

ⓒ 보도부의 최소두께 $t_{co} = 14.0cm$ 이상

(b) Cantilever 바닥판 단면 결정시 고려할 요소

ⓐ 자유단과 고정단 두께 비율은 1 : 3이상으로 하는 것이 바람직하다.
ⓑ 종방향 PS Tendon 배치 상태를 고려하여 다음 그림과 같이 Fillet를 두는 것이 좋다.

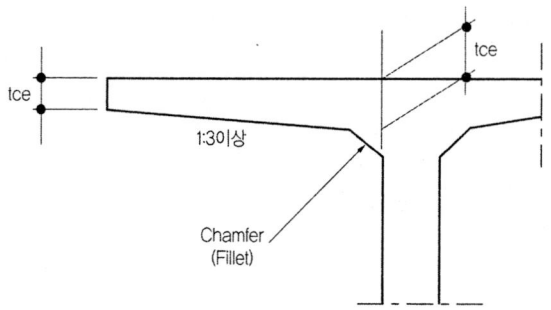

그림 3.5.20 Cantilever부 기호

ⓒ Cantilever 단부두께는 횡방향으로 PS Tendon을 배치시 Tendon 정착구 지압판의 폭에 40mm 또는 Spiral 직경+40mm 이상의 두께를 가져야 한다.

4) 복부(EB)의 형상 및 두께 결정

① 복부의 경사도

(a) 복부를 경사지게 할 경우 고려요소

설계자가 Box Girder 횡단면 형상을 결정할 때 Box의 외측 Web를 수직으로 할 것인가, 경사지게 할 것인가 고민을 하게된다. 복부를 경사지게 계획할려면 다음의 사항을 고려하야 한다.

a) 교각부(Bent part)에서 (-)부 휨모멘트에 의한 콘크리트 압축응력이 허용응력 범위내에 있는지 여부

b) 상부구조(Box Girder 하면)에 포물선을 설치시 시공성(거푸집 조립에 대한 검토)
　c) 교량받침(Bearing) 설치 가능 여부
　d) 교량 폭원과 Box Girder 높이 및 경사도의 상관관계
　　즉 상부구조 높이가 높은 경우 경사도에 의해 하부 Flange의 폭이 좁아진다. 따라서 적정 경사도 선정이 중요한 요소로 작용하게 된다.

(b) 복부를 경사지게 할 경우의 장단점
　a) 하부 Flange 폭이 좁아서 콘크리트, 거푸집 물량를 줄일수 있다.
　b) 고정하중 감소로 인한 종방향 PS Tendon 수량이 감소 할 수 있다.
　c) 교각이나 기초에 드는 공사비를 줄 일수 있다.
　d) 교폭이 좁은 경우(12.0m 미만) 교각의 기둥을 1개로 설계 할 수 있다.
　e) 횡방향의 교각수가 적어 도시 고가교의 경우 하부도로 활용도를 높일 수 있다.
　f) 교폭이 좁은 하천교의 경우 Skew로 된 교량을 직교로 설계하여 유수에 아무지장 없이 설계가 가능한 경우가 있다.
　g) 교량길이가 중경간 미만의 교량에 적합하여 교량길이가 60.0m 이상의 장대 경간의 교량에서는 가급적이면 경사지게 안 하든지 아니면 경사 각도를 10° 미만으로 하는 것이 좋다.
　　특히 80.0m 이상의 교량은 설치 안 하는 것이 좋다.
　h) 도시고가교의 경우 하부 미관이 양호하다.

(c) 복부의 경사도
　a) 최적의 경사도
　　일반적으로 설계자가 많이 적용하고 있는 경사도의 범위는 다음과 같다.
　　　$\alpha = 3.5 : 1 \sim 5.5 : 1 = 15.95° \sim 10.3°$
　　〈주〉 Kulka가 제안한 경사도임

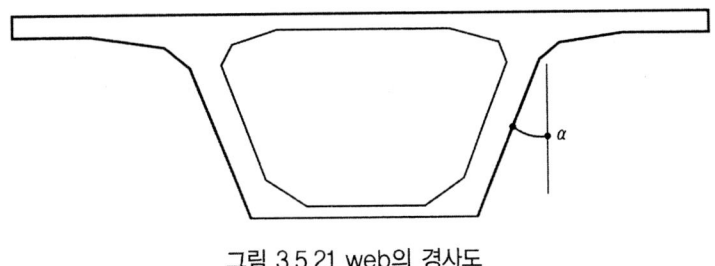

그림 3.5.21 web의 경사도

　b) 최대의 경사도
　　　$\alpha = 2 : 1 = 26.56°$

실제 서울특별시 내부순환도로 복부 1공구의 Pre-casting Box Girder교 경우 $\alpha = 2.4 : 1 < 22.62°$ 의 경사로 가설한 예가 있다.

② 복부(web)의 두께 결정

(a) 설계기준 및 제안식

 a) 도로교 설계기준

  ⓐ 두께 산정에 대한 규정은 없음

  ⓑ web 두께 변화를 시킬때 규정은 다음과 같음
   복부의 두께를 주형방향(교축방향)으로 변화시킬때는 복부두께 차이의 12배 이상의 길이를 변화구간으로 확보해야 한다.

 b) Guyon이 제안한 경험식

  ⓐ Girder 높이가 6.0m 미만의 경우
   $$t_w = \frac{H}{36} + 50 + \phi < H = 6.0 \text{ m}$$

  ⓑ Girder 높이가 6.0m 이상의 경우
   $$t_w = \frac{H}{22} + 80 + \phi$$

   여기서, H : Girder의 높이(mm)
   ϕ : Duct의 직경(mm)

(b) 복부두께 결정시 고려요소

 a) 전단력과 비틂 모멘트(Torsional Moment)에 의한 전단응력이 허용응력 범위내인지 여부
 b) 종방향에 배치된 PS Tendon 정착에 의한 국부 응력을 받을 수 있는 최소두께
 c) 콘크리트 타설 가능 여부
 d) 바닥판에 작용하는 하중에 의한 휨모멘트에 저항하는 두께
 e) 기타 고려요소
   - 종방향(교축방향)으로 PS Tendon 횡방향으로 배치하는 Duct(Sheath) 개수
   - PS Tendon의 Strand 갯수에 따른 Duct의 직경
   - 복부에 수직으로 배치된 Stirrup 철근의 직경
   - 철근 및 Duct의 콘크리트 피복
   - Duct의 순간격 : 4.0cm 또는 최대 골재치수의 1.5배 이상
   - 콘크리트 다짐기(Vibrator)의 직경

(c) 복부의 최소두께 결정 방법

 a) 경험식 또는 과거 유사 교량설계 실적을 참조하는 방법

b) 콘크리트 전단 저항에 의해 결정하는 방법

$$\tau_b = \tau_1 + \tau_2 < \tau_a$$

$$\tau_1 = \frac{VH}{I(a-\phi)}$$

$$\tau_2 = \frac{M_1}{2\Omega(a-\phi)}$$

여기서, H : 단면 일차모멘트
I : 단면 이차모멘트
ϕ : Cable duct의 직경
Ω : 부재의 중심선에 둘러싸인 면적
a : Web의 두께
τ_a : 허용전단 응력

이다. 주거더가 변단면인 경우에는 일반적으로 지간의 대략 1/6점이 전단력에 대해서 최적 단면이 된다.

Web에 전단보강용의 PS강재를 배치해서, 프리스트래스를 도입함으로써 허용 전단 응력도 τ_b를 증가시켜 Web두께 a를 얇게 할 수 있다. 전단 보강은 Mono strand, single wire 또는 PS 강봉에 의해서 하고, Sleeve 속에 배치 해서 프리스트레스를 도입한 후에 방청을 위해 그라우트를 한다.(그림 3.5.22) 전단보강은 부착 PS 케이블를 사용해도 할 수가 있다.

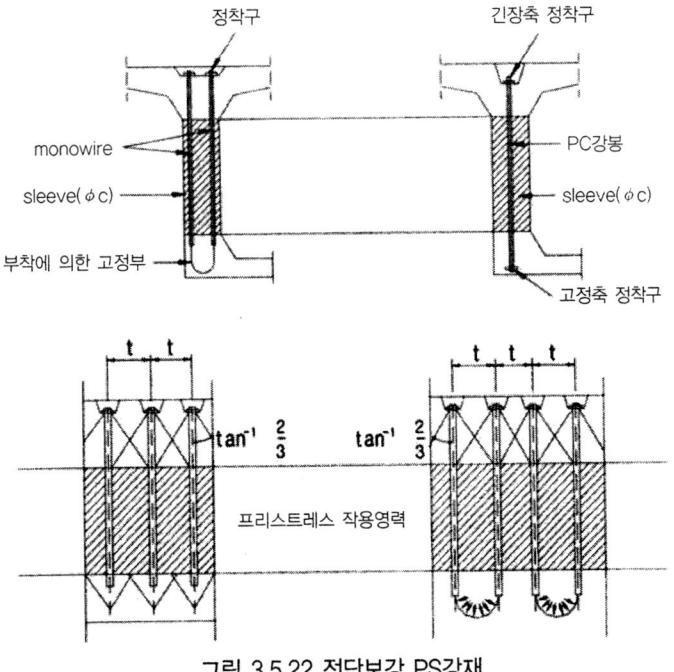

그림 3.5.22 전단보강 PS강재

PS강선 또는 Strands에 프리텐션 방식으로 프리스트레스를 도입하여, Web를 프리캐스트 부재화하면 Sleeve가 불필요(ϕ_c = 0)하게 되므로 보다 경제적이다.

c) 콘크리트 타설가능성에 의한 Web 두께 결정방법

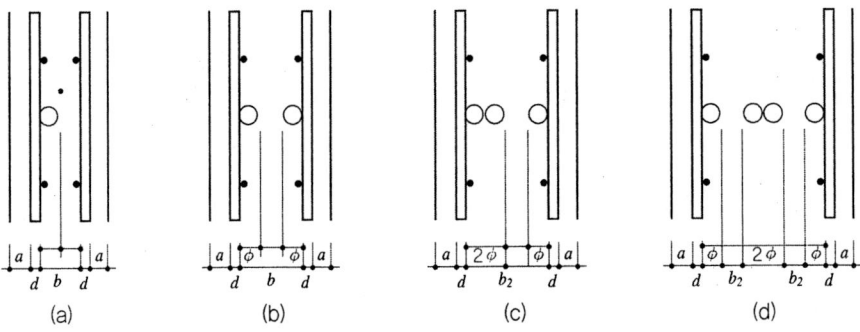

그림 3.5.23 복부의 최소두께

⊙ 표 3.5.11 복부의 최소두께 결정시 고려요소

	최 소 치 수	
a	• Pre cast 부재, 계절적으로 영향을 받지 않게 보호된 부재, 환경의 영향을 받지 않은 부재	25mm
	• 일반적인 부재	30mm
	• 환경의 영향을 받는 부재	40mm
d	전단 철근의 직경(Stirrup 철근의 직경)(mm)	
ϕ	Duct의 직경(mm)	
b_1	Vibrator 직경 ≤ 0.7 × Duct 직경 ≤ 40mm 또는 최대골재치수 × 1.5 ≤ b_1	
b_2	Vibrator 직경 ≤ 1.0 × Duct 직경 ≤ 40mm 또는 최대골재치수 × 1.5 ≤ b_2	

(d) PS강재 정착부 및 연결구(Coupler) 설치부의 최소 복부두께

 a) 복부두께 결정시 고려요소

  ⓐ 긴장시스템의 정착공법

  ⓑ Strand 가닥수에 따른 정착구 및 연결구의 지압판 규격

  ⓒ 정착구 규격에 따른 Spiral 철근의 직경

  ⓓ 철근의 피복 두께

  ⓔ Stirrup 철근의 직경

 b) 복부의 최소 두께

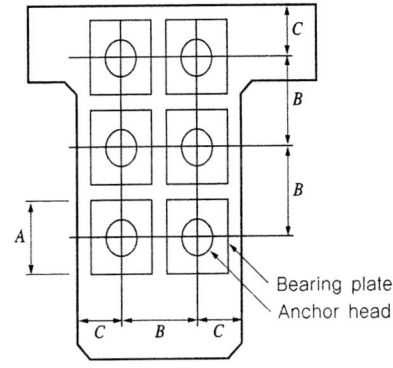

A : 정착구의 규격
B : Spiral 직경 20mm
ϕ(Spiral직경) : 정착구 규격에 따라 결정 됨
C : Spiral직경 × 1/2 + Stirrup 철근 직경 + 철근피복(25, 30, 40mm)

(주 1) 정착구의 지압응력이 허용지압 응력의 범위내에 있는지 여부를 설계자는 검토하여 단면의 두께를 결정하여야 한다.
(주 2) 긴장시스템의 종류에 따라 정착구간격, 정착구단 중심 또는 단부에서 부재단부까지의 거리가 다르고, 긴장시 긴장정착부의 콘크리트의 압축강도에 따라 치수가 다르게 되므로 설계자는 이점에 유의하여 최소두께를 결정해야 한다.

그림 3.5.24 정착구 배치

(e) 복부 최소 두께 결정시 설계자의 참고사항

a) 설계자는 Box Girder 횡단면 산정시 복부의 두께는 경험적인 값이나 과거의 설계 예를 참고하여 복부의 두께를 결정하는 것이 편리하다.

b) 설계시 다음의 사항을 고려하면 시산(Try and Try Method)을 하지 않고도 단면을 가정할 수 있다.

c) Stirrup 철근 직경 : 최대 22mm

d) Duct의 직경 : ϕ85mm 또는 ϕ105mm

e) Duct의 배치는 일반적으로 횡방향으로 2열~3열 이러한 가정으로 일반부 Web의 두께를 산정하면 Tw = 384mm, 424mm 정도가 된다.

실제의 설계에서는 복부의 두께를 400mm 이상을 적용하고 있는 실정이다.

5) 하부 Flange의 두께 결정

① 설계기준 및 제안식

(a) 도로교 설계기준

a) 철근콘크리트 Box Girder의 하부 Flange의 최소두께는 복부 또는 복부 Haunch 순지간의 1/16

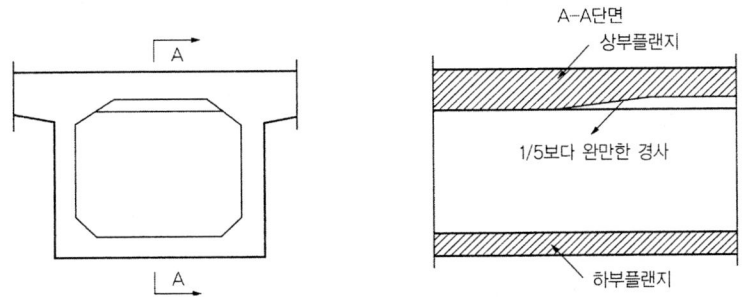

그림 3.5.25 플랜지 두께의 변화

이상 14.0cm 이상으로 해야 한다.

b) 플랜지의 두께를 주형방향으로 변화시킬 경우에는 1/5보다 완만한 경사로 하는 것이 좋다. 그 이상의 급한 경사로 설계할 경우에는 1/5이하의 완만한 경사내의 부분만 유효 단면적으로 고려한다.

(b) Schlaich의 제안

a) 최소두께 : $t_4 \geqq 15.0cm$

b) Haunch부의 두께 : $th = 210 \times t_{lf}$

여기서 : t_{lf} = 하부 Flange의 최소두께

th = Haunch부 유효두께

(c) J.Mathivat

종방향 Tendon 하부플랜지에 배치되는 경우의 하부플랜지 최소두께에 대해서는 덕트직경의 2.5배로 할 것을 제시하였으며, 관련 상세도는 〈그림 3.5.26〉같다.

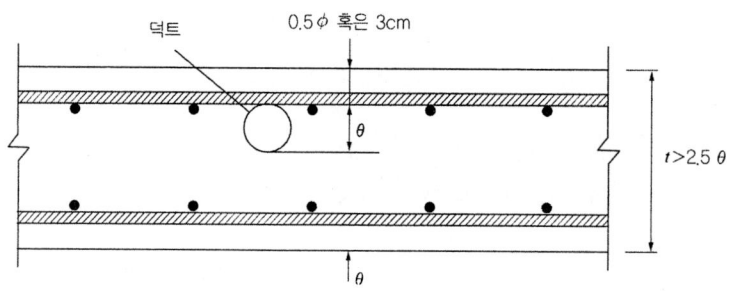

그림 3.5.26 하부플랜지 최소 두께(Mathivat)

② 하부 Flange 두께 결정시 고려 및 검토요소

(a) 종방향(교축방향)으로 PS Tendon 설치 여부

(b) Box Girder 내부 교량 첨가물 설치 여부(체신 Cable, 전력 Cable, 상수도 등)

(c) 시공중 거푸집, 동바리 설치 여부

(d) 작업하중(50kg/m²)

상기 (b), (c), (d)항에 대해서는 하중으로 계산하여 안전성 여부를 검토하여야 한다.

3.5.6 DIAPHRAGM(격벽, 칸막이 벽)

(1) 일반사항

Diaphragm은 사용하는 위치에 따라 다음과 같이 분류한다.

㉠ 교대 Diaphragm
㉡ 내부 Hinge부 Diaphragm(내부 Hinge교, Gerber교)
㉢ 교각부 Diaphragm
㉣ 연결부 Diaphragm

또한 Diaphragm 형태에 따라 벽체형과 Frame 형으로 구분한다.(그림 3.5.27)

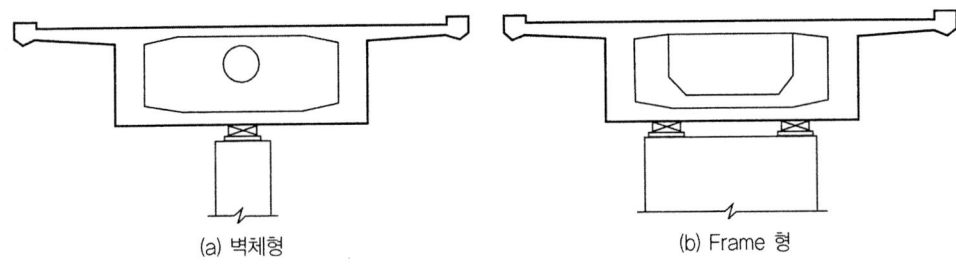

그림 3.5.27 Diaphragm 형태

교대, Hinge, 교각부의 Diaphragm의 기능은 상부구조의 작용력을 교량받침(Bearing) 또는 교대, 교각에 전달하는 역할을 한다.

교각과 교대부의 Diaphragm 또는 격벽은 적용 규격에 있어 상부구조의 고정 하중 부담효과가 작으므로 여유 있게 계획하고 있다.

일련의 Diaphragm의 기능은 상부구조가 평면변형에 저항할 수 있도록 보강의 역할이다.

또한 외적으로부터 작용되는 비틂은 내적 저항으로 수용하며 이러한 작용은 단면의 횡방향 휨을 감소시키게 된다.

또한 복수 Web에서 하중의 횡방향 분포에 유리하게 작용하며 Diaphragm은 가능한 두께를 얇게 하여 상대적으로 전단응력은 작은 규모에 대하여 저항하고 내부 Diaphragm의 자중은 상부구조의 휨 모멘트를 적게 발생하도록 계획 한다. 교대와 교각부에 설치하는 Diaphragm은 단면의 추가적인 보강을 배제하고 Web에 축선 바로 밑에 교량받침을 설치하면 경제성과 사용효과를 얻을 수가 있다.

(2) Diaphragm의 설계기준

도로교 설계기준은 다음과 같다.

1) Box Girder에는 1지간에 1개소 이상의 격벽을 설치하는 것을 원칙으로 한다.
2) 주박스거더의 지점 상에는 가로보 및 격벽을 두는 것을 원칙으로 한다.
3) 다주 Box Girder에는 중간 가로보를 두는 것을 원칙으로 한다. 지간내에 가로보를 둘 경우에는 일반적으로 지간 중앙에 두는 것이 효과가 크지만 지간이 길 때에는 40m 정도의 간격으로 배치하는 것이 좋다.
4) 단일(1-Cell) 및 다중 Box Girder로서 직선교이거나 내측 곡률반경이 240m 이상인 곡선교일 경

우에는 중간벽을 설치할 필요가 없다.

5) 단일 및 다중 Box Girder의 곡률반경이 240m 미만일 경우에는 중간벽이 필요할 수 있으며 중간 벽 간격과 강도는 신중히 검토하여야 한다. 이 경우에는 중간벽의 간격은 12m 이하로 하는 것이 바람직하다.

6) 2), 3), 4)항의 규정에도 불구하고 시험이나 정밀 구조해석에 의해 안전성이 증명되면 격벽이나 가로보를 생략할 수 있다.

(3) Diaphragm 계획과 설계

1) 교대부 Diaphragm

일반적으로 교대부에서는 교량 전폭에 배치하는 것이 보통이다.

이는 Cantilever부 지지는 물론 신축이음을 설치하는데 편리하게 된다. 다이어프램의 두께는 Web 두께 이상 또는 0.6~0.8m 정도 사용한다.

교량받침은 Web와 Diaphragm이 교차하는 위치에 설치한다. Web에서의 수직 전단은 Diaphragm의 전단응력이나 휨응력 발생 없이 교량받침으로 전달할 수 있게 된다. 단지 수평방향 전단 및 비틈 모멘트만이 상부구조에 전달되기 때문에 Diaphragm 철근 배근시 유의하여야 한다.

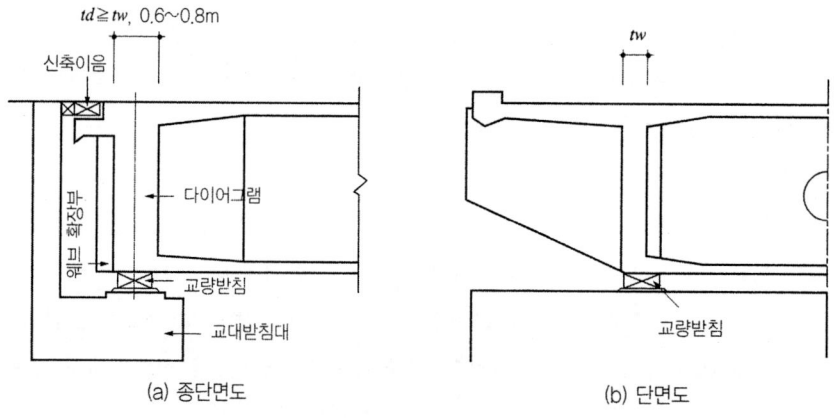

그림 3.5.28 교대 Diaphragm

2) 내부 Hinge부 Diaphragm

내부 Hinge의 기능이 이상적으로 작동되더라도 내부 Hinge부에 설치되는 Diaphragm은 교대부에 설치되는 Diaphragm 보다 얇게 계획한다. 보통 0.4m~0.6m정도 계획한다. 내부 Hinge의 Diaphragm 상세도는 교량받침이 용이하게 배치되도록 계획되어야 하며 신축이음의 배수설비도 함께 계획되는 것이 보통이다.

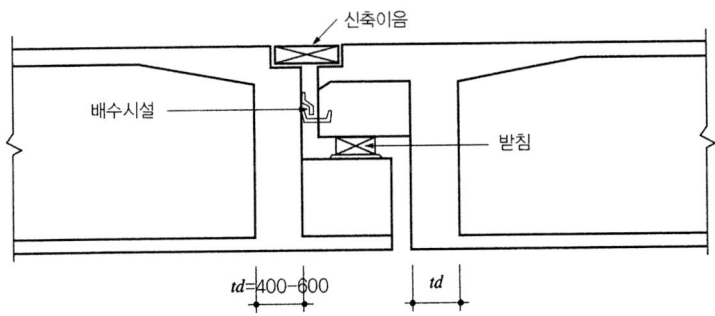

그림 3.5.29 내부 Hinge의 Diaphragm

3) 교각 Diaphragm

① Diaphragm의 형상

교각부의 Diaphragm은 그림 3.5.30과 같이 1-Dia, 2-Dia, 경사 Dia로 구분된다.

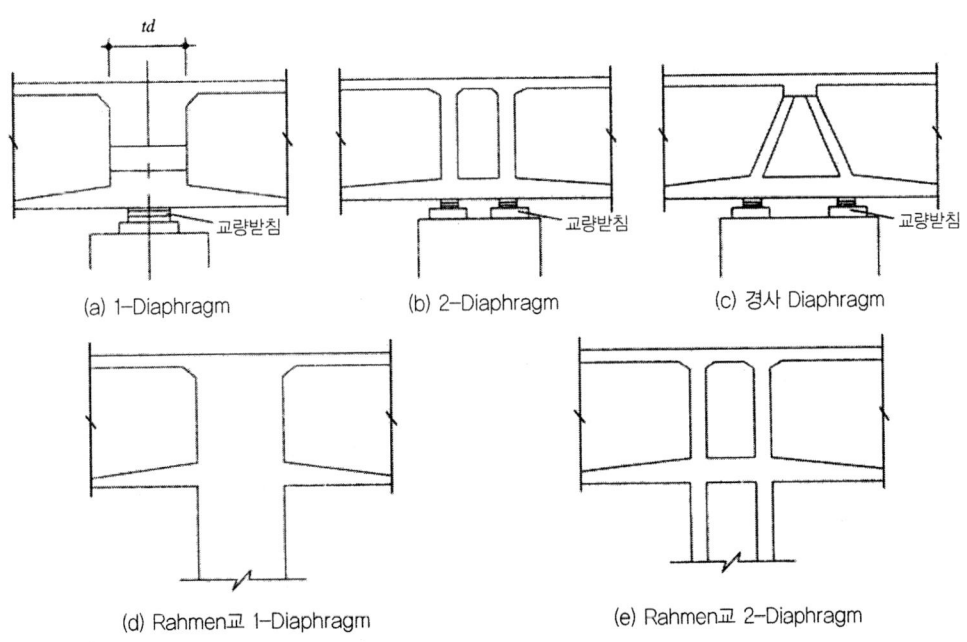

그림 3.5.30 교각부 Diaphragm 형태

(3) Diaphragm의 계획

상부구조의 Web에 교량받침과 교각에 의하여 직접 지지되지 않은 경우 Diaphragm은 상부구조의 수직방향 전단력과 추가로 횡방향 전단력 및 비틂에 대하여 충분히 저항할 수 있도록 설계되어야 한다.

Diaphragm의 두께 t_D는 상부구조와 교각과의 연결조건에 따라 정해야 한다.

1) 교량받침이 직접 지지되는 경우(Web 하부에 받침 설치시)

   t_d min = 0.4m~0.6m(그림 3.5.31(a))

2) 간접지지 경우(Web에서 떨어진 지점에 받침 설치시)

3) 그림 3.5.31(a)의 경우

   t_d min $\geq 2 \cdot t_w$ (t_w : web의 두께)

4) 그림 3.5.30(b), (c)의 경우

   t_d min $\geq b_w$ 또는 0.6m

5) Rahmen교의 경우

   ① 그림 3.5.30(d)의 경우

   t_d min = 기둥의 두께

   ② 그림 3.5.30(e)의 경우(기둥의 단면이 Box인 경우)

   t_d min $\geq$ 기둥 벽체 두께 또는 0.4m~0.6m

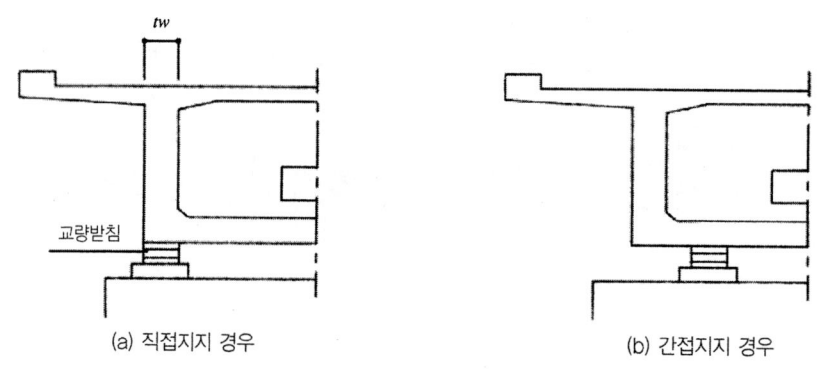

그림 3.5.31 지지형태

(4) 경간 중간 Diaphragm

거푸집을 복잡하게 조립해야 하는 지점부가 아닌 경간 내부의 다이어프램은 경제성을 고려하여 설계하게 되며, 이러한 격벽의 두께를 보통 0.3m 정도 사용하고 있다. 횡방향 하중분포용으로 다이어프램을 배치하는 경우 다이어프램의 단면력은 상부구조의 평면격자 모델을 이용하여 계산한다.

내부 다이어프램은 곡선교에서 편심력 $q = m_t/m_o = M/rh_o$ 를 폐합단면의 전단류로 변환하기 위해서 배치된다. 비틈력이 클 경우에는 이를 비틈모멘트를 다이어프램내의 상대적으로 작은 크기의 전단응력으로 변환시키게 된다.

따라서 비틈에 대한 추가적인 철근보강이 요구되는 곡선교량에서는 내부 다이어프램을 배치할 것을 권고하는 바이다.

3.5.7 PS강재 배치

(1) PS강재의 분류

1) PS강재 위치에 의한 분류

Tendon 배치 방법에 따라 Tendon을 콘크리트 부재내부에 배치하느냐 콘크리트 부재밖에 배치하느냐에 따라 명칭을 다르게 부르고 있다.

① 내부강재(Internal Tendon) : 콘크리트 부재 내에 배치하는 Tendon으로서 일반적인 PSC교에 광범위하게 적용한다.

② 외부강재(External Tendon) : 콘크리트 부재밖에 배치하는 Tendon으로서 PS Segmental Bridge에 많이 적용하며, 일반적인 PS교의 장래 성능개선시에 적용한 예가 많다.(제1장 1.3절 참조)

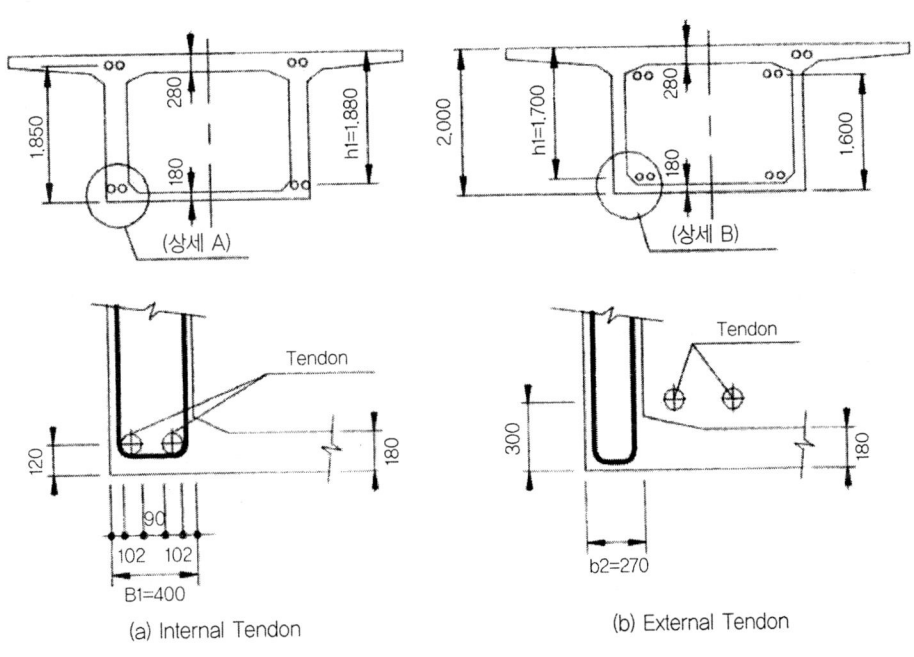

그림 3.5.32 PS Tendon 위치

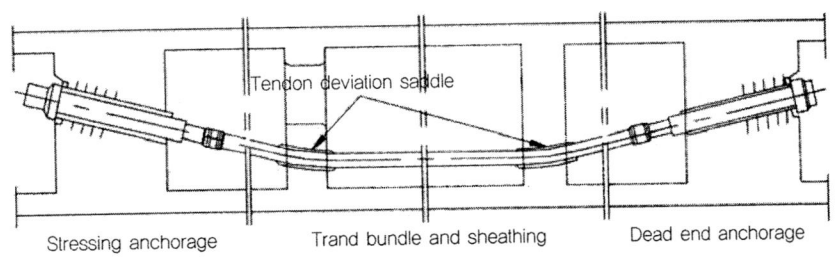

그림 3.5.33 External Tendon의 배치(예)

제3장_ 프리스트레스트 콘크리트교(Prestressed Concrete Bridge)

⊙ 표 3.5.12 외부프리스트레스 방식과 내부프리스트레스 방식의 특징 비교

	내 용	외부프리스트레스 방식	내부프리스트레스 방식
구조	적용구조형식	콘크리트 거더교, 슬래브교, 복부 트러스구조, 강(鋼) 복부합성 구조	콘크리트 거더교, 슬래브교
재료	보호관의 재료	폴리에틸렌 및 강관이 주류	강제 나선형 쉬스가 주류
설계	부재 두께	복부와 슬래브 두께 감소가능	텐던 배치에 의해 두께 제약되는 경우 있음
	텐던배치형상	절곡선 형상, 방향변환블럭에 의해 형상확보	곡선배치 가능, 쉬스를 둘러싸는 콘크리트에 의해 형상 확보
	프리스트레스 마찰 손실	마찰손실이 작음	외부 PS에 비해 비교적 큼
	텐던편심양	박스거더인 경우 실내에 배치하면 내부 PS 보다 작음	일반적으로 외부 PS방식에 비해 큼
설계	정착부응력 검토	격벽에 정착되므로 국부응력 검토 필요	특별한 상세 검토는 불필요
	방향전환부 검토	프리스트레스 분력에 대한 검토 필요	해당사항 없음
	극한 강도	내부PS에 비해 작음	외부 PS에 비해 큼
	방진 (防振)	텐던지지간격조절, 방진장치 부착 필요	대책 필요 없음
시공	배근	복부, 슬래브 배근 단순화	쉬스 배치를 고려한 배근 필요, 현장 배근 조정필요
	텐던 배치	외부텐던 배치는 비교적 용이함 텐던 배치오차 극소화 가능	텐던 배치 복잡함 텐던 배치오차 과대할 수 있음
	콘크리트 타설	콘크리트 타설 용이함 콘크리트 품질향상 기대됨	콘크리트 타설 어려움, 철저한 다짐 요망됨
	그라우트	아연도금강재, 폴리에틸렌 압피복강재 사용 시 그라우트 불필요 그라우트 하더라도 품질향상 용이함.	그라우트 불량시공 사례 많음 그라우트 품질확인 어려움
	공 기	시공성 향상을 통해 공기단축 가능	외부 PS보다 공기단축 어려움
유지관리	텐던점검	외부 노출되어 있으므로 점검 용이함	점검 불가능함
	텐던교체 및 재긴장	텐던 결함 발생시, 추가 PS 필요시, 텐던교체 및 재긴장 용이함	어려움

2) 교량가설 공법에 따른 분류

① Free Cantilever Method(F.C.M, B.C.M)

Cantilever 공법에 의한 PSC교의 교축방향의 PS Tendon은 2종류가 있다.

(a) Cantilever Beam Cable

그림 3.5.34 ⓒ와 같이 거더의 상부 Flange 근처에 배치하는 Tendon으로서 시공의 진행에 따라

증가하는 거더 자중에 의한 부(-)의 휨모멘트에 저항하는 것으로서 이 Tendon은 교각의 양측에서 대칭으로 긴장된다.

또한 내부 Hinge를 가지는 Cantilever 구조형식은 모두 이 Tendon만 배치한다.

(b) 연속 Tendon(Intergration Cable)

그림 3.5.34와 ①같이 Cantilver 시공이 완료하여 거더를 접합하면 교량의 거동이 연속화되어 정(+)의 휨모멘트에 저항하기 위해 각각의 경간 중앙 근처에 배치하는 Tendon을 말한다.

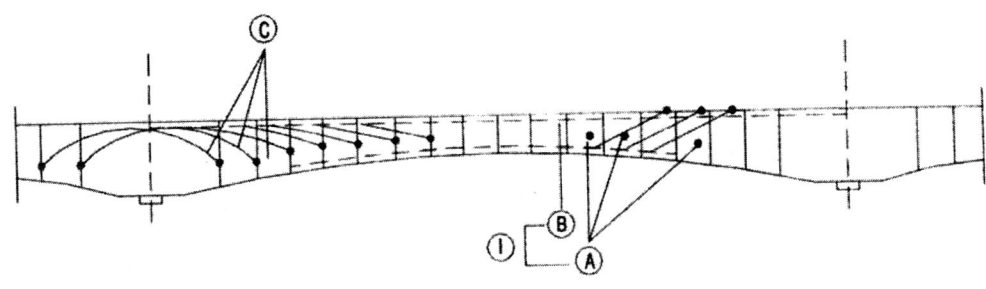

그림 3.5.34 F.C.M Tendon 배치

② Incremental Launching Method(I.L.M)

(a) Central Tendon(Central cable)

I.L.M에 의한 교량은 압출 가설중에 Box Girder는 연속적으로 변화하는 휨모멘트를 받아 각 단면에 정부(+ , -)의 휨모멘트가 반복하여 발생한다.

이 정부에 반복하는 휨모멘트에 저항하도록 상·하 Flange 내부에 배치하는 Tendon을 Central Tendon 이라고 한다.

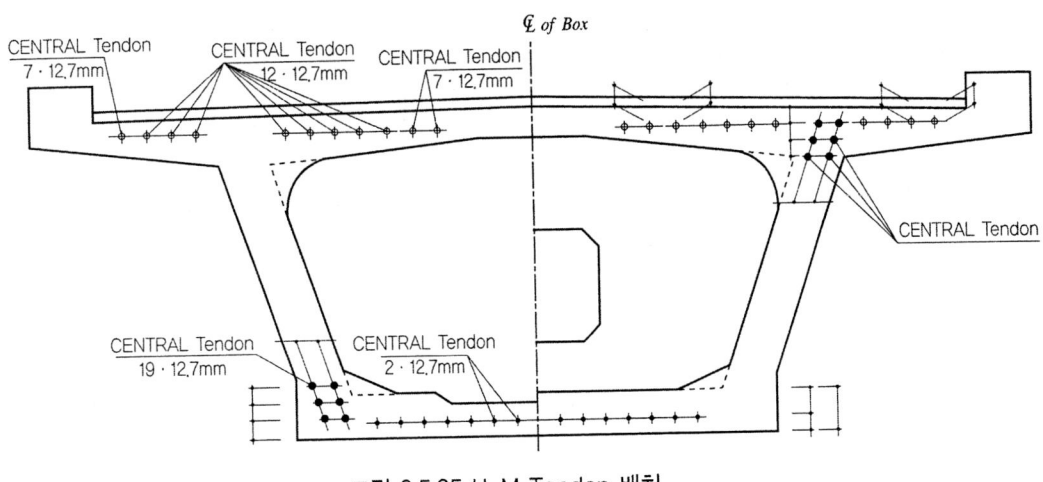

그림 3.5.35 I.L.M Tendon 배치

(b) Continuity Tendon 교량이 압출이 종료된 후에 작용하는 고정하중(포장, 연석, 난간, 첨가물하중 등)과 활하중(차량하중, 군중하중 등)에 의해 발생하는 휨모멘트에 저항하도록 종방향으로 배치하는 Tendon을 Continuity Tendon 이라고 한다.

3) Tendon 설치방향에 따른 분류

① 종방향 Tendon

교량 종방향으로 설치하는 Tendon을 말한다. PSC 교량에는 어느 공법을 적용하더라도 종방향 Tendon은 배치하게 된다. 일명 Continuity Tendon이라고 부른다.

② 횡방향 Tendon

교량의 폭이 넓고 Cantilever 길이가 긴 경우에 상부 Flange에 교축 직각 방향으로 설치하는 Tendon과 교각 상단에 있는 Diaphregm에 설치하는 Tendon을 말한다.

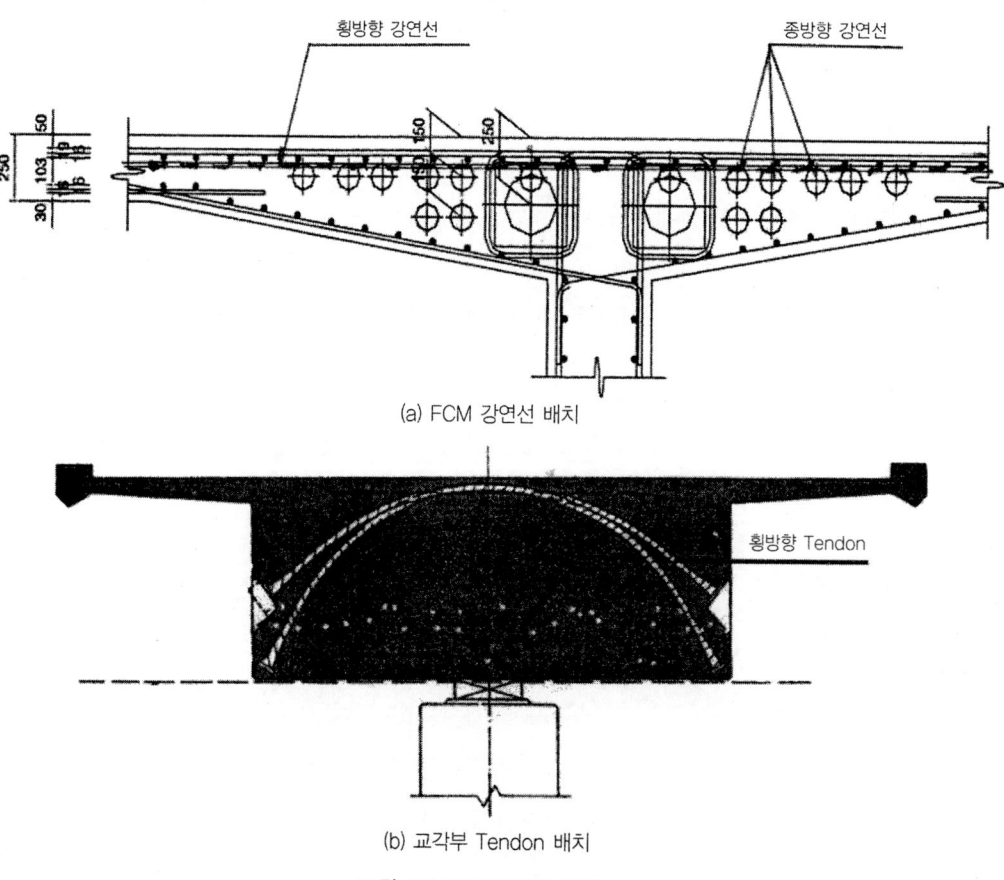

그림 3.5.36 PS강재 배치

(2) PS Tendon 종방향 배치

1) 단순지지 거더(슬래브)교

그림 3.5.37(a)와 같이 Tendon을 거더 단면 도심 부근에 정착시키는 경우에는 경사배치된 Tendon은 전단 위험단면에서 전단에 저항 할 수 있게 되어 거더 단부 전단철근 보강이 유리하여지는 이점이 있으며, 그림 3.5.37(b)와 같이 Tendon을 거더단면 도심에서 편심시켜 아래쪽으로 배치하는 경우에는 Tendon은 전단에 위험한 단면에서 수평으로 배치되어 전단 저항 철근이 추가로 배치하야 하는 단점이 있다. 따라서 일반적으로 단순 거더교에서는 Tendon의 정착을 단면 도심부근에 정착시키는 것이 좋다.

경우에 따라서는 바닥판에 정착시키는 방법 Web와 슬래브의 교차점에 돌기 정착시키는 방법이 있다. PS Tendon의 배치는 주로 포물선 형상을 사용한다.

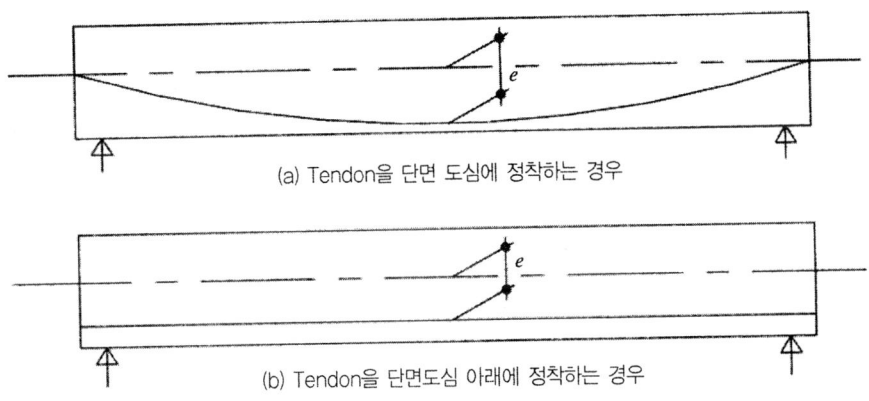

(a) Tendon을 단면 도심에 정착하는 경우

(b) Tendon을 단면도심 아래에 정착하는 경우

그림 3.5.37 단순지지 거더의 Tendon 배치(예)

2) 연속교

PS Tendon의 종단은 각각의 연속된 경간에 배치된 포물선형이 가능한 유사하게 배치해야 한다. 곡선 배치된 Tendon에 의한 편차 작용력을 등분포 하중에 대하여 바로 대응하게 된다.

고정하중에 대한 PS 부담률을 각각 경간에 대하여 일정하게 유지하도록 노력하는 것이 유리하다. 그러나 기술자가 실무에서는 지점부에서는 역방향 배치가 이루어지게 된다. 가능한 고정하중과 균형을 유지하고 지점부에서는 Tendon의 곡률을 최소로 하여야 한다.

① PS Tendon의 최소 곡선반지름과 최소 직선거리

PS Tendon을 곡선으로 배치하는 경우 곡선의 곡선반경이 적으면 중심방향에 큰 분력이 발생해서 콘크리트에 국부적인 응력이 생긴다든지 강재 자체에도 부가 응력이 생기므로 이들에 대해 영향이 없는 범위에서 최소곡선 반경을 결정하고 있다. 또한 정착구에 무리한 힘이 가해지지 않도록 정착구와 곡선구간 사이에 그림 3.5.38와 같이 직선구간을 설치하고 있다.

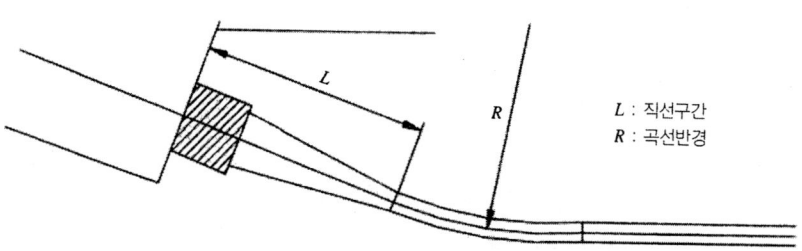

그림 3.5.38 PS강 Strand선의 곡선반지름과 직선구간

(a) PS 강봉의 최소 곡선반지름

⊙ 표 3.5.13 DYWIDAG 공법 (단위 : mm)

인장재의 호칭	최소 탄성곡선반지름	최소 소성곡선반지름
SBPR 80/105 ψ26	20.0	5.0
SBPR 95/120 ψ26	18.0	6.0
SBPR 80/105 ψ32	24.0	6.0
SBPR 95/120 ψ32	21.0	7.0

(b) PS Strand의 최소 곡선반경 및 최소 직선구간

a) Dywidag 공법

⊙ 표 3.5.14 DYWIDAG 공법 (단위 : mm)

인장재의 호칭	R	L
6A03, 6B03	4.5	0.40
6A04, 6B04	5.0	0.45
6A05, 6B05	5.5	0.50
6A07, 6B07	6.0	0.55
6A09, 6B09	7.0	0.65
6A12, 6B12	7.5	0.70
6A15, 6B15	8.5	0.80
6A19, 6B19	9.0	0.90
6A37, 6B37	13.0	1.45
6A61, 6B61	17.5	1.80

b) VSL공법

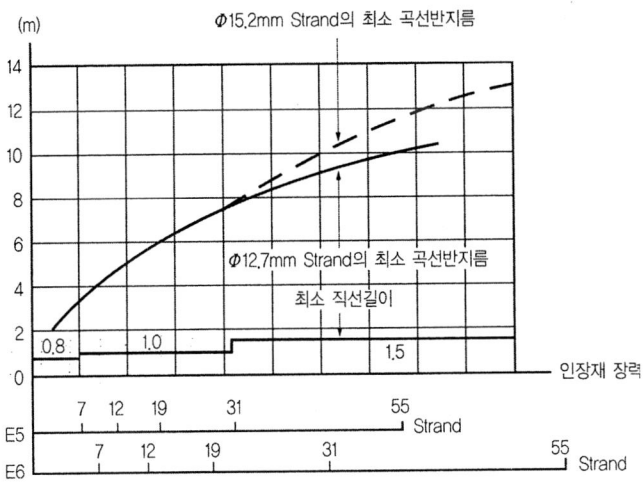

그림 3.5.39 VSL공법 최소 곡선반지름 및 최소직선 거리

c) BBR공법

⊙ 표 3.5.15 V system의 인장재의 최소 곡선반지름과 직선구간　　　　　(단위 : mm)

인장재의 호칭	곡선반지름(R)	직선구간(L)
V - 30	2.0	0.5
V - 50	2.0	0.7
V - 80	2.5	0.9
V - 100	3.5	0.9
V - 130	3.5	1.1
V - 140	4.0	1.1
V - 180	4.0	1.3
V - 200	4.8	1.3
V - 220	5.0	1.5
V - 250	5.3	1.5
V - 340	5.3	1.8
V - 430	5.3	2.0

제3장_ 프리스트레스트 콘크리트교(Prestressed Concrete Bridge)

⊙ 표 3.5.16 CONA · Multi system의 인장재의 최소 곡선반지름 직선구간 (단위 : mm)

인장재의 호칭	곡선반지름(R)	직선구간(L)
C5 - 80, 90	4.0	0.8
C5 - 135, 250	4.5	0.9
C5 - 215, 250	5.0	1.0
C5 - 355, 405	6.0	1.1
C5 - 480, 550	8.0	1.2
C5 - 630, 720	10.5	1.3
C5 - 695, 800	11.0	1.4
C6 - 75	3.5	1.0
C6 - 130	4.5	1.1
C6 - 225	6.5	1.2
C6 - 355	8.0	1.3
C6 - 575	9.5	1.4
C6 - 690	10.5	1.5
C6 - 720	11.0	1.6

주) 곡선반경이 보다 적은 경우는 곡선영향에 의한 응력도의 검토를 하고 적당한 보강근을 배치하여야 한다.

d) FKK Freyssinet 공법

⊙ 표 3.5.17 인장재의 최소 곡선반지름 (단위 : mm)

인장재의 호칭	최소 곡선반지름 R	인장재의 호칭	최소 곡선반지름 R
12φ5	4.0	7T13 {7T12.4 / 7T12.7}	6.0
12φ7	5.0		6.0
12φ8	6.0	19K5.2	8.0
12T13 {12T12.4 / 12T12.7}	6.0	37T13 {37T12.4 / 37T12.7}	6.0
12T15.2	8.0	27K15.2	8.0
12T13 {12T12.4 / 12T12.7}	6.0	55T13 {55T12.4 / 55T12.7}	6.0
12V15.2	8.0	37K15.2	8.0

e) OSPA 공법

⊙ 표 3.5.18 인장재의 최소 곡선반지름과 최소 직선구간 (단위 : m)

정착구의 호칭	25A	50A	75A	100A	125A	150A	175A	200A	225A
곡선반지름 R	4.5	5.5	6.5	7.5	8.5	9.0	10.0	10.0	10.0
지건구간 L	0.6	0.8	0.8	1.0	1.0	1.2	1.2	1.4	1.4

f) OBC 공법

⊙ 표 3.5.19 인장재의 최소 곡선반지름과 직선구간 (단위 : m)

인장재의 공통표시	곡선반지름(R)	직선구간(L)
9S 9.3A	4.5	0.4
8S12.4A	6.0	0.5
12S12.4A	6.5	0.6

g) Anderson 공법

⊙ 표 3.5.20 인장재의 최소 곡선반지름과 최소 직선구간 (단위 : m)

정착구의 호칭	L	R
AS 125	0.35	5.0
AS 170	0.40	6.0
AS 225	0.45	6.5

② PS Tendon의 배치 선형도

PS Tendon의 배치 선형도 일반적으로 직선, 단곡선, 포물선, 쌍곡선(Supper Parabolic) 혼합형이 있다.

(a) 연속교의 변곡점(Inflection Point)

그림 3.5.40에서 A · A′ 점은 거더단면 중심점 부근을 기준으로 한다.
B · B′ 점은 $l, l' \times 1/2$점 부근을 선정한다. 즉 $\lambda ≒ 0.5$이다.
C · C′ 점은 지간길이 10%의 범위에서 위치를 결정한다. 즉 B = 0.1 이다.

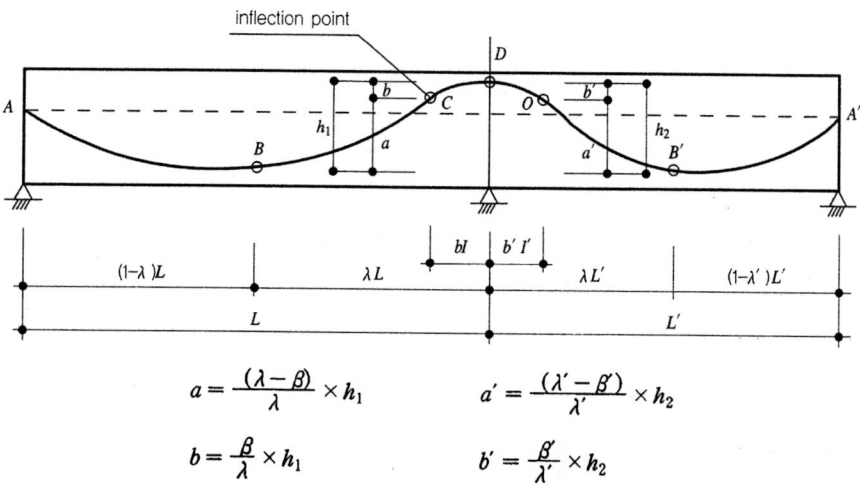

$$a = \frac{(\lambda-\beta)}{\lambda} \times h_1 \qquad a' = \frac{(\lambda'-\beta')}{\lambda'} \times h_2$$

$$b = \frac{\beta}{\lambda} \times h_1 \qquad b' = \frac{\beta'}{\lambda'} \times h_2$$

그림 3.5.40 연속교의 Inflection Point 예시도

(b) PS Tendon 배치 선형공식

a) 원곡선

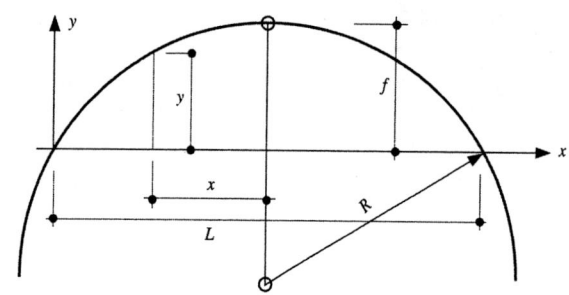

$$R = \frac{\ell^2 + 4f^2}{8f}$$

$$y = \sqrt{R^2 - x^2} - \sqrt{R^2 - (\frac{\ell}{2})^2}$$

그림 3.5.41 원곡선

b) 쌍곡선(Supper Parabolic)

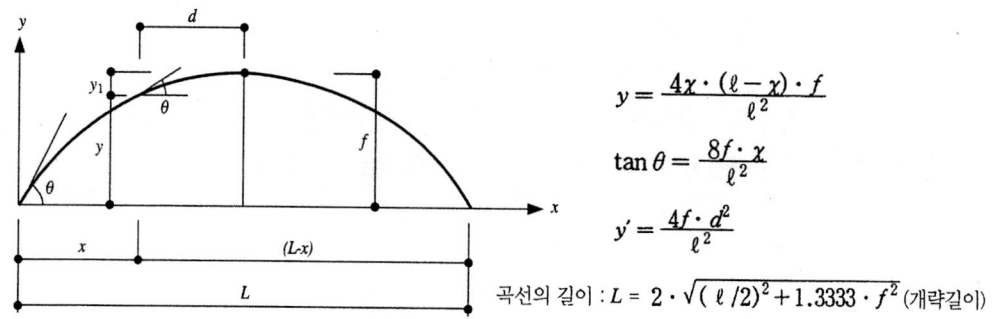

$$y = \frac{4x \cdot (\ell - x) \cdot f}{\ell^2}$$

$$\tan\theta = \frac{8f \cdot x}{\ell^2}$$

$$y' = \frac{4f \cdot d^2}{\ell^2}$$

곡선의 길이 : $L = 2 \cdot \sqrt{(\ell/2)^2 + 1.3333 \cdot f^2}$ (개략길이)

그림 3.5.42 쌍곡선

c) 포물선

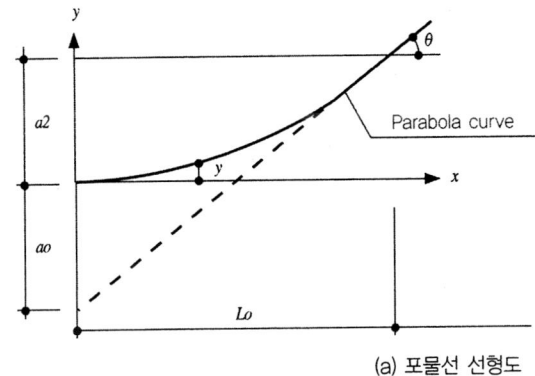

$$y = a_o\left(\frac{x}{\ell_o}\right)^2, \text{ End Slope}: \tan\theta = 2a_o/l_o$$

$x = 0$ 일 때 $R = \ell_o^2 / 2a_o$

(a) 포물선 선형도

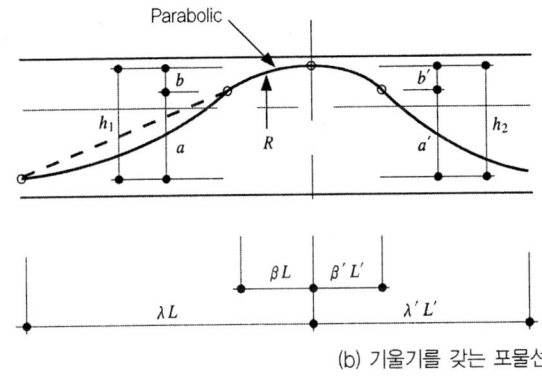

$$R = \frac{\lambda \cdot \beta \ell^2}{2h_1}$$

(b) 기울기를 갖는 포물선

그림 3.5.43 포물선

⑤ 종방향 PS Tendon 배치시 주의사항

(a) 도로교 설계기준

a) 동일단면 위치에서 종방향 Post tensioning 긴장재의 50% 이상의 이음부가 있어서는 안된다.(현장타설 PS 거더의 경우임)

b) 인접 이음부 위치 사이의 거리는 Segment 길이 또는 Segment 길이의 2배 이하로 가까워서는 안된다.(Pre-cast segment의 경우)

(b) 적용 Tendon 명칭

a) 스터이징공법(Span by span Method, M.S.S, I.L.M, F.C.M)의 Continuity Intergration Cable)

b) I.L.M의 Central Tendon

(c) 종방향 Tendon의 길이

a) 종방향 Tendon의 길이에 대한 제한을 규정한 것은 없으나, 길이가 길어지면 Sheath와 Tendon

과의 마찰에 의한 PS손실, 곡률에 의한 PS 손실이 크기 때문에 Prestressing 효과 감소하여 Tendon의 소요량이 많아진 점을 명심하여 배치하여야 한다.

b) Tendon의 인장방법에 따라 적용길이가 다르므로, 1단 인장 또는 2단 인장인지 결정하여 설계하여야 한다.

c) 1단 인장시 최대 75m이하, 2단 인장시는 최대 120m 이하가 되게 하는것이 저자의 경험에 비추어 바람직하다. 그러나 Tendon의 곡률 변화가 많은 경우는 이보다 짧게 하여야 한다.

3.6 PSC 라멘박스거더교

3.6.1 개요

PSC 교에서 Rahmen교는 교량의 상부구조와 하부구조가 강결되어 있는 교량의 형태로 부정정구조로서 구조가 안정적이며 시공실적도 많다. 일반적으로 이 형식의 구조는 다음과 같은 특징이 있다.

(1) 장점

1) 상·하부 구조가 일체로 되어있어 교량받침이 필요하지 않고 연속구조가 되어 신축이음이 적게 설치되어 주행성이 좋고 구조물의 유지관리비가 경감된다.
2) 연속거더교에 비하여 상부구조의 휨모멘트를 하부구조에 일부 부담시킴으로서 상부구조의 거더높이를 작게 할 수 있다.
3) 다경간의 형식에서는 지진시 수평력을 각 교각에 분산되도록 설계하며, 교각하단에 작용하는 휨모멘트가 적게 되어 지진시에 유리한 경우가 많다.
4) 부정정 구조로서 부재의 일부가 항복하여도 응력이 재분배되어 인성이 있는 구조가 되어 순식간에 구조계 전체가 파괴되지 않는다.

(2) 단점

1) 부정정 구조이기 때문에 PS, 온도, 건조수축, CREEP, 기초의 부등침하에 의한 영향이 커지는 경우와 영구하중 작용시에는 다른 구조형식에 비교하여 하부구조에 수평력이 작용하는 경우가 많다. 이상과 같은 특징을 고려하여 설계할 때는 가설지점의 지형·지질조건, 구조물의 형상치수, 시공조건 등에 의해 좌우되므로 라멘형식을 채용할 경우에는 제조건을 충분히 검토하여야 한다.

3.6.2 PSC 라멘박스거더교의 분류

현재 세계 각국에서 적용하고 있는 PSC 라멘박스거더교의 형식은 다음 표 3.6.1과 같다.

⊙ 표 3.6.1 PSC 라멘박스거더교의 분류

형 식	골 조	적용지간(m)	비 고
연속라멘교		30~150.0	교각의 높이 차가 심한 경우에는 교각 높이가 낮은 곳은 연속구조로 하기 바람
Twin Coulmn 연속라멘교		50~150.0	내측경간이 측경간의 길이 2배가 넓은 경우에 적용하면 시공중 불균형 모멘트 처리가 용이하다.
PCT 라멘교		50~120.0	Twin Coulmn으로 가능. 비대칭 지간에도 설계 예가 많음
	M|M F M|M		다경간에 적용함
π형 라멘교		30~50.0	다리밑 높이의 여유가 없는 경우에 적용함
			충분한 다리밑 높이가 있는 경우에 적용함
문형 라멘교		30~	
경간중앙 Hinge 라멘교	Hinge	~130.0	• 연약지반, 내진성에는 우수하나 Hinge부의 장기처짐에 문제가 있음 • 최근에는 한국에서는 적용을 기피하고 있음
	Hinge	~200.0	
	Hinge	60~250.0	
라멘교+연속교		50~150.0	현지 지형의 굴곡이 심하여 교각의 높이가 심한 경우에 적용한 예가 많음
		50~150.0	

3.6.3 PSC 연속라멘 박스거더교

이 형식은 신축이음이 적기 때문에 주행성이 좋고 교량받침이 불요하지 않으므로 유지관리가 용이하고 고차 부정정 구조로 내진성이 우수한 특징을 가지고 있다.

구조계가 일반적인 연속거더형식에 비하여 지점부가 강결되어 있기 때문에 고차의 부정정 구조로 프리스트레스, 온도변화, 콘크리트의 건조수축, creep, 기초의 부등침하 등의 영향에 의해 구속력의 영향이 커지고 상시 하부구조에 수평력이 작용한다. 그러나 지진시 수평력은 각 교각에 분산한다고 설계하며 교량받침에 들어가는 비용이 적게 들어가므로 연속거더에 비하여 경제적인 경우가 많다.

다경간 연속형식은 콘크리트의 creep · 건조수축의 영향, prestress, 온도변화의 영향 등으로 주거더의 신축량이 크기 때문에 교각의 변형량이 커서 변형성이 풍부한 높은 교각을 가진 경우에 적합하다.

이 형식의 교량을 cantilever 가설하는 경우 처음에는 정정구조로 시공한 후, 순차적으로 부재를 연결하여 소정의 부정정구조를 완성하게 되므로 그 시공단계에 따라 생기는 탄성변형으로 콘크리트의 creep 변형과 건조수축에 의한 변형은 그 이후의 시공에 따라 구조계의 고차 부정정 하에 의해 구속되어 부정정력이 발생한다. 이 부정정력은 상부구조의 연결순서에 따라 크게 다른 경우가 있으므로 상부구조의 시공순서를 고려하여 설계할 필요가 있다.

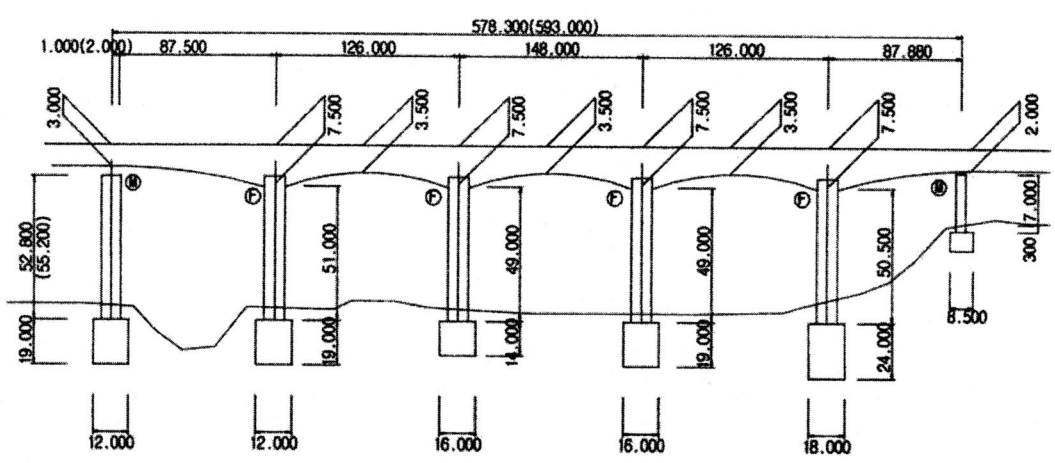

그림 3.6.1 PSC 연속라멘 박스거더교(예)

또한 교량계획시 이 형식을 적용하고자 할 때는 시공순서에 따라 온도변화, 건조수축 · creep의 영향에 의해서 발생하는 부정정력이 크게 발생하므로 부등높이의 교각이나 전체적으로 낮은 교각을 가지는 교량에서는 교각에 큰 단면력이 발생하여 설계할 수 없는 경우에는 이 교각을 가동교각으로 하는 것을 세심하게 검토할 필요가 있다.

이 형식의 교량을 계획 · 시공시에 적용할 거더높이/최대지간길이의 관계는 다음 그림 3.6.2~3.6.4이고 중앙경간/측경간길이의 관계는 그림 3.6.5와 같다. 교량계획시 이들의 그림을 이용하여 종단면을 계획하면 편리하다.

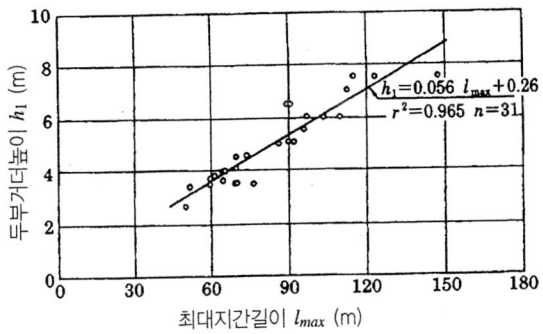

그림 3.6.2 교각 두부거더높이와 최대지간길이의 관계
(변단면 거더)

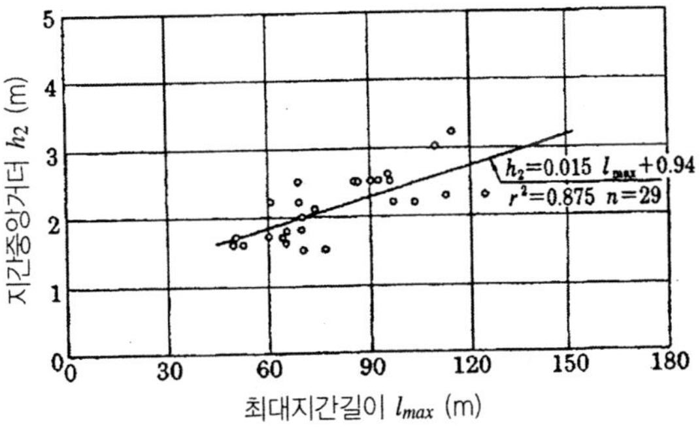

그림 3.6.3 중간 중앙거더높이와 최대지간길이의 관계
(변단면 거더)

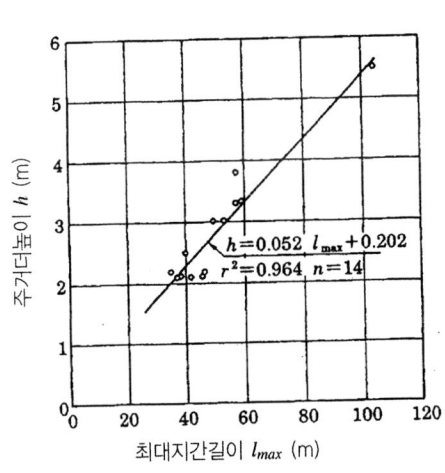

그림 3.6.4 주거더높이와 최대지간길이의 관계
(등단면 거더)

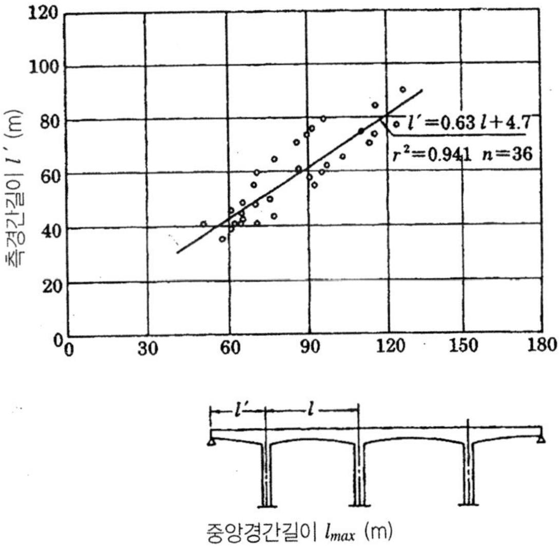

그림 3.6.5 중앙경간길이와 측경간길이의 관계
(변단면 거더)

3.6.4 PSC T형 라멘 박스거더교

이 형식은 문자 그대로 중앙의 교각이 Box Girder와 강결되어, 그 양쪽의 교대 또는 위에 가동받침으로 하는 2경간 연속 라멘구조이다.

이 형식은 길게 하는 것이 시공성과 경제성이 우수할때 적용하는 경우와 이것을 몇 련을 연속하여 사용하는 경우가 있다.

후자의 경우 Cantilever 가설공법을 필요로 하는 경우에 중앙 Hinge 형식, 연속 Rahmen 형식 및 연속 Girder 형식이 각각 주행성, 온도변화에 따라 구속응력 및 지진시 수평력의 대처방법 등의 이유로 채용이 어려운 경우에 적용하고 있다.

적용지간은 40~80.0m 정도가 시공실적이 많으며 받침, 신축이음의 부속물이 적기 때문에 유지관리가 용이하다. 가설공법으로 Cantilever 공법을 적용하고 있다.

교량계획시 가설공법에 대하여 충분한 검토가 필요하며, Cantilever 1경간분 전체를 교각에 달아매면 교량 종방향으로 배치하는 Cantilever PS강재가 교량가설시에 결정되어 비경제적으로 되기 때문에 교배부 측에 임시 가교각의 보조수단을 필요로 하는 경우도 있다.

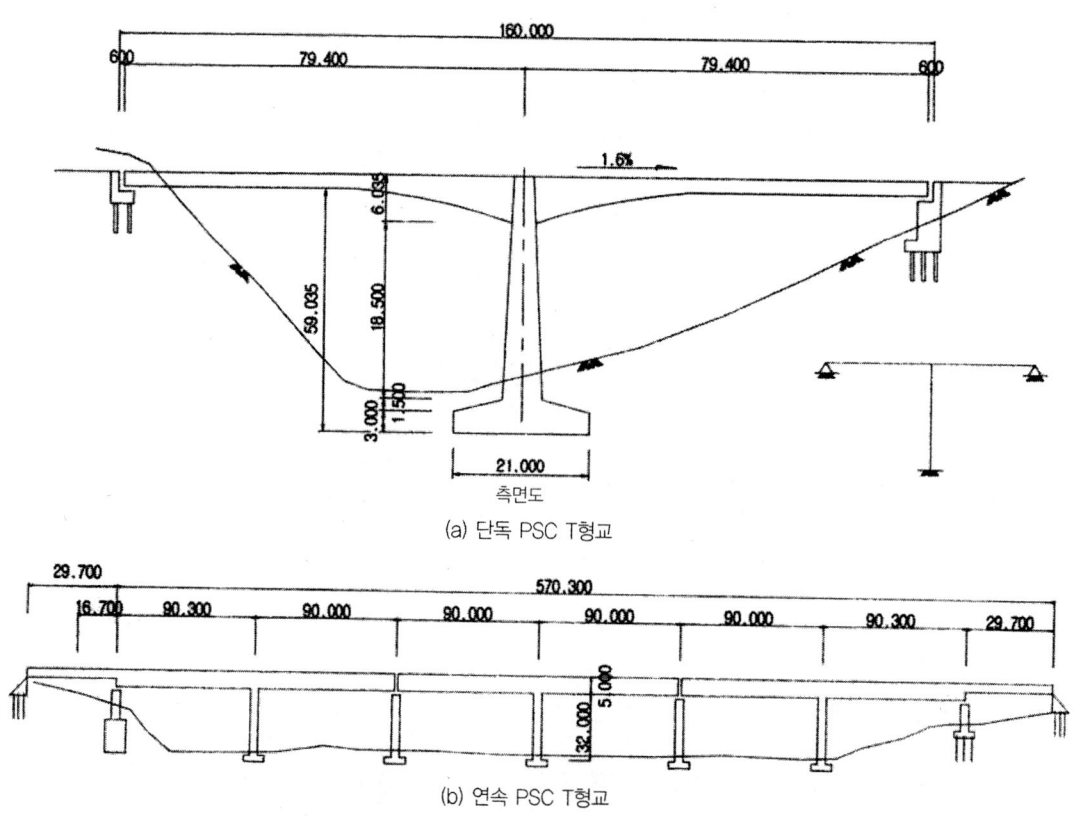

그림 3.6.6 PSC T형 라멘 박스거더교

3.6.5 PSC 경간중앙 Hinge 라멘 박스거더교

이 교량 형식은 지간중앙에 힌지를 가지는 형식으로써, 이것을 Cantilever 가설공법으로 하는 경우에는 가설중의 모멘트 분포와 완성 후의 모멘트 분포가 유사하기 때문에 대단히 적합하다. 또 일본과 같은 지진국에서는 그림 3.6.7~3.6.8과 같은 형식을 채용하면, 수평 지진력은 각 교각에서 분담되므로 연속 거더형식에 비해 유리하게 된다. 또한 교각의 부등침하에 대해서는 교체에 생기는 응력은 작기 때문에 연약지반상의 교량에도 적당한 구조라고 알려져 있다.

그렇지만 이 형식의 교량에서는 중앙힌지부의 처짐, 각 꺾임, 진동 등에 대해서 문제가 되는 것이 많기 때문에 설계 단계에서 특히 충분한 주의가 필요하다. 콘크리트의 크리프에 의한 변형을 가능한 감소시키기 위해서는 중앙힌지 부근에서는 응력분포가 직사각형으로 되는 프리스트레스를 도입하는 것 및 압축 측에도 충분히 철근을 넣는 것을 검토하는 것이 좋다. 또 지간 중앙부의 거더 높이를 지간의 1/40 정도 이상 확보해 두는 것도 효과적이다.

이 형식의 지간비율은 특별한 조건이 없는 한, 고정하중 작용시에 교각에 모멘트를 가능한 생기지 않도록 하는 것이 좋다. 교각의 좌우에서 불균형 모멘트가 생기는 경우에는 장기 지속하중에 따라서 콘크리트나 지반에 소성변형이 생겨 이것이 교각의 휨변형이나 기초 회전을 일으킨다. 이것은 다시 중앙힌지부에 큰 수평, 수직변형을 수반하고 주행성에 영향을 미치는 점도 고려해야 된다. 교각에 불균형모멘트가 생기지 않도록 하기 위해서는 보통 측경간을 중앙지간의 70% 정도로 하는 것이 좋다고 알려져 있다. 지형 기타의 조건에서 지간 비율만으로 대처할 수 없는 경우에는 Counter weight의 수단에 따라서 불균형 휨모멘트를 발생시키지 않도록 대책을 취하는 것이 좋다.

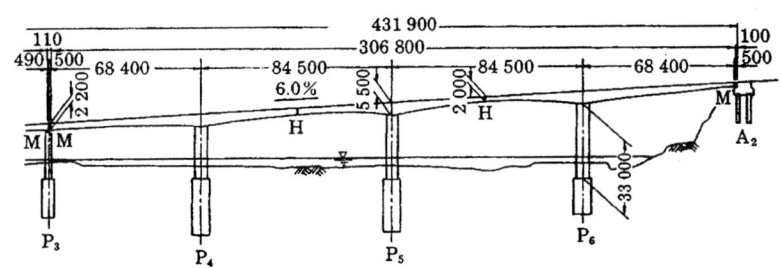

그림 3.6.7 PSC 경간 중앙 Hinge 라멘교의 시공(예)

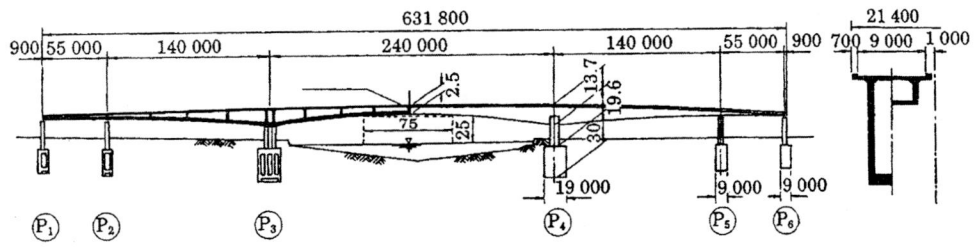

그림 3.6.8 PSC 경간 중앙 Hinge 라멘교의 시공(예) (5경간 연속)

적용지간의 폭이 넓어 60m~120m 에서의 시공 예가 많고 이 교량의 최대 지간장은 240m이며 Cantilever 시공법으로 하는 경우, 가설 중의 고정하중 모멘트 형상과 완성 후의 모멘트 형상이 흡사하게 되어 합리적인 구조이다.

지간 중앙에 힌지를 가지기 때문에 교각의 부등침하에 따라 교체에 생기는 응력은 연속거더에 비해 작다.

중앙 힌지부의 변형, 각 꺾임, 진동 등에 대해서 설계 단계에서의 충분한 검토가 필요하다.

교각에 고정하중 작용시 불균형모멘트가 생기면 장기 지속하중에 의해 콘크리트의 크리프나 지반의 소성 변형이 생겨, 이것에 따라 교각의 휨 변형이나 기초 회전이 커지는 경우가 있기 때문에 고정하중 작용시에는 교각에 불균형모멘트가 생기지 않도록 하는 것이 좋으며 지간 중앙힌지의 유지관리가 필요하다.

이 형식의 교량에 대하여 시공된 실적을 분석하면 경간 중앙 Hinge 라멘교의 지간/거더높이의 관계는 그림 3.6.9~3.6.11에 나타낸다. 설계에 참고 바람.

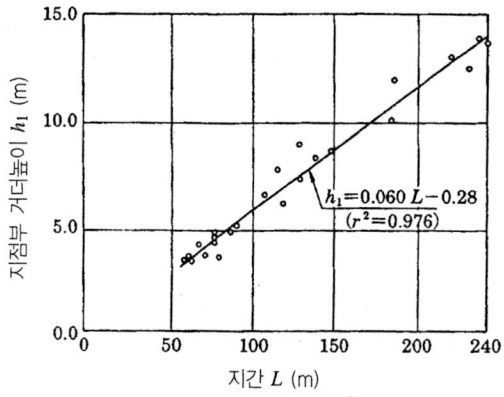

그림 3.6.9 PSC 경간 중앙 Hinge 라멘교의 지간~중간 지점상의 거더높이

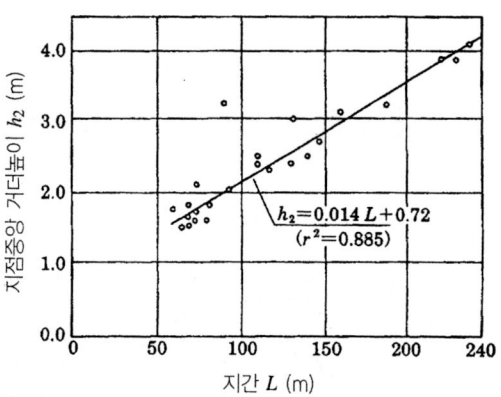

그림 3.6.10 PSC 경간 중앙 Hinge 라멘교의 지간~지간중앙 거더높이

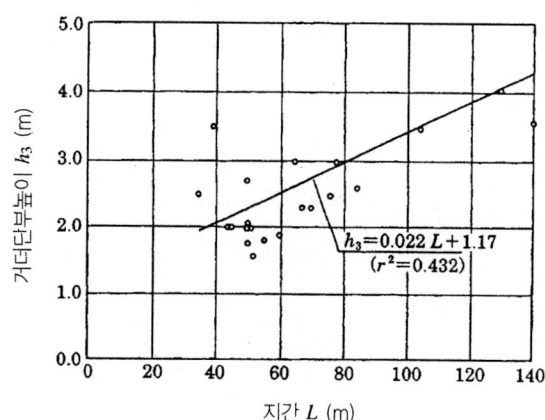

그림 3.6.11 PSC 경간 중앙 Hinge 라멘교의 단지간~거더단부 거더높이

3.6.6 PSC 경사재가 있는 π형 라멘교

이 형식은 중앙 경간에 비하여 작은 측경간을 가지고 있고 측경간 단부에 생기는 부(−)반력을 비탈면의 경사에 맞추어서 연장재를 설치하여 Footing에 전달하게 한다. 이 형식은 도로의 절토구간의 본선과

교차하는 Overbridge에 시공실적이 많다(그림 3.6.12 참조). 일반적으로 지보공을 사용하여 현장 타설공법이 많고 precast block 공법을 적용하여 truck crane 등의 중기를 활용하면 현장 타설공법의 비하여 현장작업의 생력화와 공기를 단축할 수 있다.

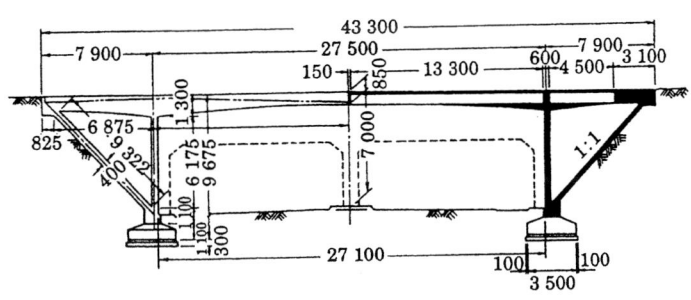

그림 3.6.12 PSC 경사재가 있는 π형 라멘교

그림 3.6.13은 그림 3.6.12의 수직재를 지간내측으로 경사지게 한 변형경사재가 있는 π형 라멘교라고 부른다.

고속도로나 국도의 절토구간의 Overbridge에 적합하며 특히 다리밑 공간이 큰 경우, 또는 깊은 계속에 가설되는 교량으로 가설상의 이유에서 아치교를 채용하기 어려운 경우에 많이 적용하는 교량 형식이다.

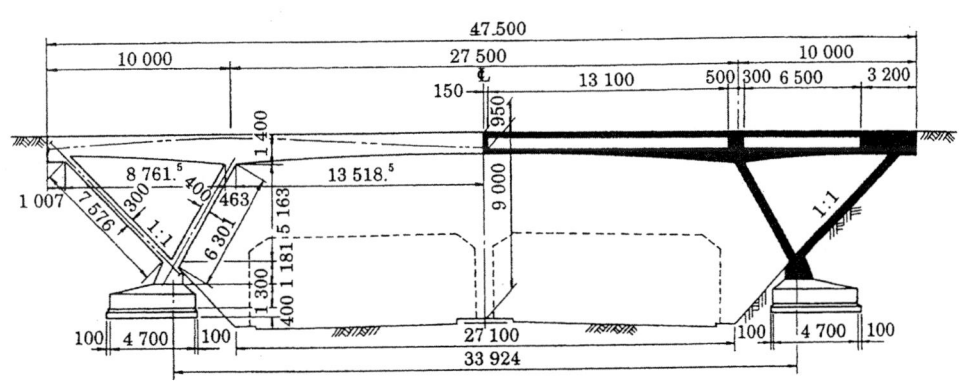

그림 3.6.13 변형 경사재가 있는 π형 라멘교

3.6.7 PSC 문형라멘교

라멘구조는 단순거더, 연속거더 등에 비하여 지간 중앙의 거더 높이가 적은 것이 특색이다. 이 형식의 PSC 라멘교는 지간 50m 정도 이내의 중소하천에서 배의 항행에 저해되지 않도록 하기 위해 단경간의 교량으로 적용한 예가 많다.

라멘지간에 비교하여 교량높이가 낮은 flat Rahmen 구조로 교대하단을 Hinge 구조로 하는 예가 많다.

이는 다른 고정라멘에 비하여 프리스트레스에 의한 2차 응력 및 온도응력 등을 경감하기 위함이다. 또 교대가 짧아 강한 경우는 프리스트레스에 의한 수평재의 변형을 구속하여 큰 2차 응력이 발생하므로 라멘의 교대의 1단을 가동 Hinge로 하여 적절한 시기에 수평반력을 조정하는 것이 유리한 설계가 된다.

그림 3.6.14는 라멘교대의 하단을 가동 Hinge로 한 PSC 문형라멘교의 예이다.

이 교량은 prestressing 종료 후, Jack으로 약 40mm의 수평변형을 주어 반력조정을 하였다.

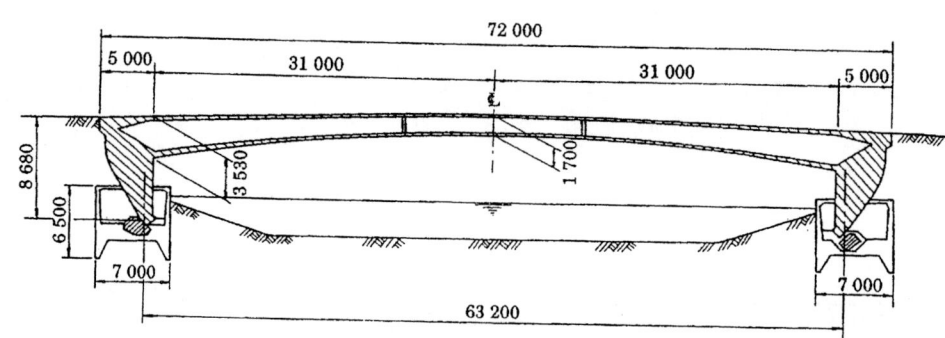

그림 3.6.14 PSC 문형라멘교의 시공 예

3.6.8 기타 PSC 라멘교

(1) PSC 경사교각 라멘교

이 형식은 절토구간의 입체교차부나 다리밑 공간이 큰 경우, 깊은 계곡을 횡단하는 경우에 적용한다 (그림 3.6.15).

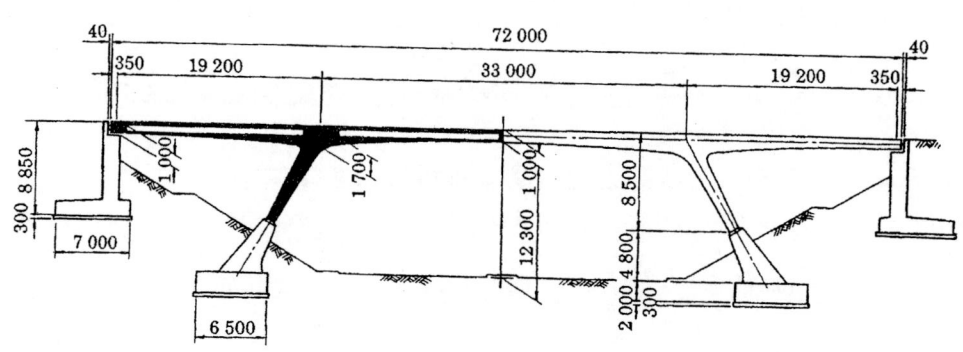

그림 3.6.15 PSC 경사교각 라멘교

(2) pilz식 라멘교

이 구조는 한 본의 교각에 주거더와 가로보를 일체로 하여 강결한 것으로서 교각과 상부구조의 접합 부분의 형상의 그 모양을 따라서 pilz식이라고 부르고 있는 형식이다.

이는 교각이 한 본 기둥으로 되어 있고 교각의 멍에보(coping)가 없어서 다리밑 공간을 비교적 넓게 확보하기 위한 도시 내의 고가교에 적용한 예가 많다(그림 3.6.16).

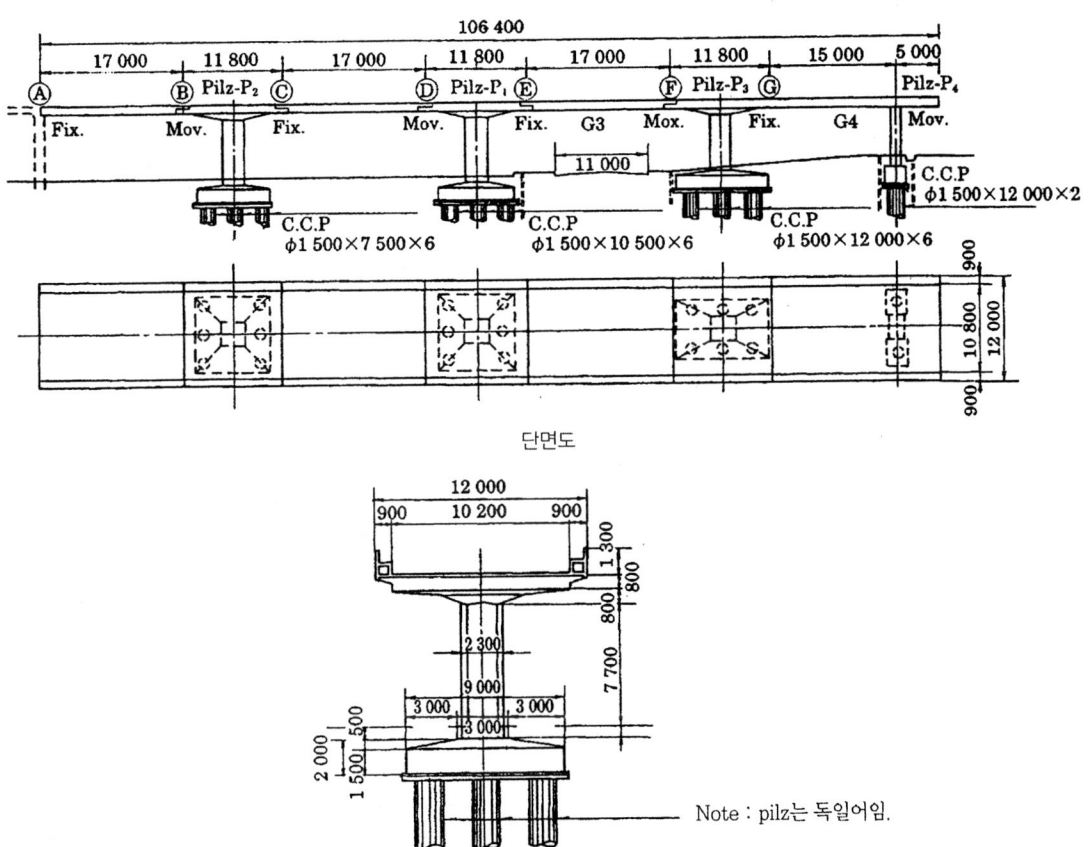

그림 3.6.16 pilz식 라멘교의 시공 예

3.7 PSC 합성거더교(PSC. Beam교)

3.7.1 특징 및 단면형상

PSC 합성거더교는 일반적으로 「PSC. Beam교」라고 불리고 있는 형식의 합성형 거더교의 별칭이다. 교량의 구조는 precast PSC 거더와 철근콘크리트(RC) 또는 precast에 의한 합성바닥판이 전단연결재에 의해 결합되어 작용하중에 대해 바닥판과 거더가 일체화된 합성단면으로 저항하고 PSC 거더는 포스트텐션방식의 거더로 경우에 따라 운반에 어려움이 있는 곳에서는 precast segment 공법으로 제작한다.

이 형식은 바닥판이 현장타설콘크리트 또는 PC 판넬 합성구조이기 때문에 도로의 종·횡단경사의 처리가 쉬워서 콘크리트 도로교에 있어서 비교적 많이 적용하고 있다.

PSC 합성거더교는 합성 I-형 거더교, 합성 T-형 거더교, 합성 Box Girder교가 있으며 일반적으로 I-형과·T-형 거더교가 많이 적용되고 있다.

(1) 특징

1) 적용지간은 20m~50m 정도까지 적용할 수 있다.
2) 교량의 바닥판을 현장치기 콘크리트에 의해 시공하기 때문에 평면선형, 종단경사, 편경사 변화에 대응하기 쉽다.
3) PSC 거더를 대량 제작할 경우에는 건설공사비와 건설공사기간을 절감할 수 있다.
4) 교량가설주위에 거더제작 장소가 없는 경우에는 precast segment로 공장에서 제작, 운반하여 현장에서 거더를 연결하여 시공이 가능하다.
5) 바닥판을 PC판넬을 사용하며 콘크리트를 타설하는 경우의 거푸집공이 줄어든다.
6) 바닥판에 횡방향(가로방향)으로 prestress를 주어 조입하지 않는다.
7) 슬래브계열의 다른 형식에 비하여 거더높이가 크기 때문에 다리밑 공간의 제한을 받는 장소에는 적당하지 않다.
8) 횡방향 강성이 작기 때문에 비틀림 등 가설시의 안정성 검토가 필요하게 되는 경우가 있다.
9) 경우에 따라서는 거더의 중량이 무거워 가설장비의 제한을 받을 수도 있다.
10) 교량의 평면선형의 곡선반경이 적은 경우에는 적용이 어렵다.

(2) PSC 합성거더교 적용장소

이 교량의 형식은 다음과 같은 장소일 때 일반적으로 적용하며 이 외의 장소에 적용시에는 거더의 가설방법에 대하여 별도의 검토가 따라야 한다.

1) 교량상부구조 시공을 위한 동바리 설치가 곤란하거나 동바리 공사비가 고가인 경우
2) 미관이 그다지 중요시 되지 않은 교량

3) 다리밑 공간의 제약이 비교적 적고, 교량높이가 20m 이하의 교량
4) 기초심도가 대체로 깊은 곳(지지층이 15m 이하의 경우에 적당)
5) 교량의 높이가 크레인 가설이 가능한 하천교, 농지를 횡단하는 교량
6) 교차시설물에 의해 지간길이가 40m 이하의 장소

(3) PSC 거더의 단면형상

일반적으로 PSC 합성거더교에 적용하고 있는 단면형상은 크게 I-형, T-형 판넬을 이용한 합성슬래브용 T-형, U-형 형식 등이 적용되고 있다.

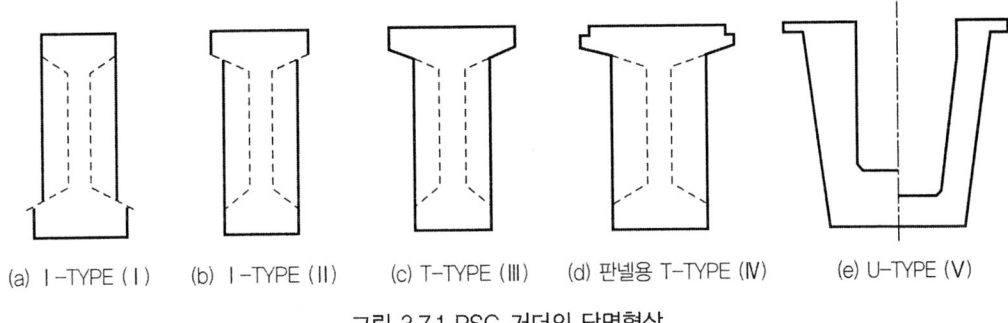

(a) I-TYPE (I)　(b) I-TYPE (II)　(c) T-TYPE (III)　(d) 판넬용 T-TYPE (IV)　(e) U-TYPE (V)

그림 3.7.1 PSC 거더의 단면형상

3.7.2 PSC I형·T형 거더의 단면계획

PSC 합성교의 주거더의 단면 I형·T형은 하부 Flange를 가지는 것을 기본으로 하고 있다. 이들의 형상의 치수는 많은 설계계산이나 시공검토, 공사비 등의 산출결과를 토대로 결정하는 것이 바람직하다.

(1) 거더의 높이와 지간의 관계

1) 영향인자로서는 설계하중(활하중), 거더의 간격 및 교량 폭원, 거더의 개수, PS강재규격 및 강재량
2) 거더높이와 지간과의 비는 거더간격, 활하중의 크기에 따라서 변화하지만 1/15~1/20 정도이다.

(2) web의 두께(t_w) 및 확폭길이

1) 주거더의 web 두께는 web의 콘크리트를 진동기로 충분히 다질 수 있는 폭으로 하고 또 sheath와의 관계 등을 고려하여 최소 18cm 이상(설계기준 15cm)으로 한다.
2) web의 확폭길이는 전단력에 대하여 충분히 견딜 수 있는 점까지 연장시키지 않으면 안되고 과거의 설계실적을 분석하면 1/5~1/10(여기서 : 지간길이) 정도로 한다.

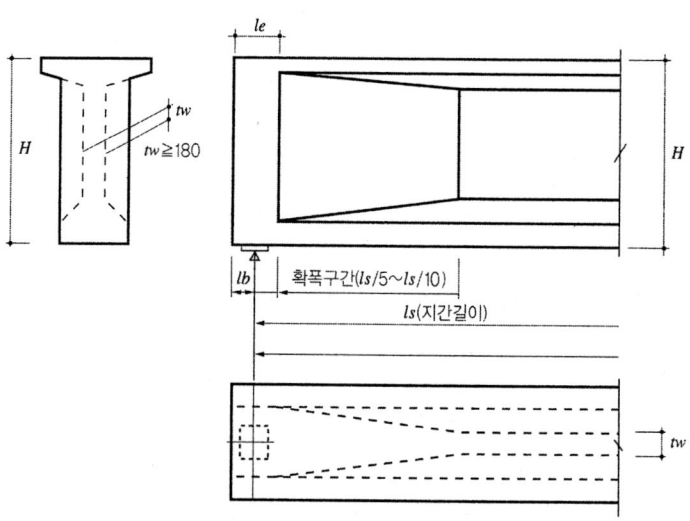

그림 3.7.2 PSC 거더의 단면형상도

(3) 받침점으로부터 거더단부까지 거리(l_b)

① 지간 $l_s < 30m$ $l_b = 400mm$(350mm까지도 가능)

② 지간 $l_s \geq 30m$ $l_b = 450mm$

단, 교량이 사교인 경우에는 거더의 둔각부에서 교량받침이 밀려나오는 경우가 있기 때문에 교량받침의 상부받침의 규격을 검토하여 길이를 결정해야 한다.

(4) 거더단부의 정착부 길이(l_e)

PS강재 정착장치 설치에 지장이 없고 부재 또는 세그먼트의 단부에 있는 정착구역의 종방향길이(정착구 전방)는 횡방향 규격보다 작아서는 안되며 1.5배보다 커서도 안된다.

l_e = 600mm~1000mm 범위 내에서 결정하면 가능하다.

3.7.3 PSC 합성거더교의 횡단구성

(1) 바닥판의 최소두께

1) 철근 콘크리트 바닥판의 최소두께

① 차도부 바닥판의 최소두께

차도부분 바닥판의 최소두께는 $t_s min$ = 220mm 또는 다음 표 4.7.1에 있는 값 중에서 큰 값으로 한다.

② 보도부분 바닥판의 최소두께는 140mm로 한다.

⊙ 표 3.7.1 차도부분 바닥판의 최소두께(mm) (도로교 설계기준)

바닥판구분	바닥판지간의 방향	차량진행방향에 직각	차량진행방향에 평행
단순판		40L + 130	65L + 150
연속판		30L + 130	50L + 150
캔틸레버판	L≤0.25	280L + 180	240L + 150
	L>0.25	80L + 230	

여기서, L은 트럭하중에 대한 바닥판의 지간(m)을 나타낸다.

2) 현장치기 콘크리트와 합성되는 프리캐스트 콘크리트 패널의 두께

① panel의 두께는 합성된 최종 바닥판 두께의 55%를 초과할 수 없으며 9cm보다 커야 한다.

② 프리캐스트 프리스트레스트 콘크리트 패널의 두께는 자중과 시공하중 그리고 현장치기되는 콘크리트의 고정하중에 대해 안정성을 확보할 수 있을 정도의 강성을 지닐 수 있는 두께여야 한다.

3) PSC 거더 상부 Flange의 일부를 바닥판에 매립하는 경우

주거더의 상부 Flange의 일부를 철근콘크리트 바닥판에 매립하는 경우에 이 부분은 바닥판의 중간 지점으로서 비교적 큰 단면력을 받음과 동시에 거더와의 결합부로서 합성작용에 직접 기여하는 부분이므로 시공정도 등을 감안하여 경간부의 바닥판 두께와 같은 정도로 하는 것이 좋다.

이 경우에 바닥판의 최소두께는 바닥판의 slope를 고려하여 최하단의 두께가 15cm 이상되게 하여야 한다.

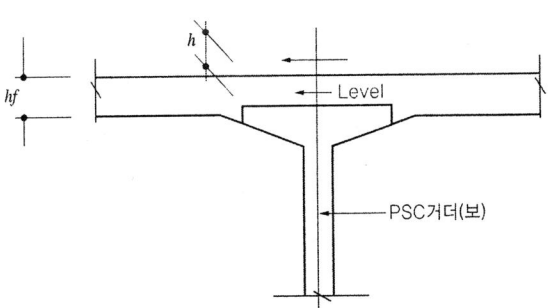

여기서, $h \geq 150mm$ 이상
hf : 바닥판의 최소두께

그림 3.7.3 PSC 거더를 바닥판에 매립하는 경우 최소두께

4) 거더의 상부 Flange를 바닥판에 매립하지 않은 경우

제3장_ 프리스트레스트 콘크리트교(Prestressed Concrete Bridge)

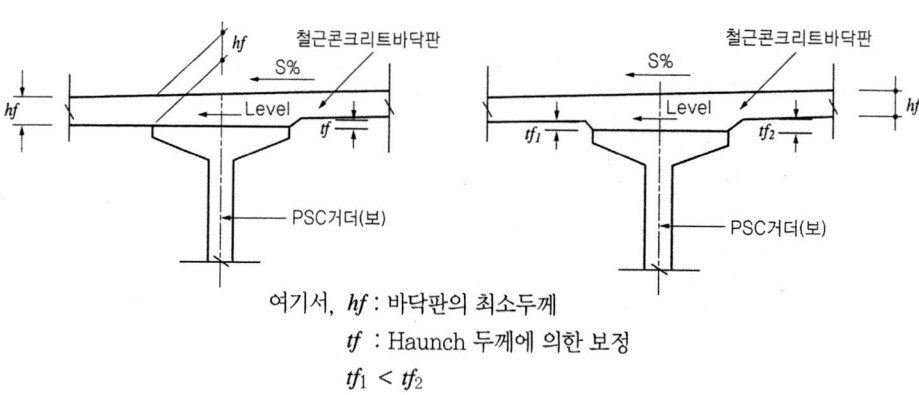

여기서, hf : 바닥판의 최소두께
tf : Haunch 두께에 의한 보정
$tf_1 < tf_2$

그림 3.7.4 PSC 거더를 바닥판에 매립하지 않는 경우 최소두께

(2) 거더의 간격

1) PSC 합성거더교의 거더의 간격은 철근콘크리트 바닥판, 철근콘크리트와 PC 판넬의 합성 바닥판의 최소치수와 도로교 설계기준에 있어서 철근콘크리트 바닥판의 적용지간장이 0.6~7.3m 임을 고려하여 설정하여야 한다.

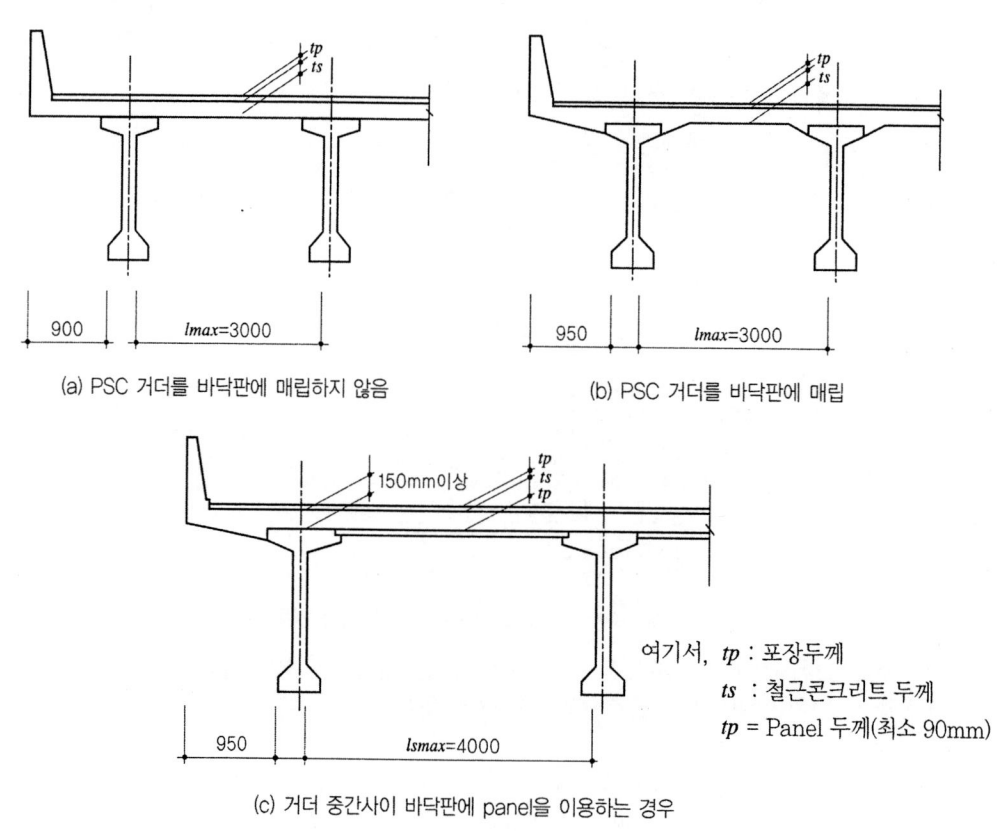

(a) PSC 거더를 바닥판에 매립하지 않음

(b) PSC 거더를 바닥판에 매립

여기서, tp : 포장두께
ts : 철근콘크리트 두께
tp = Panel 두께(최소 90mm)

(c) 거더 중간사이 바닥판에 panel을 이용하는 경우

그림 3.7.5 PSC 합성거더교의 횡단단면도(예)

2) PSC 거더의 간격은 설계하중의 종류, 고정하중에 의하여 거더의 높이가 낮은 것이 바람직하다.
3) PSC 거더의 간격은 다음 그림 3.7.5에 표시한 치수 이내로 계획하는 것이 바람직하다.

(3) Precast Panel 합성바닥판

PC 판넬 합성바닥판은 PC 판넬을 교량바닥판의 거푸집 겸용 지보공으로서 사용하고 현장치기 콘크리트와 일체화시킨 바닥판을 말한다. PC 판넬 자중, 현장치기 콘크리트 하중 및 작업하중에 대해서는 PC 판넬 자체로 설계 2차 하중 및 설계하중(활하중)에 대해서는 합성 바닥판으로서 저항하는 구조이다.

PC 판넬과 PSC 거더 Flange 경계부 길이는 양단 모두 60mm 이상을 표준으로 하고 특별한 경우에는 30mm 보다 크게 하여야 한다.

이는 PC 판넬의 낙하 방지에 필요한 길이와 PC 판넬의 제작오차 및 PSC 거더의 가설 오차 등을 고려하여 정한 것이다.

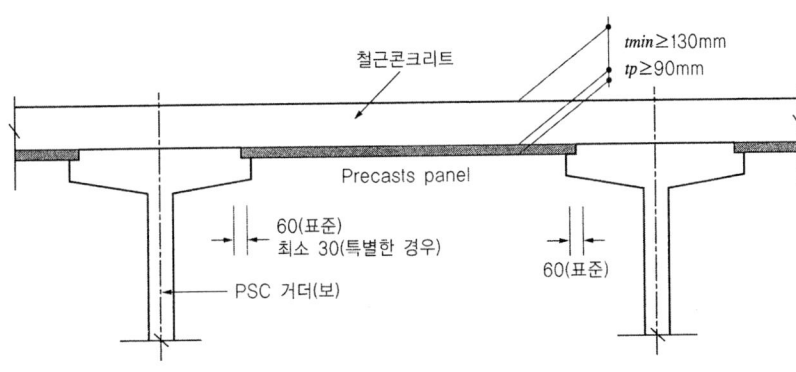

그림 3.7.6 PSC 거더와 PC 판넬 경계부 길이

3.7.4 Precast Segment 공법 적용

프리캐스트 세그멘트 공법은 PSC 거더를 분할한 세그멘트를 교량가교위치에 반입하여 이음부에 접합키를 설치하고 이음면에 접착제를 도포하여 프리스트레스를 주면서 일체화하여 거더를 완성하는 것이다. 세그멘트 이음부의 내하성능이 교량의 안전성에 크게 영향을 주므로 이음부의 응력이나 내력조사를 철저히 해야 한다.

(1) Precast Segment 공법 적용할 가교위치

프리캐스트 세그멘트 공법을 적용할 가교위치는 다음과 같은 조건을 고려하여 결정한다.

1) 교량가설 장소 근방에 거더의 제작 장소가 협소할 때
2) 공사용 진입도로가 선형이 불량하거나 기존 교량이 대형공작물 통행이 불가능할 때
3) 가교위치 근교에 콘크리트 생산설비가 없거나 콘크리트 운반거리가 1시간 이상 소요될 때

4) 세그멘트 중량이 대형운반장비를 요구될 때
5) 교량가설 장소 근방에서 거더 제작시 품질보증에 문제가 있을 때

(2) 거더의 세그멘트 분할

PSC 거더분할시 세그멘트의 길이는 운반 등 가설시의 조건에 의해 결정한다. 세그멘트 분할 수는 휨모멘트가 최대가 되는 지간 중앙에서의 이음을 피하기 위해 홀수개로 한다.

또한 운반장비의 능력에 따라 200~300KN 이내로 하고 운반차량 등의 제약이 적게 되도록 분할하는 것이 바람직하다.

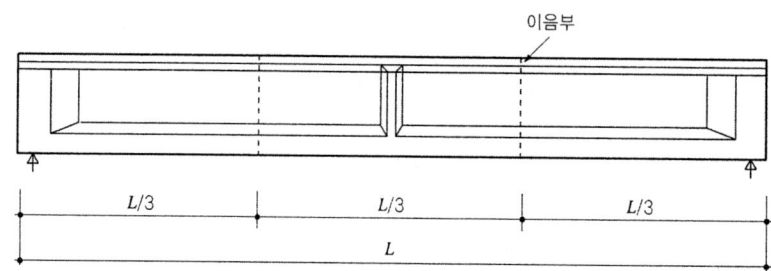

여기서, $L \leq 40.0m$일 때 3등분 분할
$L > 40.0m$일 때 5등분 분할

그림 3.7.7 PSC 거더의 세그멘트 분할 방안

(3) 이음부의 접합귀의 설치방안

이음부의 접합키는 가설시 및 극한하중작용시의 전단력에 대하여 설계강도를 가려야 한다.

이음부의 접합키의 이음방식은 크게 콘크리트 접합키 방식과 강제 접합키 방식이 있으며 이 중에서 PSC 거더의 접합키 이음방식은 대부분 강제 접합키 방식을 적용하고 있다. 여기에 대한 상세도는 6.3.11 Precast Segmental Bridge(5) 참고하기 바람.

PSC 합성거더교의 주거더 1단면에 3개소 이상 설치한다.

이 때 접합키 위치결정시 PS강재와 교차되는 점을 피해야 한다.

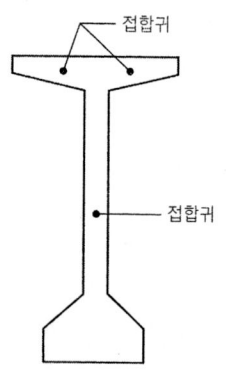

그림 3.7.8 접합키의 배치

3.7.5 PSC 합성거더 표준도 설계 및 적용시 고려사항

PSC 합성거더의 표준도 설계와 적용시 다음의 사항을 고려하여야 한다.

① 거더의 길이 및 지간 길이
② 주거더의 간격

③ 내민보의 길이
④ 연석 또는 보도부 상세 규격
⑤ 난간의 설계 중량
⑥ 포장두께 및 포장재료
⑦ 지간이 40m 이상인 주거더에 대해 횡전도좌굴(휨좌굴)에 eogs 안전성검토 여부

3.7.6 PSC 합성거더(Beam) 과거 실적(예)

여기에 소개되는 PSC 합성거더의 실시설계 예 또는 표준도는 참고자료로서 보존의 가치가 있다고 판단되어 제시한다.

그림 3.7.9, 그림 3.7.10, 그림 3.7.11은 건설부표준도(1978년), IBRD 차관도로 TD, 한국도로공사 표준도를 분석하여 도표화 한 것이며, 그림 3.7.12은 미국 PCI-AASHTC Standard를 나타낸 것이다. 그리고 그림 3.7.1(e)의 U-type은 다리밑 공간의 제약을 받고, 상부 바닥판 시공시 동바리 설치의 어려움이 있는 장소에 적용하는 형식으로 형고비가 1/20 정도까지 가능하며 가설크레인의 인양능력만 허용하면 40~50m 까지 설계가 가능하다.

이 형식은 서울시 88올림픽 도로 동작 I/C 교가 한국의 최초의 교량이다.

제3장_ 프리스트레스트 콘크리트교(Prestressed Concrete Bridge)

● 표 3.7.2 Type-I 의 치수표

설계하중	Beam 길이	지간길이	Beam 최대간격	$b\ell$	b_w	b_u	빔높이 H	H_1	H_2	H_3	H_4	H_5
DB-13.5	13,900	13,500	2100	520	160	360	950	170	180	460	20	120
〃	15,900	15,500	2100	520	160	400	1050	170	180	560	20	120
〃	17,900	17,500	2100	520	160	440	1120	170	180	630	20	120
〃	19,900	19,500	2100	520	160	480	1180	170	180	690	40	100

(주) 이 자료는 1973년 건설부 상부구조 표준도에서 발취하였음.

● 표 3.7.3 Type-II 의 치수표

설계하중	Beam 길이	지간길이	Beam 최대간격	$b\ell$	b_w	b_u	빔높이 H	H_1	H_2	H_3	H_4	H_5	비고
DB-13.5	24,900	24,500	2100	520	160	560	1450	170	180	930	40	130	건설부
〃	29,900	29,500	2100	520	180	700	1900	170	180	1380	30	140	표준도
DB-18	24,900	24,200	2100	600	200	640	1650	200	200	1000	90	160	
〃	29,900	29,200	2100	660	200	700	1950	230	220	1220	100	180	
DB-24	19,900	19,300	2300	530	170	570	1450	180	180	860	80	150	한국도
〃	24,900	24,300	2300	600	200	640	1750	200	200	1100	90	160	로공사
〃	29,900	29,300	2300	660	200	700	2050	230	220	1320	100	180	표준도
〃	24,900	24,400	2,600	600	200	640	1750	200	200	1100	90	160	
〃	29,900	29,400	2,600	660	200	700	2000	230	220	1270	100	180	
〃	34,900	34,400	2,600	720	220	760	2260	250	240	1400	110	200	

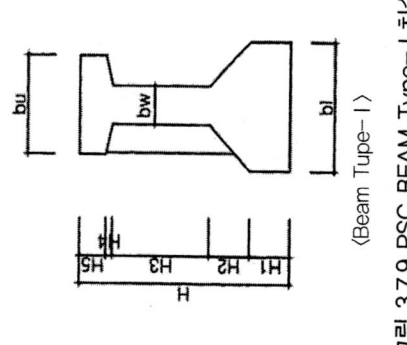

〈Beam Type-I〉

그림 3.7.9 PSC BEAM Type-I 치수

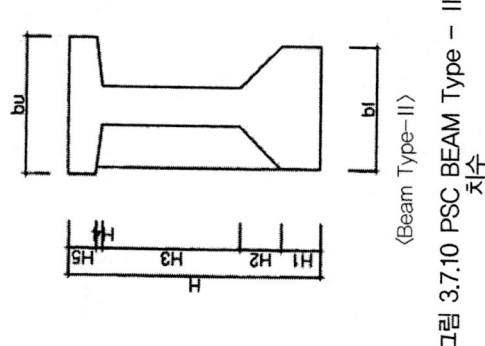

〈Beam Type-II〉

그림 3.7.10 PSC BEAM Type-II 치수

● 표 3.7.4 Type-Ⅲ의 치수표

설계하중	Beam 길이	지간길이	Beam 최대간격	$b\ell$	b_w	b_u	b_1	b_2
DB-18	14,900	14,400	2100	350	150	800	100	225
〃	19,900	19,400	2100	400	160	950	120	275
DB-24	14,900	14,400	2300	350	150	800	100	225
DB-18	20,500	20,000	2400	450	220	880	115	215
〃	25,500	25,000	2400	450	220	880	115	215
〃	30,500	30000	2400	450	220	880	115	215
DB-24	20,500	20,000	2400	600	220	880	190	140
〃	25,500	25,000	2400	600	220	880	190	140
〃	30,500	30,000	2400	600	220	880	190	140

빔높이 H	H_1	H_2	H_3	H_4	H_5	H_6	비 고
1100	160	160	520	90	30	140	건설부 표준도
1400	160	160	820	50	30	140	〃
1200	160	160	620	90	30	140	〃
1350	150	250	680	100	50	120	IBRD 차관도로표준도
1450	150	250	780	100	50	120	〃
1650	150	250	780	100	50	120	〃
1450	150	250	750	100	50	150	〃
1500	150	250	800	100	50	150	〃
1750	150	250	1050	100	50	150	〃

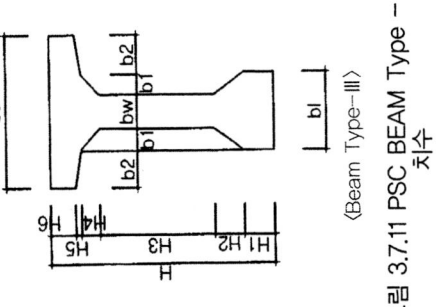

〈Beam Type-Ⅲ〉

그림 3.7.11 PSC BEAM Type – Ⅲ 치수

제3장_ 프리스트레스트 콘크리트교(Prestressed Concrete Bridge)

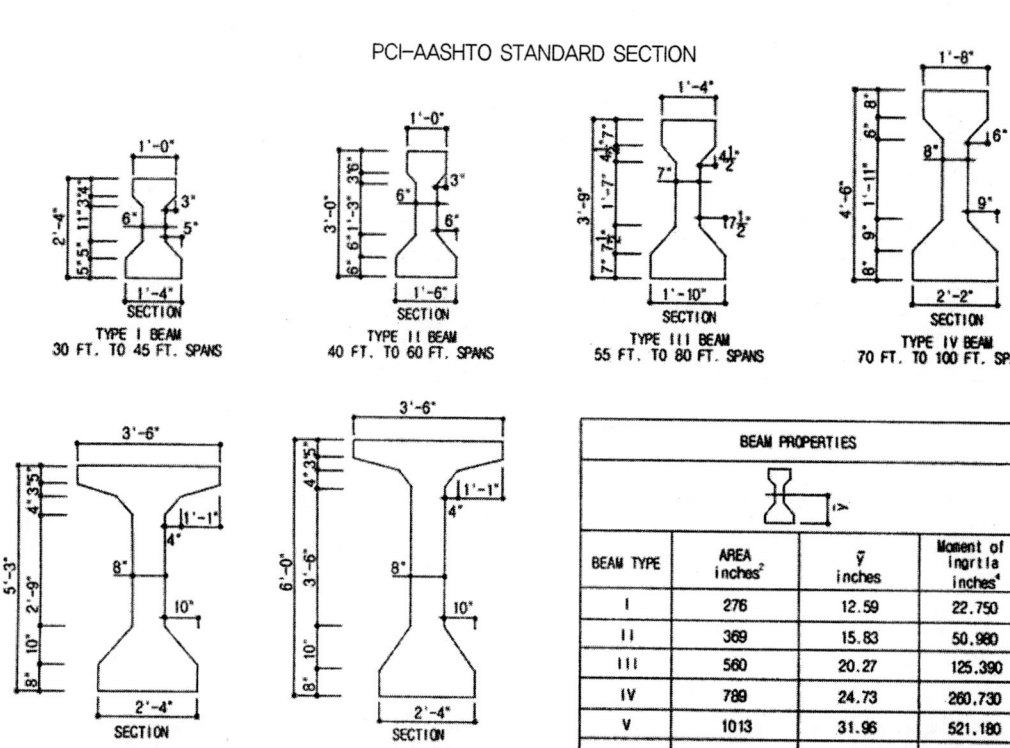

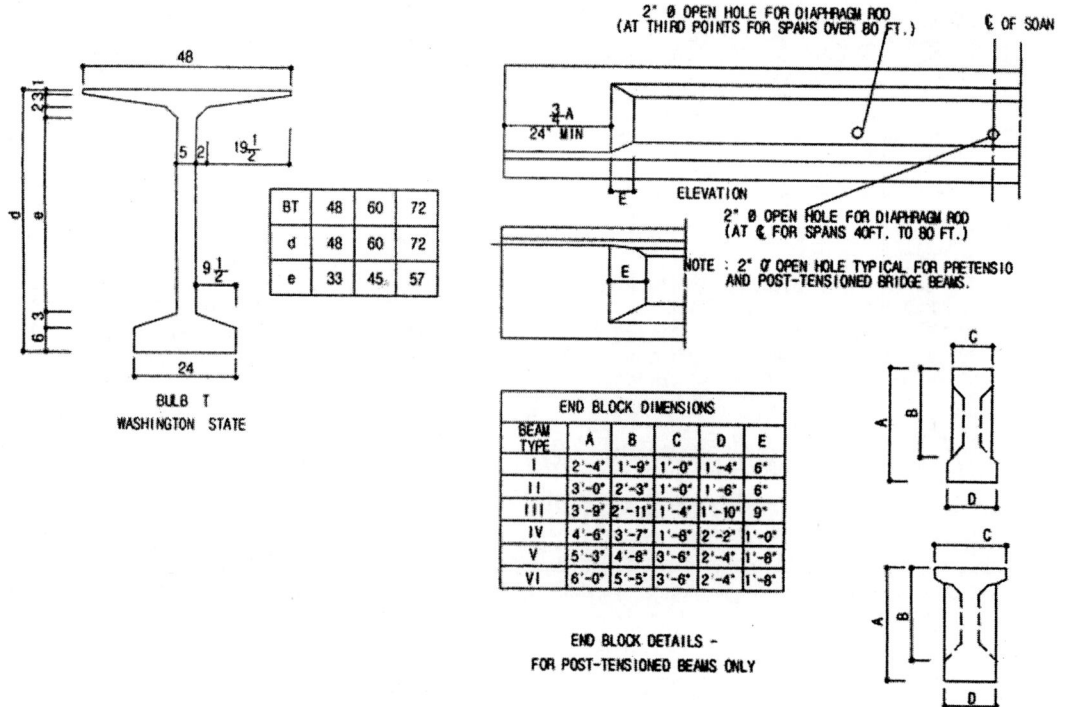

그림 3.7.12 PCI-AASHOT Standard 단면

3.8 Precast Girder(보)를 사용한 연속거더교

3.8.1 개요

Precast Girder를 사용한 연속거더교란 Precast Prestressed Concrete 단순 T-형 거더, I-형 거더를 단순거더로서 가설한 후에 교각부 상단 위에 중간 받침부의 가로보를 현장타설 콘크리트 구조로 하여 거더를 연결시킴으로써 연속거더교로 가능하도록 한 교량형식을 말한다.

이 교량의 형식은 연속합성거더교와 연결연속거더교로 구분되며 연속합성거더교는 Precast의 PS 단순합성거더를 교각 위에 임시 받침위에 가설하고 가로보를 시공한 후 중간지점 위의 단순거더를 상호연결하여 연속거더로 변환시킨 다음 바닥판을 시공하여 합성거더로 작용하도록 한 교량이다.

또한 연결연속교는 Precast의 단순거더를 가설하고 가로보, 바닥판의 순서로 시공한 후에 연결부를 시공한 연속거더교를 말한다.

이들의 2가지 형식은 지보공법 또는 내민보(Cantilever)공법에 의한 일반적인 연속거더공법에 비교해서 연속거더교로서 적용지간 길이가 제한되는 반면, 시공이 비교적 간단하고 공사기간이 단축되며 교량의 신축이음의 개소를 줄일 수 있어 주행성이 좋고 진동·소음이 적고, 유지관리가 용이하도록 하는 목적에서 PSC 합성거더교에 많이 적용되고 있다.

(1) Precast Girder 연결부 구조 및 받침형식

Precast 연속거더교는 연결부의 구조에 따라 철근콘크리트 연결방법의 연속거더교와 Prestressed Concrete(PSC) 연결방법의 연속교로 분류되고 주거더의 형식에 따라 일반적으로 T-형 거더와 합성형 I-형 거더, 및 T-형 거더로 분류한다.

또한 Precast Girder의 제작방법에 따라 Pretension Girder와 post Tension Girder로 구분한다.

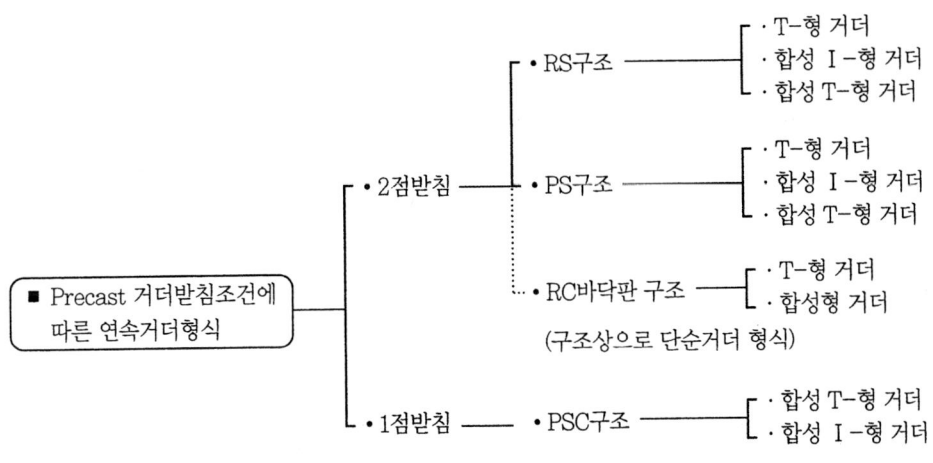

그림 3.8.1 Precast 거더 받침조건에 따른 분류

받침형식의 구분은 거더가설시의 받침조건과 공용시의 받침조건이 변화하여 구조계가 변화되는 경우가 있으나 여기서는 공용시 조건에 대하여 2점 받침, 1점 받침으로 구분하여 적용하기로 한다.

3.8.2 Precast Girder(Beam) 연속화 방법

Precast Girder 연석화 방법은 철근콘크리트(RC)구조와 프리스트레스트(PSC)구조가 있으며 이들은 다시 Pretensional Girder, post-tensioned Girder 및 post-tensioned 합성거더의 연속화 방법으로 구분할 수 있다.

(1) 철근콘크리트(RC) 구조

1) Pretension T-형 거더의 연속화 방법

① Precast T-형 거더

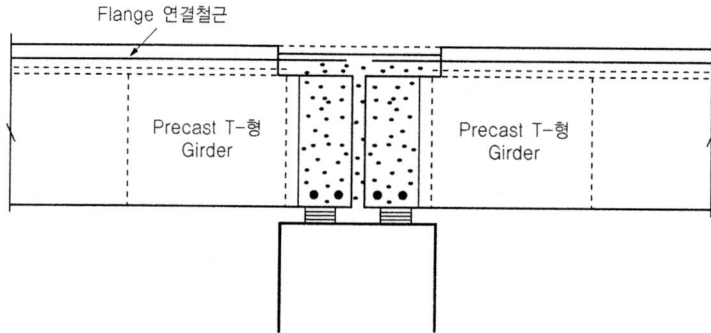

그림 3.8.2 Precast Pre-tensioned T-형 Girder 연속화 방법

Precast Girder를 교각위의 탄성받침 위에 거치하고 Cross Beam과 상부 Flange 종방향 철근 연결 조립하고 콘크리트 타설하여 연속화하는 방법이다.

② precast Ⅰ-형 거더 및 T-형 거더

이 방법은 pretensioned Girder를 교각 위에 1개의 받침을 설치하고 교각 전·후에 가 Bent를 설치하고 거더를 Crane으로 인양하여 놓은 다음 교각 위의 가로보 및 거더의 상부 바닥판을 시공하는 순서로 교량을 가설하게 된다. 이 방법은 지간 길이가 짧은 경우에 적용하는 경우가 유럽 등에서는 적용하고 있다.(그림 3.8.3 참조)

2) post-tensioned 합성 T-형, Ⅰ-형 거더의 연속화 방법

① 바닥판의 종방향 철근을 보강하여 연속화 방안

이 방법은 PSC 합성거더를 거치하고 거더 사이의 가로보와 교각 위의 가로를 철근콘크리트 또는 PS

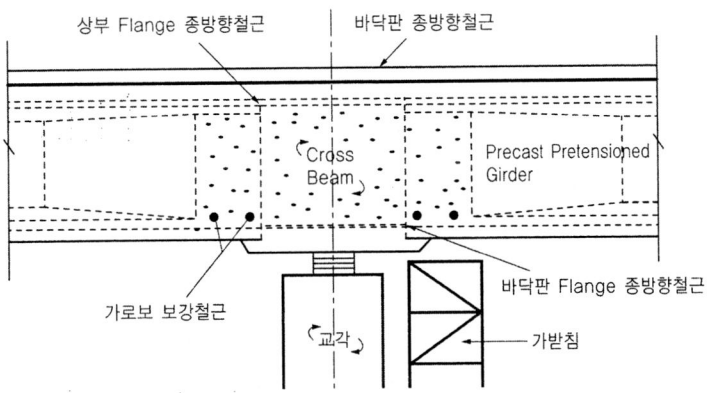

그림 3.8.3 Precast Pre-tensioned T-형, I-형 거더 연속화 방법

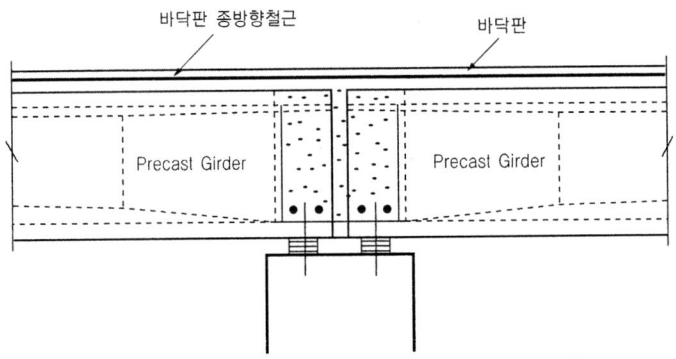

그림 3.8.4 바닥판의 종방향 철근으로 보강하는 방안

콘크리트로 강결하고 거더와 거더 사이를 콘크리트로 채움하여 바닥판을 시공하여 연속화하는 방법으로 현재 우리나라에서 가장 많이 적용하고 있는 방법이다. 일반적으로 부분적인 활하중 합성공법으로 교각 위의 종방향 철근은 활하중, 2차 고정하중(포장, 난간, 연석 등) 및 온도변화 등을 고려하여 설계한다.(그림 3.8.4)

② 철근콘크리트 멍에보(Coping)와 precast Girder 연결하여 연속화 방안

교각의 머릿보의 단면 형상이 "ㄴ"자 형상에서 precast Girder를 거치하고 거더 상·하부 Flange의 종방향 철근을 교각의 연결철근과 연결하여 가로보를 R.C, PS 구조로 연결하고 바닥판 종방향 철근을 보강하여 시공하여 연속화하는 방법이다.(그림 3.8.5)

이 방법을 적용시 교량 받침은 Mortar bed 또는 pad bearing을 사용하여야 한다.

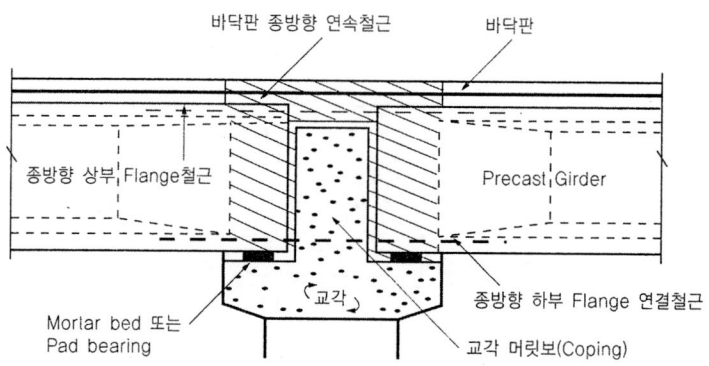

그림 3.8.5 교각 머릿보를 이용하여 연속화 방안

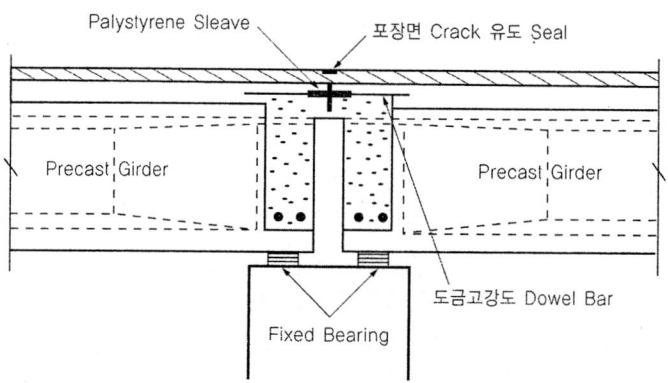

그림 3.8.6 바닥판에 Hinge 구조로 연속화 방안

③ 바닥판에 Hinge 구조로 하여 연속화하는 방법

　이 방법은 precast Girder는 연속화 시키지 않고 바닥판만 연속화시키는 것으로 바닥판에 Hinge 구조로 하고 포장면 상단에 crack 유도 seal을 설치하여 거더의 처짐의 반복에 의한 crack 발생을 유도시킨 구조이다.

　이 구조는 직교에서는 상당한 내구성을 가지고 있으나 사교에서는 거더의 Ratation 방향과 포장면 crack 유도 seal 설치방향이 일치하지 않아 포장면의 파손이 많은 결점을 가지고 있다. 1980년대까지는 우리나라에서도 적용한 방법이다.(그림 3.8.6)

④ 거더단부 상단의 바닥판 아래 압축 Filler 설치하여 연속화하는 방법

　이 방법은 상부 슬래브 자체만 연속화 시키는 방법으로 지점 위의 거더와 슬래브 사이에 Filler를 넣어 분리시키며 분리된 부분의 길이는 1.5m 정도이며 받침은 회전이 가능한 받침을 사용하면 된다.(그림 3.8.7)

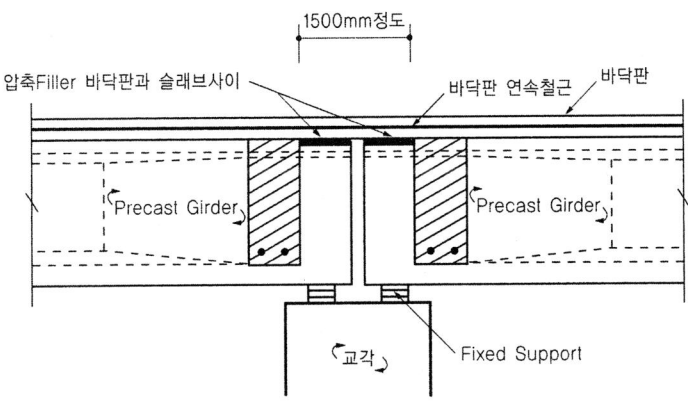

그림 3.8.7 압축 Filler를 이용하여 슬래브 연속화 방안

(2) PSC 구조

1) T-형 거더 연속화 방법

이 방법은 Precast T-형 거더를 중간 지점상에서 거더내를 통과하는 매립 strand 및 1차 바닥판에 배치한 strand(cable)의 프리스트레스힘과 precast Girder 상호 돌출된 철근을 겹침이음 또는 기계이음을 하여 거더와 슬래브에 PS를 도입하여 연속화하여 부모멘트에 저항하도록 한 구조이다. 이 때 교량 받침을 1개로 하여야 한다.(그림 3.8.8)

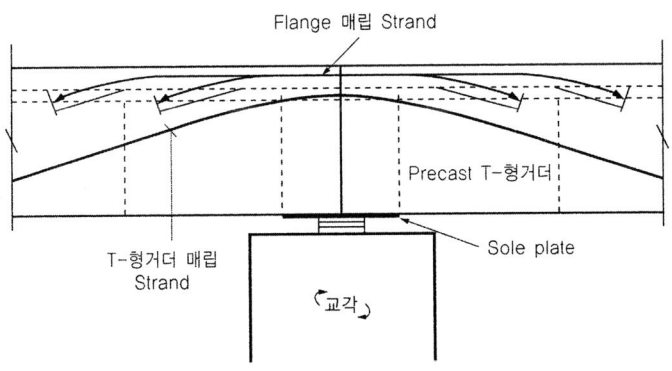

그림 3.8.8 T-형 거더 PSC 구조 연속화 방안

2) 합성 I-형, T-형 거더 연속화 방법

이 방법은 교각 위의 가로보 및 거더 위의 바닥 슬래브에 PS strand를 배치하고 거더 내의 매립된 PS cable을 연결하여 바닥판 콘크리트를 쳐서 연결 후, precast 상부 Flange 밑에 설치한 돌기정착구에서 PS를 도입한 후, 가설시 사용한 임시받침을 철거 후, 중간지점상을 1점 받침으로 한다. 중간 지점상 부모멘트에 대해서는 Flange 위 바닥판에 배치한 PS cable에 의해 저항하도록 한 방법이다.(그림 3.8.9)

제3장_ 프리스트레스트 콘크리트교(Prestressed Concrete Bridge)

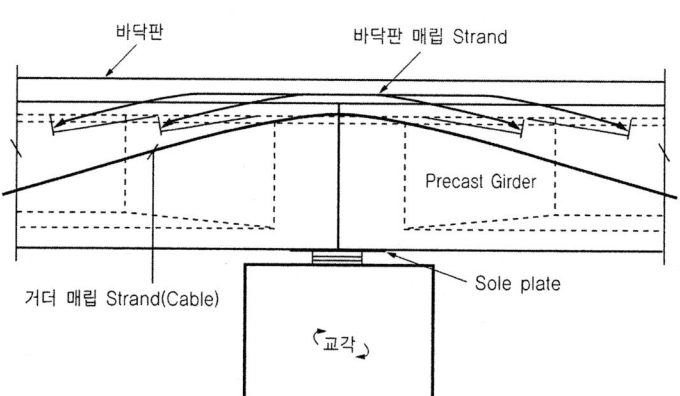

그림 3.8.9 합성 I-형, T-형 거더 연속화 방안

3.8.3 연결부의 단면 계산에 있어서 가정

(1) 연결부에 작용하는 부(-)의 휨모멘트에 대한 설계단면은 그림 3.8.10에 나타낸 연결부의 단면 A~A로 하고 그의 단면형상은 그림 3.8.11의 실선으로 나타낸 것으로 한다. 이는 실험에 의하면 부(-)의 모멘트를 받을 때의 연결부의 내력을 결정하는 것은 그림 3.8.10의 A~A단면에 발생하는 균열이고, 연결부 철근을 결정하는 설계단면으로서 이 단면을 취하면 충분히 안전하다.

(2) 연결부에 작용하는 정(+)의 휨모멘트에 대한 설계단면은 부(-)의 휨모멘트에 대한 설계단면과 같게 하지만 단면형상은 그림 3.8.12과 같다.

(3) Precast Beam과 받침점부(Cross head)의 가로보에는 Pres stress를 주어 PSC Beam이 Cross Beam을 사이에 두는 연결 Beam이 되도록 하지 않으면 안된다.

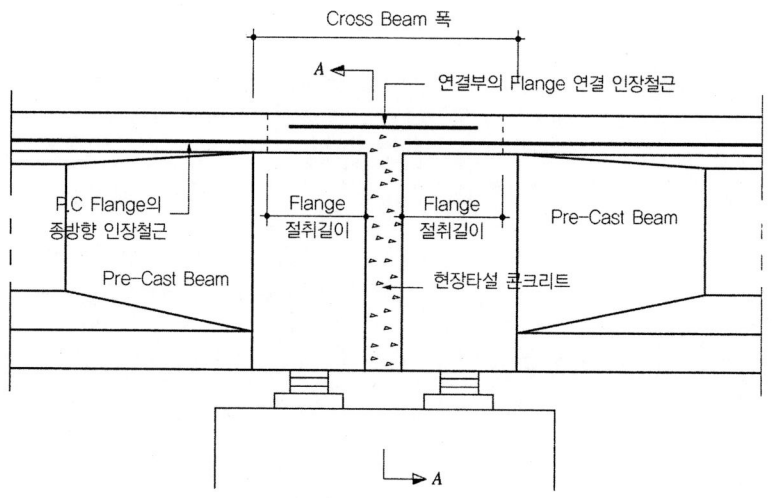

(a) Pretension Girder 또는 Post Tension T형 거더

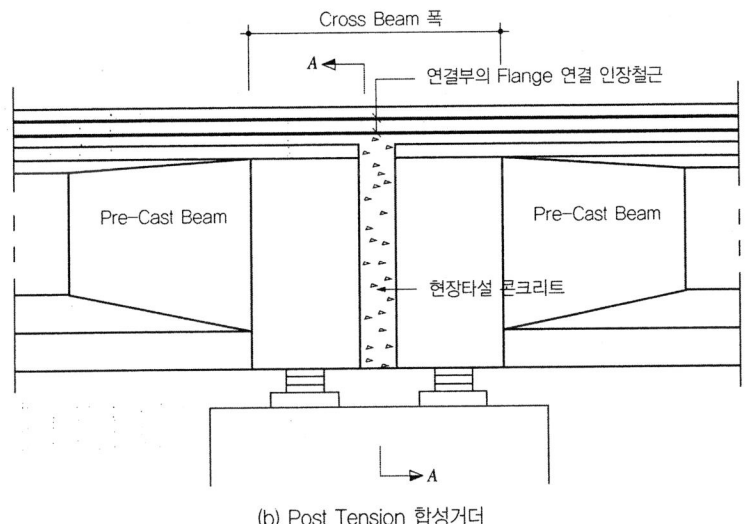

(b) Post Tension 합성거더

그림 3.8.10 연결부의 설계 종단면

(4) PSC Beam의 중간받침점 부근의 단면응력도 검토에 대한 부재는 부(-)의 휨모멘트에 대해서는 철근콘크리트 구조로 하고 정(+)의 휨모멘트에 대해서는 Prestressed concrete 구조로 생각해도 좋다.

단, Precast Girder 상연에 과대한 균열발생을 방지할 필요가 있어 철근콘크리트 구조로 하는 위치에 있어도 전단면이 유효한 경우의 인장응력도가 $30 kf/cm^2$ 이하가 되도록 강재배치를 하는 것으로 한다.

또한 전단력에 의한 응력의 검토는 Precast Girder부는 모두 Prestressed conc-rete구조로 하여 설계하는 것으로 한다.

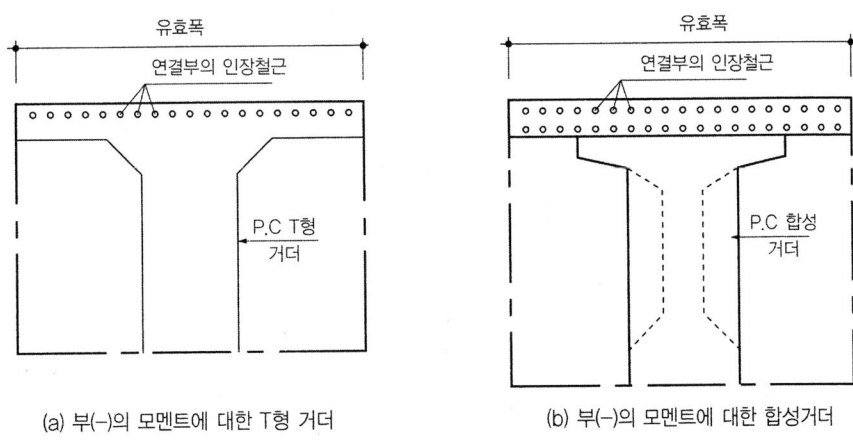

(a) 부(-)의 모멘트에 대한 T형 거더   (b) 부(-)의 모멘트에 대한 합성거더

그림 3.8.11 부(-)의 휨모멘트에 대한 설계단면

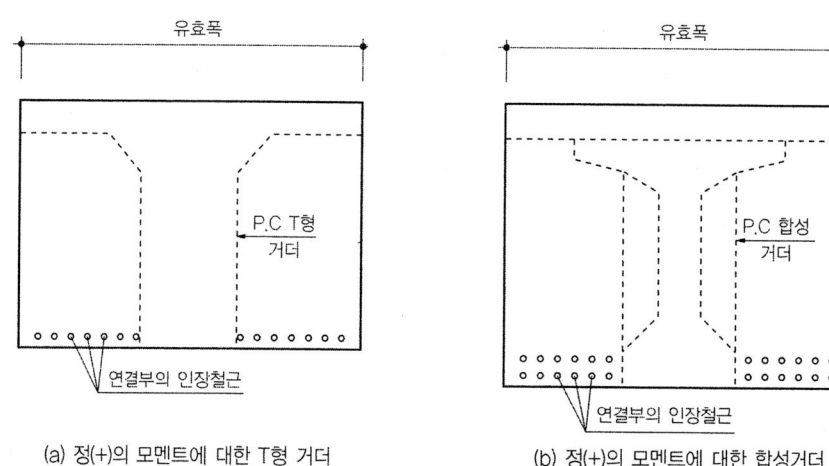

(a) 정(+)의 모멘트에 대한 T형 거더   (b) 정(+)의 모멘트에 대한 합성거더

그림 3.8.12 정(+)의 휨모멘트에 대한 설계단면

3.8.4 연결부의 구조계획

(1) 연결부의 구조

1) 연결부의 Precast Beam 단부 간격은 콘크리트 타설, 다짐, 기타의 조건에 의해 결정하지만 이 경우 각각의 Beam의 받침에서 받는 2점 받침으로 하고 있기 때문에 가능한 작게 취하여 20cm를 표준으로 한다.

2) Cross Beam을 매체로 PSC Beam의 연속성을 갖도록 하기 위해 Post-Tension Beam인 경우에는 Beam의 높이와 같은 길이를 Cross Beam의 폭으로 하고, Pretension Beam은 바닥판의 단면변화를 포함한 것으로 한다.〈그림 3.8.13 참조〉

3) Cross Beam에는 PSC Beam을 관통하는 형태로 PS강재를 배치하지 않으면 안된다. Prestress량은 Cross Beam 단면에 대하여 Pretension Beam인 경우 10kg/cm², Post tension 합성 Beam 및 T형 거더인 경우는 15kg/cm²를 표준으로 한다. 이 경우 Cross Beam의 단면이란(가로보폭×총 Beam 높이)로 한다.

4) Post-tension 합성 Beam인 경우, 연결부 바닥판 콘크리트는 Cross Beam부와 동시에 타설하지만, 그 타설 이음부는 가능한 한 바닥판 두께의 두꺼운 부분에 설치함과 동시에 타설 이음부가 약점이 되지 않도록 주의한다.

5) Cross Beam은 교축 직각방향으로 그림 3.8.13(a)와 같이 하는 것이 좋으면 정착구가 배치될 수 없는 경우에는 그림 3.8.13(b)처럼 최소폭을 확보한다.

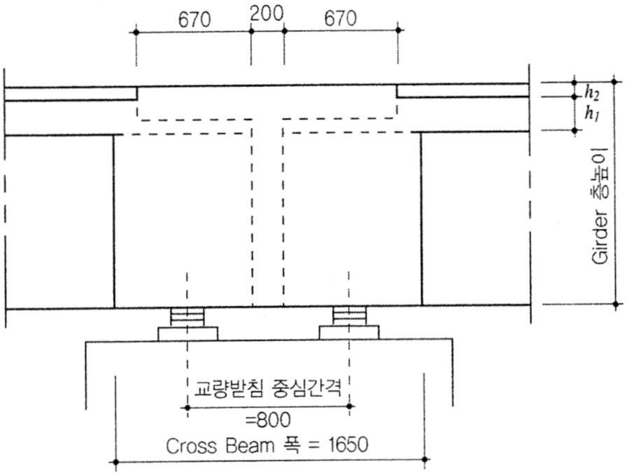

여기서 ; h : Flange 두께
h_2 : 경사조절용 콘크리트 두께

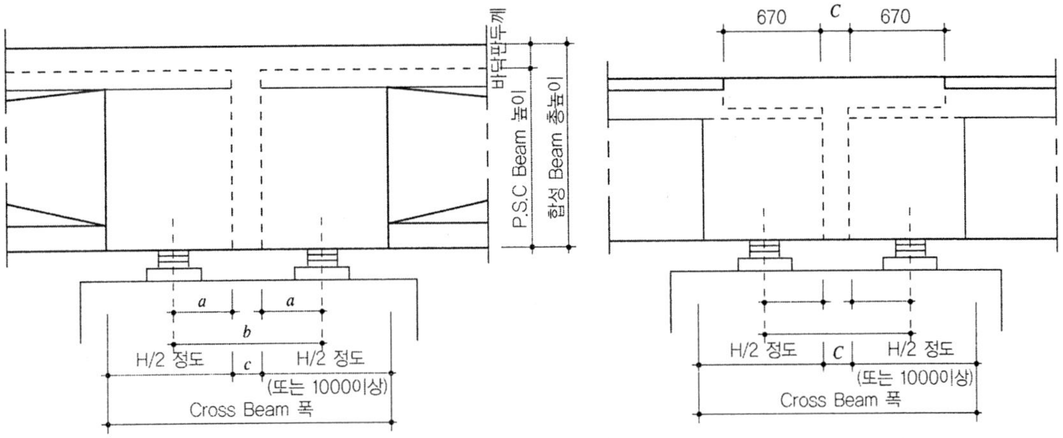

(a) Pretension Girder

(b) Post-Tension 합성 Beam

(c) Post Tension T형 Beam

그림 3.8.13 연결부의 구조

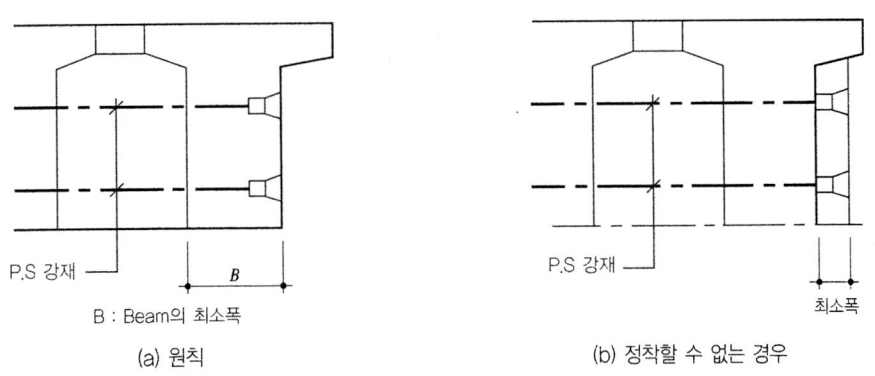

(a) 원칙

B : Beam의 최소폭

(b) 정착할 수 없는 경우

그림 3.8.14 연결부의 Cross Beam의 형상

(2) 연결부의 철근

1) 연결부 상부측 인장철근은 Post-tension 합성 Beam인 경우 2단 배치를 원칙으로 하고 바닥판으로서의 교축방향 철근간격을 고려하여 그 직경을 정해 배치한다. Pre-tension Beam, Post-tension T형 Beam은 매립철근과 연결철근으로 구성하여 1단으로 배치하는 것이 좋다. 단 지점의 부등침하를 고려하는 경우는 2단 배치하는 것이 바람직하다.
2) 사용철근 직경은 Post-tension 합성 Beam에 대해서는 D19이하, Pretension 및 Post-tension T형 Beam에 대해서는 D22 이하를 사용하는 것이 좋다.
    또한 그 최소 중심간격은 10cm 이상으로 하는 것이 바람직하다.
3) Post-tension 합성 Beam인 경우의 연결부 상부측 인장철근 길이 Pretension Beam 및 Post-tension T형 Beam인 경우의 정착철근의 길이는 연속 Girder 지간길이(l_c)의 20% 정도로 한다.
4) 정착철근과 연결철근의 겹침 길이는 28ϕ 이상으로 하고 연결 철근길이는 490mm 이상으로 한다.
5) 가로보의 하부측에는 주형의 정 모멘트와 지점의 부등침하에 대한 주철근을 D16를 20cm 이하의 간격으로 배치하는 것이 좋다.
6) 연결부에서 Beam 단부 처리로서 Pretension Bean에서는 PS강재를 5cm정도 내미는 것을 원칙으로 한다. 또한 Post-tension Beam은 정착구 자리의 흔적을 메우지 않는다.
7) 연결부 부근의 바닥판에는 원칙적으로 방수층을 설치하는 것으로 하여야 한다.

3.9 곡선거더교

3.9.1 일반사항

곡선거더교는 주거더의 축선 및 슬래브의 평면형상이 곡선을 이루고 있는 교량을 말하며 슬래브교, T-형 거더교, 박스거더교 등의 단면형상의 특유의 사항과 연속 거더교, 라멘교 등의 구조형식에 관한 사항에 대해서는 앞의 각 장에서 기술하였다.

곡선거더교는 일반적으로 평면선형, 지형조건의 제약을 받고 있어 반드시 구조계를 우선한 조건설정이 되어 있는 것으로 한정하지 않는다. 이 때문에 구조형식의 선정, 단면형상의 결정은 물론 해석방법의 채택에 있어서는 적절한 Model을 설정할 수 있도록 충분히 검토해 둘 필요가 있다.

곡선거더교는 지간당 곡선 원호각이 다르고 특히 연속거더 등의 경우는 자주 받침중심선이 사각을 이루는 것이 많아 비틀림 발생을 피할 수 없다. 따라서 구조해석에 있어서도 비틀림을 고려하고 비틀림 모멘트에 대해서 조사할 필요가 있다.

3.9.2 설계일반

(1) 곡선교의 구조형식 및 단면형상 선정

아치교, 사장교 등의 구조형식에서 주거더의 축선이 곡선인 경우에 아치반력 및 경사cable의 장력이 주거더의 축선에 대하여 편심을 가지게 되어 생기는 단면력에 대하여 충분히 배려하여야 할 필요가 있고 곡선거더교에서는 비틀림 모멘트가 작용하므로 비틀림 강성이 큰 구조형식 및 단면형상을 선정하여야 한다.

따라서 일반적으로 곡선거더교에서는 비틀림 강성이 큰 박스단면을 적용하고 있다.

(2) 구조해석

1) 곡선거더교는 받침조건에 따라 비틀림 모멘트 크기의 분포가 크게 변하고 교량받침 거치에서 부재의 신축방향과 회전축이 직교하지 않는 것이 일반적이다. 따라서 구조해석의 Model을 할 때에 실제의 거동과 상위하지 않도록 주의하여야 한다.

   평면곡선을 절곡선으로 치환하여 해석하는 경우에는 실제의 구조축선의 형상과 상위하지 않도록 많은 수의 절점을 설치하여 해석을 하여야만 한다.

2) 구조해석은 곡선거더교의 특성을 고려하여 적절한 해석이론 및 해석 Model을 설정하여야 한다. 직선교로 해석하여 좋은 곡선원호각이 30° 이하인 경우 곡선원호각이 45°를 초과하는 것으로 하여 주거더 단면의 camber 구속을 고려할 필요가 있는 특별한 경우를 제외하고 비틀림을 고려할 수 있는 구조해석 이론으로써 가장 일반적인 격자구조이론을 많이 적용하고 있다.

3) 주거더의 Model은 단면형상, 폭원에 따라서 1개 골조 Model과 복수골조 Model을 선정하며 골조의 구성은 전체구조형식에 따라서 평면 또는 입체골조를 적절히 구별하여 사용하는 것이 좋다.

4) 1지간에 곡선 원호각이 30° 이하이고 곡선반지름이 200m 이상인 곡선교에서 휨모멘트 및 전단력을 곡선길이를 지간으로 하는 직선교로 치환해서 전폭에 활하중의 주하중을 재하하여 설계한다.

   곡선거더교의 구조해석방법의 착안사항은 아래와 같다.

   ① $\phi \leq 5°$ 정도 : 곡선길이를 지간으로 하는 직선교로 해석한다.
   ② $5° < \phi \leq 30°$ 정도 : 휨모멘트 및 전단력은 직선교로 해석하여 구함, 다만 반력 및 비틀림 모멘트는 곡선의 영향을 고려하여 구한다. 이 경우에 prestress에 의한 부정정 비틀림 모멘트가 생기므로 이를 고려하여야 한다.
   ③ $30° < \phi \leq 45°$: 전체의 단면력은 곡선의 영향을 고려하여 구한다.
   ④ $45°$ 정도$< \phi$: 입체 유한요소법 해석과 휨비틀림 이론 등의 휨구속 비틀림의 영향을 고려하는 방법으로 해석한다.

5) 단면력의 산출은 받침조건의 설정 및 가로보, 격벽의 배치가 받침반력 및 비틀림 모멘트의 산출결과에 크게 영향을 미치는 것을 고려하여 적절한 Model을 할 필요가 있다. 또한 평면곡선에 기인하는 평형비틀림에 의해 받침부에 좋지 않은 부반력(up lift)이 발생한다든지, 지점 가로보에 과대한

단면력이 생기는 것을 방지하기 위해서는 라멘구조로 하든지 혹은 받침반력의 합력중심과 주거더 축선과의 관계를 조정한다든지, 연속거더 중간지점에는 1점 받침을 적용하는 등 구조상의 연구를 하는 것이 중요한 사항이다.

6) 곡선거더의 축선과 프리스트레스 힘의 합력선이 일치하지 않으면 프리스트레스 힘의 편심에 따른 단면력이 거더방향과 직각으로 발생하게 된다. 따라서 프리스트레스의 압력선과 보의 축선이 일치하도록 PS강재를 배치하는 것이 바람직하다. 여기서 프리스트레스 힘의 압력선이란 부재의 단면에서 합력의 작용점을 잇는 선을 말한다.

7) 프리스트레스 힘의 효과 중 편심모멘트 작용에 의한 이차 힘을 구하는 경우는 내력 모멘트 하중으로서 재하하는 방법에 의한 것이 바람직하다. 프리스트레스의 편심모멘트를 휨모멘트 효과와 같은 연직하중으로 치환하여 재하는 경우는 연직하중에 의한 비틀림이 평가되어 고정하중에 의한 비틀림을 상쇄하는 방향으로 작용시켜 구조계에 고유한 진짜 비틀림을 과소평가해 버리는 경우가 있기 때문에 설계시 주의하지 않으면 안 된다. 따라서 내력모멘트 하중으로서 재하하는 쪽이 안전하고 번잡함도 적다.

3.9.3 구조세목

(1) 주거더에 PS강재가 축선방향과 평행하게 배치하지 않으면 받침의 구속 등에 의해 주거더에 좋지 않은 2차 힘이 발생할 우려가 있다. 따라서 PS강재 및 철근은 축선과 평행하게 배치하여야 한다. 더욱이 프리스트레스의 합력이 평면적인 적용위치도 주거더 축선과 일치시키는 것이 바람직하지만 그렇게 배치하는 것이 곤란한 경우에는 프리스트레스의 평면적인 분포를 고려하여 응력도를 조사해야 한다.

(2) 횡방향 체결 PS강재나 횡방향 철근은 거더 단부 부근에서 받침선에 평행하게 배치하는 것이 사각을 이루는 경우를 제외하고 법선 방향으로 배치하여야 한다.
단, 평면곡선의 외측과 내측에는 배치간격이 다르고 도입 프리스트레스 량의 변화가 있다는 것에 주의하여 설계할 필요가 있다.

(3) 평면곡선을 따라 배치된 PS강재의 긴장력과 철근의 인장력에 의해서 법선방향에 수평분력이 작용한다. 이 때문에 web의 곡선반지름방향 측에는 PS강재가 수평으로 퍼져나가는 것에 대해서 충분한 덮개 두께가 확보되어 있는가, 또한 보강철근의 필요성 유무에 대하여 검토하여야 한다.

(4) 교량받침구조와 단면력 산출을 하기 위해 가정한 구조 Model의 받침조건에 일치된 교량받침을 선정하여야 한다. 가동받침이나 신축이음은 일반적으로 곡선거더에서는 거더의 신축, 이동방향과 회전방향이 일치하지 않는다는 점을 고려하여 선정할 필요가 있다. 또한 곡선거더교에서 비틀림 모멘트에 의해 부반력이 발생하는 경우가 있으므로 이점을 설계시에 고려하여 받침의 배치와 종류를 결정할 필요가 있다.

3.10 교각의 PS멍에보(Coping)

급속한 산업사회가 됨에 따라 도시의 비대하에 따른 교통체증을 해소하기 위하여 시가지에 고가교 건설이 많아지고 있다. 시가지에 있어서 고가교의 교각은 기존도로의 중앙분리대나 보도의 일부를 이용하여건설되는 경우가 많다. 이 때문에 기존도로의 점유폭이 적고, 이용공간이 넓게 확보되는 구조, 또한 도로주위의 이용자에게 위압감을 주지 않는 구조가 바람직하기 때문에 철근콘크리트 교각의 멍에보(Coping)의 높이를 낮게 할 수 있는 PS멍에보가 채택되고 있다.

멍에보 단면의 결정에는 진동이나 처짐을 고려해 둘 필요가 있다.

3.10.1 설계일반

(1) PS강재는 1 Cable당 표준인장력(0.7×인장력)이 150ton이하로 되는 단면구성을 선정하고 멍에보 단부에 긴장단을 설치한다.

단, 정착공법의 선정에는 각 공법의 특징을 충분히 고려한 후에 결정할 필요가 있다.

(2) PS강재 배채는 멍에보 단면에 대하여 좌우 대칭으로 배치하며, PS Cabel의 배치방법으로서 한쪽 정착을 멍에보 단부로 하고 다른 쪽을 멍에보 하면에 Dead Auchor로하여 단면 결손을 방지하는 것이 좋다.

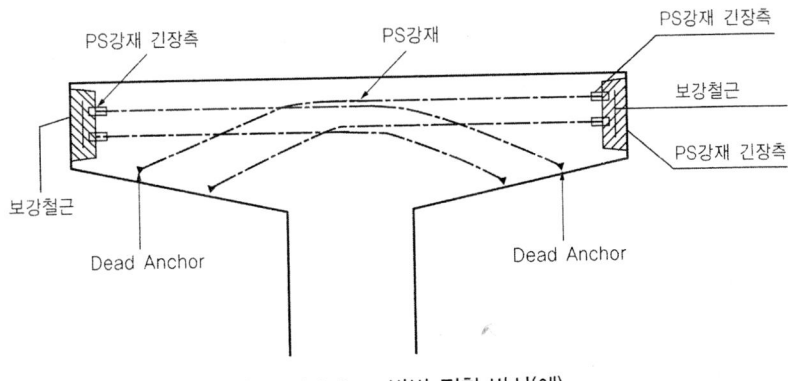

그림 13.10.1 Coss방법 정착 방식(예)

3.10.2 구조세목

(1) PS Cable 정착부는 긴장 후 채움콘크리트로 정착부를 덮는다. 이는 교통개방후 진동으로 인해 떨어져나가 낙하하는 경우가 있기 때문에 철근을 배치하여 보강하지 않으면 안된다.

(2) 교각의 PS멍에보 상단은 배수처리를 고려한 구조로 한다.

새로운 구성 교량계획과 설계

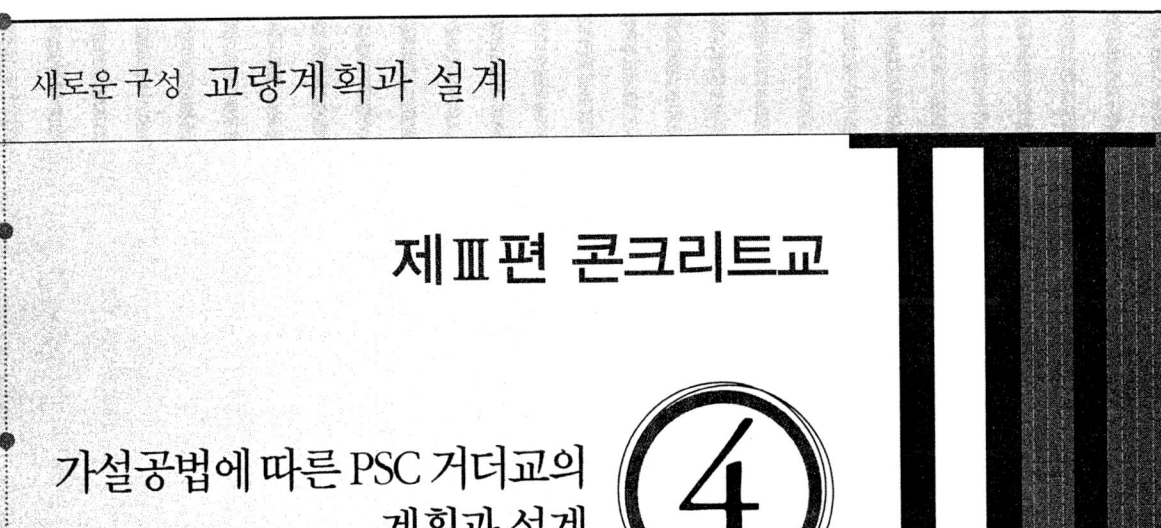

제Ⅲ편 콘크리트교

제4장 가설공법에 따른 PSC 거더교의 계획과 설계

| 새로운 구성 교량계획과 설계 |

제4장_ 가설공법에 따른 PSC 거더교의 계획과 설계

4.1 PSC교의 가설공법 개요

PSC교의 설계·시공 기술은 교량형식이 이 시대의 요청에 호응하여 변혁되고 그것을 구축하는 데는 가설장비의 발전과 대형화되고 진보되어 그 결과에 따라 다양한 건설공법이 출현하여 발전을 거듭되고 있는 실정이다.

최근에 PS교의 설계·시공 기술의 급발전은 비교적 근년의 일로서 이동지보공을 이용한 가설공법 및 압출공법 적용가능 수량이 증가하면서이다. 최근에 있어 PSC거더의 가설공법은 복잡한 가설조건에 대응하는 많은 공법이 적용되고 있고 또한 이러한 경우에 현실의 요구사항에 합치되도록 공법을 개량하여 적합성을 높이고 사용성이 좋도록 하고 있다.

따라서 교량을 계획·설계하는데 있어서 가교지점의 설계조건, 시공조건, 자연환경조건 및 사회적인 환경조건을 연구·검토하여 그 각 조건에 적합한 교량형식에 따른 교량가설 공법을 선정하여 설계하여야 한다. 계획하고자 하는 교량형식에 대하여 가설공법이 복수로 적용이 가능할 때에는 대상되는 각 공법의 기능과 주어진 각종 조건과의 관계를 종합적으로 검토하여 최적의 가설공법 적용 가능한 교량형식을 선택하는 것이 필요하다.

4.1.1 가설공법의 종류

PSC 교를 가설하는 공법은 교량상부부재의 제작 장소에 따라 공장에서 제작한 기성제품인 경우의 공장제작 부재가설공법과 가교위치에서 콘크리트를 타설 경화 후, PS를 도입하여 부재를 완성하는 경우의 현장 타설 콘크리트 타설 공법으로 구분할 수 있다.

공장제작공법(precast 공법)에는 교량 1경간을 보 또는 거더로 제작하여 가설하는 precast girder(beam) 공법과 부재를 3~5m 정도의 block 또는 10~15m 정도의 대형 block으로 제작하여 가설하는 precast block 공법으로 구분한다.

프리캐스트 거더의 단면형상은 I-형, T-형, 박스형이 있으며 지간길이는 20m~60m 정도까지 많은 거더가 개발되어 실용화되고 있는 실정이다.

제4장_ 가설공법에 따른 P.S.C 거더교의 계획과 설계

Precast block(segment) 공법은 교량상부구조를 block으로 분할하여 공장에서 제작하여 가교위치에 운반하여 교각에서 지간중앙을 향하여 PS강재로 정착하면서 순차적으로 전진가설공법으로 가설하여 교량상부구조를 일체화하는 방법과 대형가설거더를 이용하여 교량 1경간씩 block을 PS강재로 조립하는 경간진행방법(span by span method)으로 교량상부구조를 일체화하는 방법이 있다.

현장타설공법(cast-in-situ method)은 가설이라는 말로 표현하는 것은 의미가 좀 다르다. 이는 타설 콘크리트를 거더(보)와 함께 한 부재로써 생각하면서 가설공법으로 취급하기도 하고 콘크리트 부재의 제작장소에 따라 분류하여 공법으로 취급하기로 하였다.

현장콘크리트 타설 공법에는 고정지보공 공법(staging method)과 이동지보공 공법(movable staging method)으로 나누어지며 전자는 옛날부터 많이 사용되어온 콘크리트교의 가설공법 중에서 가장 오래된 공법이고 또한 고정 동바리, 고정 거푸집을 사용하여 교대 배면에서 교량상부구조를 순차적으로 제작하여 밀어내어 연속 가설하는 압출가설공법(Incremental Launching Method : I.L.M)이 있고, 후자는 지보공 위에서 탈형이 가능한 거푸집을 이용하여 분할 시공하는 이동지보공공법(Movable Scaffolding System)이라 하며, 이는 상부구조를 1경간 마다 분할 시공하여 가설거더를 공중에서 이동하면서 가설하는 방법과 접지이동지보공공법(ground movable scaffolding system), 대형가설거더 이동지보공 가설공법 및 교각에서 지간중앙으로 향하여 이동작업차(Form Traveler)를 이용하여 분할 시공하는 캔틸레버 공법이 있다.

가설공법을 현재까지 개발되어 사용하고 있는 공법을 분류하면은 다음과 같다.

(1) 공장 제작부재(Pre-cast 부재) 가설공법

1) 프리캐스트 거더(보) 가설공법
① 가설 거더에 의한 가설
② 크레인(crane 가설)
  (a) 트럭 크레인 가설
  (b) 푸로팅 크레인(floating crane)
  (c) 코롤러 크레인
  (d) 문형 크레인
③ Tower Crane 가설
④ Bent류를 이용한 가설

2) 프리캐스트 세그멘탈 공법
① 가설 거더 이용공법
  (a) Hanger Type
  (b) Support Type

② Crane 가설
③ Tower Crane 가설

3) Cantilever 공법
① 이동 가설거더 가설공법(바깥 케이블 공법)

(2) 현장 콘크리트 타설공법

1) 고정 staging 공법
① 일괄지보공 공법(Full staging Method)
② 경간진행공법(span by span method : 경간분할 가설공법)
③ 연속압출공법(Incremental Launching Method : I.L.M)
　(a) 집중 압출공법
　(b) 분산 압출공법

2) 이동식 지보공 공법
① 접지 이동지보공 가설공법
② 대형 이동지보공 가설공법
　(a) Support Type
　(b) Hanger Type

3) Cantilever 공법
① Form Travelor(이동작업차) 공법
② 이동가설거더 가설공법(Hanger Type)

4.1.2 가설공법의 개요

(1) Precast형 (PSC Beam) 가설공법

Precast형 가설공법에는 Pretension Beam과 Post tension Beam(Girder)으로 나눠진다. 전자는 공장에서 제작하여 PSC Beam을 가설지점에 운반하여 가설하는 것으로써 가설공법은 주로 Truck-crane에 의한 가설이 적용된다.

후자는 교량건설 현장부근의 제작장에서 제작된, PSC Beam, 또는 공장에서 제작한 Block형을 가설지점에서 일체화하여 가설하는 것으로써 제작장을 가설교량 시종점부 후방에 설치가 가능한 경우에는 가설거더 가설이 주로 채용되고, 제작장이 기타의 지점(측도. 별도 제작장 등)에 설치하는 경우에는 가설지점의 입지조건 PSC Beam의 운반방법등에 따라 병용한 가설공법을 채용하는등 각종의 가설공법이 채용되고 있는 실정이다.

(2) Pre-cast Block(Segmental) 가설공법

Pre-cast Block 가설공법에는 Cantilever 가설공법과 고정식 지보공 가설공법으로 분류하고 있다. 전자는 교량상부 구조를 교각 양측으로 달아내어 가설하는 방법이다. 가설방법으로는 가설거더 또는 Erection Truss에 의한 가설 및 Erection Nose에 의한 가설이 많이 채용되고 있다. 후자는 연속거더의 측경간의 시공으로 Cantilever 가설이 불리한 장소에서의 가설공법으로써 현장타설 공법에서 채용하는 고정식지보공 공법등을 사용하여 Block을 가설하는 방법이다.

Block의 설치(가설)에는 Truck Crane 및 가설거더가 많이 사용되고 있다.

(3) 고정식 지보공 가설공법

PSC Girder를 지보공위에서 현장타설로 시공하는 경우에는 콘크리트 타설법에 의한 일괄가설공법(Full Staging method : F.S.M), 연속가설공법(연속압출공법 : Incresement Launching Method : I.L.M), 및 분할가설공법(Span by span Method)으로 대별할수 있다.

일괄가설 공법이란 PSC Girder를 지보공위에서 현장타설하는 경우에 지보공의 형식에 의해 분류된다. 일반적으로 지보공으로는 목재를 사용하여 왔으나, 오늘날에는 강재지보공을 많이 사용하고 있다.

지보공은 지주식 지보공, Beam지주식 지보공, Beam식 지보공으로 분류하며 지반이 양호하고 교량 다리밑 공간이 10m이하일때는 지주식 지보공을 사용하면 시공이 용이하고 경제적이다.

반면에 다리밑높이가 10m이상일때는 Beam 지주식과 Beam식 지보공이 유리하다.

Beam식에는 Beam 지간이 10m이상이 되면 Girder의 자중이 무거워서 취급이 곤란하고, 또한 Girder의 처짐이 허용치를 초과하는 경우가 많으므로 지간을 10m 이하로 제한하는 것이 바람직하다.

연속가설공법이나 교대후방에 고정식 거푸집설비를 갖는 제작장을 설치하여 Girder를 10~20m정도의 Block으로 분할하여 Concrete를 타설하여 P.S강재로 결합하면서 전방으로 압출하는 것을 말하여 반복되는 작업에 의해서 교량상부 Girder를 완성시키는 방법이며, 고정식 지보공을 써서 연속적으로 Girder를 가설하는데서 연속가설공법이라고 하였다. 이공법의 대표적인 예로서는 연속압출공법(I.L.M)이 있다.

분할가설공법이란 다경간 PSC교의 가설공법으로 2경간이상의 고정식 지보공을 조립하여 1경분의 거푸집을 전방으로 순차적으로 이동하면서 시공하는 이동거푸집 공법이며, 급속시공과 경제성이 우수하여 적용되고 있다.

(4) 이동지보공 가설공법

이동지보공 가설공법에는 고정지보공(Full staging Method)을 개량한 접지식 이동지보공법(Ground Movable Scafolding System), 거푸집과 지보공을 일체화환 대형이동식 지보공은 상로형식(Above type), 하로식(Below type) 및 Truss type이 있으며, 가설작업차(Form Traveler : wagen)를 사용한 Cantilever 가설공법(Free Centilever Method : F.C.M)이 있으며, 가설작업차를 사용한

Cantilever 가설은 사전에 교각주두부 시공에서는 고정지보공을 이용하여 교각 주두부와 교대와 접속부 상부구조를 시공하며, 주두부에 가설작업차를 거치하여 콘크리트의 중량을 지탱하여 끌어올리기 지보공 가설이나, 가설작업차를 순차적으로 이동(전진)하여 가면서 상부구조를 건설하는 일종의 이동지보공 가설공법이다.

4.1.3 가설공법의 선정

교량가설공법의 선정을 하는데 교량가설 지점의 현장조건을 사전조사에 의해 충분히 숙지하고, 교량을 가설하는 현장의 자연환경조건, 사회환경을 충분히 이해하여 교량가설공법을 선정하는 것이 교량을 원활히 설계 및 건설하는데 불가결함을 알아야 한다.

(1) 교량가설공법 선정시 고려하여할 각종조건

1) 설계조건 · 시공조건
① 적용경간 및 교량길이
② 교각의 높이
③ 다리밑공간의 제약(시설한계, 건축한계)
④ 평면적인 장소의 제약
⑤ 교각의 형태
⑥ 급속시공성(공사기간)
⑦ 기존도로의 폐쇄 않고 가설 여부
⑧ 가설 Girder 연속성, Girder의 수
⑨ 고품질 콘크리트
⑩ 경제성

2) 자연조건
① 산간지, 도심지, 바다등
② 연약지반에서 시공
③ 하천의 영향(수심, 유속 홍수위)
④ 운반로의 제약
⑤ 항로의 제약

3) 사회환경조건
① 가설현장의 환경에 대한 영향(공해, 경관저해, 대기오염 등)
② 가설현장의 다리밑 공간에 장애

③ 도로교통의 저해
④ 우회도로 사용가능 여부
⑤ 가설시 시설한계에 대한 영향(도로, 철도, 항로, 고압전선 Cable 등)

(2) PSC교의 가설공법 선정

그림 4.1.1에서 나타난 것처럼 Flow chart는 교량의 경간수, 구조형식 및 Girder의 제작방법등에 의해서 적용가능한 공법을 찾을수 있도록 만들어져 있으나 그 이외에도 적당한 공법이 있을 가능성 있다는 점에 주의하지 않으면 안 된다.

먼저 PSC 교량의 건설공법 선정시 적용하는 공법의 특징에 대해서 충분한 이해 있어야하며 다음에 공사규모, 지간등에 대하여 적용되고 있는 가설공법을 표 4.1.1에 나타냈으나 이것도 절대적인 것은 아니다.

최종적으로는 여기서 선정된 공법이외에 적당하다고 사료되는 것. 혹은 특수공법에 대하여 안전성이나 경제성을 비교 검토한 후에 결정하는 것이 바람직하다.

4.1.4 연속 PSC Girder의 가설공법별 검토 사항

우리나라에서 적용많이 하고 있는 연속 PSC Girder교의 가설시의 검토는 고정지보공 가설공법으로 시공하는 것이 기본이지만 현장타설 또는 Pre-cast Block Cantilever 가설공법(F.C.M), 이동지보공 가설공법, 연속압출가설공법(I.L.M)이 있으며 시공법에 따라 각공법의 설계방법이 다르기 때문에 표 4.1.2에 나타낸 점 에 유의해서 추가적으로 검토할 필요가 있다.

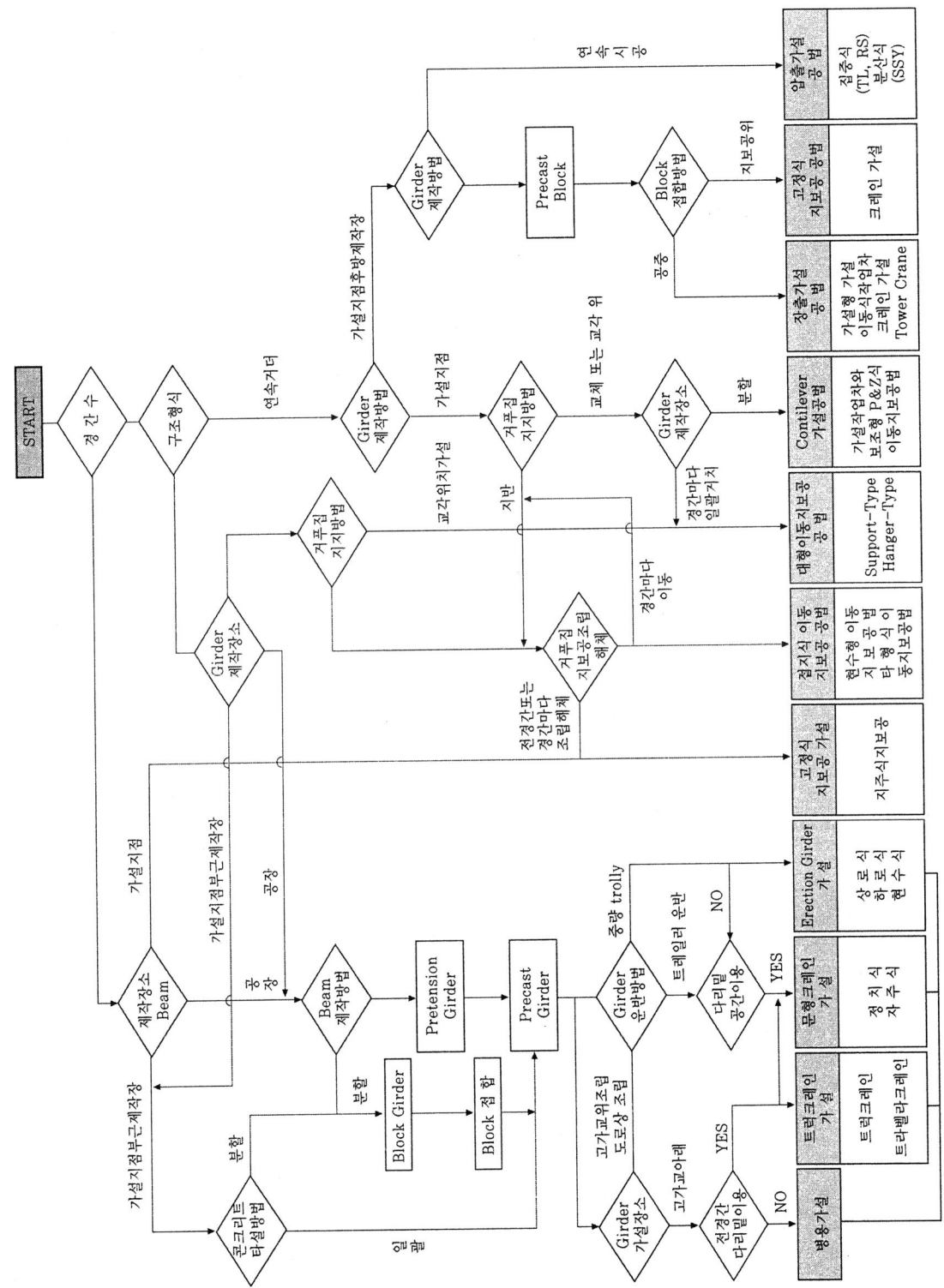

그림 4.1.1 PSC교의 가설공법 선정 Flow Chart

● 표 4.1.1 PS콘크리트 교량 건설공법의 특징

가설공법	시공방법	특징			
		하부조건	급속성	경제성	안전성
현장타설공법 (동바리공법)	동바리를 설치하고 그 위 콘크리트 타설하여 상부구조를 제작하고 프리스트레싱 작업을 실시한다. 동바리는 교량가설 후 해체한다.	동바리행시에 따라 약간씩 다르나 하부구조 지장을 가져온다.	동바리 거푸집의 설치작업으로 시공속도가 가장 느리다.	동바리의 높이에 따라 경제성이 좌우되며 교각의 높이가 낮을 경우에 경제성이 높다.	동바리 거푸집의 해체, 조립에 대해서 문제가 있어 주의를 요한다.
캔틸레버 공법	교각시공후 교각상에 이동작업차를 설치하여 교각을 중심으로 좌우로 상부구조 가설해 나간다.	가설지점 윗쪽은 거대차식 작업으로 다소간의 지장을 가져온다.	작업을 대부분 이동시 작업차안에서 실시하므로 시공속도가 빠르며 작업차의 수를 늘려 더욱 빨리 할 수 있다.	교각의 높이가 높을 경우에 경제성이 높다.	가설지점 윗쪽은 거대차식 작업으로 도로, 철도등을 횡단할 경우에는 위치에 따라 약간의 교통규제를 필요로 한다.
프리캐스트 세그먼트 공법	세그먼트제작장에서 이미 제작한 후 가설위치로 운반하여 크레인 등 가설장비 이용하여 상부구조를 가설한다.	세그먼트를 설치하는 가설장비에 따라 다르다.	세그먼트를 제작하여 지정해 놓을 수 있으므로 시공속도가 매우 빠르다.	운반비, 세그먼트 접합비등에 의해 공사비가 증가할 수 있으나 현장경비, 급속성으로 공사비를 줄일수도 있다.	세그먼트의 운반 및 취급등에 있어 주의를 요한다.
이동가설공법 (프리캐스트 거더 공법)	상부구조를 제작장에서 경간길이로 제작하여 가설지점으로 운반후 가설장비를 이동하여 가설한다.	가설장비에 따라 약간씩 다르나 다소간 하부주변에 지장을 가져온다.	교량을 경간길이당 가설하므로 시공속도가 매우 빠르다.	프리캐스트 세그먼트공법의 특징과 유사하다.	거더 운반에 있어 특히 주의를 요한다.
이동식 비계 공법	상부구조 제작에 대부분의 장비가 가설상에서 그 대로 다음 경간으로 이동하여 전 교량을 가설한다.	가설장비가 교각상으로 이동하므로 하부구조에 지장을 가져오지 않는다.	한 경간시공에 약 100일 소요되므로 시공속도가 매우 빠르다.	다경간교량일 시공에 유리하다.	모든 작업이 가설장비안에서 실시되므로 다른 공법에 비해 비교적 안전하다.
압출 공법	교대후방에 길이가 일정한 세그먼트를 제작하여 압출장치를 이용하여 압출하여 전 교량을 가설한다.	가설중 하부조건에 전혀 지장을 가져오지 않는다.	한 세그먼트의 작업사이클 7~14일 정도이므로 시공속도가 비교적 빠르다.	작업장설치에 소요되는 공사비 등이 있으나 교각의 높이가 높을 경우에는 매우 경제성이 높다.	가설중 하부조건에 전혀 지장을 가져오지 않으므로 다른 공법에 비해 안전성이 가장 우수하다.

● 표 4.1.2 P.S.C 거더 가설공법별 검토사항

시공법		고정지보가설공법	현장콘크리트 타설 캔틸레버공법 또는 프리캐스트 캔틸레버공법	이동지보공 가설공법 (span by span method)	연속압출공법 (Incremental Launching Method:I.LM)
시공시	구조계		• 캔틸레버보, 교각위에는 임시도 강결 • T-형 라멘구조		• 연속거더 • 2~4m씩 교각 지점위치를 겹치지 않게 압출할 때의 상태를 재현토록 이 경우에 대해 해석
시공시	설계	없음	• 하중은 자중 • 현장 타설공법의 경우, Form Traveor 의 자중의 변화에 따른 단면력 계산	• 하중은 자중, 가설장비의 중량 및 작업하중 • 가설장비의 중량이 크기 때문에 그 지점의 선택 및 기구에 주의한다. 특히 콘크리트의 강도가 충분히 발현되지 않은 거더에 지지시키기 위해 세심한 검토・배려가 필요하다. • 단계별 거더의 시공이음부가 ℓ/4~ℓ/5부근이 되기 때문에 각 시공단계에서 이동에 따라 그의 재하를 반복하게 된다.	• 하중은 거더자중 및 거더를 연장한 Nose의 강재중량 • 거더가 압출될 때에 발생하는 최대・최소의 휩모멘트 및 전단력의 포락선을 만든다. • 휩모멘트에 대하여 PS강재(Central Tendon) 로 저항한다. 이때 PS강재의 편심량이 적게 한다. • 전단력에 대해서는 콘크리트와 web 내에있는 스트럽 철근 및 수직조임 PS강재로 저항하게 된다. 완성시에 지간중앙단면이 시공시에는 지점단면이 되므로 사인장응력 등이 엄격하게 되어 수직PS강재가 필요한 경우가 많다.
완성후	구조계	• 연속거더, 라멘구조	• 연속거더, 라멘구조	• 연속거더	• 연속거더
완성후	설계		• 시공시의 구조계에서 해석하는 자중에 의한 단면력과 완성계에서 해석하는 2차 고정하중, 설계하중, 기타하중에 의한 단면력과 합성된다. • 완성계에 의한 단면력에 대하여 경간부에 연속 cable을 도입한다.	• 시공시의 구조계에서 해석하는 자중에 의한 단면력과 완성계에서 해석하는 2차고정하중 과 설계하중, 기타하중에 의한 단면력과 합성한다.	• 자중・2차고정하중・설계하중・기타의 하중에 따라서 발생하는 단면력은 1차강재(Central Tendon) 및 압출종료 후에 배치하는 2차강재(Continuity Tendon)에 도입하는 긴장력의 합계로 저항시킨다.
주의사항		• 시공시 동바리공이 침하하기 때문에 구체에 균열이 발생하지 않도록 콘크리트 타설순서에 주의한다.	• 시공중과 시공후에서 구조계가 변화하기 때문에 creep의 진행에 따라 부정력이 발생한다. • 교각과 거더의 임시 강결을 해방하기 위한 단면력의 변화가 있다.	• 연속거더를 1경간마다 동바리공을 하면서 시공하기 때문에 부재의 재령차가 생긴다. 또한 시공중과 시공후에서 구조계에 변화가 있기 때문에 creep에 의한 부정정력이 발생한다. • 시공이음부는 가능한 단면력이 작은 위치를 선택한다.	• 거더가 길어지면 연속거더의 양단부의 재령차가 커지기 때문에 creep 계수, 건조수축에 대하여 여러 block에 나누어 대해서 계산을 한다. • 1차 강재, 2차 강재의 긴장력 손실량의 계산에 반영한다. • 2차강재의 긴장에 따라 거더에 탄성수축이 일어나고 1차 강재의 긴장력이 감소한다.

4.2 고정지보공 공법

4.2.1 개요

이경우의 현장타설공법은 콘크리트 타설을 위하여 경간마다 동바리(지보공)을 조립하여 그위에 Girder를 제작하는 공법을 의미하며, Prestressed concrete Girder의 가설하는 가장 일반적인 공법이다.

교량의 선형은 구조물을 구축하는데 영향이 없으며 가설재는 분해하여 반입하여 현지 다리밑 공간을 이용할 수 있는 지점이면 대단히 유리한 공법이다.

이용법의 특징은 다음과 같다.

ⓐ 현장타설공법 중에서 가장 오래 동안 적용한 공법이다.
ⓑ 지보공(staging)가설이 용이하다.
ⓒ 교량의 선형에 지배받지 않는다.
ⓓ 동바리 높이가 10.0m이하일 때 적합하다.
ⓔ 교각의 높이가 높으면 비경제적이다. (H=10.0m이상)
ⓕ 지형변화가 심하면 적용이 곤란하다.
ⓖ 교통처리를 위하여 우회도로가 필요 할 때가 있다.
ⓗ 2-span 이상의 교량에서는 적용이 곤란한 경우가 있다.
ⓘ 연약지반에서는 동바리의 기초공사비가 높아 적용이 곤란하다.
ⓙ 철도를 횡단하는 경우에는 적용이 불가능하는 경우가 있다.(충분한 다리밑공간 확보가 불가능할 때)
ⓚ 하천교의 경우 우기에서는 시공이 불가능하다.
ⓛ 공사용 도로가 필요하다.

4.2.2 지보공(staging Method)의 종류

일반적으로 사용하는 지보공의 형식은 사용부재의 조합에 의해 지주식 지보공, Beam지주식 지보공, Beam 지보공등의 형식으로 분류한다.

(1) 지주식 지보공

지주식 지보공은 지주의 지지하는 정도에 따라 효과가 다르다. 그림 4.2.1은 지주식 지보공의 개념도 이다.

규격제품을 사용하면 조립해체가 간단하고, 운반, 정돈이 수월하다. 일반적으로 지주는 단관지주, 조립지주등을 사용한다. 이형식은 지형이 평탄하지 않은 경우, 지반이 불량하여 지내력이 불균등하는 경우 에는 이용하기 어려운 결점을 가지고 있다.

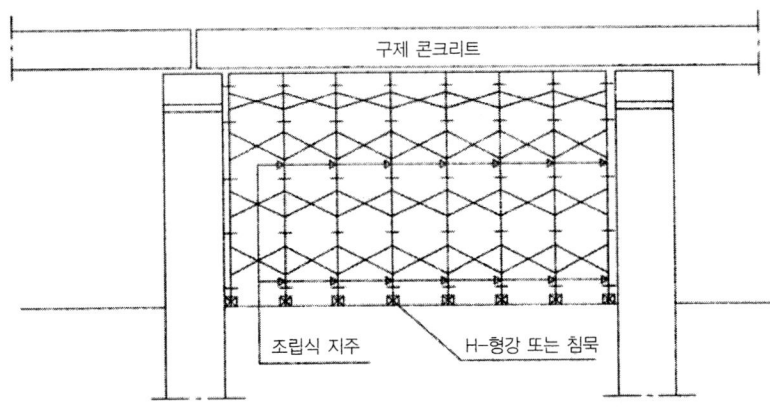

그림 4.2.1 지주식 지보공의 개념도

또한 이방식은 구조물의 다리밑공간에 제약을 받는 입체교차지점과 우기의 하천에 사용시에는 많은 연구가 따라야 한다.

(2) Beam 지주식 지보공(Beam + Bent 지보공)

Beam은 하중을 받고 그의 하중을 집중적으로 지주가 받도록 하는지보공이다. 그림 4.2.2은 개념도를 나타낸 것이다. Beam의 지간에 따라 단관지주, 조립지주, 강관 또는 형강을 3-4본을 주부재로 하는 대형지주(Bent)등을 사용한다. Beam 으로는 Ⅰ-형강, H-형강, Plate Girder, Lattice Girder, Truss 구조의 Beam등을 사용한다.

이 형식은 지보공의 공간이 큰 반면에 지주(Bent)에 받는 하중이 크게되어 지주의 기초에서 볼 때 지반이 견고할 필요가 있다. 다리밑의 지반이 불량한 경우에 지주의 본수를 줄여야 하는 경우, 다리밑공간이 부족할 경우, 지반에서 교량 상부구조까지 높이가 높은 경우에 이 형식이 유리하다.

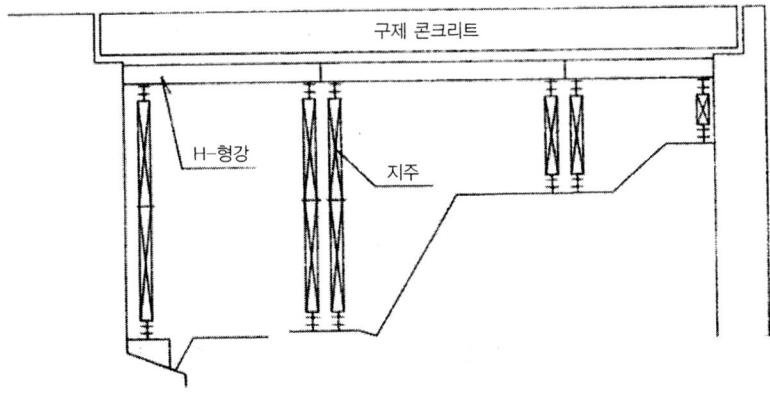

그림 4.2.2 Beam 지주식 지보공 개념도

(3) Beam식 지보공

Beam은 하중을 받고 Beam의 지주재는 Bracket를 사용하여 교각 또는 교대 에 H형강 등으로 매립하는 지보공이다. 그림 4.2.3는 개요도를 제시한 것이 다. Beam의 재료는 위에서 기술한 Beam 지주식에서 사용한 것과 같다.

다리밑의 지반이 불량하여 중간지주를 설치할수 없는 경우, 다리밑공간을 사용하고져 할 때에 이방식을 적용한다. 지반과 교량구체와의 높이가 높은 경우에 는 이방식을 적용하면 유리하다.

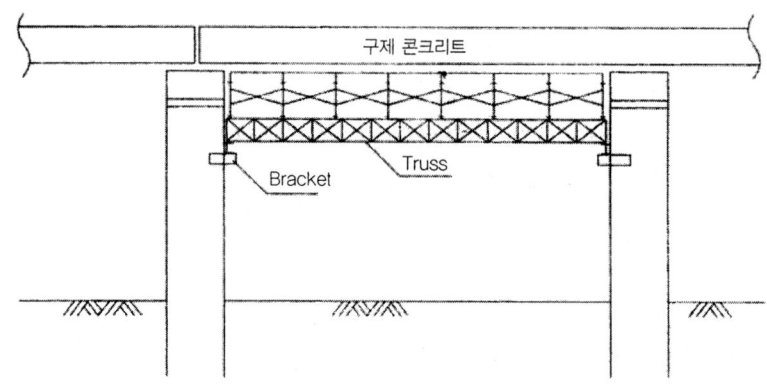

그림 4.2.3 Beam식 지보공의 개요도

4.2.3 지보공의 형식 선정

지보공의 형식을 결정하는데는 입지조건으로서 지형, 가설높이, 기초지반의 양부, 다리밑공간의 교통상태, 하천의 제반조건, 구조조건으로서는 교량형식, 각부 재의 형상치수, 기존구조물의 이용여부등의 조건을 고려한다. 또한 공사의 규모, 공기(지보공재의 전용여부), 기타 가설비조건(콘크리트설비, 타설방법, 자재운반 설비)을 고려하여 선정하여야 한다.

지형조건으로 지보공을 선정할 때 일반적으로 고려하는 사항은 표 4.2.1에 표시하였다. 다리밑공간의 저해가 없거나, 지보공을 지지하는 기초지반이 양호한 경우에 지주식 지보공이 일반적으로 시공성, 경제성면에서 유리하다. 또한 다리 밑 높이가 10~15m 이상의 경우에는 Beam지주식, Beam식을 비교검토할 필요가 있다.

소하천, 수로, 소로, 농로등과 교차하거나 소지간의 지보공 Beam이 필요하는 경우에는 Beam지주식의 지보공을 선택한다. 가설지점이 하천의 유수부의 경우 에는 갈수기를 선택하여 일반적으로 시공하고, 유수단면이 감소하는 경우에는 Beam지간이 10m 전후의 Beam지주식 형식을 선택하는 경우가 많다.

다리밑 높이가 낮은 때는 홍수시를 예상하여 Beam 또는 Truss 구조형식을 피한다.

일반적으로 하천제외지의 경우에는 세굴을 고려하여 기초공사비, Beam의 재료비에 재사용 비용 문제를 고려하여 결정하여야 한다.

기초지반이 연약하거나, 다리밑높이가 높은 경우의 간선도로, 유수량이 많은 대하천을 횡단하는 경우에는 지간이 큰 지보공 Beam을 사용한다. (Plate I-girder 또는 Truss형식), 이상의 지보공 형식 선정하는 Flow Chart는 그림 4.2.4과 같다.

◉ 표 4.2.1 지형조건에 따른 지보공의 선정

지형등의 조건	적당한 지보공		예
평탄한지형, 지반이 양호, 동바리 높이 10m정도	지주식		Pipe Suppot 조립지주
지반이 불량	Beam + 지주식 Span : 3~5m		강재조립지주 + Beam 조립지주 높이 10m 정도
지반조건이 불량하거나 하천 등	Beam식	Span 10m정도	H-Beam, Truss구조
		형하높이 10m 이상	강재사각 Beam(최대 30m) 또는 Plate girder 대형 Truss구조

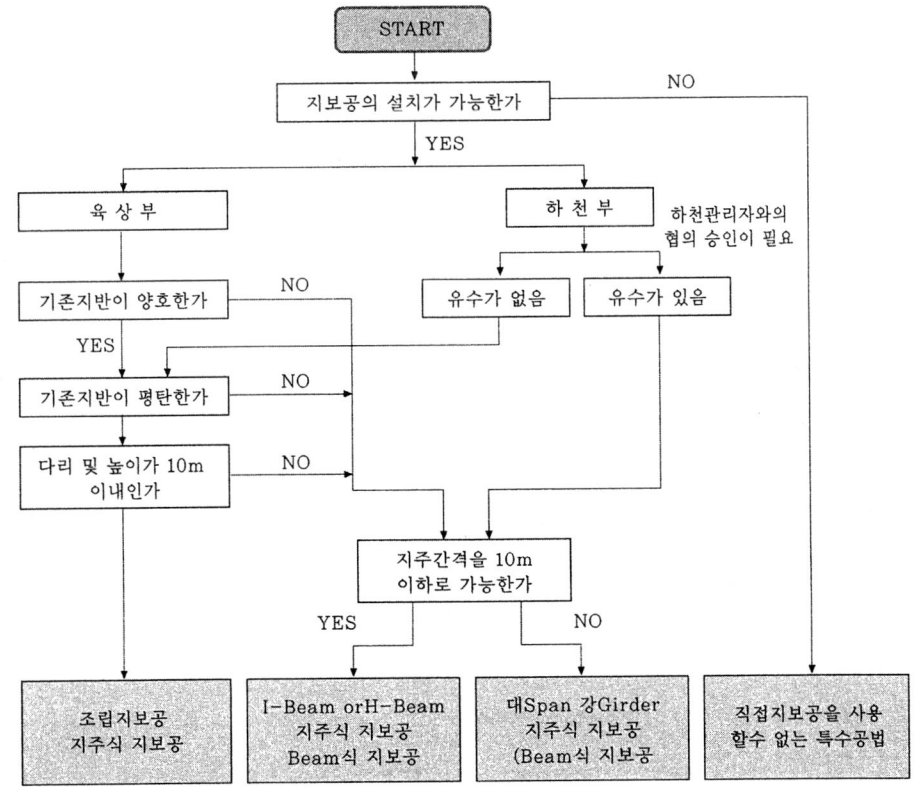

그림 4.2.4 지보공 형식선정을 위한 Flow chart

4.2.4 교량 계획시 고려사항

(1) 교량의 길이 및 경간수
1) 교량길이가 100m이상이고 2-Span이하에 적용하는 것이 바람직하다.
2) 경간수가 3경간 이하 일 때 적용하는 것이 지보공의 공사비가 저렴하다

(2) 교각의 높이
1) 교각의 높이가 15m미만이고, 경간수가 3경간 이하일때가 바람직하다.
2) 교각의 높이가 15m이상이고 경간수가 3경간 일때는 Span by Span Method와 공사비에 대하여 비교검토하여 적용한다.

(3) 지형조건 · 지반조건
(4) 건설자재 반입로
(5) 공사기간(하천교)
(6) 다리밑공간(교차시설물)
(7) 고공 고압전력 Cable과 교면과의 간격

4.3 현장타설 콘크리트 경간 진행공법(Cast-in-situ span by span Method)

4.3.1 개요

현장타설 콘크리트 경간진행공법(span by span Method : SSM)을 명확히 정의하기는 곤란하다. 이 공법의 적용은 비교적 짧은 지간을 지닌 총연장이 긴 고가교의 건설에 필요성이 있어서 개발된 것이다.

교량의 길이가 길고 경간수가 많을 때 한 경간씩 점진적으로 시공하여 가는 공법으로서 다음과 같은 3개의 Group으로 분류될 수 있다.

(1) 지상에서의 고정식 지보공에 의한 것
(2) 지상을 이동하는 지보공에 의한 것
(3) 공간을 이용하는 지보공에 의한 것

(1) 지상에서의 고정식지보공 (Full staging Method)

이공법은 일반적으로 지보공의 높이가 낮고 거의 같은 지간에 많이 사용되고 있다. 일반적으로 교량 길이는 약 1000ft(300m)로 제한하고 있으나 500m이상의 교량에도 적용한 예가 있다.

또한 일정한 거푸집 형상을 방해하는 불규칙한 지간분할에 대해서는 제한된다.

통상 고정식 지보공법에 있어서 상부공은(최소한 외형치수에 관한 한) 일정한 단면이 되어 있으며 시공은 한쪽의 교대에서 다른쪽으로 진행한다. 간혹 중앙 경간이 긴 경우에는 인접한 지간의 변곡점(infleetion Point)부근까지 최초로 시공하여 양측교대방향으로 시공하는 경우도 있다.

거푸집 및 발판 부재는 연속적으로 Crane에 의해 해체·재구축 된다.

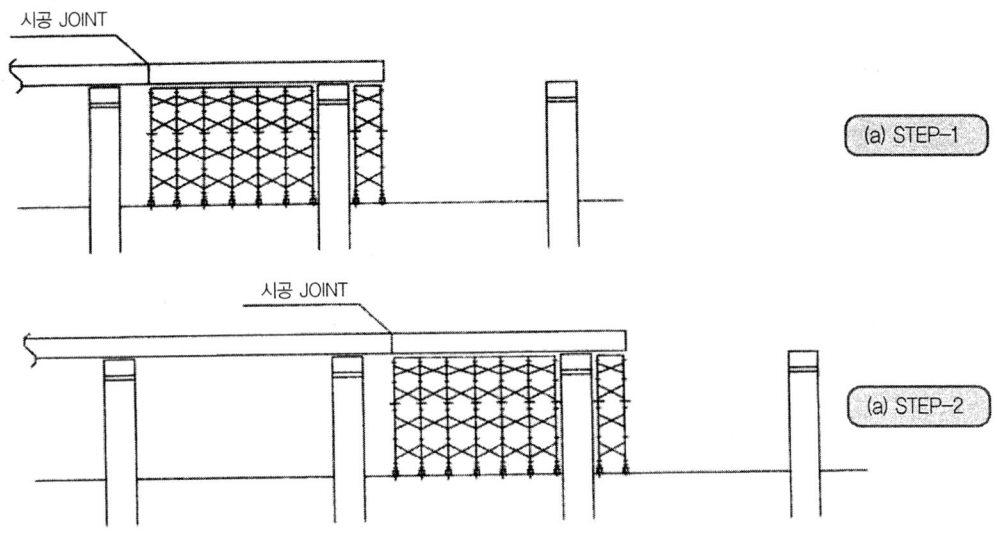

그림 4.3.1 지상에서의 고정식 지보공의 시공순서

(2) 지상을 이동하는 지보공(접지식 이동지보공 : Ground Movable Scaffolding System : GMSS)

이공법은 경간이 같은 다경간 교량에서 지보공과 거푸집을 일체로 제작하여 지상에 설치된 이동장치을 이용하여 1경간씩 상부구조가 완성되면 전체를 Jack down시켜 거푸집을 제거하고 Rail등을 이용 횡·종방향으로 이동 다음경간에 옮겨서 Jack up하여 지보공과 거푸집을 동시에 조립한다.

이공법은 설비의 경제성이란 관점에서 교량의 전길이가 적어도 300m이상이 필요하며, 전길이에 걸쳐 일정한 단면을 요구하며 지보공의 높이가 낮고, 지형은 교축방향 및 교축직각 방향으로 거의 평탄한 것이 바람직하다.

이공법의 최대지간은 약 50m로 반복시공이나 경제성이란 점에서 같은 길이의 지간이 많이 필요하게 된다.

또한 기초지반의 지지상태가 나쁘고, 지보공과 상부구조 중량을 지지하는데에 너무 비경제적인 경우에는 지보공만을 Rail위로 이동시키고 소정의 위치에 도달한 후 지보공은 전후 교각상에 혹은 전방의 교각과 후방의 보조 Bracket에 의해 지지시켜 시공중의 하중을 교각기초에 전달되도록 시공하는 경우도 있다.

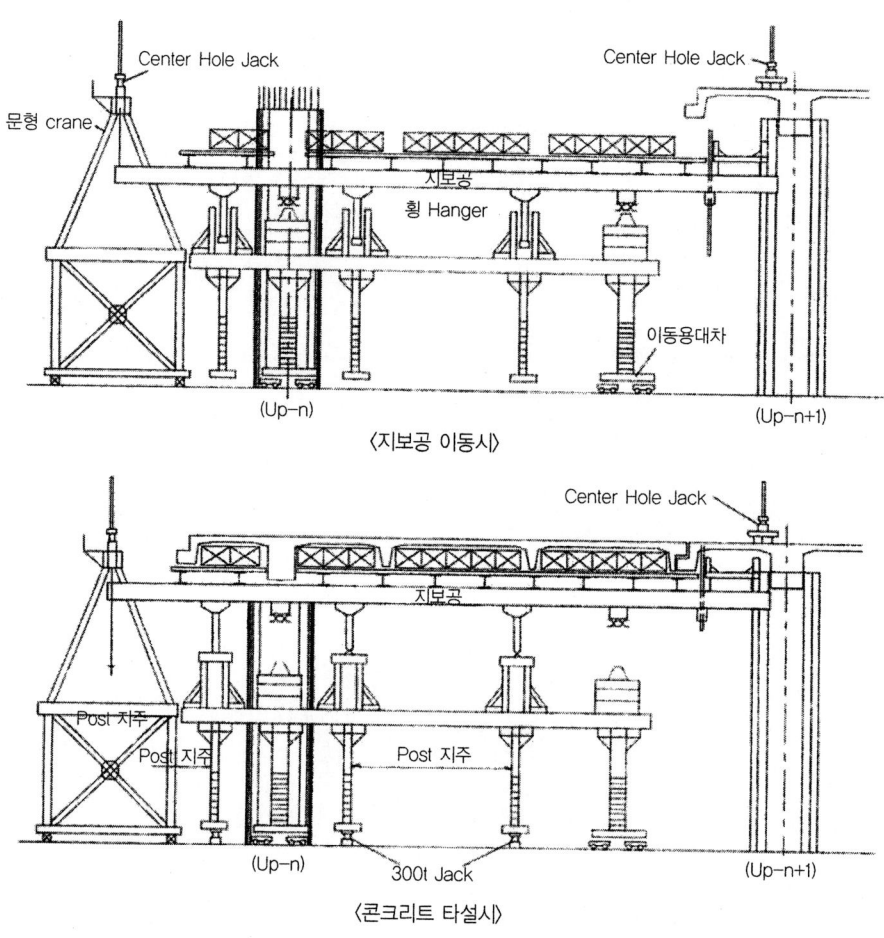

〈지보공 이동시〉

〈콘크리트 타설시〉

그림 4.3.2 접지식 이동지보공

(3) 공간을 이용하는 지보공(대형이동지보공법 : Movable scaffolding system : M.S.S)

대형이동지보공법은 명확하게 정의하기는 곤란하며 이공법을 요약하면 공간에 지지하는 girder를 교각을 이용하여 설치하고, 기계화된 지보공과 거푸집을 이용하여 1경간씩 현장타설하여 시공하고, 거푸집 해체, 지보공이동을 기계적으로 행하는 공법을 말한다. 이동지보공법은 많은 종류 명칭을 사용하고 있으며 크게 분류하면 Support type(Below Type), Hanger Type(Above Type)의 2종류 가 있다.

1) support Type (Below Type)

이형식의 공법은 교면아래에 몇 개의 Girder를 가설하고 거푸집을 조립하여 이동하면서 순차적으로 1-Span씩 가설하는 공법이다. 이공법은 현재 여러가지 형식이 사용되고 있으며, 기본적으로 이동비계 위에 거푸집을 설치한다는 것 과 교각에 설치되는 Braeket에 의해 Erection Girder가 지지된다는 것은 어느 방식이나 동일하다. 다만 비계지지 및 이동방식에 따라 비계지지 Girder와 이동Girder가 독립적으로 있는 3-Girder 방식과 비계지지 Girder와 이동Girder 역할을 같이하는 2-Girder 방식으로 대별

될수 있고, 2-Girder 방식은 Bracket 특성에 따라 Beacket 비구동식과 Brack 구동식으로 분류될 수 있다.

이공법의 시공순서는 2-Girder, 3-Girder에 조금 차이는 있으나 우리나라에서 적용 예가 많은 2-Girder 방식의 시공순서는 다음 그림 4.3.3과 같다.

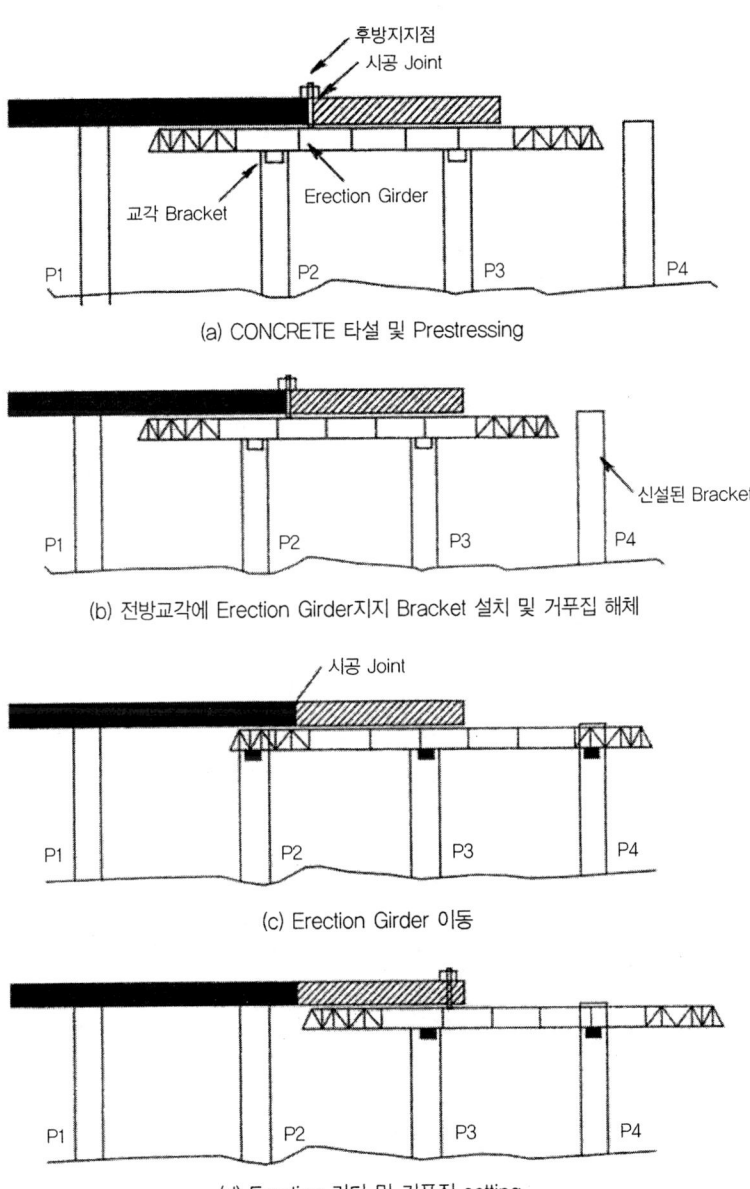

그림 4.3.3 Support Type 시공순서 예

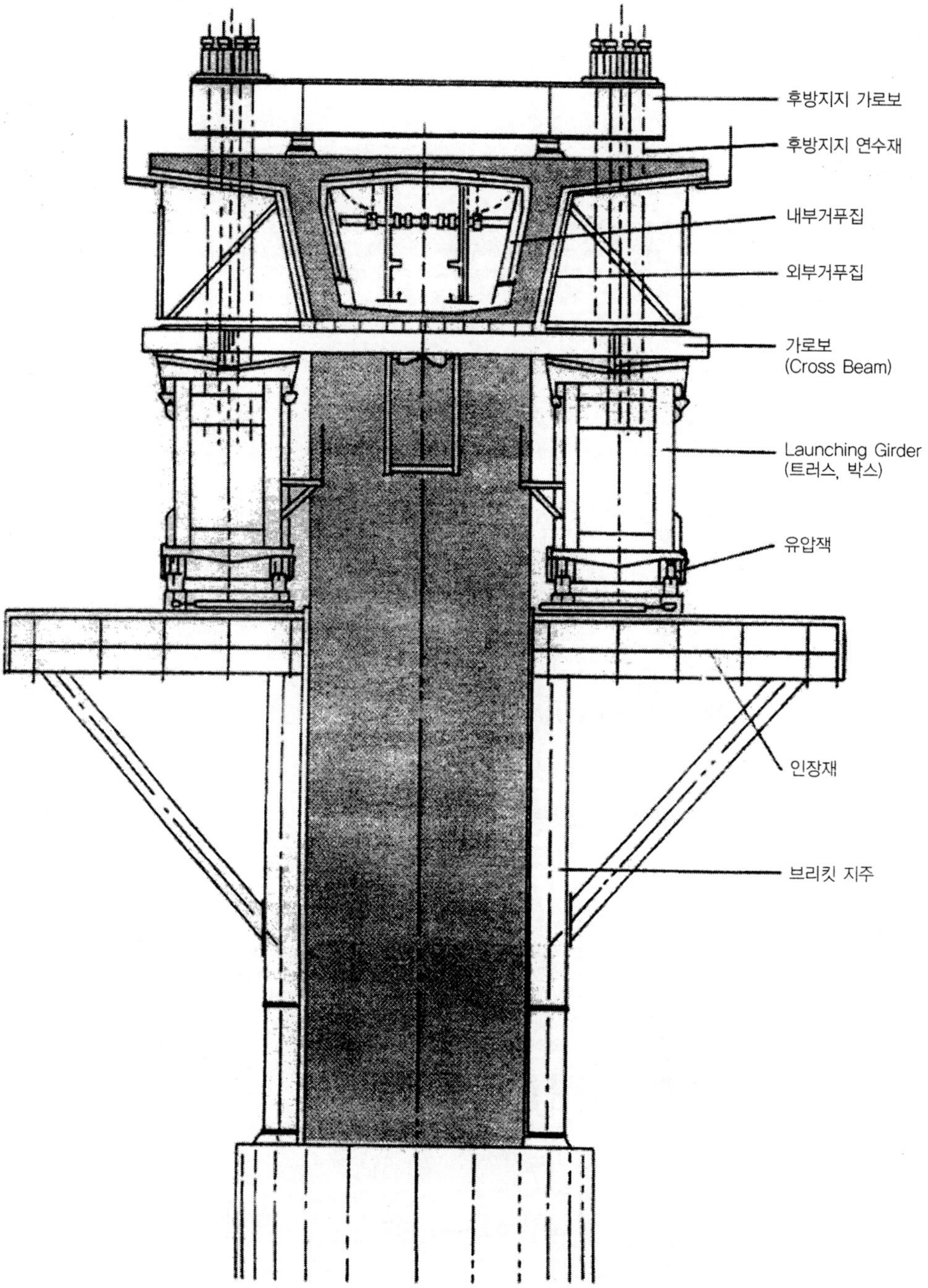

제4장_ 가설공법에 따른 P.S.C 거더교의 계획과 설계

그림 4.3.4 2-Girder Type 이동비계 구조(예)

- 후방지지 가로보
- 후방지지 연수재
- 내부거푸집
- 외부거푸집
- 가로보 (Cross Beam)
- Launching Girder (트러스, 박스)
- 유압잭
- 인장재
- 브리킷 지주

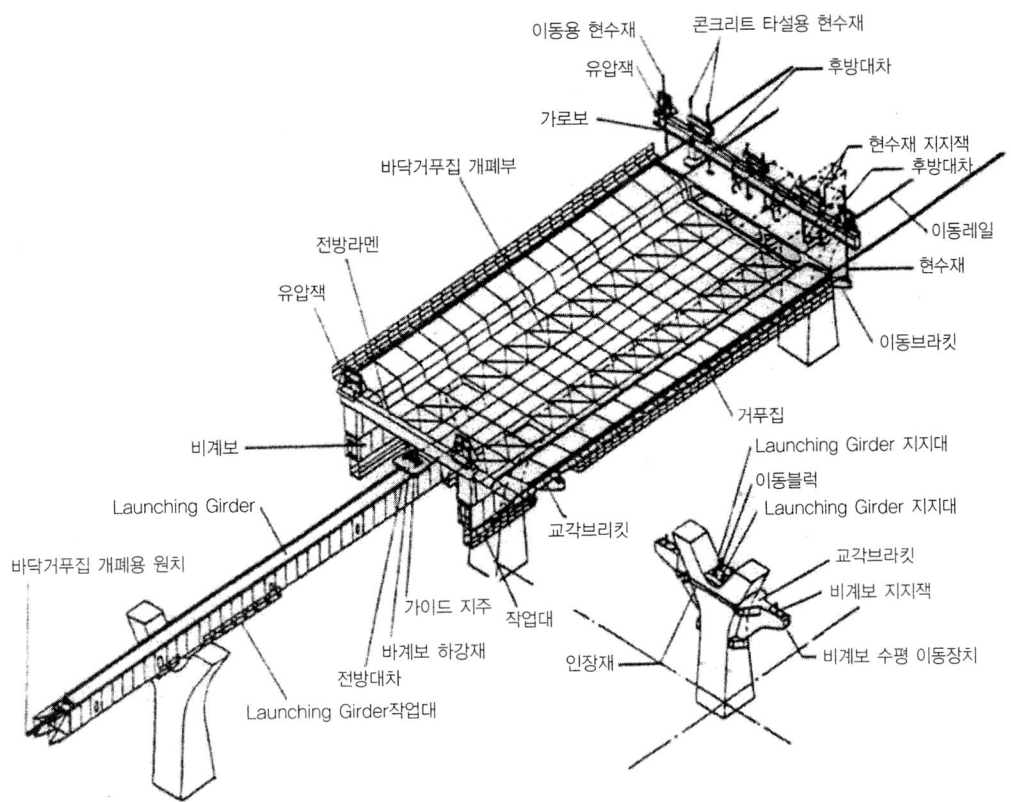

그림 4.3.5 3-Girder Type (strabag방식) 이동비계 구조(예)

2) Hanger Type (Below Yype)

이형식의 지보공은 완성된 교각과 교면위에 설치된 이동지지대에 Erection Girder를 가설하고 Erection Girder의 직각방향으로 교체를 에워싸는 것 같은 늑골형의 Cross Beam, 현수(Hanger)재와 발판을 늘어뜨린 구조로 되어 있다.

이 Cross Beam에서 교체의 거푸집을 설치하여 교체 완성후 거푸집을 발판위에 내려 놓아 이 Carrist-Wanon를 전방으로 이동시켜서 다음 경간의 시공의 들어가는 공법이다.

이형식의 시공순서는 그림 4.3.6과 같다.

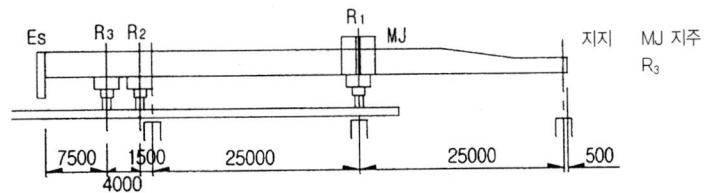

(a) 1경간 Concreate 타설 및 P.S Wagen을 MJ, R_2 지지시키고 Concrete 타설, P.S

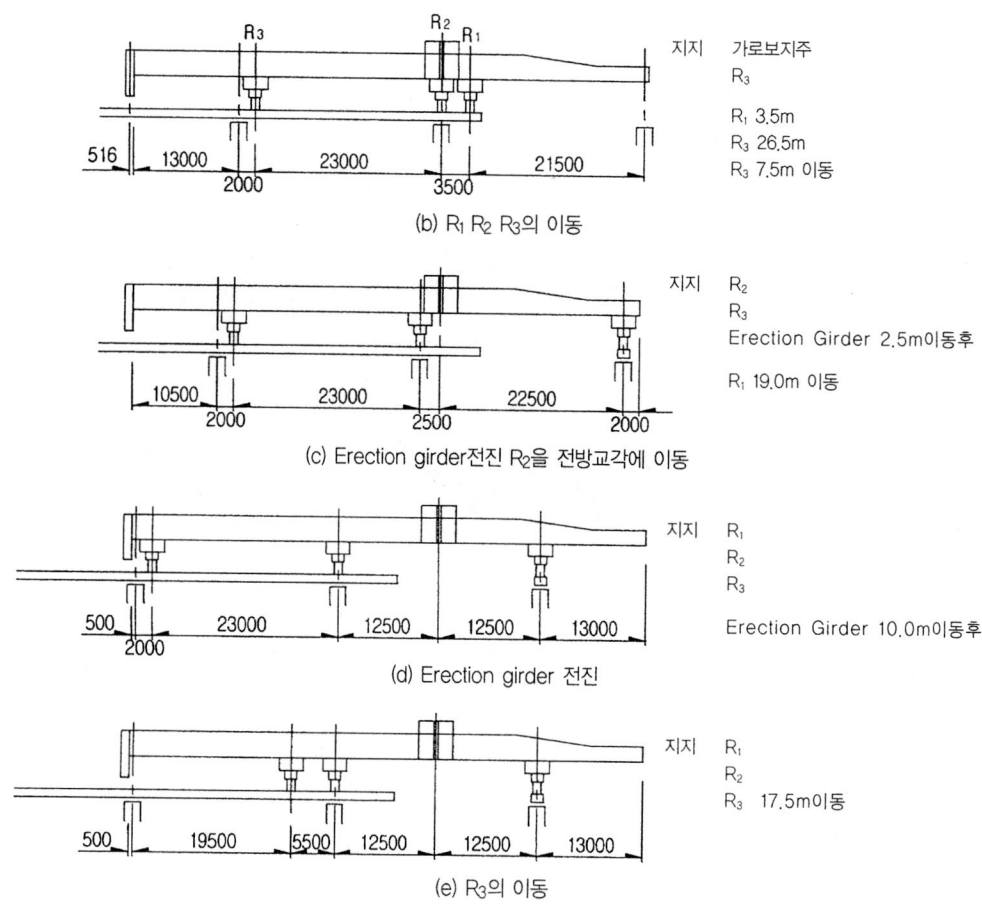

그림 4.3.6 Hanger Type (Above Type) 시공순서

4.3.2 각 공법의 특징 및 교량계획시 고려 사항

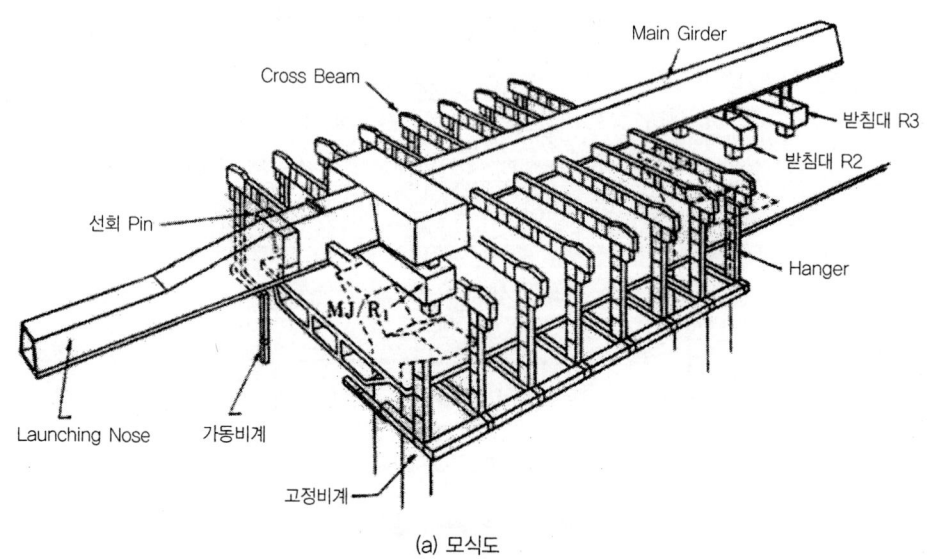

(a) 모식도

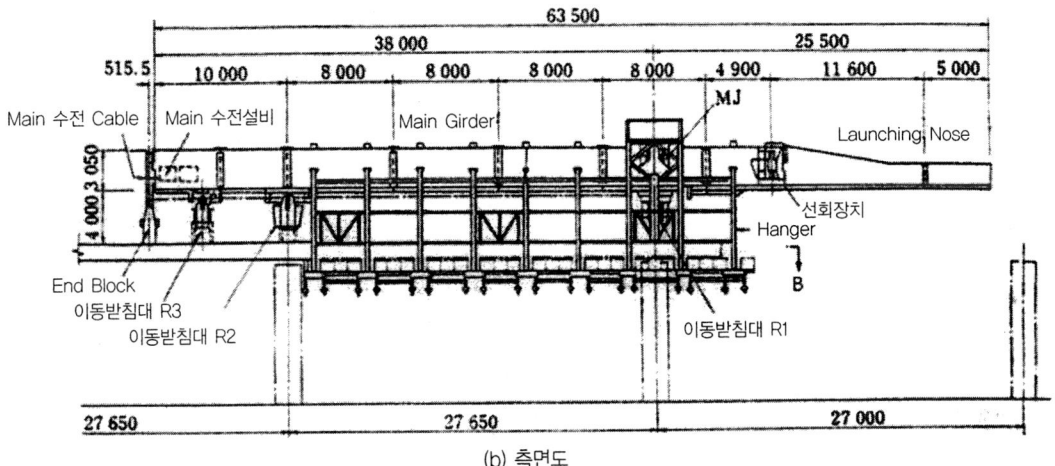

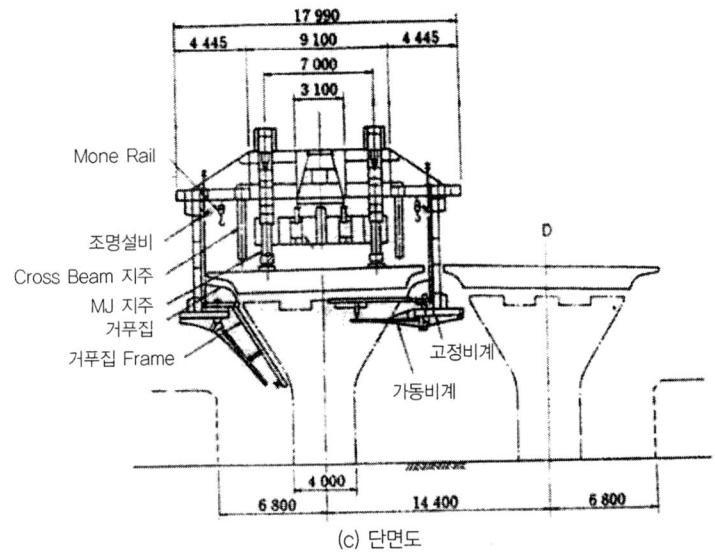

그림 4.3.7 Carrist Wagon 구조도

(1) 고정식 지보공에 의한 경간진행 공법

1) 특징

① 조립해체가 쉽다.
② 강도 및 강성이 크다
③ 다리 밑 높이가 10m이하 일 때 적합하다.
④ 가설비가 저렴하고 가설자재 전용이 용이하다.
⑤ 기초에 작용하는 접지압이 적고 부등침하에 대하여 유리하다
⑥ 가설구조 조립 공기가 길다.

⑦ 연약지반 일때는 적용이 곤란한 경우가 있다.
⑧ 교량의 종단, 평면선형에 대한 제약이 없다.

2) 교량계획시 고려 사항

① 경사지에 대해서 충분히 유의하고, 시공중 지진에 의한 수평력에 대해 고려
② 지반의 부등침하에 대해서 검토
③ 하천교의 경우 수심, 우기 등을 고려
④ 가설자재 전용방안 검토
⑤ 교통처리 방안에 대해 검토
⑥ 지보공 형식에 대해서는 4.2항을 참고하여 결정한다.

(2) 접지식 이동지보공 (G.M.S.S)

1) 특징

① 교량평면 선형이 직선일 때 유리하다.
② 동바리 이동을 육상에서 이루어지므로 안전성이 확보된다.
③ 고정지보공 보다 공기가 짧다.
④ 지형이 평탄한 지역에 접합한 공법이다.
⑤ 다리밑 높이가 10m이하일 때 적합하다.
⑥ 부등침하에 대하여 불리하다.
⑦ 연약지반 일 때 적용이 곤란하다
⑧ 하천교의 경우 유수부에 가교가 필요하다.
⑨ 경사지 또는 교량 교축방향으로 지형변화가 심하면 적용이 곤란하다.

2) 교량계획시 고려 사항

① 교량교축방향 지형상태
② 하천의 유심부에 가축도 또는 가교 가설 가능성
③ 교량의 길이 및 경간수 (L = 300m 이상)
④ 최대 경간장 (Ls = 50m)
⑤ 교량의 종단경사 및 평면선형
⑥ Full Staging Method와 경제성 비교 검토
⑦ 공사기간
⑧ 부등침하
⑨ 연약지반 여부

(3) 대형 이동지보공 공법의 Support Type (The Below Type)

1) 특징
① 고도의 기계화된 지보공과 거푸집을 사용하므로 급속시공이 가능하고 안전 시공을 할 수 있다.
② 동바리공이 필요없어 하천, 계곡, 도로등 교량의 하부조건에 관계없이 시공 할 수 있다. (Bracket 조립에 대해서는 지상작업이 필요하다.)
③ 반복작업이 이루어지므로 소수의 인원으로 시공이 가능하며 시공관리도 확실히 할 수 있다.
④ 보온 설비를 하여 전천후 작업이 가능하고, 한랭지에서 동절기간의 작업이 가능하다.
⑤ 거푸집과 비계의 전용, 노무비 점감등으로 경제성을 제고 시킬수 있다.
⑥ 교각의 높이가 높을수록 경제적이다.
⑦ 연속시공하므로써 공기단축은 물론 장대교일수록 지보공의 사용횟수가 많아 경제적이다.
⑧ 편측에서 순차적으로 시공하므로 선시공부의 거더를 자재운반에 이용 가능 하다.

2) 교량계획시 고려사항
① 교량길이 : 최소한 $L = 500m \sim 1000m$ 이상은 되어야 경제성이 있다.
② 적용지간 : 최소 30m, 최대 50m 정도 일때가 적당하다.
③ 교량의 평면곡선 : 최소곡선반경 : $R = 300m$
④ 경간수 : 일반적으로 15경간 정도 이상의 경간수가 경계선으로 보고 있다.
⑤ 교량의 폭 : $B = 20m$ 이하에 적용
⑥ 교량상부구조의 단면형상 : BOX Girder, Double Tee(Double web), 중공P.S SLAB
⑦ 교차시선(도로, 철도, 하천)의 다리밑 높이(시설한계, 건축한계)
⑧ 지보공의 전용가능 여부

(4) 대형 이동지보공 공법의 Hanger Type (The Above Type)

1) 특징
① 교각의 형상, 높이에 관계없이 교량상부구조 가설이 가능하다.
② 지반면에서 지보공이 전혀 필요하지 않고, 연약지반, 하천상, 횡단도로상에서 용이하게 시공할 수 있다.
③ 고가교에서 다리밑 평면교통에 전연 장애없이 시공이 가능하다.
④ 반복작업이 이루어지므로 소수의 인원으로 시공이 가능하고, 시공관리도 확실히 할 수 있다.
⑤ 급속시공이 가능하다. (1-cyde 약 15일정도 소요)
⑥ 보온설비를 하여 전천후 작업이 가능하고 한랭지에서 동절기 기간동안 작업이 가능하다.
⑦ cycle 작업을 하므로 확실한 품질관리와 안전관리를 할 수 있다.
⑧ 공사규모가 클수록 경제적이다.

⑨ 편측에서 분할시공을 하므로 하부공과 중복공정이 가능하고 상하부 전체공기를 단축시킬수 있다.

2) 교량계획시 고려사항

① 최소교량길이 : 최소한 L = 500~1000m 이상
② 적용기간 : Ls = 20~45m
③ 교량의 평면곡선 : 최소 R = 240m 이상
④ 교량폭 : 최대 B = 20m 미만 적용
⑤ 경간수 : 많을수록 경제적이다.
⑥ 지보공의 전용가능 여부
⑦ 거푸집 개폐공간 : 교각전후 5m 정도 점유
⑧ 지간분할 : 등경간 분할여부, 등경간 일수록 유리하다.

4.3.3 Span by Span Method 설계시 검토 사항

1) 경간분할 및 교량설계 제원

① 등경간 분할 가능 여부 : 등경간으로 분할하는 것이 설계 시공이 용이하다.
② 가설공법에 따른 적용 경간
③ 교량의 평면곡선 : 적용공법에 따른 최소 곡선반경
④ 교량폭원 : 공법에 따른 최대 교량폭원

2) 시공 Joint 위치

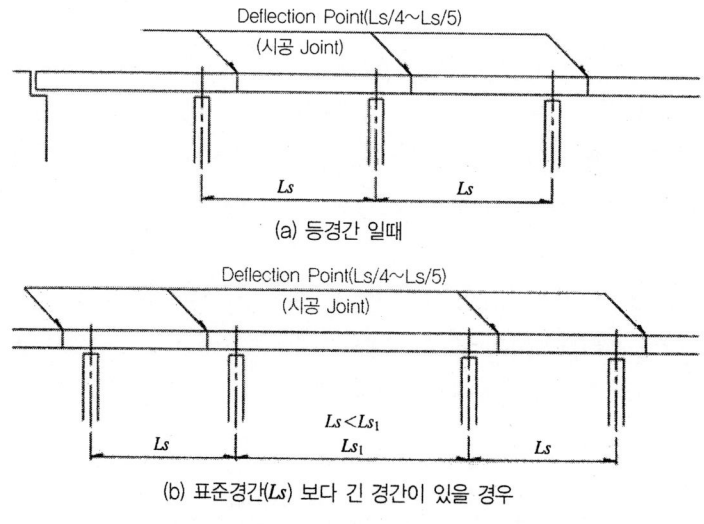

그림 4.3.8 시공 Joint 위치

① Deflection Point에 설치
② 통상적으로 1/4~1/5 지점위치 (일반적으로 1/5) 각점에 배치한다.
③ 시공공법에 따른 시공 Joint

4.3.4 P.S 강재 배치

Span by span Method를 적용하는 교량의 상부구조에 대한 P.S 강재배치 방법은 다음의 몇 가지 유형이 있으며, 유형별 특성은 다음과 같다.

(1) 같은 위치에서 Tendon을 coupler로 접속시키는 방법

이 방법은 모든 텐던을 시공이음부에서 인장, 정착, 연결하는 방법이다. 만일 정착부를 1열로 배치할 수 있다면 복부두께를 증가시킬 필요가 없으므로 효과적이다. 그러나 시공이음부에서 접속장치로 접속시키기 위해서는 각 텐던의 간격을 넓게 해야하므로 각(Angle) 변화에 따른 마찰손실이 과대해 진다. 또한, 시공 이음부에 국부적인 힘이 크게 집중되므로 복부(web)에 국부적인 보강을 필요로 한다.

이 방법은 도로교 설계기준 4.15.6.4항의 (2)에 저촉되어 설계에 적용하고 있지 않는다.

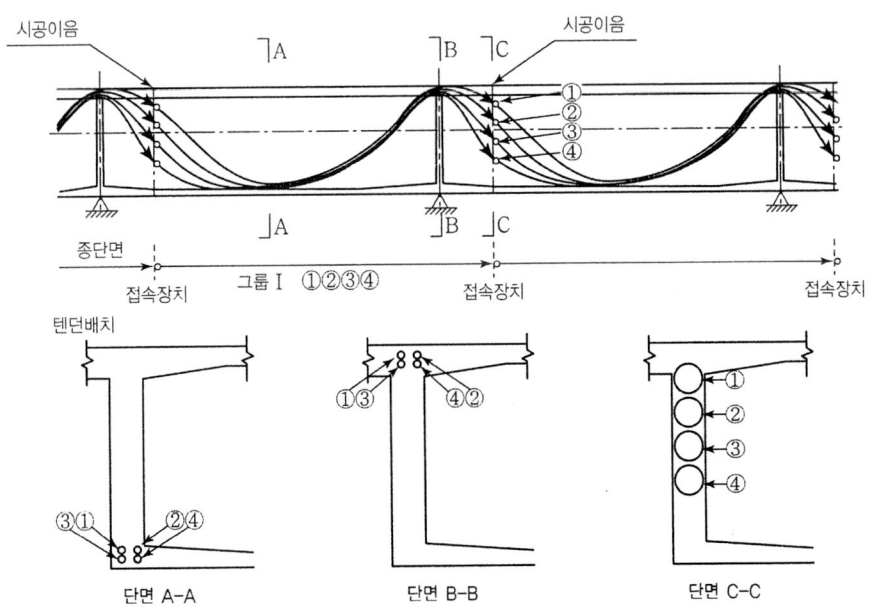

그림 4.3.9 각 경간의 같은 위치에서 Tendon을 연결하는 경우

(2) Tendon 일부만 시공 Joint부에 정착시키고 나머지는 연속으로 배치하는 방법

Tendon의 일부는 시공이음부에서 정착시키고 coupler로 연결시키며 나머지는 연속배치하는 방법이다. 잔여 Tendon은 방치된 채로 시공이음부를 통과하고 있다. P.S강재는 거푸집속에 배치되고

Segmernt i가 콘크리트가 타설되면 잔여 Tendon은 다음 Segment i+1이 시공되면 긴장 및 정착된다.

이러한 방법을 사용하면 정착구와 coupler(접속장치)수를 줄일 수 있어 경제성을 높일 수 있다. 이 방법은 1)의 방법보다 시공이음부에서 정착력이 작은 장점이 있다. 그러나 이러한 방식은 지점부에 근접한 부위에 Web 두께를 증가시켜야 하나 필요 Web두께는 수직방향 2열로 정착구를 사용하는 것보다 감소시킬 수 있다. 몇 개의 Tendon은 Prestressing 되지 않은 채로 거푸집과 동바리가 제거되므로 극한강도, 균열발생 및 변형은 시공중에 검사하여야만 된다.

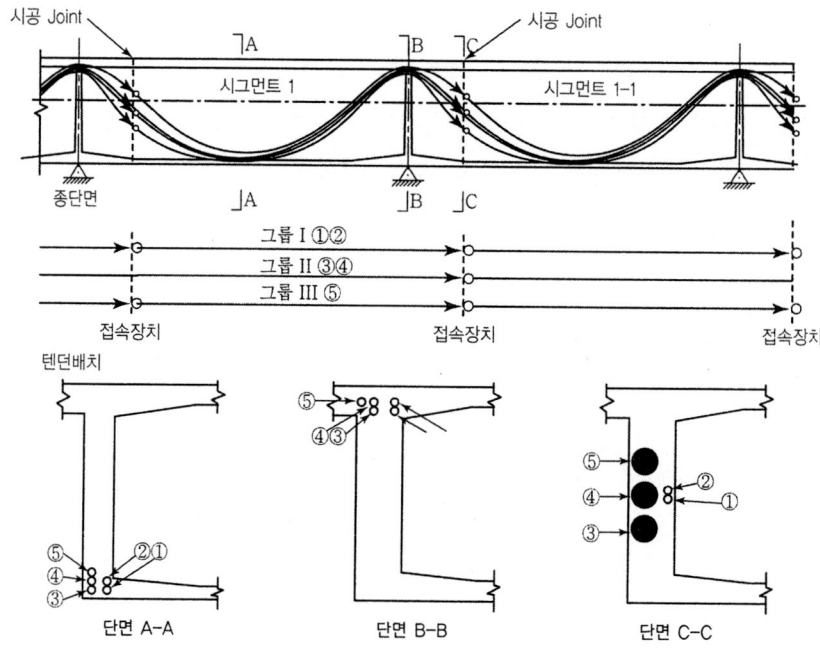

그림 4.3.10 Tendon 일부만 시공 Joint부에 정착, 연결시키는 경우

(3) 중간지점부 위에서 Tendon 중첩 배치하는 방법

중간지점부에서 Tendon을 엇갈리게 중첩 배치하는 방법으로서는 다음의 2가지 배치방법이 있다.

1) 제 1방안

인장정착장치(Live Anchor)를 시공 Joint web면에 두고 다음 경간 긴장을 위한 고정(매립형)정착구(Dead Anchor)는 중간 지점부 후방의 web에 매립시키는 방법이다. 이 방법으로 하면 web두께 증가를 대부분 피할 수 있다. 다음 경간의 모든 Tendon은 앞쪽경간의 지점부속에 매립하며 전방의 Tendon은 철근 배근과 콘크리트 타설 전까지 방치된다.

2) 제 2방안

중간지점부를 중심으로 시공 Joint의 반대쪽에 돌기(돌출부)를 만들어서 sheath를 묻은 뒤 시공하는 방법이다. P.S 강재는 필요한 시기에 언제든지 밀어 넣거나 빼는 방법으로 배치하는 방법이다. 정착부는 시공 후에도 접근이 가능하므로 그라우팅하기 전에 2차 Prestressing을 실시할 수 있다.

이 방법은 양단 인장이 가능하며 P.S 손실을 가급적 줄일 수 있고 Caupler를 사용 안하므로 경제적인 배치방법이다.

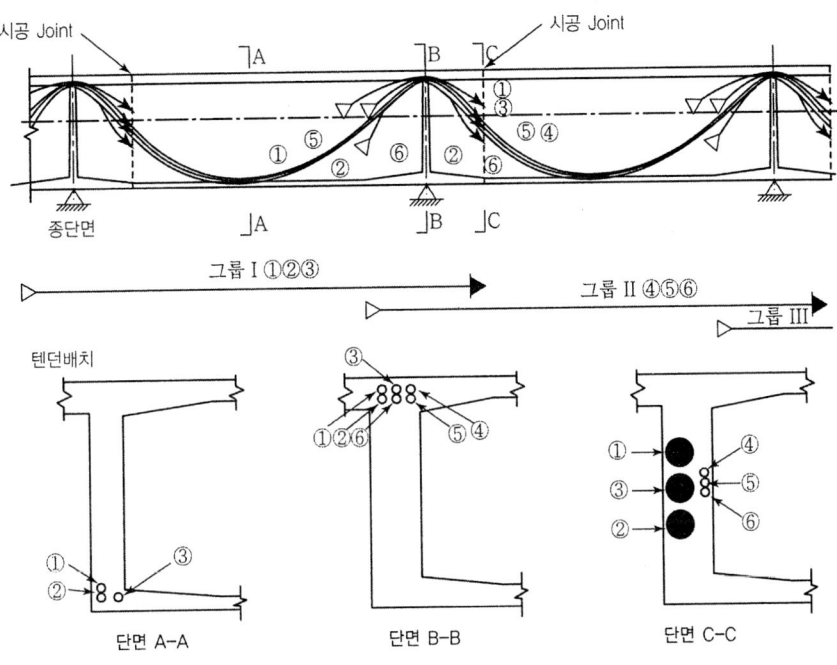

그림 4.3.11 중간지점부에서 Tendon 중첩배치 방법

전술한 두가지 방안에 있어서 모든 텐던은 비계를 제거하지 전에 긴장된다. 접속장치는 필요없으며, 엇갈리게 중복배치되는 길이가 충분한 경우에는 지점 근처의 프리스트레스 힘은 두배가 된다. 특히 '방법 2'를 사용하면 프리스트레스 단계를 자유로이 조절할 수 있으므로 크리프와 건조수축에 의한 프리스트레스 손실을 상당히 감소시킬 수 있다. 제1방안의 주된 단점은 아직 시작되지 않은 경간을 위한 텐던이 기시공경간에 일체로 묻혀져야만 한다는 것이다. 제2방안의 경우는 복부의 돌출부를 사용하여 엇갈리게 중복배치하는 텐던부위의 상세가 상당히 복잡해질 수도 있다.

그러나 대형이동식 비계공법의 특징인 기계화 시공측면에서는 시공이음부에만 정착단을 설치하는 것이 바람직하므로 가능하면 이 방법을 채택하지 않아야 할 것으로 판단된다.

(4) 혼합 배치 방법

전술한 세가지 방법을 자유로이 조합하면 그림 4.3.12와 같이 혼합된 방식의 텐던 배치를 할 수도 있다. 텐던 배치를 단순하면서도 효율적으로 배치하면 마찰 손실을 충분히 감소시킬 수 있으나 내부 거푸집 형태를 일률적으로 하는 것에 대해 고려해야 한다.

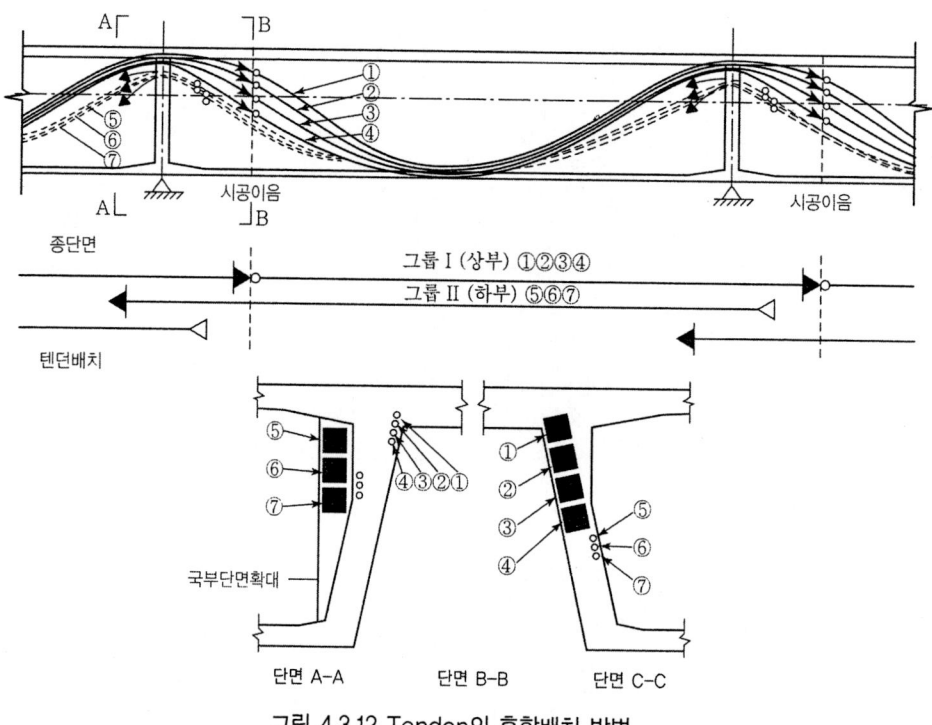

그림 4.3.12 Tendon의 혼합배치 방법

4.4 현장타설 cantilever 공법(Cast-in-Situ Free Cantilever Method:F.C.M)

(1) 개요

"Free Cantilever"라는 용어는 일반적으로 고정된 지점의 Cantilever로부터 바깥쪽으로 하중을 지지하면서 교량구조물을 건설하는 방법을 의미하는 것으로서, 교량하부에 지지하도록 되어 있는 동바리를 필요로하지 않고 기시공되어 있는 교각을 이용하여 교각의 좌·우로 하중의 균형을 맞추면서 이동작업차(Form Traveller : wagon)이나, 이동식 가설 Truss (Moveing gantry)를 이용하여 3~5.0m정도 길이의 Segment를 순차적으로 concrete타설, Prestress 도입을 반복하여 교대와 경간중앙 연결부에 도달하여 교량상부구조를 완성하는 공법이다.

이러한 공법은 특히 교량건설에 널리 이용되어 왔으며, 강교분야에서는 오래전부터 알려진 공법이다.

현장타설 canlilever 공법은 1928년 프랑스의 Plougastel교에 그 개념이 처음 도입되었고 1930년 브라질의 Riodo Peixe강을 횡단하는 중앙경간 68m의 교량공사에서 균형 cantilever 공법(balanced contilever) 개념이 도입되었다.

이상은 모두 철근콘크리트 교량에 적용하였고, 철근콘크리트의 특성은 강재의 성질과는 달리 Free

Cantilever에서 발생하는 응력에 잘 적응되지 않았기 때문에 결코 대중화되지 않았다.

Prestressed Concrete가 개발됨에 따라 마침내 전환점에 도달하게 될 것이다.

Cantilever 공법이 Prestressed Concrete 교량에 최초로 적용된 것은 서독의 Dywidag사에서 개발하여 1950~1951년 최초로 Lahn교(경간 62m) 적용하였다.

이공법이 국내에서 최초로 적용된 것은 한강상의 원효대교(1978~1981)이다.

(1) 현장 타설콘크리트 공법에 의한 각종 Cantilever 가설방법

현장타설 콘크리트 공법에 의한 Cantilever 가설방법은 각종 방법이 사용되나, 이들은 시공중에 Segment를 지지하는 방법의 차이에 의해 분류된다.(그림 4.4.1)

1) 시공중인 교량에 지지된 가설용 steel gantry를 사용하는 방법 (c)
2) 지상또는 하천위의 가교위를 이동하는 지보공을 사용하는 방법(b)
3) 최근에 가장 많이 사용하고 있는 방법으로 주거더에 지지된 Mobile Carrriage(Form Traveller)를 사용하는 방법 (a)등이 있다.

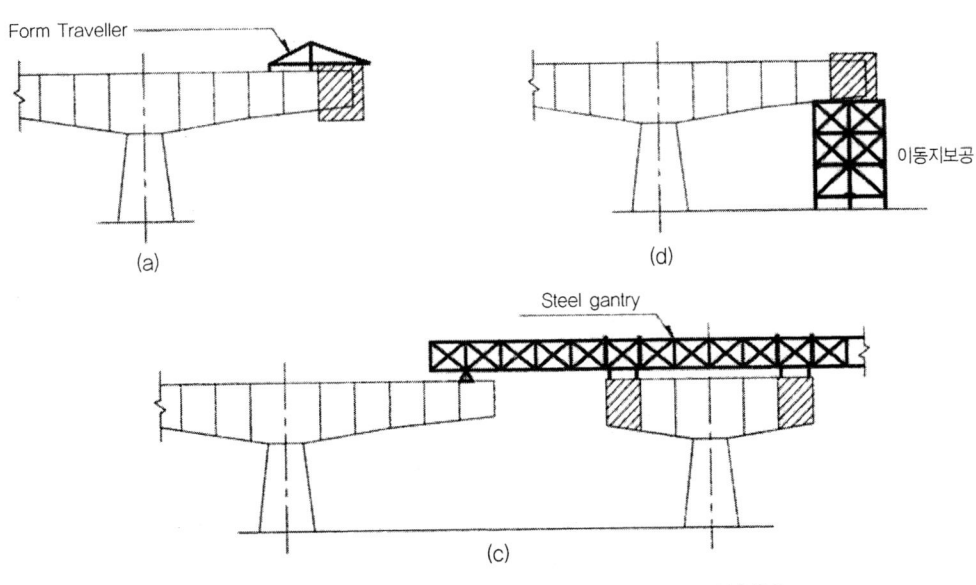

그림 4.4.1 현장타설 콘크리트 의한 각종 cantilever 가설방법

(2) Free Cantilever 공법의 적용범위

Free Cantilever 공법은 동바리를 사용하는 전통적인 시공법은 물론 Precast PSC Beam을 설치하는 공법, 연속압출공법, 현장타설콘크리트 경간진행공법(span by span Method)의 사용이 불가능 하거나 이들 공법이 비경제적인 모든 경우에 적합한 공법이다.

이공법은 주로 다음과 같은 환경에 적합하다.

1) 시공시 선박이 통행이 필요하고, 홍수때 위험하고, 수심이 매우 깊은 경우
2) 산악, 관광지등으로 산림 및 자연경관의 훼손을 줄이고자 할 때 경우
3) 깊은 계곡을 횡단하여 동바리 시공이 어렵고 비경제적인 경우
4) 도시 및 촌락등 건물이 밀집된 곳을 통과하므로서 동바리 시공이 불가능하거나 적당치 못한 경우
5) 지반의 지지력이 약하거나 동바리가 하중을 지탱할 수 없는 지역을 횡단하는 경우

Free Cantilever 공법은 교량경간 구성이 일정하게 구성된 교량건설에 자주 적용된다. 그러나 이공법은 하나 혹은 몇 개의 경간만이 이상적인 조건을 갖추고 있을 경우, 이러한 경간만 이공법으로 공사하고 나머지 경간에 대해서는 span by span Method, Full staging Method, 연속압출공법(I.L.M)으로 건설하는 경우에도 이용될 수 있다.

즉 교량1개소 건설에 2개이상의 공법으로 건설하는 경우가 많다.

4.4.2 Cantilever 공법을 사용한 교량의 구조형식

Cantilever 공법으로 시공하는 교량은 Cantilever 가설후, 교체를 완성시키기 위해서는 Cantilever를 접합하여야 하나 접합시키는 방법에 따라 교량의 완공후의 구조형식은 다음과 같이 분류할 수 있다.

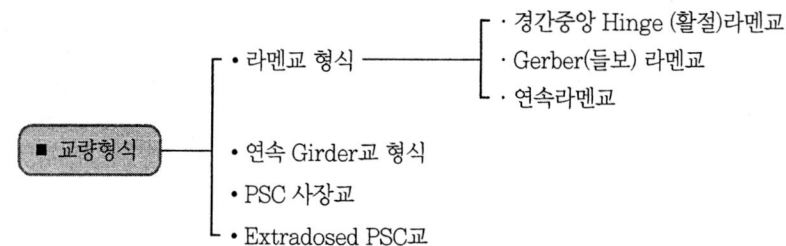

(1) 라멘교 (Rahmen Bridge)형식

라멘교는 교량상·하부 구조를 일체화시킨 교량형식으로 다음과 같은 특징이 있다

1) 라멘교의 특징

① 장점
(a) 상하부구조가 일체로 되어있어 교량받침이 불필요하고 연속구조의 경우 신축이음이 적어 주행성이 양호하며 유지관리비가 저렴하다.
(b) 다경간 형식에서는 지진시 수평력을 각 교각에 분산시켜 설계 할수 있고 교각 하단에 작용하는 휨모멘트도 작아지므로 지진시에 유리한 경우도 있다.
(c) 부정정 구조이므로 부재 일부가 항복하더라도 응력의 재분배가 이루어져 갑작스런 구조계 전체의 파괴는 방지할수 있다.

(d) 가설시 불균형 모멘트에 저항하기 위한 가설고정 장치가 불필요하다.
(e) 교량의 길이가 긴경우에는 연속교 형식과 조합하여 적용하면 온도변화에 따른 부정정력을 해결할 수 있다.
    최근에는 이러한 형식의 교량을 많이 설계하고 있다.

② 단점
(a) 부정정 구조물이므로 Prestress, 온도 Concrete의 건조수축 creep, 기초의 부등침하 등의 영향이 크다.

2) 경간중앙 Hinge (활절) 라멘교
교량상부구조는 Cantilever 공법으로 시공 후 경간중앙부의 연결을 Hinge로 처리한 교량형식 이다.

① 장점
(a) 정정 구조계이므로 구조해석 및 설계가 용이하며 가설중의 휨모멘트와 완성계의 휨모멘트가 거의 일치하므로 P.S 강재 배치가 간단하고, 강재량도 적다.
(b) Creep, 온도변화에 의한 내부구속력이 발생하지 않는다.
(c) 교각기초의 부등침하의 영향이 연속거더교에 비해 적기 때문에 연약지반에도 적용 가능하다.

② 단점
(a) 모멘트의 재분배가 이루어지지 않으므로 연속교 형식에 비교해 교량내하력이 작아 진다.
(b) 경간중앙 Hinge 부분은 설계 시공이 어렵고, 장기적으로 볼 때 Hinge 부분의 파손 등의 여러 가지 문제점이 발생되어 유지관리비가 많이 든다
(c) 측경간(교대측경간) 길이가 인접경간길이의 1/2이하일 때는 거더자체가 교대위로 들릴 염려가 있으므로 이에 대한 대책이 필요하다.(counter weight 설치, 교대에 고정장치가 필요)
(d) P.S 강재의 Relexation 이나, concrete의 Creep에 대해서 지나치게 거동한다.
(e) 신축이음개소가 많아 주행성이 불량하다.
(f) Hinge부의 장기 처짐에 의해 주행성 및 미관에 문제점 발생
    위와 같은 문제점 때문에 오늘날 대부분의 국가에서는 이러한 형식의 교량은 건설하지 않고 있다.

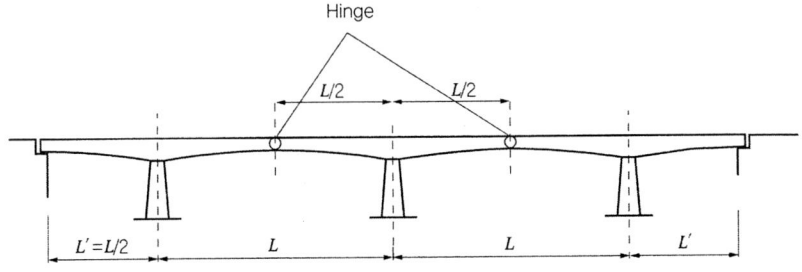

그림 4.4.2 경간중앙 Hinge Rahmen교 예

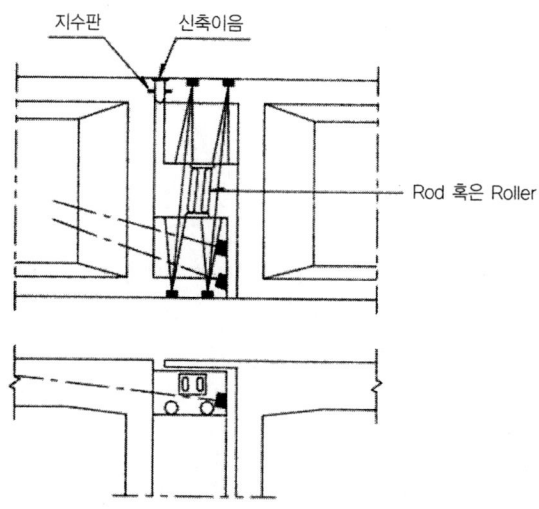

그림 4.4.3 Sliding Hinge의 개념도

3) Gerber(들보) 라멘교 (Suspended span를 갖는 라멘교)

Hinge cantilever Girder가 변한 것으로 독립된 현수거더(Gerber Girder)에 의해 2개의 Canilever Girder에 연결한 형식이다. (그림 4.4.4)

기초침하등에 의해 지점간 부등침하가 발생할 가능성이 있는 지역에는 연속교의 형식보다 Gerber 구조를 사용하는 것이 좋다.

현수거더를 지지하는 Cantilever 단부는 회전과 수평이동이 가능한 구조로 되어 있다.

이 형식은 경간중앙 Cantilever 라멘보다 교축방향이 Cantilever 단부의 처짐각을 줄일수 있고 현수거더는 Cantilever 끝의 변형을 수평으로 보전하고 있다.

또한 지점부의 휨모멘트도 줄일 수 있다. 그러나 구조적인 특성 때문에 3경간 교량의 경우 양쪽 교대측 경간이 매우 짧은 경우에만 적용성이 좋고, 적정비율은 교대측경간이 중앙경간에 대해 1/3~1/2.5 정도일 때이다.

중앙에 걸치는 현수보(Gerber보)는 주로 정모멘트만 받으므로 굳이 BOX 단면을 사용할 필요 없이 Cantilever 부분과 web수만 같게 하는 I형이나 T형 단면을 사용해서 자중을 줄일수 있다. 그러나 이

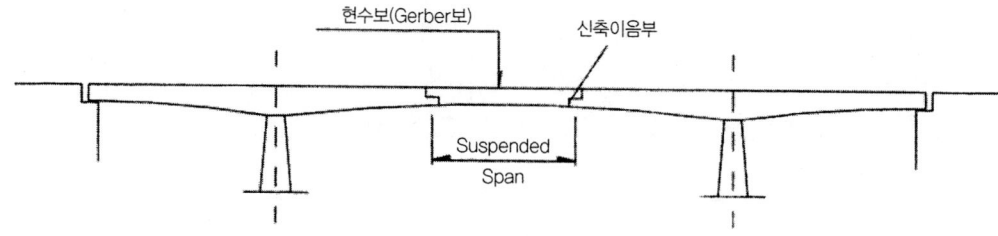

그림 4.4.4 Gerber 라멘교 예

형식도 경간중앙 Hinge 라멘형식과 마찬가지로 내하력이 작고 신축이음수가 많아 주행성이 불량하고 유지관리비 가 고가이다.

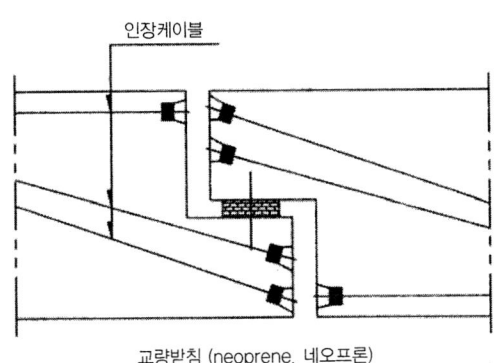

그림 4.4.5 교량받침 Cantilever Joint 상세도

4) 연속라멘교

이 형식은 캔틸레버부 시공후 이음부를 현장타설 또는 프리캐스트 세그먼트로 연결시키고 긴장력을 도입시켜 일체화시킨 것이다. 이 형식은 신축 이음의 개소가 적어지므로 주행성이 좋고, 교각의 교량받침이 불필요하므로 유지관리가 용이하다. 고차 부정정 구조이므로 내진, 내풍에 강한 특징을 갖기 때문에 최근 시공 예가 증가하고 있다.

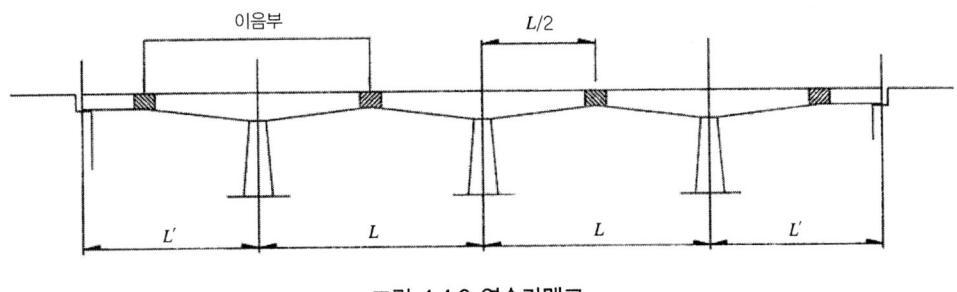

그림 4.4.6 연속라멘교

이 구조계는 일반적으로 연속 거더교 형식에 비해서 고차 부정정이고, 프리 스트레스, 온도, 콘크리트의 건조수축, 크리프, 기초의 부등침하에 의한 영향을 많이 받게 되고, 항상 교각기초에 수평력이 작용하는 단점이 있다. 그러나 지진 하중 등에 의한 수평력을 각 교각에 분산시켜 설계할 수 있고, 교량받침에 소요되는 비용이 적다는 등의 이유에서 연속 거더교 형식보다 경제적인 점이 있다.

다경간 연속 라멘교 형식은 콘크리트 크리프, 건조수축의 영향, 프리스트레스, 온도변화의 영향 등에 의한 거더의 신축량이 크고, 교각의 변형량도 크기 때문에 소성이 큰(즉, 연성이 큰) 높은 교각을 갖는 교량구조에 적합하다.

(2) 연속 거더교 형식

연속 거더교는 주형을 2경간 이상 연속시키고, Girder가 교각과 교대 위에 설치된 받침으로 지지되는 교량형식이다. 연속 거더교 형식을 캔틸레버 공법으로 가설할 때에는 가설중에 발생하는 불균형 모멘트에 저항하기 위한 가설 고정장치를 추가로 설치해야 하는 점과 공용중에 발생되는 받침의 유지관리 등이 단점이다.

받침의 형식과 기능에 따라 다음과 같이 분류할 수 있다.

1) 단일 고정방식

단일 고정방식은 고정받침을 1개만 설치하고, 다른 받침은 모두 가동받침으로 하는 연속 거더교 형식이다. 온도 및 지진하중 등에 의한 상부구조의 수평력을 1개의 고정교각(고정받침이 설치되는 교각)에 집중되기 때문에 고정교각을 크게 만들어야 한다. 온도변화 크리프 및 건조수축 등에 의한 부정정력은 발생 하지 않는다.

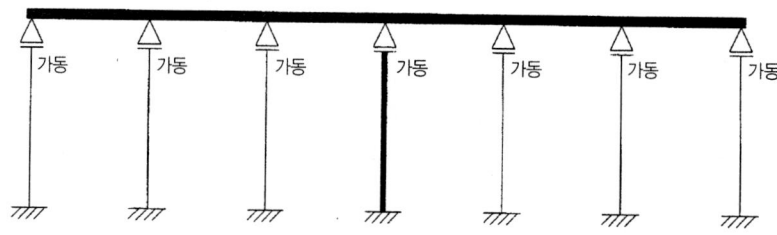

그림 4.4.7 연속 거더교 (단일 고정방식)

2) 복수 고정방식

복수 고정방식은 고정받침을 다수 설치하여 지진하중 등에 의한 수평력을 다수의 교각으로 분산시키는 연속 거더교 형식이다. 고정교각의 크기를 단일 고정방식의 경우보다 작게 할 수 있지만 온도변화, 크리프, 건조수축 등에 의한 부정정력이 발생한다. 온도변화 등의 영향에 대해서는 교각의 연성을 고려해 해석 하는 방식 또는 지반의 변형을 고려해 해석하는 방식이 있다.

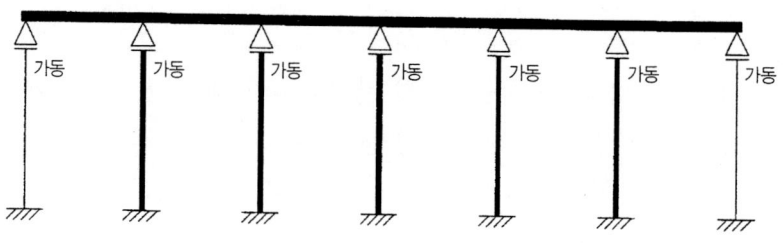

그림 4.4.8 연속 거더교 (복수 고정방식)

3) Sloper · Damper 방식

이 방식은 고정교각을 1개 또는 여러개 교각에 설치하고, 다른 가동교각에 스토퍼 또는 댐퍼를 추가로 설치하는 연속 거더교 형식이다. 이 스토퍼에 의해 지진하중 등에 의한 과도한 수평력은 교각으로 분산되고, 온도변화 등에 의한 주형의 신축은 구속되지 않는다. 스토퍼는 수평력을 흡수할수 있는 구조로 되어 있어야 하며, 스토퍼 외에 최근에는 유압 실린더를 이용한 기계적인 방식이 사용되는 드문 경우도 있지만 특수한 예이며, 현재 이 부분에 대해서는 연구 개발중이다. 내진설계를 고려하지 않는 경우 수평력은 주로 온도하중, 차량의 제동하중에 의한 양이고, 이 양에 대해서는 받침을 설계할 수 있었으나, 내진설계를 고려하게 되면 수평력이 받침이 담당할 수 없을 정도로 과도해지는 경우가 발생할 수 있는 데 이 때 스토퍼를 설치하면 효과적으로 이 문제에 대처할 수 있다.

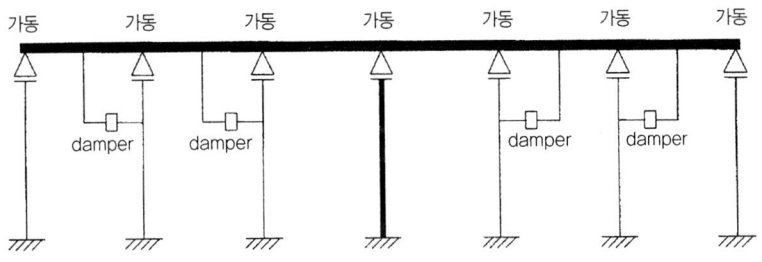

그림 4.4.9 연속 거더교 (스토퍼 방식)

(3) Rahmen + 연속거더교 혼합형

이 형식은 Rahmen 형식과 연속거더 형식의 장점을 따서 계획하는 형식으로 최근에 이와 같이 형식의 교량은 많이 설계하고 있는 실정이다.

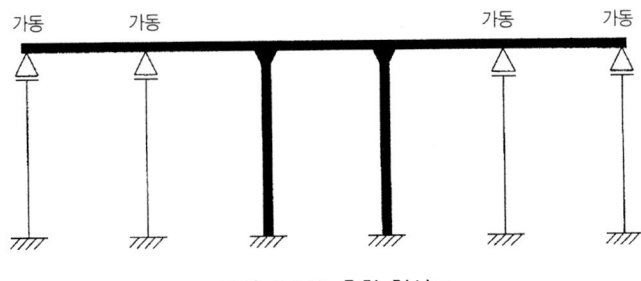

그림 4.4.10 혼합 형식교

4.4.3 Cantilever 공법을 사용한 교량의 교각형식

Cantilever 공법으로 시공되는 교량의 교각은 편측의 주거더 콘크리트를 타설하여 가설함으로서 불균형 모멘트가 발생하게 되므로, 교각의 구조는 이 불균형 모멘트에 의해 주거더가 전도되지 않도록 해야한다. Cantilever공법으로 시공되는 교량의 형태는 다양한 단면이 사용되고 있지만, 교량의 구조형식과 가설위치의 지형, 지질 및 미관 등을 고래해서 적절한 단면형상을 선정해야 한다.

(1) 교각의 종류

Cantilever공법에 사용되는 교각은 다음과 같은 것들이 있다.

- 모멘트저항교각(Moment resisting pier)
- 연성 2개의 기둥이 있는 교각 (Piers with flexilbe Leges)
- 연성 단주교각 (single flexible pier)

1) 모멘트저항교각

이 교각 형태는 Cantilever 시공중에 발생하는 불균형 모멘트를 주두부가 위치하는 1개의 교각강성으로 저항하는 교각을 말한다. 따라서 교각의 단면은 커지게 되며, 일반적으로 가장 많이 적용되고 있는 교각형태이다. 모멘트 저항교각은 다음의 경우에는 사용하지 않는 것이 바람직하다.

① 교각의 높이가 낮고, 교각의 강성 큰 경우의 연속 라멘교

콘크리트의 건조수축, creep, 온도변화에 의한 수평력과 Prestress에 의한 2차 응력의 영향으로 교각 주두부와 교각과의 연결부에 큰 응력 발생 및 기초구조 과대할 경우

② 교각의 높이가 낮은 경우에는 연속교로 계획

교각의 높이가 낮은 경우에는 교축방향으로 이동이 가능하도록 연속교로 교량받침조건을 계획하는 것이 바람직하며, 연속거더교 구조는 시공중 불균형모멘트에 의해 안정성에 문제가 발생하므로, 시공중에는 가설고정 장치를 설치하거나 가지주를 설치해야 한다.(그림 4.4.11 참조)

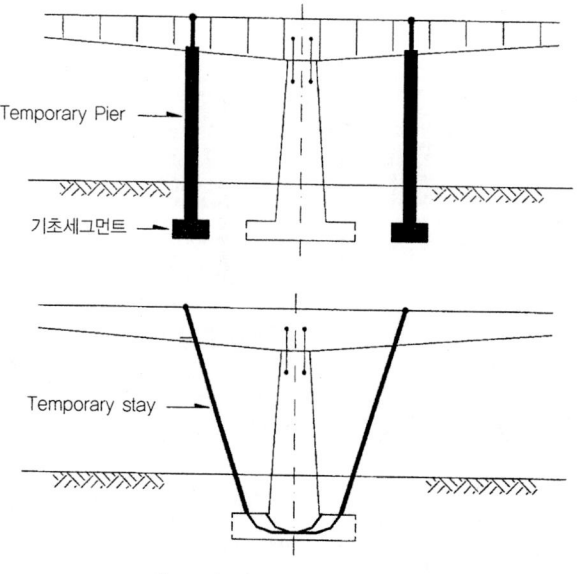

그림 4.4.11 가설고정 지주 설치 예

2) 연성 2개의 기둥이 있는 교각(Pier with flexible leges)

이교각은 강성이 비교적 작은 2개의 기둥을 갖는 구조로된 교각형태로서, 캔틸레버부 시공중 및 시공 후에 발생하는 교축방향의 수평력이 2개의 기둥의 연성으로 조절되어 교각상단과 상부구조 사이의 접합부에서의 응력집중을 방지할 수 있게 된다. 이런 형태 교각은 〈그림 4.4.12〉과 같은 강결구조와 〈그림 4.4.13〉과 같은 받침구조가 있다. 이 형태의 교각은 다음과 같은 장점이 있다.

ⓐ 두 개의 지지점이 있으므로 수직하중에 대해서 효과적이다.
ⓑ 수평연성이 크므로 연속교의 신축에 보다 효과적으로 대응할 수 있다.
ⓒ 간단한 브레이싱 등으로 캔틸레버 시공중 안정성을 확보할 수 있다.

2개의 기둥은 온도하중 등에 의한 교축방향의 이동량에서 대처할 만큼의 연성을 가져야 함은 물론이고, 차량의 제동하중을 흡수하고 구조물의 전체 안정성을 확보할 수 있을 만큼의 충분한 강성을 지녀야 한다. 2개의 기둥을 경사지게 하거나 수직으로 배치할 수 있다.

2개의 기둥이 경사져 있으면 휨모멘트를 감소시킬 수 있으면, 2개의 기둥의 끝단에서 힌지구조로 결합되거나 2개의 기둥의 부재축이 기초면으로 수렴하면, 휨모멘트가 상쇄되거나 최소화되어 기초에는 〈그림 4.4.12〉과 같이 균등한 응력분포가 나타난다. 이 구조는 마치 라멘이나 아치와 유사하게 되며, 교축방향의 수평력에 의한 비틈에 대해서 한쪽 기둥에는 인장, 다른 한쪽 기둥에는 압축상태에 있게 된다. 이와 같은 인장력에 대처하기 위해 양쪽기둥 모두를 프리스트레스 하는 경우도 있다. 이와 반대로 2개기둥이 수직인 경우에는 아치효과가 없으므로 수평력에 의한 비틈에 대해서 양쪽기둥의 휨 저항만으로 안정성을 확보하도록 해야 한다.

한편, 이런 형식의 교각설계시 주의할 사항은 안정성과 좌굴문제이다. 교각의 강성이 비교적 작기 때문에 전체구조 및 시공중인 구조의 안정성과 교각의 국부좌굴에 대한 검토를 반드시 행해야 한다.

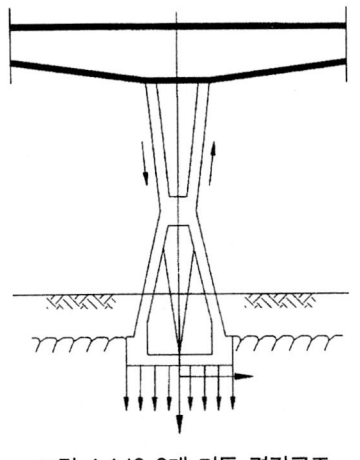

그림 4.4.12 2개 기둥 경간구조

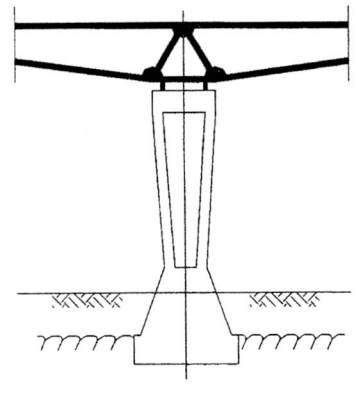

그림 4.4.13 2개 기둥 받침구조

3) 연성 단주 교각(single plexible pier)

이 교각의 형태는 강성이 비교적 작은 1개의 교각을 주두부에 설치하는 교량 형태이다. 강성이 작기 때문에 시공중 불균형 모멘트에 저항하기 위한 가 지주 또는 임시 stay을 설치해야 한다. (그림 4.4.11 참조)

이 형태의 교각은 교각 높이가 높은 연속라멘교의 적합하다.

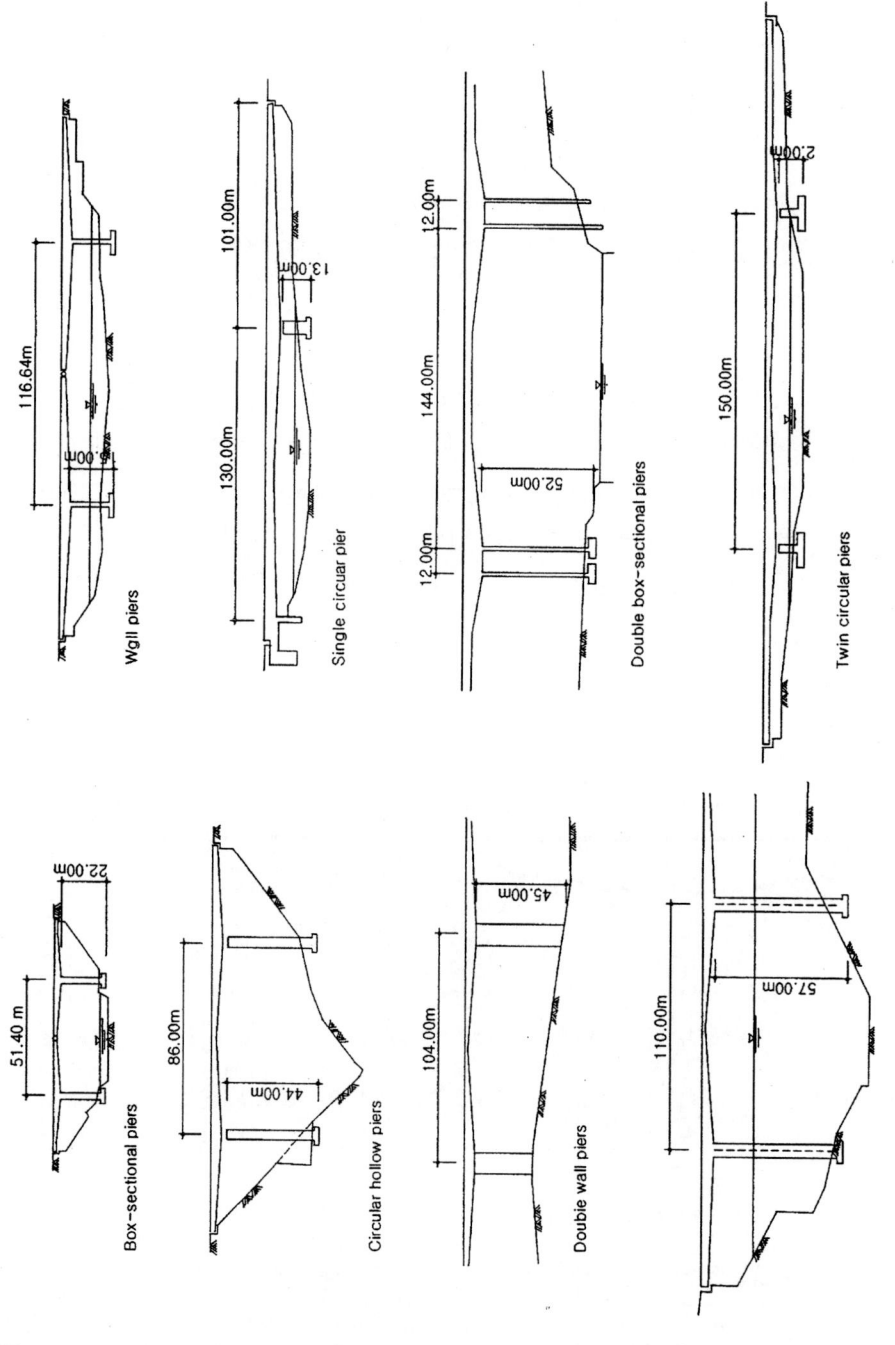

그림 4.4.14 교각형상전면 적용 예

(2) 교각의 단면 형태

Cantilever 공법의 교량에 사용되는 교각의 단면 형태는 교량구조 형식 및 받침조건에 의해 결정하며, 단면형태는 일반적으로 다음과 같은 것들이 적용되고 있다.

(a) 속빈단면
(b) 속찬단면
(c) I-형 또는 H-형단면
(d) Precast 단면

이들 단면의 적용성 제 Ⅳ편 제 3장 3.2~3.4를 참조하기 바람.

4.4.4 상부구조 단면형태

(1) 교축직각방향(횡방향) 단면형태

일반적으로 현장타설 Cantilever 공법을 적용하는 P.S Box Girder의 횡단면의 형태는 교량의 경간길이, 교량폭원 및 가설설비의 능력에 따라 1실, 2실 또는 3실의 단면을 사용할수 있으며, 다른 공법과 차이는 없지만 단면형태 및 크기는 공사비에 크게 영향을 미치므로 여러 가지 제반조건을 감안하여 결정하여야 한다. 앞의 제 3장 3.5절을 참조바람.

(2) 종방향 단면 형태

일반적으로 현장타설 Cantilever 공법의 설계시공되는 교량은 경간길이가 시공중 구조계가 Cantilever 형식이므로 주두부에 커다란 부모멘트가 작용하게 되며 고정하중과 활하중의 비가 약10:1 가까이 되기 때문에 고정하중을 작게하는 것이 경제적이므로 Girder의 높이를 변화시키는 것이 바람직하다.

이러한 Girder높이 변화와 함께 하부 Flanger의 두께도 변화시켜 주두부에 가까울수록 두께가 증가하도록 설계하고 있다.

Girder높이 변화시키는 방법은 2차포물선, Cosine 함수를 이용한 곡선등 다양하며, 시공성 및 미관을 고려하여 결정한다.

일반적으로 설계에 많이 적용하고 있는 식은 그림 4.4.15 그림 4.4.16과 같다.

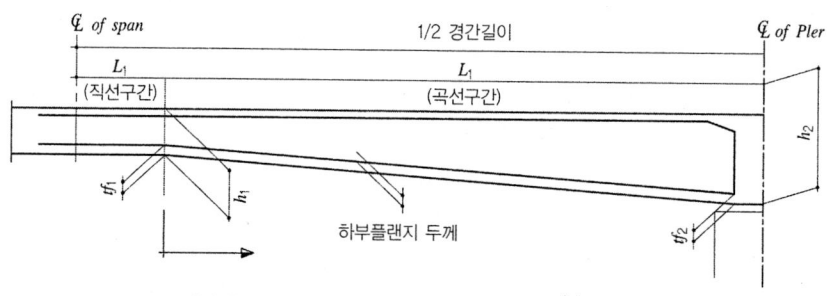

- 거더의 높이 : $H = h_1 + (h_2 - h_1) \times (\frac{x}{\ell_2})^{1.4}$ 또는

  $= h_1 + (h_2 - h_1) \times (\frac{x}{\ell_2})^{2.0}$

- 하부 Flanger 두께 : 직선변화 시키는 것이 바람직하다.

  $t_f = t_{f1} + (t_{f2} - t_{f1}) \times (\frac{x}{\ell_2})^{1.0}$

그림 4.4.15 Cantilever 공법의 Girder 종단면 형태 (1)

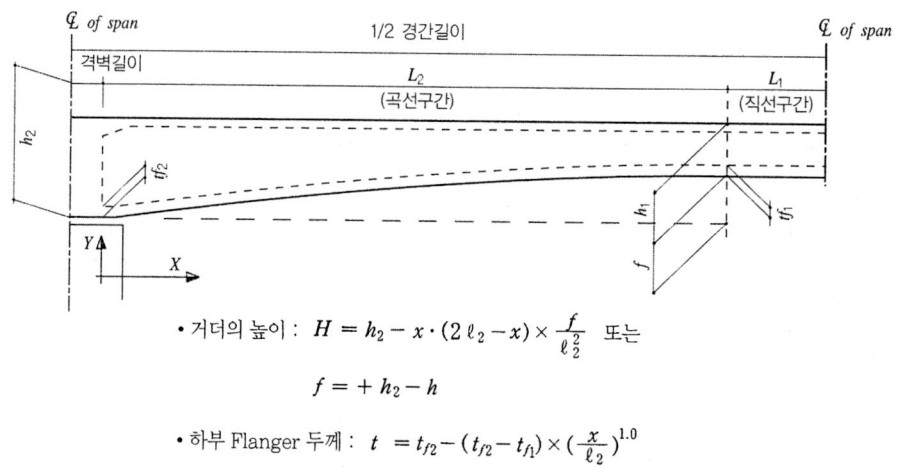

- 거더의 높이 : $H = h_2 - x \cdot (2\ell_2 - x) \times \frac{f}{\ell_2^2}$ 또는

  $f = + h_2 - h$

- 하부 Flanger 두께 : $t = t_{f2} - (t_{f2} - t_{f1}) \times (\frac{x}{\ell_2})^{1.0}$

그림 4.4.16 Cantilever 공법의 Girder 종단면 형태 (2)

(3) Girder 높이 결정방법

Cantilever 공법의 교량계획시 주두부 및 경간중앙부의 Girder의 높이를 결정하기 위해서는 다음과 같은 사항을 고려하여 수행한다.

(a) 기존설계 자료 및 실적을 참고하여 Girder 높이를 결정한다.

(b) 교각에서 좌·우로 1/2 경간 만큼 Cantilever 구조에 전하중을 재하시켰을때 주두부에 발생되는 부모멘트에 대응할 수 있는 필요단면 강성을 구해 이것을 주두부 Girder 높이의 상한치로 본다.

(c) 중앙 경간위치의 Girder 높이를 구하기 위해서는 중앙단면 폐합 후, 연속교의 정모멘트 구간을 단순보로 놓고 이 위에 전하중을 재하시켰을 때 발생되는 중앙 경간 위치의 정모멘트에 대응할 수 있

는 필요단면 강성을 구해 이것을 중앙 경간 위치의 Girder높이의 하한치로 본다. Hinge 라멘교인 경우에는 전단력으로 중앙 경간위치의 형고가 결정된다.

(d) 중앙부의 최소형 Girder높이를 결정하고, 주두부의 Girder높이변화 폭을 결정한 다음, 하부 플랜지의 두께를 각각의 Girder높이에 대해서 변화시키면서 주두부 하부플랜지에 걸리는 최대 압축응력의 여유치를 계산한다.

(e) 위에서 계산된 최대 압축응력이 허용응력에 비해서 너무나 안전한 것은 제외 시킨다.

(f) 위의 방법으로 계산된 응력검토 외에 PS강재량, 콘크리트 철근량 등도 함께 고려하고, 또 다리 밑 공간의 활용성 등을 고려해 최적 Girder높이를 결정한다.

(4) 기존 교량의 경간길이와 Girder 높이와의 관계

Cantilever 공법의 의해 시공된 교량의 구조형식별 최대 경간길이와 Girder높이(경간중앙부, 주두부)의 관계를 표 4.4.1에 일본에서 시공된 교량의 예에서 나타낸 것이다. 설계시 참고자료로 활용하기 바란다.

⊙ 표 4.4.1 경간길이와 Girder 높이의 관계식 (일본의 경우)

교량형태	구조형식	회귀식 H : 형고(M) L : 최대경간(M)
도로교	Hinge 라멘교	경간중앙 H = 0.017L + 0.257
		주두부 H = 0.060L − 0.273
	연속 거더교	경간중앙 H = 0.23L + 0.367
		주두부 H = 0.055L − 0.024
	연속 라멘교	경간중앙 H = 0.022L + 0.626
		주두부 H = 0.055L − 0.546

4.4.5 이동식 작업차(Form Traveller : wagon)를 이용한 가설공법

(1) 개요

이 공법은 1950년대에 서독의 Dyckerhoff & widmann (Dywidag)사에 의해서 개발된 공법으로서 개발회사의 명칭을 따서 Dywidag 공법이라 부르기도 한다. 이공법은 기시공된 교각을 중심으로 좌·우로 평형을 맞추면서 Segment 제작에 필요한 모든 설비를 갖춘 이동작업차를 이용해서 순차적으로 상부구조를 시공한 후 측경간 및 경간중앙부에서 Cantilever 거더를 연결 시키는 공법이다.

이 공법은 공법개발 초기에는 거의 모든 구조물이 경간중앙에 Hinge가 설치되어 있는 Rahmen 형식이 였으나 이후 구조물 해석의 많은 발전으로 중앙 Hinge를 없애고 연속보 형식으로 많이 시공되어 구조물의 연속성, 차량의 주행 성, 및 유지관리비 저감효과를 높일 수가 있게 되었다.

이공법의 특징은 다음과 같다.

① 동바리가 필요로 하지 않으므로 깊은 계곡, 유량이 많은 하천, 선박의 운항이 있는 해상, 교통량이 많은 도로위의 고가교에서 시공이 용이하다.
② Segment 제작에 필요한 모든 장비를 갖춘 이동식 작업차(wagon : Form Treveller)를 이용하여 시공하므로 커다란 가설설비를 사용하지 않아도 장대교량의 시공이 가능하다.
③ 2~5m의 Segment를 분할하여 시공하므로 상부구조를 변단면 시공이 가능하여 자중을 저감시키는데 용이하다.
④ 대부분의 작업이 이동식 작업차내에서 실시되므로 기후조건에 관계없이 품질, 공정등이 시공관리를 확실하게 수행할수 있다.
⑤ 거푸집 설치, 콘크리트 타설, Prestressing 작업등 모든 작업이 반복 수행되므로 시공속도가 빠르고, 비교적 적은 작업원이 소요되고 숙련도가 빨라 작업을 능률적으로 할 수 있다.
⑥ 각 시공구간마다 오차의 보정이 가능하므로 시공정도를 높일 수 있다.

(2) 이동식 작업차의 구조 종류와 용량

1) 이동작업차의 구조

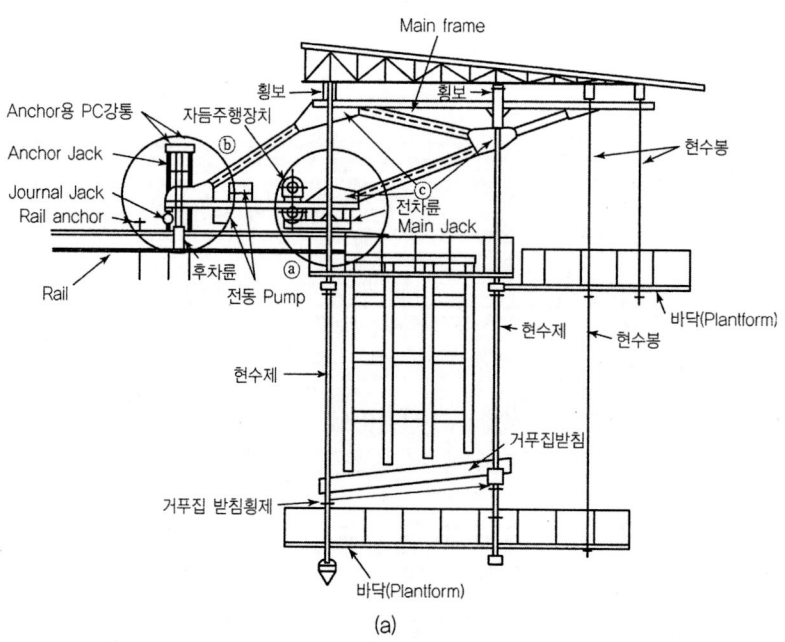

(a)

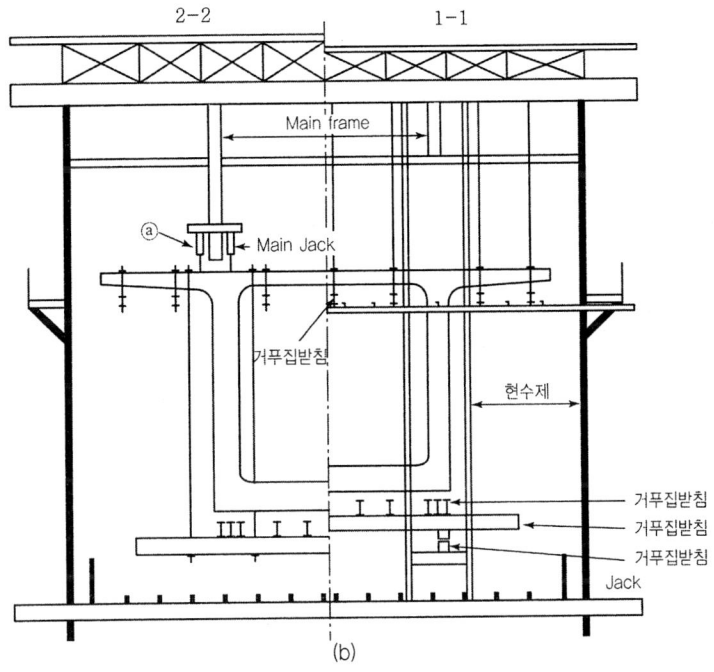

그림 4.4.17 이동식 가설 작업차 (Form Traveller) 구조예

이동식작업차내에서 각종 유압식 또는 기계식의 Jack, 고정장치가 설치되어 있으며, 콘크리트 타설시에 모든 중량에 견딜수 있도록 설계되어 있다. 또한 기타 이동작업차의 전진을 위한 Rail이나 주행장치가 있고, 기후조건에 관계없이 작업을 계속수행 할수 있도록 지붕 보온설비 등이 구비되어 있다.

이동식작업차의 주요한 장치는 크게 나누어 Truss 구조의 Main frame, 작업차의 고정장치, 주행장치, 거푸집, 작업비계 등으로 나눌 수 있다.

그림 4.4.17은 이동식 작업차의 주요명칭을 나타낸 것이다.

2) 종류 및 용량

일반적으로 이동작업차는 그 규모에 따라 소형, 중형, 대형 등 3가지 종류가 있으며 이들의 선택은 선

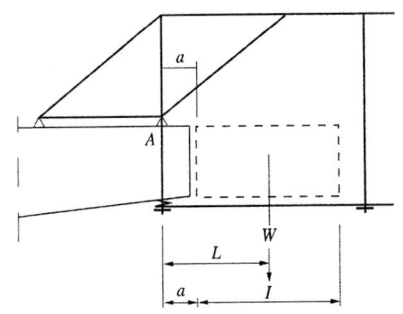

Moment = $W \times L$

$L = \dfrac{\ell}{2} + a$

a : 일반적으로 0.5m
ℓ : segment의 길이
W : 콘크리트 타설량 × 2.5 t/m³

그림 4.4.18 이동식 작업차의 능력

단부에 회전모멘트값 및 1작업 cycle의 Segment 길이 등에 의해서 결정된다.

작업차의 용량은 그림 4.4.18과 같이 전방 지지점에 대한 회전 모멘트를 표시하며 시공 segment의 크기는 타설콘크리트에 의한 회전모멘트가 저항모멘트를 초과할 수 없으므로 작업차의 능력을 유효하게 활용하는데는 segment의 길이를 조정하여 한다.

① 이동 작업차의 콘크리트의 타설 능력

⊙ 표 4.4.2 작업차의 콘크리트 타설 능력

종 별	소 형	중 형				대 형
Frame 수	2	2	3	4	4	2
최대시공폭(m) : W	9.0	14 이하	17 이하	20 이하	24 이하	14 이하
최대용량 (t·m)	150	200	300	400	400	350
최대세그먼트길이(m)	3.5	4.0	4.0	4.0	4.0	5.0

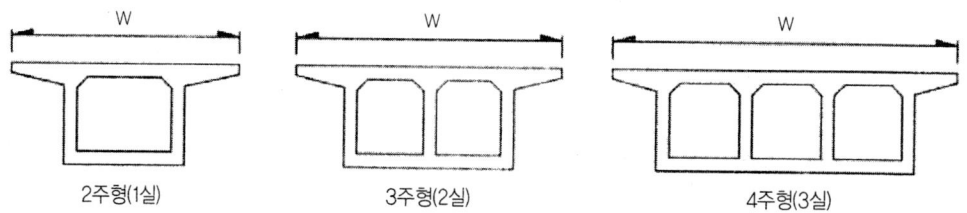

그림 4.4.19 BOX Girder 단면형상

② 이동식작업차의 Frame수와 자중

이동식작업차의 Frame수는 PSC Box Girder의 형상에 따라 좌우되며, Web 수와 Frame 수는 같아야 한다. Web의 모양과 Frame 수와 자중을 비교하면 표 4.4.3와 같다.

⊙ 표 4.4.3 이동식 작업차의 Frame 수와 자중

구 분		소 형	중 형	대 형
2 Frame	자중(Ton)	35	55	80
	부속 설비 중량	10	15	30
	합 계	45	70	110
3 Frame	자중(Ton)	45	65	
	부속 설비 중량	15	20	
	합 계	60	85	
4 Frame	자중(Ton)	55	75	
	부속 설비 중량	20	25	
	합 계	75	100	

(3) Segment 분할

현장타설 Cantilever 공법에서 Segment 크기는 시공기간 및 작업의 효율성에 많은 영향을 미치게 된다. Segment의 크기는 가설장비의 용량에 의해 좌우된다. Segment 길이는 2~5m 정도가 가장많이 사용되며 각 Segment의 중량이 같도록 교각에 가까운 쪽은 짧게하고 경간 중앙으로 갈수록 길게하는 것이 보통이다. 한편 건설공기가 문제가 될 경우에는 Segment 길이를 모두 같게하여 작업차(form Traveller)는 다소 무겁더라도 공기를 단축하는 효과를 얻도록 하는 방법이 사용되기도 한다.

Segment 길이를 결정하는데 고려하는 요소는 다음과 같다.

- 주두부의 작업차(F/T) 설치 가능길이
- Form Traveller (F/T)의 콘크리트 타설능력에 의한 Segment 길이
- Cantilever 연결부의 시공방법에 의한 Key Segment 길이

1) 주두부(柱頭部)의 설치 가능 길이

작업차(Form Traveller)를 조립하기 위해서는 교각위에 최소한의 교각 상부 구조를 교각두부에 미리 제작하게 되는데 이를 주두부라고 한다.

주두부의 Segment 부재 길이는 작업차의 크기나, 주두부에서의 설치방법에 의해 결정되며 그림 4.4.20과 같이 여러 가지 시공법에 따라 주두부의 길이가 결정된다.

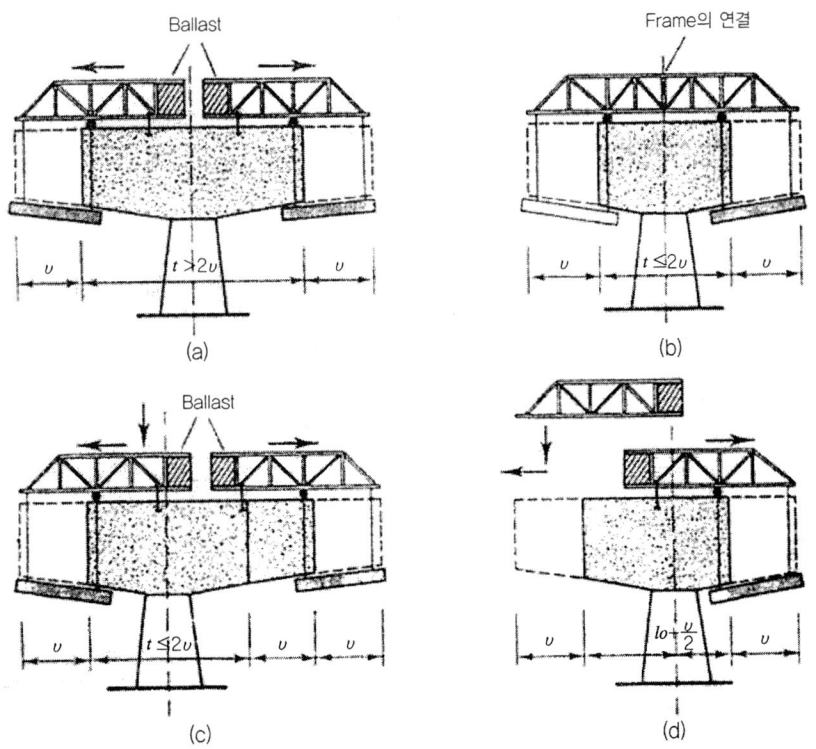

그림 4.4.20 주두부 길이

(a) 작업차 2대를 동시에 조립하고 동시에 이동하는 경우
이 방법이 가장 일반적인 방법이다. 이때 주두부의 적용길이는 10~13m이다.
(b) (a)과 같은 상황이지만 첫 번째 캔틸레버 세그먼트를 가설할때까지 두 대의 작업차를 서로 묶어 두는 경우 : 이 방법은 주두의 길이는 감소시킬 수 있어 효과적이다.
(c) 첫 번째 세그먼트 가설과 첫 번째 작업차의 이동이 완료된 후 두 번째 작업차를 설치하는 방법
(d) 주두부가 비대칭으로 제작되어 경우

주두부의 길이는 위와 같이 시공방법에 따라 달라지지만, 2대를 동시에 조립하여 동시에 이동하는 경우(즉, (a)의 경우)에 다음과 같은 최소치수가 필요하며, 1대만 조립하는 경우에는 이 값이 60% 정도면 충분 한다.

⊙ 표 4.4.4 주두부 길이

종 류	주두부 길이 (교축방향)
소형작업차	10.6m
중형작업차	11.6m
대형작업차	13.0m

2) Form Traveller (F/T)의 콘크리트 타설 능력에 의한 Segment 길이

F/T의 종류는 일반적으로 가설되는 교량의 주거더(Web)의 수, 중량, 시공폭원, 공정 등에 의해 결정된다. 이상의 제시 사항을 고려해서 F/T의 종류가 결정되면 그것에 의해서 Segment 길이를 정할 수 있

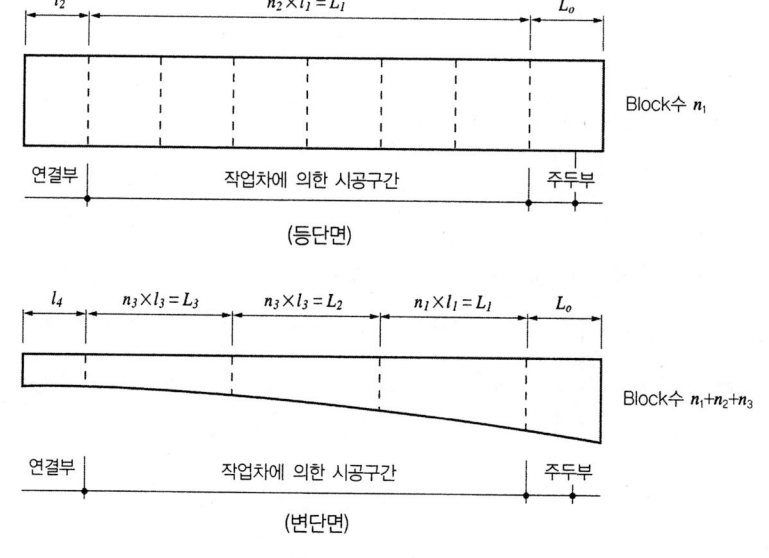

그림 4.4.21 Segment 수

다. Segment 길이는 F/T의 종류에 의해서 그 최대길이가 결정되어 있고 그 최대 길이 이내에서 계획되어야 한다. (그림 4.4.20, 표 4.4.2참조)

또한 주거더의 단면이 등단면 구조이면 Segment 길이는 한종류가 되나 주구조가 변단면 구조의 경우 허용최대 Segment 길이 이내에서 F/T의 능력에 따라서 단계적으로 Segment 길이를 변화시켜 어느 일정구간을 같은 Segment 길이로 하는 것이 바람직하다.

Segment 길이를 결정하는 방법은 그림 4.4.18의 식을 사용, 콘크리트 중량에 의한 지점 A에 관한 휨모멘트가 최대용량 내(표 4.4.2)에 들도록 한다. 또 3주 거더, 4주 거더의 경우에는 각 Frame에 작용하는 하중이 균등하게 되지 않는 일도 있으므로 Segment 길이에 고려를 하여야 한다.

3) Cantilever 연결부의 시공방법에 의한 Key Segment 길이

연속교의 경우 Cantilever 연결부의 시공방법은 그림 4.4.22같이 4가지 방법으로 시공한다.

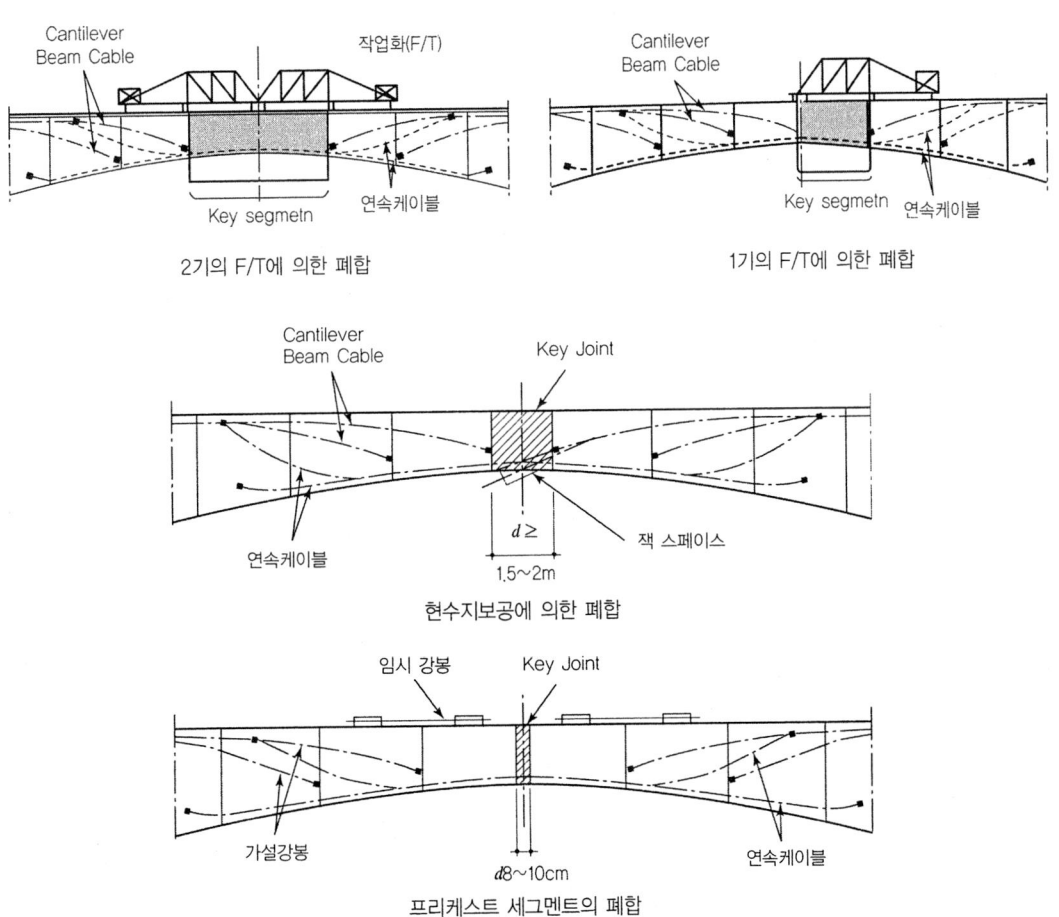

그림 4.4.22 캔틸레버 거더의 폐합

(a)의 방법은 시공중 처짐 오차 보정하는데는 다소 유리한점과 별도의 지보공이 필요하지 않은 이점, 공기가 다소 단축되는 점은 있으나 Segment 길이가 콘크리트의 건조수축에 의한 교축 직각방향으로 균열이 발생하여 내구성에 문제가 있고 교량평면 선형 보정하는데 어려움이 있어 적용을 잘하지 않은 방법이다.

(b)의 방법은 (a)의 방법보다 개선된 방법이나 등경간 교량에서는 적용시는 Cantilever Beam cable 정착을 비대형으로 하는점이 있고하여 잘 적용하지 않는다.

(c)의 방법은 연결부 길이를 1.5~2.0m 범위를 현수지보공을 설치하여 Canti-lever를 연결하는 방법으로 Segment 길이가 짧아 콘크리트의 건조수축에 대한 염려가 적고, 교량의 평면선형 교정이 용이하여 일반적으로 많이 적용하고 있는 방법이다.

(d)의 방법은 연결부를 Precast 부재로 연결하는 방법이나 별도의 Block 인양기가 필요하고 별도의 Segment 제작 제작장이 필요하다. 또한 이 방법은 공기단축을 할 수 있는 이점과 연결부 건조수축에 의한 균열발생 염려는 적다.

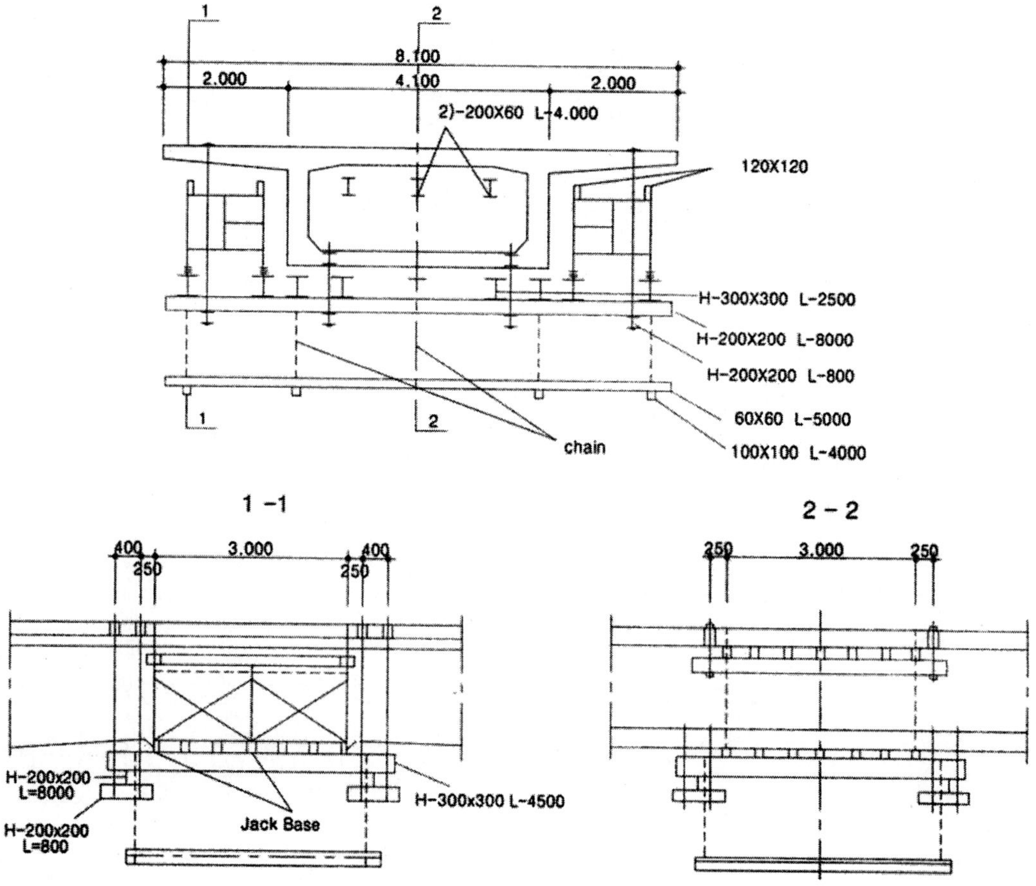

그림 4.4.23 중앙 경간 Key Segment 현수지보공 구조도 예

(4) P.S 강재배치

Cantilever 공법으로 시공되는 교량의 종방향 강재(Tendon, cable)는 시공중 발생하는 부모멘트에 저항하기 위하여 Girder 상부 Flange 근처에 배치하는 Cantilever Tendon(P.S 강재)과 Cantilever부 시공후 연결부(Key Segment)를 시공하여 연속화 시켰을때 발생하는 정모멘트에 저항하기 위하여 Girder 하부 Flange에 배치하는 연속 Tendon(Continuity Tendon)이 있다.

전자는 교각을 중심으로 양측에서 대칭으로 긴장된다. 경간중앙부 Hinge를 가진 Cantilever 구조는 모두 이 Tendon만 배치한다.

그림 4.4.24는 휨모멘트와 종방향 PS강재배치 형태를 나타낸 것으로 Cantilever공법은 P.S 긴장력을 효과적으로 사용되는 공법임을 알 수 있다.

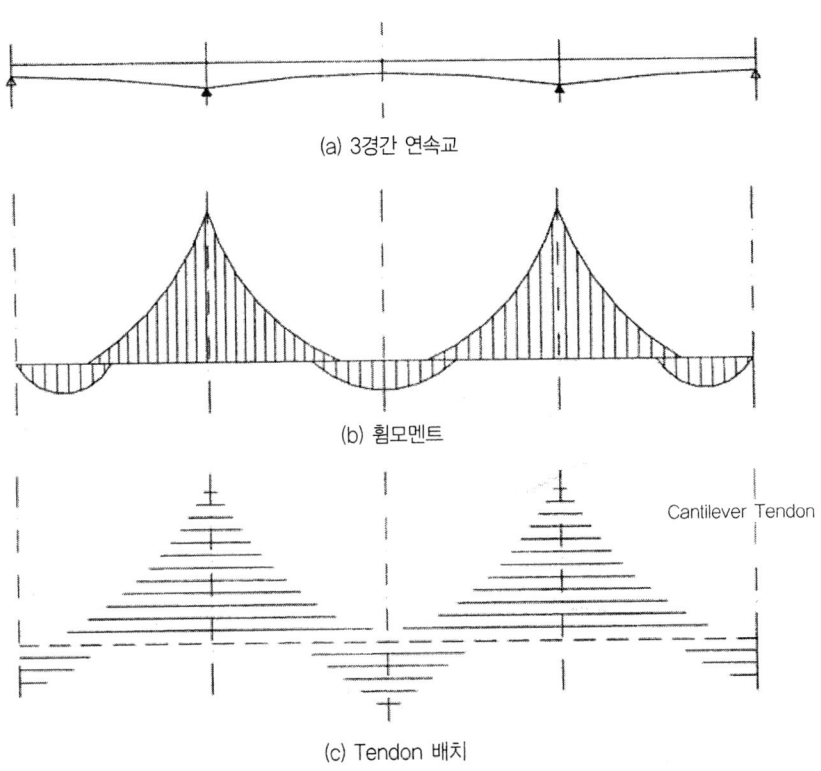

그림 4.4.24 휨모멘트와 Tendon의 배치형태

1) 종방향 P.S 강재

① Cantilever cable (Tendon)

이 Tendon은 Cantilever 시공시 Segment의 자중 및 가설하중에 의해 발생하는 부모멘트에 저항하기위해 배치되는 것으로, 매 Segment가 시공될 때마다 단계적으로 긴장 정착하는 Tondon이다.

이 Tondon은 배치하는 방법은 복부쪽으로 경사지게 배치하여 복부에 정착시키는 방법(경사배치)과 바닥판에 정착시키는 방법(수평배치)이 있다.

(a) 경사배치 방법(Inclined Calbling)

P.S Tondon을 경사지게 배치하여 긴장력에 의한 수직력을 효과적으로 이용하여 외력으로부터 발생하는 전단력의 상당량을 상쇄시키기 위해 복부쪽으로 Tendon을 휘어 배치하는 방법이다. 일반적으로 Tendon의 정착은 각 Segment 단부(이음부)의 복부에 시킨다. 따라서 복부의 두께는 긴장력에 의한 집중하중에 충분히 저항할수 있도록 설계하여야 한다.

복부 두께가 얇은 경우나 콘크리트 강도가 낮은 경우에는 그림 4.4.26과 같이 Duct를 따라서 균열이 발생할 가능성이 있다.

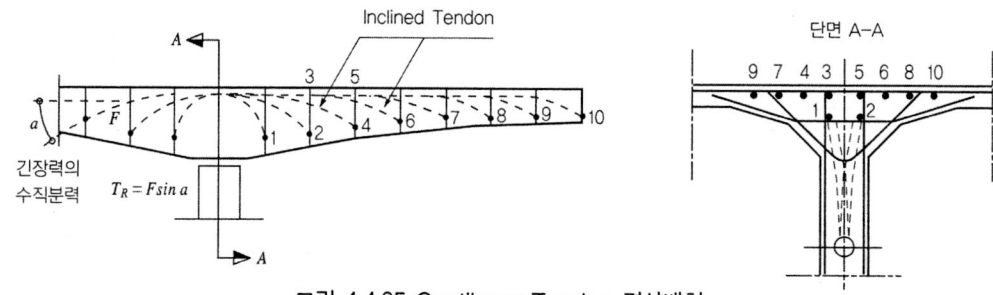

그림 4.4.25 Cantilever Tendon 경사배치

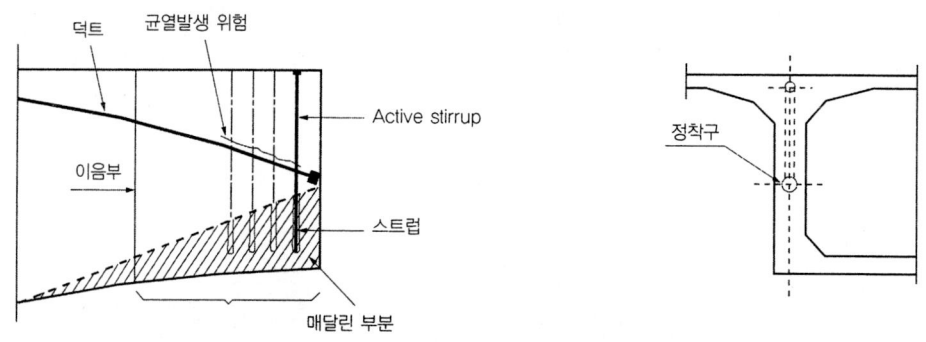

그림 4.4.26 복부에 정착된 Cantilever Tendon

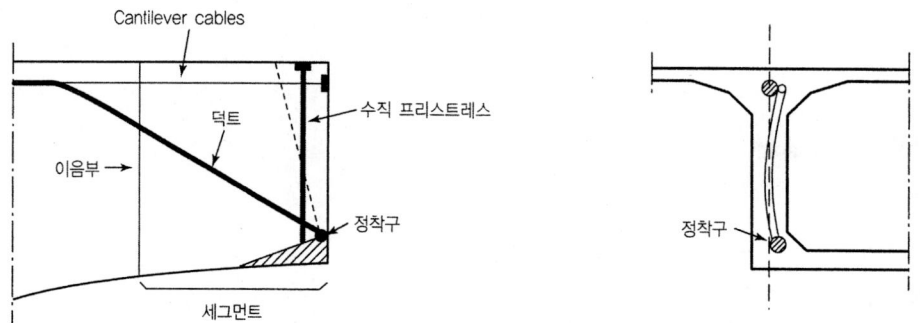

그림 4.4.27 BOX 하부 Haunch에 정착된 Cantilever Tendon

이 균열은 정착구 배면에 수직방향으로 P.S를 도입하거나 철근으로 전단보강을 하면 방지할 수 있다. 한편 Segment 하단부에서는 긴장력의 경사분력에 의한 전단력이 평행을 이루지 않으므로 수직방향으로 Stirrup을 설치하여 평행을 이루게 한다.

Cable이 그림 4.4.27와 같이 하부 Flange와 web의 접합부 Haunch에 정착되는 경우에는 이러한 문제가 발생하지 않는다.

- 교량상부 구조높이가 변화하는 경우(변단면 경우) Cantilever Tendon 배치 그림 4.4.28와 같이 정착구의 위치(d')와 Segment의 이음부가 교차하는 위치(d)를 일정하게 유지되도록 한다. 이렇게 하면 Cable의 경 사각(a_i)는 매 Segment마다 변하게되고 교량지점 부근에서 최대경사각 을 갖게 되어 전단력이 가장 크게 발생하는 부분에서 전단력을 감소시킬 수 있는 효과가 있다.

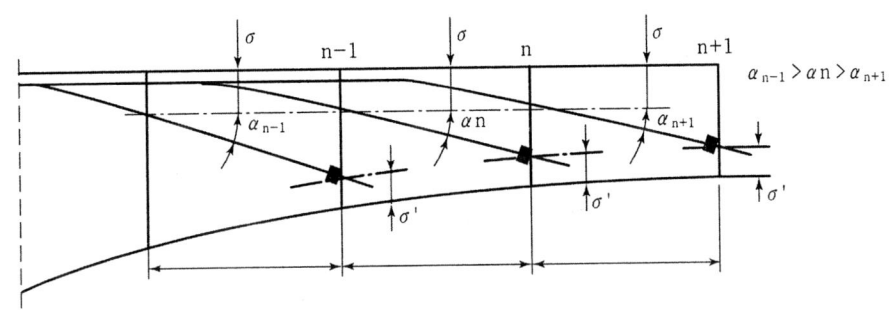

그림 4.4.28 변단면 교량의 Cantilever Tendon 배치

- 교량상부구조 높이가 일정한 경우(등단면 경우)의 Cantilever Tendon 배치 그림 4.4.29과 같이 Tondon의 배치가 인접 Segment로 평행이동한 것처럼 배치한다. Cantilever Tendon도 같은 방법으로 배치한다.

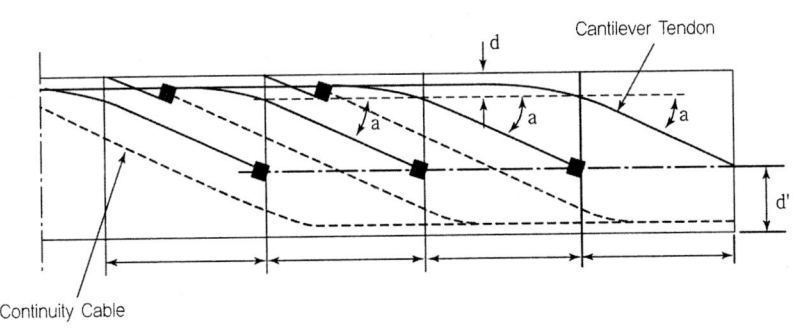

그림 4.4.29 등단면 교량의 Cantilever Tendon 배치

- Box내부에 설치된 돌기(Bosses)와 절입(매입) (Inset Bosses)에 정착시키는 방법 Segment 사이의 접합부 web에 정착하지 않고 Box Girder 내측의 돌기 또는 Rib에 정하는 방법으로 다음과 같

은 장점이 있다.

- 거더 외측에서의 여러 가지 설비, 이동작업차에 의한 위험을 받지 않고 Cable의 정착작업, 인장 작업, 및 grouting을 내측에서 용이하게 할 수 있다.
- Cantilever Tendon 이 절감되며, Segment 가설시에는 가설되는 Segment 자중분 만큼 저항하는 Cantilever Tendon을 배치시켜 긴장할 수 있으므로 시공속도가 향상되며, 현장연결부 시공 후 추가 Cantilever Tendon을 배치시켜 긴장한다.

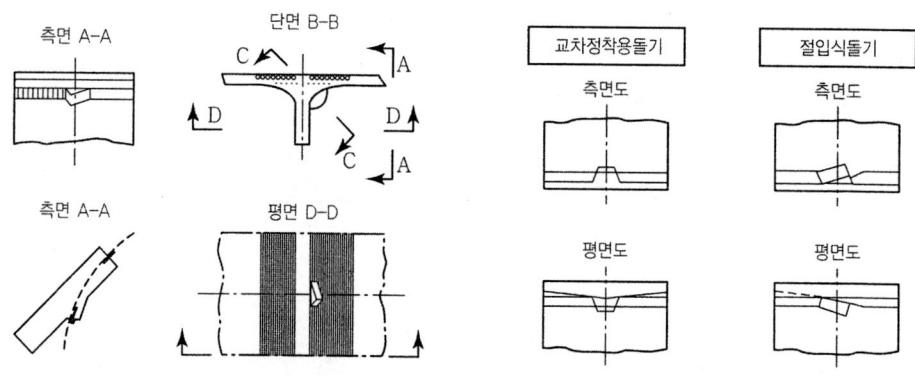

그림 4.4.30 정착돌기의 정착방법

그러나 이와 같은 배치는 정교한 시공기술과 과도한 마찰손실을 유발시키므로 주의를 요한다. 정착돌기는 복부와 바닥판에 정착력을 분산시키기 위해 바닥판과 복부의 경계부에 설치하는 것이 일반적인 방법이다. 또 2개의 Tendon을 교차해서 정착되는 교차 정착식과 바닥판내에 정착부를 설치하는 절입정착식이 있다.

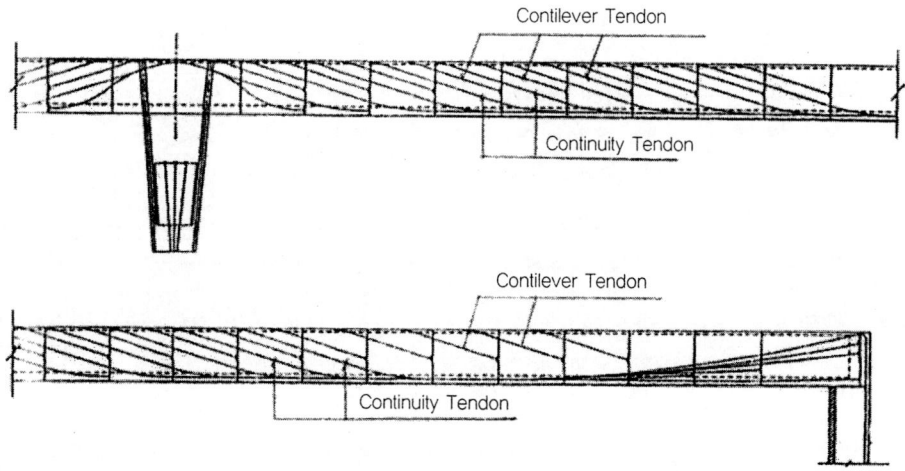

그림 4.4.32 Cantilever Tendon 경사배치 예

(b) 수평배치 방법 (Horizontal cabling)

이 방법은 Cantilever Tendon을 상부 Flange내에 모두 배치되는 것으로 측면에서 보면 거의 직선이고 평면에서 보면 배골상(背骨狀)을 갖는 배치형식이다. Tendon의 정착은 대개 콘크리트 Segment의 중립축위치의 web와 상부 Flange의 접합부(Haunch부)또는 Box Girder 내부에 설치된 돌기에 한다.

이와 같이 수평으로 Tendon을 배치하면 긴장력에 의한 전단력의 감소를 기대하기 곤란하므로 web에 수직 Prestress 또는 추가 Stirrup을 배치해야 하는 단점이 있으나, 다음과 같은 장점이 있다.

ⓐ 설계 시공이 단순화가 가능하다.
ⓑ 곡률에 의한 마찰손실 감소로 인한 긴장력의 효율적 이용이 가능하다.
ⓒ 긴장재의 Sheath내의 삽입이 용이하다.
ⓓ web에 Tendon이 배치되지 않으므로 복부 두께를 얇게 할수 있고, 높이가 큰 web의 콘크리트의 타설 및 수화열에 대한 대책이 용이하다.

한편 Girder높이가 일정한 등단면의 경우는 하부 플랜지의 곡률로 인한 전단력의 감소효과(resal effect)가 없으므로 수직 프리스트레싱이 변단면보다 더 많이 필요하게 된다. 수평 배치된 cable의 설계와 배치는 휨모멘트에 의해 결정되고, 복부의 전단강도는 수직 프리스트레싱 또는 전단 철근에 의해 전적으로 확보되도록 설계한다.

일반적으로 시공성의 문제점이 적은 이 방법을 최근에는 널리 사용하고 있다.(그림 4.4.32 참조)

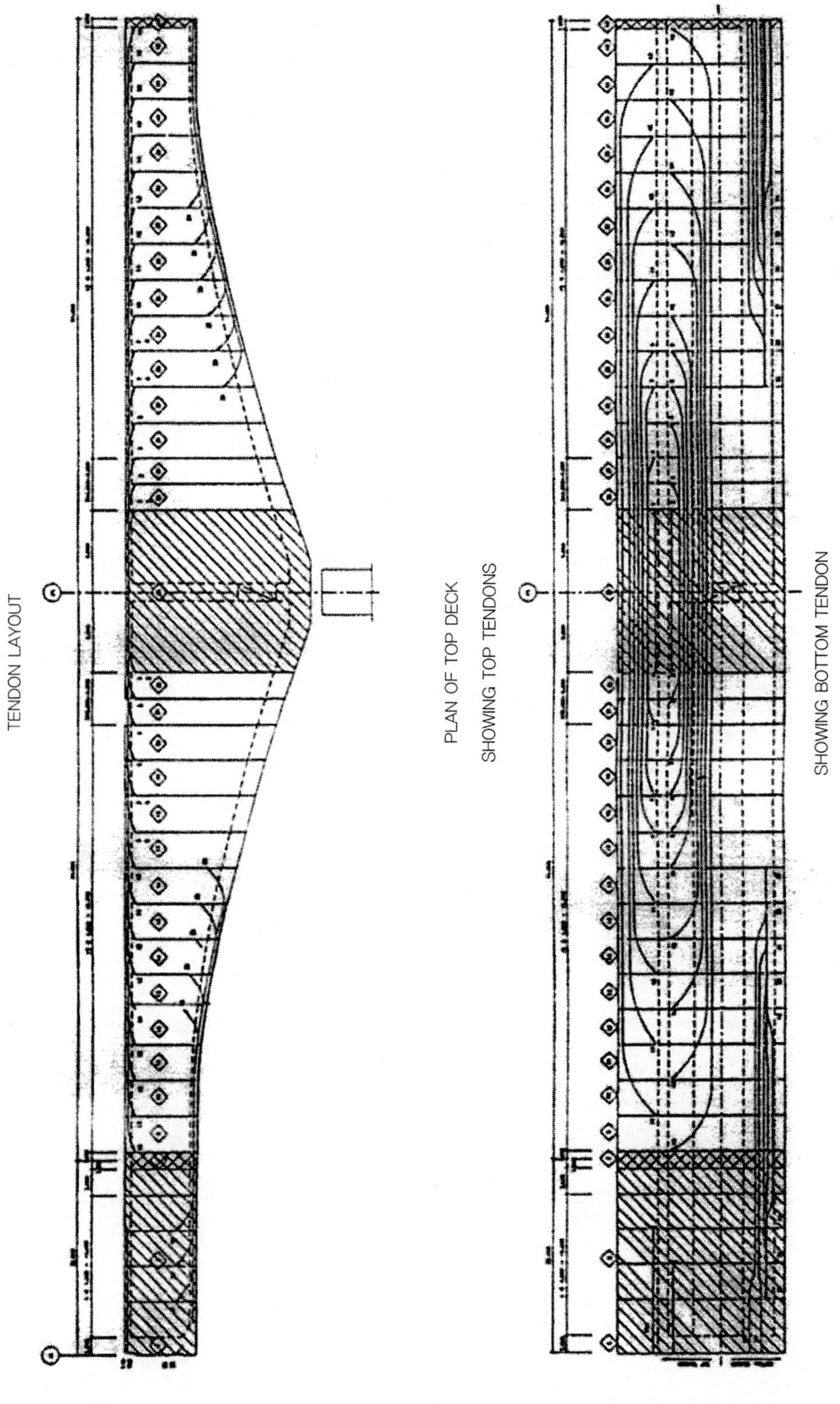

제4장_ 가설공법에 따른 P.S.C 거더교의 계획과 설계

TENDON LAYOUT

PLAN OF TOP DECK
SHOWING TOP TENDONS

SHOWING BOTTOM TENDON

그림 4.4.32 Cantilever Tendon 경사배치 예

② Intergration Tendon(Midspan Tendon)

이 Tendon은 Cantilever부 시공이 끝난후 연결부(Key segment)를 시공하고 상부거더를 연속화 시키는 교량형식에서 필요한 것으로 연속화를 시키면 구조계가 변하여 경간 중앙에 정모멘트가 발생하여 이에 저항하도록 배치하는 Tendon이다.

이 Tendon은 주로 하부 Flange에서 정착되지만 상부 바닥판까지 휘어서 배치하는 경우도 있다.

이 Tendon은 정착하는 위치에 따라 그림 4.4.33와 같이 여러 형태로 배치할 수 있다.

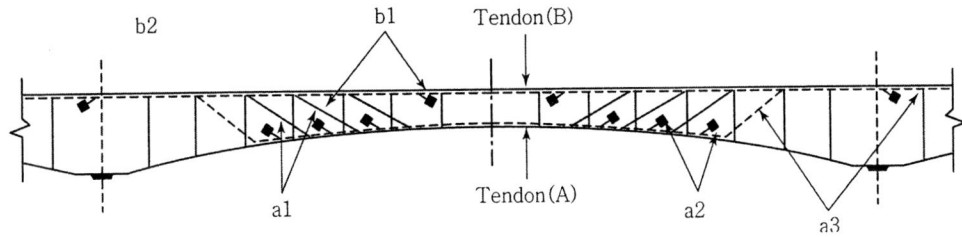

그림 4.4.33 Intergration Tendon

(a) 아래 Flange측의 Intergration Tendon(Tendon A)

a) web을 따라 경사지게 들어올려 상부 Flange 절입하여 Tendon을 정착한다.

(그림 4.4.34) Cantilever Tendon과 겹치는 경우에도 Tendon을 경사지게 한다. web는 많은 경사진 P.S 강재가 중복배치 되므로 복부의 전단 강도가 저하되므로 직경이 작은 철근으로 전단보강을 행해야 한다.

한편 상부 Flange에 Slots를 설치하면 시공중 Duct내에 침수염려가 있으므로 grout 및 resin Sealing을 할 때 주의해야 한다.

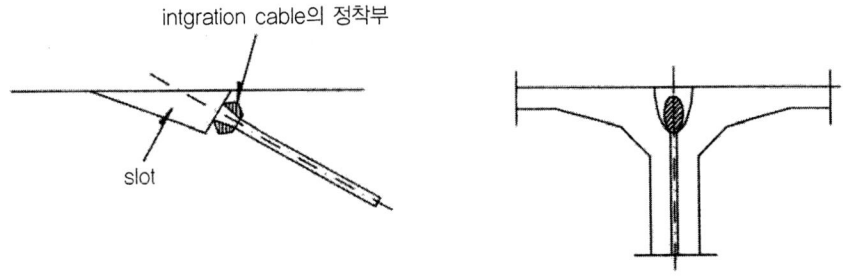

그림 4.4.34 상부 휨플랜지에서의 Intergration Tendon 정착

b) 아래 Flange의 위또는 web와의 연결부에서 돌기에 의해 Tendon이 정착된다.(a2) 이들의 Tondon은 Cantilever Girder의 수평 배치방법과 비슷하게 배치된다.

c) 지점부에서 Cantilever의 P.S 강재로 배치하면 Cantilever Tendon의 역할을 하고 경간 중앙부에서는, 아래 Flange Tendon 역할을 하는 Tendon 배치(a3)

모든 Intergration Tendon은 하부 플랜지의 축선을 따라 배치된다. 형고가 변화할때는 하부 플랜지의 축선이 곡선이 되므로 이 축선을 따라 배치된 Intergration Tendon은 아래 방향으로 힘을 작용시키고, 이 힘에 대해서 하부 플랜지의 횡방향 휨이 저항해야 한다. 한편, 하부 플랜지에 작용하는 교축 방향의 압축응력은 상향의 힘을 유발시키고, 이것은 Intergration Tendon에 의한 하향의 힘을 어느 정도 상쇄시킨다. 그러나 하부 플랜지의 자중과 활하중, 온도하중 등에 의해서 하향의 응력은 증가되고, 이것이 Tondon에 의한 하향의 응력과 중첩되어 이에 대한 충분한 철근 보강 조치를 하지 않으면 하부 플랜지에는 균열이 발생하게 된다. 곡률에 따라 다르겠지만 어떤 경우에는 Intergration Tendon의 곡률에 의한 하향의 응력이 자중에 의한 것보다 4~5배 이상인 예도 있으므로 주의를 요한다. 또한 도면에서 제시된 곡률과 실제 시공시 설치되는 텐던의 곡률이 서로 다르게 되어 실제로는 계산보다 더 많은 배근이 필요하게 된다는 점을 주의해야 한다. 〈그림 4.4.35〉은 위에서 설명한 사항을 나타내고 있다.

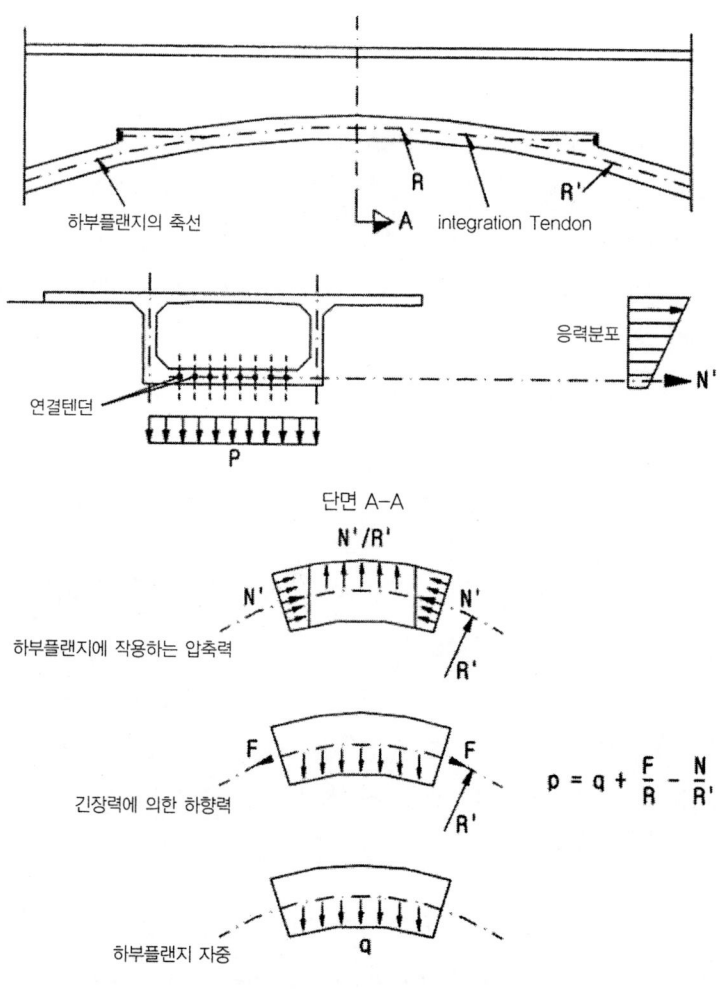

그림 4.4.35 하부 Flange에 있어 Tendon의 분력

한편, 세그먼트가 서로 만나는 부분, 즉 이음부에서 sheath는 보통의 경우에 제위치에 놓이게 되지만, 연성(flexble) 쉬스를 사용하거나 인접 세그먼트의 상대 변위가 과도해지면 이 부분에서 쉬스의 각도가 분연속해 질 수 있다. 이러한 경우에는 이 부분의 마찰손실이 클 뿐만 아니라 긴장력이 〈그림 4.4.36〉과 같이 불연속 부위에 집중되어 하향의 집중하중이 작용되고, 이로 인해 하부 플랜지의 내호면에 국부적인 할열과 파열이 발생될 가능성이 있다. 이러한 문제는 연성 덕트를 강성(rigid) 쉬스로 교체하고, 시공시 쉬스의 불연속을 방지함으로써 해결 가능하다.

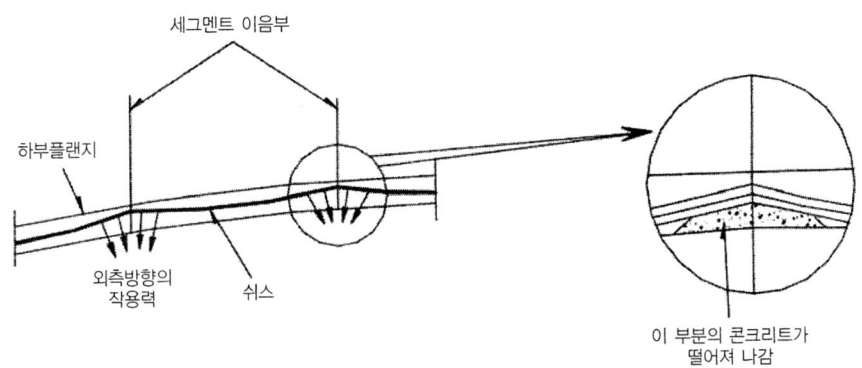

그림 4.4.36 Tendon 배치 오류에 의한 국부응력

연결 Tendon을 하부 플랜지에 설치된 정착돌기에서 정착시킬 때 한 단면내에 여러개의 정착구를 설치하면 긴장력에 의해서 정착구 배면에 〈그림 4.4.28〉와 같이 인장균열이 발생할 가능성이 있으므로 주의해야 한다.

프리캐스트 세그먼트 교량인 경우에는 이음부를 통과하는 철근이 없으므로 이음부에서 균열이 발생하게 될 가능성이 많다.

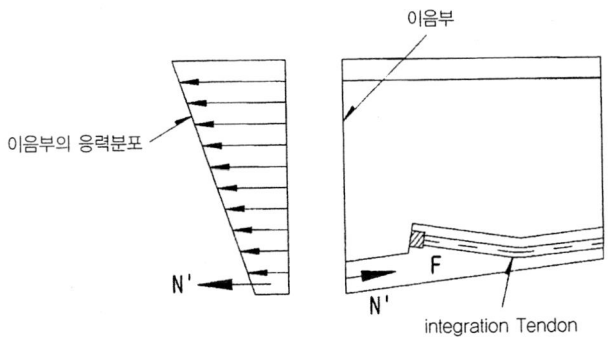

그림 4.4.37 정착에 의한 인장력

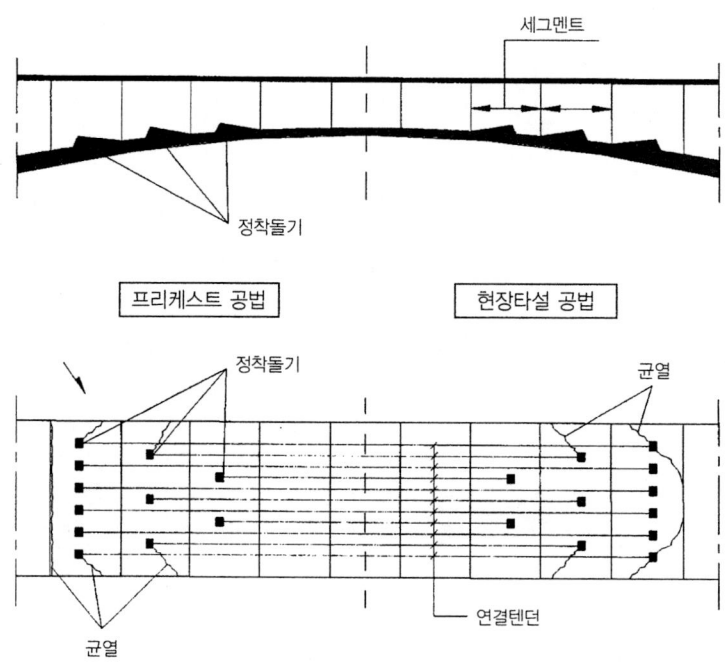

그림 4.4.38 정착돌기 배면의 균열

(b) 상부 Flange측의 Intergration Tendon(upper Intergration cable)

Tendon(B)는 상부 Flange 축선에 평행하게 배치되고 web와 상부 Flange와의 경계부에 정착된다. (그림 4.4.33의 b1)

또한 지점부 Diaphragm에 정착한다. (그림 4.4.33 b2)이 Tendon은 Segment가 시공되면서부터 특별한 거푸집에 의해 만들어진 콘크리트에 의해 상부 Flange에 따라 정착된다.

이 Tendon에 의해 생기는 부정정모멘트는 대부분의 구조물에는 상대적으로 적다. 지점위의 단면에서는 최대 휨 모멘트의 6~8%에 가까운 값이다.

③ 종방향 P.S 강재 배치시 고려사항

설계 및 시공시 다음 사항을 고려하여 종방향 Tendon을 배치시킨다.

(a) 정착위치의 결정

정착위치는 시공성을 위하여 단면의 일정한 위치에 위치시키는 것이 좋다. 이 때 사용될 정착구의 크기 등을 고려하여, 연단거리 및 긴장시의 작업공간 등도 동시에 검토되어야 한다.

(b) 작업차 (Form Traveller)

현장타설 캔틸레버 공법의 경우 작업차는 기시공된 세그먼트에 고정되어 다음 세그먼트를 가설하므로 바닥판 및 하부 플랜지에 구멍이 생기게 된다. 따라서, 모든 텐던의 위치는 이러한 구멍과 교차되어서는 안되며 이를 피하는 선형이 되도록 배치하여야 한다.

(c) 정착부의 최소 직선거리 (표 3.5.13~표 3.5.20 참조)

설치되는 Tendon은 배치형상이 곡선을 이루더라도 정착부에서는 최소의 직선 선형을 확보하여야 한다. 이 길이는 Tendon 크기 및 사용되는 정착구에 따라 다르므로 Tendon 배치시 주의해야 한다.

(d) Tendon의 최소 곡률 반지름 (표 3.5.13~표 3.5.20 참조)

대부분의 경우 Tendon은 시공성 및 구조적인 이유로 인하여 정착되는 위치가 일정하므로 Tendon 선형이 정착부 부근에서 곡선을 이루게 된다. 이러한 곡선은 최소곡률 반지름으로 제한을 받게 되고 사용되는 정착구에서 따라 정해지므로 주의해야 하며, 이 반지름은 단위가 클수록 증가하게 된다.

특히 하부의 연결 Tendon 정착부 부근에서는 작은 반지름 형성되어 응력집중에 의한 균열이 발생할 가능성이 크므로 엄밀한 검토가 필요하다.

(e) 사용될 잭(Jack)의 크기

사용될 잭의 크기 및 성능을 파악하여 긴장할 수 있는 공간을 확보하도록 정착부 블록의 위치 및 크기를 결정하여야 한다. 특히, 박스 내부에서 긴장하는 경우에는 작업공간이 확보되도록 주의해야 한다.

(f) 횡방향 Tendon의 사용유무

횡방향 Tendon 사용되는 경우에는 종방향 Tendon을 횡단면의 캔틸레버연단으로부터 적당한 거리만큼 유지시켜 횡방향 Tendon의 설치에 지장이 없도록 해야 한다.

(g) 복부전단 Tendon의 사용유무

복부 Tendon 사용하게 되면 종방향 Tendon과 서로 간섭되므로 복부 양측의 헌치에 정착구를 설치하여 양방향의 Tendon이 각각 정착될 수 있도록 한다.

2) 횡방향 P.S 강재(Tendon)

캔틸레버 공법 교량의 횡방향 Tendon은 다른공법으로 시공되는 교량의 횡방향 텐던과 설치 목적이 동일하다. 횡방향 Tendon은 바닥판 및 하부 플랜지 길이가 길어 철근 보강만으로는 횡방향 모멘트에 저항하기 곤란할 때 사용된다. 횡방향 Tendon용으로 사용되는 강재는 비교적 직경이 작은 것을 사용하여 횡방향 Tendon배치 간격을 작게 하고, 종방향 Tendon에 영향을 주지 않도록 하여야 하며, 바닥판의 두께를 증가시키지 않도록 해야 한다. 횡방향 Tendon의 배치 간격은 작용되는 응력으로 결정되지만 복부전단 Tendon의 위치와 교차하지 않도록 간격을 조정해야 한다. 한편, 받침이 복부 밑에 위치하지 않는 교각 및 교대의 격벽(diaphragm)은 횡방향 Tendon을 설치하는 것이 바람직하다.

3) 복부전단 Tendon

복부전단 텐던(web shear Tendon)은 종방향 텐던이 경사 배치되어 있지 않아 전단응력의 감소를 기대할 수 없는 경우나, 복부에 횡방향의 휨이 크게 작용할 때 배치시켜 복부의 전단강도를 증대시키는 역할을 한다. 복부전단 Tendon의 배치는 수직 또는 경사로 배치시킬 수 있으나, 경사배치는 시공상 어려움이 있으므로 수직으로 배치하는 것이 일반적이다. 현장타설 캔틸레버 공법의 경우에 복부전단 Tendon이 작업차의 지지점 역할을 동시에 수행하도록 배치시키므로써 시공성을 향상시킬 수 있다. 따라서, 작업차의 지지위치가 복부전단 Tendon의 위치 결정에 중요한 요인이되며, 이를 고려하여 복부전단 Tendon의 간격이 조정되어야 한다.

(5) 시공순서

Girdir교의 시공순서는 Rahmen교 형식, 연속교 형식은 조금 차이가 있다.

그림 4.4.39은 3경간 연속 Rahmen교의 시공순서는 나타낸 것이다.

거더교의 시공은 보통 교각 주두부 시공, Cantilever부 시공, 측경간부 시공, 중앙연결부(Key segment) 시공등 크게 4가지로 나눌수 있다.

거더교의 구조형식이 연속교일때는 교각과 주두부를 임시로 고정하는 가지보공이 추가 된다.

Cantilever공법 적용 교량에서 시공순서 결정은 교량을 해석하기 위해서는 시공단계의 설정과 각 단계의 가설하중, 시공기간을 산정해야 한다.

이와 같은 목적을 위해 시공공정표를 설계단계에서 작성해야 한다. 시공단계는 현장타설인 경우와 Precast인 경우가 달라지고, 각 공법에 대해서도 교량의 구조형식, 교량의 규모등에 따라 각기 달라져 일률적으로 말할 수는 없지만 일반적인 시공단계는 다음과 같다.

① 주두부 및 기준 세그먼트의 시공단계
② 캔틸레버부의 시공단계
③ 측경간의 시공단계
④ 측경간 연결부의 시공단계
⑤ 중앙 경간 연결부의 시공단계
⑥ 가설 고정장치의 해체단계
⑦ 교량 완공후 및 사용단계
⑧ 크리프 변형의 완료단계

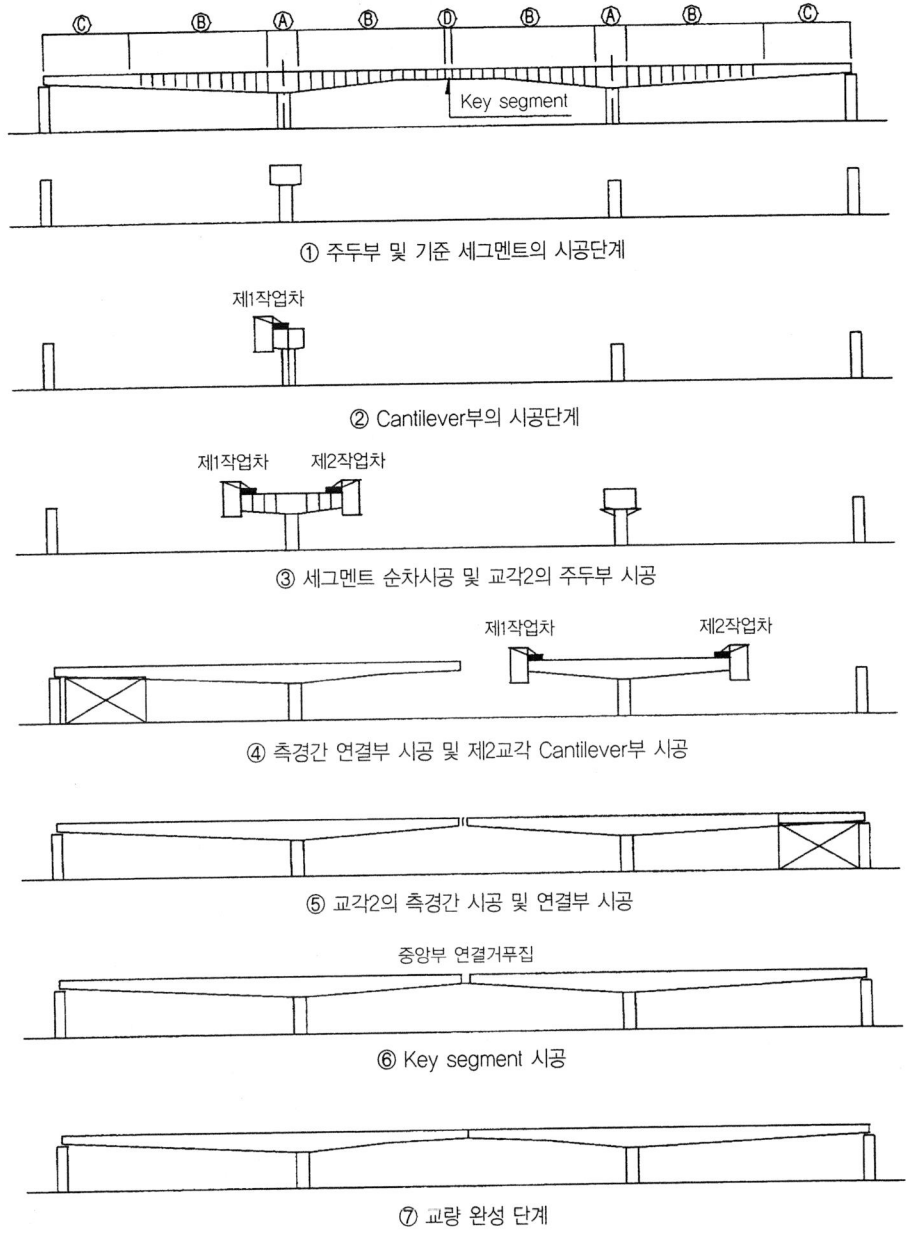

그림 4.4.39 3경간 연속교의 현장타설 Cantilever공법 시공과정

4.4.6 이동식 가설 TRUSS를 이용한 가설공법

(1) 개요

이공법은 4.3.1(3)의 Hanger Type (Below Type)의 이동식 작업차에 의한 가설공법과 마찬가지로 이동식 가설트러스(Moving gantry)라는 가설장치를 이용하여 교각좌우 평행을 유지하면서 상부구조를

한쪽으로부터 연속타설하여 가는 현장 타설 Cantilever공법의 일종이다.

이 공법은 서독의 Poleneky & Zoilner사(이회사의 머리자만 따서 P&Z공법 이라고 부름)에서 최초로 개발한 것이다.

이 공법의 특징은 다음과 같다.

ⓐ Segment 제작에 필요한 모든 장비, 자재를 기 가설된 상부구조 위에서나 이동식 가설트러스를 통하여 운반되므로 교각의 높이가 높아 지상으로부터의 자재의 운반이 곤란한 경우, 하천, 해상, 계곡등 동바리 설치가 곤란한 경우에 용이하게 시공할 수 있다.
ⓑ 적용경간이 40~150m이다.
ⓒ 1-Segment 길이를 10m까지 가능하고 시공속도가 빨라 공기를 단축할 수 있다.
ⓓ 완화곡선을 포함한 곡선교의 시공이 가능하며, 변단면의 시공도 가능하다. 현재까지 시공된 교량의 최소곡선반경은 R=350m이다.
ⓔ 주두부 시공은 인양기를 사용하여 시공을 할 수 있다.
ⓕ 지상에 지보공을 설치하지 않고 측경간 시공이 가능하다.
ⓖ 교량의 구조형식이 연속 Girder 형식일 경우 주두부의 상부구조에 불균형 모멘트가 발생하지 않으므로 교각과 상부구조의 가고정 장치를 소규모로 만들어도 좋다. 또한 Rahmen교 형식일 때 교각에 커다란 모멘트가 전달하지 않도록 할 수 있다.
ⓗ 작업을 cycle 시공하므로 공정관리 품질관리를 잘할 수 있다.
ⓘ 동일한 장치로 경간길이가 다른 교량에도 용이하게 대응할 수 있다.
ⓙ 장치의 범용이 커서 전용이 용이하다.

(2) 가설장치의 구조

본 공법에 사용되는 가설장치의 기본적인 구성 1개의 이동가설 Truss Laun-ching Girder), 3개의 가받침대, 2대의 거푸집이 설치된 작업차 2개의 중간지주, 1개의 보조지주로 되어있다.

이 공법의 이동식 가설 Truss의 주요장치 명칭은 다음 그림 4.4.40에 나타나 있다.

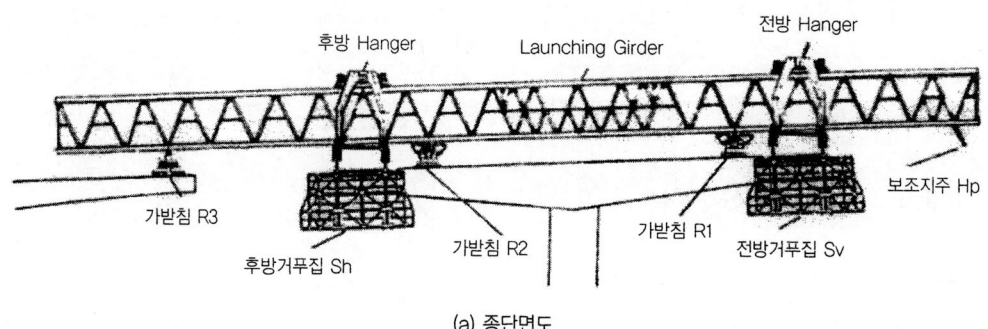

(a) 종단면도

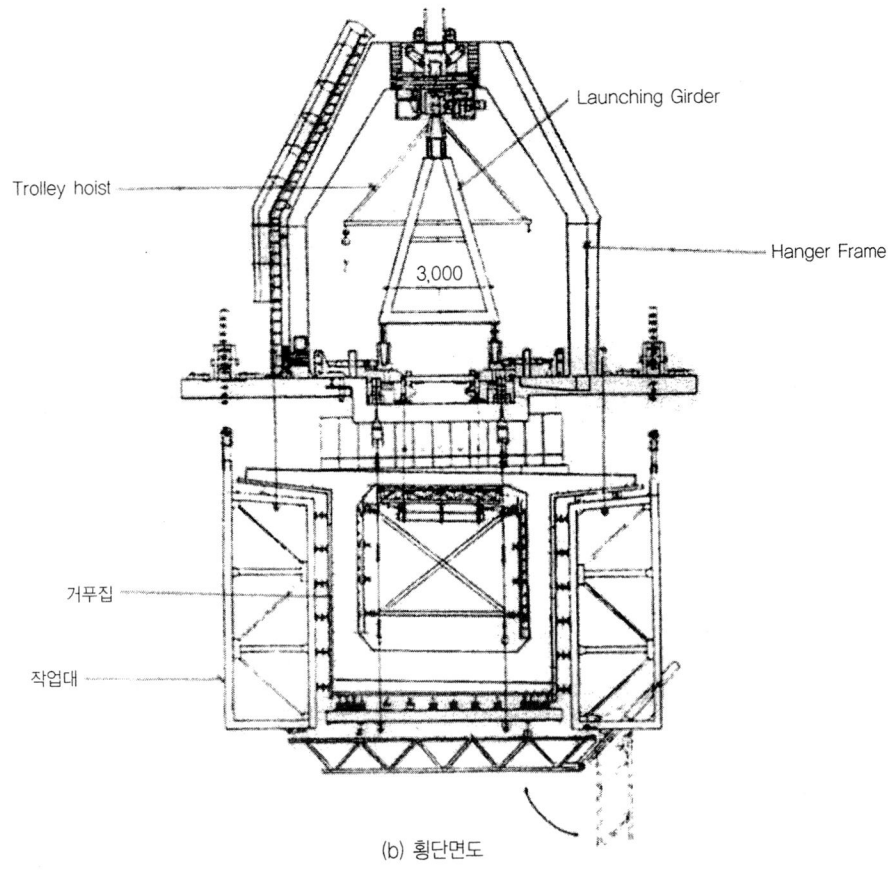

(b) 횡단면도

그림 4.4.40 P&Z 이동식 지보공

(3) 시공순서

일반적인 전체 시공 순서는 그림 4.4.41와 같다.

그림은 P&Z공법의 편측 시공을 나타낸 것으로 자재운반은 기설치된 상부 Launching girder 이용하며 도달측의 측경간부의 시공은 step⑤에 나타나있고, 지상 지보공을 사용하는 것은 P&Z 장치는 시공하기 위해서 하며 이는 환경조건에 좌우되고 다리밑 높이가 높고 급경사 지역에서 특히 유효하다.

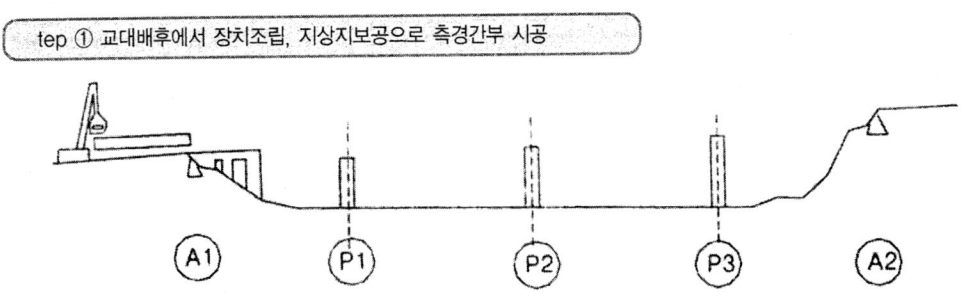

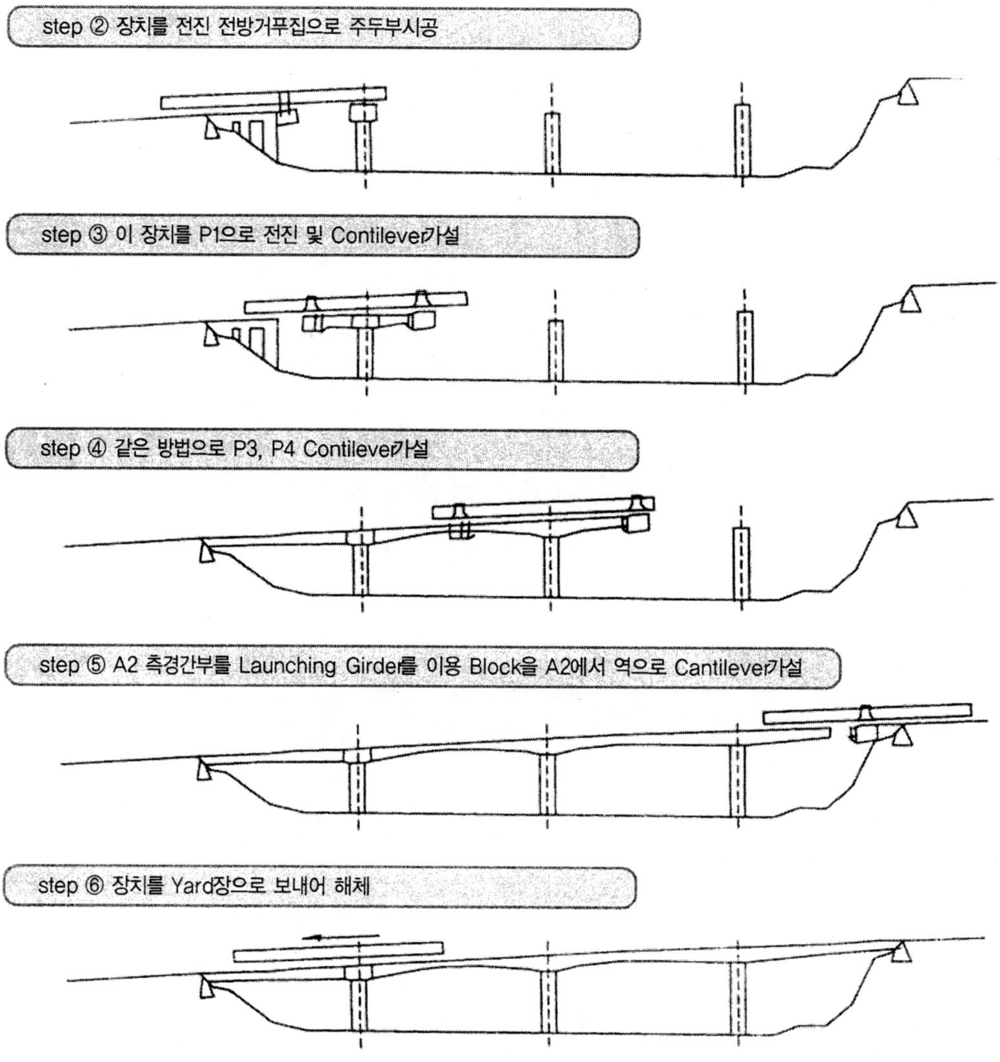

step ② 장치를 전진 전방거푸집으로 주두부시공

step ③ 이 장치를 P1으로 전진 및 Contilever가설

step ④ 같은 방법으로 P3, P4 Contilever가설

step ⑤ A2 측경간부를 Launching Girder를 이용 Block을 A2에서 역으로 Cantilever가설

step ⑥ 장치를 Yard장으로 보내어 해체

그림 4.4.41 전체시공 순서도

(4) 설계·시공시 고려사항

1) Segment 분할시 길이를 일정하게 하는 것이 좋으나 각 Segment의 중량이 다르므로 이동 Girder의 안전성을 검토하여 길이를 결정하여야 한다.(최대 10m)
2) 교량의 평면선형의 최소곡선반경 ($R = 350m$ 이상)
3) 교각의 높이 및 경간수 (경간수가 많은 것일수록 유리)
4) 가설장비의 전용여부
5) 교량의 폭원 (교량폭원이 넓으면 가설장비가 커져서 비경제적)
6) 적용지간

7) Form Traveller로 시공가능여부 (시공이 불가능할 때 이공법 적용)
8) 건설공기

4.4.7 전진가설공법(Progresive placement construction)

(1) 개요

이 공법은 1966년에 핀랜드의 Ounasjoki교의 시공에 처음 적용된 공법으로서 Span by span Method와 유사하지만 그 기원은 Cantilever 공법의 개념에서 시작 된 것이다.

이 공법은 교량의 시점에서 종점가지 연속적으로 Cantilever식이 되게 가설해가는 것으로 교각 좌우측으로 평행을 맞추면서 시공하는 Cantilever 공법과는 다르다.

이 공법은 교대 또는 교각부근의 일부분을 고정지보공에 의해서 시공한후 Cable, Tower 및 기타 장비를 이용해서 점차적으로 교량상부구조를 시공해 가는 단순 Cantilever방식 (Free Cantilever System)이다.

이 공법은 상부구조 가설방식에 따라 현장타설공법과 Precast Segment 공법으로 나누어진다.

현장타설공법은 이동식 작업차 (Form Traveller)를 선단에 설치하여 Segment를 제작한 후 Cable로 잡아매는 방식이 많이 사용되며, Precast공법은 Segment를 기 시공된 상부구조 위를 통하여 운반해와 Crane등의 장비를 이용하여 상부구조를 가설한다.

그림 4.4.42는 이 공법에 의한 교량 가설 방식을 나타낸 것이다.

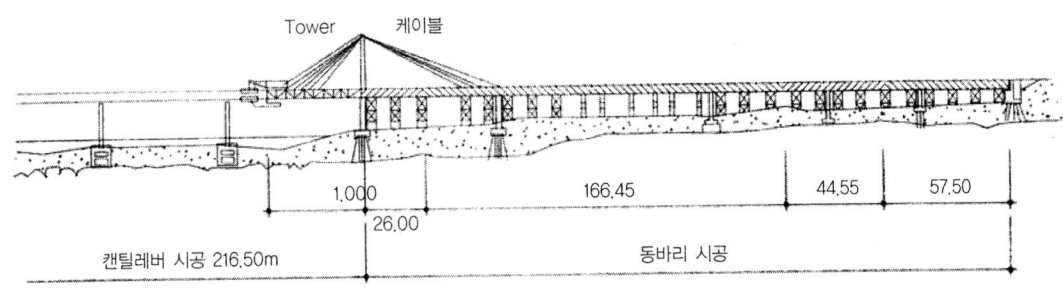

그림 4.4.42 전진가설공법에 의한 교량시공 개요도

이공법의 특징은 다음과 같다.

ⓐ 작업은 시공이 완료된 부분으로부터 연속적으로 진행되므로 공정관리가 용이하다.
ⓑ 교각에는 수직력만 작용하므로 불균형 모멘트와 발생하지 않으며 시공중 교각 주두부에 임시 지지대가 필요하지 않다.
ⓒ 곡선교 시공에 잘 적용한다.
ⓓ 교량의 첫 번째 경간에는 적용이 곤란하다.

ⓔ 첫 번째 경간 시공을 위하여 고정 동바리 공법이 요구된다.
ⓕ 가설을 위한 보조지지 장치 즉 Cable, Tower 등이 필요하다.
ⓖ 교각에서 다음교각으로 이동작업차를 이동할 필요가 없으므로 시공속도가 빠르다.
ⓗ 시공시와 완성시의 응력 상태가 비슷하므로 Span by Span Method에 적용한 P.S 강재(Tendon) 배치 방법을 적용할 수 있다.
ⓘ 간단한 방법으로 강재를 긴장시킬수 있고, Segment 줄눈사이에 연속해서 정착시킬 수 있다.
ⓙ 이공법의 적용지간은 30~90m이다.

(2) 시공순서

이공법에 의한 시공실적이 그리 많지 않으므로 본 서에서는 시공순서에 대해서만 간단히 기술한다. 시공순서는 그림 4.4.43와 같다.

① 측경간을 고정지보공에 의해 시공
② 교각 주두부 위에 Tower 설치
③ Form Traveller를 이용 1-Segment 시공 및 Cable 정착
④ span by span Method와 같이 전진하여 간다.
⑤ 양쪽의 Cantilever부를 연속시킨다. (양측에서 가설하는 경우)
⑥ 측경간 시공 (편측시공하는 경우)
⑦ cable Tower 해체

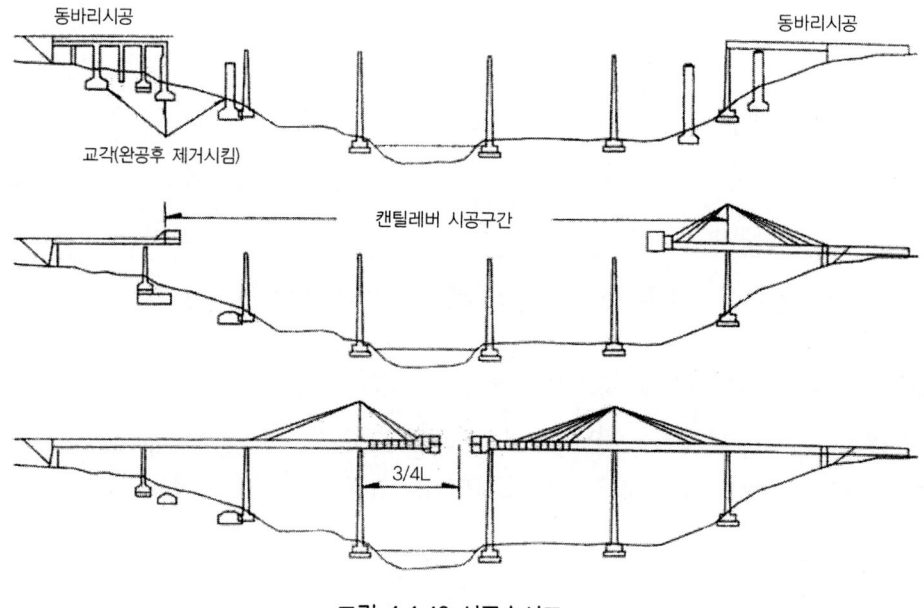

그림 4.4.43 시공순서도

4.5 연속 압출공법 (Incremental Launching Method : I.L.M)

(1) 개요

이 공법의 개념은 1960년 초에 독일의 Stuttgart 회사인 Leonhart & Andra사의 Willi Baur와 Fritg Leontart 박사에 의해 개발된 공법으로서 독일어 명으로는 Taktschiebe Verfahren(T.S.V), 영어명으로 Incremental Launching Method (I.L.M)이라고 불리고 있으며 1962~1963년에 베네스엘라 시공된 Rio Caroni교(L=480m)에서 처음으로 사용하였다.

이 공법은 교량의 상부구조를 교대 또는 제1교각 후방에 설치된 주거더 제작장에서 1-Segment씩 제작하여 Post-tension Method에 의해 P.S를 도입시켜 기제작된 Girder와 일체화시켜 압출장치에 의해 Girder를 밀어내서 교량을 가설하는 공법이다.

이 공법으로 한국에서 시공한 교량은 1983년 호남고속도로 확장구간의 금곡천교이고, 총연장 1050m의 황산대교가 세계 최장의 교량이다.

(1) 압출공법의 적용 조건

1) 지형조건
① 계곡, 협곡등의 상부구조를 위한 고정동바리(지보공) 시공이 어려운 지역
② 바다를 횡단하는 경우 (기초공사비가 저렴할 때)
③ 하천을 횡단하는 경우
④ 철도, 도로, 가옥 및 이전 불가능한 시설물을 횡단할 때

2) 교량의 선형조건
① 종단 선형이 1방향으로 구배를 갖고 5%미만의 종단 경사를 갖는 곳
② 종단선형이 일정 원곡선을 갖는 곳
③ 평면선형이 직선이거나 원곡선을 갖는 곳 (최소곡선반경 R = 450m 이상)
④ 종단선형과 평면선형이 병합되지 않은 곳

3) 기타조건
① 상부구조 제작을 위한 교대배면에 충분한 제작장 부지 확보가 가능한 지역
② 제작장 및 Nose 비용이 타공법과 비교할 때 저렴하고 일정길이 이상의 교량의 경우 일반적으로 300m 이상이 되어야 경제적이고, 1000m 이상의 교량에는 적용하는 것이 무리라고 알려져 있다.
③ 교각의 높이 및 하부구조의 공사비

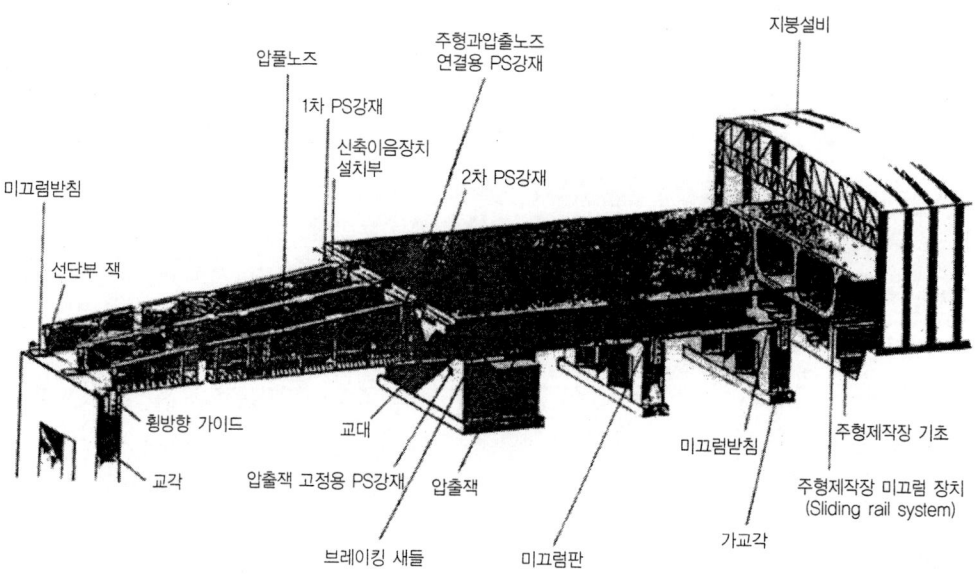

그림 4.5.1 압출공법의 개요도

(2) 압출공법의 특징

압출공법의 특징은 다음과 같다.

1) 장점

① 교량상부구조 시공을 위한 동바리가 불필요하다.
② 홍수, 기후에 영향이 없이 시공이 가능하다.
③ 제작장에서 Segment를 순차적으로 시공하여 교체를 완성하여 압출하므로 안전성이 높다.
④ 교차로, 철로 횡단시 통행인 교통처리, 열차운행에 안전성이 확보된다.
⑤ 교대배면의 일정한 제작장에서 Segment를 cycle화하여 제작 시공하므로 공정관리가 용이하다.
⑥ 제작장에는 보온설비(shelter and heating system)을 갖추면 전천후 시공이 가능하다.
⑦ 작업이 cycle화 되어 소수의 인원으로 숙련된 작업을 할수 있다.
⑧ 거푸집의 조립 해체가 신속하며 단면치수의 정도가 높은 상부구조 제작이 가능하다.
⑨ 철근조립, 콘크리트타설, P.S 인장작업등 모든 공정이 일정한 장소에서 이루어지므로 자재의 운송이 편리하며 작업의 능률화를 꾀할 수 있다.
⑩ 동바리 가설이 용이하지 않은 하천, 협곡, 교차로, 바다, 철로를 횡단하는 교량에 적합한 공법이다.
⑪ 교량상부구조 가설이 신속하다.
⑫ 공정은 하부구조 시공과 제작장 설비를 병행하여 실시할 수 있어 공기를 단축시킬 수 있다.
⑬ 압출장치 이외의 중장비나 비계설비 등이 불필요하다.

2) 단점

① 교량의 평면선형, 종단선형이 직선 또는 원곡선으로 교량전 길이에 설치해야 한다.
② 교량 상부구조의 높이가 일정하여야 한다.
③ Segment 제작시 엄격한 시공관리가 필요하다.
④ 교대후방 또는 제1교각의 후방에 제작장 설치에 제한을 받는다.
⑤ P.S 강재의 소비량이 많아진다.
⑥ 경간길이가 길어지면 단면의 높이가 커져서 자중도 증가하고 Nose의 길이가 길어진다. 따라서 단면높의 제한, 시공시 응력등의 설계상의 제약 및 시공성, 경제성을 고려할 때 최대적용 경간길이는 60m이다.
⑦ 교량길이가 짧으면 Nose, 작업장의 가설비등의 초기투자비용의 비율이 커져서 비경제적이다.
⑧ 시공중의 지진대책에 대해서도 충분한 고려가 필요하며, 지진이 빈번한 지역에서는 가교각을 설치하지 않은 것이 바람직하다.

4.5.2 압출공법의 분류

압출공법은 Segment를 일정한 장소에서 제작하여 압출한다는 기본적인 개념에는 같으나 현장조건에 따라 여러 가지 방식이 개발되었다. 이러한 방식들을 Segment 제작방식, 압출력 작용방식, 단면력 감소방식 등으로 분류하면 다음과 같다.

(1) Segment 제작방식에 의한 분류

1) Segment를 교대배면 작업장에서 현장타설하여 순차적으로 압출하는 방식
2) Precast Girder를 P.S강재로 연결하면서 순차적으로 압출하는 방식
3) Precast Girder를 R.C 구조로 결합하여 압출하고 압출이 완료된 후 P.S강재로 다시 Prestressing 작업을 하는 방식

위의 방식중에서 2)의 방식은 별도의 Precast Segment 제작작이 필요하게 되며 P.S 1차 Tendon 및 P.S 2차 Tendon을 배치에 있어서 특별한 주의가 요구된다.

P.S 1차 Tendon (Central Tendon)의 연결시 Segment 제작오차에 의한 마찰 손실이 크며 2차 Tondon(Continuity Tendon)은 Extenal Tendon으로 배치하는 것이 시공관리상 편리하다.

3)의 방식은 경간길이가 짧은 경우에는 적용이 가능하나 경간이 긴경우에는 Girder의 높이가 높아야하고 Girder의 종방향 철근이 과도하게 요구되어 비 경제적이다.

1)의 방식은 한국에서 대부분의 교량에 적용하고 있는 실정이다.

(2) 압출력 작용방식에 따른 분류

1) 집중 압출 방식

이 방식은 압출에 필요한 압출력을 1개소의 교대 또는 교각에 설치하는 압출장치에서 작용하도록 한 방식이다.

이 방식은 다음과 같은 특징을 가지고 있다.

① 장점
 (a) 방향성이 좋다.
 (b) 압출장치가 단순하여 관리가 용이하고 기계고장이 적다.

② 단점
 (a) 종단경사가 1.5% 이상이 될 경우에는 활동에 대한 안전대책이 필요하다.
 (b) 압출시에는 비교적 큰 수평반력이 하부에 전달되기 때문에 이에 대한 검토가 필요하다.
 (c) 각 교각에 미끄럼판의 교체작업을 위한 인원배치가 필요하다.
 (d) 교량길이가 길 때는 압출이 불가능 하는 경우가 있다.

2) 분산 압출 방식

이 방식은 압출에 필요한 압출력을 교대와 교각등 여러 개소에 분산 설치하여 압출력이 분산하여 작용하도록한 방식으로 압출속도는 집중압출방식에 비교하여 약간 빠른 편이다. (그림 4.5.3 참조)이 방식의 특징은 다음과 같다.

① 장점
 (a) 종단경사가 급할 경우 집중압출방식에 비해 유리하다.
 (b) 지점침하 신속히 대처할 수 있어 연약지반의 연속교 시공에 적합하다.
 (c) 압출시 제어가 가능하므로 각 교각에 인원을 배치할 필요가 없다.
 (d) 압출시 하부에 전달되는 수평반력이 비교적 작다.

② 단점
 (a) 방향성이 나쁘다.
 (b) 각 교각상에 설치되어 있는 압출장치는 유압관계로 반드시 균등하게 작동하지는 않는다.
 (c) 교각상에 압출장치를 설치해야 하므로 교각 주두부가 커지게 된다.

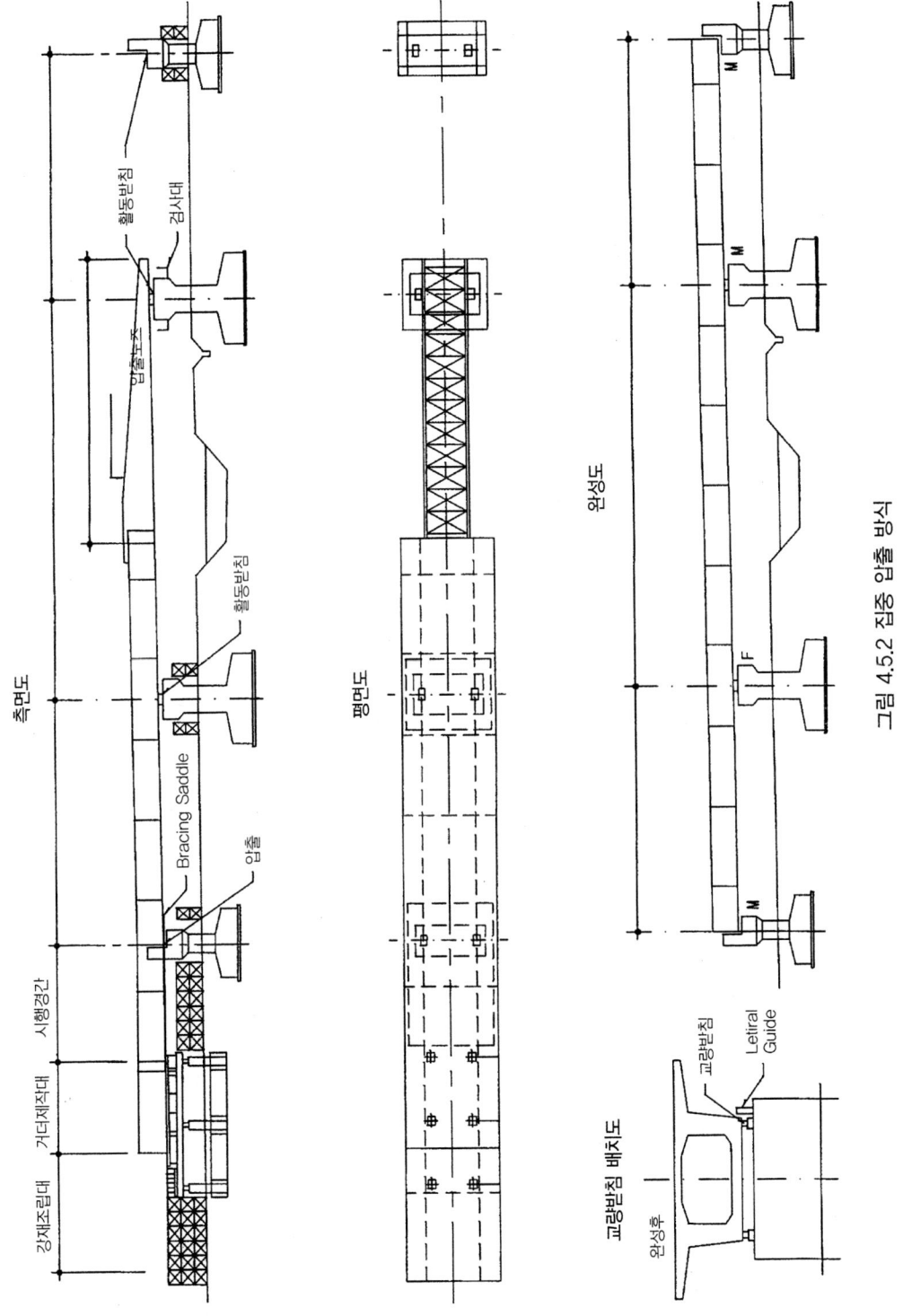

그림 4.5.2 집중 압출 방식

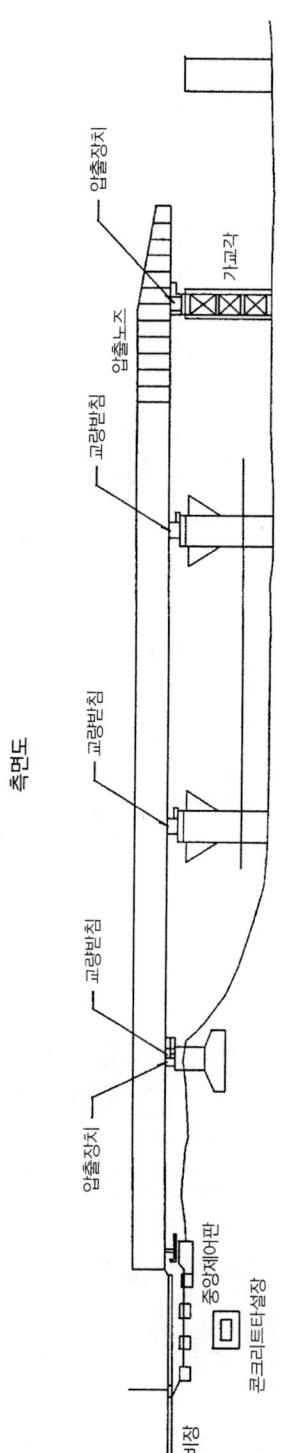
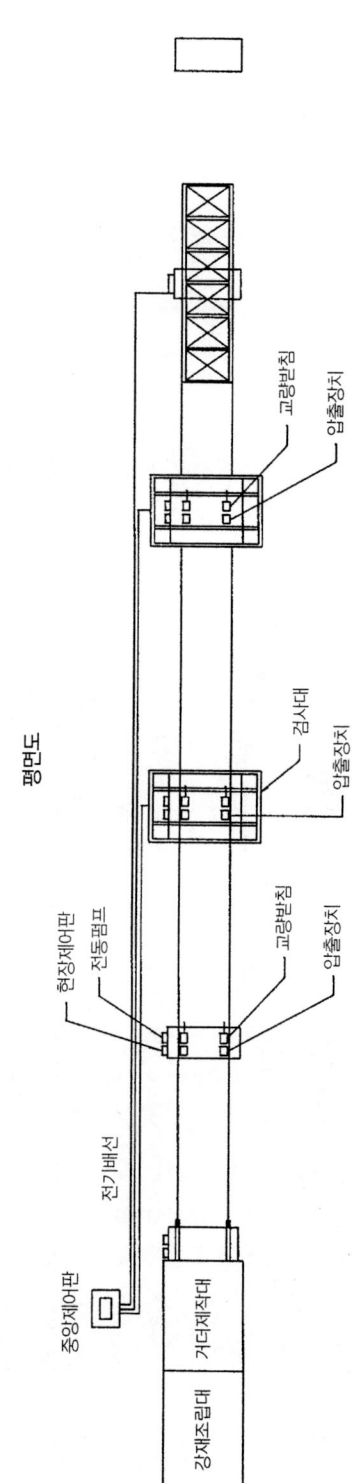

그림 4.5.3 분산 압출 방식

(3) 단면력 감소방식에 따른 분류

1) 선단부에 압출노즈를 설치하는 방식

이 방식은 압출공법으로 교량을 가설할 때 가장 많이 적용하는 방식으로 압출노즈의 길이는 최대경간 길이의 60~70% 정도가 적당하며, 강성은 주형의 0.10~0.15 정도가 적당하다.

압출노즈의 단면형상에는 트러스, 박스 거더, 플레이트 거더 등 여러 가지의 형태가 있다.

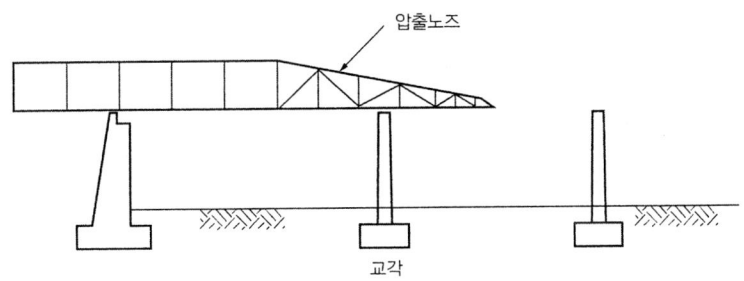

그림 4.5.4 압출노즈 이용방식

2) 가교각을 설치하는 방식

가교각은 교량완공 후 해체하는 가설구조물의 일종이므로, 가교각은 조립 해체가 용이하도록 콘크리트 조립방식 또는 강관조립방식등을 많이 채용한다.

압출공법에서 단면력의 감소목적을 위해 가교각 만을 적용한 예는 거의 없으며, 주로 압출노즈와 병용하여 사용한다.

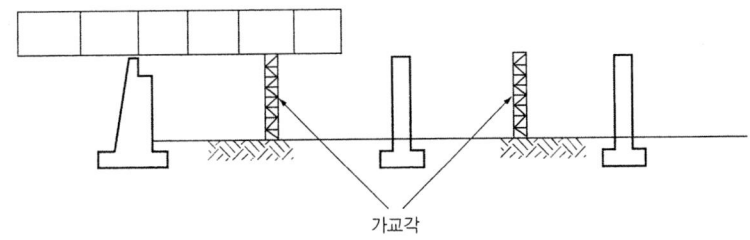

그림 4.5.5 가교각 이용방식

3) 가교각과 압출노즈의 병용방식

①,② 방식을 동시에 적용한 방식으로서 장경간의 압출시공에 많이 사용한다.

현재 가설되어 있는 최대경간교량은 서독의 Worth교로서 최대경간 길이는 168m이며 이것은 두 개의 가교각을 경간사이에 설치하여 시공하였다.

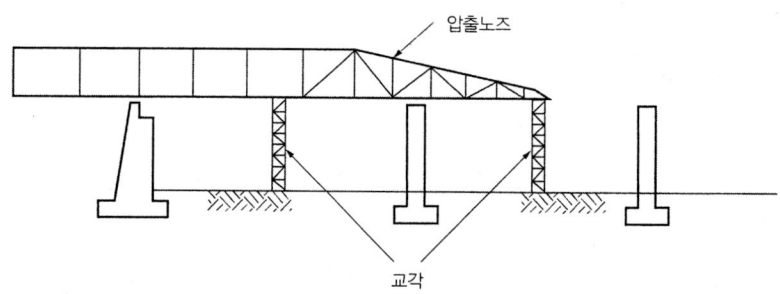

그림 4.5.6 압출노즈, 가교각 병용방식

4) 탑과 케이블을 설치하는 방식

　Girder 위에 탑을 설치하고 케이블로 선단부를 묶어 압출시공시 발생하는 모멘트를 지지하도록 한 방식으로 압출시공시의 단면력 변화에 따라 탑의 하부에 설치되어 있는특수 Jack을 상하로 작동시키게 되어 있다. 이 방식은 Jack조작이 복잡하지만 장경간 교량을 시공할 경우, 가교각을 설치하기 곤란한 지역에 적용 가능하며, 압출노즈는 사용할 수도 있고 사용하지 않을 수도 있다.

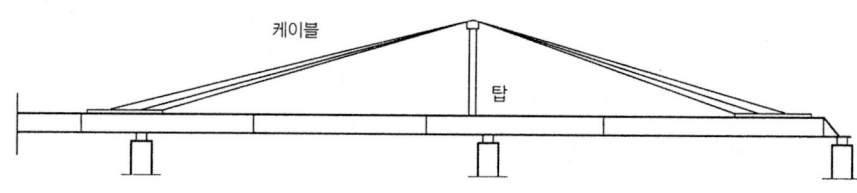

그림 4.5.7 탑과 케이블 이용방식

5) 양압출 방식

　이 방식은 중앙경간이 길음에도 불구하고 가교각의 설치가 곤란한 경우에 교대 양쪽에서 동시에 압출을 행하여 중앙경간에서 주형을 연결하는 방식으로 중앙부의 연결방식은 캔틸레버공법의 중앙부 연결방식과 동일하다.

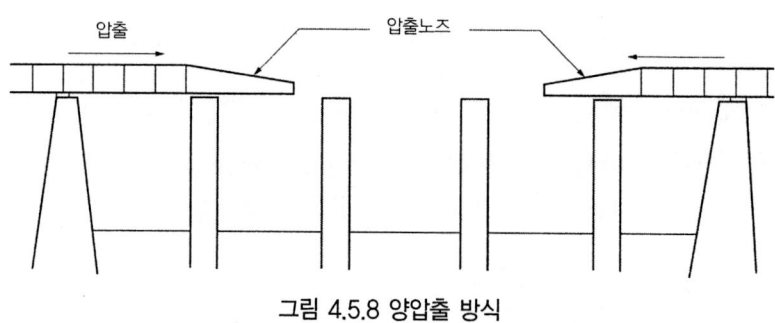

그림 4.5.8 양압출 방식

4.5.3 압출공법(I.L.M) 적용시 선형계획

압출공법으로 시공하는 교량의 경우, Girder 하면이 미끄럼 받침 위의 동일궤적으로 통과해야 하므로 Girder 하면의 선형은 직선 또는 단일 원곡선이어야 한다.

도로교의 경우에는 평면선형의 곡률 반경이 작을 뿐만 아니라 편경사 및 크로소이드 곡선(완화곡선)이 들어간 교량이 많다. 또한 종단선형에 있어서 종단경사가 급할수도 있고, 교량구간 내에서 종단경사가 변화하는 수도 있다.

따라서 이 공법을 적용하여 설계시에는 교량의 선형의 대처가 가능 여부를 제일먼저 검토해야 한다.

(1) 평면선형 계획

1) 평면선형 계획시 제약 및 검토사항
① 교량길이내에 평면선형이 직선 여부
② 교량길이내에 평면선형이 단일원곡 인지 여부
③ 교량평면 선형이 교량전체 길이에 완화곡선 구간 여부
④ 교량평면 선형이 완화곡선과 원곡선의 조합된 구간 여부
⑤ 단일원곡선일 때 곡선의 최소반경 (R = 450m) 이상인지 여부
⑥ 원곡선일 때 반향곡선의 설치 여부 (적용 불가능)
⑦ 평면선형이 직선과 원곡선, 직선과 완화곡선의 조합일 때 측경간 길이보다 적은지 여부
⑧ 분리 교량의 경우 교량의 이격간격 (α=30cm~50cn) 적정성 여부

2) 특수한 경우의 평면선형 계획시 고려할 사항
① 교량에 삽입되는 단일 원곡선의 곡선반경
② 완화곡선(크로소이드 곡선)의 파라메타(A)의 크기 및 완화곡선구간의 길이
③ 교량에 설치되는 편경사 및 편경사 변환구간 길이
④ 지형여건상 Segment 제작작을 측경간에 설치 가능 여부
⑤ 압출방법 (집중압출방식, 분산압출방식)
⑥ 교량폭원 증가에 따른 교량 전체 공사비
⑦ 측경간 고정지보공으로 시공가능 여부

3) 특수한 경우의 평면선형 계획시 대체방안
① 교량전체 길이가 완화곡간내에 또는 완화곡선 및 원곡선에 있는 경우

  1)의 ③,④의 경우
    (a) 평면상에 가상 원곡선을 설치해 평면곡선과의 차를 Cantilever 길이로 조정한다.
    (b) 이때 교량폭원이 확장되므로 설계시 사하중 증가에 대해 검토하여야 한다.

(c) 확장되는 측의 Cantilever 길이 증가에 따른 Cantilever의 안전성, 교량전체의 비틀림 모멘트에 대해 검토가 따라야 한다.

② 곡선길이가 측경간 길이보다 작고 교량폭원 변화가 없는 경우

교량의 폭원의 변화가 없이 평면선형에 따라 계획시는 다음과 같은 문제점이 있다.

(a) 곡선이 압출방향의 최종 측경간에 있는 경우 [그림 4.5.9(a)]
　a) 압출시 Nose의 이동궤적이 교각을 지날때마다 변화하여 미끄럼받침 배치에 어려움이 있다.
　b) 첫 Segment 압출시 균형을 맞추어 추진하기 어렵다.
　c) Girder 추진시 교축직각방향 편기오차 보정을 시공단계별로 하여야 한다.
　d) 거푸집(web에 쓰이는)을 별도로 설치하여야 한다.
　e) 제작장 설계시 곡선 및 직선선형에 대응할수 있도록 설계하여야 한다.
　f) 이 방법으로 설계를 하지 않는 것이 좋다.

(b) 곡선이 압출방향 후면 측경간에 있는 경우
　a) 최종 1~3 Segment 압출 추진력의 균형을 맞추기 어렵다.
　b) 제작장 설계시 곡선, 직선 선형에 대응할수 있도록 설계하여야 한다.
　c) 거푸집을 곡선교에 적합하도록 별도로 설치하여야 한다.
　d) 부득히 이방법으로 하고져 할 때는 압출추진 방식을 분산압출방식을 채택하여야 한다.
　e) 교량가설 위치의 지형조건에 다르지만 제1경간에 제작장을 설치하여 직선부를 압출 후 가 Bent 위에서 거더를 제작하는 방법도 응용할수 있다.
　　이상 a)의경우는 설계에 적용하지 않는 것이 바람직하고 부득히 계획하고저 할 때는 교량가설 위치의 여건을 감안하여 b)ⓔ의 방법에 대하여 검토하여 적용하는 것을 권장한다.

③ 곡선의 길이가 측경간 길이보다 작고 교량의 Cantilever 길이를 변화시키는 경우

Girder의 Cantilever 바닥판의 길이를 변화시키고 BOX는 직선으로 처리하는 방안은 교량폭원은 변화시키지 않고 표준폭원과 같게 하는 방안〈그림 4.5.9(b)〉과 곡선외측에 표준구간과 같게 직선으로 처리하고 내측 Canti-lever 길이를 변화시키며 BOX는 직선으로 계획하는 경우〈그림 4.5.9(C)〉가 있다.

(a) 교량바닥판의 폭원 일정하게 하는 경우
　a) 직선 선형에 따라 압출하므로 추진이 양호하고 교축직각방향 편기가 거의 없다.
　b) 첫 1~3 Segment 제작시 Cantilever 제작을 위한 거푸집이 별도로 필요하다.
　c) 추진시 고정하중의 횡방향 불균형에 따른 Girder의 Torsion에 대한 안전도를 검토하여야 한다.
　d) 교대의 교량받침 배치가 용이하고, 교대에 비대칭 배치가 된다.
　e) 교량에 편경사(편구배)가 변화하는 경우 Box Girder의 web 아래에 Taper를 설치하여 편경사에 대응시켜 BOX 하면을 일성식선 또는 곡선이 되게하여야 한다.

f) 교량시 종점부에 곡선이 있는 경우도 압출이 가능하다. (제한조건에 합당한 경우)

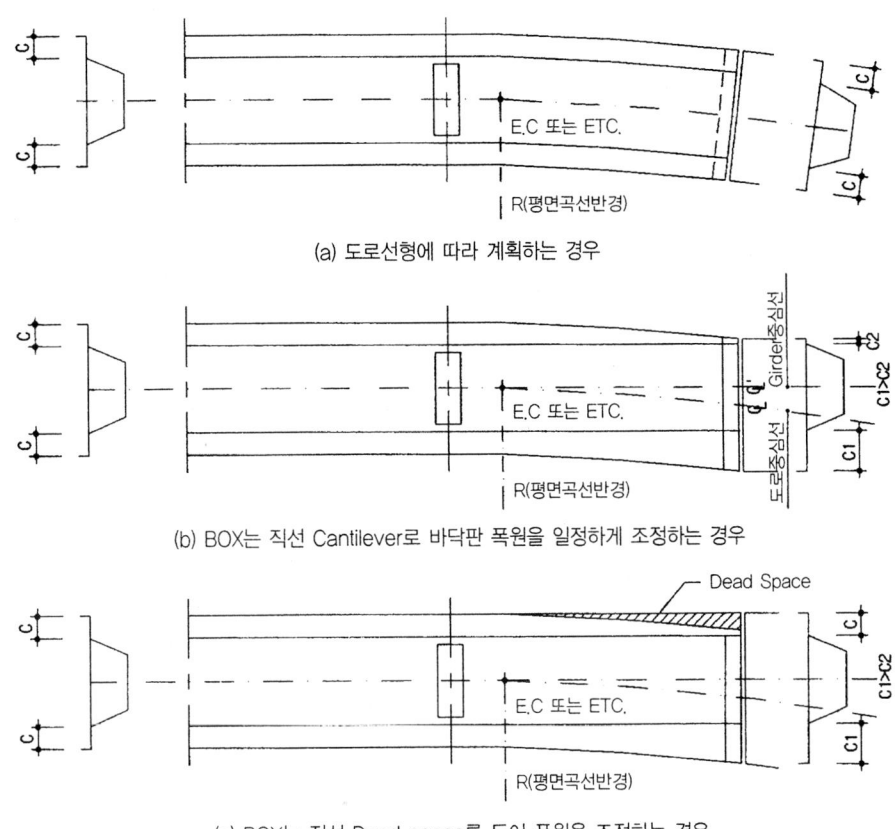

그림 4.5.9 압출공법에서 평면선형이 직선과 조합시 처리방안

(b) Dead space를 두어 교량폭원이 변화하는 경우 (그림 4.5.9(c))
   a) 직선선형에 따라 압출하므로 추진이 양호하고 교축직각 방향 편기가 거의 없다.
   b) 사하중 증가에 측경간에 배치되는 PS강재 량이 증가하는 경우도 있다.
   c) 첫 1~3 Segment 제작시 곡선내측 Cantilever 제작을 위한 별도의 거푸집이 필요하다.
   d) 추진시 고정하중의 횡방향 불균형에 따른 Girder의 Torsion에 대한 안전도를 검토하여야 한다.
   e) 교대의 공사비가 다소 증가한다.
   f) 교대의 교량받침 배치는, 교대에 비대칭으로 배치가 된다.
   g) 교량에 편경사가 변화하는 경우 BOX Girder의 web 아래에 Taper를 설치하여 편경사에 대응시켜 BOX하면을 일정직선 또는 곡선이 되게 하여야 한다.
   f) 교량 시종점부에 곡선이 있는 경우도 압출이 가능하다.(제한조건에 합당한 경우)

(2) 종단선형 계획

1) 종단선형 계획시 제약 및 검토사항
① 동일경사도 (최대 5%이내, 2%이내 일 때가 바람직하다)
② 동일곡선의 길이가 교량길이보다 큰지 여부
③ 종단선형이 직선과 원곡선 조합시 근사원호로 대처시 대체원호가 포장오차 범위 내에 있는지 여부
④ 교량시 · 종점부에서 오목 볼록곡선이 측경간길이 내에 있는지 여부
⑤ 도로의 종단선형의 변경가능 여부

2) 특수한 경우의 종단 선형계획시 고려할 사항
① 교량에 삽입되는 종단곡선의 반경 및 곡선설치의 VBC 및 VEC의 위치
② 교량교면에 설치되는 편경사 및 편경사 변화길이
③ 종단선형 곡선의 오목곡선 및 볼록곡선
④ 교량의 단면변화에 따른 교량의 안전성
⑤ 교량의 포장두께 증가에 따른 교량의 안전성

3) 특수한 경우 종단선형 계획시 대체방안

① 근사원호로 대체방안
  (a) 직선과 블록곡선이 조합되어 있는 경우 곡선길이로 조정시 다리밑 높이의 제한에 지장이 없어야 한다.
  (b) 근사원호로 계획시 도로종단 선형 제약조건에 위배되지 않아야 한다.
  (c) 포장두께가 오차범위 내에 있게 하여야 한다.
  (d) 포장두께 및 바닥판 두께가 국부적인 미소증가 조정에 의해 하여야 한다.

② 교량의 시 · 종점부에 국부적으로 종곡선이 있는 경우

도로종단계획시 불가피하게 교량시 · 종점부 종단곡선을 설치하지 않으면 안되는 경우에는 종단곡선 반경을 크게 하여야 하며 종단곡선 길이가 교량 1경간 이상이 되면 안된다.

가급적이면 1-Segment 길이 정도로 하는 것이 바람직하다.

이에 대한 설계시 처리방법은 그림 4.5.10과 같다.

  (a) 볼록곡선의 경우 처리방안

  볼록곡선의 경우 그림 4.5.10(a)와 같이 측경간의 상부구조의 단면높이 를 변화시키고 Girder 단면하부를 일반구간의 종단경사와 같은 구배로 계획하면 시공시 무리가 없이 압출이 가능하다.

  이 경우 단면축소에 따른 단면이차 모멘트가 적어지므로 그림에서 ho/H의 비를 5~10% 이내로 계획하는 것이 바람직하다. 또한 Segment 제작 시 별도의 거푸집은 제작하여야 하는 결점이다.

(b) 오목곡선의 경우 처리방안

오목곡선의 경우 그림 4.5.10(b)와 같이 측경간의 단면의 높이를 일반 구간과 같게 하고 교량전체를 압출하여 완성한 후 종단선형의 편차만큼 포장두께로 조정하는 방안이다.

이 방법은 교량상부구조 가설에는 아무제약이 없으나 측경의 고정하중(포 장하중) 증가에 따른 P.S 강재의 소요량이 증가하는 결점을 가지고 있다.

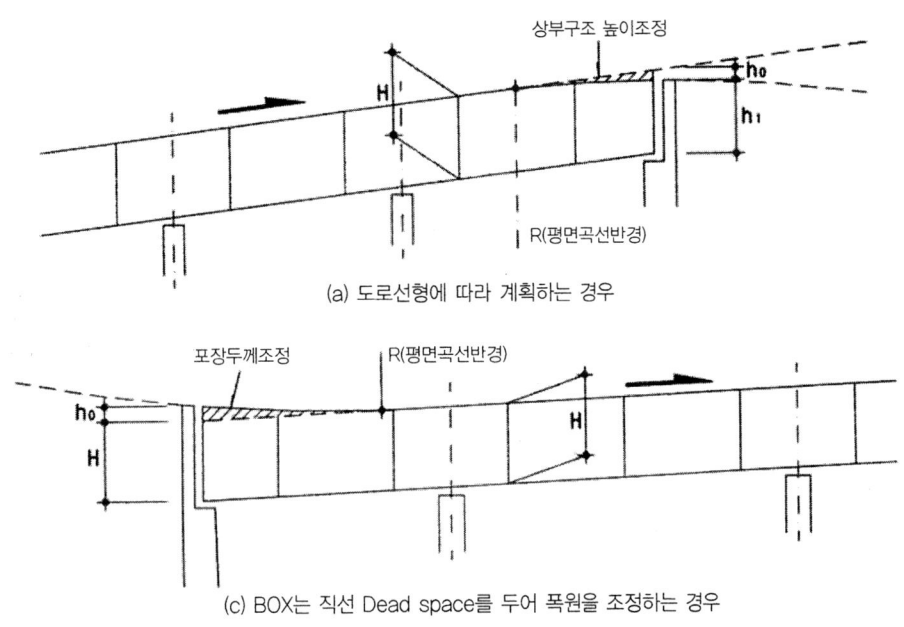

그림 4.5.10 특수한 경우 종단선형 처리방안

4.5.4 Girder의 Segment 분할

(1) Segment 분할시 고려할 사항

1) 교량의 길이
2) 경간분할 상태 및 경간길이
3) 제작장의 크기
4) 시공시 Girder의 Cantilevr부 길이
5) 시공이음부의 위치(최대, 최소모멘트 발생지점에는 두지 않는다)
   즉 이음부는 교량완성시 지점위치 및 정모멘트 최대위치는 피한다.
6) Segment 제작 1-cycle 의 공정의 공기, 공사비에 대한 고려를 하여야 한다.
7) Segment 길이는 통일 시키는 방안 고려한다.
8) 1-Segment 제작에 소요되는 자재 및 P.S강재 길이와 이음부와의 관계등 시공성을 고려한다.
9) 일반적으로 설계에 Segment 길이를 15m~25m 정도로 적용하고 있다.

(2) Segment 분할 방법

Segment 분할 방법은 그림 4.5.11와 같이 4가지 방법이 있다.

1) 1-span을 1-Segment로 분할하는 경우 [그림 4.5.11(a)]

   이 경우는 교량의 경간길이가 짧고 시공공기가 짧을 때 적용하며 제작장의 길이가 길어지는 단점이 있다.

2) 1-span을 2-Segment로 분할하는 경우 [그림 4.5.11(b)]

   일반적으로 이방법으로 설계한 예가 많으며 제작장의 여유가 충분하면 가장 합리적인 방법이다.

3) 1-span을 3-Segment로 분할하는 경우 [그림 4.5.11(c)]

   이 방법은 정모멘트 최대발생 부근에 시공이음이 생기므로 설계에 적용하고 있지 않다.

4) 1-span을 4-Segment로 분할하는 경우 [그림 4.5.11(d)]

   이 방법은 제작장 길이가 부족하고 측경간 또는 제 2경간에 가Bent를 설치 할 수 있는 현장에 가능하며 공기가 길고 시공이음 개소가 많아 P.S 강재 및 연결구 공사비가 다른 방법에 비교하여 많이 소요되는 결점이다.

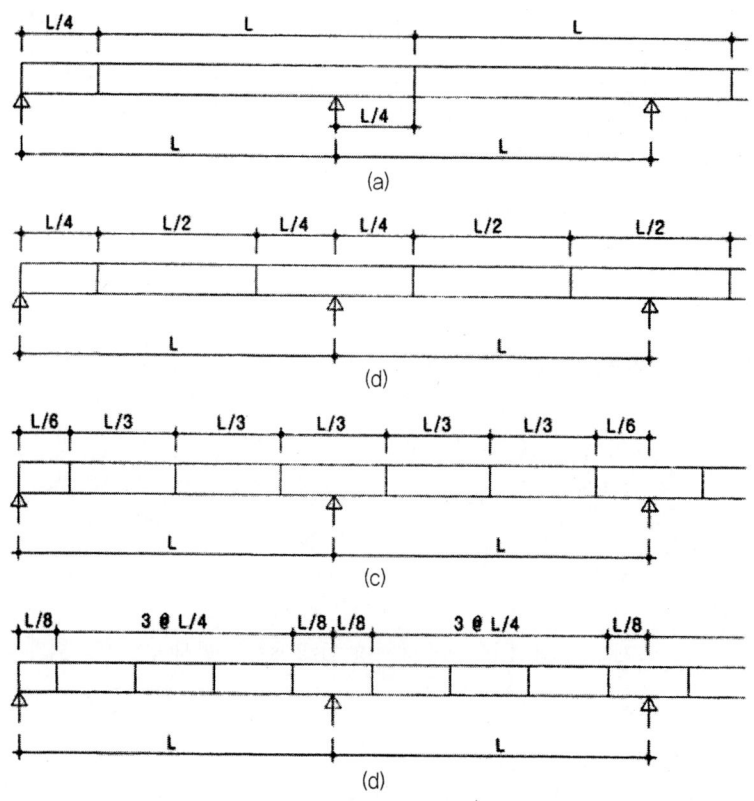

그림 4.5.11 Segment 분할(예)

4.5.5 경간분할

압출공법으로 연속교를 가설하는 경우에는 이상적인 경간분할을 해도 시공시의 Cantilever부의 길이 등에 의해 Girder 높이 및 단면 제원이 결정되게 때문에 그다지 장점은 없다.

따라서 현장조건이 허락되면 압출공법에서는 가능한 등경간으로 경간분할을 하는 것이 바람직하다.

1) 가Bent를 설치하지 않고 압출할수 있는 최대지간은 60m이다.
2) 일반적으로 경제적인 지간은 40~45m로 알려져 있으나 한국에서는 경간길이가 50m인 경우에 설계 예가 많다.
3) 경간길이가 60m 이상인 경우는 가 Bent를 설치하여야 한다.

4.5.6 단면형태

(1) 횡단면 형상

Girder의 횡단면 형상은 일반적으로 1-Cell Girder 또는 2-Cell 및 Double T-형 단면을 사용한다. 단면계획에 대한 제한조건은 6·3·5절을 참고하기 바란다.

(2) 종단면 형상 및 Girder의 높이(형고)

1) 종단면 형상은 압출공법의 특수성을 감안하여 Girder의 높이를 일정하게하고 거푸집 전용에 유리하게 끔 대개의 경우 외형을 전단면을 동일하게 한다.
2) Girder의 높이 지간에 대한 높이비는 15~1/18으로 설계하고 있다.

(3) 단면형태 계획시 고려사항

1) 압출시공시 교량의 미끄럼 받침위치 및 반력을 고려하여 Girder 하부 단면 폭원 결정한다.
2) 시공시 전단면이 받침위치를 통과하므로 시공시 반력을 고려하여 받침위의 단면 두께를 검토하여 결정한다.
3) 받침의 중심선과 복부(web)의 중심선이 일치하는 여부를 검토한다.
4) 받침의 중심선과 복부의 중심선이 일치하지 않은 경우 하부 Flange에 과대한 응력(Punching shear) 발생여부 검토한다.
5) Girder 하부 Flange 측면에 Letaral Guide의 기능을 발휘하도록 수직구간을 설치한다.
   일반적으로 수직구간의 높이는 30~50cm정도로 설계하고 있다.
6) 비대칭 단면의 경우 압출시공시 비틀림에 대한 검토를 하여야 한다. 또한 완성시(공용시) 하중의 편기 작용에 의한 검토도 하여야 한다.
7) 기타 사항은 3·5절을 참고하기 바란다.

4.5.7 Launching Nose(압출노즈)

압출노즈는 압출시공시 P.S.Girder는 정부모멘트를 번갈아 받게되므로 교번응력이 발생하므로 이 교번응력에 대처하기 위해 1차 P.S강재(Central Tendon)로서 축방향 압축력을 도입하는데, 단면에 축방향 압축력을 도입하여 대처하는데는 한계가 있으므로 대개의 경우에 Girder에 작용하는 휨모멘트를 감소시키기 위해 Girder의 선단부에 설치하였다가 압출이 완료되면 제거하는 강재로 된 Girder이다.

(1) 압출노즈의 종류

압출노즈의 종류에는 다음과 같은 구조형식이 있다.

1) Truss type
2) Ⅰ-형 Plate Girder Type
3) BOX Girder Type

트러스 형식은 압출노즈의 중량을 줄일 수 있다는 장점이 있으나 하현재가 전체의 중량을 지지하게 되므로 하현재의 대한 부재응력을 검토하여야 한다.

BOX Girder 형식은 안전성, 시공은 우수하나 자중이 무거운 결점을 가지고 있으며, 일반적으로 설계에 많이 적용하고 있는것은 Ⅰ-형 Plate Girder 형식이다.

(2) 압출노즈 설계시 고려사항

압출노즈 설계시 고려할 사항은 다음과 같다.

ⓐ 교량의 종단선형(직선, 곡선)
ⓑ 교량의 평면선형 (직선, 곡선)
ⓒ 압출노즈의 길이와 P.S Girder 단면력과의 관계
ⓓ 압출노즈의 휨강성
ⓔ 곡선교에서 압출노즈의 Shift량 (압출축선에 대한 압출노즈의 연직선의 벗어감량)
ⓕ 압출노즈의 종방향 단면 형태
ⓖ 압출노즈와 P.S Girder와의 연결방법

1) 교량의 종단선형

종단경사가 직선일때는 Nose 하부 Flange를 직선으로 하면 문제가 없으나, 종곡선이 블록곡선의 경우 곡률에 의한 수직오차에 의해 Nose 자중이 P.S Girder에 Cantilever로 작용하게 되어 부모멘트가 크게 증가하고, 오목곡선의 경우 곡선의 접선과 곡선과의 수직방향차이에 의해 Launching에 어려움이 있으므로 종곡선에 맞추어서 압출 Nose의 종단면을 결정하여야 한다.

2) 교량의 평면선형 및 압출노즈의 Shift량

평면선형이 직선이 아닌경우 압출 Nose 곡선 Girder로 하는 것이 시공상 바람직하다. 그러나 그와 같이 하면 압출 Nose의 제작 및 전용이 곤란하기 때문에 압출 Nose의 Shift량이 10cm미만인 경우에는 Nose의 응력도에 문제되지 않을 것으로 예상되기 때문에 직선 Girder의 압출 Nose를 사용하여도 무방하다. 또한 압출 Nose의 Shift량이 10cm이상인 경우 미끄럼 받침의 폭이 커지고, 교량 영구 받침의 배치와 관련해서 교각 또는 교대에서 여분의 공간이 필요하기도 하고, 압출노즈의 횡방향 이동량이 커지게 되어 시공중 보정을 실시하는 어려움이 있다. 따라서 곡률반경이 (표 4.5.1)보다 작은 경우에는 Shift량이 10cm이하가 되도록 중간부를 꺾어 절선 형상으로 하는 것이 바람직하다.

⊙ 표 4.5.1 압출노즈의 길이에 대한 최소 곡률반경

압출노즈의 길이 ℓ (m)	25	30	35	40	45	50
곡률반경 R (m)	400	600	800	1000	1300	1600

3) 압출노즈의 길이와 P.S Girder 단면력과의 관계

① 압출 Nose의 길이

압출노즈의 길이는 최대경간길이의 0.6~0.7배 정도로 하는 것이 바람직하다.
이에 대한 수치는 정확한 이론적인 근거는 없으며 통상적으로 이범위내에서 설계를 하고 있다.

② 압출노즈의 길이의 P.S Girder 단면력과의 관계

압출시 P.S Girder에 대한 정·부 모멘트는 그림 4.5.12, 그림 4.5.13과 같은 상태에서 검토되어야 한다.

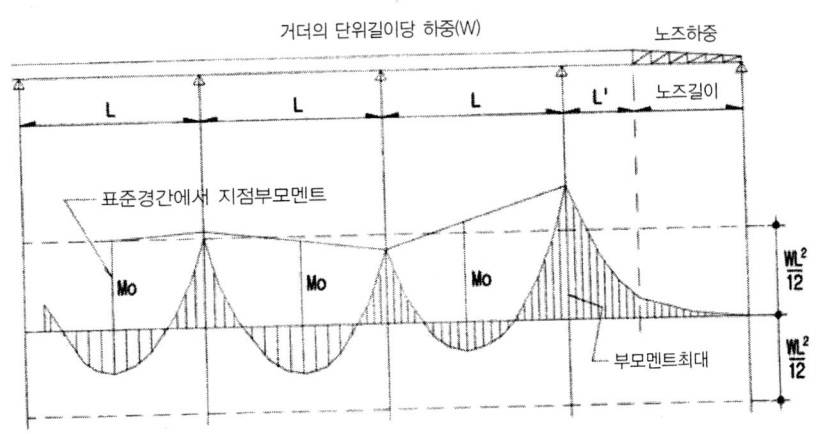

그림 4.5.12 Launching Nose를 이용할 경우 압출시 부모멘트 최대치
(Nose 선단이 미끄럼 받침 위에 놓이기 전)

(a) 최대 부모멘트

Launching Nose의 중량을 거더 중량의 1/10일 때 부모멘트에 최대치는 다음 식에 의해서 구하고 그 결과는 표 4.5.2와 같다.

$$M_{max} = -\frac{WL^2}{12}[6\alpha^2 + 6\gamma(1-\alpha^2)]$$

여기서, γ : 거더중량과 Nose 중량의 비이다.

⊙ 표 4.5.2 $\gamma=0.1$일 때 최대 부모멘트

α	β	M_{max}
0.20	0.80	0.82
0.30	0.70	1.09
0.40	0.60	1.46
0.50	0.50	1.95
1.00	0.00	6.00

(주)에서 M_{max}의 값은 $[6\alpha^2 + 6\gamma(1-\alpha^2)]$ 의 값임.

(b) 최대 정모멘트

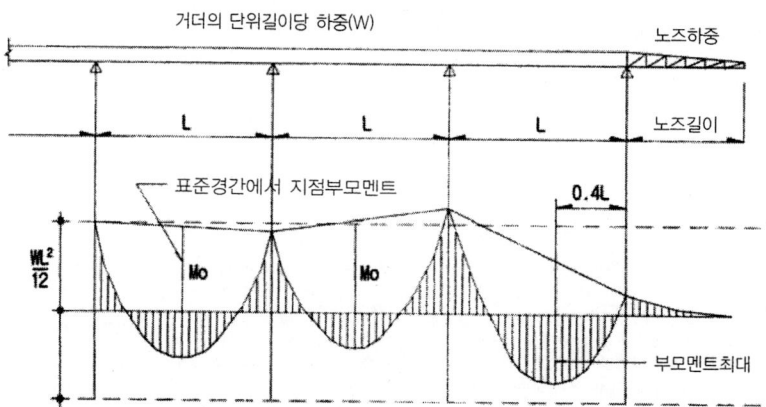

그림 4.5.13 Launching Nose를 이용할 경우 압출시의 정휨모멘트 최대치

Launching Nose의 중량을 거더 중량의 1/10일때 최대 정휨모멘트의 값은 다음 식에 의해서 구하고 그 결과는 표 4.5.3와 같다.

$$M^+_{max} = -\frac{WL^2}{12}(0.933 - 2.96\gamma\beta^2) : \gamma = 0.1$$

⊙ 표 4.5.3 γ = 0.1일 때 최대 부모멘트

α	β	M_{max}
0.20	0.80	0.84
0.30	0.70	0.79
0.40	0.60	0.83
0.50	0.50	0.85
1.00	0.00	0.93

(주)에서 M_{max}의 값은 $(0.933 - 2.96\gamma\beta^2) : \gamma = 0.1$ 의 값임.

Launching Nose의 단위중량을 P.S Girder의 단위중량의 10%로 가정하였을 경우에 Launching Nose의 길이 변화에 따른 최대 정·부모멘트는 다음 표 4.5.4과 같다.

⊙ 표 4.5.4 Launching 길이 변화에 따른 최대 모멘트

경간길에 대한 Launching	지점 (M_0)	경간 (M_1)	M_0/M_1
50	1.95	0.86	2.27
60	1.46	0.83	1.76
70	1.09	0.79	1.38
80	0.82	0.74	1.11

(주) Moment factor = $WL^2/12$
여기서 W : P.S Girder의 단위m당 중량
L : 경간길이

4) 압출노즈의 휨강성

① 압출노즈의 휨강성과 P.S Girder 휨강성의 비 즉 상대휨강성계수도 주형의 단면력 변화에 큰 영향을 미치는 인자로서 압출노즈는 압출시공시 Girder에 과대한 단면력이 발생하지 않도록 수직휨 수평휨, 좌굴에 대한 충분한 소요강성을 가져야 한다.

상대 휨강성계수를 K라할 때 K는 다음과 같다.

$$K = \frac{E_s \cdot I_s}{E_c \cdot I_c} = \frac{압출노즈의 휨강성}{Girder의 휨강성}$$

여기서 E_s : Nose의 탄성계수, I_s : Nose의 단면 2차 모멘트
E_c : Girder의 탄성계수, I_c : Girder의 단면2차 모멘트

상대 휨강성계수 값의 변화에 따른 전체 압출단계에서의 최대지점 모멘트 변화는 그림 4.5.14과 같다.

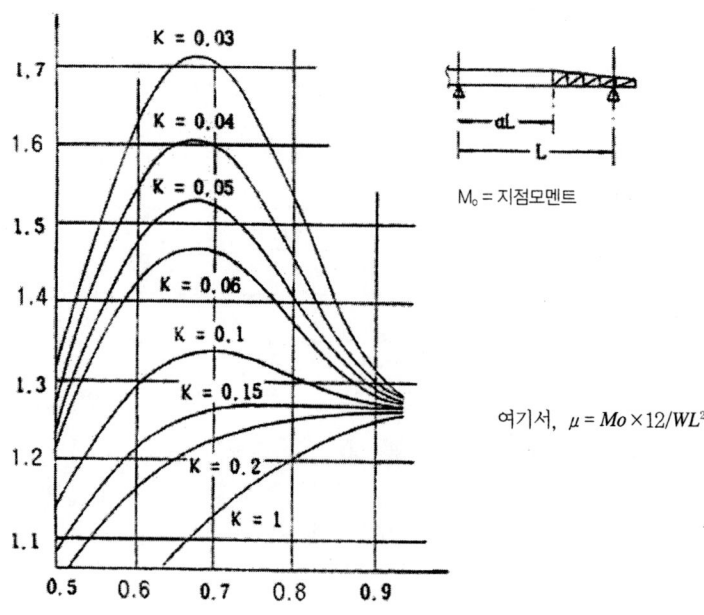

그림 4.5.14 압출노즈의 휨강성에 따른 최대지점 모멘트의 변화

② 압출노즈의 휨강성과 P.S Girder의 휨강성비는 설계자의 의도에 따라 다르나 일반적으로 K는 1/9 ~1/15 사이에서 최적으로 되어 있으나 설계에는 1/10정도 적용한 것이 많다.

5) 압출노즈의 종방향 단면 형태

압출노즈의 종방향 단면 형태는 압출노즈의 선단부에서 Girder와의 접속부 방향으로 점차 높이를 증가시키는 변단면을 사용하는 방법, 압출노즈 선단부 부근을 일정 높이로 하고 그후 점차 높이는 증가시키는 방법등 2가지가 있다. 전자는 Ⅰ-형 Plate Girder 형식에 적용이 많고, 후자는 Truss 형식에 적용하는 예가 많다.

6) 압출노즈와 P.S Girder와의 연결방법

압출 Nose와 상부구조를 선단부의 연결방법은 일반적으로 다음 2가지 방법이 있다.

① 상부구조 선단부에 압출노즈를 돌출하여 연결하는 방법
② 상부구조 첫 번째 Segment의 위부분(바닥판 윗부분)에 압출노즈를 연결하는 방법

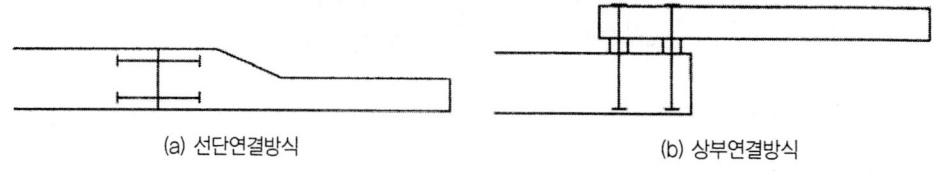

그림 4.5.15 압출노즈의 연결방식

(a)와 같은 방법은 일반적으로 P.S Girder 압출공법에 많이 적용하는 방법이며, (b)의 방법은 주로 Free Cantilever 공법으로 시공하는 교량의 측경간 시공시 많이 사용하는 방법이다.

4.5.8 압출공법 적용 교량의 P.S강재 배치

압출가설중에 P.S Girder는 연속적으로 변화되는 휨모멘트를 받아, 각단면에 그림 4.5.12이나 그림 4.5.13에 제시되는 정·부의 휨모멘트가 반복하여 발생한다. 이 정·부휨 휨모멘트는 내부에 균일하게 축방향 Prestress와 균형을 이루고 있다.

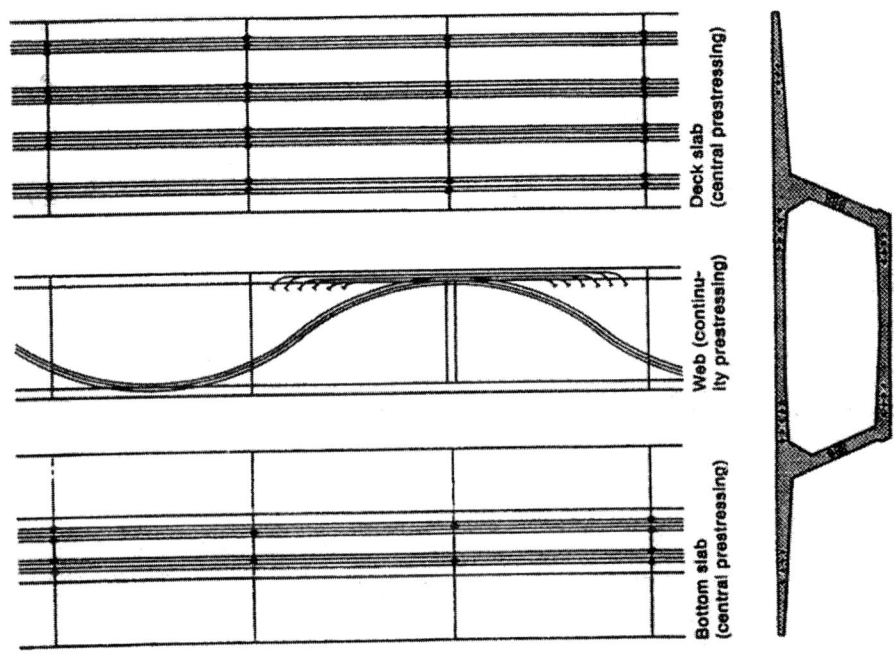

그림 4.5.16 P.C 강재배치에

이때 배치하는 P.S강재를 1차 P.S강재(Central Tendon)라고 한다. 교량의 공용시에는 설계하중을 지지하기 위해 앞서 도입한 축방향 Prestress를 보충하는 추가 P.S강재가 필요하게 된다. 이 강재를 2차 P.S강재(continuity Tendon)이라고 한다.

바닥판 복부(web) 하부 Flange에 배치되는 1차 P.S강재 및 2차 P.S강재의 일반적인 배치예는 그림 4.5.16과 같다.

(1) 1차 P.S강재 (Central Tendon)

1) 축방향 Prestress의 도입방법

① P.S 강재를 각 Segment 이음부에서 Coupler로 Tendon을 연결하는 방법 이 방법은 Coupler을

설치하기 위해 Slab를 국부적 또는 전체를 두껍게 할 필요가 있다. 그러나 Segment의 거푸집을 단순화 하기 위해 Slab 전체를 균일하게 계획하는 것이 일반적이다.

Central Tendon은 영구적이며 이것을 제거할 수 없다. 따라서 교량사용시의 P.S강재 배치에 조합하게 된다. Segment 이음부의 설계는 단면의 중대한 약점이 될 가능성이 있는 콘크리트 공극과 coupler의 존재를 고려해서 신중하게 할 필요가 있다.

② P.S 강재를 BOX Girder 내부에 설치한 돌기에 정착하는 방법(그림 4.5.17), 이 방법의 이점은 교량사용시의 2차강재 배치로서 불필요한 P.S강재 (1차 P.S강재)를 제거하고 재사용할 수 있다. 그러나 정착돌기가 많이 필요하게 되므로 시공성이 떨어지고 경제성도 떨어진다.

특히 전단과 휨이 번갈아 발생하는 압출가설중 web에 충분한 전단저항을 가져오게 하기 위해 BOX형 단면의 형상이나 상하 돌기배치에 배려가 필요하다.

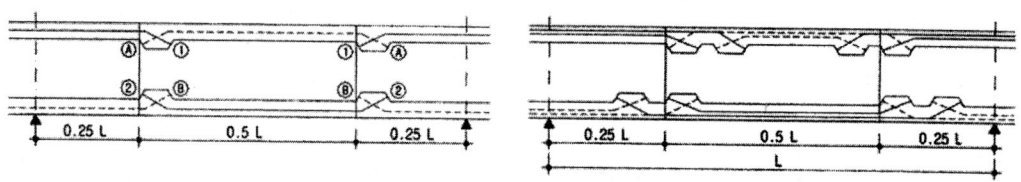

그림 4.5.17 Central Tendon의 돌기정착 예

③ 공용시 필요한 Central Tendon과 균형을 이루게 하기 위해 가설중에는 곡선배치의 P.S강재 사용하는 방법 (그림 4.5.18)

이 방법은 교량공용시에 배치되는 영구 Prestress와 압출시공시 일어나는 모멘트 반전의 부적당한 영향에 저항하는 것만으로 설치하는 일시적인 Prestress를 고려해서, 이론상으로는 손색이 없는 방법이다.

그러나 실제 콘크리트 거더 내에서 외부로 관통해서 P.S 강재를 배치한다는 것은 쉬운 일은 아니다.

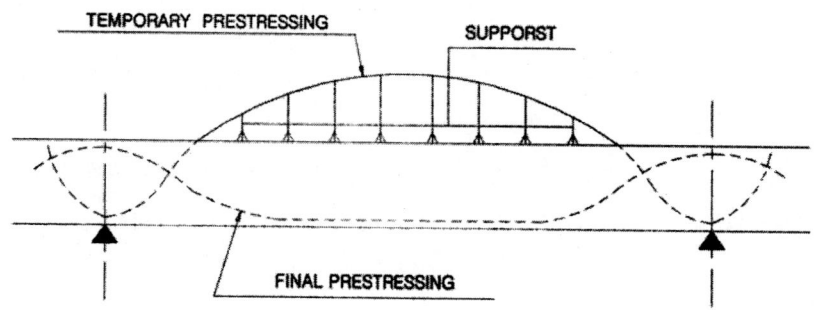

그림 4.5.18 거더 밖에 배치되는 임시 P.S 강재(예)

2) 1차강재(Central Tendon) 배치시 고려사항

1차강재의 배치시 고려할 사항은 다음과 같다.

ⓐ Box 단면 도심위치에서 바닥판 하부 Flange에 배치하는 강재의 편심
ⓑ 2차강재 (continuity Tendon)배치 위치
ⓒ 낙교방지시설(Stoper) 또는 점검구 (Man hole)위치
ⓓ 정착구 및 coupler 위치를 가능한 분산시키도록 한다.
ⓔ 정착구의 피복 및 간격
ⓕ 제작장의 길이(제작장 계획 참고바람)

① Box 단면 도심위치에서 바닥판 하부Flange에 배치하는 강재의 편심 1차강재의 편심량이 크게되면 부정정 2차 응력이 크게되어 설계가 복잡해지므로 가급적이면 Girder의 도심위치에서 편심량이 같게 배치하는 것이 바람직하다.

1차강재 배치 방법은 그림 4.5.19와 같다.

실제로 설계에서 상·하부에 배치하는 강재의 편심량이 같게 배치한다는 것은 거의 불가능하다.

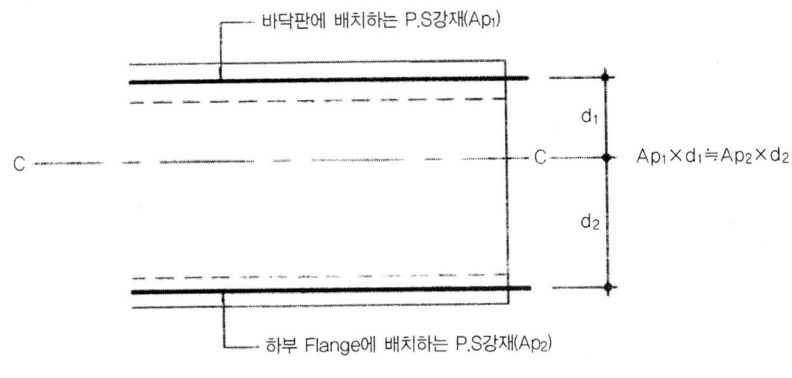

그림 4.5.19 1차 강재량 산정방법

② 2차 강재(Continuity Tendon)배치 위치

2차 강재의 위치는 일반적으로 상하부 복부부근에 배치되므로 sheath 직경등을 고려해서 충분한 이격거리를 두고 배치한다.

3) 1차 강재 연결구(Coupler) 및 정착구 배치 방법

연결구 배치는 하는 방법은 매 Segment 단부에 배치하는방법 (1-step방법), 2-Segment 단부에 번갈아 배치하는 방법 (2-slep방법) 및 3-Segment 단부에 번갈아 배치하는 방법 (3-slep방법)이 있다.

① 1-step

1-step방법의 강재 배치방법은 그림 4.5.20와 같다.

이 방법은 제작장 길이가 짧은 이점은 있으나 "도로교설계기준"에 저촉될뿐만 아니라 Coupler의 개

수가 많고, 인장작업 개소가 많아 공사비가 고가이다.
일반적으로 이 방법은 설계에서 적용하고 있지 않고 있다.

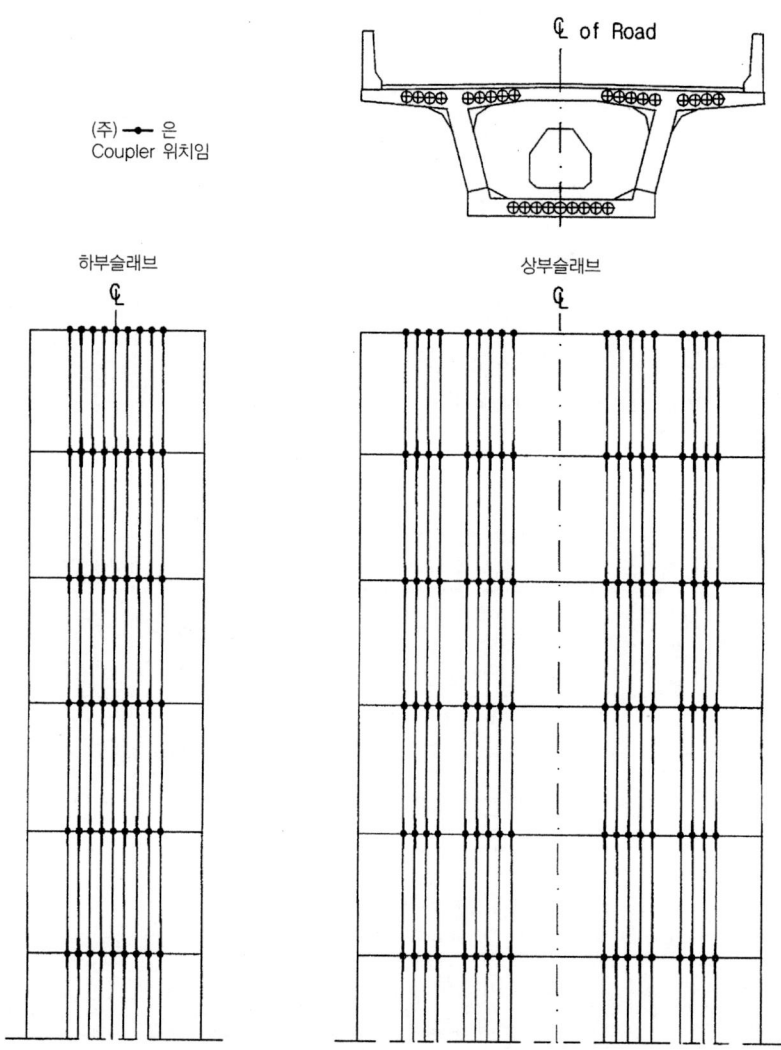

그림 4.5.20 Central Tendon 1-step배치 예

② 2-step

2-step방법의 1차 강재 배치방법은 그림 4.5.21와 같다.

이 방법은 일반적으로 설계에 많이 적용하는 것으로서 "설계기준"에 적합하며 시공성도 좋다. 그러나 Segment 분할시 1-Span에 4-Segment로 하였을시는 안정검토가 따라야 하고 경우에 따라서는 가설 Bent가 필요한 경우도 있다.

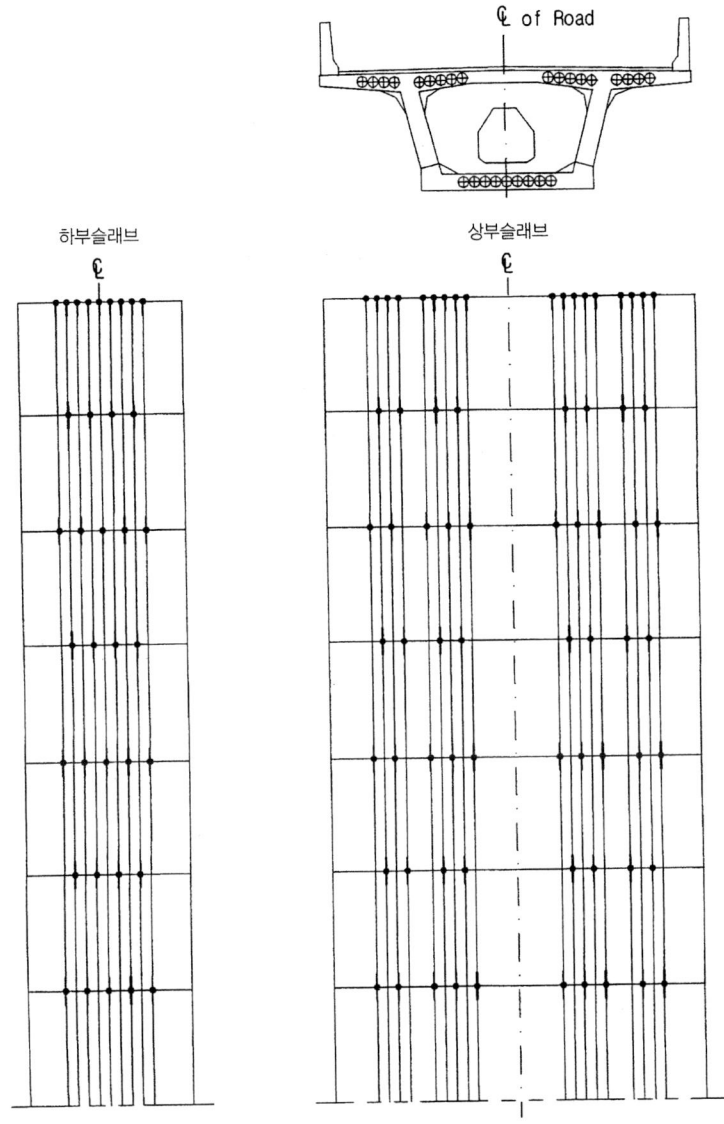

그림 4.5.21 Central Tendon 2-step배치 예

③ 3-step

3-step방법의 1차 강재 배치방법은 그림 4.5.22와 같다.

이 방법은 정착장치 및 Coupler 개수가 적어 인장작업이 용이하고 경제성은 우수하다. 그러나 Segment 제작장의 시행경간 길이가 길어져 제작장 건설비가 고가인 단점이 있다.

이 방법은 채택시는 교량교대 후방에 충분한 제작장부지 확보 또는 측경간부에 동바리(지보공)은 설치할 수 있는 지역이여야 하고 이들의 공사비가 2-step으로 P.S강재를 배치할 때의 정착구 및 Coupler 자재비, 긴장작업비용 등을 감안할 때 비경제적이며 특히 교량의 길이가 짧은 경우에는 경제성, 시공성이 떨어진다.

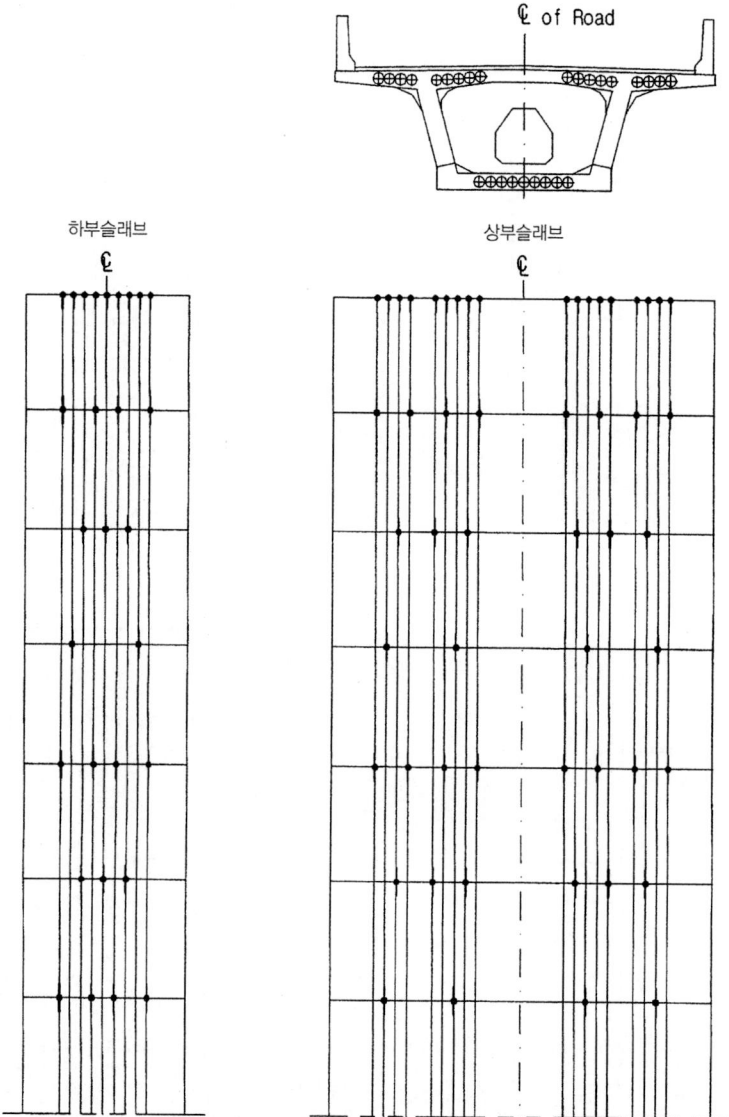

그림 4.5.22 Central Tendon 3-step배치 예

(2) 2차 P.S강재 (Continuity Tendon)

2차 P.S강재 (Continuitg Tendon)의 배치방법은 내부 Cable (Internal Tendon)방식과 외부 cable (External Tendon) 방식이 있다.

① Inside Cable (Internal Tendon)방식 (그림 4.5.23)

이 방식은 P.S강재를 복부에 내부에 배치하고, Box 내부에 돌기 정착구를 설치하여 P.S강재를 coupler에 의해 연결시키지 않고 돌기부에서 P.S강재를 교차시켜 정착시키고 P.S강재의 연속성을 유지시키는 방법이다.

이 방식은 압출공법(I.L.M)에서 가장 많이 적용하고 있다.

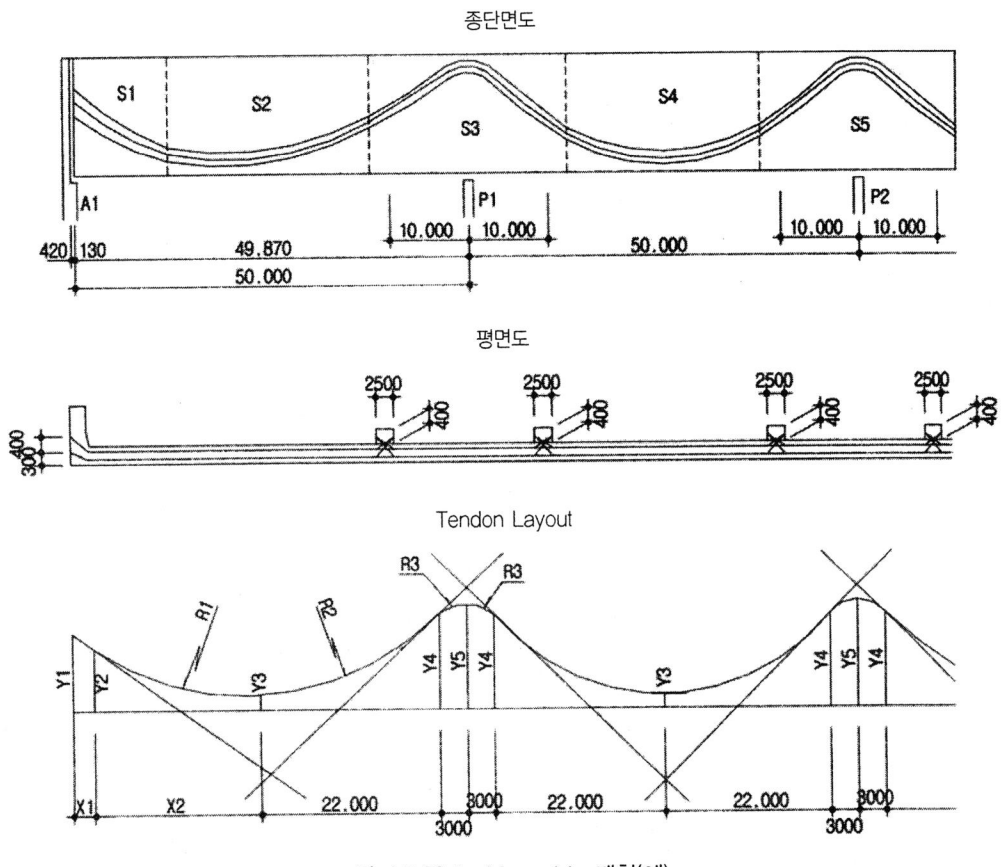

그림 4.5.23 Inside cable 배칭(예)

② 외부 Cable (External Tendon) 방식

이 방식은 P.S 강재를 Box내부에 노출시키는 방법으로 시공 이음부 및 Box내부 하부 Flange 또는 web에 돌기를 만들어 정착(anchoring)과 연결(coupling)을 실시하는 외부 prestressing 방법이다.

이 방식은 장래유지 관리 및 PSC Beam 내하력 증진을 위해 사용하는 경우도 있다.

외부 Cable 방식의 특징은 다음과 같다.

(a) 복부에 쉬스를 배치할 필요가 없으므로 복부내부의 응력 전달이 원활하게 이루어지고 복부의 두께도 얇게 할 수 있다.

(b) 복부의 외측에 배치되어 있기 때문에 콘크리트 타설시 쉬스내에 콘크리트 등이 유입될 가능성이 적다.

(c) 쉬스와의 마찰에 의한 프리스트레스의 감소를 줄일수 있다.
(d) 유지보수가 가능하다.
(e) 정착부 주변과 선형 변화가 있는 곳에 대한 검토가 필요하다.

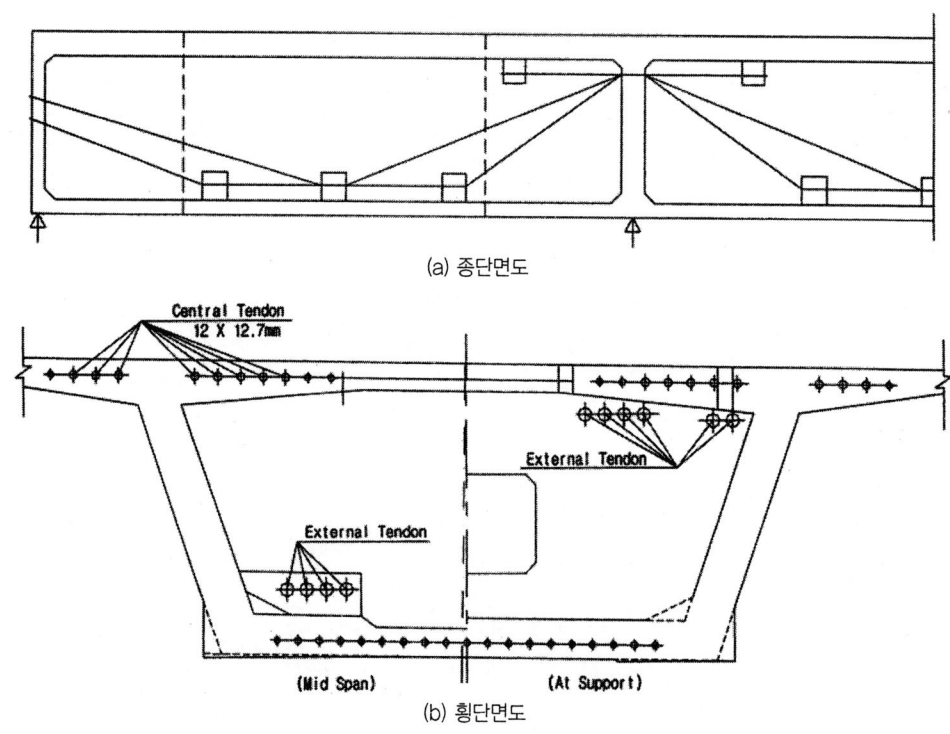

그림 4.5.24 Outside Cable 배치 개략도 (예)

4.5.9 PSC Girder 제작장 계획

제작장은 교량의 상부구조를 제작하여 압출하는 곳으로서 일반적으로 교대후방에 위치하며, 특수한 경우에는 측경간 교대와 교각사이 또는 가설구조물 위에 위치하기도 한다.

Girder 제작장의 위치는 일반적으로 설계단계에서 안전성, 시공성, 경제성 및 제작장에 근접한 철도 및 도로의 상황, 압출노즈 및 시행경간길이, P.S Girder 제작장의 길이 Girder의 전도에 대한 안전성등을 고려하여 적절하게 결정하여야 한다.

P.S Box Girder 제작장의 일반적인 개요 그림 4.5.25과 같다.

(1) 제작장 계획시 고려사항

1) 제작장 길이 결정시 고려사항

① 압출노즈(Launching Nose)를 조립할 space

② Segment 길이와 압출노즈의 길이
③ 제1경간 압출시에 Segment의 전도에 대한 안전성
④ 압출시 각 지점으로부터 Cantilever 길이 최소화 방안
⑤ 교량의 분리 여부

2) 제작장 방향성 결정시 고려사항
① 교량의 종단선형(직선, 원곡선 등)
② 교량의 평면선형

3) 제작장 측방 여유폭 결정시 고려사항
① 지붕설비 폭, 여유폭
② 시행구간의 여유폭

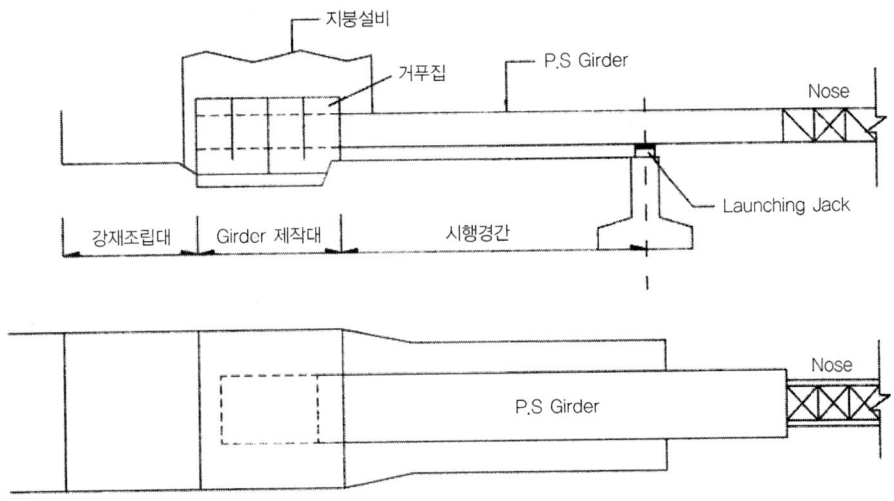

그림 4.5.25 P.S Girder 제작장의 개요도

(2) 제작장 길이 및 측방여유폭 결정

1) 강재 조립대
① 강재조립대는 P.S Girder 제작대 후방에 있는 Space를 말하며, 여기서는 P.S강재 및 철근가공 조립대를 설치한다.
② 강재조립대의 길이는 Girder의 1-Segment 길이의 1.5~2.5배정도가 필요하다.
③ 강재조립대의 폭은 일반적으로 Girder 제작대의 지붕설비, 하역설비, 공사용 차량의 진입 등과의 관계를 고려해서 정하며, 교량 바닥판 폭 이외에 편측으로 3.0m 정도를 확보한다.

2) Girder 제작대

Girder 제작대는 콘크리트 타설순서에 좌우되며, 한 개의 제작대에서 전단면을 콘크리트 타설하는 경우와 상부부닥판과 복부, 하부 Flange를 나누어 각각 인접한 제작대를 설치하여 타설하는 경우가 있으나 양자모두 각각의 장단점을 가지고 있으므로 교량의 규모, 단면의 크기, Segment길이, 제작장의 폭 등을 고려해서 선택하여야 한다. 현재 설계 시공에서는 전자의 경우를 많이 채택하고 있다.

① Girder 제작대의 길이는 최소한 1-Segment 길이 +1.0m가 필요하다.
② Girder 제작대의 폭은 지붕설비, 거푸집 조립 및 탈형을 위한 작업공간 위하여 1.5m~3.0m정도가 필요하다.

3) 시행 경간

교대후방 또는 측경간에 설치하며 이 구간은 압출노즈의 조립장이다. 또한 시행경간은 압출초기 단계에서의 P.S Girder의 전도, 압출시공시 콘크리트 강도확보를 위한 양생기간 등을 고려해서 정한다.

① 시행경간길이는 최소 Girder Segment 1~2배의 길이 또는 Launching Nose 길이 정도 확보해야 한다.
② 가Bent(임시교각)을 설치 않할 경우 압출시 전도에 대한 안전율 확보길이 이상이여야 한다.
③ 콘크리트 강도가 28일 강도가 발휘할수 있는 Segment 수
④ P.S Girder 전도에 대한 검토는 다음과 같은 방법으로 한다.

그림 4.5.26에 표시한 바와 같이 압출노즈의 선단이 제2지점 P_1에 도달 하기 직전의 상태에서 제1지점에 관한 안정성을 검토하여 전방으로 전도 가 능 여부를 확인해야 한다. 주형의 안정을 검토할 경우는 일반적으로 가장 불가능한 상태에서 회전에 대하여 1.3이상의 안전율을 확보하도록 하여야 한다.

Mr : 전도모멘트

$MR = D_2 \cdot l_2 + D_3 \cdot l_3 + EM \cdot l_M + EQ_{D1} \cdot h_1 + EQ_{D2} \cdot h_2 + EQ_{D3} \cdot h_3 + EQ_{EM} \cdot h_M$

MR : 저항모멘트

$M_R = D_1 \cdot l_1$

$\dfrac{M_R}{M_r}$ = 안전율(>1.3)

D_1 : A_1 후방의 Girder의 중량

D_2 : A_1 전방의 Girder의 중량

D_3 : 압출노즈의 중량

EM : 가설하중

$EQ_{D1}, EQ_{D2}, EQ_{D3}, EQ_{EM}$: D_1, D_2, D_3, EM에 대한 지진시 수평력

⑤ 시행경간 폭은 작업원의 통로를 위하여 바닥판 보다 2.0m정도 확보해야 한다.

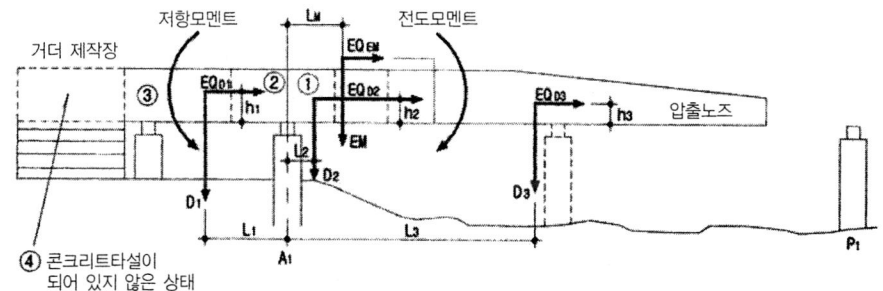

그림 4.5.26 전도에 관한 안정성 검토

4) 제작장의 길이 결정

이상의 사항을 종합하면 다음 그림 4.5.27, 그림 4.5.28, 그림 4.5.29와 같다.

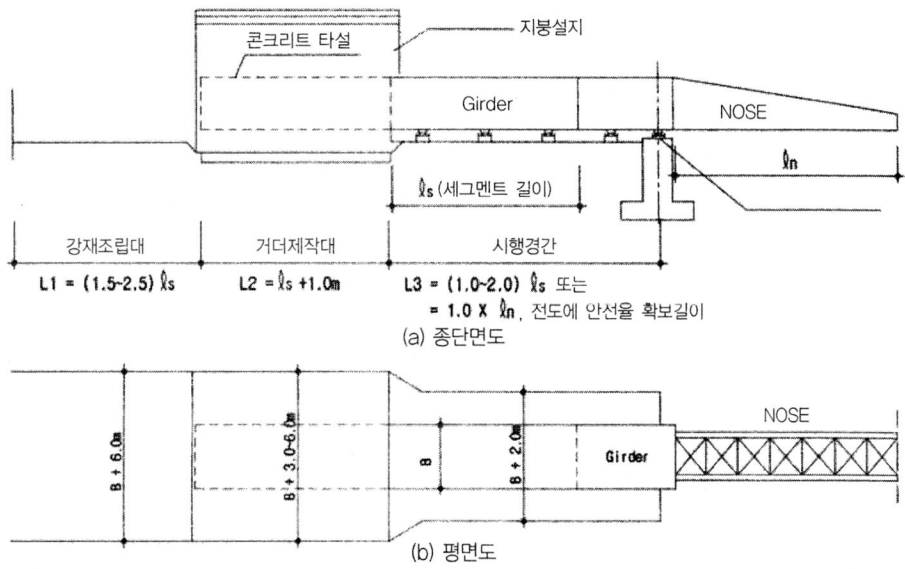

그림 4.5.27 일방향 압출시 제작장 제원

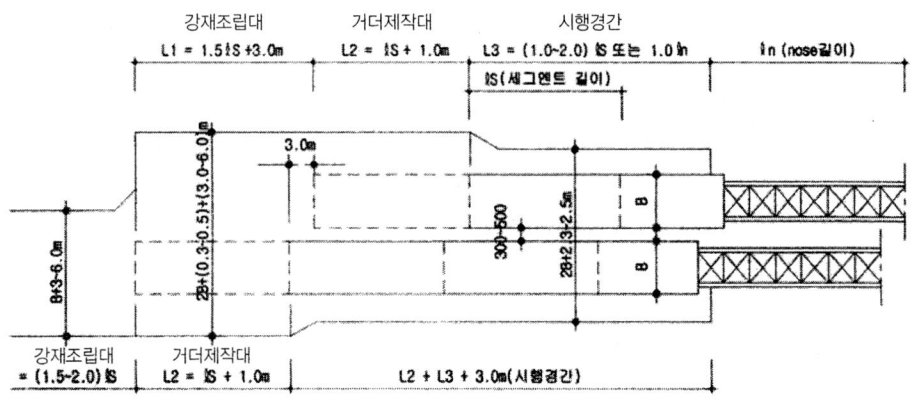

그림 4.5.28 병열교량 일방향 압출시 제작장 제원

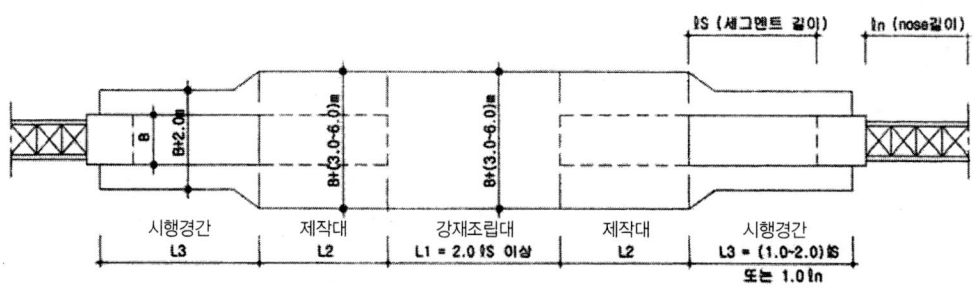

그림 4.5.29 양방향 압출시 제작장 제원

(3) 제작장의 방향성 결정

1) 종단경사

여기에 기술하는 내용은 교대후면에 제작장을 계획하는 경우에 대해서만 기술한다. 측경간에 제작장을 설치하는 경우에는 다음에 기술한 내용을 참고하여 계획하기 바란다.

① 종단경사가 직선의 경우

종단경사가 직선인 경우는 P.S거더 제작장 종단계획은 종단계획고가 직선적으로 변화하므로 계획하는데는 가장 쉽다.

② 종단곡선이 있는 경우

(a) 종단곡선 길이 내에 제작장이 있는 경우(그림 4.5.30)에는 제작장의 종단 계획고는 원곡선에 따라 배치한다. 다만 종단곡선에 제약은 받는 부분은 거더제작대, 시행경간 부분이고 강재조립대 부분은 Lavel로 하는 것이 바람직하다.

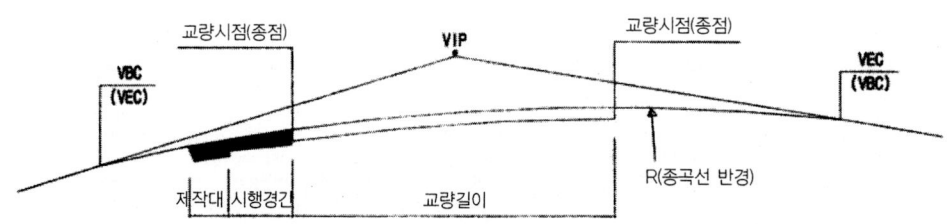

그림 4.5.30 제작장이 종단곡 길이 안에 있는 경우

(b) 교량의 종단곡선 VBC 또는 VEC가 교량 시·종점부 부근에 있고 볼록 곡선인 경우(그림 4.5.31)에는 교량의 종단곡선을 제작대 부분까지 연장하여 제작장의 종단계획고를 원곡선에 따라 계획한다. 다만 강재 조립대 부분은 Level로 하는 것이 도로의 종단경사 조정시 공사비가 저렴하게 된다.

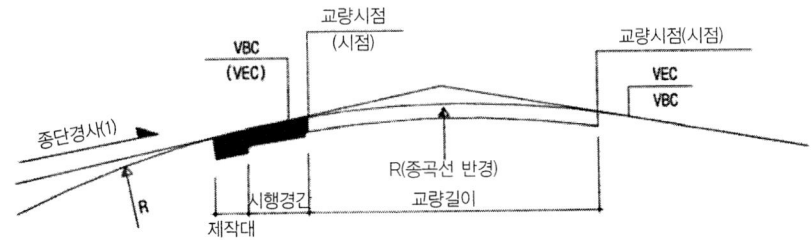

그림 4.5.31 교량종곡선의 VBC 또는 VEC가 교량시종점부근에 있고 블록곡선의 경우

(c) 교량의 종단선형이 직선이고 도로의 종단선형이 VBC 또는 VEC가 교량시 종점부근에 있고 오목 곡선인 경우 (그림 4.5.32)에는 제작장의 종단경사를 교량의 종단경사를 직선적으로 연장하여 종단계획고를 계획한다. 또한 강재조립대는 Level로 하는 것이 바람직하다.

(d) 기타의 경우는 상기 a), b), c)를 응용해서 계획하면 된다.

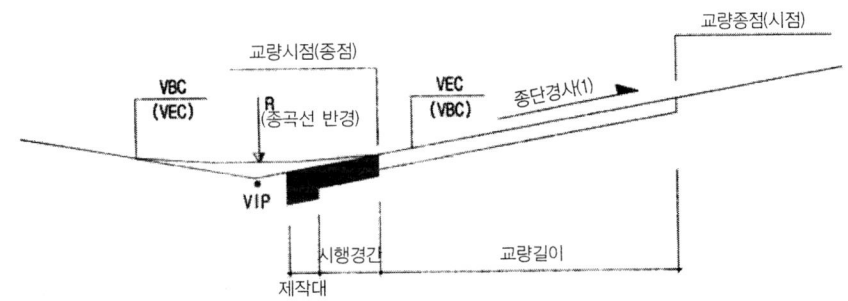

그림 4.5.32 교량 시종점부근에 오목종단곡선이 있는 경우

2) 평면선형

제작장 평면선형 계획시 다음과 같은 사항에 대해서 고려하여야 한다.

㉠ P.S Girder web의 평면선형
㉡ 교량의 평면곡선 길이 및 곡선삽입 여부
㉢ 도로의 평면곡선과 교량의 평면곡선 일치여부(완화곡선을 원곡선으로 치한 한 경우)

① 평면선형이 교량 및 제작장 위치까지 직선인 경우

이 경우는 설계시 별도의 검토가 필요 없으며 제작장이 요구하는 폭원만 확보하면 된다.

② 평면선형이 교량 및 제작장 위치까지 단일곡선의 경우

이 경우에도 별도의 검토가 따르지 않는다.

③ 평면선형의 곡선의 시·종점부가 교대 부근에 위치하는 경우

이 경우에는 제작장의 선형을 직선으로 배치한다.(그림 4.5.33, 그림 4.5.34 참조)

이 경우는 제작장 설치를 위한 추가부지가 소요되며, 절토부에 설치하는 경우에는 도로의 절도면에 대하여 도로설계자와 협의하여 결정하고 여기에 따른 절토 공사비가 증가하게 된다.

또한 성토지역에 제작을 설치하는 경우에는 임대부지의 성토재 제거 및 제작장 기초 해체비용이 추로 소요된 단점이 있다.

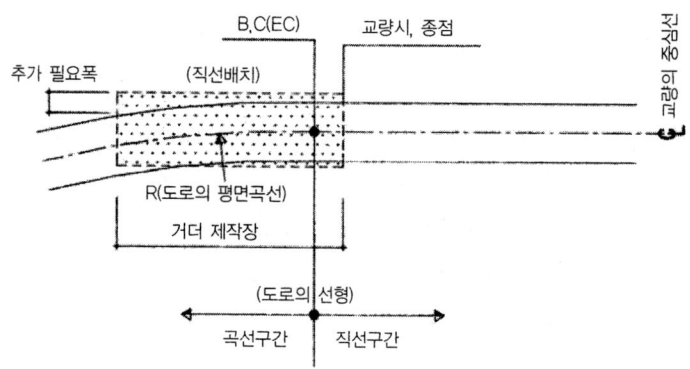

그림 4.5.33 교량 인접구간에 도로 평면 선형이 곡선인 경우

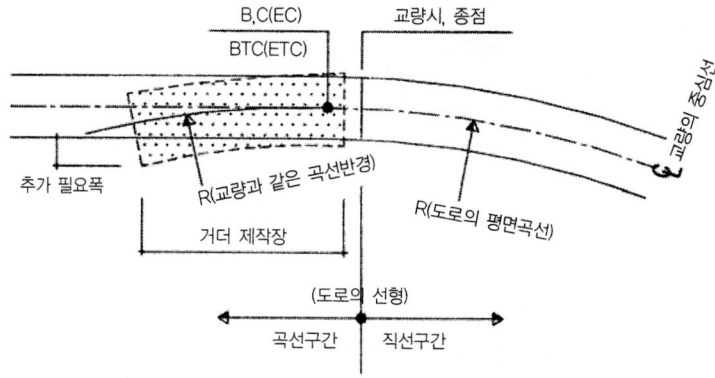

그림 4.5.34 곡선교량에서 교대부근에 곡선의 시종점이 있는 경우

ⓓ 완화곡선을 단일 원곡선으로 환산하여 설치하는 경우

이경우도 상기의 ⓒ와 같은 방법으로 제작장을 설치하면 된다.

(4) P.S 거더 제작대 위치 및 구조형식 결정

P.S거더의 제작대는 교대후방에 설치하는 것이 바람직하나 다음과 같은 사항을 고려하여 측경간에도 설치한다.

1) P.S 거더 제작대 위치 결정시 고려사항

① 교대 후방의 제작장 건설을 위한 충분한 여유 길이
  ⓐ 교대후방에 인접하여 횡단시설(도로, 철도, 하천등에 의한 소교량 가설 경우)
  ⓑ 교대후방의 도로의 대절토구간 (P.S 거더 제작장 설치에 의한 절토가 불가능한 경우 즉 편절량이 많은 경우) 이상의 경우에는 교대 후방에는 제작대를 설치하는 데는 충분한 검토가 따라야 한다.

② 교대 전방의 측경간의 지형조건
  측경간 구간의 지형이 급경사 지역에서 고정지보공 또는 가설교량 설치가 불가능하거나, 하천을 횡단할때 공사기간중 홍수에 의한 제작장 유실의 염려가 있는 경우에는 교대후방에 제작장을 건설하여야 한다.

③ 교대후방의 측방여유폭
  제작장 건설을 위하여 도로폭보다 편측으로 1.5~3.0m 정도의 여유폭이 필요하게 된다. 이때 개설하는 도로인접한 곳에 이설이 불가능한 시설물이 있거나 시설물의 보상비가 고가일 때는 이에 대해 세심한 검토를 하여 교량 측경간부에 제작대를 건설하는 방안을 결정하여야 한다.

④ 기타의 경우
  거더제작장의 부근의 측경간부에 교량의 평면곡선이 삽입되어 직선교로 계획시 Cantilver 길이로 조정이 불가능 하는때는 측경간부를 제작대 및 시행경간을 이용하여 현장타설 거더를 제작하여 건설하고져 하는 경우에는 측경간에 거더제작대를 설치한다.
  이때는 P.S거더의 Cantilver Tendon 배치에 대해서도 검토가 따라야 한다. (Tendon량이 증가하고 Central Tendon 장착구 후면에 균열이 발생하므로 여기에 대해서도 대책을 강구해야 한다.)

2) P.S거더 제작대의 구조형식

P.S 거더제작대의 구조형식은 가설지점의 입지조건 및 교량의 종단선형, 평면선형을 고려하여 결정하여야 한다. 제작대의 설치 위치에 따라 다음과 같이 분류한다.

  ① 교대후방에 설치하는 경우 : 절토형식 및 성토형식으로 구분한다.
  ② 교대와 교각사이 또는 고가도로 등의 일부에 설치하는 경우 : 동바리(고정지보공) 형식을 적용한다.

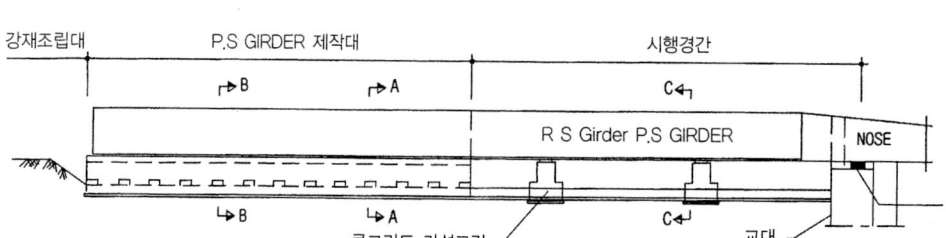

그림 4.5.35 절토 및 성토형식의 직접기초 구조형식의 예

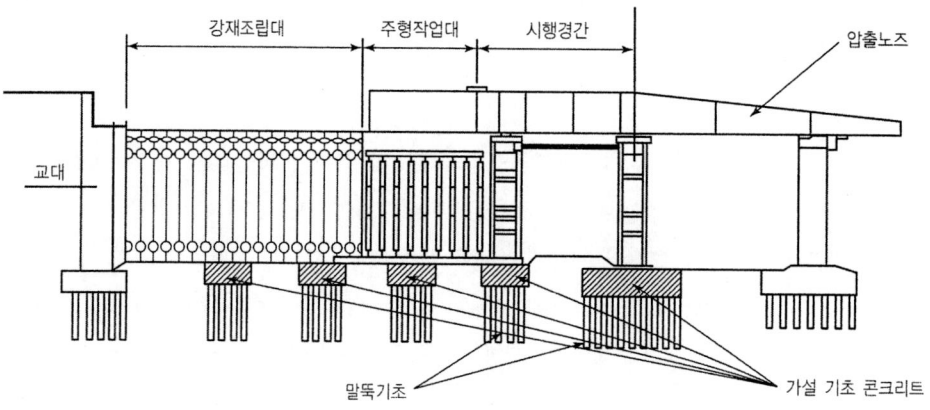

그림 4.5.36 교대와 교각사이에 동바리에 의한 제작장 설치 예

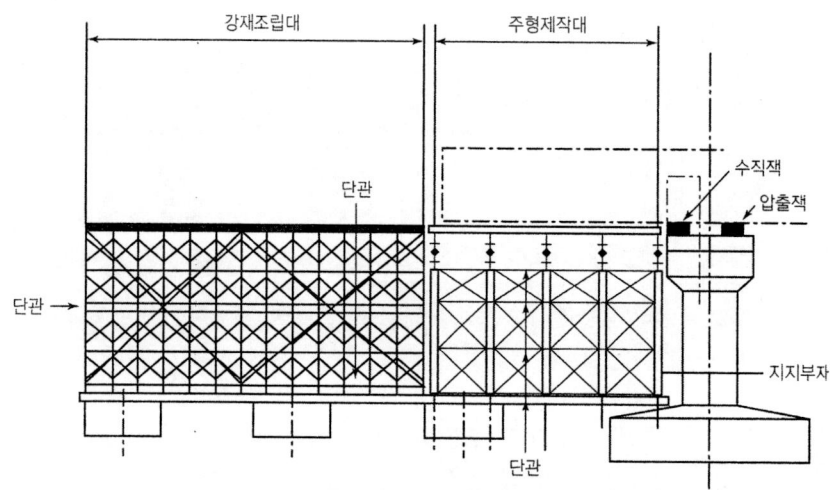

그림 4.5.37 교대후방에 동바리에 의한 제작장 설치 예

4.6 Precast Segmental Bridges(Precast Segmental Box Girder Bridges)

4.6.1 개요

Precast(P.C) Segmental Method는 교량상부구조(교체)를 교축방향으로 적당한 길이로 분할한 각 Block을 제작장에서 미리 제작해서 가설지점에 운반하여 가설장비를 이용하여 인양 조립하고, Prestress를 도입하여 일체가 되게하는 공법으로 교량형식, 교량가설지점의 입지조건을 종합적으로 검토해서 가설공법과 접합방법을 결정한다. (이공법은 Precast Block 공법이라고 부르는 경우도 있다.)

이 공법은 1950년대 경에 프랑스 Seine 강의 choisy-Le-Roi교에 Cantilever 공법에 의한 최초 시공한 이래, 시공기술의 합리화한 관점에서 많은 교량에 적용한 실적이 있다. 한국에서는 1990년 서울시의 북부도시 고속도로에 Launching Girder를 이용한 가설공법에 의해 최초로 적용한 이후 서울시에서 몇 개의 교량에 적용하였고 서해대교, 부산항 고가교 등에서 적용한 예가 있다.

이 공법은 시공환경의 변화에 따라, 시공시의 제약조건이 엄격하고, 급속시공의 필요성, 장래에 예측하는 노동자 부족을 보충하는 시공기술의 합리화, 구조부재의 고품질화를 한층 요구하고 있다.

최근에는 외국에서 Precast Segment 공법을 적극적으로 채용하고 공사사례가 증가하고 있는 실정으로 앞으로 한국에서도 설계·시공을 많이 할 줄로 예상하고 있다.

(1) 특징

Precast Segmental 교량의 특징은 다음과 같다.

1) 장점

① 완벽한 설비를 갖춘 제작장에서 Segment를 제작하므로 양질의 시공관리와 능률적이고 경제적으로 제작할 수 있다.
② 취급이 필요한 치수, 경량의 Segment로 분할하여 시공할 수 있으므로 대형구조물, 복잡한 형상이 구조물에도 비교적 손쉽게 시공할 수 있다.
③ 하부구조 공사와 병행해서 Segment를 제작할 수 있으므로 콘크리트 양생기간에 충분하여 콘크리트의 건조수축, Creep의 변형이 완료되어 소성변형이 적게 발생하여 Prestress의 감소량을 줄일 수 있다.
④ 기계화 이용도가 높아 급속시공이 가능하다.(현장타설콘크리트 공법에 비교하여 공기단축 가능)
⑤ 제작장에 양생설비를 해서 집중 제작작업을 할 수 있다.
⑥ 교량상부구조 가설시에 현장조건에 큰 제약이 없으며, 교량하부의 노면교통이 있거나, 교량의 높이가 아주 높은 곳에도 유리한 공법이다.
⑦ 교량의 선형에 구애됨이 없이 건설이 가능하다. (종단곡선, 평면곡선 삽입시)
⑧ Joint부의 접착에 사용에 따른 온도변화 영향 외에는 다른 환경적인 제약은 없다.

⑨ 외관이 좋으며 P.S에 의한 콘크리트에 압축력이 재하되므로 균열을 배제 할 수 있으며, 고강도 콘크리트 균일한 품질관리 상태에서 제조 가능하다.

2) 단점
① Segment 취급에 대형장비와 설비가 필요하다.
② Segment 제작 및 적치를 위하여 넓은 공간이 필요하다.
③ Girder의 형상관리가 힘들며 정밀도가 높은 Segment 제작과 가설이 요구된다.
④ 선형관리가 현장타설 콘크리트 공법에 비교해서 복잡하고 오차수정이 어렵다.
⑤ Segment 간의 철근 연결이 없어서 Joint에서 인장력에 대한 저항력이 제한된다.

(2) 현장타설 콘크리트 공법과 Precast Segmental 공법의 선택

현장타설콘크리트 공법 또는 Precast Segment 공법중 어느공법을 이용해도 최종적으로는 같은 목적의 교량을 가설할수 있으며, 그의 선택에 있어서는 공사의 규모, 공기, 접근성, 교량가설 위치의 주변 환경 상황, 시공자의 유용한 장비등 지역적인 조건을 고려할 필요가 있다.

1) 시공속도

일반적으로 현장타설 콘크리트 공법은 Precast Segmental 공법에 비교하여, 1.3배정도의 공기가 길다. P.C Segmental 공법을 채용하는 이유중 대부분이 급속 시공에 따른 공기단축하기 위하여 적용하는 경우가 많다.

2) 특수설비에 대한 투자

설비투자에 대하여 비교한다면 현장타설 콘크리트 공법이 일반적으로 적어도 된다. Precast Segmental 공법은 특수한 경우를 제외하고는 교량길이가 1000m 이상일 때가 경제성이 있다.

3) Segment의 치수와 중량

Precast Segment의 치수는 운반로의 상황, 운반·가설장비의 능력에 의해 제약을 받는다. 현장타설 콘크리트 공법은 이와같은 제약은 없지만 Segment의 최대중량이 Launching Girder 또는 Form Traveller의 규모가 가격을 직접적으로 좌우된다.

4) 환경상의 제약

Precast Segmental 공법과 현장타설콘크리트 공법은 모두가 모든작업을 고공에서 이루어 진다는 점에서는 같으나, Precast Segmental 공법은 노면교통을 차단하지 않고, 작업을 진행하든가, 각교각에서 사람의 이동이나, 재료의 운반이 쉽다는 조건에 대응할 수 있다.

(3) 설계상의 문제점

Precast Segmental 공법의 일반적인 장점의 일예는 ①품질관리가 용이하고 품질이 높은 부재로 제작할수 있고, ②제작된 부재를 가설하기 전에 적치장에 보관하므로 가설후에 건조수축, Creep량이 적다라고 거론할수 있다. 이들의 요인은 재료계수인 부분안전계수를 설계조건에 꼭 반영하였다라고는 언급하기 곤란하다. 또한 접합부(Joint)의 설계에 관련하여 "콘크리트 구조 설계기준"에는 현재 구체적인 설계방법은 제시하고 있지 않으며 "도로교 설계기준"에서는 Segment 접합부가 일체구조로 설계를 행하는 전제아래에서 접합면에서 사용하중 조합이나 극한하중조합 상태에서 허용치를 만족하도록 규정하고 있다.

그리고 접합부에 배치하는 전단Key의 검사는 가설시와 설계하중 작용시 및 계수하중 적용시의 전단력에 대하여 행할 필요가 있다. 현행 설계기준에 의해 설계 할 때는 축방향 철근이 접합면에서 불연속하는 구조부재에 대하여 일체구조와 동등한 Level의 성능을 요구하고 있다.

Precast Segment 구조의 설계법에 대한 사항이 확립이 안된 상태이므로 설계법 확립의 과제는 다음과 같은 것이 있다.

1) Internal tendon 방식과 External Tendon 방식의 Precast Segment 구조의 거동을 정량적으로 평가하는 수법의 확립, 그의 한계상태의 설정을 명확히 해야 한다.
2) 접합부의 전단Key의 형상, 개수, 전단저항에 대한 영향의 정량화
3) 품질관리, 시공의 합리화에 따른 부분안전계수 반영에 따른 Data의 축적 필요
4) 정량화를 하기 위한 고강도 콘크리트를 사용한 구조물의 설계방법 확립 이상의 과제가 해결하여야 Precast Segment 구조가 가능하리라 판단된다.

4.6.2 Precast Segmental 교량의 구조형식

한국에서 건설한 Precast Segmental 교량의 구조형식은 P.S Box Girder교를 채용하고 있으며 대부분이 연속교 형식이다. 한편 외국에서는 연속 Box Girder교를 채용하는 경우가 가장많고, 연속 Truss교, 사장교, Arch교등에도 적용한 예가 많이 있다. 그림 4.6.1은 국내외국에서 건설한 P.S Precast Segmental교량의 구조형식의 건수를 최대 경간과의 관계를 표시한 것이다.

그림 4.6.1에 표시한 것 처럼 한국에서는 P.S Precast Segment 채용한 교량의 최대 span은 최대 60m(서해대교)이고, 서울 강변 1공구, 강변 4공구, 북부 2공구, 정릉천 2공구, 천호대교~토평동간은 최대경간이 50m이다. 외국에서는 경간이 100m를 초과하는 경우에도 P.S Precast Segment 적용하고 있는 실정이다. 그림 4.6.1에서 경간길이가 100m를 초과하는 교량에 대해서는 구조상 유리한 사장교를 선택할 가능성이 높은 것을 나타내고 있다.

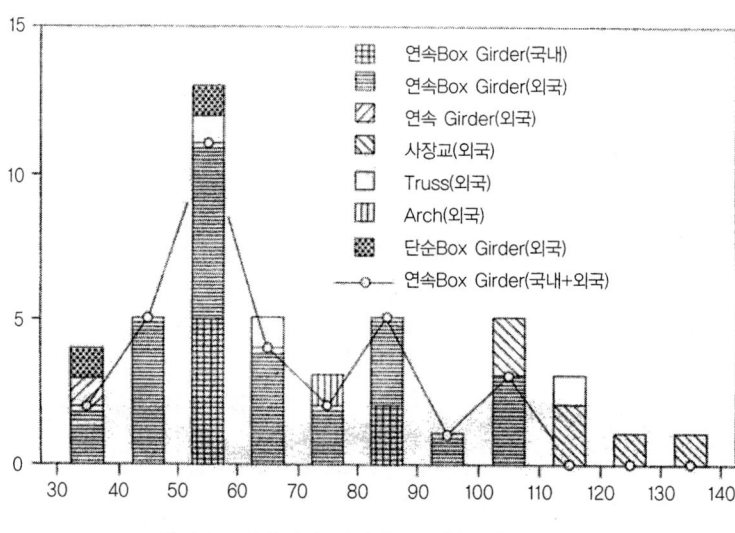

그림 4.6.1 최대지간 길이와 구조형식과의 관계

4.6.3 Precast Segment 단면형상

(1) 교축직각(횡) 방향 단면형상

그림 4.6.2는 Precast Segmental 공법에 의해 설계·시공되는 구조형식 별의 경간길이에 대한 일반적인 Girder의 단면형상을 표시한 것이다.

단면형상은 교량의 폭원, 경간길이, 단면의 경량화, 제작설비 및 가설설비의 능력에 따라 결정된다. 단면형상은 단면의 경량화를 위하여 1-cell 단면을 채용하는 경우가 많다. 또한 교량폭원이 큰경우에 web수를 늘리는 대신 경사 strut를 채용하는 단면도 적용하고 있다. 그리고 미관에 대한 배려로 web를 경사전단단면 형상으로 한 예도 있다. 그림 4.6.3는 "AASHTO-PCI-ASBI Segmental Box Girder Standard"를 나타낸 것이다. Precast Segment 단면계획시 적용경간, 폭원 등을 참고로 하여 계획하면 도움이 될줄로 판단되어 여기에 기재한다.

구조 형식	지간 길이	단면 형상	Main Girder의 단면형상			비 고
			바닥판의 전 폭 7~12m	바닥판의 전 폭 10~15m	바닥판의 전 폭 13m~	
단순 거더교	20 ~ 50	Double T-Beam	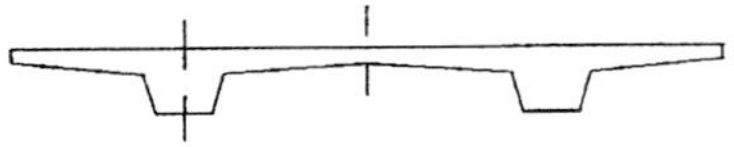	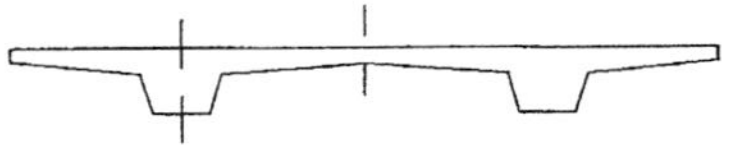		지보공 가 설
		등단면 BOX Girder	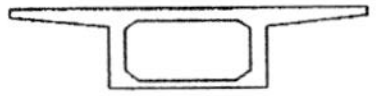	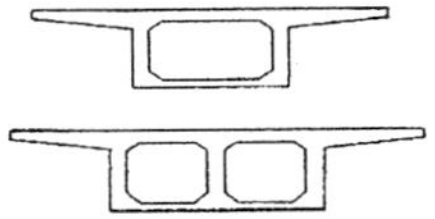	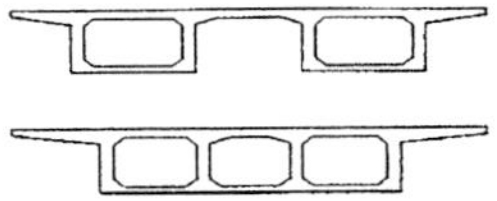	지보공 가 설 지보공 Cantilever
연속 거더교	30 ~ 60	등단면 BOX Girder	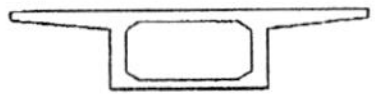	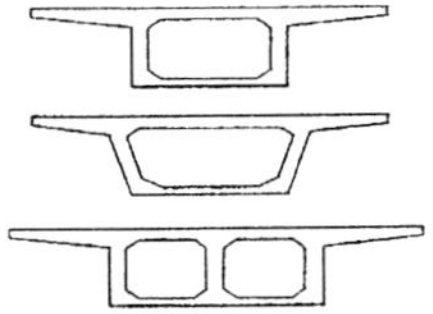	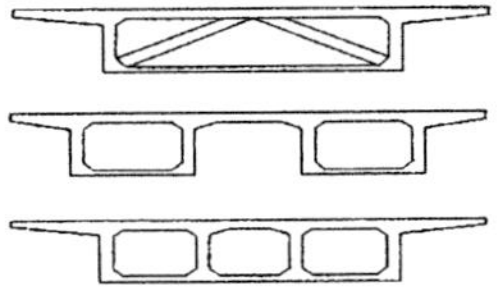	가설 압출공법 이동지보공 지보공 Cantilever
연속 라멘교	50 ~ 120	변단면 BOX Girder		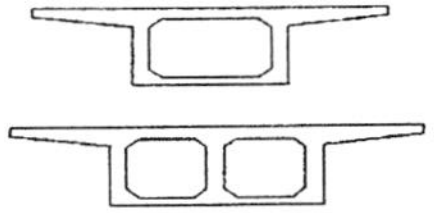	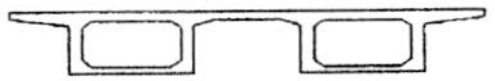	가설 지보공 Cantilever 가설
사장교	50 ~	변단면 BOX Girder	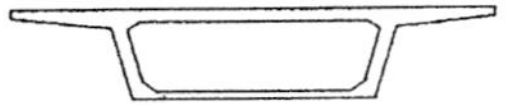	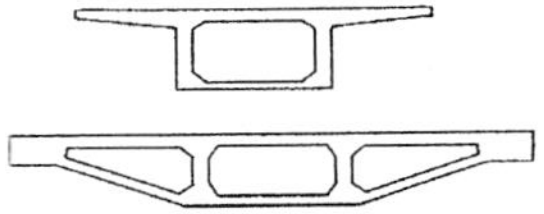	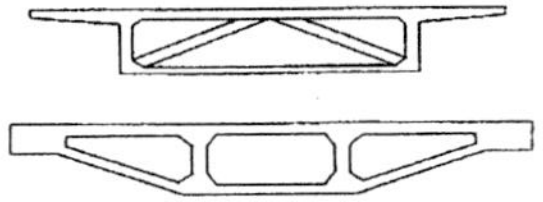	지보공 Cantilever 가설 지보공
		단부 BOX Girder	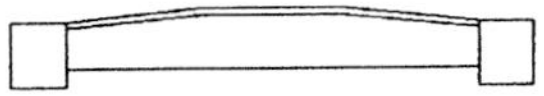			Cantilever 가설
		날개익 BOX Girder	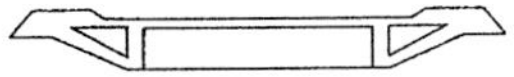	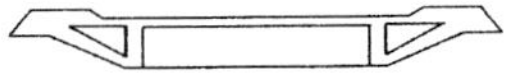		

그림 4.6.2 구조형식과 단면형상

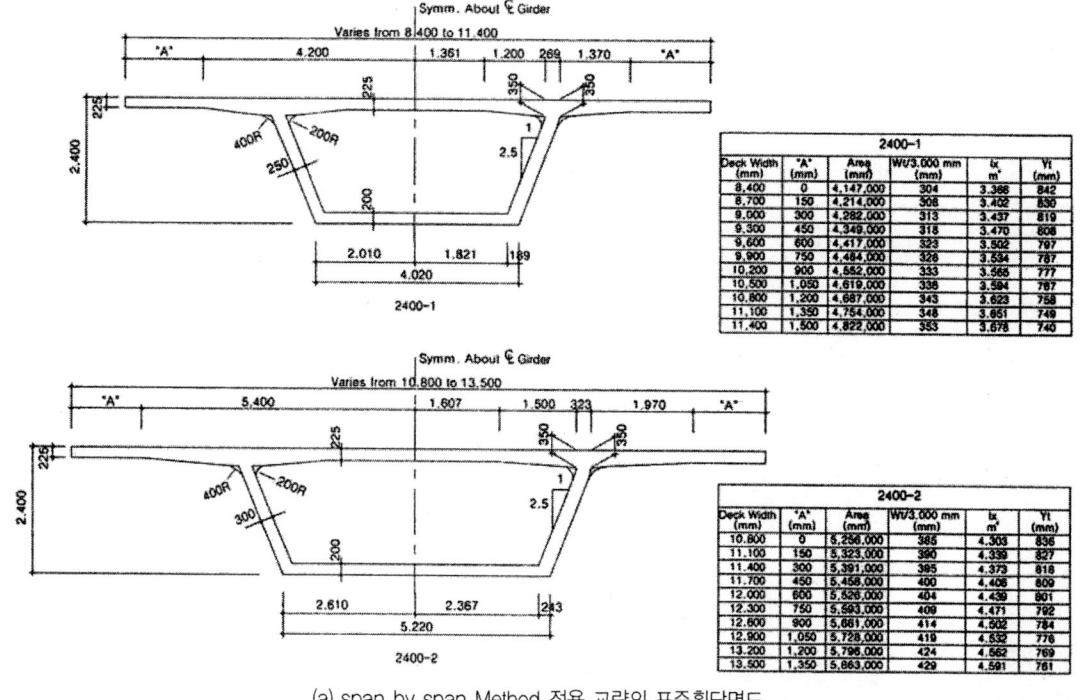

(a) span by span Method 적용 교량의 표준횡단면도

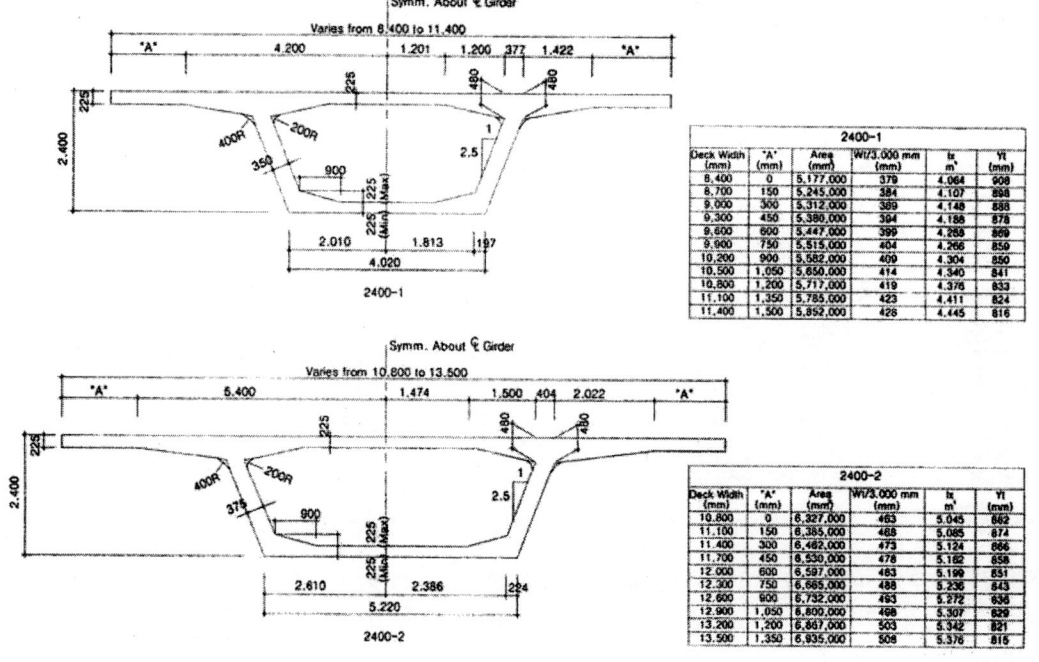

(b) Cantilever Method 적용 교량의 표준횡단면도

그림 4.6.3 "AASHTO-PCI-ASBI Segmental BOX Girder Standard"
(PCI Journal Vol.42, No5 P32-42 1997에서 발췌)

1) Segment의 형상 및 크기 결정시 검토할 사항

Precast Segment의 형상 및 크기는 교량상부구조 건설공사에 크게 영향을 미치므로 여러 가지 제반 조건을 감안하여 세심하게 결정해야 한다. 일반적인 Segment 중량은 50~80 ton 정도에서 결정되며 이러한 중량을 포함하여 Segment의 최대길이, 기본형태 등의 결정에는 다음의 사항들이 설계시에 면밀히 검토되어야 한다.

① 검토사항
(a) 제작장 및 가설장소에서의 Segment 인양장비 능력
(b) Segment 운반장비의 능력
(c) 거푸집의 운영
(d) Prestress 도입방법(Internal Tendon, External Tondon) 및 철근 배근 상태
(e) 콘크리트 타설
(f) 운반도로의 점유폭원 (최대 3.5m)
(g) 도로 위에 가설되어 있는 지장물의 통과높이

② 세부검토 사항
(a) Segment 의 크기는 가능한 일정하게 유지시킬 것
(b) 단면치수는 일정하게 유지할 것
(c) Segment는 직선적으로 제작할 것
(d) 전단 Key, 형상은 일정하게 유지시킬 것
(e) Girder의 높이가 변화하는 경우에는 복부를 수직으로 하고, 하부 Flange 폭이 변화되지 않도록 하여 시공성을 높이도록 할 것.
(f) 콘크리트 타설을 쉽게 하도록 모서부분은 모따기 형태로 할 것
(g) 요철부위는 거푸집 제거가 용이하게 하는 형태로 할 것
(h) Prestressing용 정착구(돌기 정착구) 나 Tondon (Sheath)의 위치는 가능한 일정한 위치로 배열하고, 이들과 다른사항(철근, 기타)이 서로 간섭되지 않도록 고려할 것.
(i) 격벽(Diaphrgm)이나 Haunch의 숫자를 최소화 할 것.
(j) 거푸집을 관통하는 Dowel을 가능한 사용하지 않는다.

2) 일반적인 Precast Segmental Box Girder의 단면형태

일반적으로 채용하고 있는 Precast Segmental Box Girder의 단면형태는 교량가설공법의 따라 그림 4.6.4과 같다.

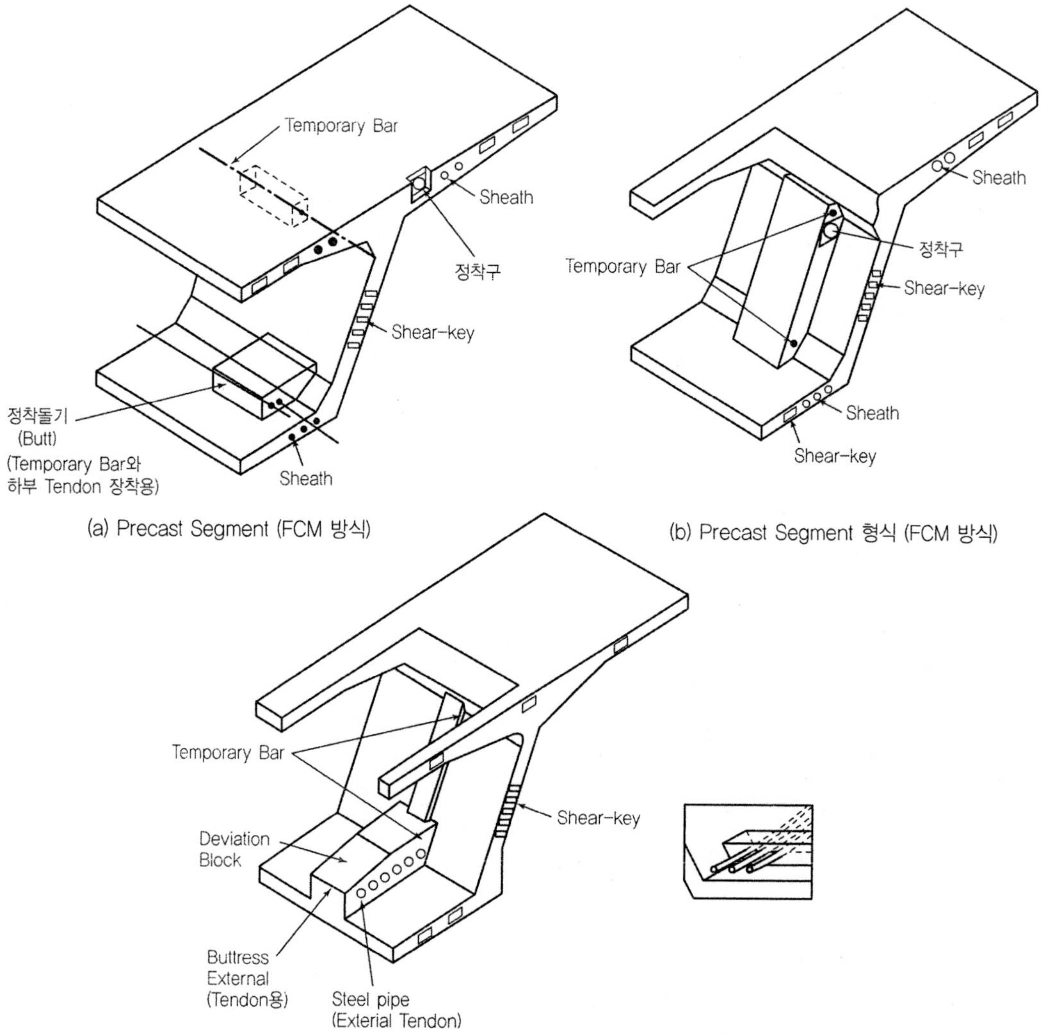

제4장_ 가설공법에 따른 P.S.C 거더교의 계획과 설계

(a) Precast Segment (FCM 방식)

(b) Precast Segment 형식 (FCM 방식)

(c) Precast Segment (SPAN-BY-SPAN 방식)

그림 4.6.4 Precast Segment BOX Girder 단면형태(예)

(2) 종방향 단면형태 및 Girder의 높이 결정

1) 종방향 단면형태

Precast Segmental 공법을 적용하는 교량의 종방향 단면형태는 Segment 제작방법에 따라 종방향 단면형태가 결정된다.

즉 Long Line 방식에 의해서 Segment를 제작하는 경우에는 Girder의 높이를 변화시킬 수 있으나 Short Line 방식인 경우에는 Girder의 높이를 변화시키기 곤란하여 등단면을 사용한다. 최근에는 제작기술 발달로 Short Line 방식에 의해 변단면도 제작을 하는 실정이다.

2) Girder 높이 결정

Girder 높이 결정방법은 교량가설 방법에 따라 다르므로 3.5절, 3.6절을 참고하여 결정하기 바란다.

4.6.4 Segment 분할

(1) Precast Segment 분할시 고려사항

Precast Segment 길이 및 중량은 다음의 사항을 고려하여 결정한다.

1) Segment 제작장에서 운반경로의 교통 및 도로상황
2) 도로법, 도로교통법 등의 관계법령에서 제한 여부
3) 운반기계의 운반능력
4) 가설설비 및 가설방법
5) 시공공정
6) Segment의 중량은 1개당 50~80 ton
7) Segment 길이는 2.5~4.0m 정도

(2) Segment 분할 방법

Precast Segment의 이음은 원칙적으로 휨의 작용방향과 직각으로 되게 설계, Prestress에 의한 전단력에 따라서 엇갈림이 생기지 않도록 하는 것이 바람직하다.

1) 거더의 높이가 변화하는 경우

이음면을 Girder의 구조 중심축에 대하여 직각으로 만들면 접합면이 경사져 엇갈림 전단이 생기기 어려운 구조가 되지만, 접합면의 거푸집의 설치의 용이함 등 시공성 등에서 수직으로 절단하는 것이 일반적이다.

2) 사교의 경우

교축선에 대하여 직각으로 이음을 만들고, 단부지점의 Segment는 현장타설 콘크리트 Segment로 시공한다.

3) 곡선교의 경우에 분할

교축곡선의 법선직각방향으로 이음을 만드는 것이 바람직하다.

4) 종단선형에 의한 분할

Segment 제작방식의 short Line 방식을 채용시에는 거푸집의 측대면 (Bulk-head면) 바닥거푸집은 항상수직을 이룬다는 점을 주의해서 분할한다.

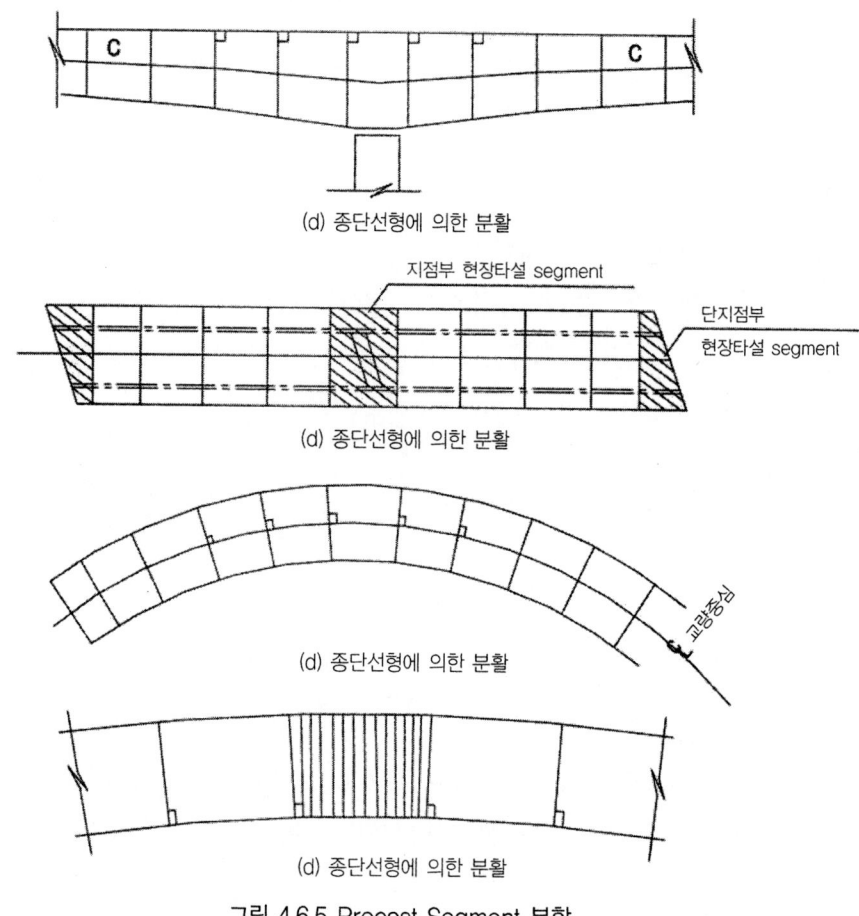

그림 4.6.5 Precast Segment 분할

4.6.5 Precast Segment 이음부

Precast Segmental 공법은 분할된 콘크리트 부재를 일체화된 구조물로 제작하기 위해서는 인접한 Segment 사이에 이음부가 있는 구조가 된다. 따라서 Segment 상호의 위치를 정확하게 고정하는 동시에 이음부에 전단력을 전달하는 Segment 접합 Key를 가진 구조이다.

(1) 이음부의 종류

Precast segment 이음부의 종류는 다음과 같이 분류한다.

- 현장타설 이음방식 (wet joint)
- Mortar 이음방식
- Grouting 이음방식
- 전단 Key (shear Key) 이음방식

이들 이음 방식은 현장여건에 따라 설계자가 적절한 것을 선택한다.

1) 현장타설 이음방식

프리캐스트 세그먼트의 접합을 현장타설 콘크리트로 행하는 방식은 에폭시수지계 접착제에 의한 접합방법이 개발되기 이전에 많이 사용하던 이음방식이다.

이 방식은 이음부가 콘크리트가 완전히 경화한 후에 프리스트레싱을 하여 접합을 하므로 비교적 시공법이 간단하며, 이음부의 폭은 0.15~1.0m의 범위의 것이 많이 사용된다.

이음부 콘크리트 품질이 인접 세그먼트의 품질보다 나쁠 수 있으므로 설계 및 시공시 주의해야 한다.

2) MORTAR 이음방식

프리캐스트 세그먼트의 접합을 모르터로 행하는 이음방식이며, 이때 사용되는 모르터는 잘 섞여야 하고 슬럼프치가 '0' 이어야 한다. 골재 크기는 최대 5mm이하 이어야 한다. 이 방식에 의한 이음부의 폭은 10mm~40mm 정도이다. 모르터는 조금씩 이음부에 주입되고 다져져 굳혀야 한다. 이음부에 하중이 작용하기 전에 이음부의 모르터 압축강도가 규정치에 도달했는지 검사해야 한다. 이음부의 모르터 품질이 인접한 세그먼트 콘크리트의 품질보다 낮을 수 있으므로 설계 및 시공시 주의해야 한다.

모르터 이음방식은 다음과 같은 시공상의 문제가 있다.

① 이음부의 두께는 수mm부터 수십mm로 한정되어 있기 때문에 내구성을 만족시키는 충분한 강도를 가진 모르터의 배합 및 시공법을 결정해야 한다.
② 이음부의 폭이 타설높이에 비해 작거나 횡폭이 넓은 이음부에 충분한 채움을 하기 위해서는 상당한 검토가 필요하다. 만약 충분한 채움이 이루어 졌다고 가정해도 프리캐스트 세그먼트에 의한 모르터 배합수의 흡수에 의해 배합수가 부족하게 된다.
③ 사용하는 모르터는 가능하면 세그먼트 콘크리트와의 밀착성 때문에 경화시 다소 팽창하는 모르터를 사용하는 것이 좋다.
④ 이음부의 모르터에는 굵은 골재를 사용하지 않고, 보강철근 등의 배치도 일반적으로 행하지 않으므로 모르터 강도는 세그먼트 콘크리트보다 상당히 높아야 한다. 이음부에 커다란 인장응력이 발생하면 균열이 집중하고 균열폭이 세그멘트 부분보다 상당히 크게 되므로 압축응력의 감소에 의한 파괴형상에 의해 휨강도를 결정하는 것이 바람직하다.

3) Grouting 이음방식

그라우트 이음부의 폭은 대략 5mm~25mm 정도이다. 그라우트 이음부의 시공은 중력식 혹은 압력방식에 의한다. 어느 경우든 그라우트가 새지 않도록 주의해야 한다. 중력식 그라우팅이 사용될 때는 그라우트의 공기함유를 최소로 해야 한다. 이는 사용전 손이나 기계로 그라우트를 천천히 휘저으면 된다.

압축식 그라우팅은 매우 세심한 준비를 요한다. 그라우팅 장비상태가 좋아야하고 장비 고장으로 인한 작업중단을 가져오지 않도록 주의해야 한다. 이음부는 압력이 새지 않도록 밀봉해야 하고 개스켓과 함께 거푸집을 사용하는 것이 바람직하다. 거푸집 위 부분에 공기구멍을 설치하여 그라우팅 작업 후에 구멍을 열어 침전이 생기면 그라우트가 올라올 수 있도록 한다. 이음부에 하중이 작용하기 전에 그라우트 압축강도가 규정치에 도달했는지 검사해야 한다. 연결부의 그라우트 품질은 인접한 세그먼트에서 콘크리트의 그라우트보다 낮을 수 있으므로 주의해야 한다.

4) 전단 Key 이음방식

Segment(Block) 사이에 이음변은 2개의 Segment면에 유해한 엇갈림을 일으키지 않도록 정확한 결합을 쉽게 하도록 복수의 전단Key (접합 Key)를 만들어야 한다.

그런 접합 Key은 통상적으로 각 web와 바닥판에 설치한다.

바닥판의 접합 Key는 교축직각방향의 조정용이고, web의 접합 Key는 접합면부의 전단강도를 확보하기 위한 전단 Key이다.

① 전단 Key 분류

전단 Key는 그 용도 및 재료등에 따라 다음과 같이 분류한다.

(a) 작용(목적)에 의한 분류
- 전단키 : 주로 복부와 하부 플랜지에 설치 (전단, 비틈에 저항)
- Guide Key : 주로 바닥판과 하부 플랜지에 설치 (조립성을 높임)

(b) 사용재료에 따른 분류
- 강제키 : 링(ring)형, 앵커 볼트형
- 콘크리트키 : 요철형, 반원형, 파형

(c) 전단키 수에 따른 분류
- 단일키 : 복부에 단면이 큰 하나의 전단키만 설치함
- 다중키 : 복부에 단면이 작은 다수의 전단키만 설치함

(d) 접착제 사용유무
- 접착제 사용키 : 이음부에 에폭시 등의 접착제를 사용함
- 건식키 : 이음부에 접착제를 사용하지 않음.

② 전단 Key의 세부사항

(a) 콘크리트 접합 Key

a) 사다리꼴 접합 Key

사다리꼴 접합키의 형상은 아래를 표준으로 하는 것이 좋다. 또 기울어진 웨브에 접합키를 설치할 경우는 웨브부재 축방향에 직각으로 설치하는 것이 좋다.

$$10\text{cm} \leq H \leq \frac{h}{4},\ C : 피복 \leq 2.5(\text{cm})$$

$45° \leq \theta \leq 60$

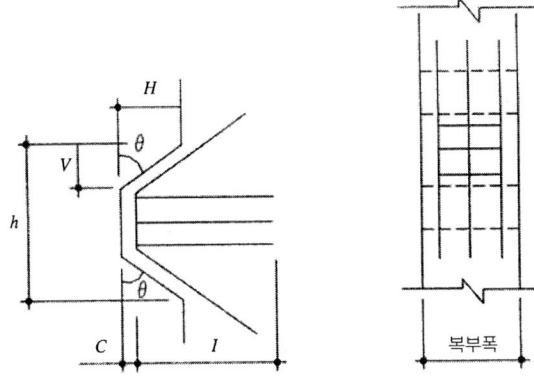

그림 4.6.6 사다리꼴 접합 Key (예)

b) 반구형 접합 Key

일반적으로 반구형은 가설시의 결손은 적지만, 복부폭이 얇은 경우는 부적당하다. 형상은 아래를 표준으로 하는 것이 좋다.

(b) 강제 접합 Key

a) Ring형 강제 접합 Key

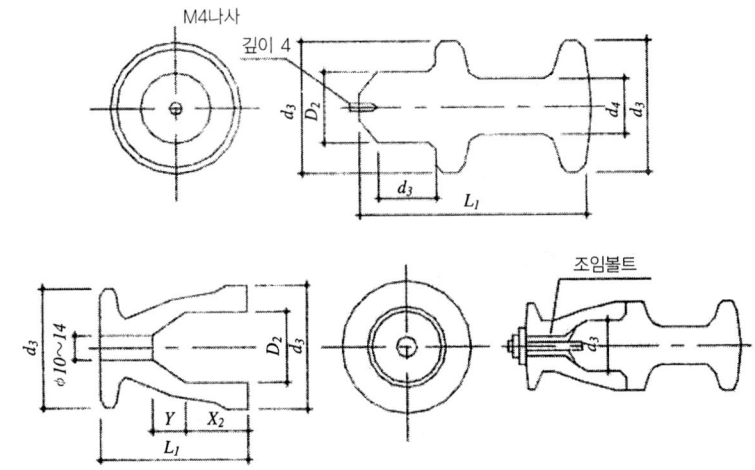

⊙ 표 4.6.1   단위 :mm

형식	L_1	D_1	d_3	d_4	L_2	D_2	d_5
φ28	93	φ28	φ50	φ20	59	φ28.3	φ50
φ32	105	32	60	φ30	55	32.3	60
φ50	172	50	80	φ40	79	50.3	80

(주) 재질 : SS400 또는 FCD450

그림 4.6.7 Ring형 강제 접합 Key (예)

(c) Anchor Bolt형 강제 접합 Key

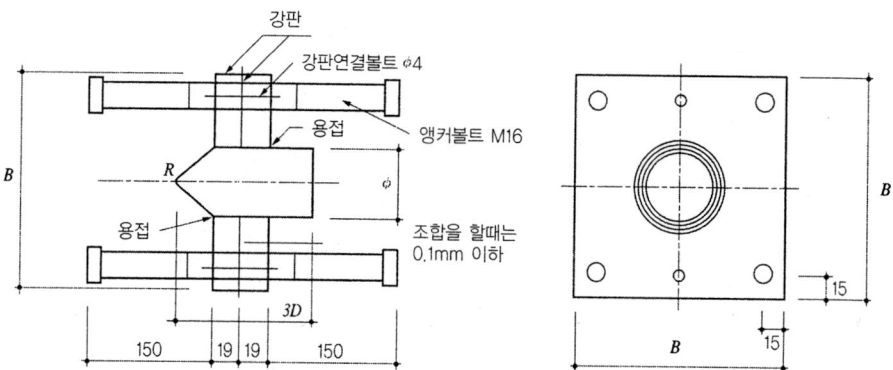

⊙ 표 4.6.2

ϕ (mm)	B (mm)	t (mm)	R (mm)	접합 Key의 내력(Ton)
18	100	2.3	6	6
32	100	2.8	5	8
50	150	3.2	10	19

그림 4.6.8 Anchor Bolt형 강제 접합 Key (예)

4.6.6 P.S 강제 배치

(1) Precast Segmental 교량의 교축방향 P.S 강재 배치 방법

Precast Segmental 교량의 교축방향 P.S Tendon 방법은 다음의 3가지 경우가 적용되고 있다.

1) 전 Tendon을 web내에 배치하는 Internal Tendon 방식
2) 전 Tendon을 web밖에 배치하는 Exteral Tendon 방식
3) Internal Tendon과 Exteral Tendon 방식을 병용하는 경우

(2) Precast Segmental 공법적용시 Exteral Tendon에 방식 적용시 이점

1) web의 두께 축소에 따른 자중의 저감
2) web내에 배치하는 Tendon의 감소에 따른 시공성 향상
3) 유지관리가 용이
4) 장래에 재긴장시 Tendon을 교환이 가능하다.
5) 상부구조 시공시 공기 단축 가능

(3) 가설공법에 다른 P.S Tendon 배치방향

1) Span by span Method의 경우

일반적으로 Span by span Method에 적용하는 P.S Tendon배치 방법은 다음 2가지 경우를 설계자가 선정하여 배치한다.

　① Case-1 : Internal Tendon 배치 방식
　② Case-2 : Exteral Tendon 배치 방식

상기의 2가지 방법중에서 시공성과 경제성을 고려할 때 Case-2의 경우가 바람직하다. 또한 Case-1을 적용시는 Case-2보다 P.S 강재의 소요량이 많아 비경제적 이 된다.

2) Cantilever Method의 경우

일반적으로 Cantilever Method의 경우에 Cantilever Tendon은 Internal Ten-don만 배치하는 방법과 External Tendon과 병용해서 채용하는 2가지 방식이 있으며 continuity Tendon은 External Tendon을 등단면교에 적용한 예가 많고, 변 단면의 경우에는 Intermal Tendon을 돌기정착을 이용하여 배치하는 경우도 있다.

(4) Tendon 배치시 주의사항

1) Intermal · External Tendon을 병용해서 배치시 휨파괴 안전도를 만족하는 범위내에서 External Tondon의 비율은 크게하는 것이 경제적이다.
2) External 배치시 편향(偏向) (Buttress) Segment 배치는 전 Prestress에 의한 휨모멘트의 정부 교번점이 설계하중에 의한 휨모멘트 교번점과 일치하도록 선정하여야 한다.
3) 단부의 정착구의 배치는 단면도심을 중심으로 분산 배치해야 한다.
4) External Tendon 배치시 Tendon의 수평방향 편심이 적게 배치하여야 한다.
5) External Tendon의 최소 곡률 반경

(5) External Tendon 적용시 고려사항

1) External Tendon 정착구 선정

세계적으로 많이 적용하고 있는 External Tendon용 정착구는 다음과 같은 것이 있다. 설계시 이들의 정착구 대하여 비교검토하여 적용하여야 한다.

　① Anderson 공법
　② BBR 공법
　③ Dywidag 공법
　④ FKK Freyssinet 공법
　⑤ SEEE 공법
　⑥ VSL 공법

2) External Tendon 유지관리 및 보호대책

① External Tendon 교체방안 검토
② External Tendon의 구성
③ 방청방법 : a) 자유장 부분, b) Buttress부, c) 정착부
④ P.S 강재 삽입 방법

이상의 사항을 검토하여 P.S 강재를 선정하여 설계 시공에 채용하여야 한다.

(6) Precast Segmental교의 P.S강재 배치 예

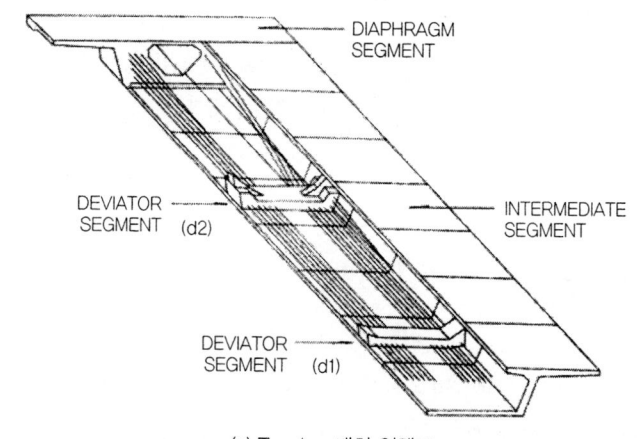

(a) Tendon 배치 입체도

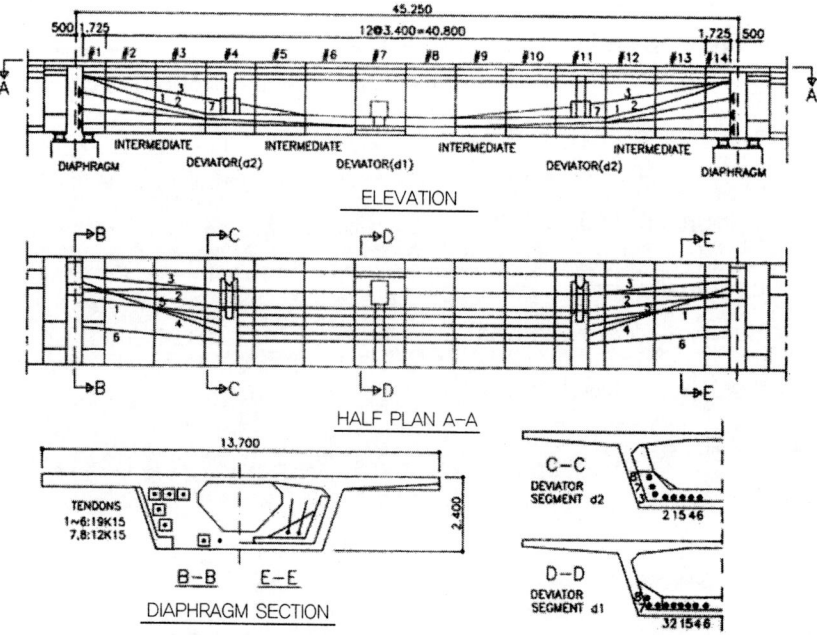

그림 4.6.9 단순 BOX Girder Tendon 배치도 (예)

다음 그림 4.6.9은 단순 Box Girder의 External Tendon 배치 예이고 그림 4.6.10는 Span by Span Method의 P.S 강재배치 예이며 그림 4.6.11는 Can-tilever 공법의 Internal Tendon과 External Tendon 혼용 배치 예이다.

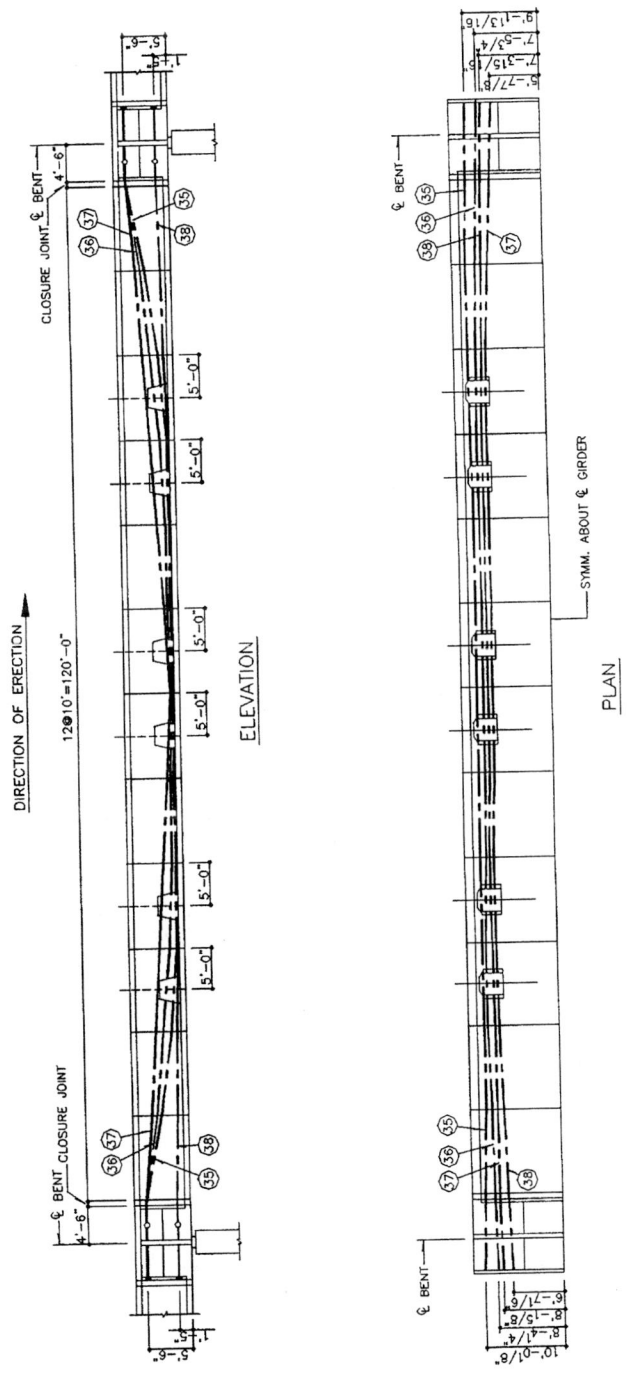

그림 4.6.10 Plan and elevation of typical span-by-span post-tensioning layout

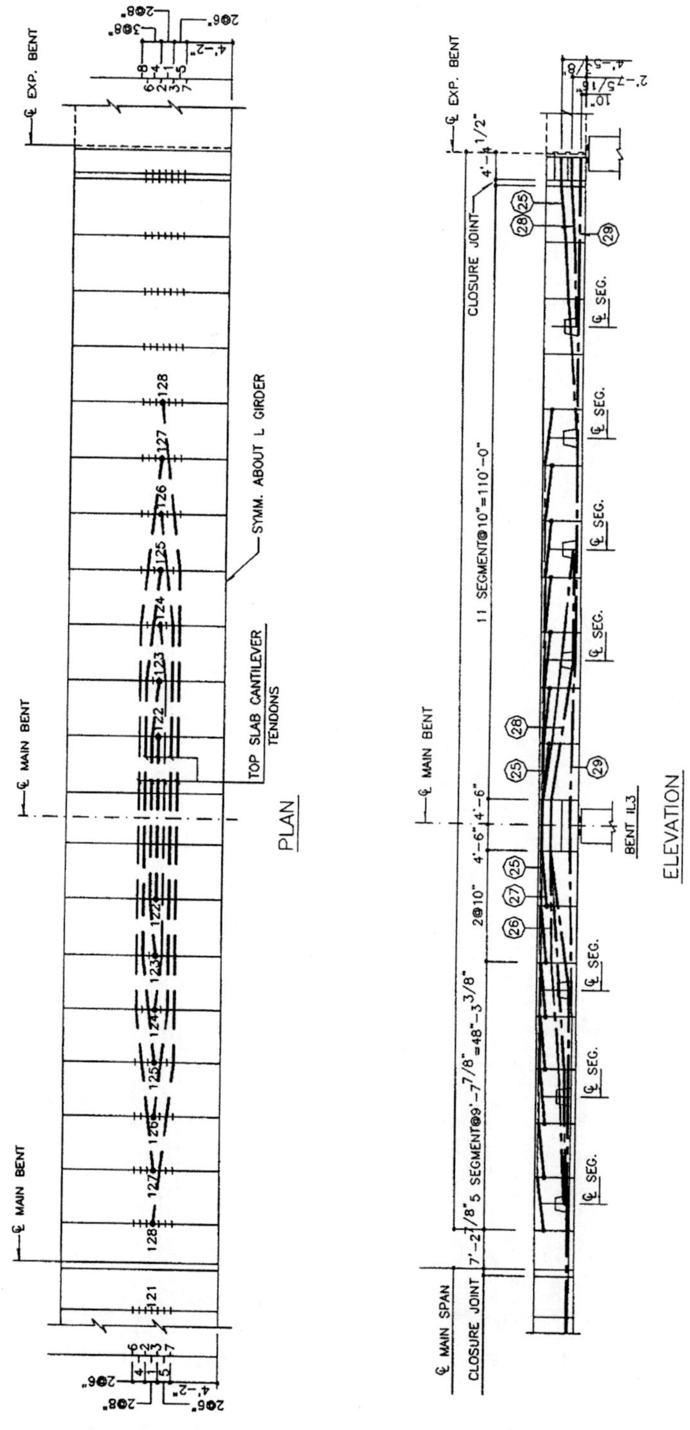

제4장_ 가설공법에 따른 P.S.C 거더교의 계획과 설계

그림 4.6.11 Plan and elevation of typical post-tensioning layout for 160ft(48.8m) cantilever span over four-lane highway

4.6.7 상부구조 가설방법

(1) 상부구조 가설방법 선정시 고려할 사항

1) 교량가설 위치의 입지조건
① 거더하부 공간의 이용여부 (도로, 철도, 하천등)
② 다리밑공간의 확보가능 여부
③ 가설지점의 매설물 장애도
④ 가설지점의 고공점유물 (송전선, 전신선 등) 여부
⑤ 가설시 환경피해 (소음, 진동, 안전등)
⑥ 근접구조물과 관계
⑦ Segment 및 기계, 설비 운반도
⑧ 전력의 입수상황

2) 공사의 규모
① 교량의 구조형식 가설경간수 및 교량폭
② Segment의 가설 총 갯수
③ Segment 길이, 높이, 중량
④ 교량의선형 (종단, 평면) 편구배

3) 하부구조 조건
① 하부구조의 형상 및 치수

(2) 상부구조의 가설방법

Precast Segmental 가설공법은 다음과 같은 분류한다.

1) Free Cantilever Method (F.C.M)
① Launching Girder에 의한 가설
② Erection tion Nose에 의한 가설
③ 문형 가설기에 의한 가설
④ Track crane에의한 가설
⑤ 이동인양기에 의한 가설
⑥ Floating Crane에 의한 가설
⑦ 가설탑에 의한 가설

2) span by span Method (경간진행 방식)

① Erection Girder에 의한 가설 (Below Type)
② Launching Truss에 의한 가설 (Below Type)

3) Progressire Method (전진가설 공법)

이들의 방식 중에서 Free Cantilever Method와 span by span Method가 대부분 적용하고 있다.

새로운 구성 교량계획과 설계

제Ⅲ편 콘크리트교

Prestressed Concrete 사장교

5장

| 새로운구성 교량계획과 설계 |

제 5 장_ Prestressed Concrete 사장교

5.1 일반사항

Prestressed Concrete(PSC) 사장교는 PSC 상부구조(주거더)를 주탑에 사재(경사cable)로 길게 매달아 지지시킨 교량형식을 말한다. 이러한 구조형식의 구조물은 오래전부터 그 아이디어는 있었지만 실용화하여 오늘날의 사장교가 있기까지는 많은 어려움이 있었다. 최초의 사장교는 Spain의 Eduardo Terroja & Miret가 설계한 Guadalete 간에 있는 Tempul 수로교(L=20.1+60.4+20.1=100.6m)로 1925년에 완공되었다. 그 이후에 건설되지 않다가 1957년 미국의 Washington 주 Yakima강에 Benton city교(L=2@17.5+51.8+2@17.5=121.8m)가 가설되어 근대 사장교를 개막하였고 본격적인 건설시대에 진입한 것은 1970년대 이후였다.

우리나라의 최초 PSC 사장교는 1985년 11월 착공하여 1990년 6월에 준공한 올림픽대교로서 88서울 올림픽대회를 기념하기 위하여 건설되었으며 길이는 1225m, 너비 32m이며, 사장교 구간은 2@150 =300m, 주탑은 4개의 기둥으로 되어 있다. 이 형식은 주거더와 주탑은 압축응력에 강한 콘크리트를 사용하고 주거더에는 prestress를 도입하여 인장응력에 강한 고강도 강재로 경사지게 매달아 놓은 서로의 재료특성을 살린 구조라 할 수 있다.

사장교는 주거더(상부구조)와 주탑과의 결합형식, 사용재료, 상부구조(Deck) 형상 및 경사cable의 배치형상 등이 다종·다양하며 설계의 자유도가 높아 구조형식 선정에 있어서는 교량가설 위치와 주변환경 등을 충분히 고려하여야 하며 각 구조의 역학적 특성을 충분히 이해하여야만 한다.

그리고 경사cable의 배치형상에 따라 내풍안전성과 내진성이 다르기 때문에 이를 고려해서 형식을 선정할 필요가 있다. 사장교의 경간배치는 1경간, 2경간 대칭 또는 비대칭, 3경간 또는 그 이상의 경간에 적용하며 경제성 확보를 위해서는 경간배치, 주탑높이, 경사cable 수와 배치간격, 상부구조의 형상 또는 형식 등에 대하여 고려하여야 한다.

또한 주탑에 경사로 매달은 cable은 주형을 cantilever 가설의 매달음재로 사용함으로서 가설제를 구조의 부재로 취급하는 합리적인 구조형식이다.

5.1.1 PSC 사장교의 특징

PSC 상부구조를 갖는 사장교는 여러 가지 여건을 고려할 때 교량가설 위치의 환경 및 조건, 사용재료, 적정형식 등을 검토하게 된다. 이때에 다음과 같은 사항을 고려하여야 한다.

- ㉠ 상부 거더높이와 경간길이 비를 1/45~1/260 까지 폭넓게 검토할 수 있으며 다경간의 교량인 경우 1/150~1/400 정도까지 적용할 수 있다. 이러한 교량의 적용은 상부구조가 투박하지 않고 날렵한 구조미를 갖는다.
- ㉡ PSC 상부구조를 갖는 사장교는 강사장교에 비하여 교량 전체의 중량, 강성, 감쇠율이 크기 때문에 바람(태풍)의 영향에 유리한 구조 형태가 된다.
- ㉢ 경사cable은 상부구조에 축력을 부가하는데 이는 콘크리트 구조로 할 경우, 압축력에 유리한 상태가 된다. 즉, cable에 의한 축력은 콘크리트에 prestress를 도입하는 효과로 고정하중·활하중에 의한 휨에 유리한 구조형태가 된다.
- ㉣ 강사장교에 비교하여 주거더의 강성이 크고 경사cable의 압축력에 따른 좌굴에 대하여 유리하다.
- ㉤ cable에 소요되는 강재의 사용량이 경감되므로 주탑높이 감소에 유리하다.
- ㉥ 활하중과 고정하중의 비율 중 활하중의 차지분이 적기 때문에 활하중에 의한 응력변동이 적다.
- ㉦ 강사장교에 비교하여 유지관리가 용이하고 관리비가 저렴하다.
- ㉧ 경사cable, 주거더, 탑의 크기정도, 형상, 배치 등을 조합하는 자유도가 있는 설계가 가능하며 주의 환경과 조화되는 외관을 연출이 자유롭다.
- ㉨ 주거더의 시공과 cable 설치가 용이하므로 현장타설 cantilever 공법, precast segment cantilver 공법 등의 공법 사용이 가능하며 PS도입이 용이하다.

5.1.2 PSC 사장교의 명칭

PSC 사장교의 구성요소는 상부구조(주거더), 경사cable과 주탑, 측경간 상단cable을 Anchor Cable 이라고 부르고 있다.

또한 경우에 따라서는 교량 단부에는 부반력(상향력)에 의한 위로 들림방지를 위한 Rink가 설치된다. 그림 5.1.1은 사장교의 외관상 명칭을 나타낸 것이다.

그림 5.1.1은 콘크리트 사장교의 cable 정착부를 대상으로 일반적으로 사용되는 명칭을 나타낸 것이다. 그림 중 (a)는 PSC 상부거더에 가로보 및 내민보를 설치하고 cantilever 거더양단부에 cable 정착을 위한 block을 설치하여 cable을 정착한 예를 나타낸 것이며, 그림 중 (b)는 주탑 측의 정착구조 중 cross 정착구조의 예를 나타낸 것이다.

주탑에 정착하는 방법은 cross 정착, 분리정착, 연결정착 및 saddle 정착방법 등이 있다.

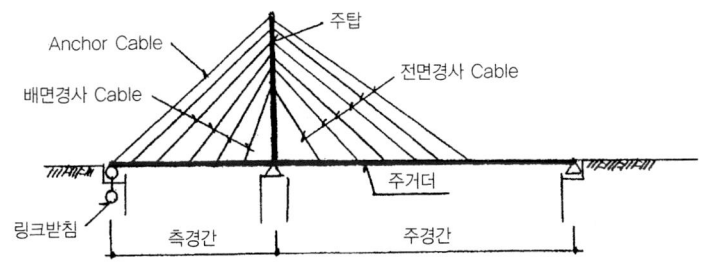

(a) 2경간 연속 사장교

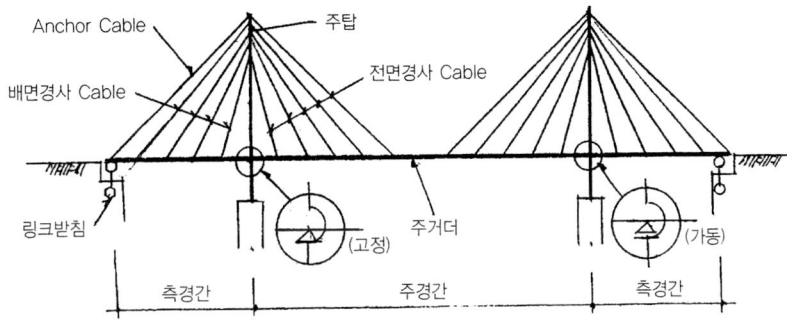

(b) 3경간 연속 사장교

그림 5.1.1 PSC 사장교 외관상 명칭

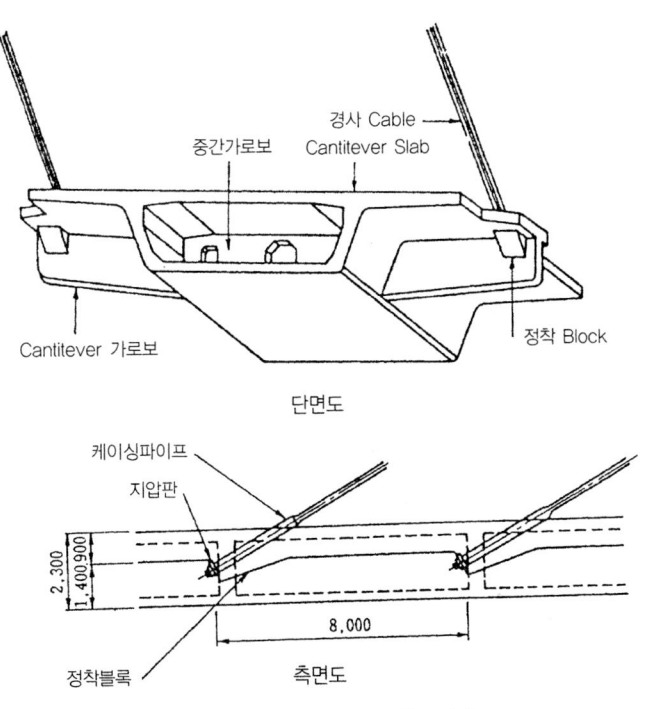

단면도

(a) 보강거더 경사cable의 정착구조(예)

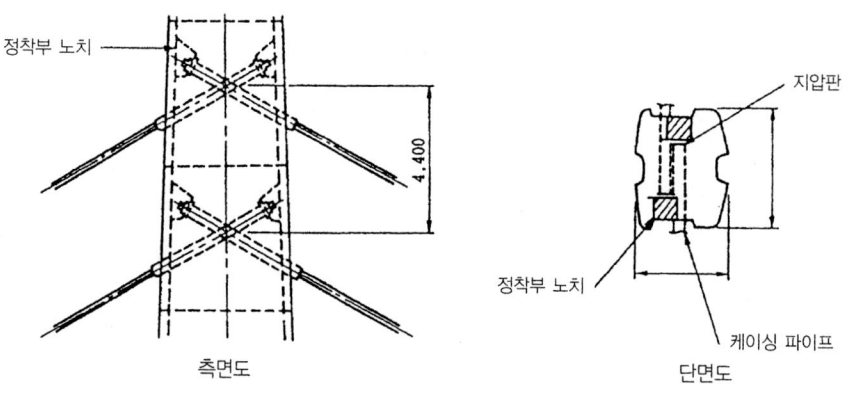

(b) 주탑 경사cable 정착구조(예) (cross 정착)

그림 5.1.2 PSC 사장교 cable 정착구조 명칭(예)

5.2 PSC 사장교의 기본구조 및 형식선정

5.2.1 개요

　도로·철도의 노선을 계획할 때 가교위치가 결정되면 지형, 지질, 교차조건, 지장물 등을 고려하여 교량길이를 결정하고 교차조건에 필요한 다리밑 공간이 시설한계에 적합하고 경제성, 시공성에 따른 경간길이, 기초공법 및 시공성, 환경적인 문제 등을 검토하여 교량의 형식을 결정하게 된다.

　교량의 형식은 똑같은 가교 위치라고 하여도 현장요건에 대한 이해도 및 설계자의 의도에 따라 몇 개의 설계안이 도출되며 이에 대한 교량형식과 특성별로 각각의 장단점을 갖게 된다.

　교량계획은 일정한 방법론이 있는 것은 아니다. 최근에는 경제적인 성장에 따라 공학적인 측면과 경제적인 측면보다는 예술적인 관점에서 형식이 결정되는 것이 많아지고 있다. 현장여건에 따른 적합한 교량형식을 선정한 설계내용이라 할지라도 다른 가교위치에는 부합되는 것은 아니다.

　특히, 사장교와 같이 설계의 자유도가 높은 교량형식에서 구조의 단면의 형상을 결정하는 데는 내풍안정성 및 지진력 등의 동적인 특성을 고려하여야 하고 설계단면적 산출과 부재설계시에 주탑과 경사cable의 가설방법, 주거더의 가설방법 및 폐합방법 등의 가설조건을 고려하여야 하는 등 대단히 광범위하다.

　PSC 사장교는 상부구조에 한정하여 보며는 보강거더, 주거더 주탑 그리고 경사cable(사재)의 3가지 주요부재로 구성되어 있으며 이들의 형식을 임의로 선택하고 조합하여 다양한 구조계가 선정된다.

　다시 말하면 설계·시공 상의 각종조건과 경제성, 경관 등을 고려하여 적절한 구조형식을 선정하는 것이 중요하다. 또한 기본구조 선정시 완벽성을 기하기는 어려우며 상세설계 단계에서 내진·내풍성을 검토하다보면 약간의 변경이 발생되는 경우가 있다.

　PSC 사장교의 기본구조계 선정의 흐름도는 다음 그림 5.2.1과 같다.

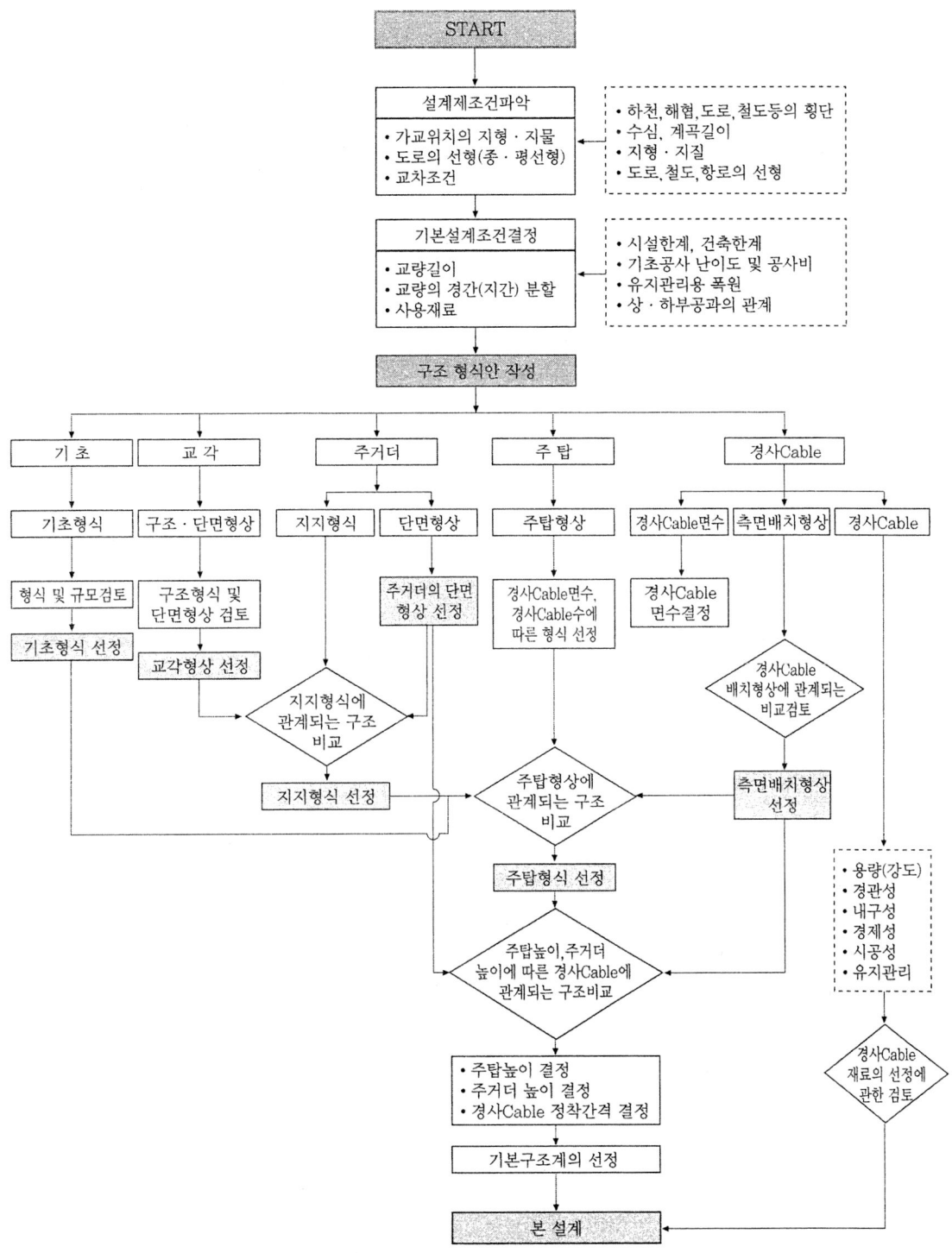

그림 5.2.1 사장교 기본 구조계 선정의 흐름도

5.2.2 PSC 사장교의 경간 결정

모든 교량의 계획시와 마찬가지로 사장교에 있어도 현장여건과 조사 결과를 검토·분석을 통하여 교량길이를 결정하고 설계조건에 부합되는 경간길이를 어떻게 결정할 것인가에 대하여 고심하게 된다.

특히 사장교에 있어서는 외측 경간 길이와 내측 경간 길이의 비를 결정하는 것이 첫 번째 검토사항이다.

(1) 경간 분할시 현장여건 고려사항

가교위치의 현장여건에 따라 다음 사항을 고려 또는 검토해야 한다.

1) 문화재 보호지역, 보호식생(천연기념물 보존지역)
2) 이설이 불가능한 지하 및 하저, 해저 매설물 (해저 케이블, 장거리 송유관, 해저 송전선 등)
3) 항로의 수로영역 및 여유 폭(선박항행의 안전을 고려한 여유 폭)
4) 주변 어장 및 양식장의 영향
5) 경사면의 경사도
6) 태풍경로 및 태풍에 대한 최대 풍속, 발생빈도
7) 교각 및 기초의 규모
8) 기초공의 시공성 및 공사비, 공사기간

(2) 사장교의 경간 구성

사장교에 있어서는 과거의 실적을 조사하여 보면 특별한 경우(1경간)를 제외하고는 일반적으로 다음 3가지 유형이 많이 적용되고 있다.

㉠ 2경간 구성 : •좌·우 대칭구성, •비대칭구성
㉡ 3경간 구성
㉢ 다경간 구성

가교 위치에 따라서 부득이 단경간 사장교도 있으나 이는 지형상 주탑의 설치에 제한을 받고 접속도로 측에 지중 Anchor 설치가 가능한 지형에 많이 있으며 소경간의 교량에서는 교대를 주탑의 기초와 공용으로 하여 back stayed 를 설치하지 않은 예도 있다.

(3) 경간 분할

사장교의 주경간은 교량가설 위치의 지형, 지질조건 및 설계제약조건에 의해 결정되지만 측경간의 길이는 사장교의 과거실적에 의해 결정하는 경우가 많다.

측경간의 길이 결정은 다음의 사항을 고려하여 결정하는 것이 구조의 안정성 및 유지관리에 좋은 점이 많다.

㉠ 활하중에 의한 주탑, 주거더, 경사cable의 응력 변동 폭
㉡ 특히, 경사cable의 피로문제
㉢ 주거더의 단부 부반력(up lift)에 대한 문제

1) 2경간 비대칭 분할

① 2경간 중 긴 경간은 교량 전체길이의 60~70% 정도의 길이를 적용한다.
② 짧은 경간을 L_1, 긴 경간을 L_2라고 하면 L_2/L_1 = 1.2~1.6 정도이다.

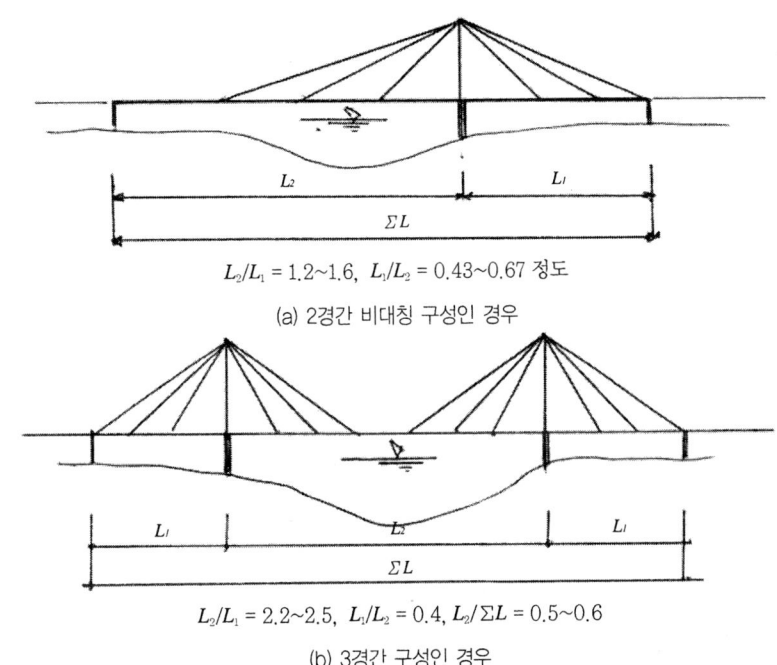

L_2/L_1 = 1.2~1.6, L_1/L_2 = 0.43~0.67 정도
(a) 2경간 비대칭 구성인 경우

L_2/L_1 = 2.2~2.5, L_1/L_2 = 0.4, $L_2/\Sigma L$ = 0.5~0.6
(b) 3경간 구성인 경우

그림 5.2.1 표준적인 사장교의 경간 분할

2) 3경간 구성

a) 주경간은 전체 길이의 50~60% 정도의 경간 길이를 적용한다.
b) 측경간 길이를 L_1, 주경간 길이를 L_2라고 하면 L_2/L_1 = 2.2~2.5정도로 한다.

3) 표준적인 경간 분할이 아닌 경우의 대책

측경간의 길이 짧아 부반력이 발생하는 경우의 대책은 다음과 같은 것이 있다.

① Back stayed cable을 직접 교대에 정착하는 방법
② Back stayed cable을 주거더에 정착하고 연직 cable을 설치하여 부반력을 받게 하는 방법
③ Back stayed cable을 주거더에 정착하고 상향력을 강재 stoper가 받게하는 방법
④ Back stayed cable을 주거더에 정착하고 교량받침이 받게 하는 방법

제5장_ Prestressed Concrete 사장교

⑤ 상향력을 경감시키기 위해 측경간에 couterweight를 설치하는 방법

상기의 방법은 구조성, 시공성, 경제성 등에 관한 검토를 실시하여 시공성이 용이하고 경제성의 면에서 유리한 방안을 설계에 반영한다.

4) 경간 분할의 제약이 있는 경우

경간 분할의 제약이 있는 경우의 대처방안 가교 위치의 지형상 부득이 경간 분할의 제약을 받는 경우의 대처방안은 다음과 같은 방법이 있다.

① 단경간 사장교로 하는 방안

편측의 배면 경사cable을 교대 뒷면의 자중에 Anchor 시키는 방안

② 주탑을 경사지게 설치하는 방안(단경간)

이 방법은 경간 길이가 비교적 짧은 경우에 가능하며 주탑의 기초가 크게 되어 주탑규모와 기초규모를 고려하여 적용하는 것이 좋다.

③ 비대칭 경간 분할을 하여 높이가 다른 주탑을 설치해서 해결하는 방법

5.2.3 교량의 폭원 구성

사장교의 주거더의 폭원은 주탑의 형상, 주탑기둥의 위치 및 경사도, 경사cable의 면수 및 경사지게 배치하는 방향에 의해 영향을 받게 된다.

교량 폭원 결정시 고려할 사항은 다음과 같다.

㉠ 차도폭(차로수×폭)
㉡ 중앙분리대 폭
㉢ 시설한계 높이와 경사cable 횡방향 내측경사와의 관계
㉣ 연석 또는 방호벽 폭
㉤ 보도
㉥ wind nose 폭
㉦ 경사cable 횡방향 면수 및 cable 수에 따른 필요 폭
㉧ 유지관리를 위한 필요 폭
㉨ 주탑의 기둥폭(1주 기둥일 때)
㉩ 경사cable의 정착에 필요한 폭 및 안전방호시설 폭

경사cable 배치방법에 따라 교량의 시설한계에 대한 "예"는 그림 5.2.2와 그림 5.2.3에 나타낸 것이다. 설계시 참고하기 바란다.

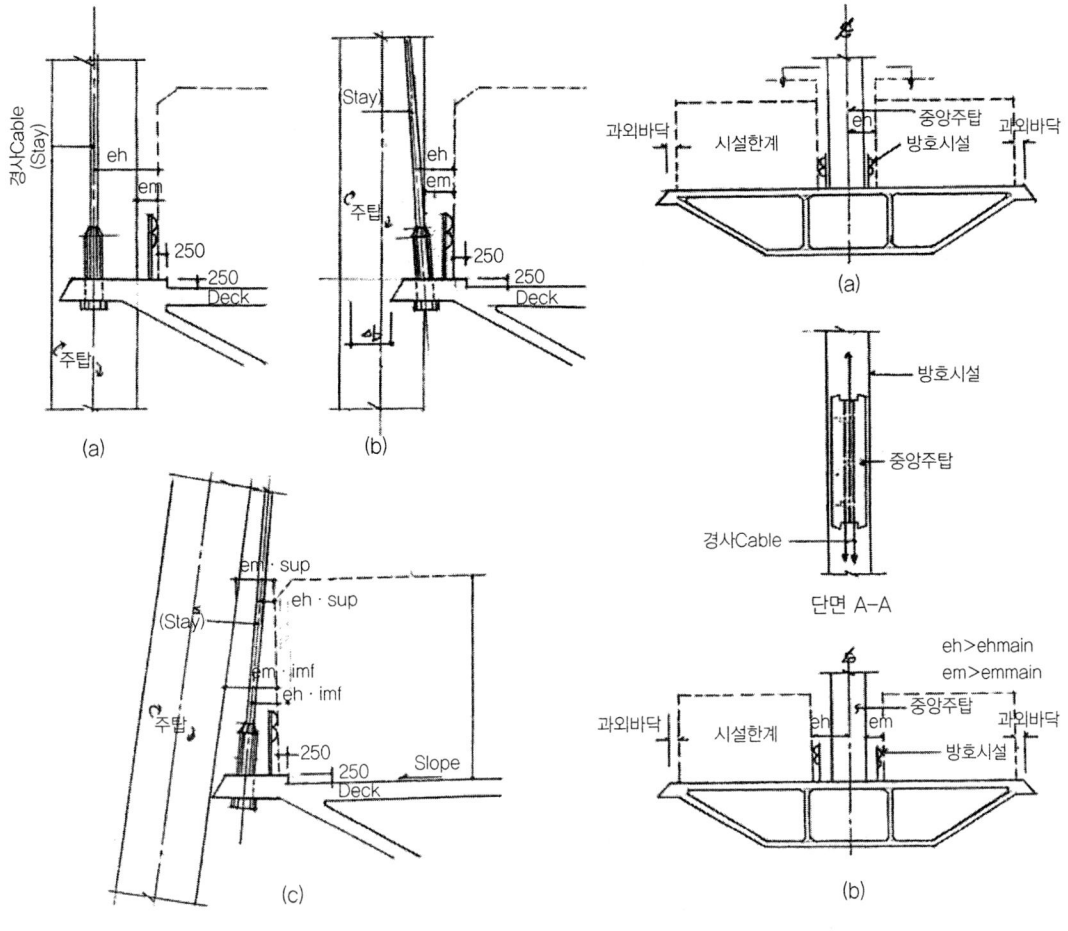

그림 5.2.2 측면 경사cable 배치시 시설한계   그림 5.2.3 중앙 1면 주탑 배치시 시설한계

5.2.4 주거더의 지지형식 및 주탑·교각 결합 방법

(1) 주거더의 지지형식

주거더의 지지형식은 ⓐ Floating 형식 ⓑ 연속거더 형식 ⓒ Rahmen 형식 ⓓ 중앙 Hinge 거더 또는 Gerber 거더형식으로 구분한다(그림 5.2.4 참조).

1) Floating 형식(그림 5.2.4(a) 참조)

Floating 형식은 주탑과 교각은 강결하고 주거더는 연속교의 형식과 비슷하나 교각 위에서 교량받침을 설치하지 않아 수직방향으로 지지가 되어 있지 않은 형식으로 경사cable의 개수가 많은 사장교에서 채용되고 있다. 이 형식의 경우, 주거더가 유동원목과 같이 되어 고유주기가 장주기가 되기 때문에 지진력을 경감시키는 장점이 있으나 주거더의 단부에서 이동량이 커지는 단점이 있다.

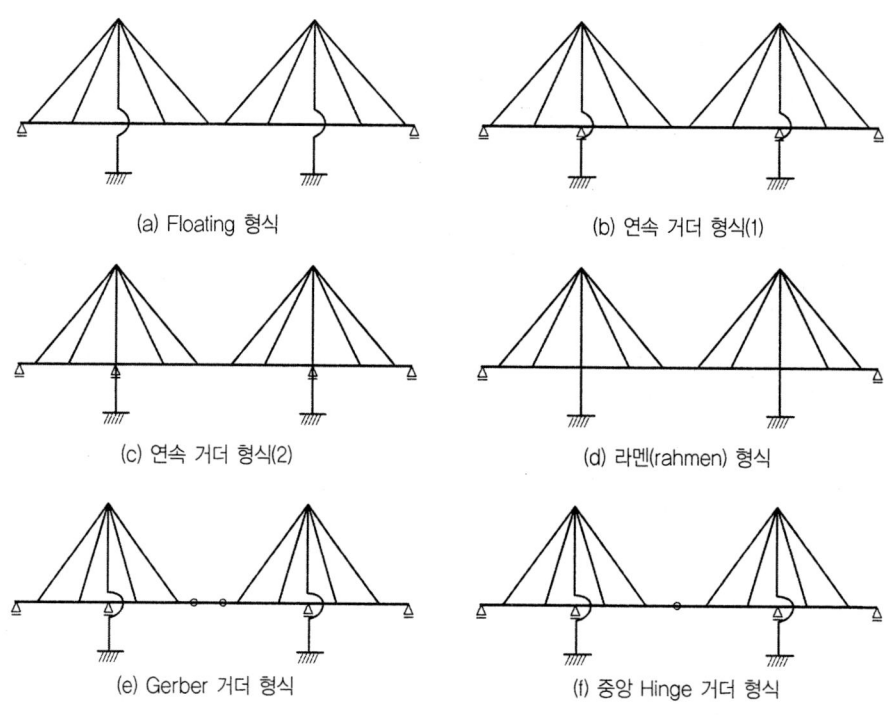

그림 5.2.4 주거더의 지지 형식

2) 연속거더 형식(그림 5.2.4(b), (c) 참조)

주탑과 주거더를 강결하여 주탑과 주거더를 교량받침으로 받치는 형식과 주탑과 교각은 강결하고 주거더는 교량받침으로 받치는 형식이 있으며 Gerber 형식·중앙 Hinge 거더 형식에 비해 Floating 형식과 같이 신축이음의 수가 적어 이용자의 주행성이 좋다. 또한 지진수평력, 풍하중에 의한 수평반력을 주탑이 받게 설계하는 경우도 있다.

3) 라멘(Rahmen) 형식(그림 5.2.4(d) 참조)

주탑, 주거더 및 교각을 모두 강결시킨 구조로 지진시에 교축방향 이동량이 가장 적고 교량받침이 불필요하고 cantilever 가설공법시 부대시설비가 적게 들고 신축이음 수가 적어 주행성이 좋다.

또한 주거더의 강성이 커서 cable 강재량이 적게되며 지진시 수평력을 주거더가 직접 교각에 전달하게 되어 주탑의 단면이 적은 것이 특징이다.

4) Gerber 거더 형식(그림 5.2.4(e) 참조)

지간 중앙부에 매달음(현수) 거더를 설치하는 구조로서 지점침하에 따른 주거더의 영향이 적고 콘크리트의 creep, 건조수축에 의한 부정정력이 적어 구조적으로 안정성은 있으나 신축이음의 개소가 많아 주행성이 나쁘고 유지관리가 어렵다. 지진시 수평력의 분산을 개선하지만 진동 모두가 장주기의 주탑과 교각이 지배적으로 되어 변위가 커진다.

5) 중앙 Hinge 거더 형식

주거더의 전단력을 전달하는 Hinge를 가진 구조로 비교적 경사cable의 개수가 많은 경우에 채용되고 있지만 Gerber 거더 형식에 가깝고 실적이 적다.

(2) 주거더의 지지 형식과 주탑 교각, 주거더의 결합방법

PSC 사장교의 기본구조에서 주거더의 지지형식과 주탑, 교각 및 주거더의 결합방법은 ⓐ 주거더, 주탑 및 교각을 모두 강결시킨 Rahmen 형식의 방법 ⓑ 주탑과 교각을 강결하고 주거더를 교량받침으로 받치는 방법 ⓒ 주탑과 주거더를 강결하고 주거더를 교량받침으로 받치는 방법 ⓓ 주탑과 교각은 강결시키고 주거더는 교량받침을 받치지 않은 방법이 있다.

상기 결합방법에 대한 특징을 비교하면은 다음 표 5.2.1과 같다.

설계시 특징에 대해서 비교 검토하여 현장여건 및 구조적인 측면을 감안하여 반영하기 바란다.

⊙ 표 5.2.1 주거더의 지지형식과 주탑, 교각, 주거더의 결합방법의 비교(1)

주거더의 지지형식	주탑, 교각, 주거더결합 방법	개 요 도	특 징
Rahmen 형식	주탑, 교각 및 주거더를 전부 강결하는 방법	(지지조건) (구조계)	• 지점상에 부모멘트가 발생하여 주탑부근의 주거더 높이가 높고 일반적으로 변단면 주거더이다. • 3경간 이상으로 하는 경우에는 온도하중, creep, 건조수축에 의한 영향을 크게 받는다. • 주거더의 강성이 크게 되어 경사cable의 강재량이 적어진다. • 지진시 수평력이 주거더를 통하여 직접 교각에 전달되므로 주탑의 단면이 작아진다. • 주거더의 가로보와 받침대가 일체화가 되어 단면의 절약과 간소화를 도모한다. • 통상의 PSC거더에 가까운 고유주기가 된다. 또한 교축방향지진시의 주거더의 수평변위가 작다. • 지진시의 이동량이 가장 작지만 주두부 근접 거더 단면력이 커진다. • 주거더의 강성이 크고 강결되어 있으므로 내풍안전성이 우수하다. • 교량받침이 불필요하여 cantilever 가설에 적합하다.
연속거더 형식			• 교각위에 pin 받침을 설치한 구조로 단순 명쾌하다. • 2면 경사cable을 배치하는 경우에 적용하는 가장 일반적인 구조이다.

◉ 표 5.2.1 주거더의 지지형식과 주탑, 교각, 주거더의 결합방법의 비교(1)

주거더의 지지형식	주탑, 교각, 주거더결합 방법	개 요 도	특 징
연속거더 형식	주탑, 교각을 강결하고 주거더를 받침으로 받치는 방법	(지지조건) (구조계)	• 각 교각으로의 반력이 가능하다. • 교량받침은 거더의 일부를 지지하면 되므로 적은 용량의 받침이면 된다. • 연속형식 주거더 구조에 적합하다. • 주거더의 가정강도를 구조가 단순하므로 정확하게 찾을 수 있다. • 지진시의 탑, 교각에 작용하는 단면력이 커진다. • 시공시 가로보에 임시 고정재와 통상의 고정받침이 필요하다. • cantilever 가설방법을 적용시는 임시고정받침이 필요하다.
연속거더 형식	주탑, 주거더를 강결하고 주거더를 받침으로 받치는 방법	(지지조건) (구조계)	• 각 교각으로 반력분산이 용이하다. • 주탑과 주거더의 강결부 단면이 커진다. • 교량받침은 주탑과 주거더를 동시에 지지하기 때문에 대답히 큰 규모가 된다. • 지진시의 상부구조의 단면력이 적다. • 지진시에는 1차진동모드가 탁월하고 고유주기가 짧아진다. • 하부공으로의 작용위치가 낮아진다. • Cantilever가설공법 적용시 임시고정받침이 필요하다.
Floating 형식	주탑, 교각은 강결하고 주거더는 교량받침으로 받치지 않는 방법	(지지조건) (구조계)	• 주거더의 높이는 경사 cable의 정착간격에 의해 결정되며 등단면 형고가 가능하다. • 주거더를 효과적으로 지지시켜도 경사cable단수가 많으며 일반적으로 cable의 강재량이 많다. • 주거더 또는 주거더에 작용하는 하중이 경사 cable을 통하여 탑에 집중되므로 주탑의 단면이 크게 될 가능성이 있다. • 교축방향 주거더의 고유주기가 크며, 장주기 구조물에 대하여 설계지진력을 경감시킬 수는 있지만 주거더의 이동량이 커진다. • multi-stayed cable Type의 사장교에 한정하여 적용 가능하다. • 지진시에 주탑, 교각의 단면이 커진다. • 주거더의 강성이 적으므로 내풍안전성이 강결 라멘형식에 비하여 떨어진다. • 교량받침은 필요하지는 않지만 교축직각방향에 고정받침이 별도 필요하다. • 시공시 cantilever가설공법 적용시 임시고정받침이 필요하다.

(3) 주거더의 지지형식 결정시 고려사항

주거더의 지지형식과 주탑, 교각, 주거더의 결합방법의 선정시 고려사항은 다음과 같다.

1) 교량의 경간수
2) 교량의 높이(교각높이)
3) 내진·내풍의 안전성
4) creep·건조수축
5) 온도하중
6) 교량받침 형식
7) 측경간 부반력 발생시 대처 방안
8) 시공성, 유지관리 측면

이상과 같은 사항은 설계자가 가교위치의 지형·지질 등을 감안하여 기술적인 판단에 따라 지지형식을 결정한다.

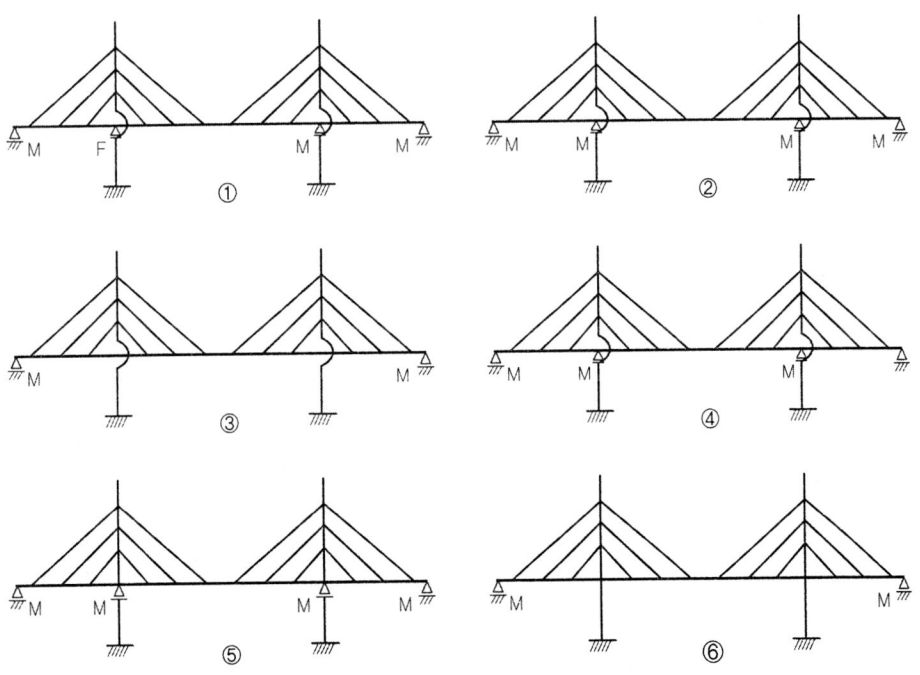

그림 5.2.5 주거더 지지조건에 따른 교량받침 적용 예

5.2.5 주거더의 단면형상

(1) 단면형상

사장교의 주거더의 단면형상은 교량의 종류, 하중의 크기에 따라 경사cable의 면수와 정착방법, 경사 cable의 장력을 주거더에 전달하는 특성을 고려하여 선정하여야 한다. 사장교의 경우는 주거더를 경사

제5장_ Prestressed Concrete 사장교

cable에 지지시킨 거더로서 최저한도로 필요강성을 갖고 있고 시공성이 확보되어 있으며 중량이 가벼운 단면 형상이 유리하다. 또한 다른 교량형식에 비해 거더높이가 낮은 사장교에서는 지간길이가 커지면 주거더는 내풍안전성이 고려된 단면선정이 필요하다. 더욱이 최장대 사장교에서는 경사cable에 의해 큰 축압축력을 받기 때문에 주거더에 대해서도 좌굴 안전성의 검토가 필요한 경우도 있다.

일반적인 사장교에서 과거 실적을 볼 때 많이 적용되고 있는 주거더의 단면형상은 표 5.2.2와 같이 크게 나눌 수 있다. 여기에 표기되지 않은 형상에 대해서는 설계자가 도로의 횡단구성 및 너비, 시공성, 구조적 특성, 미관 등을 고려하여 그림 5.2.6~그림 5.2.8과 같은 단면으로 설계한다.

⊙ 표 5.2.2 주거더 단면형상의 분류

분 류		단면형상	특 징
박스 거더형	역사다리꼴 박스거더		• 비틀림 강성이 크다. • 시공상의 제약 때문에 최소거더높이에 제약을 받는다. • 교량폭원에 대응하기가 용이하다. • 교량부착물배치와 유지관리가 용이하다. • 역사다리꼴박스는 내풍안전성이 우수하다. • cantilever 공법에 의한 시공의 일반적인 단면이다. • 단면이 강성은 크나 질량이 크다.
	2주형 박스거더		• 거더의 중량이 가볍다. • 내풍안전성이 우월하다. • 2면사장교에만 적용가능하다. • 거더의 높이변화에 대응하기가 곤란하다.
	다중 박스거더		• 비틀림 강성이 가장 크다. • 1면·2면사장교에 적용하기 쉽다. • 교량폭원에 대응하기가 용이하다. • 내풍안전성이 우수하다. • 교량부착물 배치와 유지관리가 용이하다. • 시공상의 제약 때문에 최소거더높이에 제약을 받는다. • 단면강성은 가장 크나 질량이 크다.
거더형	2주 거더형		• 주거더의 중량이 가볍다. • 비틀림 강성이 작다. • 2면 사장교에만 적용한다. • 시공성이 우수하다.
슬래브형	속빈 슬래브형		• 중량이 크다. • 거더의 높이가 낮다. • 지보공 시공시에는 시공성이 우수하다.

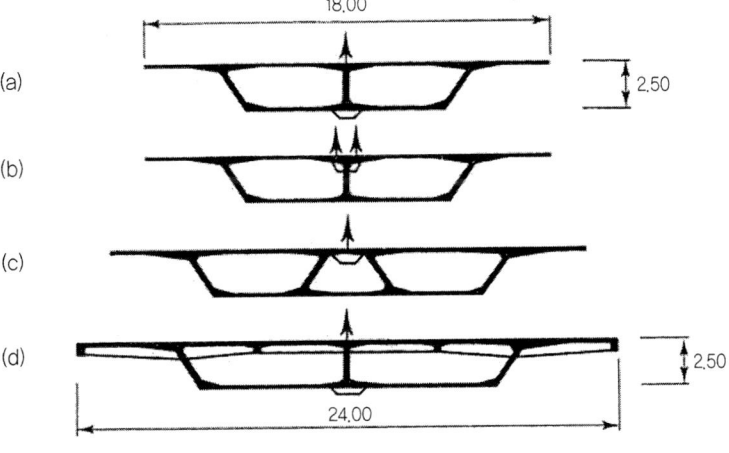

그림 5.2.6 Box beams with three or four webs

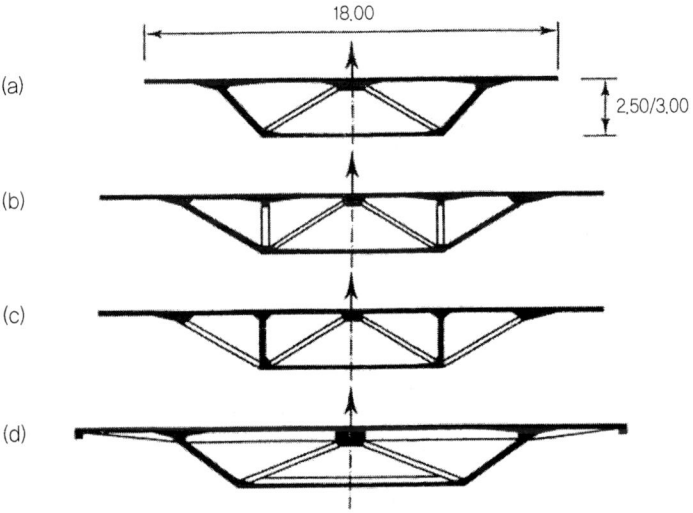

그림 5.2.7 Triangular box beams with two webs

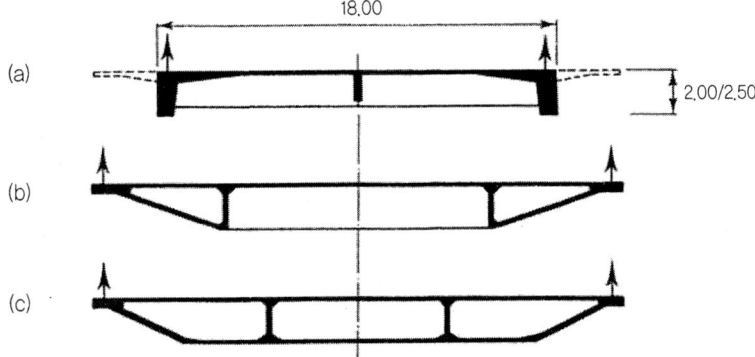

그림 5.2.8 Transverse structures in the case of lateral suspension

(2) 주거더의 단면형상 선정시 고려사항

주거더의 단면형상은 해외의 사례를 볼 때 자중을 경량화하고 거더에 발생하는 부재력에 저항할 수 있는 내화력을 가지고 내풍·내진 안전성을 향상시킬 수 있는 단면형상이 사장교에 있어서는 합리적이다.

주거더의 형상 선정시 다음의 사항을 고려해야 한다.

1) 교량의 종별 및 기초
2) 교량 폭원 구성
3) 경사cable의 면수 및 배치간격
4) 경사cable의 정착구조
5) 경사cable의 장력을 주거더에 전달성능
6) 내풍·내진성
7) 자중이 가벼운 구조
8) 비틀림 강성이 큰 형상
9) 시공성(cantilever 공법으로 가설이 가능한 단면)
10) 부착시설물 배치와 유지관리가 용이한 형상
11) 교각의 안전성
12) web의 배치, 바닥판 두께
13) 과거의 실적

(3) 주거더의 높이 결정시 주의사항

주거더의 높이 결정은 과거의 실적으로 볼 때 거더교와 같이 지간에 따라 거더의 높이가 높아지는 것이 아니라 지간이 100m 이상의 사장교에서 cable의 배치간격에 따라 1.5~4.5m정도이다. 이는 시공성을 고려하여 결정한 것으로 여겨진다.

거더높이 결정시 고려할 사항은 다음과 같다.

1) 경사cable의 배치 간격
2) 경사cable의 매달음 각도
3) 상자내부에서 정착시 인장작업 가능높이
4) 상자형 단면의 경우, 최소 내공높이 1.8m 이상
5) F.C.M으로 가설하는 경우 wagan의 중량
6) 압출공법으로 가설하는 경우 압출가능 높이
7) 과거의 실적(그림 5.2.9는 세계의 사장교 주경간(L)에 대한 주거더 높이(H)의 비를 통계처리한 DATA이다.)

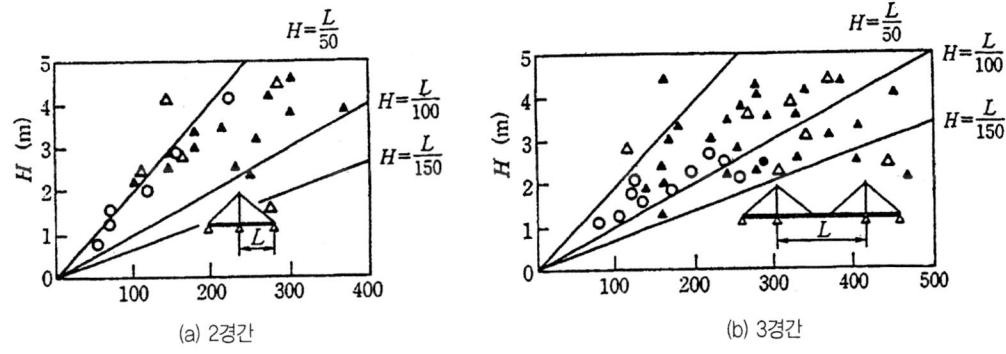

그림 5.2.9 거더높이-경간 비

5.2.6 경사cable(사장재)의 배치

경사cable의 배치는 주탑형상과 밀접한 관계가 있으며, 사장교의 외관을 크게 지배하게 되므로 미관에 대하여 충분히 검토할 필요가 있다. 또한 경사cable의 배치는 사장교의 계획과 설계하는데 가장 중요한 사항 중의 하나로 사장교의 구조적인 거동뿐만 아니라 시공방법, 경제성에도 영향을 미친다.

사장교의 경사cable 배치와 주탑형상의 결정은 다음의 순서대로 검토한다.

㉠ 경사cable의 배치면수(1면, 2면)
㉡ 주탑의 형상(1주, 2주, 역Y형, A형, 문형 등)
㉢ 사재배치형상(방사형, 하프형, 부채형, 스타형 등)

(1) 경사cable의 면수(횡방향 배치 열수)

사장교의 교축직각 방향으로 cable 배치는 대부분 2면 배치가 주류를 이루고 있으며 최근에는 설계기술의 발달에 따라 교량폭원이 넓은 경우에 1면 배치 사장교도 많이 건설하고 있는 실정이다.

1) 중앙 1면 경사cable 배치

중앙 1면 경사cable 배치 사장교는 교량중심선상에 일렬로 경사cable이 배치되어 조망시 경사cable끼리의 교차가 없어 미관이 양호하고 교량이용자들에게 개방감을 가지게 하고 경사cable 정착 및 배치에 따른 상부구조의 규격증가가 적은 편이다. 그러나 중앙분리대가 없거나, 분리대가 있는 경우도 1주 주탑의 경우와 경사cable의 정착을 위하여 분리대 확장이 필요하다.

또한 중앙 1면 배치형태는 상대적으로 사장재에 부하되는 하중이 크며 이 하중은 상부구조에 연결되어 정착과 지지 cable의 재하력이 크게 증가한다. 따라서 추가적인 상부구조 보강이 요구된다.

중앙 1면 배치사장교는 비틀림에 강한 상부구조를 요구하며, 이러한 구조는 집중하중을 분산시키는 능력이 좋아 사장재에 피로하중이 적게 발생하고 경사cable의 응력변동이 적은 것이 특징이다. 경사cable 1면배치 형태를 선정할 때에는 교량 상부구조 형상과의 관계를 면밀히 검토하여 결정하여야 한다. 또한 폭이 넓고 경간 길이가 긴 교량에서 중앙 1면 경사cable 배치 사장교는 과도한 비틀림 모멘트를 발생시키므로 교량 폭원이 좁은 교량에서는 많은 검토를 하여 적합성을 찾아서 적용하는 것이 바람직하다.

경사cable 1면배치 사장교에 적용가능 주탑 형상은 1본 주탑, 역 Y형 주탑, 및 A형 주탑에 적용할 수 있고, 경간 길이가 짧고 도로 폭원이 적은 교량에 적용 가능한 편기 주탑이 있다.

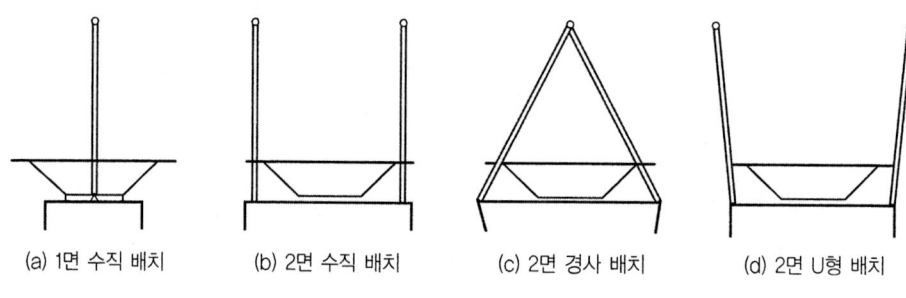

(a) 1면 수직 배치   (b) 2면 수직 배치   (c) 2면 경사 배치   (d) 2면 U형 배치

그림 5.2.10 경사cable(사장재)의 배치 면수

2) 양 측면(2면) 경사cable 배치

현재까지 건설된 대부분의 4차로 이하 사장교는 양 측면(2면)에 사장재를 배치한 사장교가 많으며 사장재면은 수직이거나 A형·역 Y형 주탑을 사용하는 경우에는 약간 왼쪽으로 경사지게 설치되어 있고 1자 주탑은 양 측면에서 바깥측으로 기울게 하여 V자형으로 하는 주탑이 있다.

양 측면 cable배치는 주거더의 양측에 cable이 정착되어 상부구조의 비틀림 강성이 크게 향상되어 상부구조의 단면형태는 적용성이 넓다.

주탑은 가급적 주거더 외측에 설치하게 되므로 교각의 폭이 넓어지고 2면 cable이 엇갈려 보이게 되므로 미관상에 불리한 면이 있다. 이 형식은 경간 길이가 긴 사장교에 적합하다.

U형 cable 배치는 Ramiro Sofronie에 의하여 제안되었으며 교량상부구조의 측방향 흔들림 방지, 주탑 상부에서 cable 집중배치 및 주탑의 높이를 증가시키지 않으려는 의도에서 비롯되었다.

(2) 경사cable(사장재) 종방향 배치

사장교의 경사cable 종방향 배치형태와 cable의 개수는 경간 길이, 주탑의 높이 분할은 경제성 및 교량가설 위치 주변 자연환경과의 조화 등을 고려하여 설계자의 의도에 따라 계획하여 설계하게 된다.

경사cable의 기본적인 종방향 배치형태는 방사형(Radial or converging system), 하프형(Harp or parallel system), 부채형(Fan or Intermediate system), 스타형(Star system)을 4개의 형태로 구분되며 이들의 기본형태를 기본으로 하여 현장여건 등을 고려하여 비대칭형(Asymmetric system)으로 설계하는 경우도 있다.

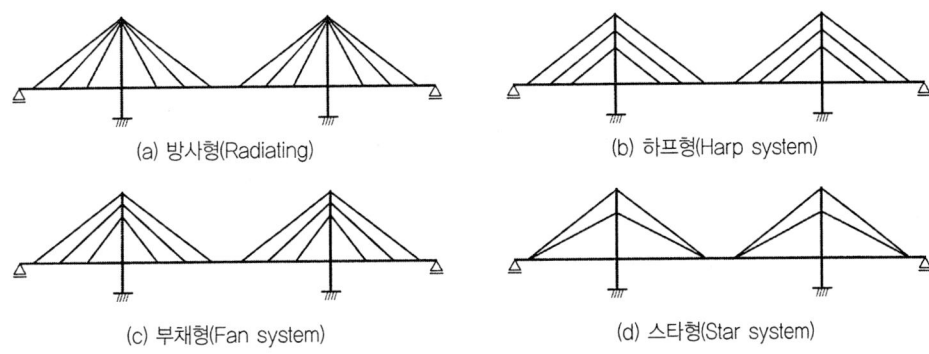

그림 5.2.11 경사cable 종방향 배치 기본형태

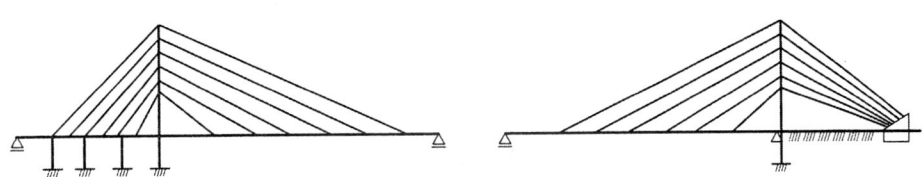

그림 5.2.12 경사cable 종방향 비대칭 배치형태(예)

1) 방사형(Radial or converging system)

방사형은 경사cable이 주탑 꼭대기 한 개소에 집중 배치되어 불규칙한 각을 이루며 상부구조에 정착되어 있는 형태이다. 이와 같은 형태의 사장교는 cable의 경사각이 크게 되는 점에서 연직하중을 지지하는데 효율이 좋고 또한 cable 장력의 수평분력이 적게 되어 상부구조에 도입되는 압축력을 적게 할 수 있다. 이 형식의 특징은 주탑의 꼭대기에 cable이 집중하기 때문에 주탑 cable 정착부가 구조적으로 복잡하게 된다.

역학적으로는 효율은 좋지만 교량 길이가 길어지거나 경사cable 수가 많아지면 주탑의 cable 정착부의 상태가 복잡하고 시공상에 어려움이 있기 때문에 이 형태를 적용하지 않는다고 여겨진다. 또한 주탑의 시공완료 후에 상부구조의 시공을 함으로써 공기가 타 형태에 비교해서 길어질 요소가 있고 주탑의 좌굴에 대한 검토가 필요한 경우가 있다. 이 형식은 경사 clable의 경사각을 잘 조정하면 하프형보다 경사cable의 중량을 대폭 감소시킬 수 있다.

2) 하프형(Harp or parallel system)

하프형은 주탑의 다른 높이에 경사cable을 평행하게 배치한 형태로서 경사cable 배치가 구조역학적인 면이나 경제적인 면에서 유리한 것은 아니지만 횡방향 2면배치 형태를 적용한 경우에도 시각차원의 차단효과가 균일하여 복잡하게 교차하는 일이 없다. 그 때문에 미관이 수려하고 매력적이어서 많은 교량에 적용하고 있다.

이 형태의 교량은 경사cable의 효율이 떨어져 경사cable의 강재중량이 증가하고 장경간의 교량에서 주거더의 축력이 크게 부과되어 중규모의 교량에 많이 적용하고 있다.

또한 주탑과 주거더가 동시에 시공이 되어 공기 단축은 가능하며 교축 수평방향 강성이 크고, creep에 의한 경사cable의 장력의 변동이 큰 단점도 있다.

3) 부채형(Fan or Intermediate system)

하프형과 방사형이 조합된 사장교는 두 형태의 사장교의 단점은 버리고 장점을 만족할 만한 수준을 취한 교량형태로 경사cable을 주탑 꼭대기에서 일정구간에 일정한 간격으로 분산하여 정착한다. 주거더의 cable 정착간격은 정착이나 가설에 필요한 공간을 참고하여 결정하고 있다.

이러한 배치형태는 cable에 부가되는 힘을 주탑의 일정구간에 분산시키기 위한 구조가 된다.

주탑의 경사cable의 정착구조와 주거더의 축력을 고려하여야 하며 이와 같은 배치형태는 경간 길이가 긴 장대교량에 가장 적합한 형식이다.

4) 스타형(Star system)

스타형 경사cable배치는 cable을 주탑의 2개소에서 주거더 1개소에 걸쳐서 설치되며 3경간 사장교에 적용이 가능한 형태이며 보통의 주거더에 경사cable의 정착점은 중앙 경간과 측경간에 두는 것이 일반적이다.

이러한 형태를 적용하는 중요 원인은 미관 또는 상징물로 만들기 위함이며 주탑의 경사cable 정착부위의 탑신은 미관상 설치하는 것이지 구조적인 기능은 없는 것이다.

또한 이와 같은 형태의 경사배치형태의 교량은 중·소형 교량에 적용이 가능하며 경간 길이가 길어지면 사장재의 규격이 과대하고 주거더의 정착부의 국부 응력에 문제가 있으므로 이러한 점을 고려하여 교량형태 결정시에 주의하여야 한다.

5) 비대칭형 배치

경사cable을 비대칭형으로 배치하는 사장교는 가설위치의 지형적인 조건, 다리밑 공간, 교차시설물 및 지장물 등을 고려하여 단경간으로 통과하여야 하는 교량 또는 주탑의 설치위치가 시공성, 경제성을 감안할 때 좌·우 경간을 대칭이 되지 못하는 교량이 있다. 이러한 경우에 정착 cable을 집중 배치하는 것이 효과적이다.

이러한 형태의 경사cable 배치는 구조적인 이유로만 결정하는 것만은 아니며 경우에 따라 조형미를 고려하여 설계하는 예도 있다.

6) 경사cable의 종방향 배치형태의 조합

경사cable 종방향 배치 기본형태 4가지를 가지고 설계하는 현장여건이나 설계자가 원하는 형태로 조합하여 보면 복잡 다양한 형태로 설계될 수 있다.

또한 경사cable의 개수는 초기에는 외관상 초기에는 외관상 단순한 cable 단수가 적은 형식이 많았다.

그러나 최근에는 교량길이가 길어지고 시공법의 개발 및 재료의 고강도하에 따라 경사cable을 가설재로 이용할 수 있도록 하여 Multi-cable 형식이 대다수를 차지하고 있다.

이 Multi-cable의 형식은 cable 1본당 작용하는 장력이 적고 cable의 정착구조가 간단해진다. 또한 가설 cable로 사용하여 cantilever 시공이 가능하고 완성 후, cable의 보수와 교체가 용이한 반면, cable 1본당 강성이 작으므로 내풍 안전성의 문제와 시공시 장력관리 등의 주의가 필요하다.

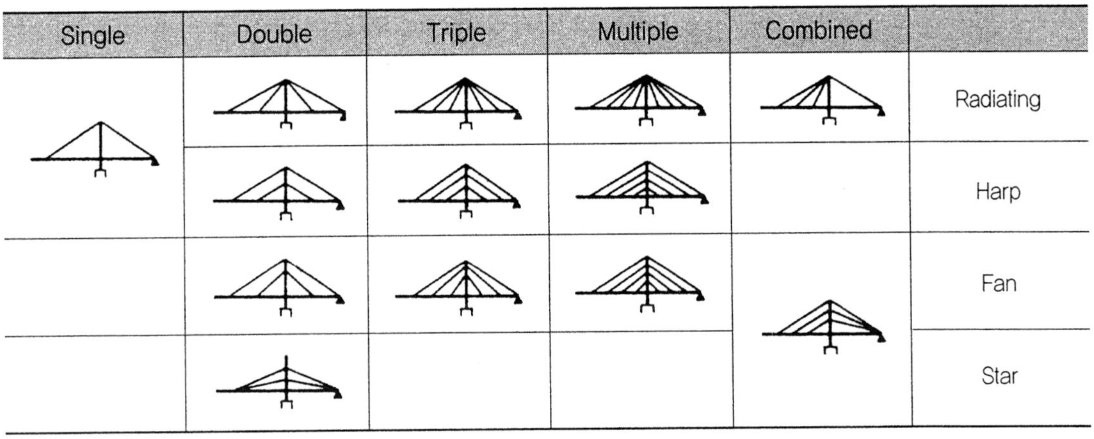

Single	Double	Triple	Multiple	Combined	
					Radiating
					Harp
					Fan
					Star

그림 5.2.13 경사cable(사장재) 종방향 배치형태 요약

(3) 경사cable 배치시 고려사항

사장교 경사cable 배치시 다음의 사항을 고려하여 설계하는 것이 바람직하다.

1) 경사cable 면수 결정시
① 교량 폭원 구성
② 교량 주경간 길이
③ 상부 주거더의 비틀림 강성
④ 내진-내풍성
⑤ 주탑 형상
⑥ 시공성
⑦ 실적

2) 측면 배치 형상
① 교량의 규모
② 경관(미관)
③ 주거더 높이

④ 경사cable 정착부 구조와 간격
⑤ 주거더 시공시의 wagon의 능력(cantilever 가설공법 적용시)
⑥ 내진성
⑦ 경제성
⑧ 시공성

3) 경사cable의 재료
① 장대교량이 요구하는 경사cable의 강도
② 경관성(cable 피복제의 색상)
③ 내구성
④ 경제성
⑤ 시공성
⑥ 유지관리(방청방법)

(4) 경사cable 정착 간격

중규모 이상의 PSC 사장교에서 종방향 정착간격은 Multipale type의 경우에 일반적으로 이동식 작업차를 사용하여 cantilever 가설하는 경우는 1회당 콘크리트 타설 길이는 교량 폭에 따라 다르지만 3.0m~5.0m 범위에 있는 것이 많아 경사cable의 정착간격은 이 값의 2배에서 4배의 범위인 6.0m~15.0m인 것이 많다.

precast block 방법으로 하는 경우에는 2.5m~3.5m의 2배~4배의 범위인 5.0m~14.0m의 범위로 배치한다.

5.2.7 주탑

주탑은 사장교의 "구체"라고 말할 수 있으며 대부분의 고정하중과 교량에 작용하는 활하중과 풍하중을 경사cable을 통하여 전달되는 주거더의 힘을 지지하면서 교각에 전달하는 구조요소이며 경사cable의 배치형상과 동시에 주탑의 조형은 교량의 미관성에 크게 영향을 준다.

(1) 주탑의 교축 직각방향(정면) 형상

주탑의 형상은 경사cable의 배치방법과 밀접한 관계를 가지고 있다. 이들을 구분하면은 다음과 같은 형상이 있다.

1) 독립 1본 기둥 주탑(single cantilever pylon) (그림 5.2.14(a))
2) 독립 2본 기둥 주탑(double cantilever pylon) (그림 5.2.14(b), (c))
3) 문형주탑(portal frame pylon) (그림 5.2.14(d))

4) H-형 주탑(H-Frame pylon) (그림 5.2.14(e), (f))

5) A-형 주탑(A-Frame pylon) (그림 5.2.14(i), (j))

6) 역 Y형 주탑(Inverted Y-Frame pylon) (그림 5.2.14(g), (h))

7) 편기 주탑(그림 5.2.14(k), (l))

일반적인 주탑 횡방향 형상에 따른 특징은 다음 표와 같다.

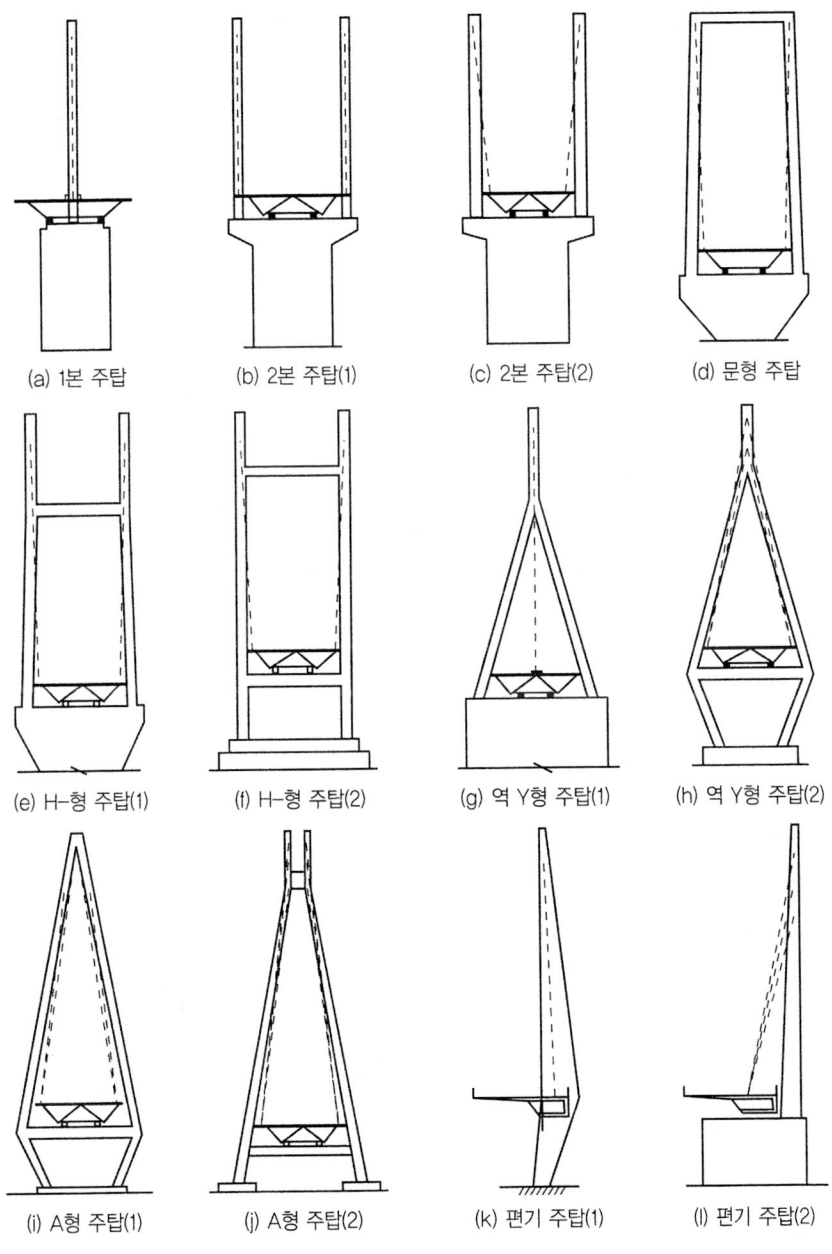

그림 5.2.14 주탑 횡방향 형상(예)

◉ 표 5.2.3 주탑 형상의 특징

주탑 형상	주탑 형상도	특 징
독립 1본 기둥주탑 (single cantilever pylon)		• 주탑기둥이 주거더의 중앙에 있어서 중앙분리대 폭을 넓혀야 한다. • 1면(열) 매달기에 한정하여 적용한다. • 교량이용자가 볼 때 공간의 해방감을 준다.
독립 2본 기둥주탑 (double cantilever pylon)		• 주탑의 면외 강성이 작다. • 2면 매달기에 한정하여 적용한다.
문형주탑 (portal Frame pylon)		• 주탑의 면외강성을 증가시키기위해 주탑을 경사로 만드는 경우가 있다. • 교면상의 횡단에 대해서 적설지역에 대한 배려가 필요하다. • 2면 매달기에 한정하여 적용한다.
H-형 주탑 (H-Frame pylon)		• 주탑의 면외강성을 증가시키기위해 주탑을 경사로 만드는 경우가 있다. • 교면상의 횡단에 대해서 적설지역에 대한 배려가 필요하다. • 2면 매달기에 한정하여 적용한다.
A-형 주탑 (A-Frame pylon)		• 주탑의 면외강성이 크다. • 교각 폭이 커진다. • 경사탑 시공방법에 대한 고려가 필요하다. • 1면 또는 2면 매달기에 적용가능 • 2면 매달기 할 때는 경사 cable을 교량바닥면에서 보호되도록 배치한다. • 지진시 교축직각방향의 단면특성상 우수한 구조이다. • 교량너비가 협소할 경우 주행시 개방감이 결여된다.
역 Y-형 주탑 (Inverted Y-Frame pylon)		• 주탑의 면외강성이 크다. • 교각 폭이 커진다. • 경사탑 시공방법에 대한 고려가 필요하다. • 2면 매달기에서 경사 cable을 교량바닥면에서 보호되도록 배치한다. • Harp형은 곤란하며 Fan형, Radial 형이 가능하다. • 주거더의 비틀림 강성에 대한 기여가 크다. • 지진시 교축직각방향의 단면특성상 우수하다. • 교량폭원이 협소할 경우 주행시 개방감이 결여된다.

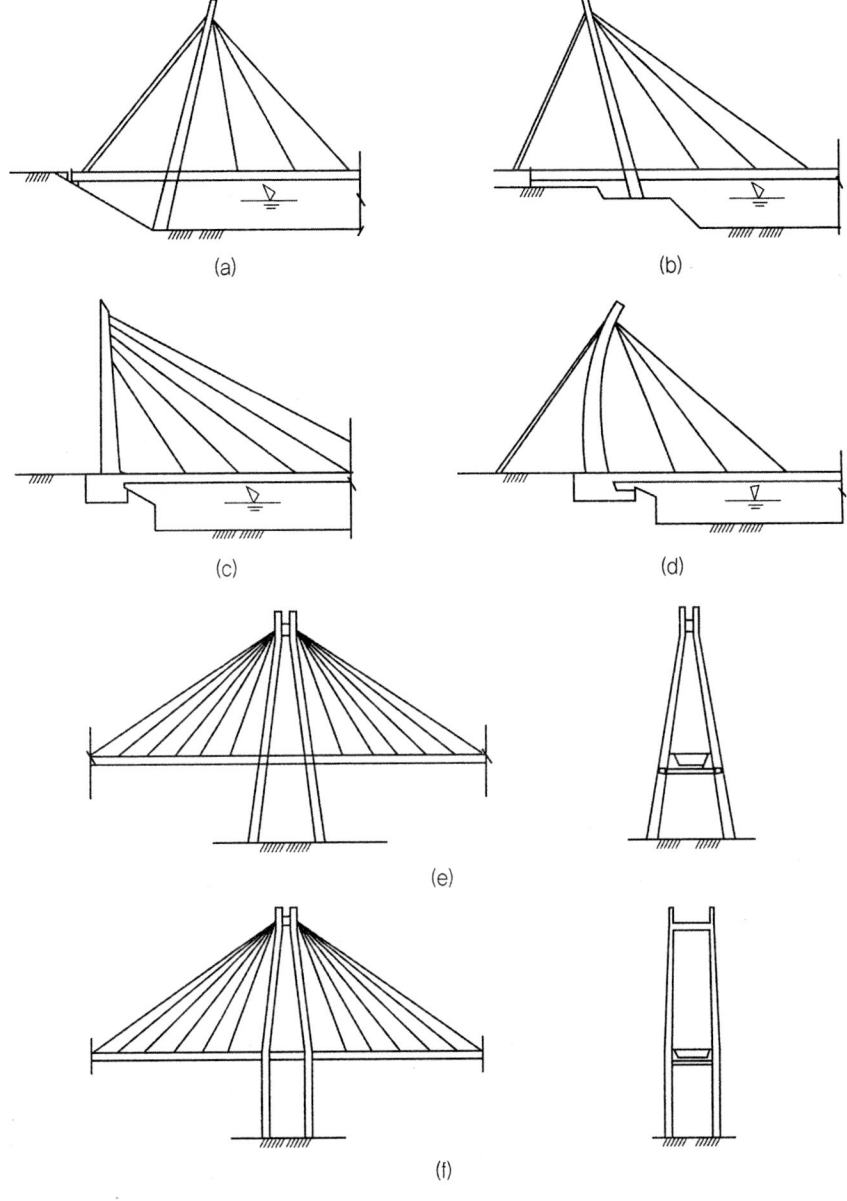

그림 5.2.15 주탑 종방향 형상(예)

(2) 주탑의 형상 결정시 고려사항

주탑의 형상을 결정할 때 고려할 사항은 다음과 같다.

1) 교량의 지간구성(교량 규모, 단경간, 2경간, 연속교 등)
2) 교량 폭원 구성
3) 주거더 주탑과 교각과의 결합방법

4) 경사cable의 배치방법
5) 내진-내풍성
6) 미관(주위의 경관과의 조화 고려, landmark 등)
7) 시공성
8) 경제성

(3) 주탑의 높이 결정시 고려사항

주탑의 높이는 경사cable의 걸침효율과 경관을 고려하여 결정한다.

1) 교량 전체의 균형(balance)
2) 경사cable 배치 형태
3) 탑높이와 경간 장비

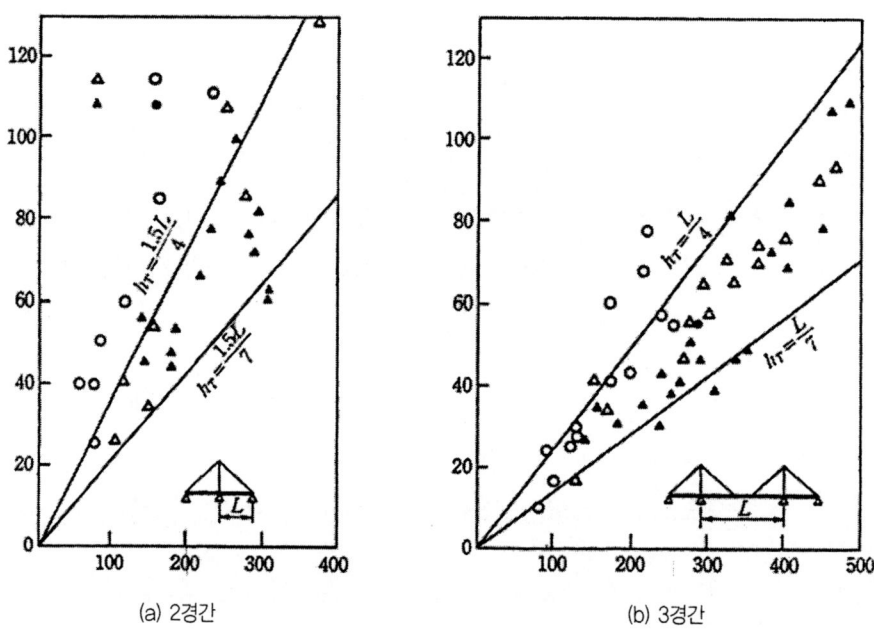

(a) 2경간   (b) 3경간

그림 5.2.16 주탑높이와 경간비

4) 경사cable 배치형태
5) 경간 길이의 배분 및 경관미
6) 항공제한(주변에 비행장, 헬리콥터 착륙장)
7) 도로상의 시설한계
8) 경사cable의 정착부 구조

일반적으로 주탑의 높이는 주탑 높이(h_T)와 최대 span(L)의 비는 다음과 같은 비율로 적용하든지 그림 5.2.16을 참고하여 결정하는 것이 손쉬운 일이다.

　㉠ 2경간인 경우 : h_T/L = 1/1.7~1/2.2
　㉡ 3경간인 경우 : h_T/L = 1/3~1/4.5

또한 주탑의 높이를 결정할 때 주탑의 높이를 높게 하면은 주탑의 콘크리트 량이 증가하는 반면 경사 cable의 효율이 양호하여 cable의 중량이 감소한다. 따라서 이러한 점을 감안하여 설계자가 경제성을 분석하여 직접 주탑 높이를 결정하여야 한다.

(4) 주탑의 단면형상

1) 주탑의 단면형상 결정시 고려사항

철근 콘크리트 주탑의 단면형상은 일반적으로 충실 사각단면 및 속빈 상자형 단면이 적용되며 교량의 미관설계를 위하여 외형이 다각형 또는 곡선이 삽입된 단면을 적용하는 경우가 많다.

주탑의 단면형상은 역학적인 측면보다 설계자의 주관에 따라 결정하는 경우가 많으므로 어떠한 형상이 가장 합리적이라고 규정하기는 어려운 점이 있다.

일반적으로 주탑의 단면형상을 결정할 때 다음의 사항을 고려하여 결정한다.

　① 극한 상태에서 안전한 내구성
　② 경사cable의 정착방법
　③ 경사cable의 삽입방법
　④ 속빈 단면의 경우, 긴장 작업 공간
　⑤ 유지관리를 위한 공간
　⑥ 미관
　⑦ 상징성
　⑧ 경제성, 시공성

2) 경사cable 정착부의 주탑단면 형상

지금까지 실적을 조사해보면 주탑의 경사cable 정착방법에 따라 표 5.2.4에 나타낸 형상들이 적용되고 있다.

표 5.2.4 경사cable 정착부의 주탑 단면 형상

고정방식	분리고정방식			관통고정방식
명 칭	교차정착	분리정착	연결정착	saddle 정착
측면도·단면도				
구조	• 충실단면으로 경사 cable을 교차정착한다. • 시공실적이 많다. • 비틀림에 대한 배려가 필요하다.	• 속빈 단면으로 경사 cable을 교차 정착시키지 않음 • 상호정착한 경사 cable의 장력에 대한 PS강재 및 갑재로 보강함 • 경사 cable 정착 간격을 작게 할 수 있다. • 경사 cable 정착부의 점검이 용이함	• 속빈 단면으로 경사 cable을 교차 정착시키지 않음 • 상호 정착시킨 경사 cable 장력에 대한 강재보로 대응함 • 단면이 커진다. • 경사 cable 정착부의 점검이 용이함	• 충실단면으로 경사 cable을 관통시켜 배치함 • 탑출구부 등에 좌우의 경사 cable 장력 차를 고정 • 경사정착간격을 작게 할 수 있음 • 경사 cable의 최소 휨 반경에 따라 부재의 폭이 제약된다.

5.3 PSC 사장교 상세설계

5.3.1 일반사항

PSC 사장교는 같은 경간의 거더교 보다 상부구조의 높이를 낮게 하는 것이 가능하고 주거더의 강성이 낮지 않으면서 변형성이 있으며 복잡한 진동특성을 가지고 있다. 따라서 구조형식은 주거더의 단면형상을 선정하고 설계하는데 있어서 내풍 안정성과 내진성에 대하여 충분한 배려 하에 결정하여야 한다.

일반적으로 PSC 사장교는 같은 형식의 사장교 중에 주거더의 질량이 크고 강성이 큰 내풍 안정성을 가지고 있는 단면형상을 채택하여 설계하며 중규모 정도의 교량에서는 주거더의 강성이 충분히 강한 경우에는 동적인 내풍 안정성 검토는 생략할 수 있다. 그렇지만 장대 경간의 PSC 사장교에서는 전체의 구조치수에 비교하여 각 부재의 강성이 적은 Flexible 한 구조이므로 일반적인 방법으로 설계하는 내풍 하중에 대한 정적설계로는 불충분하므로 이 경우에 대해서는 동적 내풍 설계(풍동실험)를 하여야 한다.

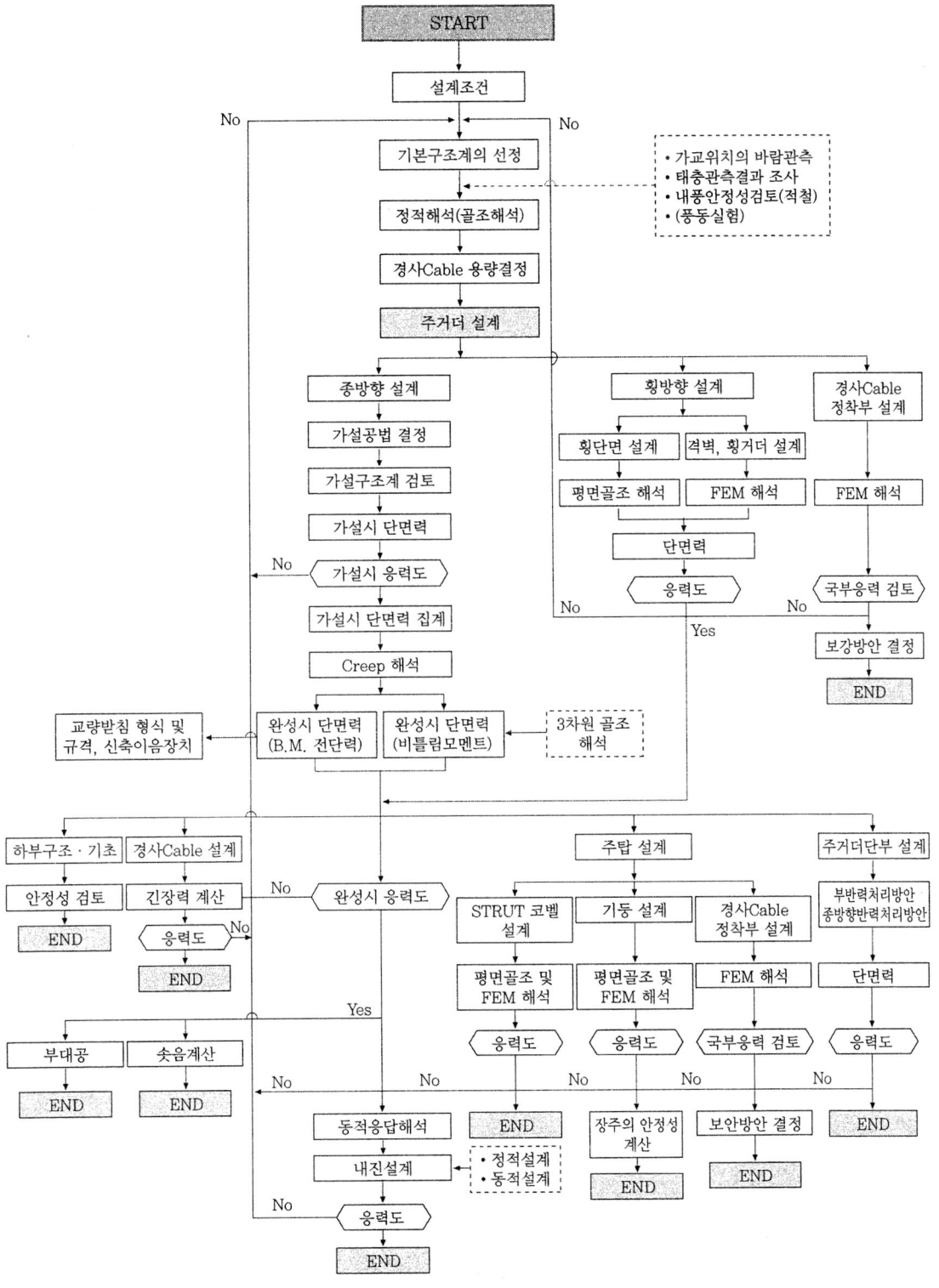

그림 5.3.1 PSC 사장교 설계 흐름도

주거더 및 주탑은 경사cable의 장력에 의해 큰 압축력을 받으므로 단면 응력도를 조사하여 단면내력과 좌굴을 포함한 구조 전체의 안정성에 대하여 검토를 하여야 한다. 구조 전체의 안정에 대한 검토는 주거더, 주탑 및 경사cable의 포함된 전체 구조계에 대하여 하는 것이 좋으며 극한 하중 작용시에는 경사cable의 항복하는 구조해석 모델을 하여 단면내력과 좌굴에 대하여 안정성의 조사를 별도로 해야 한다. 단, 휨 강성에 비하여 주탑의 높이가 높은 철근콘크리트 구조의 탑이 하중을 재하한 상태에서 균열이 발생하면은 단면의 강성이 저하하여 좌굴안정성에 영향을 미치는 경우는 부재단면의 강성재하를 포함하여 재료의 비선형을 고려한 유한 변형해석을 하여 좌굴 안정성을 검토하여야 한다.

상세설계(실시설계)는 교량이 계획되는 가교위치의 제반조건의 적합한 교량 길이, 경간 분할을 하여 교량의 형식과 단면형상이 결정된 상태에서 교량의 시공공법, 안전성, 유지관리 등을 고려하여 시공시나 공용시에 대하여 구조계를 선정하여 다음 그림 5.3.1과 같은 순서에 따라 설계를 진행한다.

5.3.2 구조해석

① PSC 사장교의 전체적인 구조해석은 일반적인 PSC 거더교와 동일하게 해도 된다.
설계 단면적 산출은 전체 강성이 적고 외력의 작용에 의한 변형이 큰 구조물에서는 엄밀하게는 유한변형이론에 의한 해석이 필요하다. 그러나 일반의 PSC 사장교에서는 유한변형이론과 미소변형이론에 따른 단면력의 차이가 적으므로 설계상 무시하고 구조해석은 미소변형이론으로 실시하여도 문제가 없다.

② 경사cable은 새그(sag)의 영향에 의해 겉보기 신장강성이 저하하고 그의 영향은 경사cable 장력이 작아진 만큼 커진다. 구조해석에 있어서 경사cable의 sag의 영향을 고려하는 방법은 cable의 처짐 이론으로 해석하는 엄밀한 방법과 경사cable 장력변화와 현방향의 신장과의 관계로부터 겉보기 탄성계수를 환산하여 경사cable을 선재(線材)로 해석하는 방법이 있다.

③ 구조해석 모델은 실제 구조물에 작용하는 하중에 의한 거동을 적절히 파악할 수 있는 모델로 하는 것이 가장 중요하다. 일반적으로 미소변형이론을 기초로 하여 평면골조해석을 기본으로 수행하고 각 부재의 거동과 응력 상태를 정밀하게 파악하고자 할 때는 입체골조 해석을 한다. 이 때 평면 골조해석과 입체 골조해석 결과를 확인하여 비교 검토하여 설계에 반영해야 한다.
입체골조해석은 지진·풍하중의 영향, 교량 폭이 넓은 경우 하중분배 상태, 비틀림의 영향 등을 고려할 필요가 있는 경우에 적용한다.
사장교의 구조 모델의 설정에 있어서 주거더 단면도심과 사재의 정착점이 떨어진 경우에는 주거더 축선과 경사cable 정착점 사이에 가상부재를 적절히 설치하는 조치가 필요하다.

또한 각 부재에 대한 평가는 주거더, 주탑, 교각에 대하여 전단면이 유효하다고 보며 경사cable에 대해서는 중소규모 교량에서 sag에 대한 겉보기 탄성계수를 고려하는 경우도 있다.

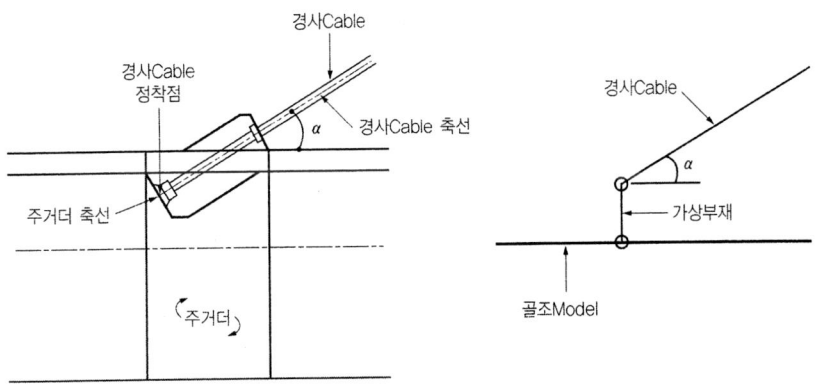

그림 5.3.2 사재 정착점의 모델화 "예"

④ 선형해석을 하는 경우 및 구조물의 고유주기를 구하는 경우의 단면 2차 모멘트는 철근 등의 강재의 영향을 고려하여 부재의 콘크리트 전단면에 대해서 계산하는 것이 정확하지만 일반적으로 부정정력의 계산에는 단면 2차 모멘트의 비를 이용하기 때문에 단면 2차 모멘트의 계산에 대해서 강재를 무시함에 따른 오차가 작으므로 강재의 영향은 무시하고 부재의 콘크리트 전단면에 대해서 계산한다.

그런 설계계산에서는 강재의 영향을 무시하여도 좋지만 처짐량 산출에 있어서는 강재의 영향을 무시할 수 없는 경우도 있다.

⑤ PSC 사장교는 주거더나 탑의 콘크리트와 creep 선상이 다른 재료를 사용하기 때문에 부재 전체를 지보공 위에서 시공하는 경우에 콘크리트의 creep에 의해 부정정력이 발생한다.

따라서 영구하중, 경사cable의 조정력, 주거더에 도입되는 prestress 등의 지속하중에 의한 단면력을 산출에 있어서 creep에 의해 발생하는 부정정력을 고려할 필요가 있다.

또한 교량의 시공기간이 장기간인 경우에 시공 중에 진행되는 콘크리트 creep 및 건조수축을 고려하지 않으면 안 된다.

⑥ 경사cable의 규격 및 피복 재료는 주거더 및 주탑과 다르므로 일조 등의 영향에 의해 경사cable과 주거더 및 주탑과의 사이에 상호 온도차가 발생한다. 그의 온도차는 경사cable의 단면치수, 재질, 기상조건 등이 다르므로 설계하는 데는 실적 및 기상데이터를 기초로 하여 결정하는 것이 좋다.

일반적으로 grout된 경사cable의 경우 온도차는 경사cable이 부재에 대하여 10℃ 상승한 것으로 한다.

⑦ 일반적으로 중소규모의 PSC 사장교에서는 세그의 영향에 의한 경사cable의 겉보기 성장강성의 저하는 대체로 무시할 수 있다. 대규모 PSC 사장교에서도 그의 영향은 적으나 세그의 영향을 고려하여 겉보기 탄성계수를 사용하여 구조해석을 하면은 충분한 정보가 얻어진다.

또한 겉보기 탄성계수는 다음 Ernst 식에 따라 산출한다.

$$E = \frac{E_o}{1 + \frac{(r \cdot e \cdot \cos\alpha)^2}{12f^3} \cdot E_o} \quad\quad\quad (5.3.1)$$

여기서, E : sag의 영향을 고려한 겉보기 탄성계수(N/㎟)
Eo : 경사cable의 탄성계수(N/㎟)
r : 경사cable의 단위체적 중량(N/㎟)
l : 경사cable의 길이(㎜)
α : 경사cable의 경사각
f : 경사cable에 작용하고 있는 인장응력도(N/㎟)

식(5.3.1)은 경사cable의 인장응력이 일정한 상태에서 구하여지기 때문에 활하중의 재하 등에 의해 경사cable의 인장응력도가 크게 변화하는 경우에는 오차가 발생한다.

이 경우에 경사cable의 인장 응력도가 f_1에서 f_2까지 변화하여 구한 평균의 겉보기 탄성계수를 산출하는 식 (5.3.1)을 사용하여 구할 수 있다.

$$E = \frac{E_o}{1 + \frac{(r \cdot e \cdot \cos\alpha)^2 \cdot (f_1 + f_2)}{24 f_1^2 \cdot f_2^2} \times E_o} \quad\quad\quad (5.3.2)$$

⑧ 단면력의 산정에 있어서 이동하중(활하중)은 설계하중에 가장 불리한 조건이 되도록 재하시킨 것으로 한다.

5.3.5 경사cable의 장력

사장교 설계에 있어서는 완성시 고정하중 재하상태의 경사cable 장력을 어떻게 설정할 것인가가 최초의 과제가 된다. 즉, "결정의 기준", "제약조건" 등을 명확히 할 필요가 있다.

또한 이 장력은 골조구조 해석에 있어서 고정하중을 재하하는 경우에 경사cable에 발생하는 장력에 경사cable 조정력을 더한 것이다. 이 조정력을 합리적으로 결정하는 것에 따라 주거더 및 주탑의 휨모멘트, 전단력을 개선할 수 있다. 바꾸어 말하면 사장교에서는 경사cable 장력을 설계자의 판단으로 결정할 수 있고 주거더나 주탑에 발생하는 단면력(휨모멘트)를 조작할 수 있다.

이것이 사장교 특징의 하나이다.

사장교의 경사cable의 본 수가 적거나 대칭 배치가 되면 cable의 장력을 결정하는데 많은 노력이 필요하지 않지만 경사cable의 본 수가 많거나 비대칭인 경우에는 장력 결정작업이 방대하게 되므로 장력결정을 위한 합리적인 방법의 확립이 요망되고 있다.

cable의 장력 결정 작업을 하기 전에 첫째로 사장교에 고정하중이 재하된 경우의 거동을 이해하여 놓는 것이 중요하다. 특히, 경사cable 장력 결정과 cable의 배치형식, cable의 주거더의 정착위치에는 밀접한 관계가 있는 것을 이해하여 놓는 것이 중요하다. 또한 PSC 사장교에서는 경사cable의 조정력이 콘크리트의 creep 및 건조수축(shinkage)의 완료한 단계에서 가장 적합하게 되도록 해야 한다.

일반적으로 경사cable 장력 결정조건은 다음과 같으며 이들은 실제 사장교의 설계에 이용되고 있다.

㉠ 완성시 주탑에 휨모멘트를 발생시키지 않고
㉡ 주거더의 휨모멘트가 가능한 작아지고 최대한 "0"에 가깝게 한다.
㉢ creep에 의한 변형이나 응력 변동이 작아지도록 한다.
㉣ creep에 의한 변형이나 응력 변동은 주거더 내 PSC 강재량과 밀접한 관계를 있으므로 이를 고려한다.
㉤ 일부의 cable의 규격이 극단으로 크고 또는 작게 하지 않는다.

경사cable의 장력 결정방법에 가장 중요한 것은 ① 지간길이비(측경간과 중앙경간비) ② cable의 배치방법이다. 이는 장력결정이 구조형식이나 cable 배치에 깊게 관계되어 있음을 인식하여 놓는 일이다. 이는 경사cable의 장력을 결정하는 최적화방법은 부여된 구조형식에 대하여 해를 찾는 과정이기 때문이다.

5.3.4 주거더 설계

주거더 설계에 있어서 종(주)방향 설계는 통상 거더교와 크게 다르지 않다. 주거더 단면에는 주로 2주거더, 슬래브 구조 및 박스거더가 채용된다. 거더의 web에서 내풍 안정성을 위하여 web를 기울게하는 경우도 있다. 주거더의 설계에서는 교량의 폭원이 큰 경우나 주거더의 비틀림강성이 작은 경우는 활하중의 편심재하 및 구조계의 편심에 따라 생기는 비틀림 모멘트에 대한 조사가 필요하다.

또 사장교는 creep, 건조수축이 발생하는 주탑, 거더와 이것을 일으키지 않은 경사cable 등이 결합된 구조이기 때문에 creep, 건조수축에 따른 부정정력의 해석도 중요하다. 기타 장대교에서는 좌굴에 대한 내하력을 구해 안정성을 확인해야 한다. 거더 단면의 설계에 있어서는 일반폭원의 주거더는 다음의 경사cable 정착 위치에서 경사cable의 장력에 따라 축력에 대한 유효 범위로 하여 검토하는 경우가 많다.

일반적으로 거더는 설계 단면적뿐만 아니고 시공시의 응력도 고려하여 PS강재량을 결정한다.

또한 다중박스거더 단면의 경우는 전단력의 분배를 FEM해석을 하여 확인하는 사례가 많다.

(1) 주거더 설계 조건

주거더의 설계는 다음에 나타낸 조건에 따라 실시한다.

1) 단면력 해석은 기본적으로 평면골조 Model로 하여 미소 변형이론에 의해 산출하는 것을 기본으로 한다.

해석 Model은 종단경사를 고려한다. 비틀림, 지점반력, 교축직각방향 설계 및 지진시 동적해석을 위해서는 입체 골조해석을 한다. 지반의 영향을 고려하여 동적해석을 하고 기타 해석에 대해서는 단면력에 주는 영향이 적도록 교각 하단을 고정으로 한다.
2) 구조해석은 탄성해석을 한다. 경사cable의 seg에 대한 비선형성을 검토결과 근소하면은 무시한다.
3) 콘크리트의 탄성계수치는 사전검토결과 단면력의 해석에 영향이 적으므로 도로교 설계기준에 따라 설정한다.
4) 지진시 단면력은 지반 영향을 고려하여 3차원 동적해석(응답 스펙트럼)에 의해 산출한다.
5) 완성계와 가설계는 완전 분리하여 설계한다. 가설계에서 경사cable의 장력조정을 받은 응력상태를 완성계의 $t=0$시에 일치하도록 설계에 합치시킨다.
6) 경사cable은 변형 에너레기 최소 기준에서 최적화 수법을 구하여 장력을 기본으로 결정한다. 따라서 콘크리트 부재의 creep 변화량을 최소화하기 위한 목표가 있어야 한다.
7) creep는 구조물의 완성시점에도 진행되고 있으므로 시공시의 creep 단면력을 고려하지 않는다.
사전에 검토할 때는 creep가 발생하여 부정정력은 creep 계수를 block 별로 상세하게 설정하는 경우와 부재의 평균 creep 계수를 사용하는 경우에 대해 유의하면 차가 생기지 않는다. 그밖에 creep 계수는 주거더, 주탑, 교각에 대해 각각의 평균 creep 계수를 사용하여도 된다.
8) creep, 건조수축에 의한 응력 변동량은 $t=\infty$때 및 그의 1/2의 이행량의 2case를 고려한다.
9) 극한하중작용시에는 creep, 건조수축 영향을 취급하면 「도로교 설계기준 3.2.3항」에 따른다.
10) 입체 FEM 해석 결과는 경사cable 수평분력(축력)은 다음의 경사cable 위치에서 유효하고 경사cable 연직분력(휨모멘트)은 해당 경사cable 위치에서 유효하다.
11) 입체 FEM 해석결과에서 전단력을 산정하기 위해서는 주거더 단면부재의 분담율을 설정하여 설계한다. 이 분담율의 고려 방법은 ㉠ 전단에 대한 주거더 전체의 안전성을 박스거더의 web 수가 보증한다. ㉡ 실제로 각 부재에 작용하는 전단력에 대하여 필요한 보강을 실시할 목적으로 한다.

(2) 주거더의 횡방향 설계

횡방향의 설계할 때 상부구조를 라멘구조로 모델화하고 각 web 하단에 지점을 설치하여 단면력을 계산하는 것이 일반적이다. 그러나 상부구조의 지점설정에 따른 해석 모델을 설정할 때 세심한 검토가 요구될 때는 다음과 같은 사항에서이다.

㉠ 주거더를 경사cable로 지지하는 구조로 할 때는 힘의 전달성상이 복잡해진다.
㉡ 교량폭원이 넓고 경사 web를 가지는 다중 또는 다주 박스거더 단면에서 지지조건이 명확하지 않다.

따라서 입체 FEM 해석을 실시하고 단면력 발생상황을 조사하여 적절한 평면골조 Model의 지지조건을 선정하면 prestress 힘에 대한 것과 PS 힘 그 외의 하중에 대한 Model이 다르게 적용해야 되는 경우도 있다.

(3) 바닥판 설계 휨모멘트

「도로교 설계기준」에서 바닥판의 설계 휨모멘트의 적용범위는 ㉠ 변장비가 1:2이상 ㉡ 바닥판의 지간은 0.6m~7.3m의 범위이다.

바닥판 설계 휨모멘트 산정을 위해서는 다음과 같은 사항을 검토하여야 한다.

㉠ 주거더에 있는 경사cable 정착 가로보 간격
㉡ 박스거더의 web의 순간격

상기의 사항을 검토한 결과 3~4방향 지지판이 되는 경우는 「도로교 설계기준」의 적용범위 밖으로서 적용할 때는 FEM해석을 하여 확인한다.

(4) 광폭원에 수반하는 주거더 응력 분포의 검토

폭원이 넓은 주거더 종방향·횡방향 설계는 주거더가 광폭원 평평구조이므로 3차원 입체판(shell) Model을 하여 FEM 해석을 하여 부재사이의 응력전달의 검토항목은 다음 표 5.3.1과 같다.

◉ 표 5.3.2 부재사이 응력전달의 검토항목

검토항목	내 용
경사cable 장력에 의한 유효축력분포	경사cable 장력에 의해 주거더의 프리스트레스 효과를 검토하고 전단면에 균등한 축력이 전달되는 위치를 구한다.
web의 하중 분담율	다중 박스거더에서 web에 작용하는 전단력의 분담을 구한다.
web의 사인장력	시공 중에 web에 발생하는 사인장응력도를 구한다.
바닥판의 휨응력 분포	주거더의 종방향 휨응력 분포는 2차원 해석과 비교한다.
가로보의 유효 폭	경사cable 1면구조의 가로보의 유효 폭을 구한다.

(5) 가로보의 유효 폭

경사cable 정착부 가로보의 설계에 있어서 유효폭 산정은 「도로설계기준 콘크리트편」의 규정과 3차원 FEM 해석결과에 따라 하며 유효 폭을 결정하는 2가지 방법을 사용하여 응력도를 조사한다.

(6) 가로보의 설계

경사cable 정착 가로보의 유효폭 적용방법은 3차원 FEM 해석방법과 도로교 설계기준과의 차이가 있는 결과가 보고되고 있다.

또 해석 모델은 2면 사장교는 경사cable 위치를 지점으로 하는 단순보로 하고 1면 사장교는 경사cable 정착 위치를 강결로 하는 cantilever로 하여 경사cable의 연직방향성분을 등분포 하중으로 재하 상태로 단면력을 산출하는 것이 일반적이다.

(7) 경사cable 정착부의 설계

주거더 측의 경사cable 정착부는 경사cable에 의해 인장력을 받는 부분에 가로보 또는 격벽을 설치하여 주거더를 지지하는 중요한 부분이다.

경사cable 정착부는 경사cable의 장력을 주거더에 원활하게 전달하는 구조가 되어야 한다.

가로보 또는 격벽에 설치한 경사cable 정착부가 web 근방에 있으면 web가 복잡한 구조가 되므로 적절한 해석이론 및 해석 Model을 선정하여 검토하여야 한다. 과거에는 가로보 및 격벽의 단면력을 산출하는 데 적용한 Model은 1면의 경우는 cantilever로 하고 2면의 경우는 단순보로 해석하였으나 현재는 computer 발달에 따른 구조 해석 program의 발전에 따라 경사cable 장력을 받는 부분에 생기는 전단응력 및 국부응력에 대해 바닥판 · web · 가로보 및 격벽을 solid model로 하여 해석하는 입체유한요소법 등의 여러 방법을 적용하여 설계하고 있는 실정이다.

그림 5.3.3은 3차원 FEM 해석 Model을 예로 나타낸 것이다.

해석 Model은 시공시의 구조계를 상정하여 Model의 영역을 결정하여야 하며 검토 범위는 solid 요소를 사용하고 기타 부위는 shell 요소를 사용한다.

하중은 보강 prestress를 포함한 시공시의 전하중을 고려한다.

검토결과에 따라 PS강재 및 철근으로 보강을 검토하여야 하며 검토 항목은 표 5.3.2와 같다.

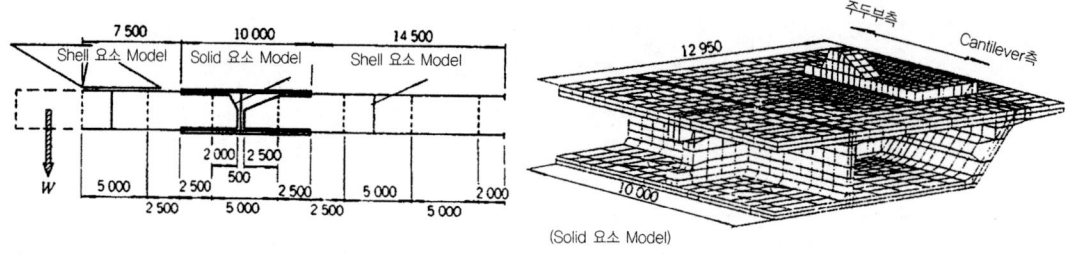

그림 5.3.3 경사cable 정착부의 검토해석 Model(예)

⊙ 표 5.3.2 주거더 경사cable 정착부의 검토항목

검토항목	검토내용
바닥판의 인발에 의한 전단분포	정착부 근방의 바닥판에 전단응력분포를 구한다.
정착부 국부 응력	정착부 근방의 바닥판에 붙어있는 가로보 우각부에 발생하는 인장응력을 구한다.
가로보 · web의 응력전달	정착부 근방의 가로보 · web의 주응력 분포와 인장응력 분포를 구하고 전단파괴면을 상정한다.

주거더 경사cable 정착부는 경사cable의 장력에 의해 그림 5.3.4에 표시한 위치(A · B)에서 인장응력이 발생하며 PS강재 및 철근으로 보강을 한다.

A부의 인장력에 대해서는 교축방향에 철근교로 보강을 하며 B부의 인장력에 대해서는 가로보의 연직

PS강재로 보강한다. 경사cable 정착부의 PS강재 및 보강 철근 배치도(예)는 그림 5.3.5와 같다.

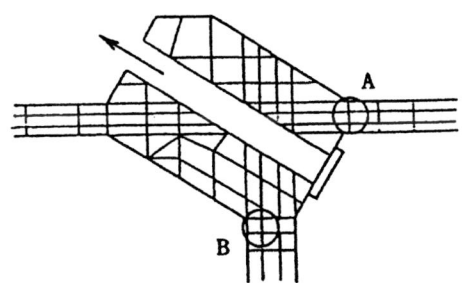

그림 5.3.4 정착부의 인장응력 발생위치

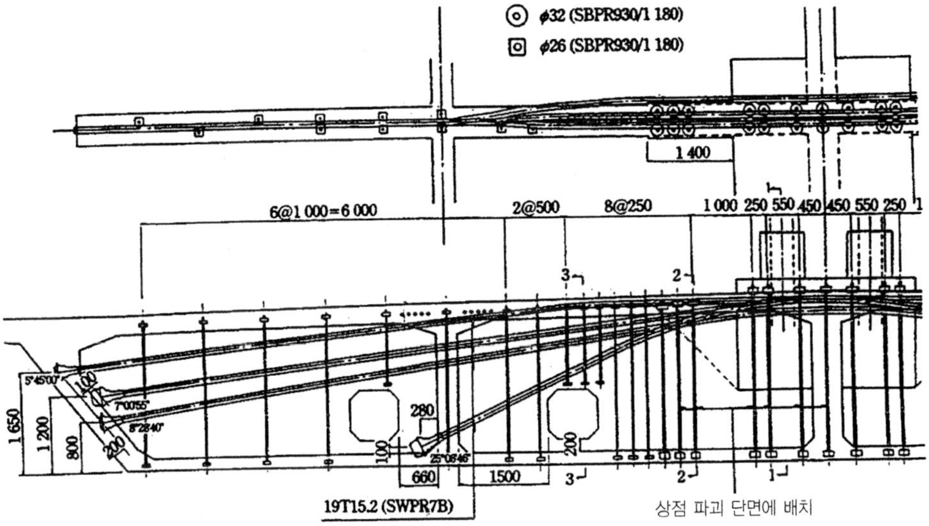

(a) 1면 사장교

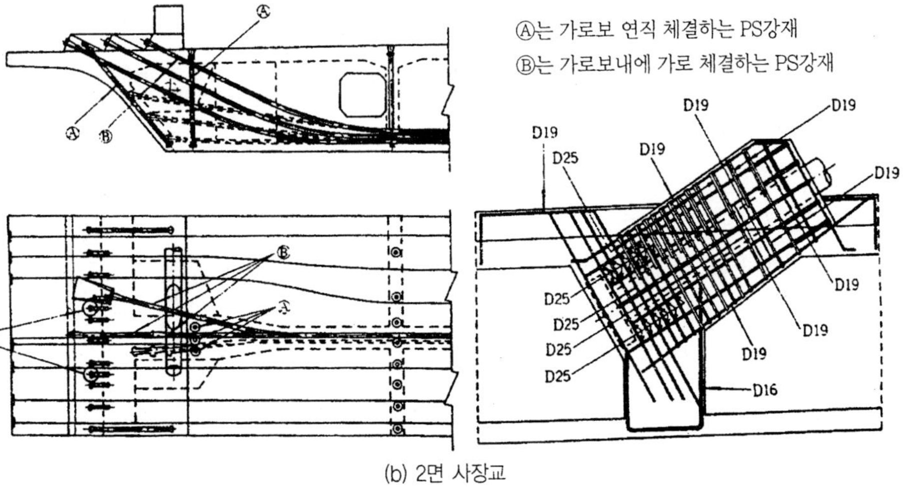

Ⓐ는 가로보 연직 체결하는 PS강재
Ⓑ는 가로보내에 가로 체결하는 PS강재

(b) 2면 사장교

그림 5.3.5 경사cable 정착부에서 PS강재 및 보강철근 배치

5.3.5 주탑 설계

사장교의 주탑은 대부분의 고정하중과 교량 바닥판에 작용하는 활하중을 거의 지지하기 때문에 높은 압축력을 받는다. 따라서 주탑은 사장교를 구성하고 있는 부재 가운데서도 중요도가 높은 부재이다. 그러나 대부분의 주탑들은 세장하기 때문에 좌굴에 대한 안전성을 확인하고 시공오차의 영향을 검토할 필요가 있다.

주탑의 구조로는 경사cable 정착부 시공정도를 높이기 위하여 철골을 사용한 SRC 구조로 하는 경우가 많다. 그러나 설계상에 완성계에서 주탑에 휨모멘트가 작고 축력이 큰 경우에 배근한 철근량으로 충분한 내하력을 가지면 철근 콘크리트 단면으로 설계한 예도 있다.

(1) 주탑의 설계조건 설정

주탑의 설계는 다음과 같은 조건을 설정하여 설계하는 것이 바람직하다.

1) 주탑은 Land Mark, 주위의 경관과의 조화를 고려하여 이를 설계·시공성을 과제로 삼고 검토한다.
2) 주탑 내부에 경사cable의 정착구를 설치하는 경우는 관리용 통로를 고려하여 주탑으 단면을 결정하여야 한다.
3) 주탑의 설계 Model은 교축방향 및 교축직각방향은 평면골조로 하여 해석하여도 무방하다.
4) 경사cable 및 역 Y형 주탑의 분기부는 입체 또는 평면 FEM 해석을 하여 국부응력 및 응력 전달에 대해 검토한다.
5) 경사cable 정착제의 평면배치에 따른 주탑의 휨 응력을 검토한다.
6) 주탑의 가로보 및 교각의 멍에보의 인장응력에 대한 검토 및 보강방법을 강구한다.
7) 주탑의 경사cable에 의한 비틀림 모멘트에 대해 검토가 필요하다.
8) 도로교 설계기준에 의한 비틀림 모멘트에 대하여 전단강도를 산출하는데 이를 설계상 산출방법을 입체 FEM 해석을 사용하여 검증하는 것이 좋다.
9) 주탑은 2축 휨 모멘트를 받는 부재로 설계한다.
10) 주탑의 장주 안정성의 검토를 해야 한다.
11) 완성계에서 휨 모멘트가 작게 발생하게 하고 축력의 주체가 되게 설계한다.
12) 사용상태에서 주탑의 종방향 설계는 응력검토와 처짐을 추정하는데 목적이 있으며 응력검토시 활하중 영향 뿐만 아니라 콘크리트의 creep·건조수축과 온도변화 영향을 고려한다.

(2) 주탑의 설계 단면력

주탑은 교축직각방향(면내 방향)과 교축방향(면외 방향) 2방향으로 분류되고 이 방향에 대하여 미소 변형이론에 기초하여 평면골조해석을 하여 단면력을 산출한다.

주거더, 경사cable, 주탑, 기초를 포함한 전체계를 모델로 진동해석을 하는 경우에는 큰 단면력이 발생하는 경우가 있으니 주의를 요한다.

(3) 주탑의 가로보

주탑의 가로보는 보의 높이가 아주 높은 부재가 되므로 교축직각방향(편내 방향) 지진시에 작용하는 전단력에 대하여 보 부재, deep beam으로 설계하는 것은 불충분하므로 이에 대하여 주탑 전체를 shell 요소로 2차원 FEM 해석을 하고 가로보의 전단력의 거동을 파악하여 전단보강 철근을 결정한다.

또한 역 Y형 주탑의 경우에는 경사cable의 분력에 의하여 가로보 부에 인장응력이 작용하고 전단면이 인장을 받는 부재가 된다. 따라서 가로보에 PS를 도입하여 상시에 PSC 부재가 되게 하고 지진시에는 축력을 받는 RC 부재로 설계하는 예도 있다.

(4) 주탑의 비틀림에 대한 설계

1) 주탑에는 교차정착하는 2본의 경사cable에 기인한 비틀림 모멘트 및 지진시의 가로보의 구속에 따라 발생하는 비틀림 모멘트가 작용한다.
2) 주탑의 단면형상, 경관설계 관점에서 곡면 및 변형단면을 많이 사용하여 복잡한 형상에 의해 좌우 대칭성이 상실되어 비틀림 모멘트가 발생하는 경우도 있다.
3) 경사cable 정착부에 따라 주탑의 일부분을 결손되게 설계하면 이 부분에 큰 단면결손이 생기게 된다. 이에 대한 단면형상의 비틀림 모멘트에 의한 응력상태현상을 충분히 파악한다.
4) 기존 설계·시공 실적이 경사cable 정착제 시험을 보면 경사cable 정착부 근방에는 내력 보강판 예가 된다. 이들을 참조하여 비틀림에 대한 보강을 하여야 한다.

(5) 안전성의 조사

주탑의 안전성 조사는 교축방향과 교축직각방향의 각각에 대하여 설계하중작용시의 응력도와 극한하중 작용시의 내력을 조사해야 한다.

주탑의 형상에 대해서는 교축방향과 교축직각방향의 상호영향을 고려하지 않으면 안되는 경우에는 입체 골조해석을 하여 단면력을 산출하고 이 축응력 및 비틀림을 받는 부재로서 설계한 예가 많다.

지간이 큰 PSC 사장교의 경우에는 주탑의 높이가 높으므로 경사cable 장력 연직성분이 큰 축압축력이 작용하므로 장주에 대한 안정성 조사를 해야 되는 경우가 있다.

안정성 조사에 사용하는 해석 방법은 선형탄성좌굴해석법이 많고 재료에 따른 기하학적 비선형성을 고려한 해석법으로 해석할 필요가 있다. 그러나 이들의 해석방법은 확립되어 있지 않다.

이러한 조사결과를 볼 때 중소 PSC 사장교 정도에서는 통상적으로 단면조사를 충분히 하면은 장주에 대한 안정성 조사해석에 따른 특별히 보강할 필요로 한 예는 거의 없다.

(6) 주탑의 장주 안정성의 검토

일반적으로 지간이 긴 PSC 사장교의 주탑을 경사cable을 통해서 주거더의 하중을 담당하고 있으므로 항상 높은 압축력과 휨모멘트를 받는 장주구조이다. 따라서 지점하중·풍하중 등에 의한 수평하중을 받는 경우, 횡방향 변위가 발생하므로 2차 모멘트의 영향에 대하여 검토가 필요하다.

특히, 주탑이 철근콘크리트 구조된 경우는 균열발생과 철근 항복 등으로 부재강성의 저하에 대하여 검토가 필요하다. 그래서 주탑에 대하여 재료 비선형과 기하학적 비선형성 및 재료의 비선형성을 고려한 해석을 하여 RC 장주에 대한 안정성을 검토할 필요가 있다.

현재 해석하는 program 중에는 기하학적 비선형성과 재료 비선형성을 동시에 고려할 수 있는 것도 있다.

이는 구조계의 일부를 파괴하여 하중 중분법으로 해석을 한다.

해석방법의 해석 flow는 그림 5.3.5와 같다.

해석시 다음과 같은 가정을 기초로하여 해석하는 예가 있다.

㉠ 단면의 평면유지의 가정이 성립한다.
㉡ 부재의 전단변형을 무시한다.
㉢ 콘크리트의 인장저항을 무시한다.
㉣ 분할하는 부재(요소) 내에는 강성이 일정하다고 본다.
㉤ 각 하중 작용 step에 대한 부재의 강성은 일정하다.

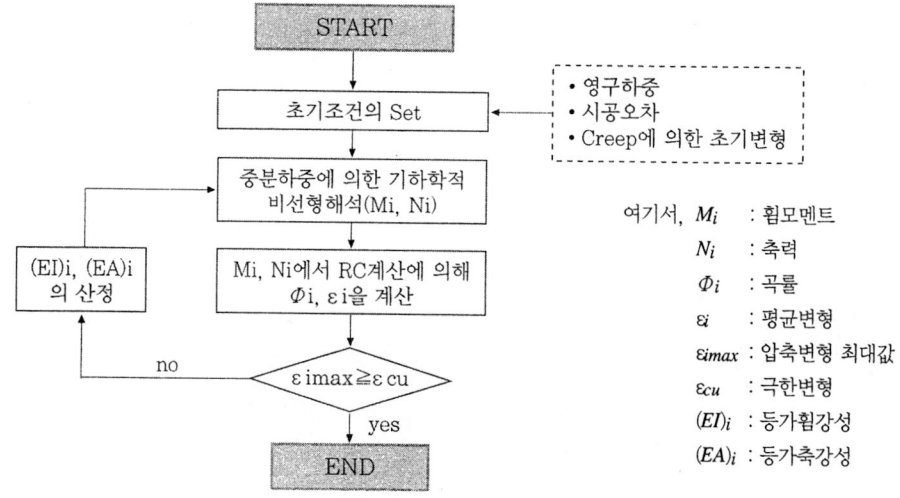

그림 5.3.5 해석 flow chart

(7) 사재의 정착부

PSC 사장교 주탑의 정착부는 사재의 배치형상에 따라 각 정착제의 상호 간섭 및 누적되는 큰 압축력의 영향이 큰 경우가 있다. 따라서 종래의 PSC 강재 정착부의 설계방법을 답습하고 이에 대한 응력전달 상황 및 국부응력의 발달정도를 정량적으로 파악하기 위하여 FEM 해석을 하는 예가 많다.

콘크리트 주탑의 경사cable의 정착은 2개 형태로 구분되며 하나는 주탑을 관통하는 cable을 그림 5.3.6(a), (b)와 같이 상호반대쪽으로 지지하는 형식과 그림 5.3.6(c)와 같이 주탑에 비틀림 모멘트가 발생하도록 배치하는 것은 곤란하며 수평력의 반대방향 처리가 주탑에 우력을 발생시켜서도 안 된다.

다른 형태는 박스형 주탑의 경우에 해당하는 정착방법으로서 그림 5.3.7과 같이 주탑의 벽체를 정착면으로 이용하는 방법이다. 이와 같은 경우는 그림 5.3.7(a), (b)와 같이 경사cable 배치방향으로 콘크리트 벽체에 인장응력을 발생시키게 된다. 그림 5.3.7(c)와 같은 형태는 각 4방향 벽체에 인장응력을 발생시키는 구조가 되므로 그림 5.3.7(d)와 같이 인장응력을 감당하는 강재 frame을 적용하는 것도 하나의 방법이다.

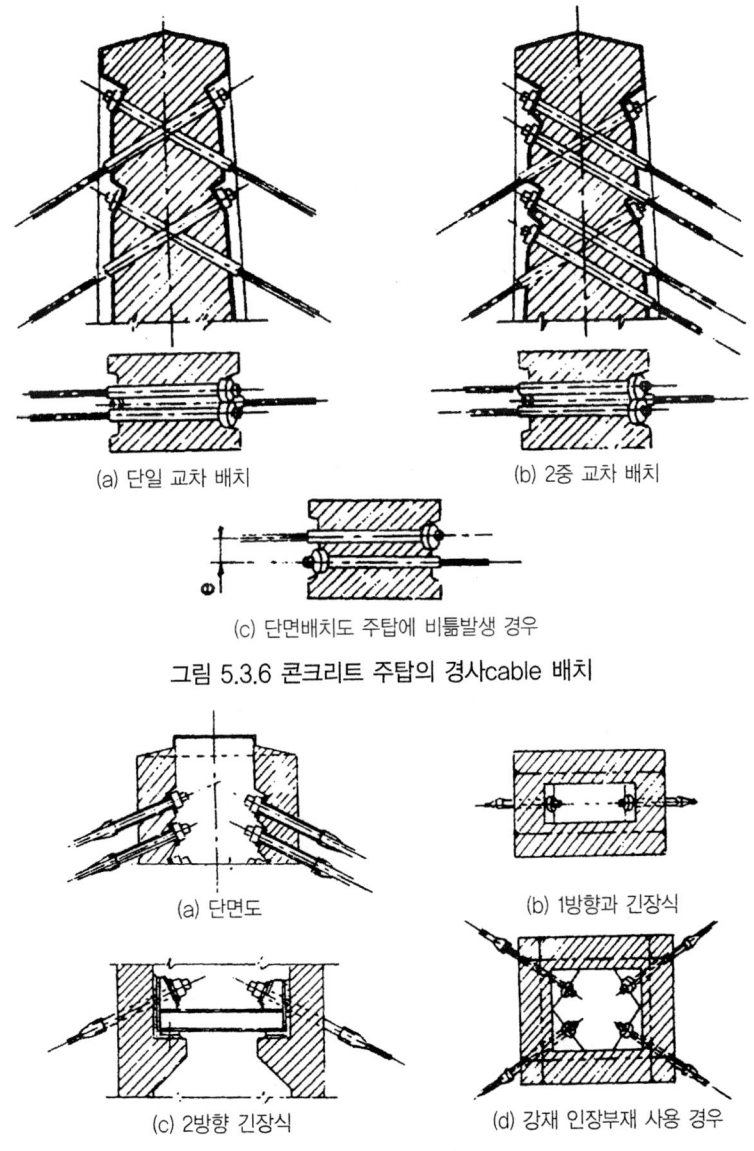

(a) 단일 교차 배치　　(b) 2중 교차 배치

(c) 단면배치도 주탑에 비틂발생 경우

그림 5.3.6 콘크리트 주탑의 경사cable 배치

(a) 단면도　　(b) 1방향과 긴장식

(c) 2방향 긴장식　　(d) 강재 인장부재 사용 경우

그림 5.3.7 콘크리트 박스형 주탑의 경사cable의 배치

(8) saddle 설계

새들부는 교량 전체와 기능을 확보하기 위한 중요한 부분으로 경사cable의 힘이 직접 주탑에 전달되기 때문에 구조계에서 그 기능을 충분히 발휘할 수 있도록 국부응력, 장력차의 전달구조 선정, 경사cable 배치형상 등을 검토하여 그 안정성을 확립할 필요가 있다.

새들의 형상·치수의 영향을 받아 복잡한 응력형상을 이루는 saddle부에 따른 합리적인 설계방법은 얻을 수 없는 것이 현실이다. 따라서 새들부의 설계는 현 단계에서는 교량을 모형실험, FEM 해석 등을 실시하는 사례가 많다. 따라서 설계에 반영시는 모델실험, FEM 해석 등을 적절히 활용하여 설계하여야 한다.

새들부 콘크리트는 경사cable의 방향 변경부의 곡선 반지름 방향으로 움직이는 복압력에 의한 콘크리트 할렬력 등에 대해서 각 극한 상태로서 안전성을 만족시킬 수 있도록 설계하여야 한다.

콘크리트의 할렬력은 적절한 모형실험 또는 FEM 등에 의해 구하는 것이 좋다.

일반적으로 새들부 콘크리트에 파괴균열이 발생하지 않도록 설계하는 것이 바람직하지만 경사cable 반지름 방향으로 움직이는 복압력을 설계 지압력으로 하고 새들부 콘크리트 설계지압강도에 대해서 다음 식을 만족하도록 설계해도 좋다. 또한 이 경우에서는 경사cable 다단 배치 영향을 고려할 필요가 있다.

$$r_i \cdot (설계지압력) / (설계지압강도) \leq 1.0$$

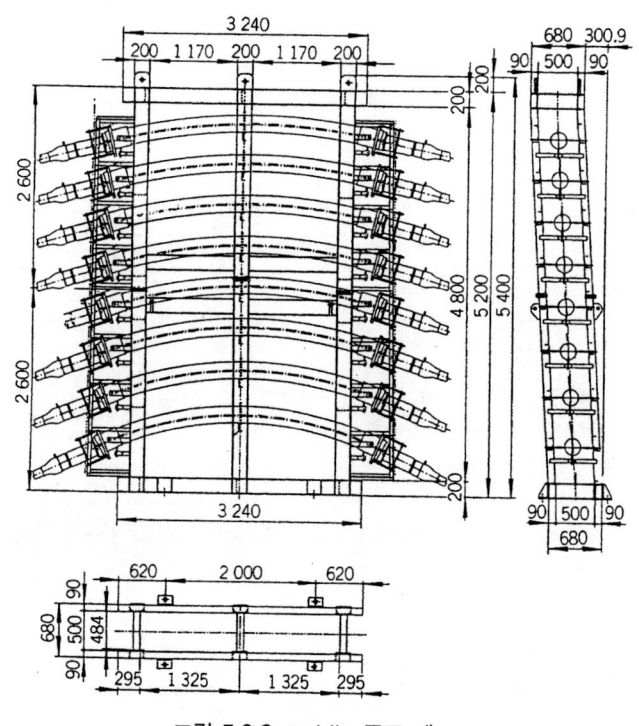

그림 5.3.8 saddle 구조 예

5.3.6 경사cable(사재)

경사cable은 PSC 사장교를 성립하는데 절대적으로 필요한 부재이다. 경사cable을 구성하는 경사 cable의 적합하지 못한 교량에서는 전체의 내하력이 직접적인 영향을 주게 되므로 소요의 성능을 만족 하는 cable을 사용하여야 할 필요가 있다. cable을 주거더 내부에 배치하는 PS강재와 달리 공중에 노출 되어 있으므로 경사cable의 성립하는 데는 내구성, 피로특성, 차량의 충돌, 화재 등 사고에 대한 배려 등 을 충분히 검토하여야 한다.

경사cable의 제작·가설방법이 다른 경우에는 공작 제작 cable과 현장제작 cable을 분류한다. 공장제 작 cable은 강성 maker의 공장에서 제작하는 cable과 세품을 현지에 반입하여 가설한다. 현장 제작 cable은 교량 가설장소에서 조립하는 cable로서 cable을 구성하는 각 재료를 각각 개별로 현지에 반입 한다.

cable은 일반적으로 아래의 기본적 요소로 구성되어진다.

㉠ cable재(강재)
㉡ 정착체
㉢ 외장재
㉣ 방청재

(1) 경사cable이 요구하는 조건

cable은 cable재(강재)와 정착공법이 일대일로 많은 것이 있으므로 선정하는 cable재 자체의 재료특 성과 정착공법을 동시에 소요의 품질을 검토할 필요가 있다. 또한 강도, 탄성계수를 설계적 호환성을 고 려하여 신중한 선정을 해야 한다.

cable이 요구하는 조건을 열거하면 다음과 같다.

1) 인장강도가 커야 한다.
2) 피로강도가 커야 한다.
3) 탄성계수가 높아야 한다.
4) 늘음특성이 명확해야 한다.
5) 방청처리가 용이하고 내구성이 있어야 한다.
6) 긴장과 정착이 용이하고 확실해야 한다.
7) 긴장시에 미조정이 가능해야 한다.
8) 재긴장, 교체가 가능해야 한다.
9) 취급이 용이해야 한다.
10) 경제적이어야 한다.

cable의 선정하는데는 cable의 용량, 응력변동량, 주거더와 주탑에서의 정착구조, cable의 배치, 가설방법, 부식 환경, 경관성, 경제성을 종합적으로 검토하여야 한다.

(2) cable 사용강재

사용강재는 PS강재(PS 강연선, PS strand, PS 강봉)가 많이 채용된다. 최근에는 국내외의 PSC 사장교에서 PS강재 사용되는 L.C.R(Looked Coil Rope)와 P.W.S(Parallel Wire Strand, 아연도금을 한 소선직경 5mm 평행선 strand)의 사용 실적이 많다.

PS 강봉은 지간이 비교적 작은 PSC 사장교에 적용하며 근년의 PSC 사장교의 장대화 경향을 고려할 때 앞으로 L.C.R과 P.W.S의 채용이 증가될 전망이다.

(3) 정착공법

경사cable 용의 정착구와 경사cable은 다음의 요구조건을 만족하여야 하고 통상적으로 사용하는 PS 정착구와의 다른 구조를 하고 있다.

경사cable용 정착체의 요구조건을 열거하면 다음과 같다.

1) 활하중, 풍하중 등에 의한 변동응력을 받는 경우에 피로특성이 우수해야 한다.
2) 바람에 의한 cable 진동에 대하여 제진효과를 가져야 한다.
3) PS강재 Relexion 량이 작아야 한다.
4) 정착체가 소형으로 부착시킬 수 있고 정착부의 국부응력이 작아야 한다.
5) 시공시의 장력조정, 완성 후의 재긴장·교체가 가능하여야 한다.
6) 경사cable의 정착부는 경사cable의 장력이 주거더 및 주탑에 확실히 전달될 수 있는 구조라 한다.
7) 경사cable의 정착부는 충분한 방청처리를 실시함과 동시에 방수구조로 한다.

새로운 구성 교량계획과 설계

제Ⅲ편 콘크리트교

Extradosed PSC교

6장

| 새로운 구성 교량계획과 설계 |

제6장_ Extradosed PSC 교

6.1 일반사항

6.1.1 개요

일반적인 박스거더교에서는 콘크리트거더단면 내에 배치한 Internal cable(내 cable)과 거더의 유효높이 범위 내의 외측에 배치한 External cable(외 cable)을 채용하여 설계하고 있다.

최근에는 External PS강재를 채용하여 web의 폭을 감소시킨 결과 자중경감과 PS강재의 재긴장이 가능하게 되어 많은 교량에서 이를 많이 적용하고 있다.

PSC 박스거더교를 cantilever 공법으로 가설하는 경우에는 중앙교각부 상단의 부모멘트 구간에서는 교축방향으로 2종류의 PS강재가 배치하게 된다. 이들의 cable은

㉠ 박스거더 단면의 상부 플랜지 콘크리트 내에 직선으로 배치하는 cantilever cable
㉡ 경간 중앙을 연결한 후에 배치하는 연속 PS cable로 web 콘크리트 단면 내에 배치하는 Internal cable과 단면 외측에 배치하는 External cable이 있으며 이들의 cable은 각 교각 위의 격벽에서 절곡하여 방향을 바꿔서 배치하게 된다.

여기서 거더에 부모멘트가 작용하는 부분에서 상부 플랜지 내에 있는 직선형상의 cable과 연속 cable을 박스거더 유효높이 보다 높게 박스거더단면 위로 빼어 내어 교각부 상단면에 설치하기 위하여 받침대 기능을 하는 탑을 설치하고 주탑의 정점 부근에서 긴장재 방향을 변화(이것을 Deviator라고 부름)시켜 다음 경간에 연속시킨 External cable을 Extradosed Prestressing 이라고 부른다(그림 6.1.1 참조).

Extradosed교 형식의 도입은 세계교량사에서 그 역사가 오래되지 않은 것으로 스위스 공학자 Christian Memn에 의해 1980년 완공된 Ganter교(사판교)가 그 시초라고 할 수 있다. 이 때만 하여도 Extradosed교라는 용어가 존재하지 않았으며 1988년에 프랑스의 엔지니어인 Jacques Mathivate에 의해 이론적인 개념이 도입되어 기존의 cantilever공법으로 가설되는 PSC 거더교를 외적 프리스트레싱을 이용한 새로운 교량형태 "Extradosed PSC Bridge"가 제안되었다.

그 때까지는 PSC교의 형식은 중소지간에는 거더교, 장대지간에는 사장교를 획일적으로 적용하여 설계·시공하였다. 이 2가지 구조형식은 서로가 경제성을 만족하는 경간 길이가 있는 반면, 다주 거더높이가 높은 PSC 박스거더와 Slender 하고 일정한 거더높이를 가진 PSC 사장교는 시각적으로 큰 변화가

있어 그들의 경제영역(경제적인 경간 길이)에서 원활하게 구조적 연속성을 갖고 있는 교량형식이 요구되었다. 이러한 요구조건에 부응하는 교량형식이 Extradosed PSC교라고 말할 수 있다.

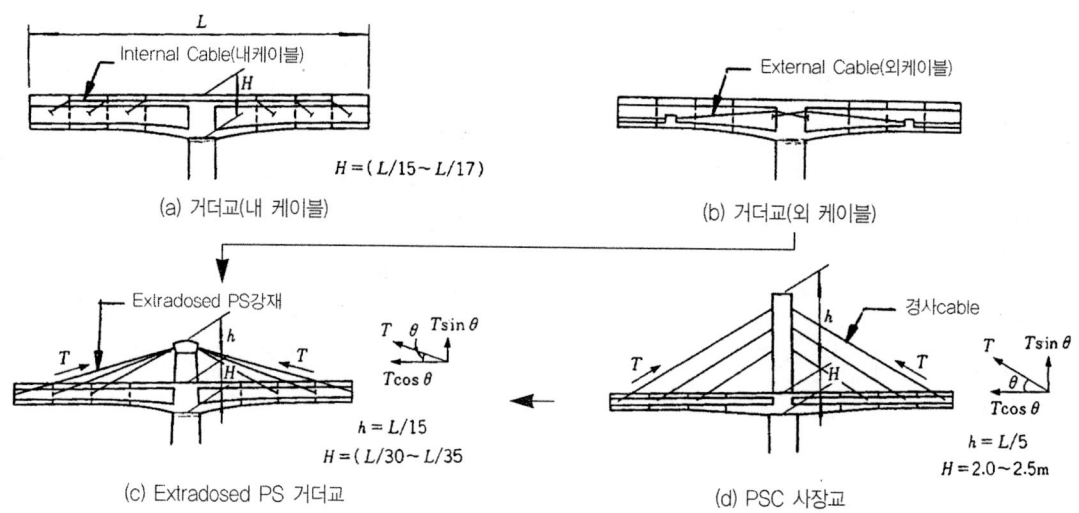

그림 6.1.1 Extradosed PSC교의 구조개념도

Extradosed PSC교는 PS강재배치시 편심량을 주거더의 유효높이 이내로 제한하여 설계·시공하던 기존의 PSC 거더교와는 달리 PS 긴장재를 대담하게 주거더의 유효높이 이상으로 돌출시켜 이용한 "대편심 cable 방식"을 채용한 교량형식으로 거더교와 사장교의 복합적 특성을 가지고 구조계가 가능하게 되었으며 이 교량 형식이 유리하게 적용할 수 있는 지간은 이 2교량형식의 중간영역인 100m~200m 정도에서 시공성과 경제성이 탁월한 것으로 알려져 있다.

Extradosed PSC교와 PSC 사장교는 경사cable로 보강된 교량이라는 점과 외형이 서로 유사하나 Extradosed에서 사용한 경사cable의 역할과 사장교의 경사cable과는 구조적 거동이 기본적으로 다르다. 즉, 사장교에서 경사cable은 주거더(보강거더)에 대하여 탄성지점으로 작용하는데 반하여 Extradosed교에서는 주거더가 주구조부재로 거동하고 긴장재가 큰 편심을 가지고 작용함으로써 주거더의 거동을 개선한 "대편심 cable 방식"의 거더교로서 수평방향으로 prestress가 주거더에 작용하고 있다.

또한 사장교와 같이 외cable을 사용하지만 Extradosed교는 낮은 주탑높이를 채용함으로써 경사cable을 활하중에 의한 응력변동을 PSC 사장교의 1/3~1/4로 억제할 수 있어 경사cable의 허용값을 사장교의 경우는 0.4fpu와 달리 PSC 거더내의 PS강재와 같은 0.6fpu를 적용하여 경사cable의 효율을 극대화 시킴으로써 Extradosed교가 거더교에 근접한 역학적 특성을 가지고 있는 교량형식으로 그림 6.1.1에 Extradosed PSC교의 구조적 개념도를 나타내었다.

6.1.2 Extradosed PSC교의 특징

(1) PSC 박스거더교에 대한 장점

1) 거더교에 비해 경량화가 가능하고 이에 따라 장지간화가 가능하다.
2) 박스거더교에 비하여 중간지점부의 거더높이가 낮아 다리밑 높이의 제약을 받는 경우에 유리하다.
3) 주탑과 External cable의 배치로 거더교에 비하여 상징성이 부각된다.
4) 박스거더교에 적용가능한 시공법은 모두 적용가능하다.
5) cantilever 시공시 Form Traveler에 의한 시공이 가능하고 거더교에 비하여 소형이다.
6) 중간 지점부에서 PS강재를 대편심 External cable 형태로 배치함으로써 거더교에 비해 고정하중과 변동하중(활하중)에 의해 발생되는 부모멘트에 대치하기 쉽다.
7) 거더교에 비해 고정하중(거더자중)이 작아 PS강재량이 적고 지점부 하부 플랜지 보강이 불필요하다.

(2) PSC 사장교에 대한 장점

1) 주탑의 높이를 사장교보다 낮게 할 수 있어 공사비가 절감되고 시공성이 향상된다.
2) 주탑의 형식은 단주·2주 형식만 적용하고 2주 형식에서 가로보를 설치하지 않아 시공성이 향상된다.
3) 사장교에서는 주탑에 경사cable을 정착시킴으로써 배근이 복잡하고 정착구의 간격이 큰데 반하여 Extradosed교는 주탑에 경사cable을 관통시키므로 경사cable의 편심량을 작게 하고 구조가 간단하게 할 수 있다.
4) 경사cable의 종방향 배치형식은 사장교에 적용하는 형식 중에 Fan형과 Harp형만 적용한다.
5) 사장교에 비하여 경사cable의 안전율이 일반거더교 수준인 낮은 안전율이 요구되며 이로 인하여 PS강재가 적게 소요된다.
6) 사장교에서는 정착장치 설치부에 격벽 또는 가로보가 있어야 하나 Extradosed교에서 이들이 꼭 필요한 것은 아니다.
7) 사장교처럼 특별형식의 정착장치가 아닌 일반 PSC 거더의 정착장치를 사용하여 경제성이 향상된다.
8) 거더교와 같은 구조적 거동을 함으로써 PS강재의 피로문제가 없다.
9) 활하중에 의한 경사cable의 응력변동이 작다.
10) 주거더의 높이가 사장교는 일정한 반면, Extradosed교는 지간에 따라 결정되어 시공성이 떨어지는 단점이 있다.

또한 Extradosed교와 사장교는 경사cable에 의해 보강된 교량이라는 점에서는 공통된 요소를 지니고 있지만 실제의 거동에서는 차이가 있으며 이 차이에 대하여 항목별로 비교하여 정리하면 표 6.1.1과 같다.

◉ 표 6.1.1 PSC 사장교와 Extradosed PSC교의 특징의 비교

구 분		PSC 사장교	Extradosed PSC교
구조	실적 최대지간	다경간 530m 2경간 199m 복합 890m	다경간 185m 2경간 133m 복합 275m
	경사 cable	경사cable이 보강거더를 탄성지점으로 지지하여 연직분력을 발생시킴	대편심 External cable에 의해 prestressing을 주거더에 도입(경사cable은 거더의 보강재)
	주거더	• 경사cable의 정착점 사이의 하중을 분담하는 보강거더의 역할 • 보강거더의 높이가 경간 길이에 비례하지 않음 • 보강거더의 높이가 낮아 다리밑 높이를 크게 확보가 가능하다.	• 거더의 높이는 경간 길이에 비례하여 증가한다. • 주거더로서 거동하며 상부에 작용하는 대부분의 하중을 분담한다. • 사장교와 거더교의 중간적인 거더높이를 가지고 있고 거더교에 비해 거더높이가 낮다.
	탑	• 탑의 높이가 높다(일반적으로 H/L = 1/3 ~ 1/5정도). • 경사cable의 정착구조는 분리정착구조가 많다.	• 탑의 높이는 낮다(일반적으로 H/L = 1/8 ~ 1/15정도). • 경사cable의 정착구조는 관통정착구조(saddle 구조)가 많다.
	가로보	• 각 경사cable은 가로보 및 격벽에 정착함	• 경간부에서 하중분배를 고려한 중간 가로보가 배치되며 경사cable 배치를 위한 가로보 및 격벽 불필요
설계	경사 cable	• 활하중에 의한 변동이 커서 피로에 대한 고려 필요 • creep에 의한 경사cable의 장력감소 및 증가한다. • 별도의 자체의 긴장력 손실이 없다.	• 활하중에 의한 변동폭이 작아 피로에 대한 문제가 없다. • creep에 의한 경사cable의 장력이 감소한다. • 경사cable의 Relaxation에 의한 긴장력 손실 검토
시공	경사 cable	• 보강거더 응력도의 제한 값을 확보하기 위해 시공중에 경사cable 장력 조정을 한다. • 경사cable 재긴장에 의해 보강거더 응력 및 변위의 개선이 용이하다.	• 시공 중의 경사cable 장력 조정을 하지 않는다. • 경사cable 재긴장에 의한 주거더에 응력 및 변위의 개선이 곤란하다.
	cantil-ever 가설	• 보강거더의 강성이 작기 때문에 변형이 쉽기 때문에 시공 중에 정도관리가 중요하다. • 거더의 높이가 일정하며 시공성이 우수하다.	• 주거더의 휨이 적고 시공관리가 용이하다. • 중간지점위의 거더의 높이가 변화하는 경우는 시공이 번잡하다.
기초	내진성	• 주탑이 높고 중심위치가 높으므로 내진상에 기초규모가 크다.	• 상부공의 중심위치가 낮아서 기초공 규모가 작다.
유지 관리	경사cable · 탑	• 주탑의 높이가 높아 주탑 및 경사cable을 점검시 배려가 필요하다.	• 사장교에 비해 탑 및 경사cable의 점검은 용이하다.

6.2 Extradosed PSC교의 기본구조 및 형식 선정

6.2.1 개요

어느 교량형식이든 마찬가지이지만 Extradosed PSC교를 채용하기 위해서는 교량가설위치의 지형·지질, 교차조건(도로, 철도, 항로, 하천, 고가교 및 기타 지장물) 등을 고려하고 경제성, 시공성, 장래 유지관리의 용이성, 내진상의 문제, 주변경관과의 조화(경관성), 지역의 상징성 등을 충분히 검토하여 교량 길이, 경간 분할, 주거더의 형상, 주탑 형상, 경사cable의 면수 및 형상, 교각에 적절한 구조계와 지지형식 및 가설공법을 종합적으로 검토·분석하여 계획하여야 말한다.

Extradosed PSC교의 형식은 설계의 자유도가 사장교처럼 높은 형식은 아니지만 구조의 형식 및 단면의 형상을 결정하는 데는 내풍 안전성 및 지진력에 대하여 고려하여야 한다. 또한 설계단면력 산출 및 부재설계는 PSC 박스거더와 같은 방법으로 설계하여도 되지만 설계시에 주탑과 경사cabledm 가설방법, 주거더의 가설방법 및 폐합방법 등의 가설조건을 고려하는 등 상당한 연구, 검토가 필요하다.

Extradosed PSC교의 상부구조에 대하여 한정하면 주거더, 탑, 경사cable의 3가지 주요 부재로 구성된 것은 사장교와 같으나 교량 중간지점부 PS강재 처리 방식에 따라 구조형식이 경사cable을 External cable 방식, 경사cable을 콘크리트로 피복한 방식 및 경사cable을 거더 위면의 벽으로 처리하는 방식으로 구분된다. 이들의 특징은 다음 표 6.2.1과 같다.

⊙ 표 6.2.1 Extradosed교의 경사cable 처리방식의 유형

구 분	External cable 방식	콘크리트 피복방식 (사판식)	Through식 (역히인치방식)
특 징	• 대편심 External cable을 경사 cable로 사용한다. • 다른형식에 비교하여 구조물의 경량화와 Extradosed교의 기본 형식 • 외관이 좋고 주행자 시야확보 용이 • 정착방식에 따라 재긴장이 가능하고 유지관리측면에서 용이하다. • 경사cable의 구조적 효율성이 다소 떨어진다. • 경사cable의 방식처리가 요망됨	• 경사cable을 콘크리트로 피복한 형식 • 경사cable의 유효단면이 커지므로 경사cable의 안전율을 낮출 수 있어 효율성이 높다. • 경사cable을 외부의 유해한 환경으로부터 보호되어 방청이 불필요 • 자중이 커져서 지진시 불리하고 creep·건조수축의 영향으로 경사cable의 유효인장력 변화가 예상되어 설계에 주의요망	• 경사cable을 교각부 위의 벽체에 매립시킨 방식 • External 방식이 아닌 Internal prestressing을 도입한 상부헌치 PSC거더교 • 실제로는 대편심을 가진 경사 cable을 적용한 것은 아니지만 중간지점부에서 충분한 편심을 확보할 수 있으므로 Extradosed교로 분류함 • 좌측의 두방식에 비해 자중이 커서 장대화에 불리하고 자동차 주행자 시계불량
시공실적	대부분의 Extradosed교 많음	스위스의 Ganter교 외 다수	한국의 제2양평대교 외 다수

제6장_ Extradosed PSC교

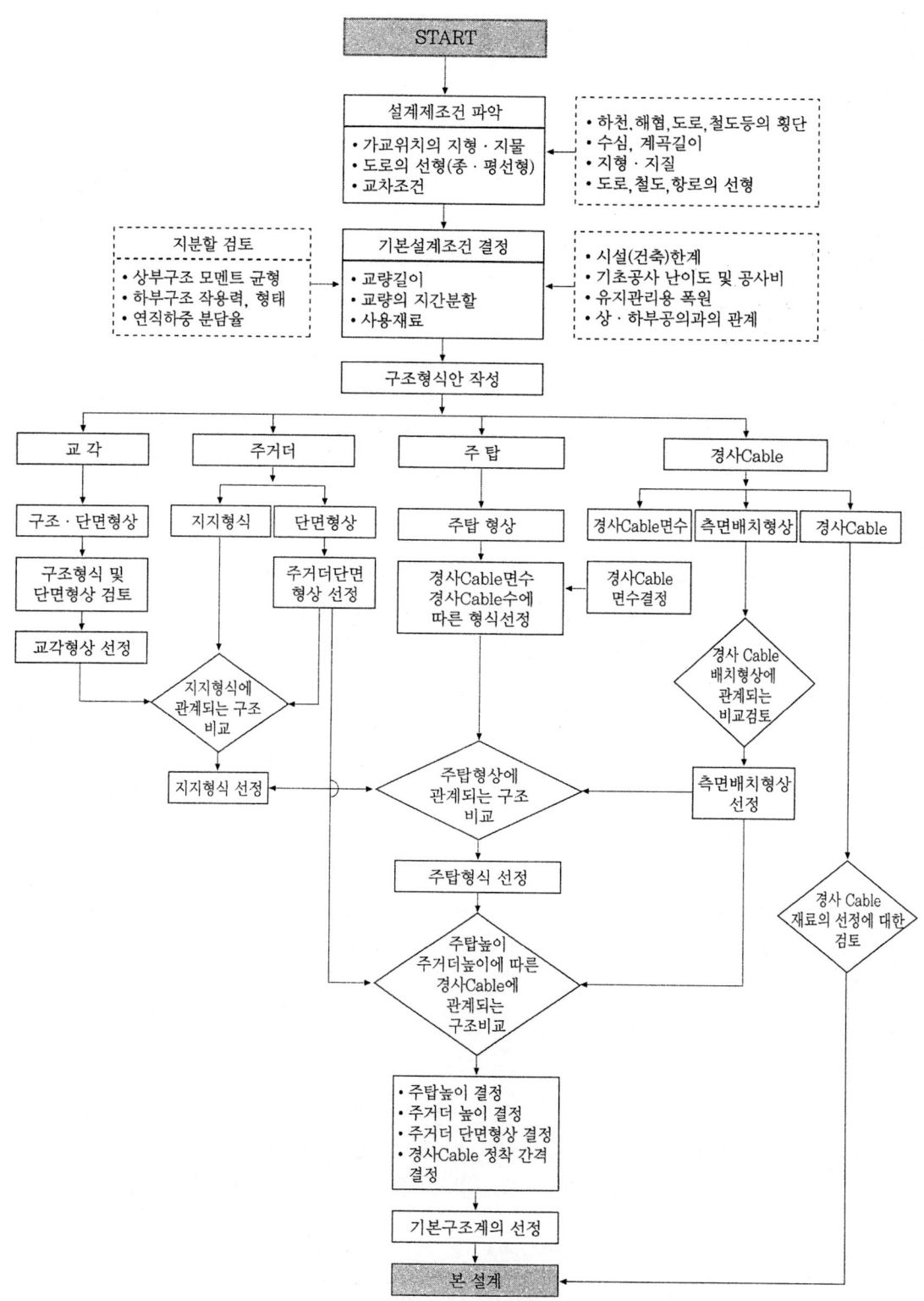

그림 6.2.1 Extradosed PSC교 기본구조계 선정 흐름도

이들의 방식을 선정하는 것은 설계자가 교량가설 지점의 조건과 설계조건에 따라 결정하는 것이 대부분이지만 지진의 영향을 많이 받는 지역에서는 자중이 크게 되면 불리하고 장대지간에 적용에 어려움이 있고 장래 유지관리상에 PS강재의 재긴장이 요구되는 경우가 있으므로 이러한 점을 감안하면 Extradosed PSC교의 기본형상인 External cable을 이용한 방식이 대부분 적용하여 설계하고 있다.

Extradosed PSC교의 주거더, 탑, 경사cable 등의 3요소에 대한 기본 구조계의 선정 흐름은 그림 6.2.1과 같다.

6.2.2 Extradosed PSC교의 경간 구성

Extradosed PSC교의 경간 구성은 주거더의 지지형식(연속, 강결구조)에 관계없이 연속 PSC 박스거더교와 같이 경간분할하에 적용하면 된다.

(1) 경간 분할시 현장여건 고려사항

가설 위치의 현장여건에 대한 고려사항은 제 5장 사장교 5.2.2 (6)항을 참조하기 바람

(2) Extradosed교의 경간 구성

Extradosed PSC교의 경간 구성은 과거 실적조사를 하여 보면 단경간으로 설계한 예는 없으며 일반적으로 거더의 지지조건에 관계없이 다음과 같은 3가지 유형을 적용하고 있다.

㉠ 2경간 구성 : 좌우대칭(특별한 경우, 강결구조에서 비대칭)
㉡ 3경간 구성
㉢ 다경간 구성 : 측경간을 같게하는 경우, 중간 경간을 변화시키는 경우 등 여러 형태의 경간을 구성

(3) 경간 분할

Extradosed교의 주경간은 교량가설 위치의 지형, 지질조건 및 각종 설계제약조건에 의해 결정되지만 측경간의 길이는 연속 PSC 박스거더교와 같은 방법으로 결정하면 된다.

측경간 길이 결정은 다음의 사항을 고려하여 결정하는 것이 구조의 안정성 및 유지관리상에 좋은 점이 많다.

㉠ 고정하중 및 활하중에 의한 단부받침의 부반력 발생 배제
㉡ 활하중에 의한 경사cable의 응력변동폭이 적게 되도록 한다.
㉢ 경사cable의 피로 문제

6.2.3 Extradosed PSC교의 폭원 구성

Extradosed교의 폭원은 사장교와 같으며 폭원결정시 고려할 사항은 다음과 같다.

㉠ 차도 (차로수×폭)

㉡ 중앙분리대 폭

㉢ 연석 또는 방호벽 폭

㉣ 보도 폭

㉤ wind nose 폭

㉥ 경사cable 횡방향 면수 및 cable 수에 따른 필요 폭

㉦ 유지관리를 위한 필요 폭

㉧ 주탑의 기둥 폭(1주 기둥일 때)

㉨ 경사cable의 정착에 필요한 폭 및 안전방호시설 폭

6.2.4 주거더의 지지형식 및 결합방법

Extradosed교에서 주거더의 지지형식 및 주거더, 주탑, 교각의 결합방법은 교량의 구조적 거동이 연속거더교와 같으므로 주거더와 주탑은 일체형이 되어야 한다.

이러한 점을 고려할 때 적용형식은 ① 주거더, 주탑, 교각을 전부 강결하는 방법 즉, 라멘구조 ② 주거더와 주탑을 강결하고 주거더는 교량받침으로 받치는 방법 즉 연속교 구조가 있다.

이와 같은 2가지 방법을 적용할 때는 다음과 같은 사항을 고려하여야 한다.

- 교량의 경간 수
- 교량의 높이(교각 높이)
- 지진시의 수평력
- creep · 건조수축
- 온도 하중

일반적으로 부정정차수가 높고 교량받침이 불필요 하는 등 경제성과 시공성을 고려하면 라멘형식이 우수하다. 그러나 교각의 높이 및 경간 수 등의 조건을 고려하여 연속교 구조형식을 많이 채용하고 있다.

상기의 결합방법에 대한 특징을 비교하면 표 6.2.2와 같다.

⊙ 표 6.2.2 주거더의 지지형식과 주탑, 교각, 주거더의 결합 방법의 비교(E/O교)

주거더의 지지형식	주탑, 교각, 주거더결합 방법	개 요 도	특 징
라멘형식	주탑, 주거더 및 교각을 전부 강결하는 방법	(지지조건) (구조계)	• 지점상에 부모멘트가 발생하여 주탑부근의 주거더 높이가 높고 일반적으로 변단면 주거더이다. • 3경간 이상으로 하는 경우에는 온도하중, creep, 건조수축에 의한 영향을 크게 받는다. • 주거더의 강성이 크게 되어 경사 cable의 강재량이 적어진다. • 지진시 수평력이 주거더를 통하여 직접 교각에 전달되므로 주탑의 단면이 작아진다. • 주거더의 가로보나 받침대가 일체화가 되어 단면의 절약과 간소화를 도모한다. • 통상의 PSC 거더에 가까운 고유주기를 나타낸다. 또한 지진시 교축방향 주거더의 수평변위가 적다. • 지진시의 이동량은 가장 작지만 주두부 근접 거더의 단면력이 커진다. • 주거더에 강성이 크고 강결되어 있으므로 내풍안전성이 우수하다. • 교량받침이 불필요하며 cantilever가설이 적합하다.
연속거더 형식	주탑과 주거더를 강결하고 주거더를 받침으로 받치는 방법	(지지조건) (구조계)	• 각 교각의 반력분산이 용이하다. • 주탑과 주거더의 강결부 단면이 커진다. • 교량받침은 주탑과 주거더를 동시에 지지하기 때문에 대단히 큰 규모가 된다. • 지진시의 상부구조의 단면력이 작다. • 지진시에는 1차진동모드가 탁월하고 고유주기가 짧아진다. • 하부공으로서 작용위치가 낮아진다. • cantilever 가설공법 적용시 임시고정받침이 필요하다. • 면진받침을 사용하지 않은 경우에 고정교각이 커진다.

6.2.5 주거더의 단면형상

(1) 단면형상

Extradosed의 주거더 단면형상은 교량의 종류, 설계하중의 크기에 따라 경사cable의 면수와 정착방법, 경사cable의 장력을 주거더로의 전달특성을 고려하여 선정하여야 하며 통상의 거더교에 있어

External cable 구조를 기본적으로 고려하고 단면력에 저항하는 것은 최종적으로 주거더이다. 이를 위해 주거더는 일반적인 거더교와 같은 형상으로 지간길이에 따라 거더 높이(거더 강성)를 필요로 한다.

◉ 표 6.2.3 주거더 단면형상의 분류

분 류		단면형상	특 징
박스 거더형	역사다리꼴 박스거더		• 비틀림 강성이 크다. • 시공상의 제약 때문에 최소거더높이에 제약을 받는다. • 교량폭원에 대응하기가 용이하다. • 교량부착물 배치와 유지관리가 용이하다. • 역사다리꼴 박스는 내풍안전성이 우수하다. • cantilever 공법에 의한 시공의 일반적인 단면이다. • 단면의 강성은 크나 질량이 크다.
	2주형 박스거더		• 거더의 중량이 가볍다. • 내풍안전성이 우월하다. • 2면사장교에만 적용 가능하다. • 거더의 높이 변화에 대응하기가 곤란하다.
	다중박스 거더		• 비틀림 강성이 가장 크다. • 1면 · 2면 사장교에 적용하기 쉽다. • 교량폭원에 대응하기가 용이하다. • 내풍안전성이 우수하다. • 교량부착물 배치와 유지관리가 용이하다. • 시공상의 제약 때문에 최소거더높이에 제약을 받는다. • 단면강성은 가장 크나 질량이 크다.
거더형	2주 거더형		• 주거더의 중량이 가볍다. • 비틀림 강성이 작다. • 2면사장교에만 적용한다. • 시공성이 우수하다.

(2) 주거더 단면형상 선정시 고려사항

Extradosed PSC 교의 주거더의 단면형상은 일반적인 거더교에서 External cable 배치가 가능한 형상이면 된다. 주거더의 형상 선정시 다음의 사항을 고려하여 결정한다.

1) 교량의 폭원 구성
2) 경사cable의 면 수 및 배치 간격

3) 경사cable의 장력을 주거더에 전달 성능

4) 비틀림 강성이 큰 형상

5) 내풍·내진성

6) 부착시설물 배치와 유지관리가 용이한 형상

7) web 배치, 바닥판 두께

8) 가급적이면 강성이 크고 자중이 가벼운 구조

9) 경사cable의 정착구조

10) 교각의 안전성

11) 과거의 실적

(3) 주거더의 높이 결정시 고려사항

주거더의 높이 결정은 거더교와 같이 지간에 따라 거더의 높이가 비례하여 높아진다.
주거더 높이 결정시 고려할 사항은 다음과 같은 것이 있다.

1) 거더높이/지간길이 의 비(환산 지간길이와 거더 높이와의 비례관계)
   ① 지점부 : 1/30~1/35
   ② 경간 중앙부 : 1/50~1/60
2) 단면형상이 박스거더의 경우 박스내부에서 정착시 인장작업 가능 높이
3) 박스단면의 경우 최소내용 높이 : 1.8m 이상
4) 경사cable의 간격
5) F.C.M으로 가설하는 경우 wagon의 중량
6) 과거 실적(그림 6.2.2는 Extradosed교의 실적을 통계처리한 data이다.)

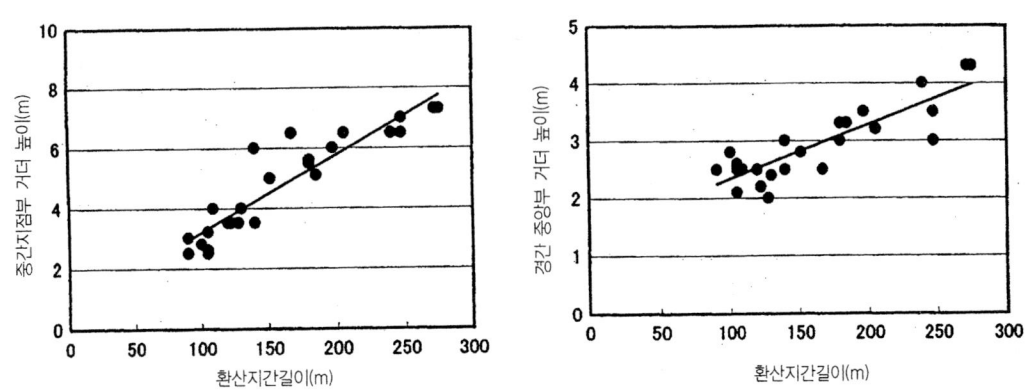

여기서 환산 지간길이(L)는 3경간 이하의 교량에서는 최대 지간길이, 2경간 이항의 교량에서는 주경
간길이를 1.8배 하여 3경간으로 환산한다.

그림 6.2.2 Extradosed교의 지간길이와 거더높이의 관계

6.2.6 경사cable의 배치

(1) 배치형상

경사cable의 배치는 교량의 폭원 구성, 단면형상, 경간 분할, 탑의 높이 및 형상 등을 종합적으로 비교 판단하여 Extradosed교 경사cable 배치형상과 주탑형상의 결정은 다음과 같은 순서를 검토하여 결정한다.

　㉠ 경사cable의 배치면수 (1면, 2면)
　㉡ 주탑의 형상 (1주, 2주, 2주 V형)
　㉢ 사재배치형상 (Fan(부채) 형, Harp 형)

◉ 표 6.2.4 경사cable 배치형상의 특징

측면형상	배 치 형 상	특 징
팬형	탑의 일정길이에서 경사cable을 부채모양으로 뻗은 형상	• 방사형과 Harp 형의 중간형태 • 탑경사cable 정착구조 및 주거더의 축력을 고려하고 장대 사장교에 적합하다. • cable에 부가되는 힘을 주탑의 일정구간에 분산시키는 구조
하프형	경사cable이 일정경사각도로 뻗은 형태	• 탑측의 경사cable 정착부 간격이 넓고 취급이 용이하다. • 탑과 주거더의 동시 시공이 가능하다. • 지진시에 교축수평으로 흔들리기 쉽다. • creep · 건조수축에 의한 경사cable의 장력변동이 크다. • 경사cable의 효율이 떨어져 강재중량이 증가한다.

◉ 표 6.2.5 1면 매달기식 과 2면 매달기식의 특징

	배 치 형 상	특 징
1면 매달기		• 교각의 교축직각방향 폭을 작게 할 수 있다. • 측면에서 보면은 경사cable이 정돈되어 보인다. • 이용자에서 보면 공간이 개방되어 있다. • 비틀림강성이 필요한 경우에는 거더단면을 박스단면으로 하는 등 배려가 필요하다.
2면 매달기		• 경사cable에 의해 주거더의 비틀림 강성이 증대한다. • 중앙 분리대 등을 크게 확대할 필요가 없다. • 교축직각방향의 교각 폭이 커진다. • 측면에서 보면은 경사cable이 교차하여 보인다.

또한 경사cable의 배치형상과 면수는 주탑의 형상과 밀접한 관계가 있고 구조요소의 조합이 구조적으로도 중요하지만 교량자체의 외관면에서도 상징성을 부여할 수 있는 요소가 있기 때문에 주위경관, 지역적 특성과 함께 종합적으로 판단하여야 한다.

다음 표 6.2.4는 경사cable 배치형상의 특징을 비교한 것이고 표 6.2.5는 경사cable 1면 매달기와 2면 매달기식의 특징을 나타낸 것이다.

(2) Extradosed 교의 경사cable 배치시 고려사항

1) 경사cable면수 결정시

① 교량의 폭원(B · 20.0m 이면 1면 적용할 때가 많다)
② 주경간 길이
③ 주거더의 비틀림강성(비틀림강성이 작으면 2면 배치)
④ 내진 · 내풍성
⑤ 주탑의 형상
⑥ 시공성 및 실적

2) 측면 배치 형상

① 교량의 규모(경간 구성)
② 경관
③ 경사cable의 간격
④ 주거더 시공방법
⑤ 경제성
⑥ 내진성

3) 경사cable의 재료

제 5장 사장교에서 요구하는 재료와 동일

(3) 경사cable의 간격

경사cable은 PSC 거더의 보조역할을 수행하는 것으로 하중 분담율은 10~30% 내외이며 사장교에 비하여 활하중에 의한 응력변동폭이 작아 피로에 대한 영향이 비교적 작다.

PSC 거더에 대한 경사cable의 정착위치는 최초 정착지간과 환산지간 또는 중앙지간과의 비가 일반적으로 0.14~1.6인 곳에 과거의 실적을 볼 때 가장 적합한 것으로 알려져 있다.

그리고 경사cable의 풍방향 정착간격은 시공공법에 따라 차이는 있으나 일반적으로 3.6~4.0m의 범위에 있는 것이 많으며 이들의 간격의 최대치는 7.0~8.0m까지 적용한 예가 많이 있다.

6.2.7 주탑

(1) 주탑의 형상

주탑은 Extradosed PSC교의 거더의 일부라고 말할 수 있으며 대부분의 고정하중과 활하중 및 풍하중에 의해 발생하는 지점부 부(-)모멘트에 대하여 저항하는 External cable의 Deviator 역할을 하는 구조로서 경사cable에 의해 전달되는 수직분력을 교각에 전달하는 구조요소이며 경사cable의 배치형상과 주탑형상은 교량의 미관을 좌우하는 중요한 교량 부재이다.

교축직각방향의 탑의 정면형상은 경사cable의 면 수와 측면형상, 주거더의 폭원구성 등에 따라 지금까지는 1본 주탑, 2본 주탑이 적용되어 왔으며 사장교에 비하여 주탑높이가 낮아 주탑에 가로보를 설치하지 않은 독립기둥을 적용하고 있다.

이들의 주탑 형상의 특징은 다음 표 6.2.4와 같다.

⊙ 표 6.2.6 주탑형상의 특징

주탑형상	주탑형상도	특 징
독립 1본 기둥주탑		• 주탑기둥의 주거더 중앙에 있어서 중앙분리대폭을 넓혀야 한다. • 주탑의 면의 강성이 작다. • 1면 매달기에 한정하여 적용된다. • 교량폭원이 넓은 경우에 적용하는 예가 많다. • 교량이용자에게 공간의 해방감을 준다.
독립 2본 기둥주탑		• 주탑의 면의 강성이 작다. • 2면 매달기에 한정하여 적용한다. • 교량폭원이 작은 경우에 적용하는 예가 많다. • 2차로 이하의 교량에 적용하는 예가 많다.

(2) 주탑의 형상 결정시 고려사항

1) 교량의 지간구성(2경간, 3경간, 연속교)
2) 교량의 폭원(B · 15.0m : 2주 형식)
3) 주거더, 주탑과의 결합방법
4) 경사cable의 배치방법
5) 내풍, 내진성
6) 시공성 및 경제성

(3) 주탑의 높이 결정시 고려사항

주탑의 높이는 경사cable과 주거더와의 단면력이 최소가 되도록 하여야 하며 다음의 사항을 고려하여 결정한다.

1) 교량 전체의 균형
2) 고정하중과 활하중에 의한 주거더의 휨모멘트 관계(주탑 높이를 높게 하면 휨모멘트 감소)
3) creep와 건조수축에 의한 주거더의 휨모멘트 관계(주탑 높이를 높게 하면 휨모멘트 감소)
4) 주탑이 높이와 경간장 비($h_T = L/15 \sim L/8$)

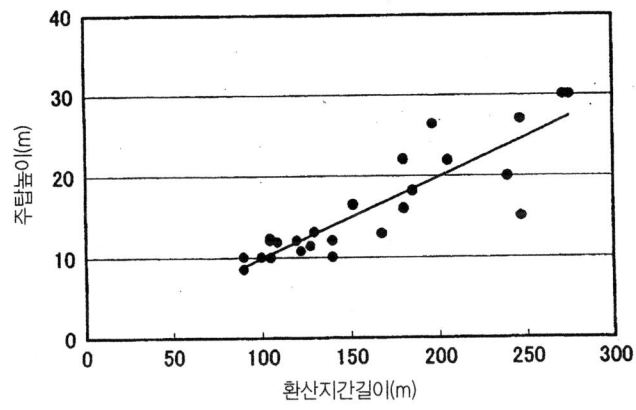

여기서, 환산지간길이(L)는 3경간 이하의 교량에서는 최대지간길이, 2경간 이하의 교량에서는 주경간을 1.8배하여 3경간으로 환산한다.

그림 6.2.3 Extradosed교의 지간길이와 주탑높이 관계

5) 항공제한(주변에 비행장, 헬리콥터 착륙장)
6) 경사cable의 배치형태
7) 고공제한을 받는 지역(고공 cable, 전파장배 배상지역 등)
8) 시공성, 경제성
9) 경관미

상기 사항 이외에 주탑의 높이를 결정할 때 주탑의 높이를 높게하면은 주탑의 콘크리트량이 증가하고 공사기간이 길어지는 반면, 주거더의 휨모멘트가 감소하게 되어 경사cable의 량이 감소하고 주거더의 단면을 축소시킬 수 있는 이점이 있으므로 이러한 점을 설계자가 감안하여 주탑높이를 결정하는 것이 중요한 사항 중의 하나이다.

(4) 주탑의 단면형상

1) 주탑의 단면형상 결정시 고려사항

Extradosed교의 주탑의 단면형상을 일반적으로 충실사각단면 및 속빈상자형 단면이 적용되며 교량의 상징성이나 미관을 위하여 변단면 또는 이형단면을 적용하는 경우도 있다.

일반적으로 주탑으 단면형상을 결정할 때 다음 사항을 고려하여 결정한다.

① 극한상태에서 안전한 내구성
② 경사cable의 정착방법
③ 경사cable의 삽입방법
④ 속빈 단면의 경우 긴장 작업공간
⑤ 유지관리를 위한 공간
⑥ 미관 및 상징성
⑦ 시공성 및 경제성

2) 경사cable 정착부의 주탑 단면형상

Extradosed교의 실적을 조사하여 보면 주탑의 경사cable 정착방법에 따라 표 6.2.5에 나타낸 현상들이 적용되고 있다.

⊙ 표 6.2.5 Extradosed교 경사cable 정착부의 주탑 단면형상

고정방식	분리고정방식		관통고정방식
명 칭	분리정착	연결정착	saddle 방식
측면도·단면도			
구조	• 속빈단면으로 경사cable을 교차 정착시키지 않음 • 상호정착한 경사cable의 장력에 대하여 PS강재 및 강재로 보강함 • 경사cable 정착간격을 작게할 수 있음 • 경사cable 정착부 점검이 용이함	• 속빈단면으로 경사cable을 교차 정착시키지 않음 • 상호정착한 경사cable의 장력에 대한 강재보로 대응함 • 단면이 커진다. • 경사cable 정착부의 점검이 용이함	• 충실단면으로 경사cable을 관통시켜 배치함 • 탑 출구부 등에 좌우의 경사cable장력차를 고정함 • 경사 정착간격을 작게 할 수 있음 • 경사cable의 최소휨반경에 따라 부재의 폭이 제약받는다.

6.3 Extradosed PSC 상세설계

6.3.1 일반사항

Extradosed PSC 교는 외형은 PSC 사장교와 같은 형상을 하고 있으나 같은 지간의 PSC 사장교보다 주거더의 높이가 높고 강성이 큰 내풍 안전성을 가지고 있는 단면형상을 채택하여 설계하며 특별한 경우를 제외하고는 동적인 내풍 안전성을 검토는 생략할 수 있다.

Extradosed 구조는 비교적 긴 경간의 교량에서 경사cable의 수평각이 작으므로 외력을 주거더에 작용하는 수평분력이 연직분력보다 크게 적절히 분배되도록 배려하여 경사cable배치 및 단면형상을 결정하여야 한다.

경사cable에 설계하중 작용시의 응력도의 제한치를 일반 PS강재와 동일한 $0.4f_{pu} \sim 0.6f_{pu}$로 제한하여 설계하며 경사cable 정착위치마다 격벽을 설치하지 않아도 되며 주거더의 web에 정착하여 경사cable의 장력을 주거더에 전달하는 구조로 하여 사장교와는 달리 피로강도가 큰 정착부는 필요하지 않는다. 또한 주 cable은 기능적으로 외부긴장 cable과 비교할 수 있으며 주거더의 외부에 있으므로 비·바람에 의한 진동을 제어할 수 있는 감쇠기(damper)를 설치해야 한다. 이러한 감쇠기는 유지보수가 쉬우며 온도변화에 잘 저항하는 능력이 있는 것을 채용해야 한다.

주거더 및 주탑은 경사cable의 장력에 의해 큰 압축응력을 받으므로 단면응력도를 조사하여 단면내력과 좌굴을 포함한 구조전체의 안정성에 대해 검토하여야 한다. Extradosed교 구조전체의 안정에 대한 검토는 주거더, 경사cable 및 주탑이 포함된 전체 구조계에 대하여 하는 것이 좋으며 극한하중 작용시에는 경사cable이 항복하는 구조해석 모델을 하여 단면내력과 좌굴에 대하여 안정성의 조사를 별도로 해야 한다.

단, 휨강성에 비하여 주탑의 높이가 높은 철근콘크리트 구조의 주탑이 하중을 재하한 상태에서 균열이 발생하면은 단면의 강성이 저하하여 좌굴안정성에 영향을 미치는 경우는 부재단면의 강성저하를 포함하여 재료의 비선형을 고려한 유한변형해석을 하여 좌굴안정성을 검토하여야 한다.

상세설계는 교량이 계획되는 가교 위치의 제반조건에 적합한 교량 길이, 경간분할을 하여 교량의 형식과 단면형상이 결정된 상태에서 교량의 시공법, 안전성, 유지관리 등을 고려하여 시공시나 공용시에 대하여 적합한 구조계를 선정하여 다음 그림 6.3.1과 같은 순서에 따라 설계를 한다.

제6장_ Extradosed PSC교

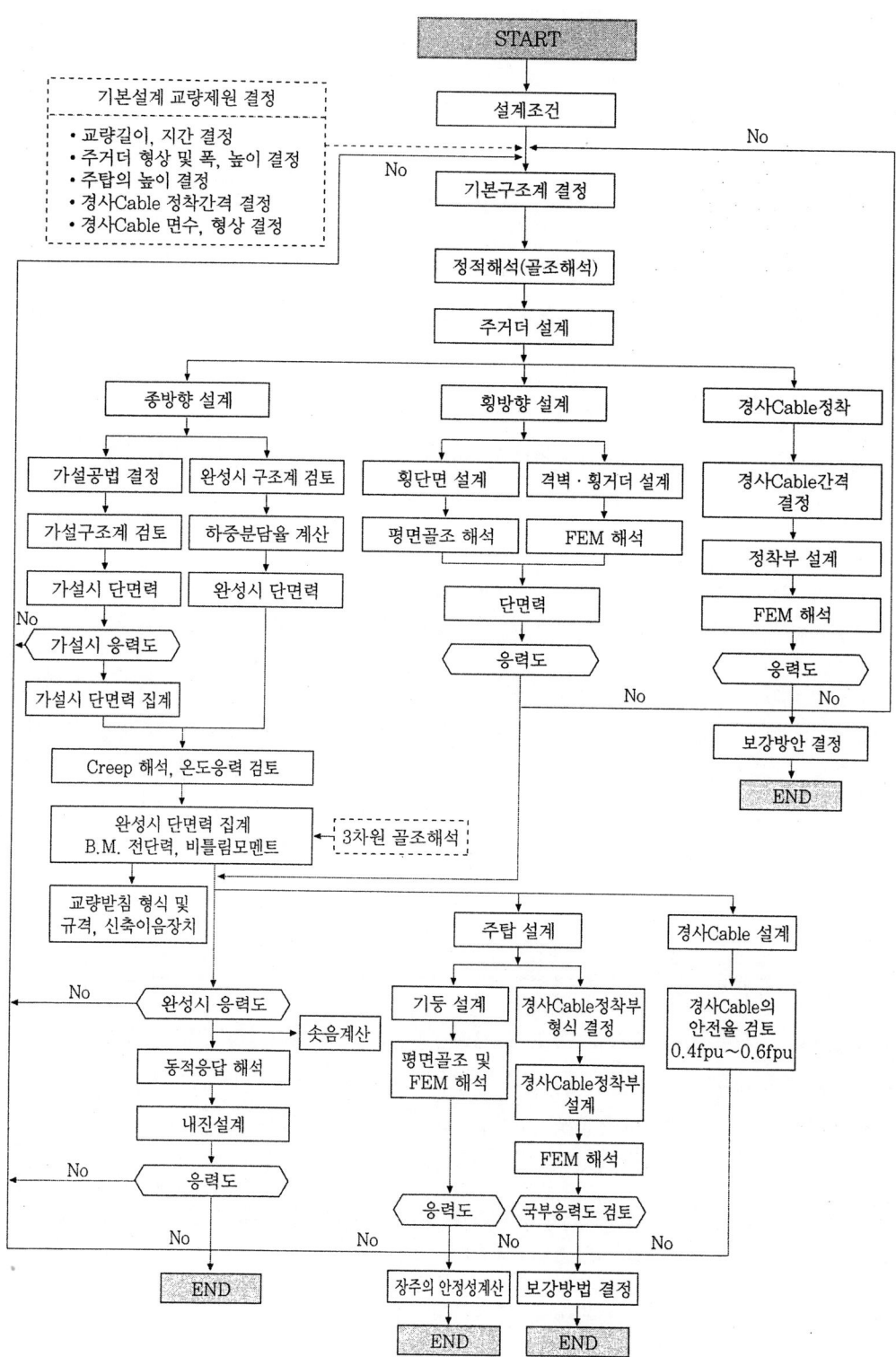

그림 6.3.1 Extradose PSC교의 설계 흐름도

6.3.2 구조해석

① Extradosed교의 전체적인 구조해석은 일반적인 PSC 거더교와 동일하게 해도 된다.

설계단면력 산출은 전체 강성이 적고 외력의 작용에 의한 변형이 큰 구조물에서는 엄밀하게는 유한변형이론에 의한 해석이 필요하다. 그러나 일반의 PSC 사장교에서는 유한변형이론과 미소변형이론에 따른 단면력의 차이가 적으므로 설계상 무시하고 구조해석은 미소변형이론으로 실시하여도 문제가 없다.

② 경사cable은 새그(sag)의 영향에 의해 겉보기 신장강성이 저하하고 그의 영향은 경사cable 장력이 작아진 만큼 커진다. 구조해석에 있어서 경사cable의 sag의 영향을 고려하는 방법은 cable의 처짐이론으로 해석하는 엄밀한 방법과 경사cable 장력변화와 현방향의 신장과의 관계로부터 겉보기 탄성계수를 환산하여 경사cable을 선재(線材)로 해석하는 방법이 있다.

③ 구조해석 모델은 실제구조물에 작용하는 하중에 의한 거동을 적절히 파악할 수 있는 모델로 하는 것이 가장 중요하다. 일반적으로 미소변형이론을 기초로 하여 평면골조해석을 기본으로 수행하고 각 부재의 거동과 응력상태를 정밀하게 파악하고자 할 때는 입체골조해석을 한다. 이 때 평면골조해석과 입체골조해석 결과를 확인하여 비교 검토하여 설계에 반영해야 한다.

입체골조해석은 지진·풍하중의 영향, 교량 폭이 넓은 경우, 하중분배상태, 비틀림의 영향 등을 고려할 필요가 있는 경우에 적용한다.

Extradosed교의 구조모델의 설정에 있어서 주거더 단면도심과 사재의 정착점이 떨어진 경우에는 주거더 축선과 경사cable 정착점 사이에 가상 부재를 적절히 설치하는 조치가 필요하다.

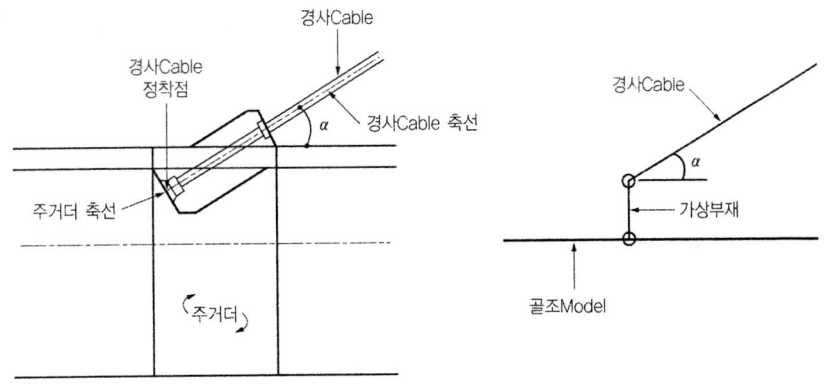

그림 6.3.2 사재 정착점의 모델화 '예'

또한 각 부재에 대한 평가는 주거더, 주탑, 교각에 대하여 전단면이 유효하다고 보며 경사cable에 대해서는 중소규모교량에서 sag에 대한 겉보기 탄성계수를 고려하는 경우도 있다.

④ 선형해석을 하는 경우 및 구조물의 고유주기를 구하는 경우의 단면 2차 모멘트는 철근 등의 강재의 영향을 고려하여 부재의 콘크리트 전단면에 대해서 계산하는 것이 정확하지만 일반적으로 부정정력의 계산에는 단면 2차 모멘트의 비를 이용하기 때문에 단면 2차 모멘트의 계산에 대하여 강재를 무시함에 따른 오차가 적으므로 강재의 영향은 무시하고 부재의 콘크리트 전단면에 대해서 계산한다.

그러한 설계계산에서는 강재의 영향을 무시하여도 좋지만 처짐량 산출에 있어서는 강재의 영향을 무시할 수 없는 경우도 있다.

⑤ Extradosed교는 주거더나 탑의 콘크리트와 creep성상이 다른 재료를 사용하기 때문에 부재전체를 지보공 위에서 시공하는 경우에 콘크리트의 creep에 의해 부정정력이 발생한다.

따라서 영구하중, 경사cable의 조정력, 주거더에 도입되는 prestress 등의 지속하중에 의한 단면적을 산출하는 데에 있어서 creep에 의해 발생하는 부정정력을 고려할 필요가 있다.

또한 교량의 시공기간이 장기간인 경우에 시공 중에 진행되는 콘크리트의 creep 및 건조수축을 고려하지 않으면 안 된다.

⑥ 경사cable의 규격 및 피복재료는 주거더 및 주탑과 다르므로 일조 등의 영향에 의해 경사cable과 주거더 및 주탑과의 사이에 상호온도차가 발생한다. 그의 온도차는 경사cable의 단면치수, 재질, 기상조건 등이 다르므로 설계하는 데는 실적 및 기상 데이터를 기초로 하여 결정하는 것이 좋다.

일반적으로 grout된 경사cable의 경우, 온도차는 경사cable이 부재에 대하여 10℃ 상승한 것으로 한다.

⑦ 일반적으로 중소규모의 Extradosed교에서는 세그의 영향에 의한 경사cable의 겉보기 신장강성의 저하는 대체로 무시할 수 있다.

세그의 영향을 고려하여 겉보기 탄성계수를 사용하여 구조해석을 하면은 충분한 정도가 얻어진다. 또한 겉보기 탄성계수는 다음 Ernst 식(5.3.1)에 따라 산출한다.

⑧ 단면력의 산정에 있어서 이동하중(활하중)은 설계하중에 가장 불리한 조건이 되도록 재하시킨 것으로 한다.

6.3.3 주거더 설계

주거더 설계에 있어서 종(주)방향 설계는 통상 거더교와 크게 다르지 않다. 주거더 단면에서는 주로 2주 거더·슬래브 구조 및 박스거더가 채용된다. 거더의 web에서 내풍안전성을 위하여 web을 기울게 하는 경우도 있다. 주거더의 설계에서는 교량의 폭원이 큰 경우나 주거더의 비틀림 강성이 작은 경우는 활하중의 편심재하 및 구조계의 편심에 따라 생기는 비틀림 모멘트에 대한 조사가 필요하다.

또 creep, 건조수축이 발생하는 주탑 거더와 이것을 일으키지 않은 경사cable 등이 결합성 구조이기 때문에 creep, 건조수축에 따른 부정정력의 해석도 중요하다. 기타 장대교에서는 좌굴에 대한 내하력을 구해 안정성을 확인해야 한다. 거더 단면의 설계에 있어서는 일반 폭원의 주거더는 다음의 경사cable 정착 위치에서 경사cable의 장력에 따라 축력에 대한 유효범위로하여 검토하는 경우가 많다.

일반적으로 거더를 설계 단면력 뿐만 아니고 시공시의 응력도 고려하여 PS강재량을 결정한다.

또한 다중박스 거더단면의 경우는 전단력의 분배를 FEM해석을 하여 확인하는 사례는 많다.

(1) 주거더 설계 조건

주거더의 설계는 다음에 나타낸 조건에 따라 실시한다.

1) 단면력 해석은 기본적으로 평면골조 Model로 하여 미소변형이론에 의해 산출하는 것을 기본으로 한다.

   해석 Model은 종단경사를 고려한다. 비틀림, 지저반력, 교축직각방향 설계 및 지진시 동적해석을 위해서는 입체골조해석을 한다. 지반의 영향을 고려하여 동적해석을 하고 기타 해석에 대하여는 단면력에 주는 영향이 작도록 교각하단을 고정으로 한다.

2) 구조해석은 탄성해석을 한다. 경사cable의 seg에 대한 비선형성을 검토 결과 근소하며는 무시한다.

3) 콘크리트의 탄성계수차는 사전검토결과 단면력의 해석에 영향이 작으므로 도로교 설계기준에 따라 설정한다.

4) 지진시 단면력은 지반영향을 고려하여 3차원 동적해석(응답 스펙트럼)에 의해 산출한다.

5) 완성계와 가설계는 완전 분리하여 설계한다. 가설계에서 경사cable의 장력조정을 받은 응력상태를 완성계의 $t=0$시에 일치하도록 설계에 합치시킨다.

6) 경사cable은 변형 에너지 최소기준에서 최적화 수법을 구하여 장력을 기본으로 결정한다.
   따라서 콘크리트 부재의 creep 변화량을 최소화하기 위한 목표가 있어야 한다.

7) creep는 구조물의 완성시점에도 진행되고 있으므로 시공시의 creep 단면력을 고려하여 않는다.
   사전에 검토할 때는 creep가 발생하여 부정정력은 creep 계수를 block별로 상세하게 선정하는 경우와 부재의 평균 creep 계수를 사용하는 경우에 대해 유의하면 차가 생기지 않는다. 그밖에 creep 계수는 주거더, 주탑, 교각에 대해 각각의 평균 creep 계수를 사용하여도 된다.

8) creep, 건조수축에 의한 응력변동량은 $t=\infty$일 때 및 그의 1/2의 이행량의 2case를 고려한다.

9) 극한하중 작용시에는 creep, 건조수축 영향을 취급하면「도로교 설계기준 3.2.3항」에 따른다.

10) 입체 FEM 해석 결과는 경사cable 수평분력(축력)은 다음의 경사cable 위치에서 유효하고 경사cable 연직분력(휨모멘트)은 해당 경사cable 위치에서 유효하다.

11) 입체 FEM 해석 결과에서 전단력을 산정하기 위해서는 주거더 단면부재의 분담율을 설정하여 설계한다. 이 분담율의 고려방법은 ㉠ 전단에 대한 주거더 전체의 안전성을 박스거더의 web수가 보증하고 ㉡ 실제로 각 부재에 작용하는 전단력에 대하여 필요한 보강을 실시한 목적으로 한다.

(2) 주거더의 횡방향 설계

횡방향의 설계 할 때에 상부구조를 라멘구조로 모델화하고 각 web 하단에 지점을 설치하여 단면력을 계산하는 것이 일반적이다. 그러나 상부구조의 지점설정에 따른 해석모델을 설정할 때, 세심한 검토가 요구될 때는 다음과 같은 사항에서이다.

　㉠ 주거더를 경사cable로 지지하는 구조로 할 때는 힘의 전달성상이 복잡해진다.
　㉡ 교량 폭원이 넓고 경사 web를 가지는 다중 또는 다주 박스거더 단면에서 지지조건이 명확하지 않다.

따라서 입체 FEM 해석을 실시하고 단면력 발생상황을 조사하여 적절한 평면골조 Model의 지지조건을 선정하면 prestress 힘에 대한 것과 PS 힘 그 외의 하중에 대한 Model이 다르게 적용해야 되는 경우도 있다.

(3) 바닥판 설계 휨모멘트

「도로교 설계기준」에서 바닥판의 설계 휨모멘트의 적용범위는 ㉠ 변장비가 1:2 이상 ㉡ 바닥판의 지간은 0.6m~7.3의 범위이다.

바닥판 설계 휨모멘트 산정을 위해서는 다음과 같은 사항을 검토하여야 한다.

　㉠ 주거더에 있는 경사cable 정착가로보 간격
　㉡ 박스거더의 web의 순 간격

상가의 사항을 검토한 결과 3~4방향 지지판이 되는 경우는 「도로교 설계기준」의 적용범위 밖으로서 적용할 때는 FEM 해석을 하여 확인한다.

(4) 광폭원에 수반하는 주거더 응력분포의 검토

폭원이 넓은 주거더 종방향·횡방향 설계는 주거더가 강폭원 평평구조이므로 3차원 입체판(shell) Model을 하여 FEM 해석을 하여 부재 사이의 응력전달의 검토 항목은 다음 표 6.3.1과 같다.

◉ 표 6.3.1 부재사이 응력전달의 검토항목

검토항목	
경사cable 장력에 의한 유효축력분포	경사cable 장력에 의해 주거더의 프리스트레스 효과를 검토하고 전단면에 균등한 축력이 전달되는 위치를 구한다.
web의 하중 분담율	다중 박스거더에서 web에 작용하는 전단력의 분담을 구한다.
web의 사인장력	시공 중에 web에 발생하는 사인장응력도를 구한다.
바닥판의 휨응력 분포	주거더의 종방향 휨응력 분포는 2차원해석과 비교한다.
가로보의 유효 폭	경사cable 1면구조의 가로보의 유효 폭을 구한다.

(5) 가로보의 유효 폭

경사cable 정착부 가로보의 설계에 있어서 유효폭 산정은 「도로설계기준 콘크리트편」의 규정과 3차원 FEM 해석결과에 따르며 유효폭은 2방법을 사용하여 응력도를 조사한다.

(6) 가로보의 설계

경사cable 정착 가로보의 유효폭 적용방법은 3차원 FEM 해석방법과 도로교 설계기준고의 차이가 있는 결과가 보고되고 있다.

또 해석 모델은 2면 사장교는 경사cable 위치를 지점으로 하는 단순보로 하고 1면 사장교는 경사cable 정착위치를 강결로 하는 cantilever로 하여 경사cable의 연직방향성분을 등분포하중으로 재하상태로 단면력을 산출하는 것이 일반적이다.

(7) 경사cable의 정착부의 설계

제 5장 사장교 참조

6.3.4 주탑 설계

주탑은 대부분의 고정하중과 교량바닥판에 작용하는 활하중을 거의 지지하기 때문에 높은 압축력을 받는다. 따라서 주탑은 사장교를 구성하고 있는 부재 가운데서도 중요도가 높은 부재이다. 그러나 대부분의 주탑들은 세장하기 때문에 좌굴에 대한 안전성을 확인하고 시공오차의 영향을 검토할 필요가 있다.

주탑의 구조로는 경사cable 정착부 시공정도를 높이기 위하여 철골을 사용한 SRC 구조로 하는 경우가 많다. 그러나 설계상에 완성계에서 주탑에 휨모멘트가 적고 축력이 큰 경우에 배근한 철근량으로 충분한 내하력을 가지면 철근 콘크리트 단면으로 설계한 예도 있다.

(1) 주탑의 설계조건 설정

주탑의 설계는 다음과 같은 조건을 설정하여 설계하는 것이 바람직하다.

1) 주탑은 Land Mark 또는, 주위의 경관과의 조화를 고려하여 이를 설계·시공성을 과제로 삼고 검토한다.
2) 주탑 내부에 경사cable의 정착구를 설치하는 경우는 관리용 통로를 고려하여 주탑의 단면을 결정하여야 한다.
3) 주탑의 설계 Model은 교축방향 및 교축직각방향은 평면골조로 하여 해석하여도 무방하다.
4) 경사cable 및 역 Y형 주탑의 분기부는 입체 또는 평면 FEM 해석을 하여 국부응력 및 응력전달에 대해 검토한다.

5) 경사cable 정착체의 평면배치에 따른 주탑의 휨응력을 검토한다.
6) 주탑의 가로보 및 교각의 멍에보의 인장응력에 대한 검토 및 보강방법을 강구한다.
7) 주탑의 경사cable에 의한 비틀림 모멘트에 대해 검토가 필요하다.
8) 도로교 설계기준에 의한 비틀림 모멘트에 대하여 전단강도를 산출하는데 이를 설계상 산출방법을 입체 FEM 해석을 사용하여 검증하는 것이 좋다.
9) 주탑은 2축 휨모멘트를 받는 부재로 설계한다.
10) 주탑의 장주안정성의 검토를 해야한다.
11) 완성계에서 휨모멘트가 작게 발생하게 하고 축력이 주체가 되게 설계한다.
12) 사용상태에서 주탑의 종방향 설계는 응력검토와 처짐을 추정하는데 목적이 있으며 응력검토시 활하중 영향뿐만 아니라 콘크리트 creep · 건조수축과 온도변화 영향을 고려한다.

(2) 주탑의 설계단면적

주탑은 교축직각방향(면내 방향)과 교축방향(면외 방향) 2방향으로 분류되고 이 방향에 대하여 미소변형이론에 기초하여 평면골조해석을 하여 단면력을 산출한다.

주거더, 경사cable, 주탑, 기초를 포함한 전체계를 모델로 진동해석을 하는 경우에는 큰 단면력이 발생하는 경우가 있으니 주의를 요한다.

(3) 주탑의 비틀림에 대한 설계

1) 주탑에는 교차 정착하는 2본의 경사cable에 기인한 비틀림 모멘트 및 지진시에 가로보의 구속에 따라 발생하는 비틀림 모멘트가 작용한다.
2) 주탑의 단면형상, 경관설계 관점에서 곡면 및 변형단면을 많이 사용하여 복잡한 형상에 의해 좌우 대칭성이 상실되어 비틀림 모멘트가 발생하는 경우도 있다.
3) 경사cable 정착부에 따라 주탑의 일부분을 결손되게 설계하면 이 부분에 큰 단면결손이 생기게 된다. 이에 대한 단면형상의 비틀림 모멘트에 의한 응력상태 현상을 충분히 파악한다.
4) 기존 설계 · 시공실적의 경사cable 정착체 시험을 보면 경사cable 정착부 근방에는 내력 보강한 예가 많다. 이들을 참조하여 비틀림에 대한 보강을 하여야 한다.

(4) 안전성의 조사

주탑의 안전성 조사는 교축방향과 교축직각방향의 각각에 대하여 설계하중작용시의 응력도와 극한하중작용시의 내력을 조사해야 한다.

주탑의 형상에 대해서는 교축방향과 교축직각방향의 상호영향을 고려하지 않으면 안되는 경우에는 입체골조해석을 하여 단면력을 산출하고 2축응력 및 비틀림을 받는 부재로서 설계한 예가 많다.

안정성조사에 사용하는 해석방법은 선형탄성좌굴해석법이 많고 재료에 따른 기하학적 비선형성을 고려한 해석법으로 해석할 필요가 있다. 그러나 이들의 해석방법은 확립되어있지 않다.

이러한 조사결과를 볼 때 Extradosed교 정도에서는 통상적으로 단면조사를 충분히 하면은 장주에 대한 안정성조사해석에 따른 특별히 보강할 필요로 한 예는 거의 없다.

(5) 주탑의 장주 안정성의 검토

일반적으로 주탑은 경사cable을 통하여 주거더의 하중을 담당하고 있으므로 항상 높은 압축력과 휨모멘트를 받는 장주구조, 따라서 지진하중·풍하중 등에 의한 수평하중을 받는 경우 횡방향 범위가 발생하므로 2차 모멘트의 영향에 대하여 검토가 필요하다.

특히, 주탑이 철근콘크리트 구조인 경우는 균열발생과 철근항복 등으로 부재강성의 저하에 대하여 검토가 필요하다. 그래서 주탑에 대하여 재료 비선형과 기하학적 비선형 및 재료의 비선형성을 고려한 해석을 하여 RC 장주에 대한 안정성을 검토할 필요가 있다.

현재 해석하는 program 중에는 기하학적 비선형성과 재료 비선형성을 동시에 고려할 수 있는 것도 있다.

이는 구조계의 일부를 파괴하여 하중 중분법으로 해석을 한다.

해석방법의 해석 flow는 그림 6.3.3과 같다.

해석시 다음과 같은 가정을 기초로 하여 해석하는 예가 있다.

㉠ 단면의 평면유지에 가정이 성립한다.

㉡ 부재의 전단변형을 무시한다.

㉢ 콘크리트의 인장저항을 무시한다.

㉣ 분할하는 부재(요소) 내에는 강성이 일정하다고 본다.

㉤ 각 하중 작용 step에 대한 부재의 강성은 일정하다.

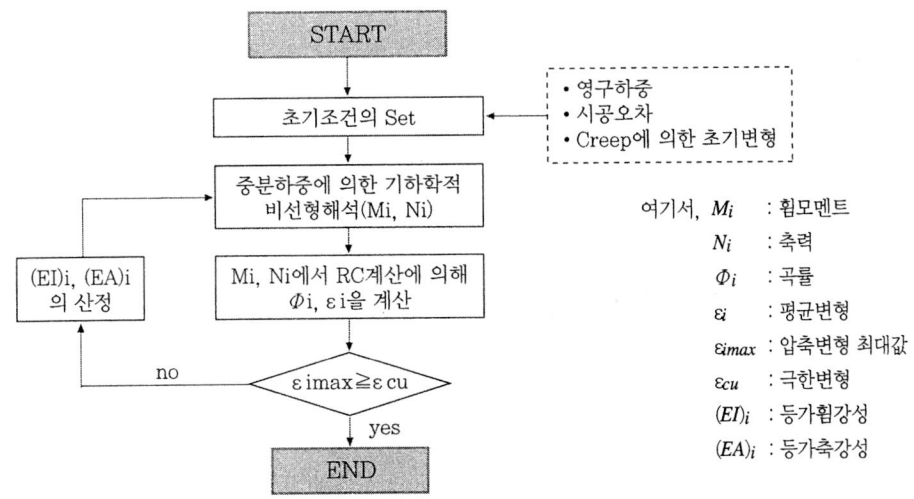

그림 6.3.3 해석 Flow chart

(6) 사재의 정착부

주탑의 정착부는 사재의 배치형상에 따라 각 정착체의 상호간섭 및 누적되는 큰 압축력의 영향이 큰 경우가 있다. 따라서 종래의 PSC 강재정착부의 설계방법을 답습하고 이에 대한 응력전달상황 및 국부 응력의 발달정도를 정량적으로 파악하기 위하여 FEM 해석을 하는 예가 많다.

콘크리트 주탑의 경사cable의 정착은 2개 형태로 구분되며 하나는 주탑을 관통하는 cable을 그림 6.3.4(a), (b)와 같이 상호반대쪽으로 지지하는 형식과 그림 6.3.4(c)와 같이 주탑에 비틀림 모멘트가 발생하도록 배치하는 것은 곤란하며 수평력의 반대방향 처리가 주탑에 우력을 발생시켜서도 안된다.

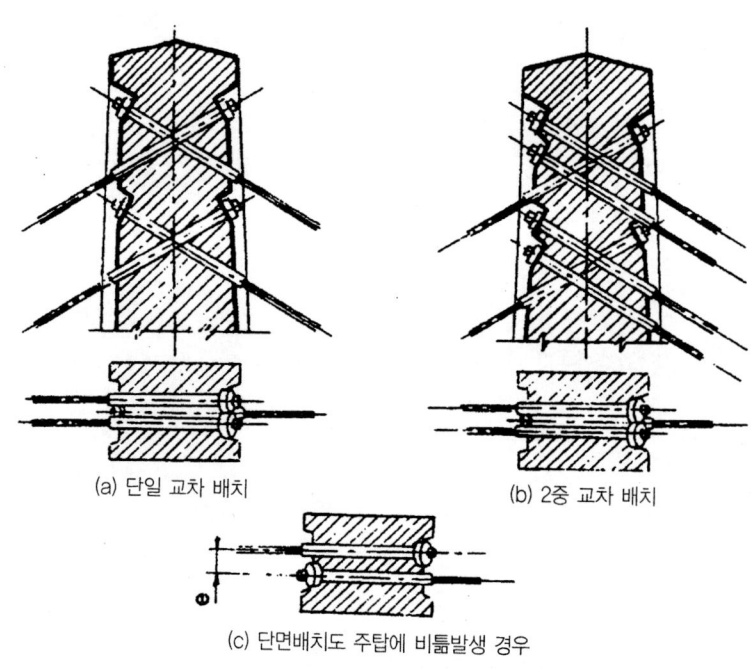

그림 6.3.4 콘크리트 주탑의 경사cable 배치

(7) saddle 설계

새들부는 교량전체의 기능을 확보하기 위한 중요한 부분으로 경사cable의 힘이 직접 주탑에 전달되기 때문에 구조계에서 그 기능을 충분히 발휘할 수 있도록 국부응력, 장력차의 전달구조 선정, 경사cable 배치형상 등을 검토하여 그 안정성을 확인할 필요가 있다.

새들의 형상·치수의 영향을 받아 복잡한 응력형상을 이루는 saddle 부에 대한 합리적인 설계방법은 얻을 수 없는 것이 현실이다. 따라서 새들부의 설계는 현단계에서는 교량을 모형실험, FEM 해석 등을 실시하는 사례가 많다. 따라서 설계에 반영시는 모델실험, FEM 해석 등을 적절히 활용하여 설계하여야 한다.

새들부 콘크리트는 경사cable의 방향 변경부의 곡선반지름 방향으로 움직이는 복압력에 의한 콘크리트 활렬력 등에 대해서 각 극한 상태로서 안전성을 만족시킬 수 있도록 설계하여야 한다.

콘크리트의 할렬력은 적절한 모형실험 또는 FEM 해석 등에 의해 구하는 것이 좋다.

일반적으로 새들부 콘크리트에 파괴균열이 발생하지 않도록 설계하는 것이 바람직하지만 경사cable 반지름 방향으로 움직이는 복압력을 설계 지압력으로 하고 새들부 콘크리트 설계지압강도에 대해서 다음 식을 만족하도록 설계해도 좋다. 또한 이 경우에는 경사cable 다단배치영향을 고려할 필요가 있다.

$ri \cdot$ (설계지압력) / (설계지압강도) ≤ 1.0

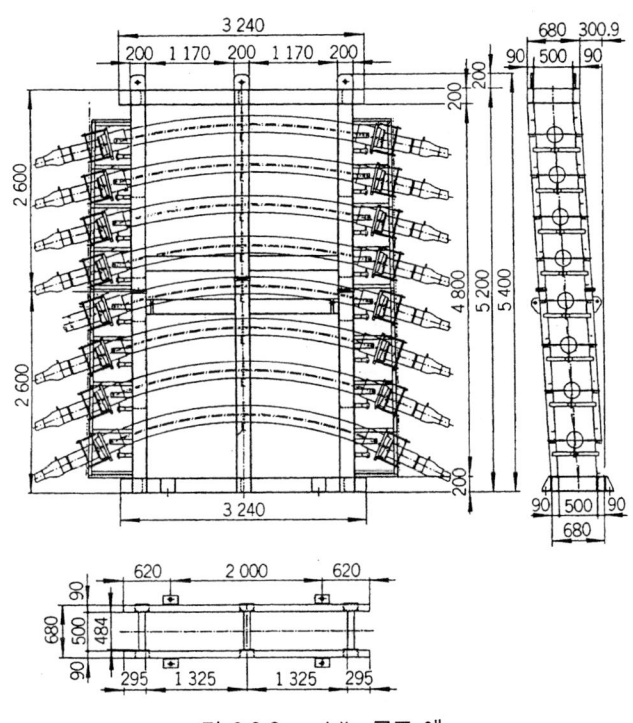

그림 6.3.8 saddle 구조 예

6.3.5 경사cable

경사cable은 PSC 사장교를 성립하는데 절대적으로 필요한 부재이다. 경사cable을 구성하는 경사cable에 적합하지 못한 교량에서는 전체의 내하력이 직접적인 영향을 주게 되므로 소요의 성능을 만족하는 cable을 사용하여야 할 필요가 있다. cable을 주거더 내부에 배치하는 PS강재와 달리 공중에 노출되어 있으므로 경사cable을 선정하는 데는 내구성, 피로특성, 차량의 충돌, 화재 등 사고에 대한 배려 등을 충분히 검토하여야 한다.

경사cable의 제작 · 가설방법이 다른 경우에는 공작제작 cable과 현장제작 cable을 분류한다.

공장제작 cable은 강성 maker의 공장에서 제작하는 cable과 세품을 현지에 반입하여 가설한다.

현장제작 cable은 교량가설장소에서 조립하는 cable로서 cable을 구성하는 각 재료를 각각 개별로 현지에 반입한다.

cable은 일반적으로 아래의 기본적 요소로 구성되어진다.

  ㉠ cable 재(강재)
  ㉡ 정착체
  ㉢ 외장재
  ㉣ 방청재

(1) 경사cable의 요구하는 조건

cable은 cable 재(강재)와 정착공법이 일대일로 많은 것이 있으므로 선정하는 cable재 자체의 재료특성과 정착공법을 동시에 소요의 품질을 검토할 필요가 있다. 또한 강도 탄성계수를 설계적 호환성을 고려하여 신중한 선정을 해야한다.

cable이 요구하는 조건을 열거하면 다음과 같다.

  1) 인장강도가 커야 한다.
  2) 피로강도가 커야 한다.
  3) 탄성계수가 높아야한다.
  4) 늘음 특성이 명확해야 한다.
  5) 방청처리가 용이하고 내구성이 있어야 한다.
  6) 긴장과 정착이 용이하고 확실해야 한다.
  7) 긴장시에 미조정이 가능해야 한다.
  8) 재긴장, 교체가 가능해야 한다.
  9) 취급이 용이해야 한다.
  10) 경제적이어야 한다.

cable을 선정하는 데는 cable의 용량, 응력변동량, 주거더와 주탑에서의 정착구조, cable의 배치, 가설방법, 부식환경, 경관성, 경제성을 종합적으로 검토해야 한다.

(2) cable 사용강재

사용강재는 PS강재(PS 강연선, PS strand, PS 강봉)가 많이 채용된다. 최근에는 국내외의 PSC 사장교에서 PS강재 사용되는 L.C.R(Looked Coil Rope)와 P.W.S(Parallel Wire Strand, 아연도금을 한 소선직경 5mm 평행선 strand)의 시공실적이 많다.

PS 강봉은 지간이 비교적 작은 PSC 사장교에 적용하며 근년의 PSC 사장교의 장대화 경향을 고려할 때 앞으로 L.C.R과 P.W.S의 채용이 증가될 전망이다.

(3) 정착공법

경사cable용의 정착구와 경사cable은 다음의 요구조건을 만족하여야 하고 통상적으로 사용하는 PS 정착구와의 다른 구조를 하고 있다.

경사cable용 정착체의 요구조건을 열거하면 다음과 같다.

1) 활하중, 풍하중 등에 의한 변동응력을받는 점에 피로특성이 우수해야 한다.
2) 바람에 의한 cable 진동에 대하여 제진효과를 가져야 한다.
3) PS강재 Relexion 량이 작아야 한다.
4) 정착체가 소형으로 부착시킬 수 있고 정착부의 국부응력이 작아야 한다.
5) 시공시의 장력조정, 완성 후의 재긴장·교체가 가능하여야 한다.
6) 경사cable의 정착부는 경사cable의 장력이 주거더 및 주탑에 확실히 전달될 수 있는 구조라한다.
7) 경사cable의 정착부는 충분한 방청처리를 실시함과 동시에 방수구조로 한다.

새로운 구성 교량계획과 설계

제Ⅲ편 콘크리트교

제7장 복합구조교

| 새로운구성 교량계획과 설계 |

⊙ 제 7 장_ 복합구조교

7.1 파형강판 web PSC Box Girder교
(PSC Box Girder Bridge with corrugated steel web)

7.1.1 개요

파형강판 web PSC Box Girder 교는 그림 7.1.1과 같이 PSC Box Girder교의 복부(web)를 파형형상(波形形象)으로 가공한 구조용 강판(이하 "파형강판"으로 부름)으로 치환한 것으로 Box Girder 콘크리트 상·하부 슬래브와 파형강판 web을 조합시킨 복합구조로 콘크리트와 강재의 특성을 살린 PSC교의 새로운 형식이다.

파형강판 web PSC Box Girder교의 특징을 정리하면 다음과 같다.

- ㉠ 통상의 PSC Box Girder교에서 거더자중의 20~30% 정도를 점하는 콘크리트 복부를 경량인 파형강판을 사용함으로써 거더의 자중을 경감시킬 수 있다. 그러므로 보다 교량의 경간을 길게 할 수 있을 뿐만 아니라 교량가설비도 절감이 가능하게 된다. 또한 F.C.M(Free Cantilever Method)을 적용하는 교량에서는 1-segment당 중량을 줄일 수 있어 가설 segment 길이를 길게하여 가설공기를 단축도 가능하게 된다.
- ㉡ 강판을 파형(波形)으로 함으로써 높은 전단좌굴강도를 얻을 수 있으며 축력에 저항하지 않은 파형간판의 아코디언(Accordion)효과로 Box Girder 콘크리트 상·하 Flange에 효율적으로 prestress를 도입할 수 있다.
- ㉢ 일반적인 PSC Box Girder교의 복부를 파형강판으로 치환하여 철근조립 및 콘크리트 타설공정이 생략되어 시공의 생력화(省力化), 품질향상, 내구성 향상이 기대된다.
- ㉣ 파형강판은 높은 전단좌굴력을 가지고 있으므로 복부(web)에 보강재를 생략할 수 있다.
- ㉤ 거더의 자중이 경감되므로 하부구조의 하중부담이 경감되고 관성력이 작아지므로 내진상에 우수한 구조가 된다.

이상과 같이 파형강판 web PSC Box Girder교는 경제성과 시공성에서 우수한 이점을 가지고 있으며 강재와 콘크리트의 특성을 이용한 새로운 구조형식으로 장지간에 필요한 교량 형식이다.

그러나 파형강판 web PSC Box Girder교는 역사가 짧고 설계·시공에 관한 충분한 기준이 정비되어 있지 않은 우리나라의 실정에서는 설계에 대한 적용은 현실적으로 어려움이 있다.

우리나라의 시방서 규정은 「콘크리트 표준시방서」(대한토목학회)에는 강·콘크리트 합성 구조에 관한 규정이 제시되어 있지만 주 대상으로 하는 합성구조의 종류는 철골철근콘크리트 부재, 콘크리트 충전기둥, 샌드위치 부재이다. 또한 「도로교 표준시방서」(한국도로협회) 등에도 상세한 규정은 없다.

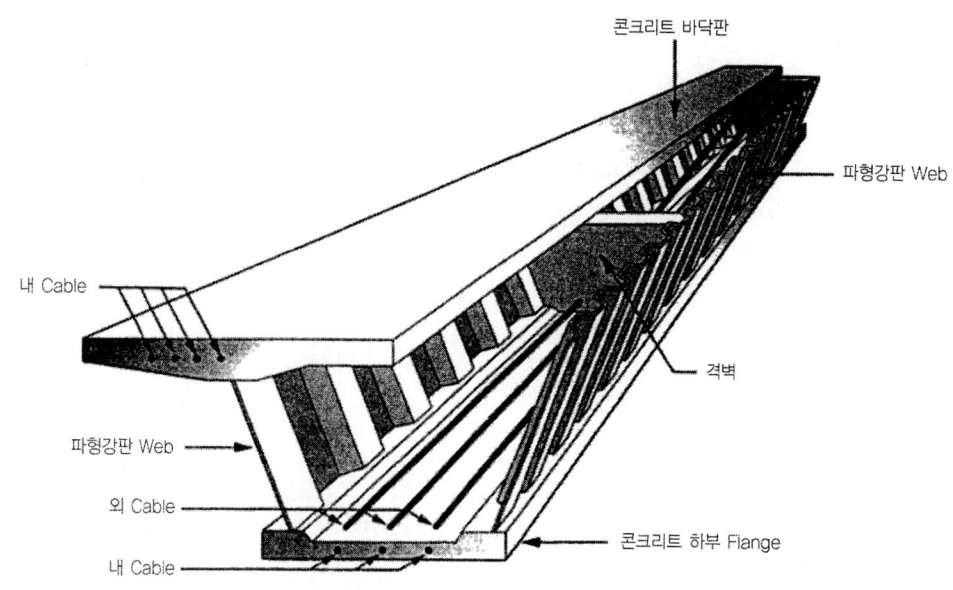

그림 7.1.1 파형 강판 web PSC Box Girder교의 개념도

7.1.2 파형강판 web PSC Box Girder교의 역사

세계 최초의 파형강판 web PSC Box Girder교는 프랑스 Campennon 사의 Pierre Thivans, Jacques Comboult, Marcel Cheyreyzi가 파형강판을 이용한 PSC교를 고안하여 Charente 강에 가설한 Cognac 교(3경간 연속교 : 32.45+42.91+32.45)로서 1986년에 완성되었다. 그 후, 프랑스 내에서 몇 개의 교량이 건설되어 1994년에 Daubs 강에 장출공법에 의해 가설된 Dole교(7경간 연속교 : 48.0+5@80.0+48.0m)가 있다.

일본 최초의 파형강판은 web PSC교는 니이가타현의 신카이교(新間橋)를 1993년에 완성했다. 신카이교는 길이 31.0m인 단순 Box Girder교이다. 그 후 압출공법에 의한 긴잔미유키교(銀山御幸橋), 혼다니교(本谷橋)가 계속 건설되었다.

우리나라 최초의 파형강판 web PSC 박스거더교는 일선대교(50+10@60.0+50.0+2@50.1 = 700+101 = 801.0m)로 압출공법과 지보공법으로 가설하였다(2004년).

7.1.3 파형강판 web PSC Box Girder 단면구성

파형강판 web PSC Box Girder는 몇 가지 유의점을 제외하고는 통상적으로 설계하는 PSC Box

Girder교와 마찬가지로 계획하면 된다. 거더의 바닥판의 지간 및 바닥판의 두께는 PSC Box Girder교에 준해서 설정하면 되고 파형강판 web PSC교의 거더높이는 과거의 PSC Box Girder의 높이와 같게 하든지 조금 높은 거더높이로 설정하는 것이 경제적이다. 다음 그림 7.1.2는 기시공된 교량의 거더높이와 지간관계를 나타낸 것이다.

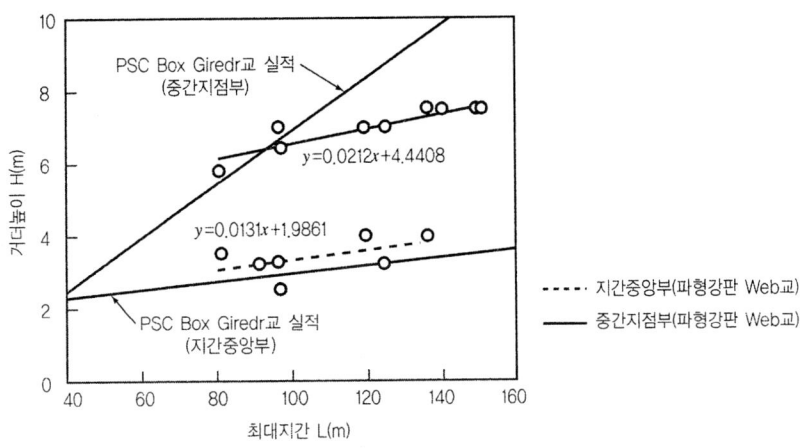

그림 7.1.2 파형강판 web PSC 교의 거더높이와 최대지간장과의 관계

7.1.4 파형강판

(1) 재질 및 판두께

파형강판 web에 이용하는 강재는 「도로설계기준 제 2장 설계일반사항」에 따라 표 2.3.1에 나타내는 구조용강재를 이용할 것을 표준으로 한다.

복부에 이용하는 강판의 판두께는 「도로교 설계기준 강교편 3.4.1.3」에 8mm 이상으로 규정되어 있다. 최대강판두께에 대해서는 규정은 없으며 판형강판의 경우에는 파형프레스기의 능력을 감안하여 결정할 필요가 있으며 지금까지 실적으로 22mm 정도 이하로 한 경우가 많다.

⊙ 표 7.1.2 파형강판 web에 표준으로 이용되는 강재

규 격		강재 기호
KS D 3503	일반구조용 압연강재	SS 400
KS D 3515	용접구조용 압연강재	SM 400, SM 490, SM 490Y, SM 520, SM 570
KS D 3529	용접구조용 내후성 열간압연강재	SMA 400, SMA 490, SMA 570

(2) 파형강판 web의 형상 · 치수

파형강판 web에서는 동일한 판 두께의 평강판을 이용한 경우에 비하여 복부의 교축방향 강성은 일반

적으로 수백분의 1까지 저하되고 이에 의해 Accordion 효과가 충분히 발휘되는 형상으로 되어 있다. 그러나 파형강판의 파고를 필요이상으로 작게 하면 Accordion 효과에 악영향을 끼칠 뿐만 아니라 파형강판의 좌굴강도가 저하되게 된다. 더욱이 web의 면외휨강성이 작아짐에 따라 활하중(자동차 하중)에 의한 콘크리트 바닥판의 정모멘트가 커지는 등 폐해가 발생한다.

파형강판 web의 치수를 결정할 때에는 운반에 따른 제약에 충분한 유의를 할 필요가 있다.

또한 파형강판 web의 이음에 1면 겹침마찰접합을 이용할 경우는 고장력볼트의 배치에 필요한 직선구간장을 확보해야 한다. 파형형상의 결정에 있어서 이들 문제를 충분히 고려하고 지금까지의 실적을 참고로 하는 것이 바람직하다.

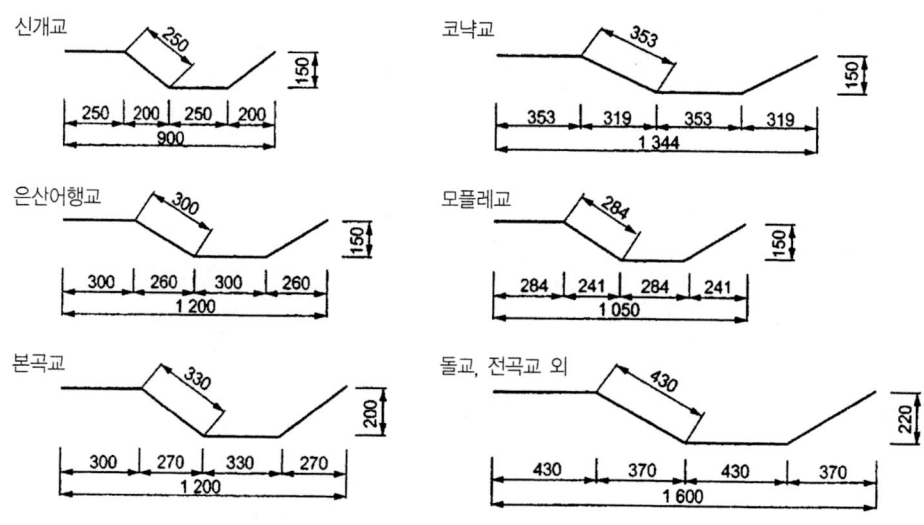

그림 7.1.3 파형강판의 형상

또한 연속구조에 있어서 지점부 부근은 휨 모멘트와 전단력이 동시에 커질 뿐만 아니라 반력이 주거더에 전달되는 곳이고 복잡한 응력상태가 되는 곳이다. 파형강판 web는 제작시의 가공정도와 평활도 등의 영향을 받기도 하므로 web 높이가 높은 경우에는 전단좌굴내력이 저하되기도 한다.

따라서 과거 실적이 없는 파형형상을 적용하는 경우와 이제까지의 실적에 비교하여 큰 거더높이가 되는 경우에는 적절한 검토를 행하고 경우에 따라서는 지점부 부근의 파형강판 web를 보강하여야 한다. 또한 사장교와 Extradosed교의 사재정착부에 관해서도 마찬가지로 국부해석 등을 수행하여 필요에 따라 정착부 부근을 적절히 보강하여야 한다.

(3) 파형강판의 이음

파형강판 web의 현장이음에는 고장력 볼트이음 또는 현장용접이음이 실질적으로 이용되고 있다.

일반 강교에서는 복부(web)가 전단력 뿐만 아니라 축방향력을 전달하기 때문에 이음부에서 부재축선에 어긋남이 발생하는 1면 겹침마찰접합과 1면 겹침 Fillet 용접은 사용하지 않지만 파형강판 web에서는 web(복부)가 축방향력을 전달하지 않기 때문에 이들의 방법을 사용할 수 있다.

또한 고장력 볼트 이음으로는 파형강판 web가 전단부재이므로 이제까지의 실적에서는 거의 TS형 고장력 볼트에 의한 1면 마찰접합이 이용되고 있다.

파형강판 web는 축방향 강성이 작은 특성 때문에 전단응력이 탁월한 부재가 되며 web의 연결부의 이음구조는 기본적으로 설계전단력에 대한 조사만 하여 좋다. 다만 이음단면은 주거더 구조상의 약점이 되기 때문에 전단력이 큰 단면에 이음부를 두는 것은 적극 피하는 것이 바람직하다.

파형강판 web에 있어서 지금까지 많이 적용되는 이음의 방법은 그림 7.1.4에 나타낸다.

이음의 방법은 교량가설공법을 고려하여 선정할 필요가 있으며 FCM(Free Cantilever Method)에서는 시공시의 처짐오차를 흡수하기 쉬운 1면 겹침 Fillet 용접과 고장력 TS Bolt에 의한 일면겹침마찰이음이 이용되는 경우가 많다.

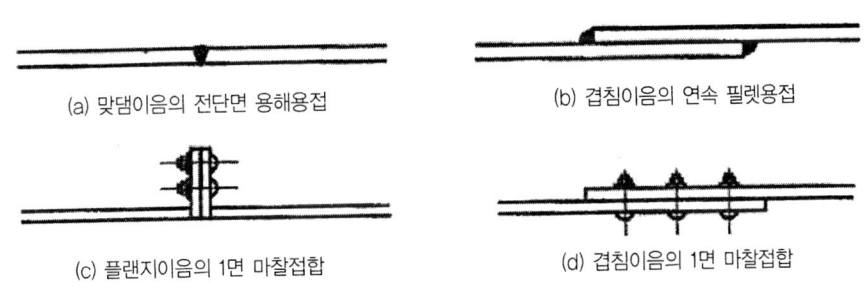

그림 7.1.4 파형강판 web의 이음의 예

7.1.5 콘크리트 슬래브와 파형강판 web의 접합

파형강판 web와 콘크리트 슬래브의 접합부는 각각의 부재를 일체화하는 중요한 부위이고 파형강판 web교, 설계공용기간 중 그 기능을 발휘하기 위해 충분한 내구성과 안정성을 유지해야 한다.

또한 파형강판 web와 콘크리트 슬래브 연결부의 전단 연결재는 상정한 극한상태에 있어서 주거더 단면이 합성단면으로서 확실히 그 성능을 확보할 수 있는 구조이어야 한다.

파형강판 web교의 접합부에 이용하는 전단 연결재의 구조는 과거의 실적으로 볼 때 다음의 2종류로 분류된다.

(1) Flange 강판을 갖는 연결재(그림 7.1.5)

파형강판의 상·하 단부에 용접한 Flange 강판에 (a) stud (b) Angle 연결재 또는 유공 강판 연결재 등을 붙여 콘크리트와 접합하는 형식

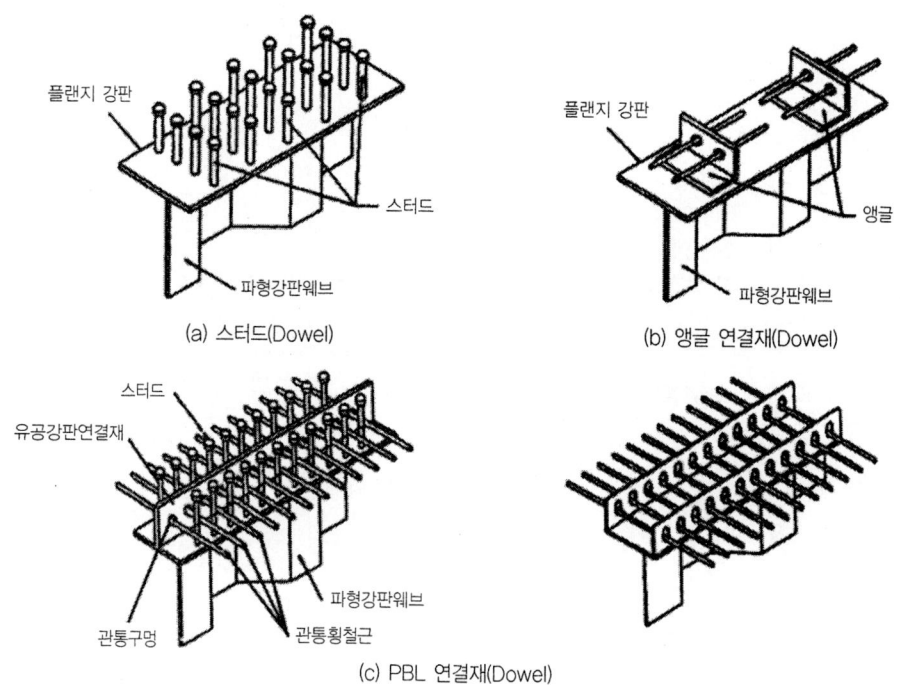

그림 7.1.5 플랜지 강판을 갖는 전단 연결재

(2) Flange 강판을 갖지 않은 전단 연결재(그림 7.1.6)

파형강판을 직접 콘크리트 슬래브에 매입하고 파형강판에 의해 둘러쌓인 부분의 콘크리트 및 파형강판 단부에 교축방향으로 용접한 접합강봉에 의한 연결재 효과 또는 파형강판 구멍의 연결재 효과에 의해 콘크리트와 접합하는 형식이다.

파형강판 web는 일반적인 steel I-type Girder, Box Girder교의 web보다도 교축직각방향의 강성이 크므로 파형강판과 콘크리트 슬래브의 접합부도 강하다면 콘크리트 슬래브에 윤하중이 작용할 경우 접합부에는 비교적 큰 교축직각방향의 휨 모멘트가 발생한다. 따라서 파형강판 web교의 접합부에서는 교축방향의 수평전단력 뿐만 아니라 교축직각방향의 휨에 대해서도 소요성능의 확보를 적절한 방법으로

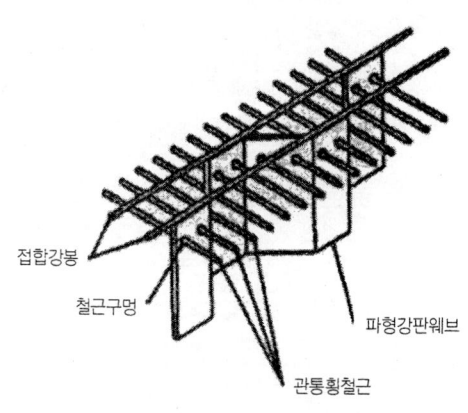

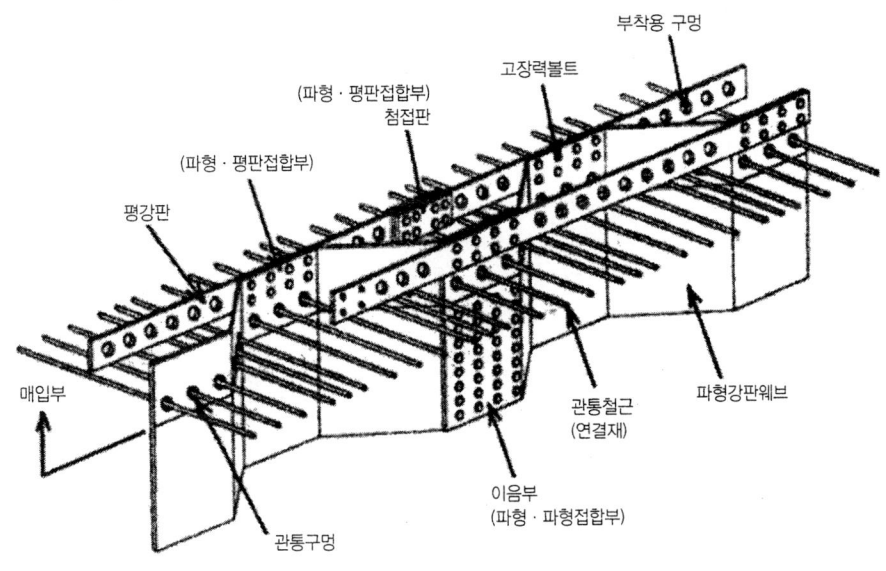

그림 7.1.6 매입 web 전단 연결재

확인해야 한다.

또한 접합부의 전단 연결재 및 파형 강판끼리의 연결부 종류에 따라서는 특허를 갖는 경우도 있으므로 설계시 적용에 있어서는 충분한 주의가 필요하다.

각 접합방법에 따른 전단 연결재는 비교하면 표 7.1.1과 같다.

⊙ 표 7.1.1 전단 연결재(Dowel)의 비교

접합방법	구조특성	시공성	경제성
Stud Dowel / 플랜지 플레이트 / 파형강판 Web	• 파형강판의 플랜지 플레이트를 붙여 stud를 용접하여 붙인 구조이다. • 바닥부 진동모멘트에 대하여 stud의 인장강도가 저하가 우려된다.	• 플랜지 플레이트 붙여있기 때문에 거푸집설치가 용이 • 바닥판 철근의 배치가 용이하다.	• 파형강판의 플랜지 플레이트의 용접이 필요(cost 증가) • stud Dowel의 용접회수가 많다(cost 증가).
관통철근 / 접합봉강 flare 용접 / 파형강판 Web / 관통구멍	• 구멍을 관통철근을 파형강판의 단부에 접합강봉을 플레어 용접하며 바닥판에 직접 매립한 구조이다. • 머리부 진동 모멘트에 대하여 충분한 피로내구성을 가지고 있다.	• 상부바닥판 측에서 콘크리트 바닥판의 거푸집 set가 번잡하다. • 하부 바닥판 측에 플랜지 플레이트가 없어서 콘크리트 타설이 양호하다.	• 파형강판의 플랜지 플레이트를 용접할 필요가 없다(cost 감소). • 강과 콘크리트의 계면의 위치를 명확히 하기힘들다. coating 이 필요하다 (cost 증가).

◉ 표 7.1.1 전단 연결재(Dowel)의 비교(2)

접합방법	구조특성	시공성	경제성
U-자 철근, 관통철근, Angle, 플랜지 플레이트, 파형강판 Web	• 파형강판에 플랜지 플레이트를 붙여 Angle을 용접한 구조이다. • 관통철근, U자 철근을 배치하여 전단저항 및 머리부 진동모멘트에 대해 높은 저항성을 가지고 있다.	• 플랜지 플레이트가 붙어 있어 거푸집 설치가 용이하다. • Angle Dowel의 관통철근의 삽입 및 U자 철근의 배치가 번잡하다.	• 파형강판에 플랜지 플레이트의 용접이 필요(cost 증가) • 플랜지 플레이트에 Angle Dowel의 주면을 Fillet용접을 하므로 용접장이 가장 길다(cost 증가).
관통구멍, 구멍 뚫인 리브(PBL), 관통철근, 플랜지 플레이트, 파형강판 Web	• 강 Dowel의 거동을 보면 마찰강성이 아주 높은 구조이다. • 구멍 뚫린 리브 2매를 배치하여 머리부 진동 모멘트에 대하여 높은 저항성을 가지고 있다.	• 플랜지 플레이트가 붙어 있어 거푸집 설치가 용이하다. • 구멍 뚫린 리브에 철근을 삽입하는 관통구멍이 크므로 철근배치가 용이하다.	• 파형강판에 플랜지 플레이트의 용접이 필요하다(cost 증가). • 플랜지 플레이트에 구멍 뚫린 리브를 용접할 필요가 있고 교축방향으로 용접한다(cost 증가).

(주) PBL : Perfo Band Leisten(독어)의 약자임.

7.1.6 가로보·격벽 등

파형강판 web Girder에서 가로보·격벽은 Box Girder 단면형상의 유지와 비틀림에 의한 단면변형을 구속하기 위한 중요한 부재이다. 파형강판 web Box Girder교는 일반적인 PSC Box Girder교와 비교하여 비틀림 강성 및 web의 횡방향 강성이 작으므로 비틀림에 의한 주거더의 단면변형을 억제하기 위해 충분한 강성을 갖는 가로보·격벽을 적절한 간격으로 설치할 필요가 있다. 파형강판 web PSC 교에서는 External cable의 편향부가 1경간에 최저 2개소가 설치되므로 이것을 격벽을 겸하게 함으로써 단면변형의 영향은 배제된다고 본다. 그러나 교량의 경간장이 긴 경우에는 단면변형을 억제하기 위한 중간 격벽의 설치에 대하여 충분한 검토가 따라야 한다.

특히, 곡선교, 사교 또는 확폭교량 등 비틀림모멘트에 의한 영향이 크다고 판단되는 경우나 격벽간의 간격이 크게 되는 경우에는 휨변형 거동에 대해 정밀해석을 하여 부재의 안전성을 확인하고 격벽의 효과를 확인할 필요가 있다.

또한 가로보·격벽이 External cable의 정착부나 편향부를 겸하는 경우에는 통상의 PSC Box Girder교에 비해 web의 축방향 및 횡방향 강성이 작다는 점을 충분히 고려하여야 한다. 즉, 설계에서는 가로보·격벽이 PS강재 인장력과 편향력에 대해 충분한 내력을 갖고 있는지를 확인하고 파형강판 web와 상·하 콘크리트 슬래브에도 악영향이 없는지를 확인하여야 한다.

편향부는 PS강재에 의한 편향력을 주거더에 원활하게 전달가능한 구조로 하여야 한다. 또한 편향부는 및 그 주변의 부재는 편향력에 대해 충분한 안전성을 갖는 구조로 하는 것이 좋으며 편향부는 중간격벽을 겸한 격벽 형식으로 하는 것을 권장한다.

편향부의 종류는 다음과 같은 것이 일반적으로 적용하고 있다. 이들의 적용시에는 안정성을 충분히 검토할 필요가 있다.

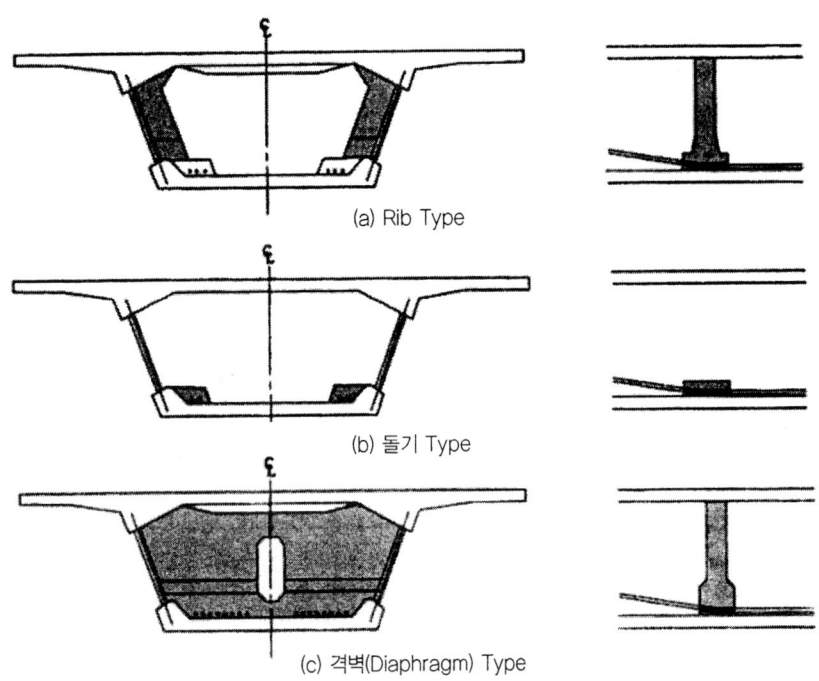

그림 7.1.7 편향부(방향변환부)의 종류

7.1.7 External cable의 정착

파형강판 web는 web에 PS 정착구를 설치할 수 없으므로 정착구(정착장치)의 설치는 가로보·격벽(Diaphragm) 및 상·하 슬래브의 콘크리트 부분에 한다. 특히, 지간 중간부 위치의 상부 슬래브(바닥판) 혹은 하부 슬래브에 PS강재를 정착하는 경우에는 활하중에 의해 응력변동이 큰 개소는 피하고 가능한 web 근처의 부재단면 압축부에 정착하는 것이 좋으며 이 경우에 정착부와 그 근방은 충분한 보강을 실시해야 한다.

파형강판 web 교에 있어서 대용량의 가설 External cable을 콘크리트 슬래브에 정착하면 슬래브에 악영향을 끼치는 것이 염려되므로 External cable의 정착부는 적절히 보강되어야 한다.

일반적으로 보강방법은 그림 7.1.8과 같이 콘크리트 슬래브에 가로보를 설치하는 방법(콘크리트 Edge 방법)과 연직 Rib를 설치하는 방법(연직 Rib 방식) 등이 있다.

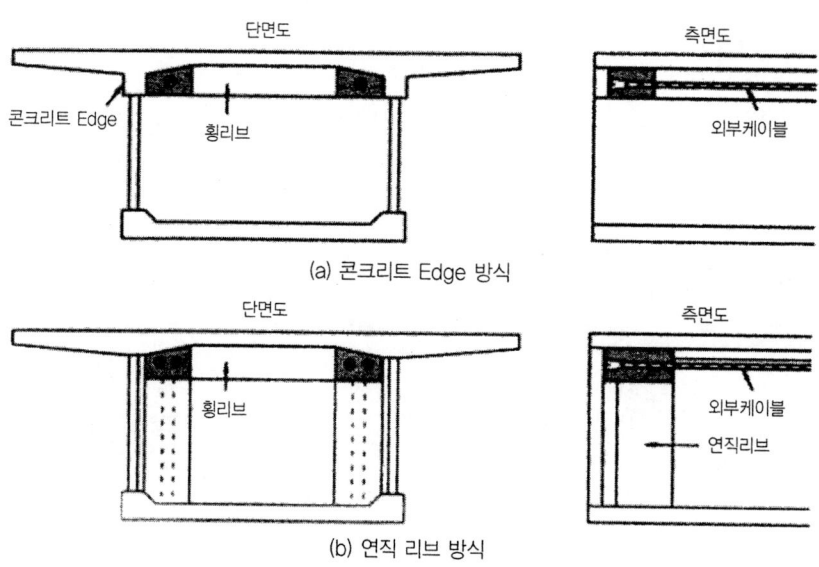

그림 7.1.8 가설 외부 케이블의 정착 예

7.2 복합 트러스교

7.2.1 개요

트러스 web PS교는 콘크리트 트러스 구조와 복합 트러스 구조(강 트러스 구조)로 분류한다. 콘크리트 트러스 구조는 약 30년 전에 개발되었으며 최근까지 연구와 개선을 계속하고 있으며 이 형식은 적용성과 경제성이 많다는 것을 사례에서 실증되었다.

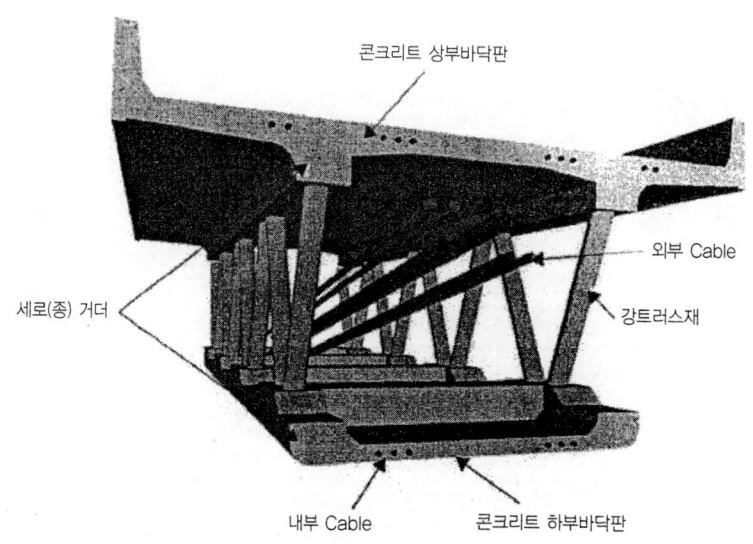

그림 7.2.1 복합 트러스 web PS교 개념도

한편 복합 트러스 구조는 1984년에 프랑스의 Arbois교가 최초로 건설되었고 최근까지 많은 교량이 건설되었으며 그 시대 시대의 최신 기술이 도입되어 구조적 진화를 해왔다.

복합 트러스 PS교는 일반적으로 그림 7.2.1과 같이 PSC 박스거더교의 웨브를 강트러스 사재로 치환하고 상·하 바닥판을 콘크리트 구조로 완성한 강트러스 구조와 PSC 구조가 상호의 장점만을 조합하여 합리적인 구조를 지향한 복합 교량이다.

복합 트러스 구조는 크게 트러스 web 구조와 space truss 구조로 분류되었다. 트러스 웨브 구조는 일반적으로 그림 7.2.2와 같이 PSC 박스거더에서 콘크리트 웨브를 강트러스재로 치환한 트러스 구조이고 트러스의 상하 현재를 강트러스로 결합한 하로형식의 트러스 구조(그림 7.2.3)로 철도교에서 많이 적용하고 있으며 현수바닥판을 트러스재로 결합한 트러스 구조(그림 7.2.4)가 있으며 상부 바닥판을 콘크리트 부재로 하현재는 강부재로 하여 콘크리트 바닥판 및 강하현재를 강트러스재로 결합한 스페이스 트러스 구조(그림 7.2.5)가 있다.

그림 7.2.2 트러스 웨브 박스거더구조

그림 7.2.3 하로형 구조

그림 7.2.4 현수바닥판 트러스 구조

그림 7.2.5 Space Truss 구조

강 트러스 웨브 PS 박스거더교는 종래의 PSC 박스거더교에 비해서 다음과 같은 특징을 가지고 있다.

ⓐ 주거더의 자중이 경감되어 지간의 장대화가 가능하다.

ⓑ 자중경감에 따라 하부공·기초공을 포함해서 교량전체의 건설비가 삭감되어진다.
ⓒ 웨브의 거푸집, 철근, PS강재조립 및 콘크리트 타설이 불필요하여 생력화·공기의 단축이 가능하다.
ⓓ 웨브가 트러스구조로 되어 투명감이 증가하고 주위의 경관과 어울려져 경관성이 향상된다.

이상과 같이 강트러스 web PS 박스거더교는 경제성과 시공성에서 우수한 이점을 가지고 있으며 강트러스와 콘크리트의 특성을 이용한 새로운 구조형식으로 장지간에 필요한 교량형식이다.

그러나 한국에서는 강트러스 web PS 박스거더교는 가설한 역사가 짧고 설계·시공에 관한 충분한 기준이 정비되어 있지 않은 실정에서는 설계에 대한 적용은 외국의 설계지침·규준에 따라서 할 수밖에 없다.

7.2.2 복합 트러스교의 구조계획

복합 트러스교는 통상적으로 PSC 박스거더교에서 콘크리트 웨브를 강트러스로 치환한 구조에서부터 하로형구조, 상로식 편수바닥판구조, space 구조 등 다양한 구조에서 적용이 가능하다. 교량계획에 있어서 모든 교량이 마찬가지로 노선의 평면·종단선형, 지형조건, 가설조건(시공조건) 등을 고려하고 구조의 특성, 경제성에 있어서 유효성이 있는 상부구조 및 하부구조를 계획하여야 한다.

복합 트러스교의 적용지간은 다음 표 7.2.1을 기준하여도 좋다.

⊙ 표 7.2.1 각종 복합 트러스교의 실정과 적용가능지간

형식	지간(m) 50	100	150
박스형 구조			
하로형 구조			
상로식 현수바닥판구조			
space truss 구조			

강트러스 web PS교의 거더의 높이는 PSC 박스거더의 웨브를 강트러스재로 치환한 것이므로 과거에 적용하였던 PSC 박스거더높이와 같게 하든지 조금 높게 하는 것이 좋다.

교량의 다리밑 높이에 제약을 받지 않는 경우에는 거더의 높이를 조금 크게 하는 것이 주거더자중이 그리 크게 증가하지 않고 단면합성, 단면내력의 증가와 사용 PS강재량의 저감을 도모한다.

7.2.3 격점부의 설계

(1) 콘크리트 바닥판과 강트러스 부재가 결합된 격점구조는 복합 트러스교에서 중요부위이고 격점구

조를 포함하는 격점부의 거동은 격점부 설계 뿐만 아니라 교량 전체의 설계에도 크게 영향을 준다. 따라서 격점구조는 강트러스부재에 작용하는 단면력을 확실하게 콘크리트 부재(종방향 세로보)에 전달되고 충분한 인성이 있는 구조가 되어야 한다.

(2) 격점구조에는 다양한 형식의 구조가 제안되어 왔고 격점부에서 힘의 전달기구도 격점구조에 따라 다르다. 격점부의 설계에 있어서는 격점부의 거동을 충분히 파악하고 구조해석 Model에 충분히 반영하며 적절한 보강방법을 반영하는 것이 중요한 사항이다. 따라서 새로운 격점구조를 사용하는 경우에는 시험을 실시하여 내력 등의 구조특성을 명확하게 하지 않으면 안된다. 또한 실적이 있는 격점구조를 적용하는 경우에도 작용력에 따라서 타당성이 확인된 설계방법에 의해 적절한 보강방법을 결정하여야 한다. 그리고 격점부 구조는 특허를 취득하고 있는 것이 있으므로 그 적용에 대해서는 충분한 조사를 하고 주의가 필요한 경우가 있다.

참고 : PCT(Prestress Composite Truss)교는 특허받은 교량임.

일본에서 적용하여 온 격점부의 구조 예는 다음 그림 7.2.6과 같다.

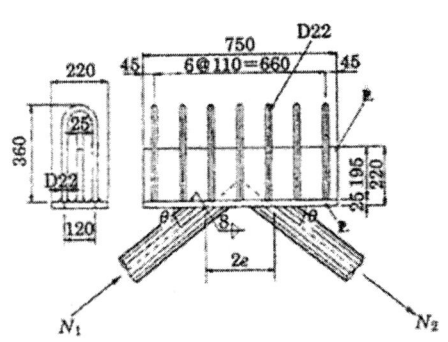

(a) T형강 플레이트 + U자 철근구조

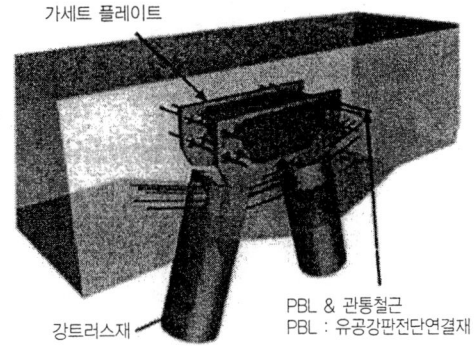

(b) 2면 가세트 격점구조

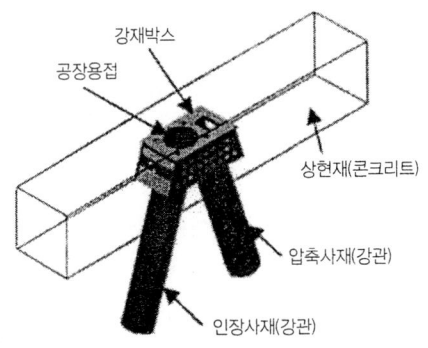

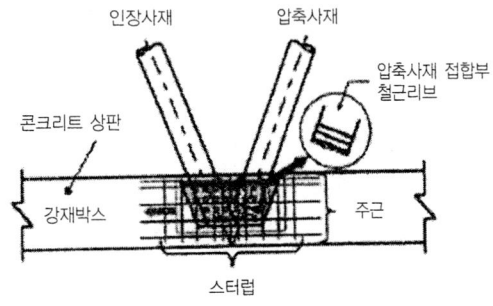

(c) 강재박스구조

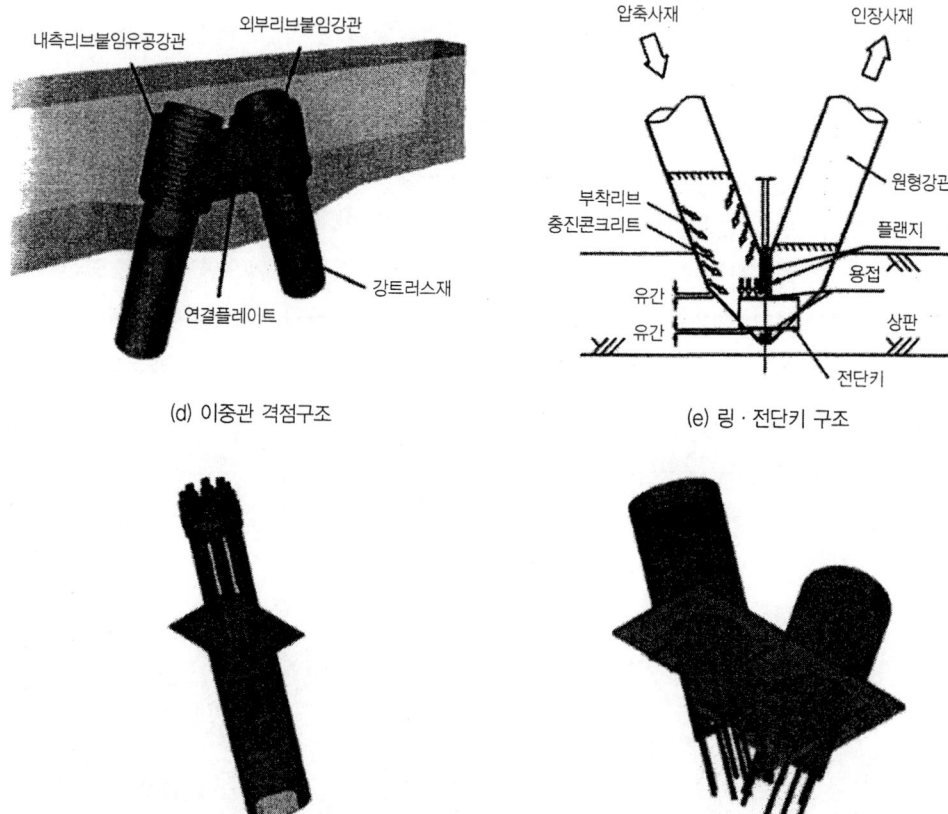

그림 7.2.6 주요 격조구조의 예

7.2.4 가로보 · 방향변환부(편향부)등

(1) 복합 트러스교의 주거더의 지점부에서는 교량받침 등에 의해서 과대한 변형이 일어나지 않도록 또한 내진설계에서 필요한 낙교방지구조 등을 설치하기 위하여 지점상에 콘크리트 가로보를 설치한다.

또한 콘크리트 가로보를 적용하지 않은 경우에는 횡방향 하중분배를 위해서는 트러스재에 의한 웨브의 강성을 증가시키고 경우에 따라서는 상 · 하 콘크리트 바닥판 강성도 함께 증가시킴으로써 단면변형이 발생하지 않은 구조로 하는 것이 바람직하다.

(2) 복합 트러스교는 주거더 횡방향의 하중분배에 문제가 없다고 증명되면 설치하지 않아도 된다. 다만, 하중분배에 문제가 있을 경우에는 단면의 변형이 크게 되어 각 부재에의 부담증가에 따라 부재치수가 크게 되는 것도 예측할 수 있다. 이러한 경우 PSC 박스거더의 격벽처럼 격벽에 대하여 검토하는 것이 바람직하다.

(3) 가로보의 구조

가로보의 구조는 바닥판이나 강트러스재로부터 전달받은 하중을 하부구조에 전달할 수 있는 구조 뿐만 아니라 외부cable 공법에 의한 외부cable을 정착 및 방향을 변환시키는 부재로 충분히 만족하는 구조로 하여야 한다.

(4) 방향변환부(편향부)

PS cable의 방향변환부는 PS강재에 의한 방향변환력을 주거더에 확실히 전달하는 것과 함께 방향변환부 및 그 주변부재가 그 힘에 대해 충분히 안전한 구조로 하여야 한다.

복합 트러스교의 방향변환부는 일반적으로 경간 내에 다이어프램이나 수직리브 형식을 하는 것이 곤란하므로 바닥판에 돌기형식을 적용하는 경우가 많다. 방향변환력에 의해 국부적인 응력이 발생한다.

또한 외부cable을 배치하여 하부바닥판에 돌기정착하는 경우에는 방향변환력과 정착력이 동시에 작용하게 되므로 방향변환부에는 보다 큰 응력이 발생한다. 따라서 작용력에 알맞은 최적의 구조 형상, 보강방법, 재료선정에 연구·검토가 따라야 한다.

7.2.5 구조설계

(1) 강트러스의 배치

강트러스재의 교축방향 배치는 복합 트러스교의 구조특성을 결정하는 중요한 구조부재이다.

1) 교축방향의 트러스 배치

교축방향 트러스배치시 고려사항

① 교량가설공법에 따른 segment 길이 및 시공이음부 간격
  (a) cantilever 가설공법
  (b) 경간분할진행공법(span by span method)
    강트러스재의 격점 위치와 block 연결부 위치의 관계와 힘의 전달을 충분히 고려
② 거더높이와 지간길이의 배치 balance
③ 교각상 및 거더 단부 가로보의 지점부 균형을 고려하여 최적의 pitch 및 각도를 결정하는 것이 바람직하다.

2) 교축직각방향 배치

복합 트러스교는 콘크리트 웨브의 박스거더교에 비하여 횡방향 강성이 작다. 그 때문에 강트러스재를 거더단면내에 배치에 관해서 하중분배를 고려하여야 한다.

① 바닥판 지간

② 주거더의 비틀림 강성
③ 외부 cable의 배치 및 방향변환 방법 등을 고려하여 배치방법을 결정하여야 한다.

(2) 격점부 구조

1) 격점부는 강트러스재로부터의 압입력과 인발력 및 바닥판으로부터 축방향이 작용하고 격점부 근방에서는 복잡한 거동이 발생한다. 또한 격점부 구조형식에 따라 격점부에서의 힘의 전달기구가 다르다. 따라서 격점부 근방의 바닥판 콘크리트에 배치하는 철근은 격점구조기능과 그 내구성을 손상하지 않도록 적절히 배치한다.
2) 격점부는 시공 중에 콘크리트의 creep 및 건조수축, 부재시공오차, 중량산정오차 등에 의해 실제 처짐량의 차이가 발생한다. 따라서 오차에 대하여 격점부 구조에서 대응이 용이한 구조로 하는 것이 좋다.

(3) 정착부 구조

1) 바닥판에 내부cable을 정착하는 경우 바닥판에 응력이 한곳에 집중하지 않도록 적절히 분산 배치한다.
2) 강트러스 PS교에서 외부cable을 정착하는 경우에는 정착부의 위치와 구조는 강트러스 배치에 유의하고 PS강재 긴장작업 공간 및 강재삽입·조립방법 등을 고려하여야 한다. 특히 교량폭원이 넓어 강트러스재를 단면 내에 배치하는 경우는 편심배치하는 외부 cable과 강트러스재가 서로 교차하게 되는 경우가 있으므로 정착가능한 위치와 PS cable 본수를 사전에 설정하여 검토가 따라야 한다.

7.3 프리플렉스(Preflex) 합성거더교

7.3.1 개요

프리플렉스 합성거더는 1951~1954년 사이에 Belgium(벨기에)의 설계기술자 A.Lipski와 Brussuls 대학의 L.Baes 교수의 공동연구에 의하여 설계법이 확립된 것이다.

프리플렉스 합성거더는 강재거더를 이용하여 Preflexion 및 Release를 조작하여 연장측 플랜지 콘크리트에 압축프리스트레스를 도입하여 거더의 휨강성을 증대시킨 합성구조거더로 콘크리트에 매립된 강거더 혹은 SRC(Steel Reinforced Concrete) 거더의 일종으로 분류된다(그림 7.3.1(a)). 이를 테면 그림 7.3.2 및 그림 7.3.3에 나타낸 것처럼 I-형 단면의 강거더에 힘 변형이 발생하도록 프리플렉션 하중(Preflexion Load)을 작용시켜 인장측 플랜지 주위에 콘크리트를 타설하여 경화된 후에 강거더에 작용시킨 하중을 제거(이것을 Releas라고 함)하면은 이 콘크리트(하부 플랜지)에 압축 프리스트레스가 도입된다.

이로 말미암아 설계 최대 휨모멘트 이하에서 하부 플랜지 콘크리트가 전단면 유효한 거더의 휨강성을 가져 강거더에 비하여 현저하게 증대된다(그림 7.3.3).

또한 프리플렉스 합성거더는 프리플렉스 거더를 사용한 합성거더로 그림 7.3.1(b)와 같이 강거더 전체를 콘크리트로 피복한 것으로 통상 강·콘크리트 합성거더와 같은 형상이고 상부 플랜지 콘크리트를 전단연결재로 압축측 강플랜지와 합성시킨 것이다. 프리플렉스 합성거더가 실제로 교량에서 사용하는 주거더는 철근콘크리트 바닥판을 콘크리트 상부 플랜지와 겸용하고 있다(그림 7.3.4).

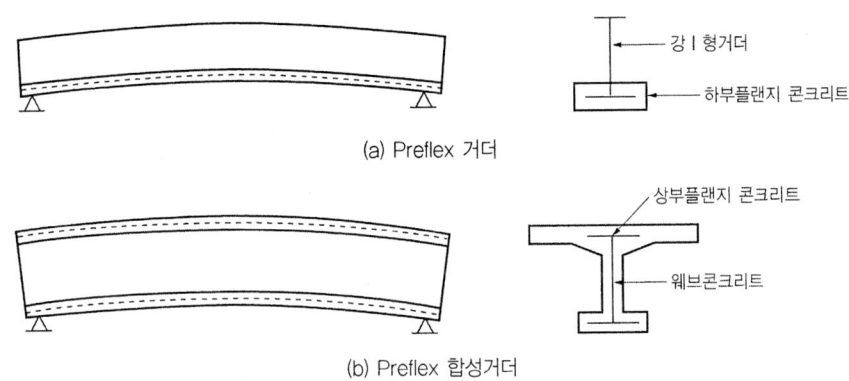

그림 7.3.1 프리플렉스 거더와 프리플렉스 합성거더

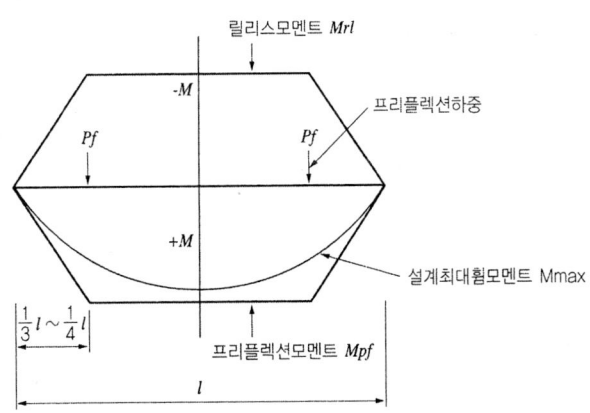

그림 7.3.2 프리프렉션 거더의 원리

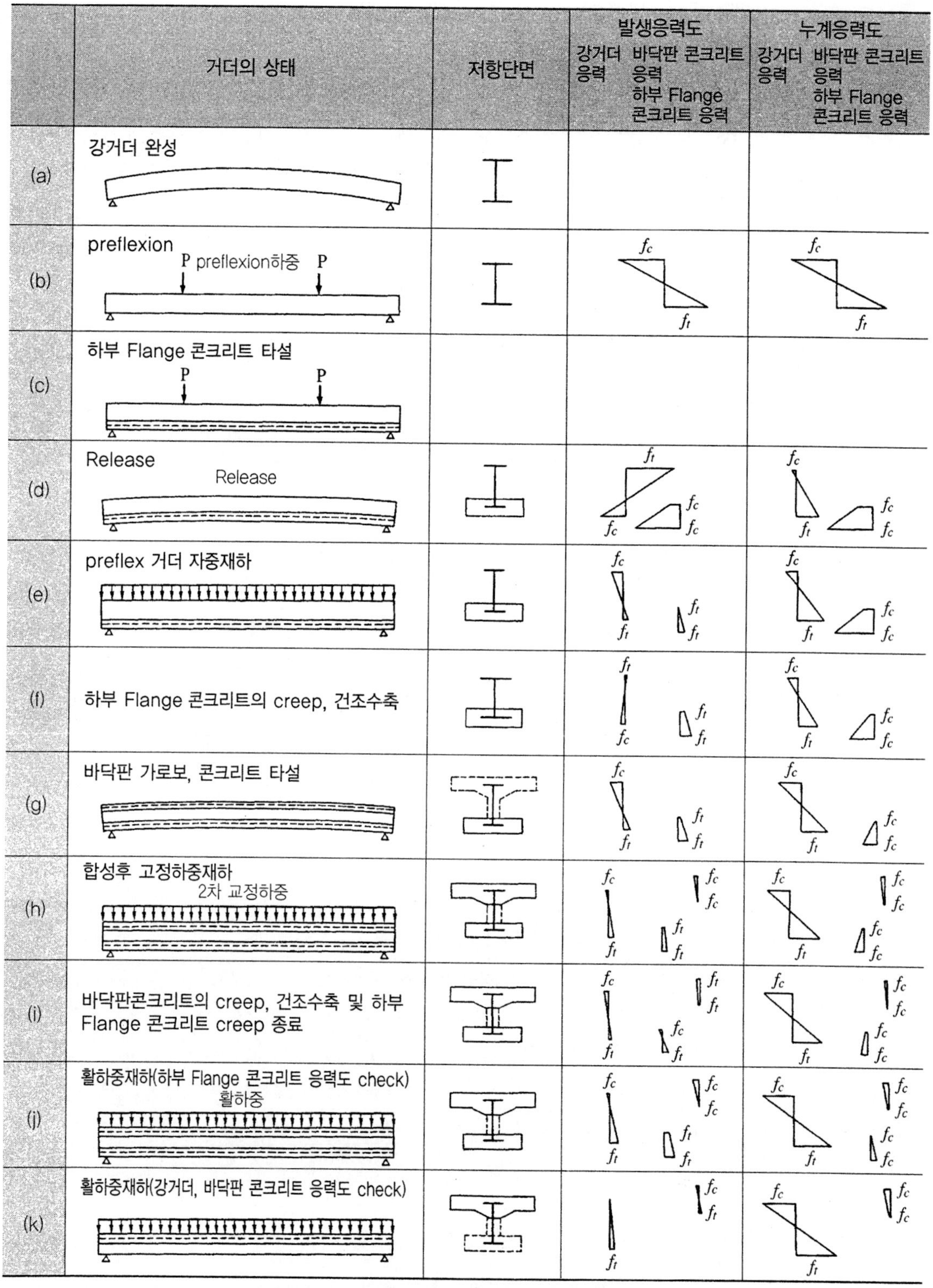

	거더의 상태	저항단면	발생응력도 강거더 응력 / 바닥판 콘크리트 응력 / 하부 Flange 콘크리트 응력	누계응력도 강거더 응력 / 바닥판 콘크리트 응력 / 하부 Flange 콘크리트 응력
(a)	강거더 완성	I형		
(b)	preflexion (P preflexion하중 P)	I형	f_c / f_t	f_c / f_t
(c)	하부 Flange 콘크리트 타설			
(d)	Release	합성단면	f_t / f_c , f_c	f_c / f_t , f_c
(e)	preflex 거더 자중재하	합성단면	f_c/f_t , f_t/f_t	f_c/f_t , f_c/f_c
(f)	하부 Flange 콘크리트의 creep, 건조수축	합성단면	f_t/f_c , f_t/f_t	f_c/f_t , f_c/f_c
(g)	바닥판 가로보, 콘크리트 타설	합성단면	f_c/f_t , f_t/f_t	f_c/f_t , f_c/f_c
(h)	합성후 고정하중재하 (2차 교정하중)	완전합성	f_c/f_t , f_c/f_c , f_t/f_t	f_c/f_t , f_c/f_c , f_c/f_c
(i)	바닥판콘크리트의 creep, 건조수축 및 하부 Flange 콘크리트 creep 종료	완전합성	f_c/f_t , f_t/f_c , f_c/f_t	f_c/f_t , f_c/f_c , f_c/f_c
(j)	활하중재하(하부 Flange 콘크리트 응력도 check)	완전합성	f_c/f_t , f_c/f_t , f_t	f_c/f_t , f_c/f_c , f_c/f_c
(k)	활하중재하(강거더, 바닥판 콘크리트 응력도 check)		f_c/f_t , f_t	f_c/f_c , f_t

그림 7.3.3 Preflex 합성거더의 제작순서와 응력상태

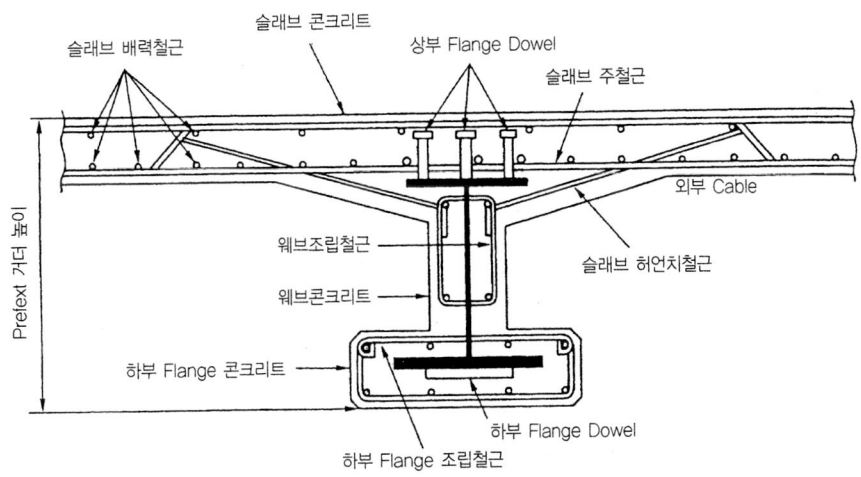

그림 7.3.4 프리플렉스 합성거더의 단면

이 프리플렉스 합성거더를 교량의 주거더로 사용하는 프리플렉스 합성거더교는 현재 적용교량 종류는 표 7.3.1과 같이 다채다양한 형식을 고려할 수 있다.

또한 프리플렉스 합성거더교는 표 7.3.2에 나타낸 특징을 가지고 있으며 통상적으로 강교·콘크리트와 비교하면 표 7.3.3과 같은 특징을 생각할 수 있다.

◉ 표 7.3.1 프리플렉스 합성거더교의 분류

분류 항목	분류 내용
교량의 종류	도로교, 보도교, 철도교
지지방법	단순교, 연속교
노면위치	상로교, 하로교
웨브높이	등단면거더, 변단면거더
시공방법	block공법, 거더 1본 일괄시공

◉ 표 7.3.2 프리플렉스 합성거더교의 특징

거더높이	• 거더의 강성이 높고 활하중에 의한 처짐이 적어 거더높이 제한을 받는 장소에 유리 • 강거더를 콘크리트에 매립하여 확폭처리 및 도로종단을 맞추어 변단면거더로 적용이 용이
구조계	현지의 상황에 따라서 단순거더 및 연속거더형식을 선정
소음·진동	충분한 강성과 어느 정도 중량을 가지고 있으므로 진동이나 소음이 적다.
도 장	거더 전체가 콘크리트로 피복되어 있어 도장이 필요하지 않고 유지관리비가 저렴
작업야드	block 공법을 적용하면 현장에서 응력을 도입하는 야드가 불필요
가 설	1본씩 가설시의 중량이 PSC 거더의 1/2~1/3 정도이고 가설시에 거더 중심이 낮으므로 취급이 간단하고 시공이 용이하다.

⊙ 표 7.3.3 강교·콘크리트교와 비교한 프리플렉스 합성거더교의 특징

비교항목	강교와의 비교	콘크리트와의 비교
거더높이·처짐	처짐량이 적다.	거더높이가 낮다.
소음·진동	저소음·저진동	큰 차이가 없다.
피로	피로의 영향이 강교에 비교하여 적다.	콘크리트로 피복되어 있으나 강거더는 피로를 고려하여야 할 필요가 있다.
가설	가설부재수가 적어 단기간에 가설가능	가설중량이 적어 간단히 가설할 수 있다.
보수 (유지관리)	도장이 불필요하여 유지관리비가 저렴	큰 차이가 없다.

7.3.2 프리플렉스 단순합성거더

(1) 프리플렉스 합성거더의 개념

프리플렉스 합성거더의 기본개념은 강거더의 인장 플랜지 둘레에 둘러싼 콘크리트에 미리 압축 프리스트레스를 도입하여 하부 플랜지 부분의 강성을 증대시키려는 것이다.

프리플렉션에 의한 모멘트로서는 그림 7.3.2에 나타난 것과 같이 각 단면의 설계 최대모멘트를 포함하는 형태의 휨모멘트의 값을 가지도록 정하는 것이 좋다. 일반적으로 시공상의 편의를 위하여 지간의 1/4~1/3 부근의 2점에 집중하중(preflexion 하중)을 가하여 휨모멘트를 준다.

프리플렉스 합성거더에 있어서는 강거더의 변형에 의해 프리스트레스를 도입하므로 고강도의 PS강재에 의하여 프리스트레스를 도입하는 PSC 부재에 비하여 콘크리트의 creep와 건조수축에 의한 프리스트레스의 손실비율이 크게 되고 일반적으로 활하중 재하시에는 하부 플랜지 콘크리트에 상당히 큰 인장응력이 발생한다.

따라서 활하중 재하시에는 하부 플랜지 콘크리트의 인장저항은 무시하고 강거더와 상부 바닥판 콘크리트의 합성단면만으로 저항하도록 하는 것이 원칙이다. 그러나 강거더의 하부 플랜지와 이를 피복한 콘크리트와의 사이에는 구조의 일체성 및 균열의 분산을 위하여 축방향철근과 교축직각방향철근을 충분히 배치하여 하부 플랜지 콘크리트의 인장응력을 어느 한도까지 허용할 수 있다.

또 주의할 것은 합성거더로서의 중립축의 위치는 전단연결재의 효과를 확보하기 위하여 강거더 단면 내에 있도록 하여야 한다. 그리고 콘크리트 속의 강재 및 철근의 방청을 위하여 고정하중의 재하시에는 하부 플랜지 콘크리트의 표면균열시 발생하지 않도록 하는 것이 바람직하며 이때에 반드시 압축영역에 있도록 설계하여야 한다.

웨브(복부) 콘크리트는 바닥판 콘크리트를 타설할 때에 강거더의 횡좌굴을 검토하는 경우 외에는 설계계산에 이를 고려하지 않는다.

(2) 프리플렉스 합성거더의 시공단계

프리플렉스 합성거더는 여러 시공단계를 거치기 때문에 복잡한 응력분포를 나타내고 설계에 있어서는 그 특성을 확실하게 이해하는 것이 중요하다.

프리플렉스 합성거더의 시공순서에 따른 각 시공단계에 있어서의 재하상태 및 저항단면은 그림 7.3.3과 같다.

1) 강거더 제작 단계

소정의 제작 camber(솟음)을 붙인 강거더가 제작완료된 상태를 나타낸다. 이 상태에서는 그 취급이나 적치의 경우에 강거더의 자중만이 작용하므로 별도의 응력검토가 필요 없다.

2) 프리플렉션 단계

강거더에 (+)모멘트를 가하기 위하여 집중하중을 작용시킨 상태이고 이 상태를 프리플렉션이라고 부른다. 이 경우에 있어서의 응력상태는 강거더의 하부 플랜지가 인장 측, 상부 플랜지가 압축 측이 된다.

이 상태에 있어서는 강거더의 좌굴에 대한 안전을 확보하기 위해 강거더의 응력검토가 필요하다.

3) 하부 플랜지 콘크리트 타설·양생 단계

2)항의 프리플렉션의 상태에서 하부 플랜지 콘크리트 타설상태 및 양생상태를 나타낸다.

4) 릴리스(Release) 단계

하부 플랜지 콘크리트가 충분히 경화한 다음에 프리플렉션 하중(P_f)을 제거하여 하부 플랜지 콘크리트에 압축 프리스트레스를 도입한 상태를 나타낸다. 이 작업을 Release라고 부르며 이로써 프리플렉스 거더가 완성되며 이것이 프리플렉스 합성거더의 기본부재가 된다.

이 상태에서 거더 하부플랜지 콘크리트에 도입된 응력검토가 필요하다.

5) 프리플렉스 거더가설 및 현장 콘크리트 시공단계

프리플렉스 거더를 현장에 가설하고 웨브, 가로보 및 바닥판 콘크리트를 타설한 상태를 나타낸다.

이 상태에서 이 시점까지 진행되어온 하부 플랜지 콘크리트의 초기 크리프 및 건조수축에 대하여 계산을 한다.

이 경우에 일반적으로 웨브 콘크리트는 무시하지만 바닥판 콘크리트를 타설할 때의 횡좌굴에 한해서 먼저 웨브 콘크리트를 타설하고 상당한 기간 동안 경화한 것으로 미리 계획하는 경우에는 이를 계산에 고려해도 된다.

6) 프리플렉스 합성거더 완성단계

프리플렉스 거더와 바닥판 콘크리트가 합성된 다음에 포장, 연석, 보도, 난간 등의 고정하중이 작용하는 상태이다. 이 상태에 있어서는 하부 플랜지 콘크리트의 최종 크리프 및 건조수축의 계산을 행한다.

7) 프리플렉스 합성거더에 활하중 재하단계(공용단계)

프리플렉스 합성거더를 목적물로서 이용하는 단계로서 일반적으로 설계활하중이 재하된 상태가 된다. 이 상태에서 최종적인 단면검토를 행한다. 이 때에 일반적으로 하부 플랜지 콘크리트에 큰 인장응력을 받게 되어 균열이 발생하는 경우도 있으므로 응력계산시에는 하부 플랜지 콘크리트 및 철근의 인장저항을 무시하는 것이 원칙이지만 하부 플랜지 콘크리트의 충분한 철근보강으로 그 인장저항을 어느 한도까지 인정함으로써 강거더, 하부 플랜지 콘크리트 및 바닥판 콘크리트가 모두 합성거동을 하는 것으로 볼 수 있다. 이와 같은 고려는 경제적인 설계를 하기 위한 것으로 설계시에는 항복에 대한 안전도, 강거더의 피로, 내구성을 감안하여 충분한 비교검토가 있어야 한다.

7.3.3 프리플렉스 연속합성거더

(1) 기본개념

통상적으로 연속거더교는 단순교에 비하여 내진성·주행성이 우수하고 장대지간이 가능하며 경제적인 이점을 가지고 있다.

프리플렉스 연속합성거더는 그림 7.3.5와 같이 고정하중에 의한 휨모멘트의 변곡점 부근에 있어서의 경간부와 중간지점부의 2개 구간으로 나누고 경간부에는 통상의 단순합성거더와 같은 프리플렉스 합성거더를 사용하고 중간지점부에는 강거더에 하부 플랜지를 콘크리트를 둘러싸 합성시킨 거더를 사용하는 형식이다.

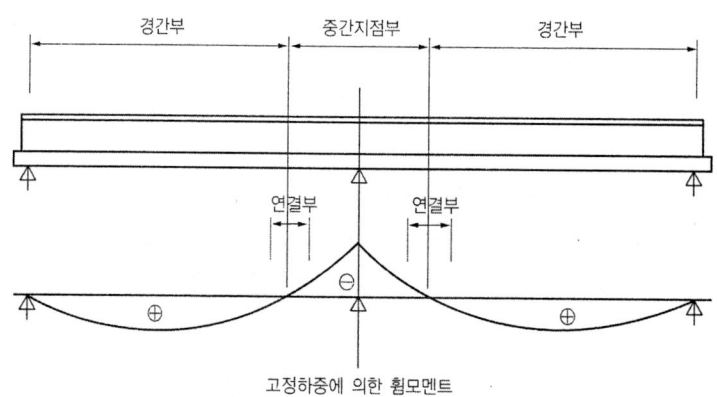

그림 7.3.5 연속거더의 경간부와 중간지점부

단, 연결부에는 바닥판 자중이하의 고정하중에 의해 압축력이 작용하게 고정하중에 의한 휨모멘트가 약간 부(-) 모멘트가 되는 위치에 연결부를 설치하도록 연구하여 최종적으로 거더 전체 하부 플랜지 콘크리트에 압축력이 작용하게 하여 연속거더를 만든다.

1) 경간부

고정 하중에 의한 휨모멘트가 정(+)인 구간으로 구조특성을 단순거더와 같이 고려한다. 통상 이 부분을 프리플렉스 거더를 사용한다.

2) 중간지점부

중간지점부는 고정하중에 의한 휨모멘트가 부(-)인 구간으로 바닥판에 작용하는 인장응력에 대하여 2종류의 기본적으로 고려하는 방법이 있다. 하나의 방법은 바닥판에 프리스트레스를 도입하고 바닥판 콘크리트의 유효단면을 산정하여 프리스트레스 연속합성거더로 고려하는 방법이다. 프리스트레스 도입방법으로는 PS cable을 사용하는 방법, 중간지점을 up-down 하는 방법 및 양자를 병용하는 방법이 있다.

다른 방법으로는 콘크리트에 균열을 용인하고 바닥판 콘크리트의 인장저항을 무시하는 단면을 구성하여 프리스트레스 없는 연속합성거더를 고려하는 방법이다.

이의 2번째 고려하는 방법으로 중간지점부의 단면은 그림 7.3.6에 있으며 이 때에 하부 플랜지 콘크리트에는 작용하중에 의하여 압축력이 작용하므로 프리스트레스를 도입할 필요가 없다.

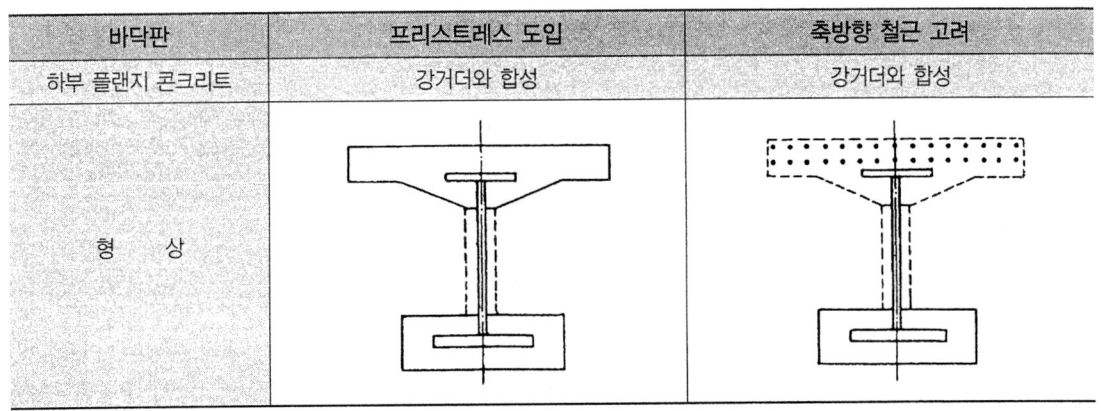

그림 7.3.6 중간지점부의 설계단면

3) 연결부

경간부와 중간지점부를 연결하는 구간으로 연결위치가 고정하중에 의한 휨모멘트가 약간 부(-) 위치에 설치한다. 이를 위해서는 연결부의 하부 플랜지 콘크리트에 바닥판 자중 다음에 작용하는 고정하중에 의해 압축력이 발생하면은 프리스트레스를 도입할 필요가 없다.

이상의 1)~3)에 의해 하부 플랜지 콘크리트 전 길이에 걸쳐 압축응력이 작용하는 한 본의 연속거더교가 된다.

(2) 제작과 시공개요

1) 단순거더

프리플렉스 거더의 가장 특징이 있는 제작단계는 프리플렉스 거더의 하부 플랜지 콘크리트에 프리스트레스를 도입하기 위해 강거더 지간의 1/4~1/3점 부근에 2점의 집중하중을 가하여 정(+) 휨모멘트가 발생하도록 하는 것과 릴리즈(Release)의 공정이다. 즉, 그림 7.3.7과 같이 사전에 제작 camber를 설치한 강거더를 상하로 설치하여 처짐 좌굴방지용 프리플렉션 장치에 정착하여 양단의 유압잭에 의해 프리플렉션 하중이 재하된다. 이 상태에서 하부 플랜지 콘크리트의 철근 및 거푸집을 조립하고 고강도 콘크리트가 타설된다.

하부 플랜지 콘크리트가 소요강도에 도달하면 거더에 작용하고 있는 프리플렉션 하중을 서서히 개방(Release)되어 하부 플랜지 콘크리트에 압축프리스트레스가 도입된다.

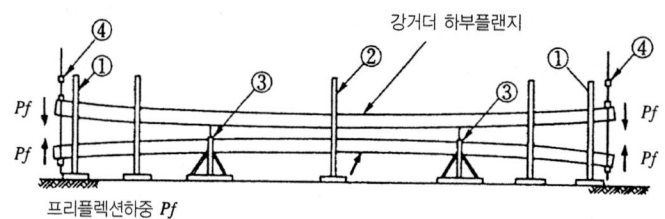

① 단부 횡지지장치
② 중간횡지지장치
③ 재하대
④ Preflexion장치

그림 7.3.7 실제의 프리플렉션 재하 방법

2) 블록(Block) 공법

프리플렉스 거더의 블록공법은 프리플렉스 거더를 공장에서 분할제작하여 현장에서 연결하여 1본의 거더가 되게하는 것이고 부재의 연결부분의 설계가 중요하다.

거더의 제작방법은 그림 7.3.8에 있는 방법을 고려할 수 있다.

① A 공법

종래의 단순거더와 같은 방법으로 강거더 각 블록을 연결한 상태에서 프리플렉션을 주고 연결부를 제외한 하부 플랜지에 콘크리트를 타설하고 경화 후 릴리즈를 하여 하부 플랜지 콘크리트에 프리스트레스를 도입한다.

그 다음에 연결부를 해체하여 Prefab의 프리플렉스 거더를 완성한다.

② B 공법

분할된 각 강거더 블록마다 종래의 단순거더 하던 방법으로 응력도입을 하여 Prefab의 프리플렉스 거더를 완성한다. A의 공법은 거더를 해체작업을 하고, B의 공법은 하지 않는다. B 공법의 경우는 프리플렉션 하중이 A 공법에 비하여 크게 되는 등의 특징이 있다. 이 B 공법은 프리플렉션시의 단면력으로 강거더 단면을 결정하기 때문에 응력도입시의 설비가 과대해진다. 해체작업을 하는 A 공법으로 시공하는 것이 간소화가 되어 저렴하다.

따라서 이 방법은 응력도입시 하부 플랜지 콘크리트를 연속으로 타설하고 하부 플랜지 콘크리트를 절단하게 되므로 연결부 근방에 집중하는 전단력에 대한 대책이 중요하다. 실험 및 연구의 결과 여러 가지 대책을 고안·실시한 결과 블록공법은 A 공법을 채용하고 있다.

stage		시공단계		
		A 공법	B 공법	
공장	1		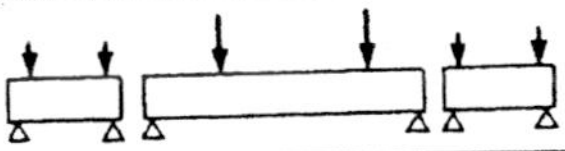	프리플렉션을 한다.
	2			릴리즈하여 프리스트레스를 도입한다(착색부).
	3	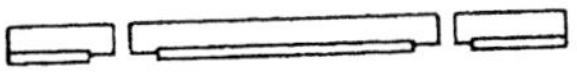		이음부를 해체한다.
현장	4	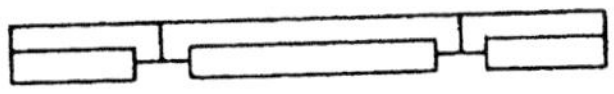		각 블록을 접속한다.
	5	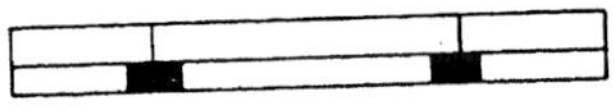		부분 프리스트레스 도입 (착색부)
	6	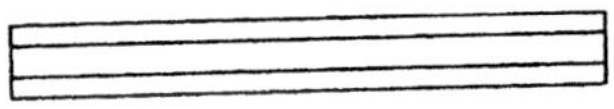		완성

그림 7.3.8 프리플렉스 거더 블록공법의 시공개요

3) 연결부에서 부분 응력도입

먼저 기술한 A·B 양공법에 있어서 연결부의 하부 플랜지 콘크리트의 응력도입은 현장에서 하여야 한다. 그의 방법은 내부 cable 방식, 외부 cable 방식, countweight 방식이 고안되어 통용되고 있다. 그의 특징은 그림 7.3.9에 나타내었다.

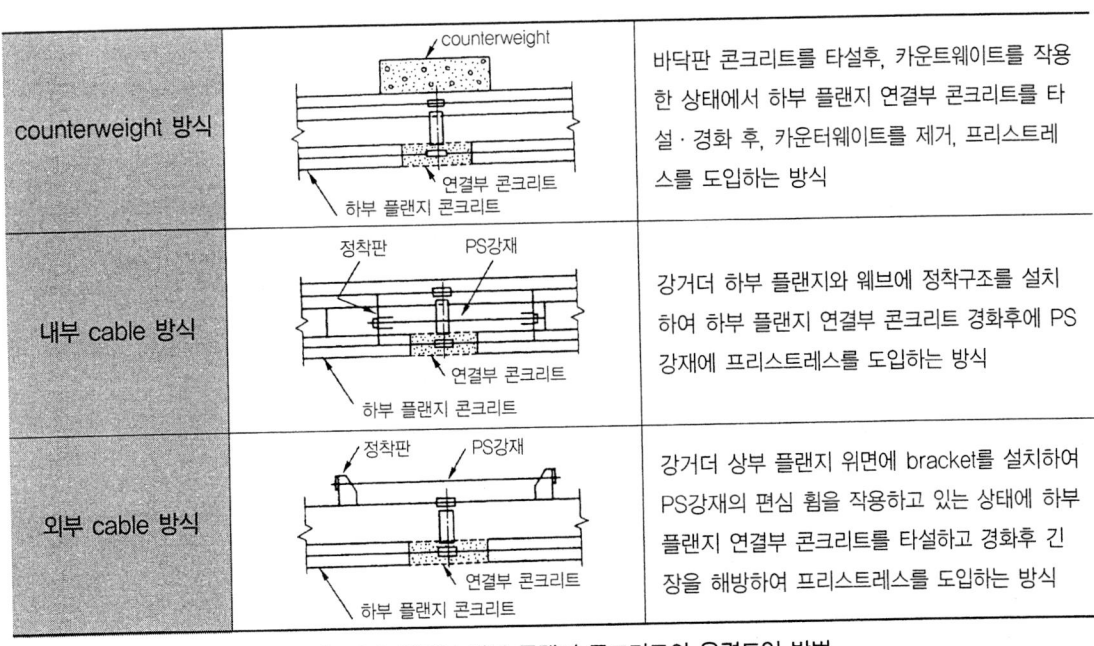

counterweight 방식		바닥판 콘크리트를 타설후, 카운트웨이트를 작용한 상태에서 하부 플랜지 연결부 콘크리트를 타설·경화 후, 카운터웨이트를 제거, 프리스트레스를 도입하는 방식
내부 cable 방식		강거더 하부 플랜지와 웨브에 정착구조를 설치하여 하부 플랜지 연결부 콘크리트 경화후에 PS강재에 프리스트레스를 도입하는 방식
외부 cable 방식		강거더 상부 플랜지 위면에 bracket를 설치하여 PS강재의 편심 휨을 작용하고 있는 상태에 하부 플랜지 연결부 콘크리트를 타설하고 경화후 긴장을 해방하여 프리스트레스를 도입하는 방식

그림 7.3.9 연결부 하부 플랜지 콘크리트의 응력도입 방법

내부cable 방식의 경우는 거더의 높이가 낮은 경우에 PS강재의 중심위치가 거더의 중심축 위치 근방에 있어 편심모멘트가 적게 된다. 이에다가 소정의 프리스트레스를 도입하는 데는 PS강재량이 증가하고 그 결과 거더에 작용하는 축력이 지배적으로 되어 부분 프리스트레스 도입시의 강거더 · 상부 플랜지 단면결정을 과대하여져 본체 주구조에 영향을 미치게 된다. 따라서 시공면을 고려할 때 연결부의 프리스트레스의 도입하는 데는 countweight 방식을 사용하는 것이 좋은 경우가 많다.

4) 프리플렉스 연속거더의 시공

프리플렉스 연속합성거더는 경간부와 중간지점부를 별도로 각각 제작하여 가설시에 각 부재를 연결해서 1본의 거더로 하는 것이다. 그 시공순서는 그림 7.3.10과 같다.

연속거더의 형식에서 블록공법을 채용하는 것이 시공성 · 경제성이 향상되는 경우가 많다. 또한 가설공법은 블록공법으로 하는 단순거더의 경우와 같다.

	시 공 단 계	적 요
1)	거더제작 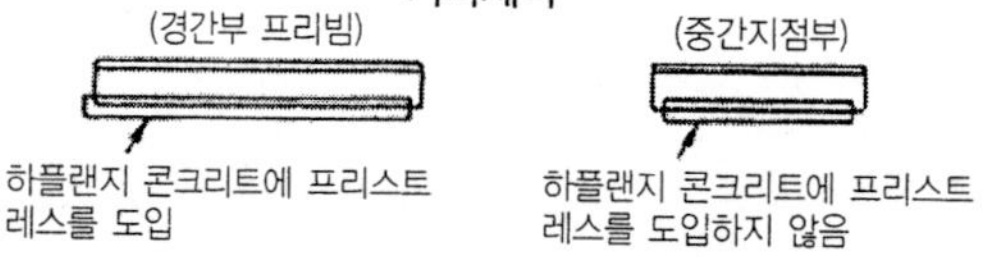 (경간부 프리빔) (중간지점부) 하플랜지 콘크리트에 프리스트레스를 도입 / 하플랜지 콘크리트에 프리스트레스를 도입하지 않음	중간지점부는 프리스트레스를 도입하지 않는 강거더와 하플랜지 콘크리트와 합성시킨 거더로 한다.
2)	거더가설 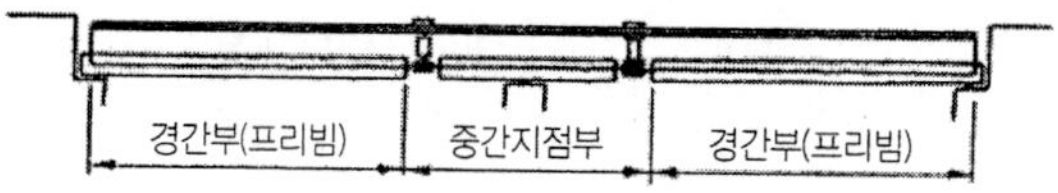 경간부(프리빔) 중간지점부 경간부(프리빔)	경간부 및 중간지점부의 거더를 가설해서 고장력 볼트로 연결한다.
3)	거더 연결부 하플랜지 콘크리트 타설 	거더 이음부의 하플랜지 콘크리트를 타설한다 (그림 사선부).
4)	거더 연결부 하플랜지 콘크리트 타설 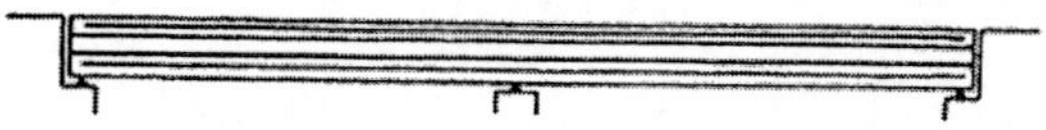	바닥판 및 횡거더에 소정의 철근을 배근하고 콘크리트를 타설한다(그림 사선부). 또한, 타설순서는 경간부를 시작으로 중간지점부는 최후에 한다.
5)	거더 연결부 하플랜지 콘크리트 타설 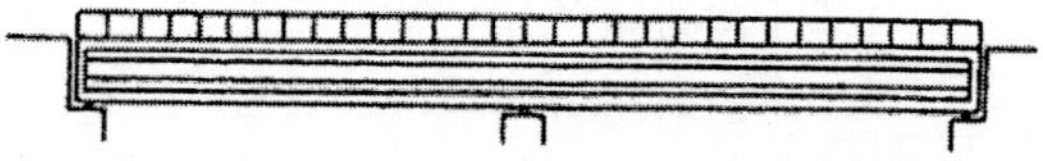	바닥판 콘크리트 합성 후, 교면공이 시공되어 활하중이 재하된다.

그림 7.3.10 프리플렉스 합성거더 형식의 시공순서

7.4 혼합거더교

7.4.1 개요

일반적으로 교량에 적용하고 있는 각 부재는 강재, 철근콘크리트, 프리스트레스트 콘크리트 등에 의해 구축되어 있다. 그러나 최근에 산업발전과 사람의 의식구조가 변화에 따라 교량의 장대화, 다양화와 더불어 강과 콘크리트로 대표되는 이종재료를 복합시킨 단면으로 된 부재나 강, 철근콘크리트, 프리스트레스트 콘크리트(PSC) 등의 이종부재를 이음부(Joint)를 개재해서 접합시킨 구조시스템이 출현하였다.

이와 같은 구조부재 또는 구조시스템을 혼합구조라고 말하고 있다.

혼합구조의 목적은 이종부재를 접합함으로써 단일재료 부재에서 얻을 수 없는 우수한 특성을 만드는 데 있고 시대의 요구와 동시에 다종·다양한 교량을 가설하는 데 있다.

즉, 혼합구조는 이종부재를 이음에 의해 접합하여 일체화된 구조시스템을 가지고 있다. 구조시스템 레벨에서의 일체화라는 뜻은 강부재나 콘크리트 부재 등의 이종부재에 대해 이음(Joint)을 개제해서 접합시킨 구조 시스템 즉 혼합구조를 의미한다.

역학적으로 볼 때 혼합구조의 가장 중요한 점은 이종부재가 이음부에서 단면력을 충분히 전달할 수 있게 결합되지 않고 각 부재가 외력에 대하여 독립적으로 저항하는 구조시스템은 혼합구조라고 할 수 없다.

그러나 이종부재접합부의 전단이나 변형을 허용하지 않은 완전한 일체화를 반드시 의도하고 있는 것은 아니며 그 기능성이나 경제성에서 일체화 정도는 다양하게 선택되고 있는 것이 일반적이다.

혼합거더교를 설계·시공하는 목적으로 다음과 같은 것들이 있다.

ⓐ 교량 상부공의 중량 및 단면력 저감 효과

사장교, Extradosed교 등의 비교적 장지간의 교량형식에서 측경간 또 중간지점부를 콘크리트 거더, 장지간을 강거더로 하여 장지간부의 상부공 중량이나 단면력을 저감한다.

ⓑ 불균형 지간분할의 반력 및 단면력 개선 효과

지간분할이 불균형하게 되지 않을 수 없는 경우, 장지간 거더를 강거더, 단지간을 콘크리트로 하여 단지간부에 부(-)반력발생을 막고 단면력을 저감한다.

ⓒ 가설조건 및 교차조건에 적합한 형식선정 가능

가도교, 가선교에서 일반부는 콘크리트 거더, 도로횡단 또는 철도횡단부를 강거더로 하여 가설이나 공용시에 시설한계 확보 및 공기단축이 가능하다. 또한 상부구조 높이, 공사기간, 작업제한 높이를 준수할 수 있다.

ⓓ 신축이음의 개소를 줄여 주행성, 내진성 및 유지관리성이 향상

콘크리트 거더와 강거더로 다경간 교량으로 설계·시공시에 교각부 상단에서 신축이음으로 연결되고 교각 이웃의 경간길이 및 상부거더를 구성하고 있는 재료의 차이로 인하여 거더의 높이 차가 있어 단차가 발생하는데 이 부위를 연속되는 구조로 개선하므로서 지진시의 낙교, 소음·진동 및 신축이음의 유지관리를 개선하기 위해 콘크리트 거더와 강거더를 접합한다.

7.4.2 구조계획

혼합거더교를 설계·시공하는 경우에는 교량가설위치의 상황(여건), 시공성, 경제성, 유지관리 및 주변여건과의 조화에 대하여 충분한 연구·검토를 하여 교량길이, 경간분할, 접합위치 및 가설방법 등을 계획하여야 한다. 또한 교차조정에 따른 시설한계가 엄격히 준수되어야 하는 경우는 콘크리트 거더 및 강거더는 교량형식에 따른 각각의 거더높이 산정이 다르므로 각 교량형식에 따라 결정하여 계획하여야 한다.

혼합거더교의 적용에 따른 구조적 장점은 중앙경간에 비하여 측경간이 아주 짧은 경간을 가진 연속거더교량으로 계획할 경우 측경간과 중앙경간의 휨모멘트 균형이 매우 불량하게 되고 측경간에는 항시 cantilever 거더처럼 부(-)모멘트가 발생하고 측경간의 자중 때문에 부반력이 발생하여 특별한 대책이 필요한 경우가 있다.

이러한 경우에는 측경간부의 일부 또는 전체를 자중이 큰 콘크리트 거더로 대체하거나 중앙경간을 자중이 가벼운 강거더를 채용함으로써 교량전체의 구조적인 균형을 이루게 하여 문제점을 해결할 수 있다.

이종재료로 구성된 혼합주거더의 접합부는 거더의 강성이 급변하여 역학적 불연속점이 되고 응력집중이 발생하여 구조적인 약점을 가지게 된다. 주거더에 작용하는 축방향력, 휨 모멘트 및 전단력에 따른 단면력을 강거더와 콘크리트 거더와의 사이에 smooth하게 전달되도록 위치 및 구조형식이 되어야 할 필요가 있다. 이러한 점을 해결하기 위해서는 기존의 외국의 사례조사와 계획설계한 연결부 구조에 대하여 Model 시험체를 제작하여 재하시험을 하고 유한요소법에 의한 구조해석을 실시하여 주거더 접합부의 설계·시공에 관하여 문제점을 돌출하여 접합위치, 접합부의 구조형식, 시공방법을 결정하여야 한다.

(1) 주거더 접합부 위치

접합부의 위치는 교량계획단계에서 결정되어야 하며 혼합거더를 채택하는 목적에 따라 결정되는 경우가 많으며 거더의 강도, 외관 및 내구성을 해치지 않도록 결정되어야 한다.

또한 접합부에 작용하는 휨모멘트 및 전단력이 적고, 접합부의 구조가 비교적 간단하고 구조적으로 안정감이 있으며 접합부의 강성재하의 영향이 교량전체에 큰 영향을 주지 않은 위치 및 시공성, 경제성이 좋은 위치여야 한다. 설계·시공 실적을 조사해서 검토한 결과 교량형식에 따른 다음과 같은 위치에서 접합부를 두는 경우가 많다.

1) 사장교(PSC 박스거더 + 강바닥판 거더)

축방향력의 작용이 지배되는 사장교의 경우는 휨모멘트가 적은 변곡점 부근

2) 거더교(RC 슬래브 + PSC 슬래브 + I-형 합성거더)

휨모멘트가 지배적인 거더교의 경우에는 휨모멘트가 교번하지 않은 위치 즉, 부(-) 휨 모멘트가 작용하는 중앙지점부 부근에 두는 것이 좋다. 이 경우에는 공용상태에서 접합부 균열이 발생하지 않도록 유의할 필요가 있다.

(2) 접합구조의 선정

접합부 구조는 콘크리트 구조와 강거더와의 강성차로 인하여 응력집중과 꺾임을 피하기 위하여 접합부에서 힘의 전달이 원활히 이루어지는 구조가 요구되며 또한 주거더 계의 외력에 의한 축방향력, 휨모멘트, 전단력 및 비틀림모멘트를 받게 되어 차량하중에 의해 직접적으로 바닥판, 바닥틀에 힘으로 작용한다. 그 부위에는 정적인 하중에 대하여 안전성이 확보되어야 하고 피로에 대해서는 신뢰성이 있는 detail을 설정하여야 한다.

또한 접합부의 구조형식은 구조적·역학적 합리성, 응력의 전달성, 강거더의 제작성, 접합부의 시공성 등이 우위에 있어야 한다.

혼합거더교에 있어서 접합부의 구조선정에 있어서 다음의 사항을 착안하여 검토하는 것이 필요하다.

ⓐ 전달하는 힘의 종류(압축력, 인장력, 전단력(순수전단+비틀림))
ⓑ 전달력의 크기
ⓒ 부재치수의 제약조건
ⓓ 국내외의 실적

1) 접합구조의 종류

접합부의 구조는 강거더와 콘크리트 거더에서 거더단면 전면(全面)을 접합하는 전면접합구조 형식과 웨브 및 플랜지만 접합하는 부분접합구조 형식 및 콘크리트 거더단면에 강거더를 삽입하거나 콘크리트 거더를 둘러서서 강거더와 콘크리트 거더와의 응력전달은 전단연결재에 의해 이루어지도록 하는 전단연결 접합방식이 있다.

이들의 접합구조 중에서 전면접합구조 형식은 작용하중에 의해 접합면의 콘크리트의 응력이 낮고 구조적으로 안정감을 주는 장점은 있으나 시공시에 어려움과 점검 및 시공을 위하여 Manhole 설치가 어려워서 시공성이 떨어지며 시공 및 설계 실적이 없는 점이 있어서 설계·시공에 적용하지 않고 있다.

일반적으로 설계에 적용하고 있는 접합부 구조형식은 PSC 박스거더와 강바닥판 거더의 접합구조형식은 부분접합메탈플레이트 형식 및 부분접합 속채움 콘크리트 식을 적용하고 콘크리트 슬래브 구조와 I-형 거더와 같이 중소지간에는 전단연결접합형식을 적용하고 있는 실정이다.

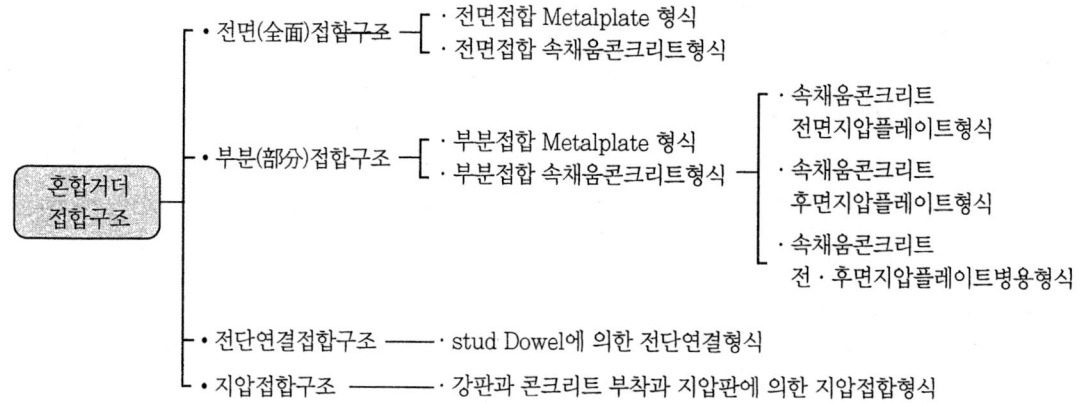

또한 부분접합 속채움 콘크리트 형식에는 전면지압플레이트형식, 후면지압플레이트형식 및 전·후면 지압플레이트병용형식 등이 있다.

이들에 대한 실적은 모두 있으며 최근에는 고유동 콘크리트의 보급에 의해 콘크리트의 시공성이 개선된 전후면 지압플레이트구조가 많이 적용되고 있다.

다만 「전면지압플레이트구조」와 「후면지압플레이트구조」를 비교한 경우에는 일반적으로 다음과 같은 이유에 의해 후면지압플레이트구조를 적용하는 경우가 많다.

① 후면지압플레이트 구조는 PS강재에 의해 프리스트레스를 주었으며 압축력을 전달하는 경우, 접합면에서의 응력집중이 적다.

② 또한 접합부 근방 콘크리트 거더부와 채움 콘크리트를 분단시키지 않으므로 전단연결재의 효과가 크고 응력의 흐름이 유연하다.

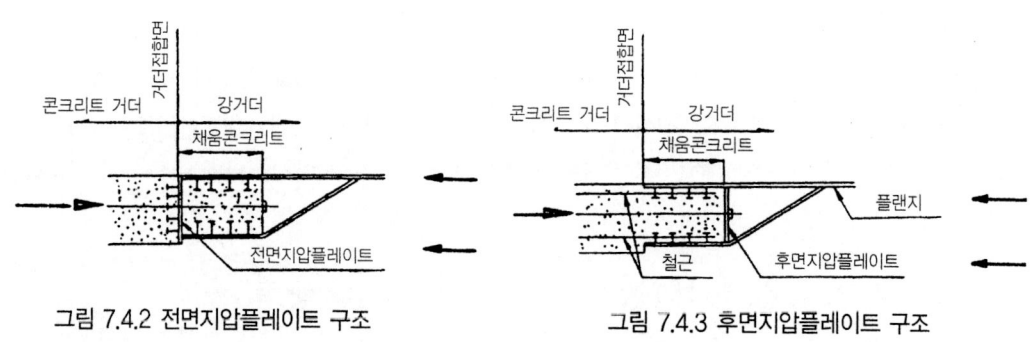

그림 7.4.2 전면지압플레이트 구조   그림 7.4.3 후면지압플레이트 구조

2) 부분집합 구조의 특징

일반적으로 PSC 박스거더와 강바닥판거더의 접합부에 많이 적용하고 있는 접합구조형식을 비교하면 표 7.4.1과 같다.

● 표 7.4.1 접합부 구조형식 비교

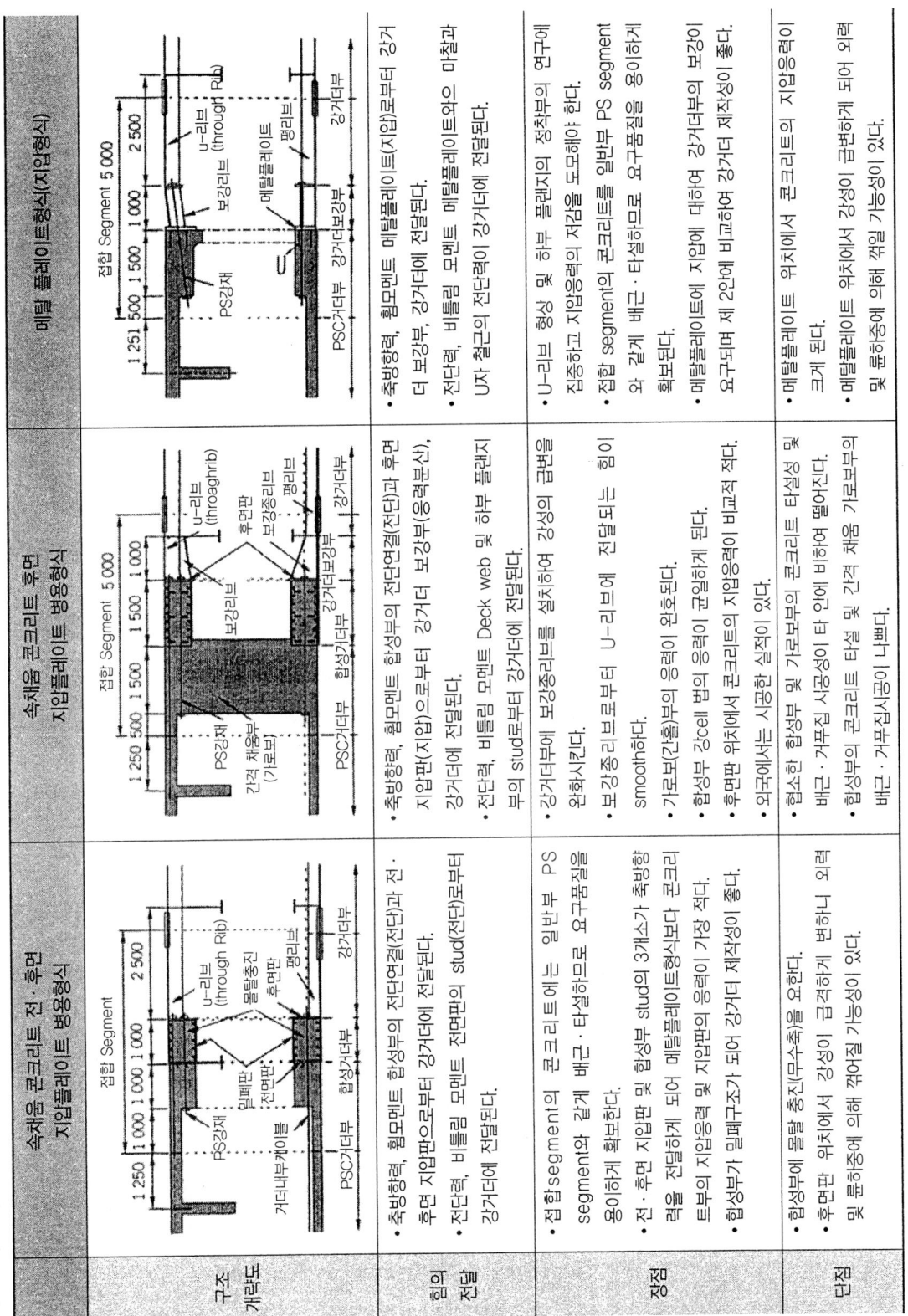

구조형식	속채움 콘크리트 전 후면 지압플레이트 병용형식	속채움 콘크리트 후면 지압플레이트 병용형식	매립 플레이트형식(지압형식)
힘의 전달	• 축방향력, 휨모멘트 함성부의 전단연결(전단)과 전 후면 지압판으로부터 강거더에 용이하게 확보한다. • 전단력, 비틀림 모멘트 전면판의 stud(전단)로부터 강거더에 전달된다.	• 축방향력, 휨모멘트 함성부으로부터 지압판(지압) 및 후면 보강부(응력분산), 강거더에 전달된다. • 전단력, 비틀림 모멘트 Deck web 및 하부 플랜지부 stud로부터 강거더에 전달된다.	• 축방향력, 휨모멘트 매탈플레이트(지압)로부터 강거더 더 지압부, 강거더에 전달된다. • 전단력, 비틀림 모멘트 매탈플레이트와의 마찰과 U자 철근으로 전단력이 강거더에 전달된다.
장점	• 접합 segment의 콘크리트에는 일반부 PS segment와 같게 배근・타설하므로 요구품질을 용이하게 확보한다. • 전・후면 지압판 및 함성판 stud의 3개소가 축방향 력을 전달하므로 매탈플레이트형식보다 콘크리트 부의 지압응력 및 지압면이 강거더 제작성이 좋다. • 함성부가 밀폐구조가 되어 강거더 제작성이 좋다.	• 강거더부에 보강종리브를 설치하여 강성의 급변을 완화시킨다. • 보강종리브로부터 U-리브에 전달되는 힘이 smooth하다. • 가로보(건물부)의 영력이 완화된다. • 함성부 각cell 벽의 영력이 균일하게 된다. • 후면판 위치에서 콘크리트의 지압응력이 비교적 적다. • 외국에서는 시공한 실적이 있다.	• U-리브 형상 및 하부 플랜지의 접촉부의 연구에 집중하고 지압응력의 저감을 도모해야 한다. • 접합 segment의 콘크리트를 타설하므로 일반부 PS segment와 같게 배근・타설하므로 요구품질을 용이하게 확보된다. • 매탈플레이트에 지압에 대하여 강거더의 보강이 요구되며 제 2안에 비교하여 강거더 제작성이 좋다.
단점	• 함성부에 물을 충진(무수축)을 요한다. • 후면판 위치에서 강성이 급격하게 변하니 외력 및 운행중에 의해 잘려지 가능성이 있다.	• 협소한 함성부 및 가로보부의 콘크리트 타설성 및 배근・가부집 시공성이 타 안에 비하여 떨어진다. • 함성부의 콘크리트 타설 및 간격 채움 가로보부의 배근・가부집 시공이 나쁘다.	• 매탈플레이트 위치에서 콘크리트의 지압응력이 크게 된다. • 매탈플레이트 위치에서 강성이 급변하게 되어 어력 및 운행중에 의해 잘려 가능성이 있다.

또한 표 7.4.1에 있는 접합구조 형식 이외에 중소교량에서 적용하고 있는 stud에 의한 전단연결재 접합형식이 있다.

전달연결재 접합형식은 다음 사항을 고려하여 설계한다.

㉠ 축방향력 휨모멘트는 접합부의 전단연결재(stud)로부터 강거더부에 전달한다.
㉡ 전단력은 복부판(web)의 전단연결재로부터 강거더부에 전달된다.
㉢ 접합부는 강구조와 RC 구조의 합성구조로서 저항할 것으로 생각되지만 접합구간이 짧은 점, 강구조와 콘크리트 구조의 이행구간이라는 점에서 강구조·콘크리트 구조 각각 단독의 단면으로 작용외력에 대하여 저항하는 것으로 설계하는 것으로 설계하고 있다. 즉, 접합부에서는 합성구조로 설계하는 것이 아니라 콘크리트 구조로 저항이 가능하고 강구조로도 저항이 가능하도록 설계해야 한다.
㉣ 접합부의 콘크리트와 강판사이에 작용하는 마찰력은 무시한다.
㉤ 가로보는 강단면 만으로 저항할 수 있도록 설계한다.
㉥ 응력은 강구조에서 stud를 통하여 콘크리트 구조로 전달된다.
㉦ stud 설계는 부재의 휨모멘트·축력에 대해서는 플랜지와 콘크리트 사이의 수평전단력으로 저항시키고
㉧ 또한 부재의 전단력에 대해서는 web와 콘크리트 사이의 연직전단력으로 저항시킨다.

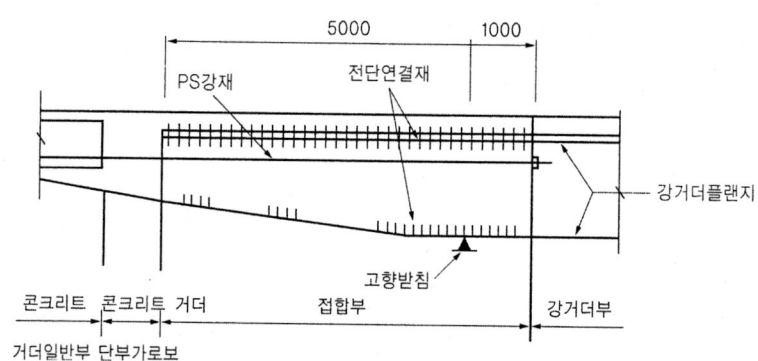

그림 7.4.4 전단연결재 접합 형식(예)

7.4.3 접합부 설계

혼합거더교에서 접합부에 작용하는 축방향력, 휨모멘트, 전단력 및 비틀림 모멘트에 저항할 수 있도록 접합부에는 전단연결재, 지압판, 채움 콘크리트 등의 접합 요소가 설치된다. 이들의 접합요소에 의해 접합부에는 콘크리트 거더에서 채움 콘크리트, 채움 콘크리트에서 전단연결재나 지압판으로, 전단연결재나 지압판에서 각각 cell web 및 플랜지나 강거더로 유연한 응력전달이 이루어진다.

접합요소의 설계는 적절한 응력전달을 산정하여 접합부에 작용하는 단면적으로 각 접합요소의 응답치를 산출하고 한계치와의 비교하여 검토한다. 조사에서 만족하지 않는 경우에는 접합요소변경이 필요하다.

접합부에서 강거더와 콘크리트 거더의 강성이 큰 차이가 있어 접합부 전후에 꺾임 현상이 생기지 않도록 접합부 부근에는 강성이 낮은 강거더부에서 콘크리트 거더부까지의 강성변화 구간을 설치하여 가능한 한, 강성이 급변하지 않은 구조로 해야 한다.

또한 국부응력발생을 억제함과 아울러 prestress에 의한 보강 및 강구조의 피로방지를 위하여 용접품질·용접 시공성이 필요하다.

(1) 접합부의 구조

접합부의 구조는 제작에서 강부재와 콘크리트 부재에서는 가설정밀도의 규준치에 차가 있으므로 어떠한 목표를 설정하는가가 과제가 된다. 또한 설계에서 요구하는 접합부의 품질을 확보하기 위해서는 접합부 시공성이 중요하다.

이 때문에 설계계획 단계에서 시공방법을 염두에 두고 구조상태를 결정하는 것이 중요하게 된다. 예를 들면 강부재의 조립 및 용접, 강부재 조립에서 철근·PS강재의 배치가 복잡하지 않고 콘크리트 타설·충진이 용이하고 확실하게 되도록 배려를 하여야 한다. 특히, 채움 콘크리트는 cell 내부에 공기 배제방법 등을 고려하여 충분히 콘크리트가 채워지도록 고려하여야 한다. 또한 채움 콘크리트를 고유동 콘크리트를 사용하지 않을 경우, 타설방법에 따라 stud 강도에 차이가 있다는 것에 주의해야 한다.

그리고 혼합거더교에서는 접합부의 내구성이 특히 중요하며 역학조건은 방해하지 않는 범위에서 점검, 관리를 위하여 충분한 공간의 확보된 manhole 및 설계를 확보하는 것이 바람직하다. 또 이음부는 방청상에 약점이 되기 쉬우므로 방수공 등의 방식대책을 수립하여 준비해 둘 필요가 있다.

1) 접합부의 두께와 길이

① 접합부의 두께

접합부에서는 응력전달을 유연하게 하기 위해 강판과 접합부 외의 사이에 중립축 편심을 작게 할 필요가 있어 접합부 두께는 가능한 한 작게 하는 것이 바람직하다. 두께 결정시 다음 사항을 고려한다.

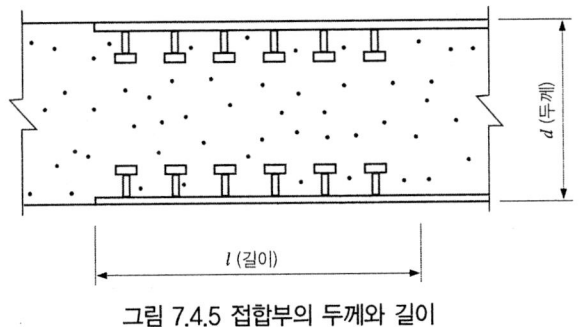

그림 7.4.5 접합부의 두께와 길이

(a) 두께 결정시 고려사항
  ㉠ 강각 셀의 제작
  ㉡ 전단연결재의 용접부착
  ㉢ PS강재 및 철근 배치
  ㉣ 채움 콘크리트의 주변상태
  ㉤ 콘크리트 거더부에 PS 도입을 위한 인장기의 작동공간 및 정착구의 연단거리

(b) 접합부의 최소 두께
  접합부의 강각 셀의 최소두께는 600~800mm를 표준으로 한다.

② 접합부의 길이

접합부에서 강판으로부터의 응력이 채움 콘크리트 내로 전단연결재를 통하여 균일하게 전달되도록 하는 것이 바람직하며 접합부가 길수록 그 응력분포효과는 높은 것으로 연구보고 되어있다.

또 접합부에 필요한 강성을 확보하기 위해서는 접합부의 길이를 길게 하지 않는 이유는 다음과 같다.

(a) 접합부 길이를 길게 하지 않은 이유
  ㉠ 접합부의 길이를 지나치게 길게하면 강성이 커서 응력집중이 발생
  ㉡ 채움 콘크리트의 시공성
  ㉢ 콘크리트의 블리딩에 의한 응력전달성이 저하

(b) 접합부의 길이
  접합부의 길이는 필요로 하는 전단연결재 배치가 가능하도록 하는 것을 원칙으로 한다. 과거의 실적 등을 기초로 접합부 두께의 2~3배를 표준으로 한다.

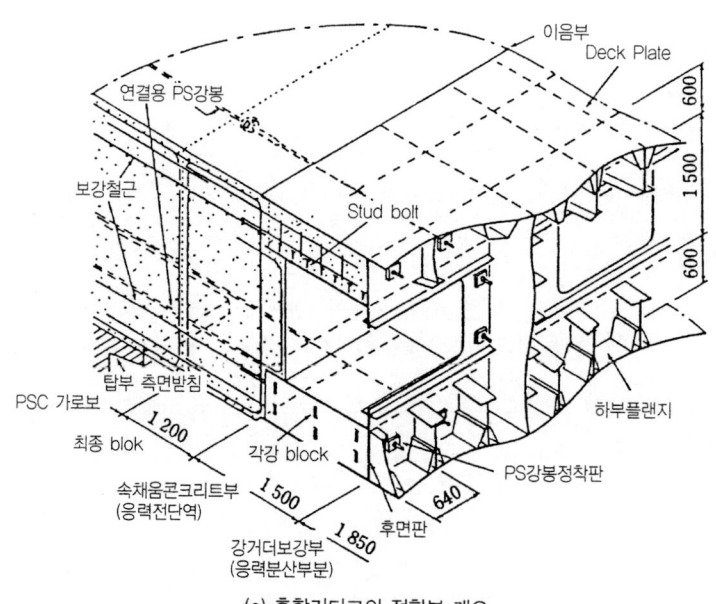

(a) 혼합거더교의 접합부 개요

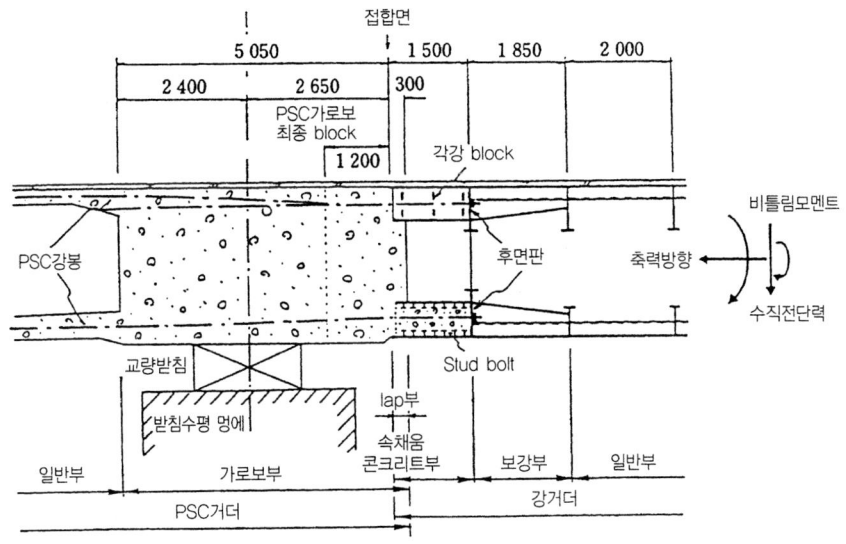

(b) 접합부의 종단면도

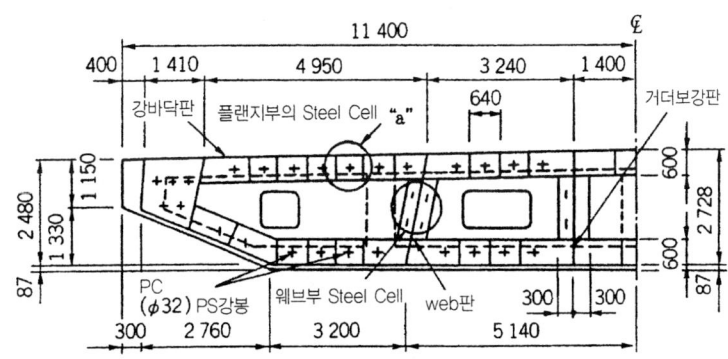

(c) 강거더 단부 Cell 분할

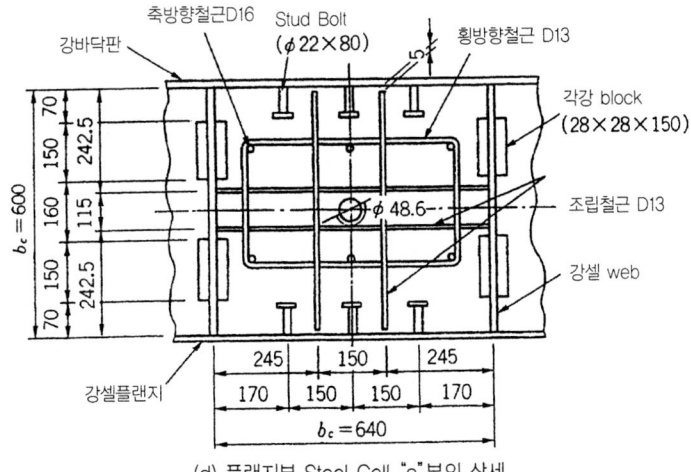

(d) 플랜지부 Steel Cell "a"부의 상세

그림 7.4.6 후면 지압플레이트 형식의 구조(예)

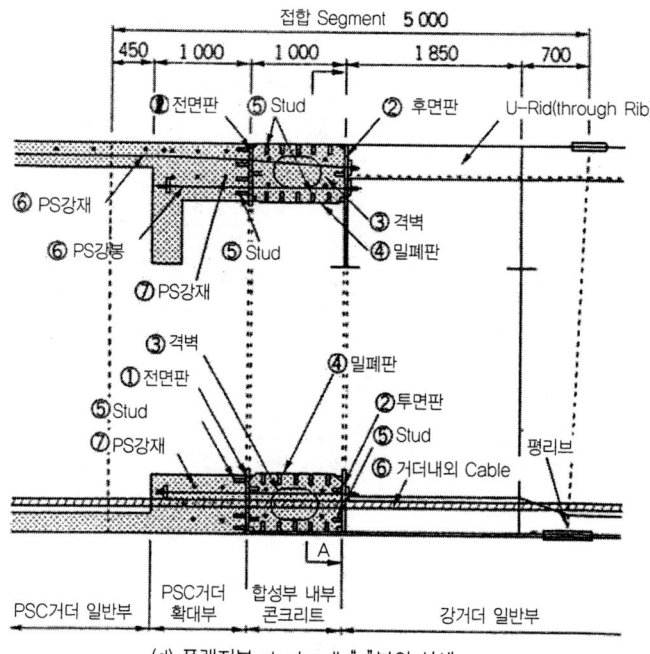

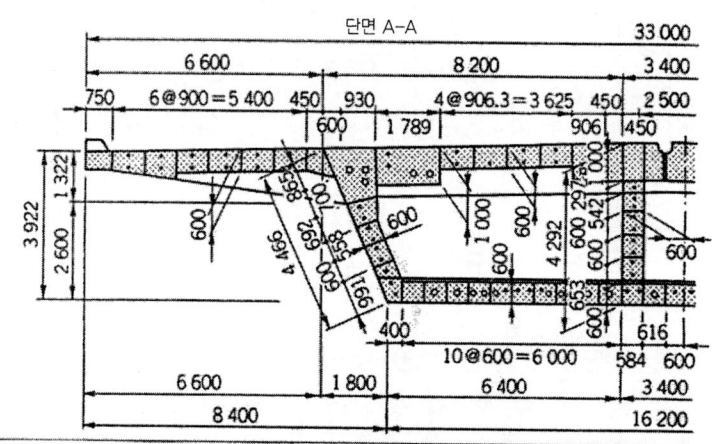

(d) 플랜지부 steel cell "a"부의 상세

그림 7.4.7 전·후 지압플레이트 형식의 구조(예)

2) 전단연결재의 종류

접합부에 사용하는 전단연결재의 종류는 stud·각강 전단연결재, 유공강판 전단연결재(PBL)가 있다. 강각 셀내에 배치하는 전단연결재는 강각 셀과 콘크리트 타설 틈새에 문제가 되는 개소에 대해서는 stud, 유공강판을 배치하고 틈새가 문제가 되지 않은 개소에는 각강 전단연결재를 배치한다.

(주) 1. 틈새가 문제가 되는 개소.
   외측 웨브측의 강사각 셀 등의 접합부 직각방향으로 변형이 일어나 전단연결재에 인발내력이 필요한 경우
2. 틈새가 문제되지 않은 개소.
   가운데 웨브 강사각 cell 등의 접합부 직각방향으로 변형이 없어 전단연결재에 인발내력이 불필요한 경우
3. 유공강판 전단연결재(PBL)
   제작·시공성이 용이하고 공용상태에서는 수평방향 변위량의 작은 강판 전단연결제 접합부에 이용하는 전단연결재는 stud 또는 유공강판 전단연결재를 표준으로 한다.

3) 강판의 두께

강판의 두께는 도로교 설계기준에서는 최소 두께를 9mm로 하고 있으나 전단연결재로 stud를 사용하는 경우 stud가 용접된 두께는 10mm 이상으로 하여야 한다.

또한 지압판에는 PS강재정착 이외에 필요에 따라 리브나 전단연결재가 부착되는 경우도 있어 판의 두께는 이들을 고려하여 결정하여야 한다.

(2) 접합부 세부설계

1) 주거더 단면형상 및 접합부 부재치수

① 접합부의 주거더 단면형상 및 접합부 부재치수는 그 양측에 위치한 강거더와 콘크리트 거더의 단면을 급격하게 변화시키지 않고 연속시키는 것이어야 한다.
② 폭원, 박스폭, 거더의 높이 등의 변화는 1/5 보다 완만한 경사로 하여야 한다.

2) PS강재의 배치와 정착

① 혼합거더교의 경우, 접합부에는 전단연결재 등과 PS강재 등에 의한 프리스트레스를 병용하여 내하력 및 내구성을 확보하는데 이 프리스트레스를 도입하는 방법은 ㉠ PS 거더의 PS강재를 연장하여 접합부에 PS를 주는 방법, ㉡ 접합용 PS강재만 별도로 배치하여 PS 주는 방법, ㉢ PSC 거더의 PS강재와 접합용 PS강재를 병용하여 PS를 주는 방법이 있으며 이 때에 PS강재배치는 구조특성, 경제성 등을 고려하여 결정하여야만 한다.
② 접합용의 PS강재를 속채움 콘크리트 지압판에 정착하는 경우는 주변연단부에 국부적인 지압응력의 집중이 생기지 않도록 지압판 등의 치수 및 두께를 결정해야 한다.

3) 보강 리브

접합부에 속채움 콘크리트를 충진한 강각 셀을 채용하는 경우, 그 강성은 상당히 크게 된다. 따라서 접합부 배후의 강거더 측에는 강성의 급변을 피하고 원활한 응력전달이 되도록 보강 리브를 배치하는 것이 좋다.

또한 유해한 응력집중을 피하기 위해 보강 리브의 높이는 1:5 이상이 Taper를 두어 강거더의 일반부까지 연장시키는 것이 좋다.

4) 보강철근

접합부 콘크리트는 일반적으로 후타설되는 경우가 많은데 접합부를 콘크리트 거더와 일체화하기 위해 축방향 보강철근이나 온도응력에 대한 균열방지철근 등을 충분히 배치하지 않으면 안된다.

7.5 강결구조(강(鋼) 상부구조와 콘크리트 교각의 강결구조)

7.5.1 개요

일반적인 강연속교에서 상부구조 형식이 Ⅰ-형 거더·박스거더교인 경우에 철근콘크리트 하부구조에 상부구조를 강결시켜 T-형, 연속라멘형식으로 구조형식을 변환시키는데 있어서 상부강거더와 하부콘크리트 교각이 결합하여 하나의 Rigid frame 구조의 절점이 되는 부분을 강결구조라고 하며 이러한 형태의 교량을 복합라멘교라고 한다.

외국에서는 강상부구조와 철근콘크리트 교각의 강결구조는 1970년대에 스페인(Spain)을 중심으로 설계·시공되었다. 이들의 이러한 구조를 발달하게 된 기본적인 idea는 강·콘크리트 복합 system이 가지는 건설의 용이성, 다양성을 가지는 특징을 이용하는 데서 시작하였고 더욱더 여러 가지 형식의 합성거더를 철근 콘크리트 또는 PSC 교각에 직접 고정시켜서 아주 날렵한(splender) 교량구조를 실현하는 것이 첫 번째 목적이 있다. 스페인에서 건설되어진 강결구조의 교량은 다음과 같은 것이 있다.

㉠ Devil 교(1975년, Barcelona)
- 3경간 2Hinge Archry, · 지간 : 50+100+50m, · 폭 : 10.0m

㉡ Tortosa 교(1987년, Tarragona)
- Rahmen 형식 교량, · 지간 : 100+180+100m, · 폭 : 17m
- 지점부는 PSC 구조로서 혼합구조의 복합 라멘교

㉢ Valencia(1991년, Valencia)
- π형 라멘형식의 교량, · 지간 : 55+106+55m, · 폭 : 중앙경간부=38m, 단부 : 25m
- 교각부는 2중합성구조로 설계, 종방향으로 PS를 함.

㉣ Arenal 교(1993년, cordoba)
- 3경간 복합연속구조, · 지간 : 55+110+55m · 폭 : 22m

㉤ Mengibar(1995년, Jaen)
- 3경간의 라멘교 · 지간 : 55+110+55m · 폭 : 28m

또한 일본에서는 1990년 경에 산형(山形) 자동차도로의 아고야(阿古耶)교, 1993년에 강풍교(剛豊橋) 등을 건설하면서 강결구조 교량이 태동하여 20여 개의 교량이 건설되었다.

이러한 강거더와 콘크리트 교각을 강결시킨 복합라멘교는 연속거더교에 비하여 다음과 같은 특징이 있다.

㉠ 중간지점부 휨모멘트가 기둥으로 분배되어 주거더의 부재력 감소에 따른 강재량 감소, 교량받침이 생략되어 초기공사비 감소 및 LCC가 감축된다.
㉡ 중간지점부에 교량받침이 생략되어 유지관리비가 저감된다.
㉢ 상하부 구조가 일체화된 라멘구조로 되어 부정정차수가 높아 내진성이 향상된다.
㉣ 교량받침 연속교에 비하여 교각하단의 휨모멘트가 저감하여 콘크리트 교각의 철근량이 다소 줄어든다.
㉤ 교량받침이 없어서 slender한 형상으로 경관이 우수한 구조가 된다.
㉥ 강성이 다른 부재는 접합함에 따라 국부적인 응력이 발생한다.
㉦ 좌굴 및 피로에 대한 우려가 있다.
㉧ 힘의 전달이 확실하고 적절하게 하는 구조가 필요하다.

7.5.2 설계의 기본

(1) 지진시에 강결부

강결구조 설계에서 지진을 고려하여 교량전체가 충분한 내진성을 갖도록 설계하지 않으면 안된다. 지금까지 실시한 접합부의 축소모형실험에 대하여는 설계하중에 대한 강결부의 안정성의 확인을 하지 않았지만 강결부가 파괴되게 하고 그 때의 하중과 변형성능 등에 대하여 관계에서 힌트를 얻은 해석사례가 적기 때문에 그러한 강결부의 거동에 대하여 명확하게 되지 않은 점이 많다. 그렇기 때문에 하중과 변형성능의 관계가 명확하게 확인 가능하도록 강결부에 대하여서는 소성화가 되지 않고 교각 기둥저부가 먼저 소성화가 될 수 있도록 설계를 하는 것이 좋다. 상부 강구조가 지진시에 반복하중을 받는 경우에 거더의 소성력에의 내력 및 변형성능에 관하여는 미해명된 부분이 많다. 따라서 연속라멘구조가 되는 본 구조는 지진시 상부강구조가 항복되지 않는 것이 바람직하다.

(2) 시공시에 강결부

강결부의 가로보에 콘크리트를 충전하는 경우, 시공시에 타설하는 콘크리트에 따라 거푸집 겸용 강재에 축압이 작용하고 강재가 수평방향으로 팽창하는 경우가 있다. 그렇기 때문에 거푸집 겸용 강재의 계획을 하는 때에는 콘크리트 측압 하중을 고려하는 것이 필요하다. 시공시에 풍하중, 지진하중을 하중강도의 시공시기, 기설방법 등을 충분히 고려하고 적절한 하중조건을 설정하여야 한다.

또한 가설하중 및 작업하중에 대하여서도 시공상황에 맞추어 검토하는 것이 좋다. 그리고 본 구조가 라멘구조이기 때문에 설계에 대하여 시공시 온도변화의 영향을 고려해야 한다.

온도변화는 $T = \pm 30°C$로 한다.

7.5.3 강결부의 구조

(1) 강결부의 구조 요구조건

강결부의 구조는 강거더 연속교의 지점부에 가로보, 다이아프램 등의 강거더 전달부재를 설치하고 그 강판면에 접합재로서 전단연결재를 배치하여 콘크리트 및 교각의 주철근을 통하여 접합하는 구조이어야 한다.

강결구조를 적용한 상부강구조의 시공사례에 대하여는 각각의 교량형식과 가설조건에 알맞게 다양한 접합방법의 적용되고 있지만 상부구조형식에 대한 적용성과 시공성능을 고려한 기본구조는 다음과 같다.

1) PSC 바닥판을 갖는 강 I-형 거더

stud 및 PBL 등의 전단연결재로 구속된 콘크리트 측에 배치되는 것이 바람직하다. 따라서 RC 교각과 강거더 web와 가로보로 둘러싸 가로보 사이에 다이아프램 등을 배치하는 것에 의하여 강결부 내의 콘크리트의 구속도를 높인 구조가 있다(그림 7.5.1).

2) 박스거더 연속교 강결부

교각의 주철근을 박스거더 하부 플랜지를 관통시켜 강결부에 콘크리트를 충전 콘크리트에 정착시키는 구조(그림 7.5.2).

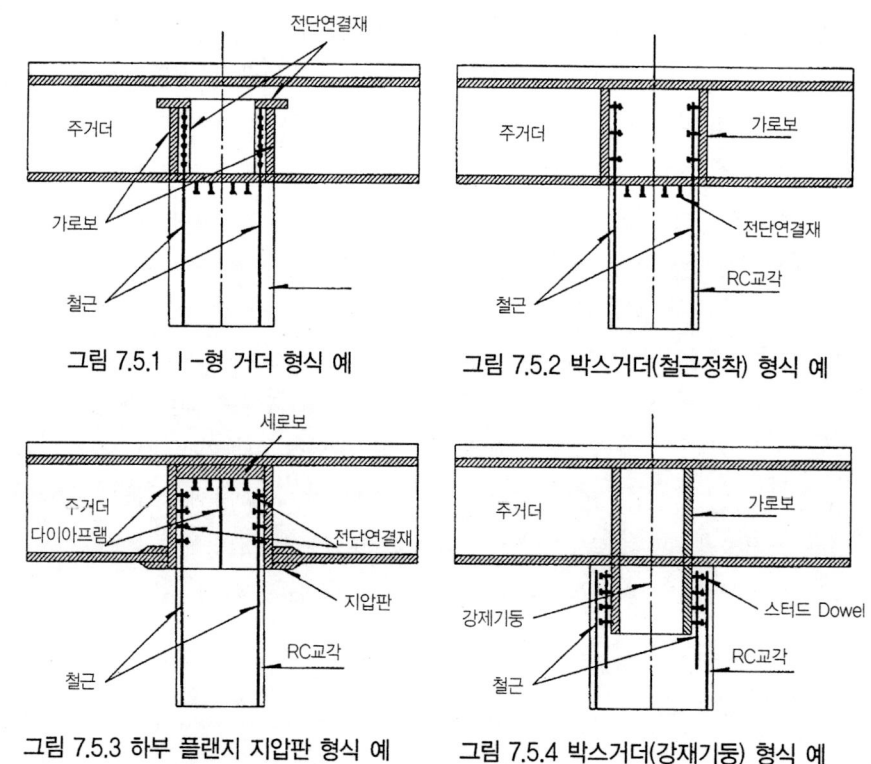

그림 7.5.1 I-형 거더 형식 예

그림 7.5.2 박스거더(철근정착) 형식 예

그림 7.5.3 하부 플랜지 지압판 형식 예

그림 7.5.4 박스거더(강재기둥) 형식 예

3) 다리밑 공간에 제약을 받는 경우

상부구조의 형상과 상부구조 높이의 제약이 있는 경우와 교각의 주철근량이 많은 경우에는 하부 플랜지를 절단하고 지압판을 설치하는 구조(그림 7.5.3)와 강재 기둥을 RC 교각에 매립하는 구조(그림 7.5.4)가 있다.

또한 I-형 거더 및 박스거더에 대하여 교축직각방향에 대한 구조도 같은 양상의 접합방법을 적용한다.

강결부의 접합방법에 대해서는 새로운 방안을 제안할 수 있다고 여겨지나 여기에 나타나 있지 않은 형식을 적용시에는 강결부 구조의 안정성 실험 등에 따라 확인이 필요하다.

(2) 박스거더 강결부 구조선정

박스거더의 강별부 구조형식 선정은 다음 그림 7.5.5를 참고하면 좋다.

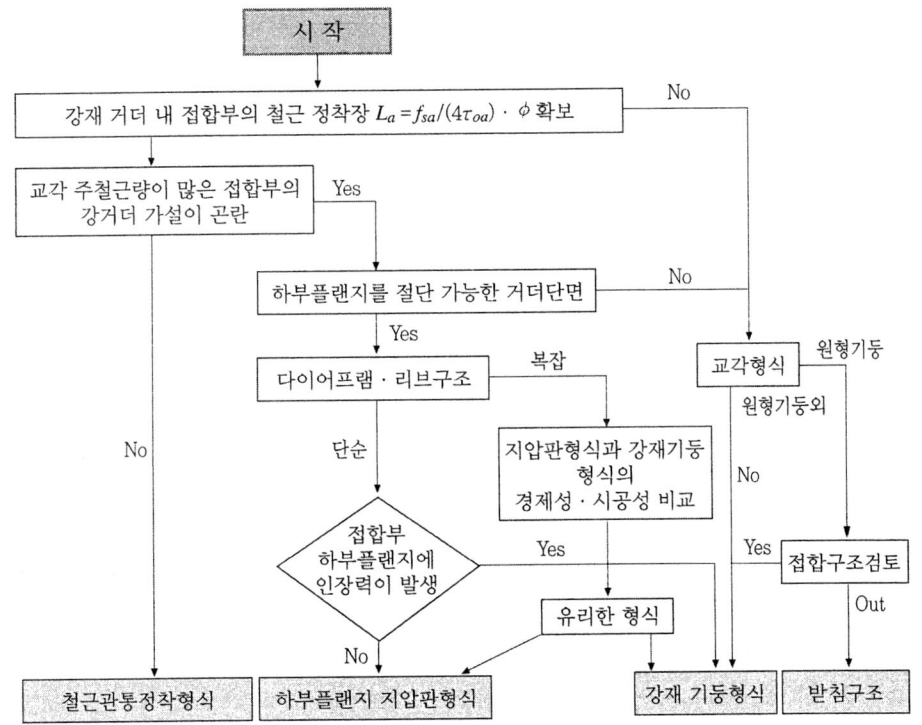

그림 7.5.5 강박스거더 강결구조 형식 선정 순서도

7.5.4 강결부의 단면력 전달 기구

강결부에 있어서 상부구조와 하부구조와의 힘의 전달기구는 표 7.5.4에 나타냈으며 주거더와 RC 교각사이의 힘의 전달은 주거더가 교각에 직접 전달되는 것과 가로보를 통하여 전달되는것의 2가지로 고려할 수 있다. 그러한 힘의 흐름이 어떻게 분담되어 가는지, 각 부재에 분포되는지는 각각의 부재의 구조와 강도에 따르는 것이 많다.

또한 거더에 직접 RC 교각에 전달되는 기구로서 하부 플랜지 바로 밑의 지압 및 복부판에 배치된 전단연결재에 의한 것 이외에 거더 복부판 근처의 콘크리트에 압축 strut가 형성되어 전달되는 기구도 있는 것이 보고되고 있다. 이러한 강거더와 RC 교각 사이에 힘의 전달에 대한 현상은 명확하지 않은 부분이 많으므로 국부적인 응력도에 대해서는 FEM 해석과 실험 등으로 확인된 구조로 하는 것이 필요하다.

현재까지 연구하여 설계에 반영한 I-형 거더, 박스거더 형식의 경우 각 강결구조에 대하여 전달기구는 다음 표 7.5.1, 표 7.5.2, 표 7.5.3에 예를 나타냈으니 참고하기 바란다.

● 표 7.5.1 강다주거더의 강결구조(예)

교량형식	강3경간 연속라멘 5주 I 형거더교	강3+4경간 연속라멘 4주 I 형거더교	강2경간 연속라멘 4주 I 형거더교
강결부 구조도	(그림: 주거더, 가로보, 콘크리트 충진, PS강재)	(그림: 주거더, Stud, 보강철근, RC바닥판, RC교각, 3@2 700=8 100, 2 000, 2 500, 500, 5 000, 3 000)	(그림: 주거더, 철근, 콘크리트, 가로거더(교량), 보강리브, Stud Dowel, 2 800, 2 000, 2 400)
구조개요	강 I-형 거더와 사각단면 RC 교각	강 I-형 거더와 사각단면 RC 교각	강 I-형 거더와 벽식 RC 교각
기본방침	강거더의 중간지점부에 가로 강 박스거더를 설치하고 가로박스거더 내에 콘크리트를 충진하고 강재로 교각과 충진 콘크리트를 긴장하여 강결	RC교각의 기둥부를 주거더 상부플랜지부근까지 연장하고 주거더 및 강박스 단면의 가로보를 RC 교각 내에 매립하여 이 부분의 강부재에 있는 Stud에 강결	강부재를 콘크리트 부재 내에 매립하여 강결
강결명칭	PS강재	Stud Dowel	Stud Dowel
전달부재	중간지점부 가로보(박스거더)	가로보	주거더
강결부·힘의전달기구 축력 인장력	중간지점부에서 강거더의 휨모멘트를 가로보의 비틀림 모멘트로 전달	가로보 web 외측면의 stud에 의해 전달	가로보 또는 주거더의 하부 플랜지가 상태 그대로 RC 교각에 압축력을 전달
강결부·힘의전달기구 축력 압축력	PS강재에 의해 교각두부에 휨모멘트를 전달		다이어프램, 가로보, 주거더의 web에 의해 교각의 주철근에 전달
강결부·힘의전달기구 휨모멘트		강거더 하면 플랜지와 하면콘크리트 사이의 지압 저항 및 가로보 web 하면의 stud에 전달	지압면의 압면, 가로보의 하부플랜지 하면 있는 교각 콘크리트면에 지압응력으로 전달
강결부·힘의전달기구 전단력		강거더 하면 플랜지 이래에 설치된 stud에 전달	상부플랜지 하면지하면, 주거더 web, 하 플랜지 상면에 설치된 stud Dowel에 전달
강결부의 부재설계	주거더의 강단면, 접합부의 PS 단면이 저항	주거더의 강단면, 기둥(구체)의 RC 단면이 저항 등과 주거더단면을 무시하고 철근콘크리트로 설계	주거더의 강단면, 기둥(구체)의 RC 단면으로 저항 등은 주거더 단면을 무시하고 철근콘크리트로 설계

제7장_ 복합구조교 | 407

● 표 7.5.2 강박스거더의 강결구조(예)

교량형식	7경간연속라멘 2주박스거더교	4경간 연속라멘 단주박스거더교	10경간 연속라멘 단주박스거더교
강결부 구조도	(도면)	(도면)	(도면)
구조개요	강박스거더와 원기둥 RC 교각	강박스거더와 원기둥 RC 교각	강박스거더와 사각단면 RC 교각
기본방침	콘크리트 교각의 철근을 그대로 강거더 내부로 관통시키고 강거더 내부로 콘크리트를 충진하여 철근을 정착하여 강결	콘크리트 교각을 그대로 강거더 내부로 관통시키고 강거더 내부를 콘크리트로 충진하여 강결	강박스거더 우각부 내부에 콘크리트를 충진하고 강거더 아래방향으로 연장한 강기둥을 교각 내에 매립하고 강기둥 외면에 stud와 강결
강결방법	철근	stud Dowel	stud Dowel
강결부·힘의전달기구 전달부재	지점부 가로보	주거더 + 다이어프램	강재기둥
강결부·힘의전달기구 휨모멘트 인장력	가로보로 직접 RC 교각 콘크리트의 압축응력을 전달	강거더의 다이어프램이 stud Dowel에 전달	주거더 하면 플랜지가 직접 RC 교각에 압축응력을 전달
강결부·힘의전달기구 휨모멘트 압축력	가로보가 가로보 내부에 충진된 콘크리트를 경유하여 부착력에 의해 RC 교각의 주철근에 전달	다이어프램, 가로보, 주거더의 web에 있는 stud를 따라 RC 교각의 주철근에 전달	강재기둥부의 외면 있는 stud에 의해 RC 교각의 주철근에 전달
강결부·힘의전달기구 전단력	직접 교각에 압축응력을 전달	지압판 면력, 가로보 하부 플랜지의 하면에 따라 교각 콘크리트면에 지압응력을 전달	주거더 하부 플랜지가 직접 RC 교각 콘크리트의 압축응력을 전달
강결부·힘의전달기구 전단력	가로보 하부 플랜지 아래에 설치된 리브(전단 key)에 의해 전달	지압면에 의해 정합부내의 콘크리트에 직접 전달	강재기둥부에 설치된 stud에 의해 교각에 전달
강결부의 부재설계	주거더·가로보의 강단면, 기둥의 RC 단면으로 지향	일체 라멘해석결과의 단면력에 대해서 강거더로 지향	강재기둥단면과 RC 교각단면 각각의 단면으로 지향

⊙ 표 7.5.3 강 2주 I-형 거더의 강결구조(예)

교량형식	3~6경간 연속라멘 2주 I-형 거더교
강결부 구조도	(구멍뚫인 다이어프램, 가로보, 구멍뚫인 수직보강재, Stud, 주철근, 강주거더, RC교각, 정착철근)
구조개요	강 I-형 거더와 벽식 RC 교각
기본방침	RC교각을 강주거더 web와 가로보로 둘러싼 구조로서 가로보 사이에 구멍 뚫린 다이아프램과 수직 보강재를 배치하여 PBL Dowel로 RC 교각과 강결시킨다.
강결방법	구멍 뚫린 강판 Dowel(PBL:Perfo Band Leisten)
전달부재	주거더 및 가로보
강결부·힘의전달기구 — 축력	주거더 하부 플랜지 및 가로보에 구멍 뚫린 수직보강재, 구멍 뚫린 다이아프램에 의해 전달
강결부·힘의전달기구 — 휨모멘트 인장력	가로보 사이에 설치된 구멍 뚫린 다이아프램에 의해 전달
강결부·힘의전달기구 — 휨모멘트 압축력	강거더 하부 플랜지와 하면 콘크리트 사이의 지압저항 및 가로보 사이의 구멍 뚫린 다이아프램에 의해 전달
강결부·힘의전달기구 — 전단력	구멍 뚫린 다이아프램에 의해 전달
강결부의 부재설계	주거더의 강단면, 기둥(구체)의 RC 단면으로 저항

⊙ 표 7.5.4 강거더-RC 교각 사이의 힘의 전달기구

	축력(N)	휨모멘트(M)	전단력(S)
전달 기구도	(그림: P_F, P_F, N, σ_G)	(그림: P_{FT}, P_{FC}, M)	(그림: S)
전달 경로	(경로1) RC교각→하부플랜지→강거더 (경로2) RC교각→콘크리트→구멍 뚫린 다이아프램→가로보→주거더	〈인장력〉 RC교각→주철근→콘크리트→구멍 뚫린 다이아프램→가로보→주거더 〈압축력〉 축력과 같은 경로 1, 2로 전달	RC교각→구멍 뚫린 다이아프램→가로보→주거더

7.6 강합성거더를 사용한 Portal Rahmen교(Integral 복합라멘교)

7.6.1 개요

강합성거더를 사용한 문형라멘교(steel-concrete composite portal rigid frame (Rahmen:독일어) Bridge : 이하 PRB)는 미국에서 개발한 Integral Abutment Bridge(이하 IAB)로 그림 7.6.1(b)와 같이 거더단부의 거더와 교대를 결합하여 거더 단부에 설치된 교량받침과 신축이음이 생략되어 있는 것이 일반 교량과 차이가 있다.

외국의 IAB 설계·건설은 미국에서 1930년대에, 오스트레일리아에서는 1960년대, 유럽의 경우는 1990년대에 처음으로 시도되었다.

그러나 미국에서는 IAB에 관한 설계기준이 아직까지 통일되어 있지 않았으며 각각의 도로관리자(주 단위)별로 정비되어 있으며 현재까지 2만여 개소의 시공실적이 있다.

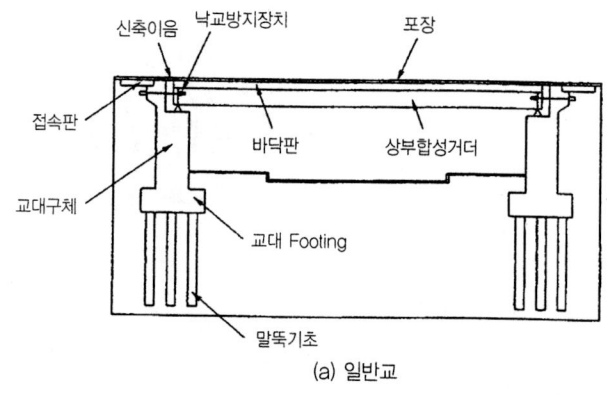
(a) 일반교

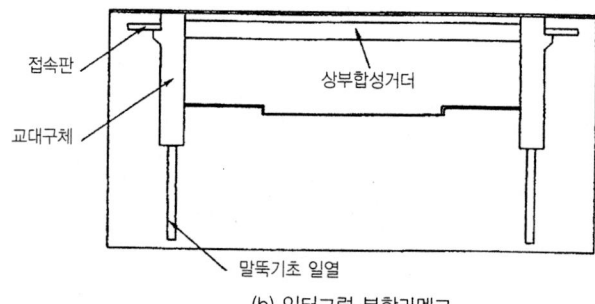
(b) 인터그럴 복합라멘교

그림 7.6.1 Integral 복합라멘교

또한 영국에서는 1996년에 IAB의 활용을 추진하며 설계 Manual BA42가 간행되었고 교량길이 60m 이하의 교량에만 IAB 형식의 구조로 설계하도록 기술하고 있다.

여기서 PRB와 IAB의 차이점은 전자는 강한 기초(일반적으로 직접기초), 후자는 유연한 기초(일반적으로 단열 말뚝기초)를 적용하는 점에서 기초형식에 따라 구분된다.

IAB는 온도변화에 따른 거더의 신축 및 활하중에 의한 지점부의 회전에 따라 교대가 이동하게 된다. 이 이동량의 크기는 교량길이에 따라 교대의 이동량이 크게 변동되며 이로 인한 교량배면의 포장이 손상되어 주행성의 저하 및 손상부의 우수가 침입하여 뒷채움 흙이 유출되어 침하가 생기는 문제가 발생하는 것에 대하여 고려하여야 한다. 따라서 IAB교는 교대배면부의 거동을 파악하여 적절한 대처를 하여 설계하는 것이 가장 큰 요점이다.

7.6.2 Integral 복합라멘교의 특징 및 설계시 고려사항

(1) 문형·Integral 복합라멘교의 특징

1) 경제성 향상

상·하부 공을 일체화함으로써 하부공의 단면의 치수가 저감되어 경제적인 설계가 가능하고 교량받침, 신축이음의 생략으로 초기 cost 및 Life Cycle Cost가 삭감된다.

2) 유지관리성의 향상

일반적인 교량에서 신축이음부의 누수에 의해 거더단부의 부식 및 유지관리에서 약점이 되는 교량받침, 신축이음을 배제함으로써 유지관리성이 향상된다.

3) 주행성의 향상

신축이음을 배제함으로써 차량의 주행성이 양호하고 거더단부에서 소음·진동을 경감하는데 기여한다.

4) 내진성의 향상

상·하부 구조가 일체화가 된 라멘구조로서 부정정차수가 높아 내진성이 향상된다.

(2) 설계시 고려사항

1) 최대 교량길이 : L = 60m 이내
2) 사각 : 30° 이하 (영국의 BD 57/95 : Design for Durability).
3) 교대의 기초는 강관말뚝기초로 하고 1열배치하는 것으로 한다.
4) 말뚝기초는 선단지지 말뚝으로 하는 것을 원칙으로 한다.
5) 우각부 설계는 철근콘크리트 구조에 준해서 설계한다.
6) 주거더의 매립길이는 stud bolt를 사용하는 경우는 도로교 설계기준(강교편)에 준하여 stud의 필요본수와 배치의 최소간격을 고려하여 결정한다.
7) 전단연결재(Dowel)를 PBL을 채용시에는 거더의 높이 정도가 매립되도록 매립길이를 결정한다.
8) 교대의 이동에 대하여 포장부의 내구성 확보망을 검토해야 한다.

7.6.3 강결부(우각부) 구조

(1) 강결형식

강상부구조와 콘크리트 하부구조를 강결하는 방법으로는 강거더와 교대의 결합은 ㉠ stud Dowel, ㉡ 구멍 뚫은 강판 Dowel(PBL: Prefo Band Leisten), ㉢ 강거더 개공방식(SRC구조)이 거론되고 있다. 이들의 결합구조에 대한 힘의 전달기구에 대한 예를 기술하면 다음 그림 7.6.2와 같다. 아래의 설계사례에서 우각부 설계모델은 주거더의 휨모멘트를 우력으로 치환하여 stud 또는 PBL에 전단력으로 전달하는 구조는 같다.

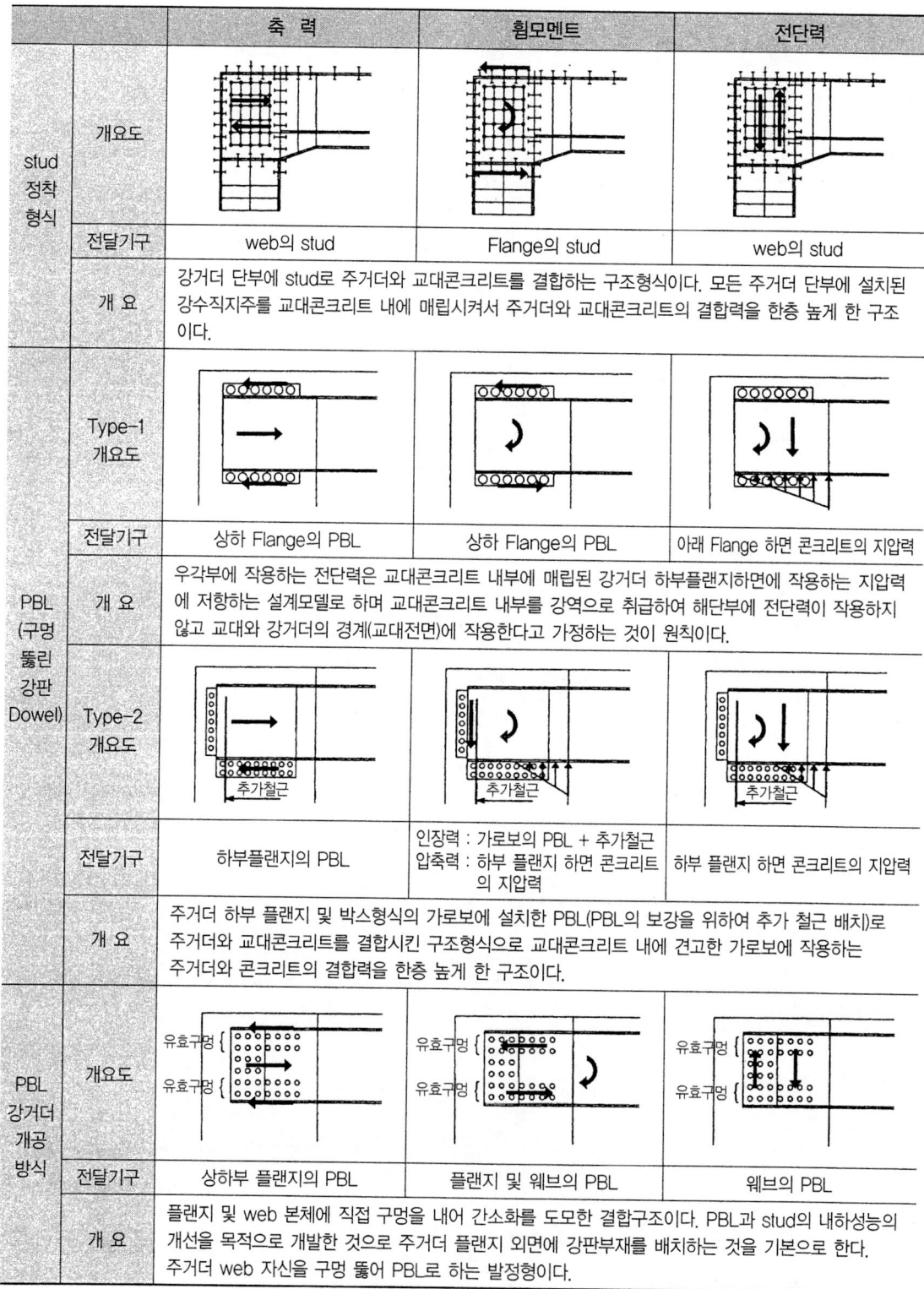

그림 7.6.2 각 설계사례의 우각부 구조와 힘의 전달구조

(2) 강결부의 단면 결정

강거더와 교대의 강결부 설계는 기본적으로 철근콘크리트 부재의 라멘 우각부 설계와 같이 한다.

강거더 및 RC 단면의 결정은 그림 7.6.3에 있는 A점과 C점의 단면에서 한다.

- 강거더 단면의 결정 : A 점에서의 단면력
- RC 단면의 결정 : C 점에서의 단면력

(3) 강결부의 전단내력 평가

강결부 정착형식별로 전단내력의 평가방법은 다음과 같다.

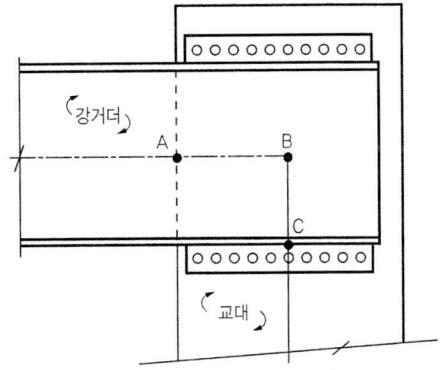

그림 7.6.3 강거더-교대의 결합구조부 단면

1) stud Dowel

$$\left. \begin{array}{l} \text{stud의 필요본수} : n_{freq} = F \times a / Q_a \\ n_{freq} = (S \times N) \times a / Q_a \end{array} \right\} \text{———— 식 (7.6.1)}$$

여기서, n_{freq} : 플랜지의 필요 stud 본수

n_{freq} : web의 필요 stud 본수

$F = M/B$: 휨모멘트에 의한 전단력(kN)

B : web 폭(mm)

S, N : 전단력, 축력(kN)

Q_a : stud의 허용전단력(kN)

a : 콘크리트부가 받는 지지력의 분담율

2) PBL Dowel

PBL의 허용내력(Leonhardt의 제안식)

$$\left. \begin{array}{l} P_a = P_u/2.1 \\ P_u = 1.4 \times d^2 \times f_{ck} \times n \end{array} \right\} \text{———— 식 (7.6.2)}$$

여기서, P_a : 허용내력(kN)

P_u : 종극내력(kN)

d : 구멍의 직격(mm)

f_{ck} : 콘크리트의 설계기준 강도(N/mm²)

n : 구멍의 개수

3) PBL(강거더 개공방식)

① 상기 2)의 산정식으로는 평가가 곤란하다. 종국의 전단강도의 실험치를 안전율 3.0으로 나눈 값을 설계전단강도로 한다.

② Leonhardt가 제안한 산정식에 대하여 관통철근을 가지지 않은 경우에는 43~95%, 관통철근을 가지는 경우는 66~68%의 전단강도로 한다.

(4) 기타 우각부(강결부) 사례1) 미국의 AISI(American Iron Steel Institute의 설계 Hand book)

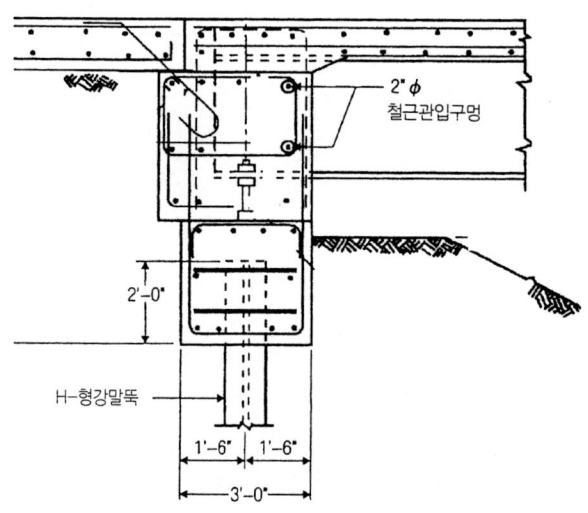

그림 7.6.4 미국의 우각부 사례

2) 오스트레일리아(Australian)에서 1960년대에 압연거더를 주체로 하여 IAB가 채용되었다. 여기에 소개하는 사례는 1966년에 ARRB(Australian Road Research Board)의 논문에 기재된 것이다. 이는 강거더를 교대콘크리트에 매립하지 않은 구조가 특징이다(그림 7.6.5).

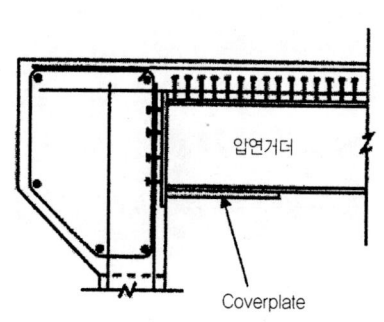

그림 7.6.5 Australia의 우각부 사례

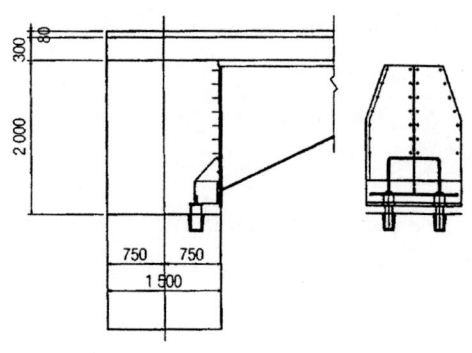

그림 7.6.6 독일의 우각부 사례

3) 독일에서는 거더를 콘크리트에 매립하는 것으로 상·하 플랜지에 배치되어 있는 stud에 의해 정착하는 방법으로 일반적인 사용방법이다. 거더를 교대에 정착하는 방법은 오스트레일리아의 소개한 예와 동일한 형상으로 거더를 교대에 매립하지 않은 형식을 많이 채용하고 있다(그림 7.6.6).

7.6.4 시공순서

인터그럴 복합라멘교는 시공시와 완성계에서 구조계가 크게 다르므로 시공순서가 중요한 문제가 된다.

설계시에는 시공순서를 고려하여 설계를 해야 하고 시공시에는 설계와 다른 하중이 작용하지 않도록 주의할 필요가 있다.

(1) 시공순서

① 강말뚝의 시공 → ② 교대1차 타설부 시공 → ③ 가받침 설치 → ④ 강거더의 가설 → ⑤ 교대 2차 타설부 시공→ ⑥ 바닥판·연석 시공 → ⑦ Approach 접속측벽·채움 토공시공 → ⑧ 접속판 시공 → ⑨ Approach 노반·포장·교면방수 포장시공

(2) 주의사항

교대에서 거더 매입부의 시공을 하는데 필요한 것은 상·하 2분할시공이다.

① 1차 시공시에는 강거더 차원에서 1m 정도 떨어진 곳에서 콘크리트 타설을 중지하고 강거더를 받칠 수 있는 받침(매립됨)과 철근의 이음 및 배치할 수 있는 공간 확보를 해야 한다.
② 교대에 1차시공을 한 후, 강거더를 가설하면 거더의 자중에 의해 발생하는 응력은 라멘구조가 아닌 단순보로 계산하고, 설계상에 거더의 부가응력이 발생하였는지 조사해야 한다.
③ 강거더를 교대 위에 set한 후에, 강거더와의 강결부를 위해 교대의 2차 시공을 한다.
강거더에 붙어 있는 Dowel과 관통철근 또는 가로방향 철근 및 하부공 철근을 신중하게 배근하고 거푸집을 시공하며 2차시공부의 콘크리트를 2종류 사용한다.
강거더 하면 등 공극이 발생할 여지가 있는 하반부에는 고유동 콘크리트를 사용하고 나머지 부분은 1차 시공부와 같은 보통 콘크리트를 사용한다.
④ 2차시공부의 양생이 완료되면 통상의 강거더와 같이 바닥판·연석을 시공하고 계속하여 Approach 접속부 측벽에 채움 흙은 시공한다. IAB는 상부구조의 신축이동량을 교대배면의 노면에서 흡수하게 되므로 배면의 접속한 이 부분의 노반 및 포장이 특히 중요하다.

참고문헌

1. 대한토목학회 : 도로교 설계기준, 제 4장 콘크리트교, 2008
2. 한국도로공사 : 도로설계요령, 제 3권 교량, 2009
3. 국토해양부 : 도로설계편람, 제 5편 교량, 2008
4. (社)日本道路協會 : 道路橋示方書・同解說, コンクリート編, 2002. 3.
5. 橋梁工學ハンドブシク編輯委員會 : 橋梁工學ヘンドブシク, 제 2장 도로교.
6. 橋梁設計・施工ハンドブシク編輯委員會 : 最新橋梁設計・施工ハンドブシク
7. (社)日本道路協會 : コンクリート道路橋 設計要覽
8. 한국건설기술 연구원 : 경제적인 PS 콘크리트 교량 건설공법에 관한 연구
9. 건설부 : 콘크리트 교량가설특수공법 설계, 시공, 유지관리 지침, 1994
10. 오제택역 : 프리스트레스트 콘크리트 공법의 설계・시공지침 : 일본토목학회편, 원기술
11. 황학주 : 최신교량공학, 동명사
12. 조효남 : 교량공학, 구미서관
13. 이만섭 외 2인 Precast segment 방식에 의한 콘크리트 박스거더 교량의 설계기법, 원기술
14. Walter Pondalny 외 1인 : construction and design of prestressed concrete segmental Bridge
15. 오제택 역 : PC교의 캔틸레버 가설공법, J. Mathivate 저, 원기술
16. PTI : Post-Tensioning Manual, sixth edition
17. PTI : Pre-cast segmental Box Girder Bridge Manual
18. P. Jackson : Design of reinforced concrete Bridges, Manual of Bridge Engineering, Thomas, Telford.
19. N.R.Hewson : Design of prestressed concrete Bridges, Manual of Bridge Engineering, Thomas, Telford.
20. Jyouru Lyang, Don Lee, John kang : Reinforced concrete Bridges, Bridge Engineering Handbook, CRC press
21. Lian Duan, Kang Chen, Andrew Tan : prestressed concrete Bridges, Bridge Engineering Handbook, CRC press
22. Gerard Sauvageot : segmental concrete Bridges, Bridge Engineering Handbook, CRC press
23. Rosnald Reagan 외 3인 : Manual of Bridge Design Practice(3-rd Edition), 미 캘리포니아 도로국
24. Petros P. Xanthankos : Theory and Design of Bridge, Johe Willy & Sons INC.
25. Sung. H Park PE : Bridge Rehabilitation and Replacement
26. Dalles Nervurees 외 1인 : Double webbed slabs
27. 한국건설기술연구원 : 교량의 계획설계에 관한 연구
28. 日本 建設機械化協會編 : 橋梁架設工法 の手引き, 技報堂
29. 한국도로공사 : 고속도로 설계실무지침서(II) 제 5편 구조물공
30. Conrad P. Heins, Richard A. Lawrie : Design of Modern concrete Highway Bridge
31. Brian Pritchard : Bridge Design for Economy and Durability
32. 武田英吉, 要岡薰 : 鐵筋コンクリートアーテ橋の合理的 設計法, 理工圖書
33. 國廣哲男 외 4人 : 鐵筋コンクリート橋の設計計算例, 山謠堂

34. 國廣哲男 外 4人 : プレストレスト橋の設計計算例, 山海堂
35. 全日本建設技術協會 : 建設省制定 土木構造物標準設計 第 18卷 解說書(プレテンション方式 PC 單純床板橋), 昭和 56年
36. プレストレスト・コンクリート建設協議會 : プレストレストコンクリート プレテンション方法 げた橋
37. 全日本建設技術協會 : 建設省制定 土木構造物標準設計 第 20卷 解說書(プレテンション方式 PC 單純中空床板橋), 昭和 55年
38. 全日本建設技術協會 : 建設省制定 土木構造物標準設計 第 19卷 解說書(プレテンション方式 PC 單純 Tげた橋), 昭和 55年
39. 全日本建設技術協會 : 建設省制定 土木構造物標準設計 第 13~17卷 解說書(ポストテンション方式 PC 單純 Tげた橋), 昭和 55年
40. 오제택 : 교량계획과 설계, 도서출판 반석기술, 2003
41. 건설부 : 건설부제정 구조물표준도(교량상부 편), 1973
42. 건설부 : 도로교 상부구조 표준도, 1978
43. 건설부 : IBRD 도로개량 및 포장설계(Typical Drawing), 1985
44. 건설부 : IBRD 도로개량 및 포장설계(Typical Drawing), 1989
45. 건설부 : ADB 도로조사 설계(Typical Drawing)
46. 건설부 : 고속도로 표준도, 1986
47. 한국도로공사 : 고속도로 표준도, 2000
48. Hellmut Homberg : Double Webbed Slabs, spingerverlag, Berlin, Heiderlberg New york
49. Christian Menn(이병철 역) : Prestressed Concrete Bridges, 도서출판 엔지니어즈
50. 西潭紀昭 : PRC 교 의 設計, 技報堂出版
51. (사)대한토목학회 : 프리플렉스 합성형 표준시방서 및 동해설(안), 1986
52. (사)대한토목학회 : 프리플렉스 합성형 설계제작 및 시공지도서, 1986
53. 田村, 松本, 板尾, 白井 : プレビームブロック桁の設計と施工, 橋梁と基礎, pp17~21, 1987.4
54. (社)プレストレストコンクリート技術協會 : PC橋 架設工法, 2002年版
55. 橋田敏之, 小村敏 : PC橋 架設工法總覽, 技報堂出版, 1984.4
56. 古賀政二郎 : アウトケープル方式のPC橋梁, プレストレストコンクリート, vol 31, No. 1, Jan 1989.1 pp36~43
57. (社)プレストレストコンクリート技術協會 : PC 斜張橋・エクストラドーズド橋 設計施工規準(案)
58. (社)プレストレストコンクリート技術協會 : PC 定着工法(2000)
59. 梅津健可, 藤田學, 大館 武彦, 山崎淳 : 大篇心外 ケープ PC橋の新構造形式に圓(關)する 解釋的 研究, (社)プレストレストコンクリート技術協會 제 7차 심포지움 논문집
60. 菊地ほか : 蟹澤大橋の設計と施工, プレストレストコンクリート, vol 39, No 2, Mar 1997
61. 小野, 今泉, 春日, 岡本 : エクストラドーズド PC橋の計劃と設計 プレストレストコンクリート, vol 35, No. 3, May 1993.3 pp49-58
62. 木水, 松井, 春日 : 小田原港橋におけるサドル構造關する研究, プレストレストコンクリート, Vol. 36, No. 5, Sept, 1994 pp7~15

63. 城野, 多久, 春日, 岡本：エクストラドーズド PC橋の計劃と設計, 橋梁と設計 1992.12 pp11~17 PSC 사장교
64. 石橋, 田中, 板井, 山村：PC 斜張橋：コンクリート工學, Vol. 30, No. 3, 1992. 3 pp 12~41
65. 葛西, 山口, 角田, 山村, 花田：十勝大橋の設計, 橋梁と基礎, Vol. 28, No. 10, pp 17~26
66. 葛西, 神山, 葛西章, 池田, 佐藤：十勝大橋の設計・施工, プレストレストコンクリート, Vol. 37, No. 3, May, 1995
67. 小野, 吉川, 太田, 中番野：東名足柄橋(PC 斜張橋)の計劃概要について, プレストレストコンクリート, Vol. 29, No. 1, Jan, 1987, pp 34~39
68. 角谷, 太田, 田中, 新井：東名足柄橋(PC 斜張橋)の設計, プレストレストコンクリート, Vol. 32, No. 4, Jul, 1990, pp 13~33
69. 箕作, 移山, 松山：白屋橋の計劃概要, プレストレストコンクリート, Vol. 29, No. 1, Jan, 1987, pp 29~33
70. 吉村, 植木, 今井：PC 斜張橋 "衝原大橋" の設計と施工, プレストレストコンクリート, Vol. 29, No. 1, Jan, 1987, pp 46~55
71. 官崎, 小林, 示申, 岡村：新丹波大橋(仮称)の設計について, プレストレストコンクリート, Vol. 29, No. 1, Jan, 1987, pp 70~81
72. 橋本, 松倉, 移山, 谷口：猪名川第2橋梁の計劃概要, プレストレストコンクリート, Vol. 29, No. 1, Jan, 1987, pp 40~45
73. 中田, 山本, 藤岡：白鳥橋の設計と施工, プレストレストコンクリート, Vol. 30, No. 2, Mar, 1988, pp 56~65
74. 海田, 辻野, 安井, 日紫喜, 齊藤：田尻 スカイプリシジ 上部工の 設計と施工(上), 橋梁と基礎, Vol. 28, No. 9, 1994. 9, pp2~11
75. 大谷, 城戸, 池田, 中村：碓氷橋(PC 斜張橋) 上部工の設計(上), 橋梁と基礎, Vol. 26, No. 4, 1992. 4, pp2~10
76. 大塚, 碇, 小野, 若狹：南因原 1号橋(PC 斜張橋)の設計(上), 橋梁と基礎, Vol. 27, No. 5, 1993. 5, pp22~38
77. 新しぃPC橋の設計 編輯委員會：新しぃPC橋の設計, 山海堂
78. 川田忠樹 감수：複合構造橋梁, 技報堂出版
79. Brian Pritchard：Continous and Integral Bridge
80. ㈳プレストレストコンクリート技術協會編：複合橋 設計 施工規準, 技報堂出版
81. 池田, 水口, 小松, 中須, 前田：第二 名神 高速道路 木曾川橋・揖斐川橋 上部工の設計 Vol. 33, No. 11, pp19~28, 1999.11
81. 山崎淳：大篇心ケーブル PC橋の構造特性(エクステドーズド橋)と 他の(大篇心外 ケーブルPC橋)−プレストレストコンクリート Vol. 39, No. 2, Mar. 1997, pp18-21
82. 小宮正久：エクステドーズド PC道路橋の設計に關する−考察, 土木學會論文集, No. 516 /VI 1995, pp27~39
83. 小宮, 篤生, 本間, 淳史：道路橋における大編心 PC ケーブル橋, プレストレストコンクリート Vol. 39, No. 2, Mar. 1997, pp23-30

84. 小宮正久：大編心 ケーブル PC橋の特徴とその設計, プレストレストコンクリート Vol. 39, No. 2, Mar. 1997, pp40-52
85. 猪服俊司：Extradosed prestressingの利用, プレストレストコンクリート Vol. 31, No. 1, 1989, pp72-74
86. 岡, 春日, 山崎：エクストテドーズド橋の構造特性に關する-考察, プレストレストコンクリート Vol. 39, No. 2, Mar. 1997, pp53-58
87. 近藤, 清水, 小林, 服部：波形鋼板ウエブ PC 箱桁橋 新開橋の設計と施工, 橋梁と基礎, Vol. 28, No. 9, 1994, pp13~20
88. 나석현 역：파형강판 웨브교의 설계·시공, 도서출판 반석기술
89. 波形鋼板ウエブ合成構造研究會：波形鋼板ウエブ PC 橋計劃マニコアル(案)(2000.2)
90. 角昌隆, 青木圭一：波形鋼板ウエブ PC 箱桁橋, 橋梁と基礎, Vol. 36, No. 8, 2002.8, pp14~19
91. 乘常, 山崎, 石原, 齊藤, 桑野：青雲橋の設計と施工(吊構造な利用した架設工法(てよる單徑間 複合トラス構造) 橋梁と基礎, Vol. 39, No. 4, 2005, pp5~11
92. 梅原, 南：新形式橋梁の性能平價事例, 那智勝浦道路木/川高架橋工事 プレストレストコンクリート Vol. 45, No. 6, Nov. 2003, pp51-55
93. 春日, 盆子, 杉村：SBS リンクウエイ橋の設計と施工, 橋梁と基礎, Vol. 31, No. 7, 1997, pp2~8
94. 木村, 木田, 山村, 山口, 南：那智勝浦道路木, 川高架橋の設計, 一鋼コンクリート 複合 トラス橋一, 橋梁と基礎, Vol. 36, No. 10, 2002, pp31~35
95. Pham Xuān Thao, Gilles Causse：複合トラス PC橋の歷史, 橋梁と基礎, Vol. 36, No. 8, 2002.8, pp26~30
96. 藤原：混合桁接合部の設計, 橋梁と基礎, Vol. 36, No. 8, 2002.8, pp36~39
97. 岩立, 忽那：剛結構造, 橋梁と基礎, Vol. 36, No. 8, 2002.8, pp40~44
98. 池田, 忽那：木曾川橋・揖斐川橋, 橋梁と基礎, Vol. 36, No. 8, 2002.8, pp81~84
99. 伊藤鑛一：合成構造橋梁の技術の現狀と將來の展望, 橋梁と基礎, Vol. 26, No. 2, 1992. 2, pp49~52
99. 望月, 渴川, 和田, 石奇, 田中：岡豊橋の設計と施工橋梁と基礎, Vol. 33, No. 3, pp23~28, 1993.3
100. Julio Martinez-Calzon, 園田, 栗田, 吉田：スペインにおけるコニークな鋼コンクリート混合形式橋梁, 橋梁と基礎 Vol. 32, No. 9, pp29~35, 1998.9
101. EP.Wasserman, J.H.Walker：Intergral Abutment for steel Bridges. AISI Highway structure Design Handbook(1969.10)
102. 岩岐信正, 天滿眞士, 新早信幸, 津田佳明, 粟田章光：インテグラルマベスト橋のアプローチスラプに串 する調査 研究, 橋梁と基礎, pp34~39(2008.7)
103. 道下恭博, 本間宏二, 平田 尙, 櫻井伸彰, 渡邊弘明, 藤川敬人：インテグラル複合ラーメン橋(西浜陸橋)の設計・施工, 橋梁と基礎, pp11~18(2001.2)
104. 小浪尊宏, 蛭田健次, 安保瑠女, 千葉陽子：鋼複合ポータルラーメン橋(中田春木川橋)の設計と施工, 橋梁と基礎, pp14~20(2008.3)
105. 小林一雄, 平峯圭治, 春日井俊博：第二東名高速道路上倉橋の設計, 横河ブリッジグループ技報, No. 32, pp72~81(2003.1)

106. 芦塚憲一部, 宮田弘和, 坂手道明, 木曾收一郎, 栗田章光：直接基礎を有する鋼ポータルラーメン橋の設計と剛結部構造の合理化, 構造工學論文集, Vol. 53A, pp936~945(2007.3)
107. 天満眞士, 岩岐信正, 新平信幸, 津田佳明, 禁田晃稚, 栗田章光：鋼合成桁を用いたポータルラーメン橋における新しい隅角部構造の提案と設計法, 橋梁と基礎, pp25~30(2009.10)
108. 道下, 櫻井, 本間, 渡部, 平田, 藤川：インテグラル複合ラーメン橋(西浜陸橋)の設計と施工, 橋梁と基礎(2001.2)
109. 家村, 今井：英國における橋梁規準の動向, 橋梁と基礎, (2000.8)
110. 高木優任：インテグラル複合ラーメン橋, 橋梁と基礎, pp182~184 (2001.2)
111. The Steel Construction Institute : Integral Steel Bridges-Design Guidance, 1997
112. AASHTO : Standard Specifications for Highway Bridges, Attachment A, 11.11, Integral Abutments, 2002.
113. 藤原亨：混合桁接合部の設計, 橋梁と基礎, pp36~39 (2002.8)
114. 山下幹夫：複合斜張橋サンスリンブリシジの計劃と設計, プレストレストコンクリート, pp60~68, 1995
115. 岩立, 守佐美, 伊藤, 諸山, 鈴木, 安田：猿田川橋・邑川橋(上い線)の設計-PC複合トラスおよび施工, 橋梁と基礎, Vol. 43, No. 12, pp5~10, 2009.12
116. 上東, 忽那, 垂水祐, 山本, 奧山：天作川橋の上部構造の設計, 橋梁と基礎, Vol. 39, No. 2, pp17~25, 2005.2
117. 山崎, 山縣, 春日：斜材により補強されたコンクリート橋の構造特性-斜張橋とエクストラドーズド橋一, 橋梁と基礎, Vol. 29, No. 12, pp2~10, 2003.6
118. 佐川, 酒井, 岡澤, 孟子, 春日, 田添：日見橋(仮稱)の設計と施工, 一派形鋼板ウエブエクストラドーズド橋一, 橋梁と基礎, Vol. 37, No. 6, pp2~10, 2003.6
119. 木水, 松田, 西根, 春, 沼田, 山田：2主桁ラーメン橋(鯉川橋)の設計と施工, 橋梁と基礎, Vol. 36, No. 10, pp11~18, 2002.10

새로운 구성
교량계획과 설계

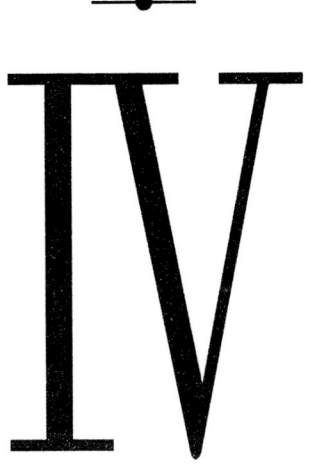

IV

교량의 하부구조 계획과 설계

새로운 구성 교량계획과 설계

제Ⅳ편 교량의 하부구조 계획과 설계

제1장 교량기초의 계획과 설계

| 새로운구성 교량계획과 설계 |

제 1 장_ 교량기초의 계획과 설계

1.1 개요

교량구조물 기초의 설계계획은 상부구조물을 포함한 전체 구조계의 균형을 고려해야 하는데, 그를 위해서는 가설하고져 하는 교량의 특성(상부구조의 주된 사용 목적, 규모, 중요도, 내용연수 등)을 숙지해 두어야 한다.

또한 가설을 하고져 하는 위치에 대하여 기초설계를 위한 각종 조사를 실시하여 기초형식, 종류 등을 선정한다. 설계를 위한 조사로는 도로교의 경우 일반적으로 다음과 같은 단계별 조사가 필요하다.

(1) 타당성 조사단계(교량기본 계획단계) : 예비조사 단계

1) 현지답사 및 지표지질 조사
2) 계획하고져 하는 교량위치 주변의 지질조사 보고서 및 시공실적 조사
3) 개략적인 Boring 조사 및 물리탐사
4) 하상 및 이수상황의 조사

(2) 기본설계 : 본 조사(제 1단계 조사)

1) 기초의 지반조사(Boring 조사)
2) 지형조사
3) 환경조사

(3) 실시설계 : 본 조사(제 2단계 조사)

1) 기본설계 단계에서 미비점 보완 조사
2) 시공환경 조사
3) 내진설계를 위한 조사

이상의 조사에 관해서는 제3장에 상세하게 설명되어 있으므로 여기서는 설명을 생략하지만, 기초형식의 선정은 교량계획 지점의 시공조건에 크게 좌우되므로 시공공법 뿐만 아니라 주변의 환경 및 시공환경 등에 관해서도 철저한 사전 조사가 필요하다.

기초형식의 선정에 있어서는 주어진 설계조건에 대하여 최우선으로 경제성을 추구하는 것이 일반적

이지만, 시공조건에 여하에 따라 경제적 설계가 반드시 최선이라고 할 수 없는 경우도 많다.

예를 들면 기초공사 시행단계에서 주변의 환경적인 문제로 기성말뚝의 항타공법으로 계획, 설계되었던 것을 저소음, 저진동의 중굴 말뚝공법으로 변경하지 않으면 안 되는 경우, 공법에 따라 말뚝의 지지력 특성의 차이로부터 기본적으로 기초의 계획에서부터 다시 시행하여야 되며, 말뚝의 개수, Footing 크기에 이르기까지 변경하지 않으면 안 되는 경우도 있다. 따라서 계획·설계된 것이 현실적 구조물이 완성되기 위해서는 시공이라는 작업이 전제된다는 것을 인식 할 필요가 있고, 반대로 말하면 시공조건이 선정되어 있지 않으면 설계를 수행할 수 없다는 것을 기초구조 설계·계획 입안에서 충분히 유의해야 할 것이다.

기초의 형식은 종래에는 시공법에 의해 직접기초, Caisson 기초, 말뚝기초로 분류하고 있었으나 최근에는 기초공법의 다양화됨에 따라 종래의 생각과 다르게 어느 기초에 속하는가가 분명치 않은 중간적인 것이 나타난다.

이것은 기초의 선정이나 설계법의 적용에 혼돈이 생기는 것으로 기초의 분류를 명확히하여 둘 필요가 있다.

특히 깊은 기초(Deep Foundation)는 얕은 기초(Shallow Foundation)와의 명확한 구분이 어려우며, 기초의 근입 깊이 보다는 대개 파괴거동에 따라 구분한다.

즉 기초의 파괴 거동이 지표에 영향을 미쳐서 지표가 융기하거나 침하하는 경우에는 얕은 기초라고 하고 그렇지 않은 경우에는 깊은 기초라고 한다.

1.2 기초구조 형식의 분류

기초구조 형식은 일반적으로 시공법을 기준으로 하여 분류하고 그 기초형식에 대응하는 설계법이 정해져 있다. 따라서 기초의 종류에 대한 정의로서는 시공법상의 분류와 설계법을 적용하기 위한 설계상의 분류 양자를 포함하지 않으면 안 된다. 교량구조물의 기초의 형식으로는 일반적으로 직접기초, 말뚝기초, Caisson기초 및 특수기초로 크게 나누고 있다.

최근에는 시공기술의 향상과 함께 과거에는 생각하지도 못했던 대구경 말뚝이나 대형 Caisson이 출현하게 되어, 시공법상의 분류는 말뚝기초로 취급되어 온 것 중에도 역학상으로는 Caisson기초로 설계해야 되는 것이나, Caisson 공법으로 시공된 것이라도 직접기초의 범주에 있다고 판단되는 것과 같은 것이 현장지반 조건에 따라 나타날 수 있는 것이다. 설계법 상의 분류에 관해서는 직접기초와 Caisson 기초, 말뚝기초와 Caisson 기초에 대한 구분이 필요하다. 이들의 구분은 반드시 수치에 따라서 명확히 구분되는 것은 아니지만 당면설계 상의 기준은 될 것이다. 단, 경계값은 근방의 기초형식 또는 시공법에 있어서는 다른 기초의 형식으로서 검토가 필요한 경우가 있다.

1.2.1 기초구조의 분류

토목구조물의 기초형식으로는 다음과 같이 일반적으로 직접기초, 말뚝기초 및 Caisson 기초로 크게 나눌 수 있으며, 기초의 근입 깊이에 따라 얕은기초(Shallow Foundation)와 깊은기초(Deep Foundation)로 구분된다. 일반적으로 얕은기초는 직접기초를 말하며, 깊은기초는 말뚝기초 및 Caisson 기초를 말한다.

(1) 직접기초

지표면에서 가까운 곳에 적당한 지지지반이 존재하고, 그 아래 압축성이 큰 토층이 존재하지 않아서 침하량이 허용치를 초과할 가능성이 없을때 사용하는 기초로서 지지지반을 비교적 얕고 넓게 굴착하여 Footing을 구축하게 되며 외부의 하중을 직접 양질의 지지지반에 전달시키는 얕은 강체 기초이다.

(2) 말뚝기초

지표면 근처의 지반이 지지층으로 부적당할때 구조물의 하중을 상대적으로 깊은 지지층에 전달하기 위한 수단으로 말뚝을 사용하는데, 말뚝타격에 의한 공법 혹은 속파기공법에 따라서 기성말뚝, 인력 및 기계 굴착에 의한 현장치기 철근 콘크리트 말뚝이 있으며, 이들의 말뚝머리 부분을 교량의 교대, 교각의 Footing에 연결하여 일체화시킨 탄성체 기초이다.

(3) 케이슨기초

지표면 근처의 지반이 지지층으로 부적당하고 현장조건, 지질조건상 말뚝기초는 부적당할 때 적용하는 기초로서, 기초의 밑 부분이 개방된 철근콘크리트 또는 강재의 통모양 구조물을 지상에 구축하고 그 통안의 토사를 굴착하여 내면서 땅속으로 침하시켜 지지지반에 도달시키는 깊은강체기초이다.

1) 강체기초란 기초의 변위 및 안정계산에 있어서 기초체 자신의 탄성변형을 무시할 수 있는 강한 기초형식을 말한다.
2) 탄성체기초란 기초의 변위 및 안정계산에 있어서 기초체 자신의 탄성변형을 설계상 고려할 필요가 있는 유연한 기초를 말한다.

1.2.2 기초형식의 분류

(1) 시공법에 의한 분류

현재 사용되고 있는 주요 기초형식에 대하여 시공법에 따라 분류하면 그림 1.2.1과 같다.

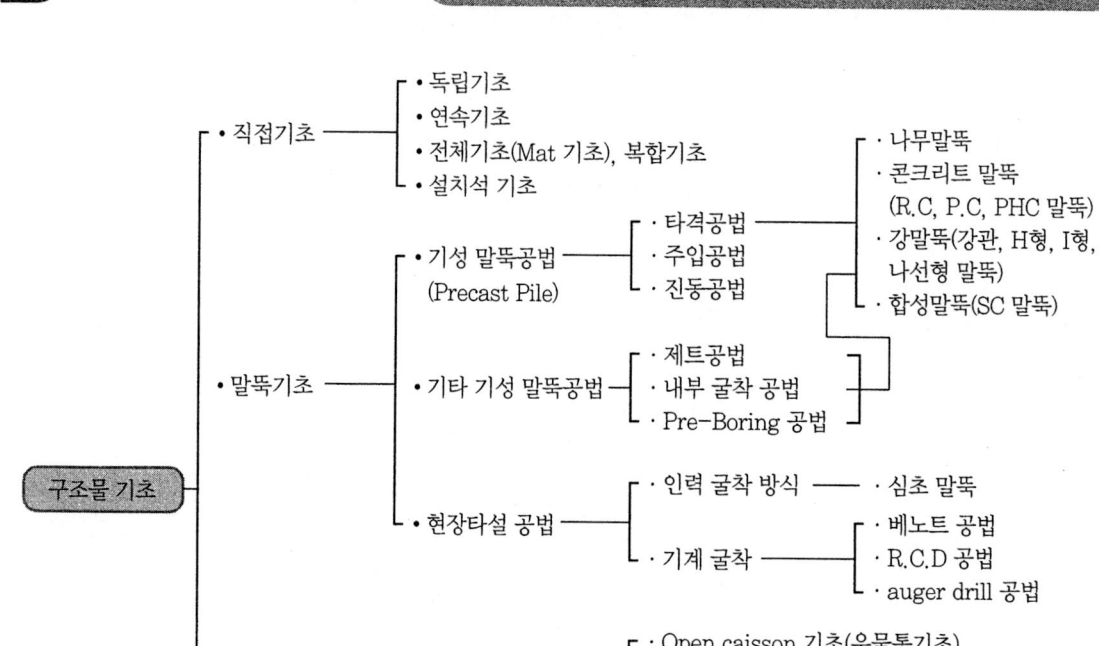

그림 1.2.1 시공법에 의한 기초형식의 분류

(2) 기초의 설계방법에 의한 분류

과거에는 기초형식을 시공방법에 따라 직접기초, 케이슨기초, 말뚝기초로 크게 분류하였다. 이들에 대한 기초의 설계는 각각 독립적으로 생각하고 상호 관계가 없는 것으로 시행하였다. 그러나 최근에 시공기술의 향상에 따라 대구경말뚝기초, 강관널말뚝기초, 대단면 케이슨이 출현하여, 시공법으로 말뚝기초와 케이슨기초이면서도 단면형상으로 케이슨과 직접기초에 가까워서 설계상의 취급에 문제가 생기게 되었다. 「도로교 하부구조 설계요령, 제 6장 6.2절 ; (사)한국도로교통협회」에서 기초의 근입비 (Df/B), 기초의 특성치(β)에 따라 직접기초, 케이슨기초를 표 1.2.1와 같이 정의하여 설계상의 구분을 명확히 하고 있다.

이들의 설계방법은 각 기초형식의 시공법, 기초의 지지조건, 하중분담 및 기초의 강성을 고려한 설계모델에 의한 것이고 그의 적용범위는 자연히 한계가 생긴다. 여기서 설계법의 구분은 주로 시공방법에 의한 기초형식의 구분에 의한 것이고, 기초와 지반과의 상대적인 강성을 평가하는 βl 에 관해서는 설계법의 실용적인 적용범위를 표준 값으로서 제시한 것이다. 따라서 βl 이 적용 범위의 표준 값에서 벌어지는 것에 대해서는 다른 기초형식을 선정하여 검토하든가 별도로 설계 계산 모델을 설정해서 검토할 필요가 있다.

⊙ 표 1.2.1 기초의 설계범위에 의한 분류

기초형식의 분류		판별 기준		해석 Model	
		Df/B	$\beta \cdot l$	기초본체	근입지반
직접기초		$Df/B \leq 0.5$	–	강체(EI=∞)	무시
CAISSON 기초		$Df/B > 0.5$	$\beta l < 1.0$	강체	탄성 지반
			$1.0 < \beta l < 2.0$	탄성체	
			$\beta l > 3.0$	반무한 길이 탄성체	
강관 널말뚝 기초			$0.5 < \beta < 3.5$	탄성체	
말뚝 기초	유한길이 말뚝		$1.0 \leq \beta l < 3.0$	탄성체	
	반무한길이 말뚝		$\beta l \geq 3.0$		

Df : 기초의 근입깊이(cm), l : 기초의 유효 근입길이(cm)

B : 기초폭(cm), β = 기초의 특성치(cm^{-1}) = $\sqrt[4]{\dfrac{KH \cdot D}{4 \cdot EI}}$

EI = 기초의 휨강성(kgf·cm^2), D : 기초의 직경(cm)

KH = 횡방향 지반 반력 계수(kgf/cm^3)

그리고 해석상의 모델은 그림 1.2.2와 같다.

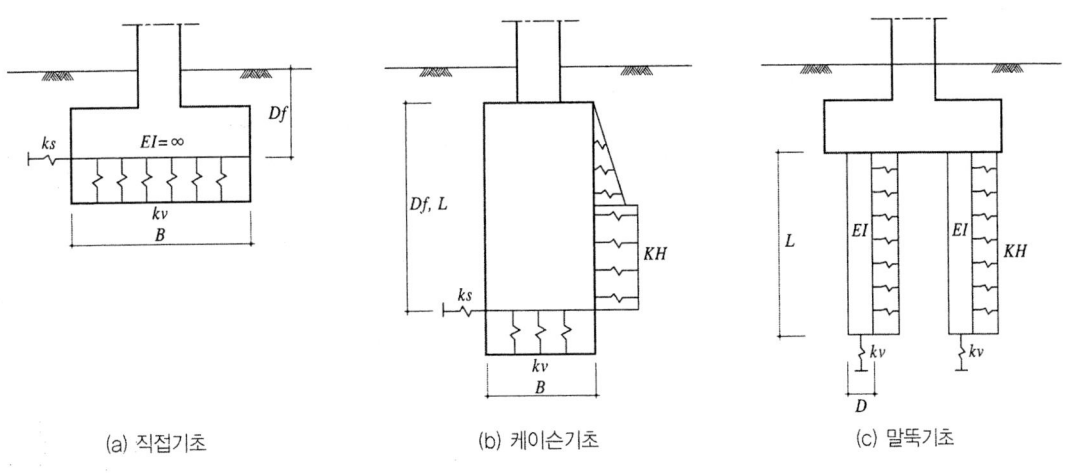

(a) 직접기초　　　　(b) 케이슨기초　　　　(c) 말뚝기초

그림 1.2.2 기초형식의 해석 모델

직접기초와 케이슨기초가 기본적으로 다른점은 근입지반의 저항을 무시하느냐, 고려하느냐 따라 케

이슨기초라도 기초의 근입심도가 낮아 근입부 전면의 저항이 기대되지 못하는 경우에는 직접기초로 하여 설계하는 것이 좋다.

그러나 기초의 근입부 전면에 대한 지반의 저항을 고려하여 설계하는 경우에는 전면의 저항력이 기초의 안정 해석상에 대한 영향이 크다. 근입부의 전면 지반의 저항력을 무시하고져 하는 한계 근입깊이는 그림 1.2.3의 모델을 사용하여 해석 결과를 설명하였다.

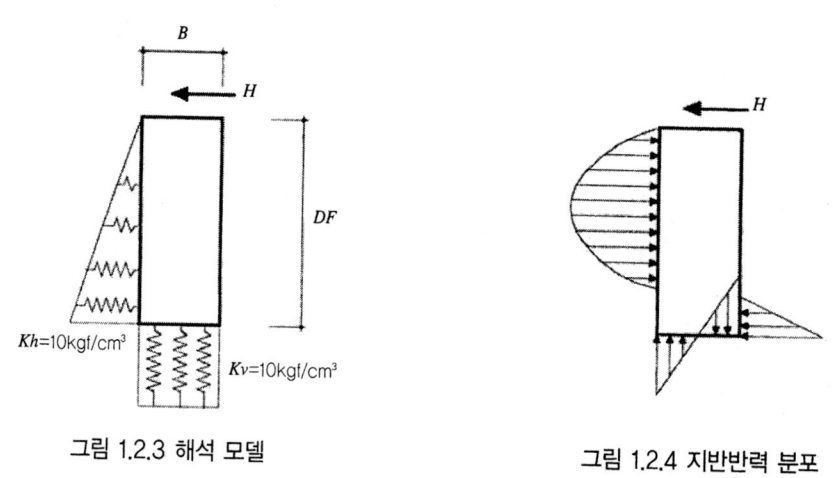

그림 1.2.3 해석 모델   그림 1.2.4 지반반력 분포

기초의 정부에 수평력 H가 작용하였을때 기초의 전면과 저면(바닥면)에 지반반력이 발생하여 안정이 확보된다. 그리고 다음과 같은 관계가 성립된다.

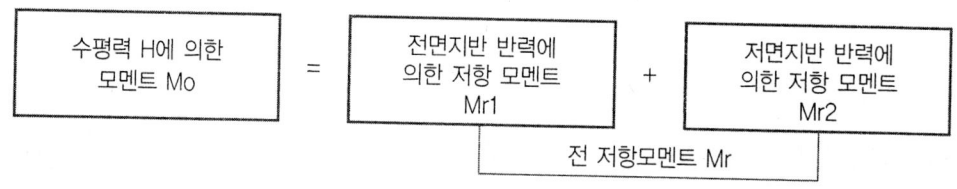

그림 1.2.5는 전 저항모멘트와 저면 지반반력에 의한 저항모멘트의 비(α)와 기초의 근입비에 대하여 변화를 표시한 것이다.

기초 근입비(Df/B)가 0.5이하의 범위에서 전 저항모멘트의 95%를 저면 지반반력에 의한 저항모멘트가 부담한다. 여기서 수평방향과 연직방향의 지반반력계수가 다르고, 일반적으로 직접기초의 경우에 수직지반 반력계수가 수평지반 반력계수에 비해 월등히 크고, 저면의 분담비율이 비교의 예와같이 크게 나타나는 것이 보통이다.

이상의 이유로 「도로교 설계기준(하부구조편)」에서 $Df/B \leq 0.5$의 경우에는 직접기초로 하고 $Df/B > 0.5$에서는 전면의 지반저항을 고려한 케이슨기초로 해석하도록 규정하고 있다.

기초전면 지반의 저항을 고려하는 깊은기초는 기본적으로 유한길이의 탄성체 기초로 해석하고, 여기

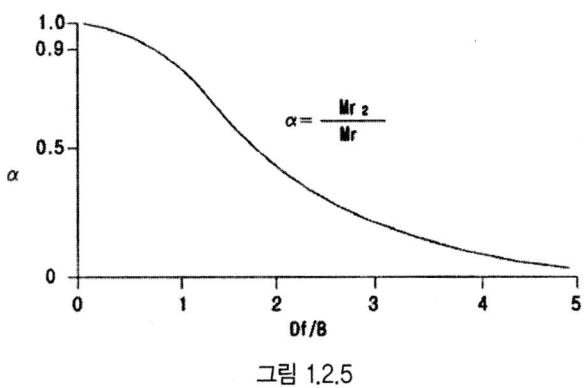

그림 1.2.5

에 대한 해석은 대단히 복잡하다. 기초를 강체 또는 반무한 길이의 탄성체로 보는 경우에는 해석이 간단하다.

그림 1.2.6의 모델과 같이 유한길이의 탄성체로 해석한 경우 기초정부의 변위량(δ_0)과 기초를 강체로 해석한 변위량(δ_1), 무한길이의 탄성체로 해석한 변위량(δ_2)과의 비($\alpha_1=\delta_1/\delta_0$, $\alpha_2=\delta_2/\delta_0$)와 βl의 관계를 표시하면 그림 1.2.7과 같다.

기초를 강체로 가정하여 구한 변위량과 유한길이의 탄성체로 하여 계산한 변위량의 비 α_1는 $\beta l >1.0$일 때에는 1.0 보다 적은 수치를 얻는다. 또한 기초를 무한길이의 탄성체로 가정하였을 시의 변위량과의 비 α_2는 $\beta l \geq 3.0$영역에서는 1.0을 얻는다. 기초에 발생하는 휨모멘트에 대해서도 동일한 양상의 결과를 얻는다. 여기서 $\beta l <1.0$일 때의 유한길이의 강체(케이슨기초) 이거나, $\beta l \geq 3.0$일 때의 무한길이의 탄성체(반 무한길이 말뚝기초)에 대한 해석에 있어서 문제가 있다는 것을 의미한다.

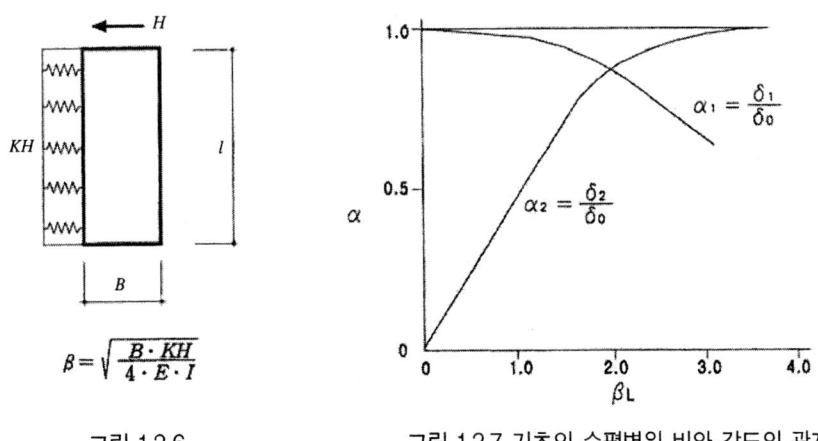

그림 1.2.6 그림 1.2.7 기초의 수평변위 비와 강도의 관계

(3) 지지형태에 따라 말뚝의 분류

말뚝기초에 있어서 상부구조물의 하중을 지반에 전달하는 형태에 따라 다음과 같이 구분한다.

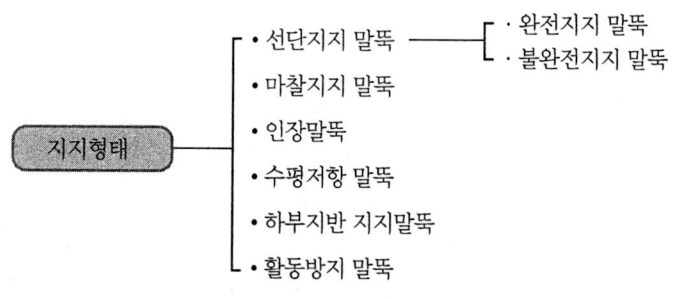

그림 1.2.8 말뚝지지형태에 의한 분류

선단지지 말뚝은 말뚝의 선단에 양질의 지지층(사질토 $N \geqq 30$, 점성토 $N \geqq 20$)에 근입시킨 말뚝이며, 마찰저항 말뚝은 선단에 양질의 지지층의 근입이 곤란한 경우를 말한다.

선단지지 말뚝에서 완전지지 말뚝은 양질의 지지층의 두께가 충분히 두꺼운 경우이고 불완전 말뚝은 양질의 지지층이 얇고 그 아래에 연약의 있는 경우이다.

말뚝의 지지형태에 따라 분류로서 설계상, 지지력에 대한 설계방법을 명확하게하고 지지기구의 신뢰도, 종국의 저항특성에 대한 안전율 구분하여야 할 필요가 있다.

1.3 각종 기초공법의 개요 및 특성

1.3.1 직접기초

(1) 개요

직접기초는 지반을 절취하거나 토류벽 설치, 체절 등을 하여 Footing을 양질의 지지층에 직접 지지하도록 하는 기초형식이다. 이 경우에는 양질의 지지층은 아래의 지반을 말한다.

  ㉠ 사질토 : N치 30이상, 층두께(Df)는 Footing 두께 1.5배 이상
  ㉡ 점성토 : N치 20이상
  ㉢ 암　반 : CL group이상(연암Ⅰ)

지지층이 얕은 경우에 일반적으로 경제적인 형식이다. 기초형식 선정시에는 처음에 직접기초를 선정하는데 충분한 검토를 할 필요가 있다.

(2) 특징

1) 장점

① 지지층이 얕은 경우에는 기타 기초형식에 비교해서 경제적이다.

　경제적인 지지층의 심도는 기초 터파기가 곤란하지 않은 일반적인 지표면 또는 수면에서 7.0m 정도 이내이다.

② 시공이 단순하고 용이하다.
③ 지지층을 직접 확인 할 수 있다.
④ 평판 재하시험 등으로 간단히 지내력을 확인 할 수 있다.
⑤ 하중에 의해 기초저면의 접지압의 산정이 용이하고 해석이 간단하다.
⑥ 다른 기초에 비교하여 강성이 크고, 수평 변위량이 적다.
⑦ 지지층의 경사, 불균일에 대한 현장에서 대처가 용이하다.

2) 단점
① 지지층의 깊이가 깊은 경우, 지하수위가 높은 경우에는 시공이 곤란하다.
② 기초의 점유폭이 크며, 근접구조물이나 용지에 제약을 받는 경우에는 부적합하다.
③ 산지부의 비탈면에서는 절취토량이 많고, 사면붕괴, 지반이완의 원인이 되는 경우가 있다.

1.3.2 타입말뚝 기초공법

(1) 개설

말뚝기초는 지지층 심도가 깊은 경우에 적용한다. 기초공법에 따른 적용심도는 「일본 건설성의 건설기술연구회」의 조사 결과에 따르면 표 1.3.1과 같다.

◉ 표 1.3.1 각종기초 형식의 적용심도

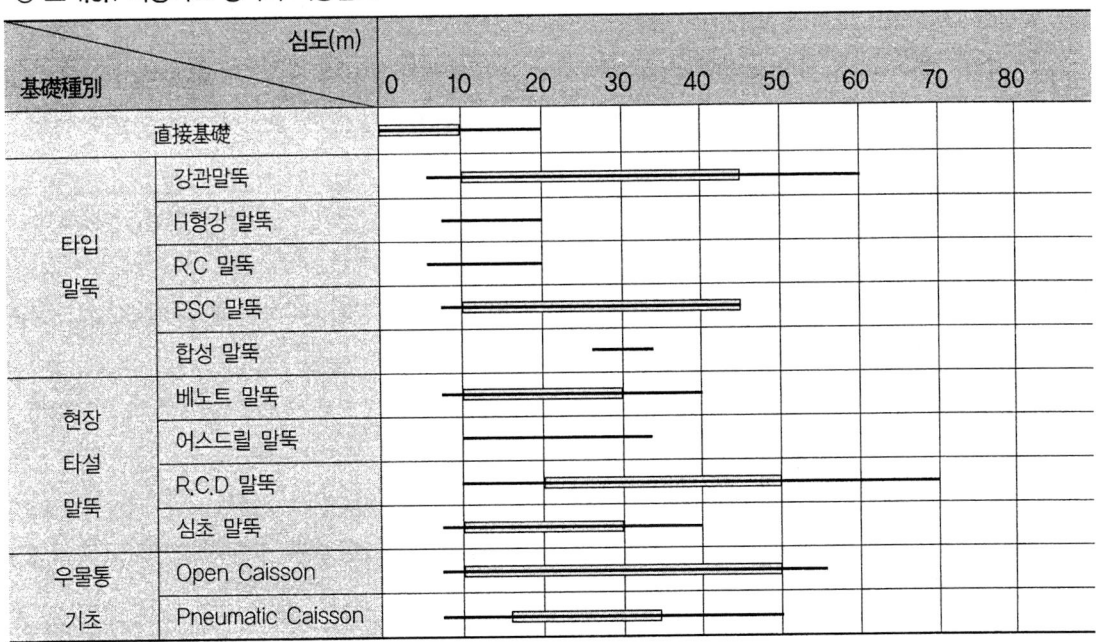

타입말뚝은 타격공법, 진동공법, 압입공법 등으로 시공한다. 직접기초 이외의 기초형식 중에서 일반적으로 가장경제적인 공법이다. 따라서 직접기초 시공이 곤란한 경우에 타입말뚝기초 공법을 검토할 필요가 있다.

타입말뚝 공법의 장단점은 다음과 같다.

1) 장점

① 직접기초 이외의 기초형식 중에서는 일반적으로 가장 경제적이다.
② 말뚝을 항타 후에는 지반의 다짐효과가 있고 대체로 지지력을 확실히 기대 할 수 있다.
③ 경사 말뚝(10°~20°)의 시공이 가능하고, 경사말뚝에 의해 말뚝축직각방향의 큰 지지력을 기대 할 수 있다.
④ 기성제품의 말뚝을 사용하므로 재료에 대한 품질의 신뢰성이 높다.
⑤ 시공속도가 바르고, 공기단축이 가능하다.

2) 단점

① 말뚝항타시 큰 소음, 진동이 발생하여 공사장 부근의 민가, 병원, 학교, 공연장 및 문화재 등의 소음, 진동 규제 장소에는 적용하지 않는 것이 좋다.
② 압밀침하의 우려가 있는 연약지반에 경사말뚝을 사용할 경우 Negative Friction의 작용에 의해 말뚝 본체에 큰 휨응력이 발생한다.
③ 중간층에 전석, 자갈층이 있는 경우 타입이 곤란하다.
④ 급경사지에는 장비·중기 반입이 곤란하다.
⑤ 수송상 말뚝길이의 제한을 받으며, 말뚝길이가 긴 경우에는 중간에 말뚝이음을 하여야 한다. 일반적으로 말뚝이음은 약점으로 작용한다.

(2) R.C 말뚝(원심력 철근콘크리트 말뚝)

1) 개요

R.C 말뚝은 KS「원심력 철근콘크리트 말뚝」에서 규격화하고, 안정된 품질의 제품을 공급하도록 하고 있다.

콘크리트의 기준강도는 f_{ck} =400kgf/cm²이상이며, 조립된 철근을 거푸집내에 넣고 원심력에 의해 성형한다. 성형된 말뚝을 상압증기 양생을 하여 탈형하고, 수중양생을 하여 제품을 시장에 출하한다.

KS규격에서는 R.C 말뚝을 1종, 2종으로 구분하고 1종은 축방향 하중에 대하여, 2종은 축방향 하중과 수평하중에 대하여 설계하며, 휨모멘트의 크기에 따라, A, B, C의 3종류도 세분하여 말뚝의 표면에 표기한다.

토목구조물은 주로 수평하중에 의한 휨모멘트에 저항하므로 2종을 사용하는데 큰 휨모멘트를 부담하는 데는 PSC 말뚝이 경제적이며, R.C 말뚝의 용도는 지중 구조물로서 수평하중을 고려하지 않은 구조물, 또는 수평하중이 적은 소형구조물에 사용을 많이 한다. 교량구조물 기초에는 사용하지 않는 것이 좋다.

2) 특징

① 장점
   (a) 재료의 수급이 용이하다.
   (b) 재료의 가격이 저렴하다.
   (c) 말뚝과 Footing의 강결이 PSC 말뚝에 비하여 용이하고 구조상 문제가 적다.

② 단점
   (a) 지층 중간에 비교적 경한 층(사질토 : $N≧20$, 점성토 : $N≧10$), 5~10cm 자갈층, 전석층에는 타입이 곤란하다.
   (b) 말뚝타입시에는 타격응력에 의해 Crack이 발생한다.
   (c) 말뚝 1본의 휨응력이 적다.
   (d) 말뚝길이가 긴 경우에는 타입이 곤란하다. 일반적으로 짧은말뚝에 사용한다.

(3) PSC 말뚝(Prestressed Concrete Pile)

1) 개요

  PSC 말뚝은 말뚝 타입시 말뚝자체에 발생하는 인장력, 운반·적치와 적재 및 시공시 발생하는 인장력, 또한 설계수평하중에 의해서 생기는 휨인장력에 대한 저항력이 증가하도록 콘크리트에 Prestress를 도입하여 보강한 말뚝이다.

  PSC 말뚝은 대구경 말뚝을 제외하고는 Pretension 방식으로 제작된다. KS규격은 「Pretension방식 원심력 Prestressed concrete Pile」을 규격화하고 있다.

  사용하는 콘크리트 강도는 f_{ck} =500kgf/cm²이고 P.S 강재의 인장 정착후 콘크리트를 투입하여 원심력 성형후 상압증기 양생을 한 후 거푸집 제거하고 수중양생, Auto Clave에서 고온 고압 양생을 하여 냉각후 출하하는 제조방식이다.

2) 특징

① 장점
   (a) Prestress는 보강하는 것으로서 타입시 충격에 대하여 강하고, 콘크리트의 전단 균일이 생기지 않는다.
   (b) 재료의 입수가 용이하다.
   (c) 대구경 말뚝 시공이 가능하다.
   (d) 공장에서 품질관리한 제품으로서 재질에 대한 신뢰도가 높다.

(e) Cost가 저렴하다.

② 단점

    (a) 인성에 결함이 있다. 변형성능이 적고, 지진시에 응답 변위에 대하여 약하다.
    (b) 말뚝 두부 절단에 의해 Prestress가 감소하여 보강이 필요하다.
    (c) 지지층이 평탄하지 않은 경우에 말뚝길이 조정이 곤란하다.
    (d) 시공 이음부의 신뢰성이 떨어지며 일반적으로 2개소 이상 이음을 하지 않는다.
    (e) 중간층이 경질토층(사질토 : $N≧30$, 점성토 : $N≧20$), 직경 10cm 이상의 자갈층, 전석층에는 항타가 곤란하다.

PSC 말뚝의 항타는 통상적으로 디이젤햄머를 사용하며 햄머의 표준적인 선정기준은 다음 그림 1.3.1과 같다.

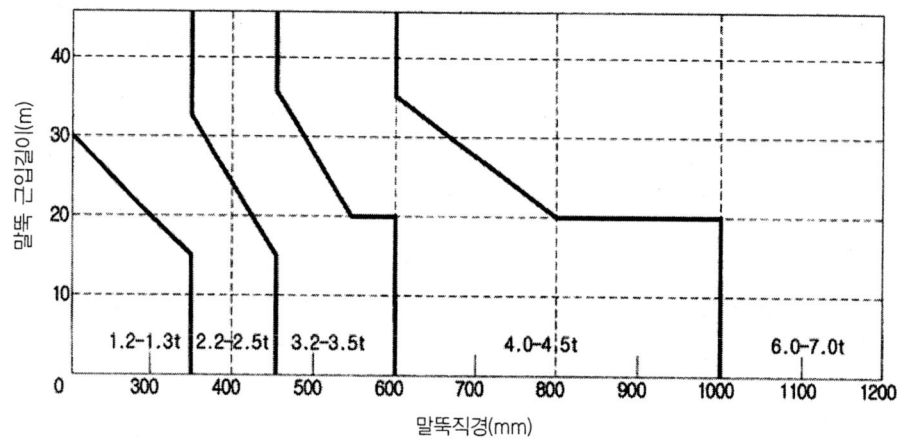

그림 1.3.1 표준 햄머 선정도

(4) 강말뚝(Steel Pile)

1) 개요

강말뚝은 강관말뚝과 H-형강 말뚝으로 대별한다. KS에서는 강말뚝에 대하여 규격화하고 있다. 강관말뚝은 수평저항력, 타입성능, 긴말뚝의 시공등에서 우수하여 교량 기초말뚝에 광범위하게 사용되고 있다. Spiral강관의 경우 31m까지 제조가 가능하나 통상적으로 수송에 관계되어 단관의 최대길이는 12m이고 현장에서 용접이음을 하여 사용한다.

H-형강 말뚝은 단면성능이 방향성이 있으며 지지력이 큰 경우에는 사용하지 않으며 현재에는 주로 가설구조물에 많이 사용하고 있다.

2) 특징

① 장점
  ⓐ 재료의 강도가 높고, 연성이 풍부하며 수평, 연직 내하력이 크다.
  ⓑ 큰 타격력에도 내력이 있고, 경한 지지층($N \geqq 50$)에서도 근입이 가능하다. 큰 선단지지력을 얻는 데 적합하다.
  ⓒ 현장이음의 신뢰성이 높고, 긴 길이의 말뚝 시공이 가능하다. 일본에서는 육상에서 말뚝 길이 85m까지 시공실적이 있다.
  ⓓ 필요시 각 관의 두께 변경이 가능하며, 설계내력에 적절한 외경의 선정이 가능하다.
  ⓔ 용접에 의한 이음, 절단이 자유롭다. 지지지반의 굴곡이 있는 경우에도 신뢰성이 높은 시공이 가능하다.
  ⓕ 말뚝머리 처리 및 Footing과의 결합이 용이하다.
  ⓖ 견고한 중간층(사질토 : N치 40정도, 점성토 : N치 30정도)의 타입이 가능하다. 또한 자갈층, 모래자갈층의 경우 관경의 1/3~1/4 이하의 자갈 크기에는 가능하다.
  ⓗ 단면적이 적어 배토량이 적고, 타입 효율이 양호하다. 기존의 인접구조물에 대하여 악영향이 적다.
  ⓘ 중량이 가벼우며, 파손의 염려가 적어서 운반취급이 용이하다.
  ⓙ 현장타설 말뚝, Caisson 기초에 비교하여 일반적으로 경제적이다.

② 단점
  ⓐ 강재의 부식에 대한 대책 필요하다.
  ⓑ 항타시에 진동, 소음이 크다
  ⓒ 대구경 말뚝은 선단을 폐쇄하는 효과가 적어 지지력이 저감되는 염려가 있다.
    강관말뚝은 통상 디이젤 햄머를 사용하여 항타 한다. 표준 햄머 선정은 그림 1.3.2와 같다.

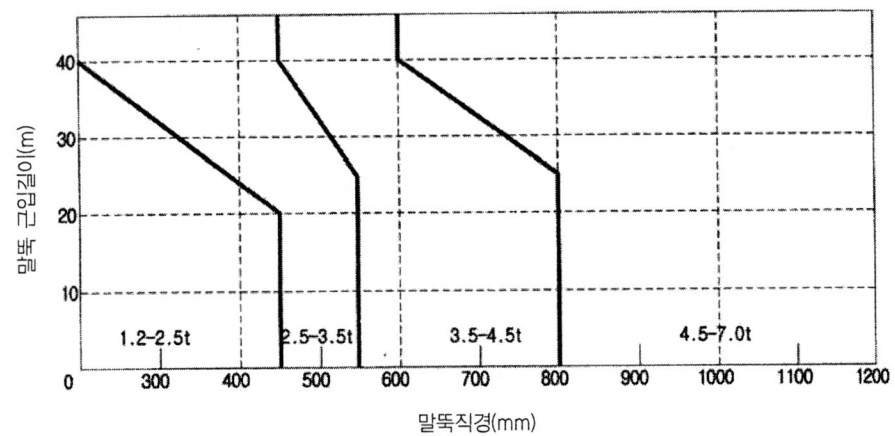

그림 1.3.2 표준 햄머 선정도

(5) PHC 말뚝, SC 말뚝

PHC 말뚝은 고온 고압증기양생한 PSC 말뚝으로써 콘크리트 강도는 $f_{ck}=800\sim1000\,\text{kgf/cm}^2$(국내에서는 $\sigma_{ck}=800\sim850\,\text{kgf/cm}^2$생산)이다.

SC말뚝은 고강도 P.S Concrete($f_{ck}\geq800\,\text{kgf/cm}^2$)의 외측에 강관으로 피복하여 만든 말뚝으로서 콘크리트 약점을 강재가 보강한 것이다. SC말뚝은 휨강성은 크고, 변형성능이 풍부하며, 말뚝머리 처리가 용이, 항타시 두부파손이 적은 장점이 있다.

그러나 재료가 고가이고 강관의 부식이 있는 단점이 있다.

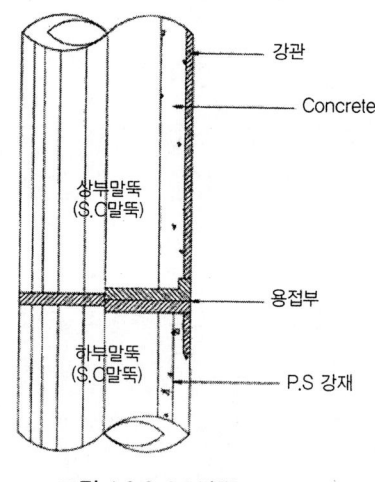

그림 1.3.3 SC말뚝

1.3.3 속파기(中掘) 말뚝공법

(1) 개설

종래에는 Pre-Cast 말뚝의 시공을 Diesel Hammer 또는 Vibro-Hammer로 하는 것이 주종을 이르고 있었다.

최근에 환경적인 문제가 많이 대두되면서 저진동, 저소음 공법에 대한 필요성이 요구되고 있는 실정이다. 저진동, 저소음 공법은 지반을 굴착하여 기성말뚝을 근입시키는 매입말뚝을 말한다. 매립말뚝은 말뚝의 근입 방법에 따라 다음과 분류한다.

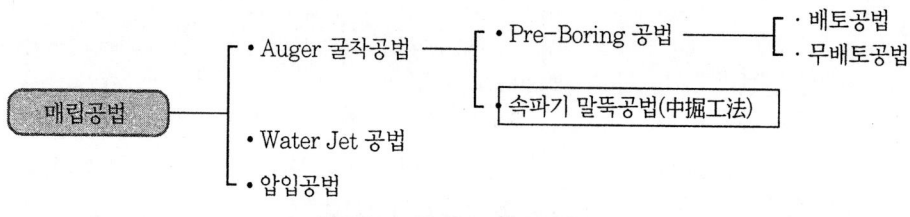

그림 1.3.4 속파기 말뚝의 분류

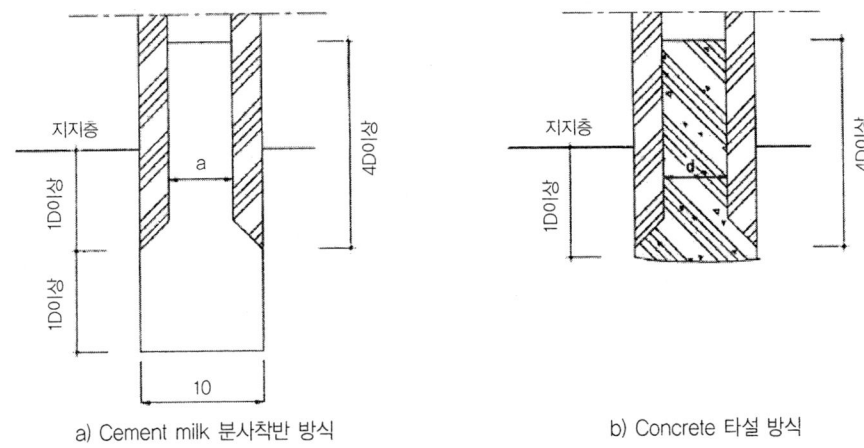

a) Cement milk 분사착반 방식　　　b) Concrete 타설 방식

그림 1.3.5 속파내기 말뚝공법의 선단처리

1) Pre-Boring 공법

말뚝을 항타 할 개소의 지반을 선행 굴착을 하고 천공된 공내에 기성 말뚝을 근입하여 압입 또는 항타하고 천공 내에 Cement milk 등을 주입하여 고정시키는 공법이다.

2) 속파내기 말뚝공법(中掘工法)

말뚝의 선단이 개방된 중공기성말뚝의 내부공간을 관통하는 Auger 또는 Bucket로 말뚝 선단 지반의 흙을 굴찰하여 배토시킨 다음 소정의 깊이까지 근입시키는 공법이다.

말뚝선단의 처리 공법으로는 타입공법, Cement milk 분사착반방법, Concrete 타설방법 등이 있다.

3) Water Jet 공법

기성말뚝 선단에 Jet Nozzle의 장비를 설치하여 물을 분사하여 말뚝 선단부의 지반과 말뚝 주변지반을 이완시키면서 말뚝을 근입시키는 공법이다.

4) 압입공법

압입장비를 이용하여 기성말뚝을 지반내로 근입시키는 공법이다.

매립 말뚝공법은 저진동, 저소음 공법으로서는 Merit가 크나, 시공시 말뚝 주변 지반과 선단지반을 교란 시켜서 타입공법에 비교하여 지지력이 저하되는 문제가 있다. 시공상태에 따라 지지력을 크게 할 수 있으나 신뢰성은 다소 떨어진다. Pre-Boring 공법은 특히 문제가 크며 도로교의 기초공법으로 사용하지 않는 것이 좋다.

(2) 특징(속파내기 말뚝공법)

여기서는 속파내기 말뚝공법에 대하여 기술하기로 한다.

1) 장점

① 시공시 소음, 진동이 적다
② 소구경 말뚝에서 비교적 대구경 말뚝 시공가능($\phi 300 \sim 1200$m/m정도)
③ 타입공법에 비교하여 중간층이 견고하여도 시공 가능
- 적용토질 · 점성토 : $N \leq 30$
  사질토 : $N \leq 50$
  모래자갈층 : 말뚝의 내경의 1/8이하
④ 말뚝자체가 Casing의 역할을 하므로서 지반붕괴가 적다.
⑤ 경사말뚝 시공의 가능하므로 말뚝축 직각방향의 큰 지지력을 기대 할수 있고 또한 연약지반에서는 현장타설 말뚝보다 경제적인 경우가 있다.
⑥ 소구경 말뚝의 저진동, 저소음 타입이 가능하고 소규모 구조물에서는 현장 타설말뚝보다 경제적이다.
⑦ 말뚝을 기성제품을 사용하므로서 현장타설 말뚝에 비교하여 시공 속도가 빠르다.

2) 단점

① 시공시 지반이 이완되어 지지력이 감소한다. 지지력 1ton당의 공사비는 상당히 높으므로 지지력에 의하여 말뚝 본수를 결정하는 경우에는 비경제적이다.
② 시공자, 시공방법에 의해 지지력은 크게 할 수는 있으나 신뢰성은 다소 떨어진다.
③ 이토, 이수처리가 현장에서 하기는 곤란하다.

1.3.4 현장타설 콘크리트 말뚝공법(Cast-in-Site pile)

(1) 개요

현장타설 콘크리트 말뚝(이하 현장타설 말뚝)은 전용 굴착기를 사용하여 지중에 원형동공을 만들면서 지지층까지 굴착하여 그 안에 지상에서 조립한 철근을 넣고 트레미관을 사용하여 동공내에 콘크리트를 하단부터 연속적으로 타설하여 철근콘크리트 말뚝을 축조하는 공법이다. 현장타설 말뚝의 시공은 올케이싱공법(베노트공법), 리버스서클레션공법(R.C.D 공법), 어스드릴공법, B.H공법 등이 있으며 이들을 조합하여 사용하고 있다.

1) 장점

① 시공시에 진동, 소음이 타입 말뚝에 비교하여 적다. 주택 밀집지역, 진동, 소음 규제 지역에 적합하며, 진동에 의한 근접 구조물의 영향이 적다.
② 말뚝이 1본을 이음이 없이 시공이 가능하다. 말뚝선단의 지지반의 상태에 따라 말뚝의 길이 조정이 용이하다.

③ 굴착토를 직접 눈으로 확인 할수 있고, 중간층, 지지층의 토질을 현장에서 확인 할 수 있다.
④ 기성말뚝에 비교하여 대구경($\phi 1000 \sim \phi 3000m/m$)의 말뚝 시공 가능
⑤ 타입말뚝에 비교하여 말뚝의 직경, 철근배근, 콘크리트 배합 강도를 자유로이 선택할 수 있다.
⑥ 속파내기 말뚝에 비교하여 지지력 1ton 당의 시공비가 저렴하다.

2) 단점
① 말뚝 본체의 콘크리트는 보통 트래미관을 사용하여 수중콘크리트를 타설하므로서 기성말뚝에 비교하여 품질이 떨어진다.
② 말뚝내에 콘크리트 타설 전에 철근의 근입 상태를 확인하여야 하며 콘크리트 타설시 철근이 부상하였는지를 확인해야 한다.
③ 굴착 중 공벽붕괴 위험이 있다.
④ 말뚝 선단부에 Slime를 완전 제거하지 않으면 지지력에 문제가 있다.
⑤ 경사말뚝시공이 어렵다.

(2) 올케이싱 공법(베노트 공법)

1) 공법의 개요
올케이싱 공법은 베노트식 굴착기로 Caising tube를 요동·압입하면서 Hammer Grab으로 굴착하면서 지지층에 도달한다. 굴착이 완료된 후에 공 저면에 침전되어 있는 Slime을 처리한 후 조립된 철근을 넣고 Tremi를 세우고 Tremi 공법에 의해 콘크리트를 타설하면서 Caising tube를 요동하면서 인발하여 현장 타설 말뚝을 축조하는 공법이다.

Caising tube를 굴착 전길이에 관입하므로 다른 현장타설 말뚝에 비교하여 공벽 붕괴의 위험성이 적고, 비교적 확실한 설계 말뚝 직경을 확보 할 수 있으며, 현장타설 말뚝시공법 중에서 교량기초에 가장 많이 사용되는 공법이다.

2) 특징
① 장점
(a) Caising tube를 굴착 전 길이에 관입함으로 공벽 붕괴의 위험이 적고, 확실한 설계 말뚝 직경을 확보할 수 있다.
(b) 주변지반, 인접 구조물에 미치는 영향이 적다
(c) 토질에 따른 적용성이 다른 공법에 비교하여 넓다. Hammer Grab의 칼날부를 변경하여 전석층, 연암 굴착이 가능하다.
(d) 굴착 배출하는 토사에 대하여 토질의 실태를 관찰 할수 있고, 지지층의 판정, 중간층의 토질 판정을 비교적 확실히 할 수 있다.
(e) Slime 침전물이 적다.

(f) 철근의 간격유지가 비교적 확실하다.(철근의 덮개가 확실히 보전 가능)

② 단점
 (a) 지하수위 이하의 중간 세사층(Silt분 30% 이하)이 50m 이상일 때 Caising Grab의 요동, 압입 인발이 곤란하거나 불가능하다.
 (b) 기종의 자중이 크고, 요동 인발시의 반력이 크므로 연약지대, 수상 작업이 적합하지 않다.
 (c) 피압수를 포함한 사질토 층에서 Boiling 현상이 생기고 주변지반의 침하 우려가 있다. 공내수위를 지하수위 이상으로 유지할 필요가 있다.
 (d) 수중굴착시 Hammer Grab Bucket에 대한 물의 저항·부력에 의해 낙하 속도가 감소하여 공저면에 관입이 약하여 지반이 단단한 경우에 굴착 속도가 현저하게 저하(굴착 깊이는 30m 정도가 적당) 한다.
 (e) 콘크리트가 설계 수량보다 4~10% 정도 여분으로 든다.
 (f) 콘크리트 타설의 시공관리가 나쁘면 말뚝 단면에 조잡한 콘크리트가 되어 소요설계강도를 기대하기 어렵다.
 (g) 철근의 부상 현상이 있다.
 (h) 굴삭 심도가 깊은 경우와 말뚝의 직경이 큰 경우에 Caising tube 주변의 마찰력이 커서 Tubing이 불가능 한 경우가 있다.
  통상적인 굴착기 일 때 최대 굴착심도는 30.0m, 최대 굴착 직경은 2.0m로 하는 것이 좋다.

(3) Reverse Circulation Drill(R.C.D) 공법(Reverse 공법)

1) 공법의 개요

R.C.D공법은 원칙적으로 정수압에서 공벽의 보호를 하며, 회전 비트로 굴착·순환수의 역순환류에 의해 토사를 배출하고 콘크리트를 타설하여 말뚝을 축조 하는 공법이다.

2) 특징

① 장점
 (a) 저소음, 저진동 공법이다.
 (b) 대구경(약 3.5m 정도) 깊은 말뚝(약 70m)의 시공이 가능하다.
 (c) 수상 시공이 가능하다.
 (d) 역순환 이수 굴착이므로 사질토가 많은 지반에서도 공벽 붕괴 없이 시공이 가능하다.
 (e) 중간 경질층의 굴착 및 인발 가능하다.
 (f) 굴착기종에 따라 암반굴삭 가능하다.
 (g) Rotary Table과 Reverse 본체를 분리하여 작업이 가능하며, 협소한 장소에서 시공, 수상 시공이 가능하여 응용범위가 넓다.

(h) 굴착과 배토가 동시에 이루어지므로 연속 굴착이 가능하고 깊은 굴착을 하는 경우(25~30m 이상)에는 다른 공법에 비하여 효율이 좋다.

② 단점

(a) 지반층에 심한 파압수, 복류수가 있는 경우에는 시공이 곤란하다.
(b) Drill pipe의 내경이 큰 경우 호박돌(15~20cm)이나, 목재에 의해 Pipe가 막혀 굴착 불가능 할 때는 Orange peel bucket에 의해 호박돌을 제거해야하며 이러한 경우 시공의 효율이 급격히 떨어진다.
(c) GL-10m 부근에 느슨한 사질토 또는 연약층이 있는 경우에 시공관리를 충분히 실시하지 않으면 공벽의 붕괴 위험이 있다.
(d) 지질에 따라 말뚝 직경이 확대되어 10~20% 정도 콘크리트량이 증가한다.
(e) 탁수 환류설비와 저수조를 설치할 필요가 있다. 대량의 물과 토사를 취급하는 현장에서는 오수가 많이 발생하여 환경 오염의 원인이 된다.
(f) 시공관리 부주의로 다음과 같은 사태가 발생한다.
　a) 이수(泥水) (수두보존, 비중저하) 불량으로 공벽 붕괴
　b) 콘크리트의 관리, 타설관리 불량으로 품질의 저하
　c) 공저면 Slime 처리 불량으로 지지력 저하
　d) 굴착의 부주의로 말뚝의 수직도 불량

(4) EARTH DRILL 공법

1) 공법의 개요

　Earth Drill공법은 Earth drill기의 케리버 선단에 원통형의 굴착 Bucket를 부착하여 케리버와 Bucket를 회전하면서 굴착하는 공법이다. Bucket에 토사가 가득 차면 이것은 지상으로 인상하여 버리게 되며 이러한 과정을 반복하여 굴착한다. 공벽의 붕괴방지를 위해 깊이 3~5m 위치까지 표층에 Caising을 삽입하고 그 이하는 Bentonite에 C.M.C(Carboxy methyl cellulose) 분산제 등을 첨가한 안정액을 공내에 넣는다. Earth Drill 공법은 현장타설 말뚝 중에서 가장 일반적 공법이며, 말할 나위 없이 양호한 시공실적인 많다. 그러나 교량의 기초공법으로는 사용을 하지 않고 있다. 이는 주변의 교량과 이수막의 영향으로 설계말뚝직경에서 공칭직경이 10cm 정도 감소되는 것이 조사결과 나타나고 있으며, 공벽의 안정에 대한 신뢰성이 결여된 이유 때문 대형구조물 기초에는 사용하지 않고 있다. 종래의 기종에서는 굴착직경 1.5m, 굴착심도 27~28m가 한도였으나, 최근에는 유압식 장비가 제조됨에 따라, 토질에 따라 다르나 심도 40m 이상, 직경 600~2000mm의 말뚝을 시공한 실적이 있다.

2) Earth drill 공법의 특징

① 특징

(a) 기동성이 좋고, 이동, 거치가 간단하다.
(b) 말뚝 직경을 소구경에서 대구경으로 간단히 변경 가능하다.
(c) 말뚝의 길이 변경이 용이하다.
(d) Bucket이 굴착하는 1Cycle 굴착량이 많아 굴진 속도가 빠르다.
(e) 회전식 공법이므로 Benoto공법에 비하여 진동, 소음이 적다.
(f) Earth drill기는 타 대형굴착기에 비교하여 가격이 저렴하다.
 또한 Caising에 사용되는 기계기구 손료가 저렴하다.

② 단점

(a) 호박돌(직경15cm이상), 장애물이 있는 경우는 굴착이 불가능하다.
(b) 시공관리를 철저히 하지 않으면 공벽의 붕괴 우려가 있다.
(c) 굴착깊이가 깊으면 캐리버와, Bucket의 회전에 무리가 있어서 굴착 심도에 제한을 받는다.
(d) 굴착 깊이가 캐리버의 길이(기종에 따라 27.0m~38m) 이상일때 캐리버 선단에 스템을 부착하여 굴착하지 않으면 안된다. 이와 같은 경우 캐리버 파기보다 굴착 능률이 떨어져 비경제적이다.
(e) 중간층이 단단한 할 때($N = 50$정도)는 굴착이 곤란하다.
(f) 지반중에 심한 피압수나 복류수가 있는 경우 시공이 곤란하다.
(g) 안정액을 사용하기 때문에 굴착 토사를 산업폐기물로 취급할 필요가 있다.
(h) 사용 콘크리트가 설계 수량보다 5~15% 정도 증가한다.

(5) 심초말뚝 공법

1) 공법의 개요

심초말뚝은 현장타설 콘크리트 말뚝의 일종이다. 올케이싱(Benoto)공법, R.C.D 공법, Earth drill 공법은 기계굴착에 의한 현장타설 말뚝이라고 부르는데 반해, 심초말뚝은 인력굴착에 의한 현장타설 말뚝이라고 부른다.

심초말뚝 공법은 일본의 독특한 기둥기초 공법으로 1929년에 일본의 木田 建業이 특허를 낸 특허 공법이다. 당초에는 주로 건축관계의 기초에 많이 채용하였으나 최근에 산악부의 급경사지에 대형 굴착기계 반입이 곤란한 장소의 시공을 위한 교량의 기초공법으로 채용하고 있다.

2) 특징

① 장점

(a) 기초지반을 직접 육안으로 확인 가능하다.
(b) 지지층이 설계와 서로 다를 때 말뚝길이 조정이 자유롭다.
(c) 현장에서 평판 재하시험 등을 통하여 지내력의 확인이 쉽다.
(d) 경사지, 장소가 협소한 곳, 지상의 공사장의 여유가 없는 곳에도 시공이 가능하다.

(e) 지하 매설물, 전석이 있는 지층에도 확실한 시공 가능
(f) 무진동, 무소음 시공이 가능하다.
(g) 콘크리트 타설시 Slime 제거가 가능하다.

② 단점
(a) 공내에서 모든 작업이 이루어 지므로 굴착잔토처리, 기재반입시 공내작업원에 대한 위험을 수반한다.
(b) 편토압을 받는 연약층, 대량의 용수층을 만나는 경우에는 공벽 처리문제가 발생한다.
(c) 여굴이 많고, 지층 이동에 대한 위험을 초래한다.
(d) 근접해서 심초말뚝의 동시 시공시 위험 내포한다.
(e) 철근의 조립을 공내에서 할 때 용접 이음이 불가피하다.
(f) 인력굴착이므로 시공 속도가 느리고, 노무자가 다수 소요된다.
(g) 산소 결핍, 유독가스 발생에 대한 충분한 주의가 요망된다.

1.3.5 강관널말뚝 기초(강관널말뚝 우물통 기초)

(1) 개요

강관널말뚝기초는 강관널말뚝을 현장에서 원형, 타원형, 정사각형, 직사각형의 폐쇄형상으로 연속하여 타입하고 연결강관내에 Mortar를 충진하고 말뚝머리의 강결처리를 실시하여 소정의 수평저항, 수직지지력이 얻어지도록 한 기초구조이다.

본 기초는 말뚝으로 시공한 Caisson에 가까운 강성을 갖는 기초로써 경제성, 시공의 생력화(省力化), 신속화에 대하여 주목 할만하다.

구조형식을 분류하면 그림 1.3.6의 우물통형(강체방식), 다리발형(반강체방식)으로 분류한다.

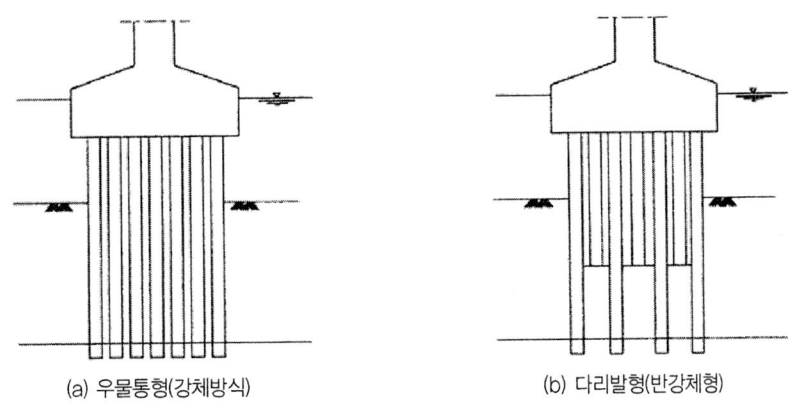

(a) 우물통형(강체방식)   (b) 다리발형(반강체형)

그림 1.3.6 강관널말뚝 기초의 구조

우물통형은 지지층에 동일길이 강관널말뚝을 타입한 구조이고, 다리발형(반강체방식)은 강관널말뚝의 본수를 반분하여 지지층에 도달하게 한 것으로, 낮은 층에서 비교적 양호하며 중간 지지층을 지양한 구조형식이다.

시공방법에 의해 분류하면 그림 1.3.7에서 표시한 Type과 같다.

그림 1.3.7(a)는 돌출방식으로서 강관널말뚝 우물통을 수면위로 나오도록 하여 기초로 사용하는 방식으로서 시공장소의 유수단면, 항로폭에 제한을 받는 하천, 항만지역에서는 제한을 받는다.

그림 1.3.7(b)는 가설물막이 방식으로서 유수 단면과 항로폭 등에 제한을 받는 경우에 기초 Footing을 수저면 아래에 설치하는 경우로서 Sheet pile등을 사용하여 2중 가물막이 공을 시행하여 작업공간을 수중에 확보하여 우물통기초를 시공하는 방식이다. Sheet pile의 가물막이공은 시공상 위험을 수반하고 점유면적이 큰 점 등의 문제점이 있다.

그림 1.3.7(c)는 가물막이 겸용방식으로 강성이 큰 강관널말뚝 우물통 본체를 수면상에 돌출 시키고 이음부에 지수재를 충진하여 가물막이 벽을 만들어 우물통 내부를 Dry Up하여 Footing과 교각을 구축한 후에 Footing의 상면부에서 강관널말뚝 가물막이를 수중절단하여 철거하는 방식이다.

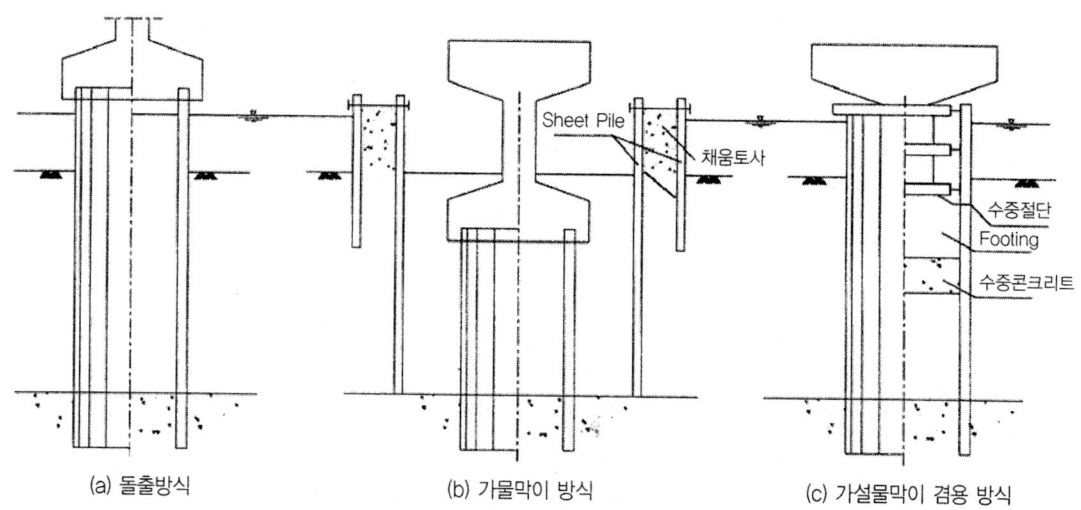

그림 1.3.7 강관널말뚝기초 시공법에 의한 분류

이방식은 우물통의 본체와 가물막이 공을 동시에 시공하므로서 공기가 짧고, 점유면적이 적다. 또한 기존 구조물에 근접하여 시공이 가능한 특징이 있다.

(2) 강관널말뚝 기초의 특징

1) 장점

① 강관말뚝과 같은 재료, 시공기계를 사용하며 Caisson에 가까운 강성을 가진 기초를 얻을 수 있다.

② 가설물막이 겸용방식의 시공이 가능하면 시공중 점유면적이 적고, 기존구조물, 항로 등에 근접하여 시공 가능하다.
③ 가설비가 저렴하고 공기가 짧다.
④ Pneumatic Caisson의 시공이 불가능한 근입 심도에서도 시공 가능하다.
⑤ 기초의 형상, 규모를 하중의 크기에 따라 자유로이 변경 할 수 있다.
⑥ 축력과 횡력을 받는 지반에 비교적 강하다.
⑦ 피압지하수, 유동지하수가 있는 지반에서도 시공 가능하다.
⑧ 일반적으로 Pneumatic Caisson에 비교하여 경제적이고 시공 속도가 빠르다

2) 단점
① 강관널말뚝의 폐합 타설시 정밀도가 요구된다.
② 강관널말뚝의 타입공법은 완전지지 말뚝을 원칙으로 하며, 강관 항타시 큰 진동, 소음 발생한다.
③ 중간층이 $N≧20$의 사력층, 호박돌층에서는 항타가 곤란하다. 또한 강관널말뚝의 이음부의 손상 우려가 있다.
④ 가물막이 겸용방식에서 우물통내의 dry up시 강관널말뚝에 큰수압이 작용한다. 시공 단계에서 강관널말뚝의 지보공의 응력, 변형량 검토가 필요하다. 여기서 강관널말뚝의 시공중 응력이 완성시에 잔류하므로 이에 대하여 고려하여 설계할 필요가 있다.
⑤ 강관타입 폐합시에 잔류응력이 발생한다.
⑥ 시공방법, 지질조건에 따라 잔류 응력이 크고, 발생 위치가 다르다.
⑦ 우물통기초에 비교하여 중심(重心)이 높고, Flexible하므로 진동 특성에 대하여 검토가 필요하다.

1.3.6 CAISSON 기초

(1) 개설

Caisson공법은 Caisson 내의 지반을 Clam shell 또는 Bucket로 굴착하여 침하시키는 Open caisson(Well 또는 우물통 기초라고 부르기도 한다.)과 Caisson 하부에 작업실을 설치하고 그의 내에 압축공기를 송풍하여 지하수의 침입을 방지하고 인력 또는 작업실 기계로 굴찰하여 침하시키는 Pneumatic Caisson으로 분류한다.

1) Caisson 기초의 특징
① Caisson 기초의 단면은 크고, 일반적으로 큰 설계하중에 대한 기초에 적합하고, 지지력에 대하여 비교적 신뢰성이 높다.
② 말뚝 시공이 곤란한 호박돌, 전석층에도 시공 가능하다.
③ 시공시 소음, 진동이 적다.

④ 지지층을 확인 할수 있다.
⑤ 말뚝기초에 비교하여 일반적으로 공사비가 높다.
⑥ 강성이 크므로 하상저하, 세굴이 있는 곳, 지반의 유동화 염려가 있는 지층 또는 지반에 대하여 유리하다.
⑦ Caisson 본체를 육상에서 구축하므로 충분한 시공관리를 하면 신뢰할 수 있는 구조체를 만들 수 있다. 일반적으로 Caisson 기초는 공사비가 높고, 말뚝기초 등이 부적당한 경우에 선정한다.

2) Caisson 공법의 분류

Caisson공법을 시공하는 방법, 시공조건, 재료 등으로 분류하면 다음 그림 1.3.8과 같다.

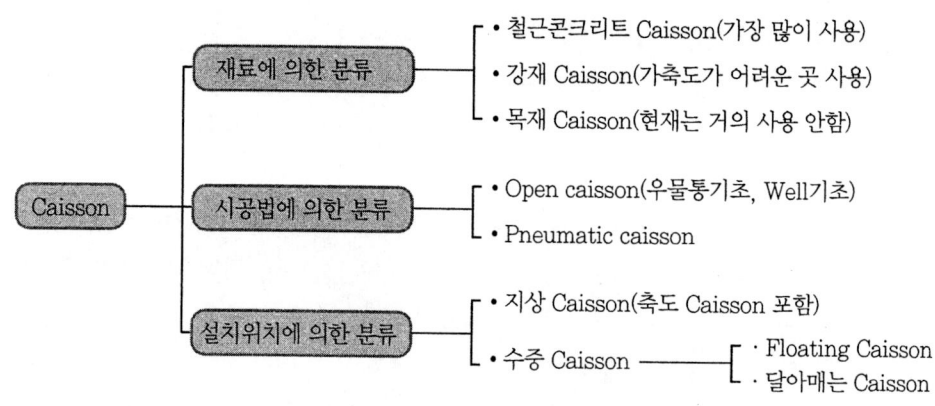

그림 1.3.8 Caisson 공법의 분류

(2) Open Caisson(우물통) 공법

1) 공법개요

Open Caisson공법은 철근 콘크리트, 강재 등으로 상하 공히 개방된 임의 단면을 가진 우물통 형상의 구조물을 만들어 압축공기를 사용하지 않고, 내부의 토사를 굴착하면서 우물통의 자중 및 재하 하중에 의해 침하시켜 소정의 밑 넣기를 확보하는 공법이다. 필요시 침하시킨 내부에 콘크리트, 모래 등을 충진하고, 그 위에 기초 구조물의 Footing을 구축하여, 교각, 교대를 가설하는 공법이다.

2) Open Caisson 공법의 특징

① 장점

(a) 기계설비가 간단하여 Pneumatic caisson 보다 일반적으로 공사비가 저렴하다.
(b) 지반의 양호하거나 용수량이 적을 때는 배수시키면서 인력 굴착이 가능하고 작업이 단순하다.
(c) 기계 굴착이므로 Pneumatic caisson에서 시공하지 못하는 깊이까지 시공이 가능하다.
(d) 말뚝기초에 비교하여 지지면적 및 구체가 크므로 강성이 풍부하고 수평력에 대하여 유리하다.

(e) 무진동으로 시공 할 수 있으므로 공해 문제가 발생하지 않는다.
(f) 침하중에 깊이에 대한 지질 상태를 확인할 수 있으며 또 필요에 따라 재하시험을 실시 할 수 있다.

② 단점
(a) 초기 침하 단계에서 경사지거나, 이동이 발생하였을때 침하 속도 조정 및 경사 수정이 곤란하다. 따라서 연약지반에서 시공정밀도를 요구하는 경우에는 Pneumatic caisson이 우수하다.
(b) Caisson 단면 치수가 커서 격벽이 필요한 경우에 격벽 주변 굴착이 곤란하다. 따라서 Open Caisson에서 격벽이 필요할 정도의 큰규모(10m 이하)는 사용하지 않는것이 일반적이다.
(c) 주변의 지반을 교란시키므로 근접 구조물이 있는 경우에는 Pneumatic caisson이 적합하다.
(d) 지지층이 암반이거나 상당한 경사가 있는 경우에는 착암이 곤란하다. 또한 Caisson의 경사에 대한 우려가 있다.
(e) 중간층에 피압 지하수층이 있거나, Boiling 또는 Heaving에 대한 우려가 있는 경우에 부적합하다.
(f) 큰 전석이 있는 경우에는 굴착이 곤란하다.
(g) 굴착 심도가 40~50m 이상 일때는 주변 마찰력이 커서 침하가 곤란하다.

(3) PNEUMATIC CAISSON 공법(공기케이슨 공법)

1) 공법 개요

Pneumatic공법은 지하수가 있는 지대에서 고압의 공기를 사용하여 지하수를 배제하며 Caisson을 침설하는 공법이다. 압력으로 지하수를 배제해야 하므로 고압의 조건하에서 작업을 수행해게 된다. Caisson 아래부에 굴착을 위한 작업실이 있으며, 작업원은 작업실에서 굴착을 실시하고 Caisson의 구체는 상부에서 구축하면서 침하시킨다. 시공순서는 그림 1.3.9와 같다.

2) Pneumatic 공법의 특징

① 장점
(a) 침하에 있어서 주위지반을 이완시키는 일이 적어 근접시공에 적합하다.
(b) 굴착 저면 지반을 교란시키는 것이 적고, 큰 지지력을 기대할 수 있으며 Dry Work 상태에서 지지층을 직접 확인 할 수 있다.
(c) 평판재하시험 등을 이용하여 지반의 지지력을 확인 할 수 있다.
(d) 침하 촉진을 위한 하중용으로 물이 이용되어 대규모 Caisson 침하가 가능 하고 무게 중심이 아래쪽에 위치하여 Open Caisson에 비교하여 경사가 적다.
(e) 대규모의 전석, 장애물에 대한 시공이 가능하다.
(f) Open caisson에 비교하여 일반적으로 공기가 짧다.

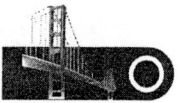

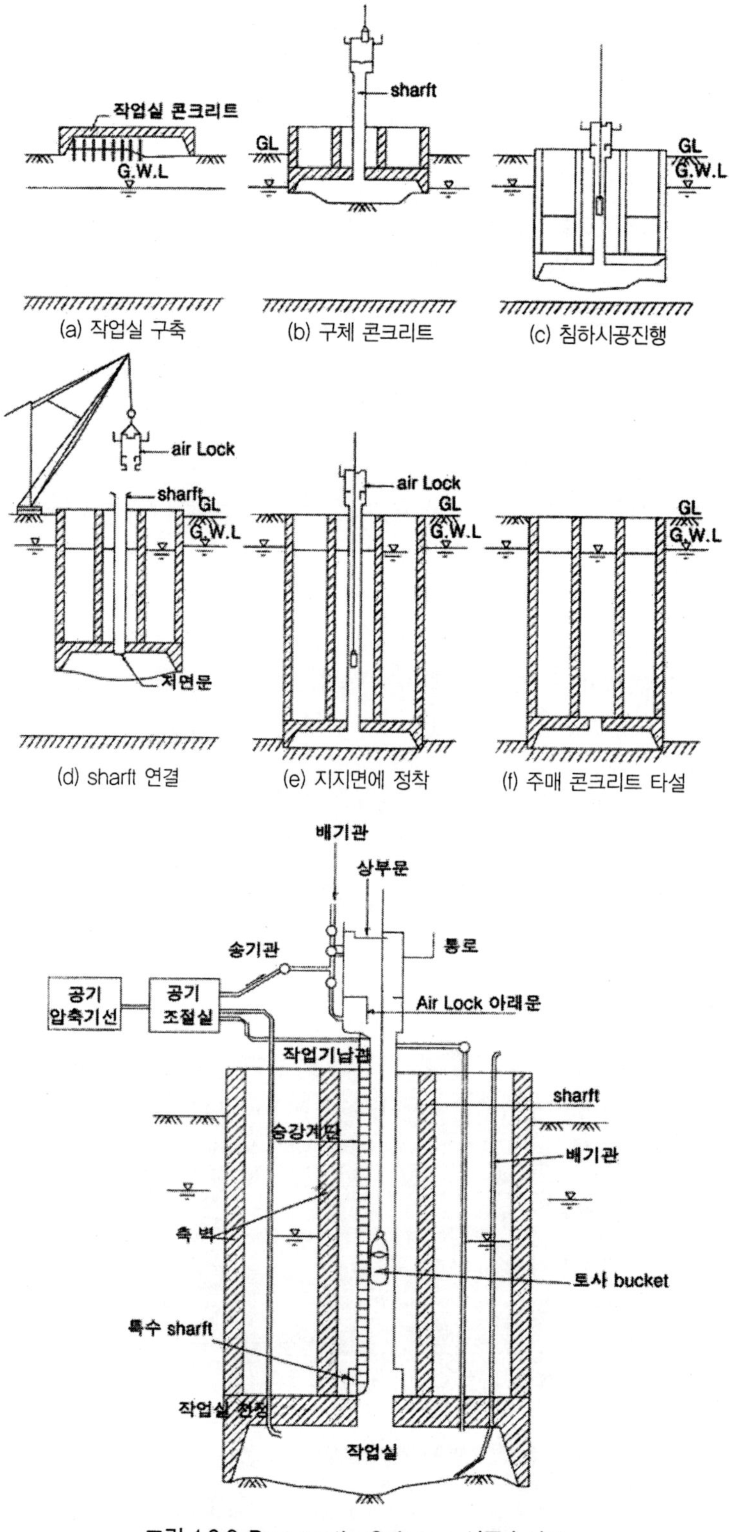
작업실 콘크리트
G.W.L
sharft
GL
G.W.L
(a) 작업실 구축
(b) 구체 콘크리트
(c) 침하시공진행
air Lock
sharft
GL
G.W.L
저면문
air Lock
GL
G.W.L
GL
G.W.L
(d) sharft 연결
(e) 지지면에 정착
(f) 주매 콘크리트 타설
배기관
상부문
통로
송기관
공기
압축기선
공기
조절실
Air Lock 아래문
sharft
배기관
축 벽
토사 bucket
특수 sharft
작업실

그림 1.3.9 Pneumatic Caisson 시공순서도

② 단점
  (a) 작업실 기압이 3기압 이상 일 때는 시공이 곤란하다.
  (b) 노동재해(Caisson병, 산소결핍 공기, 유해가스)에 대하여 충분한 배려가 필요하다.
  (c) 공사 설비가 대규모이다.

(4) 간이 우물통 공법

지반조건이 지지층이 낮아 직접기초 시공이 가능하나 자갈층, 전석, 호박돌층이 있어 Open cut공법 적용이 곤란하거나 Sheet pile 항타가 곤란한 경우, 기반암의 분포가 안정상 필요한 Sheet pile 근입이 어려운 경우에 그림 1.3.10와 같이 가설토류벽 및 가물막이 목적으로 간이 우물통 공법을 적용한다.

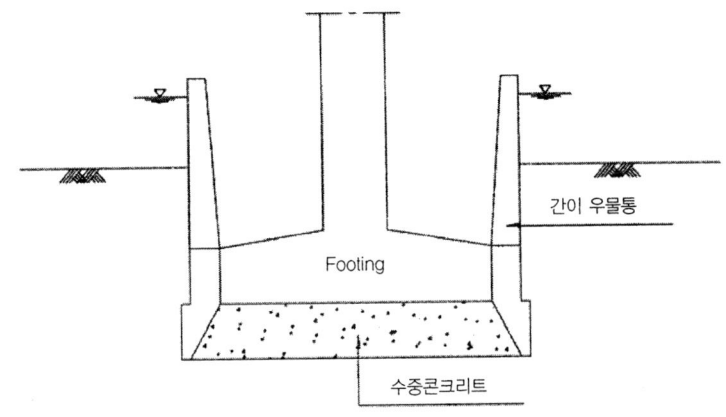

그림 1.3.10 간이 우물통 공법

(5) PRE-CAST CONCRETE 우물통 기초

Pre-cast concrete 우물통 공법은 수심이 깊고, 지지층인 암반이 낮게 분포되어 있는 장소 또는 지지층이 깊지 않은 곳에서 적용하는 것이 좋으며 시공방법은 Well 전체 길이를 일괄 육상에서 제작하여 대형 크레인으로 거치 위치에 정치시키고 굴착하여 근입시키는 방법과 Well을 1-Lot씩 제작하여 P.S를 도입하면서 조립하고 내부를 굴착하는 방법이 있다.

우리나라에서 Well 전체를 일괄 제작하여 대형 크레인으로 정착시키는 방법의 시공 예는 「전라남도 신안군 자은~암태 연도교, 고흥군 나로도를 연결하는 연도교, 완도군의 약산연도교」등이 있다. 또한 Pre-cast Block을 P.S에 연결하여 시공한 실적은 전라남도 완도대교가 최초의 시공 예이며 이외에 강원도 화천에 있는 화천대교의 교각에 적용한 실적이 있다.

이공법은 앞으로 간이 우물통 공법을 적용하여야 할 장소에 축도를 건설하지 않고 대형 Crane에 의해서 직접 거치하여 내부굴착하는 방법으로 응용하여 적용하면 이용 가치가 많은 공법이다.

Pre-cast concrete 우물통의 구조는 다음 그림 1.3.11, 그림 1.3.12와 같다.

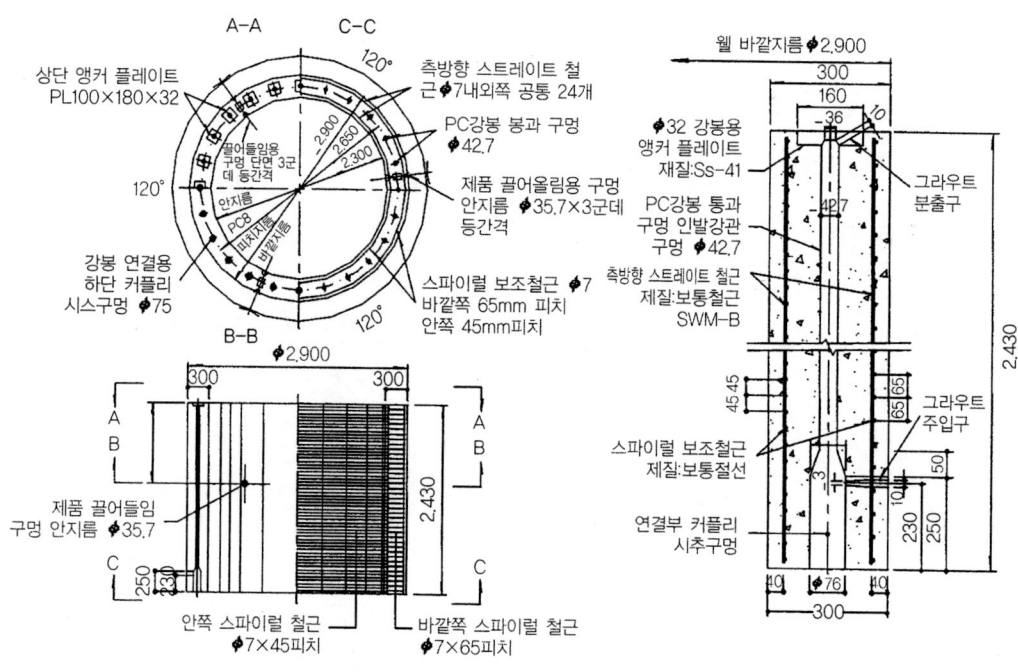

그림 1.3.11 대형 PSC Pre-cast Block 구조(예)

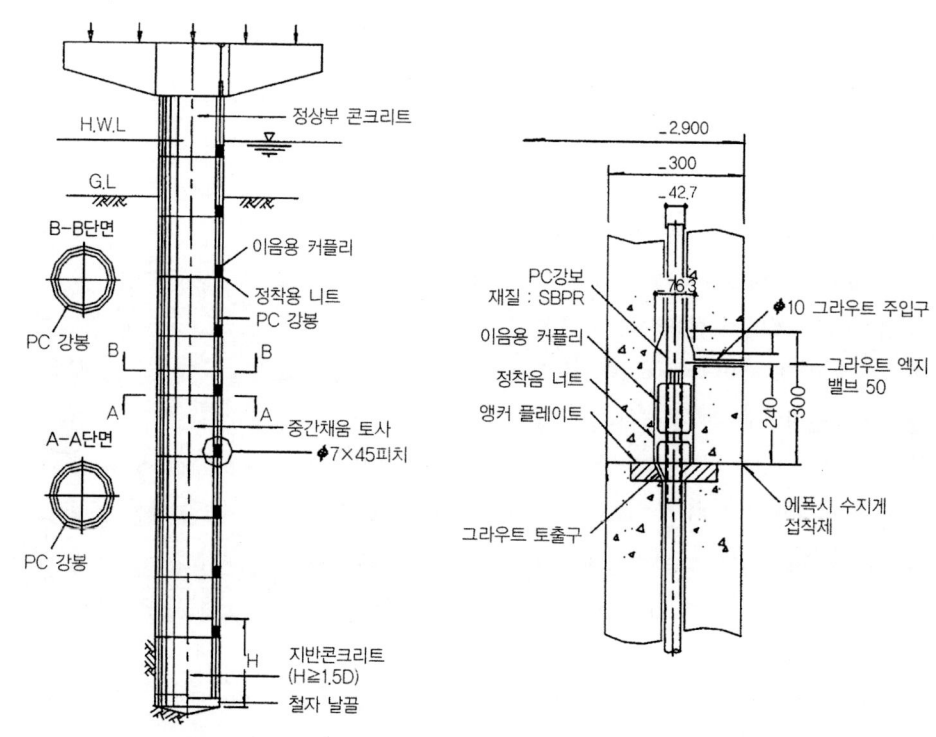

그림 1.3.12 PSC Pre-cast Block을 이용한 교각(예)

1.3.7 치환공법

(1) 콘크리트 치환공법

산악지대에서 지지층의 암반이 경사가 있거나 불균일한 지지층을 가지는 경우에는 그림 1.3.13과 같은 계단형상의 받침 콘크리트 기초가 일반적으로 채용되고 있다. 암반이 경사져 있거나, 불균일한 면을 가질때 계단식의 콘크리트 형상은 자유로이 변경 가능하고 시공성이 양호하다. 암질이 풍화성이 강한 경우, 절리면이 사면 방향으로 Sliding 염려가 있는 암반의 경우에는 받침 콘크리트 배면 연단 부근에서 Sliding이 우려되므로 이 공법을 채용하기 위해서는 충분한 주의를 요한다.

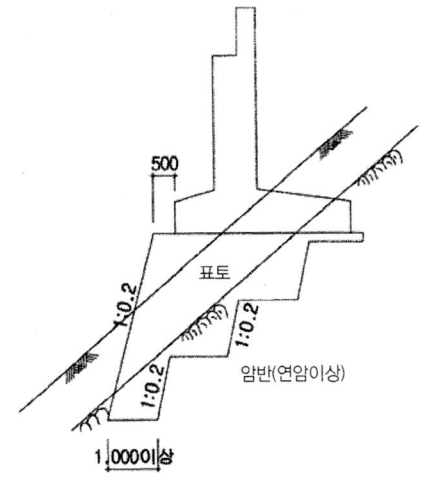

그림 1.3.13 받침 콘크리트 기초

(2) 양질토사에 의한 치환공법

말뚝기초를 시공하는 경우에 중간층의 지반이 특히 연약할때에 말뚝축의 직각방향의 지지력이 약하여 말뚝의 소요 본수의 결정시 연직 하중보다 횡력이 지배적으로 되어 극히 비경제적인 설계가 된다. 이경우에 말뚝 두부 부근의 연약지반을 양질의 토사를 1m 정도 치환하면 큰 말뚝의 축 직각방향의 지지력을 기대 할 수 있다. 양질의 토사는 일반적으로 도로 보조기층용 쇄석을 사용한다.

또한 연약층의 두께가 엷어서 말뚝기초로 설계가 곤란한 지역에서도 이 공법을 적용하면 경제적인 설계가 되는 경우도 있다.

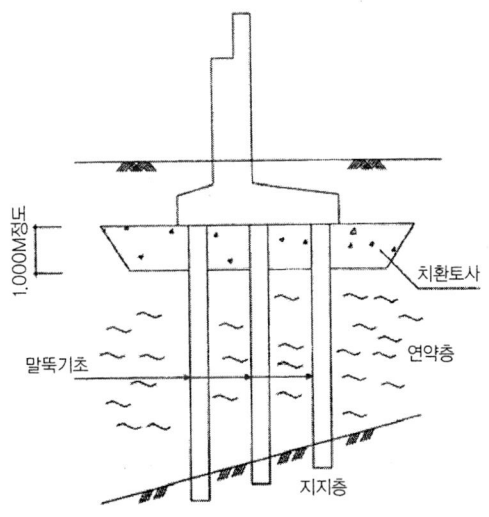

그림 1.3.14 말뚝기초에 있어서 치환공법

1.4 기초형식의 적용범위 및 선정상의 특징

1.4.1 개요

교량 구조물의 기초는 상부구조에서 정해진 설계조건을 만족하고 교량가설 위치의 현장조건에 적합하며, 경제성, 공사기간 등의 요구조건도 충족시키지 않으면 안된다. 특히 기초구조물은 기초지반 중에 그 본체를 구축하여 기초지반과 일체가 되어 상부구조로부터의 하중을 지지할 수 있어야 하므로 그의 선정에 있어서는 안전하고 확실한 시공에 의해 계획한 교량 구조물이 완성될 수 있는지 여부를 경제성 및 공기 등의 조건보다 우선해서 고려해야 한다.

기초구조의 선정에 있어서 필히 고려하여야 할 조건은 다음과 같다.

① 상부구조의 규모, 형식, 하중에 대한 조건(상부구조 조건)
② 지반조건
③ 시공조건
④ 환경조건
⑤ 공사비용 및 시공기간

기초구조 형식 선정을 위해서는 고려해야 할 각 조건에 관한 기초형식의 특징을 파악하지 않으면 안된다.

엄격한 입지조건 아래에서 교량구조물이 증가하고, 기초설계, 시공방법이 다양화 되고 있는 현실에서는 과거처럼, 기초형식을 직접기초, 말뚝기초, 케이슨기초의 3종류로 크게 분류하는 고정관념으로는 해결할 수 없는 Gap이 생기는 등 기초선정에 있어서 고려하지 않으면 안 되는 기초형식의 종류도 상당히 증가하고 있다. 기초형식의 선정은 구조물의 시공의 확실성, 시공비용, 유지관리, 내구성, 주변환경 등에 미치는 영향이 크고 또한 선정시 착오로 인하여 시공중 설계변경에 따른 공기지연, 공사비 증가 요인이 될 수 있다.

따라서 기초의 선정에 있어서는 그의 중요성을 충분히 인식하고, 고려해야 할 각 조건에 대해서 충분한 검토가 있어야 하고 시공에 대한 충분한 지식을 가져야 하며, 설계자는 기술적으로 확실성이 없으면 기초에 대한 전문기술자에게 자문을 구하든지, 시공에 대한 과거실적 및 기록을 수집하여 이를 참작하여 기초형식을 선정하는 것이 바람직하다.

1.4.2 적용범위 및 선정상의 특징

(1) 직접기초

1) 직접기초의 적용범위

직접기초가 다른 기초에 비교하여 유리하게 사용되는 범위는 대략 다음과 같다.

① 기초의 지지층이 얕고 기초터파기가 경제적으로 실시 가능한 경우에 널리 사용할 수 있다.
② 지지력이 크고 침하량이 작은 양질의 지지층에 가장 유리하다.
③ 양질의 지지층이 아닌 경우에는 기초의 지지면적을 크게 하는 것이 비교적 용이하며 지반에 대한 정지압(강도)을 작게 할수 있다.

2) 직접기초 선정상의 특징

① 지형지질에 관한 특징
 (a) 지지층이 얕은 지역
  일반적으로 지지층의 깊이는 기초터파기의 난이도에 따라 일반적으로 5.0m 정도까지며 10m 이상의 것은 드문 일이다.
 (b) 지하수가 낮거나 지하수 처리가 가능한 지역
 (c) 동일 구조물의 기초에서는 지지층의 깊이 변동이 적은 것이 바람직하다.
 (d) 불완전 지지층에 기초를 설치하는 경우 아래 지층의 약한 층에 대한 분포 접지압이 다른 기초 보다 크게 되는 경향이 있다.
 (e) 경사지 또는 굴곡부에서는 지지력이 감소한다.
 (f) 경사지에는 다른 기초형식 보다 기초면적이 크기 때문에 사면의 붕괴가 생기기 쉽다.

② 환경조건에 관한 특징
 (a) 점유 면적이 넓다.
 (b) 시공시에 소요공간에 제약이 적다.
 (c) 소음, 진동, 환경오염을 적게 하는 것이 가능하다.
 (d) 지하매설물이나 지중의 장애물이 시공을 저해시키는 일이 적다.
 (e) 심층에 있는 지하수나 온천수에 세굴깊이를 고려하여 기초의 근입깊이를 정할 필요가 있다.
 (f) 세굴의 우려가 있는 경우에는 세굴깊이를 고려하여 기초의 근입깊이를 정할 필요가 있다.

③ 상부구조에 관한 특징
 (a) 각종의 큰 하중에 대응할 수 있다.
 (b) 기초에 접지압을 경감시킬 수 있다.
 (c) 기초저면에 작용하는 수직하중, 수평하중의 지지력에 크게 관계된다.
 (d) 기초에 작용하는 하중의 합력·경사, 작용점의 편심에 의해 극한 지지력이 변동한다.
 (e) 지지층의 깊이 변동이 상부 구조물의 설계에 직접영향을 미친다.
 (f) 상부구조물에 대해서 신뢰성이 높은 기초로 설계할 수 있다.

(2) 말뚝기초

1) 말뚝기초의 적용범위

말뚝기초가 다른 기초에 비교하여 유리하게 사용되는 것은 대략 다음과 같다.

① 기초의 지지층의 깊은 경우에 Footing의 설치에 지장이 없고 구조물의 하중이 특히 크지 않을 때에 유리하게 적용할 수 있다.
② 말뚝기초는 양질의 지지층에 지지하는 것이 원칙이나 지지층이 특히 깊은 경우, 지지층에 말뚝을 근입하기 곤란한 경우에는 중간층의 Negative Friction이 지지역할을 하기도 하는데, 이때는 지반의 조건, 구조물의 조건을 검토하여 마찰지지 말뚝, 불안전 지지말뚝으로 사용되는 것을 검토할 필요가 있다.
③ 말뚝기초는 다른 기초와 달리 많은 종류가 있고 설계, 시공상의 특징도 상당히 다르므로 말뚝의 종류의 선정에도 충분한 배려가 필요하다.

2) 말뚝기초 선정상의 특징

① 지형지질에 관한 특징

(a) 말뚝의 지지층이 일정치 보다 깊은 것이 필요하다.
(b) 지지층이 특히 깊은 경우에는 말뚝의 종류가 한정된다.
(c) 구조물의 Footing의 터파기가 가능하지 않으면 안 된다.
(d) 동일 Footing 내의 지지층 깊이의 변동이 있어도 다른 기초형식보다도 구조물에 주는 영향이 적다.
(e) 지반조건에 따라서 지지말뚝, 불안전 지지말뚝 또는 마찰 지지말뚝으로 사용할 수 있다.
(f) 지표면이 경사되는 경우에는 수직력에 대해서는 지지층만 양호하면 특히 지장이 없으나, 경사면 낮은 방향으로 작용하는 수평하중에 대한 수평지지력이 감소한다.
(g) 경사지에 대한 시공시 지지층 위의 느슨한 지층의 두께가 두터운 경우에는 직접기초 보다 유리한 경우가 많다.
(h) 경사지에는 말뚝시공을 위한 장비 사용이 곤란할 때가 많다.
(i) 연약지반에서 말뚝에 작용하는 Negative Friction 때문에 침하나 변상이 생기기 쉽다.

② 환경조건에 관한 특징

(a) 기초의 점유면적은 보통 직접기초 보다는 작으나 Caisson 기초 보다는 크다.
(b) 시공시의 소요 공간은 말뚝의 종류에 따라 다르나 깊은 기초를 제외한 보통 다른 기초 보다도 큰 것이 많다.
(c) 시공시에 근접구조물에 미치는 영향은 말뚝의 종류에 따라서 크게 다르다.
(d) 소음, 진동, 오염 등에 미치는 영향은 말뚝의 종류에 따라서 크게 다르다.
(e) 지하 매설물이나, 지하지중 장애물 때문에 시공을 저해하는 수가 많다.
(f) 깊은 층에 있는 지하수나 온천수 등에 영향을 미쳐서 말뚝기초 사용이 거부되는 수가 있다.

③ 상부 구조물에 관한 특징
(a) 말뚝기초로 지지되는 상부구조물의 하중 한도는 직접기초나 Caisson 기초보다 일반적으로 적다.
(b) 말뚝기초에 대한 증가하중에 경감은 가능하다.
(c) 말뚝기초는 수직하중에 대해서는 확실하며 유효한 지지력을 기대할 수 있으나 수평하중에 대하여는 기대할 수가 없는 경우가 있다.
(d) 말뚝기초의 지지층에 대한 연직 극한 지지력에는 Footing 저면에 작용하는 합력의 경사각은 관계되지 않으나 무리말뚝의 경우에는 편심량이 지지력에 영향을 준다.
(e) 지지층의 깊이가 달라도 상부구조물의 응력에는 직접적인 영향은 없다.
(f) 상부구조물의 기초로서 신뢰성은 직접기초, Caisson 기초보다는 낮은 경우가 많다.

(3) Caisson 기초

1) Caisson 기초의 적용범위

Caisson 기초가 다른 기초형식에 비교하여 유리하게 사용되는 것은 대략 다음과 같다.

① 지지층이 깊은 대형 구조물 기초에 적합하다.
② 수위, 지반조건 때문에 Footing의 시공이 곤란한 경우, 말뚝기초로 하기에 작용하중이 크거나, 지반의 중간층이 말뚝기초 시공에 곤란한 경우에 적합 하다.
③ Caisson 기초는 지반조건에 제약을 받는 일은 없는 기초이나 Pneumatic Caisson 경우에는 극연약 지반이나 극히 느슨한 사질토 지반에서 급격한 침하나 Blow out이 생길 우려가 있다.

2) Caisson 기초의 선정상의 특징

① 지형, 지질에 관한 특징
(a) 지지층의 위치가 어느 정도 이상의 깊이에 있는 경우가 유리하다.
(b) 지지층의 깊이가 아주 깊은 경우에는 시공이 곤란하다.
(c) 시공시 물처리가 용이하다.
(d) 동일 구조물의 기초 깊이의 변동에는 좋지 않다.
(e) Caisson 기초의 깊이를 설계치 보다 깊게 하는 것은 기초의 구체 응력이나 안정에 영향이 있다.
(f) 지지층이 약한 경우에도 유리하게 사용되는 경우가 많다.
(g) 지표면이 경사진 경우에는 연직지지력에 대해서는 그다지 문제가 되지 않으나 경사면 하단 측으로 작용하는 수평하중에 대하여 지지력이 약하게 된다.
(h) 경사지에 있어서도 시공시에 지반을 이완시킬 우려는 다른 기초형식보다 적다.
(i) 경사지에도 굴착용의 기계, 기구의 반입 설치가 문제가 되는 일은 별로 없다.
(j) 연약지반에도 시공은 가능하며, 지지층에 도달할 수 있다면 연직하중은 안전하게 지지하나 수평하중에 의한 안정성이 문제가 되는 경우가 있다.

　(k) 지반의 중간층의 조건으로 인한 제약이 적다.
　(l) 지반침하에 의한 Negative Friction에 대해서는 말뚝기초 보다 유리한 경우가 많다.

② 환경조건에 관한 특징
　(a) 기초의 점유 면적이 작게 된다.
　(b) 시공시의 소요 공간은 면적, 높이도 비교적 작다.
　(c) 시공시에 근접 구조물에 주는 영향은 Caisson의 깊이, 지름 및 공법에 따라 다르다.
　(d) 소음, 진동, 오염 등의 시공시 공해는 비교적 적은 공법이다.
　(e) 지하 매설물이나 지하 장애물에 따라 시공을 저해 할 우려가 비교적 적다.
　(f) 깊은 층에 있는 지하수나 온천원 등에 영향이 있다는 것으로 시공이 거부될 우려가 있다.

③ 상부구조물에 관한 특징
　(a) Caisson 기초는 상부구조의 큰 하중에는 적용성이 크나, 일정치 보다 적은 하중에 대해서는 비경제적이다.
　(b) Caisson 기초는 지지지반에 대한 증감하중의 경감이 가능하다.
　(c) Caisson 기초는 다른 기초에 비하여 연직하중, 수평하중에 대해서 큰지지력이 기대되는 기초이다.
　(d) Caisson 기초가 얕은 경우에는 기초 머리에 작용하는 하중의 합력의 경사와 편심이 수직지지력에 관계되나 깊이가 깊게 됨에 따라 그 영향을 적게 된다.
　(e) 지지층의 깊이 변동은 부정정 구조물에 대해서는 응력상의 문제가 되는 경우가 있다.
　(f) 기초로서의 신뢰성은 Pneumatic Caisson은 크지만 Open Caisson은 간혹 문제가 되는 경우도 있다.

1.5 기초구조의 형식 선정

1.5.1 기초형식 선정의 요인

　기초구조의 형식 선정에 있어서 구조적으로 안전하고, 시공이 용이하며, Risk가 적고, 경제적이어야 한다는 것은 절대조건이다. 또한 이 조건에 적합한 기초형식 중에서 가장 적합한 형식을 선정하는 일은 용이하지 않다. 그 주된 이유로는 고려하는 조건들이 서로 다르고, 간단히 지질조사 자료로 지반 상태를 충분히 파악하는 것은 극히 곤란하며, 새로운 건설기계 개발에 따른 시공법이 개발되기 때문이다. 가령 적절한 기초형식을 선정하였다고 하여도 설계법, 시공법, 건설기계, 적산에 관련된 모든 면에서 정통한 기술자가 적어 선정된 기초형식의 적부의 판단에 어려운 문제가 있다.

　그러므로 여기서 기본적인 기초형식의 선정방법에 대해서만 기술하기로 한다.

　기초형식을 선정하기 전에 지질조사를 시행하여 그 조사자료와 설계조건, 하중조건, 지형조건, 자연

조건, 시공조건을 명확하게 하여야 하며, 그 다음 인근의 기존구조물의 설계도서, 시공기록, 시공자의 체험담을 청취하여 기초형식 선정에 참고 자료로 활용하여야 한다.

기초형식 선정 전에 시행한 조사자료 및 여러가지 요인을 종합적, 체계적으로 분석하여 정리하면 다음 그림 1.5.1과 같다.

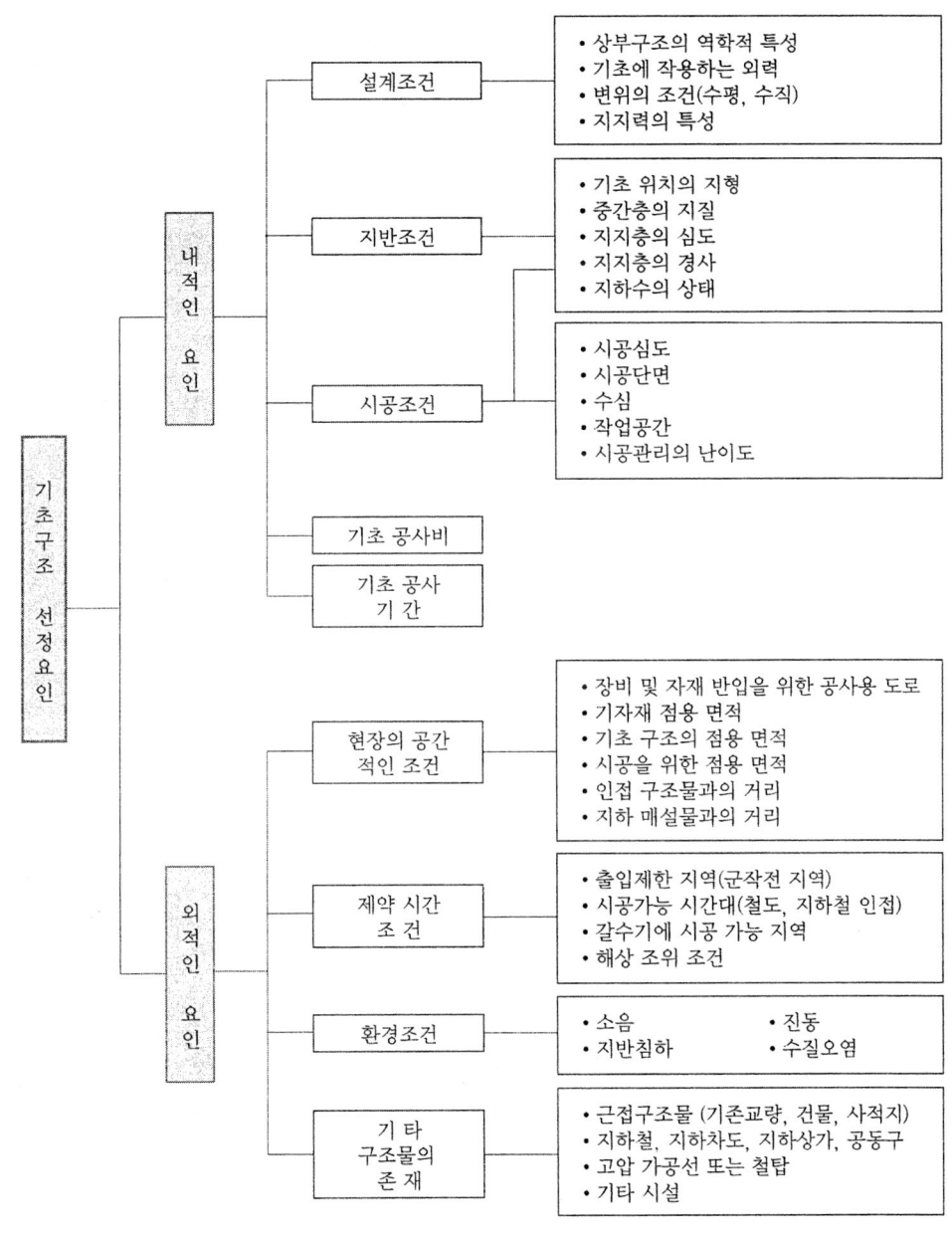

그림 1.5.1 기초구조 공법 선정 요인

1.5.2 기초형식 선정

기초형식의 선정에 있어서는 교량상부 구조에서의 조건, 교량가설 지점의 지반조건, 시공조건, 환경조건으로부터 내적요인, 외적요인을 분석하여 이들의 조건으로부터 우선 직접기초, 말뚝기초, 케이슨기초 3개의 형식 중에서 하나를 선정하고, 다음에 각 조건을 상세하게 검토하여 세부적인 형식을 선정하는 것이 종래로 부터의 일반적인 선정 순서라고 생각된다. 이와 같은 기초형식의 선정순서를 단순화 한 것을 그림 1.5.2에 나타낸다.

첫째로 상부구조에서의 조건을 명확하게 하여야 한다. 기초에 작용하는 외력은 상부구조의 구조계 및 하부구조의 형식, 재료, 형상 및 치수로 부터 평상시 또는 지진시에 따른 각종 하중 조합으로 계산한다.

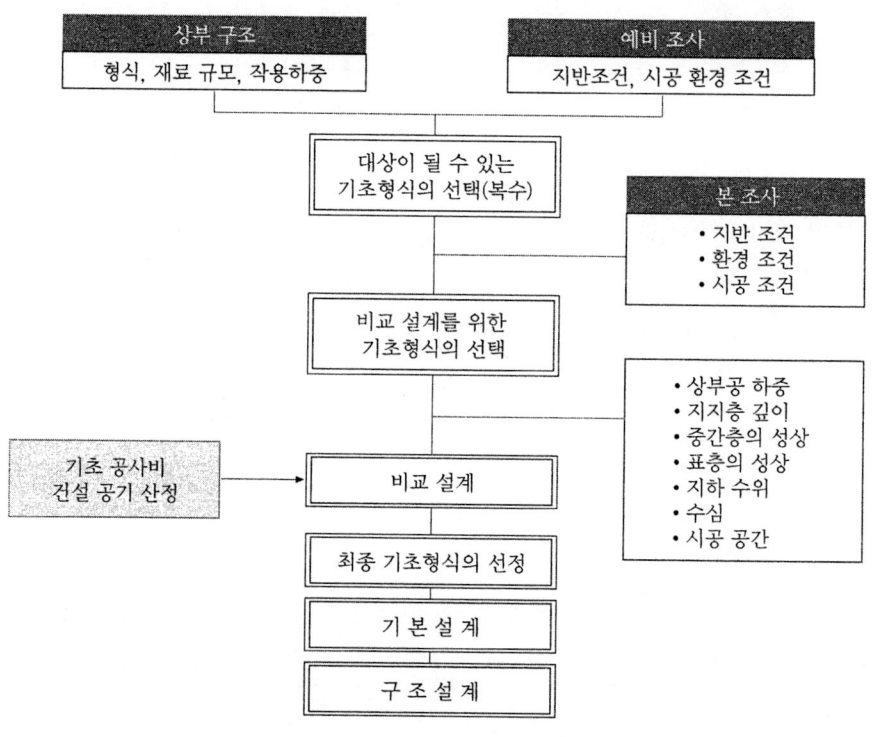

그림 1.5.2 기초형식의 선정 순서

또한 상부구조물의 안정을 유지하기 위하여 허용 침하량, 수평변위량, 경사각 등에 대한 조건을 설정하여야 한다. 일반적으로 도로교에서 기초구조물의 형식선정은 타당성 조사(예비조사)가 완료된 후 본조사(제1단계 조사) 단계에서 시행하는 것으로 기초마다 정밀조사를 시행하지 않았어도 근접지점의 지질조사 자료나 기존구조물의 자료를 조사해서 이들을 종합적으로 검토하여 지지층이 선정되면 그에 대응하는 기초형식을 선정한다.

또한 여기서 주의할 점은 기초형식에 따라 지지층이 다른 경우가 있으니 이를 기술자는 명심하여야 한다.

  선정 대상이 될 수 있는 기초형식이 선정되면 그들에 대응한 상세조사를 시행하고 그 결과에 근거하여 각 기초형식·공법별 지반조건, 환경조건, 시공조건 및 각 기초공법의 특징에 관하여 1.4.1절에 나타난 사항별로 적용성을 검토하다.

  여기서 표 1.5.1 ~ 표 1.5.4의 기초형식 선정 자료표를 참고 자료로 이용할 수 있다.

  그 외에 시공 조건에 관련해서는 가설공사의 가능성, 공사 기간, 반입로, 재료의 입수, 기상등에 대해 검토가 이루어져야 하며, 환경 조건에 관해서는 배수처리, 하천이나 항만 관리자와의 협의방안 등에 대해 검토해야 한다. 또 내구성이나 유지관리에 관련해서도 압밀침하, 크리프 변형세굴, 부식 등에 대해 검토해 두어야 한다. 더욱이 상부 구조와의 관련, 구조 특성, 신기술의 개발, 앞·뒤 공사와의 관련, 과거의 경우 그외 교량가설지점의 특성에 근거한 설계조건에 대해 검토되는 경우가 있다. 어느 소수의 조건을 제외하면, 교량가설지점의 각 선정조건에 적합한 기초형식이 있는 경우, 그 일부를 수정 또는 변경하기도 하고 병용 공법을 채용함에 따라서 문제를 해결 할 수 있는 경우도 있다.

  이 같은 방법에 의해 최적의 기초형식을 얻는 일도 많으므로 기초형식의 선정에 있어서는 기초의 설계·시공에 관한 풍부한 지식과 함께 유연한 대응이 필요하다.

  선정의 대상이 될 수 있는 기초 형식의 전부에 관해 공사비용 및 공사 기간을 산정해 비교설계를 하는 것은 많은 노력을 하여도 효과가 적은 방법이다. 따라서 이 단계에서 다음의 비교설계를 위한 기초형식을 몇 가지로 압축하는 것이 필요하다.

  비교 설계의 대상이 되는 기초형식이 압축되면 그것에 근거해서 개략 설계를 하고 공사비용 및 공사 기간 면에서 뛰어난 기초형식을 선정하지 않으면 안 되지만, 각 선정 조건의 경중은 교량가설 지점마다 다르므로 이것에 대한 충분한 배려가 필요하다. 하천부지에서 우기를 피하지 않으면 안되는 공사처럼 작업기간의 제한이 있을 경우에는 공사기간이 짧고 시공이 확실한 기초형식을 선정하지 않으면 안 되는 경우도 있다. 경제성은 중요한 요인이기는 하지만 기초형식의 선정에 있어서는 다른 선정조건에 대한 검토를 한 후에 끝으로 경제성을 비교하는 것이 합리적이다. 이처럼 선정된 최적의 기초형식(안)에 대해서 전체적인 재검토를 하지 않으면 안 된다. 즉, 공사비용 등이 무리하게 산정이 되어 있지 않은지 등의 최종적인 검토를 해야 된다. 지금까지는 상부구조에서의 조건은「주어진 것」으로서 선정작업을 진전시키고 있지만, 여기서 필요하다면 상부 구조를 포함한 해당 구조물의 전체 계획의 재검토를 행하고 수정된 각 선정 조건에 근거해서 재차 기초형식의 선정을 하지 않으면 안된다.

제1장_ 교량기초의 계획과 설계

● 표 1.5.1 기초구조 형식의 선정표 (1)

선정조건		직접기초	타입말뚝 PSC말뚝	타입말뚝 강관말뚝	속파기(중공)말뚝
시공조건	시공심도	• 타파기, 토류벽의 난이도에 따라 다르다. • 일반적으로 7.0m이하 • 특히 제한 없음.	• 타입의 난이도에 따라 다르다. • 일반적으로 7~30m • 2본의 이음 이하가 좋다.	• 10~60m • 80m까지 시공실적 있음.	• 10~30m • 기종에따라 40m까지 가능
	기초의 직경		• 일반적으로 0.3~0.8m • 1.2m 대구경 말뚝도 있음.	• 일반적으로 0.4~1.0m • 2.5m 대구경 말뚝도 있음	• 기종에 따라 다르다 • 일반적으로 0.35~1.2m
	수성시공	수심 5~7m 이하	좌 동	좌 동	좌 동
	경사시공	—	10°~20°	10°~20°	5°~10°
지반조건	중간층의 상태	• 사력층, 호박돌층에 sheet Pile 타입이 곤란한 경우에 간이우물통 공법으로 가능	• 사질토 : N≤30 • 점성토 : N≤20 • 호박돌 : 10cm이하	• 사질토 : N≤50 • 점성토 : N≤30 • 호박돌 : 관경의 1/3~1/4 이하	• 사질토 : N≤50 • 점성토 : N≤30 • 호박돌 : 관경의 1/8 이하
	지지층의 상태	• 암반에 놓이는 경우 제철콘근, 이경우에 간이우물통으로 시공 암반의 절리 면이 경사지면 암반의 간이우물통 시공불가	• 지지층이 불규칙 경사가 심한경 우에는 말뚝길이 조정하면 되나 바람직하지 않다.	• 특별한 제한 없음.	• 타입공법과 동일
	지하수 상태	• 불투수층이 깊이가 깊으면 물처리가 곤란 • well point 공법 약액주입공법 병용을 고려해야 한다.	문제없음	문제없음.	• 피압수가 2.0m이하 • 지하수의 유속 3m/분 이하
환경조건	근접구조물의 영향	• 토류벽 상태로 가능	• 진동의 영향이 있음.	• 진동의 영향이 있음	• 적 다
	진동 (30m 지점)		Diesel Hammer 70 dB	Diesel Hammer 70 dB	40~50dB
	소음 (30m 지점)		Diesel Hammer 90~100dB	Diesel Hammer 90~100dB	65~70dB
	선정 우선순위	1	2	3	6
	선정조건	• 굴착, 타파기초 시공가능한 가장 경제적이다.	• 직접기초 시공 불가능의 경우	• PSC 말뚝 시공이 곤란하거나 하중이 클때에 • PSC 말뚝에 비교하여 경제적일때	• 진동소음의 규제가 있는 경우 • 하부공의 구체 규모가 적을때 • 타입말뚝에 비교하여 경제적인 경우

● 표 1.5.1 기초구조 형식의 선정표 (2)

선정조건		현장타설 콘크리트 말뚝			심초 말뚝	Caisson	
	기초형식	올케이싱(Benoto)	R.C.D 말뚝			open Caisson	Pneumatic Caisson
시공조건	시공심도	• 굴착기의 능력, 지반의 유동저항력에 따르나 일반적으로 25~30m 이상은 굴착곤란	• 15~60m • 80m까지 시공실적 있음. • 25~30m 이하에는 Benoto 공법이 경제적이다.		• 말뚝의 직경에 따라 다르나 40m한도내 • 1.4m~10m이하 • 2.0m~20m이하 • 3.0m~30m이하	• 깊이가 깊으면 주면 마찰력에 의해 침하 곤란 • 40~50m이하	• 수면30m(3기압)이하 까지 가능 • Deep well에서 지하수 위가 저하하면 50m의 시공 실적이 있음.
	기초의 직경	• 말뚝길이 1/30 이상 • 1.0~3.0m • 3.0m까지 실적 있음	• 말뚝길이의 1/30 이상 • 1.0~3.0m • 10.0m까지 실적 있음		• 1.4~4.5m • 6.0m 실적있음 • 말뚝길이에 따라 다르다.	4~10m	4.0m이상
	수상시공	축도에서는 가능	가교에서 시공가능		불가	문제없음	문제없음
	경사시공	곤란	불가		불가		—
	중간층의 상태	• 지하수이하의 세사층 (SiItt로0130%이하)이 5m 이상일 때 불가 • N≥50:굴착능률저하 • 호박돌:관경의 1/3~1/4 이하	• drill pipe의 내경 (15~20cm)보다 큰 호박돌이 있으면 불가		특별한 제한 없음.	• 내경의 1/3~1/4 이상의 호박돌, 전석이 있으면 곤란	특별한 제한 없음.
지반조건	지지층의 상태	특별한 제한 없음.	• 문제는 없음 • 기종에 따라 암굴착 가능		문제 없음	• 지지층에 경사가 있으면 침하가 곤란하고 바람직하지 않다.	문제 없음.
	지하수 상태	좌 동	좌 동		• 지하수가 있으면 곤란 • 물빼기가 가능하면 가능	• 피압수가 2m 이하	문제 없음
환경조건	근접구조물의 영향	• 지반의 이완이 적다	• 지반의 이완이 위험하다.		• 적다.	• 지반 이완의 영향이 크다	• 적다
	진동 (30m 지점)	50dB	40~45dB		—	—	—
	소음 (30m 지점)	75dB	65dB		—	—	—
	선정 우선순위	4	5		9	7	8
	선정조건	• 타입말뚝의 시공이 불가 등시	• Benoto 말뚝시공 불가능시		• 경사지에 중기 반입이 어렵고 타공법의 적용이 어려운 경우	• 하중규모가 크고 시공상 말뚝기초의 문제가 있는 경우	• open caisson 공법이 불가능한 장소

표 1.5.2 기초 형식 선정도표 (1)

선정조건 / 기초형식	강관널말뚝기초	케이슨 뉴메틱케이슨	케이슨 오픈케이슨	현장타설기기 말뚝 심초	현장타설기기 말뚝 어스드릴	현장타설기기 말뚝 올케이싱	현장타설기기 말뚝 리버스	중굴 말뚝 강관	중굴 말뚝 SC+PHC	중굴 말뚝 PHC	중굴 말뚝 PS	박아넣기 말뚝 강관	박아넣기 말뚝 SC+PHC	박아넣기 말뚝 PHC	박아넣기 말뚝 PS	박아넣기 말뚝 RC	직접기초
지형 및 지질 조건 — 상층 및 중간층의 상태 — 5m이하의 지질층이 있다	○	◎	◎	○	○	○	○	○	○	○	○	○	○	○	△	×	◎
5~10m의 지질층이 있다	○	◎	○	△	△	△	△	△	△	△	△	△	△	△	×	×	◎
10~50m의 지질층이 있다	×	○	◎	◎	×	△	△	×	×	×	×	×	×	×	◎	○	○
상층 연약하고 하층 양호	◎	◎	◎	◎	◎	◎	◎	◎	◎	◎	◎	◎	◎	◎	◎	○	△
중간층이 매우 연약	◎	△	△	○	◎	◎	◎	◎	◎	◎	◎	◎	◎	◎	◎	○	△
중간층이 연약	◎	○	○	△	◎	◎	◎	○	○	○	○	○	△	△	◎	×	△
중간층에 매우 단단한층이 있다	×	◎	◎	△	△	△	△	◎	◎	◎	◎	×	×	×	×	×	○
중간층에 매우 큰 지질층이 있다	◎	◎	◎	○	○	○	○	△	△	△	△	○	○	○	○	△	◎
중간층에 5m이상의 가는 모래층이 있다	○	◎	◎	△	△	△	△	◎	◎	◎	◎	◎	◎	◎	◎	△	◎
유동화하는 지반	◎	◎	◎	×	×	×	×	◎	◎	◎	◎	○	○	○	○	○	×
지지지반의 상태 — 경사져 있다(30° 이상)	◎	◎	◎	◎	×	×	×	◎	◎	◎	◎	◎	◎	◎	◎	○	◎
요철이 심하다	○	○	○	◎	×	×	×	○	○	○	○	◎	◎	◎	◎	○	◎
지하수의 상태 — 지하수위가 지표면에 가깝다	◎	○	○	△	△	△	○	○	○	○	○	○	○	○	○	△	○
용수량이 매우 많다	◎	○	○	×	○	○	○	○	○	○	○	○	△	△	△	○	△
지표보다 2m 이상의 피압지하수	○	○	○	×	△	△	△	◎	◎	◎	◎	◎	◎	◎	◎	○	×
지하수유속 3m/min 이상	○	○	△	×	△	△	△	○	○	○	○	○	○	○	○	△	×
하중 규모 — 수직 하중이 작다 (지간 20m 이하)	○	△	◎	◎	◎	◎	◎	◎	◎	◎	◎	◎	◎	◎	◎	○	◎
수직 하중이 보통 (지간 20~50m)	◎	◎	◎	○	◎	○	○	○	○	○	○	○	○	○	○	○	◎
수직 하중이 크다 (지간 50m 이상)	◎	◎	◎	△	○	○	○	△	△	△	△	○	○	○	○	△	◎
수평 하중이 작다	◎	◎	◎	◎	◎	◎	◎	◎	◎	◎	◎	◎	◎	◎	◎	○	◎
수평 하중이 크다	◎	◎	◎	△	◎	◎	◎	△	△	△	△	◎	◎	◎	◎	○	◎
구조물의 특성 — 선단 지지	◎	◎	◎	◎	◎	◎	◎	◎	◎	◎	◎	◎	◎	◎	◎	○	◎
마찰 지지	×	×	×	△	○	◎	◎	△	△	△	△	△	○	○	○	○	×

● 표 1.5.2 기초 형식 선정도표 (2)

선정조건		기초형식	직접기초	박아넣기 말뚝					중굴 말뚝				현장치기 말뚝				케이슨		강관널 합벽기초
				RC 말뚝	PS 말뚝	PHC 말뚝	SC+PHC 말뚝	강관 말뚝	PS 말뚝	PHC 말뚝	SC+PHC 말뚝	강관 말뚝	리버스 말뚝	올케이싱 말뚝	어스드릴 말뚝	심초 말뚝	어프닝케이슨	뉴매틱케이슨	
시공조건	시공심도 (m)	2~5	◎	○	△	△	×	△	△	△	×	△	×	×	×	○	△	×	×
		5~15	△	○	○	○	○	○	○	○	○	◎	△	○	○	◎	◎	◎	○
		15~25	○	×	◎	◎	◎	◎	◎	◎	◎	◎	◎	◎	◎	◎	◎	◎	◎
		25~40	×	×	○	○	◎	◎	○	◎	◎	◎	◎	◎	○	×	◎	○	◎
		40~55	×	×	△	○	○	◎	△	○	○	○	◎	△	△	×	△	△	◎
		55~70	×	×	×	△	△	○	×	△	△	○	○	×	×	×	△	×	○
	시공단면 (기초의 지름 또는 변)	15~30cm	×	○	△	△	△	△	△	△	△	×	×	×	×	×	×	×	×
		30~50cm	×	○	◎	◎	◎	◎	◎	◎	◎	◎	△	△	△	×	×	×	×
		50~80cm	×	△	○	○	○	○	○	○	○	○	○	◎	◎	×	×	×	○
		80cm~1.0m	×	×	×	×	×	○	△	○	○	○	◎	◎	◎	△	×	×	×
		1.0~1.2m	×	×	×	×	×	○	×	△	△	△	◎	◎	◎	○	×	×	×
		1.2~1.5m	×	×	×	×	×	△	×	×	×	×	○	○	○	◎	△	△	×
		1.5~2m	×	×	×	×	×	×	×	×	×	×	△	×	×	△	×	×	×
		2~4m	○	×	×	×	×	×	×	×	×	×	×	×	×	×	◎	◎	◎
		4m 이상	◎	×	△	△	△	△	△	△	△	△	◎	×	△	×	◎	◎	◎
	수상시공	수심 5m 미만	○	○	○	○	○	○	○	○	○	○	△	△	×	×	◎	◎	◎
		수심 5m 이상	×	△	△	△	△	△	△	△	△	△	○	△	×	×	◎	◎	△
		작업 공간이 좁다	◎	△	△	△	△	○	△	△	△	○	△	△	△	◎	○	○	△
		경사 말뚝의 시공	–	○	○	○	○	◎	△	△	△	○	×	×	×	×	–	–	–
환경조건		저소음, 저진동	◎	*2	*2	*2	*2	*2	◎	◎	◎	◎	◎	◎	◎	◎	◎	○	*2
		근접 구조물에 대한 영향	○	×	×	×	×	×	×	×	×	×	○	○	○	△	△	△	△
		유해 가스의 영향	△	○	○	○	○	◎	○	○	○	○	○	○	○	×	◎	×	◎

(주) 1. ◎=시공 실적이 많다. ○=시공 실적이 있다. △=시공 실적이 적다. ×=시공 실적이 전혀 없다.
2. 박아 넣기 말뚝으로서 방음 커버, 유압 해머 등의 대체 공법을 이용한 경우에는 소음을 감소시킬 수 있다.
3. 중굴 말뚝의 선단 처리 방법은 시멘트 밀크 분출 교반 방식으로 한다.
4. PC 웰은 오픈 케이슨기초에 준한다고 생각했다.
5. 강관널말뚝 기초는 박아 넣기 공법으로 한다.

제1장_ 교량기초의 계획과 설계

⦿ 표 1.5.3 일반적인 구조물에 대한 기초 형식 선정표

설계조건		기초형식	직접기초	말뚝 기초							원형 기초			
				박아 넣기 말뚝			중굴선단밀다짐말뚝	현장치기 말뚝			심초말뚝	케이슨		강관널말뚝웰	연속강제기초
				RC말뚝	PC말뚝	강관말뚝		리버스말뚝	올케이싱말뚝	어스드릴말뚝		오픈케이슨	뉴매틱케이슨		
하중규모	교대 교각1기당 평상시+일시하중	200 tf 이하	O	O	O	O	O	△	△	△	△	×	×	×	×
		200~500	O	O	O	O	O	O	O	O	O	×	×	×	×
		500~1,500	O	O	O	O	O	O	O	O	O	△	△	△	△
		1,500~3,000	O	△	△	O	△	O	O	O	△	O	O	O	O
		3,000~5,000	O	×	×	△	×	O	O	O	△	O	O	O	O
		5,000 이상	O	×	×	△	×	△	△	△	×	O	O	O	O
지지방식	완전지지 D_f: 지지층의 깊이	D_f 0~5m	O	△	△	△	△	×	×	×	O	×	×	×	×
		5~10	△	O	O	O	O	O	O	O	O	O	×	×	×
		10~20	×	O	O	O	O	O	O	O	O	O	O	O	O
		20~30	×	△	△	O	O	O	O	O	△	O	O	O	O
		30~45	×	×	×	△	△	O	△	△	×	△	O	O	O
		45 이상	×	×	×	×	×	△	×	×	×	×	O	O	O
	불완전지지		O	O	O	△	△	O	O	O	O	O	O	△	O
	주위면 지지		×	O	O	×	O	△	△	△	×	△	×	×	△
지지층 면의 상태	경사 (30°정도 이상)		O	O	△	△	O	△	△	△	O	O	△	O	×
	요철		O	O	△	△	O	△	△	△	O	O	△	O	△
	경사나 요철이 예상되지만 미확인		O	△	△	△	△	×	×	×	△	×	×	×	×
중간층의 상태	점성토 N값 2 이하			O	O	O	O	O	O	O	△	O	△	O	O
	2~10			O	O	O	O	O	O	O	O	O	O	O	O
	10~20			×	O	O	O	O	O	O	O	O	O	O	O
	모 래 N값 15 이하			O	O	O	O	O	O	O	O	O	O	O	O
	15~30			△	O	O	O	O	O	O	O	O	O	O	O
	30 이상			×	×	△	O	△	△	△	O	△	△	O	O
	점착성이 없는 느슨한 모래 (N값 10 이하의 층이 5m정도 이상 있는 경우)			O	O	O	O	△	△	△	△	△	△	O	△
	자갈 호박돌 10cm 이하			△	△	O	△	O	△	△	O	△	O	△	O
	10~30cm			×	×	△	×	△	×	×	O	×	O	×	△
	30cm 이상			×	×	×	×	△	×	×	△	×	O	×	△
지하수 등	지하 수의 푸팅 밑면 이상		△	O	O	O	O	O	O	O	O	×	O	O	O
	푸팅 밑면 이하		O	O	O	O	O	O	O	O	O	O	O	O	O
	말뚝 선단 이하			O	O	O	O	O	O	O	O	×	O	O	O
	피압 지하수 지표에서 0~2m 이상			O	O	×	O	△	△	△	△	O	O	△	O
	2m 이상			O	O	×	O	×	×	×	△	△	△	△	△
	유동 지하수 유속 3m/min 정도 이상			O	O	O	O	△	△	△	△	△	O	△	△
	유독 가스 있음			O	O	O	O	△	△	△	△	△	×	△	△
환경	수상 시공		△	O	O	O	O	△	△	△	×	O	O	×	△
	소음 진동 대책		O	×	×	×	O	△	△	△	O	O	O	×	O
	인접 구조물에 대한 영향 방지		△	△	△	O	△	△	△	△	△	△	O	△	△
	작업 공간이 협소한 경우		O	×	×	△	O	△	×	×	O	△	△	×	×

(주) 1. 지지층의 강도 표준은 모래질토의 경우 : N값 30 이상, 점성토의 경우 : N값 20 이상
2. O표는 원칙적으로 조건에 적합한 경우, ×표는 원칙적으로 조건에 부적합한 경우, △표는 조건에 부적합하다고 할 수 없지만 더 검토를 요하는 것

● 표 1.5.4 현장타설 콘크리트 말뚝공법의 적용성 (1)

검토항목			공법	올케이싱 공법	Earth DRILL공법	R.C.D 공법	심초 말뚝 공법
시공요양	굴착·배토방법의 개요			Caising을요동, 압입하면서 Hammer Grab으로 굴착 배토한다	굴착공내에 안정액을 넣고 회전 Bucket로 굴착, 배토 한다.	drill pipe 선단의 Bit가 회전하면서 굴착, 안정액의 역순환류에 의해 배토한다.	토류판인 Liner plate 설치하면서 인력굴착 배토한다.
	굴착 방식			Hammer Grab	회전 Bucket	회전 Bit	인 력
	공벽의 보호방법			Caising	안정액(표층은 Caising)	이 수	토류판과 토류 Ring shart부 1.2~6.0 횡자부 본 최대 4.6m
	굴착공 직경(m)			1.0~3.0	0.8~2.0	1.0~6.0	
	부대설비				안정액 관계의 설비	이수관계의 설비	• 삼각대 • Bucket 인상용 우인지
				• 대부분의 토질에 가능 • 모래층이 두꺼운 경우에는 Caising Pipe의 요동 인발이 곤란하다. • 피압수가 지표면보다 높게 있는 경우 시공 불가능	• 지하수가 없는 점토성 지반이 최적 • 기타의 경우에는 안정액 사용하여 굴착 • 피압수가 지표면보다 높게 있는 경우는 곤란, 복류수가 있는 경우 불가	• drill red의 직경보다 큰 호박돌은 불가 • 피압수가 지표면보다 높게 있는 경우는 곤란 • 복류수가 있는 경우 불가	• 연약지반의 시공은 곤란, 지하수가 높은 경우, 유해가스가 있는 경우, 산소결핍이 있는 지역만은 곤란하다.
지반조건에 관한 적용성	지질 지반	점토 silt	N≒0~1	가 능	가 능	가 능	검토요망(Heaving에 대해)
			N≒1~10	"	"	"	가 능
			N≒10~	"	"	"	"
		모래	N≒0~10	"	"	"	"
			N≒10~30	"	"	"	"
			N≒30~	검토요망	다소곤란	"	"
		모래자갈		가 능	곤 란	"	"
		호박돌	10cm 이내	"	불가능	곤 란	"
			10~20cm	곤 란	"	불가능	"
			20cm 이상		곤 란	가 능	"
			점 토		불가능	곤 란	"
			풍화대				
			암 반		곤 란		
			풍화암				
적용성	지지층의 확인			가 능	가 능	"	"

제1장_ 교량기초의 계획과 설계

● 표 1.5.4 현장타설 콘크리트 말뚝공법의 적용성 (2)

검토항목			올케이싱 공법	Earth DRILL공법	R.C.D 공법	심초 말뚝 공법
굴착 심도	적정최대심도(m)		35.0m	27.0m	40~60m 굴착기계 기종에 따라 다름	15.0m
	실적최대심도(m)		50.0	45.0	60~200.0 굴착기계 기종에 따라 다름	30.0
굴착 능률 (분/m)	점토		6~20	7~10	5~10	1.5~2.5m/일
	silt		"	"	7~10	"
	세사(가는모래)		10~	15~20	10~12	"
	중간 모래		"	"	12~20	"
	모래지갈 3cm 이하		10~12	30~35	30~60	"
	모래지갈 3cm 이상		17~20	"	"	"
굴착 성능에 관한 적용성	진동		• caising내의굴착지반에 Bucket낙하시 진동이 크다	• 영향에 문제 안된다.	• 영향에 문제 안된다	• 영향에 문제 안된다
	소음		• 엔진음, Bucket와 crown와 낙하시 진동이 크다	• 엔진음이 비교적 크다	• 엔진음이 비교적 크다	• 영향에 문제 안된다.
환경 조건	작업 공간	제한을 받지 않는 범위	250 m²	300 m²	350 m²	• 말뚝지름에 대하여 2배의 말뚝지름 면적
		최소면적	180 m²	210 m²	250 m²	• 말뚝지름에 대하여 약 1.5배 말뚝지름 면적
	안정액의 폐액처리				• 공채발생 우려가 있으니 대책이 필요	
	운반로			검토요망		

468 | 새로운 구성 교량계획과 설계 ⊙제Ⅳ편 콘크리트교

1.6 기초구조의 계획 · 설계

1.6.1 일반사항

(1) 설계순서

통상적으로 정정구조물 기초설계에서는 기초 정상부까지의 구체설계가 완료되고, 기초 정상부에 작용하는 외력(수직력, 수평력, 휨모멘트)이 주어지면 기초의 형상과 치수를 가정하여 기초구체 자체에 작용하는 단면력을 구하는 것으로부터 시작된다.

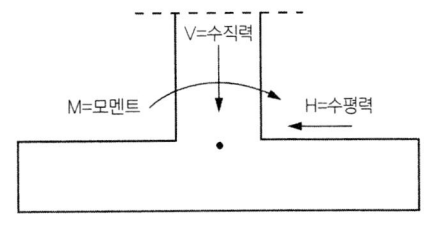

그림 1.6.1 기초 정상부에 작용하는 외력

설계순서, 검토항목은 직접기초, 말뚝기초, 케이슨기초가 서로 다르지만 기본적으로 각 기초 공통으로 안정계산과 부재의 응력계산을 하게된다.

설계순서의 개요를 그림으로 나타낸 것이 그림 1.6.2이다. 기초설계에 있어서 검토하여야 할 항목은 기초에 따라 다소 다르다. 예를 들면 기초의 형상 · 치수 가정에서 말뚝기초에는 말뚝의 개수 및 배치까지 가정하여야 하며, 기초의 허용지지력과 지반반력의 검토에서는 기초의 허용변위량이 주어지면 그 허용값 이하로 수정하는 검토가 필요하다.

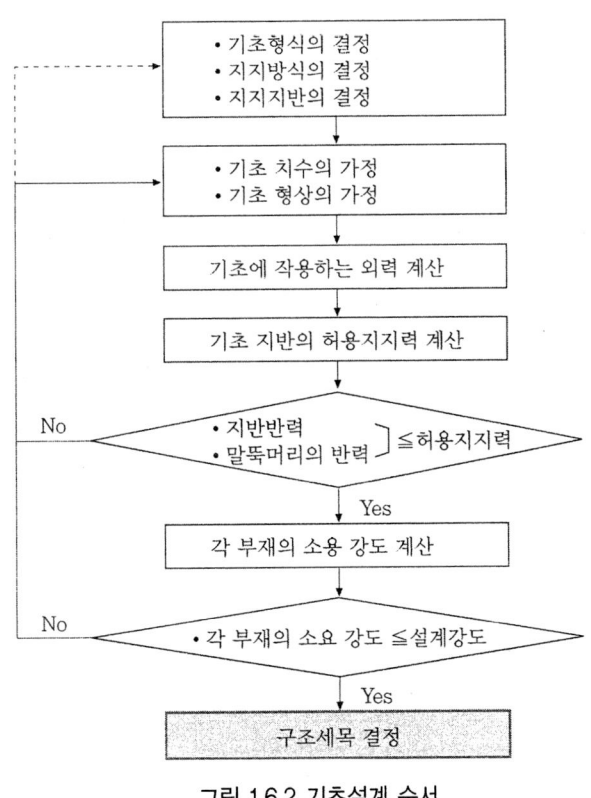

그림 1.6.2 기초설계 순서

(2) 설계의 기본

기초는 하부구조에 작용하는 하중을 확실하게 지지지반에 전달시키는 시스템으로 역학적으로 안정되어야 하고, 또 유해한 변위가 발생하여서는 안된다. 기초의 하중에 대한 저항기구는 기초의 시공법, 기초의 깊이, 기초와 지반의 상태, 강성에 따라 다르므로 안정 계산에서는 저항기구를 충분히 고려한 설계모델 및 검사 항목을 설정하여야 한다.

각 기초형식별 안정검사 항목 및 안정검사의 기준은 표 1.6.1, 표 1.6.2에 표시 한바와 같으며, 또한 설계에 있어서 설계법 판별기준과 해석 모델은 표 1.2.1, 그림 1.2.2와 같다.

⊙ 표 1.6.1 각 기초의 안정 검사항목

기초형식	검사항목	지지력 연직	지지력 수평	전도	활동	수평 변위량
직접기초		O	(O)	O	O	-
케이슨기초	$\beta\ell < 1$	O	O	-	O	-
케이슨기초	$1 < \beta\ell < 2$	O	O	-	O	O
강관 널말뚝 기초		O	-	-	-	O
말뚝기초	유한장 말뚝	O	-	-	-	O
말뚝기초	반무한장 말뚝	O	-	-	-	O

( )는 근입부분으로 하중을 분담하는 경우

여기서 수평 변위량은 하부구조로부터 제한받는 수평방향에 관한 변위량 검사를 나타내고 있다. 수평방향의 안정검사 방법에 대해서는 수동토압 저항으로 검사하는 기초와 수평변위량으로 검사하는 기초가 있다. 이것은 하중에 대한 각 기초의 저항특성을 고려한 안정계산방법의 차이에 의한 것이다.

⊙ 표 1.6.2 각 기초의 안정검사의 기본

기초형식		검사 내용					기초의 강성 평가
		전 도	연직지지		수평지지, 활동, 수평변위량		
		전도항목	검사면	검사항목	검사항목	검사항목	
직접기초		하중합력의 작용위치	저 면	지지력	저 면 [전면]	전단저항력 [수동저항력]	강 체
케이슨기초		-	저 면	지지응력	저 면 전 면 (설계지반면)	전단저항력 수동저항력 (수평변위량)	강 체 (탄성체)
강관, 널말뚝기초		-	저 면	지지력	설계지반면	수평변위량	탄성체
말뚝 기초	유한장 말뚝	-	두 부	지지력	설계지반면	수평변위량	탄성체
말뚝 기초	반무한장 말뚝						

(3) 지지층의 선정

기초의 지지층 선정은 구조물의 중요도 기초에 작용하는 하중의 규모에 따라 달라질 수 있으며, 일률적으로 정하기는 어렵다. 직접기초 및 케이슨기초는 양질의 지지층에 지지되지 않으면 안된다. 여기서 말하는 지지층이란 모래, 자갈모래층은 대략 N값이 30이상, 점성토층에서는 대략 N값이 20(일축압축강도 qu가 4kg/cm²정도 이상) 이상인 층을 말한다. 단 자갈 모래층에서는 실제보다 큰 N값이 얻어질 때가 있으므로 지지층 결정에 충분한 주의가 필요하다.

양질인 지지층으로서의 층두께는 하중 규모에 따라 다르지만 기초폭 정도가 필요하다고 생각된다.

또한 N값으로부터 판단해서 양질인 지지층이라고 생각되는 층에서는 층 두께가 얇은 경우나 그 아래층에 연약층이 있는 경우에는 지지력과 침하에 대하여 그 영향을 검토하지 않으면 안된다.

암반은 재료로서의 강도가 크므로, 균질한 암반을 지지층으로 하는 경우에는 큰 지지력을 기대할 수 있으나 암체에 불연속면이 존재하던가, 슬래킹(Slacking) 등의 영향을 받기 쉬운 경우에는 균질 암반에 비하여 충분한 지지력을 얻지 못하는 경우가 있으므로 암반을 지지층으로 하는 경우에는 이들의 영향에 대하여 사전에 검토해둘 필요가 있다.

(4) 설계상의 지반면

설계상의 지반면(지표면)은 지층 조건이나 주변 여건에 따라 변동 가능하며 현재 있는 지표면으로 제한되지 않는다. 예를 들면 세굴 등에 의한 지반 저하, 압밀 침하, 동결 융해층 등은 평상시 하중상태에서도 그 영향을 고려할 필요가 있다. 따라서 수직지지력이나 수평지지력을 구할 때는 지반면의 변동을 고려해서 구하지 않으면 안된다. 하천이나 시가지에서는 각각 관리자 쪽에서 필요한 토피 두께가 결정되어 있지만, 푸팅기초에서는 직접기초뿐 아니라 말뚝기초에서도 푸팅 밑면은 설계지반면 이하에 위치시키는 것이 좋다.

지진시의 검토에서는 평상시와는 별도로 검토가 필요하다. 도로교 기초인 경우에는 내진설계상의 지반면이라는 개념을 도입하여 이보다 상부에 위치하는 구체에 지진시 관성력을 작용시키고 있다. 내진설계상의 지반면은 평상시의 설계 지반면과 같지만 지진시에 지지력을 무시하는 토층이 있을 경우는 내

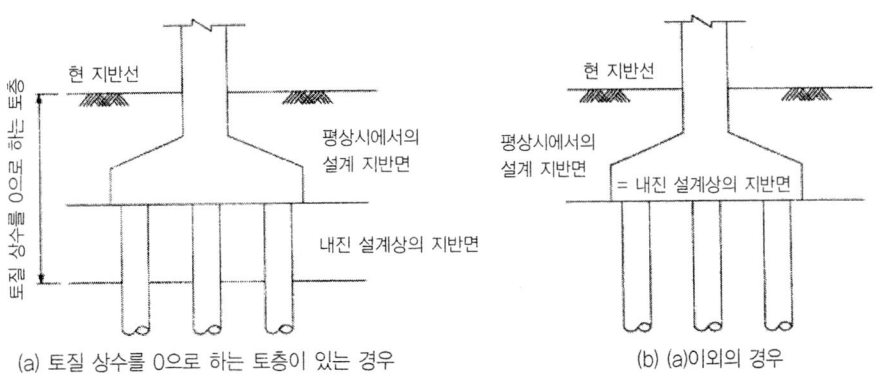

그림 1.6.3 교각에 있어서 내진 설계상의 지반면

진 설계상의 지반면을 그 층의 밑면에 설정한다.(그림 1.6.3 참조)

(5) 설계에 이용되고 있는 지반정수

기초설계에 이용되는 지반정수에는 지반조사 및 토질시험 결과를 종합적으로 판단하여야 하는데, 단위중량, 간극비 등의 물리적 성질을 나타내는 것과 점착력, 전단저항각, 변형계수, 압축지수 등의 역학적 성질을 나타내는 것의 두가지가 있다.

1) N값

표준관입 시험에서 얻어진 N값은 시험도 간단하고 다양한 지반에서의 데이터가 있으며, 더구나 재하시험 데이터와의 비교도 상당히 이루어져 있기때문에 설계에 많이 이용된다.

그러나 N값 그 자제가 정확하다 해서 반드시 표준관입시험이 모든 것을 대표하는 시험이 될 수 없으며, 각종 시험을 병용하여 종합적으로 평가함으로서 실제의 지반조건을 파악하는 것이 좋다.

특히 점성토 지반에서는 N값의 신뢰는 그렇게 크지 않다고 말해지고 있다.

표준관입시험시 로드의 길이가 길어지면 로드 선단부에 도달하는 관입에너지가 감소해 N값이 크게 나오는 경향이 있으므로 다음식에 의해 보정한다. 그러나 로드의 길이가 상당히 긴 경우 이외에는 보정을 생략해도 좋다.

$$N = N'\,(\ell \leq 20\text{m})$$
$$N = (1.06 - 0.003 \times \ell)\,N'\,(\ell > 20.0\text{m}) \quad\quad\quad (1.6.1)$$

여기서, N : 보정 N값
N' : 실측 N값
ℓ : 로드의 길이(m)

2) 점착력(C) 및 전단저항 각(ϕ)

점성토에 있어서 점착력은 일반적으로 흐트러지지 않은 시료의 1축 압축강도 qu의 1/2로 하고 있다. N값과 qu의 상호 관계는 토질에 관계없이 좋지 않으므로 어쩔수 없는 경우 이외에 이용하지 않는 것이 좋다. 사질토의 상대 밀도는 N값에 따라서 나타내지만, 도로교설계기준 해설(하부 구조편)에서는 여러 가지의 ϕ와 N값 관계식을 제시하고 있는데, 일본의 도로교시방서는 하한값에 해당하는 다음식의 값을 제안하고 있다.

$$\phi = 15 + \sqrt{15N} \leq 45° \quad 단,\ N > 5 \quad\quad\quad (1.6.2)$$

3) 변형계수 : Eo

지반의 탄성적 성질을 나타내는 변형계수는 다음의 각종 시험에서 얻을 수 있다.

① 강체 원판에 의한 평판 재하시험(Ep)

② Boring 구멍 내에서 수평재하시험(Eb)
③ 공시체의 1축 또는 3축 압축시험(Es)
④ 표준관입 시험의 N값에 의해 추정(EN) ($Eo = 28N$)

상기 4가지의 상호관계는 「일본건설성 토목연구소의 비교연구」 결과에 의하면 다음과 같은 관계가 있다고 알려져 있다.

$$Ep = 4Eb = 4Es, \; Eb = 7N$$
$$\therefore EN = Ep = 4Eb = 28N \tag{1.6.3}$$

「철도설계기준(철도교편) (사)대한토목학회」에서 표준관입시험 결과를 이용한 지반의 변형계수를 추정하는 또 따른 방법으로 다음 표 1.6.3를 제시하고 있다.

⊙ 표 1.6.3 흙의 종류별 Eo값 (kgf/cm²)

흙의 종류	Eo / N
실트, 모래질 실트	4
가는 모래, 약간 굵은 모래	7
굵은 모래	10
모래질 자갈, 자갈	12 ~ 15

(6) 지반 반력계수

① 수직방향 지반 반력계수

연직방향 지반 반력계수는 식(1.6.4)에 의해 구한다.

$$K_v = K_{v_o} \left(\frac{B_v}{30} \right)^{-3/4} \tag{1.6.4}$$

여기서, K_v : 수직방향 지반 반력계수(kgf/cm³)

K_{vo} : 지름 30cm의 강체원판에 의한 평판재하시험의 값에 상당하는 수직방향 지반반력계수(kgf/cm³)로서 각종 토질시험·조사에 의해 구한 변형계수로부터 추정하는 경우는 다음 식에서 구한다.

$$K_{vo} = \frac{1}{30} \alpha E_o \tag{1.6.5}$$

B_v : 기초의 환산재하폭(cm)으로 다음 식에서 구한다. 다만, 저면 형상이 원형인 경우에는 지름으로 한다.

$$B_v = \sqrt{A_v} \tag{1.6.6}$$

E_o : 표 1.6.4에 표시하는 방법으로 측정 또는 추정한 설계의 대상이 되는 위치에서의 지반의 변형계수(kgf/cm²)

α : 지반반력계수의 추정에 쓰이는 계수로서 표 1.6.4에 주어져 있다.

A_v : 연직방향의 재하면적(cm²)

이때 식 1.6.4는 사질토와 점성토의 혼합층을 대상을 할 경우에 해당하나 특히 사질토층이 우세할 경우에는 $K_v = K_{v_o}(\frac{B_v}{30})^{-1/2}$를, 점성토층이 우세 할 경우에는 $K_v = K_{v_o}(\frac{B_v}{30})^{-1}$를 사용하여 구한다.

⊙ 표 1.6.4와 α값

다음의 시험방법에 의한 변형계수 E_o(kgf/cm²)	α 평상시	α 지진시
지름 30cm의 강체원판에 의한 평판재하시험을 반복시킨 곡선에서 구한 변형계수의 1/2	1	2
보링 공내에서 측정한 변형계수	4	8
공시체의 1축 또는 3축 압축시험에서 구한 변형계수	4	8
표준관입시험의 N값에서 E_o=28N으로 추정한 변형계수	1	2

주) 폭풍시는 평상시의 값을 사용하는 것으로 한다.

② 수평방향 지반반력계수

수평방향 지반반력계수는 식 1.6.7에 의해 구한다.

$$K_h = K_{h_o}(\frac{B_h}{30})^{-3/4} \quad\quad\quad (1.6.7)$$

여기서, K_h : 수평방향 지반반력계수(kgf/cm³)

K_{ho} : 지름 30cm의 강체원판에 의한 평판재하시험의 값에 상당하는 수평방향 지반반력계수(kgf/cm³)로서, 각종 토질시험 조사에 의해 구한 변형계수로부터 추정하는 경우는 다음 식에서 구한다.

$$K_{h_o} = \frac{1}{30}\alpha E_o \quad\quad\quad (1.6.8)$$

B_h : 하중작용방향에 직교하는 기초의 환산재하폭(cm)으로 표 1.6.5에 표시하는 방법으로 구한다. 일반적으로 탄성체 기초의 수평저항에 관여하는 지반으로서는 설계지반면에서 $1/\beta$정도까지 고려하면 된다.

E_o : 표 1.6.4에 표시하는 방법으로 측정 또는 추정한 설계의 대상이 되는 위치에서의 지반의 변형계수(kgf/cm²)

α : 지반반력계수의 추정에 쓰이는 계수로서 표 1.6.4에 주어져 있다.

A_h : 하중작용방향에 직교하는 기초의 재하면적(cm²)

D : 하중작용방향에 직교하는 기초의 재하폭(cm)

$1/\beta$: 수평저항에 관여하는 지반의 깊이(cm)로서 기초의 길이 이하로 한다.

β : 기초의 특성치, $\beta = \sqrt[4]{\frac{K_h \cdot D}{4EI}}$ (cm⁻¹)

EI : 기초의 휨강성(kgf·cm²)

⊙ 표 1.6.5 기초의 환산재하폭

기초형식	B_h	비 고
직접기초	$\sqrt{A_h}$	
케이슨기초($\beta l<2$)	$\sqrt{A_h}$	안정계산, 부재계산
케이슨기초($1<\beta l<2$)	$\sqrt{D/\beta}$	탄성변위량 계산
말뚝기초	$\sqrt{D/\beta}$	
강관널말뚝기초	$\sqrt{D/\beta}$	

(7) 변위량 계산

기초 변위량에서는 탄성 변위량과 압밀 변위가 주로 검토 대상이 된다. 이외에 크리프 변위량도 문제가 되는 일이 있겠지만 통상의 지반에서 특수한 규모의 구조물일 때만 검토대상으로 하고 있다.

탄성변위량은 앞의 항에서 설명한 지반반력계수를 이용한 계산을 행하고, 모래질 지반의 기초에 적용한다.

압밀변위량은 기초밑면으로부터 기초최소폭의 3배 깊이 사이에 압밀이 발생 가능한 점성토가 존재하는 경우에 산출한다. 압밀변위량 계산에 대한 방법은 도로교의 경우「도로교 하부구조 설계 요령」에 따라 행한다. 탄성변위량 계산에서 기초의 변위량은 지지지반이 탄성거동을 한다고하여 연직, 회전 및 수평변위량을 계산하며, 교각 정점부 및 교량받침의 수평변위량은 기초 변위량과 구체자체의 탄성변위량의 합으로 한다.

1.6.2 직접기초

(1) 직접기초의 설계기본

1) 직접기초의 설계순서

직접기초의 설계에 있어서 다음의 사항을 만족하도록 구조의 제원을 결정한다.

① 기초가 연직지지, 수평지지(활동), 전도에 대하여 안정하기 위해서는 다음 조건을 만족시키지 않으면 안된다.
 (a) 직접기초 저면에서의 연직지반 반력이 저면지반의 허용 연직지지력을 초과해서는 안된다.
 (b) 직접기초에 작용하는 하중의 합력이 작용하는 위치는 평상시에는 저면의 중심으로부터 저면 폭의 1/6이내, 지진시에는 저면폭의 1/3 이내에 있어야 한다.
 (c) 직접기초 저면에서의 전단지반 반력은 저면지반의 허용전단 저항력을 초과해서는 안 된다.
  또한 지표면 근처에 안정된 지지층의 확보가 가능한 경우에는 묻힘 부분의 Footing에 수평저항을 분담시켜도 좋다. 그러나 이런 경우에 직접기초의 붙힘 부분에 작용하는 수평반력은 지반의 허용전단 저항력을 초과해서는 안된다.
② 직접기초의 변위량은 상·하부구조의 기능과 안전성을 고려한 허용변위량을 초과해서는 않된다.
③ 기초 각부의 부재의 소요 강도가 설계강도를 초과해서는 안된다.

상기의 사항을 만족시키면서 설계하는 순서는 다음 그림 1.6.4와 같다.

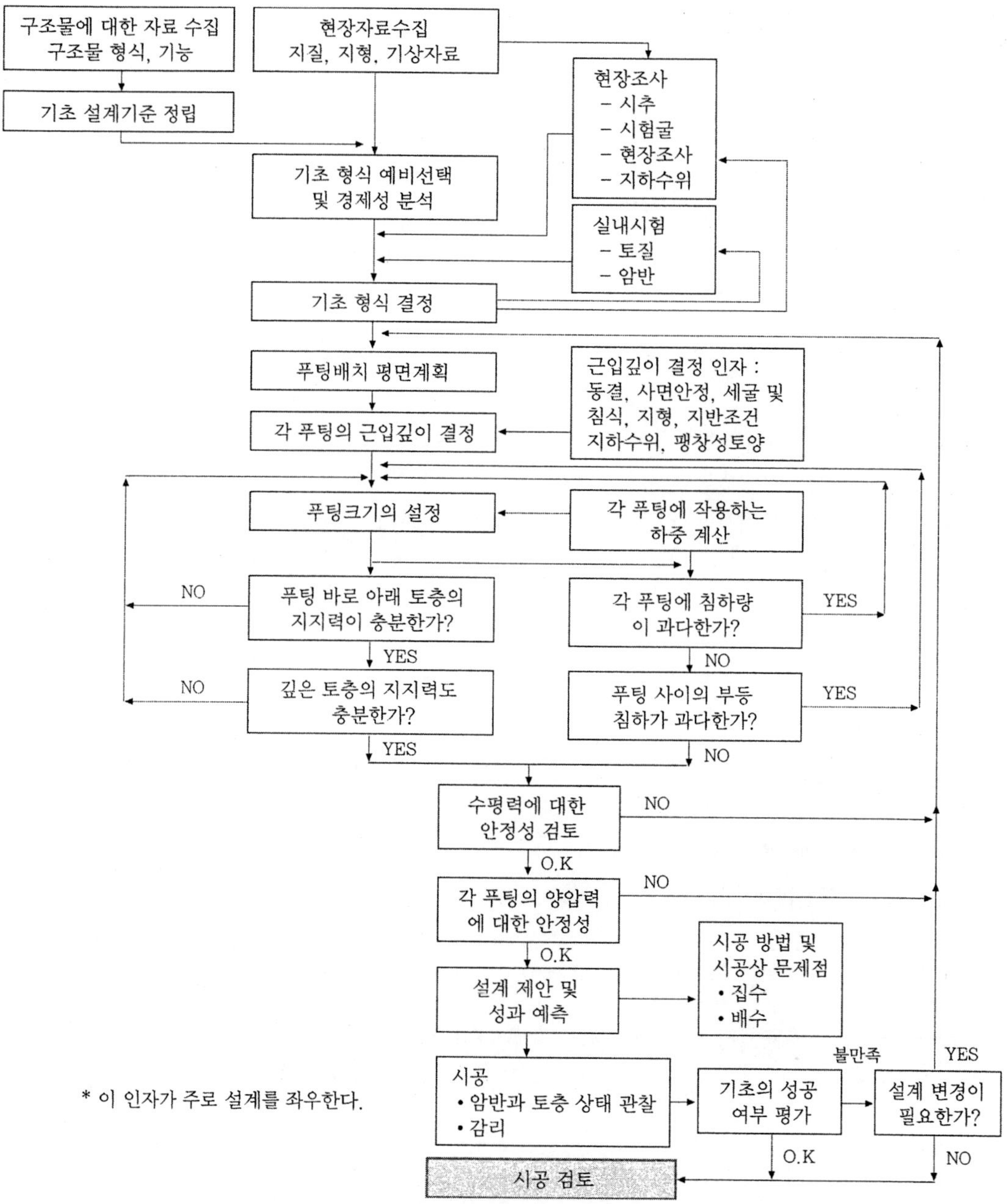

그림 1.6.4 얕은기초 설계 흐름도

2) 직접기초의 지지지반

① 직접기초는 원칙적으로 양질의 지지층에 기초저면을 두고 지반에 직접 하중을 지지시키는 것이다.
② 양질의 지지층이란 보통의 암반, 모래층 및 자갈, 모래층에서는 N값이 대략 30이상, 점성토층에서는 대략 20이상(qu가 2~4kgf/cm²)이상으로 충분한 두께를 가지고 그밑 아래에 연약층이 없는 지반이다.
③ 직접기초의 특수한 경우로서 조건에 따라 부득이하게 양호한 지지층에 지지되지 않은 경우도 있다. 이와 같은 경우에는 연직지반 반력에 의한 변위(압밀침하, 기초의 회전변위)의 영향을 고려하여 구조물 전체에 대한 종합적인 안정검토가 필요하다.
④ 보통때에는 충분한 지지력을 갖는 경우에도 지진시에는 유동화를 일으켜 지지력이 상실되는 모래층, 대단히 연약한 점성토층이 있다. 이와 같은 지반에는 직접기초로 설계할 수 없다.

3) 직접기초의 근입깊이

직접기초의 근입깊이는 지지지반의 조건을 만족해야 하지만 일반적으로 근입깊이가 작기 때문에 지표면 부근의 자연조건 등의 영향을 받기 쉽고, 필요한 근입깊이가 없는 경우 장래에 손상을 받을 수가 있으므로 다음과 같은 사항에 대해서 주의하여 근입깊이를 결정할 필요가 있다.

① 하천의 흐름, 바다, 호수의 파랑에 의한 세굴과 하상 저하
② 압밀침하를 일으키는 깊이
③ 동결, 융해를 받는 깊이
④ 지하매설물 및 인접구조물의 영향
⑤ 지하수위
⑥ 흙의 체적변화를 일으키는 깊이
⑦ 시공성과 경제성
⑧ 기타(도로의 포장층 두께, 교란된 토피층의 깊이, 유기질토의 토층깊이, 붕괴가 예상되는 토층깊이 등)

(2) 직접기초의 종류

직접기초는 일반적으로 다음과 같이 분류한다.

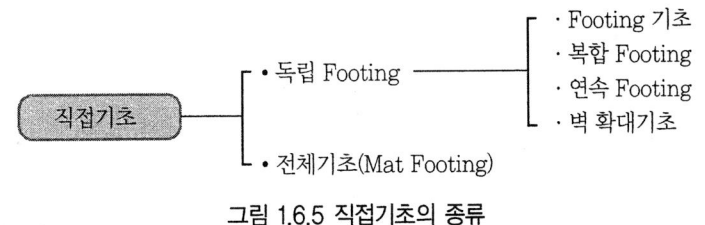

그림 1.6.5 직접기초의 종류

1) 독립 Footing

1개의 기둥을 지지하는 Footing으로서 교량에서 일반적으로 적용하는 형상은 정사각형 또는 직사

각형이 있다.

2) 복합 Footing

Footing의 강성을 크게 하기 위하여 Footing의 높이를 크게하고 중공(속빈)기초로 하는 경우도 있다.

3) 연속 Footing ; 2개이상의 기둥을 받치는 확대기초를 말한다.

4) 벽확대기초(Wall Footing) ; 벽체를 지지하는 연속 Footing을 말한다.

5) 전체 Footing(Mat Footing)

많은 기둥이나 벽체를 단일판 등으로 지지하는 Footing을 말한다.

(3) 기초의 안정

1) 수직 지지력에 대한 안정

① 기초저면에 작용하는 수직력은 그 기초에 대한 지반허용수직지지력을 초과해서는 안된다.

② 지반의 허용수직지지력은 극한지지력에 대하여 소정의 안전율을 확보해야 한다.

③ 지반의 허용수직지지력은 하중의 편심, 경사, 지반조건, 기층조건 및 기초의 침하량을 고려하여 정한다.

④ 도로교의 경우 지반의 극한지지력 산정은 Terzaghi식, Hanse식, Meyrhof식, Vesic식을 적용한다.

⑤ 토사지반의 허용지지력

(a) 연속기초(L)5B)의 허용지지력은 다음식(1.6.9)으로부터 계산된 극한지지력에 소정의 안전율로 나누어 산정할 수 있다.

$$Qult = CNc + q \cdot Nq + 0.5 \cdot r \cdot B \cdot Nr \quad\quad\quad (1.6.9)$$

(b) 배수하중 조건에서는 유효 응력 해석법과 배수강도를 사용하여 지지력을 계산한다.

(c) 점성토 지반의 지지력은 비배수 전단강도 정수를 사용하여 비배수 하중조건에 대하여도 검토해야 한다.

⑥ 암반이 허용지지력

(a) 암반의 불연속면이 치밀하게 밀착되었거나 틈새가 3mm이내 일경우 신선한 암반으로 분류한다.

(b) 신선한 암반위에 놓인 직접기초의 허용연직 지지력은 Peck, et al(1974)의 RQD와 허용 접지압(Allowable Contact stress)과의 관계, 일축압축강도 그리고 탄성파속도 등을 이용하여 구할 수 있다.

어떠한 경우에도 이 허용접지압과 콘크리트의 허용응력을 비교하여 작은 값을 사용해야 한다.

(c) 파쇄나 절리가 발달한 암반에서는 절리 및 기타 불연속면의 상태와 간격을 고려하여 다음식(5.10)으로 허용지지력을 계산하다.

$$q_a = K_{sp} + q_u \quad\quad\quad (1.6.10)$$

여기에서 K_{sp}는 암반지지력 결정계수(Hook, 1983)이며, 기초크기 영향과 불연속면의 영향을 참작하고 안전율 3을 포함한 값이고, q_u는 암석의 일 축 압축 강도이다.

(d) 그 외 암반의 극한지지력은 균열, 갈라진 틈 등에 의하여 좌우되기 때문에 지반정수의 평가에는 부정확한 요소가 많고, 지지력 추정식에 의하여 극한지지력을 추정하는 것은 곤란하다. 암반에 있어서는 설계의 실적을 고려하고, 모암의 일축압축강도를 기준으로하여 최대지반반력을 표 1.6.6에 있는 상한값 정도로 제한하는 것이 좋다. 뿐만 아니라, 경암의 경우 균열의 다소에 따라 큰 영향을 미치기 때문에 표 1.6.6에서는 공내 수평재하시험에 의한 변형계수를 기준으로 하여 구분하였다.

그리고 암반의 종류와 풍화도 등에 대한 정보가 있는 경우에는 표 1.6.7을 참고로 하면 좋다.

⊙ 표 1.6.6 암반의 최대지반반력의 상한치

암반의 종류		최대지반반력(t/m²)		기준으로 하는 값	
		평상시	지진시	입축압축강도	공내수평 재하시험에 의한 변형계수(kg/cm²)
경암	균열이 작음	250	375	100 이상	5,000 이상
	균열이 많음	100	150		5,000 미만
연암 이암(泥岩)		60	90	10 이상	

주) 다만, 폭풍시는 지진시의 값을 이용하는 것으로 한다.

⊙ 표 1.6.7 암반에서 기초의 허용지지력

지지층의 종류	지지층의 상태	지지력(t/m²)	
		범 위	추천값
큰 결정체의 화성암과 변성암 : 화강암, 섬록암, 현무암, 편마암, 완전히 고결된 역암(균열이 적은 신선암)	견고하고 신선한 암	600~1000	800
판상의 변성암 : 슬레이트, 편암(균열이 적은 신선암)	중간정도 견고하고 신선한 암	300~400	350
퇴적암 : 견고하게 고결된 혈암, 실트암, 사암, 공동이 없는 석회암	중간정도 견고하고 신선한 암	150~250	200
풍화되거나 파쇄된 기반암(심하게 점토질화된 암(혈암) 제외), RQD<25	연 암	80~120	100
조밀한 혈암, 심하게 점토질화 되었으나 모암조직이 유지된 혈암	연 암	80~120	100

주) 지진 또는 폭풍시에는 허용지지력을 1.5배까지 증가시킬 수 있다.

2) 수평지지력에 대한 안정

① 직접기초 바닥면에 작용하는 수평지지력은 그 기초에 대하여 지반의 허용 수평지지력을 초과해서는 안된다.

② 기초측면에 분담된 허용 수평지지력은 토질시험 결과에 의거 산출된 지반의 수동토압을 소정의 안전율로 나눈 값으로 한다.
③ 기초 바닥면의 허용 전단저항력
　(a) 기초 바닥면에 있어서 허용 전단저항력은 기초 바닥면과 지반과의 사이에 작용하는 전단저항력을 소정의 안전율로 나눈 값으로 한다.
　(b) 전단 저항력은 지반조사, 토질시험 결과를 충분히 검토하여 다음식(1.6.11)에 의하여 구하는 것으로 한다.

$$H_u = H_B \cdot A' + V \cdot \tan\phi_B \tag{1.6.11}$$

④ 전단 저항력을 증가시키기 위해 기초 저면에 활동 방지벽(돌기)을 둘 수 있다. 활동방지벽은 수평력을 지반에 전달하도록 충분히 지지지반에 관입시켜야 한다.
활동방지벽의 높이는 일반적으로 다음의 범위에 있는 것이 바람직하다.

$$0.1 \leq b/B \leq 0.15 \tag{1.6.12}$$

여기서, b : 지지지반에 관입하는 활동방지벽의 높이(m)
　　　　B : 기초의 폭(m)

3) 전도에 대한 안정

① 전도에 대한 안전은 종래에는 전도 안전율에 의해 판단되어 왔으나 최근에는 작용하는 하중의 작용위치(편심량)에 대한 제한치로 검토하고 있다.
② 직접기초의 전도에 대한 안정검토는 평상시에 기초 바닥면 전체가 지지지반에 밀착해 떠오르지 않도록 기초 바닥면에 작용하는 합력의 편심량으로 검토한다.
지진시에는 지진하중이 동적인 하중이기 때문에 본래는 평상시와 같은 검토는 할 수 없지만 하중의 동적인 작용을 고려한 검토가 곤란하므로 진도법에 의한 지진하중에 대해 평상시와 같은 수법으로 전도에 대한 안정검토를 한다.
③ 직접기초에 작용하는 하중의 합력작용 위치는 평상시에는 밑면 중심에서 밑면 폭의 1/6이내, 지진시는 밑면 폭은 1/3이내가 되지 않으면 안된다.(표 1.6.8 참조)

⊙ 표 1.6.8 합력의 편심량의 최대

하중조건		평상시 하중	평상시 하중 + 일시하중	지진시 하중
허용 편심량	사각형 기초	B/6	B/4	B/3
	원형 기초	$\gamma/4$	$7\gamma/16$	$5\gamma/8$

(주) 여기서 B : 기초의 폭, γ : 기초의 반지름

④ 그림 1.6.6과 같이 지표면이 경사져 있는 직접기초의 전도에 대한 안정은 단면 a~a, 그 밖에 단면

b~b에 대해서도 검토해야 한다.

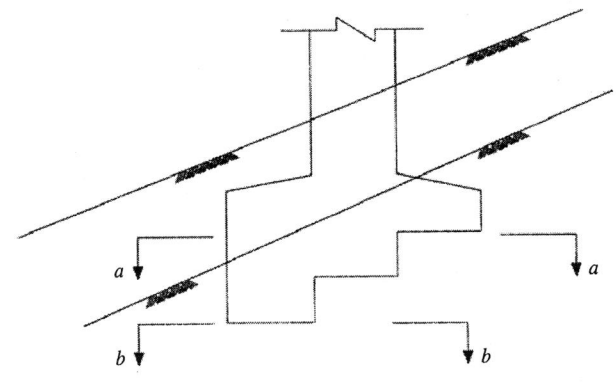

그림 1.6.6 기초저면에 단차가 있는 기초

(4) 지반 반력계수와 지반 탄성계수

1) 직접기초의 설계에 이용하는 지반 반력계수는 기초 바닥면의 연직방향 지반 반력계수, 근입부 저면의 수평방향 지반 반력계수 및 바닥면의 수평방향 전단 지반 반력계수로 하고 지반조사, 토질시험 결과를 종합적으로 검토하여 결정한다.
2) 지반 탄성계수는 지반조사자료나 토질시험 결과를 종합적으로 검토하여 결정하거나, 토질별 경험치나 추정식을 참조할 수 있다.

(5) 지반반력 및 변위량

1) 지반반력

기초저면의 지반반력은 원칙적으로 Footing을 강체로 하고 지반을 탄성체로하여 산출한다.

2) 탄성 변위량

① 기초 저면의 탄성 변위량은 원칙적으로 기초를 강체로 하고, 기초저면의 연직방향 지반반력 계수 및 수평방향 전단지반반력계수를 이용하여 산출한다.
② 신선한 암반 위의 직접기초는 상기의 (3) 1)의⑥에 따라 설계할 경우 탄성침하량은 13mm 이내이어야 한다. 이 정도의 침하량을 허용할 수 없는 특수한 경우나 암반이 신선하지 않으면, 암반의 변형 특성을 감안한 침하 해석이 필요하다. 시간의존 변형 특성을 보이는 암반에 대해서는 압밀침하 해석을 포함시켜야 한다. 파쇄나 절리가 발달한 암반에서는 암석 종류, 불연속면의 상태, 풍화도를 고려하여 침하 해석을 하여야 한다.
③ 탄성변형에 근거한 탄성침하량을 계산한다. 이때 암반의 탄성변형계수는 현장시험과 실내시험결과로부터 결정하거나, 일축압축시험으로 구한 탄성계수에 RQD의 함수인 감소계수를 곱하여 사용한다.

3) 압밀침하량

압밀침하량은 「도로교 하부구조 설계요령」의 6·8·3항의 규정에 따라 계산한다.

(6) 직접기초의 Footing의 설계

1) 부재의 필요한 두께

휨모멘트, 전단력에 의하여 부재의 두께를 결정한다.

2) 강체로서 취급되는 두께

Footing의 강성은 지반반력계수(Kv)와 Footing의 길이, 폭 및 두께(h)와 상대적인 관계로 결정되는 것이다. 직접기초(확대기초)의 강체로의 취급여부는 지반반력 및 말뚝반력에 미치는 확대기초의 강성의 영향을 고려해서 판정하는 것으로 하고 확대 기초가 식 (1.6.13)을 만족할때 이를 강체로 한다.

$$\beta \cdot \lambda \leq 1.0 \quad\quad\quad\quad\quad\quad\quad\quad\quad (1.6.13)$$

여기서, $\beta = \sqrt[4]{\dfrac{3 \cdot K}{E \cdot h^3}}$ (m^{-1})

$K = \begin{cases} K_v : \text{직접기초인 경우} \\ K_p : \text{말뚝기초인 경우} \end{cases}$

K_v : 연직방향 지반반력계수(tf/m³)

K_p : 환산지반반력계수(tf/m³)

$$K_p = K_v \cdot \dfrac{n \cdot m}{L \cdot B}$$

K_v : 1개 말뚝의 축방향 스프링 정수(tf/m)

L : 확대기초의 폭(m)

B : 확대기초의 길이(m)

n : 말뚝의 열수

m : 말뚝의 행수

E : 확대기초의 탄성계수(tf/m³)

h : 확대기초의 평균두께(m)

λ : 확대기초의 환산 돌출길이(m)로서 확대기초의 형식에 따라 다음과 같이 정한다.

① 독립확대 기초 및 벽확대기초의 경우

$\lambda = \max(l, b)$

다만, $l \geq L/2$이면 $l = L/2$
$b \geq B/2$이면 $b = B/2$

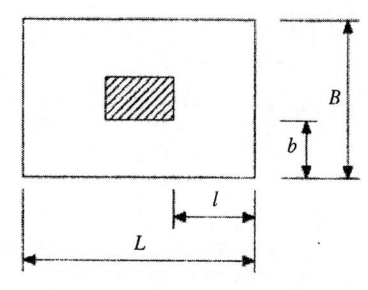

그림 1.6.7 독립확대기초 및 벽확대기초

② 연속확대 기초의 경우

$$\lambda = \frac{\alpha \cdot (\lambda'^2 + e^2)}{\lambda' + e} \quad\quad\quad\quad\quad\quad\quad\quad (1.6.14)$$

여기서, $\lambda' = \max(l, b)$

$\alpha = 1.3$

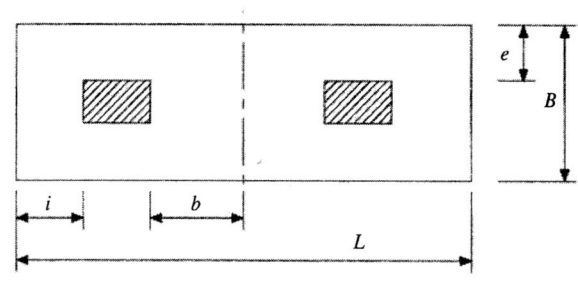

그림 1.6.8 연속확대기초

3) Footing을 강체로 취급할 수 있는 최소두께(참고) (일본 도로공단 시험소 보고, 소화 47년도)

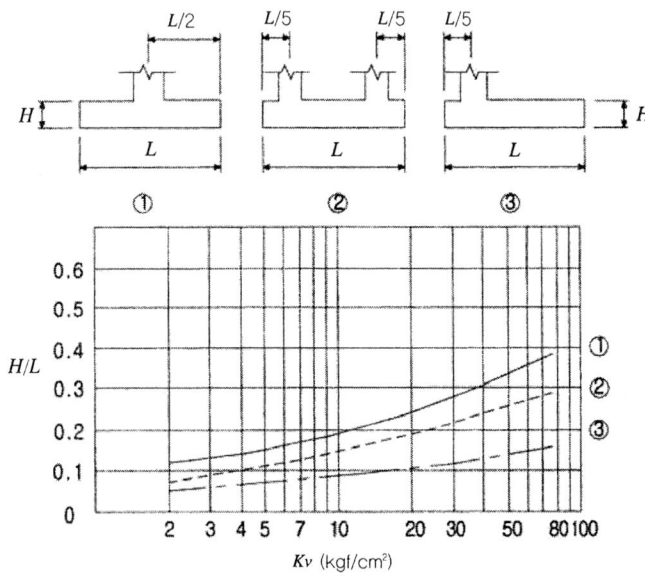

그림 1.6.9 직접기초를 대상으로 한 Footing의 강체영역

1.6.3 말뚝기초

(1) 말뚝기초의 설계기본

1) 일반

말뚝기초에는 일반적으로 그림 1.6.10에 나타낸 것처럼 상부구조에서 각각의 말뚝머리에 축방향 반력

(압입력, 인발력), 축직각 방향력(수직말뚝에서 수평력), 휨모멘트가 작용한다.

이들의 하중은 통상의 경우 설계 지반면 보다 위에 작용한다고 생각되고 있지만, 특수한 경우로서 매립지 등 지반 침하를 하고 있는 장소에서는 마이너스 마찰력이, 또 연약한 점토층 위의 교대 등에서는 측방 유동압 등이 말뚝에 작용한다.

따라서 말뚝 기초는 이들의 외력에 대해 지반에서 정해진 지지력, 말뚝체에 발생하는 응력 및 말뚝 머리의 변위량이 허용값 이하가 되도록 설계하지 않으면 안된다.

말뚝 머리의 반력에 대해서는 말뚝의 허용지지력, 말뚝체의 응력에 대해서는 부재의 허용응력, 말뚝 머리의 변위는 허용 변위량을 각각 넘지 않도록 설계해야 된다.

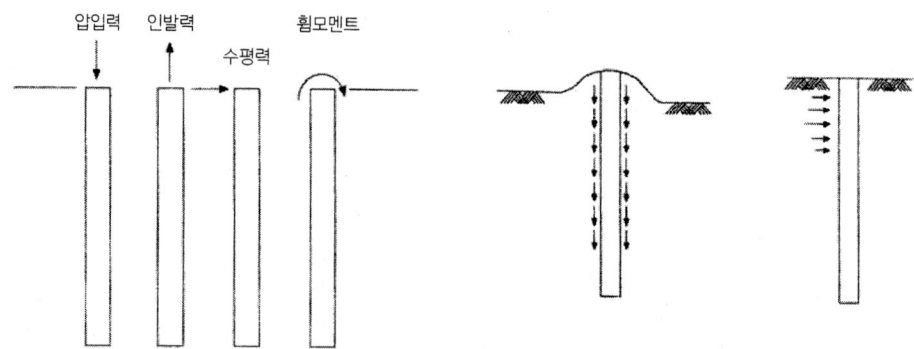

그림 1.6.10 말뚝 머리에 작용하는 외력   그림 1.6.11 말뚝체에 작용하는 하중의 예

2) 내진 설계상의 지반면

설계 편의상, 설계 지반면 보다 위의 부분은 구체 자중무게, 지진시의 관성력 등이 작용하면 이하 부분은 말뚝과 지반의 복합체로서 이들의 하중을 지탱한다고 가정해 설계하고 있다.

평상시에 있어서는 장기에 걸쳐서 안정된 토층이 존재하면, 지지력을 기대할 수 있는 층의 윗면을 설계상의 지반면으로 정해 직접 기초에서는 푸팅 밑면을 그것으로 하는 경우가 많다.

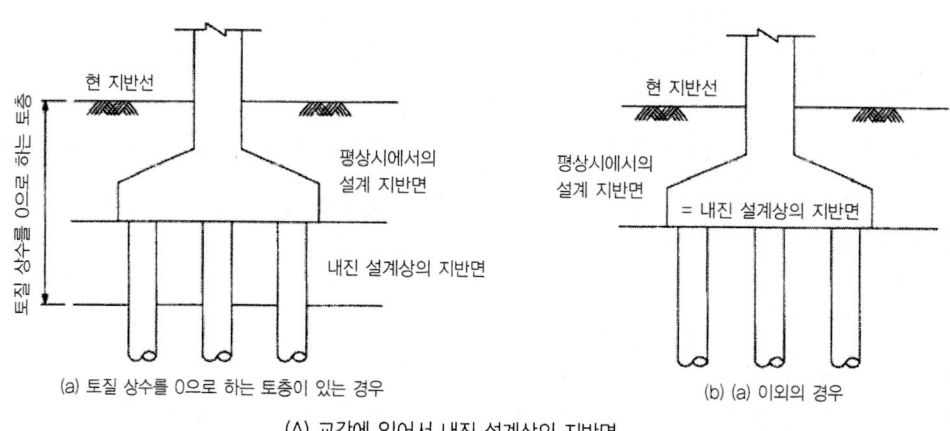

(A) 교각에 있어서 내진 설계상의 지반면

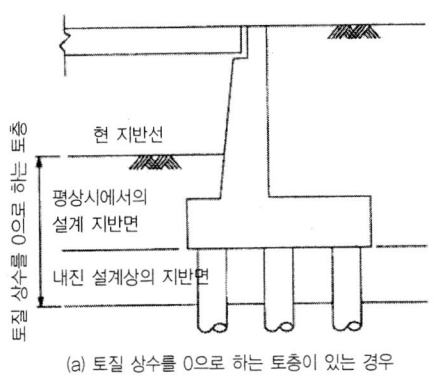
(a) 토질 상수를 0으로 하는 토층이 있는 경우

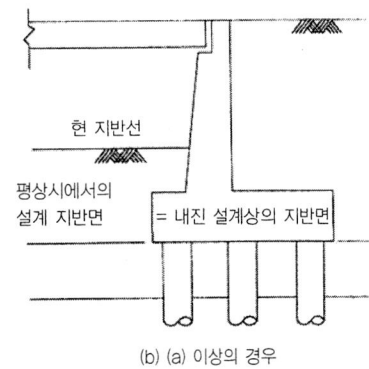
(b) (a) 이상의 경우

(B) 교대에 있어서 내진 설계상의 지반면

그림 1.6.12 내진 설계상의 지반면

한편, 지진시에는 설계 수평 진도가 작용하는 기준면으로 하여 내진 설계상의 지반면이라고 하는 개념을 도입하여 이보다 더 상부에만 지진시 관성력을 작용시킨다. (그림 1.6.12)

또 관성력을 이 지반면보다 위에만 작용시켜 지중부에는 관성력이 작용하지 않는다는 가정에 대해 근래 지반과 말뚝을 연계하는 동적 해석결과를 근거로 지진시의 지반 변형의 영향을 고려하자는 견해쪽과 응답 변위법 등을 고려하자는 견해 쪽 있다.

3) 설계계산의 가정

말뚝 기초는 일반적으로 Footing에 작용하는 외력에 대해 말뚝 축 방향과 말뚝축 직각방향의 Spring으로 지지되어 외력에 저항하는 구조물로서 설계되었다. 이 때문에 다음 가정의 조합에 의해 여러 가지 계산 방법을 생각할 수 있다.

① 말뚝 축 방향 Spring 상수
 (a) 말뚝 머리에 선형 탄성 Spring을 고려한다.
 (b) 말뚝 머리에 비선형 탄성 Spring을 고려한다.
 (c) 말뚝 주위면의 전단 스프링과 말뚝체의 Spring 조합을 고려한다.

② 말뚝의 가로 저항의 취급
 (a) 극한 지반반력법(지반과 말뚝체의 파괴를 고려해 변형을 생각하지 않기 때문에 Spring의 설정은 불가능하다)
 (b) 탄성 지반반력법(선형 탄성 지반반력법과 비선형 탄성 지반반력법)
 (c) 복합 지반반력법

③ 말뚝의 특성 값 및 말뚝 선단의 고정 조건
 (a) 반무한 길이의 말뚝

(b) 유한 길이의 말뚝(말뚝 선단 자유·말뚝 선단 고정·말뚝 선단 힌지)

④ 푸팅

(a) 강체(푸팅에 연결된 말뚝의 모든 말뚝 머리는 같은 회전각, 수평 변위로 일으킨다고 가정한다)

(b) 탄성체

이들 가정 중 말뚝 축방향 Spring의 취급에 대해서는 아직 충분히 신뢰할 만한 추정 방법이 없는 경우도 있어 말뚝 머리에 선형 Spring을 생각해 계산하는 경우가 많고, 비선형 Spring 취급은 그다지 되고 있지 않다. 말뚝의 특성 값에 의한 계산상의 분류는 말뚝의 묻힘 깊이가 $3/\beta$보다 큰 경우를 반무한 길이의 말뚝으로 가정하고 그 이하인 경우를 유한 길이의 말뚝이라 가정하고 있다. Footing의 취급은 Footing에 연결된 모든 말뚝의 말뚝 머리 회전각, 수평변위가 동일하게 된다고 하는 강체 Footing의 가정과 Footing 자체에 휨변형을 허용하는 탄성체 Footing의 사고방식이 있는데, 일반적으로 강체로서 취급 하지만, 강체 Footing으로 하면 Footing 두께가 커져서 현저하게 비경제적으로 되는 경우나 Footing이 큰 지하 매설물에 걸쳐 있는 등으로 강체라 하고 생각하기에는 말뚝 간격이 너무 떨어져 있는 경우 등에 탄성체 Footing으로 하여 설계가 행해진다.

4) 설계의 순서

도로교에 있어서 말뚝 기초의 설계순서을 Flow chart로 나타내면 그림 1.6.13과 같다.

그림 1.6.13에서 파선으로 둘러싼 부분은 말뚝 개수를 결정하고 있는 부분으로서 구체적으로 나타내면 그림 1.6.14와 같다.

여기서 상기 그림 1.6.14의 기호는 다음과 같다.

$n = \dfrac{H_0}{H_a}$ (말뚝 개수)

$H_a = \dfrac{k_0 D}{\beta} \delta_a$: 지중에 묻힌 말뚝

$H_a = \dfrac{4EI\beta^3}{1+\beta h} \delta_a$: 지상에 돌출해 있는 말뚝

n : 기준 변위량으로부터 정해진 말뚝 개수(개)

H_o : Footing 아랫면에 집계된 수평력(kgf)

H_a : 기준 변위량에서 결정된 말뚝 축 직각방향 허용지지력(kgf)

k_o : 가로 방향 지반 반력계수(kgf/cm³)

D : 말뚝 지름(cm)

EI : 말뚝의 휨 강성(kgf/cm²)

β : 말뚝의 특성값 $\beta = \sqrt[4]{\dfrac{K_0 D}{4EI}} (cm^{-1})$

h : 말뚝의 돌출 길이(cm)

δ_a : 기준 변위량(cm)

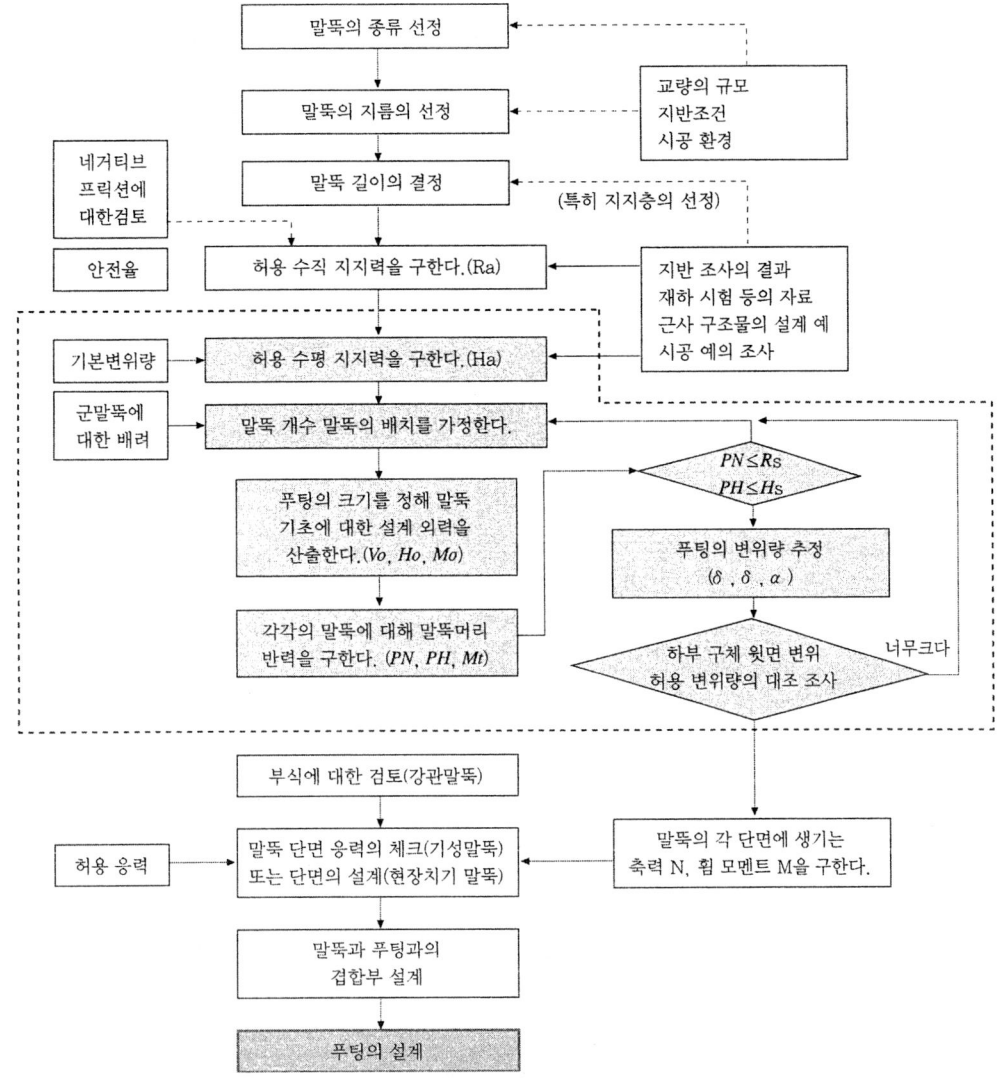

그림 1.6.13 말뚝 기초의 설계순서

 말뚝의 개수는 말뚝 축방향 허용지지력, 말뚝 축 직각방향 허용지지력, 말뚝체의 제작 가능 범위, 경제성 등을 만족하도록 결정한다.

 연약지반에 말뚝기초를 설계하는 경우에는 말뚝 축방향 허용지지력에 의해 말뚝의 개수가 결정되는 것보다 말뚝 축 직각방향(측방향) 허용지지력에 의해 말뚝 개수가 결정된다. 말뚝 축 직각방향 허용지지력은 「도로교 하부구조 설계요령」에 의하면 말뚝머리의 변위가 기준 변위량과 허용 변위량 이하가 되어야 하며, 또한 말뚝 본체의 응력이 허용응력 이내로 되도록 정하고 있다.

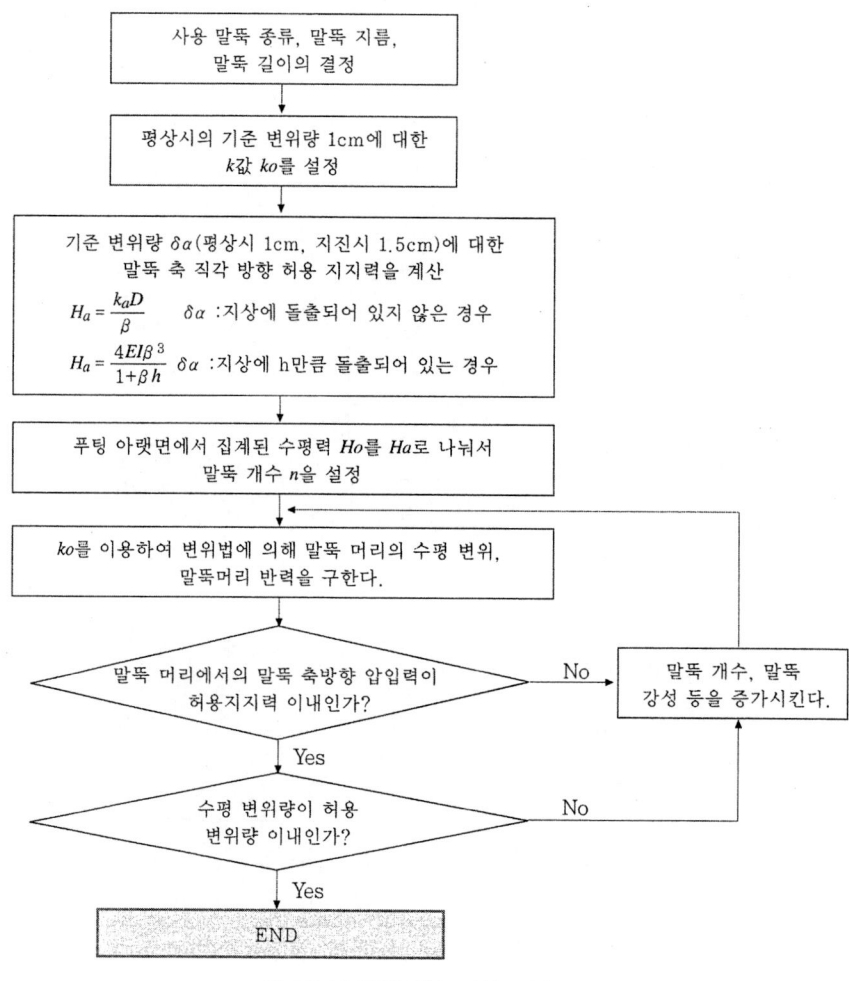

그림 1.6.14 말뚝 갯수 결정 흐름도

또한 기준변위량과 허용 변위량의 정의는 다음과 같다.

- 기준 변위량 : 하부 구조 자체에 필요한 강성을 주기 위한 것으로서 말뚝머리의 회전을 허용하지 않도록 하고(관용법) 계산된다(참고 값은 평상시 1cm, 지진시 1.5cm가 나타나 있다.)
- 허용 변위량 : 상부 구조의 사용 조건 등으로부터 결정된 변위량이며 도로교 설계기준 값이 나타나 있지 않지만 각 실시 기관에서는 지진시 25mm로 하는 때가 많다.

(2) 말뚝의 허용 지지력

1) 일반

말뚝의 지지력은 말뚝 축방향, 말뚝 축 직각방향에 대하여 지반의 극한지지력, 말뚝 본체의 응력, 말뚝머리의 변위량에 의해 결정된다.

교량의 말뚝 기초에서는 말뚝의 축방향 지지력은 지반의 극한지지력, 축직각 방향의 지지력은 변위에 의해 결정되는 경우가 많다.

2) 말뚝 축방향 지지력의 추정방법

말뚝의 극한 지지력 추정은 "정역학적 지지력 공식" "과거 말뚝의 수직재하시험에 의한 추정식" "말뚝의 수직 재하 시험"에 의해 할 수 있다.

정역학적 지지력 공식으로는 다음과 같은 것이 있다.

(a) 고전적 지지력 공식(Dörr 등)
(b) 토질시험 결과를 이용한 지지력 공식(Terzaghi 등)
(c) 표준관입시험 결과를 응용한 지지력 공식(Meyerhof, Dunham 등)

이들의 지지력 공식은 지지력 이론으로서는 의미 있는 것이지만 말뚝의 지지력이 시공법 등에 크게 의존하는 경우에 추정 값의 정밀도가 뒤떨어진 다고 판단되어 현재는 그다지 이용되고 있지 않다.

말뚝의 수직재하시험에 의한 추정식은 과거 말뚝의 수직재하 시험결과를 정역학적 지지력 공식 등에 의해 분석해서 주로 N값으로부터 박아넣기 말뚝, 현장타설말뚝, 중굴말뚝의 극한지지력을 추정하는 식이며 「도로교 하부구조 설계기준」에서 시공법별로 지지력을 산정하는 방법을 규정하고 있다.

3) 말뚝 축 직각방향의 지지력

말뚝 축 직각방향 지지력은 교량의 기초 등에서는 구조물 자체에 높은 강성이 요구된다는 점에서 말뚝머리 변위에 의해 결정되는 경우가 많다. 또 말뚝기초의 축 직각 방향 지반반력 계수는 뒤틀림 의존성을 갖는 점에서 그 구조물이 허용하는 변위량에 따라 지지력(대부분의 경우에는 수평변위량)의 계산방법이 달라진다.

지지력 계산 방법은 극한지반반력법, 탄성지반반력법, 복합지반반력법 등이 있다.

(3) 말뚝의 배열

1) 말뚝배열의 원칙

말뚝은 장기간의 지속하중에 대하여 균등하게 하중을 받도록 배열하는 것을 원칙으로 한다.

말뚝의 침하는 일반적으로 재하시험에 의해 구하는데, 단시간의 시험결과로 장기 침하에 대하여 예측하는 것은 곤란하다. 따라서 양호한 지반에 시공하는 말뚝의 경우에도 장기지속하중에 대해서는 균등한 하중을 받도록 배치한다. 또한 말뚝 중심간격이 크거나 말뚝 지름에 비해 확대기초의 두께가 작을 때는 확대기초를 강체로 볼 수 없는 경우가 있으므로 이 때는 하중분담을 고려하여 말뚝은 배열하는 것이 좋다.

2) 말뚝의 최소 중심간격

말뚝 지름의 2.5배를 말뚝의 최소 중심간격으로 한다.

시공장소의 제약 때문에 확대기초를 작게 할 수밖에 없는 경우에는 2.5배보다 작아도 되지만(현장타설 말뚝 등), 이 경우 군말뚝의 영향에 대하여 충분한 검토가 필요하다. 그리고 가장 바깥쪽에 있는 말뚝의 중심과 확대기초의 가장자리까지의 거리는 타입말뚝과 내부굴착 말뚝의 경우 말뚝지름의 1.25배, 현장타설 말뚝의 경우에는 1.0배 이상으로 하는 것이 좋다.

3) 편심하중을 받는 기초의 말뚝 배열

일반적으로 독립기초에서는 3본 이상의 말뚝을 배치하며, 1방향으로 2본, 다른 2방향에 1본을 배치한다. 이러한 경우를 제외하고 교대와 같은 경우 교축 방향으로 편심하중을 받아 Footing의 전면과 후면의 접지압이 서로 다른 사다리꼴 모양의 지반반력이 분포한다.

이러한 경우에 말뚝배열의 원칙에 따라 확대기초에 배열된 말뚝에 균등하게 반력이 발생되도록 배치하는 방법에 대하여 기술하기로 한다.

① 말뚝열에 따라 균등하게 말뚝 본수를 배치하는 방법

(a) 수학적인 방법

지반반력이 일반적으로 사다리꼴형으로 분포하는 것에 대하여 고려하면(등분포 하중으로 되는 경우에는 문제가 없다.)

이 사다리꼴 면적을 필요한 수만큼 분할하여 각 분할면적의 중심에 말뚝을 배열하는 방법이다.(그림 1.6.15 참조)

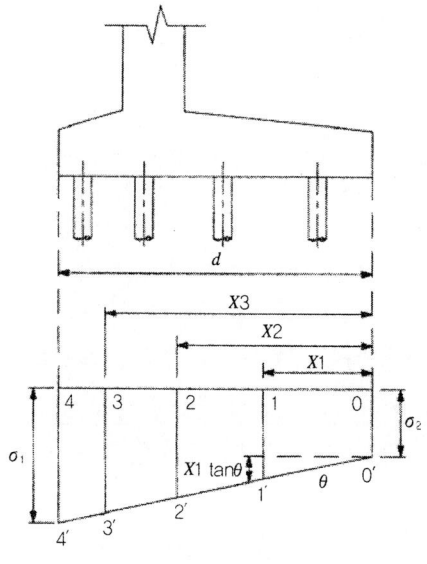

그림 1.6.15

여기서, d : 기초 저면의 폭

σ_1 : 기초 바닥면의 전면 가장자리의 지반반력

σ_2 : 기초 바닥면의 후면 가장자리의 지반반력

A : 지반반력 분포도 사다리꼴의 전면적

A_n : 0점으로부터 X_n의 거리까지의 지반반력 분포도의 면적

X_n : 0으로부터 K_n에 대한 거리

$$K_n = A_n/A \tag{1.6.15}$$

$$\tan\theta = \frac{\sigma_1-\sigma_2}{d} \quad A = \frac{(\sigma_1+\sigma_2)\cdot d}{2} \tag{1.6.16}$$

$$A_n = \frac{(2\sqrt{\sigma_2} + X_n\cdot\tan\theta)}{2}\cdot X_n$$

$$\therefore K_n = \frac{(2\sigma_2 + X_n\cdot\tan\theta)\cdot X_n}{(\sigma_1+\sigma_2)\cdot d} \tag{1.6.17}$$

$$\therefore X_n = \frac{-\sigma_2 + \sqrt{\sigma_2^2 + k_n\cdot d\cdot(\sigma_1+\sigma_2)\tan\theta}}{\tan\theta} \tag{1.6.18}$$

【계산 예】

$d = 3.0\text{m}$, $\sigma_1 = 45\text{tf/m}^2$, $\sigma_2 = 10\text{tf/m}^2$

$P_a = 25\text{tf/EA}$(말뚝 1본당 말뚝 축방향 허용지지력)

- 기초 바닥면의 총지반 반력 : $A = \dfrac{(\sigma_1+\sigma_2)\cdot d}{2} = \dfrac{(45+10)\times 3}{2} = 82.5\text{tf/m}$

- 말뚝의 필요 개수 : $n = \dfrac{82.5}{P_a} = \dfrac{82.5}{25} = 3.3(본)$

여기서 말뚝은 4본을 사용한다.

- 말뚝 1본의 받는 축방향력 $= \dfrac{82.5}{4} = 20.625 ton < P_a = 25 tf/EA$

$$\tan\theta = \frac{\sigma_1-\sigma_2}{d} = \frac{45-10}{3} = \frac{35}{3}$$

$$X_n = \frac{-10 + \sqrt{10^2 + K_n\times 3\times(45+10)\cdot\frac{35}{3}}}{35/3}$$

$$= \frac{3}{35}\times(-10+\sqrt{100+1925 K_n})$$

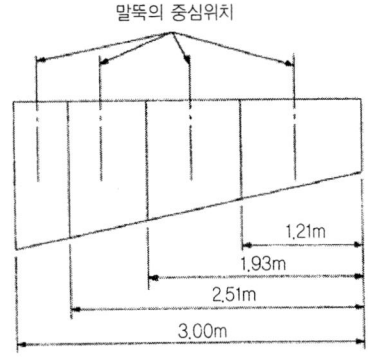

그림 1.6.16 말뚝배치 계산 예

여기서 말뚝의 개수를 4본 배치하므로 사다리꼴의 형상이 4개로 분할된다.

$$K_1 = \frac{A_1}{A} = \frac{1}{4}$$

$$\therefore X_1 = \frac{3}{35} \times (-10 + \sqrt{100 + 1925 \times \frac{1}{4}}) = 1.21m$$

$$K_2 = A_2/A = \frac{2}{4}$$

$$\therefore X_2 = \frac{3}{35} \times (-10 + \sqrt{100 + 1925 \times \frac{2}{4}}) = 1.93m$$

$$K_3 = A_3/A = \frac{3}{4}$$

$$\therefore X_3 = \frac{3}{35} \times (-10 + \sqrt{100 + 1925 \times \frac{3}{4}}) = 2.51m$$

$$K_4 = A_4/A = 1$$

$$\therefore X_4 = \frac{3}{35} \times (-10 + \sqrt{100 + 1925 \times 1}) = 3.0m$$

이상과 같이 지반반력 분포도를 4등분하여 말뚝의 중심을 각 사다리꼴의 중심에 배치한다.(그림 1.6.16 참조)

실제로 설계자가 이와 같이 검토하여 말뚝을 배치하는 것이 타당하나 말뚝의 최소중심간격 규정을 고려하여 배치하면 이론적으로 정확하게 배치 되기 어려우므로 말뚝의 열 간격을 조정하여 말뚝을 배열하고 있다.

말뚝의 열에 따른 간격 조정은 다음의(b)항에서 기술하기로 한다.

(b) 도해법에 의한 방법

그림 1.6.17에서 사다리꼴 0 4 4 '0' 의 변 4 0, 4' 0'를 연장하여 만나 는 교점을 A라고 한다. 변 4A를 직경으로 하는 반원을 그린다. 다음에 A를 중심으로 하여 AO를 반경한 원을 그리고 큰원과의 교점을 0"라고 한다. 0"에서 A4와 평행한 선을 그어 4' 4의 연장선과의 교점을 4"라고 한다.

여기서 0" 4"를 필요한 수로 등분한다(이경우는 4등분). 그의 등분점을 1",2",3"---으로

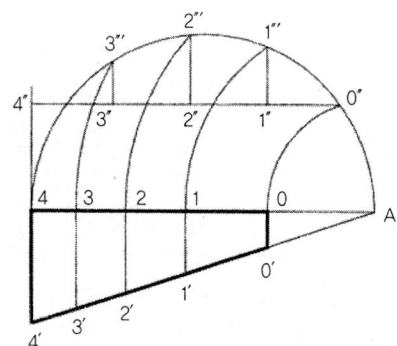

그림 1.6.17 도해법에 의한 말뚝 배치방법

하여 0" 4"에서 그은 수직선과 큰원과의 교점을 각각 1·, 2·, 3 --- 로 한다. A점을 중심으로 하여 A1·, A2·, A3·---를 반경으로 하는 원을 그려 A4와의 교점을 1, 2, 3 --- 하면 11′, 22', 33' --- 은 각각 사다리꼴의 등분점이 된다. 이 사다리꼴의 중심이 말뚝의 중심위치

가 된다.

② 말뚝 열에 따라 말뚝의 본수를 불규칙하게 배치하는 방법

상기(a)의 방법으로 말뚝을 배치하였을때 말뚝의 중심간격이 최소간격 2.5D에 위배되어 말뚝의 열 간격을 크게 하면 앞열의 말뚝과 뒷열에 말뚝 에 작용하는 하중이 균등하게 분배되지 않은 경우가 많다.

이러한 경우에 말뚝의 열간격을 균등간격 또는 부등간격으로 배치하여 말뚝 각 열에 작용하는 하중을 계산하여 말뚝의 허용지지력으로 나누어 말뚝의 간격을 조정하여 배치하는 경우도 있다.(그림 1.6.18 참조)

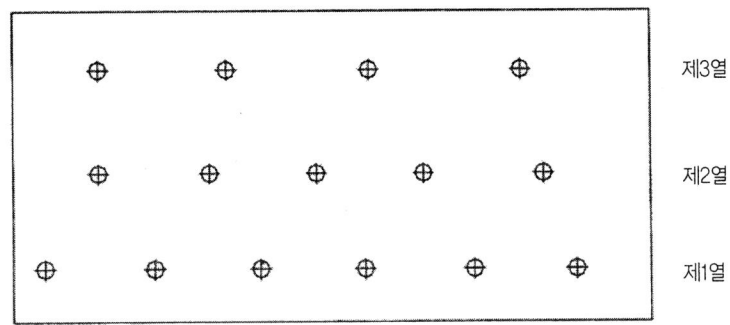

그림 1.6.18 말뚝 배치의 조정

(4) 측방 이동을 받는 말뚝기초

연약지반에 놓인 교대와 같이 성토 하중에 의해 평상시에 편심하중을 받는 구조물에서는 기초의 측방이동 현상을 가끔 볼 수 있다. 이 측방이동을 정량적으로 파악하는 것은 현시점에서는 아주 어려운 일이다. 아래에 소개하는 설계방법을 오래된 순서로 기술한다.

1) 측방이동의 판정

① 도로교 표준시방서(1983-건설부), 일본 수도 고속도로 공단

원호미끄럼 저항비와 압밀침하에 착안한 지반변위에 따라 측방이동의 영향을 받을 우려가 있는지 여부를 판정한다.

$F_c > 1.6$ 및 $\delta_s < 10cm$(우려 없음)

$F_c \leqq 1.6$ 또는 $10cm \leqq \sigma_s \leqq 50cm$(명확치 않음)

$F_c < 1.2$ 및 $\sigma_s > 50cm$(우려있음)

F_c : 원호 미끄럼 저항비(성토 끝 부분에 중심을 두고, 연약층의 중간을 지나는 미끄럼면에 대한 원호 미끄럼 안전율)

δ_s : 압밀 침하량

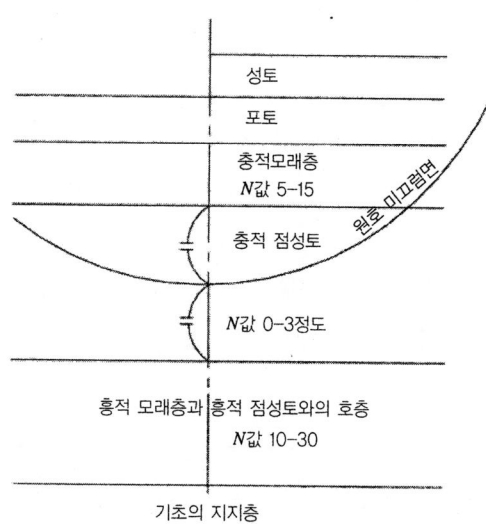

그림 1.6.19 원호 미끄럼 저항비의 계산법

② 도로 설계요령(한국도로공사), 일본도로공단

축방이동의 유무는 측방이동지수(F값 및 F_u값)로 판정한다.

(a) $F = \dfrac{C}{r \cdot H} \times \dfrac{1}{D}$ ─────────────── (1.6.19)

여기서, F : 측방 유동 지수($\times 10^{-2}\ m^{-1}$)

$F \geqq 4$: 측방 유동 우려 없음

$F < 4$: 측방 유동 우려 있음(필요 대책 범위)

C : 연약층의 평균 점착력(tf/m²)

γ : 성토의 단위 체적 중량(tf/m³)

H : 성토 높이(m)

D : 연약층 두께(m)

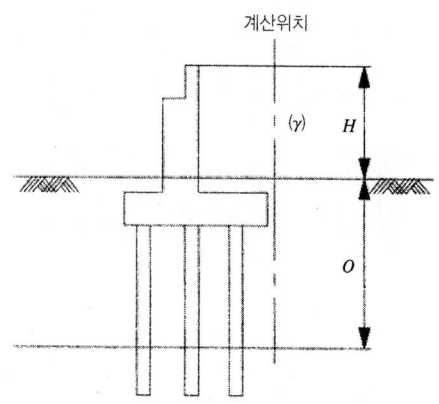

그림 1.6.20 측방유동지수 계산 위치

(b) Pre-Loading 등의 지반 처리공을 실시한 지반의 측방이동 지수는 Fu값이라 부르기로 하고, 그 계산에 쓰여지는 C는 Pre-Loading에 의한 강도를 증가를 고려한 값을 이용하기로 했으며 그 외의 값은 F값과 동일화하기로 했다.

(c) 그 외의 교대(橋臺) 이동 판정법

연약 지반상 교대의 측방이동 판정 수법으로 측방 이동 지수 이외에 여러가지 검토가 행해졌지만, 그 한 수법으로 지반의 극한 저항과 성토 하중과의 관계에서 구한 안전율과 배면토 하중에 의해서 생겨난 교대의 수평 이동량을 추정해서 교대 이동을 판정하는 수법이 제안되어 있다.

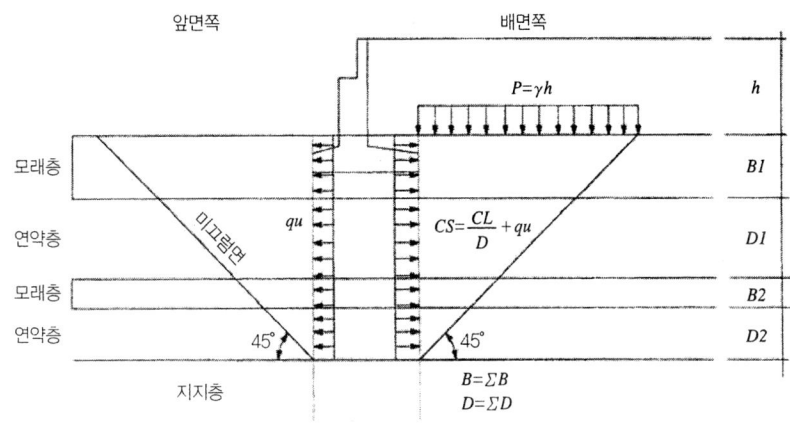

그림 1.6.21 성토하중과 저항력 관계

a) 안전율

$$F_R = \frac{4C + 5CL/D + 1/2 r_1 B N_r \cdot 3}{rh} \quad\quad\quad (1.6.20)$$

여기서, F_R : 안전율
  C : 연약층의 점착력 평균값(tf/m²)
  L : 교축(橋軸) 방향의 교대 길이(m)
  B : 원지반에서 아래의 모래층 두께의 합계(m)
  D : 원지반에서 연약층 두께 합계(m)
  r_1 : 모래층의 단위 체적 중량(tf/m³)
  N_r : 모래층의 지지력 계수(실용적으로는 N값으로 해도 좋다)
  r : 성토의 단위 체적 중량(tf/m³)
  h : 성토 높이(m)

b) 계산 이동량

$$\delta = \beta \cdot \varepsilon \cdot D \quad\quad\quad (1.6.21)$$

$$\varepsilon = 0.72 \frac{q_u}{E_{50}} \log e(1 - \frac{1}{F_R}) \quad\text{——————} (1.6.22)$$

여기서, δ : 계산 이동량(cm)

β : 보정 계수(β = 0.5)

ε : 축 뒤틀림

q_u : 연약층의 1축 압축 강도(kgf/cm²)

E_{50} : 변형 계수(kgf/cm²)

D : 연약층 두께(cm)

교대의 측방 이동의 판정에서는 $F_R \geqq 3$ 및 $\delta \leqq 10$cm이면 측방 유동의 우려는 없다고 생각된다.

③ 도로교 하부 구조설계 요령, 일본 건설성 토목연구소

교대의 측방 이동의 유무 판정은 다음에 나타낸 측방 이동 판정값(I값)에 의한 것으로 하고, I가 1.2 미만인 경우는 측방 이동의 우려가 없으며, I가 1.2 이상인 경우는 측방 이동의 우려가 있다고 판단한다.

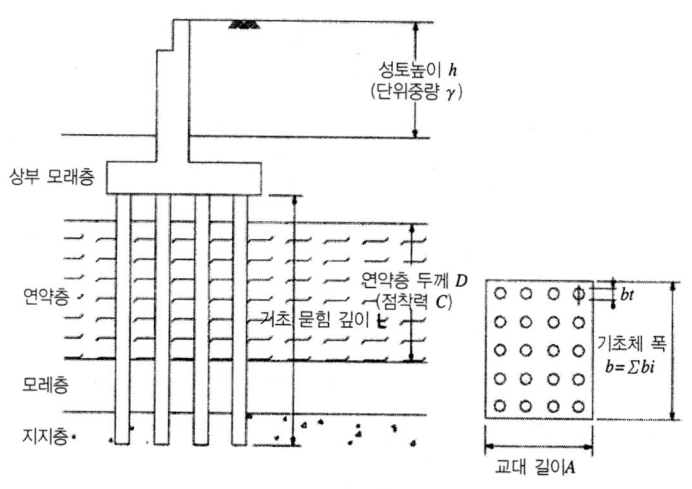

그림 1.6.22 기호의 설명

$$I = \mu_1 \times \mu_2 \times \mu_3 \times \frac{r \cdot h}{C} \quad\text{——————} (1.6.23)$$

여기서, I : 측방 이동 판정값

μ_1 : 연약층 두께에 관한 보정 계수로서 $\mu_1 = \frac{D}{L}$

μ_2 : 기초체 저항폭에 관한 보정 계수로서 $\mu_2 = \frac{b}{B}$

μ_3 : 교대의 길이에 관한 보정 계수로서 $\mu_3 = \frac{D}{A}$

　　　　r : 성토 재료의 단위 중량(tf/m³)
　　　　h : 성토 높이(m)
　　　　A : 교대의 길이(m)
　　　　C : 연약층의 점착력 평균값(tf/m²)
　　　　D : 연약층의 두께(m)
　　　　B : 교대 폭(m)
　　　　b : 기초체 폭의 총합(m)
　　　　L : 기초 길이(m)

I값과 실제의 교량 기초 변상과 관계를 나타내면 그림 1.6.21와 같다.

2) 측방 이동을 받는 경우의 대책

측방 이동의 우려가 있다고 판정된 경우에는 상부 구조의 구조 특성, 대상으로 하는 교대의 형식이나 구조 특성, 현 지반의 토질, 지층 구성, 지반의 유동에 의한 주변 구조물이나 지하매설물의 영향 등을 충분히 검토해 대책공을 수립할 필요가 있다.

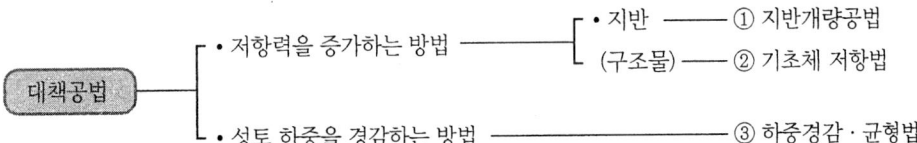

또, 대책공의 특성을 표 1.6.9에 나타낸다.

제1장_ 교량기초의 계획과 설계

● 표 1.6.9 측방이동 대책공법의 특성표

분류	공법 대책	공법 대책의 특징	지반 조건에 대한 적용	시공 환경조건에 대한 적용	설계상의 문제점	시공상의 문제점	유지 관리	공사 기간	공사 비용
지반 개량법	샌드콤팩션 파일공법	샌드 드레인 공법과 마찬가지로 압밀 침하를 촉진해 지반강도를 증가시키는 공법. 또 모래 말뚝 지지력에 의해 성토 안정을 증가시키는 측방 이동의 원인이 되는 측방유동을 저감한다.	중간 모래층이 없고 연약층의 두께가 얇은 경우는 효과가 적다.	· 모래 말뚝 타설시의 지반 변위에 따른 기초시설물에 대한 영향 · 시공시의 소음 진동					
	프리로드공법	교대 주변의 지반에 미리 하중을 얹어서 지반 변위를 선행시켜 교대 축후 뒤재우기 시공의 영향을 저감하면 동시에 압밀에 따른 강도증가를 기대할 수 있는 공법. 또한, S.C.P공법을 병용하는 경우가 많다.	상부 모래층이 두꺼운 경우는 부적	· 성토시의 측방 유동 기초시설물 에 대한 영향 · 용지 폭의 확보	· 프리로드제거에 따른 안정 체크 · 교대 축후를 위한 대규모의 준치는 불리			· 최저 6개월 의 방치 기간 이 바람직 하다.	· 저렴
	교대형식에 대한 대책	① 대책 형식이나 ②AC형식을 채용하는 것에 의해 교대 앞면의 법면 경사를 이용해서 편하중의 영향을 감소하는 대책. 단 성형에 따라서는 교량 구간을 연장하는 것에 의해 ③ 자정토의 교대로 하는 방법도 이 대책에 포함된다.	· 기초가 경사져 있을 경우는 검토를 요한다.(2)	· 성토시의 측방 유동 기초시설물 에 대한 영향.(1, 2) · 용지 폭의 확보.(1, 2)	· 내진성(2) · 고성토에는 부적.(2) · 교대가 경사지를 가진 경우는 문제.(1, 2)	· 방치기간을 충분 히 취할 필요가 있다.(1, 2) · 성토의 충분한 전압.(1, 2) · 말뚝의 타설 시기.(1)			· 교량 길이가 길어지므로 일반적으로 공사비용이 증가한다 (1, 2). · 저렴(3).
	배면성토공에 의한 대책	배면제로서 하중을 직접 경감 검토하는 공법으로서 성토제를 광체 등의 경량재를 이용하는 방법이나 ② 성토폭에 콜게이트 파이프나 박스를 매설하는 공법 등이 있다.	· 지반 경사도 부동 침하 지반에는 부적.(2)		· 내산성.(2) · 캠버(camber) 양의 예측이 곤란.(2)	· 전압 작업에 어려움이 있다.(2)	· 부동침하 감시.(2)		· 대체로 높아 진다.
하중 경감 균형법	암성토 공법	교대의 전방에 암성토를 행하고 상대적으로 교대 배면의 성토 높이를 저감하는 공법		· 성토시의 측방 유동 기초시설물 의 영향.	· 전류 침하량이 큰 경우는 단차대책 이 필요	· 시공순서를 연구 할 필요가 있다.		· 타공법에 비해 짧다.	
	기초제 자항법	자중부에 의해 말뚝체의 측방 유동을 고려한 설계 말뚝이동에 대한 구조물의 강성을 높여 측방이동에 대한 구조물의 저항력을 증가시키는 방법. 램프부와 같이 교각과의 교각과의 가까우면 소요 강도에 의한 보강도 병용 할 수 있다.	연약지반에서는 다른 공법에 의한 것이 바람직 하다.		· 성토하중에 의한 지반의 안정이 전제 · 전류침하량이 큰 경우는 단차대책 이 필요				

(5) Footing 설계

1) Footing의 강성 평가

확대기초의 강성을 결정하는 요인은 다음과 같다.

- Footing의 콘크리트 탄성계수
- Footing의 두께(단면 2차 모멘트)
- Footing의 평면치수(Footing의 긴변길이 및 짧은 변길이)
- 말뚝 축방향 Spring 상수
- 연속 확대기초 경우에는 기둥의 간격

이들 조건에서 Footing을 강체라고 판정할 수 있는 경우에는 Footing의 변위량을 구하는 계산법으로서 변위법을 사용할 수 있다.

그러나 강성이 부족한 경우에는 하중재하점 부근의 지반 또는 말뚝에 응력이 집중되고 각 말뚝의 하중분담 비율이 달라진다. 그 때문에 Footing 강성이 부족한 말뚝기초의 경우에는 변위법을 사용할 수 없으며, Footing의 강성을 유한한것으로 Modeling하여 말뚝반력 및 Footing의 변위량을 구하는 것이 필요해 진다.

① 도로교 표준시방서(1983 : 건설부)에 의한 강성평가 방법

$$\mu = \frac{6 \cdot EI}{K_v \cdot l^3} > \frac{n^4}{10} \quad\quad\quad\quad (1.6.24)$$

여기서, μ : 확대기초(Footing)의 강성률
  E : 확대기초의 탄성계수(tf/m^2)
  I : 말뚝 1줄당 확대기초의 단면 2차 모멘트(m^4)
  K_v : 1개의 말뚝 축방향 Spring 상수(tf/m)
  ℓ : 말뚝중심간격(m)
  n : 말뚝열수

이 규정은 확대기초를 탄성 지점 위의 연속보라고 생각한 경우의 말뚝머리 반력과 μ의 관계 및 탄성 지점 위의 정사각형 격자로 하는 경우의 말뚝반력과 μ의 관계를 구하고, 거기서 말뚝반력이 거의 일정하게 되는 μ의 값을 판독해서 이것을 $n^4/10$와 비교한 것이다.

그러나 이 규정은 Footing이 직사각형인 경우 짧은 변 길이의 영향이나 연속 Footing인 경우의 기둥 간격의 영향이 고려되어 있지 않다. 이 때문에 가늘고 긴 형상의 Footing이나, 특히 연속 Footing에서는 Footing이 너무 두꺼운 경향이 있다.

② 확대기초의 짧은 변길이, 교각 간격을 고려한 강성 평가 방법

이 방법은 확대기초(Footing)의 강성 평가를 탄성체의 정적 변형의 문제로 생각하여 상사칙(相似式)

으로부터 βL에 의한 무차원량인 말뚝 반력 분산도를 정리 한 것이다.(L : 환산변 길이)

$$\beta = \sqrt[4]{K/4EI_o} \quad\quad\quad\quad (1.6.25)$$

단, K : 확대기초 밑면 단위면적당의 수직 Spring 상수 $K = n_o K_v/A$
　　E : 확대기초의 탄성계수(2.6×10^6 t/㎡)
　　I_o : 확대기초의 단위 폭당 단면 2차 모멘트(㎥)
　　n_o : 말뚝의 총 개수
　　K_v : 말뚝 1개당의 수직 Spring 상수
　　A : 확대기초의 밑면의 면적

■ 환산변길이(L)의 설정 : 일본 수도 고속도로 공단 기준

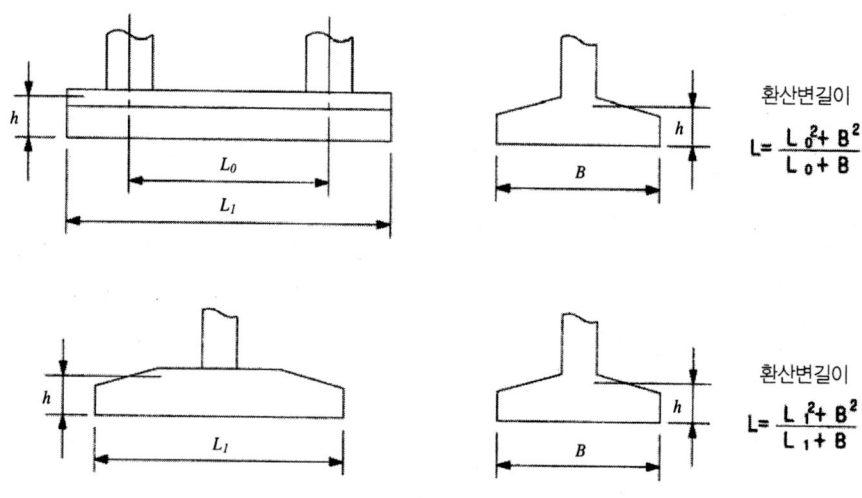

그림 1.6.22 환산변길이의 선정

2) 확대기초의 두께산정

① 도로교 하부구조 설계 요령에 의한 방법

본절 1.6.2 (6)항을 참조하기 바란다. 이 방법은 일본잡지「도로」1987년 5호의 내용과 일치함을 알려 드립다.

② 일본 수도 고속도로 공단의 식에 의한 방법

Footing을 강체로서 취급하는 두께는 다음과 같다.

ⓐ 단독 Footing의 경우

$$h \geq 0.0051 \times \sqrt[3]{\frac{n_o \cdot K_v \cdot L^4}{B \cdot L_1}} \quad\quad\quad\quad (1.6.26)$$

환산변길이 : $L = \dfrac{B^2 + L_1^2}{B + L_1}$

ⓑ 연속 Footing의 경우(단 $L_0/L_1 \geq 0.6$)

$$h \geq 0.0059 \times \sqrt[3]{\dfrac{n_o \cdot K_v \cdot L^4}{B \cdot L_0}} \tag{1.6.27}$$

환산 변길이 : $L = \dfrac{B^2 + L_0^2}{B + L_0}$

여기서, B : Footing의 폭(m)
L_1 : Footing의 길이(m)
L_0 : 교각 기둥의 간격(m)
n_o : 말뚝의 총 개수(개)
K_v : 말뚝 1개당 수직 Spring상수(tf/m)

1.6.4 케이슨(Caisson)기초

(1) 케이슨기초의 정의와 종류

케이슨기초 공법은 일반적으로 오픈케이슨(Open Caisson)과 뉴매틱케이슨(Pneumatic caisson)으로 대별되지만, 양자 모두 Caisson 본체를 구성하는 케이슨의 내부 밑면 지반을 굴착하는 것에 의해 주로 그 자체 무게에 의해 지중에 침하시켜 소정의 구조물을 축조하는 방법은 동일하다. 따라서 공법의 분류는 달라도 설계상의 차이는 없다.

교량하부 구조로서 케이슨기초는 양질의 지지층에 설치하는 근입깊이가 폭에 비해서 크며, 깊은 강체기초로 정의된다.

또한 기초의 근입깊이가 기초폭(짧은 변 길이)의 1/2보다 작을때에는 직접기초로 설계할 필요가 있다.

(2) 케이슨기초의 설계 방침

1) 지지층의 선정

케이슨기초는 양질의 지지층까지 근입시켜야 하며, 근입깊이를 결정하는데 있어서 케이슨의 주변지반이 세굴되어 주위의 토사가 유출하는지 하천바닥의 전면이 깊어져서 케이슨의 안정성이 저하되는지 등의 영향도 고려하여야 한다. 또 케이슨의 내진설계에 있어서 지진시의 유동화현상이 있을수 있거 나 또는 진동에 따라 그 강도가 크게 저하된다고 판단되는 지층에는 지지 시켜서는 안된다.

다음은 내진설계시 지반의 지지력을 무시하여 설계하는 경우이다.

① 유동화 하는 사질토층

현 지반면에서 깊이 10m보다 낮은 곳에 있는 포화 사질토층은 현위치에 대한 표준관입시험 N값이

10이하 균등계수 6이하로, 또한 입경 가적곡선의 $D20$이 0.04~0.5mm의 구간에 있을 때에 유동화 하는 것으로 하고, 내진설계상 지지력을 무시하는 토층으로 취급한다.

또 $D20$이 상기의 구간 이외라도 0.004~1.2mm의 사이에 있는 것은 유동화 가능성이 있기 때문에 주의를 요한다. 여기서 깊이, N값 및 유동화 판정은 기왕의 자료 등을 참고해서 결정하는 것이 좋다.

② 점성토층 및 실트질 토층

현지반면에서 깊이 3m 이내에 있는 점성토층 및 실트실 토층으로 일축압축시험 또는 위치시험에 의해 추정되는 압축강도가 $0.2kg/cm^2$이하의 극히 연약한 토층의 지지력은 내진계산상 무시한다.

③ 지지력을 무시한 토층 중량의 취급

지지력을 무시한 토층의 중량은 그 이하의 지반에 과재하중으로서 작용하는 것으로 한다.

2) 설계의 기본

케이슨의 설계에 있어서 고려하여야 할 외력은 수직력, 수평력 및 전도모멘트 등이다. 평상시 및 지진시에 작용하는 이런 외력에 대하여 다음에 표시하는 조건을 만족하도록 케이슨을 설계하여야 한다.

① 케이슨기초의 저면에서의 수직지반반력이 지반의 허용연직 지지력을 초과해서는 안된다.
② 케이슨기초 전면에서의 최대 수평지반 반력은 그 위치에 있어 지반의 허용수평지지력을 초과해서는 안된다.
③ 케이슨기초 저면에서의 전단지반반력은 케이슨기초 저면과 지반과의 사이에 작용하는 허용전단 저항력을 초과해서는 안된다.
④ 케이슨기초의 변위량은 허용 변위량을 초과하여서는 안된다. 케이슨기초의 허용변위량은 케이슨기초 상부구조에서 결정되는 허용변위량과 하부구조물에서 결정되는 것을 고려하여 검토하여야 한다.

(3) 케이슨기초의 단면 형상

케이슨기초의 단면 및 형상은 외력에 대하여 충분히 안전하고 경제적이어야 하며, 케이슨의 설계에서는 단면치수와 근입깊이의 관계에 주의해야 한다.

케이슨기초의 단면을 크게하고 근입깊이를 적게하는 것과, 단면을 적게하고 근입깊이를 깊게하는 경우와 어느 것이 경제적인지에 대하여 검토하여야 하며, 교각에서 결정되는 최소단면에 제약을 받지 않고, 근입깊이와 단면치수 모두가 경제적인 설계가 되도록 하여야 한다.

1) 구체의 형상 및 단면치수와의 관계

케이슨기초의 단면형상은 교축, 교축직각 양방향 외력의 크기, 수직방향 및 수평방향의 지반지지력의 균형, 침하관계, 굴착 등의 시공을 고려하여 원형, 타원형, 직사각형, 트랙형 중에서 선택한다. 일반적으로는 교각 구체 와 비슷한 형상을 선정하는 것이 단면을 줄일수 있는 방법이다. 그리고 교각의 구조 형식에 따라 케이슨기초의 형상을 결정하는 경우 교량의 상하 행선을 일체로 할 것인지 분리할 것인지 대하여 충분한 검토를하여 케이슨기초의 형상을 선정하는 것이 기초 계획시 중요한 사항이다.

2) 시공시의 편심에 대한 여유

침하에 의한 시공오차를 고려하여 교각 등에서 50cm 정도의 여유를 갖게 하는 것이 좋다. 또 지수벽을 만드는 경우 1.0m 이상의 여유를 갖는 것이 바람직하다. 또 설계시에 고려할 편심하중으로 30cm 편심량을 계산에 넣기도 한다. 케이슨의 안정 검토시 교각 하중의 편심에 대하여 검토를 하는 것이 바람직하다.

3) 설계 및 시공상 주의사항

① 침하에 대한 사항
  (a) 케이슨 침하시 마찰저항을 고려하여 과도한 침하 중량이 필요치 않도록 형상, 단면치수 및 측벽의 두께를 결정한다.
  (b) 지질이 연약지반에 가깝고 침하가 용이하게 되면 사각형도 무방하지만 보통은 원형, 타원형, 트랙형 순으로 마찰이 적고 굴착도 용이하다. 가급적이면 Open Caisson의 경우 우각부를 만들지 않은 편이 좋다. 또한 원형단면의 경우 직경이 적으면 수직으로 침하가 곤란한 때도 있다. 직사각형 또는 트랙형과 같이 긴쪽이 있으면 휨이 적다고 알려져 있지만 우각부의 주변 마찰 저항이 크게되어 침하에 장애가 되기 쉽다.

  일반적으로 장·단변의 비는 3:1보다 크게 하지 않는 것이 좋다.
  (c) 침하의 촉진을 위해 마찰력 감소장치(Friction cut)를 만든다. 그러나 느슨한 모래 등의 붕괴성 지반에서는 주변마찰력이 그다지 감소되지 않고 오히려 원지반을 느슨하게 한 우려가 있으므로 마찰력 감소장치가 없는 것이 좋다.

② 거푸집의 제작 조립의 난이도에 대하여 검토한다.
③ Pneumatic Caisson 작업실의 내공 높이는 날끝 하단에서 1.8m로 하는 것이 표준이다.
  극히 연약한 지반의 경우이거나, Caisson 기초 저면적이 매우 커서 기계굴착 등을 하는 경우에는 내공 높이를 2.0m정도로 하는 것이 좋다.

(4) 케이슨기초의 설계흐름

케이슨기초 설계의 흐름은 다음 그림 1.6.23와 같다.

1) 각종 조건의 검토

케이슨기초를 설계 할 때 첫 번째로 케이슨기초 상부의 하중조건, 설계조건, 지형, 지반조건, 자연환경 등에 대해 검토한다.

교량기초에 작용하는 하중은 평상시, 지진시에 대하여 교축방향 및 교축직각 방향으로 구분하여 계산하여 두어야 한다.

설계조건으로는 다음과 같은 항목에 대하여 검토한다.

① 하천관리 조건(재해율, 수심, 홍수시의 지장, 세굴 등)
② 상부구조물의 기능 유지를 위한 허용 변위량 및 경사각
③ 사용 재료의 종류, 설계강도, 허용응력 및 할증률
④ 부지 조건(현장조건)
⑤ 지형, 지반조건(지하수위 포함)의 파악은 케이슨의 설계상의 가장 중요한 포인트로서 지지력이나 변위, 시공시의 각종 상태를 크게 지배하므로 충분한 검토가 필요하다.

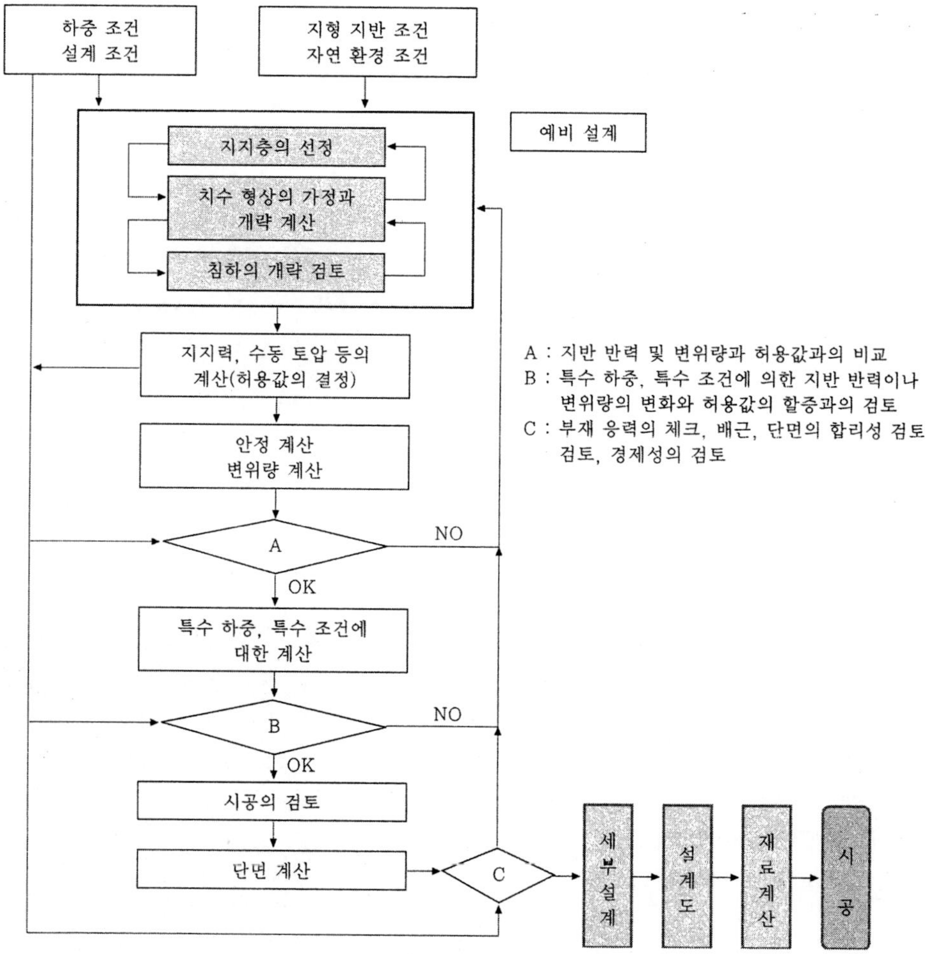
하중 조건
설계 조건
지형 지반 조건
자연 환경 조건
예비 설계
지지층의 선정
치수 형상의 가정과 개략 계산
침하의 개략 검토
지지력, 수동 토압 등의 계산(허용값의 결정)
안정 계산
변위량 계산
A
NO
OK
특수 하중, 특수 조건에 대한 계산
B
NO
OK
시공의 검토
단면 계산
C
세부설계
설계도
재료계산
시공
A : 지반 반력 및 변위량과 허용값과의 비교
B : 특수 하중, 특수 조건에 의한 지반 반력이나 변위량의 변화와 허용값의 할증과의 검토
C : 부재 응력의 체크, 배근, 단면의 합리성 검토 검토, 경제성의 검토

그림 1.6.24 케이슨기초의 설계 Flow chart

2) 지지층의 선정과 구체의 형상 치수 결정

상기 (2)항, (3)항에 의거하여 결정한다.

3) 안정계산

우선, 지반의 허용 지지력을 산출한다. 다음에 안정 계산식에 의해 지반반력과 변위를 구한다. 산출된 지반반력, 변위량과 경사각이 허용값 이하가 되지 않으면 안된다. 뿐만 아니라 일반적으로 케이슨 치수는 지진시에 결정되기 때문에

① 유동화 우려가 있는 사질토층
② 극히 연약한 점토층 및 실트질 토층이 있는 경우에는 상기 (2)의 1)항에 따라 하여야 한다.

4) 침하 관계의 검토

케이슨의 형상 치수가 결정되면 시공시의 침하 관계를 상정하여 침하 작업이 지장 없이 행해지는지를 조사한다. 케이슨의 침하 조건은

$$W_c + W_w > U + R + F$$

여기서, W_c : 케이슨 본체 중량
W_w : 재하중에서 물이나 강재 등
U : 이론 기압 또는 작업 기압에 의한 양압력
R : 날끝선단 저항력
F : 케이슨 주위면 마찰력

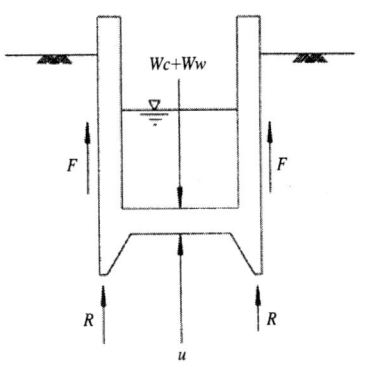

그림 1.6.25 침하 하중과 침하 저항력

상기 조건식 중에서 양압력은 일반적으로 이론 기압을 예상하고 있지만, 신뢰할 만한 데이터가 있을 경우는 이것을 참고해서 산정한다.

또, 케이슨의 주위면 마찰력으로는 근접지에서의 실적이 있으면 그것에 준해도 좋지만, 일반적으로는 표 1.6.10에 나타낸 값을 참고로 하는 경우가 많다.

⊙ 표 1.6.10 케이슨의 주위면 마찰력(tf/m²)

케이슨 깊이 토 질	8m	16m	25m	30m	40m
점성토	0.5	0.6	0.7	0.9	1.0
사질토	1.4	1.7	2.0	2.2	2.4
사 력	2.2	2.4	2.7	2.9	3.1

상기 조건식을 만족하지 못할 경우는 측벽 등의 벽 두께를 늘리지만, 측벽 두께는 보통 0.7~1.2m 정도이므로 그래도 침하력이 부족할 경우는 주위면 마찰 감소 처치방법에 대해서도 검토할 필요가 있다.

5) 각 부재의 단면 대조 조사와 구조 세목

케이슨 각 부분의 단면 조사는 완성 후 평상시, 지진시 및 시공시에 대해 시행한다. 시공시에 대해서는

① 케이슨의 침하작업에 들어간 후 지지지반의 울퉁불퉁함 등에 의해 구체가 부분적으로 지지되지 않는 상태
② 케이슨침하시 케이슨에 경사가 발생한 상태
③ 침하시 케이슨 본체의 일부가 지중에 매달려 있는 상태
④ 최종침하 종료 직전에 뉴매틱 케이슨 작업실내 기압이 사고 등에 의해 급격히 감소한 상태
⑤ 케이슨침하 완료 후 케이슨 본체 내부를 물푸기한 상태를 상정해 검토한다.
⑥ 마지막으로 Footing, 밑슬래브, 날끝철물(SHOE), 지수벽 등의 구조 세목을 설계해서 설계도를 작성한다.

1.6.5 강관 널말뚝 기초

(1) 강관 널말뚝 기초의 분류

1) 시공방법에 의한 분류

강관 널말뚝의 시공방법은 그림 1.6.25과 같이 3개의 방법으로 분류한다.

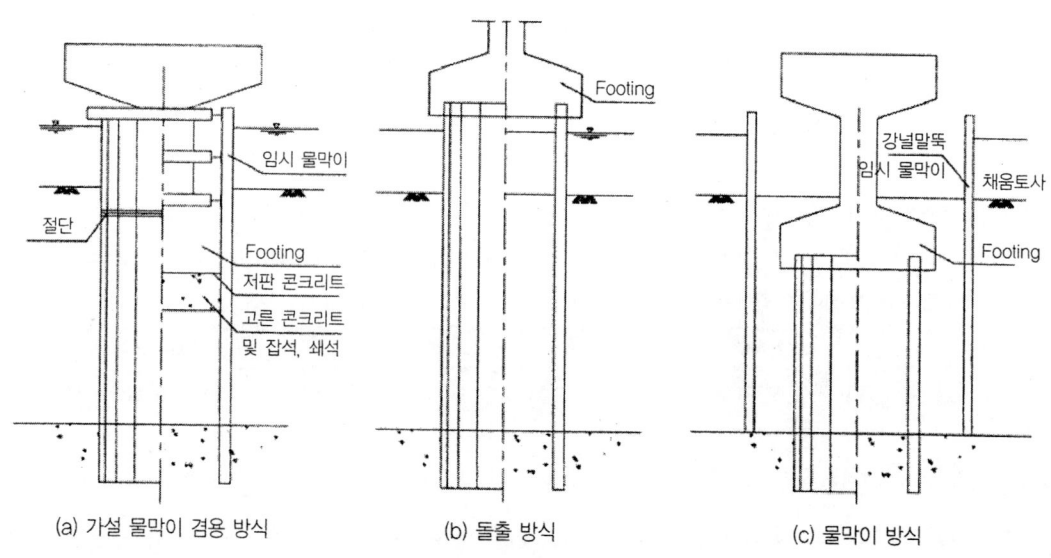

그림 1.6.25 시공법에 의한 분류

① 가설 물막이 겸용방법

기초 본체의 강관 널말뚝을 임시 물막이와 겸용하여 웰 내부를 건조시키고 Footing, 구체를 구축한다. 그 후 Footing 윗면에서 상부의 임시 물막이의 강관널말뚝을 수중절단, 철거하는 방식이다. 이

방식은 기초 본체와 가설재를 겸용으로 하기 때문에 짧은 공사 기간에서 경제적이고 실적이 많다.

② 돌출 방법

강관 널말뚝을 수면 위로 치올리든지, 지중부에서 항타를 중지하고 그 Footing에 Footing을 구축하는 방식이다. 수면 위로 돌출 방식은 시공시에 임시 물막이공이 불필요하지만, 강관널말뚝의 자유길이(돌출길이)가 길어지므로 강성은 다른 방법에 비해 작다. 유수단면 제약이나 항로제한 등을 받지 않는 지역에 적용할 수 있다.

③ 물막이 방법

강널말뚝 등을 사용해서 임시 물막이공을 시공하고 이 내부를 드라이하게하여 Footing을 축조하는 방법이다. Footing 기초는 통상 군말뚝 기초 형식 또는 강관 널말뚝 돌출방법 등의 기초와 마찬가지로 시공한다.

2) 구조 형식에 의한 분류

구조 형식에 의해 그림 1.6.26에 나타낸 것과 같이 두 방법으로 분류한다.

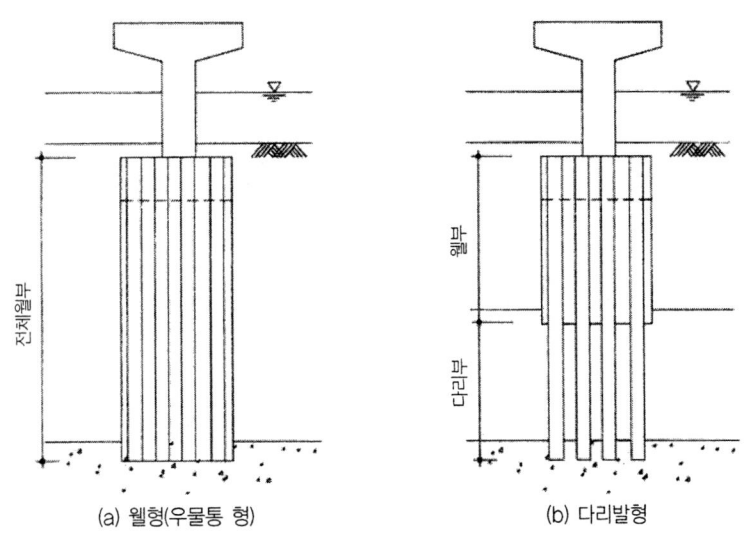

그림 1.6.26 구조형식에 의한 분류

① Well Type(우물통형)

웰형은 일반적인 강관널말뚝기초 구조로서 모든 강관널말뚝을 지지층까지 박아 넣어 머리 부분을 Footing에 강결(剛結)시킨 구조이다.

② 다리발형

다리발형은 약 절반의 널말뚝을 지지층까지 박아 넣고 남은 강관널말뚝을 비교적 질이 좋은 중간 지지층에서 박기 중지하는 형식이다. 이 공법은 지지층이 비교적 깊은 장소에서 수평지지력에 비해 수직지지력에 여유가 있는 경우에는 사용되고 경제적이지만 변위량이 다소 커지는 일도 있다.

③ 평면 형상에 의한 분류

강관 널말뚝식 기초의 평면 형상 종류를 그림 1.6.27에 나타낸다. 일반적으로 원형, 타원형이 많지만 단면, 시공 제약에 따라 직사각형 등의 형상을 선택할 수도 있다. 또 단면의 지름, 긴 변이 15m를 초과하는 대형 구조물의 경우 그림 1.6.28에 나타낸 격벽 강관 널말뚝이나 속박기 단독 말뚝에 의해서 강관 널말뚝의 하중 부담을 덜어 주는 경우가 많다.

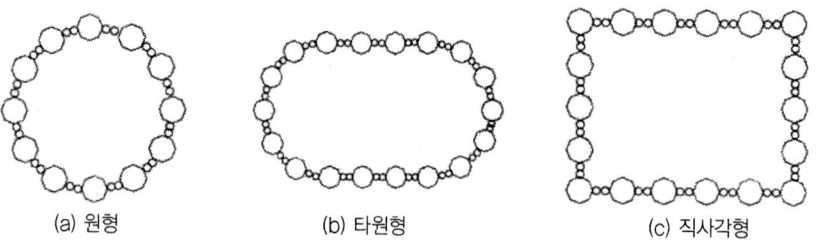

그림 1.6.27 강관 널말뚝 기초의 평면 형상

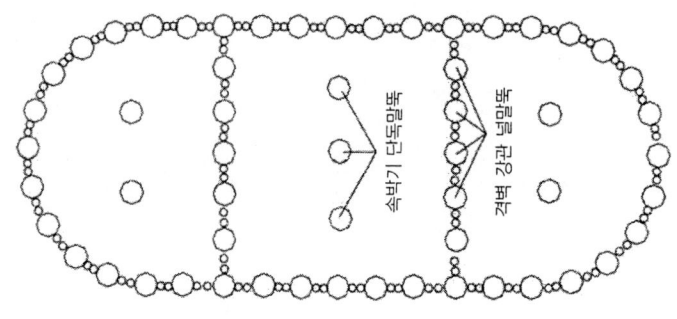

그림 1.6.28 격벽, 속박기 단독 말뚝

(2) 설계의 기본

강관널말뚝기초를 설계하기 위해 주의해야 할 기본적 사항으로서는 다음과 같은 사항을 둘 수 있다.

1) 강관널말뚝기초의 우물통 저면부 및 강관선단의 최대 지반 반력은 그 위치에 대한 지반의 허용지지력은 초과해서는 안된다.
2) 강관널말뚝기초의 우물통 저면부에 대한 전단 저항력은 우물통 저면부나 지지지반과의 사이에 작용하는 허용전단 저항력을 초과해서는 안된다.
3) 강관널말뚝기초의 변위에 대해서는 상부 구조와의 관계로부터 결정되는 허용변위량을 고려하여 검토하여야 한다.
4) 강관널말뚝기초의 각부의 응력은 허용응력을 초과해서는 안된다.
5) 강관널말뚝기초의 수평저항은 말뚝기초와 같이 탄성지반위의 보로서 취급하기 때문에 기초전면의 지반 반력도 검토를 실시하지 않아도 좋지만, 지반의 소성변형이 생기지 않는 범위로 고려하는 것

이 좋다.

6) 강관 널말뚝 기초의 변위가 크고 지진시 고유주기가 긴 것에 대해서는 책임기술자의 판단에 따라, 상부 공사를 고려하여 동적 해석을 실시하여 부재 응력, 변위 등을 검토하는 편이 좋다.

(3) 강관널말뚝기초의 설계 일반

1) 설계 방침

강관 널말뚝 기초 설계에 있어서는 수직 및 수평 하중에 대해서 안정됨과 동시에 유해한 변위를 일으

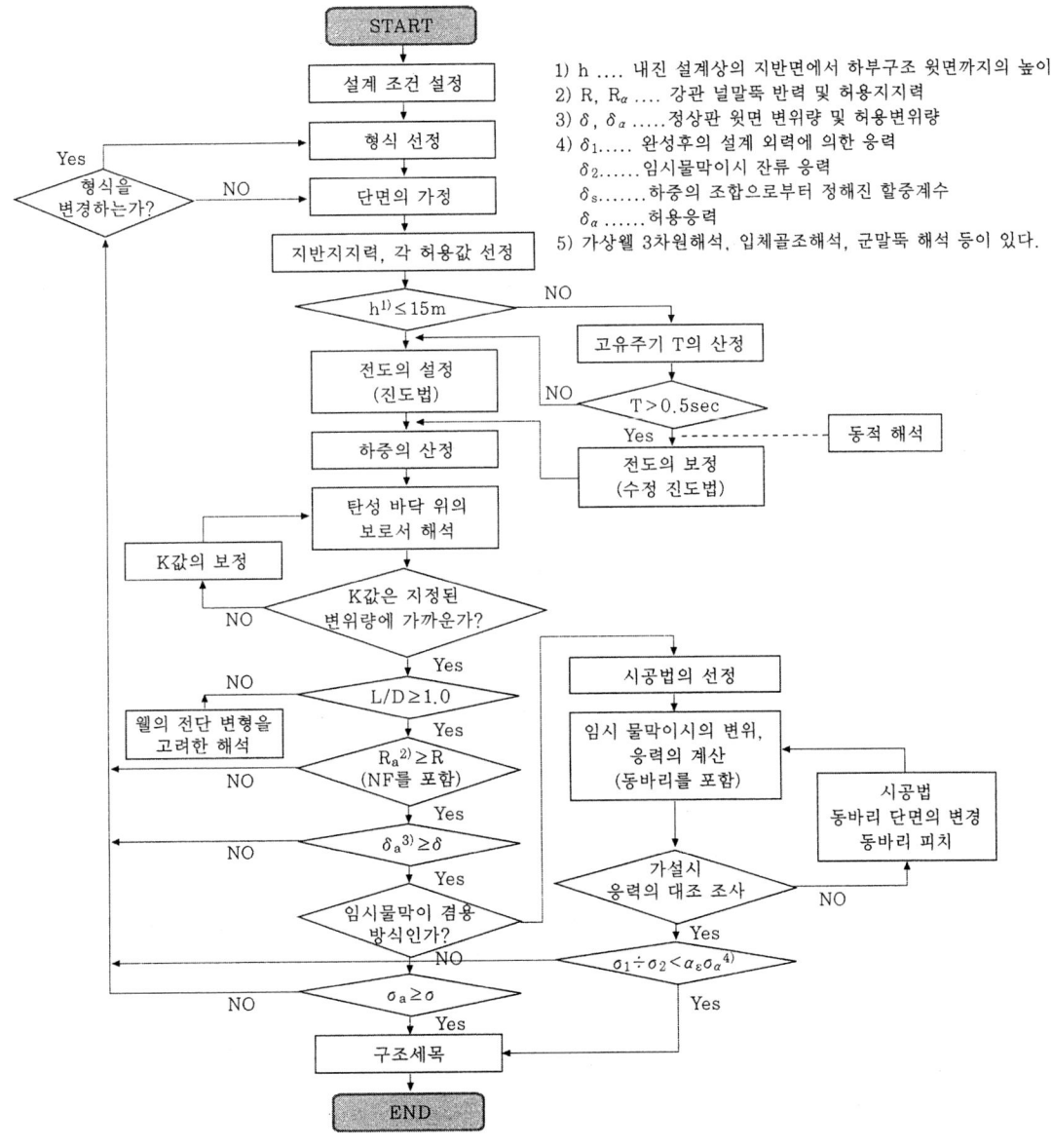

그림 1.6.29 강관 널말뚝 기초 설계 Flow chart

키지 않도록 설계한다. 또 부재 각 부분에 발생하는 응력은 허용응력을 넘어서는 안된다. 이 방침을 만족하도록 그림 1.6.30에 나타낸 설계 Flow Chart에 따라서 강관 널말뚝 기초설계를 행한다.

2) 설계의 전제

설계는 다음 항목을 전제로 한다.

① 해석법

강관 널말뚝 기초는 탄성지반 위이 유한 길이의 보로 설계한다.

단, Well의 길이와 바깥 지름 비 $L/D \leq 1$인 경우는 Well의 전단 변형을 고려한 해석법(예를 들면 가상 Well 3차원 해석, 입체 골조 해석, 군말뚝 해석 등)을 적용한다. 이것은 $L/D \leq 1$ 이하에서는 그림 1.6.31에 나타낸 전단 변형이 주체가 되어 강널말뚝으로서 이점이 있는 합성효과가 발휘되지 않기 때문이다.

② 하중 분담

수직 하중은 웰부 밑면(다리부 밑면)의 지반 및 주위면(Well부 및 교각부 주위면)의 지반에서 지지한다. 수평 하중은 웰부 앞(Well부 및 교각부의 앞면)의 지반 및 웰부 밑면(다리부 밑면)의 지반에서 지지한다. ( )안은 다리 발형인 경우를 나타낸다.

3) 지반 상수

강관 널말뚝 기초 설계에 쓰이는 지반 반력 계수는 다음의 식에 의해 구한다.

① 수평방향 지반반력계수

수평 방향 지반 반력 계수는 웰부는 식 (1.6.28), 다리부는 식 (1.6.29)로 구한다.

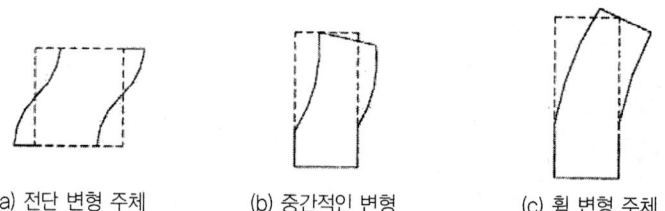

(a) 전단 변형 주체   (b) 중간적인 변형   (c) 휨 변형 주체

그림 1.6.30 강관 널말뚝 웰의 변형 성상

$$K_{H1} = K_{H0}\left(\frac{y}{y_0}\right)^{-\frac{1}{2}} = 0.5E \cdot D_v^{-\frac{3}{4}}\left(\frac{y}{y_0}\right)^{-\frac{1}{2}} \quad (1.6.28)$$

$$K_{H2} = K_O\left(\frac{y}{y_O}\right)^{-\frac{1}{2}} = 0.2E \cdot D_O^{-\frac{3}{4}}\left(\frac{y}{y_O}\right)^{-\frac{1}{2}} \quad (1.6.29)$$

여기서, K_{HO} : 설계 지반면에서 강관널말뚝기초 수평변위량은 4cm로 했을 때 Well부의 기준 수평방향 지반반력계수(kgf/cm³)

K_O : 설계 지반면에서 강관널말뚝기초의 수평변위량을 4cm로 했을 때 다리부의 기준 수평방향 지반반력계수(kgf/cm³)

D_v : Well부의 재하 폭(cm)

D_o : 강관 본체의 바깥지름(cm)

K_{H1} : 설계에 쓰이는 Well부의 수평방향 지반반력계수(kgf/cm³)

K_{H2} : 설계에 쓰이는 다리부의 수평방향 지반반력계수(kgf/cm³)

y : 설계 지반면에서의 강관널말뚝기초의 수평 변위량(cm)

y_o : 설계 지반면에서 강관널말뚝기초의 기준변위량(cm)으로서 4cm로 한다.

E : 설계에 쓰이는 지반이 변형계수(kgf/cm²)로서 식(5.30)에 의해 구한다.

$$E = aE_o \quad \quad (1.6.30)$$

여기서, α : E_o의 보정계수로서 표 1.6.11의 값으로 한다.

E_O : 각종 토질시험에서 구한 변형계수(kgf/cm²)

또한 해석의 결과로부터 얻어진 설계 지반에서의 수평변위량이를 구했을 때의 y와 거의 같아질 때까지 반복 계산을 한다. 설계 지반면에서의 변위량이 1cm미만이 되어도 y=1cm로 해도 좋다.

⊙ 표 1.6.11의 보정계수

다음의 시험방법에 의한 변형계수 E_o(kgf/cm²)	α	
	평상시	지진시
보링 구멍 내에서 측정한 변형계수	4	8
공시체의 1축 또는 3축 압축 시험에서 구한 변형계수	4	8
표준 관입 시험의 N값에서 =28N으로 추정한 변형계수	1	2

② 수직방향 지반반력계수

수직방향 지반반력계수는 식(5.31)에 의해 구한다.

$$K_v = 0.4E \cdot D_0^{-\frac{3}{4}} \quad \quad (1.6.31)$$

여기서, K_v : 설계에 쓰이는 수직방향 지반반력계수(kgf/cm³)

E : 식 (5.30)에 의해 구한 값(kgf/cm²)

D_O : 강관 본체의 바깥지름(cm)

③ 지반의 전단 지반반력계수

지반의 전단 지반반력계수는 식 (1.6.32)에 의해 구한다.

$$K_s = \frac{1}{3} K_v \quad \quad (1.6.32)$$

여기서, K_s : 설계에서 쓰이는 지반의 전단계수(kgf/cm³)
K_v : 식(5.31)에 의해 구한 값(kgf/cm³)

④ 마찰 계수

다리부에서의 강관널말뚝과 지반 사이마찰계수(수직방향의 전단탄성값)는 식(1.6.33)에 의해 구한다.

$$C_s = 0.2ED_0^{-\frac{3}{4}} \tag{1.6.33}$$

여기서, C_s : 강관널말뚝과 주위면 지반의 마찰계수(kgf/cm³)
E : 식(1.6.30)에 의해 구한 값(kgf/cm³)
D_o : 강관 본체의 바깥지름(cm)

4) 지반의 허용 지지력

① 강관널말뚝의 허용수직지지력

강관널말뚝의 허용지지력은 Well형 기초의 경우에 식(1.6.34)로, 다리발형 기초의 경우는 식(1.6.35)로 구한다.

$$R_a = \frac{1}{n}R_u = \frac{1}{n}(q_d \cdot A_1 + \frac{1}{n_1}f_1 \cdot U_v \cdot l_1) \tag{1.6.34}$$

$$R_a = \frac{1}{n}R_u = \frac{1}{n}(q_d \cdot A_1 + \frac{1}{n_1}f_1 \cdot U_v \cdot l_1 + f_2 \cdot U_0 \cdot l_2) \tag{1.6.35}$$

여기서, R_a : 강관널말뚝 한 개의 허용수직지지력(tf/개)
R_u : 강관널말뚝 한 개의 극한수직지지력(tf/개)
n : 안전율(평상시 $n=3$, 지진시 $n=2$)
q_d : 강관널말뚝선단의 극한 수직지반지지력(tf/m²)
A_1 : 강관널말뚝 1본의 폐쇄단면적 (m²)
n_1 : Well부의 강관널말뚝 개수(개)
U_v : Well부의 바깥쪽 주위를 포락하는 선의 둘레 길이(m)
l_1 : Well부의 길이(m)
f_1 : Well부에 있어서 강관널말뚝의 평균 주위면 마찰력(tf/m²)(표 1.6.12 참조)
U_o : 강관 본체의 바깥쪽 둘레 길이(m)
l_2 : 다리의 길이(m)
f_2 : 다리부에서 강관널말뚝의 평균 주위면마찰력(tf/m²)(표 1.6.12 참조)
q_d구하는 방법을 그림 1.6.31에, 지지층의 근입깊이의 결정법을 그림 1.6.31에 f_1, f_2의 수치를 표 1.6.12에, 또 기호 설명도를 그림 1.6.32에 나타낸다.

⊙ 표 1.6.12 주위면 마찰력(tf/m²)

지반의 종류	주위면 마찰력
사 질 토	0.2N (≦10)
점 성 토	C 또는 N (≦15)

(주) N·2의 연약층에서 신뢰성이 부족하므로 주위면 마찰 저항을 고려해서는 안 된다.

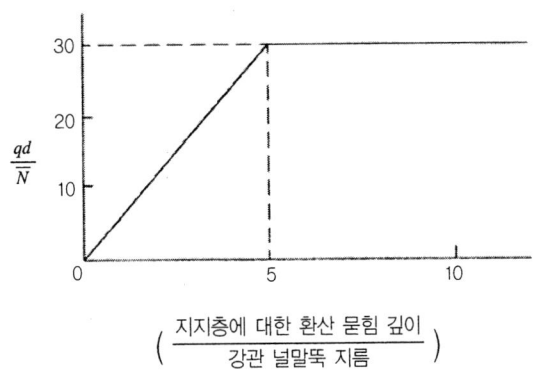

그림 1.6.31 강관널말뚝 선단지반의 극한지지력 q_d의 산정도 (지지층 묻힘 깊이는 그림 1.6.32 참조)

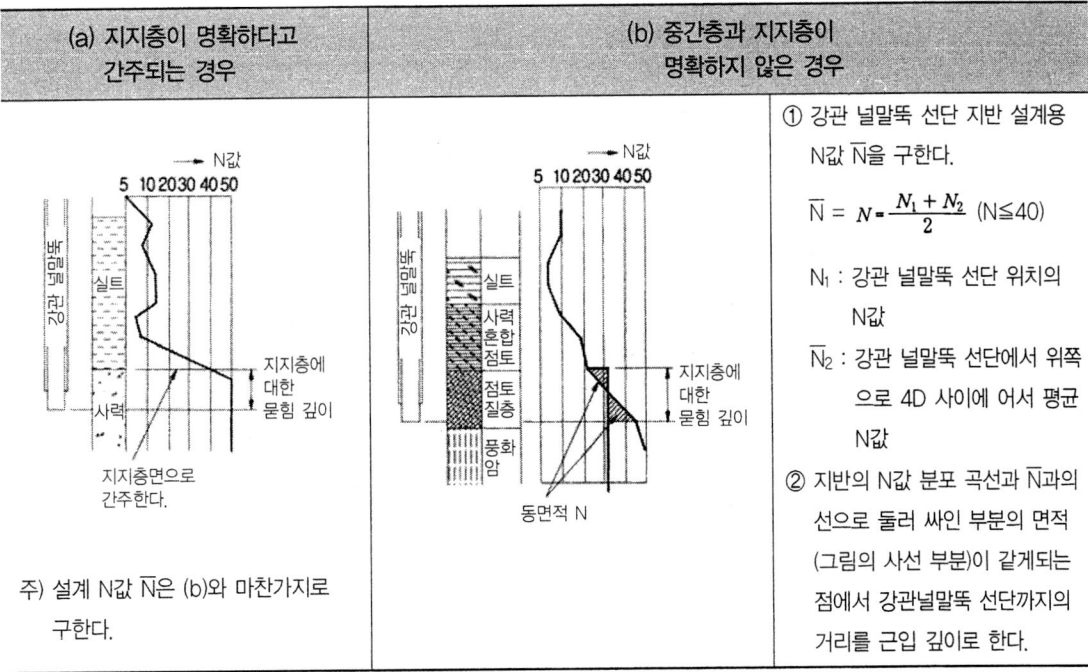

그림 1.6.32 지지층에 대한 환산 묻힌 깊이의 결정법 2)

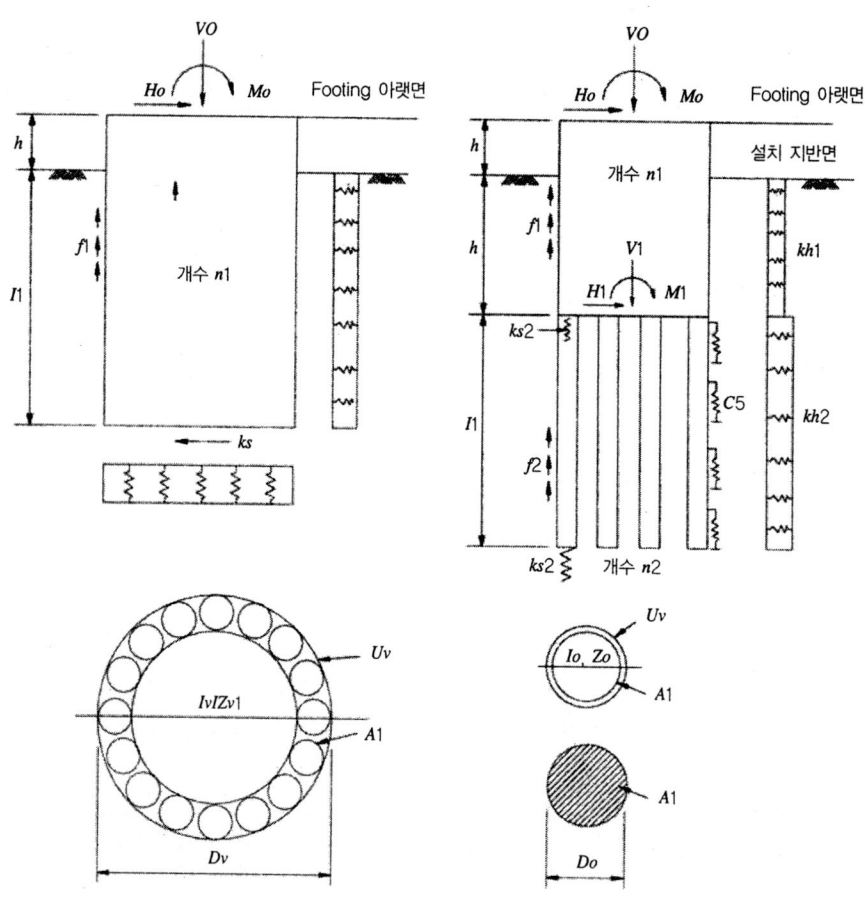

그림 1.6.33 임시 물막이 겸용 널말뚝식 기초의 Modeling

② 강관널말뚝의 허용인발력

강관널말뚝의 허용인발력은 Well 기초의 경우 식(1.6.36)에서 교각 부착형 기초의 경우는 식(1.6.30)으로 구한다.

$$P'_a = \frac{1}{n'} P'_u + W' = \frac{1}{n'}(\frac{1}{n'} V_v \cdot f_1 \cdot l_1) + W' \quad\text{(1.6.36)}$$

$$P'_a = \frac{1}{n'} P'_u + W' = \frac{1}{n'}(\frac{1}{n'} V_v \cdot f_1 \cdot l_1 + U_0 \cdot \quad\text{(1.6.37)}$$

여기서 기호는 식(1.6.33), 식(1.6.34)에서 설명한 것과 같다.

단, P'_a : 강관널말뚝의 허용인발력(tf)

P'_u : 지반에서 결정되는 강관널말뚝의 극한인발력(tf)

W' : 강관널말뚝의 유효 중량(tf)(속채움 콘크리트, 관내 흙의 중량 포함)

n' : 안전율(평상시 $n' = 6$, 지진시 $n' = 3$)

새로운 구성 교량계획과 설계

제IV편 교량의 하부구조 계획과 설계

교대의 계획과 설계 2장

| 새로운 구성 **교량계획과 설계** |

제 2 장_교대의 계획과 설계

교대는 교량의 상부구조를 지지하고 도로 성토사면의 토압을 받는 토류구조물로서, 교대의 형식은 교량가설 위치의 지형상태, 지질조건 및 지하수위에 의해서 결정되며, 실제로 사용되고 있는 형식은 여러 종류에 달한다. 교대의 기능은 교량 상부구조를 양단에서 지지하고 교량과 토공접속부 이음 사이의 신축을 구속하지 않으면서 원활한 교통소통을 확보하는 것이며, 교대가 지형조건에 따라 절취부의 옹벽이나 성토를 위한 옹벽구조가 된다.

기본적으로 교대는 교량상부구조 지지기능과 토류벽기능을 동시에 갖은 옹벽구조물 형태로 설계 시공된다.

또한 교대 전면에서의 성토 경사면이 안정성을 확보할 수 있다면 옹벽으로서의 기능은 적어질 수 있다.

2.1 교대의 종류 및 적용성

2.1.1 교대의 종류 및 특징

(1) 중력식 교대

1) 구체의 자중 및 단면이 크다.
2) 구체의 단면에 압축응력이 발생하도록 설계한다.
   구체에 인장응력 발생시는 무근콘크리트의 허용인장응력 이하가 되도록 단면을 계획하여야 한다.
3) 통상적으로 교대의 흉벽과 교량 받침면 이외는 철근을 배근하지 않는다. 그러나 교량의 폭원이 큰 경우에는 교대 구체전면에 철근을 배근하여 콘크리트의 건조수축 온도변화에 따른 균열방지를 하여야 한다.
4) 구조가 간단하여 시공이 용이하다.
5) 구체 자중이 커서 지지지반이 양호한 장소에 적용한다.

(2) 반중력식 교대

1) 중력식 교대와 유사한 교대형식이다.
2) 구체 단면 일부에 발생하는 인장응력에 대하여 철근을 배근하여 보강한다.

3) 구체의 단면이 중력식에 비하여 경감한다.
4) 통상적으로 교대의 흉벽과 교대 받침면, 구체배면, Footing 앞굽에 철근을 배근하나 콘크리트의 건조수축, 온도변화에 따른 균열 방지를 위해 구체 전면에 배근하는 경우가 있다.

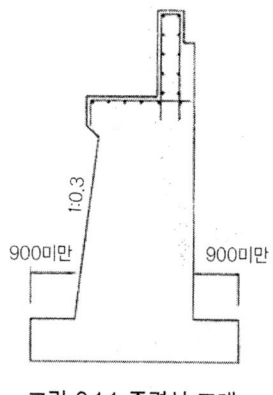

그림 2.1.1 중력식 교대

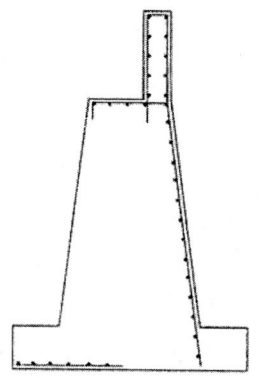

그림 2.1.2 반중력식 교대

(3) 역T형 교대(Cantilever Abutment)

1) 교대의 구체단면이 적어 철근으로 보강한다.
2) 콘크리트의 량을 절약 할 수 있다.
3) 교대 배면의 토사 중량이 교대 안전에 유효하게 이용된다.
4) 교대형식이 Simple하여 시공이 비교적 용이하다.

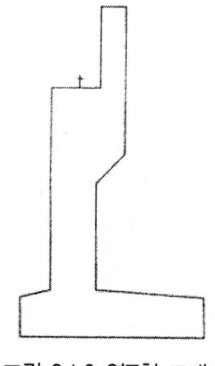

그림 2.1.3 역T형 교대

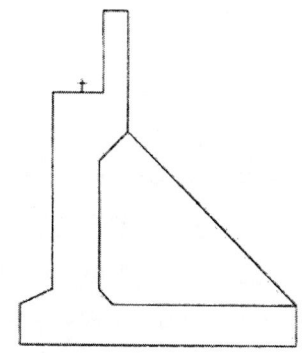

그림 2.1.4 부벽식 교대

(4) 부벽식 교대

1) 교대 높이가 부득이 높아야 하는 경우 역T형옹벽 보다 구조적 경제성에서 유리한 경우에 적용한다.
2) 단면에 대한 철근비가 대체로 높다.
3) 부벽의 철근배근이 복잡하여 콘크리트 타설이 곤란한 경우가 있으므로, 교대 계획시 이점을 고려하여 단면을 결정하여야 한다.

4) 부벽식 교대의 Footing 두께가 두꺼운 경우에는 비경제적이므로 부벽의 간격을 좁혀서 Footing 두께를 경감시키는 것이 경제적이다.

(5) 상자형 교대

1) 교대의 높이가 높고 배면토사 중량 및 지진시 관성력이 큰 경우에 이들을 경감시키기 위해서 교대를 상자형으로 설계한다.
2) 교대높이가 높고(H=12m정도 이상), 지반조건이 불량하여 측방이동 우려가 있고, 말뚝기초로 하는 경우에 경제적으로 유리하다.
3) 직접기초인 경우에는 활동에 불안정하여 불리할 수 있다.
4) 교대의 날개벽 길이가 짧아 부벽식 교대에 비해 경제적이다.
5) 도로를 횡단하는 통로, 수로와 겸용으로 사용할 수 있다.

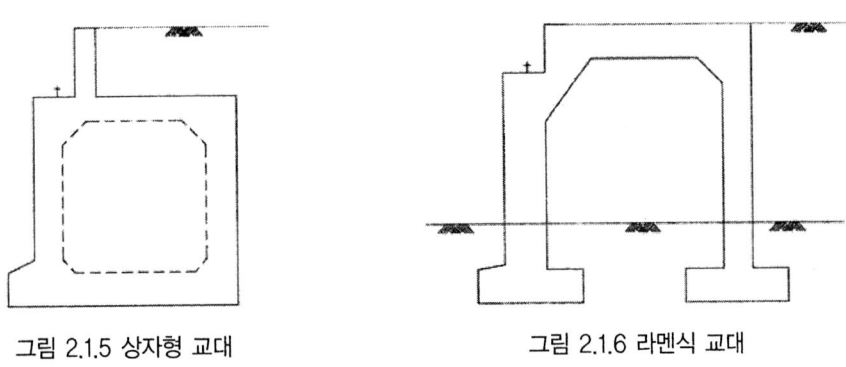

그림 2.1.5 상자형 교대 　　　　　 그림 2.1.6 라멘식 교대

(6) Rahmen식 교대

1) 교대의 높이가 높고 토압의 영향이 지배적인 경우에 이를 경감시킬 목적으로 사용한다.
2) 교량 상부구조의 큰 수평력에 저항하도록 하는 경우에 유리하다.
3) 교대위치에 도로 및 기타 교차시설이 필요하고 다리밑공간이 적은 경우에 적용한다.
4) 교량상부 구조로 Pre-cast부재를 사용할 때 교량길이 조정이 필요한 경우에 적용한다.
5) 라멘형식이 타 형식과 비교하여 구조적, 경제적으로 유리한 경우에 적용한다.
6) 산악지대에 가설하는 교량의 경우 산비탈면의 절취가 많은 경우에 적용한다.

(7) 중간이음 Rahmen 교대(Spill through Abutment)

1) 교대 앞면의 성토고가 높고 다짐을 충분히 실시 할 수 있는 경우
2) 교대 전면 성토 경사면의 안정성이 확보된 곳
3) 교대 전면에 성토를 하여도 교량의 다리밑공간 활용에 지장이 없는 장소
4) 성토고가 높고 교대의 측방이동 가능성이 있는 장소

5) 교대의 연직기둥 사이에 다짐이 곤란하며 장래에 이 부위에 침하가 발생 하고 접속 Slab의 하면에 공극이 발생하여 접속 Slab의 안정성에 문제가 발생할 수 있다. 유럽 같은 나라에서는 많이 적용하고 있다.

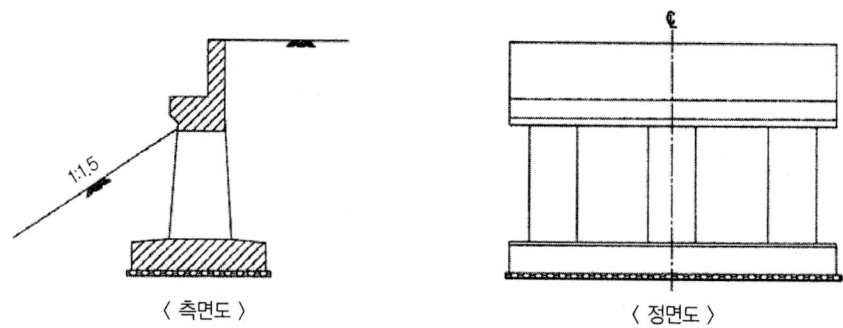

그림 2.1.7 중간이음 교대(Spill throug Abutment)

(8) U-형 교대

1) 경간이 짧은 교량에 적용
2) 기초지반이 연약한 경우에 적용
3) 편토압을 받은 경우에 유리하다.
4) 지반조건이 불량하여 Pile기초로 하는 경우에는 역T형, 상자형 교대에 비교하여 경제적이다.

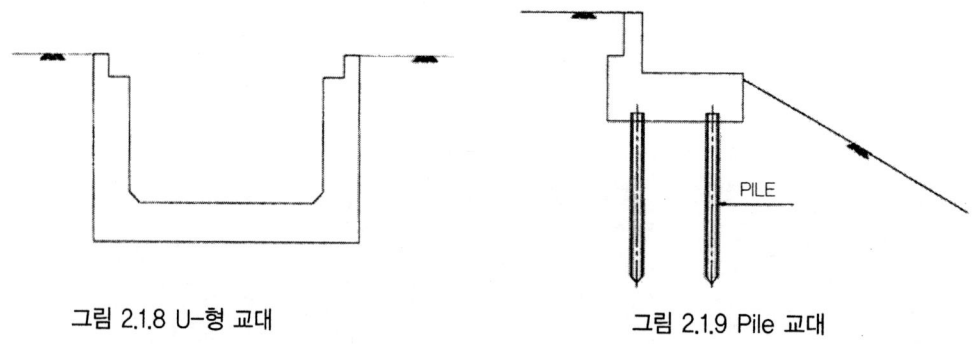

그림 2.1.8 U-형 교대   그림 2.1.9 Pile 교대

(9) Pile 교대(Pile Abutment)

1) 성토고가 높고, 교대 전면 경사면의 안정성이 확보된 경우
2) 기존 옹벽, 석축에 근접해서 교대를 설치하는 경우
3) 교대의 지지층까지의 높이가 높아 타형식을 적용하기 어려운 경우
4) 상부구조의 반력이 적은 교량인 경우
5) 상부구조의 높이가 낮은 교량형식일 때가 경제적이다.

2.1.2 교대의 기능 및 적용성

(1) 교량받침 기능과 옹벽 기능이 조합된 경우

1) 교대 기초형식이 직접기초
① 교량상부 구조의 받침(Bearing)기능과 교대 배면의 토사가 교대 전면에 나오지 않게 하는 옹벽 기능을 한다.
② 기초지지 지반이 양호하며 지지지반에서 도로계획고까지 높이가 15m 이하인 곳에 적용한다.
③ 노면이 불연속 되지 않도록 흉벽에 접속판이 설치되고 2개의 날개벽 사이는 되메우기 한다.
④ 적용 가능 교대형식
 (a) 중력식 교대 (b) 반중력식 교대 (c) 역T형 교대 (d) 부벽식 교대 (e) 상자형 교대 (f) U-type 교대

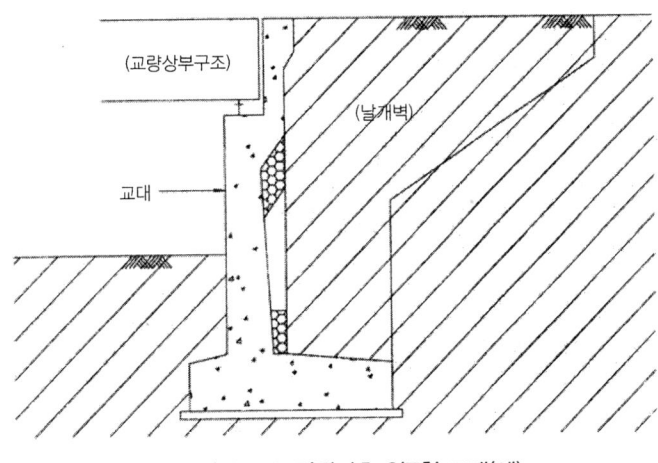

그림 2.1.10 직접기초 역T형 교대(예)

2) 교대 기초 지지층의 심도가 깊은 연약지반
① 교량상부 구조의 받침기능과 옹벽기능을 하면서 교대 높이가 높고 교대기초 지지 지반의 심도가 깊은 경우에는 기초의 형식을 말뚝기초와 우물통 기초로 하는 경우가 있다.
② 교대의 날개벽을 최대한 설치할 수 있는 길이까지 설치하고 도로의 법면을 옹벽으로 처리하는 경우
③ 도로의 성토고가 높아 교대를 성토 법면상에 설치하는 경우
④ 적용 가능 교대 형식
 (a) 반중력식 교대 (b) 역T형 교대 (c) 부벽식 교대 (d) 상자형 교대 (e) Rahmen식 교대
 (f) U-Type 교대 (g) Pile 교대 등

3) 연약지반에 놓이는 교대
① 말뚝기초로서 수평하중에 저항이 곤란한 경우

② 제동하중, 온도변화, 토압의 조합으로서 발생하는 수평하중에 저항이 곤란한 지질조건을 갖는 지역
③ 경사 말뚝의 시공이 곤란한 경우(현장타설 말뚝을 적용하는 경우)
④ 적용가능 교대 형식
  (a) 역T형 교대 (b) 부벽식 교대 (c) Rahmen식 교대 (d) 상자형 교대 (e) 중간 이음 라멘 교대

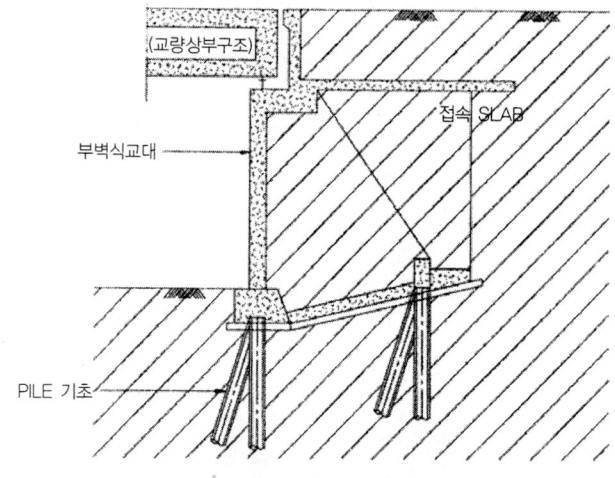

그림 2.1.11 말뚝기초 부벽식 교대(예)

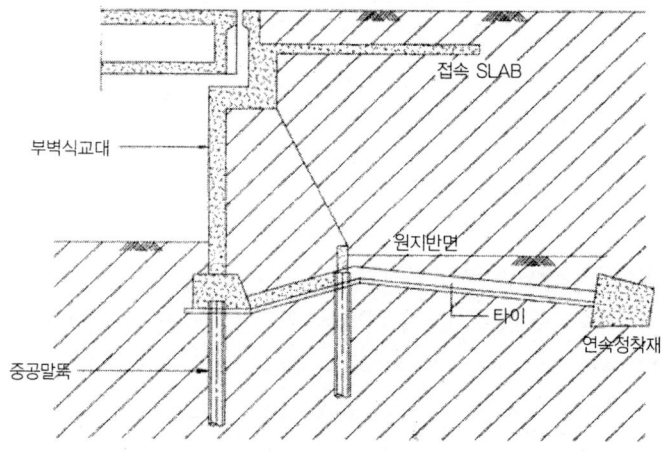

그림 2.1.12 수평 하중에 저항이 곤란한 교대(예)

(2) 교량받침(Bearing) 기능과 옹벽 기능이 분리된 경우

1) 교량 상부구조 지지와 옹벽기능을 별도의 구조물로 설계하는 경우이다.
2) 기초심도가 깊고, 교대 기초의 형식 및 규모가 토압에 의해 결정되는 경우
3) 교대의 기초 공사비가 옹벽 공사비 보다 고가인 경우
4) 일반적으로 교량상부 구조의 반력을 수직벽이 받고, 토압은 옹벽이 받도록 설계, 시공한다.

5) 옹벽은 일반적으로 보강토 옹벽을 적용한다.
6) 적용가능 교대 형식
  ① 벽식 교대 ② T형 교각 Type의 교대 ③ 교대의 변형된 형상

그림 2.1.13는 변형된 형상의 교대의 예이다.

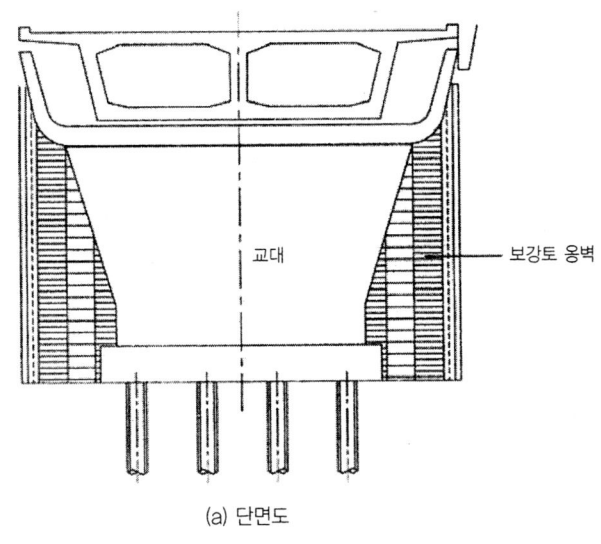

(a) 단면도

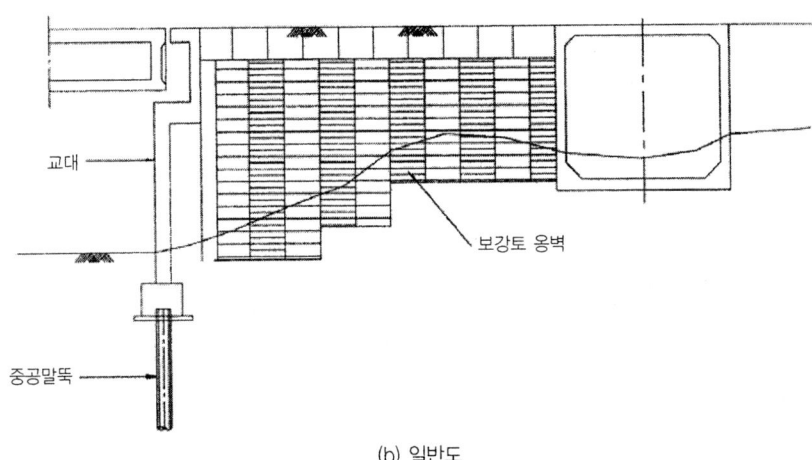

(b) 일반도

그림 2.1.13 보강토 옹벽과 조합한 교대(예)

(3) 교대 높이가 높아 토압이 큰 경우(그림 2.1.14 참고)

1) 성토고가 높고 수평토압이 큰 경우에 적용
2) 교대 전면이 도로 법면에 대한 제약이 없고 교대전면에 다짐이 가능한 지역
3) 성토고가 높고 기초지반이 중간 정도의 연약층이 있는 곳

4) 교대 기초의 규모가 토압에 의해 결정되는 경우
 ① 중간 이음 교대 ② Pile 교대 ③ Rahmen 교대

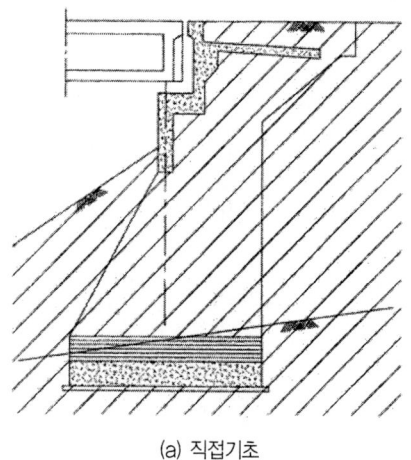 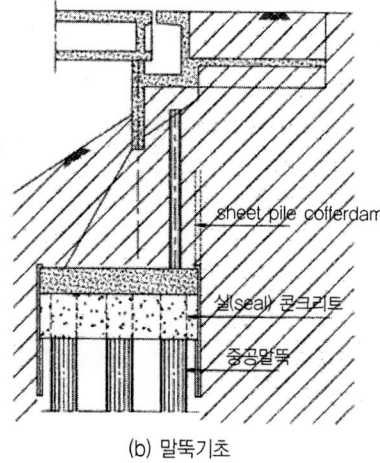

(a) 직접기초   (b) 말뚝기초

그림 2.1.14 중간이음식 교대(Spill through Abutment) (예)

(4) 교대배면의 성토재를 발취한 교대의 경우

1) 교량 상부구조 밑까지 성토가 불가능하고 교대에 작용하는 토압이 큰 경우
2) 성토고가 높고 교대 전면의 도로 비탈면에 의해 다리밑공간 활용이 어려운 장소
3) 산악지대에서 교대 기초 시공을 위하여 굴착시 절취 토공량이 많고 환경 피해가 있는 장소
4) 도로의 법면 경사가 완만하고 교량 상부구조를 Pre-cast 부재로 하는 경우 등 교량길이 조정이 어려운 경우
5) 교대부에 통로, 수로 등을 설치하는 경우
6) 적용 가능 교대형식 : Rahmen식 교대

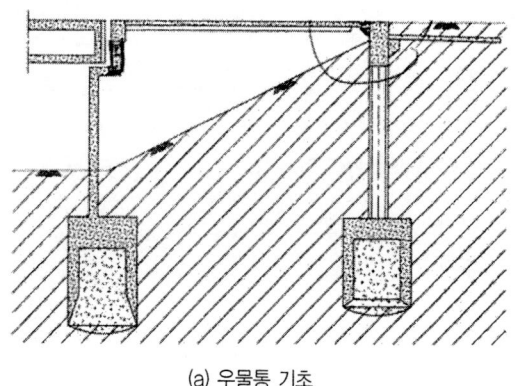 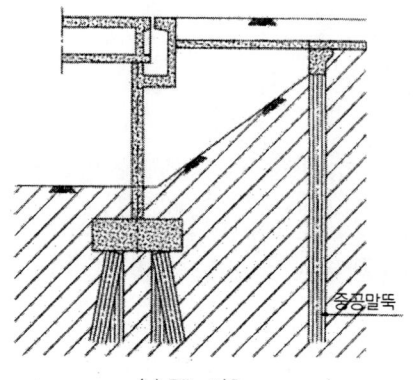

(a) 우물통 기초   (b) Pile 기초

그림 2.1.15 Rahmen식 교대(예)

(5) 교대 상부구조가 부반력이 발생하는 경우

1) 교량 상부구조의 경간 분할시 부득히 교대에 부반력이 발생하도록 할 수 밖에 없는 장소에 설치하는 교대를 말한다.
2) 상부구조에서의 부반력에 저항하는데 필요한 중량을 얻기 위해 설치하는 교대
3) 교대 기초지지 지반이 양호하면 교대 자중에 의해 저항하도록 계획하고 지반이 연약한 경우에는 일반적으로 Open Caisson으로 저항하도록 적용하고 있다.
4) 현장 여건상 또는 상부구조 구조계상 부득이한 경우 아니면 이와 같은 형식은 적용하지 않는 것이 좋다.

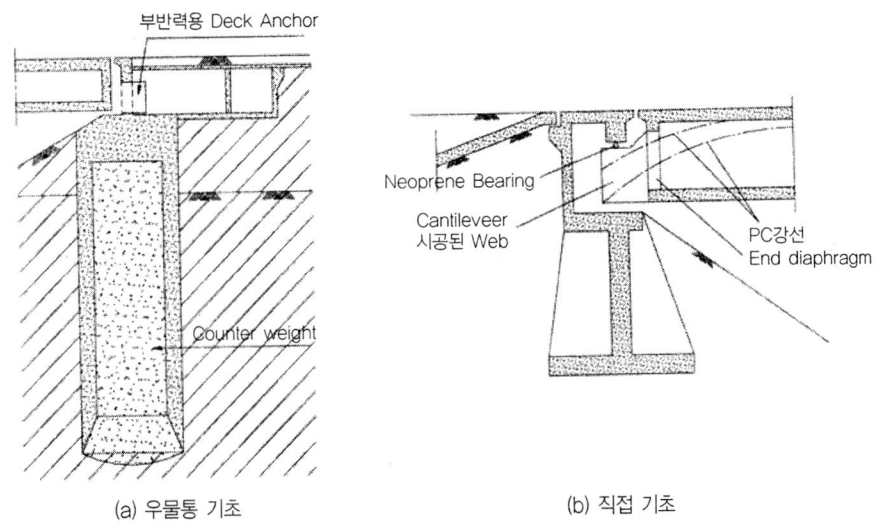

그림 2.1.16 부반력 저항 교대(예)

(6) 성토부에 설치하는 교대의 경우

1) 성토고가 높고 기초 지지심도가 깊은 경우
2) 연약지반 또는 높은 교대의 기초가 대규모가 되는 경우
3) 성토의 활동, 측방향 유동의 영향을 많이 받으며 기초하면 아래 성토부분의 기초에 작용하는 토압에 대하여 명확하지 않은 결점이 있다.
4) 낮은 소교대의 기초 형식으로 일반적으로 Pile 기초, 우물통 기초를 적용 한다.

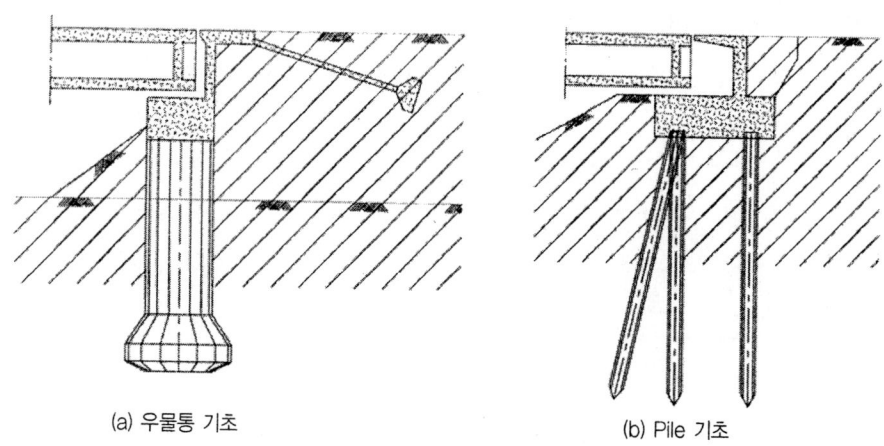

(a) 우물통 기초   (b) Pile 기초

그림 2.1.17 성토부에 설치하는 교대(예)

2.2 교대의 형식 선정

2.2.1 교대 형식 선정시 착안사항

교대의 형식은 다수의 요인을 종합적으로 검토하고, 과거의 실적과 경험을 토대로 선정한다.

형식 선정은 도로계획 노선의 평면선형, 종단선형, 입지조건, 교차조건, 교대의 규모, 지지지반의 경사도, 기초형식, 경제성, 시공성, 유지관리, 경관 등을 고려하여 선정하여야 한다.

일반적으로 교대의 형식은 교대 구체높이 및 기초 형식에 따라 결정하는 경우가 많다.

교대형식 선정시 착안사항은 다음 표 2.2.1 과 같다.

⊙ 표 2.2.1 교대 형식 선정시 착안사항

교대 형식	일반적인 적용높이(m)	기초 형식		기타의 적용조건
		직접기초	말뚝기초	
중력식 교대	5m 이하	O	×	• 지지지반이 양호한 경우 • 지지지반의 경사가 심하고, 역T형 교대를 설치하기 곤란한 경우
반중력식 교대	7m 이하	O	△	• 지지지반이 비교적 양호한 경우 • 최근에 채용하는 경우가 적다.
역T형 교대	5~12m	O	O	• 교대높이 H=5~12m의 경우에 적합하며 • 일반적으로 많이 적용하는 교대 형식이다. • 지지지반의 경사가 큰 경우에는 받침 콘크리트 기초로 하는경우가 많다.
부벽식 교대	10~15m	O	O	• 시공이 복잡하여 최근에는 잘 적용되지 않고 있다. • 교대 위치에 지면 경사가 심하여 토사 절취량이 많은 경우 • 교대 높이가 높은 경우에 적용한다.

교대 형식	일반적인 적용높이(m)	기초 형식		기타의 적용조건
		직접기초	말뚝기초	
Rahmen식 교대	5~25m (10~20)	○	○	• 교대 배면에 통로 및 수로를 확보가 필요한 경우 • 교대 위치에 지면 경사가 심하여 토사 절취량이 많은 경우 • 성토고가 높은 경우에 적용한다.
상자형 교대	10~20m	○	○	• 교대 높이가 특별히 높은 경우 • 지반이 연약하여 교대의 중량을 경감할 필요가 있는 경우에 작용한다.
중간이음 교대	15~20m	○	○	• 교대 높이가 높은 경우 • 교대에 작용하는 토압을 경감시킬 필요가 있는 경우에 적용한다.

2.2.2 교대 높이와 형식과의 관계

⊙ 표 2.2.2 표준적인 교대 높이에 따른 교대 형식

교대 형식	교대높이 (m) 5 10 15 20 25 30	비 고
중력식	3.0 ─ 6.0	
반중력식	3.0 ─ 7.0	
역T형	6.0 ─ 12.0	
부벽식	10.0 ─ 15.0 ─ 20.0	
라멘식(a)	5.0 10.0 ─ 15.0	
라멘식(b)	5.0 10.0 ─ 20.0	
상자형	12.0 ─ 20.0 ─ 25.0	
중간이음식	10.0 ─ 15.0 ─ 20.0 ─ 25.0	

2.3 교대 각부의 계획과 설계

2.3.1 교량 받침대의 계획

(1) 교량 받침의 연단거리(S)

교좌면(Bearing Seat)은 받침을 통하여 상부구조로부터 하중등이 집중반력, 형태로 전달되는 곳이며 지진시의 수평하중이 전달되는 곳이다. 따라서 받침 끝에서 정부 연단까지 거리가 작으면 고정단에서는 전단면에 연하여 교량받침대가 파손되는 경우가 있고 또 가동단에서 받침이 교대를 벗어나 상부구조가 낙하 될 수도 있다.

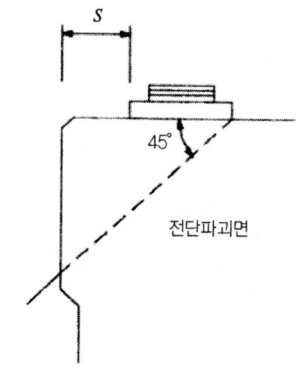

그림 2.3.1 교좌(교량 받침대)의 파손

「도로교 설계기준(하부구조편)」5·4·2와 「도로교 하부구조 설계요령」제5장 5·2·6절에서 교량 받침의 연단거리(S)에 대하여 식(5.36)과 같이 규정하고 있다.

$$\left. \begin{array}{l} L < 100\text{m} : S = 20 + 0.5L (\text{cm}) \\ L \geqq 100\text{m} : S = 30 + 0.4L (\text{cm}) \end{array} \right\} \tag{2.3.1}$$

여기서 L은 들보지간 길이(m)

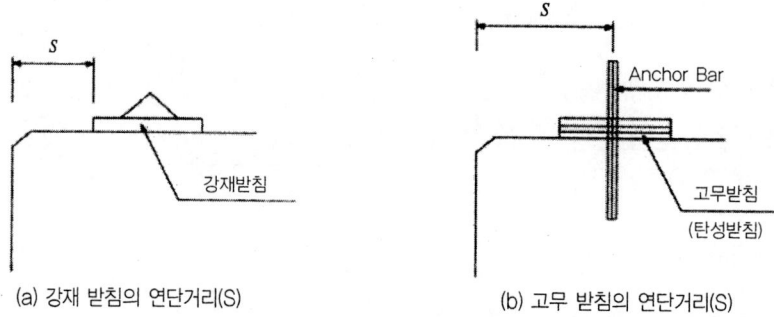

(a) 강재 받침의 연단거리(S)　　　(b) 고무 받침의 연단거리(S)

그림 2.3.2 교량받침의 연단거리(S)

(2) 들보(거더)의 끝단과 하부구조 정부 연단사이 길이(받침지지 길이)

단경간교와 지진구역 Ⅱ에 위치하는 내진Ⅱ등급교의 최소 받침 지지길이(N)는 식(5.37)에 규정한 값보다 작아서는 안된다.

$$N = (200+1.67L+6.66)(1+0.0001250\theta^2)(mm) \quad\quad\quad (2.3.2)$$

여기서, L : 인접 신축이음부까지 또는 교량 단부까지의 거리(mm).
다만 지간내에 Hinge가 있는 경우의 L은 Hinge 좌·우측 방향의 거리인 L_1과 L_2의 합으로 한다.(그림 2.3.3 참조)

H : 다음 각 경우에 대한 평균높이(m)
교대 ··· 인접 신축이음부의 교량 상부를 지지하는 기둥의 평균높이, 단경간교의 평균높이는 0으로 한다.
기둥 또는 교각 ··· 기둥 또는 교각의 평균높이
지간 내의 힌지 ··· 인접하는 양측 기둥 또는 교각의 평균높이

θ : 받침선과 교축직각방향의 사잇각(도)

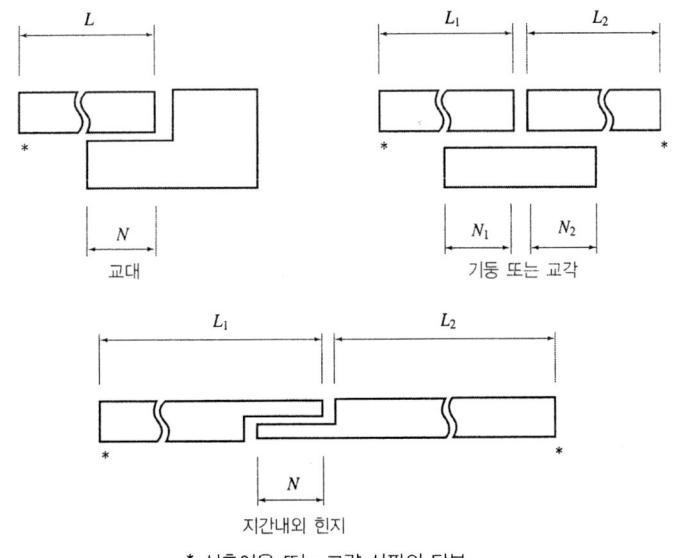

* 신축이음 또는 교량 상판의 단부

그림 2.3.3 받침지지 길이

(3) 교좌 폭 계산

교대에 있어서 교량받침대의 교축방향 치수는 교량 받침을 안전하게 설치할 수 있어야 되므로 거더 끝과 흉벽과의 신축량을 고려하여 정하여야 한다. 특히 사교나 곡선교인 경우는 거더받침이 교량받침대에서 벗어나지 않도록 하여야 한다.

교축방향 교량받침면 길이는 다음과 같은 사항을 고려하여 결정한다.

1) **강재 받침의 경우**
   - 교좌면 길이 : B = 연단거리(S) + 교량받침의 하부 받침 폭 + (들보의 단부에서 받침 중심선까지 거리 - 하부 받침폭 × 1/2) + 신축이 음 설치간격(G) + 유지관리용 통로(필요시)

   또는 B = 받침지지 길이(N) + 신축이음 설치간격(G) + 유지관리용 통로(필요시)

   상기의 2가지 경우를 비교하여 큰 것을 교좌면 길이로 계획한다.

2) **고무(탄성) 받침의 경우**
   - 교좌면 길이 : B = 연단거리(S) + 들보의 단부에서 받침 중심선까지 거리 + 신축이음 설치간격(G) + 유지관리용 통로(필요시)

   또는 B = 받침 지지길이(N) + 신축이음 설치간격(G) + 유지관리용 통로(필요시)

   상기의 2가지 경우를 비교하여 큰 것을 교좌면 길이로 계획한다.

(4) 연단거리(S)와 받침 지지길이 계산하는 방법

사교나 곡선교에서 교량받침이 교대 또는 교각의 전면과 평행하게 설치되지 않고 사각을 갖는다. 이때의 연단거리(S)와 받침 지지길이는 다음 그림과 같게 계산하다.

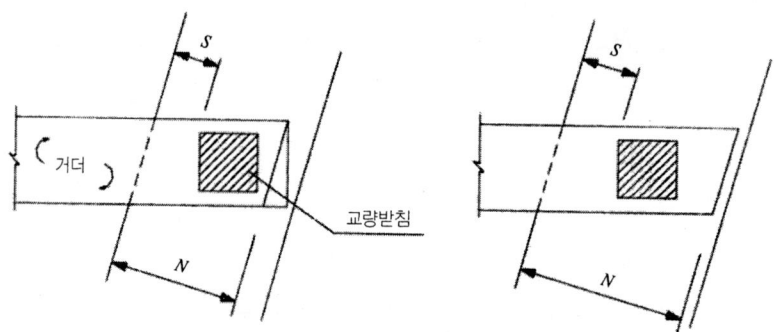

그림 2.3.4 연단거리(S)와 받침 지지길이 취하는 법

(5) 교좌면의 형상

교량받침의 유지관리적인 측면에서 우기에 신축이음부로 침투한 물을 받침면에 고여 있지 않게 하기 위해 교좌면 뒤쪽의 흉벽에 연해서 그림 2.3.5와 같이 Ditch(배수구)를 설치하는 것이 바람직하다.

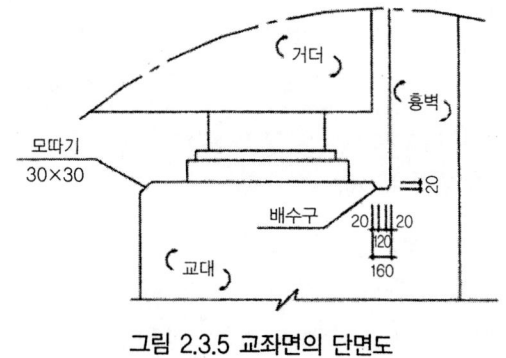

그림 2.3.5 교좌면의 단면도

2.3.2 흉벽(Parapet)의 설계

교대의 흉벽은 윤하중의 충격이나 교대배면에 작용하는 윤하중 및 토압에 대하여 안전하여야 하며, 교대의 활동, 지진시 경사 들보의 이동등과 같은 예측하지 않은 외력이 작용하는 경우에도 안전하여야 한다.

(1) 흉벽의 형상

일반적으로 흉벽의 형상은 ㅣ자형으로 설계하고 있다. 경우에 따라서는 교량상부 구조가 Box Girder의 경우 점검 통로를 Box 단부와 흉벽 사이에 설치할 때는 "ㄱ"자형으로 설계한다.

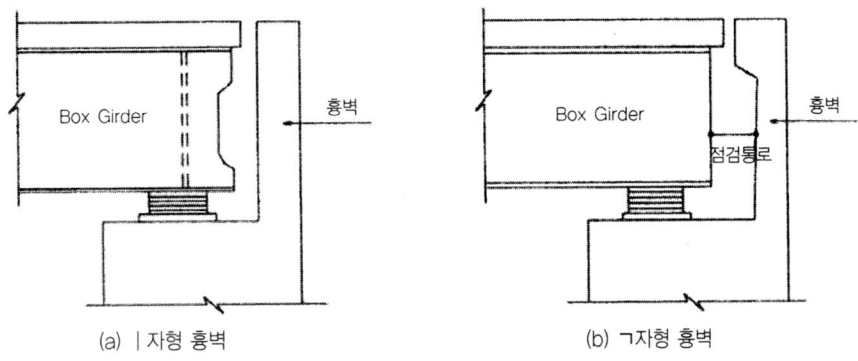

(a) ㅣ자형 흉벽   (b) ㄱ자형 흉벽

그림 2.3.6 교대 흉벽의 형상

(2) 흉벽의 두께

흉벽의 두께는 표준적으로 40cm~50cm 정도를 적용하고 있다. 그러나 신축이음의 형식에 따라 신축이음을 정착시킬 수 있는 충분한 두께를 확보하여야 한다. 흉벽의 표준적인 두께는 표 2.3.1과 같다.

⊙ 표 2.3.1 흉벽의 두께

	흉벽 높이	흉벽 두께
중력식 교대 (f_{ck}=210kg/cm²)	Hp < 1.0m	0.4m
	Hp ≥ 1.0m	0.5m
역 T형 교대 (f_{ck}=240kg/cm²)	Hp < 2.0m	0.4m
	Hp ≥ 2.0m	0.5m

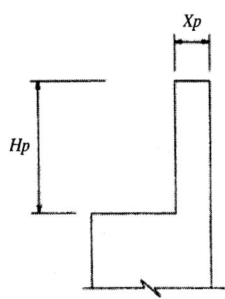

2.4 교대 형식별 계획

2.4.1 중력식 교대의 형상과 치수

(1) 형상

중력식 교대의 형상은 다음 그림 2.4.1과 같이 3가지 Type이 있다. 건설부 제정(1973년) 표준도에는 A-Type의 형상을 채택하고 있고, 일본 건설성 제정표준설계도 집에는 A, B-Type을 채택하고 있다. 그러나 교대 가설위치의 지지지반의 기복, 경사에 의해 교대 높이가 폭원 방향으로 변화하는 경우에는 Footing을 생략한 C-Type 형상이 시공적인 측면에 유리하다.

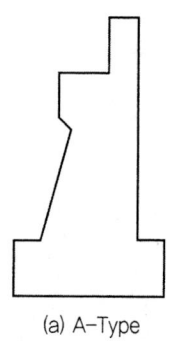
(a) A-Type

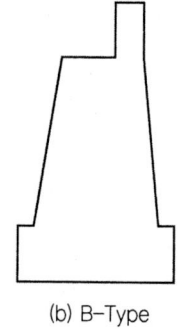
(b) B-Type

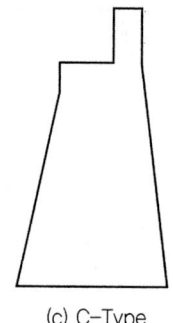
(c) C-Type

그림 2.4.1 중력식 교대 형상

(2) 교대의 치수

1) A-Type의 치수

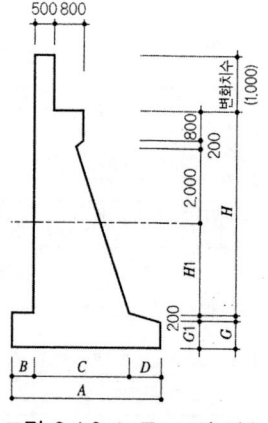

그림 2.4.2 A-Type의 치수

⊙ 표 2.3.2 치수표

H	H1	A	B	C	D	G
3000		3200	600	1700	900	900
4000	1000	3600	600	2100	900	1000
5000	2000	4300	900	2500	900	1100
6000	3000	4700	900	2900	900	1200

(건설부 표준도에서 발췌한 것임)
(주) 내진 설계가 되어 있지 않으므로 적용시 유의 바람.

2) B-Type의 치수

● 표 2.4.1 치수표

받침조건	H	돌기 없음			돌기 있음		
		B	B1	B2	B	B1	B2
고정	3.0	2.25	0.45	0	–	–	–
	4.0	3.00	0.75	0.45	2.55	0.75	0
	5.0	5.00	1.05	2.15	3.50	1.05	0.65
가동	3.0	2.25	0.45	0	–	–	–
	4.0	2.55	0.75	0	–	–	–
	5.0	2.85	1.05	0	–	–	–

(Rd=15t/m, Kn=0.16)
(일본 건설성 표준설계도집에서 발췌한 것임)

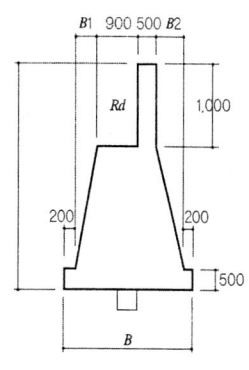

그림 2.4.3 B-Type의 치수

2.4.2 반중력식 교대의 치수

● 표 2.4.2 치수표

H	A	B	C	D	F
4000	3850	1400	1950	500	850
5000	4500	1500	2200	800	900
6000	5050	1700	2450	900	1000
7000	5600	1900	2700	1000	1100

(건설부 표준도에서 발췌한 것임)

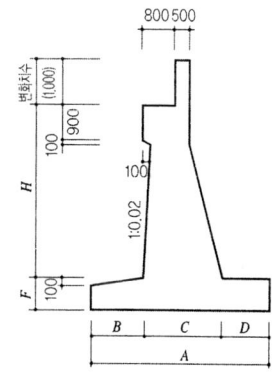

그림 2.4.4 반중력식 교대치수

2.4.3 역T형 교대의 계획

(1) 교대의 형상

역T형 교대의 형상은 교대배면의 뒷채움재의 시공성, 경제성을 고려하여 결정하여야 하며, 일반적으로 도로교에서 적용하는 형상은 4가지 정도로 대별 할 수 있다.

또한 Footing 길이, 벽체(구체)의 높이에 따른 단면형상의 분류와 적용성 결정은 대하여 다음과 요령을 따르는 것이 바람직하다.

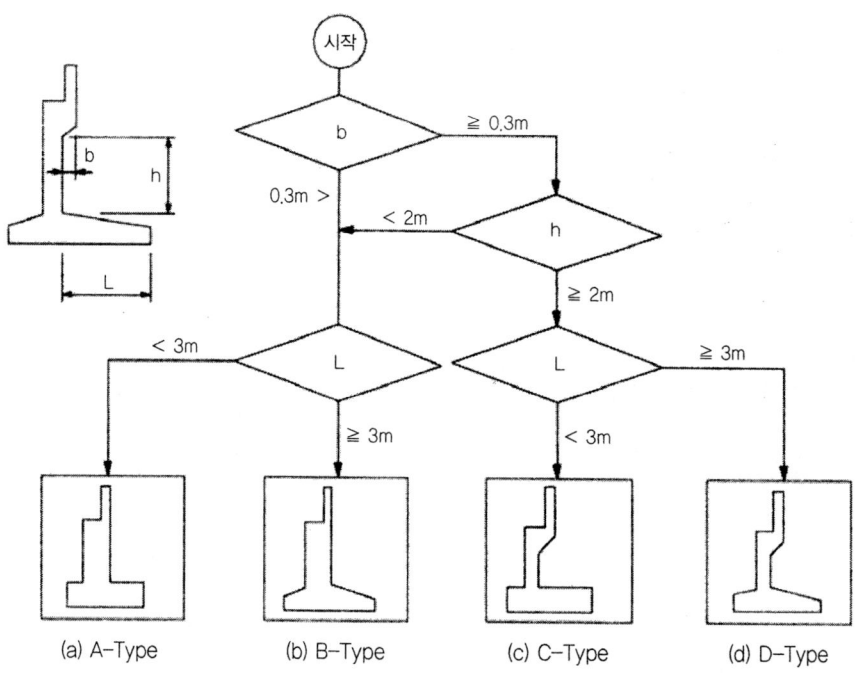

그림 2.4.5 역T형 교대 형상 결정 방법

(2) 역T형 교대의 단면가정

교대의 단면 설정중 교량 기능상 결정되는 교좌면 길이는 설계기준에 의해 결정되고, 흉벽의 높이는 교량의 상부구조와 교량받침의 높이 및 유지관리에 필요한 최소여유높이(40cm)에 의해 결정된다. 또한 흉벽의 두께는 신축이음의 형식에 따라 결정하는 경우와 외부하중(토압, 윤하중 등)에 의해 결정하는 경우가 있다.

일반적으로 교대의 형상이나 각 부재의 크기는 수치적인 해석에 따라 가정하는 방법과 과거의 실적 또는 경험에 의해 결정하는 경우가 있다.

그러나 설계자는 전자보다 후자의 방법에 따라 단면을 가정하여 설계하고 있는 실정이다.

1) 역T형 교대의 단면 가정 순서

교대의 단면 가정은 다음 그림 2.4.6의 순서에 따라 하는 것이 편리하다.

2) 단면 가정

역T형 교대에서 직접기초인 경우에 교대 각 부재의 치수의 결정은 다음과 같이 하는 것이 편리하다. 다음 그림 2.4.7의 각 기호에 대한 치수결정은 과거의 실적을 분석하여 저자가 추천하는 식이므로 설계시 참고자료로 사용하기 바란다.

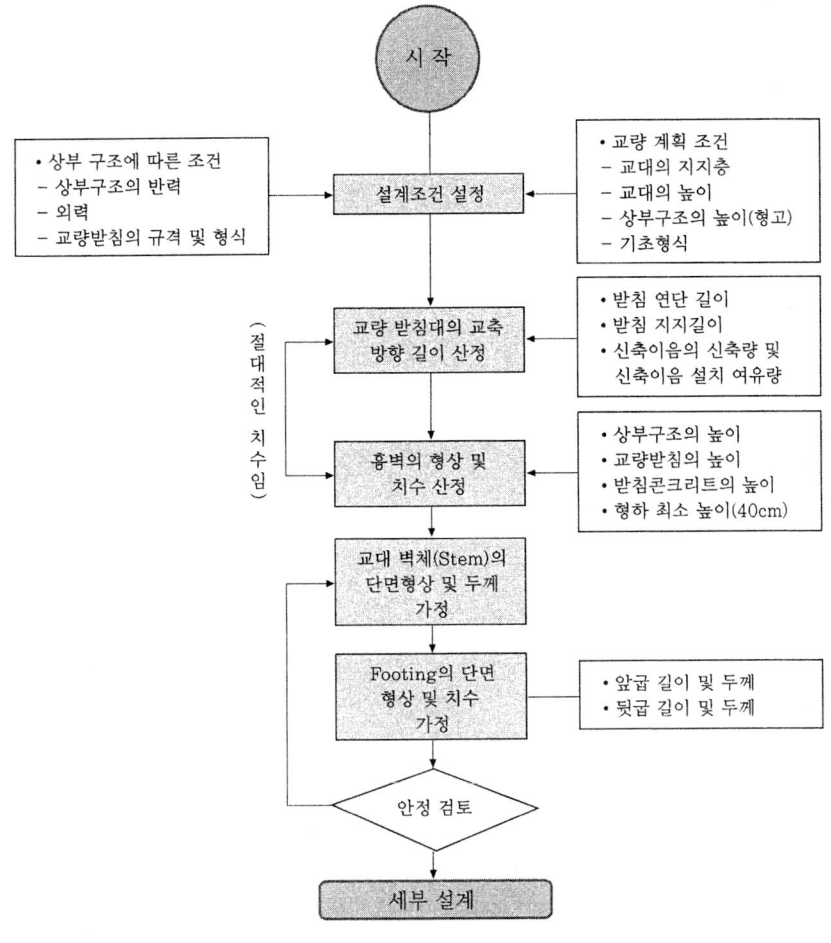

그림 2.4.6 단면 가정흐름도

① 흉벽의 두께(tp)

　흉벽의 높이 $Hp < 2.0$m일때 : $tp = 40.0$cm

　흉벽의 높이 $Hp \geqq 2.0$m일때 : $tp = 50.0$cm 이상

② 벽체(Stem)의 두께(tw)

$$tw = 0.035H^{1.5} \geqq 0.8\text{m} \tag{2.4.1}$$

③ Footing저면의 폭(B)(m)

$$0.6H \leqq B \leqq 0.9H$$

$$\left.\begin{array}{l} B = 3.5 + 0.8(H - 5.0) \text{ (고정단)} \\ B = 3.5 + 0.7(H - 5.0) \text{ (가동단)} \end{array}\right\} \tag{2.4.2}$$

④ Footing의 두께(Hf)

$Hf = (B/5 - 0.1) \geq 0.8m$
$B < 5.0m$ 일때는 $0.8m$ ···································· (2.4.3)
또는 $Hf = tw$(이경우는 비경제적으로 됨)

⑤ Footing의 앞굽길이(df)

  $df = H/6$(비탈면에 교대가 높은 경우)
  $df = B/3$(평지 또는 교대 전면에 제약을 받지 않거나, 말뚝기초로 하는 경우) ···· (2.4.4)

⑥ 뒷굽길이(df)

  $df = B - (df + tw)$ (5.42)

⑦ Footnig의 앞굽, 뒷굽 단부의 최소두께는 80cm 이상으로 한다.

⑧ 교대 벽체의 두께를 변화시킬 때 흉벽 철근의 정착길이 등을 고려하여 교좌면에서 아래로 1.0m 거리에서 변화시키고 변화는 1:1 구배가 되도록 하여야 한다.

⑨ 교대 Footing 정부에서 단면 변화를 시킬 때는 벽체에서 전후에 100mm이상 Level을 두고 변화시켜야 하며 경사는 가급적 완만하게 하는 것이 좋다.
  Level 구간을 두는 것은 거푸집 설치 공간으로서 시공성을 고려하여 설정한 것이다.

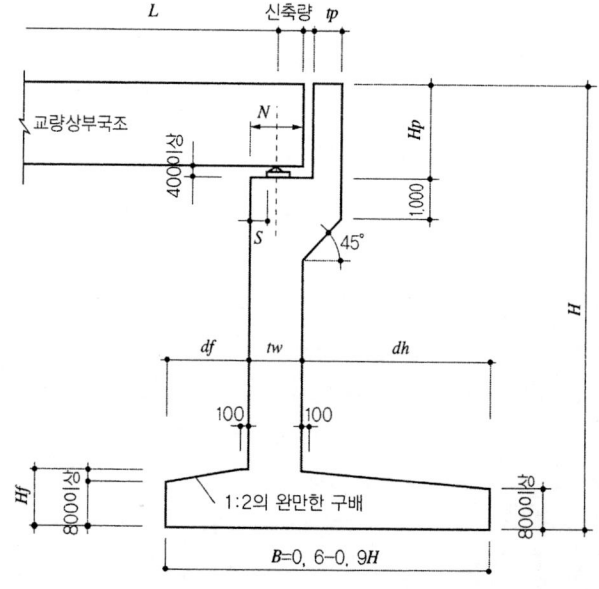

그림 2.4.7 역T형 교대 단면 가정시 기호

2.4.4 부벽식 교대의 계획

부벽식 교대는 시공성이 불량하여 특수한 지형조건, 지반조건이 아니면 잘 적용되지 않는 추세이다.

이는 부벽 교대의 시공성 때문이다. 경제성에 있어도 교대 높이 $H=12m$이하인 경우에는 역T형 교대와 별로 차이가 나지 않으며, 공기에서도 역T형 교대에 비해 길어진다.

경험적으로 볼 때 교대 높이가 13.0m이상일때는 경제성이 있는 것으로 알려져 있다.

(1) 부벽식 교대 단면 가정 순서

교대의 단면 가정은 다음 그림 2.4.8의 순서에 따라 하는 것이 편리하다.

(2) 단면가정

1) 흉벽의 두께(tp)

흉벽의 높이 $Hp < 2.0m$일때 : $tp = 40.0cm$

흉벽의 높이 $Hp \geqq 2.0m$일때 : $tp = 50.0cm$ 이상

2) 벽체의 두께(tw)

상단의 최소 두께는 50cm 이상

$$tw = 0.012H^{1.5} \geqq 0.5m \quad\quad\quad\quad\quad\quad\quad\quad\quad\quad\quad\quad (2.4.6)$$

3) Footing의 저면의 폭(B)(m)

$0.7H \leqq B \leqq 1.0H$

$$\left.\begin{array}{l} B = 7.0 + 0.85(H - 9.0) \text{ (고정단)} \\ B = 7.0 + 0.75(H - 9.0) \text{ (가동단)} \end{array}\right\} \quad\quad (2.4.7)$$

4) Footing 앞굽의 두께(Hf)

$$Hf = B/5 - 0.1 \geqq 0.8m \quad\quad\quad\quad\quad\quad\quad\quad\quad\quad (2.4.8)$$

5) Footing의 앞굽길이(df)

$$df = H/6 \text{ 또는 } B/3 \quad\quad\quad\quad\quad\quad\quad\quad\quad\quad\quad (2.4.9)$$

6) Footing 뒷굽의 두께는 80cm를 표준으로 한다.

7) 부벽의 간격(dc)

부벽의 간격은 교대의 폭원(교량폭)에 따라 적당히 조정하여 계획하여야 하며, 일반적으로 3.0~4.0m정도면 적당하다.

8) 부벽의 두께(tc)

부벽의 두께는 부벽의 간격에 의해 결정되며 일반적으로 $0.5 \leqq tc \leqq 0.8m$범위에서 사용하는 것이 좋다.

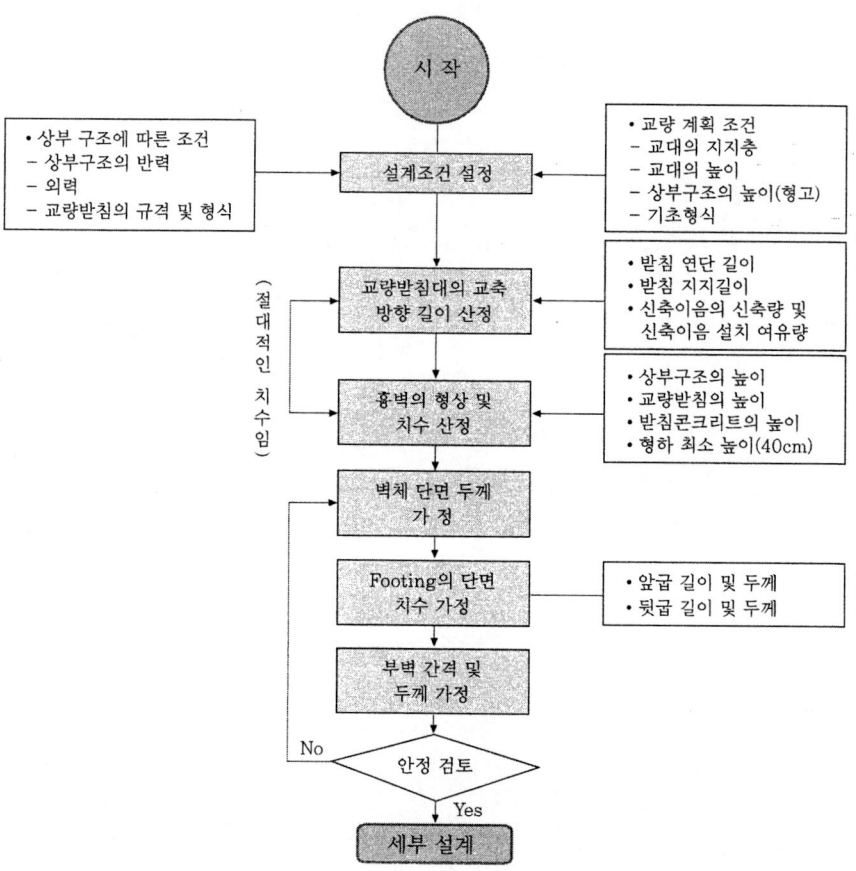

그림 2.4.8 부벽식 교대 단면 가정 흐름도

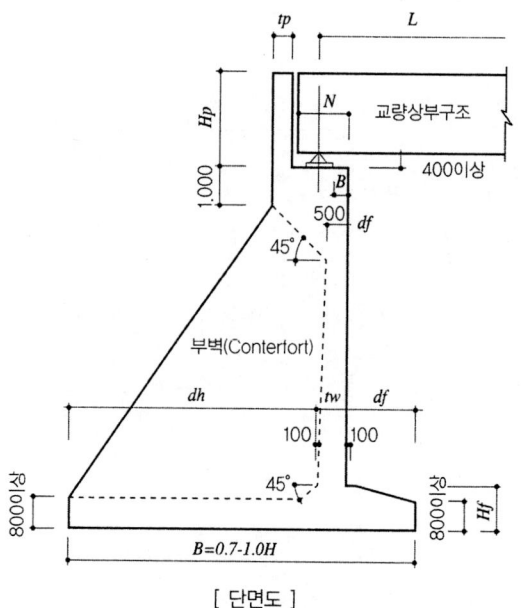

[단면도]

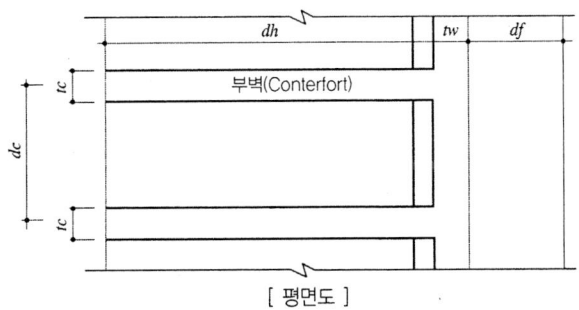

그림 2.4.9 부벽식 교대 단면 가정시 기호

2.4.5 중간이음 라멘 교대(Spill through Abutment)

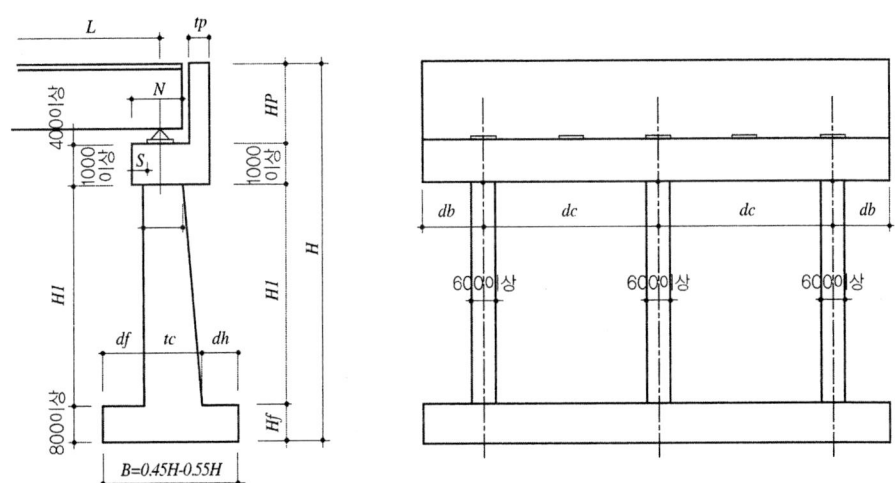

그림 2.4.10 중간이음라멘교대 단면 가정시 기호

(1) 적용위치

중간이음라멘교대는 설계에 적용을 잘하지 않고 있는 실정이나 기초의 지지층이 지표에서 5m 이상 되고 교대의 높이가 높아 역T형, 부벽식 교대로 하였을시 경제성이 떨어지는 경우, 교대 전면에 시설한 계에 지장이 없는 경우, 연약지반에서 성토에 따른 교대의 측방 이동이 예상되는 지역 등에 적용하면 유용한 교대 형식이다.

(2) 단면가정

단면 가정시 다음 사항을 고려하여 계획하는 것이 바람직하다.(그림 2.4.10 참조)

1) 교량 받침대 높이(Beam 높이)

   교량 받침대(교좌) 높이는 최소 1000mm 이상, 또는 흉벽의 주철근의 정착길이 이상이 필요하다.

2) 기둥의 높이(H1)

   $[\text{교량 받침대 높이}(1000mm) + H_p(\text{흉벽의 높이}) \times 2)] \leq H_1$ ────────── (2.4.10)

3) 기둥의 간격(dc) 및 두께

   ① 기둥의 간격은 일반적으로 dc = 3,500~5,500를 적용한다.
   ② 교량상부 반력에 의해 교좌 받침대의 안전성이 확보된 간격 이하로 적용
   ③ 기둥의 두께는 600mm이상을 표준으로 적용한다. 단 두께가 적을때는 토압이 적어 이점이 있으나 기둥의 폭(tc)이 커진다.

4) 기둥의 폭(tc)

   ① 최소 폭은 800mm이상
   ② $tc = 0.055 \times H^{1.5} \geq 0.8m$ ────────────────── (2.4.11)

5) 기초 저면폭(B)

   B = 0.45H~0.55H (일반적으로 0.5H을 적용함)

6) 기초두께(HF)

   최소 800mm이상 또는 5.1.6항의 기초의 강성이 확보된 두께 이상

7) 교좌 받침보의 Cantilever 길이(db)

   단면의 강도가 교대 날개벽에 발생하는 수평방향 휨모멘트, 교량 받침에 의한 수직모멘트에 저항할 수 있는 길이

8) 기타

   본 중간이음 라멘 교대에 적용하는 상부구조의 형식은 가급적이면 상부 구조 높이가 낮은 형식일 때가 유리하다.

2.4.6 Rahmen식 교대(교축방향 라멘 교대)

(1) 단면형상

Rahmen식 교대의 형식은 기초 지지층의 위치에 따라 형상이 결정되는데, 그림 2.4.11(a)는 원지반 표면에서 지지층이 낮은 경우에 적용하고, (b)는 성토고가 높고 지지층이 깊은 경우, (c)의 경우는 성토고가 높으며, 자연 비 탈면에 지지층이 낮고, 도로 성토시 안정에 문제가 있는 지역에 적용한다.

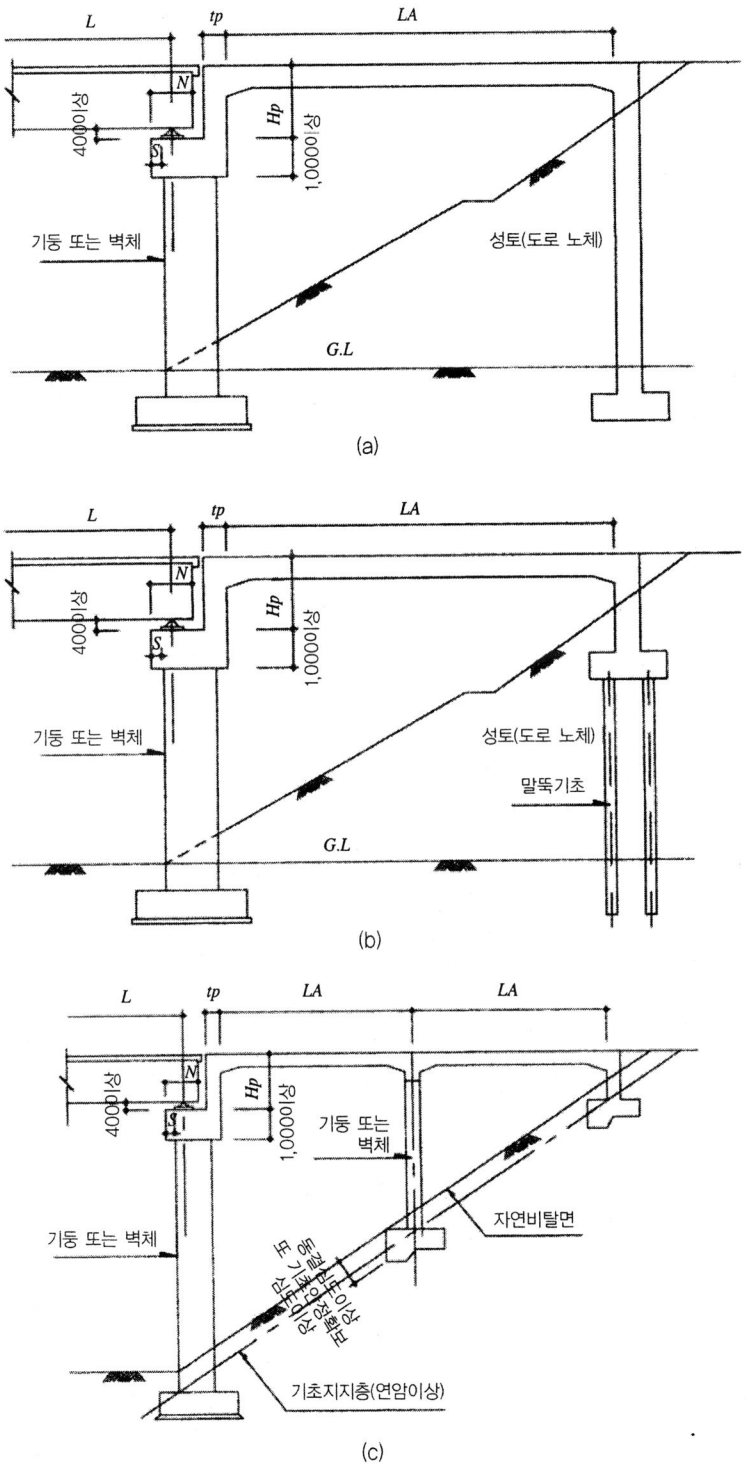

그림 2.4.11 Rahmen식 교대 형식

(2) 단면가정

1) 흉벽의 두께(t_p)

흉벽의 두께는 흉벽의 높이에 의해 결정되는 것이 아니라 Rahmen의 Slab의 두께에 의해 결정된다. 계획시 흉벽의 두께는 Slab 두께보다 크게 하거나, 같게 하는 것이 좋다.

2) 교량 받침대의 높이는 1000mm이상, 흉벽 주철근의 정착길이 이상이 되도록 계획한다.
3) 교대 전면 및 중간부는 개방감을 주기 위해 일반적으로 기둥으로 계획한다.
4) 라멘 교대 순경간(L_A)는 최대 15m를 넘지 않아야 한다.
5) 일반적으로 L_A = 7.0~12.0m가 적당하다.
6) 기타 사항은 편토압을 받는 Rahmen교 설계에 준하여 설계하면 된다.

2.5 경사 교대

교량의 경사각 θ(그림 2.5.1)가 어느 정도 작게되면 교대의 안정도와 응력이 교축 방향보다 교대 배면 직각 방향이 위험하게 된다. 사각의 교대에서 계산 하는 방향은 도로폭이나 교대의 높이, 혹은 교대에 작용하는 상부구조로부터의 반력의 크기, 받침구조 등에 따라 종종 틀려지므로 어느 한방향으로 규정한다는 것은 곤란하다. 설계자의 판단으로 각 조건을 충분히 감안해서 설계코자 하는 방향을 하나로 한정시킬 수 있는 경우 이외는 두 방향에 대해서 검토하는 것이 좋다.

그러나 교대배면은 성토로 메워지는 경우가 많으며 토압은 교대 배면에 직각 방향으로 작용하므로 보통의 경우에는 교대배면 직각방향에 대하여 검토하면 되는 경우가 많다.

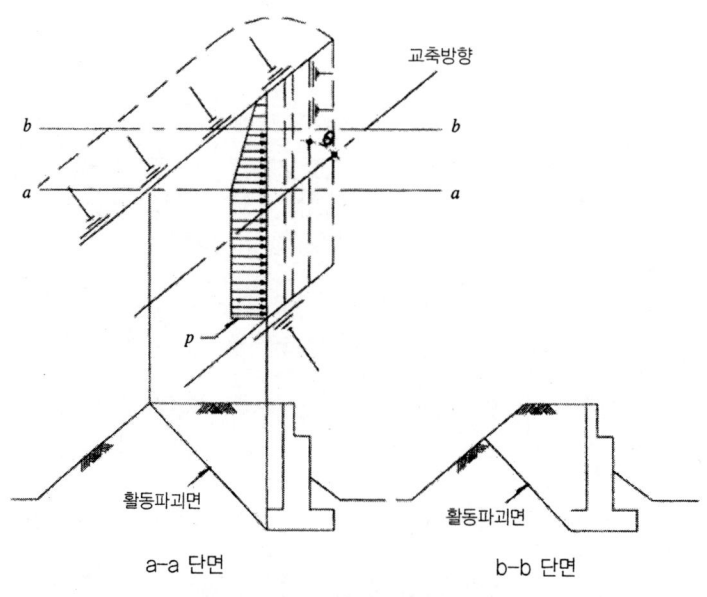

그림 2.5.1 경사교대

경사교대에 있어서는 배면의 지형상태가 일정하지 않은 경우가 많아서 그림 2.5.1에서와 같이 교대에 작용하는 토압은 교대폭 방향에 대하여 일정하지 않다. 또 토압의 작용방향과 교축방향이 일치하지 않는다. 이 때문에 교대에 토압 작용 방향의 변위 및 회전 변위가 발생하므로, 교대의 안정 및 응력의 계산은 입체적인 해석이 필요로 한다.

교량의 경사각 θ에 따른 교대 Footing의 형상은 다음 그림 2.5.2와 같다.

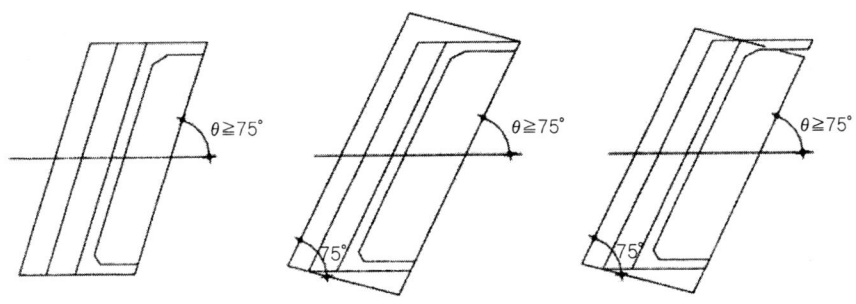

그림 2.5.2 경사 교대의 Footing 형상

2.6 교대접속판(Approach Slab)

교대배면 채움토사의 침하에 의해 차량통행에 지장을 주므로 채움재료는 특히 양질의 토사를 사용하여 충분히 다짐을 하여 침하를 최소한 억제를 하여야하고, 채움토사에 침입하는 침투수는 적당한 방법으로 배수시키지 않으면 안된다.

교대배후의 채움토사는 압밀등에 의한 침하, 지진시의 교대진동에 따른 침하, 토사 액상화에 따른 침하등이 변상이 생길 가능성이 있다. 따라서 교대와 뒷채움부 사이의 부등침하 효과를 감소시켜 교량접속 포장사이의 단차를 방지하고, 이에 따른 포장체 파손 및 상시에 주행차량과 교대에 충격을 주지 않도록 배려하여야 하고, 지진후의 원활한 도로교통을 확보하기 위하여 접속판을 설치한다.

교량접속부 포장은 토공부가 아스팔트 콘크리트 포장일때는 교면포장과 동일한 두께로 하고, 시멘트 콘크리트 포장일 경우에는 슬래브면을 노출로 할 수 있다.

2.6.1 접속판 설치

(1) 연약지반 상에 축조된 교대 중 연약지반의 잔류침하가 커서 접속판의 설치효과가 충분히 나타나지 않은 곳에는 접속판을 설치하지 않는다.
(2) 접속판은 노면에 종·횡단 경사가 있는 경우에는 접속판의 경사를 노면의 경사에 따라 설치한다.
(3) 노면의 종단경사가 상향일때는 교대 흉벽과 접속판 사이에 노면침투수에 의해 체수가 발생하여 동

파 염려가 되는 경우가 있으므로 이에 대한 대책을 강구하여야 한다.
(4) 접속판의 설치목은 차로 및 내외 양 측대를 포함한 폭을 원칙으로 하며, 접속판의 길이는 6~10m로 한다.
(5) 접속판(approach slab) 1판과 완충판(connection slab) 2판 설치를 원칙으로 한다. 단, 교대 높이가 10m이하인 경우 완충판의 설치 매수를 1판으로 줄여도 좋으며, 사각에 따라 조정할 수 있다.

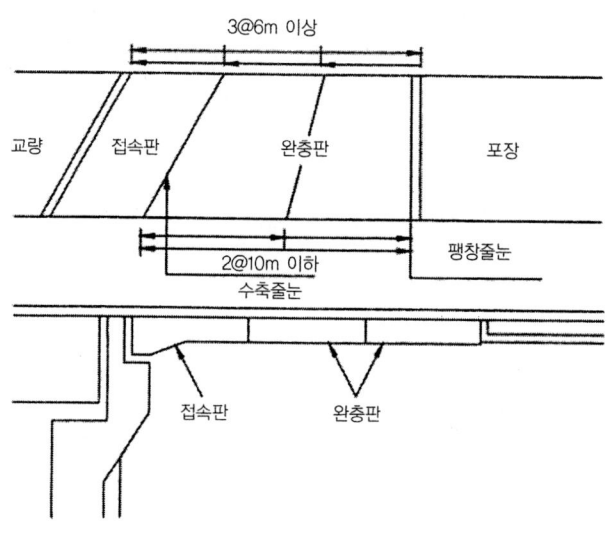

그림 2.6.1 접속판 및 완충판 배치 예

2.6.2 접속판의 길이 및 두께

여기에 소개한 내용은 "일본 사국 지방건설국: 도로구조에 관한 제기준에 운용지침(소화 61년 7월)"을 발췌한 것이다.

여기서는 교대배면의 성토높이(H)가 3.0m이상의 개소에서 원칙적으로 접속판을 설치한다.

⊙ 표 2.6.1 접속판의 최소길이

성토 높이 H(m)	최소길이 L(m)	
	V<80km/h	V≥80km/h
H<3.0m	불필요	불필요
3.0m≤H<10m	5.0m	5.0m
H≥10m	5.0m	8.0m

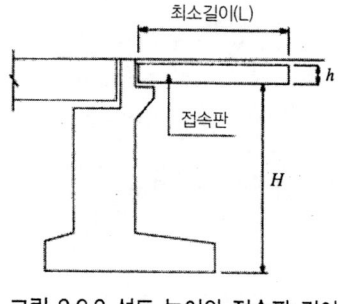

그림 2.6.2 성토 높이와 접속판 길이

⊙ 표 2.6.2 접속판 두께(h)

설계길이 (m)	4.0	5.0	6.0	7.0	8.0	9.0	10.0
두께 (m)	30cm		40cm			50cm	60cm

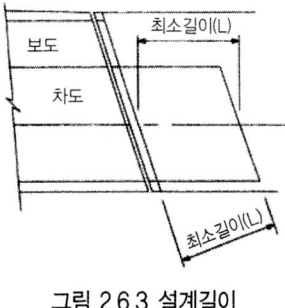

그림 2.6.3 설계길이

2.6.3 접속판 지지대(Bracket)

(1) 접속판 지지대의 형상

접속판 지지대의 형상은 그림 2.6.4와 같이 2가지 형상이 있으며 Type-A는 흉벽의 높이(Hp)에 따라 다음과 같이 적용하는 것이 좋다.

$Hp < 1.5$m인 경우 : Type-A

$Hp \geqq 1.5$m인 경우 : Type-B

경우에 따라서는 흉벽의 높이가 3.0m 이상일때 Type-B의 흉벽의 철근직경이 크게 되어 비경제적인 설계가 될 수 있으므로 교대의 형식에 따라 적용하기 바란다.

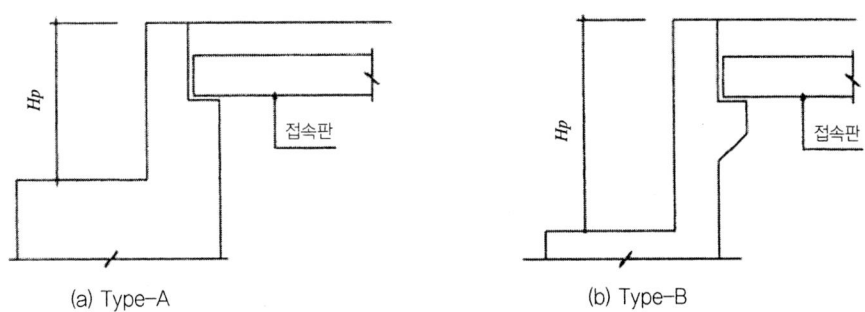

그림 2.6.4 접속판 지지대 형상

(2) 접속판 지지대의 폭원

일반적으로 지지대의 폭원은 300mm를 표준으로 설계하여 왔다.

그러나 한국도로공사 구조물 표준도에 따라 시공할때 다음 그림 2.6.5의 철근 D2의 시공에 문제가 발생하여 그림 2.6.6과 같이 개선이 필요하다.

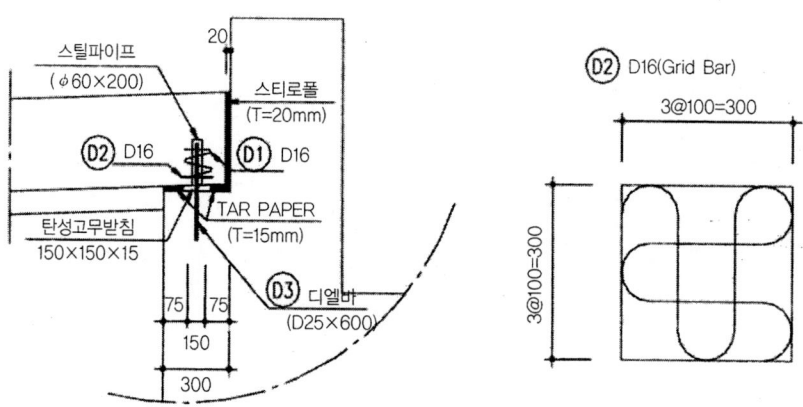

그림 2.6.5 접속판 지지대 상세도(기존안)

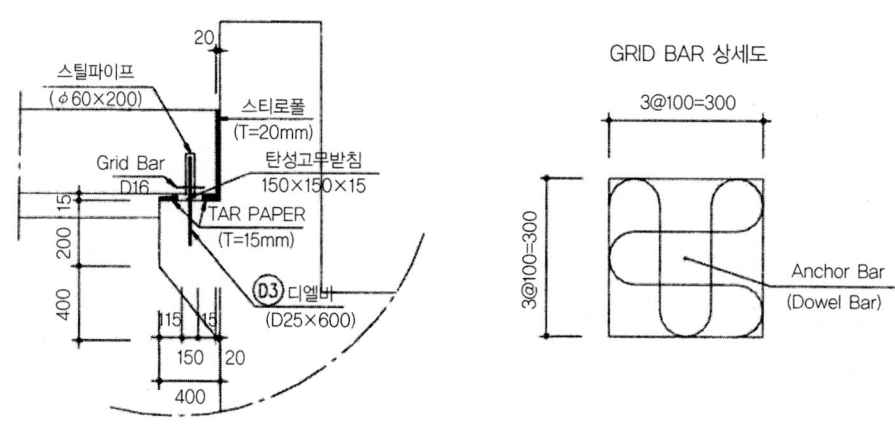

그림 2.6.6 접속판 지지대 상세도(개선안)

2.7 날개벽(Wing Wall)

교대의 날개벽의 목적은 교대 배면의 토사를 보호하기 위한 것이며, 교대구체 및 흉벽에서 직각 또는 직각에 가까운 각도로 고정하여 설치한다. 교대 설치 위치의 현장조건에 따라 교대측 교량 하부를 사용할 수 있도록 하거나 교량길이를 축소하는 기능을 위하여 날개벽을 설치하기도 한다.

2.7.1 날개벽의 형상

일반적으로 시각적인 측면에서 볼 때 날개벽의 형상은 그림 2.7.1에서 (a)는 평행형, (b)(c)는 측벽형이라고 부르고 있다.

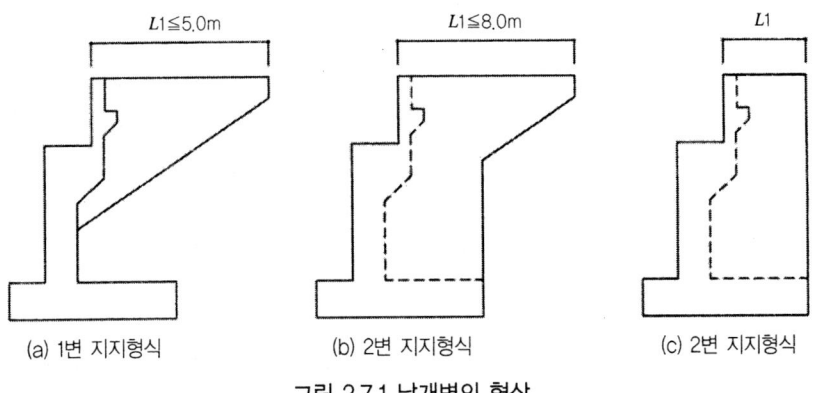

그림 2.7.1 날개벽의 형상

또한 날개벽은 설치 방향에 따라 교대 전면과 직각을 이룰수도 있고 사각을 가질 수도 있는데, 사각의 각도가 45°이상일때에는 교대의 안정에 문제를 유발할 수 있으므로 날개벽에 작용하는 토압을 고려하여 교대의 안정에 대한 검토를 수행해야 한다.

날개벽은 그림 2.7.2(a)의 평면형상이면 교대와 일체로 설계가 가능하지만 그림 2.7.2(b)의 평면 형상일 때는 분리형으로하여 날개벽 옹벽, 석축, 보강토 옹벽 등으로 설계하는 것이 바람직하다.

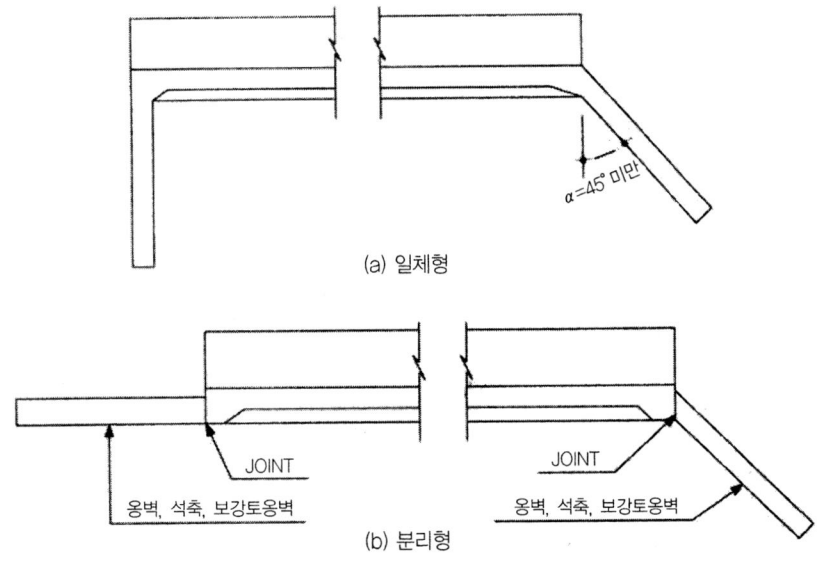

그림 2.7.2 교대 날개벽 설치방법

2.7.2 날개벽의 치수

날개벽의 형상과 치수는 교대의 설치장소, 교대배면의 성토 높이, 비탈면의 경사에 따라 변화한다.

날개벽의 길이에 따라 적용성을 분류하면 평행 날개벽 형상(1변 지지형식)은 최대 5.0m미만에 적용하고, 그림 2.7.1(b)의 측벽형(2변 지지형식)은 최대 8m 정도로 설계하고 그림 2.7.1(c)의 경우는 교대 뒷굽에 의해 길이를 결정한다.

또한 교대 설치 장소의 여건상 날개벽 길이를 8.0m 이상으로 설치하고져 할 때는 날개벽을 부벽식 옹벽 형태로 하여 그림 2.7.3와 같이 설치하면 된다. 이때 날개벽 길이는 교대의 Footing 두께를 제외한 높이에 의해 길이를 결정하는 방법과 1변 지지날개벽 최대 길이 5.0m에 교대 뒷굽 길이를 더한 길이 이상을 설치하는 방법이 있다.

날개벽의 두께는 통상적으로 30cm~80cm 정도까지 적용하고 있는 실정이다.

평행 날개벽 또는 측벽형 날개벽은 수평 주철근을 교대의 흉벽의 배력근(수평철근)에 정착시키지 않으면 안되므로, 흉벽의 두께 또는 흉벽의 배력 철근 철근량이 날개벽 보다 적은 경우에는 흉벽의 두께를 조절하고, 흉벽에 보강철근을 추가해 둘 필요가 있다.

상기와 같이 조치를 취하지 않으면 날개벽의 길이가 긴 경우에는 날개벽과 흉벽의 연결부에 수직균열이 발생한다는 점을 설계자는 간과해서는 안된다.

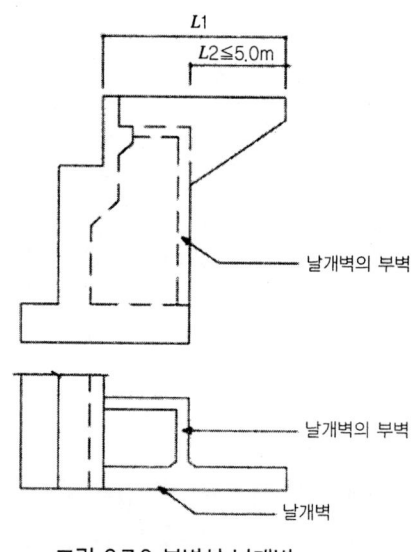

그림 2.7.3 부벽식 날개벽

(1) 최소 날개벽 길이

최소 날개벽 길이를 결정하는 데는 다음과 같은 요소를 고려한다.

1) 흉벽의 높이(교량 상부구조 높이+교량받침 높이)(Hp)
2) 교량받침대 상면과 교대배면의 성토 경사면과 여유공간 : 50cm 정도
3) 교대배면 성토재의 비탈면 경사각(a)

최소 날개벽 길이 min l_w는 다음 식에 의해 구한다.(그림 2.7.4 참조)

$$\min l_w = (Hp+500) \cdot a + 360 \leq 5000 \quad\quad\quad\quad\quad (2.7.1)$$

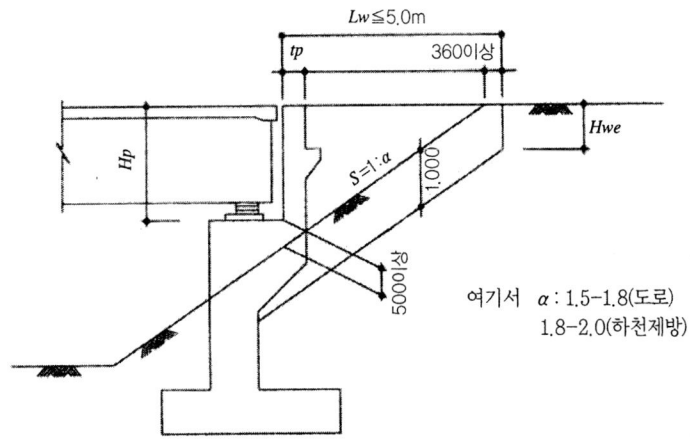

그림 2.7.4 날개벽 최소길이 결정

(2) 최대 날개벽 길이

최대 날개벽 길이를 결정하는데는 다음과 같은 요소를 고려한다.

1) 교량 상부구조의 높이(형고) : Hs
2) 교대전면의 다리 밑 높이 : Hc
3) 교대 배면 성토재 비탈면의 경사각 : α

최대 날개벽 길이는 다음 식에 의해 구한다(그림 2.7.5 참조)

$$\max l_w = (Hs + Hc) \cdot \alpha + 360 - Bs \leq 8000 \quad\quad\quad (2.7.2)$$

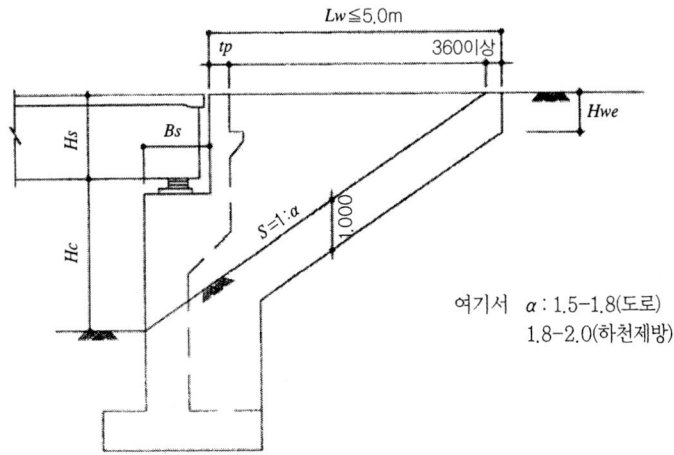

그림 2.7.5 날개벽 최대길이 결정

새로운 구성 교량계획과 설계

제IV편 교량의 하부구조 계획과 설계

제3장 교각의 계획과 설계

| 새로운구성 교량계획과 설계 |

제3장_교각의 계획과 설계

 교각은 통상적으로 상부구조를 지지하는 기능성, 교량 가설 위치의 입지조건, 경제성, 장래 유지관리를 고려한 보수성, 주변 경관 및 교량자체와의 조화를 고려한 환경성 등에 의해 형식이 결정된다. 교각의 형식은 경제적인 측면과 유지관리 면만 고려한다면 콘크리트 구조로 하는 것이 좋으나, 교각의 설치 위치에 따라 형상치수에 제약을 받는 경우에는 강재교각, 복합재료 교각을 채용하는 것이 좋은 경우가 있다. 교각의 형상은 단순히 교량가설 위치의 입지조건에 따라 결정되는 경우도 있지만 교량 상부구조의 평면선형, 종단선형등 과의 관계에 의해 복잡한 구조로 형상이 결정되는 경우가 있다.

3.1 교각 형식의 분류 및 특징

3.1.1 재료에 의한 분류

교각의 재료에 의한 분류는 사용재료에 따라 다음과 같이 분류한다.

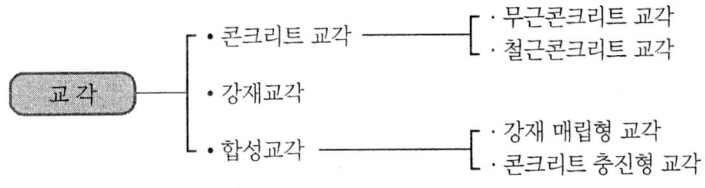

그림 3.1.1 교각의 재료에 의한 분류

(1) 무근콘크리트 교각

1) 중력식 교각이라고 부른다
2) 순수한 콘크리트로만 교각을 축조한다.
3) 교각의 높이에 제한을 받는다.(H=7.0m 이하)
4) 철근콘크리트 교각에 비교하여 단면이 크다.
5) 내진 설계에는 부적합한 구조이다.
6) 공사비가 저렴하고 시공이 용이하다.
7) 소교량에 적합하다.
8) 현재는 설계에 적용하는 예가 적다.

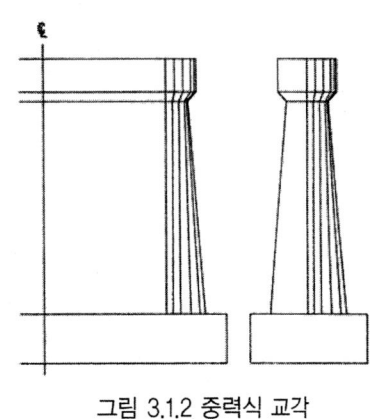

그림 3.1.2 중력식 교각

(2) 철근콘크리트 교각

1) 현재 설계 또는 시공되어 있는 교각의 대부분을 차지하고 있다.
2) 유지관리비가 저렴하고, 시공성이 용이하다.
3) 단면이 강재 또는 합성교각에 비교하여 크며, 입지조건의 제한을 받는 경우에는 적용이 곤란하다.
4) 기둥형상에 따라 교각의 높이가 제한을 받으나, 단일 단면으로 $H=70.0m$ 까지는 시공실적이 있다.
5) 하천, 항만, 산악지에 건설하는 교각에 적합하다.

(3) 강재교각

1) 교각의 설치 위치의 입지조건 및 역학조건에 따라 단주형식, Rahmen형식, 벽형식을 할 수 있다.
2) 동일단면 제원으로 지간을 장대화 할 수 있다.
3) 부재의 경량화에 따른 수송, 가설비 절감 가능
4) 합성교각에 비교하여 부재의 형상 치수가 크다.
5) 내화력에 약점이 있다.
6) 장래의 유지 관리비가 소요된다.
7) 도시 고가교에 적합한 재료이다.
8) 분리된 교량의 교각에 적합하다.
9) 다리밑공간에 제약받는 교량에 적용한다.

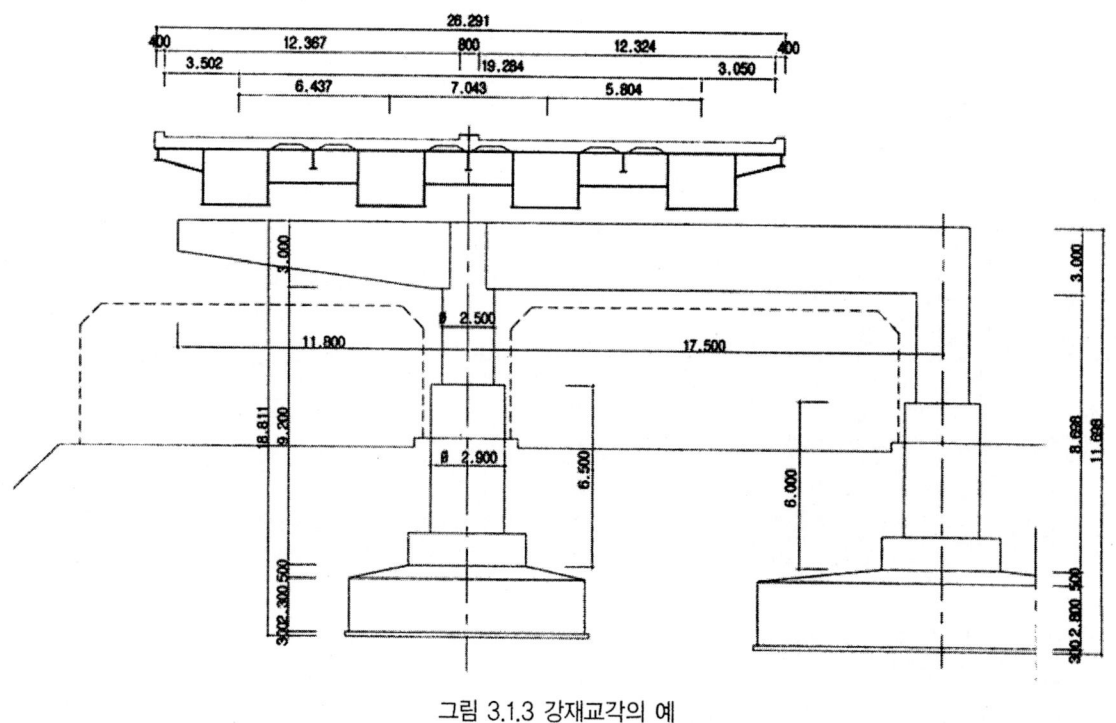

그림 3.1.3 강재교각의 예

(4) 강제 매립 합성형 교각

1) 교각의 설치 위치의 입지조건 및 역학조건에 따라 단주형식, Rahmen 형식, 벽형식을 할 수 있다.
2) 철근콘크리트 교각에 비교하여 부재의 지간을 크게 할 수 있다.
3) 철근콘크리트 교각에 비교하여 인성을 발휘할 수 있다.
4) 강재 교각에 비교하여 공사비가 싸다.
5) 방청등의 보수, 유지관리비가 불필요하고 내구성이 양호하다.
6) 강제 교각에 비교하여 부재의 변형량을 줄일 수 있다.
7) 내화적이며 소음에 대하여 유리하다.
8) 시공 작업이 복잡하고 공기가 길다.
9) 도시 고가교에 적합하다.

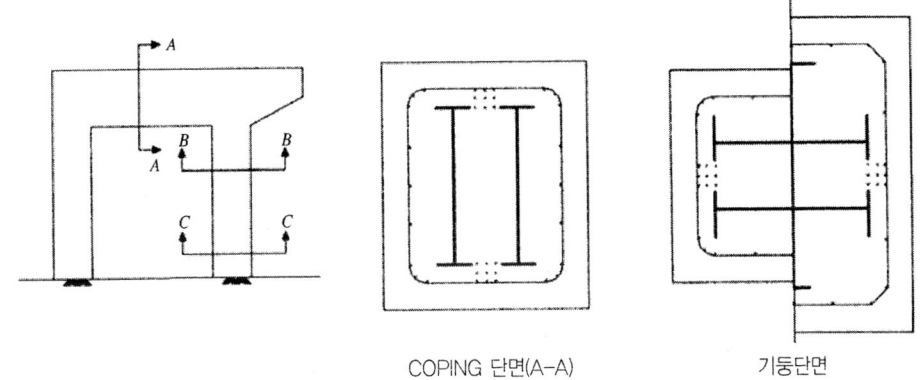

그림 3.1.3 강재 매립형 교각의 강재와 철근 배근(예)

(5) 콘크리트 충진형 합성 교각

1) 교각의 설치 위치의 입지조건 및 역학조건에 따라 단주형식, Rahmen 형식, 벽형식을 할 수 있다.
2) 기둥 단면을 크게 하지 않고 중공 강재 기둥보다도 내하력을 증대시킬 수 있다.
3) 강성이 크므로 처짐이 작아진다.
4) 강재와 콘크리트의 합성 효과에 의해 변형 성능 혹은 인성도 증대한다.
5) 충전 콘크리트가 강판의 국부 좌굴을 방지하고 합성 기둥의 내하력을 상승시킨다.
6) 큰 압축력이 작용해도 바깥쪽 강판에 의해 충전 콘크리트의 압괴(壓壞)가 방지된다.
7) 충전 콘크리트의 열용량 효과에 의해 중공 강관 보다도 내화상 유리하다.
8) 바깥쪽 강판은 프리캐스트 부재로서도, 또 거푸집으로서도 이용된다.
9) 단면 바깥쪽에 강재가 배치되므로 고장력 강을 이용한 경우라도 강관을 항복영역에 도달할 때까지 유리하게 이용할 수 있다.
10) 도시 고가가교에 가장 적합한 형식이다.

11) R.C 교각에 비교하여 거푸집이 필요 없다.

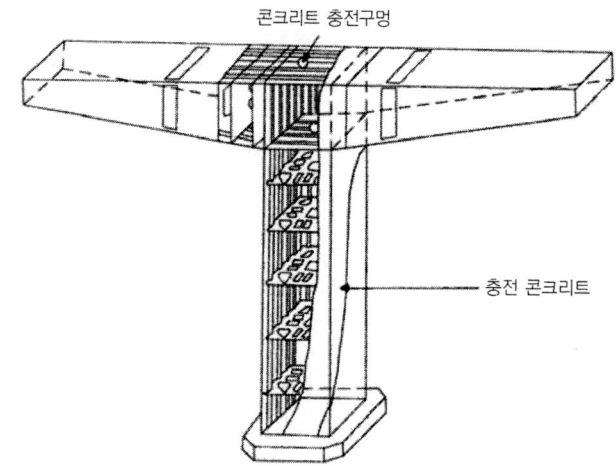

그림 3.1.4 콘크리트 충진형 합성교각(예)

3.1.2 교각기둥 단면 형상에 의한 분류

교각의 단면형상은 교량 가설 위치의 입지조건, 시공성, 경제성, 조형미 등을 고려하여 결정한다.

기둥 단면형상은 2개 이상의 표준적인 단면형상을 조합하여 조형미를 살리는 경우, 높이에 따라 단면을 변화시키는 경우등 다양하므로 어떤 형상이 적합한 형상이라고 단정 짓기는 어렵다.

표 3.1.1은 일반적으로 많이 사용하는 기둥단면의 형상을 타나낸 것이다.

⊙ 표 3.1.1 표준 교각기둥 단면 형상(a)

구 분			단 면 형 상	비 고
콘크리트 교각	원형단면	충실단면	○	• 소교량　　• 하천교 • 도시고가교　• 일반적인 모든교량 적용 가능 • 적용 높이 H=15m 미만에 적합
		속빈단면	◎	
	사각단면	충실단면	▭	• 하천교 • 교각 높이가 높은 교량 • 적용 높이 H≤30m
		속빈단면	▭	
	트랙형 단면	충실단면	⬭	• 도시고가교　• 일반교량 • 소교량　　• 적용 높이 H=15m 미만에 적합
		속빈단면	⬭	

⊙ 표 3.1.1 표준 교각기둥 단면 형상(b)

구 분			단면형상	비 고
콘크리트 교각	벽식단면			• 소교량　　　• Rahmen교　　• 하천교 • 일반적인 교량　• 적용 높이 H≧3.0m
	육각형 단면	충실단면		• 하천교　　　• PSC Box Girder교 • 일반교량　　• 미관 설계시 고려
		속빈단면		• 적용높이 H≦25.0의 교량
	8각형 단면	충실단면		• 하천교　　　• PSC Box Girder교 • 일반교량　　• 미관 설계시 고려
		속빈단면		• 적용높이 H≦25.0의 교량
	H-형 단면	충실단면		• 산악교　　　• 높이가 높은 교량 • 적용 높이 H≧25.0m의 교량
		충실단면		• 산악교　　• 하천교　　• 높이가 높은 교량 • 적용높이 H≧25m의 교량
강재 (강합성) 교각	원형단면	강재교각		• 도시고가교　　• 육교 • 적용 높이 H≦25m(크레인 능력에 따라 적용)
		S.R.C 교 각		• 도시고가교　　• 하천교 • 적용 높이 H≦30.0m(크레인 능력에 따라 적용)
		강합성 교 각		• 도시고가교 • 적용 높이 H≦30.0m
	사각단면	강재교각		• 도시고가교　• 육교　　• Rahmen교 • 적용 높이 H≦25.0m(크레인 능력에 따라 적용)
		S.R.C 교 각		• 도시고가교 • 적용 높이 H≦30.0m(크레인 능력에 따라 적용)
		강합성 교 각		• 도시고가교　• Rahmen교 • 적용 높이 H≦30m(크레인 능력에 따라 적용)
	벽식단면 t : b = 1 : 2 이상	강재교각		• 도시고가교　• Rahmen교 • 적용 높이 H≦20m
		강합성 교 각		• 육교　　　　• Rahmen교 • 적용 높이 H≦20m

3.1.3 교각의 구조계에 의한 분류

교각의 형상은 도로의 폭원, 상부구조의 배치상태, 교량하부의 지형, 지물, 교량가설 위치의 입지조건, 교각의 높이, 상부구조의 형상, 시공성, 경제성, 미관 등을 고려하여 결정한다. 그러나 동일 위치, 동일 교량이라고 할지라도, 설계자에 따라 다른형상의 교각형상을 선정할 수 있으므로 적정 교각형상을 결정하기는 어려운 일이다. 또한 동일의 구조계라고 하여도 사용재료, 단면형상에 따라 적용높이가 다르므로 여기서는 구조계에 대하여서만 언급하기로 한다.

⊙ 표 3.1.2 교각의 구조계에 따른 형상

구 분	형 상				
기둥식 교각	단주형	2주형	다주형	대칭 T형	비대칭 T형
	y-형	라켓형	역 L형		
라멘식 교각	π형	비대칭 π형	다주라멘형	문 형	다주문형
		H-형			
벽식 교각	벽체 두께 : 폭 = 1 : 2이상인 경우				
특수 교각	교축방향		교축방향		교축방향

3.2 교각의 형식 선정

교각의 형식은 교량의 높이, 교량 상부구조 단면형상, 주변여건(하천, 도시부, 산간부, 평지부 등)에 따라 결정되는 경우와 경제성과 시공성, 장래 유지관리 측면, 시공성, 교통처리 방안 및 교각 기초의 형식(직접기초, Pile기초, 우물통 기초 등)등에 따라 결정되는 경우가 있는데, 교각의 적용 높이는 형식 및 단면치수 모두와 관련된다.

여기서 언급하고져 하는 것은 단면형상치수에 따라 적용높이를 언급하고져 한다.

또한 교각의 형식은 표준 단면 이외에도 2개의 단면을 복합적으로 사용하여 미관을 좋게 하는 경우도 있고, 같은 구조계 일지라도 단면형상 치수에 따라 적용 높이가 다르므로 정확한 기준을 설정하기는 어려운 일이다. 설계자는 이러한 점을 감안하여 과거의 설계실적 또는 시공사례 등을 수립하여, 교각의 형식를 선정하는 것이 좋다. 일반적으로 단면형상에 따른 교각의 적용 가능 높이는 다음 표 3.2.1과 같다.

⊙ 표 3.2.1 일반적인 교각기둥 단면 형상에 따른 교각의 적용가능 높이(1)

구 분	단면형상		최대 치수(m)	높이 (m)
원형 단면	충실 단면	○	D 2.5	~15m
	속빈 단면	◎	D 3.0	15~30m
사각 단면 (구 형)	충실 단면	□	a 2.5	~15m
	속빈 단면	▭	a 3.0	15~50m 이상
트랙형 단면	충실 단면	⬭	a 2.5	~15m
	속빈 단면	⬯	a 3.0	15~50m 이상
벽식 단면		▬	a 3.5	~50m 이상
육각형 단면	충실 단면	⬡	a 3.0	~20m
	속빈 단면	⬡	a 3.5	15~50m 이상

⊙ 표 3.2.1 일반적인 교각기둥 단면 형상에 따른 교각의 적용가능 높이(2)

구분	단면형상		최대 치수(m)	높이 (m) 10 / 20 / 30 / 40 / 50이상
8각형 단면	충실 단면		a 3.0	▬▬░░
	속빈 단면		a 3.5	⠀⠀▬▬▬▬▬▬▬
H-형 단면	충실 단면		a 2.5	▬▬▬▬▬▬
	충실 단면		a 2.5	▬▬▬▬▬▬

3.3 교각 각부의 계획과 설계

3.3.1 교량 받침이 연단거리(S) 및 받침 지지길이(N)

(1) 교축방향

교량받침 연단거리(S)의 계산은 식(2.3.1)에 의한 값 이상이어야하고 받침 지지길이(N)는 식(2.3.2)에 의해 합한 값 이상이어야 한다.

그림 3.3.1와 같이 교각 전후의 지간길이가 다른 때는 인접한 지간의 길이로하여 연단거리를 계산하여야 하며, 그림 3.3.2과 같이 교량받침 교좌의 면이 단차가 있는 경우에 단차의 높이 h가 높을때 식(2.3.1)에 의해 교축방향의 받침 연단거리(S2)를 구하면 Girder의 단부 여유길이가 길어져 교량 바닥판과 신축이음에 악영향을 미친다고 생각되기 때문에 Girder 단부측에 받침 연단거리는 20cm까지 적게 하는 것이 좋다.

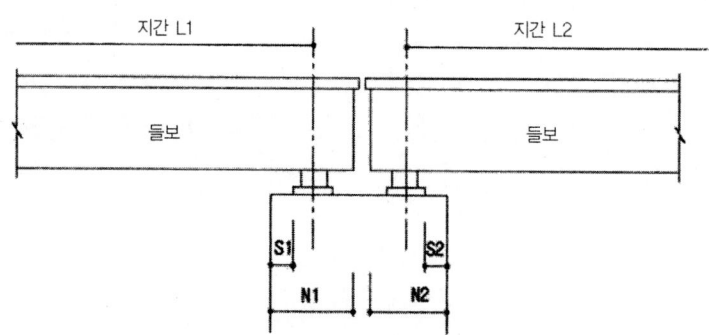

그림 3.3.1 교각의 받침 연단거리 및 지지길이

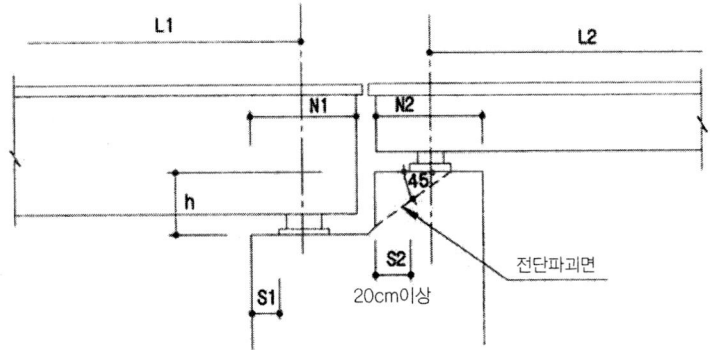

그림 3.3.2 교량 받침면(교좌면)의 단차가 있는 경우

이 경우에는 교좌가 전단 파괴가 일어나지 않도록 보강하지 않으면 안된다. 또한 지진시의 낙교 방지를 위하여 Girder가 충분한 길이 이상으로 받침지지 길이(N)를 확보하지 않으면 안된다.

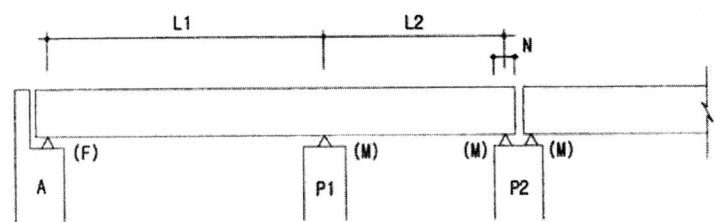

(주) 교각 P2의 좌측받침 지지길이 N의 계산은 L2로 계산한다.

그림 3.3.3 연속교의 받침 지지길이 선정

또한 연속교에서 받침 연단거리 및 지지길이(N)의 산정은 그림 3.3.3에서와 같이 인접지간의 길이를 사용하여 구하면 된다.

(2) 교축 직각방향

교축 직각방향의 교량받침 연단거리는 Girder의 가설, 교체 또는 보수의 편의를 위하여, 최외연 Box Girder의 외측 복부판의 중심에서 교각 또는 교각의 교축 직각방향 단부까지 거리를 70cm를 표준으로 하여, 다음식 (5.51)에 구한 값 이상 또는 그림 3.3.4의 받침연단거리 500mm이상으로 확보하여야 한다.

$$L \leqq 40m : S \geqq 70 - B/2$$
$$L > 40m : S \geqq 90 - B/2$$
(3.3.1)

여기서, L : Girder의 지간길이(m)
S : 받침의 연단거리(cm)
B : 교량받침의 교축 직각방향 폭(cm)

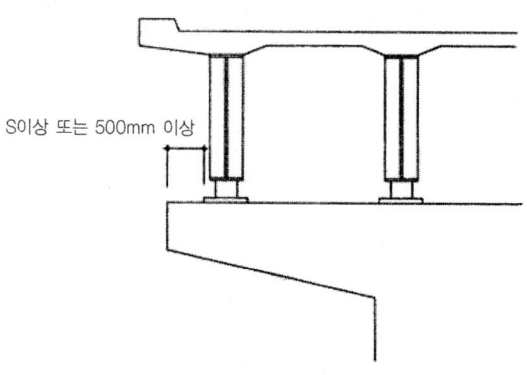

그림 3.3.4 교축직각 방향 받침 연단거리

3.3.2 교각멍에보 폭 산정

여기서 기술하는 내용은 교량신축이음부 교각을 언급한 것이다. 통상적으로 신축이음부의 교각멍에보 폭이 크기 때문이다.

교각의 폭원 산정은 다음식(3.3.2)에 의한다(그림 3.3.5 참조)

$$B = (S_1 + S_2) + 2 \times Sc + Se + (Bb_1 + Bb_2) \text{ 또는}$$

$$B = (N_1 + N_2) + 2 \times Sc + Se \tag{3.3.2}$$

여기서, B : 교각멍에보의 폭(cm)
S_1, S_2 : 받침 연단거리(cm)
Sc : 신축 이음부 교축방향 Slab Cantilever 길이(cm)
Bb_1, Bb_2 : 교량받침 교축방향 저판의 폭(cm)
N_1, N_2 : 받침 지지길이(cm)

3.3.3 교각두부(멍에보)의 경사

교각 직각방향의 교각멍에보 상부의 경사(교량 노면 편경사에 의한)는 일반적으로 단차를 두는 방법과 일정한 경사를 두는 방법 2가지가 있다.

그림 3.3.6처럼 단차를 두는 것은 실제 설계에서 많이 적용하고 있는 방법이며, 이 방법은 교각의 기둥의 높이를 일정하게하여 설계가 용이한 장점은 있으나, 단차 부분에 공용시 수직균열이 발생하여 교각의 내구성에 문제가 있는 경우가 있다.

또한 교량 폭원이 큰 경우 및 편경사가 큰 경우에는 교각두부 양단의 차가 커서 비합리적인 설계가 되거나 미관을 해치는 경우가 있다.

그림 3.3.7과 같이 교각두부에 일정한 경사를 두어 멍에보(Coping)의 높이를 좌우 같게 하는 경우는, 구조 해석하는 Model과 같은 형상으로 구조적으로 안정성이 확보되고, 교각두부의 철근 가공 조립이

간단하고 두부의 강성 변화에 따른 균열이 발생하지 않은 장점이 있다.

또한 교각의 기둥 높이가 서로 다르게 되어 기둥 시공시 정밀측량을 요하며, 교량받침 시공시 Level을 맞추는데 어려움이 있는 점은 있으나 미관, 재료적인, 경제적인 측면에서 이 형식이 바람직하다.

설계자는 이러한 점을 감안하여 교량 노면의 편경사가 큰 경우, 교량 폭이 큰경우에는 후자의 방법으로 설계하는 것을 권장하니 참고하기 바란다.

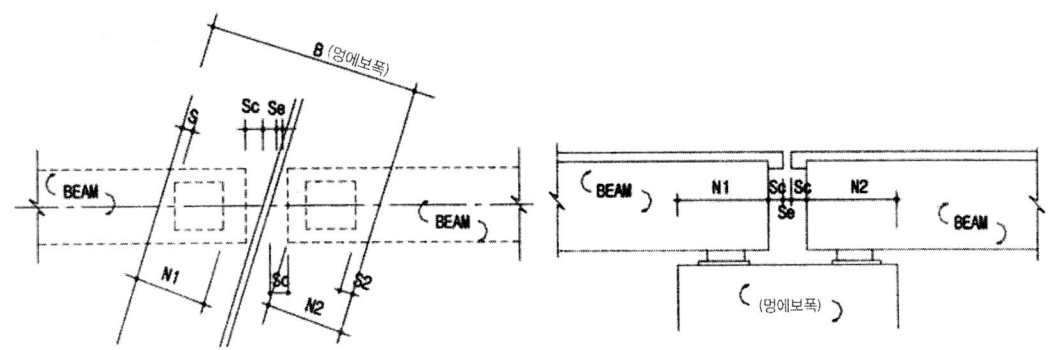

그림 3.3.5 교각의 두부 폭

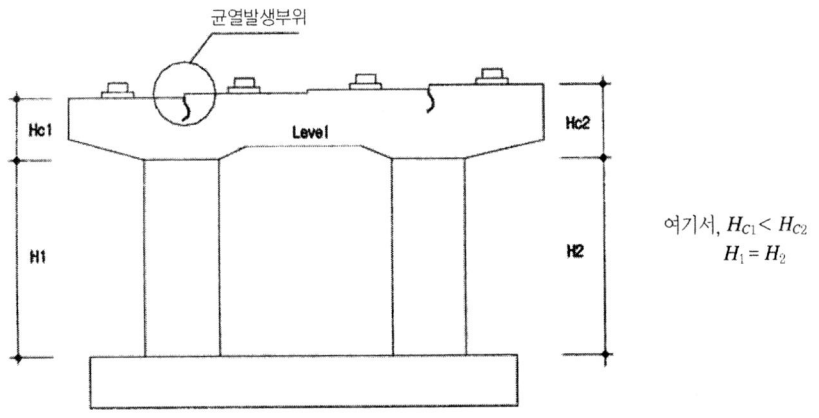

여기서, $H_{C1} < H_{C2}$
$H_1 = H_2$

그림 3.3.6 교각멍에보 교량받침면이 단차가 있는 경우

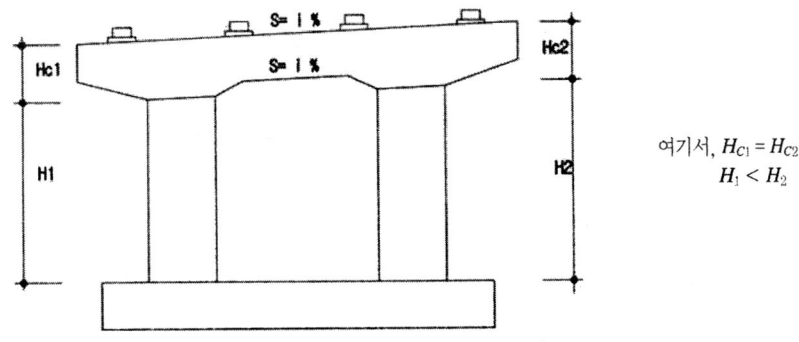

여기서, $H_{C1} = H_{C2}$
$H_1 < H_2$

그림 3.3.7 교각멍에보 교량받침면에 일정한 경사가 있는 경우

(4) 교각멍에보(Coping)와 기둥과의 관계

교각멍에보(Coping)과 기둥의 결합방법은 그림 3.3.8과 같이 3가지 방법이 있다.

Type-(a)는 두부폭(B)과 원형기둥 직경(기둥의 단면)을 같게 하는 방법으로서 미관적인 면에서는 우수하나, 멍에보의 압축철근의 시공성이 떨어져, 시공중 철근 절단, 다발철근 사용이 불가피하여 설계대로 시공하기 어려운 결점을 갖고 있다.

Type-(b)(c)는 Type-(a)의 결점을 보완하여 개선한 방법으로 이 방법으로 설계하는 것이 바람직하다.

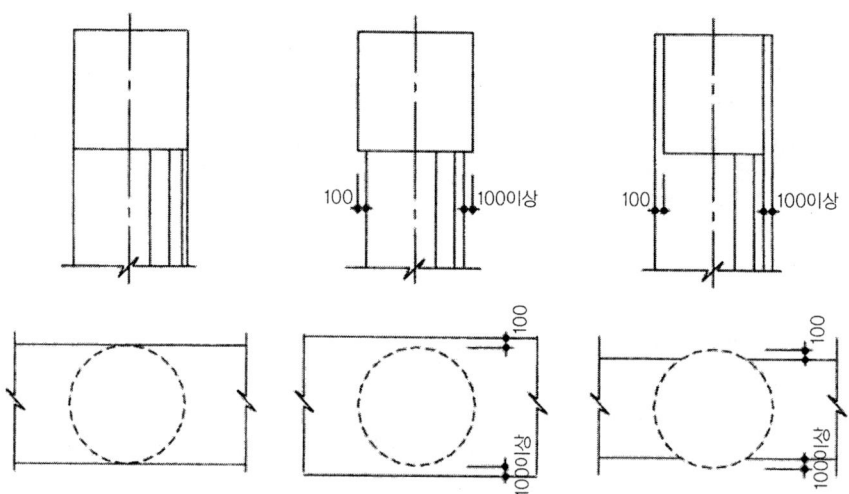

그림 3.3.8 원형기둥과 교각두부(멍에보) 폭과의 관계

3.4 철근콘크리트 교각의 형식별 계획

일반적으로 교각의 형식은 다양하여 어떠한 기준에 의해 기계적으로 계획할 수는 없다. 다음과 같은 사항을 고려하여 적정한 재료 및 구조형식을 계획한다.

㉠ 상부구조의 반력 크기 및 교량받침 배치 사항
㉡ 교량가설 위치 현황 및 지질조건
㉢ 교각의 높이
㉣ 교량 하부도로 이용 유무(다리밑 공간 이용 유무)
㉤ 교량의 폭원
㉥ 교각의 시공성 및 경제성

이 책에서는 일반적으로 많이 사용하는 콘크리트 교각에 대해서만 언급하기로 한다. 강재교각 및 강합성 교각은 특수한 조건에서 고려하므로 여기서 제외하고 사장교, 현수교의 Tower에 대해서도 제외하였다.

3.4.1 T형 교각(Hammer head Type)

(1) 기둥 형식의 T형 교각

기둥의 단면형상은 원형, 사각형, 트랙형, 기타형상으로 할 수 있으며, 교량 높이에 특별한 제약 조건이 없는 경우에 일반적으로 적용하고 있는 치수는 다음과 같다.

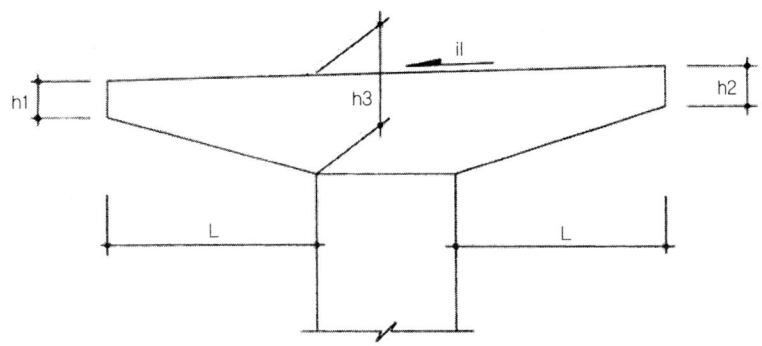

그림 3.4.1 T형 교각 멍에보(coping) 치수

⊙ 표 3.4.1 치수표

h_1(m)	h_2(m)	h_3(m)	l(m)
0.80 이상	0.80 이상	1.2 이상	2.00 이하
0.80 이상	0.80 이상	1.50 이상	2.50 이하
1.00 이상	1.00 이상	1.70 이상	3.00 이하
1.00 이상	1.00 이상	2.00 이상	3.5 이하
1.00 이상	1.00 이상	2.50 이상	5.0 이하

1) 기둥의 크기는 교각의 높이, 작용 축력, 풍하중, 지진하중에 의해 결정한다.
2) 멍에보의 단부 최소 치수는 800mm 이상, $h_1 = h_2$로 한다.
3) 위험단면 높이(h_3)는 표 3.4.1의 값 이상으로 한다.
   다만 교량상부 구조 반력에 의해 높이를 결정하는 것이 좋으나 인장 주철근 배근이 3단 이하가 되도록 하는 것이 바람직하다.
4) Cantilever 보 길이(l)은 최대 5.0m 미만으로 하는 것이 좋다.

(2) 벽식 형식의 T형 교각

벽식 형식의 T형 교각은 교각의 높이(H) = 4.0~5.5m 범위내에 적용하는 것이 좋으며, 교각멍에보 폭(B)과 교각 높이(H)와의 비가 B/H≤2.25의 범위일 때 적용한다.(그림 3.4.2 참조)

1) $h_1 = h_2 \geq 800mm$

2) $h_3 = h_4$: 1]항의 기준 적용 또는 ± 0.15B

3) $i_1 = i_2$를 같게하는 것이 바람직하다.

4) Cantilever 길이(ℓ)는 3.0m 이내로 하기를 요망한다.

5) 벽체의 두께(t)와 폭의 비는 1:2 이상 일때를 말한다.

6) 벽체 폭과 Cantilever 길이의 배분은 그림 3.4.2에 제시하였는데, 이것은 기준이 되는 것은 아니므로, 설계자가 길이를 조정하여 사용하기 바란다.

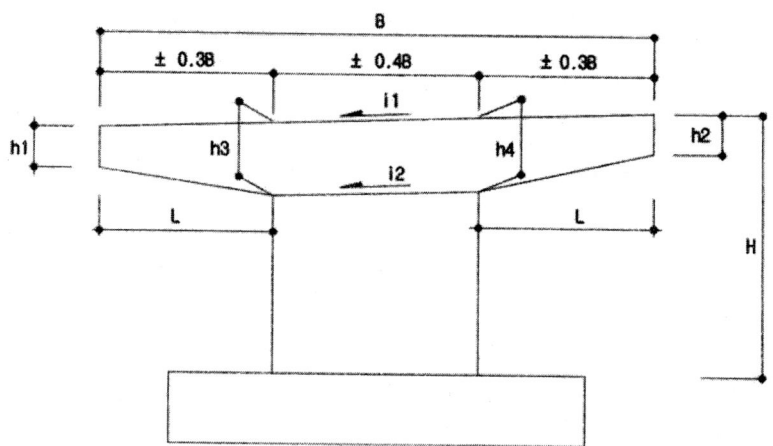

그림 3.4.2 벽식형식의 T형 교각 치수

3.4.2 Cantilever를 갖는 Rahmen 교각

(1) 2주(기둥) 라멘 교각

일명 π형 교각이라고 부르고 있으며, 교각의 폭(B)이 12.0m 범위 내에서 적용한다.(그림 3.4.3 참조)

1) $h_1 = h_2 \geq 800$mm

2) $i_1 = i_2$를 하는 것이 바람직하다.

3) $h_3 = h_4$: T형 교각에 준해서 결정 또는 0.1B로 한다.

4) Cantilever 길이(ℓ)는 3.0m 미만으로 하든지 0.20B로 한다.

5) 기둥의 간격은 교각 폭(B)×0.5로 한다.

6) 멍에보 하면에 Haunch를 설치할때는 1:3 경사로 하고 최소 200×600로하는 것을 원칙으로 한다.(가급적이면 시공성을 고려하여 Haunch를 두지 않는 것이 좋다)

7) 기둥의 치수는 외력 및 교각의 높이에 따라 결정한다.

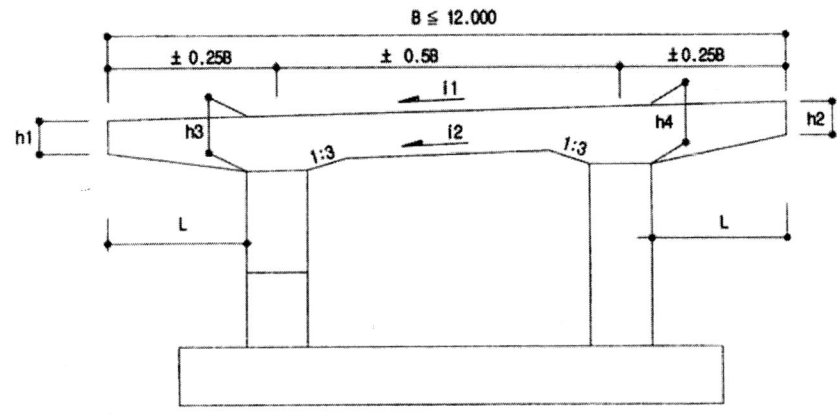

그림 3.4.3 2주 라멘 교각 치수

(2) 다주(기둥) 라멘교각

3주 라멘 교각의 적용 범위는 폭(B) = 12.0~16.50m, 4주 라멘 교각은 B = 16.50~21.50m이다.(그림 3.4.5(a),(b) 참조)

1) $h_1 = h_2 \geq 800mm$
2) $i_1 = i_2$를 하는 것이 바람직하다.
3) $h_3 = h_4 = h_5 = h_6$: 상부구조 반력에 의해 산정한다.
4) Cantilever 길이(ℓ)는 2.0m 이하로 한다.
5) 기둥의 간격은 교량하부에 특별한 지장물이 없는 경우 경우에는 등간격으로 계획한다.
6) 멍에보 하면에 Haunch를 설치할 때 경사는 1:3으로하고 최소 200×600으로 한다.(가급적이면 시공성을 고려하여 Haunch를 두지 않는 것이 좋다)
7) 기둥의 치수는 외력 및 교각의 높이에 따라 결정한다.

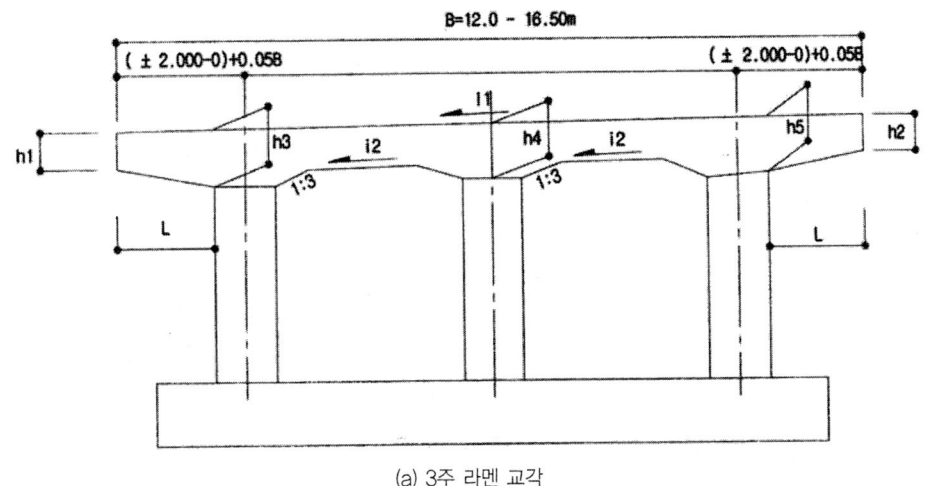

(a) 3주 라멘 교각

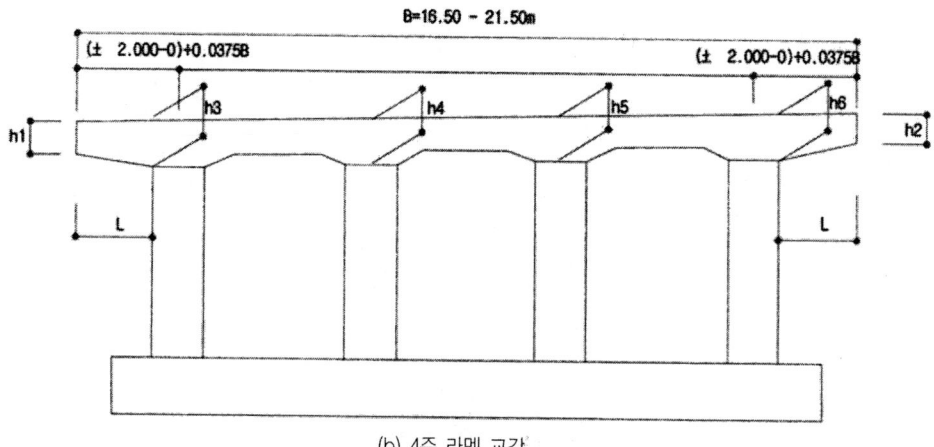

(b) 4주 라멘 교각

그림 3.4.5 다주 라멘 교각 치수

3.4.3 문형(門型) 라멘교각

문형 라멘교각은 Cantilever 라멘교각에 비교하여 비경제적이다. 이의 적용은 교량 교축 방향으로 다리밑공간을 활용할때 적용하는 예가 많다.

여기에 소개하는 형식은 표준적인 예이므로, 설계에 적용은 설계자의 판단에 따라 적용하는 것이 바람직하다.(그림 3.4.6(a),(b),(c) 참조)

1) 멍에보의 높이 1500 이상으로 한다.
2) $i_1 = i_2$를 한다.
3) Haunch는 1:3으로 하고 최소 200×600으로 한다.
4) 기둥의 단면형상은 사각형, 원형, 사각형 + 트랙형 등을 적용한다.
5) 기둥의 치수는 외력 및 교각의 높이에 따라 결정한다.
6) 교각 높이가 17.00m 이상 일때는 기둥을 하나 추가하여 계획한다.
7) 적용범위는 그림 3.4.6에 제시한 범위 내가 바람직하다.

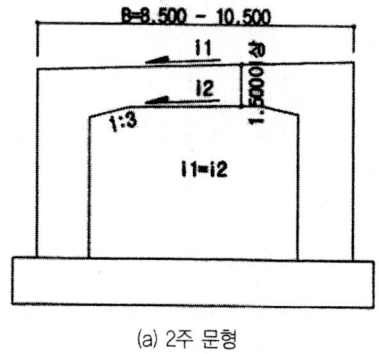

(a) 2주 문형

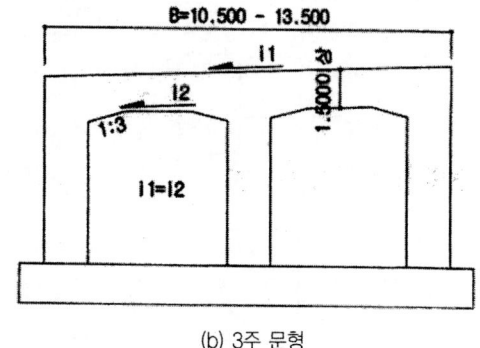

(b) 3주 문형

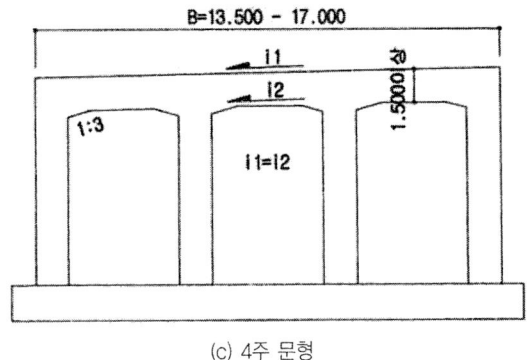

(c) 4주 문형

그림 3.4.6 문형 교각의 치수

3.4.4 높이가 높은 교각

여기서 언급하는 높이가 높은 교각은 높이가 20.0m 이상의 교각을 말한다.

높은 교각은 계곡, 호수, 댐, 저수지, 바다를 횡단하는 교량에 적용하는 예가 많으며 이들을 외관상 단면형태에 따라 구분하면 다음과 같이 대별할 수 있다.

㉠ 등단면 교각
㉡ 일정한 경사를 갖는 교각
㉢ 2~3개 단면의 변단면 교각

이들의 형태에서 ㉡, ㉢의 교각은 최근에는 잘 적용하지 않고 있는데, 이는 교각의 시공성 결여, 설계기법의 향상, 시공공법의 개발 등의 이유로 ㉠의 교각을 주로 설계에 많이 적용하는 추세이기 때문이다.

등단면 교각의 경우, 교각의 높이가 높으면 단면의 중량이 과다하여 교각 기초의 공사비가 증대하는 경향이 있어 대부분 중공(속빈)단면으로 설계하고 있는 추세이다.

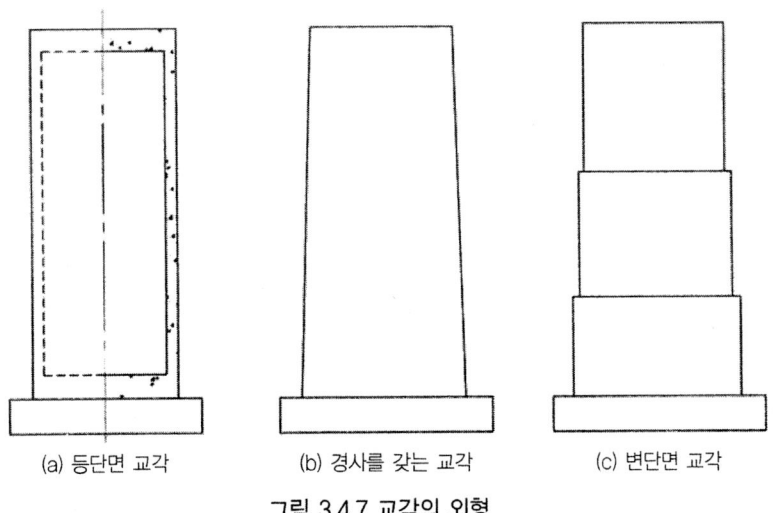

(a) 등단면 교각   (b) 경사를 갖는 교각   (c) 변단면 교각

그림 3.4.7 교각의 외형

(1) 속빈 사각형 단면 교각(Box 단면 교각)

교각의 높이가 높아 교각의 자중이 과도하여, 기초의 지지력에 문제가 있는 경우에는 속빈 사각형 단면의 교각을 계획하는데, 적용의 범위는 단일 단면으로 50m이상의 높이에 적용 예가 많으며, 교각의 지간 구성에 따라 다르지만 100m 높이의 교각에도 적용이 가능하다.

1) 교각 시공 방법 : Climbing Form공법, Sliding Form공법, 대형패널공법 등이 적용되고 있다.
2) 교각의 두께(T_c) : Box 내부에 작업공간, 교각두부에서 교량 가설시 작업 공간고려
3) 속빈 단면 범위 : Footing 상단에서 지표면 위의 500mm 이상 충실단면 또는 하천, 저수지, 호수 등에서는 평수위 위의 500mm까지는 충실단면으로 계획한다.
4) 교각멍에보의 교량 받침대의 두께는 교량받침에 의한 전단파괴를 고려하여 1500mm 이상의 두께를 갖게 하여야 한다. 구조 이론상의 교량받침에 의해 받침대에 인장응력이 발생하지 않으나, 콘크리트의 건조수축에 의해 두부에 수직 균열이 발생하게 되므로 두부보강철근을 배치하고, 교축직각방향 받침 연단 거리확보 고려하여야하며, 전단파괴에 대하여 충분한 보강을 하여야 한다.
5) 작용하는 외력 : 상부구조 반력, 지진력, 풍하중, 유수압, 파압 등
6) Box 단면 계획시 다음의 사항을 고려하여 하면 손쉽게 가정할 수 있다.(그림 3.4.8 참조)

① 1-Cell로 계획하는 경우
 - 벽체의 두께 : $tw = B/12 \geq 0.50$m (B = 교각 폭)
 - 교각의 두께 : $Tc = 1.60 + 2 \times tw \geq 2.6$m　　　　(3.4.1)

② 2-Cell로 계획하는 경우
 - 벽체의 두께 : $tw = B/24 \geq 0.50$m
 - 교각의 두께 : $Tc = 1.60 + 2 \times tw \geq 2.6$m　　　　(3.4.2)

③ 중공단면 범위 결정
 - 지표면 위의 0.5m에서 교각받침면 아래 최소 1.5m까지의 범위
 - 수중의 경우 평수위의 0.5m위에서 교각두부 아래 최소 1.5m까지의 범위

(2) H형 단면 교각

교각 단면을 계획하는데 검토하여야 할 사항은 1)항의 ①~⑤와 같다.

H형 단면 계획시 다음 사항을 고려하면 손쉽게 가정할 수 있다.(그림 3.4.9 참조)

 - 복부의 두께 : $tw = B/6 \geq 1.0$m
 - Flange의 두께 : $tf = (1.5 \sim 2.0) \times tw$
 - 교각의 두께(Flange의 폭) : $Tc = 1.6 + tw \geq 2.6$m　　　　(3.4.3)
 - H 단면의 범위는 Box 단면 교각과 동일하다.

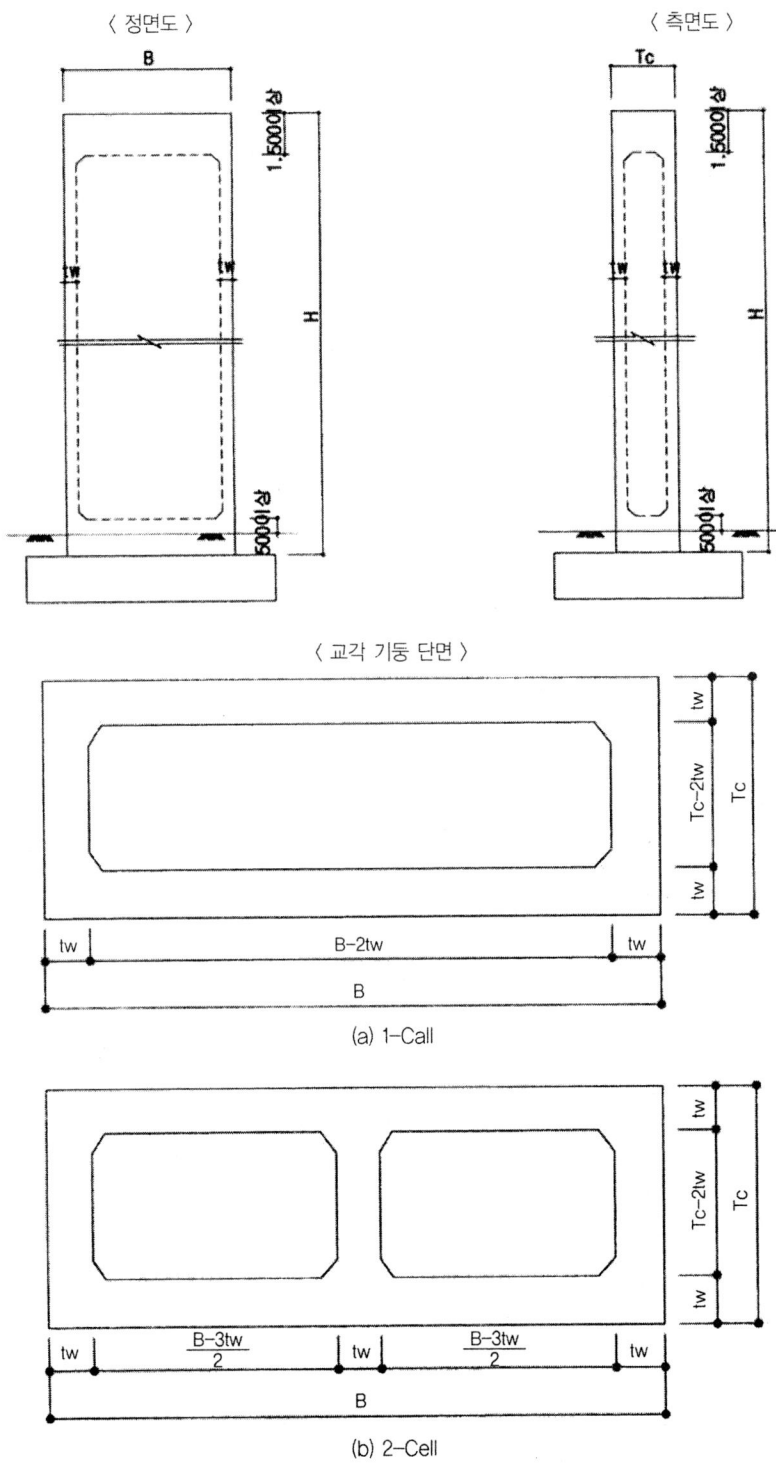

그림 3.4.8 Box 단면 교각의 치수

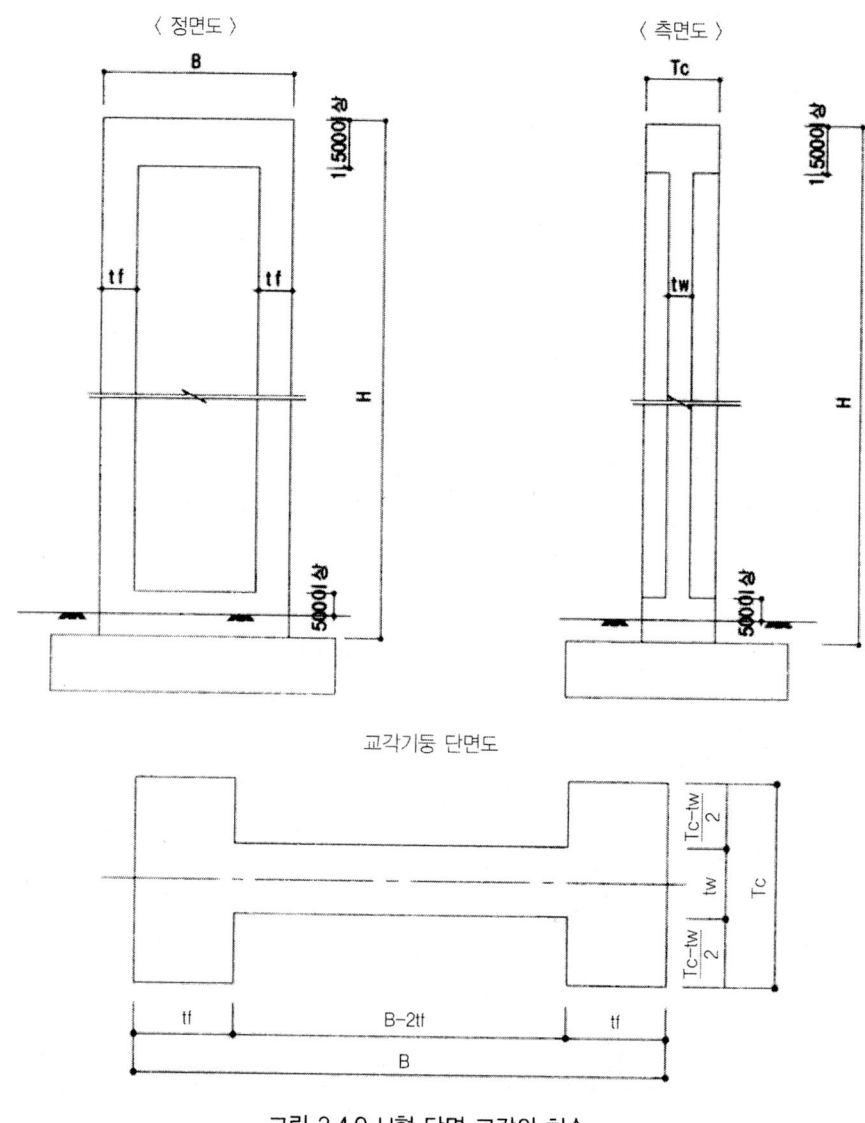

그림 3.4.9 H형 단면 교각의 치수

3.4.5 중력식 교각

여기서 소개하는 중력식 교각은 건설부 하부구조 표준도(1973)에서 발췌하여 수록한 것이다.

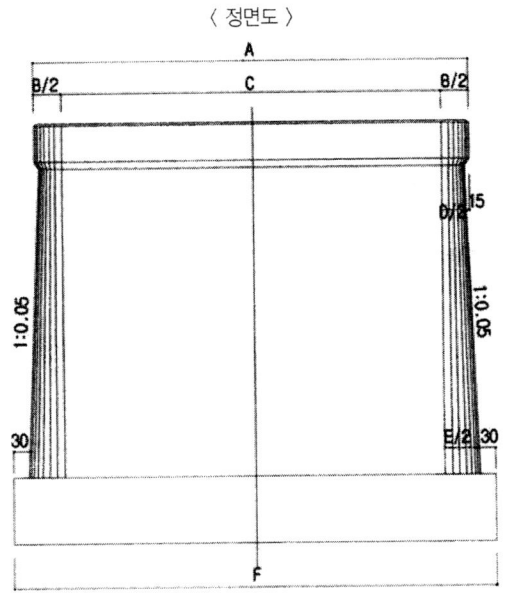 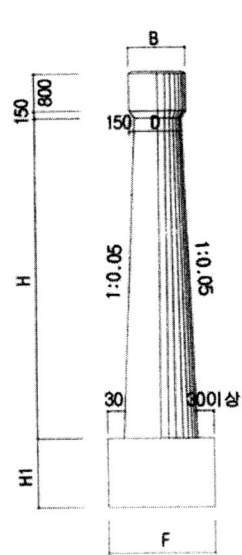

그림 3.4.10 중력식 교각 치수(예)

◉ 표 3.4.2 중력식 교각 치수표(1)

평법	높이	치 수 표					
		H = 300cm			H = 400cm		
A	B	C	D	E	C	D	E
640cm	80cm	560cm	50cm	80cm	560cm	50cm	90cm
	100cm	540cm	70cm	100cm	540cm	70cm	110cm
	120cm	520cm	90cm	120cm	520cm	90cm	130cm
740cm	80cm	660cm	50cm	80cm	660cm	50cm	90cm
	100cm	640cm	70cm	100cm	640cm	70cm	110cm
	120cm	620cm	90cm	120cm	620cm	90cm	130cm
760cm	80cm	680cm	50cm	80cm	680cm	50cm	90cm
	100cm	660cm	70cm	100cm	660cm	70cm	110cm
	120cm	640cm	90cm	120cm	640cm	90cm	130cm
880cm	80cm	800cm	50cm	80cm	800cm	50cm	90cm
	100cm	780cm	70cm	100cm	780cm	70cm	110cm
	120cm	760cm	90cm	120cm	760cm	90cm	130cm

● 표 3.4.2 중력식 교각 치수표(2)

치 수 표								
H = 500cm			H = 600cm			H = 700cm		
C	D	E	C	D	E	C	D	E
560cm	50cm	100cm	560cm	50cm	110cm	560cm	50cm	120cm
540cm	70cm	120cm	540cm	70cm	130cm	540cm	70cm	140cm
520cm	90cm	140cm	520cm	90cm	150cm	520cm	90cm	160cm
660cm	50cm	100cm	660cm	50cm	110cm	660cm	50cm	120cm
640cm	70cm	120cm	640cm	70cm	130cm	640cm	70cm	140cm
620cm	90cm	140cm	620cm	90cm	150cm	620cm	90cm	160cm
680cm	50cm	100cm	680cm	50cm	110cm	680cm	50cm	120cm
660cm	70cm	120cm	660cm	70cm	130cm	660cm	70cm	140cm
640cm	90cm	140cm	640cm	90cm	150cm	640cm	90cm	160cm
800cm	50cm	100cm	800cm	50cm	110cm	800cm	50cm	120cm
780cm	70cm	120cm	780cm	70cm	130cm	780cm	70cm	140cm
760cm	90cm	140cm	760cm	90cm	150cm	760cm	90cm	160cm

참고문헌

1. (사)대한토목회 : 도로교 설계기준 해설(2008)
2. (사)대한토목학회 : 도로교 설계기준(하부구조편)
3. (사)한국도로교통합회 : 도로교 하부구조설계요령
4. 건설부 : 도로교 표준시방서(1983)
5. 건설부 : 도로교 표준시방서(1993)
6. 건설부 : 도로교 표준시방서(1996)
7. (사)한국지반공학회 : 구조물기초설계기준(1987)
8. (사)한국지반공학회 : 구조물기초설계기준해설(2009.3)
9. (일본)교량공학 핸드북 편찬위원회 : 교량공학 핸드북, 지보당출판(일본)
10. 福岡正巳 편저 : 최신 기초설계·시공핸드북, 명문사
11. 한국도로공사 : 도로설계요령(교량편)(2000)
12. 한국도로공사 : 도로설계요령(교량편)(2009)
13. 국토해양부 : 도로설계편람(제 5편 교량) (2008)
14. 건설교통부 : 도로설계편람(제 5편 교량)
15. (주)건설산업조사회(일본) : 최신교량설계, 시공핸드북
16. 中田重夫 : pile기초의 설계 オーム社(일본)
17. Petros P.xanihakos : Bridge substructure And faundation Design
18. Ralph B. Peck외 2인 : Foundation Engineering
19. 건설부재정 : 구조물 표준도(교량하부)
20. Walter Pldolry JR : Jean M. Muller : Construction and Design of Prestressed Concrete Segmental Bridge
22. 도서출판 건설도서 : 건설기초 지반설계 시공 편람

새로운 구성
교량계획과 설계

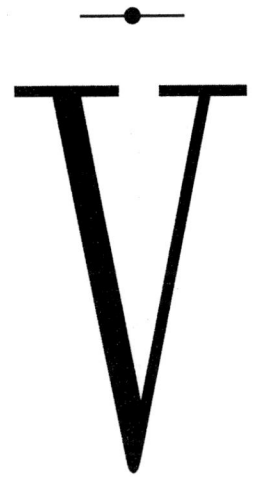

부대시설

| 새로운 구성 교량계획과 설계 |

제1장_교량받침

1.1 일반사항

교량받침은 교량의 상부구조와 하부구조의 접점에 위치한 시설물로서 교량계획시 지점조건인 고정, 가동, 회전 등 상부구조의 거동을 실현하기 위한 중요한 구조부재이다. 따라서 상부구조에 작용하는 하중을 하부구조에 확실하게 전달함과 동시에 상·하부구조에 지장을 주는 구속력에 대해서는 이것을 최대한 흡수할 수 있는 구조가 되어야 하며, 교량의 안전성·내구성에 관련된 중요한 구조요소이다.

교량받침은 계획·설계·시공·유지관리를 하는데 있어서 교량의 구조계에서 교량받침에 주어지는 역할과 움직이는 기능 및 그의 기능을 구체적으로 실현하기 위한 요구성능수준에 대하여 충분한 이해를 하는 것이 중요하다.

각 교량받침은 상부구조에 작용하는 하중을 확실하게 전달하고, Creep·건조수축 및 온도변화에 따른 상부구조의 신축 및 처짐에 의한 회전변위에 확실한 작동이 되어야 한다.

또는 교량받침은 감쇄기능과 대변위추종기능(isolate)을 가지고 있고 지진에너지의 흡수 등 분산기능이 요구된다.

교량받침에 있어서 기능적 요구를 만족하기 위해서는 설계에서 받침을 취급하는 상부구조와 하부구조를 동등한 구조부재로서 교량의 구조형식에 따라 받침형식을 선정함과 동시에 받침의 설치방향, 설치위치, 받침의 수, 받침의 구조 등에도 유의하는 것이 중요하다.

또한 받침부의 시공에 있어서 설계·계획할 때 구조를 확실하게 실현되도록 하는 것이 필요하다. 받침부는 상부구조와 하부구조에 발생하는 시공오차의 누적은 그 교량의 구조계에 악영향을 미치게 되므로 시공시 세심한 관리를 하는 것이 중요하다.

한편, 교량받침의 내구성 저하는 교량전체의 구조계를 변화시키고 교량전체의 거동도 다르게 되기 때문에 받침이 갖고 있는 특성치가 경년변화·온도변화에 의한 영향이 적은 받침을 채택하여야 한다.

따라서 교량받침의 계획·설계하는 데 있어서 내구성이 높은 재료의 선정과 양호한 받침설치환경을 유지하는데 배려를 하여야 한다. 그리고 교량공용 후에 유지관리를 위해 충분한 점검과 보수·보강을 확실하게 할 수 있도록 체계를 확립하는 것이 필요하다. 이러한 교량받침은 교량의 역학적 메카니즘을 확보하기 위해서는 여러 가지 중요한 기능이 요구되고 있다.

1.2 교량받침의 기능과 기구

1.2.1 교량받침의 기능상 분류

교량받침에 대하여 기능적 요구를 정리하면 그림 1.2.1과 같다. 기본적인 기능은 하중전달기능과 변위추종기능이 있다. 또한 지진시에 필요로 하는 기능으로서는 감쇠기능과 대변위추종기능(isolate)이 요구된다. 이러한 기능은 목적에 따라 복합적으로 조합하는 것을 요구하는 것이 많다.

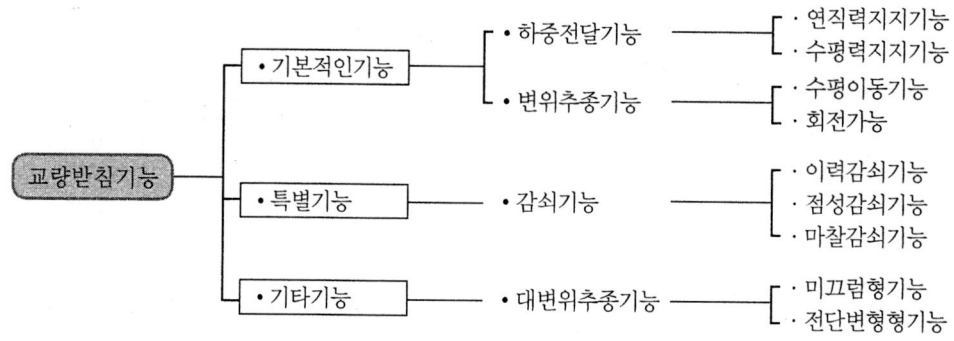

그림 1.2.1 교량받침의 기능분류

(1) 하중전달기능

교량받침은 교량상부구조에 작용하는 하중을 확실하게 지지함과 동시에 하부구조에 전달하는 기능이 필요하다. 받침에 작용하는 단면력은 하중과 지지조건에 따라 변한다.

받침에 발생하는 단면력의 성분을 정리하면 연직과 수평방향으로 분해되고 축방향력과 모멘트성분으로 정리할 수 있다.

하중전달기능은 평상시(상시), 바람 불 때(풍시), 지진시에 연직력에 의해 수평력을 지지하고, 노면높이와 노면의 연속성을 확보하는데 필요한 기능이 있고 각각 연직력 지지기능과 수평력 지지기능으로 분류된다.

(2) 변위추종기능

변위추종기능은 지점부의 이동 및 회전 등의 변위를 추수하고, 상부구조와 하부구조와의 상대변위를 흡수하는 기능이 있다. 받침부의 변위성분은 연직·수평방향의 축방향 변위와 회전변위의 성분으로 구분된다.

변위추종기능에는 수평이동기능과 회전기능이 있다. 상부구조는 하중의 재하, 온도변화, 콘크리트의 Creep·건조수축, 프리스트레스 힘 등 여러 종류의 요인에 의해 수평방향으로 이동한다. 따라서 교량받침은 설계시의 설계조건에 따라 상부구조와 하부구조와의 사이에 발생하는 수평변위를 흡수할 수 있는 수평이동기능을 필요로 한다.

또한 상부구조에 하중이 작용하면 휨과 비틀림 변형이 발생하고 이것에 의해 지점부는 회전변위가 발생한다. 받침은 이 회전변위에 무리 없이 수용할 수 있는 기능을 필요로 한다.

(3) 특별기능

교량받침은 기본적인 기능 이외에 에너지 흡수와 힘의 절연 등을 필요로 하는 경우가 있다. 이것은 감쇠기능과 대변위추종기능(Isolate)으로 분류한다.

감쇠기능은 진동에너지를 소산시키는 기능, 납(Lead) 재료와 고감쇠고무재료 등의 재료 비선형성을 이용하는 이력감쇠, 부재 사이의 마찰을 이용한 마찰감쇠, 점성재료를 이용한 점성감쇠가 있다.

대변위추종기능은 교량받침에서 수평저항을 완화시키고 지진관성력의 전달을 가능한 범위에서 절연시키는 기능이 있다. 일반적으로 부재 사이에서 미끄럼으로 저감시키는 방법, 수평방향에 유연한 고무재료를 사용하여 큰 전단탄성변형으로 저감시키는 방법이 있다. 이 기능들은 구조물 사이에 주기를 장주기화하여 지진하중을 저감이 가능한 반면, 큰 수평변위가 발생한다.

또한 기타의 기능으로는 교량받침에 별도로 교량의 진동을 제어할 목적으로 제진장치가 있는 장치를 교량에 적용하여 제진기능이 수동적(passive)제진이 되게 한다. "예"로는 사장교의 경사 cable과 가설시의 현수교 주탑에 oil damper 및 마찰 damper 등의 감쇠기를 부착하여 구조물의 제진에너지를 구조물의 상대속도에 비례하여 소산시키고 damper의 고유진동수를 구조물의 고유진동수에 일치시키는 동주질량감쇠기(TMD: Tuned Mass Damper) 등이 있다. 따라서 바람에 의한 한정제진대책으로 사용하고 있으며 도로 주변의 진동소음에 대한 환경대책으로 교통진동의 저감 등에 사용하는 경우가 많이 있다.

1.2.2 작용하중 종류와 교량받침 기능

교량받침이 기능적으로 요구하는 작용하중을 정리하면 표1.2.1과 같다.

◉ 표 1.2.1 작용하중 교량받침이 요구하는 기능(1)

작용하중	교량받침기능	평상시 연직방향	평상시 수평방향	지진시 연직방향	지진시 수평방향	풍시 연직방향	풍시 수평방향	기타하중 연직방향	기타하중 수평방향
주하중	고정하중	○		○	○	○		○	
	활하중(충격포함)	○				○			
	건조수축의 영향		○		○		○		
	creep의 영향		○		○		○		
	prestress 힘		○		○		○		
부하중	풍하중						○		
	온도변화의 영향		○				○		
	지진의 영향			○	○				

● 표 1.2.1 작용하중 교량받침이 요구하는 기능(2)

작용하중	교량받침기능	평상시		지진시		풍 시		기타 하중	
		연직방향	수평방향	연직방향	수평방향	연직방향	수평방향	연직방향	수평방향
특수하중	지점이동의 영향							○	
	지반변동의 영향							○	○
	가설시 하중							○	○

(1) 평상시 하중이 요구하는 기능

교량에 작용하는 평상시 하중은 연직방향의 고정하중·활하중(충격 포함)과 수평방향의 온도변화·건조수축·creep의 영향 및 프리스트레스 힘이다. 이러한 하중은 교량받침의 하중전달기능으로 하부구조에 전달된다.

(2) 지진시의 하중이 요구하는 기능

교량의 내진성능에 따라 2종류의 받침형식과 받침에 요구하는 기능이 있다.

첫째번 받침형식-B는 받침단독의 하중전달기능으로 등가수평진도에 상당하는 지진력을 상부구조에서 하부구조에 전달하는 구조이다.

둘째 받침형식-A는 교량길이 50m 이하에서 양 교대에 구속시켜 거더에 큰 진동이 발생하도록 하는 경우와 받침부의 구조상 부득이 한 경우에 사용하며 변위제한 구조를 보완하고 등가수평진도에 상당한 지진력에 저항하는 하중전달기능·변위추종기능을 가진 구조이다.

일반적으로 교량받침 설계에서는 받침형식-B를 채용하는 것을 기본으로 하고 있다.

지진시 수평력분산구조에서는 교량의 구조계를 구성하는 각 하부구조의 특성과 지반조건이 상이한 경우에 각 교각에 작용하는 상부구조관성력은 크게 차이가 생기지 않도록 고무받침의 기능을 이용하여 의도적으로 수평력을 균등하게 하는 것도 가능하다.

또한 대규모 지진진동에 대해서는 감쇠기능과 대변위추종기능으로 교량의 변위성능을 에너지 흡수성능의 향상을 도모하기도 한다.

(3) 풍시(風時) 하중이 요구하는 기능

일반적으로 장대교와 주구조의 간격이 협소한 트러스교, 아치교, 높은 방음벽 또는 차단벽을 가진 교량에서는 교축직각방향에 작용하는 풍하중의 영향이 크기 때문에 하중 전달기능의 검토가 중요하다.

사장교의 경사 cable과 아치교의 행어(달재), 장대박스거더교에서는 바람에 의해 발생하는 진동에 대하여 감쇠기능을 기대하는 에너지 흡수장치와 진동제어 장치를 설치하는 경우가 있다.

(4) 기타의 하중이 요구하는 기능

연속거더교, 부정정 구조물에서 하부구조를 지지하는 지반의 압밀침하에 따라 기초구조의 침하·수평이동·회전이 발생하여 그 결과 예기치 못한 단면력의 불균형과 지점이동이 발생하는 경우가 있다. 이 경우에는 "도로교 설계기준"에 기초하여 그의 영향을 고려할 필요가 있다. 또한 가설중에 교량받침에서 완성시의 구조계에 비하여 하중의 작용방향과 단면력의 크기가 다른 경우가 있어 이러한 것이 중대한 사고와 손상을 유발하는 수도 있다.

하중전달기능을 검토하는데는 가설시의 구조계에 작용하는 외력과 지점부의 단면력에 대하여 충분한 배려를 하여야 할 필요가 있다.

1.2.3 교량받침기능의 분리

복수의 기능을 가진 받침은 가정한 조건 외의 단면력, 변위의 발생 및 구조결함, 혹은 부적절한 재료의 선정에 따라 의도하는 기능을 충분히 발휘하지 못하고 구성부재의 일부가 국부적인 손괴와 내구성 저하가 발생되어 이와 같은 원인은 다른 기능을 신설하게 된다.

따라서 교량받침이 요구하는 개개의 기능이 확실하게 발휘할 수 있도록 적용재료와 단면력의 종류·강도레벨, 흡수미끄럼 변위량, 받침구조 형태, 교량의 구조특성에 따르는 요인에 의해 상호의 기능이 간섭되어 성능저하가 발생하지 않도록 주의할 필요가 있다.

이러한 문제들은 단일의 기능을 가지는 받침을 조합하고 받침과 면진장치를 병설하므로서 받침의 기능을 명확하게 분리하는 받침 system의 채용을 검토하는 것이 좋다.

1.2.4 교량받침이 요구하는 성능

(1) 성능조사 설계

교량에 주어지는 목적과 결과에 따라 받침은 앞에서 기술한 기능적 요구사항이 있다.

받침의 성능은 이것들의 기능을 구현화하여 정량적인 요구수준을 나타내면 계산법과 시험법에 대한 검증방법을 기초로 하여 요구성능의 달성을 실증할 필요가 있다. 검증방법을 보충하는 목적은 성능적 요구수준을 만족하고 전체적인 구조·재료·방법에 대하여 구체적인 사항을 표시하는 경우이다.

(2) 받침이 요구하는 성능

받침부가 요구하는 성능은 안전성·환경적합성·경제성·시공성·유지관리성이다.

1) 안전성

교량받침은 평상시나 태풍시에 있어 노면 높이와 노면의 연속성 확보, 발생빈도는 낮지만 높은 지진강도를 가지고 있는 지진 등에 대하여 허용내력·허용변위 안에 있고 공용기간 중의 하중과 환경변화에 따른 외적 작용에 의한 파괴·붕괴·좌굴·피로에 대하여 충분히 안전하도록 안전성을 요구한다.

2) 환경적합성

교량받침에 기인하여 발생하는 교통진동과 소음을 억제하는 성능과 교량받침의 외적 경관성에 따라 교량이용자가 쾌적하게 주행할 수 있는 내적환경에 대하여 환경적합성을 요구한다.

3) 경제성

경제성은 교량받침의 생애주기에 대한 cost perfomance에 따라 조치하고 받침의 계획·설계·유지관리에 따른 유지관리비(Running cost)의 관점에서 최적의 교량받침형식을 선정하는 것이 중요한 사항이다.

4) 시공성·유지관리성

시공성은 시공시의 안전성과 시공이 용이하며 소정의 품질이 확보되고 시공의 확실성이 있어야 한다. 또한 유지관리성은 받침의 점검이 용이하고 성능이 저하하였을시 일정한 수준의 성능을 회복이 가능하여야 한다.

따라서 안전성·환경적 적합성·경제성을 만족하여 공용기간 중에 그의 성능을 유지하도록 하는 수단을 고려하는 성능을 말한다.

1.2.5 교량받침 기능과 기구

교량받침이 요구하는 기능을 구현화하기 위해서는 많은 기구가 있다. 기구라 함은 교량받침자체를 구성하는 부재상호의 힘 전달 및 상대변위를 흡수하는 구조가 있다.

기구에는 단독의 기능을 가지는 것과 복수의 기능을 갖는 것이 있다. 또한 목적에 따라 복수의 기구를 조합하여 사용하기도 하고 서로의 기능이 간섭함에 따라 본래의 거동에 저해하고 강도상에 약점이 되지 않도록 배려가 필요하다.

(1) 연직력 지지기능과 기구

하중전달기능으로 연직력을 지지하는 기능과 구현화하는 기구는 면접촉기구, 선접촉기구, 점접촉기구 등이 있다.

면접촉기구는 접촉면의 형태에 따라 지압응력이 적고 가장 안정적인 것은 평면접촉, 일방향 회전이 자유로운 원주면 접촉, 전방향 회전이 자유로운 구면 접촉이 있다.

또한 선접촉기구는 일방향의 회전 및 이동에 자유가 있고, 점접촉기구는 전방향의 회전에 자유가 있다.

상하부구조와 받침부와의 연직력지지에 사용하는 기구로는 역학적으로 가장 안정적인 것은 평면접촉으로 구조적으로 바람직하다. 고무는 탄성재료로서 하중지지 할 때 변위가 발생하며 지압응력분포가 똑같지 않은 등 주의가 필요하다.

한편, 곡면의 면접촉은 접촉면의 미끄럼과 회전기구를 겸하고 있으며, 선접촉기구는 굴림의 회전기구 및 수평이동기구를 겸하고 있는 등 교량받침이 요구하는 복수의 기능을 한정된 공간에 구현화 하는데 사용한다. 역시 이 경우 변위를 하는 하중중심의 이동 등 역학적인 변화와 오랜 세월이 지남에 따라 특성의 변화를 가져오는 기능 불안전 등에 대하여 주의할 필요가 있다.

(2) 수평력지지 기능과 기구

하중전달기능으로 수평력을 지지하는 기능을 구현화하는 기구는 면접촉기구·선접촉기구·점접촉기구·휨과 전단을 전달하는 기구 등이 있다.

면접촉기구는 지압응력을 작게 하는 것이 가장 안정적이며 면의 방향에 따라 선 또는 점접촉이 된다.

선접촉기구와 점접촉기구는 힘의 방향변화에 대응하게 된다. 교량받침에 작용하는 수평력은 일반적으로 상부구조가 하부구조의 작용선으로 미끄럼이 발생하고, 그에 따라 수평력을 지지하는 기구는 복수의 기구를 조합하여 구성하는 것이 많다. 예를 들면, 상부구조가 상부측의 부재에 면접촉으로 전달하는 하중을 중간 부재의 휨과 전단으로 하부 측의 부재에 전달하고, 최종적으로 선접촉에 의해 하부구조에 전달하는 구조 등이 있다.

고무받침은 전단기구가 탄성변형을 하므로 작용하는 수평력에 따라 전단탄성변형을 한다.

면접촉 중에는 수평방향에 접하는 면끼리의 마찰에 의해 하중을 전달하는 기능이 있고 연직력을 지지하는 기능을 같이 갖는 것도 있다.

(3) 수평이동 기능과 기구

변위추종기능으로 수평변위를 추수하는 것은 상부구조와 하부구조와의 상대변위를 흡수하는 기구로서 회전(굴림)기구·평면이동(미끄럼)기구·곡면이동기구·전단변형기구 등이 있다.

「굴림」 및 「미끄럼」은 변위추수성이 우수하며 굴림 이동량의 절반, 평면 미끄러지는 이동량 분의 면적이 이동방향에 남아있어야 할 필요가 있는 등 이동량에 따라 부가적인 부재면적을 확보할 필요가 있다.

또한 접촉면이 많은 해가 지남에 따라 열화의 영향, 때로는 이물질의 개재에 따라 성능이 변동되므로 주의할 필요가 있다. 미끄러짐은 방향성이 아주 강하고 실제의 이동방향과 기구가 정하는 이동가능한 방향이 일치하도록 설계·시공하는 것이 중요하다.

또한 전단탄성변형은 부재자체가 변형하므로 이동량에 따라 부가적인 면적으로 가지도록 할 필요가 없고 이동에 따라 지압면적의 감소를 고려할 필요가 있다. 따라서 이동량에 따라 수평력을 받고 탄성재료가 많은 해가 지남에 따라 열화에 의해 수평저항력이 증가하는 변화, 변형성능의 감소 등에 대하여 주의할 필요가 있다.

(4) 굴림(회전) 기능과 기구

변형추종기능에서 받침에 발생하는 굴림을 추수하면 상하부구조의 상대변위를 흡수하는 기구로서 굴

림기구 · 원주면 이동기구 · 구면이동기구 · 탄성회전변형기구 등이 있다.

굴림과 미끄러짐은 수평이동의 기구와 같고 마찰면의 상태와 부재의 방향에 회전축의 일치에 주의하는 것이 중요하다. 굴림이 불충분하게 되면 회전추수가 불가능하게 되어 받침부의 기능을 상실하게 되고 상부구조에서 예측하지 않은 응력이 발생하게 된다.

또한 굴림을 전달하는 부재가 다른 부재에 고정되어 있지 않으므로 이의 이탈을 방지하기 위한 구조가 필요하다.

탄성회전변형은 회전변형에 따라 내부에 인장응력과 압축응력이 발생한다. 인장력에 대한 내구성을 명확히 하지 않은 경우에는 내부에 인장응력이 발생하지 않도록 설계하는 것이 바람직하다. 또한 부착부재의 변형에 따라 휨모멘트가 생기는 점에 유의해야 한다.

(5) 기타의 기구

지진시의 감쇠기능을 구현화하는 받침의 기구로서 이력감쇠기구 · 마찰감쇠기구 · 점성감쇠기구 등이 있다. 이러한 기구는 지진시의 진동에너지를 흡수하고 열로 변환하여 소산시켜 진동을 감쇠시킨다.

감쇠기구에서는 큰 잔류변위가 생기는 경우가 있으므로 고무 등의 수평변위와 중력위치에너지를 사용한 경사면의 복원기구를 겸용하는 것이 일반적이다.

또한 지진시의 관성력의 전달을 절연하기 위한 목적으로 한 대변위추종기구가 있다.

1.3 교량받침의 재료 및 기능상의 분류

교량받침의 종류는 사용재료 및 기능적 요구에 따라 많은 종류가 있고 각각의 재료와 기능상의 특징이 있으며 교량을 안전하고 확실하게 지지할 수 있도록 정확하게 교량받침을 선정하는 것이 중요하다.

일반적인 교량받침의 종류를 재료 및 기능상 분류하여 정리하면 그림 1.3.1과 같다.

1.3.1 고무받침(탄성받침: Elastomeric Bearing, Laminated Rubber Bearing)

고무를 주재료로 사용한 탄성받침은 고무만을 사용재료로 한 무보강 고무받침 즉, 순수탄성받침(Plain Elastomeric Bearing)과 내부에 1개 이상의 강판 또는 유리섬유 보강판으로 보강하여 하중재하시 받침측면으로 고무가 빠져나가는 것을 억제하여 내하력을 증가시킨 적층(보강)고무받침이 있으며 이 적층고무받침이 교량받침으로 주로 사용하고 있다.

또한 탄성받침은 보강방법에 따라 고무판 내부를 강판으로 보강한 적층고무받침과 고무판에 하중이 작용시 고무가 외부로 빠져나가는 것을 띠강판으로 막아 보강한 대상고무받침으로 분류한다.

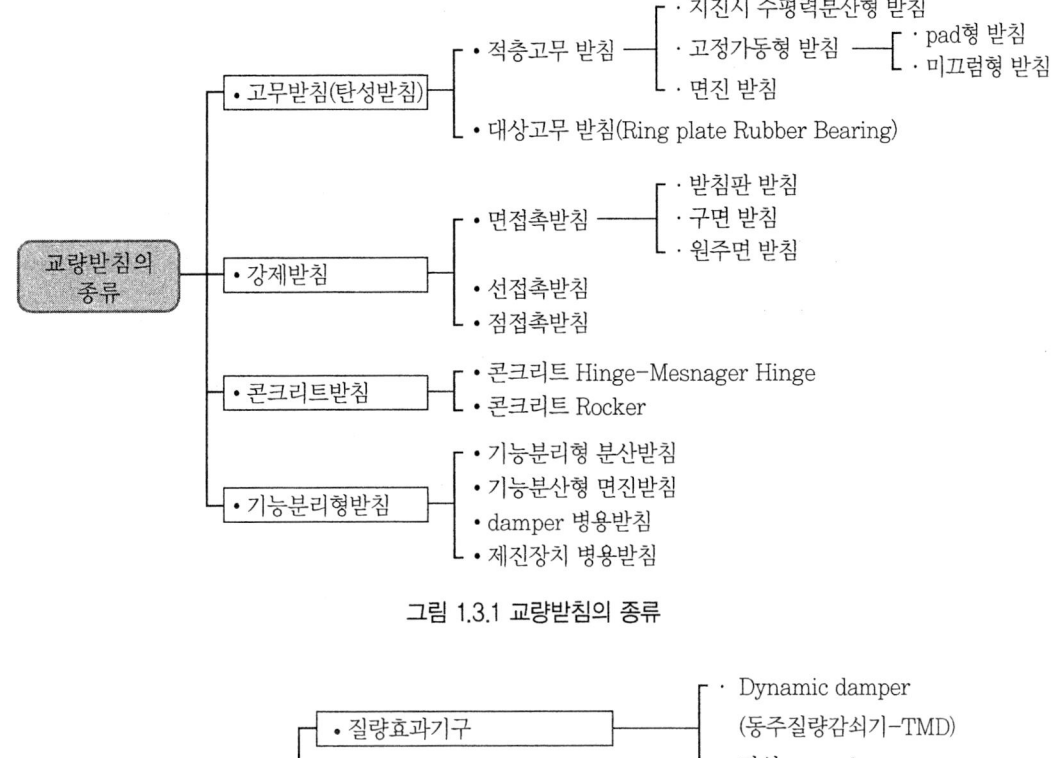

그림 1.3.1 교량받침의 종류

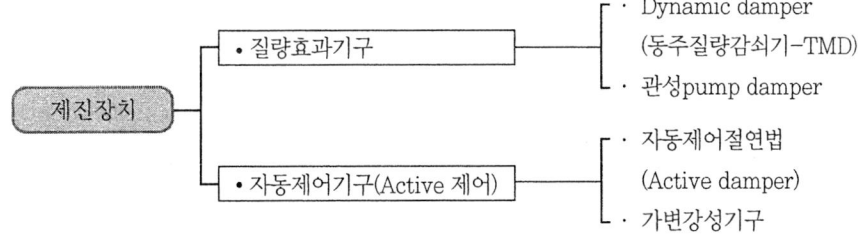

그림 1.3.2 제진장치의 분류

(1) 적층(보강)고무받침(Elastomeric Bearing)

적층고무받침은 고무와 강판을 교대로 여러 겹 포개어 가유접착(加硫接着)한 것으로 고무 내부강판, 상하강판으로 구성한다. 강판은 연직하중 작용시 탄성고무가 빠져나가는 것을 고무와 강판의 접착력과 강판의 인장력에 의해 억제시킨다. 고무는 탄성률이 낮고 비압축성에 가깝고, 고무의 두께를 얇게 하여 연직력에 의하여 수축되는 량을 아주 적게 하여 큰 내하력을 갖게 된다.

강판은 고무의 전단탄성변형을 저해하지 않고, 고무의 탄성계수를 변형하여 연직방향을 굳게 하고 수평방향은 유연한 성질을 갖게 한다.

적층고무받침은 내부강판의 형상에 따라 여러 종류가 있고 강판은 개구부를 가지 대상고무받침도 포함된다. 고무받침에 사용되는 장기간에 걸쳐서 내하능력과 탄성적 특성을 가지는 동시에 노화(열화)의 안정성이 보증되어야 하며 일반적으로 크로로포론계 합성고무(CR) 및 천연고무(NR) (KS F 4420 규준)을 사용하고 있다. 적층고무의 형상, 재료의 선택을 하는데 있어서 받침을 설계하는데 요구하는 기능 및 성능에 따라 적절한 연직변형 점수 및 수평변형 점수를 산출하여 설계하지 않으면 안 된다.

1) 지진시 수평력 분산형 받침

지진시 수평력 분산형 받침은 상부구조에 작용하는 하중을 지지하는 동시에 고무받침의 전단탄성 변형을 이용하여 상부구조의 관성력을 복수의 하부구조(교대, 교각)에 분산시키는 것을 주목적으로 하는 고무(탄성) 받침이다.

2) 고정형·가동형 받침

적층고무받침은 적층고무자체가 고정기구를 가지고 있지 않으므로 고정받침은 별도로 고정부재에 의해 수평변위를 구속하는 구조가 필요하게 된다. 이러한 고정부재는 고정기능이 필요로 하는 level의 외력(강한 방향의 외력)에 대하여 설계하지 않으면 안 된다.

이와 반대로 가동받침 이동량의 흡수와 상부구조의 탄성력을 하부구조에 전달하지 않고, 가동받침으로의 기능을 갖는 것을 필요로 한다.

적층고무의 수평변형을 아주 낮게 설계하여 전단탄성형의 가동받침으로 사용하는 방법과 전단탄성변형에 따라 수평력이 생기도록 하는 경우와 수평력을 억제하도록 하면 형상이 불안정하게 되므로 주의할 필요가 있다.

또한 이와 같은 경우에는 지진시 수평분산형 받침으로 설계하는 것이 기본이다.

① pad형 고무받침

pad형 고무받침은 적층고무를 상하부 구조에 고정시켜 직접 설치한 간이구조의 받침이다.

가동받침에 사용하는 경우에는 수평변위에 따라 수평력에 대하여 고무받침과 상하구조와의 접촉면이 미끄러지지 않도록 주의할 필요가 있다.

② 미끄럼형 받침

미끄럼형 받침은 상부받침판 하면에 스테인레스판을 붙인 상부받침과 PTFE 수지의 활동면을 상면에 갖는 적층고무받침으로 만들어진 하부받침으로 구성된 고무받침이다. 마찰력 이상의 수평력이 발생하면 상하부 받침 사이에 큰 상대변위를 흡수하는 가동받침으로 사용한다.

따라서 상부받침은 적층고무받침에서 이탈하지 않도록 충분한 면적을 확보하여야 할 필요가 있다. 이 받침을 내진설계에 사용하는 경우에는 지진력에 의해 발생하는 이동량을 확보하여야 하고 상향력을 억제할 수 있는 구조로 설계할 필요가 있다.

또한 교축직각방향에 설치하는 고정 장치가 손상하는 경우에 받침의 기능이 상실되므로 설계에서 산정한 지진력에 대하여 손상되지 않은 구조가 되도록 할 필요가 있다.

3) 면진(免震)받침

면진받침은 지진에너지를 흡수하는 기능을 가진 적층고무받침으로 납프러그(Lead plug) 삽입고무받침 및 고감쇠 적층고무받침이 대표적이다.

① 납프러그 삽입 고무받침(Lead Rubber Bearing: L.R.B)

납프러그 삽입 고무받침은 적층고무받침의 내부에 core 형태의 납 프러그(Lead plug)를 삽입하여 금속의 비선형성(Bi-Lead)를 이용한 고무받침으로 지진시에 적층고무의 전단탄성변형에 따라 납 프러그가 변형하고 납프러그의 탄소성으로 지진시의 에너지를 흡수하는 받침이다.

② 고감쇠 적층고무받침(High Damper Rubber: H.D.R)

고감쇠 적층고무받침은 지진시에 고무재료 자체의 탄성특성을 이용하여 지진에너지를 열에너지를 열에너지로 소산시키는 고감쇠 고무받침으로 별도의 댐퍼가 필요하지 않는다. 그러나 저온시에 고감쇠 고무자체의 전단탄성강성의 변화가 크므로 설계시에 이를 반영하여 설계해야 한다.

이 받침은 납프러그 삽입 고무받침에 대체로 사용되는 지진 격리받침이다.

(2) 대상고무받침(Ring plate Rubber Bearing)

대상고무받침은 연직하중에 의해 고무가 빠져나오는 것을 강판 띠로 억제시켜 탄성고무를 경질고무가 되게 한 합성섬유로 보강한 고무받침으로 신축량이 작은 단지간의 콘크리트교의 연직하중을 지지하는 받침이다.

1.3.2 강제받침

강제 받침은 연직력 지지기구로 면접촉받침, 선접촉받침으로 분류한다.

(1) 면접촉받침

면접촉받침은 연직력을 평면 및 곡면으로 지지하는 받침으로 기구 및 재료를 조합하면 받침판 받침, 구면받침, 원주면 받침의 종류가 있다.

1) 받침판받침

받침판받침은 연직력 지지기능과 수평이동기능, 회전기능을 받침판이 받아 지지하는 받침으로서 받침판 구조에 따라 여러 종류가 있다.

면접촉기구로서 받침판 받침은 선접촉기구에 비하여 지압면적이 크고 받침의 높이가 낮기 때문에 하중지지 기구가 안정적이고 회전기능을 전방향형과 1방향형이 있다.

수평이동기능은 통상 1방향이 있고 받침판의 평면과 접촉하여 미끄럼을 상대 미끄럼면을 넓게 할 수 있으므로 전방향형으로 할 수 있다.

또한 받침판받침은 지진시에 수평지지기능을 Anchor Bar에 의해 타부재가 받도록 하여 기능의 분리를 도모하는 것이 가능하다.

① 미끄럼판과 탄성체를 조합한 받침판받침

미끄럼판과 탄성체를 조합한 받침판받침은 탄성체를 삽입한 하부 받침판의 오목부에 중간강제플레이트를 끼워서 강성체를 밀폐시키고 중간강제 플레이트 두께를 일부 돌출시켜 불소수지(PTFE: Polyterafluorethylene)판과 상부받침판과의 사이에 미끄럼으로 수평이동기능을 갖도록하고 밀폐된 탄성체의 변형으로 전방향 회전기능을 갖도록 하는 가동받침과 회전기능을 불소수지판을 사용하여 직접 상부받침과 접촉시켜서 밀폐된 탄성체의 변형이 받도록 한 고정받침이 있다.

이 받침판받침을 통상 탄성체를 고무판을 사용하므로 밀폐 받침판 받침(Pot Bearing)라고 부르고 수평이동시의 마찰계수가 낮고 회전기능의 확실성이 높은 특징을 가지고 있다(예: Pot Bearing).

② 평면과 곡면을 조합한 받침판 받침

평면과 곡면을 조합한 받침판 받침은 받침판 평면부의 미끄럼은 수평이동기능을 갖고 있고, 평면부와 곡면부의 미끄럼은 회전기능을 갖는 받침이다.

곡면부의 형상을 구면으로 하여 정방향 회전형과 원주면을 하여 1방향회전만 하도록 한 받침이 있다.

또한 곡면부의 곡률반지름을 작게 하여 회전량을 크게 한 것이다.

이들 종류의 받침은 수평이동기능과 회전기능은 받침판 및 이것에 접촉하는 미끄럼을 갖는 상대부재와의 사이의 마찰계수에 의존하며 마모와 마찰계수가 증대하는 요인이 된 먼지의 배제, 이에 따라 방청대책에 대하여 충분한 배려가 필요하다.

특히 회전기능은 평면과 곡면의 2면 마찰의 영향을 받는다는데 유의하지 않으면 안 된다. 그리고 받침판에는 고력황동받침이라고 부르는 고력황동주물판의 표면에 고체 윤활유를 매립하여 받침플레이트라 부르는 강판의 표면에 불소수지판(PTFE)의 일부를 돌출시켜 매립한다.

고력황동받침판은 접촉곡면의 제작정도 및 해가 지남에 따라 마찰특성이 변동하여 수평이동기능 및 회전기능을 저해하는 경우가 있다.

사용하는데에 미끄럼특성에 유의하여야 하고 채용시에는 큰 회전량을 필요로 하는 경우나 특수한 용도에 한정하는 배려가 필요하다.

【예】고력황동받침, Spherical Bearing 등

③ 구면(球面)받침

구면받침은 상부받침은 오목면 형상, 하부받침은 볼록 형상인 구면으로 하여 조합한 받침으로 통상적으로 피봇(Pivot) 받침이라고 부르고 있는 받침이다. 받침의 안의 조합한 구면의 반지름차가 적고 접촉면적이 큰 구조의 받침이다.

구면받침은 연직력을 지지하고 볼록면과 오목면과의 반지름 차를 작게하여 비교적 큰 힘을 지지한다. 한편, 회전하는 접촉면이 미끄럼을 받으므로 구면 접촉부의 논막이에 대한 배려가 필요하다.

또한 수평방향의 신축을 전방향에 허용되지 않으므로 고정받침으로서 폭원이 큰 교량에 사용하는 경

우에는 충분한 검토가 필요하다.

3) 원주면(圓柱面) 받침

원주면 받침은 상부받침과 하부받침 사이에 원주상의 pin을 배치한 구조로 1방향 회전형의 고정받침을 pin 받침이라고 부른다.

pin을 지지하는 방법에는 지압형과 전단형의 2종류가 있다.

지압형 pin 받침은 상부받침과 하부받침과의 사이에 pin을 끼운 구조로 상향력 및 부반력에 대하여 pin의 단부에 붙인 cap이 저항하도록 한다. 이 형식의 받침은 받침높이가 높으므로 지진시 안정성에 유의할 필요가 있다.

전단형 pin 받침은 상부받침과 하부받침에 빗살모양으로 돌출된 리브를 맞물고 있는 중앙에 pin을 끼운 구조로 지압형 pin 받침에 비하여 받침높이가 낮다.

이와 같은 원주면받침은 교축직각방향 회전을 허용되지 않은 구조이므로 교축직각방향의 회전이 예상되는 상부구조에 사용하는 경우에는 충분한 검토가 필요하다.

(2) 선접촉받침

선접촉받침은 연직력을 평면과 원주면으로 지지하는 받침으로 교축직각방향의 회전을 허용하지 않은 구조로서 교축직각방향의 회전이 예상되는 상하부구조에 사용하는 경우에는 충분한 검토를 필요로 한다.

선접촉받침은 접촉기구를 조합하여 평면과 원주를 조합한 받침과 평면과 원주의 2면을 깎은 결원주(缺圓柱, 트랙형봉)주로 사용한 받침도 있다.

1) 평면과 원주를 조합한 받침

평면과 원주를 조합한 선접촉받침은 복수의 원수를 사용하여 1방향 이동형의 가동받침을 Roller 받침이라 부른다. Roller 받침은 반력 및 이동량이 큰 받침으로 사용하고, 받침높이가 높고 복잡한 구조를 하고 있다. Roller 받침은 공용기간 중에 Roller에 녹이 쓸어 그의 기능을 상실하는 사례가 많이 있다. 그와 같은 것은 Roller와 상대지압부에 사용하는 재료를 내식성을 고려하여 특수 stainless 강을 사용하는 것을 요망한다.

또한 Roller의 받침부(수압부)에 빗물 및 먼지의 침입을 방지하는 것을 배려하여야 하고, 격납부 부근의 점검·청소가 용이하도록 간단히 분해되는 구조로 하여야 한다.

Roller 받침과 조합하여 사용하는 회전기구는 전방향형으로 하는 것이 바람직하나 수평이동방향과 회전방향이 일치하지 않은 교량에서 회전기구를 pin과 조합하여 사용하는 경우는 충분한 검토가 필요하다. 1본의 Roller에 수평이동기구와 회전기능을 겸하는 1본 Roller 받침은 이동방향과 회전방향이 일치하고 기능적인 여유가 없는 구조로서 특수한 용도 이외는 사용하지 않는다.

Roller부가 교축직각방향의 수평력을 지지하는 구조는 수평력 지지가 불확실하고 Roller의 부정이동의 원인이 되므로 이와 같은 구조는 피하는 것이 좋다.

2) 평면과 2면을 깎은 결원주(트랙형봉)를 조합한 받침

평면과 2면을 깎은 결원주를 조합한 선접촉받침은 상부받침과 하부받침의 한 면은 평면과 다른 면을 결원주면과의 선접촉하는 1방향 회전형의 받침을 선받침이라 부른다. 간이 교량에 사용하는 것이 좋고 강과 강이 무윤활로 선접촉을 하므로서 접촉부가 큰 손상이 있고 마찰계수가 소정의 값보다 큰 경우가 많으므로 이의 적용은 가동받침은 피하고 고정받침에 한정하여 사용하고 있는 실정이다.

1.3.3 콘크리트 받침

콘크리트 받침은 콘크리트 힌지(Hinge)와 콘크리트 로커(Rocker)로 구분한다.

(1) 콘크리트 Hinge

콘크리트 힌지는 힌지 기능으로서는 불완전한 힌지이지만, 힌지부의 굽힘 강성이 부재의 굽힘 강성에 비해 상당히 작으면 실용상 힌지로 생각해도 된다.

콘크리트 힌지는 콘크리트 구조의 슬래브교나 π형 라멘교의 Hinge 부재, 때로는 Hinge 받침을 사용한다. Hinge 부의 접촉면에 교차 철근을 사용한 것을 Meanager Hinge는 다점고정구조의 중간지점의 고정받침에 일반적으로 사용한다.

(2) 콘크리트 로커(Concrete Rocker)

콘크리트 만든 로커에 회전과 이동기능을 갖게 한 받침이다. 콘크리트 로커의 대표적인 구조형식은 접촉면을 강판으로 보강하고 원주면을 붙인 형식과 평면접촉에 의한 형식이 있다.

최근에는 교량받침으로 거의 적용한 예는 없는 것으로 알려져 있다.

1.3.4 기능분리형 받침

기능분리형 받침은 하중전달기능과 변위추종기능의 기본적 기능, 때로는 감쇠기능과 대변위추종기능의 특별한 기능을 개개의 기구에 분담하는 구조로 되어 있는 받침이다.

(1) 기능분리형 분산받침·기능분리형 면진받침

연직하중지지 및 수평이동·회전을 거더 아래의 가동받침이 받고, 지진시의 수평력을 별도로 설치한 지진시 수평력 분산형 고무받침과 면진고무받침이 받는 구조이다.

(2) Damper를 사용한 구조

연속거더교에서 거더와 가동교각 머리부를 연결하여 소요의 감쇠저항을 하여 지진시의 수평력을 각 교각에 분산토록 하는 Oil Damper가 있다. Oil Damper는 온도변화와 creep · 건조수축에 의한 거더의 신축에 의한 완만한 움직임에 대해서는 저항하지 않고 지진시의 급격한 운동에 대해서는 저항을 크게 하여 지진력을 교각에 전달하는 기능을 가지고 있다.

또 고점도의 고분자 재료의 점성 저항하는 전달과 감쇠기능을 이용한 Damper와 점성 stopper가 있다. 점성 stopper는 지진력의 분산이 주목적으로 점성재료의 저항력 계수(점성감쇠정수)를 비교적 크게 하여 지진력을 각 교각에 분산을 확실히 전달한다.

점성 stopper는 Oil Damper와 같은 형상이며 온도변화, creep · 건조수축에 의한 완만한 움직임에 대해서는 저항하지 않고 지진시의 급격한 움직임에 대해서는 저항하고 수평력을 분산시키는 역할을 한다. 점성 stopper는 내압형 stopper와 점성 전단형 stopper가 많이 사용되어지고 있으며, 또 강제 Damper와 마찰 Damper가 있다.

(3) 제진장치를 사용한 구조

연직하중 및 이동량을 거더 아래의 가동받침이 받도록 하고 지진력의 제어를 제진장치가 하도록 하는 구조이다. 현재 교량에 적용할 가능성이 있다. 액체 · spring · Damper로 구성되며 진동에너지를 액체의 운동에너지로 흡수하고, Damper의 감쇠력을 에너지로 소산시키는 방식을 동주질량감쇠기(TMD: Tunnel Mass Damper)가 있다.

TMD는 액체-spring을 결정하는 고유 진동수를 구조물의 고유 진동수와 일치(동주)시키고 Damper의 감쇠정수를 최적치로 조정하여 큰 제진효과를 발휘한다.

TMD의 변형으로는 액체의 동요를 이용한 Sloshing Damper가 있다. 용기 내 액체의 공진과 액체의 마찰 및 충돌시켜 감쇠에 사용한다. 취급과 유지관리가 용한 반면 액체의 비중이 적어 대형화가 된다.

computer 제어로 제어력을 부가하는 방식이 있고 구조물의 요동하는 반대방향에 액체를 구동하여 그의 반력으로 요동을 억제하는 AMD(Active Mass Damper)와 고유주기를 구조물에 맞추어 액체를 Active가 크게 구동시켜 요동을 억제시키는 HMD(Hybrid Mass Damper)가 있다.

또한 구조물 특성을 비정상화 하는 방식으로 구조물의 강성을 가변화하는 AVS(Active Variable Stiffness)와 구조물의 감쇠를 가변화하는 AVD(Active Variable Damping)가 있다. 이들의 제진장치를 사용하는 구조는 동력의 확보 및 유지관리하는데 문제가 있고 교량에 적용은 일반적으로 하지 않는다.

1.4 교량받침의 종류

교량받침의 종류는 일반적으로 사용재료 및 기능적 요구에 따라 분류되나 실제로 적용하고 있는 받침은 하나의 재료 및 기능만 가지고 교량받침의 기능을 만족시킬 수 없으므로 이들의 기능과 재료의 특성을 최대한 활용하여 교량상부구조의 거동이 무리 없이 이루어지도록 복합적인 재료 및 기능을 가진 장

제1장_ 교량받침

치를 설계하여 적용하고 있으므로 그의 종류도 많다. 이에 대하여 실제 적용하고 있는 교량받침의 종류를 재료 및 기능별로 구분하면 다음 그림 1.4.1과 같다.

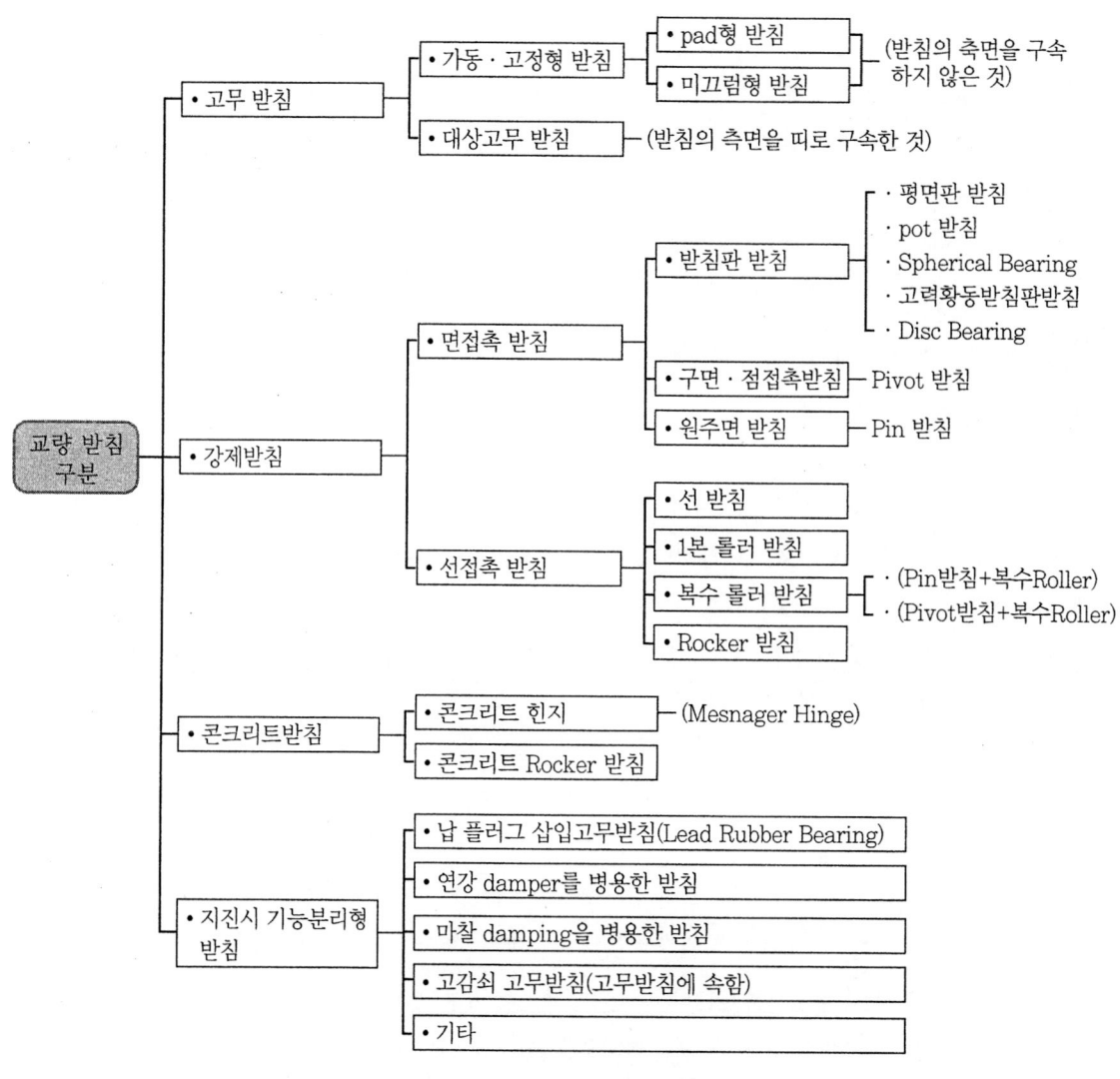

그림 1.4.1 교량받침의 종류

1.4.1 고무받침(Elastomeric Bearing, Rubber Pad Bearing) 종류

적층고무받침(Laminated Rubber Bearing)은 많은 교량형식의 받침으로 광범위하게 적용되고 있다. 고무받침은 구조물의 변형(회전·이동)을 자체의 고무변형에 의해 흡수시키는 받침이다.

고무받침 자체에 변형을 제한하는 기구는 설치하지 않고 내부 또는 외부에 Anchor Bar 또는 stoper 등을 이용하여 이동제한을 하고 있으며, 그 이동 제한량에 따라 고정과 가동으로 나누어 적용하는 것이 일반적이다.

(1) 고무받침의 분류

고무를 주재료로 사용한 고무받침(탄성받침)은 고무만을 사용재료로 한 순수탄성받침(Rubber Bearing)과 내부에 1개 이상의 강판을 보강하여 사용한 적층탄성받침(Laminated Rubber Bearing)이 있으며 고무의 재질은 천연고무와 합성고무를 사용하며 교량받침 중에서 가장 간단한 형식이다.

1) 무보강 고무받침(Plan Elastomeric Bearing)
고무 자체의 판으로 아무 철판보강이나 띠보강 없이 사용하는 고무받침을 말한다.

2) 보강 고무받침(적층 고무받침: Reinforced Elastomeric Bearing)
① 유리섬유보강 고무받침(Glass Fibber Reinforced Bearing)
② 강판보강 고무받침(강판적층 고무받침: Multiple Rubber-Steel Sandwich Bearing)
③ 일체성형형 고무받침(Hot-molded Steel Reinforced Bearing: Laminated Elastomeric Bearing): 이 형식의 고무받침을 가장 많이 적용하고 있는 실정이다.
④ 상하면 철판부착 고무받침(Reinforced Bearing with Exteral)

(2) pad형 고무받침

적층고무받침의 고무판을 교량상부구조와 하부구조 연결부에 고무판 상하면에 보강 없이 사용하는 고무받침을 말한다. 회전과 이동은 고무받침 자체의 탄성변형에 의해 이루어지고 고정은 받침 중앙에 Steel Bar를 설치하여 교량상하구조를 연결하여 고정시킨다. 이와 같은 형식은 지간이 짧은 단경간 교량에 적용을 많이 하였으나 최근에는 적용하는 예가 적다.

(3) 미끄럼형 고무받침

적층고무판 상하면에 철판을 붙이고 상면철판에 미끄럼판인 PTFE (Polytetrafluorethyre ne)를 돌출시켜 정착시키고 상부받침판 하부에 Stainless 판을 붙여서 수평력에 의해 이동이 쉽도록 한 받침을 말한다. 이 받침에 다음과 같은 형식이 있다.

① 무 Guide sliding 받침
② 외부 Guide sliding 받침
③ 내부 Guide sliding 받침

이 받침은 기능상 고정받침, 일방향가동받침, 양방향가동받침이 있으며 제품에 따라 상향력에 저항되도록 블록을 만들어 놓은 것이 있으나 부반력이 발생하는 교량에는 적용하지 않아야 한다.
이는 지진시 상향력 발생시 일시적으로 저항하도록 설계되어 있는 것이다.

(4) 대상(띠) 고무받침(Ring plate Type 고무받침)

대상 고무받침은 연직하중에 의해 고무가 빠져나오는 것을 강판 띠(steel Ring)로 억제시켜 경질고무가 되게 한 합성섬유로 보강한 고무받침이다.

이는 신축량이 작은 콘크리트교 단지간에 적용하며, 회전·이동에 대한 변형이 자체의 기능으로는 되지 않아 연직하중만 지지하는 받침이다. 광의적으로 보면 Pot받침도 여기에 속한다고 할 수 있다.

1.4.2 강제받침 종류

(1) 면접촉 받침

면접촉 받침은 받침판 받침, 구면 받침, 원주면 받침으로 기능상 분류하며 실제 적용하고 있는 받침은 면접촉 받침, 선접촉 받침, 그리고 고무·특수합금 및 윤활제를 사용하여 받침을 제작하여 채용하고 있다.

1) 받침판 받침

받침판 받침은 평면판 받침, pot 받침, Spherical Bearing, 고력황동받침판 받침, Disc Bearing 등이 있다.

① 평면판 받침(plane Bearing)

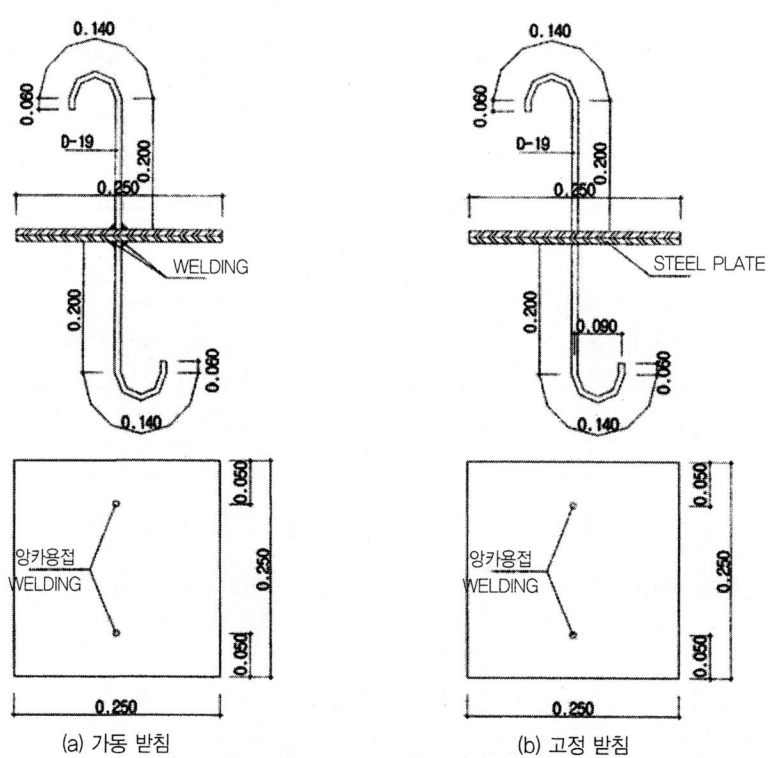

그림 1.4.2 평면판 받침(철판 받침) 설계 예

상하부 받침판이 평면강판으로 2장의 강판을 합하여 면접촉을 한 구조로 되어 있는 것과 상하부 받침이 미끄럼이 잘 되게 하기 위해 마찰계수가 작은 알미늄 강판을 사이에 끼운 것도 있으며 접지면적이 커서 큰 연직하중은 받을 수 있으나 받침의 회전가능이 없어서 상부구조의 처짐이 적은 단경간의 콘크리드교에 적용하여 왔으며 받침판에 녹이 슬면 이동이 불가능하여 윤활제를 주입해야 하는 점이 있어 현재는 채용하는 예가 없다.

② Pot 받침(Pot Bearing)

포트 받침은 원통이 밀폐용기 속에 고무판(Plain Elastomeric)을 넣고 Piston Ring을 원통 내에 끼워서 Piston Plate로 밀폐시켜 고무의 팽창현상을 억제시켜 고무의 탄성변형에 의하여 회전기능을 갖게 하고, Piston 상면에 PTFE(불소수지: polyterafluorethyrene) 판을 부착하여 돌출시키고 상부받침판 하면에 부착된 stainless 판에 접촉시켜 수평이동 기능을 갖게 한 교량받침이다.

이 받침은 밀폐된 고무가 유체처럼 거동하여 회전기능을 갖게 하고 충격을 흡수하며, 연직력을 골고루 분산시키고 큰 수직력을 받을 수 있고 전방향 회전기능과 적은 마찰계수(0.03)로 수평이동 기능을 가지며 받침의 높이가 낮아 수평하중에 대한 회전 모멘트가 작아 Anchor bolt의 정착 깊이가 낮고 중량이 가벼워 시공성이 좋다.

이 받침의 형식은 양방향 고정형, 일방향 가동형, 양방향 가동형이 있으며 받침에 damper를 부착하여 지진 시 기능분리형 받침으로 적용하고 있으며 상부 받침판의 받침판을 넓혀서 밀어내기용 받침으로 가설용·영구용을 겸한 받침으로 많이 적용하고 있는 실정이다.

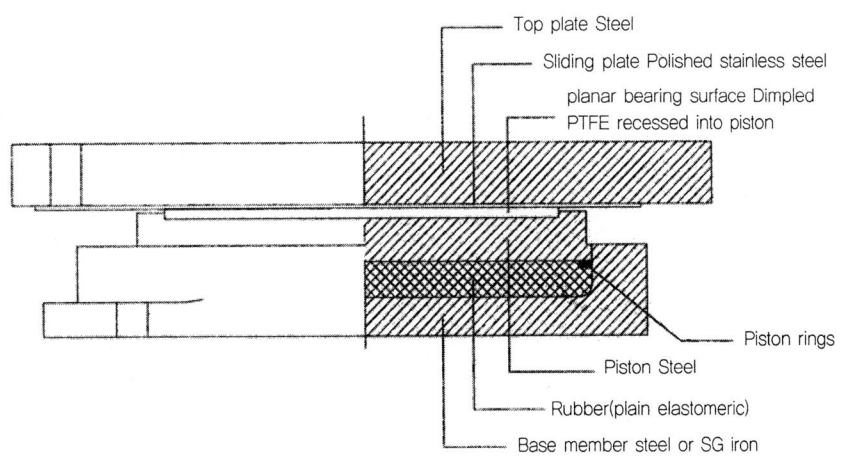

그림 1.4.3 Pot Bearing 구성도

③ 고력황동받침판 받침

고력황동받침판 받침은 하부받침판 중앙에 상면은 평면, 다른 면은 볼록 곡면으로 하여 하부 받침판과 상부 받침판과의 각각 면접촉을 시키고, 곡면부에는 고체윤활제를 삽입시킨 고력황동판(HBsC4)을 면접촉시켜 회전·수평이동기능을 갖게 한 것으로 상향력과 이동제한은 stopper로 양단에서 억제시킨 받침이다. 큰 수직하중을 받을 수 있고 모든 방향의 회전기능을 가지고 있기 때문에 회전이 큰 곳, 회전방향이 이동방향과 일치하지 않은 사교·곡선교에 채용이 편리하다.

또한 지진 시에 수평저항력이 크고 회전기능이 우수하므로 단경간의 철도교에 많이 적용하고 있으며 수직반력이 큰 경우에는 받침이 대형화가 되어 무게가 무거운 단점이 있다.

이 받침은 평면접촉부, 곡면접촉부를 미끄럼이 발생하게 하면 가동받침, 면접촉부의 미끄러짐을 구속하면 고정받침이 된다.

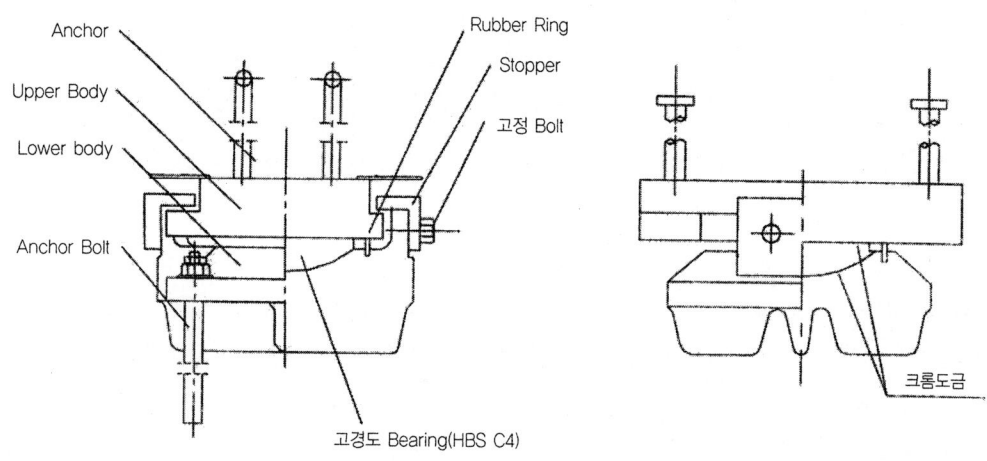

그림 1.4.4 고력 황동 받침판 받침

④ Spherical Bearing(스페리칼 받침)

스페리칼 받침은 고력황동받침판 받침과 같이 하부받침판 중앙에 상면은 평면, 다른 면은 볼록곡면으

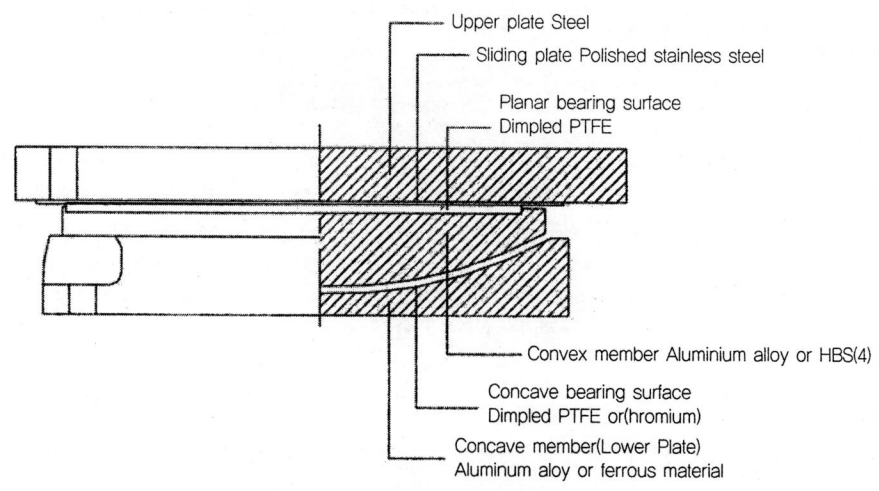

그림 1.4.5 Spherical Bearing

로 하여 접촉부에 불소수지판(PTFE)을 깔아 Mirror Stainless Plate를 이용하여 모든 방향 회전이 가능하게 하고 수평이동 기능을 갖는 받침이다.

큰 수직하중을 받을 수 있고 모든 방향의 회전기능과 아주 작은 마찰계수(0.03)로 수평이동 기능을 가지며 회전각이 커서 경사진 교량에 채용하기가 용이하다.

받침형식으로는 고정형, 일방향 가동형, 양방향 가동형이 있다.

⑤ Disc Bearing

Disc Bearing은 하부 받침 플레이트(Lower Plate)위에 회전기능을 갖는 Bonafy Structural Element를 끼우고, 그 위에 상부 받침판 플레이트(Upper Bearing Plate)를 설치하여 Upper Plate와의 접촉면에 Teflon Disc를 깔아 수평이동 기능을 갖게 만든 교량받침이다.

이 받침은 전방향이동기능을 가지며 탄성고무받침과 같이 충격을 흡수하고 큰 수직하중을 받을 수 있고 모든 방향회전이 가능하며 받침높이가 낮아 수평하중에 대한 회전 모멘트가 적어 Anchor bolt 근입 길이가 낮고 중량이 가벼워 시공성이 좋다. 또한 회전각이 큰 장대교량에 사용이 어렵고 Teflon Disc의 변형 또는 마모로 장기간 사용할 수 없는 단점이 있다.

형식으로는 양방향 고정형, 일방향 가동형, 양방향 가동형이 있다.

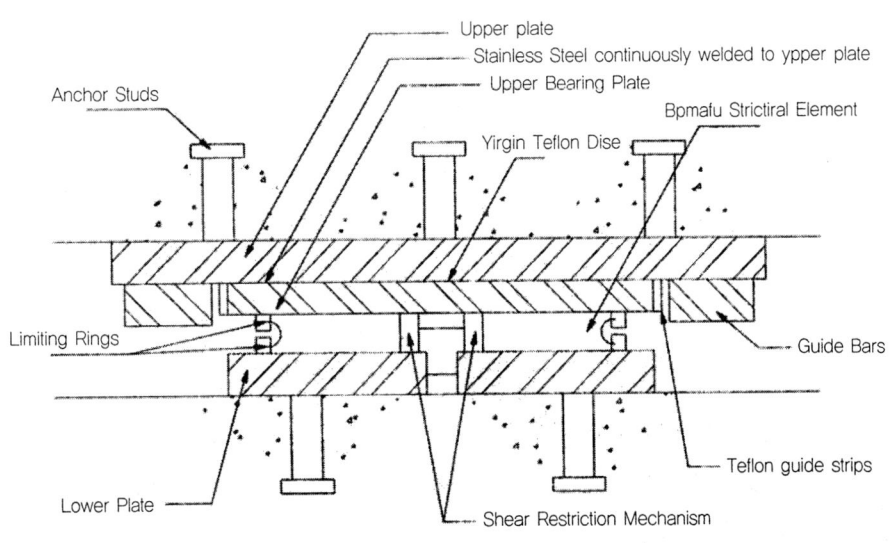

그림 1.4.6 DISC Bearing

2) 구면 · 점접촉 받침-피봇(Pivot) 받침

구면 · 점접촉 받침인 피봇 받침은 상부받침은 오목면상으로, 하부받침은 볼록면상으로 각각 구면으로 가공하여 결합한 회전기능을 갖게 한 고정받침이다. 따라서 어느 방향에도 회전이 가능하다.

피봇받침은 상부받침 구면반지름(r_2)와 하부받침 구면반지름(r_1)과의 반지름비 즉, r_2/r_1이 1.01이상일 때는 점접촉피봇받침이라 하고, 1.01보다 작을 때는 구면접촉피봇받침이라고 한다.

구면접촉피봇받침은 수직하중 재하 시 거의 전면접촉이 되고 회전에는 활동이 따르는데 점접촉피봇받침의 경우에는 국부적인 접촉에 그치므로 회전은 구동작용에 의하게 되어 마찰이 적다. 따라서 받침으로서의 회전성능에 관해서는 구면접촉피봇받침보다 점접촉피봇받침 쪽이 뛰어나다.

점접촉피봇받침은 수직하중 재하능력이 작기 때문에 수직하중이 큰 곳에서는 통상의 재료를 사용하지 않고 접촉부 부근에 표면 담금질에 경도를 높인 C-BB재나 니켈, 크롬, 몰리브덴강, CNC M439, SNC M447을 메워 넣은 것을 사용하게 된다. 단, 소규모 교량인 것을 제외하고 일반적으로 설계가 곤란한 것이 많다.

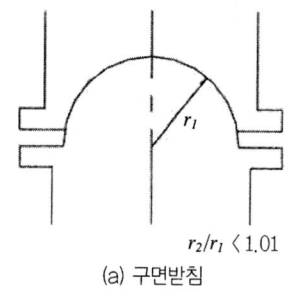 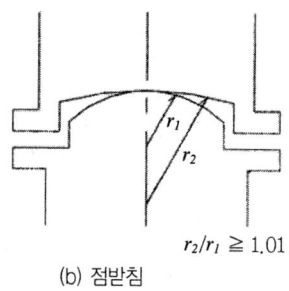

(a) 구면받침 $r_2/r_1 < 1.01$ (b) 점받침 $r_2/r_1 \geq 1.01$

그림 1.4.7 PIVOT 받침의 종류

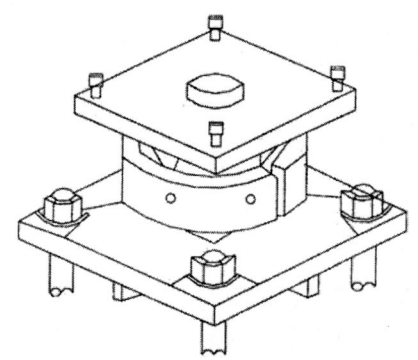 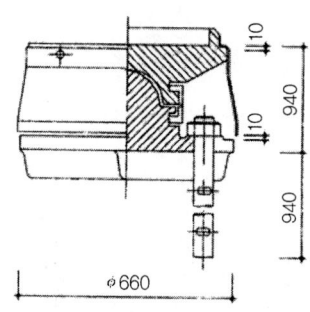

그림 1.4.8 PIVOT Bearing 예

3) 원주면 접촉받침-Pin 받침

원주면 접촉받침인 Pin받침은 상부받침과 하부받침 사이에 Pin을 배치한 구조로, 1방향만 회전이 가능한 고정받침이다. Pin을 지지하는 방법에 따라 지압형 Pin받침과 절단형 Pin받침으로 구분한다.

지압형 핀 받침은 상부받침과 하부받침 사이에 핀을 끼운 것으로 일반적으로 적용하는 형식이다. 이 형식은 상향력(up-lift)과 부반력에 대해서는 핀 양쪽단부에 설치한 cap으로 저항한다.

전단형 핀 받침은 상하부받침이 빗모양으로 돌출된 리브(rib)를 맞물고 있는 중앙에 핀을 끼우고 끼운 핀의 전단저항력과 휨저항력으로 수직력에 저항한다. 이 받침은 부반력에 대해서는 가장 신뢰할 수 있는 구조이다.

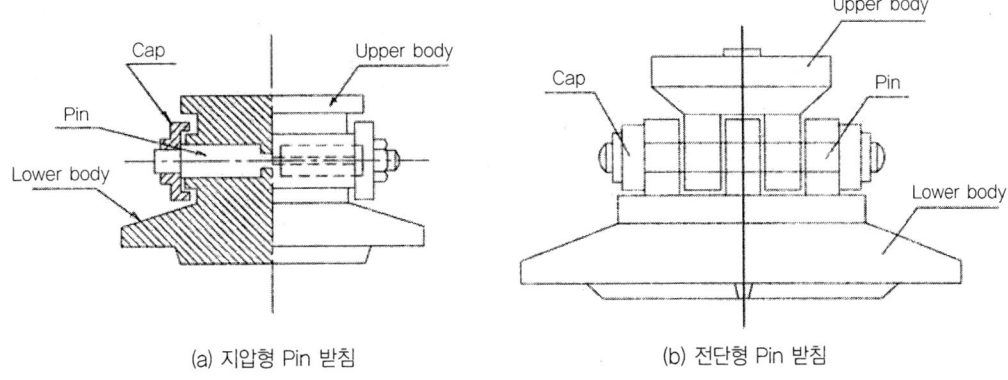

(a) 지압형 Pin 받침   (b) 전단형 Pin 받침

그림 1.4.9 PIN 받침 예

(2) 선접촉받침

1) 선받침(Linear Bearing)

상·하부받침의 접촉하는 2개의 강재 중 하나는 plate로 한 면은 곡면을 설치하여 원주면으로 선접촉을 하게 한 구조로 되어 있으며, 회전기능과 마찰저항이 적은 수평이동을 가능케 한 구조로 상향력과 이동제한은 washer형으로 억제시킨 근대 강제교량받침의 효시이다.

1방향의 회전기능이 뛰어나고, 가볍고, 설치가 간단하고, 경제적이며 회전각이 커서 종단경사가 급한 교량, 처짐이 큰 교량에 적합하다. 형식으로는 고정형과 가동형이 있다.

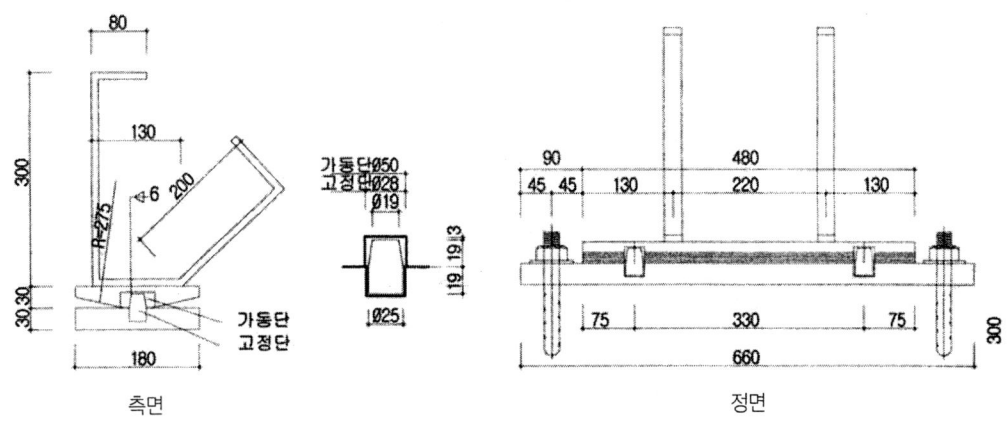

그림 1.4.10 선받침의 설계 예

2) 롤러받침(Roller Bearing)

롤러받침은 평면판과 원주를 조립한 선접촉받침으로 Roller에 의해 수평이동기능을 가진 가동받침이다. Roller받침에는 수평이동기능은 복수 Roller로 하고, 회전기능은 Pin 혹은 Pivot가 할 수 있는 개개의 기능을 가진 받침을 조합한 복수롤러받침과 1본의 롤러로 수평이동기능과 회전기능을 동시에 갖는 1

본 롤러받침이 있다. 롤러에는 보통 강재를 사용한 롤러와 합금강을 열처리하거나 혹은 stainless 합금 강재를 일정한 두께로 땜 용접한 고경도 롤러가 일반적으로 사용된다.

① Pin · Pivot 받침+복수 Roller받침

상부받침과 하부받침사이에 Pin 또는 Pivot를 끼우고 하부받침과 저판 사이에 2개 이상의 원기둥형 Roller를 끼워 마찰력이 작은 상태로 수평이동기능을 갖게 하고 복수 선접촉을 시켜 큰 수직하중을 받게 하고 회전기능은 Pin 또는 Pivot 받침이 하도록 한 교량받침이다.

마찰계수(0.05)가 적어 수평이동기능이 뛰어나고 큰 수직하중을 받을 수 있으며 회전기능이 뛰어나므로 장지간의 교량에 적합한 받침형식이다.

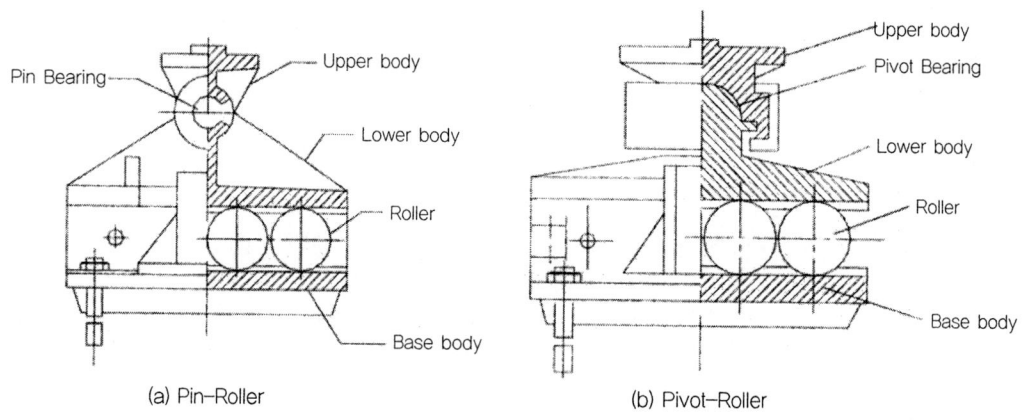

그림 1.4.11 복수 Roller 받침

② 1본 Roller 받침

상하부받침 사이에 1개의 원기둥형의 롤러를 끼워 선접촉에 의한 일방향 회전기능과 이동기능을 갖게 하고 상향력과 이동제한은 stopper로 롤러 양단 가장자리에서 억제시킨 받침이다.

1방향 회전기능과 수평이동기능이 매우 뛰어나며 회전각이 커서 교량종단 경사가 급한 교량에 설치가

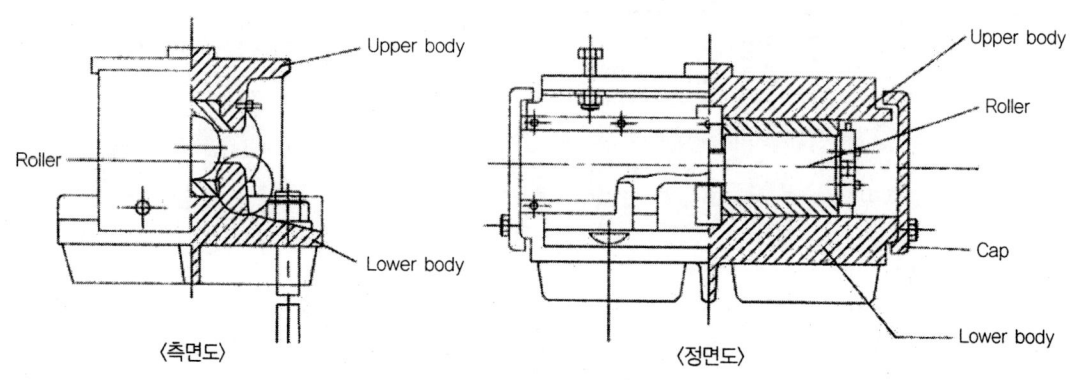

그림 1.4.12 1본 Roller 받침 (예)

용이하다. 형식으로는 고정형과 가동형이 있다.

3) 로커받침(Rocker Bearing)

로커받침은 상하받침 사이 중앙에 타원주형의 Rocker를 삽입시켜 평면에 곡면을 접촉시켜 회전기능과 수평이동기능을 동시에 갖게 한 받침이다.

한쪽 방향의 굴림기능과 작은 마찰계수(0.05)로 수평이동기능이 있으며 상부의 변위가 하부로 편심되어 전달되지 않는다. 또한 큰 수직하중에는 적합하지 않으며 상향력과 이동제한을 할 수 없으며, 회전 및 수평이동의 한계 때문에 장지간의 교량에는 적용할 수 없으며, 구동부에는 필히 윤활제를 주입해야 한다.

형식으로는 고정·가동형이 있다.

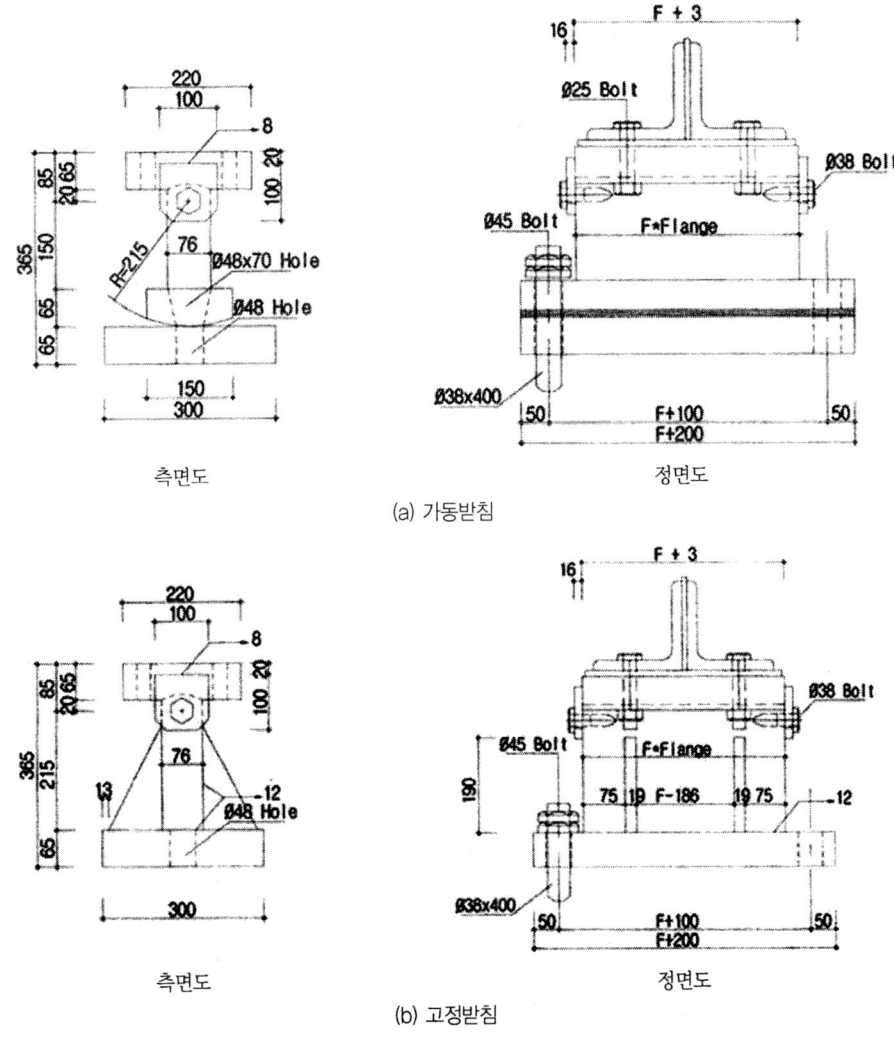

그림 1.4.13 Rocker Bearing 설계 예

1.4.3 콘크리트 받침 종류

(1) 콘크리트 힌지(Hinge)

콘크리트 힌지는 힌지기능으로서는 불완전한 힌지이지만 힌지부의 굽힘 강성이 부재의 굽힘 강성에 비해 상당히 작으며 실용상 힌지로 생각해도 된다.

메나께 힌지(Mesnager Hinge)는 교차 철근을 사용한 힌지로 이것을 개발한 프랑스 사람의 이름을 따서 붙인 것이다.

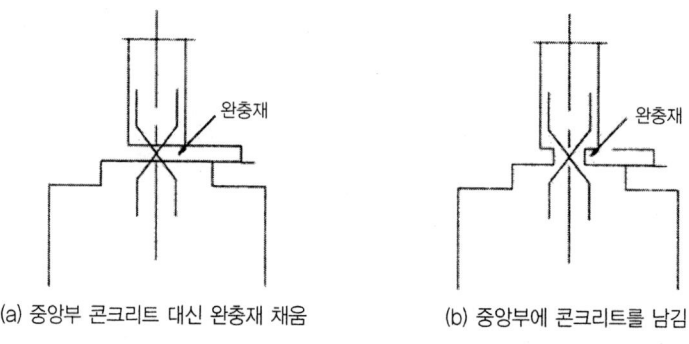

(a) 중앙부 콘크리트 대신 완충재 채움   (b) 중앙부에 콘크리트를 남김

그림 1.4.14 콘크리트 힌지-Mesnager Hinge 예

(2) 콘크리트 로커(Concrete Rocker)

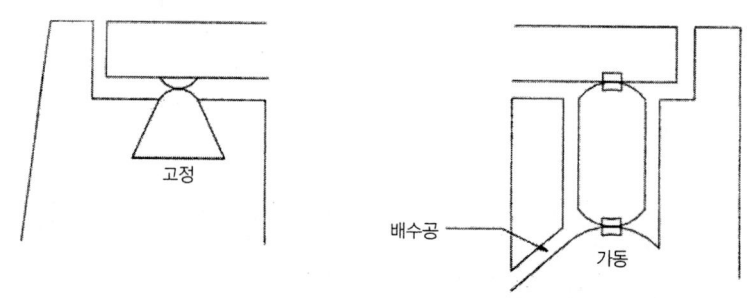

그림 1.4.15 접촉면을 강으로 보강하는 원주면을 붙인 형식

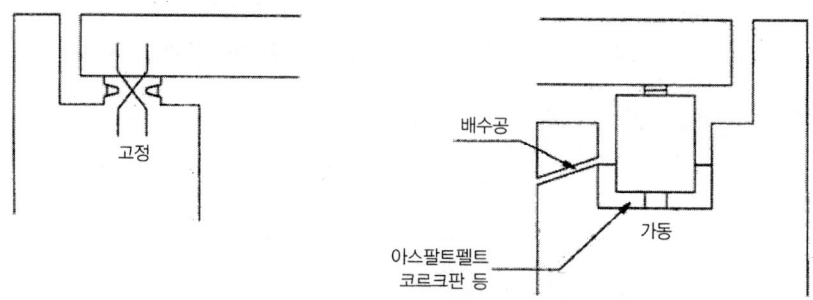

그림 1.4.16 평면접촉에 의한 형식

콘크리트제의 로커에 회전과 이동기능을 갖게 한 받침이다. 콘크리트 로커의 대표적인 구조형식은 그림 1.4.15와 그림 1.4.16에 나타낸 것과 같은 것이 있다.

1.4.4 지진 시 기능분리형 받침 종류

(1) 납 플러그 삽입고무받침(Lead Rubber Bearing)

일체성형 형식의 고무받침의 내부에 코어 형태의 납 플러그를 삽입하여 금속의 비선형성을 이용한 고무받침으로서 고무받침의 탄성 복원력에 의하여 납 플러그가 복원되므로 잔류 변형이 발생하더라도 자연적으로 원위치에 복귀하게 된다. 고무받침의 장점과 수평력에 의하여 발생하는 변위를 억제할 수 있으며 온도하중과 같이 서서히 발생하는 하중에 대해서는 납의 크리프 특성으로 쉽게 항복하여 온도하중을 하부구조에 전달하지 않는다. 또한, 납의 재결정 온도가 상온이므로 지진 발생 후에도, 납 플러그를 교체할 필요가 없다. 다만, 납의 사용으로 인한 환경오염 문제로 인하여 선진국에서는 사용이 감소하고 있는 추세이다.

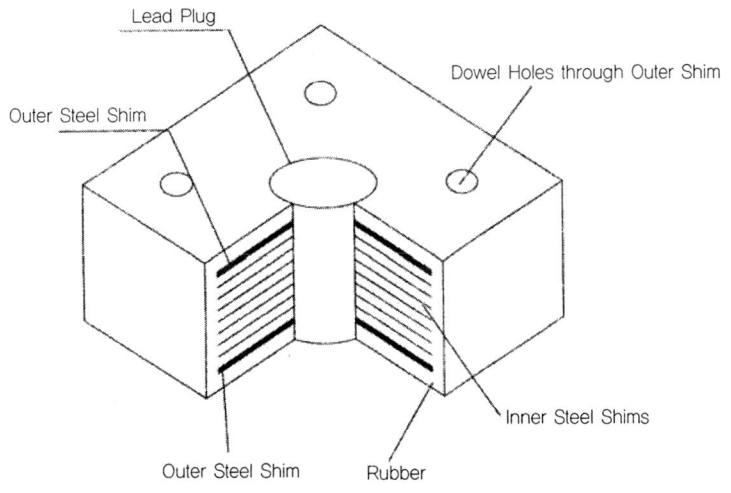

그림 1.4.17 Lead-Rubber isolation bearing

(2) 연강 댐퍼(Damper)를 사용한 pot 받침

수직하중에 대해서는 포트받침의 기능과 같고, 지진 시 고정받침의 수평하중에 대해서는 포트받침 상·하판에 고정된 연강 댐퍼가 저항하고, 가동받침은 충격전달장치를 사용하여 상시에는 가동의 역할을 지진 시에는 연강의 변형을 통하여 지진에너지를 흡수하는 받침이다. 지진 발생 후, 연강 댐퍼가 영구변형으로 교량 상부구조를 원위치에 이동시키기 위한 별도의 대책이 필요하며, 댐퍼가 연강이므로 정기적인 도장이 필요하며, 지진 시에 작동하여야 하는 충격전달장치의 유지보수 및 성능점검이 필수적으로 요구된다.

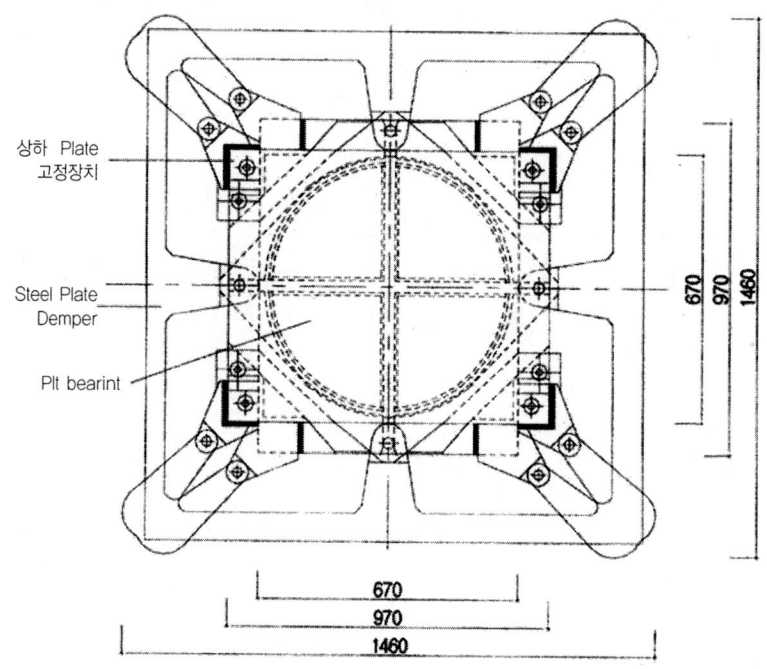

그림 1.4.18 연강 Damper를 사용한 pot 받침

(3) 마찰 댐퍼를 이용한 Disc 받침

하부 받침플레이트 위에 회전기능을 갖는 Bonafy structure Element를 끼우고 그 위에 상부받침플레이트를 설치하여 상부 플레이트와의 접촉면에 Teflon Disc를 깔아 수평이동기능을 갖게 만든 받침에 마찰판의 마찰댐퍼(damper)를 이용하여 지진에너지를 소산시키는 받침이다.

비교적 받침의 높이가 낮고 중량이 가벼워 시공성이 우수하나 상대적으로 회전각이 적어 장대교량이나 교량의 종단경사가 급한 교량에 사용하는 데는 어려움이 있다. 또한 Teflon Disc의 장기간 사용에 따른 변형 또는 마모로 인한 유지관리 및 점검이 요구되며 지진 시에 작동해야 하는 충격전달장치(damper)의 유지보수 및 성능점검이 필수적으로 요구된다.

(4) 고감쇠 적층고무받침

지진에너지를 고무 자체의 감쇠성능을 이용하여 열에너지로 소산시키는 받침으로서 별도의 댐퍼가 필요하지 않는 것이 장점일 수 있다. 그러나 저온 시에 고감쇠 고무자체의 전단강성의 변화가 크므로 설계 시에 이를 반영하여 설계하여야 한다. 납 삽입고무받침의 대체로 사용되는 지진격리받침이다.

(5) Shock Tramsmission Unit(S.T.U) 사용한 내진받침

수직하중 지지, 수평이동 기능, 회전기능에 대해서는 pot 받침, 탄성고무받침, Spherical 받침, Disc

받침을 사용하여 평상시에 교량받침의 기능을 받도록 하고, 지진 시에는 지진에너지를 Hydraulic Damper가 감쇄하도록 한 교량받침이다.

이와 같은 받침들은 지진하중을 모든 교각에 분산시키며, 진동에너지를 Damper의 비성형성으로 흡수하여 지진소산능력이 우수하고 온도변화, creep · 건조수축 등에 의한 상부구조의 신축과 같은 평상시의 거동에 대해서는 거의 저항하지 않으며 지진과 같은 급격한 운동에 대해서는 저항이 크기 때문에 지진력에 의한 수평하중을 가동교각에 전달할 수 있다.

이러한 받침은 S.T.U 설치를 위한 별도의 공간이 필요하며 일방향고정, 양방향가동형식이 있고 내진설계를 하지 않은 기존교량을 내진기능을 갖도록 보강 설계하는데 S.T.U를 많이 적용하고 있는 실정이다.

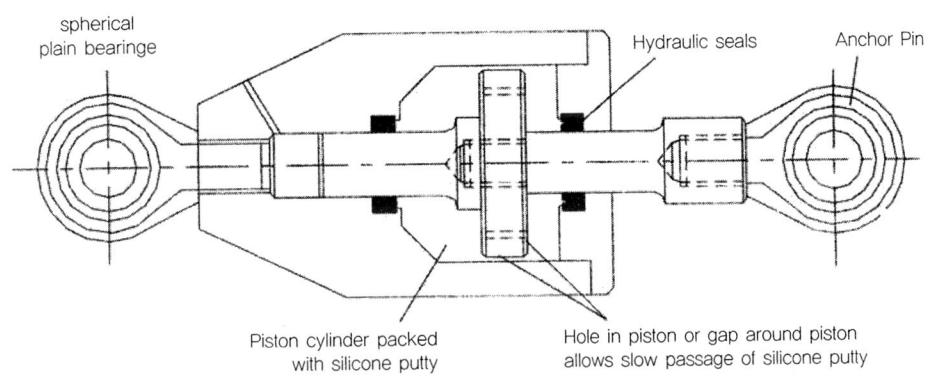

그림 1.4.19 Silicone Putty Shock Transmission Unit (S.T.U)

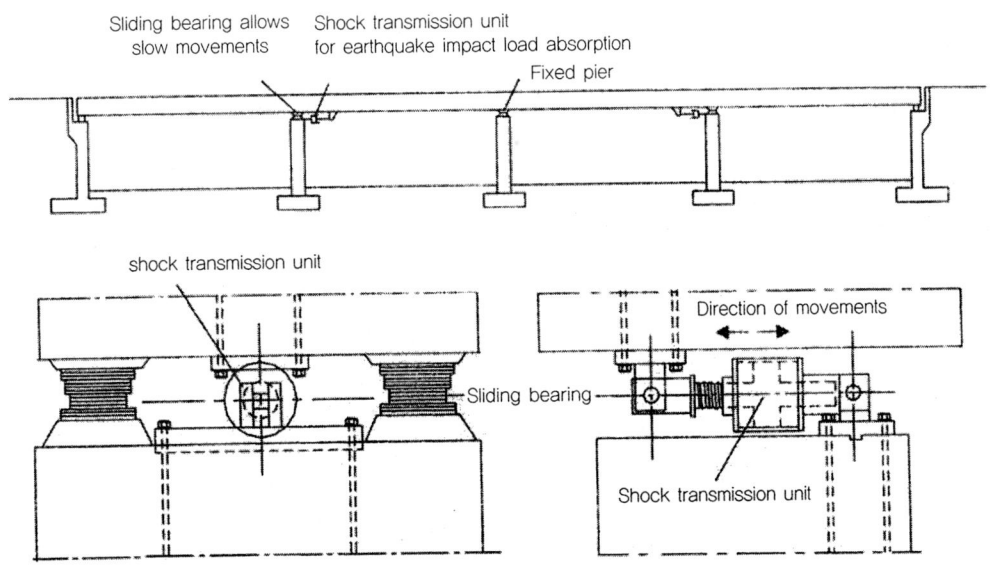

그림 1.4.20 Damper (S.T.U) 배치 예

(6) 점성 스토퍼

점성 스토퍼는 고점도의 고분자재료의 점성저항에 의한 전달 및 진동 감쇄기능을 이용한 Damper의 일종이다.

Oil Damper와 마찬가지로 온도변화, 크리프, 건조수축 등에 의한 완만한 움직임에는 저항하지 않으나 지진 등 급격한 움직임에는 저항하여 지진 시 수평력을 분산시킬 수가 있다. 단, 점성 스토퍼는 지진력의 분산을 꾀하는 것을 주안으로 하고, 점성재료의 저항력계수(점성감쇠정수)를 비교적 크게 해서 지진력을 가동교각에도 확실히 전달시키도록 하는 것이다.

점성 스토퍼로서는 현재 내압형 스토퍼와 점성전단형 스토퍼가 많이 사용되고 있다.

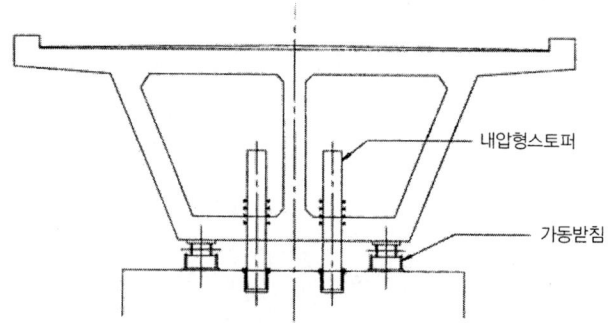

그림 1.4.21 내압형 스토퍼의 설계 예

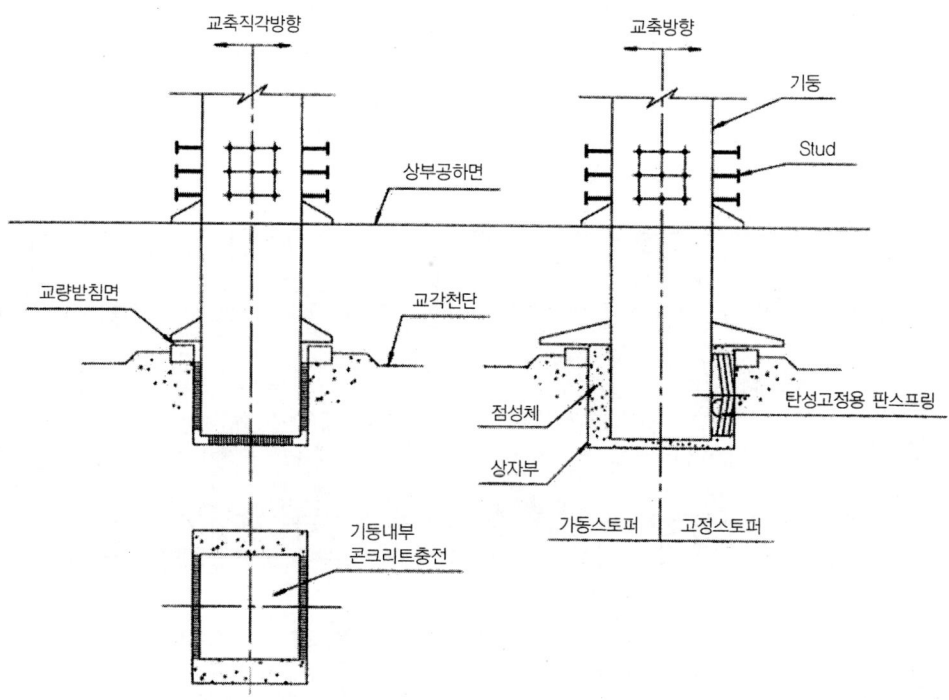

그림 1.4.22 내압형 스토퍼의 구조 예

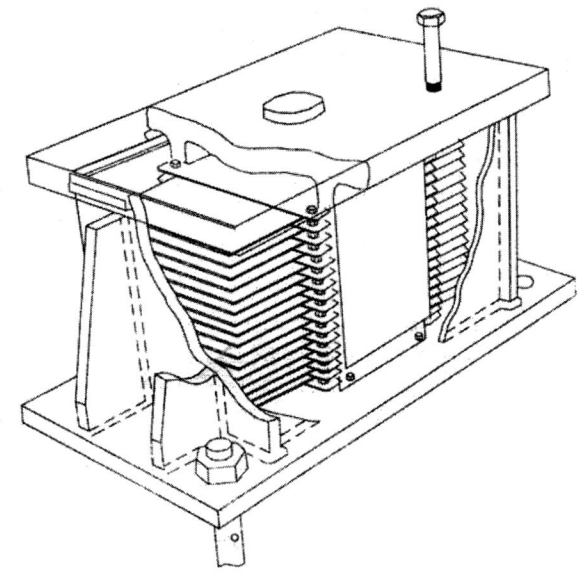

그림 1.4.22 점성 전단형스토퍼의 구조 예(Multi Shear Type Viscous Stopper)

1.5 교량받침 형식 선정

교량받침은 받침으로서 요구되는 기능을 충분히 발휘할 수 있는 것 중에서 내구성, 경제성이 뛰어난 형식을 선택하여야 하며, 받침의 기능이 손상되었을 때 받침 본체만이 아니고 교량 상하부구조에도 손상을 주는 원인이 되기 때문에 신중하게 선정하여야만 한다.

1.5.1 교량받침 형식 선정시 고려사항

(1) 교량계획에 따른 고려사항

1) 교량의 총 길이 및 신축이음 길이
2) 교량 폭원
3) 교량평면선형 및 형상(교선교, 사교, 절곡교 등)
4) 교량 종단선형(경사도)
5) 상부구조의 형식과 치수(거더배치 방법)
6) 하부구조의 형식과 치수
7) 지반조건 및 침하가능성(하부구조)
8) 지점에서의 소요받침수와 받침반력 크기
9) 교량지지방식(1점 고정방식, 다점 고정방식)

(2) 교량받침의 기능에 따른 고려사항

1) 수평이동량 및 방향
2) 교량받침 형식에 따른 허용회전량(radian) 및 방향(일방향, 양방향)
3) 받침형식에 따른 마찰계수
4) 받침형식에 따른 수직·수평탄성계수 (내진설계시 적용함)
5) 내진 및 면진 기능

(3) 유지관리에 따른 고려사항

1) 받침재료의 강도 및 내구성
2) 받침의 도장여부(미관)
3) 받침에 윤활제 주입 여부
4) 받침교체의 용이성
5) 받침의 상·하부구조의 접속부 보강

1.5.2 교량형식 및 지지조건에 따른 받침형식 선정

교량의 상부구조형식에 따라 받침형식이 일률적으로 설계에서 주로 채용하는 받침형식은 다음 표 1.5.1과 같다.

⊙ 표 1.5.1 교량형식에 따른 교량받침 적용 예

교량형식		교량받침
강교	강박스거더교	포트받침, 고력황동받침판받침, 롤러받침, 탄성받침, 스페리칼받침
	플레이트거더교	포트받침, 탄성받침, 롤러받침
	프리플렉스거더교	탄성받침
	I-거더교	포트받침
콘크리트교	PSC I-거더교	탄성받침, 고력황동받침판받침, 스페리칼받침
	PSC 박스거더교	포트받침, 탄성받침
	슬래브교	탄성받침
	T-거더교	탄성받침, 롤러 및 로커받침
	RC박스거더교	탄성받침

(1) 교량받침을 선정할 때에는 지금까지의 실적을 볼 때는 강거더교에는 강제받침을, PSC 거더교, RC 거더교에는 고무받침을 사용하는 것을 상부구조와 받침의 조합이 많았다. 그렇지만 최근에는 강거더교에도 고무받침을 사용한 반력분산방식을 적용한 사례가 늘어나고 있다.

여기서 반력분산방식이란 고무받침의 특성을 이용하여 creep, 건조수축 및 온도변화에 따른 응력을 흡수하고 지진시에는 소정의 상부구조의 관성력을 각 하부구조로 분산시키고자 하는 교량지지 방식이다.

따라서 반력분산방식에 있어서는 강거더교 또는 PSC, RC 거더교 모두에 고무받침을 적용할 수 있다. 단, 단지점부를 가동받침을 설치하는 경우에는 강거더교에서는 받침판 받침 또는 Pivot+Roller 받침을 PSC, RC 거더교에서는 활동 가동받침 고무받침을 사용하는 것을 권장한다.

(2) RC, PSC 거더교에서 단지점부 가동받침을 전단탄성변형고무받침을 사용하면 전단 spring을 통한 단교각(端橋脚)과의 상호작용의 영향을 무시할 수 없게 됨으로써, 설계시 고려하지 않은 복잡한 거동이 예상되기 때문에 상부구조의 관성력에 대한 분산을 고려하지 않은 단지점부에서는 받침의 가동성을 중시하여 전단탄성변형받침을 사용하지 않는 것이 좋다.

(3) 다경간 연결거더의 반력분산방식 등에서 구조물의 고유주기가 길어지고 지진시 거더의 이동량이 문제가 되는 경우에는 감쇠형 탄성고정 고무받침을 사용함으로서 지진시 거더 이동량을 저감시키는 것도 가능하다.

(4) PSC 또는 RC 거더교에 있어서 교량형식의 지지형식이 1점 고정방식 또는 다점 고정방식인 경우의 가동받침은 거더의 회전흡수나 통상의 전단변형으로 설계된 고무의 총 두께가 좌굴안정에 대한 규정을 만족하는 경우에는 가동전단변형고무받침을, 만족하지 않은 경우에는 활동 가동받침을 사용하는 것이 좋다.

(5) 동일받침선상의 받침에 대하여 형식이 다른 받침을 사용하는 것은 회전중심위치의 차이에 의한 2차 변형 등을 발생시키게 되므로 동일한 기구를 갖는 같은 교량받침형식을 채용하여야 한다.

(6) 상부구조의 신축이동방향 및 회전방향을 고려할 필요가 있는 경우는 피봇 롤러받침, 받침판 받침, 고무받침 등의 사용을 검토하여 적용한다.

(7) 메나제 힌지는 사각 15° 이상의 교량에 사용해서는 안 된다.

1.6 교량받침의 배치

교량받침의 배치를 결정할 때는 상하부 구조의 특성을 고려하고 상부구조에 작용하는 하중을 하부구조에 무리 없이 전달되고, 설계에서 상정한 상부구조의 거동을 구속하는 일이 없도록 하는 것이 중요하다.

여기서 구조해석을 할 때 설계에 상정한 지지조건의 충실한 반영과 받침배치 및 받침형식을 선정하여 구조해석시의 지지조건을 만족하도록 상하부구조의 구조특성을 구체적으로 재현되는 것이 중요하다. 이와 같은 것은 설계에 상정하는 상부구조의 변위 및 회전, 받침부에 작용하는 부반력 및 상향력, 시공시에 상정하는 받침의 기능을 배려하는 것이 필요하다.

1.6.2 받침배치의 기본

상부구조는 온도변화·휨·콘크리트의 creep와 건조수축·프리스트레스 힘에 의한 부재의 탄성변형에 의해 신축을 하고 가동받침부의 탄성받침부에서 하부구조와의 사이에 상대변위가 발생한다.

지진시에는 고정가동구조의 가동받침부에 교각이 변형하며 상부구조와 하부구조와의 사이에 상대변위가 발생하고 면진구조 및 지진시 수평력분산구조의 가동받침부 및 탄성받침부의 교각의 변형 및 탄성받침의 변형으로 상부구조와 하부구조와의 사이에 상대변위가 발생한다. 이와 같은 변위를 구속하지 않도록 교량받침을 배치하는 것이 중요하다. 부득이 상부구조의 변위가 구속되어야 하는 경우에는 그의 영향을 고려하고 설계하여 대처하여야 한다.

한편, 상부구조의 휨에 의한 회전변형에 대하여 받침부의 회전기능을 추종하는 것을 기본으로 하는 회전변형이 구속되는 경우, 받침부에 구속력이 작용하여 교량의 구조상에 손상을 주게된다.

따라서 받침부의 회전방향을 적절히 설정하여 받침을 배치하는 것이 중요하다.

일반적으로 받침부의 회전방향은 주거더방향에 대하여 고려한다.

또한 낙교방지 system 및 신축이음에 의해 받침의 이동에 저해가 되고 상정한 힘과 다른 힘이 받침부에 작용할 수 있는 우려가 있는 경우도 있고 특히, 면진구조 및 지진시 수평력분산구조의 변위량이 크게 되므로 받침배치를 세심하게 검토하여 하는 것이 중요하다.

(1) 고정가동구조의 고정받침

고정가동구조의 고정받침은 상부구조의 신축기준점(원점)이며, 또 수평력을 하부구조에 전달하는 접점이 되는 중요한 기능을 가지고 있다. 또한 고정받침의 설치위치는 하부구조를 포함한 교량전체의 경제성, 구조특성 및 경관성을 좌우하는 요인의 하나이다. 이것은 고정받침의 설치위치는 지형, 지반조건, 상하부구조의 제약조건을 포함하여 전체적인 검토를 하여 결정할 필요가 있다.

고정받침의 배치는 일반적으로 다음과 같은 항목을 고려한다.
1) 교량 전체의 경제성
2) 수평반력을 취하기 쉬운 지점
3) 종단경사가 있는 교량의 낮은 쪽의 지점
4) 가동받침의 이동량을 보다 작게 하는 지점
5) 양방향 고정인 경우의 교량횡단면 중앙부근 지점
6) 고정하중에 의한 반력으 큰 지점

또한 교량길이가 길고 경간수가 많은 경우에 1개의 고정받침에 상기의 기능을 갖게 하는 것 이외에 고정받침을 가진 교각을 복수로 하여 지진시에 수평력을 여러 교각에 분산시키거나 이동량을 작게 하는 경우가 있다. 이 때에도 상기의 항목을 고려해서 받침배치를 결정하는 것이 중요하다.

(2) 곡선교 · 사교

곡선교 및 강성이 큰 사교는 가동받침 및 탄성받침의 이동방향과 회전방향이 일치하지 않는다. 고정가동구조의 곡선교에서는 주로 온도변화에 의한 상부구조의 신축을 극력구속이 안되며, 가동받침의 이동방향이 고정받침과 잇는 방향에, 회전축의 방향은 거너에 직각이라고 생각해도 좋다. 또한 이동방향과 회전방향이 다르게 되므로 전방향 회전가능한 받침을 선정하는 것이 기본이다. 그러나 이와 같이 배치하는 것과 단지점 받침의 이동방향이 주거더의 이동방향과 일치하지 않으면 인접한 상부구조의 변위방향과 차이가 발생하고 신축이음 및 낙교방지 system의 설치가 곤란하게 하는 경우도 있다. 따라서 비교적 큰 곡률을 가지는 곡선교의 고정가동구조에서 받침의 이동방향을 주거더 접선방향으로 설치하고 상부구조의 신축에 따른 횡방향의 구속에 견디게 하는 받침을 설계하여야 한다.

이 경우에 온도변화에 따르는 횡방향의 구속력이 상하부구조에 주는 영향을 충분히 고려함과 동시에 받침부에서는 횡방향력을 받는 면에 미끄럼재를 사용하여 변위를 받도록 하는 배려가 필요하다.

면진구조 및 지진시 수평력 분산구조에서는 지진시에 상부구조가 일체가 되고 하부구조와 격리된 상태로 거동한다. 이의 변위방향은 온도변화에 의한 상부구조의 신축방향과 다르다. 그러나 이의 구조에 사용하는 고무받침은 전방향 변위가 가능하므로 주거더 방향을 배치하는 데 좋다.

상부구조의 교축직각방향 변위를 구속하여야 할 필요가 생기는 경우가 있다. 이러한 경우에는 지진시의 상부구조의 이동방향을 1방향으로 하는 고정장치를 설치하고 온도변화에 의한 거더의 신축에 대하여 고정장치를 설계에서 상정하지 않은 구속이 되지 않도록 교축직각방향의 고정장치와의 여유공간을 두

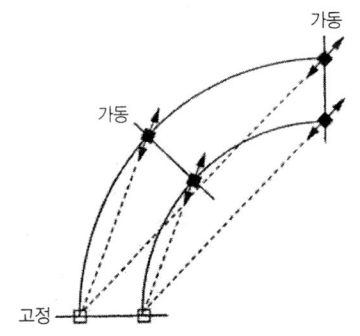

그림 1.6.1 곡선교의 가동받침 배치(고정받침 방향)

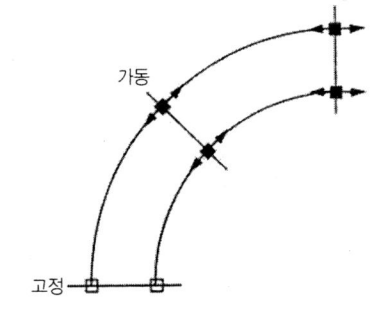

그림 1.6.2 곡선교의 가동받침 배치(주거더 접선방향)

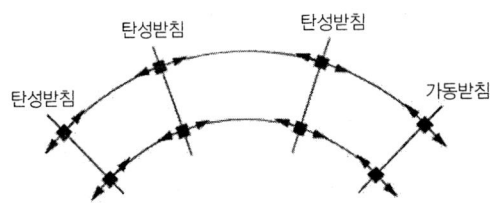

그림 1.6.3 곡선교의 고무받침 배치

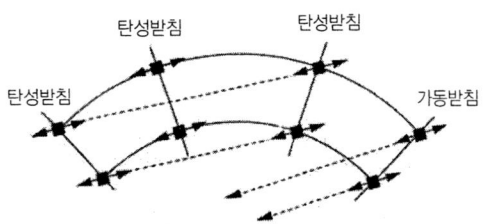

그림 1.6.4 교축직각방향을 고정하는 경우의 배치

어 대응할 필요가 있다.

　사교의 가동받침은 일반적으로 다른 것은 이동비틀림 회전이 발생하는 것이고 전방향에 회전이 가능한 받침형식을 선정하는 것이 기본이다.

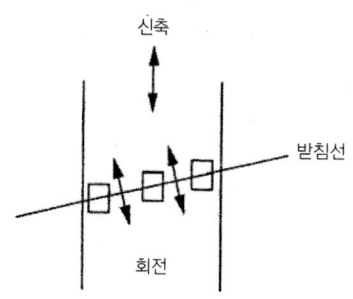 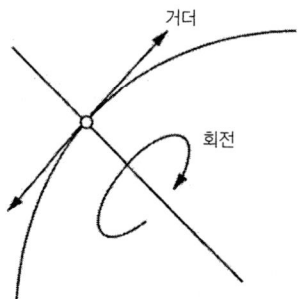

그림 1.6.5 사교의 이동방향과 회전방향　　　그림 1.6.6 주거더의 회전방향

(3) 절곡거더교

　교량의 중간지점에 주거더를 절곡한 연속거더형식에 사용하는 가동받침 및 탄성받침은 곡선교에 준하여 배치한다. 1방향으로 회전이 가능한 받침을 사용하는 경우에는 이동방향을 고정받침과 연결하는 방향으로 하고 회전방향은 꺾임각의 2등분 방향으로 하는 것이 좌우의 상부구조의 회전변형하는 구속력을 완화시키고 전방향을 회전가능한 받침형식을 선정하는 것이 기본이다.

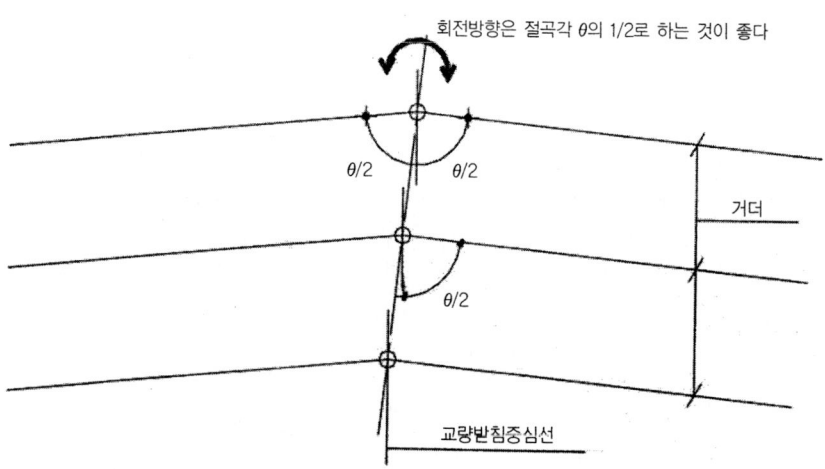

그림 1.6.7 절곡시킨 연속교의 회전(Rotation) 방향

(4) 교량받침 간격이 넓은 교량

　교량받침 간격이 넓은 받침사이의 가로보 및 브레이싱에 활하중에 의해 휨이 발생하는 경우에 받침부에 그의 방향의 회전변형을 따라야 하는 기능을 요구하게 된다. 이와 같은 경우는 전방향 회전가능한 고

무받침 또는 받침판 받침으로 하는 구면받침을 사용한다.

1.6.2 교량받침 기능을 확보하기 위한 배치

(1) 동일 받침 중심선 상의 받침

동일받침 중심선상에서는 각 받침의 회전중심은 1직선상에 있는 것이 바람직하다. 그러나 교량의 구조상에 1받침선상의 회전중심이 서로 다른 경우가 있다.

고무받침은 일반적으로 문제가 되지 않으나 강제받침에서 회전변위차에 대하여 큰 구속력이 발생하는 경우가 있다. 이와 같은 구조에 강제받침을 사용하는 경우는 상부받침판을 크게 변경하여 높이 방향의 회전중심을 같게 하거나 Pin의 방향을 평면적으로 회전방향을 같게 하는 방법이 있다. 또한 전방향에 회전가능한 Pivot 받침 및 받침판 받침을 사용하는 방법이 있다.

(2) 부반력 및 상향력에 대한 받침 배치

받침부에는 부반력 및 상향력이 발생하지 않도록 계획하는 것이 기본이다.

교량구조가 받침부에 부반력 및 지진시에 상향력이 작용하는 경우가 있다. 특히, 사교, 곡선교, 절곡교에 고정하중 재하시에 받침부에 부반력 작용할 수 있는 형태로서 상부구조에 예기치 않은 응력이 발생하게 되고 부반력 및 상향력에 대하여 구조적인 대처 및 설계상의 세심한 배려가 필요하다.

(3) 교량받침 변위추종기능의 확보

받침부가 설계의 상정과 다른 구속을 받고, 받침으로서 그의 기능에 저해되고 받침부에서 거더 접합부나 다른 구조에 손상을 주는 수도 있다.

이와 같은 것은 받침이 인접 거더 및 Anchor Bolt, 또는 낙교방지 system과의 타구조부에 접촉하고 받침의 기능에 저해하지 않도록 하고 설계에 상정한 받침부의 이동 가능량과 회전변형 가능량을 확실히 만족하도록 배려하는 것이 중요하다.

특히, 거더의 여유간격이 적은 거더에 고무받침을 설치하면은 인접 거더의 받침높이가 다른 경우에는 지진시에 상부구조의 하단부가 고무받침의 본체부에 충돌하는 수도 있으므로 설계시에 세심한 조사를 해야 할 필요가 있다.

1.6.3 받침부의 설치공간 확보

교량받침대와 상부구조와의 공간은 받침의 설치, 도장, 유지관리성능을 만족하여야 하고 점검, 받침의 교체, 상부구조 및 받침의 재도장 등과 같이 각 작업에 지장을 초래하지 않도록 받침주변에는 최소한의 공간을 확보할 필요가 있다.

받침부의 공간 중에서 하부구조의 상부(받침대 상면)과 거더하면과의 간격은 아래의 값을 확보하는

제1장_ 교량받침

것이 바람직하다.

일반적으로 한국에서는 공간의 최소높이를 40.0cm이상으로 설계하고 있는 실정이며, 아래의 치수 이상으로 공간을 확보하는 것이 바람직하다.

- 강박스거더 : 50cm 정도
- 기타 강거더 : 30cm 정도
- 콘크리트 거더 : 30cm 정도

1.7 교량받침 설계

교량받침부에 요구하는 것은 하중전달 기능 및 변위추종 기능인 기본적인 기능과 감쇠기능 및 대변위 추종기능 등의 특별기능에 대하여 받침성능수준이 안전성능과 사용성능을 확보하여야 하는 성능수준이 있다.

받침은 이러한 성능을 만족하기 위한 검증을 하지 않으면 안 된다.

안전성능을 확보하기 위한 성능수준으로는 공용기간 중에 파괴, 붕괴, 좌굴에 대하여 극한 상태에 도달하지 않아야 하고 피로에 의한 균열이 발생하지 않아야 한다.

또한 사용성능을 확보하기 위한 성능수준으로는 노면의 연속성을 손상시키는 단차가 생기지 않아야 하고 상부구조의 신축에 방해가 되지 않고 일상적인 기능을 저해하지 않도록 해야 한다.

1.7.1 교량받침 설계시 고려사항 및 이동량

(1) 설계시 고려사항

교량받침이 제 기능을 충분히 발휘하도록 설계하려면 여러 가지 하중조건 아래에서 받침에 발생되는 수직반력, 수평하중과 신축변위량이 정확하게 산정되어야 한다.

교량의 수평변형량은 상부구조에 사용되는 재료적 성질이나 구조물에 작용하는 다양한 외력들에 의해서 발생한다.

그리고 곡선교 및 사교의 거동을 정확하게 파악하기 위해서는 3차원 해석을 필히 하여야 한다.

일반적으로 해석이나 설계 시에 단순성과 정확성을 충분히 감안하여 보다 경제적이면서도 정도가 높은 해석 및 설계방법을 선택하는 것이 설계자의 고민거리가 되며 설계대상 교량의 평면선형, 종단경사 및 편경사, 받침의 종류 등을 종합적으로 판단하여 적합한 해석 및 설계방법을 선택하여 작용하중에 의한 반력 및 신축변형량을 결정하여 교량받침 설계에 반영하여야 한다.

1) 수직반력에 영향을 주는 외력

① 고정하중, 부착시설물

② 활하중 및 충격하중
③ 침하 또는 지반의 이동
④ 프리스트레스 힘에 의한 2차 반력(현장타설 PSC 교의 경우)
⑤ 가설하중

2) 수평반력에 영향을 주는 외력
① 풍하중
② 제동하중 및 시동하중
③ 지진하중
④ 교량의 평면선형 곡률에 의한 원심력
⑤ 콘크리트의 creep · 건조수축

3) 부 반력

교량의 폭원에 비해서 곡선중심각이 큰 경우나 사각이 큰 교량에서는 부 반력이 발생하기 쉽다. 이러한 교량의 받침은 다음 식(1.7.1)과 식(1.7.2)에 의해 구해진 부 반력 중 불리한 값을 사용하여 설계하여야 한다.

$$R = 2R_{L+i} + R_D \quad\quad\quad (1.7.1)$$

$$R = R_D + R_W \quad\quad\quad (1.7.2)$$

여기서, R : 받침의 반력(KN)
R_{L+i} : 충격을 포함한 활하중에 의한 최대 부 반력(KN)
R_D : 고정하중에 의한 받침반력(KN)
R_W : 풍하중에 의한 최대 부 반력(KN)

4) 가동받침의 마찰계수

가동받침에 작용하는 수평력 산정에는 표 1.7.1의 마찰계수를 사용한다.

⊙ 표 1.7.1 가동받침의 마찰계수의 최소값

마찰기구	받침의 종류	받침의 종류
회전마찰	롤러(roller) 및 로커(rocker) 받침	0.05
활동(미끄럼) 마찰	불소수지(PTFE) 받침판 받침	0.05
	고력황동주물받침판 받침	0.15
	주철의 선받침	0.2
	강재의 선받침	0.25

(2) 가동받침의 설계 이동량

가동받침은 상부구조의 온도변화, 처짐, 콘크리트의 creep·건조수축, 프리스트레스 힘에 의한 탄성변형 등에 의해 발생되는 이동량에 대하여 여유 있는 구조로 설계한다.

1) 온도변화의 범위 및 선팽창계수

가동받침의 이동량 및 고무받침의 전단탄성변형 산정에 사용하는 온도변화의 범위 및 팽창계수는 다음 표 1.7.2로 한다.

⊙ 표 1.7.2 온도변화의 범위 및 선팽창계수

교량의 종류	온도변화 보통지방	온도변화 한냉지방	선팽창 계수 α
PSC교, RC교	−5℃~+35℃	−15℃~+35℃	1.0×10^{-5}
강교(상로교)	−10℃~+40℃	−20℃~+40℃	1.2×10^{-5}
강교(하로교, 강바닥판교)	−10℃~+50℃	−20℃~+40℃	1.2×10^{-5}

2) 가동받침의 계산 이동량 산정

① 계산 이동량

$$\Delta l = \Delta l_t + \Delta l_s + \Delta l_c + \Delta l_r \tag{1.7.3}$$

여기서, Δl : 계산 이동량
Δl_t : 온도변화에 의한 이동량
Δl_s : 콘크리트의 건조수축에 의한 이동량
Δl_c : 콘크리트의 creep에 의한 이동량
Δl_r : 활하중에 의한 보의 처짐에 의한 이동량

(a) 온도변화에 의한 이동량

$$\Delta l_t = \Delta T \cdot \alpha \cdot l \tag{1.7.4}$$

여기서, ΔT : 온도변화(℃)
α : 선팽창계수(/℃)
l : 신축거더의 길이

(b) 콘크리트의 건조수축과 creep에 의한 이동량

$$\Delta l_s = -20 \cdot \alpha \cdot l \cdot \beta \tag{1.7.5}$$

$$\Delta l_c = \frac{p_i}{E_c \cdot A_c} \cdot \phi \cdot l \cdot \beta \tag{1.7.6}$$

여기서, Δl_s : 콘크리트의 건조수축에 의한 이동량
Δl_c : 콘크리트의 creep에 의한 이동량
α : 선팽창계수(표 1.7.2 참조)
l : 신축거더의 길이
β : 건조수축, creep의 저감계수(콘크리트 재령을 고려)
p_i : 프리스트레싱 직후의 PS 강재에 작용하는 인장력
A_c : 콘크리트의 단면적
E_c : 콘크리트의 탄성계수
ϕ : 콘크리트의 creep 계수(ϕ=2.0)
20 : 콘크리트의 건조수축에 상당하는 온도변화

(c) 활하중에 의한 거더의 처짐으로 발생하는 이동량

$$\Delta l_r = \Sigma(h_i \times \theta_i) \quad\text{(1.7.7)}$$

여기서, Δl_r : 활하중에 의한 거더의 처짐으로 발생하는 이동량
h_i : 거더의 중립축으로부터 받침의 회전중심까지의 거리
θ_i : 받침상부의 거더의 회전각

통상적으로 h는 거더 높이의 2/3을 는 강교에서 1/150, 콘크리트교에서는 1/300을 고려하면 된다. 또한 아치교나 라멘교의 경우에는 활하중에 의한 처짐이 직접적으로 보 끝의 이동량으로 나타내기 때문에 충분한 검토를 해야 한다. 그리고 보 끝의 회전영향이 부가되는 경우도 있으므로 주의할 필요가 있다.

가동받침은 설치시 온도, 콘크리트 재령, 가설상황 등에 의하여 상·하부받침 중심이 일치하도록 설치한다. 또한 현장타설 PSC교 등은 프리스트싱에 의한 탄성변형도 고려하여야 하므로 가동받침 상·하부 판의 중심사이의 간격은 설치시의 상태에 따라 다음과 같이 수정한다.

$$l_m = l + \Delta l_d + \Delta l'_t + \Delta l_s + \Delta l_c + \Delta l_p \quad\text{(1.7.8)}$$

$$\delta = l_m - l = l + \Delta l_d + \Delta l'_t + \Delta l_s + \Delta l_c + \Delta l_p \quad\text{(1.7.9)}$$

여기서, l : 받침 설치 완료 시의 신축 거더 길이
l_m : 가동받침의 하부받침 중심과 고정받침의 하부받침 중심 간 거리
δ : 가동받침에서 상·하부받침 중심 간 거리
Δl_d : 받침 설치완료 후 작용하는 고정하중에 의한 이동량
$\Delta l'_t$: 표준온도를 기준으로 한 온도변화에 의한 이동량

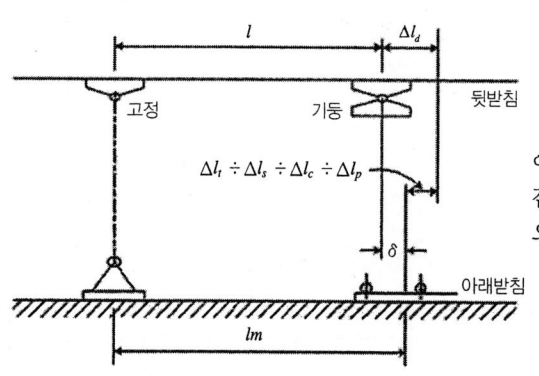

이때에 그림 1.7.1에 나타낸 바와 같이 거더가 신장되는 방향을 정(+)으로 한다.

그림 1.7.1 교량받침 위치의 산정

3) 설계이동량

강제받침의 이동량을 산정할 때에는 상기의 (a), (c)의 이론적인 이동량 이외에 설치할 때의 오차, 하부구조의 예상외의 변위 등에 대처할 수 있도록 여유량을 두지 않으면 안 된다. 이 여유량은 실제로는 교량규모에 따라 다르지만, 가동받침의 이동제한 장치설계에서는 일반적으로 설치할 때의 오차와 하부구조의 예상 외 변위에 대응토록 ±30mm의 여유를 둘 필요가 있다.

강제받침의 구조계산에서 고려해야 하는 여유량은 그 중 ±10mm로 한다. 즉, 계산이동량은 +20mm가 설계 이동량이 되고, 계산 이동량 +60mm가 전이동가능량이 된다.

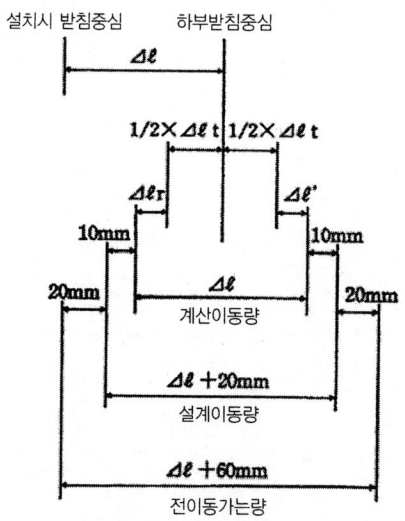

그림 1.7.2 강제받침 이동량

1.7.2 고무받침 설계

(1) 고무받침의 성능수준과 설계 개요

1) 수직력 지지기능

수직력 지지기능은 평상시의 수직하중에 의해 유해한 변형이 발생하지 않는 기능과 평상시 또는 지진시의 수직하중에 의해 파괴나 좌굴이 발생하지 않은 성능을 필요로 한다.

설계 최대압축응력과 최대압축응력 변동 폭을 조사해야 하고, 평상시의 최대수직하중을 상한으로 하고, 활하중에 의한 하중변동 폭에 상당하는 수직반복하중을 교량의 공용기간 중에 상정한 반복회수분 재하한 상태에서 받침에 유해한 변형과 침하에 대하여 안전하고, 고정하중에 상당한 수직하중에 대하여 받침의 유해한 creep 변형에 대하여 검증을 한다.

또한 평상시와 지진시의 최대응력과 지진시의 전단변형을 조사하여야 하고, 평상시의 최대 수직하중을 재하한 상태에 대한 파괴와 좌굴에 대하여 안전성과 지진시 발생하는 최대 수평변위와 작용하는 최대 수직하중을 재하상태에서 파괴나 좌굴에 대하여 검증을 한다.

2) 수평력 지지기능

수평력 지지기능은 상부구조의 온도변화와 creep · 건조수축, 지진시의 수평력, 주하중 · 풍하중 및 지진하중에 의해 파괴되지 않은 성능을 필요로 한다.

내피로강도에 대하여 국부전단변형을 조사하여야 하고, 교량의 공용기간 중에 상정한 수평변위의 반복에 의한 파괴에 대하여 검증을 하고, 지진시의 최대압축응력과 지진시의 전단변형을 조사하여야 하며, 지진시에 발생하는 수평변위와 수평력 상당의 힘에 대하여 유해한 변형과 파괴에 대하여 검증을 한다.

또한 최대 인장응력에 대하여 조사해야 하고, 주하중, 풍하중과 지진하중에 의해 발생하는 상향(上向)에 상당한 인장응력이 발생하여 파괴나 유해한 변상에 대하여 검증한다.

3) 수평이동기능

수평이동기능은 평상시에 상부구조의 신축을 방해하지 않은 기능이 필요하다. 평상시의 전단변형을 조사하여야 하고, 상부구조의 신축에 따르는 수평저항력에 대하여 상부구조와 받침에 발생하는 응력에 대하여 검증을 한다.

4) 회전기능

회전기능은 상부구조의 회전변형을 방해하지 않는 성능이 필요로 한다.

수직하중에 의한 압축변형을 조사하고, 상부구조의 회전에 따르는 휨모멘트에 의해 상 · 하부구조에 발생하는 응력과, 교량의 공용기간 중에 반복하는 회전에 의한 피로파괴 등에 대하여 검증을 한다.

5) 감쇠기능

감쇠기능은 등가감쇠정수에 의해 조사하여야 하고, 안정에는 감쇠성능을 보유하였는가 검증한다.

6) 미끄럼 변위기능

미끄럼 변위기능은 미끄럼기구가 확실한 기능을 하고 지진시에 상부구조의 변위를 방해하지 않는 성능을 필요로 한다. 미끄럼 마찰면의 마찰계수를 조사하여야 하고, 고정하중반력에 상당한 수직하중을 재하하고, 지진시의 설계변위에 상당한 반복수평변위를 받는 상태에서 미끄럼 기구의 기능에 대하여 검증을 한다.

7) 전단변위기능

전단변위기능은 지진시에 상부구조의 변위를 방해하지 않고 성능과 소요의 전단강성을 가지는 것이 필요하다. 등가강성을 조사하는 것은 고정하중반력 상당의 수직하중을 재하하고, 지진시에 설계범위에 상당하는 반복수평변위를 받는 상태에서 변형성능에 대하여 안전성을 검증한다.

(2) 고무받침의 세부설계

고무받침에는 고정·가동형 받침 및 지진시 기능분리형 받침을 불문하고 보강(적층)고무형식의 고무받침을 기준으로 하여 설계하기로 한다.

1) 사용재료의 물리정수와 허용치

① 고무재료

고무받침에 사용하는 고무재료는 polychloroprene Rubber(CR: neoprene) 또는 천연고무(NR)로 하고 설계에 사용하는 고무의 전단탄성계수 및 파단변형(Failure strain)은 다음 표 1.7.3에 따른다.

⊙ 표 1.7.3 설계시 사용하는 고무의 전단탄성계수 및 파단변형

고무재료		CR(합성고무)			NR(천연고무)		
전단탄성계수	N/mm²	0.8	1.0	1.2	0.8	1.0	1.2
파단변형	%	400	400	350	500	500	400

② 강재 재료

고무받침에 사용하는 보강 강재의 재질과 허용인장응력은 다음 표 1.7.4과 같다.

⊙ 표 1.7.4 보강강재의 재질과 허용인장응력

보강강재의 재질	허용인장응력(MPa)	비 고
SS 400	140	
STS 304, STS 316	140	stainless 강판
SM 490	190	

③ PTFE(Polytetrafluorothylene)과 스테인레스 강판과의 마찰계수

⊙ 표 1.7.5 활동가동 고무받침의 마찰계수

활동면의 재질	마찰계수
PTFE-스테인레스 강판	0.1

2) 고무받침 설계시 고려할 사항

① 고무받침설계는 면적 및 고무두께의 하한치로부터 시작해서 각 검토항목마다 검토조건을 만족할 때까지 형상을 확대하여 사용가능한 최소형상이 될 때까지 수행한다.

② 형상을 결정할 때에는 고무받침의 검토항목에 만족하는 것뿐만 아니라 설치공간, 경제성, 시공방법 등의 모든 조건에 대하여 세심한 검토가 이루어져야 한다.

③ 탄성고정고무받침인 경우는 상하부구조와의 활동방지장치를 설치하도록 하고 최소압축응력의 검토는 생략해도 된다.

④ 고정고무받침인 경우는 고무의 전단변형을 수반하지 않고 총 고무두께도 커지지 않기 때문에 전단변형과 좌굴안정 검토를 하지 않아도 좋다.

⑤ 좌굴안전성 때문에 받침의 평면형상을 크게 해야 하는 경우는 받침의 형상을 활동고무받침으로 변경하여 필요한 고무두께를 줄이는 편이 설치공간, 경제성 등에서 유리한 경우가 있다.

단, 탄성고정고무받침의 경우는 지진시 관성력의 분산조건 등의 교량구조물에 대한 영향이 크게 변화하기 때문에 활동(미끄럼)가동고무받침으로 변경해서는 안 된다.

3) 압축응력 검토

① 수직하중에 의한 최대압축응력

$$f_{max} = \frac{R_{max}}{A_e} \leq f_{max} \quad \text{───────────── (1.7.10)}$$

여기서, f_{max} : 최대압축응력(N/mm²)

R_{max} : 최대수직반력(N)

A_e : 유효지압면적(mm²)

㉠ 고무받침의 형상이 직사각형의 경우

$$A_e = (a - \Delta l - \Delta \alpha) \cdot b \quad \text{(mm²)} \quad \text{───────── (1.7.11)}$$

a : 고무받침의 보강강재 교축방향 폭(mm)

b : 사각고무받침의 보강강재 교축직각방향 폭(mm)

㉡ 고무받침의 형상이 원형의 경우

$$A_e = D^2 / 4 \cdot \left(\frac{\theta \pi}{180} \cdot \sin\theta\right) \quad \text{(mm²)} \quad \text{────── (1.7.12)}$$

단, $\theta = 2\cos^{-1}\left(\frac{\Delta l + \Delta \alpha}{D}\right)$

D : 고무받침의 지름(mm)

Δl : 온도변화, creep · 건조수축, 프리스트레스 및 고정하중에 의한 변형량(mm)

$\Delta \alpha$: 받침을 경사로 설치한 경우의 고무전단변형량(mm)

$$\Delta\alpha = \frac{H \cdot \Sigma te}{Gt \cdot A} = \frac{Rd_{mak} \cdot Sin\alpha \cdot \Sigma te}{Gt \cdot A} \quad \text{(1.7.13)}$$

G_t : 고무의 creep에 의해 저감된 전단탄성계수(N/mm²) (표 1.7.6 참조)

Rd_{max} : 고정하중에 의한 받침반력(N)

α : 교량종단방향 거더의 경사각

H : 수평력(N)

A : 고무받침의 지압면적(a · b) (mm²)

Σte : 고무받침의 고무 총 두께(mm)로서 고무 한 층의 두께에 고무층수를 곱한 값

⊙ 표 1.7.6 합성고무(CR)의 크리프 계수 및 G_o, G_t 의 관계

고무의 종류	정적전단탄성계수: G_o(N/mm²)	creep	$e - \phi$	저감된전단탄성계수: G_t(N/mm²)
1종 (Hs=50)	0.8	0.25	0.78	0.6
2종 (Hs=60)	1.0	0.35	0.70	0.7
3종 (Hs=70)	1.2	0.67	0.67	0.8

② 최소압축응력

$$f_{min} = \frac{R_{min}}{A} \geq 1.5 N/mm^2 \quad \text{(1.7.14)}$$

여기서, f_{min} : 최소압축응력 (N/mm²)

R_{min} : 최소수직반력 (N)

$A = A \cdot b$

③ 응력진폭

$$f_{max} - f_{mix} \leq 5.0 N/mm^2 \quad \text{(1.7.15)}$$

4) 전단변형 검토

① 평상시 하중에 의한 전단변형

$$r_s = \frac{\Delta l + \Delta \alpha}{\Sigma te} \leq 0.7 \, (70\%) \quad \text{(1.7.16)}$$

② 지진시 전단변형

$$r_e = \frac{\Delta le + \Delta \alpha + \Delta E}{\Sigma te} \leq 1.5 (150\%) \quad \text{(1.7.17)}$$

여기서, r_s : 평상시 하중에 의한 전단변형

Δl, Δl_e : 온도변화 · creep · 건조수축 · 프리스트레스 및 고정하중에 의한 고무의 전단변형량(mm)

Δa : 식 1.7.13에 의해 산정한 값(mm)

Σt_e : 고무의 총 두께(mm)

r_e : 지진시의 전단변형

ΔE : 지진시의 지진력에 의한 고무의 전단변형량(mm)

$$\Delta E = F_e/K_H \tag{1.7.18}$$

F_e : 받침에 작용하는 지진시 발생하는 관성력

K_H : 고무받침의 전단스프링 정수 (N/mm²)

5) 좌굴안정 검토

좌굴안정에 대해서는 다음 식(1.7.19)에 의해 검토한다.

$$\Sigma t_e \leq a/5, D/8 \tag{1.7.19}$$

여기서, Σt_e : 고무의 총 두께(mm)

a : 고무받침 평면의 단변길이(mm)

D : 원형고무받침의 지름(mm)

$$a, b, D \geq 5 \cdot \Sigma t_e \text{ 및 } a, b, D \geq 100\text{mm} \tag{1.7.20}$$

6) 고무받침 형상계수의 검토

형상계수는 팽창이 구속된 평면면적과 팽출(부풀어 나옴)이 자유로운 고무 한 층당 측면적의 비를 말한다.

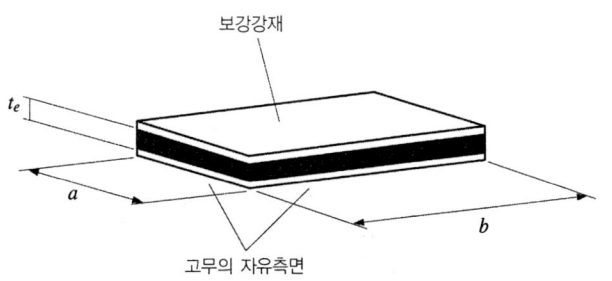

그림 1.7.3 형상계수 산정의 치수

$$① \text{ 사각형} : S = \frac{ab}{2(a+b) \cdot te} \tag{1.7.21}$$

$$S' = \frac{a}{2te} = (1+\frac{a}{b}) \cdot S \tag{1.7.22}$$

$$② \text{ 원형} : S = D/4te \tag{1.7.23}$$

여기서, S : 형상계수

t_e : 고무 한 층의 두께(mm)
a, b : 고무받침·보강강재의 교축 및 교축직각방향의 폭(mm)
D : 원의 지름(mm)

7) 회전에 대한 검토

거더의 회전변위 흡수성능은 다음 식(1.7.24)에 의해 검토한다.

$$\delta_R \leqq \delta_v \quad\quad\quad (1.7.24)$$

여기서, δ_R : 거더의 회전에 의한 고무받침의 수직변위(mm)

- 사각형 : $\delta_v = a \cdot \Sigma \alpha e / 2$ ——— (1.7.25)
- 원 형 : $\delta_R = D \cdot \Sigma \alpha e / 2$ ——— (1.7.26)

a : 고무받침의 교축방향 폭(mm)
D : 원형받침 직경
$\Sigma \alpha_e$: 지점부의 회전각(rad)
: 콘크리트 교 일 때 1/300, 강교 일 때 1/150
δ_v : 수직하중에 의한 고무받침의 압축변위(mm)

$$\delta_v = R / K_v \quad\quad\quad (1.7.27)$$

R : 고무받침에 작용하는 연직하중(N)
K_v : 고무받침의 압축 스프링 정수(N/mm)

8) 국부전단변형의 검토

국부전단변형은 그림 1.7.4와 같이 받침에 작용하는 수직하중, 수평하중(온도변화·creep·건조수축 등에 의한 수평변위) 및 거더의 회전변위에 의해 고무에 발생하는 국부적인 전단변형을 총칭한 것이다.

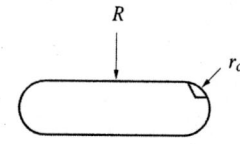 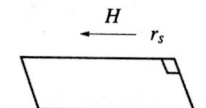 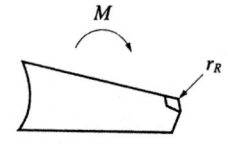

(a) 수직하중에 의한 전단변형(r_c)　　(b) 수평력에 의한 국부전단변형(r_s)　　(c) 회전에 의한 국부전단변형(r_R)

그림 1.7.4 국부전단변형

평상시 하중에 의해 발생하는 국부전단변형의 검토는 다음 식(1.7.18)에 의한다.

$$r_c + r_s + r_R \leqq r_u / 1.5 \quad\quad\quad (1.7.28)$$

여기서, r_c : 압축하중에 의한 국부전단변형(%)

$$r_e = \frac{0.85 s \cdot \delta_{ve}}{\Sigma te} \times 100 \quad\quad\quad (1.7.29)$$

S : 식(1.7.22), 식(1.7.23)에서 산정된 형상계수

δ_{ve} : 최대압축응력에 대한 고무받침의 압축변위(mm)

$$\delta_{ve} = \frac{R_{\max}}{E \cdot A} \cdot \Sigma te \quad\quad\quad (1.7.30)$$

• 사각형 : 0.5≤b/a<2 일 때

$$E = (3 + 6.58 S^2) \cdot G \text{ (적층형식)} \quad\quad\quad (1.7.31)$$

$$E = \frac{1.6(3 + 6.58 \cdot S^2) \cdot G}{S^{\frac{1}{1.8}}} \text{ (링플레트형식)} \quad\quad\quad (1.7.32)$$

0.5≥b/a>2 일 때

$$E = (4 + 3.29 S^{1^2}) \cdot G \text{ (적층형식)} \quad\quad\quad (1.7.33)$$

$$E = \frac{1.6(3 + 4.935 S^{1^2}) \cdot G}{S^{\frac{1}{1.8}}} \text{ (링플레트형식)} \quad\quad\quad (1.7.34)$$

E : 고무받침의 탄성계수(N/mm²)

A : 고무받침의 지압면적(mm²)

G : 고무의 전단탄성계수(N/mm²)

S : 식(1.7.22) ~ 식(1.7.23)에서 계산한 형상계수

r_s : 식(1.7.7)에 의해 산정된 수평하중에 따른 평상 시 전단변형(%)

r_R : 회전하중에 의한 국부전단 변형(%)

$$r_R = 2(1 + a/b)^2 \cdot S^2 \cdot \alpha_e \times 100 \quad\quad\quad (1.7.35)$$

α_e : 고무 한 층의 회전각

r_u : 고무의 파단변형(표 1.7.1 참조)

9) 보강강재의 응력 검토

적층고무받침의 보강강재의 인장응력

$$f_t = f_{ta} \text{ (N/mm²)} \quad\quad\quad (1.7.36)$$

여기서, $f_t = f_b \cdot t_e / t_s$ (N/mm²) $\quad\quad\quad (1.7.37)$

t_e : 고무 한 층의 두께(mm)

t_s : 보강강재의 두께(mm)

f_{ta} : 보강강재의 허용인장응력(N/mm²)

10) 고무받침의 spring 정수

① 적층고무받침의 전단스프링정수

$$K_H = A \cdot G / \Sigma te \quad \text{(1.7.38)}$$

여기서, K_H : 적층형식 고무받침의 전단스프링 정수(N/mm²)
  A : 고무받침의 지압면적(mm²)
  G : 고무의 전단탄성계수(N/mm²) (표 1.7.1 참고)
  Σt_e : 고무의 총 두께(mm)

② 적층고무받침의 압축스프링정수

$$K_v = \frac{E \cdot A}{\Sigma te} \quad \text{(1.7.39)}$$

여기서, K_v : 적층고무받침의 압축스프링정수(N/mm²)
  E : 식(1.7.31)~식(1.7.34)의 고무 층 압축방향 겉보기 탄성계수(N/mm²)
  A : 고무받침의 지압면적(mm²)
  Σt_e : 고무의 총 두께(mm)

또한, 연결거더 중간지점상의 고무받침에 대한 설계압축 스프링정수는 표 1.7.7의 값을 사용한다.

⊙ 표 1.7.7 연결거더(보) 중간지점상의 고무받침설계압축 스프링정수

거더구분	설계압축 스프링정수
Pre-Tension 거더	180,000N/mm² 이하
Post-Tension 비합성거더	540,000N/mm² 이하
Post-Tension 합성거더	800,000N/mm² 이하

연결거더 받침부에 대한 반력을 산정할 때에는 연결구간도 1경간으로 고려한 연속거더로서 구하지만, 그 경우 연결부의 압축스프링정수가 크면 거더의 단면적·받침반력이 너무 커지기 때문에 압축스프링정수는 작은 편이 바람직하다.

1.7.3 강제받침의 설계

(1) 강제받침의 성능수준과 설계개요

1) 수직력 지지기능

수직력 지지기능은 평상시의 수직하중에 의해 유해한 변형이 발생하지 않는 기능과 평상시와 지진시의 수직하중에 의해 파괴나 좌굴이 발생하지 않은 성능을 필요로 한다.

수직하중지지부재에 대하여 휨·전단·지압응력을 조사해야 하고, 평상시의 최대수직하중을 상한으로 하고 활하중에 의한 하중변동 폭에 상당하는 수직하중을 교량의 공용기간 중에 산정한 회수를 반복

재하한 상태에서 유해한 변형과 침하에 대하여 지진시의 최대변위와 최대수직하중이 재하된 상태에서 파괴나 좌굴에 대하여 검증을 한다.

2) 수평력 지지기능

수평력 지지기능은 상부구조의 온도변화, creep · 건조수축 등, 지진시의 수평력, 주하중 · 풍하중 및 지진하중에 의해 파괴되지 않은 성능을 필요로 한다.

수평저항부재의 휨 · 전단 · 지압응력을 조사하여야 하고, 지진시에 발생하는 수평변위나 수평력 상당의 힘에 대하여 유해한 변상이나 파괴에 대하여 검증하고, 상향에 상당하는 인장력에 대하여 유해한 변상이나 파괴에 대하여 검증을 한다.

3) 수평이동 기능

수평이동 기능은 평상시에 상부구조의 신축에 방해되지 않은 성능을 필요로 한다. 미끄럼면 길이 확보와 그의 사양이 있으며, 상부구조의 신축에 따른 수평저항력은 상 · 하부구조 및 받침에 생기는 응력에 대하여 검증을 한다.

4) 회전 기능

회전 기능은 상부구조의 회전변형을 방해하지 않은 성능을 필요로 한다. Bearing plate 형상과 밀폐 고무받침의 소요 고무두께를 산정하여야 하고, 상부구조의 회전에 따른 휨모멘트에 의해 상 · 하부구조에 발생하는 응력과 교량의 공용기간 중에 반복하는 회전에 의한 피로파괴 등에 대하여 검증을 한다.

5) 감쇠 기능

감쇠 기능은 등가감쇠 정수에 의해 조사를 하여야 하고, 안정에는 감쇠성능을 보유하였는가 검증한다.

6) 미끄럼 변위기능

미끄럼 변위기능은 미끄럼 기구가 확실한 기능이 있고, 지진시에 상부구조의 변위를 방해하지않은 성능을 필요로 한다.

미끄럼 마찰면의 마찰계수를 조사하여야 하며, 고정하중반력상당의 수직하중 재하에서 지진시의 설계 변위에 상당하는 반복수평변위를 받는 상태에서 미끄럼 기구의 기능에 대하여 검증한다.

(2) 받침판 받침설계

1) 고력황동 받침판 받침

① 상 · 하부 받침판 두께

상부구조로부터의 반력은 상 · 하부받침의 휨강성으로 전달시키며, 상 · 하부받침의 접촉면에 균등한 지압분포를 시키기 위해서는 식 (1.7.40)으로 산정한 값 이상이 필요하다.

또한 상 · 하부받침 단면형태는 평상시, 최대이동시, 지진시의 수평력에 의해 평분포된 지압응력으로 교축 또는 교축직각방향의 중심을 통과하는 단면에 대하여 휨응력을 검토하여 설계한다.

$$t \geq 1/5 \cdot b \geq 22mm \tag{1.7.40}$$

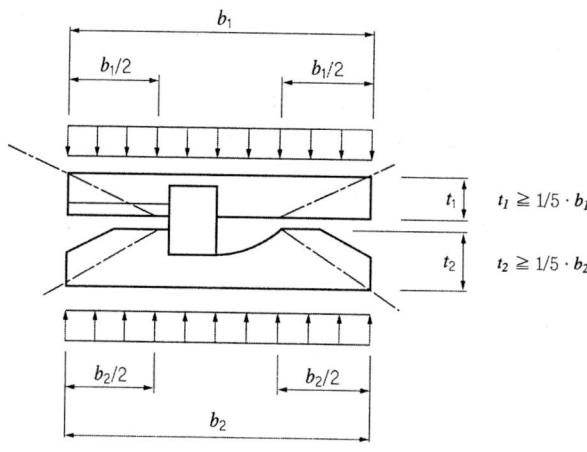

그림 1.7.5 가동받침 하중전달 및 부재두께 결정

② 받침판(Bearing plate)

받침판의 형상은 여러 가지 형태가 있으나 원형 볼록형으로 하향을 표준으로 한다.

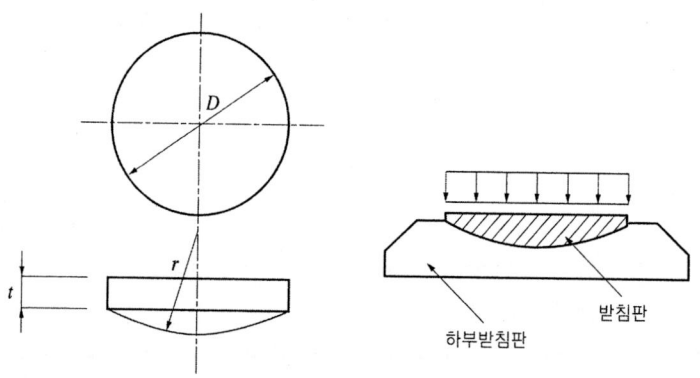

그림 1.7.6 받침판 형상

구면 및 원통면 반지름의 크기는 회전저항모멘트로 설계하며, 반지름이 커지면 곡면 마찰저항에 이겨내기 위해 회전저항모멘트에 의한 편지압응력의 최대치가 커지고, 반지름의 크기는 회전축직각방향의 폭 또는 지름과 같게 하고 있다.

• 받침판의 지압응력

$$f_b = \frac{\text{설계반력(N)}}{\text{접촉면의 투영면적(mm}^2\text{)}} \leq f_{ba} \tag{1.7.41}$$

여기서, f_b : 지압응력(MPa)

f_{ba} : 허용지압응력(30MPa)

받침판은 보통 상·하면에서 균등하게 분포하중이 작용하기 때문에 단면형상의 응력검토는 필요로 하지 않으나 최소두께는 고체 윤활유 매입깊이 등을 고려하여 20mm이상으로 한다.

단, 받침판의 지름이나 폭이 커지면 20mm로는 거더의 처짐에 의한 회전기능이 어려운 경우가 있으므로 주의해야 한다.

③ 상부받침판

상부받침판과 받침판과의 접촉면 표면 거칠기는 12.5S 이상으로 마무리한 뒤에 방청윤활제도금피막 처리 실시하든가, 스텐레스 강판을 하면에 용접하여 붙인다.

응력검토는 하부받침판과 같게 하지만 가동받침인 경우는 온도하중 및 지진시 수평하중 작용시 하중의 편심에 의한 상부구조와의 지압응력과 단면휨응력을 검토할 필요가 있다.

④ 수평력 전달장치와 이동제한 장치

교축방향 및 교축직각방향의 이동제한 장치는 그림 1.7.7과 같은 형상으로 하는 것이 일반적인데 이 경우는 다음의 응력검토를 실시해야 한다.

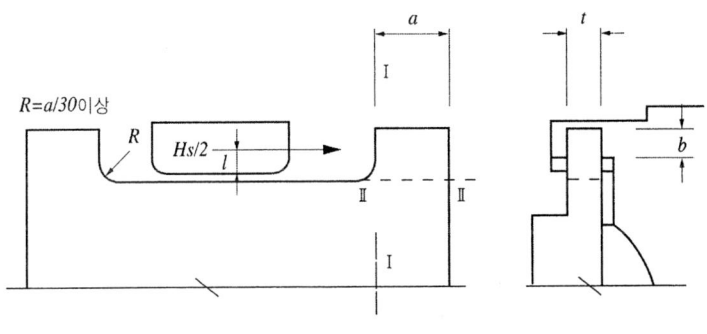

그림 1.7.7 이동제한 장치

(a) 지압응력 : $f_b = \dfrac{1/2 \cdot Hs}{b \cdot t} = \dfrac{Hs}{2b \cdot t} \leq f_{ba}$ (허용지압응력) ─────── (1.7.42)

(b) 휨응력 : $f = \dfrac{1/2 \cdot Hs \cdot l}{1/6 \cdot a^2 \cdot t} = \dfrac{3Hs \cdot l}{a^2 \cdot t} f_a$ (허용휨응력) ─────── (1.7.43)

(c) 전단응력 : $\tau = \dfrac{1/2 \cdot Hs}{a \cdot t} = \dfrac{Hs}{2a \cdot t} \leq \tau a$ (허용전단응력) ─────── (1.7.44)

(d) 합성응력 : $(\dfrac{f_b}{f_{ba}})^2 + (\dfrac{\tau}{\tau a})^2 \leq 1.2$ ─────── (1.7.45)

여기서, f_b : 단면 Ⅰ~Ⅰ에 대한 지압응력

f : 단면 Ⅱ~Ⅱ에 대한 휨응력

τ : 단면 Ⅱ~Ⅱ에 대한 전단응력
H_s : 이동제한 장치의 설계수평하중
a, b, t : 그림 1.7.7 참조
l : 수평하중 작용위치에서 단면 Ⅱ~Ⅱ까지 거리

⑤ **부품상호간의 간격**

부품상호간의 간격은 거더의 처짐에 의한 각 변위, 가설시의 작업성을 고려하여 상·하부받침 사이의 교축직각방향의 여유는 4~6mm, 교축방향의 여유는 고정받침의 경우는 2~4mm로 한다. 또, 이동제한 장치 및 하부받침 돌기의 우각부의 둥근 부분은 반지름 10mm 이상으로 한다.

2) Pot 받침

Pot 받침의 기능은 고력황동받침판 받침과 거의 같으며 다른 점은 회전기능을 고력황동받침판 받침은 받침판의 구면운동에 의해 이루어지고, Pot 받침은 밀폐된 원통속의 고무의 수직변형에 이루어진 점 외에는 거의 동일하다.

① 하부 받침판

하부 받침판은 고무판을 수용하는 부분은 절삭가공하며, 단면형상은 그림 1.7.8과 같이 고무판 및 하부구조로 부터 균등분포하중을 받는 것으로 설계한다.

고무판에 받는 지압력은 액체와 같이 하부 받침판의 측벽에도 전달되므로 고무판이 원통일 경우는 다음 식 (1.7.46), (1.7.47)과 같이 측벽에 대하여 내압을 받는 원통의 응력을 검토하여야 한다.

(a) $t \leq a/10$ 일 때

$$f_t = \frac{f_b \cdot a}{t} \leq f_{ta}, \quad f = \frac{3h^2 \cdot f_b}{t^2} \leq f_a \quad \text{(1.7.46)}$$

(b) $t > a/10$ 일 때

$$f_t = \frac{R^2 + 1}{R^2 - 1} \cdot f_b \leq f_{ta}, \quad f = \frac{3h^2 \cdot f_b}{t^2} \leq f_a \quad \text{(1.7.47)}$$

여기서, f_t : 측벽에 작용하는 원주 응력(MPa)
f : 측벽에 작용하는 휨 응력(MPa)
f_b : 고무판에 작용하는 지압 응력(MPa)
a : 고무판의 반지름
t : 측벽의 최소 두께(mm)
R : $(a+t)/a$
h : 고무판 두께(mm)
f_{ta} : 허용인장응력(MPa)
f_a : 허용 휨응력(MPa)

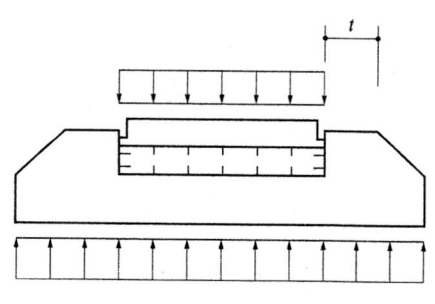

그림 1.7.8 Pot 받침의 지압분포

② 고무판

(a) 고무판의 최소필요지압면적

$$A = R_T / f_{ba} \tag{1.7.48}$$

여기서, A : 고무판의 필요지압면적(㎜)

R_T : 설계반력(N)

f_{ba} : 고무판의 허용지압응력(N/㎟)

(b) 고무판의 회전기능을 확보하기 위한 최소두께

$$hr \geq \frac{d}{15} \geq 10\,mm \tag{1.7.49}$$

여기서, h_r : 필요고무판 두께(㎜)

d : 고무판의 지름(㎜)

고무판의 수직변형률이 0.15 이하, 허용회전각은 0.01라디안 이상

(c) 고무판의 외주와 원통의 내주와의 틈은 1㎜ 이하로 하는 것이 바람직하다.

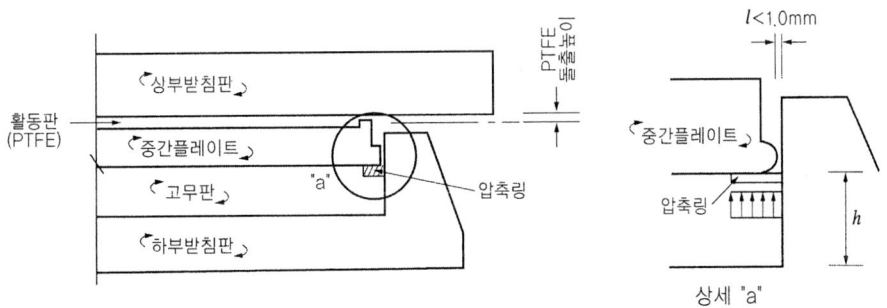

그림 1.7.9 Pot 받침의 부분도

③ 압축링

고무판이 중간 플레이트와 용기벽 사이로 돌출되어 나오는 것을 방지하기 위해 금속링을 끼워야 한다. 이 링을 압축링이라고 한다.

압축링은 중간플레이트와 용기내주와의 틈이 최대 상태에서 그림 1.7.9의 상세 "a"부와 같이 고무판으로 부터의 내압에 견디는 것으로 설계한다.

$$f = \frac{3 f_b \cdot l^2}{n \cdot t^2} \leq f_a \tag{1.7.50}$$

여기서, f : 압축링 재료의 휨 응력(MPa)

f_a : 압축링 재료의 허용 휨 응력(MPa)

f_b : 고무판의 지압응력(N/㎟)

l : 중간 플레이트와 용기내주와의 최대간격(mm)
n : 압축링의 수
t : 압축링의 두께(mm)

④ 활동판

활동판은 불소수지(PTFE: Polyterafluorthyrene)을 사용하며 필요지압면적은 다음 식(1.7.51)에 의하여 산정한다.

$$A = \frac{R_T}{f_{ba}} \tag{1.7.51}$$

여기서, A : 활동판의 필요지압면적(mm²)
R_T : 설계반력(N)
f_{ba} : 활동판의 허용지압응력(MPa)

⑤ 불소수지(PTFE) 판

(a) 마찰계수

불소수지 판과 스테인레스 강판과의 마찰계수는 다음 표 1.7.8과 같다. 이 마찰계수는 대기온도가 -24℃까지의 저온에도 적용될 수 있다.

⊙ 표 1.7.8 불소수지와 스테인레스 강판과의 마찰계수 및 지압응력

지압 응력	마찰 계수
5	0.08
10	0.06
20	0.04
30 이상	0.03

(b) 불소수지 판의 최대접촉압력

홈에 끼워 넣은 불소수지 판에서 평균접촉 압력과 연단의 최대접촉압력은 표 1.7.9의 값을 초과하여서는 안 된다.

접촉압력 계산 시, 지압면적은 윤활구멍을 포함한 불소수지 판의 전 평면적으로 한다.

⊙ 표 1.7.9 불소수지 판의 최대접촉압력 및 최대 연단압력

설계하중	중심축 반력에 의한 최대평균 접촉압력(MPa)	편심축 반력에 의한 최대연단압력(MPa)
영구 설계하중	30	37.5
전 설계하중	45	55

(c) 불소수지 판의 최소두께 및 최대 돌출높이

불소수지 판은 피스톤 강판 위의 오목한 원형 홈에 그 두께의 반 이상을 끼워야 한다. 이 경우에 불소수지 판의 최소 두께와 홈 위로 돌출높이는 표 1.7.10과 같다.

⊙ 표 1.7.10 불소수지 판의 최소 두께 및 최대 돌출높이

불소수지의 평면치수 D (지름 또는 대각선 길이)	불소수지의 최소 두께 (mm)	최대 돌출높이 (mm)
D ≤ 600	45	20
600 < D ≤ 1200	50	25
1200 < D ≤ 1500	60	30

⑥ 미끄럼 판 위 받침판 스테인레스 부착

(a) 스테인레스 강판 부착

스테인레스 강판 부착은 상부받침판 하면의 미끄럼판(활동판) 위에 하며, 부착 방법은 상부받침판에 필렛 용접으로 한다. 상부받침판 면적은 용접을 수용하기 위해서 스테인레스 강판의 면적보다 커야 한다.

(b) 스테인레스 강판의 두께

가동 받침에서 불소수지 판과 맞물리는 스테인레스 강판의 두께는 다음 표 1.7.11의 값 이상으로 하여야 한다.

⊙ 표 1.7.11 스테인레스 강판의 최소 두께

스테인레스 강판과 불소수지 판과의 직경의 차이 (mm)	스테인레스 강판의 최소 두께 (mm)
D ≤ 600	1.5
600 < D ≤ 1200	2.0
1200 < D ≤ 1500	3.0

(3) Pin 받침

핀받침은 고정받침으로 널리 적용하고 있으나 Hinge의 위치가 상당히 높은 곳에 있기 때문에 수평력을 받는 경우의 안정성에 주의를 해야 한다.

1) 지압형 핀 받침

① Pin의 응력 검토

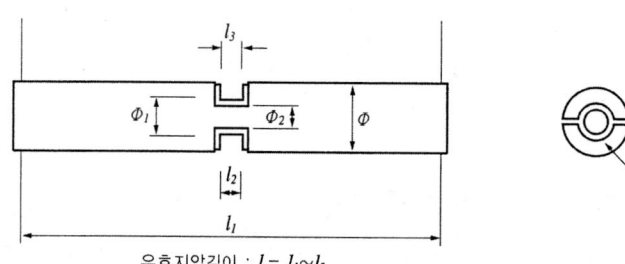

그림 1.7.10 Pin의 유효 지압길이 및 지압면

(a) 원주면의 지압응력

 a) 평상시 : $f_b = \dfrac{R_T}{d \cdot l} < f_{ba}$ ───────────────── (1.7.52)

 b) 지진시 : $Rd' = \sqrt{Rd^2 + R_{H1e}^2}$ ───────────────── (1.7.53)

    $d' \fallingdotseq \dfrac{d}{2}(1 + \dfrac{Rd}{Rd'})$ ───────────────── (1.7.54)

    $f_b = \dfrac{Rd'}{d' \cdot l} < f_{ba}$ ───────────────── (1.7.55)

여기서, f_b : 핀의 지압응력(N/mm²)
    d : 핀의 외경(mm)
    l : Pin의 유효지압길이(mm)
    R_T : 총 수직반력(N)
    R_d : 고정하중에 의한 반력(N)
    R_{H1e} : 교축방향 지진시 수평력(N)
    $R_d{'}$: 지진시 합성 반력(N)
    d' : $R_d{'}$ 의 작용 폭(mm)
    f_{ba} : 허용지압응력(N/mm²)

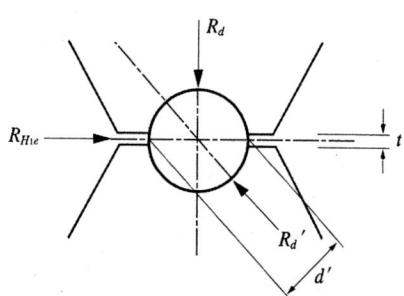

그림 1.7.11 핀의 지압응력

(b) 교축직각방향 수평력에 의한 응력

 a) 인장응력

  $f_t = \dfrac{R_{H1e}}{A} < f_{ta} \times 1.5$ (N/mm²) ───────────────── (1.7.56)

  $A = \pi/4 \times \phi_2^2$

 b) 지압응력

  지압면적 $A_b = 1/2 \times \pi/4 \cdot (d^2 - \phi_1^2)$ (mm²)(그림 1.7.10의 기호 참조) ─── (1.7.57)

$$f_b = \frac{R_{H_{ze}}}{A_h} < f_{ba} \times 1.5 \text{ (N/mm}^2\text{)} \tag{1.7.58}$$

c) 상·하 받침판 돌기부의 전단응력

$$\text{전단면적}: A_S = \frac{\pi}{2} \cdot d \times l_3 \text{ (mm}^2\text{)} \tag{1.7.59}$$

$$\tau = \frac{R_{H_{ze}}}{A_s} < \tau_a \times 1.5 \text{ (N/mm}^2\text{)} \tag{1.7.60}$$

여기서, $R_{H_{ze}}$: 지진시 교축직각방향 수평력(N)

② 부상방지용 cap 부

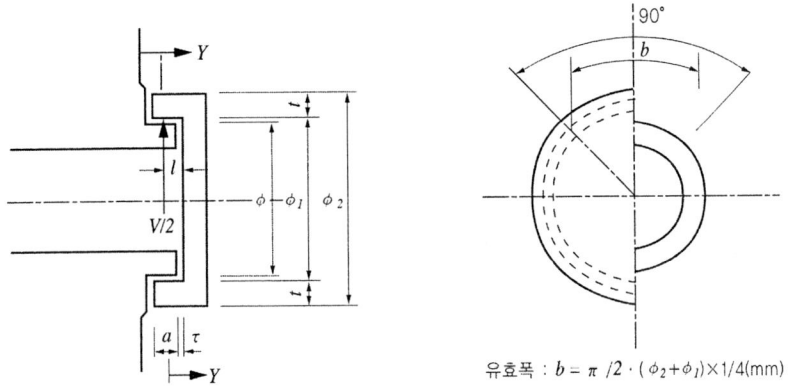

그림 1.7.12 Pin cap 치수

(a) 지압응력

$$f_b = \frac{1/2 \cdot V}{A} < f_{ba} \times 1.5 \text{ (지진시)} \tag{1.7.61}$$

여기서, V : 상향력(N) (지진시)
  $A = a \cdot b$ (mm), (그림 1.7.12 기호 참조)

(b) Y~Y 단면의 응력

  a) 휨응력

$$M = V/2 \cdot l \tag{1.7.62}$$

$$I = 1/12 \cdot b \cdot t^3 \text{ (단면 2차 모멘트)}$$

$$f = \frac{M}{I} \cdot \frac{t}{2} (N/mm^2) < f_a \times 1.5 \tag{1.7.63}$$

  b) 전단응력

$$\tau = \frac{1/2 \cdot V}{A_s} < \tau_a \times 1.5 \text{ (N/mm}^2\text{)} \tag{1.7.64}$$

여기서, $A_s = b \cdot t$ (mm²)

c) 합성응력

휨응력과 전단응력이 허용응력에 대하여 45% 이하면 합성응력의 검산을 하지 않아도 된다.

(4) Pivot 받침(면 받침의 경우)

피벗 받침의 안정성에 대한 개념은 기본적으로 핀받침과 동일하다. 상부받침과 하부받침의 구면의 반지름은 통상 1mm 정도 상부받침이 크게 설계한다.

1) 하부받침

① 구면의 지압응력

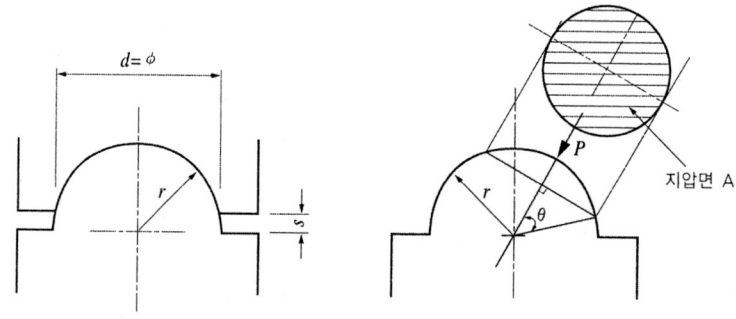

그림 1.7.13 구면받침의 접촉부

(a) 평상시

$$f_b = \frac{R_T}{\pi/4 \cdot d^2} < f_{ba} \,(\text{N/mm}^2) \quad\quad\quad\quad\quad\quad\quad (1.7.65)$$

여기서, f_b : 구면의 지압응력(N/mm²)

R_T : 상부에서 작용하는 전단력(N)

d : 구면을 투영한 원의 직경(mm)

(b) 수평하중 작용시

사하중과 수평하중의 합력

$$P = \sqrt{Rd^2 + R_{Hc}^2}\,(\text{N})$$

$$\theta = \cos^{-1}(\frac{r-t}{r}) - \tan^{-1}(\frac{R_{Hc}}{R_d})$$

투영면적 : $A = \pi \cdot (r \cdot \sin\theta)^2$ (mm²)

$$f_b = P/A < f_{ba} \times 1.5 \,(\text{N/mm}^2)$$

구면받침에서는 수직반력 R과 수평력 R_{HC}의 합력의 방향은 구면의 중심을 지난다고 가정하고 수평력의 작용위치는 구면중심으로 설계한다.

그리고 상부받침과 하부받침 사이의 간격 S는 6/100의 회전량을 확보하도록 결정하는 것으로 한다.

1.7.4 교량받침의 구속조건

교량받침부는 온도변화에 따라 거더의 이동을 추종하고, 지진시에 거더와 하부구조와의 상대변위를 억제하는 역할을 대비할 필요가 있으며 지진시 수평력 지지구조에 대해 각각에 대응해야 한다.

지진시 수평력 지지구조에는 고정지지와 가동지지와의 상호조합하여 고정가동구조, 탄성지지하는 면진구조·지진시 수평력 분산구조가 있다.

교량받침은 요구하는 소요의 성능을 확실히 보유하고 있어야 하고, 이것들의 지지조건과 구속조건을 정확하게 설계하여야 한다.

받침의 지지조건은 교축방향·교축직각방향·연직방향·교축회전·교축직각회전·수직회전의 각각 지지방향에 대하여 구속·자유·휨 등의 구속조건을 검토하고 설정하는 것이 중요하다.

1.7.5 지진력의 작용방향

교량받침부의 설계지진력은 상부구조의 관성력을 교축방향과 교축직각방향의 직교하는 수평2방향에 개별로 작용하도록 하여 산출한 값을 사용하고, 지진시에 하부구조의 영향을 받는 교량으로 교축방향과 교축직각방향을 명확하게 구분되지 않은 구조를 갖는 교량에서는 임의 방향의 지진력을 고려하여, 교량 전체에 대해 지진시의 거동을 파악하여 받침구조·받침배치·받침조건의 선정과 설계를 하는 것이 필요하다.

1.7.6 교량받침에 따른 계획시 주의사항

(1) 동일받침

동일받침선상의 받침은 받침의 회전 중심 위치나 하부구조의 시공성을 고려하면 같은 형식의 동일 종류(동일 연직반력)의 받침을 사용하는 것이 좋다.

따라서 다주형 박스거더교에서 받침수가 많은 경우에도 경제성이 크게 문제가 되지 않는 범위에서 받침의 종류를 적게 하는 것이 바람직하다.

동일 받침선상에 받침의 종류는 2종류 이하로 하는 것이 바람직하며, 주형의 수가 10을 넘는 경우에는 받침을 최대 3종류로 하는 것을 권장한다.

반력분산 방법에서 탄성고무 받침의 전단탄성력이나 연직탄성력을 이용한 설계를 하는 교량인 경우에는 동일 받침선상에서 받침의 탄성력이 달라지면 상하부 구조의 설계가 번잡하게 될 뿐만 아니라 구조적으로 좋지 않다.

따라서 이러한 탄성 고무받침에서는 동일 받침선상의 받침은 1종류로 하는 것이 좋다.

또한 받침 연직반력의 편차가 커서 1종류로 통일하는 것이 매우 비경제적으로 되는 경우가 있어도 받침반력을 가능한 통일하도록 배려한 후, 2종류 이하로 한정하는 것으로 한다.

(2) 동일 지점상에 있어서 받침의 설계반력

교량받침의 설계반력은 받침을 설계할 때에 사용하는 반력이지만, 그 값을 시공시나 해석상의 오차를 고려하여 동일 받침선상에서 각 받침의 설계반력의 평균치(평균반력)를 하회하지 않은 것이 바람직하다.

단, 2-Steel Box Girder나 단일 박스거더교 등 동일받침선상에 2개의 받침인 경우는 다수의 받침의 경우에 비해서 비교적 계산반력이 실제에 접근한다고 여겨지기 때문에 2개의 받침도 설계반력으로 해도 좋다.

그 때 반력의 차가 적은 경우에 있어서는 가능한 한, 동일 종류 받침을 사용하는 것으로 하고, 역으로 곡선 거더교 등에서 반력의 차가 큰 경우에는 받침의 회전중심의 차이에 의한 상하부 구조의 영향을 신중히 검토한 후, 경제성도 고려하여 적절한 받침의 종류를 결정하지 않으면 안 된다.

(3) 교량받침의 부반력

받침에는 고정하중에 의해 부반력이 발생하지 않도록 설계하는 것이 바람직하며 특히, 곡선 Girder에서는 부반력을 발생시킨 소지가 많기 때문에 주형의 안정에 주의하지 않으면 안 된다.

받침에 작용하는 부반력으로 「도로교 설계기준 2.4.22」에 의해 구하는 것으로 한다.

(4) 횡하중에 의한 부반력

풍하중 및 지진하중의 작용방향에 의해 대상 받침에 각각 최대 반력을 일으키도록 검토하지 않으면 안 된다.

폭이 좁은 Girder교에서는 이러한 횡하중에 의해 발생하는 부반력에 대하여 특히 주의하지 않으면 안 된다. 폭이 넓은 다주 주형에서는 지진하중 및 풍하중의 수평력이 동일 받침선의 각 받침에 균등하게 작용하는 것으로 간주해도 좋다.

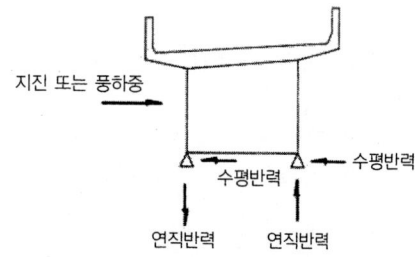

그림 1.7.14 지진하중 또는 풍하중에 의한 반력

(5) 종단경사가 있는 경우의 처리

1) 강교의 경우

① Sole plate에 의해 경사를 조정한다.

② Sole plate의 최소 두께는 T_{min} = 22mm 이상이어야 한다.
③ 교량받침 상단의 EL.은 종단경사를 고려하여 Sole plate 중앙점을 기준으로 하여 계산하다.

2) 철근 콘크리트 및 현장타설 P.S.C 교의 경우
① 그림 1.7.15와 같이 교량받침 상부 Plate와 상부구조와 이르는 경사면 사이에 Wedge 모양으로 하여야 처리한다.
② 철판 부착형 탄성 받침인 경우에는 탄성고무받침과 상부 철판 사이에 경사 조절용 Plate를 삽입하여 경사를 조정한다. 경사를 조정하지 않은 경우, 탄성고무받침이 시공시 변형을 일으킨다.
③ 강재 받침 및 Pot 받침의 경우 경사조절용 plate (Beveled Plate)를 삽입하여 경사를 조정한다.

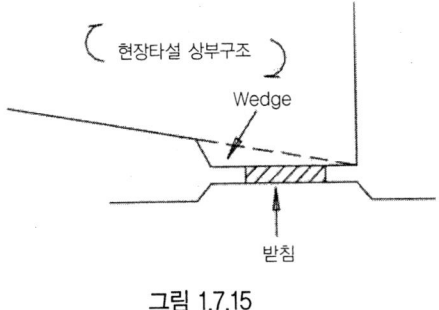

그림 1.7.15

3) Pre-Cast 부재의 거더교의 경우
① Pre-Cast 부재 제작시 종단경사에 대하여 검토하여 받침설치부에 Wedge를 설치하는 방안
② Sole Plate에 의해 경사를 조정하는 방안 등을 검토하여 설계한다.

4) 상기의 사항으로 종단경사에 대하여 보정을 실시하지 않은 경우, 받침의 Rotation 불량 및 경우에 따라서는 받침의 파손의 원인이 되고, 특히 탄성고무받침의 경우, 수평방향으로 받침이 변형을 일으켜 신축이음부의 간격이 부족하거나 설치가 곤란한 경우가 있으니 설계자는 주의하여야 한다.

(6) 횡단경사가 심한 경우
횡단경사가 심한 경우에 현장타설 교량의 경우에는 종단경사가 있는 경우와 같이 처리하여야 한다.

새로운 구성 교량계획과 설계

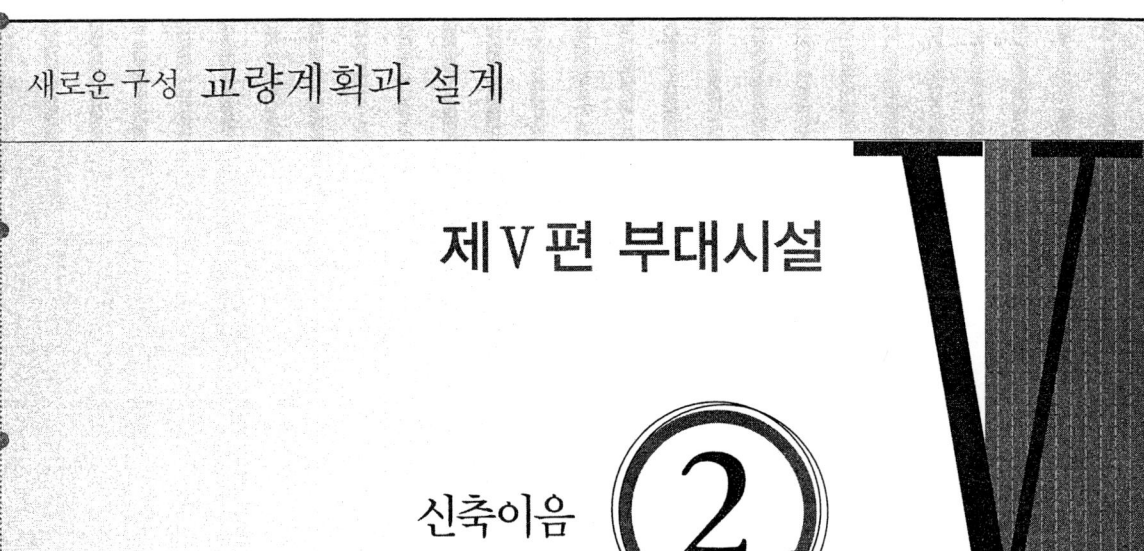

제 V 편 부대시설

신축이음 ②장

| 새로운 구성 교량계획과 설계 |

제 2 장_ 신축이음

2.1 신축이음의 기능과 분류

2.1.1 교량에 사용하는 신축이음의 기능

교량의 신축이음은 상부구조의 온도, 콘크리트의 creep · 건조수축, 활하중 등에 의한 거더 끝의 신축, 회전 등의 변위에 대하여, 차륜이 교면을 아무 지장 없이 주행할 수 있게 하는 장치, 또한 궤도구조를 지지하여 Rail의 유지에 지장을 주지 않은 장치이다.

이러한 경우에 교면 위의 우수, 모래 같은 이물질 등이 낙하하지 않도록 수밀성의 구조를 가져야 하고 물받이를 설치하여 누수가 되지 않도록 하는 조치가 필요하다. 어차피 거더 단부의 신축, 회전, 진동 등의 움직임과 또한 륜하중이 직접 작용하게 되므로 충격에 견뎌야 하고, 수밀성을 가지는 미묘한 구조여야 한다.

신축이음이 내구성을 유지하기 곤란하며는 현재라도 신축이음의 파손에 따른 교상의 지장, 소음의 고통, 또한 교체작업이 곤란하거나 보수공사 위험 등의 많은 문제를 일으키게 된다.

신축장치는 도로나 철도의 이용자가 "쾌적하고 안전하게 주행"해야 한다는 관점에 보면 본래 중요한 교량부속물이며, "부속물"이라는 개념은 교량기술자에게는 흥미의 대상이 되는 분야라고 말하기는 곤란하다.

교량 본체의 구조에 관한 조사 · 연구 · 실험 등을 실시하고, 전자계산의 급속한 보급에 따라 이론 · 해석 · 제작 · 시공에 따른 여러 면이 비약적으로 진보되었다. 그러나 신축이음에 관하여 기초적인 연구와 Data 축적이 현격하게 지연되었을 때는 금후, Data base 축적을 하여야 하고, 건설당초부터 충분한 경비를 들여 파손되지 않은 신축이음을 만들어야 한다.

2.1.2 신축이음의 종류

현재 사용하고 있는 신축이음을 재료적인 측면에서 분류하면은 강, 주철 등을 사용하여 제작하는 강제 신축이음과 고무(Rubber)재와 강재를 조합한 고무 신축이음으로 크게 분류하고 구조적인 측면에서 분류하면 바닥판의 유효간격(유간)이 차량하중을 직접 지지하지 않은 맞댐식과 신축이음 자체가 차량하중을 지지하는 하중지지식으로 분류할 수 있다.

제2장_ 신축이음

신축이음의 형식을 전체 맞댐식과 하중지지식으로 구분하면은 표 2.1.1과 같다.

⊙ 표 2.1.1 신축이음의 종류

분류	형식	개 요	조인트 예
맞댐식	매설조인트형식	신축변위를 Asphalt 포장의 변형으로 흡수하는 구조	• 맹조인트 • 절삭조인트
	맞댐형식 (고무조인트)	바닥판 유효간격부에 seal rubber 등의 채움재를 부착한 구조	• 줄눈판 조인트 • 앵굴보강 조인트 • 보강강재 조인트 • cut off 조인트 • coupling Joint • Mono cell Joint • Rubber Top Joint • Gai Top Joint
하중지지식	고무조인트형식	고무재료와 강재를 조합하여 만든 차량 하중을 신축이음이 지지하는 구조	• Transflex Joint • 샌드위치 조인트 • NB 조인트
	강제조인트형식	Face plate, Finger plate를 사용한 강제구조	• 강 핑거 조인트 • 강 겹침 조인트 • 레일 조인트
	특수조인트형식	기타의 지지형식의 구조	• 롤러셧터 조인트

2.2 각종 신축이음의 특징

2.2.1 맞댐식 신축이음

(1) 매설조인트 형식

매설조인트는 Asphalt 포장의 변형성능을 이용하여 신축부의 변형을 흡수하는 구조로 신축량 20mm 이하 최대 유효간격 30mm 정도의 경우에 통상 사용한다. 주로 단지간의 콘크리트 교량에 적용하는 경우가 많다. 이 형식의 기능으로는 신축 유도형, 신축 분산형, 신축 흡수형으로 분류한다.

1) 신축 유도형

신축 유도형은 포장체를 절삭줄눈을 설치하여 변형을 이 부분으로 유도하는 구조이다. 그림 2.1.1은 신축 유도형, 구조의 일례를 나타낸 것이다. 유효간격에는 지수재와 지수재를 보호하기 위한 back-up재를 설치한다.

유효간격부 지수재 및 절삭줄눈에는 탄성 seal재, back-up재에는 polyurethan-foam 등을 사용하는 것이 좋다. 이 형식으로는 절삭줄눈에 균열이 발생하여 이 부분이 파손되고, 차량하중에 의해 방수줄

눈재에 먼지나 모래가 서서히 아래로 밀려 들어와서 최종적으로 지수재와 back-up재가 떨어져서 방수성과 주행성이 나쁘게 되고 내구성에 문제가 발생하여 보수시에는 맞댐형식의 고무 조인트로 교체하는 경우가 많다.

2) 신축 분산형

신축 분산형은 포장체와 바닥판 사이에 전단층이라고 부르는 sheet를 설치하여 그 전단변형기능으로 신축부의 변형을 포장체 전체에 분산시키는 구조이다.

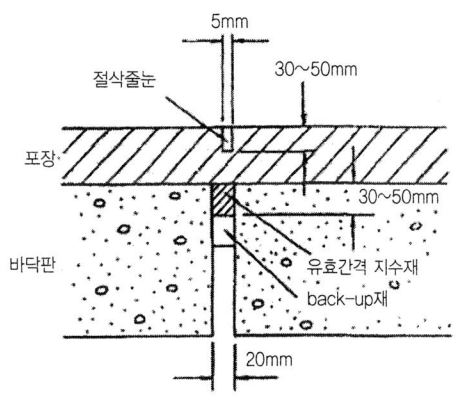

그림 2.2.1 신축 유도형 매설 조인트

그림 2.2.2는 신축 분산형의 표준적인 구조를 표시한 것이다. 포장체는 표층용 Asphalt 혼합물(밀입 Asphalt 혼합물)을 사용하여 포장의 연속성을 확보하고, 그의 아래에 바닥판과의 사이에 2층의 역청 sheet를 설치하여 포장체의 변형을 분산시키고, 지수기능을 높인다.

유효간격 조정공인 보강판과 철근콘크리트로 유효간격은 규정량을 조정하며, 유효간격의 지수를 위하여 탄성 seal재와 탄성 seal재를 고정시키기 위해 back-up 재를 설치한다.

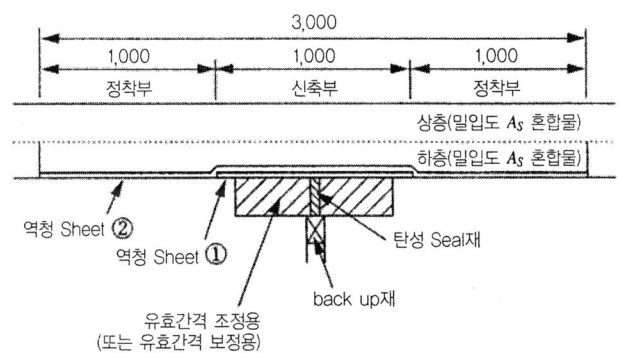

그림 2.2.2 신축 분산형 매설 조인트

3) 신축 흡수형

신축 흡수형은 연질인 포장재료를 사용하여 포장 전체의 변형성능으로 거더 단부의 신축과 회전을 흡수하도록 한 것이다.

그림 2.2.3은 신축 흡수형의 구조의 예를 나타낸 것이다.

포장체에는 특수골재와 Rubber-Asphalt

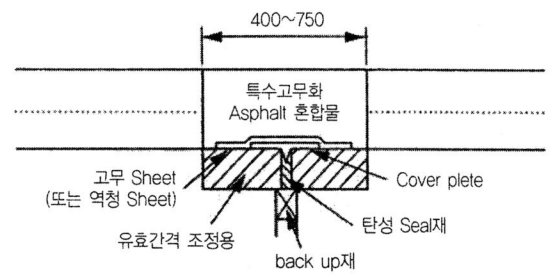

그림 2.2.3 신축 흡수형 매설 조인트

계 결합제로 유연성이 풍부한 혼합물을 사용하고, 그 아래에 포장체의 함몰을 방지하기 위한 cover plate를 설치한다. 유효간격에는 탄성 seal 재와 back-up 재를 설치한다.

최근에 외국의 경우에는 신축이음에서 발생하는 소음 및 진동의 문제가 있어 기 설치한 신축이음을 철거하고 포장의 연속화를 하고 있다. 흔히 말하는 no joint화를 주목하여 매설 조인트의 구조상세와 재료품질에 대항 검토와 개량을 하고 있다.

(2) 맞댐형식

맞댐형식은 종래에는 시공법에 따라 선시공형식과 후시공형식으로 분류하였으나 최근에는 시공성, 보수성이 우수한 후시공형식을 사용하는 것이 일반적이다. 이 형식은 포장시공 후에 신축 이음부의 포장부를 절취하고, 유효간격에 seal 고무를 삽입 접착하여 고정시키고, seal 고무를 Anchor bolt로 바닥판에 고정시킨다. 또한 유효간격에 설치된 seal 고무는 자동차 하중을 지지하지 않으므로 신축량 40mm, 최대 유효간격량 50mm 정도의 단지간 교량이나 인도교 등에 통상적으로 사용한다.

1) Open Joint

① Formed Joint

이 형식의 Joint는 바닥판 단부를 강판 또는 Angle로 보강한 Formed Open Joint with armer와 보강하지 않은 Formed open joint로 구별하며 신축이음 중에서 가장 시공성이 좋고 경제적이지만 교면의 우수 및 먼지, 모래에 의한 교량받침 및 받침부의 Girder의 부식을 초래하는 단점이 있다. 현재는 특별한 경우를 제외하고 적용하지 않고 있다.

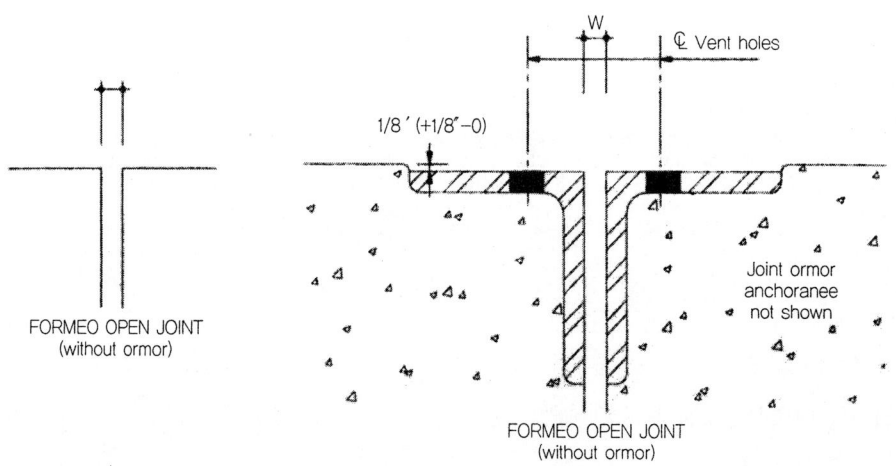

그림 2.2.4 Formed open joints

2) Closed joint Type

① Gap joint(poured joint : 맞댐 Joint)

Joint의 폭의 10~20%보다 적은 아주 제한적인 거동을 하는 바닥판 Joint에 사용하며, Poured seal(채움재)는 Joint부에 관통하는 물과 먼지를 방지하는데 사용한다. 다음 그림 2.2.5는 Seal형식의 발전하는 과정의 변화와 상세를 보여주고 있다.

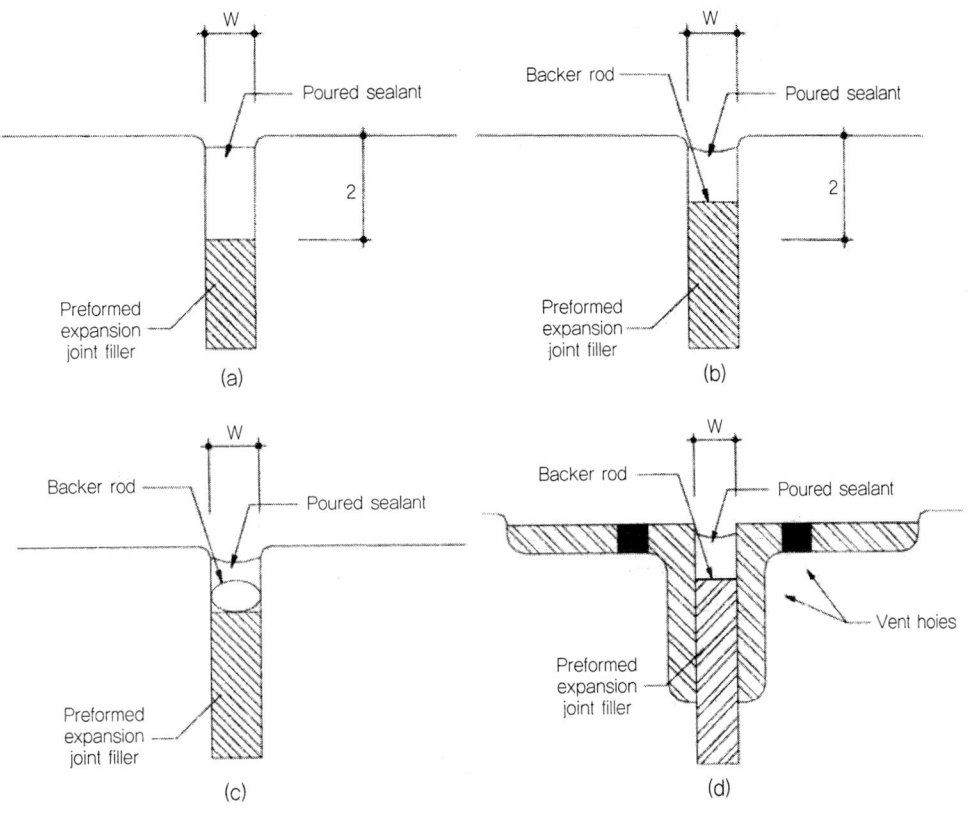

그림 2.2.5 Poured Joint Seals

초기에는 Filler와 Asphalt sealer를 사용하였다. 그 이후로 Sealer를 탄성체로 개량하고 화학적으로 배합한 Filler와 Sealer를 분리하고 Bond Breaker를 개발하였다. 또한 바닥판 단부의 보호를 위하여 형강 설치하게 된다.

이 형식은 아주 적은 신축량을 가진 Joint에 사용하고 있으며 현재 사용하고 있는 Gai Top Joint가 대표적인 개량형식이다.

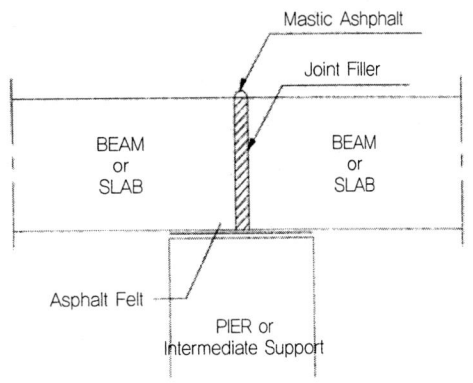

그림 2.2.6 Early type of expansion Joint

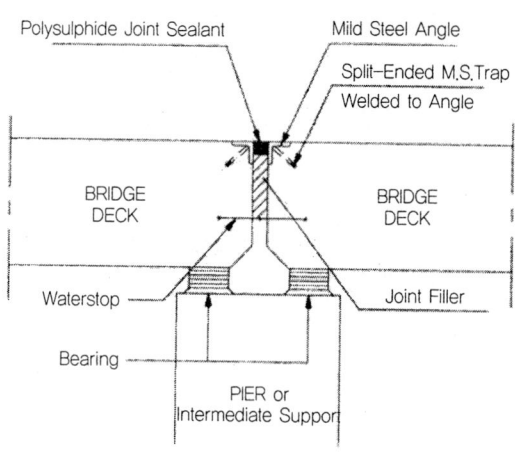

그림 2.2.7 1970년대 사용한 Gap joint

② Compression seal joint(맞댐 Joint)

이 joint는 1960년대 중반부터 Gap joint(Poured joint) sealer를 소교량의 Joint에서 대체하면서 사용하여 왔으며, Sealer 형상은 제품 생산업자에 따라 다르며 구조상의 특징으로는 Joint부의 신축부분에서 하중지지 장치 또는 바닥판 단부에 Anchor 정착이 필요치 않은 가장 간단한 구조이다. 신축량이 15mm~80mm 정도의 교량에 적합하며 시공이 용이하다. 또한 시공비가 저렴하나 Seal재의 파손이 심하여 내구성에 문제가 있어서 현재는 적용을 안하고 있는 실정이다(교량 상·하행선 분리시 종방향 Joint로는 적용을 종종하고 있다).

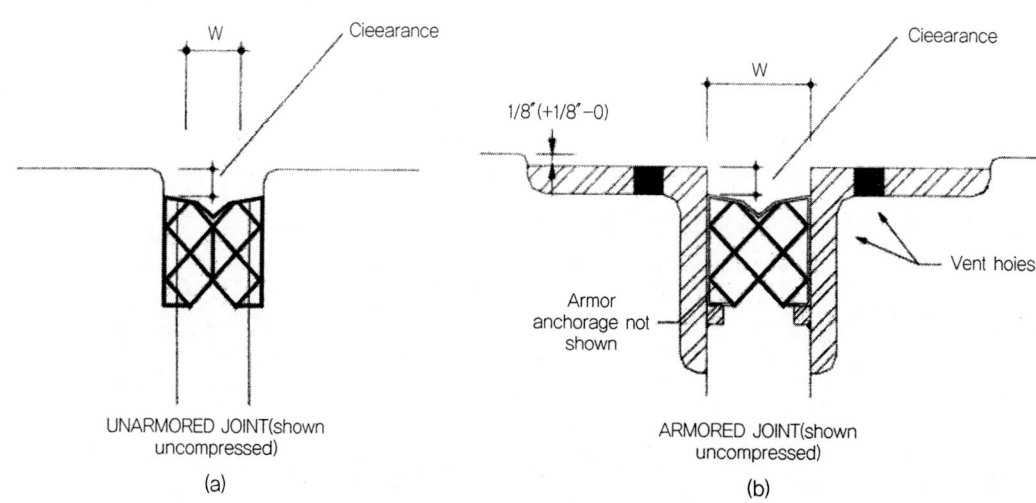

그림 2.2.8 Typical compression seal configuration

③ Strip seals Joint

이 형식은 신축 이음부의 바닥판 Edge에 합성고무(Elastomeric), 강재, 알미늄의 Reteiner 혹은

Header (Rail)를 설치하고 Elastonleric Strip seal를 Locking Lug에 끼워 넣는 신축이음 형식이다. 횡단면 형상은 제조회사에 따라 각각의 특색이 있으므로 교량에 적용시 각각의 특징을 엄밀히 검토 후에 형식을 산정하여야 한다.

시공시 교면 포장 후에 설치하는 형식으로서 수밀성이 우수하여 중소 교량에 많이 적용하고 있는 실정이나 제품의 원가가 고가인 점이 결점이다.

Strip seal 및 Header(Rail)의 형상의 예는 다음 2.1.9 (a), (b), (c)와 같다.

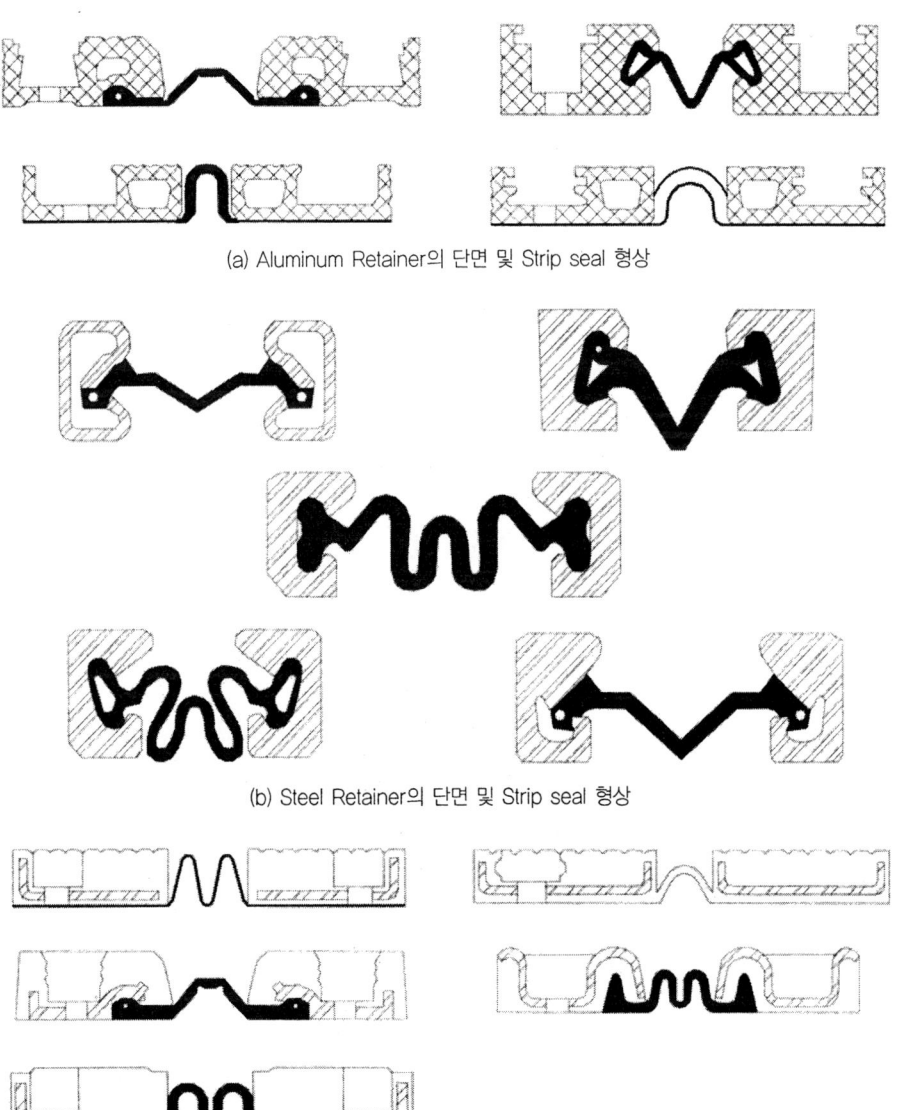

(a) Aluminum Retainer의 단면 및 Strip seal 형상

(b) Steel Retainer의 단면 및 Strip seal 형상

(c) Elastomeric(Neoprene) Seal 형상

그림 2.2.9 Strip seal 및 Header 형상(예)

각 형식별 제품에 대한 대표적인 예는 다음 그림 2.1.10 (a), (b), (c)와 같다.

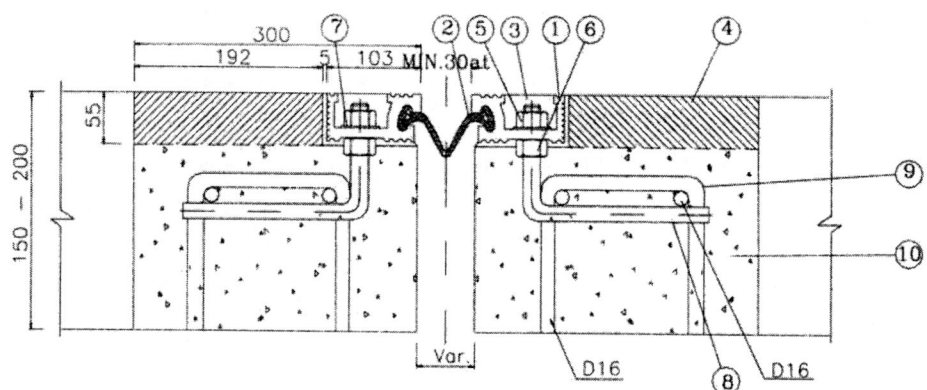

(a) Aluminum Header(Rail)을 가진 Strip seal 형식

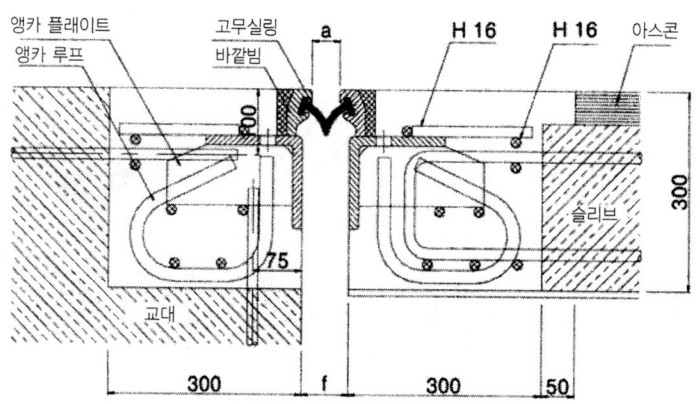

(b) Steel Retainer(Rail)을 가진 Strip seal 형식

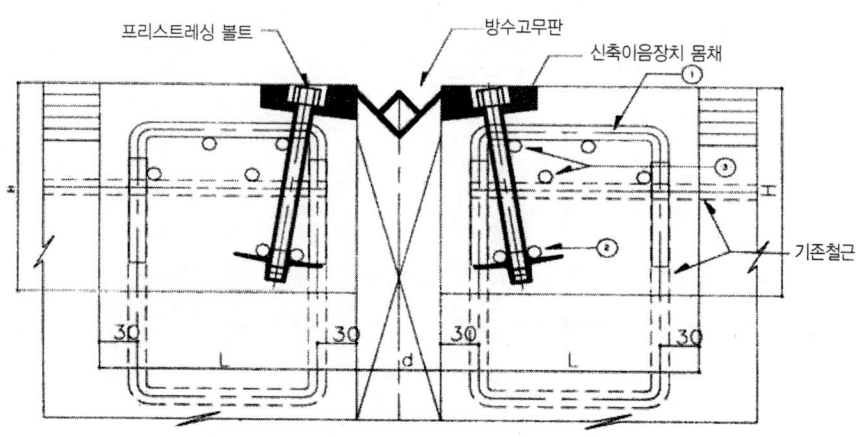

(c) Elastomeric(Neoprene) Seal 형식

그림 2.2.10 각 형식별 대표적인 예

2.2.2 하중지지식 신축이음

(1) 고무조인트 형식

하중지지형식의 고무조인트는 각종 형상의 고무재와 강재를 조합하여 자동차 하중을 바닥판 유효간격에 지지하도록 한 구조이다. 이 형식은 맞댐이음의 후시공형식과 같은 형식이 많으며, 구제품의 개량, 신규의 개발, 혹은 해외에서 기술을 도입하여 형상을 변화시킨 분야로 각각의 특징은 가지고 있으나 구조와 시공 요령이 다르지 않으며, 실적을 조사하여 선택하는 것이 필요하다.

1) sand-witch Joint

샌드위치 조인트는 신축을 강 Finger Joint와 강판을 붙인 Joint를 혼합구조로 흡수하고, 하중을 강판이 지지한다. 조인트의 단면구성 강상판, 고무판(Neoprene), 하부강판으로 구성되어 있으며, 강판 아래 방진고무를 sandwich 상으로 접착하여 하부강판을 설치하여 차량의 하중을 직접 바닥판 콘크리트에 전달되지 않도록 한 조인트이다.

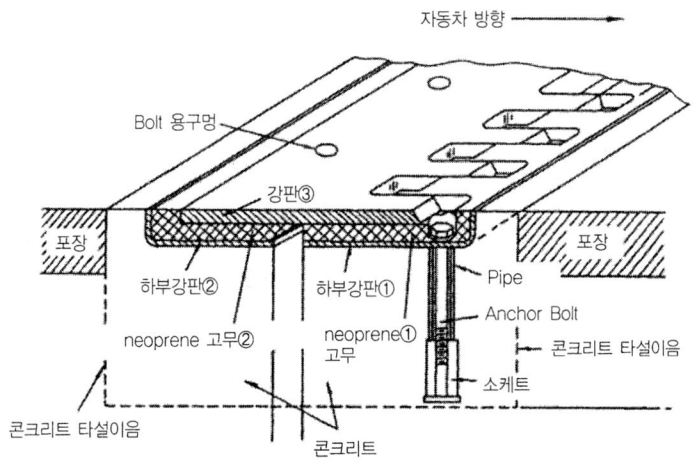

그림 2.2.11 sandwich Joint 형상

2) Elastomeric / Rubber Cushion System(Tension-Compression)

이 형식은 고무와 Steel을 일체시켜 만든 제품으로서 차륜하중을 Joint gap에서 지지하는 구조 및 신축량은 Rubber의 전단변형에 의해 일어나도록 하는 두 가지 기능을 가진 신축이음으로서 비교적 큰 신축량이 있는 교량에 적용하고 있다.

이 형식은 General Tire와 Rubber Campany에서 개발한 것으로서 현재 사용하고 있는 Joint 형식은 General tire의 "Transflex" Watson / Acme의 "Waboflex"와 Royston의 "Unidam"이 있으며 우리나라에서 "Trans-Flex" Joint라고 부르고 있다. 일반적으로 Rubber의 교체가 쉽고, 신축이음의 신축량이 큰데 비교적 두께가 얇고, 설치시 Block out의 깊이가 낮은 것이 특징이다.

이 형식의 표준단면은 다음 그림 2.2.12와 같다.

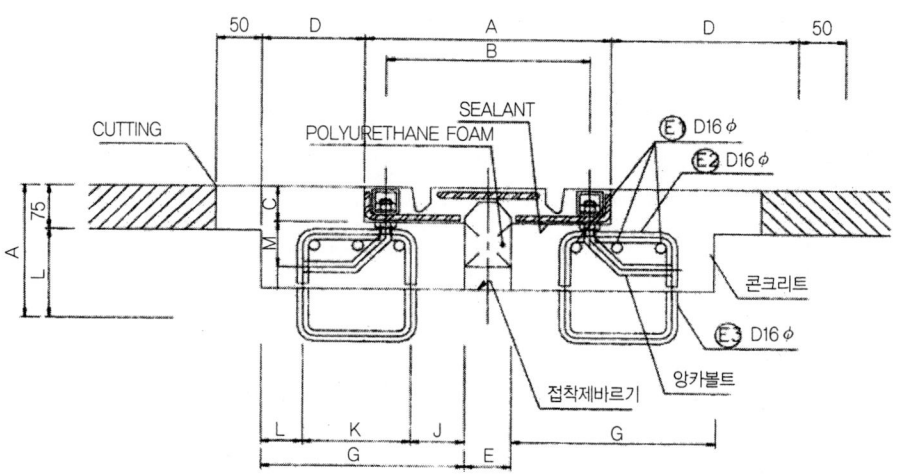

그림 2.2.12 Elastomeric/Rubber Cushion System (예) (Transflex Joint)

(2) 강제 조인트 형식

하중지지식의 강제 조인트 형식은 강재를 조립제작한 것으로 차량하중을 직접 지지하는 구조이다. 이 형식은 신축이동량이 큰 교량에 적합한 형식이며 장지간 교량 및 연속교에 적합하다.

1) Sliding plate(강판) Joint

Sliding plaste(steel) Joint는 사각형 Face plate와 강판 또는 Angle을 접합하여 제작한 Joint로서 1900년대 이후에 중소 지간의 교량에 사용하여 왔으며, Face plate를 선단지지(Supported)하는 형식으로서 중차량에 의해 파손의 예가 많으며 최근에는 사용 예가 적은 형식이다.

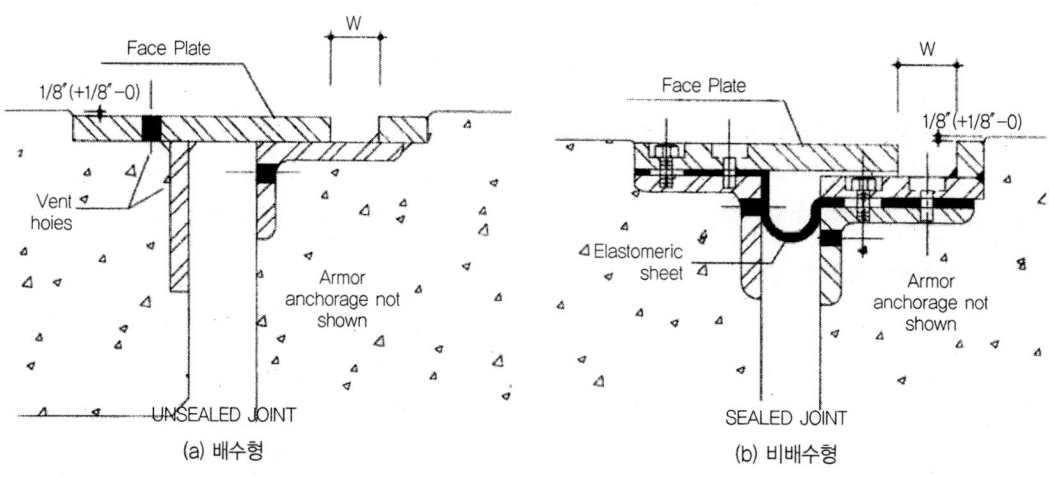

그림 2.2.13 Sliding-plate joints

이 형식은 외국에서는 수평방향 신축량 100mm 신축 교량길이 110m 정도의 교량에 적용하도록 제한하고 있으며, 그림 2.2.13(a)와 같은 형식을 표준적으로 사용하여 왔으나 방수에 대한 문제가 대두되어 배수구를 설치하는 방안을 강구하여 그림 2.2.13(b)와 같이 Elastomeric sheet로 배수구를 설치한 형식을 적용하고 있다.

배수구는 제작자의 의도에 따라 여러 가지 형상이 있다. 또한 이 형식은 현재 보도부 또는 차도부에 Finger(Toothed) Joint를 사용하는 경우, 보도부에 적용하는 형식이다.

2) Finger(Toothed) Plate Joint

Finger Joint 형식은 지지 구조에 따라 편지식(Cantilever Finger Plate Joint)과 지지식(Supported Finger Plate Joint)로 구분하며, 편지식은 좌·우에 내밈강재 Finger로 구성되어 있고, 지지식은 Finger가 바닥판 단부에 지지되어 있다. 편지식과 지지식을 비교하면 편지식의, Finger Plate의 두께

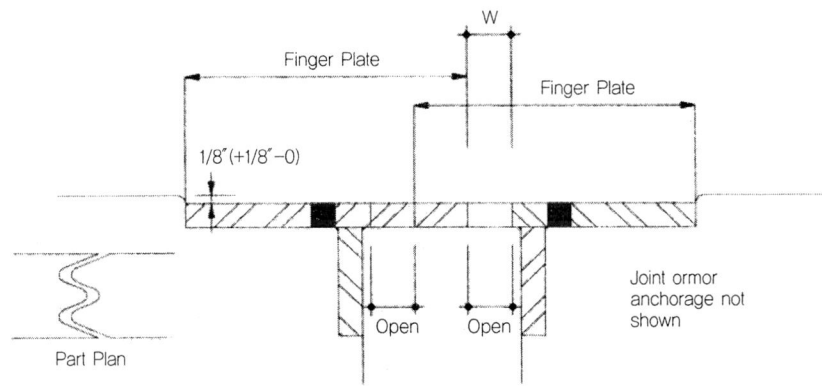

그림 2.2.14 Cantilever finger-plate joint(편지식)

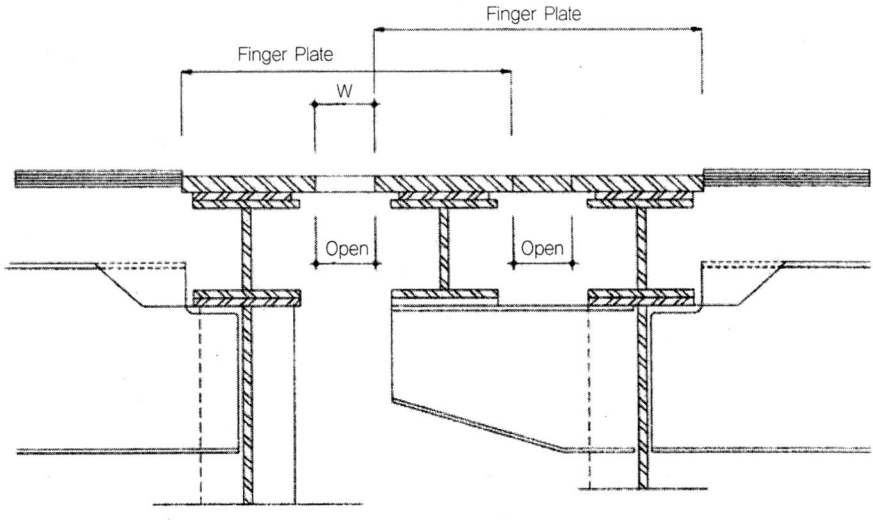

그림 2.2.15 Supported finger-plate joint(지지식)

가 당연히 지지식보다 두껍다. 지지식은 특히 신축량이 큰 경우에 사용하며, 통상 내구성이 우수한 편지식을 많아 적용하고 있다.

Steel Finger Joint는 종래에 배수형식(Open Joint Type)을 많이 적용하여 왔으며 신축이음부의 노면수 및 먼지, 모래 유입에 따른 교량받침 및 Girder 단부의 부식으로 인하여 교량 받침의 내하력 저하, 교량 미관에 저해를 초래하므로 최근에는 사용을 제한하고 있다.

따라서 최근에는 Finger Joint의 Web 사이에 Elastomeric Troughs를 부착하거나 Seal재를 충진한 비배수형 Finger Joint를 개발, 채용하고 있다.

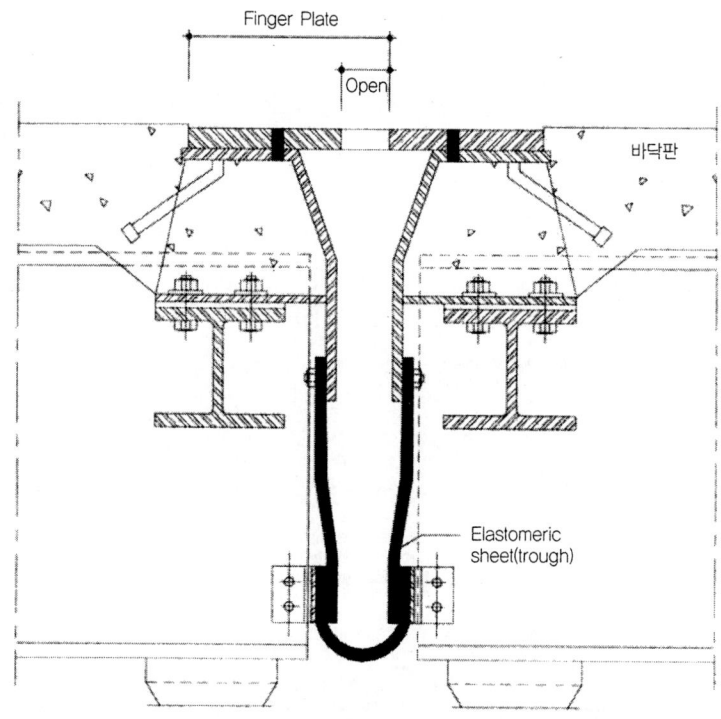

그림 2.2.16 Elastomeric troughs under Finger joint(비배수형)

3) Modular and Multi-sealed units (Modular expansion joint)

이 형식은 바닥판 Edge부에 Retainer(edge Beam)과 Joint gap 중앙에 Beam을 설치하고 Center Beam을 교량 종방향으로 지지 Beam 또는 특수 Link재를 설치하여 Retainer와 Center Beam의 Locking Lug에 Elastomeric Sealer를 삽입한 형식으로 신축량이 큰 신축이음 형식이다.

이 형식은 1970년대에 서독 "Maurer sohne manufacturing company"에서 최초로 제작한 형식으로서 많은 회사들이 Retainer와 Center Beam의 형상을 개조하여 현재에 널리 사용하고 있는 형식 중의 하나이다(그림 2.2.18(b) 참조).

Modular Elastomeric seal은 일반적으로 4inch(100mm)보다 큰 신축량에 사용하며, 설계자에 따라

24inch(600mm) 신축량을 표준으로 설계하며 특별한 경우에는 48inch(1200mm)의 대용량의 신축이음 형식을 제시하고 있다.

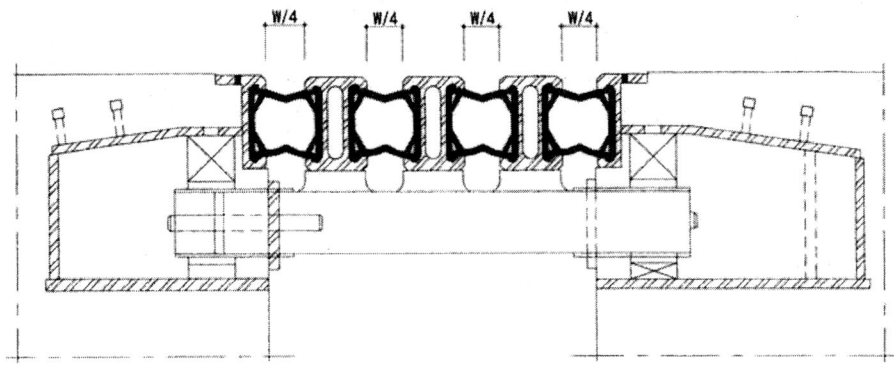

그림 2.2.17 Modular Elastomeric Seal Joint

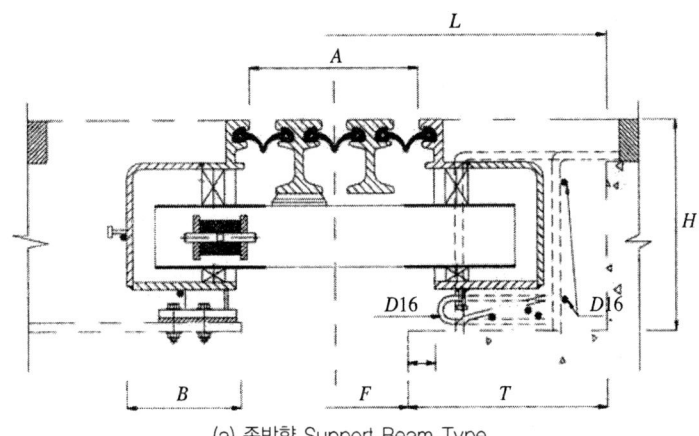

(a) 종방향 Support Beam Type

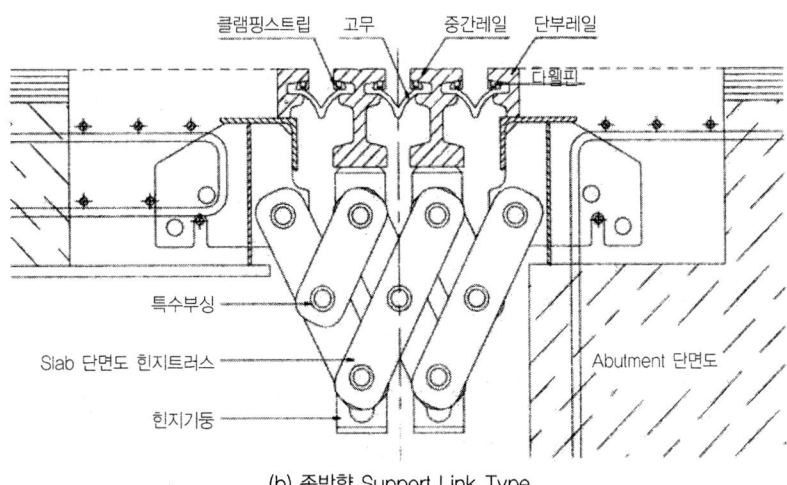

(b) 종방향 Support Link Type

그림 2.2.18 Modular Elastomeric Seal Joint (예)

(3) 특수형식(Rolling Grip : Roller shutter 형식)

종래에는 장경간의 교량의 경우에 Cantilever support Finger Joint를 사용하여 왔으나 최근에는 Finger Joint의 결점이 많고, 신축량이 2.0m 이상이 되어 적용상에 문제가 있어 이에 대응하는 신축이음을 개발하여 적용하고 있는 실정이다. 다음 그림 2.2.19는 Rolling Grip의 형식의 예로서 신축기구가 교량의 수평활동에 따른 Slide plate가 Slide Block 위를 활동하고 Tongue plate가 위치하여 변형시 Slide plate와 접속하여 노면의 평탄성을 확보하는 형식이다.

Slide cam과 Hinged cam, 그리고 미끄럼틀의 접속면은 전기 Slag Welding하며, 통행하는 차량의 미끄럼 방지를 위하여 가로 홈이나 Synthetic slag casting을 설치하고, 방수를 위하여 Neoprene sheet의 배수구를 설치한다.

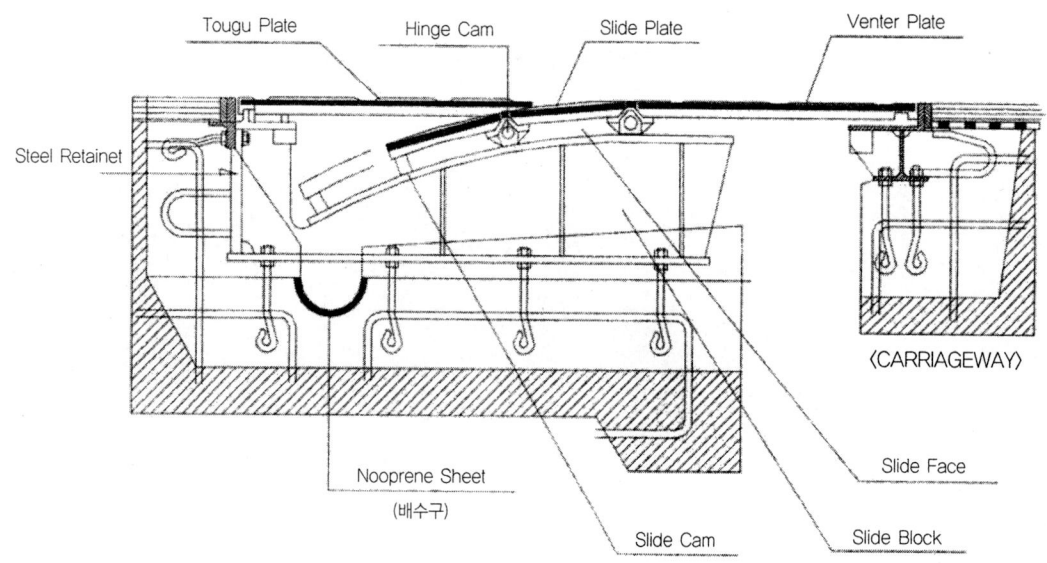

그림 2.2.19 Rolling Grip(Roller Shuter) 신축이음 형식(예)

2.3 신축이음의 설계

신축이음의 설계에서 거더의 신축길이에 의해 산정된 신축길이에 대한 변위를 수용할 수 있도록 설계하여야 한다.

곡선교와 사교에는 교축방향과 교축직각방향의 신축, 종단경사 및 종단곡선을 가지는 교량에서 작용하중에 의해 가동받침의 수평이동으로 인한 수직단차, 주거더의 단부회전에 의한 수평이동, 교각·교대의 부등침하와 회전 및 수평이동에 의한 지점의 이동 등에 대하여 필요한 경우에는 이를 고려하여야 한다.

예기하지 못하거나 시공오차, 확실하지 않은 계산에 대하여 충분한 유효간격을 확보하기 위하여 설치여유량과 신축 여유량을 신축이음의 이동량에 포함시켜 계산하여야 한다.

2.3.1 신축이음의 설계 · 시공의 흐름도

현재 일반적으로 사용하고 있는 맞댐식과 하중지지식인 고무조인트 및 강제 Finger Joint를 대상으로 하여 설계에서 시공에 이르기까지 일련의 흐름을 그림 2.3.1에 나타냈다.

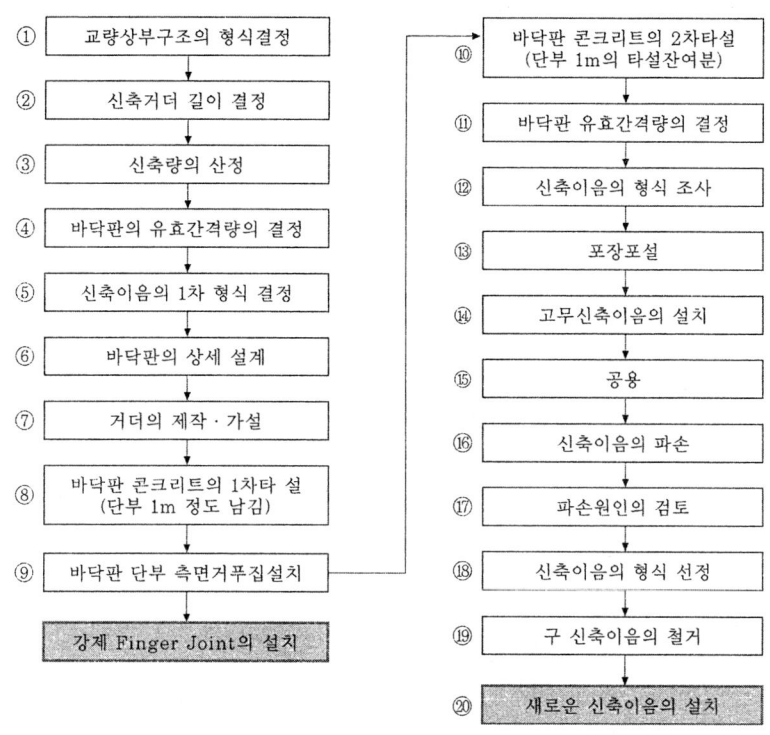

그림 2.3.1 신축이음의 설계 · 시공 흐름도

상부구조의 형식과 교량의 지간구성 및 받침조건에 의해 신축량을 계산하고 그 결과와 과거 시공실적을 참고하여 내구성, 수밀성, 시공성, 보수성, 평탄성, 경제성 등의 요인을 종합적으로 판단하여 신축이음 형식의 선정(1차형식 선정)한다. 그러나 여기서 주의할 점은 1차 형식 결정 때 바닥판 여유간격의 산정이 지극히 중요한 의미를 가지고 있다.

신축량의 최대치를 기초로 해서 신축이음형식을 선정하고, 바닥판 유효간격의 산정을 간과하는 경우에는 잘못된 선정결과가 나온다. 바닥판 유효간격량과 신축이음 형식을 결정하는 데는 바닥판의 치수와 이음정착부의 Box out의 형상 등과 바닥판에는 관계되는 상세설계가 가능하게 된다.

거더의 가설 후에 바닥판 콘크리트의 타설을 하고, 고정하중 camber에 의한 바닥판 유효간격량의 시공오차를 흡수할 목적으로 바닥판 단부를 1m 정도 타설하지 않고 남겨놓는 것이 좋다.

다음에 바닥판 측면거푸집을 설치하고 강제 Finger Joint를 정규의 간격으로 설치한 후, 나머지 단부 콘크리트를 타설한다.

포장의 포설 전에 여유간격을 검정하고, 기 선정이 끝난 신축이음 형식이 타당한지 여부를 조사한 후에 신축이음(2차 형식결정)을 설치한다.

공용 후, 파손되어 치환하는 경우에는 파손의 원인을 검토하여 바닥판의 간격의 검정을 다시 하는 것이 필요하다.

2.3.2 신축량의 결정

(1) 신축량 산정시 고려요소

신축량 산정시 고려할 기본적인 사항은 다음과 같다.

1) 온도변화

신축이음의 설계시 기준온도(T_{set} = 15℃)를 기준으로 해서 보의 온도변화에 의한 이동량의 계산은 년중 최고온도 및 최저온도와의 차에 선팽창계수를 곱하여 계산한다.

신축이음의 설치시 온도는 일반적으로 신축이음 설치시의 월평균 기온으로 하는데 RC교, PSC교 등과 같이 이동량이 적은 것에 대해서는 사계절별의 평균기온을 취하는 경우도 있다.

또한 강거더교와 같이 온도변화에 대하여 민감한 반응을 받는 구조인 경우는 제작시 표준온도(T = 10℃)와 설치시의 온도차를 계산하여 신축량을 계산하여 반영하여야 한다.

2) 콘크리트교에서 건조수축 및 creep

콘크리트교에서 신축이음은 콘크리트의 건조수축과 creep에 의해 부재의 수축이 어느 정도 진행된 후에 설치하므로, 설치시 이전의 이들에 의한 변형을 고려하기 위해 콘크리트의 재령에 대한 저감계수를 사용한다. 이 때, 통상적으로 철근콘크리트에는 건조수축만 고려하고, PSC 교량에서는 건조수축 및 creep 모두를 고려한다.

3) 고정하중, 설하중, 활하중에 의한 거더 단부의 회전이동

거더의 높이가 높거나 유연성이 있는 교량의 경우에는 거더 단부의 회전에 의한 변위가 발생하게 되므로 이와 같은 회전변위를 고려하여야 한다.

신축이음의 설치가 완료된 후에 작용하는 하중에 의해 교량의 처짐이 발생하여 이로 인하여 교량의 단부가 회전 변위를 하게 된다.

그림 2.3.2와 같이 고정받침에 대한 교량 단부의 회전으로 단부는 수평으로 과 수직으로 만큼 이동하게 된다.

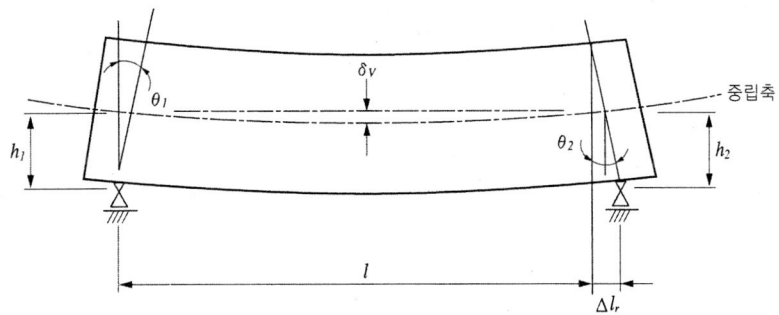

그림 2.3.2 거더의 처짐에 따른 거더 단부의 회전변위

4) PSC교의 프리스트레스에 의한 거더의 탄성변형

현장타설 프리스트레스 콘크리트 교에서는 프리스트레스에 의한 거더의 탄성수축에 대한 것을 고려하여야 한다. 다만, 교량가설이 완료된 후, 1000일 이상 경과한 후에 신축이음을 시공시는 이에 대한 영향이 미미하므로 고려하지 않아도 되는 경우도 있다.

5) 지점 이동의 영향(1)

신축이음은 교각과 교대의 침하, 회전, 수평이동 등에 의한 변위를 원활하게 수용할 수 있어야 한다. 교각과 교대에 예상되는 수평이동량을 유효간격의 계산에 고려하여야 하며, 수평이동량이 명확하지 않으면 거더의 유효간격을 충분히 확보하는 것이 바람직하다.

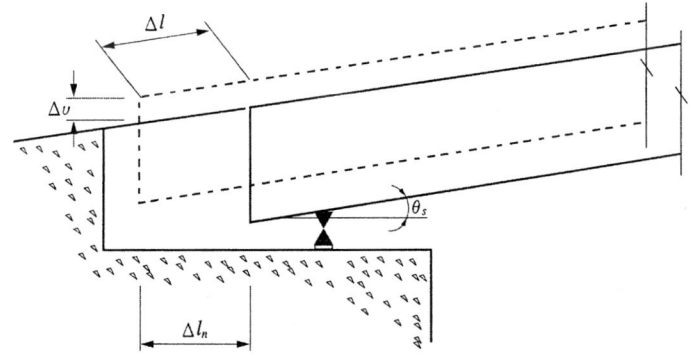

그림 2.3.3 종단경사에 의한 단부이동

6) 지점이동의 영향(2)

교량의 지점이동은 종단경사에 의해서만이 아니라 교량의 종곡선에 의해 작용하중에 의한 거더의 처짐에 의해 가동부 지점이 수평방향으로 이동하게 된다. 이 경우에는 온도변화 및 거더의 작용하중에 의한 처짐에 의해 지간길이가 증가하여 신축이음의 유효간격이 줄어지는 것이고, 5)항의 경우는 온도변화에 의해 지간길이가 증가하여 유효간격이 줄어지는 것으로 다르다.

아치교와 같은 형식의 교량을 설계할 때는 이러한 점을 감안하여 신축이음의 유효간격을 산정하여 교량길이를 결정하여야 한다.

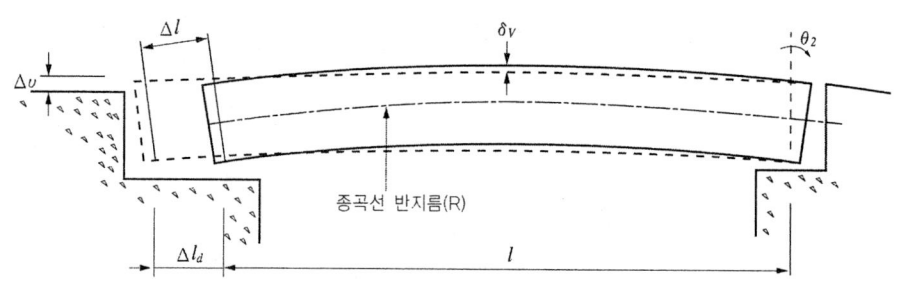

그림 2.3.4 거더의 종곡선에 의한 거더 단부의 변위

7) 사교 및 곡선교에 이음방향의 변위

곡선교와 사교에서 교량 단부의 접선방향 변위에 의한 비틀림은 신축이음부에 전단력이 발생하므로 신축이음형식 선정과 설계 및 시공에 특히 주의하여야 한다.

받침의 구속조건과 인접구조물의 형식에 따라 가능한 신축이음에 전단력이 발생하지 않도록 교량받침을 선정하고 설계하여야 한다.

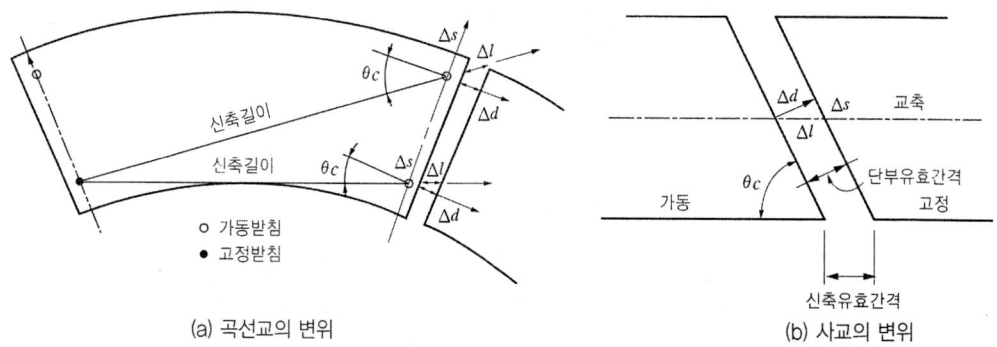

(a) 곡선교의 변위   (b) 사교의 변위

그림 2.3.5 곡선교 및 사교의 단부 변위

그림 2.3.5는 고정받침으로부터 이동단부까지의 직선거리를 신축길이로 하여 계산된 이동량 Δl을 단부에 대하여 접선방향 변위($\Delta l = \Delta l \cdot \sin\theta c$)와 법선방향 변위($\Delta d = \Delta l \cdot \cos\theta c$)로 분리하는 것을 나타낸다.

8) 지진에 의한 영향

지진에 의한 인접구조물과의 상대변위를 신축이음이 흡수할 수 있어야 하지만 우리나라에는 지진의 발생빈도가 낮고, 신축이음이 파손되는 경우에도 낙교와 같은 대형사고가 발생할 우려가 적다.

또한 지진시 이동량의 예측은 매우 어렵기 때문에 이동량의 계산에 이를 고려하지 않는다.

9) 신축이음부의 최대여유간격

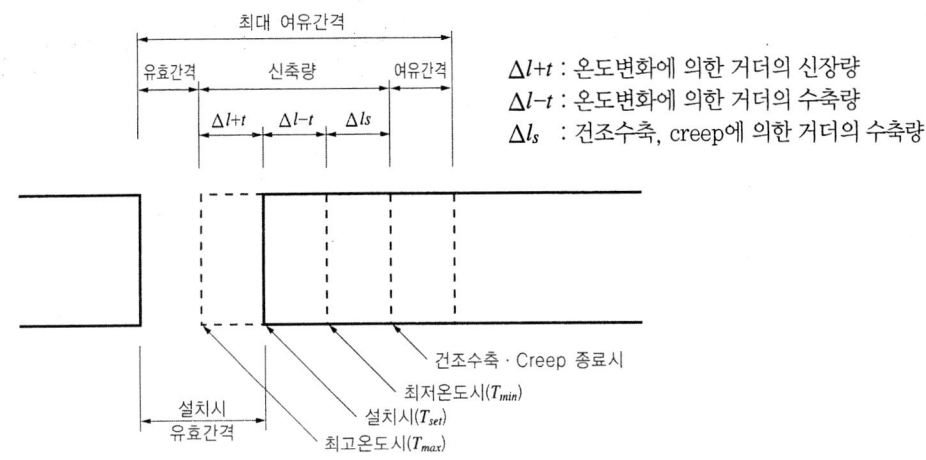

그림 2.3.6 신축이음부의 최대 여우공간

(2) 도로교 설계기준에 의한 신축량 산정

신축이음의 설계에 기준이 되는 이동량의 계산은 온도변화, 콘크리트의 creep · 건조수축, 프리스트레스에 의한 부재의 탄성변형 및 활하중에 의한 지점의 회전을 고려하여 계산한다.

상부구조의 온도변화, 처짐, 콘크리트의 creep · 건조수축, 프리스트레스에 의한 부재의 탄성변형 등에 의해 생기는 이동량을 기본 신축량이라고 하며, 이에 대하여 여유있는 구조로 하여야 한다.

설계 신축량은 신축이음의 이동가능용량을 의미하며 신축이음의 신축량 산정에는 기본신축량 외에 설치할 때의 오차와 하부구조의 예상 밖의 변위 등에 대처할 수 있도록 여유량을 고려하여야 한다.

이 여유량은 교량의 규모에 따라서 다른데 일반적으로 다음 표 2.3.1에 따른다.

◉ 표 2.3.1 신축량

구 분	신축길이 100m 미만의 교량	신축길이 100m 이상 교량
신축량	온도변화+creep+건조수축	온도변화+creep+건조수축+거더의 회전
여유량	기본 신축량의 20%+10mm	• 설치여유량 : ±10mm • 부과여유량 : ±20mm
특징	• 여유량이 정률(20%)과 정량(10mm)로 구성 • 보통 지방의 기준	• 여유량이 정량(±30mm) • 거더의 회전을 고려

여기서, 신축길이는 신축하는 거더길이이며, 일반받침의 경우에는 고정단으로부터의 거리, 면진받침의 경우에는 교량의 중심에서부터의 거리로 본다.

계산신축량은 다음 식(2.3.1)에 의해 구하고, 설계 신축량은 계산 신축량(Δl)에 여유량을 더한 값이다.

$$\text{계산 신축량 } (\Delta l) = \Delta l_t + \Delta l_s + \Delta l_c + \Delta l_r + (\Delta l_p) \quad\quad\quad (2.3.1)$$

여기서, Δl_t : 온도변화에 의한 신축량(mm)

Δl_s : 콘크리트 건조수축에 의한 수축량(mm)

Δl_e : 콘크리트 creep에 의한 수축량(mm)

Δl_r : 활하중에 의한 거더 처짐에 의한 수축량(mm)

Δl_p : Prestressing에 의한 수축량(mm)

1) 신축길이 100m 이상의 교량의 신축량

① 온도변화에 의한 신축량

온도변화에 의한 신축량(Δl_t)는 최고온도(T_{max})와 최저온도(T_{mix})의 차이로부터 다음과 같이 계산한다. 표 2.3.2에 제시한 온도는 교량상부구조의 평균온도이며 지역구분은 최근 5년간 최저기온 및 최고기온을 참조하여 결정한다.

$$\Delta l_t = (T_{max} - T_{min}) \cdot \alpha \cdot l = \Delta T \cdot \alpha \cdot l \quad\quad\quad (2.3.2)$$

여기서, Δl_t : 온도변화(℃) (표 2.3.2 참조)

α : 선팽창계수 (표 2.3.2 참조)

l : 신축하는 거더의 길이

⊙ 표 2.3.2 가동받침 이동량 산정시 온도변화 및 선팽창계수

교량의 종류	온도변화		선팽창 계수 α
	보통지방	한냉지방	
PSC교, RC교	-5℃~+35℃	-15℃~+35℃	1.0×10^{-5}
강교(상로교)	-10℃~+40℃	-20℃~+40℃	1.2×10^{-5}
강교(하로교, 강바닥판교)	-10℃~+50℃	-20℃~+40℃	1.2×10^{-5}

또한 신축이음을 설치할 때에 예상되는 온도(T_{set})에 대한 최대 신장량 Δlt_{max} 와 수축량 Δlt_{min} 은 다음과 같이 계산한다.

- 최대 신장량 : $\Delta lt_{max} = (T_{max} - T_{set}) \cdot \alpha \cdot l$ \quad\quad\quad (2.3.3)

- 수축량 : $\Delta lt_{min} = (T_{min} - T_{set}) \cdot \alpha \cdot l$ \quad\quad\quad (2.3.4)

$$\Delta l_t = \Delta lt_{max} - \Delta lt_{min} \quad\quad\quad (2.3.5)$$

여기서, T_{set} : 신축이음 설치할 때의 온도(48시간의 평균온도)

② 콘크리트 건조수축에 의한 이동량

$$\Delta l_s = -\Delta T \cdot \alpha \cdot l \cdot \beta \quad\quad\quad\quad\quad (2.3.6)$$

여기서, ΔT : 건조수축에 해당하는 온도변화(표 2.3.2 참조)
         α : 선팽창 계수(표 2.3.2 참조)
         l : 신축거더의 길이(m)
         β : 건조수축·creep의 저감계수(표 2.3.4 참조)

건조수축은 콘크리트가 타설된 이후로부터 신축이음을 설치할 때까지의 재령을 고려하여 계산한다.

⊙ 표 2.3.3 콘크리트의 크리프 계수와 건조 수축량

콘크리트의 크리프 계수	$\varphi = 2.0$
콘크리트의 건조수축	20℃ 하강 상당

⊙ 표 2.3.4 건조수축, 크리프의 저감계수, β

콘크리트의 재령(월)	0.25	0.5	1	3	6	12	24
건조수축, 크리프의 저감계수(β)	0.8	0.7	0.6	0.4	0.6	0.2	0.1

③ 콘크리트 Creep에 의한 이동량

$$\Delta l_c = (-)\frac{P_t}{EC \cdot A_c} \times \varphi \times l \times \beta \quad\quad\quad\quad\quad (2.3.7)$$

여기서, P_t : Prestressing 직후의 P.S 강재에 작용하는 긴장력(N)
         E_c : 콘크리트의 탄성계수(MPa)
         A_c : 콘크리트의 단면적(㎟)
         φ : 콘크리트 Creep 계수(표 2.3.3 참조)
         β : 건조수축 Creep의 저감계수(표 2.3.4 참조)

콘크리트 타설 이후에서 프리스트레스 긴장력이 도입될 때부터의 콘크리트의 재령에 따라 표 2.3.4의 저감계수 β를 사용한다.

④ 보의 처짐에 의한 이동량(활하중에 의한)

$$\Delta l_r = \Sigma(hi \times \theta i) \quad\quad\quad\quad\quad (2.3.8)$$

여기서, h_i : 보의 중심축에서 받침의 회전중심까지의 거리(보의 높이 $h \times 2/3$)
         θ_i : 교량 받침위의 보의 회전각(rad) (강교 : 1/150, 콘크리트 : 1/300)
         단, 단순보의 경우에는 가동받침은 고정단에서의 회전의 영향을 고려하여 2배가 된다.

⑤ Prestressing에 의한 이동량

$$\Delta lp = \frac{P_t}{E_c \cdot A_c} \times l \quad\quad\quad\quad\quad\quad (2.3.9)$$

여기서, P_t : Prestressing 직후의 PS 강재에 작용하는 긴장력(N)
E_c : 콘크리트의 탄성계수(MPa)
A_c : 콘크리트 단면적(㎟)

2) 신축길이 100m 미만 교량의 신축량 계산 간편식

⊙ 표 2.3.5 신축길이 100m미만 교량 신축량

항목	종류	강교 상로교	강교 하로, 강상판교	PSC 교	RC 교
온도변화		(−20~+40℃)	(−20~+40℃)	(−15~+35℃)	(−15~+35℃)
		−10~+40℃	−10~+50℃	−5~+35℃	−5~+35℃
신축량	온도변화	(0.6×1.2ℓ)	(0.6×1.2ℓ)	(0.5ℓ)	(0.5ℓ)
		0.5×1.2ℓ	0.6×1.2ℓ	0.4ℓ	0.4ℓ
	건조수축	−	−	0.1ℓ	0.1ℓ
	크리프	−	−	0.2ℓ	−
	(기본신축량)	(0.72ℓ)	(0.72ℓ)	(0.8ℓ)	(0.6ℓ)
	소계	0.6ℓ	0.72ℓ	0.7ℓ	0.5ℓ
	신축여유량	(0.14ℓ +10)	(0.14ℓ +10)	(0.16ℓ +10)	(0.12ℓ +10)
		0.12ℓ +10	0.14ℓ +10	0.14ℓ +10	0.10ℓ +10
	합계	(0.86ℓ +10)	(0.86ℓ +10)	(0.96ℓ +10)	(0.72ℓ +10)
		0.72ℓ +10	0.86ℓ +10	0.84ℓ +10	0.60ℓ +10

(주).1.표에서 ( )는 한냉지방에 적용한다.

2.3.3 신축이음 형식 선정

신축이음형식은 설치하는 도로의 성격, 교량의 형식, 사용신축량을 기본으로 하여 전체적인 내구성, 평탄성, 배수성과 수밀성, 시공성, 보수성 및 경제성 등의 각종 인자를 종합적으로 고려하여 선정한다.
또한 교량 가설 주변의 환경, 일일 교통량 등을 고려하여 결정하는 것도 중요한 사항이다.

(1) 형식 선정시 고려사항

1) 교량의 형식

같은 종류의 신축이음이라도 강교에 설치하는 경우와 콘크리트교에 사용하는 경우에 설치방법의 차이가 있으며, 강교에 대해서는 모든 신축이음형식이 적용 가능하나 콘크리트교에서는 주로 고무조인트를 사용하며, 강제 Finger Joint는 정착구조의 결점 때문에 일반적으로 사용하지 않으나 최근에는 정착구조를 개선하여 사용하는 예가 있다.

2) 설계 신축량

신축이음의 신축량 산정은 일반적으로 온도변화, 콘크리트의 건조수축·creep 등을 고려하여 산정하며 필요에 따라 활하중에 의한 처짐, 사각, 교대의 활동 등을 고려하여 결정한다. 기본 신축량에 설치 여유량과 부가 여유량을 추가로 고려하게 된다. 교량형식과 규모에 따라 여유량을 과대하게 산정하는 오류를 범할 수 있는 경우도 있다. 이러한 점을 감안하여 설계 신축량이 가능한 한, 작은 규격의 신축이음 형식을 사용한다.

3) 내구성

일반적으로 신축이음의 내구성은 중차량의 통과횟수에 좌우되며, 내구성은 신축이음의 내구성과 부착부에 타설하는 콘크리트의 내구성으로 분류한다. 매설 조인트는 정착부에 아무런 장치가 없으므로 별개이고, 일반적으로 이음을 바닥판이나 Girder에 Anchor를 한다.

신축이음의 파손 현상은 신축이음 본체보다는 Anchor부에 타설하는 콘크리트의 파손에 기인하는 예가 많다는 것을 생각하여야 한다.

콘크리트의 파손은 콘크리트와 접속하는 포장면과의 단차에 의하여 일어나는 경우가 많다. 따라서 신축이음의 내구성은 Asphalt pave의 내구성과 포장의 유지관리와의 밀접한 관련이 있다.

4) 시공성

시공성은 신축이음의 내구성, 수밀성, 평탄성 등에 큰 영향을 주게 되므로, 시공성의 양부(良否)가 신축이음의 수명을 좌우하게 된다. 따라서 신축이음의 설치가 용이하고 정착부 콘크리트가 부착하도록 세심한 시공이 요구되며, 이에 따른 철근배근, Block out 형상을 결정하는 것이 요구된다.

5) 보수성

보수성에 대하여 고려할 점은 보수공사시에 차선 규제의 문제, 보수시간의 문제가 있다. 자동차 교통량의 증대에 따른 전면 교통통제를 하면서 보수한다는 것은 매우 어려운 일이며, 야간 공사시 다음날 아침에 교통을 개방을 요구하게 된다. 따라서 신축이음을 한 차로씩 보수를 할 수 있도록 설계하는 것이 바람직하다. 신축이음은 기성제품이므로 시공시 중량이 무거워 어려움이 있지만 1차로폭으로 Joint를 주문하여 설치하면 차륜의 궤적을 피할 수 있어서 연결부 파손을 방지할 수 있고, 보수시 교통통제 범위를 줄일 수 있다.

6) 경제성

신축이음에 있어서 경제성이 양호한 상태는 설계·시공시 신축이음의 내구성과 관련이 있다. 종래에는 초기투자 비용(Initial cost)을 강조하였으나 교량의 유지관리비의 증대에 따라 최근에는 보수 보강내용(Running Cost)을 포함한 Total cost를 고려하여야 한다고 하고 있다. 그러나 이와 같은 현상을 각종의 신축이음에 대하여 내구성을 정량적으로 해석한다는 것은 무리가 있다.

7) 주행성

신축이음의 주행성은 중요 요인이며, 본래 도로의 이용자에게는 극히 중요 요소이나 간과하는 경향이 있다. 최근에는 주행성, 쾌적성의 관점을 별도의 관점에서 자동차의 소음진동에 대해 공해면에서 주행성이 좋은 형식을 요구하고 있다. 주행소음이 높은 이음 형식은 앞으로 형식 선정 대상에서 제외하는 경향이 많다.

8) 배수성 및 수밀성

신축이음은 통상적으로 정척으로 제작하여 순차적으로 Joint부에 설치한다. 따라서 신축이음 본체가 필연적으로 이음부가 존재하게 된다. 이음부의 Anchor Block 콘크리트 접속면과의 접속면을 통하여 누수가 발생하여 바닥판, Girder 교량받침에 전달되어 교각을 오염시킨다. 그 결과, Girder의 단부화 Sway Bracing의 부식열화, 교량받침의 신축기능의 손상을 초래하는 경향이 많다.

따라서 구조물의 기능 보존뿐만 아니라 미관을 유지하는 데 많은 결점이 있으므로 신축이음의 수밀성에 대하여 충분한 주의가 요구된다.

이러한 점을 감안하여 신축이음 형식에 선정시 수밀성과 비배수성 신축이음을 선정하여야 한다.

이상과 같이 신축이음 선정에 있어서 고려할 요소가 많으므로 각종 신축이음과 각각의 요인과의 상관관계를 정량적으로 파악할 수 있는 Data를 축적하여야 하는 것이 중요하다.

(2) 신축이음 형식 선정 Flow

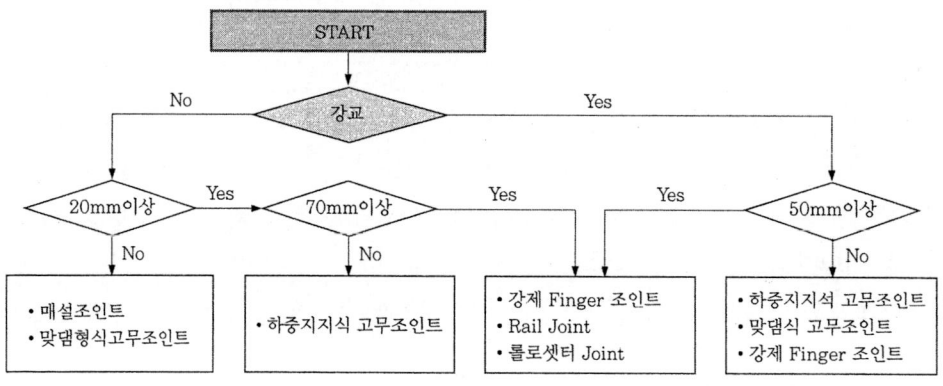

그림 2.3.7 신축이음 형식 Flow

(3) Expansion Joint 형식별 허용 신축량 및 최대 여유간격 폭

한국에서 사용하고 있는 신축이음 형식별로 조사하면 다음 표 2.3.6와 같다.

◉ 표 2.3.6 (1)

형식구분	제품명	최대허용신축량	최대여유간격	제조회사
[1] Finger Joint (TOOLHED.J)	WJ - 50	50	70	ESCO 기술산업(주)
	- 80	80	100	
	- 100	100	130	
	- 120	120	150	
	- 140	140	180	
	- 160	160	200	
	T1 - 160	160	210	〃
	- 120	200	250	
	- 250	250	300	
	- 300	300	350	
	- 350	350	400	
	S1 - 400	400	450	〃
	- 450	450	500	
	- 500	500	550	
	- 600	600	650	
	UFJ - 50	50	55	유니슨산업(주) (재질 : 강재)
	- 75	75	67.5	
	- 100	100	80	
	- 150	150	105	
	- 200	200	130	
	- 250	250	155	
	- 300	300	180	
	- 350	350	205	
	- 400	400	230	
	- 450	450	255	
	- 500	500	280	
	UAF - 50	50	55	유니슨산업(주) (재질 : 알루미늄 합금)
	- 75	75	67.5	
	- 100	100	80	
	- 150	150	105	
	- 220	220	140	
	HK - SP1	30 ~ 70	85 ~ 145	화경건설(주)
	- SP2	〃	〃	

⊙ 표 2.3.6 (2)

형식구분	제품명	최대허용신축량	최대여유간격	제조회사
[2] 맞댐 Joint (Compression Seal Joint)	MoNo – Cell 2G 4G 6G	20 40 60	60 100 100	협성 실업주식회사 TOPSCO 산업(주) 경일 엔지니어링 일진 특수시스템 화경건설산업
	GA1 – TOP	30 ~ 60	140 ~ 232	협성실업(주) 도명산업, 고려산업 일진특수 시스템
	Angle Joint	20 ~ 50		(주)일진특수 시스템 화경건설(주)
[3] Modular Strip seal Joint	Rubber Top Joint	30	50	협성실업(주)
1) Elastomeric Retainer Type	SP – 40, 50	50 ~ 70	75 ~ 100	신특수건설(주) (Sheet type 임)
	N – Joint	20 ~ 85	20 ~ 85	(주)KR 고려산업 후레씨네 코리아
2) Steel Retainer Type	Rail Joint MAULRER JOINT STEELFLEX joint Delcrete	50 ~ 100 50 ~ 80 50 50 ~ 100	115 50 70 ~ 120	Topsco 산업(주) KR 고려산업, Mageba, 유니슨산업 ESC 기술산업, 화경산업
3) Aluminum Retainer Type	Top – 80 – 120	80 120	80 120	Topsco 산업(주)
[4] Elastomeric/ Rubber cushion System Type (Tension – compression)	NB – Joint NB – 35 – 50 – 80 – 120	35 50 80 120	54 80 140 180	협성실업(주) Topsco산업 KR 고려산업, 도영산업 (주)일진특수시스템 ESCO 기술산업(주)
	Trans flex joint TF – 35 – 45 – 50 – 70 – 80 – 100 – 160 – 230 – 330	35 45 50 70 80 100 160 230 330	35 45 50 65 100 100 120 160 215	(주) Topsco 협성실업(주) 경일엔지니어링(주) KR – 고려산업 화경산업(주) ESCO 기술산업(주)

● 표 2.3.6 (3)

형식구분	제품명	최대허용신축량	최대여유간격	제조회사
[4] Elastomeric/ Rubber cushion System Type (Tension – compression)	HAMA-HIGHWAY JOINT YS – 35~125형 YS – 35~125M형	35 ~ 125	85 ~ 175	일본 YokoHaMa 313
[5] Modular and Multi-Sealed Unit Type	MS – 160	160	280	유니슨산업(주) 독일의 Glacier KR 고려산업(aurer Joint Mageba) Topsco 산업(주) Esco 기술산업(주)
	– 240	240	445	
	– 320	320	610	
	– 400	400	800	
	– 480	480	960	
	– 560	560	1120	
	– 640	640	1290	
	– 720	720	1460	
	– 800	800	1630	
	– 890	880	1645	Topsco 산업 Mageba
	– 960	960	1800	
	– 1040	1040	1965	
	– 1120	1120	2110	
	– 1200	1200	2265	

제2장_ 신축이음

참고문헌

1. (사) 한국토목학회 : 도로교 설계기준·해설 2008
2. 국토해양부 : 도로교설계편람 제 5권 교량
3. 한국도로공사 : 도로설계요령
4. 김동수(역) : 도로교 받침편람, 도서출판 과학기술
5. 건설산업조사처 : 最新 橋梁設計·施工ヘンドブシク
6. 橋梁工學ヘンドブシク編輯委員會, 橋梁工學ヘンドブシク
7. 日本道路協會 : 道路橋 支承標準設計
8. ACI : Joint sealing and Bearing system for concrete structures Volume Ⅰ, Ⅱ. (sp-4)
9. J.F Slanton and C.W Roeder : Elastomeric Baring Design, Construction and Materials (Transportation Research Board)
10. Martin P. Burke : Bridge Deck Joints, Transportation sealed board

토목구조기술사 **오제택**

- 1978年　전남대학교 토목과 졸업
- 1988年　(주)우대기술단
- 1990年　(주)삼안건설기술공사
- 1995年　동신기술개발주식회사
- 　전　　(주)우대기술단
- 　현　　(주)혜인E&C

- 2001年　대통령 표창 수상 (토목의 날)
- 2002年　광주광역시 시장표창 수상
- 2003年　수원시장 표창
- 2004年　대통령 표창 수상 (건설의 날)
- 2004年　수원시장 표창
- 2004年　(사)대한토목학회 저술상 수상 (교량 계획과 설계)

주요저서
- PC교의 캔틸레버가설공법(역서) 1995年
- 프리스트레스트콘크리트공법 설계시공지침(역서) 1995年
- 교량계획과 설계 2003年
- 강재를 이용한 교량 2005年
- 우리의 옛다리

새로운 구성 교량계획과 설계 No.2

저자 오제택
인쇄일 2010. 06. 05
발행일 **초판 1쇄** 2010년 06월 15일
　　　　초판 2쇄 2010년 11월 10일
　　　　초판 3쇄 2023년 03월 31일
발행처 도서출판 반석기술
발행인 황희재
등록번호 제2017-000084호
등록연월일 2002년 12년 10일
주소 서울특별시 영등포구 신풍로77 118-505
전화번호 (02) 831-1224
팩스번호 (02) 831-1226

ISBN 978-89-92312-42-4
　　　978-89-92312-40-0 (세트)

※ 가격은 뒤표지에 있습니다.
※ 저작권법에 의해 이 책의 내용을 저작권자 및 출판사 허락 없이 무단 전재 및 무단 복제, 인용을 금합니다.